C000150654

1 MONTH OF

FREE

READING

at

www.ForgottenBooks.com

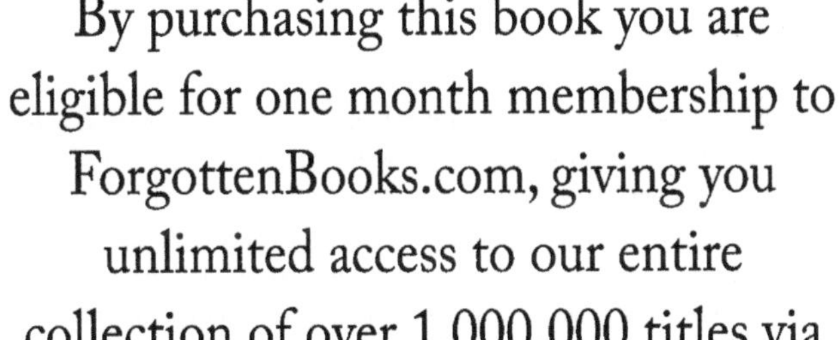

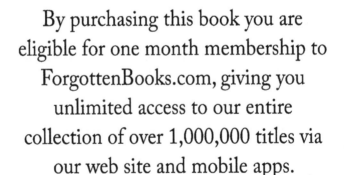

By purchasing this book you are eligible for one month membership to ForgottenBooks.com, giving you unlimited access to our entire collection of over 1,000,000 titles via our web site and mobile apps.

To claim your free month visit:

www.forgottenbooks.com/free1049001

* Offer is valid for 45 days from date of purchase. Terms and conditions apply.

ISBN 978-0-364-70432-5
PIBN 11049001

This book is a reproduction of an important historical work. Forgotten Books uses state-of-the-art technology to digitally reconstruct the work, preserving the original format whilst repairing imperfections present in the aged copy. In rare cases, an imperfection in the original, such as a blemish or missing page, may be replicated in our edition. We do, however, repair the vast majority of imperfections successfully; any imperfections that remain are intentionally left to preserve the state of such historical works.

Forgotten Books is a registered trademark of FB &c Ltd.
Copyright © 2018 FB &c Ltd.
FB &c Ltd, Dalton House, 60 Windsor Avenue, London, SW19 2RR.
Company number 08720141. Registered in England and Wales.

For support please visit www.forgottenbooks.com

R.M.LOESER

DER

STICKSTOFF

UND

SEINE WICHTIGSTEN VERBINDUNGEN

DER
STICKSTOFF
UND
SEINE WICHTIGSTEN VERBINDUNGEN

VON

DR. LEOPOLD SPIEGEL
PRIVATDOZENT AN DER UNIVERSITÄT BERLIN

MIT EINGEDRUCKTEN ABBILDUNGEN

THE LIBRARY

BRAUNSCHWEIG
DRUCK UND VERLAG VON FRIEDRICH VIEWEG UND SOHN
1903

Alle Rechte, namentlich dasjenige der Übersetzung in fremde Sprachen, vorbehalten

632
S75
1903

HERRN GEHEIMEN MEDIZINALRAT

PROFESSOR Dr. OSCAR LIEBREICH

IN AUFRICHTIGER ERGEBENHEIT

GEWIDMET.

VORWORT.

Lange Zeit haben die Verbindungen des Kohlenstoffs fast ausschliefslich das Interesse der wissenschaftlichen Chemiker gefesselt. Die zahlreichen Verbindungen, welche die „organische Chemie" darstellen und voraussehen lehrte, die blendende Systematik, welcher diese Verbindungen sich zugänglich erwiesen, erweckten die Hoffnung, dafs die wichtigsten Probleme der Chemie durch die Erforschung der Kohlenstoffverbindungen ihre Lösung finden könnten.

Mit der Erweiterung und Vertiefung der Kenntnisse auf diesem Gebiete lernte man auch dessen Begrenzung beurteilen. Zu wirklich „organischer" Bedeutung, d. h. zur Verwendbarkeit für den Aufbau der Lebewesen, gelangen die Kohlenstoffverbindungen erst durch Eigenschaften, welche nicht den Kohlenstoffatomen, sondern in weit höherem Mafse den Atomen anderer mehrwertiger Elemente innewohnen. Es zeigte sich aber mehr und mehr, dafs die an den Kohlenstoffverbindungen für das Element Kohlenstoff ermittelten Gesetze nicht ohne weiteres auf andere Elemente übertragbar sind, dafs vielmehr das Studium der einzelnen Elemente auf breiterer Grundlage wieder aufgenommen werden mufs. Hierbei geben dann freilich die in der Kohlenstoffchemie gewonnenen Erfahrungen eine Richtschnur, die ebenso benutzt werden mufs, wie die inzwischen auf physikalischem Gebiete erhobenen Befunde und die daraus für die Konstitution chemischer Verbindungen gezogenen Schlüsse.

Bei dieser Sachlage wird die alte Einteilung in „anorganische" und „organische" Chemie, so notwendig sie zur Zeit aus äufseren Gründen noch für den Unterricht sein mag, für das eingehende Studium und besonders für eine übersichtliche Zusammenstellung des Materials zu solchem hinderlich. Wer ein Element erschöpfend charakterisieren will, mufs es in seinen Verbindungen mit Kohlenstoff sowohl wie mit den weniger vielseitigen Elementen und Radikalen kennen lehren.

Wenn ich für den Versuch einer solchen Darstellung den Stickstoff erwählte, so geschah dies aus einem äufseren wie aus einem inneren Grunde. Der äufsere war die Bearbeitung einer Reihe von Artikeln über Stickstoffverbindungen für das von C. Hell herausgegebene „Neue Handwörterbuch der Chemie", wobei mir das oben angedeutete Bedürfnis besonders klar vor Augen trat, der innere die hervorragende Bedeutung der Stickstoffverbindungen und das gewaltige Material von Thatsachen, welches demgemäfs bereits aufgehäuft ist.

Unter den sogenannten „organischen" Elementen gebührt dem Stickstoff der Platz gleich hinter, vielleicht sogar vor dem Kohlenstoff. Denn mehr wie jedes andere bestimmt er durch seine Stellung und Bindungsform in der Molekel deren Charakter. Der Kohlenstoff bildet nur gewissermafsen das Skelett der wirklich organischen Verbindungen, während der Stickstoff wesentlich die Funktion bedingt. Aber auch in rein chemischer Beziehung sind die Stickstoffverbindungen von hervorragendem Interesse. Sie sind die Paradigmata, an denen gewisse chemische Probleme von alters her studiert wurden und fortgesetzt studiert werden. Es sei hier nur an den sogenannten Wechsel der Valenz, an stereochemische Forschungen, an die Theorien der Komplexverbindungen erinnert.

Indem ich das Material der Stickstoffchemie zusammenstellte, dienten mir als Grundlage naturgemäfs meine oben erwähnten Artikel aus dem Handwörterbuche. Sie wurden ergänzt und erweitert, es wurden ihnen weitere Artikel und an passender Stelle die hauptsächlichen Klassen der organischen Stickstoffverbindungen eingefügt. Da es hier darauf ankommt, die durch den Stickstoff bedingten Charaktere festzustellen, so konnte von eingehender Charakteristik der einzelnen organischen Verbindungen Abstand genommen werden. Ich habe nur die einfachsten Vertreter in tabellarischer Zusammenstellung der jeweiligen Gruppenübersicht angefügt. Auch habe ich, da der „Beilstein" in der Hand jedes wissenschaftlich auf dem Gebiete der Kohlenstoffverbindungen arbeitenden Chemikers sein dürfte, in diesen Tabellen auf Litteraturangaben, soweit sie in der dritten Auflage des genannten Handbuches mit Einschlufs des ersten Supplementbandes gegeben sind, verzichtet und nur die späteren Angaben angeführt. — Bei der Angabe der Siedepunkte in den Tabellen bedeuten die eingeklammerten Zahlen den herrschenden Druck in Millimetern Quecksilber.

Herr Dr. Bertoni in Livorno hat mir mit gröfster Liebenswürdigkeit gestattet, seine Artikel über die Ester der salpetrigen Säure und der Salpetersäure aus dem Handwörterbuche dieser Bearbeitung einzuflechten. Dieselben gehen an Ausführlichkeit über das bei anderen Abschnitten eingehaltene Mafs teilweise hinaus, enthalten aber so viel des Interessanten, dafs ich mich zu einer Kürzung der übernommenen Abschnitte nicht entschliefsen konnte. Herrn Bertoni spreche ich auch an dieser Stelle meinen verbindlichsten Dank aus.

Im übrigen wurden von gröfseren Handbüchern wesentlich die von Gmelin-Kraut und Graham-Otto benutzt. Soweit ferner Werke über Spezialgebiete der Darstellung zu Grunde gelegt wurden, ist dies an der betreffenden Stelle vermerkt.

Was die Anordnung des Stoffes innerhalb der einzelnen Kapitel betrifft, so habe ich bei den Derivaten der hauptsächlichen Verbindungen, besonders bei den Salzen, die lexikographische Ordnung beibehalten, da sie das Nachschlagen wesentlich erleichtert. In den Tabellen der organischen Derivate hat hingegen die übliche Ordnung nach ansteigendem Kohlenstoffgehalt bezw. absteigendem Wasserstoffgehalt Platz gegriffen.

Die Litteratur ist im allgemeinen bis zum Jahre 1900 berücksichtigt. Doch sind einzelne während des Druckes erschienene Arbeiten noch bei den Korrekturen und im Nachtrage benutzt worden.

Ich verhehle mir nicht, dafs absolute Vollständigkeit bei einem solchen ersten Versuche kaum zu erreichen ist, und werde allen Fachgenossen zu Dank verpflichtet sein, welche mich auf Mängel des Werkes hinweisen.

Berlin, im Februar 1903.

Leopold Spiegel.

INHALTSVERZEICHNIS.

Das Element.

Stickstoff, N. Der Stickstoff, Nitrogenium, in Frankreich Azote (Symbol Az), sonst auch Salpeterstoff, Stickgas, in frühester Zeit phlogistisierte, mephitische oder verdorbene Luft genannt, ist ein farb-, geruch- und geschmackloses Elementargas, welches Pflanzenfarben nicht verändert, den Verbrennungs- wie den Atmungsprozeſs nicht zu unterhalten vermag, auch selbst nicht brennbar und durch Alkalien nicht absorbierbar ist. Sein Atomgewicht ist = 14,04 für O = 16 [1]), 13,93 für H = 1, nach den neuesten Bestimmungen noch etwas niedriger (s. u.).

Die bekannteren älteren und die neueren Atomgewichtsbestimmungen ergaben folgende Resultate:

H = 1		O = 16	
Marignac	13,989	Clarke [4])	14,029
Pelouze [2])	14	Leduc [5])	16,0005
Stas [3])	14,044	Vèzes [6])	14,005
Clarke [4])	14,021	Hibbs [7])	14,0117
		Rayleigh und Leduc	14,003
		Dean [8])	14,031

Als eigentümliches Gas wurde der Stickstoff 1772 von Rutherford erkannt, welcher ihn als Rückstand von atmosphärischer Luft, in welcher ein Tier geatmet hatte, nach Absorption der gebildeten Kohlensäure fand. Bald darauf wurde er von Scheele und Lavoisier (der ihm, weil er das Leben nicht zu unterhalten vermag, den Namen Azote gab) als wesentlicher Bestandteil der Atmosphäre neben Sauerstoff erkannt. Chaptal [9]) nannte ihn als Bestandteil der Salpetersäure Nitrogène, woraus der heutige Name entstand.

Auſser in der atmosphärischen Luft, von welcher er dem Volum nach ungefähr $^4/_5$, nach Leduc [5]) 75,5 Gew.-Proz. und 78,06 Vol.-Proz.

[1]) Landolt, Ostwald u. Seubert, Ber. **31**, 2761. — [2]) Pelouze, Ann. ch. phys. [3] **26**, 296. — [3]) Stas, Untersuchungen über die Gesetze d. chem. Proportionen, Leipzig 1867. — [4]) Clarke, Phil. Mag. [5] **12**, 101; JB. 1881, S. 6. — [5]) Leduc, Compt. rend. **123**, 805, **125**, 299; Chem. Centralbl. 1897, I, 9, II, 609. — [6]) M. Vèzes, Compt. rend. **126**, 1714; Chem. Centralbl. 1898, II, 256. — [7]) Hibbs, J. Am. Chem. Soc. **18**, 1044; Chem. Centralbl. 1897, I, 275. — [8]) Dean, Chem. Soc. Proc. **15**, 213; Chem. Centralbl. 1900, I, 89. — [9]) Chaptal, Éléments de chimie 1790, I, 128.

beträgt, kommt Stickstoff in der Natur noch weit verbreitet vor Form von Nitraten, Ammoniak, Cyanverbindungen, sowie in ein großen Anzahl organischer Verbindungen, unter denen die Ami (substituierte Ammoniake), die Alkaloide (Abkömmlinge des Pyridi und Chinolins) und die Eiweißkörper besonders hervorzuheben sii Ob bei der Entstehung der Erde der Stickstoff keine Verbindung einging oder ob dieselben alsbald wieder der Zersetzung anheimfiel ist nicht zu entscheiden; jedenfalls ist es eine bemerkenswerte Th sache, dafs in den Gesteinen und Erzen der ältesten Formationen kei oder doch sehr geringe Mengen stickstoffhaltiger Verbindungen vo kommen. Erst als sich Vegetation einstellte, entzogen die Pflanz der Atmosphäre Stickstoff, den sie zum Aufbau komplizierter Substa zen verwendeten, und aus den Pflanzen bezogen ihn die Tiere. E durch Verwesung organischer Substanzen gelangten dann späterh gröfsere Mengen stickstoffhaltiger Verbindungen, besonders Nitra in den Erdboden, in dessen jüngsten Gesteinen sie sich, ebenso w auch in Mineralwässern, vorfinden. So enthalten Steinkohlen, Brau kohlen u. s. w., die ja auf dem Wege der Verwesung entstanden sii Stickstoff eingeschlossen. Aber auch in Felsarten finden sich, zu Teil wohl noch in Form von Resten organischer Substanz, gerin Mengen. So fand Delesse[1]) in einer grofsen Anzahl von Minerali von Spuren bis zu 0,3 Proz., während in den fossilen Einschlüsse insbesondere in den schwer verwesenden Knochenteilen, der Stickst gehalt ein bei weitem höherer ist. Ferner machte W. N. Hartley durch Bestimmung des kritischen Punktes der flüssigen Einschlüsse d Anwesenheit des freien Stickstoffs in einer Anzahl Mineralien wah scheinlich und E. Becchi[3]) bestimmte denselben im Gabbro vo St. Gotthard zu etwa 0,1 Proz. Neuerdings wurden gelegentlich d Nachforschung nach Helium noch eine Anzahl Einschlüsse von Stic stoff in Mineralien festgestellt[4]). Möglicherweise sind diese Vorkom nisse der Zersetzung von Stickstoffmetallen zuzuschreiben. Interessa ist die Untersuchung eines Hügels bei Bath, bei welchem Eindring von Abfallstoffen ausgeschlossen war, durch Ch. Erkin[5]); die ve schiedenen Gesteine desselben enthielten in 1000000 Tln.:

Grauer Kalkmergel	1,1	Tle.
Haupt-Oolith	1,3	„
Mineralien des grünen Sandsteins .	2,23	„
„ „ Lias	3,6 bis 4,0	„
„ der Walkerde	3,0	„
Unterer Oolith	6,9 bis 7,6	„

[1]) Delesse, Compt. rend. 51, 286; JB. 1860, S. 99 u. 803. — [2]) Harley, Chem. Soc. J. 29, 137 und 30, 237; JB. 1876, S. 1215. — [3]) Becch Ber. 11, 690. — [4]) Tilden, Proc. Roy. Soc. 60, 453; Chem. Central 1897, I, 618; Czernik, J. russ. phys.-chem. Gesellsch. 29, 292; Chem. Central 1897, II, 674. — [5]) Ch. Erkin, Chem. Soc. J. 24, 64; JB. 1871, S. 237.

Wohl durch Zersetzung derartiger stickstoffhaltiger Gesteine, zum Teil auch direkt von Lagerstätten verwesender organischer Substanzen, gelangt Stickstoff auch in Quellen. So fand Smith [1]) das aus der Quelle von Jalova (Klein-Asien) entweichende Gas zu 97 Proz. aus Stickstoff bestehend, ähnlich Ragsby [2]) das Gas der Quelle von Perchtelsdorf bei Wien, Bunsen [3]) das Gas einer Geisirgruppe im Norden von Island zu 99,5 Proz. und H. Wurtz [4]) fand in dem hauptsächlich aus Sumpfgas und Kohlensäure bestehenden Gase der Gasquelle bei West-Bloomfield 4,31 Proz. Stickstoff, van Breukeleven [5]) in einem ähnlich zusammengesetzten Brunnengase 6,3 Proz., Parmentier und Hurion [6]) in den fast reiner Kohlensäure entsprechenden Gasen aus den Quellen des Mont-Dore nur 0,5 Proz. Das Gas des Mineralwassers von Jouhe bei Dôle (Jura) enthält 61,16 Vol.-Proz. Stickstoff [7]), das der Thermen von Abano 75,7 Proz. [8]), die Gase der Badequellen von Vöslau bei Wien 91 Vol.-Proz. [9]), aus dem Wasser von Bagnoles de l'Orne aufser 4,5 Proz. Argon 90,5 Proz. reinen Stickstoff [10]). Ferner wurde Stickstoff konstatiert in Quellengasen von S. Omobono im Imagnathale (bei Bergamo) [11]), von S. Agnese in Bagno di Romagna [12]), aus den Levicoquellen [13]).

Wie der Stickstoff der Atmosphäre enthält zumeist auch derjenige der Quellengase Argon und vielfach auch Helium. So ist im Gase der Perchtelsdorfer Quelle (s. o.) 1,04 bezw. 1,16 Proz. Argon enthalten [14]), in dem von Mont-Dore 2 Proz. des Stickstoffs [6]), in dem von Vöslau 1,29 Proz. des N [9]), kleine Mengen auch in denen von Abano sowie in den Soffionen von Toskana [15]).

Auch der Stickstoff schlagender Wetter, der in diesen in wechselnden Verhältnissen vorkommt, ist ebenso wie in den hauptsächlich aus Kohlendioxyd bestehenden Gasen, welche den Minen von Rochebelle entströmen, stets von Argon begleitet und zwar ziemlich konstant in einem Verhältnis, das dem in der Luft sich nähert [16]). Schlösing ist daher der Ansicht, dafs dieser Stickstoff der Luft

[1]) J. Lawrence Smith, Sill. Am. J. [2] 12, 366; J. pr. Chem. 55, 110. — [2]) Fr. Ragsby, Jahrb. d. k. k. geolog. Reichsanstalt 4, 630. — [3]) Bunsen, Gasometr. Methoden, 2. Aufl., S. 79. — [4]) H. Wurtz, Sill. Am. J. [2] 49, 336; JB. 1870, S. 1377. — [5]) M. van Breukeleven, Rec. trav. chim. 15, 280; Chem. Centralbl. 1897, I, 257. — [6]) Parmentier u. Hurion, Compt. rend. 130, 1190; Chem. Centralbl. 1900, I, 1239. — [7]) Paul Bourcet, J. Pharm. chim. [6] 11, 223; Bull. soc. chim. [3] 23, 144; Chem. Centralbl. 1900, I, 784. — [8]) Nasini u. Anderlini, Gaz. chim. 25, II, 508; Ber. 29, R. 271. — [9]) Max Bamberger u. Landsiedl, Monatsh. f. Chem. 19, 114. — [10]) Bomhard u. Desgrez, Compt. rend. 123, 969; Chem. Centralbl. 1897, I, 257. — [11]) Carrara, Gaz. chim. 27, II, 559; Chem. Centralbl. 1898, II, 411. — [12]) Purgotti u. Anelli, Gaz. chim. 28, I, 349; Chem. Centralbl. 1898, II, 451. — [13]) Ludwig und v. Zeynek, Wien. klin. Wochenschr. 11, 364. — [14]) Max Bamberger, Monatsh. f. Chem. 17, 604. — [15]) Nasini, Anderlini u. Salvadori, Gaz. chim. 28, I, 81; Chem. Centralbl. 1898, I, 917. — [16]) Th. Schlösing fils, Compt. rend. 123, 233, 302; Ber. 29, Ref. 767, 768.

entstamme. Da aber das Gleiche sich auch bei Wettergasen vorfand, die unter Druck standen, also sicher keinen direkten Konnex mit der Atmosphäre hatten, so ist dieser Grund nicht stichhaltig.

Auch der aus Blutgasen erhältliche Stickstoff, bei welchem die Beziehungen zur Atmosphäre jedenfalls näher liegen, enthält Argon [1]).

Auch metallurgische Produkte schliefsen häufig Stickstoff ein, regelmäfsig Eisen und Stahl, in denen derselbe zum Teil als Stickstoffeisen gebunden sein dürfte. A. H. Allen [2]), der die Bestimmung im Stahl durch Überleiten von Wasserdampf über das rotglühende Metall bewirkte, hat den Einwand, das so gebildete Ammoniak könne aus der Atmosphäre stammen, durch besondere Versuche widerlegt. Aber auch freier Stickstoff ist in den innerhalb des Metalls absorbierten Gasen enthalten. John Parry [3]) bestimmte denselben in Gasen aus Spiegeleisen zu 0 Proz., aus weifsem Roheisen zu 6,88 Proz., aus Schmiedeeisen zu 1,718 Proz., aus grauem Roheisen zu 3,250 Proz., aus Stahl zu 6,488 Proz.

Das Auftreten von freiem Stickstoff bei Fäulnisprozessen ist vielseitig konstatiert [4]) und den entgegenstehenden Angaben, z. B. von M. Gruber [5]) sowie von Pettenkofer und Voit [6]) gegenüber aufrecht erhalten worden. Wir wissen jetzt, dafs gewisse Bakterien eine förmliche Stickstoffgärung zu erzeugen fähig sind. Diese kommt zum Teil wahrscheinlich in der Weise zu stande, dafs ein Teil der Stickstoffverbindungen zu salpetriger Säure umgewandelt wird und dafs diese mit Ammoniak bezw. organischen Aminen in bekannter Weise reagiert. Derartige Vorgänge sind die Ursache der starken Stickstoffverluste, welche in ungünstig gelagertem Stalldünger eintreten.

Aufserhalb unseres Planeten ist das Vorkommen von Stickstoff in der Sonne durch spektroskopische Untersuchungen von C. A. Young [7]) und Henry Draper [8]) zwar nicht völlig sicher gestellt, aber sehr wahrscheinlich gemacht worden. Mit Sicherheit fand Boussingault [9]) das Element in dem Meteoreisen von Lenarto (Ungarn), und zwar 0,11 Proz. Sehr beachtenswert ist die Beobachtung von Fievez [10]), dafs im mehrlinigen Spektrum eines Gases eine oder einige Linien im

---

[1]) Regnard u. Schlösing fils, Compt. rend. 124, 302; Chem. Centralbl. 1897, I, 606. — [2]) Allen, Chem. News 40, 135 u. 41, 231; JB. 1879, S. 1096 u. 1880, S. 1250. — [3]) Parry, Am. Chemist 4, 254; JB. 1874, S. 1082. — [4]) L. Liebermann, Wien. Akad. Ber. 78, 80; Seegen u. Nowack, Pflügers Arch. Physiol. 19, 347 u. 25, 383; Schlösing u. Müntz, Compt. rend. 86, 982; JB. 1878, S. 1022; Hoppe-Seyler, Zeitschr. physiol. Chem. 2, 1; A. Morgen, Landw. Vers.-Stat. 30, 199; G. Vandervelde, Zeitschr. physiol. Chem. 8, 367; H. B. Gibson, Am. Chem. J. 15, 12; Ber. 26, 387 Ref. — [5]) Gruber, Zeitschr. Biol. 16, 367 u. 19, 563. — [6]) Pettenkofer u. Voit, ebend. 16, 508. — [7]) Young, Sill. Am. J. [3] 4, 356; JB. 1872, S. 147. — [8]) Draper, Sill. Am. J. [3] 14, 89; JB. 1877, S. 207. — [9]) Boussingault, Compt. rend. 53, 77; JB. 1861, S. 1132. — [10]) Fievez, Phil. Mag. [5] 9, 309; JB. 1880, S. 201.

Spektralapparat verschwinden können, wenn ein gewisser Teil des Lichtes durch ein Diaphragma abgeblendet wird, und dafs im Spektrum des Stickstoffs unter diesen Umständen gerade die Linien verbleiben, welche auch die sehr lichtschwachen Nebelflecke zeigen; es kann hiernach aus diesen Linien allein schon mit grofser Wahrscheinlichkeit auf die Gegenwart des Stickstoffs geschlossen werden.

Darstellung. I. Aus Luft durch Reagentien, welche den Sauerstoff absorbieren. Hierzu wurde zuerst die Atmung lebender Tiere verwendet, an deren Stelle aber alsbald leicht oxydierbare Substanzen traten. Gewöhnlich benutzt man brennenden Phosphor; doch ist das so erhaltene Stickgas niemals frei von Sauerstoff, da die Verbrennung des Phosphors bereits vor dessen völliger Verzehrung aufhört. — Metallisches Kupfer entzieht der Luft den Sauerstoff bei Rotglühhitze. Man leitet die durch Ätzkali und Chlorcalcium von Kohlensäure und Wasser befreite Luft über in einem Kalirohr zum Glühen erhitzte Kupferdrehspäne[1]), welche zweckmäfsig vorher durch Ausglühen im Wasserstoffstrome von einer oberflächlichen Oxydschicht befreit wurden, dann aber zur Austreibung des absorbierten Wasserstoffs noch im Vakuum erhitzt werden müssen[2]). Statt der Drehspäne wendet man auch, nach Carius[3]), fein verteiltes Kupfer, wie es durch Reduktion von Kupferoxyd mittelst Wasserstoff erhalten wird, an. S. Lupton[4]) schlug vor, statt reiner atmosphärischer Luft ein Gemisch derselben mit Ammoniakgas zu verwenden; indem hierbei das durch den Sauerstoff der Luft gebildete Kupferoxyd durch den Wasserstoff des Ammoniaks wieder reduziert wird, wird der Prozess zu einem kontinuierlichen. Das passende Gasgemenge wird leicht erhalten, wenn man die Luft vorher durch eine konzentrierte, wässerige Lösung von Ammoniak streichen läfst. Nach Lord Rayleigh[5]) ist der so bereitete Stickstoff stets etwa $^1/_{1000}$ leichter als der aus reiner Luft gewonnene; bei Verwendung von mit Ammoniakgas gesättigtem Sauerstoff steigt die Differenz auf 0,5 Proz. — Brunner[6]) leitet gut getrocknete Luft über glühendes, reduziertes Eisen; auf das Trocknen ist hierbei besondere Sorgfalt zu verwenden, da schon eine Spur Feuchtigkeit eine Verunreinigung mit Wasserstoff bewirken kann. — Nach Dupasquier[7]) wird durch Schütteln mit frisch gefälltem Eisenoxydulhydrat der Luft aller Sauerstoff entzogen; ebenso wirkt Manganoxydulhydrat. Sehr rasch und kräftig wirkt eine alkalische Lösung von Pyrogallussäure[8]), minder rasch eine solche von Gerbsäure und Gallussäure. Sehr kräftig wirkt auch ammoniakalische Lösung von Kupferchlorür. Saussure[7]) empfahl

[1]) Dumas u. Boussingault, Compt. rend. 12, 1005; J. pr. Chem. 24, 75; Bunsen, Gasometr. Methoden, 2. Aufl., S. 209. — [2]) Jolly, Ann. Phys. [2] 6, 536. — [3]) Carius, Ann. Chem. 94, 126. — [4]) Lupton, Chem. News 33, 90; JB. 1876, S. 188. — [5]) Lord Rayleigh, Chem. News 69, 231; Ber. 27, 727 Ref. — [6]) Brunner, Ann. Phys. 27, 4. — [7]) Dupasquier, siehe Graham-Ottos anorg. Chem., 5. Aufl., 2, 9. — [8]) Liebig, Ann. Chem. 77, 107.

fein zerteiltes Blei oder auch mit Salzsäure oder verdünnter Schwefelsäure benetzte Kupferspäne, Bolton[1]) Aluminiumamalgam.

Berthelot[2]) bringt in eine Flasche von 10 bis 14 Liter Inhalt 200 g von anderen Metallen freie Kupferspäne und übergiefst diese so mit Ammoniak, dafs sie nur teilweise davon bedeckt sind. Die Flasche wird dann mit einem Korke verschlossen, der eine Sicherheitsröhre und eine am Ende mit einer Kautschukkappe verschlossene Gasleitungsröhre trägt. Bei öfterem Schütteln ist in ein bis zwei Tagen sämtlicher Sauerstoff, auch der infolge der Schwankungen von Luftdruck und Temperatur durch die Sicherheitsröhre eingetretene, absorbiert. Der Stickstoff wird durch Eingiefsen von auf dieselbe Weise sauerstofffrei gemachtem Wasser verdrängt und mit konzentrierter Schwefelsäure gewaschen.

Dumoulin[3]) leitet ein kohlensäurefreies Gemenge von 100 Vol. Luft und 42 Vol. Wasserstoff über Platinschwamm; das gebildete Wasser mufs alsdann entfernt werden. Ebenso wie Platinschwamm wirkt der elektrische Strom[4]). M. Rosenfeld[5]) empfiehlt die Verbrennung von bleihaltigem Stanniol in einem abgesperrten Luftvolum.

Auch salzsaure Chromchlorürlösung entzieht der Luft den Sauerstoff.

Der aus Luft nach den angegebenen Methoden gewonnene Stickstoff enthält stets noch etwa 1 Proz. Argon und andere demselben verwandte Edelgase, von denen er nicht befreit werden kann, da dieselben bei allen bisherigen Versuchen sich als reaktionsunfähiger bewiesen haben als Stickstoff selbst.

II. Durch Einleiten von Chlor in wässeriges Ammoniak. Der Prozess entspricht den Gleichungen $NH_3 + 3\,Cl = 3\,HCl + N$ und $3\,HCl + 3\,NH_3 = 3\,NH_4Cl$. Das so erhaltene Gas ist nach Anderson[6]) stets sauerstoffhaltig; aufserdem kann diese Darstellung gegen Ende der Entwickelung infolge Bildung von Chlorstickstoff sehr gefährlich werden[7]). — Besser bringt man Salmiak in Stücken, oder nach E. Marchand[8]) Ammoniakflüssigkeit, zu wässerigem Chlorkalk. Nach Calvert[9]) versetzt man 200 ccm Chlorkalklösung, 5 Proz. unterchlorige Säure enthaltend, mit 1,146 g Ammonsulfat; es entwickelt sich der Stickstoff schon in der Kälte; gegen Ende der Reaktion wird erwärmt; auf diese Weise werden in einer Stunde 192 ccm Stickstoff (theoretisch 194 ccm) erhalten. Ebenso wie Ammonsulfat sollen alle stickstoffhaltigen Tierstoffe zersetzt werden.

III. Durch Erhitzen einer Lösung von Ammonnitrit, welches hierbei nach der Gleichung $NO_2NH_4 = N_2 + 2\,H_2O$ zerfällt.

---

[1]) Werner Bolton, Chem.-Ztg. 18, 1908. — [2]) Berthelot, Bull. soc. chim. [2] 13, 314; Zeitschr. Chem. 1870, S. 384. — [3]) Dumoulin, Instit. 1851, p. 11; JB. 1851, S. 321. — [4]) Grove, Ann. Phys. Ergänzgsbd. 2, 385. — [5]) Rosenfeld, Ber. 16, 2750. — [6]) Anderson, Chem. News 5, 246; Dingl. pol. J. 166, 76. — [7]) Graham-Otto, Anorgan. Chem., 5. Aufl., 2, 10 — [8]) Marchand, J. Chim. méd. 10, 15; JB. Berz. 24, 46. — [9]) F. C. Calvert Compt. rend. 69, 706; Chem. Centr. 1870, S. 366.

Das Salz braucht zu diesem Zwecke nicht rein dargestellt zu werden, sondern man erhitzt eine Mischung von Salmiak mit konzentrierter Lösung von Natrium- oder Kaliumnitrit, am besten in äquivalenten Verhältnissen[1]). Es sollte auf diese Weise leicht reiner Stickstoff erhalten werden, doch zeigte es sich, daſs derselbe immer noch Spuren von Stickstoffoxyden enthält. Deshalb schlägt W. Gibbs[2]) vor, der Mischung eine konzentrierte Lösung von Kaliumbichromat im Überschuſs zuzufügen, wodurch die Stickoxyde in Salpetersäure umgewandelt und als solche zurückgehalten werden. Nach Böttger[3]) erhitzt man am besten eine Mischung von 1 Tl. Kaliumbichromat, 1 Tl. Ammoniumnitrat, 1 Tl. käuflichem Natriumnitrit und 3 Tln. Wasser. V. Meyer[4]) leitet auch das so erhaltene Gas, um die letzten Spuren von Sauerstoff zu entfernen, noch über glühendes Kupfer.

Auch Erhitzen von Ammoniumbichromat[5]) beziehungsweise einer Mischung von gleichen Gewichtsteilen Kaliumbichromat und Salmiak[6]) ist zur Gewinnung reinen Stickstoffs vorgeschlagen worden, der aber in letzterem Falle noch mit Eisenvitriollösung gewaschen werden muſs.

Nach J. W. Gatehouse[7]) erhält man reinen Stickstoff durch Erhitzen von Ammoniumnitrat mit Manganhyperoxyd. Die Einwirkung erfolgt nach der Gleichung $MnO_2 + 4\,NO_3NH_4 = (NO_3)_2Mn + 8H_2O + 3\,N_2$; dieselbe beginnt bei 180°. Erhitzen über 215° soll vermieden werden, da sonst durch Zersetzung des gebildeten Mangannitrats Untersalpetersäure und Sauerstoff beigemengt werden.

Pelouze[8]) sättigt Vitriolöl mit Stickoxydgas, wobei sich Bleikammerkrystalle bilden, und erhitzt nach weiterem Zusatz von konzentrierter Schwefelsäure mit Ammoniumsulfat auf 160°. Die Entwickelung vollzieht sich nach der Gleichung $2\,SO_2{}^{NO_2}_{OH} + SO_2{}^{ONH_4}_{ONH_4} = 3\,SO_4H_2 + 2\,H_2O + 2\,N_2$. Emmet[9]) entwickelt Stickstoff aus geschmolzenem Ammoniumnitrat durch eingesenktes Zink, Maumené[10]) durch vorsichtiges Erwärmen von 3 Tln. Ammonnitrat mit 1 Tl. Salmiak, Soubeiran[11]) durch Erhitzen von 2 Tln. Salpeter und 1 Tl. Salmiak. In letzteren beiden Fällen ist dem Gase Chlor beigemengt.

Durch Einwirkung von Hypochloriten und Hypobromiten auf Harnstoff und andere Säureamide wird Stickstoff gewonnen, der aber nach Lord Rayleigh[12]) noch Stickstoffoxydul enthält.

---

[1]) Corenwinder, Ann. ch. phys. [3] 26, 296; Ann. Chem. 72, 225; Knapp, N. Rep. Pharm. 25, 310. — [2]) Gibbs, Ber. 10, 1387. — [3]) Böttger, Jahresber. d. phys. Vereins z. Frankfurt a. M. 1876/77, S. 24. — [4]) V. Meyer, Ber. 11, 1867. — [5]) Levy, Pharm. Viertelj. 20, 137; Chem. Centralbl. 1870, S. 789. — [6]) Ramon de Luna, Ann. ch. phys. [3] 68, 183; JB. 1863, S. 158. — [7]) Gatehouse, Chem. News 35, 118; Ber. 10, 1007. — [8]) Pelouze, Ann. ch. phys. [3] 2, 49; Graham-Otto, Anorg. Chem., 5. Aufl., 2, 13. — [9]) Emmet, Sill. Am. J. 18, 259; JB. Berz. 12, 71. — [10]) Maumené, Compt. rend. 33, 401; Ann. Chem. 80, 267. — [11]) Soubeiran, J. pharm. 13, 322; JB. Berz. 8, 80. — [12]) Lord Rayleigh, Proc. Roy. Soc. 64, 90; Chem. Centralbl. 1898, II, 881.

Eigenschaften. Wie schon erwähnt, ist Stickstoff unter gewöhnlichen Verhältnissen gasförmig. Ihn zu einer Flüssigkeit zu verdichten, gelang vorübergehend L. Cailletet[1]) durch Komprimierung bei + 13° unter einem Druck von 200 Atm. und darauf folgende plötzliche Ausdehnung; der Versuch wurde bei — 29° wiederholt, aber auch hier nur vorübergehend eine flüssigkeitartige Masse erhalten[2]). Dauernde Verflüssigung erzielten v. Wroblewski und Olszewski[3]), indem sie die Abkühlung durch Siedenlassen verflüssigten Äthylens im Vakuum (— 136°) bewirkten. Noch bessere Resultate erzielte Olszewski[4]) durch Herabsetzen des Vakuums auf 10 mm Quecksilberdruck, wodurch der Siedepunkt des Äthylens auf — 150° sank. — Durch Anwendung verflüssigten Sauerstoffs als Kältemittels wollte v. Wroblewski[5]) bei — 186° schneeige Flocken festen Stickstoffs erhalten haben. Olszewski[4]) konnte dies, obwohl er durch Siedenlassen des Sauerstoffs im Vakuum die Temperatur bis auf — 213° herabsetzte, nicht bestätigen. Erst mit einem abgeänderten Apparate[6]) konnte er bei — 214° (60 mm Druck) beginnendes Festwerden beobachten; bei weiterer Erniedrigung der Temperatur erstarrte dann das Ganze zu einer schneeigen Masse, während das Thermometer (bei 4 mm Druck) auf — 225° zeigte. Nach v. Wroblewski[7]) sind aber alle diese mit dem Wasserstoffthermometer ermittelten Temperaturen zu niedrig; die von ihm bevorzugte thermoelektrische Messung ergiebt für die Erstarrung statt — 207 bis — 214° nur — 199 bis — 203°.

Das spezifische Brechungsvermögen des Stickstoffs ist nach Gladstone[8]) $\frac{n-1}{d} = 0{,}293$ oder 0,379, das Refraktionsäquivalent nach demselben[9]) = 4,1 oder 5,3; das Newtonsche Brechungsvermögen $\frac{n^2-1}{d}$ ist nach A. Schrauf[10]) = 0,000596. Nach Croullebois[11]) ist der Brechungsindex für weifses Licht = 1,0003019, für Linie C = 1,000258, für E = 1,000302, für G = 1,000321, woraus sich die Dispersion = 0,2086 ergiebt, während Mascart[12]) dieselbe zu 0,0069 berechnet und Gladstone[13]) das Dispersionsäquivalent (Atomdispersion) zu 0,10 angiebt. Ramsay und Travers[14]) bestimmten das Brechungs-

---

[1]) Cailletet, Compt. rend. 85, 1270; JB. 1877, S. 69. — [2]) Berthelot, Compt. rend. 85, 1272; JB. 1877, S. 69. — [3]) v. Wroblewski u. Olszewski, Ann. Phys. 20, 243. — [4]) Olszewski, Compt. rend. 99, 133; JB. 1884, S. 326. — [5]) v. Wroblewski, Compt. rend. 97, 1553; JB. 1883, S. 76. — [6]) Olszewski, Compt. rend. 100, 350; JB. 1885, S. 143. — [7]) v. Wroblewski, Compt. rend. 100, 979; JB. 1885, S. 141. — [8]) J. H. Gladstone, Lond. R. Soc. Proc. 18, 49. — [9]) Derselbe, ebend. 31, 327; JB. 1865, S. 83; vergl. Brühl, Ber. 26, 806. — [10]) A. Schrauf, Ann. Phys. 133, 479. — [11]) Croullebois, Compt. rend. 67, 6; JB. 1868, S. 122. — [12]) Mascart, Compt. rend. 78, 679; JB. 1874, S. 149. — [13]) Gladstone, Chem. News 55, 300; Ber. 20, 494 Ref. — [14]) Ramsay u. Travers, Proc. Roy. Soc. 62, 225; Chem. Centralbl. 1898, I, 429.

vermögen, bezogen auf das von Luft, zu 1,0163. Nach Brühl[1]) ist die Atomrefraktion = 2,21. — Die elektromagnetische Drehung der Polarisationsebene ist im Vergleich zur Drehung des flüssigen Schwefelkohlenstoffs nach Henri Becquerel[2]) = 0,000161 bei 0° und 760 mm Druck, nach Kundt und Röntgen[3]) = 0,000127 bei 20° und Atmosphärendruck.

Das Spektrum des Stickstoffs ist Gegenstand eingehender Untersuchungen gewesen. Plücker und Hittorf[4]) fanden beim Überschlagen elektrischer Funken im reinen Stickstoff ein Spektrum mit einer grofsen Zahl feiner Linien, namentlich im Grün (Spektrum II. Ordnung). Wird aber der Induktionsstrom durch ganz verdünntes Stickgas im Geisslerschen Rohr geleitet, so zeigt sich ein prachtvoll geschichtetes Licht, bei schwachem Strome von goldiger Farbe und mit aus breiten Streifen bestehendem Spektrum, während bei stärkerem Strome die Farbe in Blauviolett übergeht und ein Bandenspektrum entsteht, das durch seine eigentümlichen Schattierungen an die Zeichnung und Kannelierungen einer Säule erinnert; im Blau und Violett erscheinen diese Kannelierungen sehr breit, im Grün und Gelb schmäler; ihre Schattenseite liegt nach Violett hin. Das Spektrum ändert sich nicht bei wachsender Verdünnung, wohl aber bei Erhöhung der Temperatur, durch Einschaltung einer Leydener Flasche in den Strom. Das Licht der Röhre erscheint dann weifs und das kannelierte Spektrum geht in ein Linienspektrum über, welches mit dem oben beschriebenen Linienspektrum übereinstimmen, aber zu dem Bandenspektrum keinerlei Beziehungen zeigen soll. Dieser Übergang der Spektra ist vielfach bestätigt worden[5]). Dagegen nahmen Ångström[6]), Thalén[7]) und A. Schuster[8]) nur ein Spektrum, das Linienspektrum an, während das Bandenspektrum den Sauerstoffverbindungen des Stickstoffs zukommen und bei den früheren Versuchen infolge nicht genügender Reinigung des Stickstoffs von Sauerstoff erhalten sein sollte. Doch zeigte Wüllner[9]), dafs auch bei Anwendung ganz reinen Stickstoffs die Angaben von Plücker und Hittorf im wesentlichen richtig sind. Auch begründete er diese Erscheinung theoretisch und wies schliefslich nach, dafs das aus dem Bandenspektrum entstehende Linienspektrum mit dem des Funkens nicht identisch ist, sondern nur eine Anzahl Linien mit dem-

---

[1]) J. W. Brühl, Ber. 26, 807. — [2]) Becquerel, Compt. rend. 90, 1407; JB. 1880, S. 177. — [3]) A. Kundt u. W. C. Röntgen, Ann. Phys. [2] 10, 257. — [4]) Plücker u. Hittorf, Lond. R. Soc. Proc. 13, 153; JB. 1863, S. 109. — [5]) Wüllner, Ann. Phys. 135, 497; Dubrunfaut, Compt. rend. 70, 448; JB. 1870, S. 179; Reitlinger u. Kuhn, Ann. Phys. 141, 131; Lecoq de Boisbaudran, Compt. rend. 70, 1090; JB. 1870, S. 181; O. Schenk, Zeitschr. anal. Chem. 12, 386. — [6]) Ångström, Ann. Phys. 144, 131. — [7]) Thalén, Nova Acta soc. sc. Ups. [3] 9; Bull. soc. chim. [2] 25, 183; JB. 1876, S. 142. — [8]) A. Schuster, Lond. R. Soc. Proc. 20, 484, Ann. Phys. 147, S. 106. — [9]) Wüllner, Ann. Phys. 147, 321; 149, 103; 154, 149.

selben gemein hat. G. Salet[1]) zeigte, dafs das kannelierte Spektrum auch beim Hindurchgehen des Induktionsstromes durch verdünntes Ammoniakgas entsteht.

Deslandres[2]) nimmt im Bandenspektrum drei Gruppen von Linien und Banden an, die sich bei Anwendung der Dispersion scharf unterscheiden: 1. im sichtbaren Teile, $\lambda = 700$ bis $\lambda = 500$; 2. teils sichtbar, teils ultraviolett, $\lambda = 500$ bis $\lambda = 280$; 3. ganz im Ultraviolett, $\lambda = 300$ bis $\lambda = 200$. Ganz sauerstofffreier Stickstoff, durch geschmolzenes Natrium von den letzten Spuren Sauerstoff befreit, zeigt Gruppe 1 unverändert, 2 wesentlich verstärkt, während 3 ganz verschwand. Daraus ist zu schliefsen, dafs 3 einer Sauerstoffverbindung des Stickstoffs entspricht, 2 von einer Wasserstoffverbindung (Ammoniak) herrührt und nur 1 dem reinen Stickstoff zugehört.

Demselben Forscher gelang es[3]), als er das Spektrum des negativen Pols photographierte, um dessen behauptete Identität mit dem Nordlichtspektrum zu prüfen, eine bei $\lambda = 391$ besonders stark in sehr verdünntem Gase hervortretende Bande mittels eines Rowlandschen Gitters in einzelne feine Linien aufzulösen, deren Schwingungszahlen eine arithmetische Progression bilden.

In Gemischen mit Natrium- und Quecksilberdampf bei 10 bis 100 mm Druck ruft der elektrische Funke bei niedriger Temperatur vorwiegend die Linien des Stickstoffspektrums hervor, während bei Temperaturerhöhung diese nach und nach ganz verschwinden[4]). Die Flamme des brennenden Stickstoffs giebt ein schwaches kontinuierliches Spektrum ohne hervortretende Linien[5]).

Der Reibungskoeffizient ist von O. E. Meyer[6]) zu 0,000194, später von demselben und Springmühl[7]) zu 0,000184 für Temperaturen zwischen 10 und 20° bestimmt worden. Das Kapillaritätsäquivalent wechselt nach R. Schiff[8]) je nach der Natur der Verbindung, und zwar beträgt es für primäre Amine 0, für sekundäre 1, für tertiäre 2, für Nitroverbindungen ebenfalls 2, für Cyanverbindungen 3, verglichen mit Wasserstoff.

Das spezifische Gewicht des Gases fanden Dumas und Berzelius = 0,968, Dumas und Boussingault[9]) sowie A. Leduc[10]) = 0,972, Thomson zu 0,9729, Regnault zu 0,97137; nach letzterer Angabe würde 1 Liter bei 0° und 760 mm Druck 1,256167 g wiegen, während v. Jolly[11]) für München 1,257614, für 45° Breite am Meeresniveau

---

[1]) Salet, Ann. ch. phys. [4] 28, 52; JB. 1873, S. 149. — [2]) Deslandres, Compt. rend. 101, 1256; JB. 1885, S. 321. — [3]) Derselbe, ebend. 103, 375; JB. 1886, S. 304. — [4]) E. Wiedemann, Ann. Phys. [2] 5, 500. — [5]) K. Olszewski, Ann. Phys. Beibl. 10, 686. — [6]) O. E. Meyer, Ann. Phys. 143, 14. — [7]) O. E. Meyer u. Springmühl, ebend. 148, 203. — [8]) R. Schiff, Ann. Chem. 223, 47. — [9]) Dumas u. Boussingault, Compt. rend. 12, 1005. — [10]) A. Leduc, ebend. 113, 186; Ber. 24, 697 Ref. — [11]) Ph. v. Jolly, Ann. Phys. [2] 6, 536.

1,2574614, für Paris 1,2578731 fand und Regnaults niedrigere Zahl darauf zurückführt, dafs derselbe das zur Stickstoffgewinnung benutzte Kupfer nicht von Wasserstoff befreite. Lord Rayleigh[1]) fand für atmosphärischen Stickstoff 0,97209, für reinen 0,96737; letzteren Wert bestätigten Leduc[2]) und Schlösing[3]) für argonfreien Stickstoff fast genau übereinstimmend. Aus dem Atomgewichte berechnet sich das spezifische Gewicht zu 10,969, das Gewicht eines Liters demnach zu 1,2505 g.

Die Dichte des flüssigen Stickstoffs ist nach Cailletet und Hautefeuille[4]) bei

Temp.	Druck	Dichte	Temp.	Druck	Dichte	Temp.	Druck	Dichte
0°	275 Atm.	0,37	— 23°	200 Atm.	0,41	— 23°	275 Atm.	0,43
	300 „	0,38		250 „	0,42		300 „	0,44

nach v. Wroblewski[5]) bei:

Temperatur	Druck	Dichte	Temperatur	Druck	Dichte
— 146,6° (krit. Temp.)	38,45 Atm.	0,4552	— 193,0°	1,00 Atm.	0,83
— 153,7°	30,65 „	0,5842	— 202,0°	0,105 „	0,866

Nach K. Olszewski[6]) ist sie bei — 181,4° unter 739,7 bis 748 mm Druck = 0,859 bis 0,905.

Der Ausdehnungskoeffizient des gasförmigen Stickstoffs ist nach v. Jolly[7]) = 0,0036677; die Unveränderlichkeit desselben auch bei sehr hohen Temperaturen wurde durch V. und C. Meyer[8]) nachgewiesen.

Die Zusammendrückbarkeit ist eingehend untersucht worden. Cailletet[9]) fand:

Druck P	Volum V	PV	Temp.	Druck P	Volum V	PV	Temp.
39,359 m	207,93	8184	15,0°	64,366 m	123,53	7951	15,0°
44,264 „	184,20	8153	15,1°	69,367 „	115,50	8011	15,0°
49,271 „	162,82	8022	15,1°	74,330 „	108,86	8091	15,1°
49,566 „	161,85	8022	14,9°	79,234 „	103,00	8162	15,1°
59,462 „	132,86	7900	15,0°	84,388 „	97,97	8267	15,2°

[1]) Lord Rayleigh, Proc. Roy. Soc. 62, 204; Chem. Centralbl. 1898, I, 431. — [2]) A. Leduc, Compt. rend. 123, 805; Chem. Centralbl. 1897, I, 9. — [3]) Th. Schlösing fils, Compt. rend. 126, 476; Chem. Centralbl. 1898, I, 767. — [4]) Cailletet u. Hautefeuille, Compt. rend, 92, 901 u. 1086; JB. 1881, S. 46. — [5]) v. Wroblewski, Compt. rend. 102, 1010; Ber. 19, 382 Ref. — [6]) K. Olszewski, Ann. Phys. Beibl. 10, 686. — [7]) Ph. v. Jolly, Ann. Phys. 1874 (Jubelbd.), S. 82. — [8]) V. u. C. Meyer, Ber. 13, 2019. — [9]) Cailletet, Compt. rend. 88, 61; JB. 1879, S. 69.

Druck P	Volum V	PV	Temp.	Druck P	Volum V	PV	Temp.
89,231 m	93,28	8323	15,2°	149,205 m	59,70	8907	16,5°
99,188 „	86,06	8536	15,4°	154,224 „	58,18	8973	16,6°
109,199 „	77,70	8484	15,6°	164,145 „	54,97	9023	16,8°
114,119 „	76,69	8751	15,7°	174,100 „	52,79	9191	17,0°
124,122 „	71,36	8857	16,0°	181,985 „	51,27	9330	17,2°
144,241 „	62,16	8966	16,3°				

Amagat[1]) fand unter sehr hohen Drucken, nämlich bei:

Druck P		Produkt PV	Temperatur des Wassermantels
in m Quecksilber	in Atmosphären		
96,698	127,223	51 594	22,02°
128,296	168,684	52 860	22,03°
158,563	208,622	54 214	22,01°
190,855	251,127	55 850	22,00°
221,103	290,924	57 796	22,00°
252,353	332,039	59 921	22,01°
283,710	373,302	62 708	22,00°
327,388	420,773	65 428	22,00°

Derselbe[2]) fand, dafs die Zusammendrückbarkeit mit Steigerung der Temperatur abnimmt, und dafs sich ein Minimum für PV in der Nähe des Verflüssigungspunktes findet. Bei Drucken über 1000 Atmosphären ist die Zusammendrückbarkeit nicht gröfser als bei Flüssigkeiten, wächst auch, ähnlich wie bei diesen, mit der Temperatur[3]). Der Quotient pv/p_1v_1 erwies sich für Drucke von 60 bis 180 m Quecksilber = 0,909 und noch bei Drucken bis zu 300 m erwies sich das Mariottesche Gesetz als gültig[4]), während Liljeström[5]) bei Drucken unterhalb einer Atmosphäre Abweichungen von demselben fand. Nach de Heen[6]) ist das Gesetz streng gültig, doch darf man dasselbe nicht auf das Totalvolum, sondern nur auf das intramolekulare Volum beziehen und mufs in den korrigierten Ausdruck des Gesetzes neben dem äufseren Druck P einen Druck Π, den Anziehungen der Moleküle aufeinander entsprechend, einführen.

Der kritische Druck beträgt nach Olszewski[7]) 35 Atmosphären, die kritische Temperatur nach demselben — 146°, nach v. Wro-

[1]) Amagat, Compt. rend. **88**, 336 u. **89**, 437; JB. 1879, S. 70. — [2]) Derselbe, ebend. **90**, 995; JB. 1880, S. 62. — [3]) Derselbe, Compt. rend. **107**, 522; Ber. **21**, 691 Ref. — [4]) Derselbe, Compt. rend. **95**, 281; JB. 1882, S. 55. — [5]) J. A. Liljeström, Ann. Phys. **151**, 451 u. 573. — [6]) P. de Heen, Belg. Acad. Bull. [3] **14**, 46. — [7]) Olszewski, Compt. rend. **99**, 133; JB. 1884, S. 326.

blewski[1]) — 146,25° bei 32,29 Atmosphären und — 145,45° bei 32,73 Atmosphären.

Der Siedepunkt, nach v. Wroblewski — 193,1°, ist nach Olszewski[2]) bei:

Druck	35 Atm.	31 Atm.	17 Atm.	1 Atm.	Vakuum
Siedepunkt .	— 146°	— 148,2°	— 160,5°	— 194,4°	— 213°

Die Dampfspannung beträgt nach v. Wroblewski[3]) bei:

Temperatur	— 193°	— 201°	— 201,25°	— 201,7°	— 202,5°	— 204°	— 206°
Dampfspannung in cm Quecksilber .	74,0	12,0	10,0	8,0	7,0	6,0	4.2

Nach demselben[4]) ist bei:

Temperatur	Druck	Tension des gesättigten Dampfes	Ausdehnungskoeffizient
— 146,6°	38,45 Atm.	32,2 Atm.	0,0311
— 153,7°	30,65 „	20,7 „	
— 193,0°	1,0 „	1,0 „	0,007536
— 202,0°	0,105 „	0,105 „	0,004619

Nach Baly[5]) ist bei:

Absoluter Temperatur	Dampfdruck in Millimetern Hg	
	Stickstoff chemisch	Stickstoff atmosphärisch
77°	717,0	716,0
78	806,0	800,0
79	906,0	895,0
80	1013,0	995,0
81	1130,5	1104,0
82	1258,0	1225,4
83	1386,0	1357,0
84	1544,5	1497,0
85	1705,5	1646,0
86	1880,0	1808.0
87	2062,0	1985,0
88	2256,0	2170,0
89	2465,0	2368,0
90	2686,0	2581,0
91	2916,5	2812,0

[1]) v. Wroblewski, Compt. rend. **100**, 979; JB. 1885, S. 61. — [2]) Olszewski, Compt. rend. **99**, 133; JB. 1884, S. 326. — [3]) v. Wroblewski, Compt. rend. **100**, 979; JB. 1885, S. 61. — [4]) Derselbe, ebend. **102**, 1010; Ber. **19**, 382 Ref. — [5]) E. L. C. Baly, Philos. Mag. **49**, 517, Chem. Centralbl. 1900, II, 82.

Das Atomvolum ist nach v. Wroblewski[1]) ungefähr = 15,5; das Molekularvolum = 15,5 für SO_2 im flüssigen Zustande = 43,9[2]). Für Wasserstoff = 1 ist der Molekularquerschnitt = 1,88, der Molekularhalbmesser = 1,37, das Molekularvolumen = 2,57[3]). In absolutem Maſse, berechnet aus den mittleren Weglängen der Moleküle, den beobachteten Abweichungen vom Boyle-Mariotteschen Gesetz und aus der kritischen Temperatur, beträgt der Durchmesser der Molekel 34,10 cm[4]). Das Atom nimmt in flüssigen Verbindungen den Raum einer Stere ein, wenn es aber mit mehreren Bindungen an ein Kohlenstoffatom gebunden ist, den Raum von zwei Steren[5]).

Die spezifische Wärme bei konstantem Volumen ist = 4,8.

Die Molekularwärme ist nach Vieille[6]) bei 3100° = 6,30, bei 3600° = 7,30, bei 4400° = 8,1, bei gewöhnlicher Temperatur = 4,8. Bei konstantem Volum ist sie nach Berthelot und Vieille[7]) bei 2810° = 6,67, bei 3191° = 7,93, bei 3993° = 8,43, bei 4024° = 8,39, bei 4309° = 9,85 und bei 4394° = 9,60. Die Wärmekapazität wächst demnach rasch mit der Temperatur und zwar für gleiche Volume nach der empirischen Formel $6{,}7 + 0{,}0016\,(t - 2800)$; zu ganz ähnlichen Resultaten sind auf ganz anderem Wege Mallard und le Châtelier[8]) gelangt.

Die Atomwärme ist = 7,7° für dreiwertigen, = 4,3° für fünfwertigen Stickstoff[9]).

Stickstoff wird von Wasser nur wenig gelöst. Ein Volum desselben absorbiert nach Bunsen[10]) bei:

Temperatur	4°	6,2°	12,6°	17,7°	23,7°
Volume Stickstoff	0,01843	0,01751	0,01520	0,01436	0,01392

Danach ist der Absorptionskoeffizient

$$= 0{,}020346 - 0{,}00053887\,t + 0{,}000011156\,t^2$$

oder einfacher $= 0{,}0203\,(1 - 0{,}02648\,t + 0{,}000548\,t^2)$[11]). L. W. Winkler[12]) fand für Absorptionskoeffizienten (β) und Löslichkeit (β') durch eine groſse Anzahl gut übereinstimmender Versuche die folgenden Werte:

---

[1]) v. Wroblewsky, Compt. rend. 102, 1010; Ber. 19, 382 Ref. — [2]) L. Meyer, Ann. Chem. Suppl. 5, 129. — [3]) A. Naumann, Ann. Chem. Suppl. 5, 252. — [4]) R. Rühlmann, Ann. Phys. Beibl. 1879, S. 57. — [5]) Schröder, Ann. Phys. [2] 16, 660. — [6]) Vieille, Compt. rend. 96, 1218 u. 1358; JB. 1883, S. 138. — [7]) Berthelot u. Vieille, Compt. rend. 98, 545 u. 601; JB. 1884, S. 91. — [8]) Mallard u. le Châtelier, Compt. rend. 93, 1014; JB. 1881, S. 1089. — [9]) H. L. Buff, Ann. Chem. Suppl. 4, 164. — [10]) Bunsen, Gasometr. Methoden, 2. Aufl., S. 209. — [11]) Wiedemann, Ann. Phys. [2] 17, 349. — [12]) L. W. Winkler, Ber. 24, 3602.

t	β	β'	t	β	β'	t	β	β'	t	β	β'
0	0,02348	0,02334	26	0,01411	0,01365	51	0,01079	0,00942	76	0,00961	0,00581
1	2291	2276	27	1392	1344	52	1072	929	77	960	564
2	2236	2220	28	1374	1323	53	1065	916	78	959	546
3	2182	2166	29	1356	1303	54	1058	902	79	958	528
4	2130	2113	30	1340	1284	55	1051	889	80	957	510
5	2081	2063	31	1321	1263	56	1045	876	81	956	491
6	2032	2013	32	1304	1243	57	1039	862	82	956	472
7	1986	1966	33	1287	1224	58	1033	849	83	955	452
8	1941	1920	34	1270	1204	59	1027	835	84	955	432
9	1898	1877	35	1254	1185	60	1022	822	85	954	410
10	1857	1834	36	1239	1167	61	1016	808	86	954	388
11	1819	1795	37	1224	1149	62	1011	794	87	953	366
12	1782	1758	38	1210	1131	63	1006	780	88	953	343
13	1747	1722	39	1196	1114	64	1001	765	89	952	318
14	1714	1687	40	1183	1097	65	0996	751	90	952	294
15	1682	1654	41	1171	1082	66	0992	736	91	951	268
16	1651	1622	42	1160	1067	67	0987	722	92	951	242
17	1622	1591	43	1149	1052	68	0983	707	93	950	215
18	1594	1562	44	1139	1037	69	0980	692	94	950	187
19	1567	1534	45	1129	1023	70	0976	676	95	949	158
20	1542	1507	46	1120	1009	71	0973	661	96	949	128
21	1519	1482	47	1111	0995	72	0970	645	97	949	098
22	1496	1457	48	1102	0982	73	0968	630	98	948	066
23	1473	1433	49	1094	0968	74	0965	614	99	948	034
24	1452	1410	50	1087	0955	75	0963	597	100	947	000
25	1432	1387									

Blut absorbiert stärker als Wasser, aber nur bei Gegenwart von Sauerstoff, vermutlich unter Bildung unbeständiger, bereits beim Auspumpen der Gase sich wieder zersetzender Verbindungen[1]).

Die Löslichkeit in Alkohol ist etwas gröfser[2]). Ein Volum desselben absorbiert bei:

Temperatur	1,9°	6,3°	11,2°	14,6°	19,0°	23,8°
Volume Stickstoff . .	0,12561	0,12384	0,12241	0,12148	0,12053	0,11973

Der Absorptionskoeffizient ist danach $= 0{,}126338 - 0{,}000418\,t + 0{,}0000060\,t^2$.

Auch geschmolzenes Eisen absorbiert Stickstoff[3]), ebenso andere Metalle, Alkalimetalle, besonders Lithium, schon in der Kälte[4]). So gewinnt man gute Absorptionsmittel, wenn man z. B. Kalk oder Baryt mit einer konzentrierten Lösung von Lithiumhydroxyd tränkt, Magne-

[1]) Bohr, Compt. rend. 124, 414; Chem. Centralbl. 1897, I, 661. — [2]) Carius, Ann. Chem. 94, 136; Bunsen, Gasometr. Methoden, 2. Aufl., S. 209. — [3]) Troost u. Hautefeuille, Compt. rend. 76, 562; Dingl. pol. J. 208, 331. — [4]) Deslandres, Compt. rend. 121, 886; Ber. 29, 52.

sium hinzufügt und bei möglichst niedriger Temperatur in einer Wasserstoffatmosphäre erhitzt[1]), oder wenn man eine Mischung aus 1 Tl. fein verteiltem Magnesium, 5 Tln. grob gepulvertem, frisch ausgeglühtem Kalk und 0,25 Tln. metallischem Natrium herstellt[2]).

Kohle absorbiert von Stickstoff nach R. A. Smith[3]) 4,27 mal so viel als von Wasserstoff; doch ist diese Zahl wahrscheinlich zu niedrig, da immer etwas Stickstoff in der erhitzten Kohle zurückbleibt. J. Hunter[4]) bestimmte die Absorptionsfähigkeit von Kohle zu 15,2 Vol., reduziert auf 3° und 760 mm. Nach L. Joulin[5]) ist die kondensierte Gewichtsmenge nahezu proportional dem Drucke, nahezu umgekehrt proportional der Temperatur. Aus der atmosphärischen Luft wird durch Kohle zuerst nur Sauerstoff und erst später Stickstoff aufgenommen[6]). Von Petroleum werden bei 20° 0,117, bei 10° 0,135 Vol. Stickstoff absorbiert[7]).

Die Diffusionsgeschwindigkeit durch Wasser und Alkohol ist nach Stefan[8]) gröfser als die der Kohlensäure, geringer als die des Wasserstoffs. Der Diffusionskoeffizient für Sauerstoff/Stickstoff ist nach v. Obermayer[9]) im Mittel = 0,063 92, und zwar nach 10 Minuten = 0,063 616, nach einer Stunde = 0,064 313, nach 75 Minuten = 0,064 372.

Der Stickstoff gilt als drei- und fünfwertig, nach Blomstrands und F. Barkers[10]) Ansicht auch als einwertig. Die Fünfwertigkeit ist lange bestritten worden, indem man die Ammoniumverbindungen als molekulare Verbindungen auffafste. In diesem Falle müfsten, wenn beispielsweise einerseits Jodäthyl auf Dimethylamin, andererseits Jodmethyl auf Diäthylamin einwirkt, Isomere der Formel $N(CH_3)_2(C_2H_5)_2J$ entstehen. V. Meyer und Lecco[11]) wiesen indessen nach, dafs die hierbei entstehenden Basen resp. deren Salze durchaus identisch sind, und widerlegten durch besondere Versuche[12]) den Einwand von W. Lossen[13]), dafs unter den eingehaltenen Bedingungen ein Platzwechsel zwischen Methyl und Äthyl in substituierten Ammoniaken stattfinden könne. Die von Ladenburg und Struve[14]) behauptete Existenz zweier isomerer Körper $N(C_2H_5)_3$, C_7H_7J und $N(C_2H_5)_2C_7H_7$, C_2H_5J, welche hierzu im Gegensatz stehen würde, wurde von V. Meyer[15])

---

[1]) H. N. Warren, Chem. News 74, 6; Ber. 29, Ref. 1096. — [2]) W. Hempel, Zeitschr. anorgan. Chem. 21, 19. — [3]) R. A. Smith, Chem. News 18, 121; Ann. Chem. Suppl. 2, 262. — [4]) J. Hunter, Chem. Soc. J. 18, 649; JB. 1865, S. 44. — [5]) L. Joulin, Compt. rend. 90, 741; JB. 1880, S. 66. — [6]) R. A. Smith, Chem. News 18, 121; Ann. Chem. Suppl. 2, 262. — [7]) Gniewasz u. Walfisz, Zeitschr. phys. Chem. 1, 70. — [8]) Stefan, Wien. Akad. Ber. 77, 371. — [9]) v. Obermayer, ebend. 79, 745 u. 85, 748; vergl. auch C. Duncan u. F. Hoppe-Seyler, Zeitschr. physiol. Chem. 17, 147. — — [10]) F. Barker, Am. Chemist [2] 2, 1; JB. 1871, S. 230. — [11]) V. Meyer u. Lecco, Ber. 8, 233. — [12]) Dieselben, Ber. 8, 936. — [13]) W. Lossen, Ber. 10, 47. — [14]) A. Ladenburg u. O. Struve, Ber. 10, 43, 561, 1634. — [15]) V. Meyer, Ber. 10, 309, 964, 1291.

widerlegt. Auch nach den von B. Rathke[1]) aufgestellten Merkmalen für Molekularverbindungen zeigen sich die substituierten Ammoniumverbindungen als einfache Verbindungen, der Stickstoff in ihnen mithin als fünfwertig. Die wechselnde Valenz der Stickstoffatome hat A. Walter[2]) aus mechanischen Vorstellungen vom Wesen der Atome theoretisch entwickelt.

Wir müssen aber, wenn der Valenzbegriff überhaupt einen Wert haben soll, den Gedanken des Valenzwechsels fallen lassen und vielmehr die Maximalvalenz als die eigentliche annehmen und uns vorstellen, dafs in den Verbindungen, in welchen diese Maximalvalenz nicht zu Tage tritt, Affinitäten unbethätigt bleiben[3]).

Der Stickstoff würde hiernach schlechtweg als fünfwertig zu bezeichnen sein. Es besteht aber hier das eigentümliche Verhältnis, dafs mindestens eine Valenz von den anderen charakteristisch unterschieden ist. Denn es besteht keine Verbindung, in welcher fünfwertiger Stickstoff mit Sicherheit angenommen werden könnte, mit fünf Radikalen von gleichem chemischen Charakter[4]). Ähnliches zeigt sich beim Sauerstoff, sobald er vierwertig auftritt, und bei einer ganzen Anzahl von Elementen, welche komplexe oder sogenannte Molekularverbindungen bilden.

Dieses Verhältnis läfst sich am prägnantesten wiedergeben durch die Annahme, dafs im Stickstoff neben drei Hauptvalenzen, welche durch drei Radikale gleicher Art abgesättigt werden können, ein Paar Neutralvalenzen oder Neutralaffinitäten vorhanden ist, d. h. noch zwei Valenzen, welche nur gleichzeitig und zwar durch Radikale von elektrochemisch gegensätzlicher Natur abgesättigt werden. Der Umstand ferner, dafs die Verbindungen, in welchen nur die drei Hauptvalenzen gesättigt sind, doch bei Abwesenheit ionisierender Mittel kein Bestreben zeigen, das Neutralaffinitätenpaar abzusättigen, dafs im Gegenteil die Verbindungen des sogenannten fünfwertigen Stickstoffs sehr zur Abspaltung der an dieses Paar gebundenen Radikale neigen, führte zu der Ansicht, dafs jene ersten Verbindungen, wie es Nernst[5]) für Ionen annimmt, die scheinbar unbethätigten Valenzen durch Elektronen und zwar in diesem Falle durch solche entgegengesetzter Art absättigen. Nach dieser Auffassung ist dem Ammoniak also nicht die Formel NH_3, sondern genauer die Formel $NH_3\!<^{\oplus}_{\ominus}$ zuzuschreiben[6]).

Schwer vereinbar mit dieser Vorstellung wie mit den bisherigen Anschauungen über Stickstoffverbindungen überhaupt scheint die kürzlich von Piloty und Graf Schwerin[7]) ausgesprochene Ansicht, dafs das

---

[1]) B. Rathke, Ber. 12, 703. — [2]) A. Walter, Ber. 6, 1402. — [3]) Vergl. Hinrichsen, Zeitschr. physikal. Chem. 39, 304. — [4]) Vaubel, Stereochemische Forschungen, 1899, I, Heft 2; Ber. 33, 1713; A. Lachmann, Ber. 33, 1035. — [5]) W. Nernst, Theoret. Chem., 3. Aufl., S. 346. — [6]) L. Spiegel, Zeitschr. anorgan. Chem. 29, 1902. — [7]) O. Piloty u. B. Graf Schwerin, Ber. 34, 1879, 2354.

Stickstoffatom in gewissen Verbindungen als vierwertig zu betrachten sei. Diese Ansicht ruht aber bisher nur auf äufserst schwachen Füfsen. Für die interessanten, von den genannten Autoren entdeckten und als Porphyrexin bezw. Porphyrexid beschriebenen Verbindungen kann bei dem mangelhaften analytischen Material noch nicht einmal die empirische Zusammensetzung, viel weniger die Konstitution als sicher festgestellt gelten[1]). Man wird daher gut thun, diesen Punkt vorläufig aufser Betracht zu lassen. Dafs übrigens auch ein solches Vorkommen von scheinbar vierwertigem Stickstoff auf Grund der obigen Vorstellung seine Erklärung finden kann, werden wir bei den Stickstoffsauerstoffverbindungen noch darlegen.

Der Umstand, dafs eine Anzahl zweifellos oder doch wahrscheinlich stereoisomerer organischer Körper, welche sämtlich stickstoffhaltig sind, bezüglich dieser Isomerie nach den früheren nur auf den Bindungsverhältnissen der Kohlenstoffatome beruhenden Vorstellungen von van 't Hoff und Wislicenus nicht genügende Erklärung fanden, gab Anlafs, diese Vorstellungen auf das Stickstoffatom zu übertragen. Hantzsch und Werner[2]) gingen von der Voraussetzung aus, dafs die drei Valenzen des Stickstoffs mit dem Stickstoffatome selbst nicht unter allen Umständen in einer Ebene liegen. Gesetzt auch, in den einfachsten Verbindungen, z. B. im Ammoniak, lägen die drei Valenzen mit dem Stickstoffatom in einer Ebene, so müssen doch Ablenkungen dieser drei Valenzen eintreten in allen Fällen, 1. wo dieselben mit den drei Valenzen desselben Kohlenstoffatoms sich binden, 2. in allen ringförmigen u. s. w. Gebilden, wo N an Stelle von CH steht. Kann also die Voraussetzung als berechtigt zugegeben werden, so folgt daraus die Grundhypothese: Die drei Valenzen des Stickstoffs sind bei gewissen Verbindungen nach den Ecken eines (jedenfalls nicht regulären) Tetraeders hin gerichtet, dessen vierte Ecke vom Stickstoffatom selbst eingenommen wird. Hiernach würde man für die Cyanverbindungen ganz analoge Raumformeln wie für die Acetylenkörper mit dreifacher Bindung zwischen zwei Kohlenstoffatomen erhalten, also

$$\begin{array}{c} X \\ | \\ C \\ ||| \\ N \end{array}$$

entsprechend

$$\begin{array}{c} X \\ | \\ C \\ ||| \\ (CH) \end{array}$$

, wobei natürlich von räumlicher Isomerie keine Rede

---

[1]) Die Analysen derjenigen Verbindungen, aus denen die monomolekulare Konstitution des Porphyrexids und demgemäfs die Vierwertigkeit eines Stickstoffatoms in demselben geschlossen wird, nämlich des Nitrats sowie eines Mono- und eines Dichlorderivates, stimmen sämtlich mindestens ebenso gut für die um ein Wasserstoffatom reichere Formel der Porphyrexinderivate, welche sie auch nach der angegebenen Darstellungsweise vorstellen könnten. — [2]) Hantzsch u. Werner, Ber. 23, 11.

sein kann. Eine solche könnte sich aber ergeben: 1. wenn man in derselben Weise in den Raumformeln der Körper mit Doppelbindung zwischen zwei Kohlenstoffatomen CH durch N ersetzt; wie bei jenen geometrische Isomerie (fumaroide und maleinoide Form) auftreten kann, so ist diese Erscheinung auch denkbar bei Körpern mit Doppelbindung zwischen Kohlenstoff und Stickstoff im Sinne folgender Formelbilder

```
X—C—Y          X—C—X
  ||     und     ||
  N—Z          Z—N
```

, ferner bei Körpern mit Doppelbindung zwischen zwei Stickstoffatomen, vergleichbar dem Typus

```
(CH)—X
 ||
(CH)—Y
```

, also die Isomerien, welche ausgedrückt werden durch die Formelbilder

```
  N—X          N—X
  ||     und   ||
  N—Y        Y—N
```

. Schliefslich mufs noch die Möglichkeit in Betracht gezogen werden, dafs auch Stickstoffverbindungen ohne Doppelbindung existieren könnten, deren an Stickstoff gebundene Radikale mit diesem nicht in einer Ebene lägen. Alsdann könnten Verbindungen vom Typus des Ammoniaks bei Verschiedenheit der drei an das Stickstoffatom gebundenen Radikale in geometrischen Isomeren erscheinen, entsprechend den Körpern mit einem asymmetrischen Kohlenstoffatom [1]). Es könnten ferner Verbindungen vom Typus des Hydrazins in den folgenden Stereoisomeren vorkommen

```
X—N—Y          X—N—Y
  |      und     |
U—N—Z          Z—N—U
```

. Vorschläge für eine rationelle Nomenklatur der nach dieser Theorie sich ergebenden Isomeren sind von Hantzsch [2]) gemacht worden.

Zur Begründung bezw. Widerlegung dieser Theorie sind eine grofse Anzahl von Untersuchungen und Erörterungen einerseits von Hantzsch und seinen Schülern [3]), andererseits besonders von V. Meyer und Auwers [4]), sowie von A. Claus [5]) veröffentlicht worden. Im grofsen und ganzen haben sich die Hantzsch-Wernerschen Anschauungen bewährt, und die von Meyer und Auwers aufgestellte Hypothese, dafs die betreffenden Isomeriefälle nicht aus der Natur des Stickstoffatoms, sondern aus der besonderen Konfiguration des Hydroxylamin- resp. Phenylhydrazinmoleküls zu erklären seien, ist hinfällig geworden, nachdem derartige Isomerieen auch bei anderen Körpern als

---

[1]) Bezüglich des Nichtvorkommens dieser Isomerie vgl. Alfred Werner, Beiträge zur Theorie der Affinität und Valenz (Vierteljahrsschr. d. Naturf. Gesellsch. zu Zürich **36**, 160). — [2]) Hantzsch, Ber. **24**, 3479. — [3]) Ders., Ber. **23**, 2322 u. 2770; **24**, 3511. — [4]) V. Meyer u. Auwers, Ber. **23**, 600, 2063, 2403; **24**, 4225; **25**, 1500. — [5]) A. Claus, J. pr. Ch. [2] **45**, 377, 556; **46**, 546; **48**, 80.

bei Oximen und Hydrazonen konstatiert werden konnten. Etwas anders geartete stereochemische Hypothesen über das Stickstoffatom sind von Behrend[1]) und von Bischoff[2]) veröffentlicht worden, während Vaubel[3]) dem Stickstoffatom für sich eine ganz besondere Form beilegen und durch diese die Valenz- und Isomerie-Erscheinungen erklären will.

Im Lichte dieser räumlichen Anschauungen ist es von Interesse, ob bei fünfwertigem Stickstoff eine verschiedene Lagerung der an das gleiche Stickstoffatom gebundenen Radikale erkennbar ist. Nach Analogie des Einflusses, welchen ein mit vier verschiedenen Radikalen verbundenes Kohlenstoffatom auf das polarisierte Licht ausübt, suchte man zunächst Stickstoffverbindungen, welche fünf verschiedene Radikale enthalten, mit den gebräuchlichen Mitteln in optische Antipoden zu zerlegen und Le Bel[4]) behauptete in der That, mit Hülfe von Pilzkulturen das Isobutylpropyläthylmethylammoniumchlorid aktiviert zu haben. Doch ist die Erzielung dieses Resultates bisher keinem anderen Forscher gelungen[5]) und nach Wedekinds Untersuchungen[6]) scheint es vielmehr, als ob Asymmetrie des Stickstoffatoms optische Aktivität nicht bedinge. Dagegen kann es wohl als feststehend gelten, dafs eine durch die Asymmetrie bedingte räumliche Isomerie sich in krystallographischen und physikalischen Verschiedenheiten zu erkennen giebt. Nach Wedekind sind hierzu vornehmlich genügende Raumerfüllung durch die eingeführten Radikale (um intramolekulare Permutationen derselben zu verhüten) und hinreichende Verschiedenheiten derselben erforderlich.

Allotrope Modifikationen. Auf Bildung einer allotropen Modifikation führten Thomson und Threlfall[7]) die von ihnen beobachtete Erscheinung zurück, dafs durch elektrische Entladungen das Volum von Stickstoff, der unter einem Drucke von nicht mehr als 20 mm steht, bis zu einem vom Drucke abhängigen Maximum verringert wird, und dafs dieses Gas durch längeres Erwärmen auf 100° sein ursprüngliches Volum wieder erlangt. Doch beruhte diese Erscheinung, nach neueren Untersuchungen Threlfalls[8]), auf Bildung einer festen Verbindung von Stickstoff mit dem Quecksilber des Manometers.

Eine aktive Modifikation nahm Johnston[9]) auf Grund der Beobachtung an, dafs beim Überleiten von Wasserstoff und Stickstoff über

[1]) R. Behrend, Ber. **23**, 454. — [2]) Bischoff, Ber. **23**, 1967. — [3]) W. Vaubel, Das Stickstoffatom, Giefsen 1891. — [4]) Le Bel, Compt. rend. **112**, 724; **129**, 548; **130**, 1552; Ber. **24**, 441 Ref., Chem. Centralbl. 1899, I, 1902, 1900, II, 77. — [5]) W. Markwald u. v. Droste-Hülshoff, Ber. **32**, 560. — [6]) Wedekind, Zur Stereochemie der fünfwertigen Stickstoffe, Leipzig 1899; die sonstige diesbezügliche Litteratur s. dort, S. 9 ff. — [7]) J. J. Thomson u. R. Threlfall, Lond. R. Soc. Proc. **40**, 329; Graham-Otto, Anorg. Chem., 2. Aufl., **4**, 1494. — [8]) R. Threlfall, Phil. Mag. [5] **35**, 1; Chem. Centralbl. **64**, 292. — [9]) G. S. Johnston, Chem. Soc. J. **39**, 128 u. 130; JB. 1881, S. 176.

Platinschwamm Ammoniak gebildet werde, wenn der Stickstoff bei niedriger Temperatur bereitet war, während der bei hoher Temperatur bereitete oder vorher durch ein glühendes Rohr geführte diese Verbindungsfähigkeit nicht besitzt. Dagegen suchten Wright[1]) und Baker[2]) den Grund der Ammoniakbildung in einem Gehalte an Stickoxyd, das durch die von Johnson angewendeten Reinigungsmittel nicht gänzlich zurückgehalten, nach Baker sogar teilweise durch diese erzeugt werde. Bei sorgfältiger Vermeidung dieser Fehlerquelle, z. B. bei Bereitung des Stickstoffs aus Chlorammonium und Natriumhypobromit oder bei Reinigung des aus Ammoniumnitrit dargestellten Gases durch Natriumsulfit, werden nur Spuren oder gar kein Ammoniak erhalten.

Manche der beobachteten Anomalien hat neuerdings durch die Entdeckung des Argons[3]), das dem aus atmosphärischer Luft bereiteten Stickstoff stets beigemengt war, ihre Erklärung gefunden. Andererseits hat aber der Umstand, daſs das Atomgewicht des Argons dem Dreifachen des Stickstoff-Atomgewichtes nahesteht, zu der Annahme verführt, daſs jenes selbst eine allotrope Modifikation des Stickstoffs, drei- bezw. sechsatomiger Stickstoff sei.

Verhalten. Brennende Körper erlöschen augenblicklich in Stickstoff, und Tiere vermögen nicht darin zu leben, während einzelne Bacterienarten darin so gut wie in Luft fortkommen[4]). Als Beimengung zu brennbaren Gasgemischen wirkt er nach E. v. Meyer[5]) verschieden; die Affinität des Wasserstoffs zum Sauerstoff erscheint vermindert, hingegen die des Kohlenoxyds vermehrt. Die Leuchtkraft der Gasgemenge[6]), sowie die Temperatur der Gasflammen[7]) werden durch solche Beimengung nur wenig beeinfluſst.

Das Vereinigungsbestreben des Stickstoffs anderen Elementen gegenüber ist bei gewöhnlicher Temperatur äuſserst gering, und nur unter ganz besonderen Umständen ist er befähigt, direkt Verbindungen einzugehen. So bildet sich nach Schönbein[8]) und Berthelot[9]) salpetrige Säure bei langsamer Verbrennung von Phosphor in reiner atmosphärischer Luft, während die von Schönbein gleichfalls beobachtete Oxydation durch Ozon nach des letzteren sorgfältiger Untersuchung durch Versuchsfehler vorgetäuscht war. Bei Verbrennung von Wasserstoff in reiner atmosphärischer Luft entstehen nach Schönbein[10]) gleichfalls salpetrige Säure und Salpetersäure, was auch Kolbe[11]),

---

[1]) L. T. Wright, Chem. Soc. J. 39, 357; JB. 1881, S. 176. — [2]) H. Br. Baker, Chem. News 48, 187 u. 279; JB. 1883, S. 303. — [3]) Rayleigh u. Ramsay, Chem. News 70, 87; Ber. 27, 853 Ref. — [4]) Fr. Hatton, Chem. Soc. J. 39, 247; JB. 1881, S. 1142. — [5]) E. v. Meyer, J. pr. Chem. [2] 10, 273 — [6]) Frankland, Chem. Soc. J. 45, 30, 189, 277; JB. 1884, S. 1810. — [7]) F. Rosetti, Ber. 10, 2054 u. 11, 809. — [8]) Schönbein, J. pr. Chem. 84, 193. — [9]) Berthelot, Compt. rend. 84, 61; Ann. Chem. 174, 31. — [10]) Schönbein, J. pr. Chem. 86, 129. — [11]) Kolbe, Ann. Chem. 119, 176.

Zöller und Grete[1]), sowie Bunsen[2]) bestätigten. Hingegen fand Veith[3]), dafs hierbei zunächst Stickoxyd entsteht, das sich mit überschüssigem Sauerstoff zu Dioxyd (dessen Menge bei konstantem Volum der ursprünglich gegenwärtigen Knallgasmenge direkt proportional ist) und nur bei Anwesenheit von Alkalien weiter zu salpetriger und Salpetersäure oxydirt. Nach Ilosvay de Nagy Ilosva[4]) werden bei der Verbrennung von je 1 kg der folgenden Substanzen an der Luft umgewandelt:

	Zu Stickstoffsäuren Gramm Stickstoff	Zu Ammoniak Gramm Stickstoff
Leuchtgas	0,0771	0,0052
Wasserstoffgas	0,3286	0,0236
Kohlenoxyd	0,0147	—
Holzkohle } ausgeglüht bei 600°	0,1270	0,3679
Koke } ausgeglüht bei 600°	0,1756	0,1289

Nach Hempel[5]) kann man unter hohem Druck ganz erhebliche Quantitäten Stickstoff ohne Gegenwart anderer brennbarer Körper direkt mit Sauerstoff verbrennen. Eine solche direkte Vereinigung wird ferner bewirkt durch erhitztes Platin[6]), bei der langsamen Oxydation des durch Wasserstoff reduzierten Eisens[6]), beim Aufbewahren von Äthyläther unter dem Einflusse von Licht und Luft[7]), sowie durch Platinmohr in Gegenwart starker Basen bei gewöhnlicher Temperatur[8]). von Lepel[9]) erlangte bei der Oxydation von Stickstoff der Luft durch elektrische Funken eine Ausbeute an Stickoxyden zwischen 5 und 10 Proz.; er hält es sogar für möglich, mit Hülfe hochgespannter Maschinenströme Salpetersäure auf diesem Wege im grofsen darzustellen. Selbst mit geringen elektromotorischen Kräften lassen sich bei geeigneter Anordnung recht merkliche Mengen Salpetersäure erzielen. Von grofser Bedeutung ist die Form des Entladungsraumes. Vermehrung der Stromstärke beeinflufst die Ausbeute deutlicher als Verlängerung der Funkenbahn. Die entstandene Untersalpetersäure wird wieder zerstört, wenn sie nicht durch den Luftstrom rechtzeitig aus dem Entladungsraume fortgeführt wird. Das Vorhandensein von überschüssigem Sauerstoff oder von Sauerstoffüberträgern steigert die Ausbeute, Gegenwart von Ozon und Einwirkung von Röntgenstrahlen sind ohne Einflufs[10]).

[1]) Zöller u. Grete, Ber. 10, 2145. — [2]) Bunsen, Gasometr. Methoden, 2. Aufl., S. 71. — [3]) Alexander Veith, Mittheilungen a. d. chem. Inst. d. k. Ung. Univers. Budapest. — [4]) L. Ilosvay de Nagy Ilosva, Bull. soc. chim. [3] 11, 272; Ber. 27, 422 Ref. — [5]) W. Hempel, Ber. 23, 1457. — [6]) L. Ilosvay de Ilosva, Bull. soc. chim. [3] 2, 374; Ber. 23, 85 Ref. — [7]) Berthelot, Compt. rend. 108, 543; Ber. 22, 286 Ref. — [8]) O. Löw, Ber. 23, 1443. — [9]) F. v. Lepel, Ann. Phys. [2] 46, 319. — [10]) Ders., Ber. 30, 1027.

Erhöhter Druck wirkt nach Lord Rayleigh[1]) in kleineren Gefäfsen anscheinend begünstigend, nicht aber in gröfseren, bei denen schon sonst günstigere Ausbeute erzielt wird, wahrscheinlich weil die nitrosen Dämpfe durch die in gröfserer Oberfläche vorhandene Flüssigkeit schnell absorbiert werden. Das Metall der Elektroden scheint ohne Einflufs zu sein.

Berthelot[2]) giebt an, dafs durch den elektrischen Funken aus dem Gemisch von Stickstoff und Sauerstoff in Gegenwart von konzentrierter Kalilauge zunächst nur salpetrige Säure entstehe und erst sehr langsam in Untersalpetersäure übergehe.

Ob der in Wasser gelöste Stickstoff, wie Davy angab, während der Elektrolyse oxydiert wird, ist nach Rayleigh[3]) zweifelhaft.

Das Verbindungsvermögen wird durch hohe Temperatur gesteigert. Mit Bor vereinigt sich der Stickstoff schon beim Verbrennen desselben in atmosphärischer Luft[4]), mit Magnesium, Silicium, Chrom und Titan, vielleicht auch mit Zink, Aluminium und Eisen bei Weifsglühhitze[5]), hingegen mit Lithium unter Umständen schon bei gewöhnlicher Temperatur[6]), mit Erdalkalimetallen bei schwacher Rotglut[7]). Besonders grofse Affinität zum Stickstoff zeigt metallisches Uran[8]).

Mit Kohle vereinigt sich Stickstoff nach Berthelot[9]) nur bei Gegenwart von Wasserstoff oder Wasserdampf, indem zunächst Acetylen, dann aus diesem und Stickstoff Blausäure gebildet wird.

Durch alkalische Permanganatlösung wird Stickstoff selbst bei 100° nicht angegriffen[10]); dagegen entwickelt er aus Chlorblei, das auf 400 bis 500° erhitzt ist, nach W. Spring[11]) einen langsamen, aber regelmäfsigen Chlorstrom. Wasserdampf zersetzt er unter dem Einflusse elektrischer Ausströmung nach A. und P. Thénard[12]) unter Bildung von Ammoniumnitrit; nach Berthelot[13]), der bei Anwendung eines starken Induktionsstromes dasselbe Resultat erhielt, scheint diese Zersetzung unter dem Einflusse schwacher Ströme nicht stattzufinden. Mit Schwefelkohlenstoff kondensiert sich Stickstoff nach Berthelot[14])

---

[1]) Chem. Soc. Proc. Nr. 174, 17; Chem. Centralbl. 1897, I, 536. — [2]) Berthelot, Compt. rend. 129, 137; Chem. Centralbl. 1899, II, 412. — [3]) Chem. Soc. Proc. Nr. 174, 17; Chem. Centralbl. 1897, I, 536. — [4]) S. Graham-Otto, Anorg. Chem., 2. Aufl., 2, 19. — [5]) S. Gmelin-Kraut, Handb., 6. Aufl., [1] 2, 447; L. Arons, Naturw. Rundsch. 14, 453. — [6]) Deslandres, Compt. rend. 121, 886; Ber. 29, 52 Ref. — [7]) A. Rossel, Compt. rend. 121, 941; Ber. 29, 3 Ref.; C. Limb, Compt. rend. 121, 887; Ber. 29, 52 Ref.; L. Maquenne, Compt. rend. 121, 1147; Ber. 29, 77 Ref. — [8]) H. Moissan, Compt. rend. 122, 1088; Ber. 29, 539 Ref. — [9]) Berthelot, Bull. soc. chim. [2] 11, 449; Ann. Chem. 150, 60. — [10]) Wanklyn u. Cooper, Phil. Mag. [5] 6, 288; JB. 1878, S. 277. — [11]) W. Spring, Ber. 18, 344. — [12]) A. u. P. Thénard, Compt. rend. 76, 1508; JB. 1873, S. 118. — [13]) Berthelot, Compt. rend. 84, 61; Ann. Chem. 174, 31. — [14]) Ders., Compt. rend. 120, 1315; Ber. 28, 595 Ref.

unter dem Einflusse des elektrischen Funkens sowie der dunklen elektrischen Entladung[1]).

Ebenso tritt Vereinigung mit Benzol und Thiophen ein. Als Grenzwerte ermittelte Berthelot[2]) für Benzol $3\,C_6H_6 : 2\,N$, für Thiophen $2\,C_4H_4S : N$, für Schwefelkohlenstoff $3\,CS_2 : 2\,N$. Aus Benzol entstehen dabei mehrere Verbindungen, von denen einige nach Art der Diamine leicht spaltbar sind, während andere sich wie Hydrazobenzol u. s. w. verhalten.

Die Verbindung mit Schwefelkohlenstoff giebt beim Erhitzen einen Teil des Stickstoffs als solchen ab.

Mit Quecksilberdimethyl vereinigt sich Stickstoff direkt zu einer Verbindung von dem Atomverhältnis $C:H:N = 2:3,4:0,5$, während ein aus vier Raumteilen Wasserstoff und einem Raumteil Methan bestehendes Gas entweicht[3]).

Dafs Pflanzen Stickstoff aus der Atmosphäre aufnehmen, ist, worauf Chevreul hinwies, bereits im Jahre 1854 von Georges Ville[4]) nachgewiesen worden. Die Bedingungen, unter denen eine solche Aufnahme seitens der Pflanzen sowohl als des Bodens stattfindet, sind seitdem eingehend studiert worden. Die Thatsache selbst wurde noch experimentell erwiesen durch Joulie[5]) und Atwater[6]), und die damit im Gegensatz stehende Beobachtung Schlösings[7]), dafs Pflanzenböden auch bei zweijähriger Berührung mit stets erneuter atmosphärischer Luft ihren Stickstoffgehalt nicht ändern, findet nach Versuchen Berthelots[8]) ihre Erklärung darin, dafs die Böden den während der ersten Wachstumsperiode der Pflanzen aus der Atmosphäre aufgenommenen Stickstoff späterhin bis auf einen gröfseren oder kleineren Bruchteil an die kräftiger entwickelten Pflanzen abgeben. Berthelot[9]) hatte des weiteren gefunden, dafs gewisse Thonböden unter den verschiedensten Bedingungen langsam Stickstoff fixieren, und dafs dies durch Mikroorganismen veranlafst wird; es findet nicht im Winter statt und geht durch Sterilisieren (Erhitzen auf 100°) verloren; befördert wird es durch Porosität des Bodens und Anwesenheit einer geringen Wassermenge (2 bis 3 bis zu 12 bis 15 Proz.), sowie durch eine Temperatur zwischen 10 und 40°; das Quantum, welches ein nicht bewachsener Boden zu fixieren vermag, geht über eine gewisse Grenze nicht hinaus. Gautier und Drouin[10]) fanden bei unbepflanzten Böden

[1]) Berthelot, Compt. rend. 129, 133; Chem. Centralbl. 1899, II, 411. — [2]) Ders., Compt. rend. 124, 528; Chem. Centralbl. 1897, I, 799. — [3]) Ders., Compt. rend. 129, 378; Chem. Centralbl. 1899, II, 586. — [4]) Georges Ville, Compt. rend. 41, 757. — [5]) Joulie, ebend. 101, 1008; Ber. 18, 711 Ref. — [6]) O. Atwater, Am. Chem. J. 6, 365; Ber. 18, 286 Ref. — [7]) Schlösing, Compt. rend. 107, 290; Ber. 21, 740 Ref. — [8]) Berthelot, Compt. rend. 106, 1214 u. 107, 372; Ber. 21, 406 u. 740 Ref. — [9]) Ders., Compt. rend. 101, 775; Ber. 18, 669 Ref. u. Compt. rend. 106, 569; Ber. 21, 362 Ref. — [10]) Arm. Gautier u. R. Drouin, Compt. rend. 106, 1232; Ber. 21, 407 Ref.

Anwesenheit organischer Materie erforderlich und sprechen gleichfalls den einzelligen Algen und anderen Aerobien eine mafsgebende Rolle zu. Der Einflufs der Bakterien sowie deren Sitz wurde dann durch sorgsame Untersuchungen von Hellriegel und Wilfarth[1]), Th. Schlösing (Sohn) und Laurent[2]), sowie Atwater und Woods[3]) bestätigt. Die späteren Untersuchungen behandeln eingehend den Anteil von Bakterien und an der Oberfläche lebenden niederen Pflanzen (Algen[4]). Besonders einem dem Bacillus butyricus ähnlichen Mikroben soll die Assimilationsfähigkeit in hohem Grade zukommen[5]). In den Leguminosenknöllchen ist wahrscheinlich der in verschiedenen Varietäten vorkommende Bacillus radicicola der Stickstoffsammler. Ähnliche Fähigkeiten sind aber auch bei verschiedenen allgemein verbreiteten Bodenbakterien festgestellt worden[6]). Reinkulturen von solchen Bakterien sind zur Aufbesserung von Ackerböden in Anwendung gezogen worden und zwar die Knöllchenbakterien unter der Bezeichnung „Nitragin“, eine Bodenbakterie, Bacillus Ellenbachensis α, neuerdings mit einer zweiten Art, Bacillus β, vergesellschaftet, als „Alinit“. — Auch Elektrizität, selbst bei schwachen Spannungen, fand Berthelot[7]) von förderndem Einflufs.

Die Verbindungswärme des Stickstoffs hat Thomsen[8]), indem er ältere Angaben auf Grund einer neuen Bestimmung der Verbrennungswärme von Ammoniak korrigierte, berechnet. Es ergab sich folgende Zusammenstellung für die Bildungswärmen der einfachen Stickstoffverbindungen:

Verbindung	Reaktion	Wärme-entwickelung	Erklärungen
Ammoniak . . .	(N, H_3)	+ 11 890 cal.	
	$(NH_3, aq.)$	+ 8 440 „	
	(N, H_3, aq)	+ 20 330 „	
Stickstoffoxydul	(N_2, O)	— 18 320 „	
	(N, NO)	+ 3 255 „	
	$(N_2O, 2H_2O)$	— 30 260 „	Produkt: NH_4, NO_3
Stickoxyd . . .	(N, O)	— 21 575 „	
	(N_2O, O)	— 24 830 „	Produkt: 2 NO

[1]) Hellriegel u. Wilfarth, Zeitschr. d. Ver. f. Rübenzuckerind. 1888, Beil. z. Novemberheft. — [2]) Th. Schlösing (Sohn) u. Laurent, Compt. rend. **111**, 750; Ber. **24**, 44 Ref. — [3]) Atwater u. Woods, Am. Chem. J. **12**, 526 u. **13**, 42; Ber. **24**, 164 Ref. — [4]) Th. Schlösing (Sohn) u. Em. Laurent, Compt. rend. **113**, 776 u. 1059; **115**, 659 u. 732; Arm. Gautier u. R. Drouin, ebend. **113**, 820; **114**, 19; P. Pichard, ebend. **114**, 81; Berthelot, ebend. **115**, 569, 636, 637, 703, 735; Ber. **25**, 46, 915, 867 Ref.; Liebscher, J. f. Landw. **41**, 139. — [5]) S. Winogradsky, Compt. rend. **116**, 1385 u. **118**, 353; Ber. **26**, 725 Ref. u. **27**, 170 Ref. — [6]) Die Ergebnisse der neueren Forschungen nebst Litteraturangaben s. E. Jacobitz, Centralbl. Bakteriol. [II] **7**, 783, 833, 876. — [7]) Berthelot, Compt. rend. **85**, 173; JB. 1877, S 202. — [8]) J. Thomsen, Ber. **12**, 1062.

Verbindung	Reaktion	Wärme-entwickelung	Erklärungen
Salpetrige Säure	(N_2, O_3, aq.)	— 6 820 cal.	
	(N_2O_2, O, aq.)	— 36 330 „	Aus Stickoxyd gebildet
	(N, O_2, H, aq.)	+ 30 770 „	
	(NO, O, H, aq.)	+ 52 345 „	Aus Stickoxyd gebilde
	(N_2, 2 H_2O)	— 71 770 „	Produkt: NH_4, NO_2
Stickstoffdioxyd	(N, O_2)	— 2 005 „	Produkt dampfförmig
	(NO, O)	+ 19 570 „	Aus Stickoxyd gebildet
	(NO_2, aq.)	— 7 755 „	Absorptionswärme
Salpetersäure .	(N_2, O_5, aq.)	+ 29 820 „	Bildung von N_2O_5 in wässeriger Lösung aus N_2, N_2O, N_2O_2 und N_2O_4
	(N_2O, O_4, aq.)	+ 48 140 „	
	(N_2O_2, O_3, aq.)	+ 72 970 „	
	(N_2O_4, O, aq.)	+ 33 830 „	
	(N, O_3, H)	+ 41 510 „	Bildung des Hydrats NO_3H aus N, NO und NO_2
	(NO, O_2, H)	+ 63 085 „	
	(NO_2, O, H)	+ 43 515 „	
	(N_2O_4, O, H_2O)	+ 18 670 „	
	(NO_3H, aq.)	+ 7 580 „	Lösungswärme des Hydrats
	(N, O_3, H, aq.)	+ 49 090 „	Bildung des Hydrats NO_3H in wässeriger Lösung aus N, NO, NO_2 und NO_2H
	(NO, O_2, H, aq.)	+ 70 665 „	
	(NO_2, O, H, aq.)	+ 51 095 „	
	(NO_2H aq., O)	+ 18 320 „	

Diese Werte stimmen nahe überein mit den von Berthelot[1]) aus eigenen Bestimmungen abgeleiteten:

Verbindung	Vorgang	Bildungswärme
Stickoxydul . .	$N_2 + O = N_2O$ (Gas)	— 20 600 cal.
Stickoxyd . . .	$N + O = NO$ (Gas)	— 21 600 „
Salpetrige Säure	$N_2 + O_3 = N_2O_3$ (Gas)	— 22 200 „
	$N_2 + O_3 = N_2O_3$ (gelöst)	— 8 400 „
Untersalpetersäure	$N + O_2 = NO_2$ (Gas)	— 5 200
	$N_2 + O_2 = NO_2$ (flüssig)	+ 3 400 „
Salpetersäureanhydrid . .	$N_2 + O_5 = N_2O_5$ (Gas)	— 1 200 „
	$N_2 + O_5 = N_2O_5$ (flüssig)	+ 3 600 „
	$N_2 + O_5 = N_2O_5$ (fest)	+ 11 800 „
	$N_2 + O_5 = N_2O_5$ (gelöst)	+ 28 600 „

[1]) Berthelot, Compt. rend. **90**, 779; JB. 1881, S. 1278; Bildungs- und Verbrennungswärmen organischer Stickstoffverbindungen s. Berthelot u. André, Compt. rend. **128**, 959; Chem. Centralbl. 1899, I, 1122.

Verbindung	Vorgang	Bildungswärme
Salpetersäurehydrat . . .	$N + {}^5/_2 O + {}^1/_2 H_2O$ (flüssig) $= NO_3H$ (Gas)	— 100 cal.
	$N + {}^5/_2 O + {}^1/_2 H_2O$ „ $= NO_3H$ (flüssig)	+ 7 100 „
	$N + {}^5/_2 O + {}^1/_2 H_2O$ „ $= NO_3H$ (fest)	+ 7 700 „
	$N + {}^5/_2 O + {}^1/_2 H_2O$ „ $= NO_3H$ (gelöst)	+ 14 300 „
	$N + O_3 + H = NO_3H$ (Gas)	+ 34 000 „
	$N + O_3 + H = NO_3H$ (flüssig)	+ 41 600 „
	$N + O_3 + H = NO_3H$ (fest)	+ 42 200 „
	$N + O_3 + H = NO_3H$ (gelöst)	+ 48 800 „
Ammoniak . . .	$N + H_3 = NH_3$ (Gas)	+ 12 200 „
	$N + H_3 = NH_3$ (gelöst)	+ 21 000 „
Hydroxylamin .	$N + H_3 + O = NH_3O$ (gelöst)	+ 19 000 „
Cyan	C (Diamant) + N = CN (Gas)	— 37 300 „

durch welche ebenfalls frühere Angaben dieses Autors teilweise berichtigt sind.

Die Spektrochemie des Stickstoffs, die Ermittelung seiner atomaren Refraktion und Dispersion, ist von Brühl zum Gegenstande eingehender Untersuchungen gemacht worden[1]).

Er fand unter anderem für Stickstoff in (s. die Tabelle a. f. S.):

Isomerie ist zum Teil ohne Einfluſs, wie bei Ketoximen und Aldoximen, zum Teil auch von erheblichem Einfluſs. Ein solcher geht schon aus den in der Tabelle enthaltenen Angaben betreffs der Amine hervor. Ferner ist bei Nitroverbindungen die molekulare Refraktion und Dispersion kleiner als bei den isomeren Nitrilen, bei den Pyridinabkömmlingen erheblich kleiner als bei allen Isomeren.

Brühl ist sehr geneigt, auf Grund der von ihm erforschten Beziehungen dem spektroskopischen Verhalten einen maſsgebenden Einfluſs bei Beurteilung der Konstitution zuzumessen. Wie vorsichtig man hierbei sein muſs, geht aber schon daraus hervor, daſs bei Zugrundelegung einer anderen Berechnungsart aus denselben Beobachtungswerten sich Werte für die Refraktion ergeben, in denen die von Brühl vermerkten Verschiedenheiten gröſstenteils verschwinden. So gelangte Traube[2]) für die verschiedenen Amine, Nitrile und ähnlichen Verbindungen nahezu konstant zu dem mittleren Werte der Atomrefraktion 2,63 für Linie *C* und 2,65 für Linie *D*, dagegen für Nitro-, Nitroso- und Azoverbindungen, Oxime, Isocyanate und Ammoniumverbindungen 3,75 bezw. 3,77. Für alle Verbindungen der zweiten Kategorie nimmt Traube auf Grund dieser Ergebnisse Bindung aller fünf Stickstoffvalenzen an.

---

[1]) J. W. Brühl, Ber. **26**, 806, 2508, **28**, 2390, 2393, 2399, **30**, 162; Ztschr. physikal. Chem. **22**, 373, **25**, 577, **26**, 47. — [2]) J. Traube, Ber. **30**, 43.

Verbindungsform	Mittlerer Wert für atomare Refraktion (Natriumlinie)	Dispersion
Frei	2,21	—
Ammoniak	2,50	0,072
Hydroxylamin	2,51	0,067
Hydrazin	wie Ammoniak	
Primäre Amine, aliphatisch	„	„
„ „ mit ungesättigt. Kohlenstoff direkt am Stickstoff	3,213	0,624
Sekundäre Amine, aliphatisch	2,649	0,134
„ „ aliphatisch-aromatisch	3,590	0,815
Tertiäre Amine, aliphatisch	2,996	0,191
„ „ $^2/_3$ aliphatisch, $^1/_3$ aromatisch	4,363	1,105
„ „ $^1/_3$ „ $^2/_3$ „	4,89	—
Aliphatisch substituierte Hydroxylamine	wie Hydroxylamin	—
Cyanwasserstoff und aliphatische Nitrile	3,056	0,084
Cyangas und aromatische Nitrile	3,79	0,45
Benzylcyanid und Cyanamide	wie aliphatische Nitrile	verschwindend
Oxime, aliphatisch	3,935	0,251
„ aromatisch	5,03	sehr schwankend
Doppelte Bindung mit Kohlenstoff	—	Zuwachs um 0,53
Stickstoffoxyd	wie Stickstoff	—
Stickstoffoxydul	mindestens 2,77	—

Die Möglichkeit und das Vorkommen von Strukturisomerie bei anorganischen Stickstoffverbindungen hat Sabanejeff eingehend verfolgt[1]).

[1]) Journ. russ. phys.-chem. Ges. 30, 403, 31, 375; Ztschr. anorgan. Chem. 17, 480; Chem. Centralbl. 1898, II, 764, 881 u. 1899, II, 32.

Stickstoffhalogenverbindungen.

Stickstoff vermag sich mit den Halogenen nicht direkt zu vereinigen. Die auf andere Art erhaltenen Verbindungen sind sämtlich leicht zersetzbar und höchst explosiv.

Fluorstickstoff entsteht nach H. N. Warren[1]) bei der Elektrolyse einer konzentrierten Fluorammoniumlösung in Gestalt gelblicher Öltropfen, welche mit gröfster Heftigkeit explodieren und schon in Berührung mit Glas, Kieselsäure sowie organischen Substanzen sofort zersetzt werden.

Chlorstickstoff, NCl_3, ist ein gelbes, mit furchtbarer Heftigkeit explodierendes Öl; die infolge dieser Eigenschaft sehr schwer auszuführende Analyse ergab Bineau[2]) Resultate, welche die angenommene Formel NCl_3 bestätigten; hiernach erscheint die Verbindung als Ammoniak, in welchem alle drei Wasserstoffatome durch Chlor ersetzt sind. Millon[3]) vermutete anderseits, dafs Wasserstoff darin enthalten sei, und Gladstone[4]) berechnete aus den Mengen der bei der Zersetzung durch schweflige Säure auftretenden Produkte die Formel $N_2HCl_5 = NHCl_2 + NCl_3$; doch zeigte Gattermann[5]), dafs derartige Verbindungen wohl bei gewissen Darstellungsarten entstehen, durch Behandlung mit Chlorgas aber in die Verbindung NCl_3 übergehen; er fand für diese statt der berechneten 89,17 Proz. Chlor 89,10 Proz. Nach Seliwanow[6]) ist die Verbindung als Amid der unterchlorigen Säure aufzufassen.

Dulong[7]) entdeckte zuerst 1812 diese Verbindung, soll aber, nach Otto[8]), da er selbst dabei schwer verletzt worden war und andere vor gleichem Lose bewahren wollte, die Entdeckung verheimlicht haben, so dafs Davy[9]), ebenfalls zu seinem körperlichen Schaden, dieselbe zum zweiten Male machte.

---

[1]) H. N. Warren, Chem. News 55, 289; JB. 1887, S. 402. — [2]) Bineau, J. pr. Chem. 37, 116. — [3]) Millon, Ann. ch. phys. 69, 75; JB. Berz. 19, 210. — [4]) Gladstone, Chem. Soc. Qu. J. 7, 51; Pharm. Centralbl. 1854, S. 56. — [5]) L. Gattermann, Ber. 21, 751. — [6]) Th. Seliwanow, Ber. 27, 1012. — [7]) Dulong, Schweigg. Journ. 8, 602. — [8]) Graham-Otto, Anorgan. Chem., 5. Aufl., 2, 2, 136. — [9]) Davy, Phil. Trans. 1813, p. 1 u. 242; Gilb. Ann. 47, 51.

Bildung: 1. Bei Einwirkung von Chlor auf wässerige Lösung von Ammoniaksalzen starker Säuren, neben Chlorwasserstoffsäure; die Bildung erfolgt ohne merkliche Wärmeentwickelung, schneller bei 32° und darüber als bei gewöhnlicher Temperatur, gar nicht unterhalb 0°; sie wird gehindert durch einen Gehalt der Lösung an Schwefelammonium, durch Schwefel- oder Kohlenpulver, sowie durch Beimengung von $^1/_2$ Vol. Luft oder Kohlensäure oder 1 Vol. Wasserstoff zum Chlor [1]. 2. Bei Einwirkung von wässeriger, unterchloriger Säure auf freies Ammoniak oder auf wässerige Lösung von Ammoniaksalzen [2], auch von unterchlorigsaurem Natron und Salmiak [3], wahrscheinlich nach der Gleichung $2\,NH_4Cl + 7\,ClONa = NCl_3 + NO_3Na + 4\,H_2O$. 3. Bei Elektrolyse von konzentriertem, wässerigem Salmiak, am positiven Pol [4]. Hierbei beobachtete Mareck [5] zuweilen auf der negativen Platinelektrode einen eigentümlichen braunschwarzen Niederschlag, dessen Natur und Entstehungsweise indessen nicht aufgeklärt werden konnte.

Darstellung. Man füllt eine Glocke mit Salmiaklösung, stülpt sie in eine gleichfalls damit gefüllte Schale um und leitet Chlor ein (Berzelius). — Man erwärmt eine Lösung von 30 g reinem Salmiak in ungefähr $1^1/_2$ Liter Wasser auf 32°, gießt dieselbe in eine Schale und stülpt darin eine mit Chlor gefüllte Flasche um, unter welche ein Bleischälchen gestellt wird; die Flüssigkeit steigt allmählich unter Absorption des Chlors in der Flasche empor, auf der Oberfläche bilden sich ölige Tropfen, welche herabfallen und sich im Schälchen ansammeln; der ganze Apparat muß mit einer Schutzvorrichtung umgeben, und es dürfen alle Operationen nur mit äußerster Vorsicht vorgenommen werden. Der Vorgang vollzieht sich nach der Gleichung $ClNH_4 + 6\,Cl = 4\,ClH + NCl_3$. — Balard hängt ein Stück Salmiak in eine starke Lösung von unterchloriger Säure, ebenfalls in oder über einem Bleischälchen. Der Vorgang entspricht der Gleichung

$$ClNH_4 + 3\,ClOH = ClH + 3\,H_2O + NCl_3.$$

Hentschel [6] läßt in Chlorkalklösung, welche im Liter 22,5 g wirksames Chlor enthält, so viel 10 proz. Salzsäure einlaufen, bis in einer Probe auf Zusatz von überschüssiger 20 proz. Ammoniumchloridlösung keine Gasentwickelung mehr eintritt, giebt dann solche Ammoniumchloridlösung und nach vorsichtigem Bewegen Benzol hinzu. Man schüttelt kräftig, läßt die wässerige Schicht durch einen Heber ab und filtriert das Benzol durch ein mit zerkleinertem Chlorcalcium beschicktes Faltenfilter.

---

[1] Poirret, Wilson u. Kirk, Gilb. Ann. 47, 56 u. 69. — [2] Balard, Ann. ch. phys. 57, 225; Ann. Chem. 14, 167 u. 298. — [3] Hentschel, Ber. 30, 1434, 1792. — [4] Böttger s. Kolbe, Ann. Chem. 64, 236; J. pr. Chem. 68, 374. — [5] Fr. Mareck, Chem. Centralbl. 1884, S. 481. — [6] Hentschel, Ber. 30, 2642.

Eigenschaften. Der Chlorstickstoff ist eine wachsgelbe bis dunkelgelbe, ölige flüchtige Flüssigkeit, deren Dunst chlorähnlich riecht und die Augen stark, die Atmungsorgane ebenfalls, doch weniger als Chlor reizt. Spez. Gew. = 1,653 [1]; scheint die Elektrizität nicht zu leiten [2]. Bildungswärme = — 38000 cal. [3]. Löst sich in Schwefelkohlenstoff, sowie in Phosphorchlorür und Chlorschwefel [1].

Der Chlorstickstoff explodiert durch die verschiedensten Ursachen mit äufserst heftigem Knall und furchtbarer Sprengwirkung; er zerschmettert dabei Glas und Gufseisen, bewirkt aber in einer Bleischale meist nur eine Ausbiegung des Metalles. Es entstehen Chlorgas und Stickstoff. Die Explosion, die sich übrigens nicht sofort auf die ganze Masse erstreckt [4], wird bewirkt: durch direktes Sonnenlicht [5], Erwärmen auf wenigstens 93°, Berührung mit Phosphor, nach Serullas [6] auch mit pulverigem Arsen und Selen; etwas weniger heftig durch Phosphorcalcium, in Schwefelkohlenstoff gelösten Phosphor, Phosphorwasserstoffgas (dasselbe verschwindet dabei); ferner durch Schwefelwasserstoffgas, Stickoxyd, konzentriertes wässeriges Ammoniak. Die Pflaster und Seifen einiger Metalle, einige flüchtige und fette Öle, besonders Terpentinöl, einige Harze bewirken rasche Verpuffung, während andere Angehörige dieser Körperklassen allmählich, noch andere, namentlich viele Harze, Fette, Weingeist, Äther, Zucker, Eiweifs und Benzoesäure gar nicht zersetzen [7]. Kalihydrat bewirkt die Verpuffung bei Gegenwart von Wasser durch Erwärmung [4], Cyankalium im festen Zustande wie in konzentrierter Lösung.

Andere Stoffe bewirken eine allmähliche Zersetzung, meist von Stickstoff-, mitunter von Chlorentwickelung unter Aufbrausen begleitet. So verschwindet der Chlorstickstoff unter kaltem Wasser in 24 Stunden unter Entwickelung von Stickstoff und Chlor, Bildung von Salzsäure und Salpetersäure [1] [6]; Schwefelwasserstoffwasser scheidet unter schwacher Stickstoffentwickelung Schwefel ab und bildet eine schwach saure Salmiaklösung [6]; hierbei werden nach Bineau [8] auf 1 Mol. Ammoniak 3 bis 3,45 Mol. Salzsäure gebildet, während nach Gladstone [7], obwohl ein Teil des Stickstoffs als Gas fortgeht, meist weniger als 3 At. Chlor auf 1 Mol. Ammoniak gefunden werden. Konzentrierte Salzsäure bildet allmählich Salmiak unter Freiwerden von Chlor, wovon $^1/_3$ dem Chlorstickstoff, $^2/_3$ der Säure entstammt [5]. Wässerige, schweflige Säure entwickelt Stickgas und bildet Ammoniak und Salzsäure [9]; unter verdünnter Schwefelsäure verschwindet das Öl unter

[1] Davy, Phil. Trans. 1813, p. 1 u. 242; Gilb. Ann. 47, 51. — [2] Poirret, Wilson u. Kirk, Gilb. Ann. 47, 56 u. 69. — [3] H. St. Claire-Deville u. P. Hautefeuille, Compt. rend. 69, 152; Ber. 2, 431 Corr. — [4] V. Meyer, Ber. 21, 26. — [5] L. Gattermann, ebend., S. 771. — [6] Serullas, Ann. ch. phys. 69, 75; Ann. Phys. 17, 304. — [7] Poirret, Wilson u. Kirk, Gilb. Ann. 47, 56 u. 69. — [8] Bineau, J. pr. Chem. 37, 116. — [9] Gladstone, Chem. Soc. Qu. J. 7, 51; Pharm. Centralbl. 1854, S. 56.

Entwickelung von Stickstoff und Sauerstoff, unter konzentrierter Salpetersäure unter Entwickelung von Stickstoff. Wässerige arsenige Säure bildet Ammoniak [1]), Salzsäure und Stickstoff; der in diesen Produkten enthaltene Wasserstoff ist der zur Zersetzung verbrauchten Menge arseniger Säure proportional, entsprechend der Gleichung $2\,NCl_3 + 6\,H_2O + 3\,As_2O_3 = 2\,NH_3 + 6\,ClH + 3\,As_2O_5$ [2]). Verdünntes Ammoniak entwickelt Stickstoff und wird zu Salpetersäure [3]). Verdünntes Kali bildet Stickstoff, Chlorkalium und Salpeter; entsprechend wirken Blei-, Kobalt-, Kupfer- und Silberoxyd [1]). Kupfer oder Quecksilber bilden bei Berührung unter Wasser Chlormetall unter Entwickelung von Stickstoff [4]) [5]). Beim Aufsteigen in einer mit Quecksilber gefüllten Röhre bewirken gröfsere Mengen Explosion, während kleinere sich ruhig in obiger Weise zersetzen [5]); dabei tritt nach Bineau [2]) keine freie Säure und kaum eine Spur Ammoniak auf, und es werden auf 10,7 Tle. Stickstoff 89,3 Tle. Chlor in Form von Quecksilberchlorür erhalten. Wässeriges Silbernitrat entwickelt auf 1 Vol. Stickstoff nahe an 2 Vol. Chlor unter gleichzeitiger Bildung von Chlorsilber und Salpetersäure [1]). Arsenwasserstoff scheidet Arsen ab [6]). Wässeriges Brom- oder Jodkalium bildet Brom- bezw. Jodstickstoff [7]). Nach Seliwanow [8]) erfolgt bei der Einwirkung von Jodkaliumlösung Ausscheidung von Jod. Mäfsig konzentrierte Lösung von Cyankalium bildet Chlorkalium und entwickelt ein weifse Nebel erzeugendes Gas, welches angenäherten Phosphor entzündet; auch bewirkt in die Oberfläche der Flüssigkeit gebrachter Phosphor in Berührung mit den hier zerplatzenden Gasblasen heftige Explosion; verdünntes Cyankalium entwickelt nur Stickstoff [7]). Jod bewirkt in fester Form Explosion, in wässeriger Lösung wird es zu Jodsäure oxydiert [8]).

Kalk, Calciumcarbonat, Mennige, die Seifen der alkalischen Erden bewirken schwaches, andere Seifen, in Äther gelöster Phosphor und weingeistiges Fichtenharz, sowie Gummilack starkes Aufbrausen [6]).

Ohne zersetzende Wirkung sind: Schwefel, welcher sich ruhig auflöst [1]); Schwefelkohlenstoff, welcher auch die Verpuffung durch Phosphor und fettes Öl verhindert resp. verlangsamt [6]) — das Gemisch von Schwefelkohlenstoff und Chlorstickstoff zersetzt sich unter Wasser langsam in Stickstoff, Ammoniak, Salzsäure und Schwefelsäure [1]) —; ferner verdünnte Mineralsäuren, Blutlaugensalz, Zinn, Zink, Grauspiefsglanzerz, Zinnober, Kohle und manche andere organische Verbindungen (s. o.). — Ebenso wie in Luft läfst sich der Chlorstickstoff auch in Sauerstoff, Wasserstoff, Stickstoff, Äthylengas anscheinend ohne Zersetzung verdampfen [6]).

---

[1]) Serullas, Ann. ch. phys. 69, 75; Ann. Phys. 17, 304. — [2]) Bineau, J. pr. Chem. 37, 116. — [3]) Davy, Phil. Trans. 1813, p. 1 u. 242; Gilb. Ann. 47, 51. — [4]) Dulong, Schweigg. Journ. 8, 602. — [5]) Davy, Phil. Trans. 1813, p. 1 u. 242; Gilb. Ann. 56 u. 69. — [6]) Poirret, Wilson u. Kirk, Gilb. Ann. 47, 56 u. 69. — [7]) Millon, Ann. ch. phys. 69, 75; JB. Berz. 19, 210. — [8]) Th. Seliwanow, Ber. 27, 1012.

Viel ungefährlicher als in trockenem Zustande ist der Chlorstickstoff in Lösungen, selbst wenn dieselben konzentriert sind. Die Lösungen in Wasser, Benzol, Schwefelkohlenstoff, Chloroform, Äther, Tetrachlorkohlenstoff sind lichtbrechende, schwefelgelbe Flüssigkeiten, die sich im Dunkeln, zum Teil auch in diffusem Lichte sehr lange aufbewahren lassen und erst in direktem Sonnenlichte lebhaftere Zersetzung erfahren. Bei dieser entsteht in Benzollösung wahrscheinlich Perchlorbenzol, in Schwefelkohlenstoff viel Chlorschwefel, in Chloroform Chlor, Salzsäure, Hexachloräthan, kein Kohlenstofftetrachlorid, in Äther viel Chlorammonium, während in Kohlenstofftetrachlorid ein Zerfall in die Elemente statthat[1]).

Pentachlorstickstoff, NCl_5, glaubte Hentschel[2]) bei dem Balardschen Darstellungsverfahren erhalten zu haben. Später erkannte er jedoch, dafs es sich hier nur um Auflösungen wechselnder Mengen Chlor in der normalen Verbindung NCl_3 handelte[3]).

Substituierte Stickstoffchloride. Der direkte Ersatz von Chlor durch organische Radikale ist bisher nicht gelungen. Nach Hentschel[4]) wirkt Chlorstickstoff auf Anilin und Monomethylanilin lediglich chlorirend, während mit Dimethylanilin eine Verbindung $C_{24}H_{18}N_2Cl_{19}$ entsteht, die wahrscheinlich als ein Derivat des Tetraphenylhydrazins aufzufassen ist, etwa $\begin{matrix} C_6HCl_4.N.C_6H_5Cl_6 \\ | \\ C_6HCl_4.N.C_6H_6Cl_5 \end{matrix}$. Dagegen entstehen Substitutionsprodukte, wenn bei einer der Methoden zur Darstellung des Chlorstickstoffs das Ammoniak durch substituierte Ammoniake ersetzt wird. So entsteht

Äthyldichloramin, $C_2H_5.NCl_2$, nach Palooma[5]) durch Einwirkung einer konzentrierten wässerigen Lösung von salzsaurem Äthylamin auf trockenen Chlorkalk. Es bildet eine Flüssigkeit vom Siedepunkte 85 bis 90°, die sich unter einer kleinen Schicht Wasser in diffusem Tageslichte unzersetzt aufbewahren läfst.

Propylchloramin, C_3H_7NHCl, stechend riechendes Öl vom spezifischen Gewichte 1,021 bei 0°, nicht unzersetzt destillierbar, entsteht durch Einwirkung von Hypochlorit auf Propylamin neben

Propyldichloramin, $C_3H_7NCl_2$, einer gelben Flüssigkeit vom spezifischen Gewichte 1,177 bei 0°, die bei 117° unter 760 mm Druck siedet[6]).

Dipropylchloramin, $(C_3H_7)_2NCl$, in analoger Weise dargestellt, ist eine farblose Flüssigkeit vom spezifischen Gewichte 0,923 bei 0°, bei 143° unter 771 mm Druck siedend.

Methylphenylchloramin, $(CH_3)(C_6H_5):NCl$, entsteht nach Willstätter und Iglauer[7]) wahrscheinlich durch Einwirkung von unter-

[1]) Hentschel, Ber. 30, 2643; 31, 246. — [2]) Derselbe, ebend. 30, 1434. — [3]) Derselbe, ebend. 30, 1792. — [4]) Derselbe, ebend. 30, 2642. — [5]) Palooma, ebend. 32, 3343; vgl. auch Tscherniak, ebend. 9, 146. — [6]) A. Berg, Compt. rend. 116, 327; Ber. 26, 188 Ref. — [7]) Willstätter u. Iglauer, Ber. 33, 1636.

chloriger Säure auf Dimethylanilin. Das Resultat dieser Reaktion ist ein stechend riechendes, unbeständiges Öl.

Benzylchloramin, $C_7H_7 . NHCl$, ist ein farbloses Öl, das schon nach wenigen Minuten trübe wird und sich entzündet[1]).

Benzyldichloramin, $C_7H_7 . NCl_2$, ist ein grünlichgelbes Öl vom spezifischen Gewicht 1,282 bei 0°, in Kältemischung zu gestreiften Prismen erstarrend und dann, bei — 11,5° schmelzend, nicht destillierbar[1]).

Dibenzylchloramin, $(C_7H_7)_2NCl$, krystallisiert in Rauten vom Schmelzpunkt 56°, riecht nach bitteren Mandeln, löst sich zu 3,20 Tln. in 100 Tln. Alkohol von 16°[1]).

Leichter erhältlich und beständiger sind solche Substitutionsprodukte, welche Säureradikale enthalten. Die erste derartige Verbindung, das Acetmonochloramid, $(C_2H_3O)NHCl$, erhielt A. W. Hofmann[2]) aus der entsprechenden Bromverbindung durch Salzsäure oder direkt durch Einwirkung von Chlor auf geschmolzenes Acetamid.

Durch Einwirkung von unterchloriger Säure auf Succinimid und Benzamid erhielt Bender[3]) Succinimidchlorid, $\begin{array}{l} CH_2.CO \\ | \\ CH_2.CO \end{array}\!\!>NCl$, vom Schmelzp. 148°, das auf Amine wie freie unterchlorige Säure wirkt[4]) und Benzylmonochloramid, $(C_6H_5 . CO)NHCl$, vom Schmelzpunkte 116°.

Der gleiche Weg führt auch zu mehrfach substituierten Stickstoffchloriden, den Acylphenylstickstoffchloriden und ihren Homologen. Während Bender die Mischung von Acetanilid und Chlorkalklösung ansäuert, erhält man nach Slosson[5]) diese Verbindungen am besten durch wässerige Hypochloritlösung bei 0° ohne Ansäuern.

Chattaway und Orton[6]) lassen auf die Anilide oder Toluidide unterchlorige Säure bei Gegenwart von Kaliumbikarbonat einwirken. Es entstehen hierbei neben den Acylarylstickstoffchloriden im Kern durch Chlor substituierte Derivate, also Chloracylanilide bezw. Chloracyltoluidide, sekundär durch Umlagerung jener. Bei dieser Umlagerung entstehen wesentlich p- neben wenig o-Derivaten. Ist die o-Stellung besetzt, so geht das Halogen vollständig in p-Stellung. Bei der Umbildung mehrfach chlorierter Derivate erfolgt die Bildung von o-Derivaten in gröfserem Umfange[7]).

Aus alkylirten Benzamiden wurden Äthyl- und Methylbenzoylstickstoffchlorid erhalten. Weitere Substitution gelang aber nicht,

---

[1]) A. Berg, Compt. rend. **116**, 327; Ber. **26**, 188 Ref. — [2]) A. W. Hofmann, Ber. **15**, 410. — [3]) Bender, ebend. **19**, 2272. — [4]) Seliwanow, ebend. **25**, 3618. — [5]) Slosson, ebend. **28**, 3265. — [6]) Chattaway u. Orton, Chem. Soc. Proc. **15**, 152, 232 u. **16**, 102, 112; Chem. Centralbl. 1899, II, S. 191 und 1900, I, S. 179, 1275 und II, S. 44; Chem. Soc. J. **77**, 134; Chem. Centralbl. 1900, I, S. 505; Ber. **32**, 3573. — [7]) Dieselben u. Hurtley, Chem. Soc. Proc. **16**, 125; Chem. Centralbl. 1900, II, S. 191.

vielmehr werden bei Einwirkung von Alkalien, Cyankalium oder Zinkäthyl die ursprünglichen Acylanilide zurückgebildet[1]).

Von besonderer Beständigkeit sind die Chlorimidoverbindungen aromatischer Säureester, wie der bei 61° schmelzende Chlorimido-m-nitrobenzoesäureäthylester und der bei 68° schmelzende Chlorimido-β-naphtoesäureäthylester. Dieselben werden selbst beim Sieden mit alkoholischem Ammoniak nicht zersetzt.

Bromstickstoff, NBr_3, entsteht nach Millon[2]), wenn man zu mit Wasser bedecktem Chlorstickstoff eine Lösung von Kalium- oder Natriumbromid träufelt, wobei sich in der überstehenden Flüssigkeit das entsprechende Chlorid findet. Er ist eine schwere, dunkelrote bis schwarzrote Flüssigkeit; er ist sehr flüchtig, der Dampf riecht widrig und greift die Augen heftig an. — Unter Wasser aufbewahrt, zersetzt er sich allmählich in Stickstoff, Brom und Bromammonium. Phosphor und Arsen bewirken heftige Verpuffung. Durch wässeriges Ammoniak wird die Verbindung unter Bildung weifser Nebel zersetzt. — Im übrigen sind die Eigenschaften denen des Chlorstickstoffs ganz entsprechend.

Ähnlich wie vom Chlorstickstoff leiten sich auch von der Bromverbindung substituierte Halogenstickstoffverbindungen ab. A. W. Hofmann[3]) erhielt die ersten derartigen Verbindungen, das Acetmonobromamid und Acetdibromamid durch Einwirkung von Brom auf Acetamid in Gegenwart von Alkali. Stieglitz und Slosson[4]) sowie Chattaway und Orton[5]) haben entsprechende aromatische Verbindungen durch freie unterbromige Säure, letztere in Gegenwart von Kaliumbikarbonat dargestellt. Diese Substitutionsprodukte sind weit beständiger als Bromstickstoff. Die aromatischen Bromimidosäureester lassen sich sogar zum Teil im Vakuum oberhalb 100° unzersetzt destillieren[4]).

Acetmonobromamid, $(C_2H_3O)NHBr$, entsteht, wenn Kalilauge oder verdünnte Natronlauge auf die Mischung von je 1 Mol. Brom und Acetamid einwirken. Es krystallisiert mit 1 Mol. Wasser in wohlausgebildeten Tafeln, die unter Wasserabgabe zwischen 70 und 80°, wasserfrei bei 108° schmelzen. Durch Einwirkung von Chlorwasserstoffsäure geht es quantitativ in die entsprechende Chlorverbindung über. Siedendes Wasser zersetzt es unter Bildung von Brom und wenig BrOH. Beim Erwärmen mit Alkalilauge tritt Zersetzung zu Bromwasserstoff, Kohlensäure und Methylamin ein, wahrscheinlich unter intermediärer Bildung von Methylcyanat, das bei Verwendung von

[1]) Stieglitz u. Slosson, Chem. Soc. Proc. 16, 1; Chem. Centralbl. 1900, I, S. 461. — [2]) Millon, Ann. ch. phys. 69, 75; JB Berz. 19, 210. — [3]) A. W. Hofmann, Ber. 15, 407. — [4]) Stieglitz u. Slosson, Chem. Soc. Proc. 16, 1; Chem. Centralbl. 1900, I, S. 461; E. E. Slosson, Ber. 28, 3265. — [5]) Chattaway u. Orton, Ber. 32, 3573; Chem. Soc. Proc. 16, 102; Chem. Centralbl. 1900, I, S. 1275.

trockenem Silberkarbonat an Stelle des Alkali isoliert werden kann. Ammoniakflüssigkeit wirkt mit grofser Heftigkeit ein, unter lebhafter Stickstoffentwickelung entstehen Bromwasserstoff und Acetamid: $3(C_2H_3O)NHBr + 2NH_3 = 3BrH + 3(C_2H_3O)NH_2 + N_2$. Auch mit Anilin erfolgt lebhafte Reaktion, welche sich bis zur Explosion steigern kann, aber ohne Stickstoffentwickelung.

Dibromid, $(C_2H_3O)NHBr . Br_2$. Das Natriumsalz entsteht bei der Einwirkung von konzentrierter Natronlauge auf das Gemisch von Acetamid und Brom als schwach gelbliche Krystallmasse, aus rechtwinkligen Platten bestehend, die sich mit wenig Wasser zu Acetdibromamid, Wasser und Natriumbromid zersetzt.

Acetdibromamid, $(C_2H_3O)NBr_2$, entsteht ferner durch Einwirkung von Brom auf das Monobromamid. Es bildet goldgelbe Nadeln oder Blättchen, die bei 100° schmelzen und bei höherer Temperatur unter teilweiser Zersetzung flüchtig sind. Beim Kochen mit Wasser entsteht unter Entwickelung von unterbromiger Säure erst das Monobromamid, dann Acetamid, mit Salzsäure unter Bromentwickelung zunächst Monochloracetamid. Durch überschüssiges Alkali erfolgt stürmische Gasentwickelung.

Succinimidbromid, $\begin{matrix} CH_2.CO \\ \dot{C}H_2.CO \end{matrix}\!\!>\!NBr$, erhielten Lengfeld und Stieglitz [1]) durch Einwirkung von Brom auf Succinimid in Gegenwart von Natriumhydroxyd bei 0°. Es schmilzt bei raschem Erhitzen bei 177,5 bis 178,5°, bei langsamem Erhitzen bei 172,5°. Unter der Einwirkung von Natriummethylat erfolgt kein glatter Austausch des Broms gegen Methyl, sondern eine molekulare Umlagerung, so dafs neben einem anderen Körper Carbomethoxy-β-amidopropionsäuremethylester, $CH_3O.CONH.CH_2.CH_2.CO_2.CH_3$, entsteht. Derartige Umlagerungen erfolgen allgemein bei der Einwirkung von Natriummethylat auf Bromamide.

Formylbromaminobenzol, $C_6H_5.N(CHO)Br$, Schmelzp. 55 bis 57°, und Acetylbromaminobenzol, $C_6H_5.N(C_2H_3O)Br$, Schmelzp. 75 bis 80°, sowie die analogen Derivate des Toluidins gehen leicht in die Isomeren über, welche das Bromatom im Benzolkern in p-Stellung enthalten, also in Form-p-bromanilid etc. Diese Umwandlung erfolgt beim Erhitzen über den Schmelzpunkt, beim Kochen mit Wasser, auch bei gewöhnlicher Temperatur und in festem Zustande schon ziemlich rasch, wenn geringe Mengen Feuchtigkeit zugegen sind (Stieglitz und Slosson).

Jodstickstoff. Aufser der normalen Verbindung NJ_3 sind mehrere wasserstoffhaltige Produkte mit Sicherheit bekannt. Es sind sämtlich

---

[1]) Lengfeld u. Stieglitz, Am. Chem. J. 15, 215, 504 u. 16, 370; Ber. 26, 788 Ref., 935 Ref. u. 27, 791 Ref.

braune bis schwarze, pulverförmige, höchst explosive Körper; im trockenen Zustande explodieren sie durch die leiseste Berührung oder Erschütterung von selbst, können also in diesem Zustande nicht aufbewahrt werden.

Bildung: 1. Durch Vermischen von Jod oder Chlorjod mit wässerigem oder weingeistigem Ammoniak. Dabei entsteht nach Seliwanow[1]), wenigstens bei Anwendung von verdünnter Jodlösung, zunächst Jodammonium und unterjodige Säure: $NH_3 + H_2O + J_2 = NH_4J + HOJ$; erst auf Zusatz von mehr Jod entsteht der Niederschlag von Jodstickstoff, der sich auf Kosten der unterjodigen Säure bildet, aber auch umgekehrt beim Erwärmen mit einem grofsen Überschufs von Ammoniak in diese zurückverwandelt werden kann. Nach Chattaway und Orton[2]) tritt Verwandlung des Jods in äquivalente Mengen Ammoniumjodid und Hypojodit ein; die Hauptmenge des letzteren wird in Jodstickstoff übergeführt gemäfs der Gleichung: $3NH_4OJ = N_2H_3J_3 + NH_4OH + 2H_2O$. 2. Durch Behandeln einer Lösung von Jodammonium mit einer solchen von Chlorkalk, deren alkalische Reaktion durch Essigsäure abgestumpft ist, nach der Gleichung $Cl_2O_2Ca + 2JNH_4 = NHJ_2 + Cl_2Ca + 2H_2O + NH_3$[3])[4])[5]). 3. Durch Fällen von wässerigem Dreifach-Chlorjod oder von salzsaurer Jodsäure mit Ammoniak[6]); diese Bildung wird von Gladstone bestritten und tritt auch nach Raschigs[4]) Untersuchungen nur dann ein, wenn das Gemisch vor Zusatz des Ammoniaks gekocht wird, so dafs das gebildete Chlor entweichen kann. 4. Durch Fällen einer Mischung von jodsaurem Ammoniak und Jodammonium durch Kali, falls man zuvor mit Salzsäure versetzt hatte[7]). 5. Durch Fällen von Mehrfach-Jodkalium mit Ammoniak[8]), nach Guyard[9]) stets bei Behandlung eines löslichen Dijodides mit etwas konzentriertem Ammoniak. 6. Nach Millon[10]) durch Zersetzung von Chlorstickstoff mit Jodkalium, während Bineau[11]) hierbei nur Jod bei gleichzeitiger Entwickelung von Stickstoff erhielt. 7. Durch Zersetzung von Jodammoniak. 8. Auch beim Übergiefsen eines Gemenges von weifsem Quecksilberpräzipitat und Jod mit Alkohol bildet sich Jodstickstoff, der indes nach kurzer Zeit Explosion des ganzen Gemenges und Zertrümmerung des Gefäfses veranlafst. 9. Bei Einwirkung von Jodmonochlorid auf

---

[1]) Th. Seliwanow, Ber. **27**, 1012. — [2]) Chattaway u. Orton, Chem. Soc. Proc. **15**, 20; Chem. Centralbl. 1899, I, S. 658. — [3]) Playfair, Chem. Gaz. 1851, p. 269; Gmelin-Krauts Handb., 5. Aufl., 1, 2, S. 554. — [4]) F. Raschig, Ann. Chem. **230**, 212. — [5]) Gladstone, Chem. Soc. Qu. J. **7**, 51; Pharm. Centralbl. 1854, S. 56. — [6]) André, J. pharm. **22**, 137; Gmelin-Kraut, l. c. — [7]) Serullas, Ann. ch. phys. **42**, 200; Schweigg. Journ. **58**, 228; Ann. Phys. **17**, 304. — [8]) Schönbein, J. pr. Chem. **84**, 401. — [9]) A. Guyard, Compt. rend. **97**, 526; JB. 1883, S. 308. — [10]) Millon, Ann. ch. phys. **69**, 75; JB. Berz. **19**, 210. — [11]) Bineau, Ann. ch. phys. [3] **15**, 71; Ann. Chem. **56**, 209.

Ammoniakflüssigkeit bei 0°[1]). Die Bildung verläuft hier ähnlich wie bei 2[2]). 10. Durch Einwirkung von Alkalihypojodit auf Ammoniak[3]), wobei vorher eine teilweise Bildung von Ammoniumhypojodit erfolgt[2]). 11. Durch Einwirkung von Jod auf flüssiges Ammoniak bei sehr niedriger Temperatur[4]).

Darstellung. Man verreibt Jod in einer Reibschale sehr fein, übergiefst es alsdann mit starker Ammoniakflüssigkeit, wobei ein schwarzer Niederschlag entsteht. (Man rühre nach dem Zusatz der Flüssigkeit nicht mit dem Pistill, sondern mit einer Federfahne um!) Man bringt dann das entstandene Produkt auf mehrere kleine Filter, wäscht es auf diesen aus — im Filtrat befindet sich eine Lösung von Jod in Ammoniumjodid neben dem überschüssigen Ammoniak — und breitet die Filter, noch nafs, auf Fliefspapier aus. — Man fällt eine Chlorjodlösung mit Salmiakgeist[5]). Nach Chattaway und Orton[1]) ist dies die beste Darstellungsmethode. Giebt man $^1/_{10}$-Normallösung von Chlorjod (15 ccm) zu $^1/_2$-Normallösung von Kaliumhydrat (100 ccm) und fügt man dann schnell Ammoniakflüssigkeit hinzu (10 ccm vom spezif. Gew. 0,880), so erhält man den Jodstickstoff krystallinisch in kupferroten Nadeln. Gut ausgebildete Krystalle erhält man auch durch Zusatz von Ammoniak zu einer Lösung von Kaliumhypojodit, die im Liter 0,02 g-Molekel enthält. Nach etwa $^1/_2$ Minute beginnt dann die Ausscheidung glänzender Nadeln[3]).

Bei allen Darstellungen verteile man, um die Gefährlichkeit der nach dem Trocknen meistens eintretenden Explosion zu mindern, das Produkt auf mehrere kleine Filter oder zerreifse, falls dies nicht geschehen, das Filter vor dem Trocknen in mehrere, ziemlich fern voneinander zu legende Teile.

Eigenschaften. Je nach der Darstellungsweise sind dieselben etwas verschieden. Chattaway und Orton beschreiben dichroitische, wahrscheinlich rhombische Krystalle, welche im auffallenden Lichte kupferfarben, im durchfallenden rot erscheinen, vom spezif. Gew. 3,5[3]). Aus der Ammoniakverbindung gewinnt man nach Hugot den Jodstickstoff in violetten Nadeln[6]). Das gewöhnlich entstehende amorphe Produkt läfst sich scheinbar aus Ammoniakflüssigkeit umkrystallisieren, in Wahrheit handelt es sich aber hierbei um das Stattfinden der umkehrbaren Reaktion $N_2H_3J_3 + NH_4OH \rightleftarrows 3NH_4OJ$. In reinem Zustande ist Jodstickstoff neutral gegen Lackmus und giebt beim Schütteln mit Chloroform kein Jod ab.

Der trockene Jodstickstoff verpufft durch die geringfügigsten Ver-

[1]) Chattaway u. Orton, Am. Chem. Journ. 23, 363; Chem. Centralbl. 1900, II, S. 10. — [2]) Dieselben, Chem. Soc. Proc. 15, 20; Chem. Centralbl. 1899, I, S. 658. — [3]) Dieselben, Chem. Soc. Proc. 15, 17; Chem. Centralbl. 1899, I, S. 657. — [4]) O. Ruff, Ber. 33, 3025. — [5]) Böttger, Jahresber. d. phys. Ver. z. Frankfurt a. M. 1875/76. — [6]) Hugot, Compt. rend. 130, 505; Chem. Centralbl. 1900, I, S. 650.

anlassungen mit heftigem Knall und unter Zerschmetterung nahe liegender fester Körper, wobei im Dunkeln violettes Licht bemerkbar ist. Häufig tritt dies schon beim Trocknen an der Luft ein, um so leichter, je höher die Temperatur ist; bei dem nach Böttger[1]) dargestellten Produkte soll dies indessen niemals der Fall sein. Auch wird nach Millon[2]) die Explosivität vermindert, wenn das Trocknen in einer mit Ammoniakgas gefüllten Glocke stattfindet, wobei nach Bineau[3]) anfangs kein Ammoniak aufgenommen wird. Geringe Erschütterungen, z. B. Berührung mit einer Federfahne, schwacher Stofs, geringe Erwärmung, ferner das Zufügen von Vitriolöl oder anderen starken Säuren, sowie von Chlor oder Brom bewirken stets Explosion. Ebenso wirken, nach Champion und Pellet[4]), hinreichend starke Schwingungen der Unterlage oder der umgebenden Luft; so wurden bis auf 7 m Entfernung Explosionen in einer Jodstickstoffmenge hervorgerufen, welche durch einen Papierstreifen mit einer anderen, durch Reibung zur Explosion gebrachten in Verbindung stand; kleine Mengen, welche mit Goldschlägerhaut auf den Saiten von Streichinstrumenten befestigt sind, explodieren durch Töne, deren Schwingungszahl über 60 liegt; ähnlich ist das Verhalten auf schwingenden Platten; in die Brennpunkte zweier parabolischer Spiegel gebrachte Mengen explodieren beide, sobald die eine zum Detonieren gebracht wird, während dazwischen liegende unzersetzt bleiben. — Die Verpuffung wird nicht hervorgerufen durch Öle und andere Fette. — Feuchter Jodstickstoff verpufft beim Reiben nicht[5]), oder doch erst, wenn dasselbe ziemlich stark ist.

Bei der Verpuffung entstehen Stickstoff und Joddampf, nach Millon[2]) und Marchand[6]) auch Jodammonium. Nach Bunsen[7]) entsteht zuerst (aus Jodstickstoff-Ammonium) Stickstoff und Jodwasserstoff, welch letzterer aber meist in seine Elemente zerfällt oder mit dem Ammoniak der Verbindung Jodammonium bildet: $NH_3, NJ_3 = 2N + 3HJ$.

Unter kaltem Wasser zersetzt sich der Jodstickstoff allmählich, die Zersetzung erfolgt rasch beim Erwärmen auf 50 bis 60°, wird bei 70° stürmisch, bei 80° so rasch, dafs Überschäumen zu befürchten ist; in kochendes Wasser geworfener Jodstickstoff verpufft heftig[8])[5])[2]); bei 60 bis 65° entgeht eine kleine Menge der Zersetzung, die dann erst durch Erhitzen des Wasserbades auf 100° gänzlich zerstört wird[5]).

---

[1]) Böttger, Jahresber. d. phys. Ver. z. Frankfurt a. M. 1875/76. — [2]) Millon, Ann. ch. phys. 69, 75; JB. Berz. 19, 210. — [3]) Bineau, J. pr. Chem. 37, 116. — [4]) Champion u. Pellet, Compt. rend. 75, 210; Dingl. pol. J. 206, 154. — [5]) Stas, Untersuch. über die Gesetze der chem. Proportionen u. s. f.; übersetzt von Aronstein. Leipzig 1867, S. 138. — [6]) Marchand, J. pr. Chem. 19, 1. — [7]) Bunsen, Ann. Chem. 84, 1. — [8]) Serullas, Ann. ch. phys. 42, 200; Schweigg. Journ. 58, 228; Ann. Phys. 17, 304.

Bei dieser Zersetzung entstehen etwas Stickstoff[1]), Jod, eine Lösung des letzteren in Jodammonium und jodsaures Ammoniak[2])[1]), auch Hypojodit[3]). Die Hauptreaktion ist eine Hydrolyse unter Bildung von Ammoniak und Hypojodit, besonders bei Gegenwart von Basen oder Salzen, welche mit unterjodiger Säure reagieren[4]). Die Lösung ist nach Serullas und Millon neutral, nach Gladstones älteren Angaben[5]) durch Jodsäure und Jodwasserstoffsäure sauer, nach späteren Angaben[6]) alkalisch. — Nach Guyard[7]) wird der Jodstickstoff unter Wasser ebenso wie durch Wärme auch durch Licht zersetzt, besser noch unter wässerigem Ammoniak; unter Wasser ist die Zersetzung anfangs ruhig, endet aber gewöhnlich mit einer heftigen Explosion, während sie unter Ammoniakflüssigkeit, so energisch sie auch sein mag, bis ans Ende ruhig verläuft; zerstreutes Licht wirkt ebenso wie direktes, doch ist die Schnelligkeit der Zersetzung der Lichtintensität proportional, so dafs dieser Prozefs zu photometrischen Zwecken nutzbar gemacht werden kann; der Zerfall geht ebenso gut bei gewöhnlicher Temperatur wie in einem raschen Wasserstrome von 10, 5, 1° vor sich; die Strahlen des Wärmespektrums erwiesen sich als wirkungslos, von den gefärbten Strahlen üben die gelben die gröfste, die violetten die geringste Wirkung aus. Die Zersetzung geht auch unter Wasser ohne jede Explosion vor sich, wenn die Verbindung der Formel NH_2J entspricht, nach der Gleichung $2NH_2J = J_2NH_4 + N$; enthält der Jodstickstoff aber, wie es meist der Fall, nur mehr oder weniger beträchtliche Mengen dieser Verbindung, so zersetzt er sich nur teilweise nach dieser Gleichung und explodiert, sobald der Körper NH_2J zerstört ist. Die Zersetzung unter Ammoniak erklärt sich leicht für alle Formeln des Jodstickstoffs, z. B. $5NHJ_2 + 12NH_3 = 10JNH_4 + 7N + H$; in der That entwickeln die Verbindungen gleicher Zusammensetzung stets mehr Stickstoff unter Ammoniak als unter Wasser; unter letzterem bildet sich stets Ammoniumdijodid, unter ersterem Ammoniumjodid. Nach Chattaway u. Orton[8]) erfolgt diese Spaltung nach der Gleichung $N_2H_4J_3 = N_2 + 3HJ$; nur sehr geringe Mengen werden gleichzeitig hydrolysiert unter Bildung von Ammoniak und Hypojodit, welches allmählich in Jodid und Jodat übergeht. Kali, Natron, Blei- und Silberoxyd wirken ähnlich wie Wasser[4]).

Wässerige Lösung von Wasserstoffsuperoxyd zerlegt den Jodstick-

---

[1]) Serullas, Ann. ch. phys. **42**, 200; Schweigg. Journ. **58**, 228; Ann. Phys. **17**, 304; Millon, Ann. ch. phys. **69**, 75; JB. Berz. **19**, 210. — [2]) Stas, Unters. über die Gesetze der chem. Proportionen u. s. f., übersetzt von Aronstein, Leipzig 1867, S. 138. — [3]) Chattaway u. Orton, Chem. News **74**, 267; Chem. Centralbl. 1897, I, S. 14. — [4]) Dieselben, Proc. Chem. Soc. **15**, 18; Chem. Centralbl. 1899, I, S. 657/58. — [5]) Gladstone, Chem. Soc. Qu. J. **4**, 34; Ann. Chem. **78**, 234. — [6]) Ders., Chem. Soc. Qu. J. **7**, 51; Pharm. Centralbl. 1854, S. 56. — [7]) A. Guyard, Compt. rend. **97**, 526; JB. 1883, S. 308. — [8]) Chattaway u. Orton, Chem. News **74**, 267; Chem. Centralbl. 1897, I, S. 14.

stoff unter stürmischer Entwickelung von Sauerstoff und wenig Stickstoff zu einer gelbbraunen Lösung, welche freies Jod, Jodwasserstoff, Jodammonium und eine Spur Jodsäure enthält[1]). — Schwefelwasserstoffwasser zersetzt die Präparate sofort ohne Gasentwickelung unter Ausscheidung von Schwefel zu einer Lösung von Jodammonium[2]) und freier Jodwasserstoffsäure[3]); hierbei wird die eine Hälfte des vorhandenen Jods zu Jodammonium, die andere zu Jodwasserstoffsäure nach der Gleichung $NHJ_2 + 2H_2S = JNH_4 + JH + 2S$ zersetzt, daneben tritt etwas freie Schwefelsäure auf[4]). Diese Zersetzung ist ebenso wie die folgende vorzugsweise zur Ermittelung der Zusammensetzung verwendet worden[5])[6]). — Schweflige Säure zersetzt bei Gegenwart von Wasser nach Gladstone[5]) ohne Gasentwickelung in Ammoniak, Jodwasserstoff und Schwefelsäure, entsprechend der Gleichung $HNJ_2 + 2SO_2 + 4H_2O = H_3N + 2JH + 2SO_3$, während nach Guyard[7]) die Zersetzung mit verdünnter schwefliger Säure unter anfänglicher Gasentwickelung mit nachfolgender heftiger Explosion verläuft. — Chlor zerstört langsam, Bromwasser sofort[5]). — Salzsäure löst ohne Gasentwickelung zu einer neutralen[8]), roten[5]) Flüssigkeit, welche Salmiak und Einfach-Chlorjod, aber weder Jodwasserstoff noch freies Jod enthält[5])[9]): $NHJ_2 + 3ClH = ClNH_4 + 2JCl$; aus der salzsauren Lösung fällt Kalihydrat oder Kaliumkarbonat wieder Jodstickstoff[10]), doch nimmt der Niederschlag bei jedesmaliger Fällung infolge Entwickelung von Stickstoff und Ausscheidung von Jod ab. — Verdünnte Salzsäure, ebenso auch verdünnte Schwefelsäure zersetzen in derselben Weise wie schweflige Säure[7]). Nach Chattaway und Stevens[11]) bewirken die Säuren primär eine Hydrolyse unter Bildung von unterjodiger Säure. Diese geht bei Gegenwart indifferenter Säuren in Jod und Jodsäure über, mit Jodwasserstoffsäure in Jod, mit Salzsäure in Jodmonochlorid, mit Blausäure in Jodcyan. Gleichzeitig wird eine teilweise Spaltung in Stickstoff und Jodwasserstoffsäure bewirkt. Wässerige arsenige Säure löst langsam ohne Gasentwickelung zu Ammoniak und Jodwasserstoffsäure: $HNJ_2 + 2H_2O + As_2O_3 = JNH_4 + JH + As_2O_5$[4]). — Nach Chattaway und Stevens[12]) bewirken

---

[1]) Schönbein, J. pr. Chem. **84**, 401; Bineau, ebend. **37**, 116. — [2]) Serullas, Ann. ch. phys. **42**, 200; Schweigg. Journ. **58**, 228; Ann. Phys. **17**, 304. — [3]) Bineau, Ann. ch. phys. [3] **15**, 71; Ann. Chem. **56**, 209; Gladstone, Chem. Soc. Qu. J. **4**, 34; Ann. Chem. **78**, 234. — [4]) Bineau, Ann. ch. phys. [3] **15**, 71; Ann. Chem. **56**, 209. — [5]) Gladstone, Chem. Soc. Qu. J. **4**, 34; Ann. Chem. **78**, 234. — [6]) Stahlschmidt, Ann. Phys. **119**, 421. — [7]) A. Guyard, Compt. rend. **97**, 526; JB. 1883, S. 308. — [8]) Millon, Ann. ch. phys. **69**, 75; JB. Berz. **19**, 210. — [9]) Bunsen, Ann. Chem. **84**, 1. — [10]) Serullas, Ann. ch. phys. **42**, 200; Schweigg. Journ. **58**, 228; Ann. Phys. **17**, 304. — [11]) Chattaway u. Stevens, Proc. Chem. Soc. **15**, 19; Chem. Centralbl. 1899, I, S. 658. — [12]) Dieselben, Proc. Chem. Soc. **15**, 17; Chem. Centralbl. 1899, I, S. 657; Am. Chem. J. **23**, 369; Chem. Centralbl. 1900, II, S. 11.

Reduktionsmittel allgemein leicht Zersetzung unter Bildung von Jodwasserstoffsäure und Ammoniak. Dabei ist die Menge des oxydierten Reduktionsmittels ($S_2O_3Na_2$, SO_2, $SnCl_2$, H_2S, As_2O_3, Sb_2O_3) stets doppelt so grofs, als der gebildeten HJ-Menge entspricht, das Jod verhält sich also ebenso wie das Chlor in Hypochloriten.

Wässeriges Kalihydrat oder Kalkmilch, dem unter Wasser befindlichen Jodstickstoff allmählich zugefügt, löst ihn unter Bildung von Ammoniak zu jodsaurem Salz, vielleicht auch zu Jodid, wobei sich nur eine Spur Stickstoff (mehr bei raschem Zusatz von konzentriertem Kalihydrat) entwickelt[1]). — Zink löst sich in Berührung mit Wasser und Jodstickstoff langsam zu Zinkjodid und Zinkoxydammoniak, wobei 2 At. Jod der Stickstoffverbindung 2 At. Zink lösen[2]): $HNJ_2 + 2\,Zn + H_2O = H_3N + ZnO + J_2Zn$.

Natriumthiosulfat löst unter Bildung von Jodnatrium, freiem Ammoniak und Ammoniumsulfat[3]). Jodkalium zersetzt bei Abschlufs des Lichtes teilweise; es bildet sich Kaliumdijodid ohne eine Spur von Ammoniak, und es hinterbleibt ein in Jodkalium unlöslicher Jodstickstoff, zu dessen Bildung beispielsweise die Verbindung NHJ_2 1 At. Jod oder einen Bruchteil desselben verliert; bei Gegenwart von Licht tritt völlige Zersetzung ein[3]). — Cyankalium soll nach Guyard[3]) selbst bei Abschlufs des Lichtes unter Stickstoffentwickelung lösen; nach Raschig[4]) und Chattaway tritt hingegen, entsprechend einer Beobachtung Millons, Lösung zu klarer farbloser Flüssigkeit unter Bildung von Jodcyan ein, nach der Gleichung $NJ_3 + 3\,CNK + 3\,H_2O = NH_3 + 3\,JCN$. — Auch Schwefelcyankalium nimmt, allerdings langsam bei Gegenwart von Ammoniak Jodstickstoff auf; die Einwirkung erfolgt nach der Gleichung $3\,SCNK + 4\,NJ_3 + 15\,H_2O = 4\,NH_3 + 3\,KOH + 3\,SO_4H_2 + 9\,JH + 3\,JCN$[4]). — Durch Behandlung mit Natriumäthylat entstehen Ammoniak, Jodoform und Ameisensäure[4]).

Verbindungen. Mit Kupferdijodid verbindet sich der Jodstickstoff, nach Guyard[3]), zu einem in granatroten Krystallen zu erhaltenden Körper von der Formel $J_2Cu\,.\,N_2H_4J_2$. Diese Verbindung entsteht am besten beim Versetzen blauer ammoniakalischer Kupferlösung mit Kaliumdijodid, worauf sie sich nach wenigen Minuten absetzt. Sie ist nach dem Trocknen sehr beständig, wird aber durch längeres Waschen mit Wasser vollständig in Ammoniumdijodid und bronzefarbiges Kupferoxyjodid zerlegt; ferner wird sie durch wässeriges Ammoniak zerlegt, wobei ein explosiver Rückstand von Jodstickstoff hinterbleibt. Bei gelindem Erhitzen bleibt Kupferjodür, während Jod und die Zersetzungsprodukte des Jodstickstoffs entweichen; durch

[1]) Serullas, Ann. ch. phys. 42, 200; Schweigg. Journ. 58, 228; Ann. Phys. 17, 304. — [2]) Bineau, Ann. ch. phys. [3] 15, 71; Ann. Chem. 56, 209. — [3]) A. Guyard, Compt. rend. 97, 526; JB. 1883, S. 308. — [4]) F. Raschig, Ann. Chem. 230, 212.

Kondensation der letzteren erhält man ein schwarzes Produkt, das durch Wasser zu einem schwarzen, krystallisierbaren, dem Jod gleichenden Jodstickstoff zerlegt wird; letzterer unterscheidet sich von allen anderen ähnlichen Verbindungen dadurch, dafs er sich in Kalilauge unter Aufbrausen löst, wobei sich Stickstoff oder Wasserstoff entwickelt und reichlich Ammoniak bildet. — Beim Behandeln von Schweitzers Reagens mit Kaliumjodid bildet sich noch ein anderes schwarzes Jodid von Kupfer mit Stickstoff. Der beim Waschen dieses Körpers mit Wasser hinterbleibende Rückstand ist explosiv.

Zusammensetzung. Entsprechend der Formel des Chlorstickstoffs, NCl_3, wurden anfangs auch alle nach den erwähnten Methoden erhaltenen explosiven Präparate für NJ_3 gehalten (nur Mitscherlich nahm die Formel NJ an) und man erklärte die Entstehung durch die Gleichung $4 NH_3 + 6 J = 3 JNH_4 + NJ_3$. Spätere Untersuchungen von Millon, Marchand und Bineau machten indessen die Gegenwart von Wasserstoff wahrscheinlich, daher gab Millon vermutungsweise die Formel NH_2J (Jodamid), Bineau NHJ_2 (Dijodammoniak); nach letzterer Formel würde die Entstehung aus Jod und Ammoniak sich folgendermafsen formulieren lassen: $3 NH_3 + 4 J = 2 JNH_4 + NHJ_2$; diese Formel wurde auch von Gladstone für das aus alkoholischer Jodlösung durch Ammoniakflüssigkeit gefällte Präparat auf Grund der durch Zersetzung mit Schwefelwasserstoff und schwefliger Säure erhaltenen Resultate bestätigt, während Bunsen für das durch Vermischen kalter alkoholischer Lösungen von Jod und Ammoniak erhaltene Präparat aus dem Verhalten bei der Auflösung in verdünnter Salzsäure die Formel $N_2H_3J_3 = NH_3, NJ_3$ ableitete, deren Bildung sich folgendermafsen erklären liefse: $5 NH_3 + 6 J = 3 JNH_4 + NH_3, NJ_3$. Anders zusammengesetzt zeigte sich das aus einer verdünnten Lösung von Jod in Königswasser durch Ammoniak gefällte Präparat, nämlich der Formel $NH_3, 4 NJ_3$ entsprechend und nach Bunsen als ein Zersetzungsprodukt der vorigen Verbindung durch Wasser aufzufassen: $4 (NH_3, NJ_3) = NH_3, 4 NJ_3 + 3 NH_3$. Zwischen beiden würde das von Gladstone untersuchte Präparat stehen, da die von diesem bestätigte Bineausche Formel NHJ_2 verdreifacht $= NH_3, 2 NJ_3$ ist; doch fand Gladstone diese Formel auch für die aus alkoholischen Lösungen abgeschiedenen Präparate.

Nach Stahlschmidts[1]) Untersuchungen ist das aus alkoholischer Jodlösung durch wässeriges Ammoniak abgeschiedene Präparat NJ_3, das aus solcher Lösung durch alkoholisches Ammoniak erhaltene aber NHJ_2.

J. W. Mallet[2]) erhielt die folgenden Verbindungen je nach den Operationsbedingungen: 1. NJ_3 durch Zusammenbringen von fein ver-

[1]) Stahlschmidt, Ann. Phys. 119, 421. — [2]) J. W. Mallet, Chem. News 39, 257; JB. 1879, S. 223.

teiltem Jod mit stärkster Ammoniaklösung bei oder unterhalb 0°, Abgiefsen der Flüssigkeit von dem sich leicht absetzenden, sandigen Pulver und mehrmaligen Ersatz derselben durch Ammoniak; das schwarze Pulver wird dann in einer verschliefsbaren Flasche wiederholt mit 95 proz., dann mit absolutem Alkohol, zuletzt mit Äther gewaschen; das durch einen kalten Luftstrom getrocknete Produkt explodiert mit gröfster Heftigkeit, selbst unter Wasser[1]). 2. N_2J_5H wird in ähnlicher Weise, nur mit schwächerer Ammoniakflüssigkeit und ohne Abkühlung dargestellt. 3. NJ_2H, ähnlich dargestellt, aber nicht sofort mit Alkohol, sondern erst mit Wasser gewaschen, mehrere Tage unter Wasser bei gewöhnlicher Temperatur aufbewahrt, dann mit Alkohol und Äther gewaschen und getrocknet. — Der grofsen Explosivität wegen nimmt Mallet den Stickstoff in diesen Verbindungen als fünfwertig und doppelt gebunden an, so dafs sich die folgenden Formeln ergeben würden: 1. $J_3N = NJ_3$; 2. $J_3N = NHJ_2$; 3. $J_2HN = NHJ_2$.

Nach Guyard teilt sich das Jod bei Mischung mit wässerigem Ammoniak in zwei gleiche Teile; der eine bildet Ammoniumjodid, der andere Jodstickstoff nach der Gleichung $3\,NH_3 + 4\,J = 2\,JNH_4 + NHJ_2$; unter dem Einflufs des Lichtes und bei Überschufs von Ammoniak findet aber neben dieser chemischen Reaktion noch eine photochemische statt, indem sich weiter Ammoniumjodid bildet und Stickstoff entweicht; bei verhältnismäfsig grofsem Überschufs von Jod wandelt sich hingegen das Ammoniumjodid auf Kosten des Jods im Jodstickstoff in Ammoniumdijodid um, und der Jodstickstoff nähert sich in seiner Zusammensetzung der Formel NH_2J. Je näher der Formel NHJ_2, um so weniger wird er beim Waschen verändert. Als einfachsten Ausdruck für alle beobachteten Thatsachen giebt Guyard die Gleichung $x\,NH_4OH + 233\,NH_4OH + 303\,J = JO_3NH_4 + 154\,JNH_4 + 10\,N_3H_9J_{15} + 230\,H_2O + x\,NH_4OH$; die Formel des gewaschenen Jodstickstoffs, $N_5H_9J_{13}$, ist nicht weit von der Formel des nicht gewaschenen, $N_8H_9J_{16}$, wie er innerhalb der Entstehungsflüssigkeit existiert. Mit gröfserem Überschufs von Ammoniak bildet sich beinahe doppelt so viel Ammoniumjodid, auch wird die Formel des Jodstickstoffs noch komplizierter; aber derselbe enthält doch wesentlich einen Körper $N_3H_3J_5$, dessen Zusammensetzung nicht weit von der als typisch zu betrachtenden Formel $N_3H_3J_6 = 3\,(NHJ_2)$ abweicht.

Nach F. Raschig[1]) entsteht beim Fällen von Jodlösungen mit Ammoniak zuerst das Stickstoffsesquijodamin, NH_3,NJ_3, das während des Auswaschens allmählich in Dijodamin, NHJ_2, oder Trijodamin, NJ_3, übergeht. Dem Dijodamin ist vielleicht, wie auch Gladstone vermutete, die Formel $NH_3, 2\,NJ_3$ zu erteilen; doch läfst sich dies weder durch andauernde Behandlung mit Wasser entscheiden, noch durch

[1]) F. Raschig, Ann. Chem. 230, 212.

Einführung von Radikalen an Stelle der Jodatome, da alle diesbezüglichen Versuche mifslangen. Seliwanow[1]) fafst die Jodstickstoffe als Amide der unterjodigen Säure auf und bezeichnet sie demgemäfs als Sesquijodylamid (NH_3NJ_3), Dijodylamid (NHJ_2) und Trijodylamid (NJ_3). In der That erscheinen auch nach den Untersuchungen von Chattaway und Orton die Beziehungen des Jodstickstoffs zum Ammoniumhypojodit wie die eines Amids zum Ammoniumsalz der entsprechenden Säure.

Nach Chattaway[2]) ist die Zusammensetzung des nach den verschiedenen Darstellungsverfahren erhaltenen Jodstickstoffs stets $N_2H_3J_3$. Hierdurch wird im Einklang mit Mallet[3]) die frühere Angabe Chattaways[4]), dafs stets 1 N mit 2 J verbunden und dafs die Formel wahrscheinlich NH_3J_2 sei, verworfen.

Nach Hugot[5]) entsteht bei Einwirkung von flüssigem Ammoniak auf Jod nach der Gleichung

$$16\,NH_3 + 6\,J = 3\,(NH_4J.3\,NH_3) + NJ_3.3\,NH_3$$

eine Ammoniakverbindung in grünen Krystallen, welche bei $+10^0$ ziemlich beständig sind, bei $+18^0$ aber sich allmählich zersetzen und beim Erwärmen im Vakuum auf 30^0 unter Verlust von 1 Mol. Ammoniak in messinggelbe Krystalle von der Zusammensetzung $NJ_3.2\,NH_3$ übergehen. Diese verwandeln sich unter weiterem Verlust von Ammoniak in $NJ_3.NH_3$, das auf diesem Wege in feinen violetten Nadeln gewonnen wird und bei weiterem Erhitzen sich, je nach den Bedingungen mit oder ohne Explosion, vollständig zersetzt. Aufser diesen Verbindungen erhielt Ruff[6]) noch bei etwa -60^0 eine Verbindung $NJ_3.12\,NH_3$ in grünlich schillernden braunroten Blättchen.

Nach Szuhay[7]) ist das Wasserstoffatom der Verbindung NHJ_2 durch Metalle, besonders leicht durch Silber, ersetzbar. Diese Verbindung erscheint als Analogon des Azoimids, man könnte also geneigt sein, ihr die entsprechende Konstitution $\begin{matrix}J\\ \|\\ J\end{matrix}\!\!>NH$ zuzuschreiben.

Ruff[6]) nimmt im Jodstickstoff wenigstens ein Stickstoffatom als sogenanntes fünfwertiges an und schreibt diese Verbindungen demgemäfs $NJ_3:NH_3$ und $NJ_3:HN$.

Triazojodid, N_3J, entsteht nach Hantzsch[8]) durch Einwirkung von Jod auf Silbernitrid:

$$N_3Ag + J_2 = N_3J + AgJ.$$

---

[1]) Th. Seliwanow, Ber. **27**, 1012. — [2]) Chattaway, Proc. Chem. Soc. **15**, 17; Chem. Centralbl. 1899, I, S. 657. — [3]) Mallet, Proc. Chem. Soc. **13**, 55; Chem. Centralbl. 1897, I, S. 629. — [4]) Chattaway, Chem. News **74**, 267; Chem Centralbl. 1897, I, S. 14. — [5]) Hugot, Compt. rend. **130**, 505; Chem. Centralbl. 1900, I, S. 650. — [6]) J. Szuhay, Ber. **26**, 1633. — [7]) Ruff, Ber. **33**, 3025. — [8]) Hantzsch, ebend. **33**, 522.

Die Darstellung erfolgt bei 0°, am besten unter Anwendung von ätherischer oder benzolischer Jodlösung. Im ersten Falle bleibt die entstehende Verbindung im Äther gelöst, im zweiten geht sie in die wässerige Lösung über.

Das Triazojodid ist schwach gelblich gefärbt, in ganz reinem Zustande vielleicht farblos, von äufserst stechendem Geruch, in Wasser und den meisten organischen Solventien löslich. Die wässerige Lösung reagiert auf Lackmus und Stärke nicht. Die Verbindung übertrifft alle anderen bekannten Jodstickstoffe an Explosivität und Unbeständigkeit. Sie explodiert bisweilen schon unter Petroleumäther. Alle Lösungen zersetzen sich schon bei 0° langsam in Jod und Stickstoff. Dieselben Produkte entstehen auch bei der trockenen Zersetzung. In wässeriger Lösung entstehen aufserdem Ammoniak und Jodsäure, letztere sekundär aus unterjodiger Säure. Durch Alkalien entsteht neben Alkalitrinitrid Hypojodit, das sich in Jodat umlagert. Die erwartete allotrope Modifikation des Stickstoffs, $(N_3)_2$, liefs sich nicht daraus gewinnen.

Jodammoniak, $3NH_3, 2J$, bildet sich nach Bineau[1]) durch Einführen von Jod in trockenes Ammoniakgas, wobei 100 Tle. Jod in vier Stunden 19,47 bis 20,5 Tle. Ammoniak aufnehmen. Nach Millon[2]) nehmen 100 Tle. Jod bei 10° 8,3 Tle., bei 0° 9 Tle., bei —18° 9,4 Tle. Ammoniak auf; in letzterem Falle entwickelt sich bei 0° und darüber etwas Stickstoff, der nach Bineau nicht mehr als 2 bis 3 Proz. vom aufgenommenen Ammoniak beträgt. Raschig[3]) fand beim Einleiten von Ammoniakgas in ein mit Jod beschicktes Kölbchen unter Abkühlung, bei etwa 20°, schon nach einer halben Stunde Gewichtskonstanz und die absorbierte Ammoniakmenge der Bineauschen Formel $3NH_3, 2J$ entsprechend. Die Verbindung bildet sich ferner durch Erwärmen von Jod mit Ammoniumkarbonat, unter Entwickelung von Wasser und Kohlensäure. — Schwarzbraune, sehr zähe, metallglänzende Flüssigkeit, bei Gegenwart von viel Ammoniak angeblich dünnflüssig wie Wasser, in Alkohol und Äther ohne Rückstand löslich. Beim Erhitzen entwickelt sie, nach Gay-Lussac, einen Teil ihres Ammoniaks und verdampft dann unzersetzt mit violetter Farbe; neben konzentrierter Schwefelsäure geht, nach Bineau, das Ammoniak fort, so dafs nur Jod neben einer Spur Ammoniumjodid hinterbleibt. — Wasser, nach Bineau schon feuchte Luft, zersetzt zu wässerigem Ammoniumjodid und niederfallendem Jodstickstoff. Salzsäuregas liefert Stickstoff, Salmiak, Ammoniumjodid und freies Jod[4]). Beim Schütteln mit Quecksilber entstehen weifse Krystalle und eine schwach gelbe Flüssigkeit, welche unter Ammoniakverlust fest und beim Einführen in Ammoniakgas wieder flüssig wird, beim Versetzen mit Wasser rotes Quecksilberjodid ausscheidet[1]).

---

[1]) Bineau, Ann. ch. phys. [3] 15, 71; Ann. Chem. 56, 209. — [2]) Millon, Ann. Chem. 62, 84. — [3]) F. Raschig, ebend. 241, 253. — [4]) Millon, Ann. ch. phys. 69, 75; JB. Berz. 19, 210.

Nach Raschig [1]) entstehen Körper verschiedener Zusammensetzung je nach der Temperatur, bei welcher die Einwirkung des Ammoniakgases auf das Jod stattfindet. Er erhielt NH_3J bei 80°, $(NH_3)_2J$ bei 0° und $(NH_3)_5J_2$ bei —10°. Nimmt man die so erhaltene stahlblaue Flüssigkeit aus der Kältemischung heraus, so entläfst sie mit steigender Temperatur einen Teil des Ammoniaks unter Aufbrausen, beim Erwärmen geht alles Ammoniak und schliefslich das Jod fort; es hinterbleiben geringe Mengen von Ammoniumjodid.

Ob in dem Jodammoniak bestimmte chemische Individuen vorliegen, ist noch unentschieden.

Jodammoniumjodid, $NH_3J_2 = H_3NJ, J$, entsteht nach Guthrie [2]) durch Eintragen von (nicht überschüssigem) Jod in eine mit $^1/_8$ Mol. Kalihydrat versetzte gesättigte Lösung von Ammoniumnitrat oder Ammoniumkarbonat; ferner beim Vermischen einer gesättigten Lösung von Zweifach-Jodkalium mit einer Mischung von Kalilauge und Ammoniumnitrat, nach W. H. Seamon [3]) auch durch Einwirkung von trocknem Ammoniak auf trockenes Jod und Absorption des überschüssigen Ammoniaks durch Stehenlassen neben konzentrierter Schwefelsäure (s. o.).

Braunschwarze bis schwarze, glänzende, in dünnen Schichten dunkelrotbraune Flüssigkeit vom spezif. Gew. 2,46 bei 15°; dieselbe wird bei —2° fest und zersetzt sich oberhalb 15° langsam, bei 70° rasch [2]). Sie ist leicht löslich in wässerigem Jodkalium, Eisessig, Glycerin, absolutem Alkohol und Äther, weniger in Benzol, Schwefelkohlenstoff, Chloroform. An trockener Luft zerfällt sie in Jod und Ammoniak, beim Erhitzen in Jod und eine jodhaltige, unzersetzt destillierbare Flüssigkeit, vielleicht $3\,NH_3, 2\,J$ (s. oben). Von Wasser wird sie unter Entwickelung von Stickstoff, Abscheidung von Jodstickstoff und Bildung einer rotbraunen Lösung, die Jod, Jodwasserstoff und Jodammonium enthält, zersetzt nach der Gleichung $2\,(H_3N, J_2) = NHJ_2 + NH_4J + HJ$ [1]). Kaustische Alkalien wirken wie Wasser. Auch Salzsäure und Schwefelsäure zersetzen rasch, erstere nach der Gleichung $H_3N, J_2 + ClH = ClNH_4 + 2\,J$. Durch Schütteln mit Quecksilber werden Quecksilberjodid und Ammoniak gebildet [1]).

Es scheint hier eine chemische Verbindung vorzuliegen; wenigstens zeigte bei fraktioniertem Lösen in Chloroform der ungelöste Rest nahezu unveränderte Zusammensetzung. Norris und Franklin [4]) nehmen indessen an, dafs ein Gemisch von Jodstickstoff, NHJ_2, und Ammoniumperjodid vorliege.

Organische Jodstickstoffe entstehen nach Raschig [5]) durch Einwirkung von Jod und Alkali auf die salzsauren Salze der Alkylamine:

[1]) F. Raschig, Ann. Chem. **241**, 253. — [2]) Guthrie, Chem. Soc. J. [2], **1**, 239; Chem. Centralbl. 1864, S. 36. — [3]) Seamon, Chem. News **44**, 188; JB. 1881, S. 179. — [4]) Norris u. Franklin, Am. Chem. J. **21**, 499; Chem. Centralbl. 1899, II, S. 171. — [5]) F. Raschig, Ann. Chem. **230**, 212.

Dijodmethylamin, CH_3NJ_2, fällt, wenn auf 1 g Jod 60 bis 100 ccm Flüssigkeit vorhanden sind, zunächst braunrot aus, wird aber bald ziegelrot. Es entsteht nach der Gleichung $CH_3NH_2 . HCl + 4J + 3NaOH = CH_3NJ_2 + NaCl + 2NaJ + 3H_2O$. Frisch bereitet löst es sich in Salzsäure, geht durch Ammoniak in NHJ_3 und Methylamin über und liefert beim Stehen mit Kalilauge Methylamin, Kaliumjodat und Kaliumjodid.

Joddimethylamin, $(CH_3)_2NJ$, ist schwefelgelb, riecht jodoformartig und giebt mit Ammoniak Sesquijodamin. Es entsteht nach der Gleichung $(CH_3)_2NH . HCl + 2J + 2NaOH = (CH_3)_2NJ + ClNa + JNa + 2H_2O$.

Beide Verbindungen zersetzen sich beim Erhitzen oder beim Berühren mit einem heifsen Gegenstande unter Ausstofsen von Joddämpfen ohne Explosion. Durch Cyankalium werden aus ihnen die Alkylamine regeneriert.

Dijodäthylamin, $C_2H_5NJ_2$, ziegelrot, und Joddiäthylamin, $(C_2H_5)_2NJ$, orangegelb, zerfallen schon nach wenigen Sekunden.

Während sekundäre und primäre Amine mit Jod keine Additionsprodukte bilden, entsteht nach Norris und Franklin[1]) mit Triäthylamin die Verbindung $(C_2H_5)_3NHJ . J_2$, mit Tripropylamin, $(C_3H_7)_3NJ_2$.

Bei Einwirkung von Jod auf geschmolzenes Acetamid erfolgt Lösung, doch konnte Hofmann[2]) durch Ausschütteln derselben mit Äther kein dem Acetchloramid entsprechendes Produkt gewinnen. Dagegen gelang Comstock und Kleeberg[3]) die Darstellung von Formylphenyljodstickstoff.

---

[1]) Norris u. Franklin, Am. Chem. Journ. 21, 499; Chem. Centralbl. 1899, II, S. 171. — [2]) A. W. Hofmann, Ber. 15, 411. — [3]) Comstock u. Kleeberg, Am. Chem. Journ. 12, 500; Ber. 23, 659 Ref.

Stickstoffoxyde.

Der Stickstoff weist fünf bis sieben Oxydationsstufen auf, von denen sicher drei sich mit den Elementen des Wassers zu Säuren vereinigen, nämlich:

Oxyde	Säuren
Stickstoffoxydul oder Stickstoffmonoxyd, N_2O	Untersalpetrige Säure, $N_2O_2H_2$
Stickoxyd oder Stickstoffdioxyd, N_2O_2	
Stickstofftrioxyd oder Salpetrigsäureanhydrid, N_2O_3	Salpetrige Säure, NO_2H
Stickstofftetroxyd oder Untersalpetersäure, N_2O_4	
Stickstoffpentoxyd oder Salpetersäureanhydrid, N_2O_5	Salpetersäure, NO_3H
Stickstoffhexoxyd, Übersalpetersäure, N_2O_6	
Stickstoffenneaoxyd, N_2O_9	Dioxysalpetersäure, NO_5H

Von diesen Verbindungen scheint die Salpetersäure schon im neunten Jahrhundert bekannt gewesen zu sein, während die übrigen am Ende des 18. Jahrhunderts entdeckt wurden mit Ausnahme des Stickstoffpentoxyds, das 1849 von Deville, der untersalpetrigen Säure, die erst 1871 von E. Divers aufgefunden wurde, und der noch etwas hypothetischen drei letztgenannten.

Alle Stickoxydverbindungen wirken auf Glas bei höherer Temperatur in der Art ein, dafs sie mit dem Alkali desselben ein Gemenge von Nitraten und Nitriten bilden[1]).

Stickstoffmonoxyd.

Stickstoffmonoxyd, Stickoxydul, Lachgas, Lustgas, N_2O, ein farbloses Gas, kommt in der Natur nicht vor. Es wurde 1776 von Priestley entdeckt und dephlogistisiertes Salpetergas genannt. H. Davy ermittelte die Zusammensetzung.

Es bildet sich: 1. Aus Stickoxyd bei Einwirkung von Schwefelwasserstoff, trockener oder feuchter Schwefelleber, feuchter Eisen- oder Zinkfeile, gewässertem Schwefeleisen, Eisenvitriol, Sulfitlösungen, Zinn-

[1]) Morgen, Chem. News 44, 253; JB. 1881, S. 1278.

chlorür, auch von Ammoniak [1]) und bei Gegenwart von Platinschwamm, von schwefliger Säure [2]). 2. Aus salpetriger Säure bezw. aus Nitriten, durch Einwirkung von wässeriger, schwefliger Säure, von Natriumamalgam oder Zinnchlorür [3]), sowie von Hydroxylamin [4]). 3. Aus Salpetersäure bei Einwirkung von schwefliger Säure, Zink, Zinn, Eisen, auch Kupfer [5]) (vgl. Salpetersäure, Einwirkung auf Metalle); beim Erhitzen von Ammoniumnitrat, auch beim Erwärmen von Salmiak mit Salpetersäure [6]); bei Einwirkung von Zinnchlorür auf Königswasser [1]), ferner bei Reduktion von Natriumnitrat- oder Natriumnitritlösung durch frisch gefälltes Eisenoxydulhydrat [7]); bei der Fäulnis oder Milchsäuregärung organischer Produkte, falls in der Flüssigkeit Nitrate vorhanden sind [8]). Infolge der Einwirkung von schwefliger Säure auf die höheren Stickstoffoxyde bildet es sich auch in den Bleikammern der Schwefelsäurefabriken, wobei die Bildung nicht auf Kosten des bei der mittleren Temperatur der Kammer nur sehr langsam reduzierbaren Stickoxyds stattfindet, sondern aus Salpetrigsäure-, schwieriger aus Salpetersäureanhydrid [9]).

Darstellung. Man erhitzt durch Schmelzen entwässertes, chlorfreies Ammoniumnitrat über 170°, wobei es glatt in Wasser und Stickoxydul zerfällt: $NO_3NH_4 = 2H_2O + N_2O$; 100 g des Salzes liefern 27,8 Liter Gas von 0°; durch zu starkes Erhitzen treten leicht Explosionen ein, indem die bei der Zersetzung frei werdende Wärme von 20000 kal. der zugeführten sich addiert; man mufs deshalb, zur gefahrlosen Darstellung, sofort bei Beginn der Zersetzung die Heizflamme verkleinern [10]). Grouvelles [11]) Methode, ein Gemenge von 3 Tln. Kaliumnitrat und 1 Tl. Salmiak zu erhitzen, lieferte ein Gemenge von Chlor, Stickstoff und Stickoxyd, das wenig oder gar kein Stickoxydul enthält [12]). Smith und Elmore [13]) benutzten die trockene Destillation eines Gemenges von 17 Tln. käuflichem Natriumnitrat oder 20 Tln. Kaliumnitrat mit 13 bis 14 Tln. Ammoniumsulfat; die Temperatur soll 230° nicht übersteigen, gegen Ende des Prozesses aber auf 300° gesteigert werden. — Man erwärmt eine Lösung von Zinnchlorür und Salzsäure im Wasserbade und trägt, mit Hülfe eines bis auf den Boden des Gefäfses reichenden Rohres, Salpeterkrystalle ein, worauf gleichmäfsige Entwickelung erfolgt [14]). — H. Schiff [15]) löst Zink in

[1]) Gay-Lussac, Ann. ch. phys. 1, 394; Gilb. Ann. 58, 29. — [2]) F. Kuhlmann, Dingl. pol. J. 211, 24. — [3]) O. v. Dumreicher, Wien. Akad. Ber. 82, 560. — [4]) V. Meyer, Ann. Chem. 175, 141. — [5]) Millon, J. Pharm. 29, 179. — [6]) L. Smith, Sill. Am. J. [2] 15, 240; JB. 1853, S. 333. — [7]) W. Zorn, Ber. 15, 1258. — [8]) Schlösing, Compt. rend. 66, 237; JB. 1868, S. 963. — [9]) R. Weber, Ann. Phys. 130, 277. — [10]) P. Cazeneuve, Chem. Centralbl. 1885, S. 241. — [11]) Grouvelle, Ann. ch. phys. 17, 351. — [12]) Pleischl, Schweigg. J. 38, 461; Soubeiran, Ann. ch. phys. 67, 71; Ann. Chem. 28, 59. — [13]) W. Smith u. W. Elmore, Engl. Patent, Chem.-Ztg. 1892, S. 1695. — [14]) Gay-Lussac, Ann. ch. phys. [3] 23, 229; JB. 1847/48, S. 382. — [15]) H. Schiff, Ann. Chem. 118, 84.

einem Gemenge von Salpetersäure, Schwefelsäure und Wasser; das erzeugte Gas wird zur Befreiung von gleichzeitig gebildetem Stickoxyd mit Eisenvitriol gewaschen. Mareck[1]) fügt zu granuliertem Zink konzentrierte Salpetersäure in kleinen Portionen, die Entwickelung erfolgt stofsweise nach jedesmaligem Zusatz.

Das auf die eine oder die andere Weise entwickelte Gas kann über Wasser aufgefangen werden, doch mufs dasselbe eine Temperatur von 30° besitzen, da sonst beträchtliche Mengen absorbiert werden. Sonst fängt man es über Quecksilber oder, falls es verdichtet werden soll, in Kautschuksäcken auf.

Eigenschaften. Das Gas ist farblos, von schwachem, angenehm süfslichem Geruch und Geschmack. Für sich eingeatmet, bewirkt es Ohrensausen und Rausch, Bewufstlosigkeit, Aufhören des Pulses und der Respiration, schliefslich Asphyxie, bleibt aber, falls es rechtzeitig durch Luft verdrängt wird, ohne schädliche Nachwirkung. Zu 4 Vol. mit 1 Vol. Sauerstoff vermischt, läfst es sich ohne Störung des Bewufstseins einatmen[2])[3]). In keinem Falle kann es den Sauerstoff beim Atmungsprozess vertreten, auch geht es keine Verbindung mit dem Hämoglobin ein[3]). Die Anästhesie soll dadurch bewirkt werden, dafs dem Blute Sauerstoff entzogen wird[4]). Der reizende Geruch des frisch dargestellten Gases, sowie die durch solches zuweilen bewirkte Asphyxie und Cyanose soll durch eine kleine Beimengung von Untersalpetersäure bedingt sein[5]), der Verlust der anästhesierenden Eigenschaft bei längerem Aufbewahren im Gasometer durch eine stets in geringer Menge vorhandene Verunreinigung durch Sauerstoff und Stickstoff, welche sich infolge der gröfseren Löslichkeit des Stickoxyduls allmählich relativ anhäufen und dann die Wirkung beeinträchtigen[5]). Während höhere Pflanzen in dem Gase weder zu keimen, noch, wenn bereits gekeimt, sich zu entwickeln vermögen, kleinere Vögel darin nach 30 Sekunden, Hunde und Kaninchen nach drei bis vier Minuten sterben[4]), leben einzelne Bakterien darin, nach Fr. Hatton[6]), besser wie in Luft.

Das spezifische Gewicht des Gases ist nach Berthollet = 1,3629, nach Dalton = 1,614, nach späteren Bestimmungen = 1,527[7]), nach Leduc[8]) und Lord Rayleigh[9]) = 1,5301 bezw. 1,52951. Das Molekulargewicht, theoretisch (für H = 1) = 43,64, ist nach Stas = 43,98; nach Dumreicher[10]) zeigt das Gas erst bei 100°

---

[1]) Fr. Mareck, Chem. Centralbl. 1885, S. 257. — [2]) Davy, Chemical and philosophical researches chiefly concerning nitrous oxyde, London 1800. — [3]) L. Hermann, Müllers Archiv 1864, S. 521; JB. 1865, S. 662. — [4]) F. Jolyet u. T. Blanche, Compt. rend. **77**, 59; JB. 1873, S. 218. — [5]) P. Cazeneuve, Chem. Centralbl. 1885, S. 241. — [6]) Fr. Hatton, Chem. Soc. J. **39**, 247; JB. 1881, S. 1141. — [7]) Graham-Otto, Anorg. Chem., 5. Aufl., **2**, 2, 247. — [8]) A. Leduc, Compt. rend. **125**, 571; Chem. Centralbl. 1897, II, 1044. — [9]) Lord Rayleigh, Roy. Soc. Proc. **62**, 204; Chem. Centralbl. 1898, I, S. 431. — [10]) O. v. Dumreicher, Wien. Akad. Ber. **82**, 560.

normale Dichte. Das Molekularvolumen ist = 4,49, für Wasserstoff = 1, der Molekularquerschnitt = 2,72, der Molekularhalbmesser = 1,65 [1]). Der Reibungskoeffizient ist nach O. E. Meyer [2]) = 0,000 168, nach Meyer und Springmühl [3]) = 0,000 160, nach Wüllner [4]) bei 0° = 0,000 135 3, bei 100° = 0,000 181 5. Die Kapillarität geht, wie bei anderen komprimierbaren Gasen, in der Nähe des kritischen Punktes verloren [5]). — Der Brechungsindex ist = 1,000 503 [6]), das Brechungsverhältnis (tausendfacher Brechungsüberschufs) = 0,5084 [7]), bezüglich der Dispersion ist für Cauchys Formel $\left[n = a\left(1 + \frac{B}{\lambda^2}\right)\right]$ $B = 0,0127$ [7]).
Die magnetische Drehung der Polarisationsebene beträgt 16,02′ [8]). Die Schallgeschwindigkeit verhält sich zu der des Wasserstoffs wie 1 zu 4,7 [9]). Der Ausdehnungskoeffizient ist = 0,003 706 7 [10]). Die spezifische Wärme bei konstantem Volumen ist, nach Wüllner [4]), bei 0° = 0,151 30, bei 100° = 0,173 84, das Verhältnis der beiden spezifischen Wärmen (derjenigen bei konstantem Druck zu der bei konstantem Volumen) bei 0° = 1,3106, bei 100° = 1,272 38. Die Wärmeleitungsfähigkeit ist bei 0° = 0,000 035 0, bei 100° = 0,000 050 6, das Verhältnis beider. $\frac{k_{100}}{k_0}$ = 1,4468 [6]). Die Bildungswärme aus den Elementen beträgt — 18 320 kal., aus Stickoxyd und Stickstoff + 18 075 kal. (Thomsen). — Die Dielektrizitätskonstante, $\sqrt{D}$, ist nach Boltzmann [11]) = 1,000 497, nach Clemenčič [12]) = 1,000 579.

Das Gas wird von Wasser reichlich absorbiert, das dadurch einen süfslichen Geschmack annimmt, und zwar absorbiert ein Mafs Wasser bei gewöhnlicher Temperatur 0,78 bis 0,86 (W. Henry [13]), 0,8 (Dalton [14]), 0,76 (Saussure), bei 18° 0,708 (Pleischl [15]) Volume Gas. Nach Carius [16]) lösen 100 Vol. Wasser bei 0° 130,5 Vol., bei 5° 109,5, bei 10° 92, bei 15° 77,8, bei 20° 67 Vol. und Wiedemann [17]) berechnet den Absorptionskoeffizienten $C = 1,305\,21 - 0,045\,362\,t + 0,000\,684\,3\,t^2$.

Wenn α der Absorptionskoeffizient in Wasser, α_1 der in wässeriger Salzlösung, m die Anzahl der Salzmolekeln in der Volumeinheit, so ist nach Gordon [18]) für Salze einwertiger Säuren und Basen $\frac{\alpha - \alpha_1}{m^{\frac{2}{3}}}$ an-

[1]) A. Naumann, Ann. Chem. Suppl. 5, 252. — [2]) O. E. Meyer, Ann. Phys. 143, 14. — [3]) O. E. Meyer u. Springmühl, ebend. 148, 520. — [4]) Wüllner, ebend. [2] 4, 321. — [5]) J. B. Hannay, Lond. R. Soc. Proc. 30, 484; Chem. Centralbl. 1880, S. 785. — [6]) L. Bleckrode, Lond. R. Soc. Proc. 37, 339; JB. 1884, S. 284. — [7]) Mascart, Compt. rend. 78, 617; Ann. Phys. 153, 149. — [8]) H. Becquerel, Compt. rend. 90, 1407; JB. 1880, S. 177. — [9]) A. Kundt, Ann. Phys 135, 357. — [10]) Ph. Jolly, ebend. 1874, Jublbd. S. 82. — [11]) L. Boltzmann, Wien. Akad. Ber. 70, 367. — [12]) J. Clemenčič, ebend. 91, 712. — [13]) W. Henry, Manch. Mem. [2], S. 4; Kast. Arch. 3, 223. — [14]) Dalton, Ann. Phil. 9, 186 u. 10, 38; Gilb. Ann. 58, 79. — [15]) Pleischl, Schweigg. J. 38, 461. — [16]) Carius, Ann. Chem. 94, 139. — [17]) Wiedemann, Ann. Phys. [2] 17, 349. — [18]) V. Gordon, Z. physik. Chem. 18, 1.

nähernd eine Konstante, welche mit sinkender Temperatur wächst. Für die Salze zweiwertiger Säuren und Basen hat die Konstante den doppelten Wert. Der Jahnsche Satz, dafs die molekulare Konzentration des absorbierten Gases in wässerigen Lösungen verschieden dissoziierter Stoffe gleich sei, ist für die Lösungen des Stickstoffmonoxyds nur teilweise richtig [1]).

Noch leichter als in Wasser löst sich das Gas in Alkohol, der Absorptionskoeffizient für denselben ist $C = 4{,}17805 - 0{,}069\,816\,t + 0{,}000\,609\,t^2$. Kohle absorbiert pro Kubikcentimeter 99 ccm des Gases; die hierbei pro Gramm Stickoxydul entwickelte Wärme beträgt 169 kal., pro Äquivalent (Absorptionswärme) 3718 kal., woraus sich die Verflüssigungswärme zu 2222 kal. berechnet [2]). — Für Petroleum ist der Absorptionskoeffizient bei 20° = 2,11, bei 10° = 2,49 [3]).

Der Diffusionskoeffizient für Kohlensäure ist nach v. Obermayer [4]) bei 0° und Normalbarometerstand = 0,03314, genaueren Bestimmungen desselben Forschers [5]) zufolge beträgt er nach 15 Minuten 0,032702, nach $1^1/_2$ Stunden 0,032953, nach zwei Stunden 0,033062, woraus sich für Quadratmeter und Stunde 0,0330, für Quadratcentimeter und Sekunde 0,193 ergiebt. — Für Wasserstoff fand Obermayer den Koeffizienten $ko \frac{m^2}{\text{Stunde}} = 0{,}192$ und $ko \frac{cm^2}{\text{Sekunde}} = 0{,}532$ [6]).

Das Stickoxydul gehört zu den leicht komprimierbaren Gasen. Es wird bei 0° durch einen Druck von 30 Atmosphären verflüssigt [7]), wozu jetzt meist der Apparat von Natterer verwendet wird [8]). Nach Faraday, nicht aber nach Niemann [9]), gelingt die Verdichtung auch schon durch Erhitzen von Ammoniumnitrat im knieförmig gebogenen, zugeschmolzenen Glasrohre. Newth [10]) bewirkte die Verflüssigung nach dem für Luft üblichen System der Selbstabkühlung.

Das flüssige Stickoxydul ist farblos, sehr beweglich, vom spez. Gew. 0,937 bei 0° [11]). Nach Cailletet und Mathias [12]) beträgt die Dichte des gesättigten Dampfes von flüssigem Stickoxydul bei:

Temperatur	Dichte	Temperatur	Dichte	Temperatur	Dichte
— 28°	0,0378	— 1,5°	0,0785	+ 25,4°	0,178
— 21,5°	0,046	+ 11,8°	0,114	+ 28°	0,202
— 7,5°	0,066	+ 20,7°	0,153	+ 38,9°	0,265

[1]) Roth, Z. physik. Chem. **24**, 114. — [2]) P. A. Favre, Ann. ch. phys. [5] **1**, 209, 261; JB. 1874, S. 110. — [3]) Gniewasz u. Walfisz, Zeitschr. phys. Chem. **1**, 70. — [4]) K. v. Obermayer, Wien. Akad. Ber. **81**, 1102. — [5]) Derselbe, ebend. **85**, 748. — [6]) Derselbe, ebend. **87**, 188. — [7]) Faraday, Ann. ch. phys. [3] **15**, 257; Ann. Chem. **56**, 153. — [8]) Vergl. Thilo, Chem.-Ztg. **18**, 743. — [9]) Niemann, Brandes' Arch. **36**, 177. — [10]) Newth, Chem. Soc. Proc. **16**, 87; Chem. Centralbl. 1900, I, S. 1063. — [11]) Andréeff, Ann. Chem. **110**, 11. — [12]) Cailletet u. Mathias, Compt. rend. **102**, 202; JB. 1886, S. 65.

Die Dichte des verflüssigten Stickoxyduls ist bei

— 20,6°	— 11,6°	— 5,5°	— 2,2°	+ 6,6°	+ 11,7°	+ 19,8°	+ 23,7°
1,002	0,952	0,930	0,912	0,849	0,810	0,758	0,698

Nach Villard[1]) beträgt

Die Dichte der Flüssigkeit	Die Dichte des Dampfes	bei
0,9105	0,087	0°
0,885	0,099	5°
0,856	0,114	10°
0,804	0,146	17,5°
0,720	0,207	26,5°
0,640	0,274	32,9°
0,605	0,305	34,9°
0,572	0,338	36,3°

Bei der kritischen Temperatur (37°) stimmt die Dichte der Flüssigkeit und ihres gesättigten Dampfes überein, sie beträgt 0,41, nach Villard[1]) 0,454, wobei die Temperatur = 38,8°, der Druck = 77,5 Atm.

Die Flüssigkeit erstarrt bei ungefähr — 100° und siedet, nach Regnault[2]), unter gewöhnlichem Druck bei — 87,9°, nach Ramsay und Shields[3]) unter Atmosphärendruck laut Angabe des Wasserstoffthermometers bei — 89,8°. Die Dampfspannung ist bei — 88° = 1 Atm., bei — 62° = 3,1, bei — 40° = 8,7 Atm., ferner nach Regnault[2]) in Millimetern Quecksilber bei:

Temperatur	Spannkraft	Temperatur	Spannkraft	Temperatur	Spannkraft
— 25°	15694,88	0°	27420,97	+ 25°	46641,40
20°	17586,58	+ 5°	30558,64	30°	51708,55
15°	19684,33	10°	34019,09	35°	57268,08
10°	22008,05	15°	37831,66	40°	63359,78
5°	24579,20	20°	42027,88		

Flüssiges Stickoxydul bricht das Licht schwächer als alle anderen Flüssigkeiten[4]), nach Bleckrode[5]) ist der Brechungsindex = 1,204. Das Molekularvolum ist = 26,7 [für SO_2 (flüssig) = 43,9][6]). Es bewirkt auf der Haut Brandwunden, verändert Kohle, Phosphor, Schwefel, Jod, Kalium und Harzkitt nicht, mischt sich mit Schwefelkohlenstoff,

[1]) P. Villard, Compt. rend. 118, 1096; Ber. 27, 461 Ref. — [2]) Regnault, JB. 1863, S. 70. — [3]) William Ramsay u. John Shields, Chem. News 67, 190; Chem. Centralbl. 1893, S. 924. — [4]) Faraday, Ann. ch. phys. [3] 15, 257; Ann. Chem. 56, 153. — [5]) L. Bleckrode, Lond. R. Soc. Proc. 37, 339; JB. 1884, S. 284. — [6]) L. Meyer, Ann. Chem. Suppl. 5, 129.

Weingeist und Äther; Quecksilber, Schwefelsäure und Salpetersäure bringt es zum Gefrieren, auch Wasser gefriert, bewirkt aber zugleich eine explosionsartige Gasbildung. Beim Eintauchen von Metallen entsteht ein Zischen; glühende Kohle schwimmt unter lebhafter Verbrennung auf der Flüssigkeit[1]). Beim Verdunsten in Platin nimmt es, bei gewöhnlicher Temperatur ebenso wie bei Rotglut, sphäroidalen Zustand an (Despretz[2]). Die Mischung mit Schwefelkohlenstoff erzeugt beim Verdunsten im Vakuum, nach Natterer[3]), eine Temperatur von — 140°.

Wie schon erwähnt, erstarrt das flüssige Stickoxydul bei ungefähr — 100°, und zwar zu farblosen Krystallen, welche weniger als eine Atmosphäre Dampfspannung besitzen[4]). Als farblose, durchscheinende, eisartige Masse erhält man es, wenn man die Flüssigkeit in einem verschlossenen Röhrchen in ein gröfseres, ebenfalls damit gefülltes Gefäfs bringt und die äufsere Flüssigkeit im Vakuum verdampfen läfst. Als weifse, schneeartige Masse tritt es beim Ausströmen des Flüssigen durch eine enge Öffnung, sowie beim Erstarren desselben auf einem heifsen Stein im Vakuum auf[3]), teils als solche, teils in Form von Krystallen bei sonstigem Verdunsten des Flüssigen im Vakuum. Es schmilzt bei — 102,3°[5]).

Das Stickoxydulgas ist nicht entzündlich, vermag aber die Verbrennung zu unterhalten, ja fast alle in atmosphärischer Luft brennbaren Körper verbrennen darin mit erhöhtem Glanze und glimmende Körper entzünden sich darin wie in Sauerstoffgas, nur etwas weniger lebhaft; brennender Schwefel erlischt, brennender Phosphor hingegen verbrennt fast wie in Sauerstoffgas. In der Kälte übt es keine oxydierenden Wirkungen. Auf Pflanzenfarben ist es ohne Einflufs.

Zersetzungen. Leitet man das Gas durch eine lebhaft glühende Porzellanröhre, so zerfällt es in Stickstoff und Sauerstoff. Diese Zersetzung tritt nach Berthelot[6]) bei 520° noch fast gar nicht ein, ist aber nach Langer und Meyer[7]) bei 900° nahezu vollständig. Die gleiche Zersetzung wird durch den elektrischen Funken bewirkt, doch treten hierbei auch Untersalpetersäuredämpfe auf[8]); die Zersetzung erfolgt nämlich nur teilweise nach der Gleichung $N_2O = N_2 + O$, andernteils aber nach der Gleichung $4\,N_2O = N_2O_4 + 3\,N_2$. Auch durch dielektrische Überströmung wird, nach Berthelot[9]), das Stickoxydul binnen einigen Stunden gröfstenteils zersetzt.

[1]) Dumas, Compt. rend. 27, 463; Ann. Chem. 68, 224. — [2]) Despretz, Compt. rend. 28, 143; JB. 1849, S. 256. — [3]) Natterer, Ann. Chem. 54, 254. — [4]) Faraday, Ann. ch. phys. [3] 15, 257; Ann. Chem. 56, 153. — [5]) Deiman, Scher. J. 7, 260. — [6]) Berthelot, Compt. rend. 77, 1448; JB. 1874, S. 221. — [7]) C. Langer u. V. Meyer, Pyrochemische Untersuchungen, Braunschweig 1885, S. 65. — [8]) Berthelot, Compt. rend. 77, 1448; JB. 1874, S. 221; Grove, Ann. Chem. 63, 1; H. Buff u. A. W. Hofmann, ebend. 113, 137. — [9]) Berthelot, Compt. rend. 82, 1360; JB. 1876, S. 132.

Eine elektrisch glühende Eisenspirale oder der von Eisenspitzen überströmende Flammenbogen zerlegen es rasch unter Bildung von Eisenoxyd und Hinterlassung des ursprünglichen Volums an Stickstoff [Buff und Hofmann[1])].

Das Gemenge mit dem gleichen Volum Wasserstoff, durch den elektrischen Funken entzündet oder durch ein glühendes Rohr geleitet, verpufft zu Wasser und dem gleichen Volum Stickstoff; bei weniger Wasserstoff wird etwas Salpetersäure erzeugt [Priestley, H. Davy[2]), W. Henry[3])]. Platinschwamm erglüht in einem solchen Gemenge und verwandelt es ebenfalls in Wasser und Stickstoff (Döbereiner, Dulong und Thénard), während bei Wasserstoffüberschufs auch Ammoniak entsteht[4]). — Ähnlich wie mit Wasserstoff verpufft das Stickoxydul, durch den elektrischen Funken oder durch Glühhitze, mit Ammoniak, Kohlenwasserstoffgas, Kohlenoxydgas, Cyangas, Phosphorwasserstoffgas und Schwefelwasserstoffgas zu Stickstoff, Wasser und Kohlensäure beziehungsweise Phosphorsäure und schwefliger Säure.

Phosphor läfst sich in dem Gase ohne Entzündung verdampfen, erst bei Berührung mit einem weifsglühenden Eisendraht entzündet er sich und verbrennt mit lebhaftem Glanz zu Phosphorsäureanhydrid. Glühende Kohle verbrennt lebhafter wie in Luft, wobei sich 1 Vol. Stickoxydul, 1 Vol. Stickstoff und $^1/_2$ Vol. Kohlensäure ergiebt. Erhitztes Bor verbrennt zu Borsäure (Deville und Wöhler). — Ein Gemisch von Schwefeldampf und Stickoxydul, durch den elektrischen Funken entzündet, bildet schweflige Säure und, bei geeigneter Abkühlung, Salpetrig-Pyroschwefelsäureanhydrid[5]).

Kalium und Natrium, im Stickoxydul gelinde erhitzt, verbrennen anfangs unter heftiger Feuerentwickelung zu Hyperoxyden, welche sich bei weiterem Erhitzen in Nitrite verwandeln, während Stickstoff und Sauerstoff übrig bleiben. Eine stark erhitzte Stahlfeder verbrennt fast so lebhaft wie in Sauerstoff (Priestley); auch andere glühende Metalle, wie Mangan, Zink, Zinn, oxydieren sich unter Hinterlassung von Stickstoff. Die Metalle werden dabei meist in dieselben Oxydationsprodukte verwandelt wie durch Stickoxyd[6]). Auch bei Gegenwart von Wasser vermögen eine Reihe von Metallen das Stickoxydul zu Stickstoff zu reduzieren[7]).

Beim Überleiten des Gases über dunkelrot glühenden Natronkalk wird kein Ammoniak gebildet, ebenso wenig beim Erhitzen mit wässerigem oder weingeistigem Kali [Persoz[8]), Berthelot[9])]. Zinnoxydul-

[1]) H. Buff u. A. W. Hofmann, Ann. Chem. **113**, 137. — [2]) Davy, Chemical and philosophical researches chiefly concerning nitrous oxyde. London 1800. — [3]) W. Henry, Manch. Mem. [2], S. 4; Kast. Arch. **3**, 223. — [4]) F. Kuhlmann, Dingl. pol. J. **211**, 24. — [5]) Chevrier, Compt. rend. **69**, 136; Gmelin-Krauts Handb., 6. Aufl., **1**, 2, 450. — [6]) P. Sabatier u. B. Senderens, Compt. rend. **120**, 618; Ber. **28**, 407 Ref. — [7]) Dieselben, Compt. rend. **120**, 1212; Ber. **28**, 594 Ref. — [8]) Persoz, Compt. rend. **60**, 936; JB. 1865, S. 150. — [9]) Berthelot, Compt. rend. **77**, 1448; JB. 1874, S. 221.

salze, Alkalisulfide, Sulfite und Eisenoxydulsalze entziehen keinen Sauerstoff; auch lösen letztere das Gas nicht.

Gegen oxydierende Einflüsse ist Stickoxydul sehr widerstandsfähig. Mit Sauerstoff gemengt und in verschlossenen Röhren bis zu dunkler Rotglut erhitzt, liefert es keine höheren Oxyde[1]). Übermangansaures Kali ist ohne Wirkung, selbst bei 100° in alkalischer Lösung[2]). Rauchende Salpetersäure bewirkt nach Deiman[3]) eine Volumverminderung. Unterchlorigsäuregas wirkt in der Kälte nicht ein (Balard).

Die volumetrische Zusammensetzung des Gases läfst sich durch Zersetzung mittelst Kalium zeigen; das Volum des Gases zeigt sich nach derselben unverändert; E. H. Keiser[4]) leitet das in einer Gasbürette abgemessene Gas über glühendes Kupfer und treibt es nach erfolgter Absorption des Sauerstoffs in die Bürette zurück.

Anwendung. Das Gas wird als Anästhetikum an Stelle von Chloroform verwendet, wobei es zweckmäfsig mit mindestens $^1/_{10}$ Vol. Luft oder, nach P. Bert[5]), mit $^1/_{10}$ Vol. Sauerstoff gemengt wird. Näheres s. O. Liebreich[6]). — Stickoxydulwasser, eine moussierende Flüssigkeit, erhalten durch Sättigen von Wasser mit dem Gase unter hohem Druck, wurde von O. Schür in Stettin in den Handel gebracht; dasselbe ist nach Cl. Winkler[7]) ohne auffallende Wirkung auf den menschlichen Organismus.

Das flüssige Stickoxydul findet ebenfalls zu anästhesierenden Zwecken in der Zahnheilkunde Verwendung[8]). Die bei seiner Verdunstung erzeugte Temperaturerniedrigung wird zur Verflüssigung anderer Gase benutzt[9]).

Stickstoffoxydulhydrat hat Villard[10]) krystallisiert erhalten; er schreibt ihm die Zusammensetzung $N_2O.6H_2O$ zu.

Die Verbindung bildet sich aus Wasser und komprimiertem Stickstoffoxydul, wenn die Krystallisation durch Einwerfen eines Krystalles der fertigen Verbindung oder dergleichen angeregt wird. Bildungswärme aus flüssigem Wasser und freiem Gas = 15 Kal. Das Hydrat bildet kreuzweise verwachsene Nadeln, nach den Oktaederachsen orientiert, seltener quadratische Täfelchen oder Tetraeder des regulären Systems. Spezif. Gew. = 1,15. In Wasser ist die Verbindung löslich, der Lösungskoeffizient ist bei gewöhnlichem Druck = 1,3, bei 21 Atmosphären = 1,05.

---

[1]) Berthelot, Compt. rend. 77, 1448; JB. 1874, S. 221. — [2]) Wanklyn u. Cooper, Phil. Mag. [5] 6, 288; JB. 1878, S. 277. — [3]) Deiman, Scher. J. 7, 260. — [4]) Keiser, Am. Chem. J. 8, 92; Ber. 19, 538. — [5]) P. Bert, Compt. rend. 87, 728 u. 96, 1271; JB. 1878, S. 1007 u. 1883, S. 1484. — [6]) O. Liebreich bei Hofmann, Entwickelung der chemischen Industrie, 1. Abt., S. 260. — [7]) Cl. Winkler, Dingl. pol. J. 231, 368. — [8]) A. W. Hofmann, Ber. 15, 2668. — [9]) Cailletet, Compt. rend. 86, 97; JB. 1878, S. 42; R. Pictet, Compt. rend. 86, 106; JB. 1878, S. 42. — [10]) P. Villard, Compt. rend. 106, 1602 u. 118, 646; Ber. 21, 511 Ref. u. 27, 487 Ref.

Das Hydrat ist bei Atmosphärendruck unterhalb 0° beständig. Bei Erhöhung der Temperatur unter konstantem Druck erfolgt keine Schmelzung, sondern Zersetzung. Die Spannung beträgt bei 0° 10 Atm., bei 12° 43 Atm.

Untersalpetrige Säure, Diazohydrat $N_2O_2H_2$.

Die untersalpetrige Säure ist eine zweibasische Säure [1]) von der Formel $N_2O_2H_2$, die bis vor kurzem nur in Salzen und in wässeriger Lösung bekannt war. De Wilde [2]) hatte gefunden, dafs bei Einwirkung von Natriumamalgam auf Alkalinitratlösung kein Wasserstoffgas entweicht, sondern ein Gas, das aus etwa 40 Proz. Stickstoff und 60 Proz. Sauerstoff besteht; Maumené [3]) wollte bei diesem Prozesse einen Körper erhalten haben, welcher mit Silbernitrat die Verbindung NOAg liefern sollte; Fremy [4]) erhielt zunächst Nitrite, bei weiterer Einwirkung Hydroxylamin, Stickstoff und Stickoxydul. E. Divers [5]) beobachtete dann 1871, dafs die durch Natriumamalgam reduzierte Nitratlösung, nach Neutralisation mit Essigsäure, mit Silbernitrat einen gelben Niederschlag giebt, der nahezu die Zusammensetzung NOAg besitzt, und seine Angaben wurden später völlig bestätigt.

Bildung. 1. Aus Alkalinitraten oder -nitriten durch Reduktion mit Natriumamalgam. 2. Durch Reduktion von Natriumnitrat oder -nitrit durch frisch gefälltes Eisenoxydulhydrat, unter starker Erwärmung und Entstehung von Ammoniak, Stickstoff und reichlichen Mengen Stickoxydul (W. Zorn [6]). 3. Durch Einwirkung von frisch gefälltem Eisenoxydulhydrat auf Stickoxyd bei Gegenwart von verdünnter Kalilauge [7]); das hierbei verwendete Eisenoxydulhydrat darf weder durch längere Digestion mit Kalihydrat dicht geworden, noch durch Auswaschen gänzlich von Alkali befreit sein. Zwar giebt auch ausgewaschenes Eisenoxydulhydrat reichliche Mengen von Hyponitrit, doch wird dies dann durch Überschufs des Reduktionsmittels leicht zerstört. 4. Bei Einwirkung von Alkalimetallen auf Pelouzes Nitrosulfate (Salze der gewöhnlich Dinitrosulfonsäure genannten Verbindung, welche durch Einleiten von Stickoxyd in alkalische Sulfitlösung entstehen). 5. Durch Elektrolyse einer Nitritlösung mit Quecksilber als negativer Elektrode [8]). 6. Nach Menke [9]) auch durch Schmelzen von Natriumnitrat mit Eisenfeile, doch konnte Zorn [10]) die Verbindung auf diese Weise nicht er-

---

[1]) Davy, Chemical and philosophical researches chiefly concerning nitrous oxyde, London 1800. — [2]) De Wilde, Bull. de l'Acad. Roy. de Belg. [2] 1863, 15, 560; Graham-Otto, Anorg. Chem., 5. Aufl., 2 [2], 253. — [3]) Maumené, Compt. rend. 70, 149. — [4]) Fremy, Compt. rend. 66, 1207. — [5]) E. Divers, Lond. R. Soc. Proc. 19, 425; Zeitschr. Chem. 1871, S. 225. — [6]) W. Zorn, Ber. 15, 1258. — [7]) Windham R. Dunstan u. T. S. Dymond, Chem. Soc. J. 51, 646; JB. 1887, S. 405. — [8]) W. Zorn, Ber. 12, 1509. — [9]) A. E. Menke, Chem. Soc. J. 33, 401; JB. 1878, S. 222. — [10]) W. Zorn, Ber. 15, 1258; Ders., ebend. 12, 1509.

halten. 7. Sehr langsam und unter Bildung eines Gases (Stickstoff oder Stickoxydul) beim Einleiten von Stickoxyd in eine alkalische Lösung von Zinnoxydulhydrat [1]). Diese (Kaliumstannit-) Lösung wird in der Art bereitet, dafs man Zinnchlorür mit Sodalösung fällt, den Niederschlag durch Dekantieren von der Mutterlauge befreit und dann festes Kaliumhydroxyd zum Rückstande zusetzt. Die Reaktion verläuft nach der Gleichung $SnO_2K_2 + 2KOH + 2NO = SnO_3K_2 + 2NOK + H_2O$; doch nehmen Divers und Haga in Berücksichtigung der andauernden Gasentwickelung die intermediäre Bildung eines leicht zersetzlichen Nitrosostannats an. 8. Aus Hydroxylamin und salpetriger Säure [2]), insbesondere beim Erwärmen auf 50 bis 60°, wobei allerdings schon Zersetzung eintritt, sowie durch Einwirkung von Kupferoxyd oder Quecksilberoxyd auf alkalische Hydroxylaminlösung [3]). 9. Aus Nitrosohydroxylaminen durch Alkali [4]). 10. Dimethylnitrosooxyharnstoff $(CH_3)_2.N.CO.N<^{NO}_{OH}$ zerfällt mit Alkali bei 0° glatt in Dimethylamin, Kohlensäure und Hyponitrit, wobei eine Umlagerung unter Bildung einer Hydroxylgruppe erfolgen mufs:

$$R.N(NO)OH \rightarrow [HN(NO)OH] \rightarrow HON:NOH$$ [4]).

Darstellung. Man trägt die nach der Gleichung $2NO_3K + 4Na_2 + 4H_2O = N_2O_2K_2 + 8NaOH$ berechnete Menge Natriumamalgam unter beständiger Abkühlung durch kaltes Wasser in die Salpeterlösung ein, wobei anfänglich viel, gegen Ende weniger Gas entweicht. Vorteilhafter ist es, statt des Nitrats Nitrit zu verwenden, da alsdann die Reaktion, entsprechend der Gleichung $2NO_2K + 2Na_2 + 2H_2O = N_2O_2K_2 + 4NaOH$, nur halb so viel Natriumamalgam erfordert. Da die im Handel vorkommenden Alkalinitrite meist sehr unrein sind, so benutzt Zorn [5]) Bariumnitrit. Zur Darstellung gröfserer Mengen füllt man das Natriumamalgam zweckmäfsig in grofsen Stücken in die mittlere Kugel eines Kippschen Apparates, die Nitritlösung in die untere und füllt die obere Kugel bis zur Hälfte mit destilliertem Wasser; der ganze Apparat wird dann in ein gröfseres Gefäfs mit kaltem Wasser gestellt und die Reaktion durch langsames Austretenlassen der gebildeten Gase reguliert [6]). Die Ausbeute ist doppelt so grofs, wenn flüssiges, 1 proz. Amalgam angewendet wird, das man zu der mit Eis gekühlten, etwa 5 proz. Kaliumnitritlösung langsam zufliefsen läfst [7]). Wichtig sind

---

[1]) E. Divers u. Tamemasa Haga, Chem. Soc. J. 47, 361; JB. 1885, S. 419. — [2]) Wislicenus, Ber. 26, 771; C. Paal, Ber. 26, 1026; S. Tanatar, Journ. de russ. phys.-chem. Ges. [1] 25, 342; Ber. 93, 763 Ref.; Hantzsch, Ber. 30, 2356; Derselbe u. Sauer, Ann. Chem. 299, 67. — [3]) Anthon Thum, Monatsh. f. Chem. 14, 294. — [4]) Hantzsch, Ber. 30, 2356; Derselbe u. Sauer, Ann. Chem. 299, 67. — [5]) W. Zorn, Die untersalpetrige Säure und deren organische Derivate. Habilitationsschrift. Heidelberg 1879. — [6]) Derselbe, Ber. 12, 1509. — [7]) C. Paal, Ber. 26, S. 1026.

niedrige Temperatur und stetiger großer Überschuß von Nitrit gegenüber nascierendem Wasserstoff sowie von Alkali [1]). Das stets gleichzeitig entstehende Hydroxylamin kann durch fortgesetzte Behandlung mit Natriumamalgam, Ammoniak durch Aufbewahrung der Lösung im Vakuum über Schwefelsäure in 12 Stunden entfernt werden [2]).

Durch Behandlung von Natriumnitrit mit der berechneten Menge Natriumkarbonat und Einleiten von Schwefeldioxyd in diese Lösung geht das Nitrit leicht und vollständig in Oximidosulfonat über. Dieses verwandelt sich durch Hydrolyse in Oxyamidosulfonat. Löst man nun in der gesättigten Lösung des letzteren viel Ätzkali auf, so wird es in Hyponitrit und Sulfit verwandelt.

Man kann auf diese Weise die 60 Proz. des angewandten Nitrits entsprechende Menge an Hyponitrit gewinnen. Während der Sulfierung soll die Temperatur auf 0° gehalten werden, und die Hydrolyse des Oximidosulfonats soll bei gewöhnlicher Temperatur innerhalb 24 Stunden erfolgen [3]). — Kirschner [4]) giebt dagegen folgende Vorschrift: 50 g Kaliumoximidosulfonat werden in 35 ccm Wasser bei Siedehitze gelöst, die Lösung, welche nunmehr Oxyamidosulfonat und Sulfat enthält, unter Kühlung allmählich mit 10 ccm Natronlauge 1 : 1 versetzt, wobei die Temperatur nicht über 30° steigen soll, auf 10° abgekühlt, dann mit 90 ccm derselben Natronlauge auf einmal versetzt und eine halbe bis dreiviertel Stunden auf 50° erwärmt. Beim Zusatz der Natronlauge beginnt eine lebhafte Entwickelung von Stickstoffmonoxyd, nach deren Beendigung das Ganze in 1 Liter Wasser gegossen wird. Die so gewonnene Lösung enthält Sulfat, Sulfit, Hyponitrit, etwas unzersetztes Oxyamidosulfonat und vielleicht etwas Hydroxylamin. Letztere Verbindungen werden durch Zusatz von Quecksilberoxyd wegoxydiert, das abgeschiedene Quecksilber auf einem Asbestfilter abgesaugt, die Flüssigkeit auf 4 Liter verdünnt und mit 5 proz. Silbernitratlösung versetzt.

Zur Reduktion von Nitrit mittelst Eisenoxydulhydrat fällt man am besten reinen Eisenvitriol mit Kalkmilch eben aus, setzt dem nicht zu dicken Brei von Eisenoxydulhydrat und Gips eine Lösung von Natriumnitrit (1 Tl. auf 10 Tle. Eisenvitriol) zu und überläßt die Mischung unter Kühlung sich selbst [5]).

Die befriedigendsten Resultate liefert die Reaktion zwischen Hydroxylamin und salpetriger Säure [6]); Gegenwart von Basen vermindert die Ausbeute [7]). Thum [8]) läßt salzsaures Hydroxylamin auf Natriumnitrit einwirken; die Umsetzung erfolgt entsprechend der Gleichung:

$$NH_2OH + ONOH = HON{=}NOH + H_2O.$$

---

[1]) Hantzsch u. Kaufmann, Ann. Chem. 292, 317. — [2]) E. Divers, Chem. Soc. Proc. 17, 223; Chem. Centralbl. 1899, I, S. 99. — [3]) Ders. u. Tamemasa Haga, Chem. Soc. Proc. 17, 220; Chem. Centralbl. 1899, I, S. 98. — [4]) A. Kirschner, Z. anorg. Chem. 16, 424. — [5]) W. Zorn, Ber. 15, 1258. — [6]) S. Tanatar, Journ. d. russ. phys.-chem. Ges. [1] 25, 342; Ber. 26, 763 Ref. — [7]) Ders., Ber. 27, 187. — [8]) Anthon Thum, Monatsh. f. Chem. 14, 294.

Nach Hantzsch[1]) erfolgt die Bildung direkt aus Stickstofftrioxyd und Hydroxylamin in methylalkoholischer Lösung.

Die auf die eine oder die andere Art erhaltene Lösung wird dann mit Essigsäure neutralisiert und mit Silbernitrat gefällt. Das ausgefällte Nitrosylsilber wird nach van der Plaats[2]) durch Phosphorsäure, kochende Essigsäure, Schwefelwasserstoff, besonders aber durch Salzsäure unter Bildung freier untersalpetriger Säure zersetzt. Man erhält eine klare, farblose Lösung von stark saurer Reaktion, die mit Silbernitrat einen gelben Niederschlag erzeugt. Dieselbe ist ziemlich beständig, sie kann ohne Zersetzung, selbst mit Essigsäure oder Salpetersäure, gekocht werden [nach Divers[3]) zersetzt sie sich beim Erhitzen mit Essigsäure unter Entwickelung von Stickoxydul, doch hat derselbe nicht die durch Zersetzung des Silbersalzes gewonnene reine Lösung benutzt, sondern eine solche, welche er durch Versetzen der ursprünglichen alkalischen Lösung mit Essigsäure, bis durch Silbernitrat kein brauner Niederschlag mehr gebildet wurde, erhielt]. Sie färbt Jodkaliumstärke blau [Divers[3]) fand mit Jodkalium keine Reaktion, dagegen augenblickliche Entfärbung von Jodlösung, Thum[4]) konstatiert, dafs weder Jod aus KJ in Freiheit gesetzt, noch die Blaufärbung von Stärkekleister durch anwesende salpetrige Säure gehindert wird] und reduziert Chamäleonlösung. Während Thum hierbei glatte Oxydation zu salpetriger Säure beobachtet haben will, wird nach Kirschner[5]) pro Mol. $N_2O_2H_2$ nur 1 Atom Sauerstoff aufgenommen, so dafs eine Säure $N_2O_3H_2$, Thums Azoxyhydroxyd gebildet werden würde. Nach demselben wirkt Jod nicht ein, dagegen oxydiert Brom zu Salpetersäure. Konzentrierte Schwefelsäure zersetzt untersalpetrige Säure unter Bildung von Stickoxydul; dieselbe Zersetzung findet auch bei längerem Stehen der wässerigen Lösung statt, besonders bei Gegenwart von wenig Alkali[4]). Hantzsch und Kaufmann[6]) fanden nach Eintragung des Silbersalzes in Vitriolöl die Reaktionen der salpetrigen bezw. Salpetersäure gegenüber Diphenylamin und Ferrosulfat. Bei dem spontanen Zerfall der reinen Säure findet nach ihnen eine teilweise Zersetzung nach der Gleichung $3\,N_2O_2H_2 = 2\,N_2O_3 + 2\,NH_3$ statt, während Divers[7]) nur die Zersetzung in Stickoxydul und Wasser gelten läfst.

Die freie Säure aus dem trockenen Silbersalz durch Schwefelwasserstoffgas darzustellen, gelingt nicht, vielmehr tritt dabei explosionsartige Zersetzung ein[4]). Dagegen gelingt dies durch Salzsäure unter Äther, welcher die freie Säure aufnimmt. Auf diese Weise gelangte Tanatar[8])

[1]) Hantzsch, Ber. 30, 2356; Ders. u. Sauer, Ann. Chem. 299, 67. — [2]) J. D. van der Plaats, Ber. 10, 1507. — [3]) E. Divers, Lond. R. Soc. Proc. 19, 425; Zeitschr. Chem. 1871, S. 225. — [4]) Anthon Thum, Monatsh. f. Chem. 14, 294. — [5]) A. Kirschner, Z. anorg. Chem. 16, 424. — [6]) Hantzsch, u. Kaufmann, Ann. Chem. 292, 317. — [7]) E. Divers, Chem. Soc. Proc. 17, 223; Chem. Centralbl. 1899, I, S. 99. — [8]) S. Tanatar, Ber. 29, 1039.

zu einer öligen, offenbar noch unreinen Säure, indem er die ätherische Lösung an der Luft verdunsten liefs.

Hantzsch und Kaufmann[1]) erhielten die Säure in festem Zustande, indem sie das trockene Silbersalz mit ätherischer Salzsäure zersetzten und die ätherische Lösung unter Ausschlufs von Feuchtigkeit verdunsteten. Sie bildet weifse Krystallblättchen, welche beim Reiben mit einem Glasstabe verpuffen, sich äufserst leicht in Wasser, leicht in Alkohol, noch ziemlich leicht in Äther, Chloroform und Benzol, schwer in Ligroin lösen und in ganz trockenem Zustande spontan — selbst bei 6° — explodieren. Die wässerige Lösung dieser reinen Säure zerfällt schon bei 25° ziemlich rasch, bei 0° ist sie etwas länger haltbar. so dafs wenigstens die kryoskopische Molekelgewichtsbestimmung durchgeführt werden konnte. Die frisch bereitete Lösung giebt mit essigsäurehaltiger Kaliumjodidlösung im ersten Augenblick keine Färbung, doch tritt solche beim Stehen allmählich ein; in einer Lösung, die bereits vor einiger Zeit bereitet wurde, erfolgt die Reaktion sofort.

Bei der Titration mit Baryt tritt Neutralität gegen Phenolphtalein ein, sobald sich das Salz N_2O_2Hba gebildet hat. Die Leitfähigkeit für den elektrischen Strom nimmt während des Durchleitens beständig zu, der wahrscheinlichste Wert für die molekulare Leitfähigkeit ist $v = 64$, $\mu = \infty\ 3$, etwa von derselben Gröfsenordnung wie für Kohlensäure. Nach Divers[2]) rötet sie Lackmuspapier stärker als diese, doch verschwindet die Wirkung beim Trocknen. Sie zersetzt das Karbonat, Sulfat, Nitrat und Chlorid, nicht aber das Jodid des Silbers. Sie wird leicht oxydiert, von Reduktionsmitteln dagegen nicht angegriffen.

Nach Divers[3]) giebt die Lösung mit den meisten Metallsalzen unlösliche Niederschläge. Ist sie jedoch völlig neutralisiert oder angesäuert, so tritt nur noch der Silberniederschlag ein.

Zusammensetzung. Durch Untersuchung des Esters (s. d.) hat Zorn[4]) die Molekulargröfse $N_2O_2H_2$ ermittelt, wonach die Säure zweibasisch ist und saure Salze bilden mufs. Solche liefsen sich durch Zusammenbringen von freier untersalpetriger Säure mit Kalium-, Natrium-, Thallium- und Silberhyponitrit nicht gewinnen; dagegen wurde ein saures Bariumsalz, in Lösung wenigstens, und ein saures Ammoniumsalz erhalten.

Als Beweis für die Bibasizität kann auch das Verhalten der Säurelösung gegen Alkali in Gegenwart von Phenolphtalein dienen; letzteres wird gerötet, sobald die zur Bildung sauren Salzes notwendige Menge Alkali überschritten ist[5]).

---

[1]) Hantzsch u. Kauffmann, Ann. Chem. 292, 317. — [2]) E. Divers, Chem. Soc. Proc. 17, 223; Chem. Centralbl. 1899, I. S. 99. — [3]) Ders., Lond. R. Soc. Proc. 19, 425; Zeitschr. Chem. 1871, S. 225. — [4]) W. Zorn, Ber. 11, 1630. — [5]) Anthon Thum, Monatsh. f. Chem. 14, 294.

Berthelot und Ogier[1]) fanden für das Silbersalz die Zusammensetzung $N_4O_6Ag_4$, demnach für die freie Säure die Formel $N_4O_6H_4$ und für das Anhydrid N_4O_3; sie berechneten hierfür folgende Wärmewerte[2]):

Bildungswärme $2\,N_2 + 3\,O = N_4O_3$ (verd.) — 77 200 kal.

Neutralisationswärme N_4O_3 (verd.) + $2\,K_2O$ (verd.) + 21 400 kal.

Umwandlungswärme in Salpetersäure mittelst Brom

$$N_4O_3\text{ (verd.)} + O_7 + 2\,H_2O = 2\,(N_2O_5,\ H_2O)\text{ (verd.)}$$
$$+ 134\,400\text{ kal.}$$

Indessen ist nach Divers und Tamemasa Haga[3]) dieses Resultat auf eine hartnäckig anhaftende Beimengung von Nitrit zurückzuführen. Durch wiederholte Reinigung des Silberhyponitrits gelangten sie zu Resultaten, welche die Formel $N_2O_2H_2$ bestätigen.

Den endgültigen Beweis erbrachte die Molekelgewichtsbestimmung durch Hantzsch und Kaufmann, welche 59 ergab, während sich für $N_2O_2H_2$ 62 berechnet. Zu dem gleichen Resultat führte die Bestimmung von Divers[4]) für das Natriumsalz.

Konstitution. Aus der Konstitution des Esters (s. d.) folgt mit Wahrscheinlichkeit für die freie Säure die Konstitution OH—N=N—OH, wonach sie einem Stickoxydul entspricht, in welchem das Sauerstoffatom durch zwei Hydroxyle ersetzt ist. Hierfür spricht auch der Zerfall in Stickoxydul und Wasser; doch gelang es weder van der Plaats noch Zorn, die Säure aus Stickoxydul herzustellen.

Die obige Formel läfst die Säure zugleich als Diazohydrat, die Stammsubstanz der zahlreichen Diazoverbindungen, erscheinen. Von einem solchen Hydrat sind zwei Stereomere möglich, entsprechend den Formelbildern

I.	HO.N ‖ N.OH	II.	HO.N ‖ HO.N
	Antidiazohydrat		Syndiazohydrat

Auf Grund der allgemeinen Eigenschaften, besonders auch wegen der Bildungsweise 10 befürwortet Hantzsch[5]) die Auffassung als Antidiazohydrat, während er die Formel des Syndiazohydrats dem Nitramid zuweist.

Untersalpetrigsäureester. Der Äthylester, Diazoäthoxan $N_2O_2(C_2H_5)_2$[6]) entsteht durch Einwirkung von Äthyljodid in ätherischer Lösung auf mit Sand verdünntes Nitrosylsilber. Er bildet eine farblose, in Wasser unlösliche und darauf schwimmende Flüssigkeit, die

---

[1]) Berthelot u. Ogier, Compt. rend. 96, 30; JB. 1883, S. 304. — [2]) Dieselben, Compt. rend. 96, 84; JB. 1883, S. 171. — [3]) E. Divers u. Tamemasa Haga, Chem. Soc. J. 45, 78; JB. 1884, S. 356. — [4]) E. Divers, Chem. Soc. Proc. 17, 223; Chem. Centralbl. 1899, I, S. 99. — [5]) Hantzsch, Ber. 30, 2356; Ders. u. Sauer, Ann. Chem. 299, 67; Hantzsch, Ann. Chem. 292, 340. — [6]) W. Zorn, Ber. 11, 1630.

durch Schlag oder Erhitzen aufs heftigste explodiert. Die Dampfdichte, im Vakuum bei sehr niedriger Temperatur bestimmt, ergab auf die obige Formel gut stimmende Werte. Die Verbindung geht durch Behandeln mit reduzierenden Substanzen, wie Natriumamalgam oder Zinn und Salzsäure, unter Entwickelung von Stickstoff in Alkohol über; sie wird von Alkalien nicht verseift, von Wasser bei gewöhnlicher Temperatur allmählich, bei höherer sehr schnell in Stickstoff, Alkohol und Aldehyd zersetzt $N_2O_2(C_2H_5)_2 = N_2 + C_2H_5OH + CH_3.COH$.

Konstitution. Da bei der Reduktion kein Amin, sondern nur Alkohol gebildet wird, kann keine der Äthylgruppen an Stickstoff gebunden sein. Die Konstitution ist demnach $C_2H_5O—N{=}N—OC_2H_5$. Die Nichtverseifbarkeit, welche Zorn an der Esternatur der Verbindung zweifeln liefs, mag eine Folge davon sein, dafs die beiden Äthoxylgruppen an die Gruppe $N{=}N$ gebunden sind.

Benzylester $N_2O_2(C_7H_7)_2$[1]) entsteht aus dem trockenen Silbersalz und Benzyljodid in ätherischer Lösung und bildet Blätter, welche bei 43 bis 45° unter Zersetzung schmelzen, bei schnellem Erhitzen auf 60°, auch beim Reiben mit einem Glasstabe, verpuffen und schon bei gewöhnlicher Temperatur flüchtig sind. Beim Erhitzen mit Holzgeist entweicht der gesamte Stickstoff als solcher, vielleicht erfolgt diese Zersetzung nach der Gleichung

$$C_{14}H_{14}N_2O_2 = C_6H_5.COH + C_6H_5.CH_2OH + N_2.$$

Eine allgemeine Reaktion zur Bildung von Verbindungen, die als Untersalpetrigsäureester aufgefafst werden können, den Isonitraminen, besteht in der Addition von Stickoxyd an eine Anzahl organischer Körper oder in der Einwirkung von salpetriger Säure auf β-Hydroxylamine, ferner in der Spaltung der Bisnitrosylverbindungen mit Salz- oder Schwefelsäure[2]).

Untersalpetrigsaure Salze, Hyponitrite, Nitrosylsalze oder hydronitrosylsaure Salze $N_2O_2Me_2$ bilden sich zum Teil direkt bei der Reduktion der Nitrite, zum Teil werden sie aus der Lösung des Natriumsalzes durch Metallsalze gefällt oder aus dem Silbersalz durch Umsetzung mit Metallchloriden gewonnen. Mit Ausnahme der Alkalisalze sind sie in Wasser, zum Teil auch in Essigsäure, schwer oder gar nicht löslich.

Aluminiumsalz $(N_2O_2)_3Al_2$ wird aus der Lösung des Natriumsalzes durch Aluminiumlösungen als weifser Niederschlag gefällt, ist in Wasser wie in Essigsäure unlöslich[3]).

Ammoniumsalze. Das neutrale Salz $N_2O_2(NH_4)_2$ wird in Gruppen langer Nadeln erhalten, wenn man das Silbersalz mit einer alkoholischen Lösung von Ammoniumsulfid zersetzt und die filtrierte

---

[1]) Hantzsch u. Kaufmann, Ann. Chem. 292, 317. — [2]) W. Traube, Ann. Chem. 300, 81. — [3]) A. E. Menke, Chem. Soc. J. 33, 401; JB. 1878, S. 222.

Lösung im Vakuum über Schwefelsäure eindampft. Es ist in Wasser und Alkohol leicht löslich [1]).

Saures Salz, $N_2O_2H(NH_4)$ [2]) fällt aus der ätherischen Lösung der freien Säure beim Einleiten von Ammoniakgas farblos aus, schmilzt bei 64 bis 65° unter stürmischer Zersetzung, zerfällt spontan in Ammoniak, Wasser und Stickstoffoxydul, löst sich in Wasser mit alkalischer Reaktion.

Baryumsalze. Das neutrale Salz N_2O_2Ba wird aus der Natriumsalzlösung durch Barytsalzlösungen bei einiger Konzentration als weifser, in Essigsäure löslicher Niederschlag gefällt [3]) [4]). Derselbe ist voluminös, wird rasch krystallinisch und ist aus verdünnten Lösungen in prachtvollen, oft centimeterlangen Nadeln zu erhalten [4]). Kirschner [5]) stellt das Salz, wie auch das Calcium- und Strontiumsalz aus der filtrierten ammoniakalischen Lösung des rohen Silbersalzes durch Zusatz ammoniakalischer Lösung des Baryumnitrats bezw. der anderen Nitrate dar. Die Salze scheiden sich krystallinisch ab, werden dekantiert, mit Ammoniak, Alkohol und Äther gewaschen und auf Papier unter Schütteln schnell getrocknet, da sie sonst Krystallwasser verlieren. Das Baryumsalz wird auf diese Weise mit 4 Mol. Krystallwasser erhalten.

In Wasser ist das Salz fast unlöslich, beim Stehen damit, rascher beim Erwärmen, wird es in Stickoxydul und Barythydrat zerlegt; ebenso bewirkt die Kohlensäure der Luft vollständige Zerlegung des feuchten Salzes. In konzentrierten Säuren löst es sich unter Entwickelung von Stickoxydul; dagegen kann es aus der Lösung in verdünnter Essigsäure durch Ammoniak oder Barythydrat unverändert wieder abgeschieden werden [4]).

Saures Salz [4]). Wird zu dem in Wasser suspendierten normalen Salze allmählich verdünnte Schwefelsäure zugesetzt, so bildet sich ein in Wasser leicht lösliches Baryumsalz und die Flüssigkeit bleibt neutral, solange nicht mehr als ein Äquivalent Schwefelsäure auf zwei Äquivalente des normalen Salzes verwendet ist. Bei weiterem Zusatz von Schwefelsäure wird die Lösung stark sauer, während reichliche Mengen Baryt sich in derselben befinden. Die Lösung ist aufserordentlich zersetzlich, schon bei gewöhnlicher Temperatur erfolgt Entwickelung von Stickoxydul und Ausscheidung des neutralen Salzes in schönen Krystallen. Daher ist es nicht möglich, das saure Salz in festem Zustande rein darzustellen. Doch erhält man durch Verdampfen konzentrierter Lösungen im Vakuum über Phosphorsäureanhydrid neben geringen Mengen neutralen Salzes gröfstenteils lange Krystallnadeln,

---

[1]) D. H. Jackson, Chem. Soc. Proc. 1893, S. 210; Ber. **27**, 562 Ref. — [2]) Hantzsch u. Kaufmann, Ann. Chem. **292**, 317. — [3]) A. E. Menke, Chem. Soc. J. **33**, 401; JB. 1878, S. 222. — [4]) W. Zorn, Ber. **15**, 1007. — [5]) A. Kirschner, Zeitschr. anorg. Chem. **16**, 424.

die sich leicht in Wasser lösen und wahrscheinlich das krystallisierte saure Salz darstellen. Nach den Bildungsverhältnissen käme demselben die Formel N_2O_2Ba, $N_2O_2H_2$ zu, vielleicht auch $N_4O_3Ba = N_2O_2Ba, N_2O$.

Bleisalz fällt als weifser Niederschlag aus der Lösung des Natriumsalzes durch Bleisalzlösungen, ist in Essigsäure unlöslich [1]). Bei der Darstellung mittels Bleiacetat scheidet sich zunächst ein basisches, weifses Salz aus, wahrscheinlich $(NO)_2.Pb.PbO$, das beim Stehen mit überschüssiger Essigsäure gelb und krystallinisch wird, indem es sich in das normale Salz $(NO)_2Pb$ verwandelt. Beim Erhitzen explodiert dasselbe [2]).

Das Calciumsalz ist weifs, in Wasser unlöslich [3]), in Essigsäure löslich [1]). Nach Kirschner [2]) krystallisiert es mit 4 Mol. Wasser, die es über Schwefelsäure nicht verliert. Durch Kohlensäure wird es bei gewöhnlicher Temperatur nicht zersetzt.

Ceriumsalz entsteht als weifser, in Essigsäure löslicher Niederschlag [1]).

Eisensalze. Das Oxydulsalz ist olivengrün, in Wasser unlöslich, geht durch Zufügung von Essigsäure in einen gelben Niederschlag über [1]). Das Oxydsalz ist gelb, in Wasser unlöslich, in Essigsäure löslich [1]).

Kaliumsalz, $N_2O_2K_2$, wird bei der Reduktion von Kaliumnitrit in wässeriger Lösung erhalten [1]). Es löst sich in absolutem Alkohol [4]). Die Umwandlungswärme für je ein gebundenes Sauerstoffatom beträgt bei der Umwandlung in Nitrit + 27200 kal., in Nitrat + 21600 kal. [5]).

Kobaltsalz entsteht als roter Niederschlag, löslich in Essigsäure [1]).

Kupfersalz, türkisblauer Niederschlag, löslich in Essigsäure [1]). Mit 1 Mol. Krystallwasser entsteht es als grüner Niederschlag, wenn die Lösung des Natriumsalzes mit weniger als der berechneten Menge Kupfersulfat versetzt und dann mit Ammoniak neutralisiert wird [6]). Divers [7]) konnte das Salz nicht erhalten.

Magnesiumsalz, weifser Niederschlag, in Essigsäure löslich [1]).

Mangansalz, weifser Niederschlag, in Essigsäure löslich [1]).

Natriumsalz entsteht in wässeriger Lösung bei der Reduktion von Natriumnitrit und wird aus der konzentrierten Lösung durch Fällen mit absolutem Alkohol oder durch Eindampfen im Vakuum und Waschen des Rückstandes mit Alkohol gewonnen [7]). Das feste Salz, das Menke [1]) durch Schmelzen von Natriumnitrat mit Eisenfeile erhalten haben will, krystallisiert in weifsen, nadelförmigen Krystallen und hat die Zusam-

[1]) A. E. Menke, Chem. Soc. Journ. 33, 401; JB. 1878, S. 222. — [2]) A. Kirschner, Zeitschr. anorg. Chem 16, 424. — [3]) S. Tanatar, Journ. d. russ. phys.-chem. Ges. [1] 25, 342; Ber. 26, 763 Ref. — [4]) E. Divers, Chem. Soc. J. 75, 95; Chem. Centralbl. 1899, I, S. 820. — [5]) Berthelot u. Ogier, Compt. rend. 96, 84; JB. 1883, S. 171. — [6]) A. Kirschner, Zeitschr. anorg. Chem. 16, 424. — [7]) E. Divers, Chem. Soc. Proc. 17, 223; Chem. Centralbl. 1899, I, S. 99.

mensetzung $N_2O_2Na_2$, $6H_2O$. Seine Lösung reduziert Goldlösung. Es ist sehr leicht löslich in Wasser, dem es eine schwach alkalische Reaktion erteilt, ganz unlöslich in Alkohol und Äther. Bei Gegenwart reichlicher Mengen Natronhydrat ist es in wässeriger Lösung ziemlich beständig; beim Eindunsten einer solchen Lösung über Schwefelsäure erhält man Krystalle, welche durch Waschen von anhaftendem Natron zu befreien sind[1]). Dieselben haben die Zusammensetzung $N_2O_2Na_2 . 5H_2O$. An der Luft verwittern sie und entwickeln Stickstoffoxydul, im Vakuumexsiccator dagegen werden sie in ein loses, wasserfreies, an der Luft beständiges Pulver verwandelt. Dieses verträgt an trockener Luft sogar ziemlich hohe Temperaturen ohne Zersetzung, schmilzt schliefslich unter Aufschäumen, indem sich Natriumoxyd, Natriumnitrit und Stickstoff bilden[2]).

Saures Salz, N_2O_2HNa, ist nur in Lösung bekannt, die allmählich in Stickstoffoxydul und Natronlauge zerfällt[3]).

Nickelsalz, grünlichweifser Niederschlag, in Essigsäure löslich[4]).

Platinsalz, rötlichweifser Niederschlag, in Essigsäure noch weniger löslich wie in Wasser[4]).

Quecksilbersalze. Das Oxydulsalz ist ein weifsgelber, in Essigsäure unlöslicher, das Oxydsalz ein weifser, leicht unter Braunwerden veränderlicher Niederschlag, der sich mit Essigsäure unter Hinterlassung eines weifsen Niederschlages zersetzt[4]). Beide Salze erhält man nebeneinander aus der durch Dissociation des Merkuronitrits entstandenen neutralen Lösung der beiden Nitrite durch Zusatz von verdünnter Natriumhyponitritlösung. Es entsteht zunächst ein hellgelber Niederschlag, der aus dem Merkurosalz, $N_2O_2Hg_2$, meist im Gemenge mit etwas Merkurisalz, besteht. Fällt man aus der Nitritlösung zuvor das Merkurosalz durch Natriumchlorid vollständig aus, so fällt durch Hyponitritlösung das Merkurisalz als gelatinöser, flockiger Niederschlag aus, der nach dem Trocknen über Schwefelsäure ein schmutzigweifses Pulver bildet, in verdünnter Salpetersäure wenig löslich ist, in konzentrierter Salpetersäure und warmer, verdünnter Salzsäure unverändert gelöst wird[5]).

Das Merkurisalz entsteht ferner aus einer konzentrierten, möglichst wenig freie Salpetersäure enthaltenden Merkurinitratlösung durch Natriumhyponitritlösung, ferner aus Merkurichloridlösung[5]). Aus der wie oben vom Merkurosalz befreiten neutralen Merkurinitritlösung entsteht es auch durch Kaliumcyanid, wahrscheinlich nach folgender Gleichung: $(NO_2)_2Hg + 2CNK = (NO)_2Hg + 2CNOK$[5]).

[1]) D. H. Jackson, Chem. Soc. Proc. 1893, S. 210; Ber. 27, 562 Ref. — [2]) E. Divers, Chem. Soc. Proc. 17, 223; Chem. Centralbl. 1899, I, S. 99. — [3]) Hantzsch u. Kaufmann, Ann. Chem. 292, 317. — [4]) A. E. Menke, Chem. Soc. J. 33, 401; JB. 1878, S. 222. — [5]) P. Chandra Ray, Chem. News 74, 289; Chem. Soc. J. 71, 348, 1097, S. 1105; Chem. Centralbl. 1897, I, S. 159, 965 und II, S. 726/27.

Die so entstandenen Verbindungen sind nach Ray basische Salze, und zwar giebt er den aus Nitritlösung und Chloridlösung durch Hyponitrit gewonnenen die Formel $(NO)_2Hg . 3 HgO . 3 H_2O$, dem analog aus Merkurinitrat dargestellten $(NO)_2Hg . 3 HgO . 5 H_2O$, dem mit Hülfe von Kaliumcyanid gewonnenen $3 (NO)_2Hg . 5 HgO_2H_2$.

Nach Divers, der solche basischen Verbindungen nicht erhalten konnte [1]), verwandelt sich das Merkurisalz in Merkurosalz, indem es Stickstoffoxyd abgiebt, das an der Luft sich oxydiert und dann das Hyponitrit in Nitrat überführt. Beim Erhitzen wird es teilweise in Quecksilberoxyd und Stickstoffoxydul, teilweise in Quecksilber und Stickoxyd zerlegt [2]).

Konstitution. Weil sich das Merkurihyponitrit und ebenso das Silbersalz in Säuren unverändert lösen, so daſs sie durch Alkalien daraus als solche wieder ausgefällt werden können, glaubt Ray [3]), daſs dieselben nicht von der Diazoform der untersalpetrigen Säure abzuleiten seien, sondern von einer Pseudoform, O:N.H, in deren Salzen das Metall direkt an Stickstoff gebunden sei. Dagegen hält Divers [2]) auf Grund der von ihm beobachteten Zersetzungen die Diazoform auch für diese Salze für erwiesen.

Silbersalz. Das Nitrosylsilber wird aus den nach allen Darstellungsmethoden zu erhaltenden Lösungen der Alkalihyponitrite nach Ansäuern derselben mit Essigsäure durch Silbernitrat als gelber Niederschlag ausgefällt. Durch die Beimengung von — infolge der bei der Reduktion teilweise eingetretenen Bildung von Hydroxylamin — reduziertem Silber erscheint der zuerst gefällte Niederschlag meist bräunlich; er wird dann in verdünnter Salpetersäure gelöst, vorsichtig mit Ammoniak ausgefällt, mit heiſsem Wasser gewaschen und bei Lichtabschluſs im Vakuum getrocknet [4]). Die Verunreinigung des Silberniederschlages läſst sich vermeiden, wenn die Reaktionsflüssigkeit vor der Fällung mit Quecksilberoxyd behandelt wird [5]). Bei der Reduktion von Baryumnitrit soll der aus der Reaktionsflüssigkeit durch Silbernitrat erhaltene Niederschlag sogleich völlig rein sein [6]).

Es ist ein blaſsgelber [7]), amorpher, nicht hygroskopischer Körper, der durch zerstreutes Licht nicht zersetzt wird. Nach Zorn [6]) kann es durch Stehenlassen seiner Lösung in wenig konzentriertem Ammoniak über Schwefelsäure in kleinen, kugeligen Krystallaggregaten er-

---

[1]) E. Divers, Chem. Soc. Proc. 17, 213; Chem. Centralbl. 1899, I, S. 99. — [2]) Derselbe, Chem. Soc. J. 75, 95; Chem. Centralbl. 1899, I, S. 820. — [3]) P. Chandra Ray, Chem. News 74, 289; Chem. Soc. J. 71, 348, 1097, 1105; Chem. Centralbl. 1897, I, S. 159, 965 u. II, S. 726/27. — [4]) W. Zorn, Ber. 10, 1306. — [5]) D. H. Jackson, Chem. Soc. Proc. 1893, S. 210; Ber. 27, 562 Ref. — [6]) W. Zorn, Die untersalpetrige Säure und deren organische Derivate. Habilitationsschrift. Heidelberg 1879. — [7]) E. Divers, Lond. R. Soc. Proc. 19, 425; Zeitschr. Chem. 1871. S. 225.

halten werden. Nach Kirschner[1]) erhält man Krystalle, wenn man die konzentrierte ammoniakalische Lösung in viel Wasser giefst.

In Wasser ist es nahezu so unlöslich wie Chlorsilber, in Essigsäure gleichfalls unlöslich; es löst sich in Ammoniak, verdünnter Schwefelsäure und Salzsäure und kann aus diesen Lösungsmitteln unverändert wieder abgeschieden werden. Man kann es ohne Zersetzung sowohl über Schwefelsäure trocknen als auch auf dem feuchten Filter auf 100° erhitzen oder mit Wasser kochen. Berthelot und Ogier[2]) wollen beim Erhitzen auf 100° allerdings merkliche Zersetzung beobachtet haben, doch haben sie kein reines Salz in Händen gehabt[3]). Aber auch das reine Salz zersetzt sich trocken am Licht, wobei es nur braun, nicht schwarz wird[4]), beim Erwärmen auf 100° unter Silberabscheidung[1]).

Beim Erhitzen über 110° zersetzt es sich, bei raschem Erhitzen auf 150° sogar unter Explosion und Entwickelung brauner Dämpfe[5]), wobei die gelbe Farbe direkt in die von metallischem Silber übergeht[4]). Beim Erhitzen in luftleer gemachter Röhre bis zur Rotglut erhielten Berthelot und Ogier aus 100 Tln. 13,6 Tle. Stickoxyd und 2,1 Tle. Stickoxydul, während das zurückgebliebene Silber noch eine geringe Menge Nitrit und Nitrat enthielt; beim Erhitzen im Kohlensäurestrome erhielten sie aus 100 Tln. 14,5 Tle. Stickoxyd und 3,7 Tle. Salpetrigsäureanhydrid, auf bloſsem Feuer zuerst ein Gemenge von Silber und Silbernitrit, welch letzteres erst durch länger andauerndes Glühen gänzlich zerstört wird[2]). Nach Divers[6]) erfolgt die Zersetzung nach der Gleichung $2(NOAg)_2 = 4Ag + N_2 + 2NO_2$; die entwickelte Untersalpetersäure wirkt dann aber auf noch unzersetztes Salz nach der Gleichung $(NOAg)_2 + 4NO_2 = 2NO_3Ag + 4NO$ ein. Kohlensäure zersetzt das Salz nicht, Natronlauge erst bei 70°[5]). Durch konzentrierte Salpetersäure wird es sofort unter Bildung roter Dämpfe oxydiert, mäſsig konzentrierte Säuren zersetzen es unter Bildung von Stickstoff, dessen Trioxyd und Pentoxyd. Beim Erwärmen mit Essigsäure entsteht nach Divers[7]) und Zorn[8]) neben Silberacetat Stickoxydul, nach van der Plaats[5]) freie untersalpetrige Säure; nach Berthelot und Ogier[2]) ist dem entwickelten Stickoxydul stets etwas freier Stickstoff beigemengt und in der Lösung finden sich beträchtliche Mengen Salpetersäure.

Jod, in Jodkalium gelöst, ist ohne Wirkung; Brom verwandelt in Salpetersäure, Bromsilber und Bromwasserstoffsäure, wobei nach Ber-

---

[1]) A. Kirschner, Zeitschr. anorg. Chem. 16, 424. — [2]) Berthelot u. Ogier, Compt. rend. 96, 30; JB. 1883, S. 304. — [3]) E. Divers u. Tamemasa Haga, Chem. Soc. J. 45, 78, JB. 1884, S. 356. — [4]) E. Divers, Chem. Soc. Proc. 17, 223; Chem. Centralbl. 1899, I, S. 99. — [5]) J. D. van der Plaats, Ber. 10, 1507. — [6]) E. Divers, Chem. Soc. J. 75, 95; Chem. Centralbl. 1899, I, S. 820. — [7]) Derselbe, Lond. R. Soc. Proc. 19, 425; Zeitschr. Chem. 1871, S. 225. — [8]) W. Zorn, Ber. 10, 1306.

thelot und Ogier[1]) stets weniger Brom verbraucht wird, als der Formel $N_2O_2Ag_2$ entspricht, aber mehr, als sich für $N_4O_5Ag_4$ berechnet. Mit Kaliumpermanganat oxydiert es sich, doch werden nur unter besonderen Vorsichtsmaſsregeln übereinstimmende Resultate, auf Verbrauch von 3 At. Sauerstoff deutend, erhalten. Die oxydierten Lösungen enthalten kein Ammoniak, entwickeln aber beim Erhitzen beträchtliche Mengen Stickoxydul. Wahrscheinlich verläuft, nach Berthelot und Ogier[1]), die Oxydation nach der Gleichung $N_4O_5Ag_4 + 3O + H_2O = N_2O + 2NO_3H + 2Ag_2O$. Auf Alkyljodide wirkt das Nitrosylsilber zum Teil mit Heftigkeit unter Bildung ätherartiger Verbindungen.

Auf Grund der erwähnten Reaktionserscheinungen und der Analyse des im Vakuum getrockneten Salzes gaben Bertholet und Ogier demselben die Formel $N_4O_5Ag_4$, für welche sie folgende Wärmewerthe berechneten[2]):

Bildungswärme $2N_2 + 5O + 4Ag = N_4O_5Ag_4$		—32600 kal.
Umwandlungswärme in Nitrit	für je ein gebundenes Sauerstoffatom	+20800 „
in Nitrat		+17200 „

Nach den späteren Untersuchungen von Divers und Tamemasa Haga ist indessen, ebenso wie nach denen von Divers, Menke und Zorn, die Formel $N_2O_2Ag_2$ als richtige zu betrachten. Die Abweichungen bei Berthelot und Ogier sind vielleicht durch eine Beimengung des nachfolgend beschriebenen Doppelsalzes zu erklären, das Divers[3]) allerdings auch nicht erhalten konnte.

Verbindung mit Silbernitrit[4]). Ein unlösliches Doppelsalz von Silberhyponitrit und Silbernitrit von der Zusammensetzung $N_2O_2Ag_2$, $2NO_2Ag$ wird erhalten, wenn man zur Umsetzung von Silbernitrit und salzsaurem Hydroxylamin einen Überschuſs des Nitrits (ungefähr $^1/_3$ mehr als die berechnete Menge) anwendet. Die Substanz ist dem reinen Hyponitrit täuschend ähnlich, giebt aber, obwohl ihr durch Behandlung mit heiſsem Wasser kein Silbernitrit entzogen werden kann, die Reaktionen der salpetrigen Säure. Sie ist gegen Wärme weniger widerstandsfähig als das Hyponitrit. Durch langsames Verdunsten der ammoniakalischen Lösung erhält man das Doppelsalz in kleinen, gelben Krystallkörnchen, welche fest an den Gefäſswänden haften und sich, auch im Dunkeln, unter Schwarzfärbung wenigstens oberflächlich zersetzen.

Konstitution des Silbersalzes: vgl. Quecksilbersalze.

Strontiumsalz, weiſser Niederschlag, in Essigsäure löslich[5]), nach Kirschner[6]) mit 5 Mol. Krystallwasser erhältlich.

---

[1]) Berthelot u. Ogier, Compt. rend. 96, 30; JB. 1883, S. 304. — [2]) Dieselben, ebend. 96, 84; JB. 1883, S. 171. — [3]) E. Divers, Chem. Soc. Proc. 17, 223; Chem. Centralbl. 1899, I, S. 99. — [4]) C. Paal, Ber. 26, 1026. — [5]) A. E. Menke, Chem. Soc. J. 33, 401; JB. 1878, S. 222. — [6]) A. Kirschner, Zeitschr. anorg. Chem. 16, 424.

Wismutsalz, weifser Niederschlag, in Essigsäure unlöslich[1]).
Zinksalz, weifser Niederschlag, in Essigsäure löslich[1]).
Zinnsalz, weifser Niederschlag, in Essigsäure unlöslich[1]).

In naher Beziehung zum Stickstoffoxydul bezw. zur untersalpetrigen Säure stehen eine Anzahl Verbindungen, in denen der Sauerstoff des ersteren bezw. eine Hydroxylgruppe der letzteren oder auch beide durch äquivalente Radikale ersetzt sind. Es sind dies Stickstoffwasserstoffsäure (das Imid der untersalpetrigen Säure) und aliphatische Diazoverbindungen einerseits, aromatische Diazoverbindungen und Azoverbindungen andererseits. Diese Beziehungen gehen leicht aus folgender Zusammenstellung hervor:

I.	$N \equiv N > O$ (N=N ring with O)	$N=N > NH$ (ring)	$N=N > CH_2$ (ring)
	Stickstoffoxydul	Azoimid, Stickstoffwasserstoffsäure	Diazomethan
II.	$HO.N{=}N.OH$	$C_6H_5.N{=}N.OH$	$C_6H_5.N{=}N.C_6H_5.$
	Untersalpetrige Säure	Diazobenzol	Azobenzol

Die Stickstoffwasserstoffsäure wird im Zusammenhange mit den übrigen Wasserstoffverbindungen des Stickstoffs behandelt werden. Die Diazo- und Azoverbindungen sollen hier ihren Platz finden.

Diazoverbindungen.

Die Entdeckung dieser Körper verdanken wir Peter Griefs[2]), der im Jahre 1858 feststellte, dafs bei Einwirkung von salpetriger Säure auf ein aromatisches primäres Amin, d. h. ein solches, dessen Aminogruppe unmittelbar an ein Kohlenstoffatom des Kernes gebunden ist, in saurer Lösung drei Wasserstoffatome durch ein Stickstoffatom ersetzt werden. Von diesen Wasserstoffatomen entstammen zwei der Aminogruppe, eins der mit dem Amin verbundenen Säure:

$$R.NH_2(H,Cl) + NO_2H = R.N(Cl)\vdots N + H_2O.$$

Die so entstehenden Salze sind, wie obiges Schema andeutet, Analoga der Ammoniumsalze und werden demgemäfs auch als Diazoniumsalze[3]) bezeichnet. Aus den Chloriden kann man durch Silberoxyd, aus den Sulfaten durch Baryt die entsprechenden freien Basen $R.N(OH)\vdots N$ in Lösung, der sie stark alkalische Reaktion erteilen, gewinnen[4]). Nach Hantzsch[5]) sind die Haloidsalze nicht ausschliefslich Diazoniumsalze, sondern zum Teil auch Syndiazohaloide (s. u.).

[1]) A. E. Menke, Chem. Soc. Journ. **33**, 401; JB. 1878, S. 222. — [2]) P. Griefs, Ann. Chem. **137**, 39. — [3]) Blomstrand, Ber. **8**, 51; Journ. pr. Chem. [2] **153**, 169; Kekulé, Lehrb. **2**, 703; Hantzsch, Ber. **29**, 1067, **31**, 1612, **32**, 3132; Bamberger, Ber. **28**, 444, **32**, 1717, 2043. — [4]) Hantzsch, Ber. **31**, 341. — [5]) Ders., ebend. **28**, 680, **34**, 4169.

Andererseits bilden die Diazoverbindungen aber auch mit Basen Salze, welche durch Versetzen der Säuresalze mit Alkali erhalten werden können. Diese, die Diazotate, entsprechen der Formel R.N=N.OMe. Aus ihnen kann die entsprechende Säure durch stärkere Säuren in Form des Anhydrids $\begin{matrix} R.N{=}N \\ R.N{=}N \end{matrix}{>}O$ abgeschieden werden, während man durch Einwirkung von Alkyljodiden zu Äthern des Diazobenzols, R.N=N.OR', gelangt.

Diese Diazotate bestehen in zwei isomeren Reihen. So entsteht das normale Kaliumdiazotat des Diazobenzols aus der Lösung eines Säuresalzes durch Kalilauge in der Kälte und wandelt sich durch Erhitzen mit konzentrierter Kalilauge auf 130° in Isodiazobenzolkalium um [1]).

Diese Isomerie kann nach den beobachteten Umsetzungen nicht darauf beruhen, daſs das Kalium einmal an Stickstoff, das andere Mal an Sauerstoff gebunden ist [2]). Dagegen wäre eine Strukturisomerie denkbar in der Weise, daſs die Gruppe .OK einmal an das mittelständige, das andere Mal an das endständige Stickstoffatom gebunden ist, und Bamberger [3]) hält in der That die Formeln

$C_6H_5.N(OK){:}N$	und	$C_6H_5.NN.OK$
für Normal-Diazobenzolkalium		Isodiazobenzolkalium

aufrecht. Dagegen spricht sich Hantzsch [4]) für die Auffassung beider Verbindungen als stereomerer aus und man muſs, auch wenn man den Versuchen, durch welche er diese Auffassung stützt, nicht absolute Beweiskraft zumessen will, dieselbe als sehr plausibel gelten lassen. Danach ist das Normalsalz die Synverbindung (I), das Isosalz die Antiverbindung (II):

$$\begin{matrix} \text{(I)} \\ C_6H_5.\text{N} \\ \text{KO}.\ddot{\text{N}} \end{matrix} \quad \text{und} \quad \begin{matrix} \text{(II)} \\ C_6H_5.\text{N} \\ \ddot{\text{N}}.\text{OK} \end{matrix}.$$

Die aus den Syndiazotaten abgeschiedenen Säureanhydride $(R.N_2)_2O$ sind gelbe, höchst explosive Körper, die sich mit Alkalien und Säuren wieder zu normalen Diazosalzen bezw. Diazoniumsalzen verbinden. In der sogenannten normalen Diazohydratlösung, welche aus Diazoniumsalzen durch Versetzen mit Natron entsteht, ist wahrscheinlich Syndiazohydrat neben Diazoniumhydrat enthalten.

Aus den Antidiazotaten wird durch Säuren zunächst farbloses Isodiazobenzolhydrat ausgeschieden, das sich aber alsbald in das isomere Diazobenzol umwandelt.

Die Salze der Diazoverbindungen sind wenig beständig, zeichnen sich aber durch groſse Beweglichkeit der Atome in der Molekel aus.

---

[1]) Schraube u. Schmidt, Ber. 27, 522. — [2]) Bamberger, ebend. 30, 214; Brühl, ebend. 31, 1362. — [3]) Bamberger, ebend. 28, 444. — [4]) Hantzsch, ebend. 27, 1702, 28, 1734.

Unter dem Einfluſs der verschiedensten Reagentien erfolgen Umwandlungen, bei denen zumeist beide Stickstoffatome als elementarer Stickstoff entweichen, während ein anderes einwertiges Radikal an ihre Stelle tritt. Dadurch ist die Diazoreaktion zu einer ergiebigen Quelle für Einführung von Wasserstoff, Hydroxyl, Halogenen u. s. f. an Stelle der Aminogruppe in aromatische Verbindungen geworden.

Durch den Eintritt negativer Gruppen in den aromatischen Kern wird die Beständigkeit der Diazoverbindungen erhöht, durch den Eintritt von Alkylen dagegen erniedrigt. Unter den Isomeren sind im allgemeinen die Paraverbindungen am beständigsten, die Orthoverbindungen am unbeständigsten [1]).

In den oben angedeuteten Umwandlungen bedient man sich allgemein der Säuresalze. Diese erhält man in krystallisiertem Zustande, indem man das als Ausgangsmaterial dienende Amin mit 1 Mol. der Säure übergieſst und in das Gemenge unter Eiskühlung so lange salpetrige Säure, aus arseniger Säure und Salpetersäure von 1,35 spezif. Gew. bereitet, einleitet, bis Lösung erfolgt, und diese mit Alkohol und Äther fällt (Grieſs). Dieses Verfahren dient wesentlich nur zur Darstellung der Nitrate. Ganz allgemein aber kann man die trockenen Salze erhalten, wenn man in alkoholischer Lösung arbeitet und an Stelle der gasförmigen salpetrigen Säure Amylnitrit verwendet [2]). Bei stark substituierten Basen muſs die Diazotierung in Gegenwart von reinem Schwefelsäurehydrat erfolgen [3]).

Will man die Spaltungsprodukte der Diazoverbindungen darstellen, so ist vielfach die Reindarstellung der Salze nicht erforderlich, man kann vielmehr die bei der Diazotierung erhaltenen Lösungen direkt verwenden.

Die wichtigsten Austauschreaktionen sind die folgenden:

Austausch gegen Hydroxyl, zur Bildung von Phenolen führend, bewirkt man durch Kochen mit Wasser. Phenolessigester lassen sich durch Einwirkung von Essigester auf Diazosalze [4]), Phenolsulfonsäuren durch konzentrierte Schwefelsäure gewinnen.

Austausch gegen Wasserstoff erfolgt durch Kochen von Diazosalz mit absolutem Alkohol. Hierbei werden aber häufig auch Phenoläther gebildet, und zwar um so mehr, je höher der Druck [5]) resp. die Temperatur ist; die Bildung von Phenoläther wird ferner durch Zusatz von etwas Wasser befördert [6]), die des Kohlenwasserstoffs dagegen durch Überschuſs an Alkohol, sowie durch Zusatz von Zink-

---

[1]) Oddo u. Ampola, Gazz. chim. ital. **26**, II, 545. — [2]) Knoevenagel, Ber. **23**, 2994, **28**, 2048. — [3]) Claus, Journ. pr. Chem. [2] **56**, 48. — [4]) Orndorff, Am. Chem. Journ. **10**, 369; Ber. **21**, 889 Ref. — [5]) Remsen u. Palmer, Am. Chem. Journ. **8**, 243; Ber. **19**, 837 Ref.; Remsen u. Dashiell, Am. Chem. Journ. **15**, 105; Ber. **26**, 547 Ref. — [6]) Beeson, Am. Chem. Journ. **16**, 254; Ber. **27**, 1030 Ref.

staub. Im übrigen ist die Ausbeute auch abhängig von der Art des Alkohols und von der Art und Stellung im aromatischen Kern sonst vorhandener Substituenten [1]).

Ferner erfolgt der Ersatz der Diazogruppe durch Wasserstoff bei Einwirkung von stark überschüssiger Zinnchlorürlösung [2]), am besten, wenn man eine Lösung von Zinnchlorür in Natronlauge in eiskalte Lösung von Diazosalzen in Natronlauge einträgt [3]).

Austausch gegen Fluor erfolgt beim Erwärmen der Diazosalze, zweckmäfsig nach Bindung an Piperidin, mit konzentrierter Flufssäure [4]).

Austausch gegen Chlor erfolgt beim Glühen der scharf getrockneten Platinchloriddoppelsalze mit der zehnfachen Menge Natriumkarbonat, beim Kochen der Chloride für sich [5]) oder nach Bindung an Piperidin [6]) mit konzentrierter Salzsäure. Weit bequemer und von hervorragender Bedeutung ist die Methode von Sandmeyer [7]), nach welcher Diazochlorid in siedende salzsaure Lösung von Kupferchlorür eingetragen wird. Statt des Chlorürs kann man auch Kupferoxydul anwenden [8]). Ferner läfst sich die Darstellung der Oxydulverbindungen ganz umgehen, indem man feuchte Kupferpaste (Gattermann [9]) oder auch die im Handel erhältliche Kupferbronze (Ullmann [10]) in die salzsaure Lösung einträgt. Angeli [11]) empfiehlt, in solche Lösung ein Gemisch von 12,5 Tln. Kupfervitriol und 7 Tln. Natriumhypophosphit einzutragen.

Nach Erdmann [12]) verläuft die Reaktion mit Kupferchlorür nur oberhalb einer bestimmten Temperatur glatt, während sonst viel Azoverbindung entsteht.

Austausch gegen Brom kann nach denselben Methoden erfolgen wie der gegen Chlor. Statt der Einwirkung konzentrierter Bromwasserstoffsäure empfiehlt es sich mehr, die Lösung der Diazosalze mit Bromwasserstoffsäure oder Kaliumbromid zu versetzen und das ausfallende Superbromid durch Kochen mit Alkohol zu zersetzen.

Austausch gegen Jod erfolgt sehr leicht, schon in der Kälte, durch Jodwasserstoffsäure oder Kaliumjodid.

Austausch gegen die Nitrogruppe erfolgt nach dem Ver-

---

[1]) Remsen u. Graham, Am. Chem. Journ. 11, 331; Ber. 23, 675 Ref.; Metcalf, Am. Chem. Journ. 15, 301; Ber. 26, 791 Ref.; Cameron, Am. Chem. Journ. 20, 236; Chem. Centralbl. 1898, I, S. 940. — [2]) Effront, Ber. 17, 2329. — [3]) Friedlaender, ebend. 22, 587. — [4]) Wallach, Ann. Chem. 243, 239. — [5]) Gasiorowski u. Wayss, Ber. 18, 337, 1836. — [6]) Wallach, Ann. Chem. 235, 240. — [7]) Sandmeyer, Ber. 17, 1633, 2650. — [8]) Tobias, ebend. 23, 1630. — [9]) Gattermann, Ber. 23, 1220. — [10]) Ullmann, ebend. 29, 1878. — [11]) Angeli, Gazz. chim. ital. 21, II, 258; Ber. 24, 952 Ref. — [12]) H. Erdmann, Ann. Chem. 272, 144.

fahren von Sandmeyer oder der Angelischen Modifikation[1]) unter Verwendung von Diazoniumchlorid und Natriumnitrit.

Austausch gegen Cyan oder Rhodan kann nach der Sandmeyerschen Methode unter Verwendung von Kupfercyanür bezw. Rhodankupfer[2]) geschehen.

Austausch gegen den Isocyansäurerest erfolgt durch Einwirkung von Kaliumisocyanat und Kupferpulver[3]),

Austausch gegen SH beim Erwärmen mit alkoholischem Schwefelkalium oder beim Versetzen mit xanthogensaurem Salz.

Austausch gegen aromatische Radikale gelingt bei Behandlung der festen Säuresalze mit aromatischen Kohlenwasserstoffen, besonders in Gegenwart von reinem Aluminiumchlorid.

Die Bromide der Diazokörper nehmen direkt 2 At. Brom auf. Die entstehenden Superbromide sind meistens schwer löslich. Wie schon erwähnt, gehen sie durch Kochen mit Alkohol in Arylbromide über. Mit Ammoniak liefern sie Diazoimide.

Die Einwirkung des Zinnchlorürs ist bereits oben erwähnt worden, soweit sie zu Kohlenwasserstoffen führt. Dies ist aber nur unter bestimmten Bedingungen der Fall. Unter anderen Verhältnissen bleibt der Stickstoff ganz oder teilweise in den Reaktionsprodukten. So entstehen in salzsaurer Lösung mit wenig Zinnchlorür Diazobenzolimide neben Basen, Kohlenwasserstoffen und Phenolen[4]), durch mehr Zinnchlorür aber Hydrazine[5]), $R.NH.NH_2$. Diese werden auch neben den Hydrazoverbindungen R.NH.NH.R bei Reduktion mit Zinnchlorür und überschüssiger Natronlauge erhalten[6]).

Natriumamalgam erzeugt Hydrazine in alkalischer Lösung aus normalen und aus Isodiazotaten, in erheblicher Menge aber nur aus letzteren, da sie im Gegensatz zu den normalen Salzen gegen das entstehende Hydrazin beständig sind[7]).

Freie schweflige Säure erzeugt mit Diazobenzolsalzen in der Kälte Phenylbenzolsulfhydrazid, $C_6H_5.NH.NH(SO_2.C_6H_5)$, das beim Kochen mit Wasser in Benzolsulfonsäure übergeht. Neutrales Alkalisulfit erzeugt in der Kälte mit Diazosalzen Diazosulfonsäuresalze, $R.N:N.SO_3K$; wird aber Bisulfit benutzt und die Temperatur auf 20 bis 25° gesteigert, so entsteht durch gleichzeitige Reduktion Hydrazinsulfonsäuresalz, $R.NH.NH(SO_3K)$, das auch aus dem vorigen durch andere Reduktionsmittel gewonnen werden kann.

Von besonderem Interesse ist das Verhalten der Diazoverbindungen

[1]) Angeli, Gazz. chim. ital. 22, II, 261. — [2]) Gattermann u. Hausknecht, Ber. 23, 738; Thurnauer, ebend. 23, 770. — [3]) Gattermann, Ber. 23, 1220. — [4]) Culmann u. Gasiorowski, Journ. f. pr. Chem. [2] 40, 119. — [5]) V. Meyer u. Lecco, Ber. 16, 2976. — [6]) Bamberger u. Meimberg ebend. 26, 497. — [7]) Bamberger, Journ. pr. Chem. [2] 55, 487.

gegen Amine und Phenole, weil hierbei die zahlreichen und technisch aufserordentlich wichtigen Azofarbstoffe entstehen.

Mit freien Aminen verbinden sich Diazosalze zunächst zu Diazoaminoverbindungen, R.N=N.NR'R''. Diese sind gefärbte krystallisierende Salze, die sich wie die Diazoniumsalze beim Erhitzen mit Säuren unter Stickstoffentwickelung zersetzen, aber immerhin gröfsere Beständigkeit zeigen. Beim Erwärmen mit wenig salzsaurem Salz einer aromatischen Base lagern sich die aromatischen Diazoaminoverbindungen um, indem die Diazogruppe von der Aminogruppe losgelöst wird und direkt mit Kohlenstoff des aromatischen Kernes in Verbindung tritt, und zwar vorzugsweise in Parastellung, wenn diese besetzt ist, in Orthostellung zur Aminogruppe. Es entstehen so die Aminoazoverbindungen:

$$\underset{\text{Diazoaminoverbindung.}}{R.N:N.NH.C_6H_5} \quad \text{geht über in} \quad \underset{\text{Aminoazoverbindung}}{R.N:N.C_6H_4.NH_2}.$$

Diese Verbindungen entstehen daher direkt, wenn man an Stelle der freien Amine deren Salze auf Diazosalze einwirken läfst, also auch, wenn man Amine in saurer Lösung nur teilweise diazotiert. Ebenfalls entstehen sie direkt, wenn sekundäre oder tertiäre aromatische Amine auf Diazosalze einwirken [1]).

Ganz ähnlich wie die Aminoazoverbindungen entstehen Oxyazoverbindungen, wenn Phenole auf Diazosalze einwirken. Auch hier tritt die Diazogruppe im Kern vorzugsweise in Para- und, wenn diese besetzt, in Orthostellung zur Hydroxylgruppe. Sind sowohl die Parastellung als auch beide Orthostellungen des Phenols besetzt, so erfolgt die Bildung von Oxyazoverbindungen nicht oder nur schwierig [2]). Dagegen können, wenn die Parastellung frei ist, zwei Molekeln Diazosalz mit einer Molekel Phenol unter Bildung einer Disazoverbindung, $OH.C_6H_3<\begin{matrix}N:N.R\\N:N.R'\end{matrix}$, reagieren.

Diese Vereinigung von Diazoverbindungen mit Aminen oder Phenolen zu Amino- oder Oxyazoverbindungen, welche sämtlich Farbstoffe sind, bezeichnet man als „Kuppelung“. Bei diesem Vorgange ist die intermediäre Bildung von Syndiazoverbindungen aus den isomeren Diazoniumsalzen anzunehmen. Die hieraus entstehenden Derivate gehen jedenfalls alsbald in die beständigen Antidiazoverbindungen über.

Diese Fähigkeit zur Kuppelung fehlt den aliphatischen Diazoverbindungen, welche sonst den aromatischen gleichen, sich aber, wie schon erwähnt, auch konstitutionell von ihnen dadurch unterscheiden, dafs die Diazogruppe beiderseits an dasselbe Kohlenstoffatom gebunden ist. Diese Verbindungen entstehen auch nur ausnahmsweise durch Einwirkung von salpetriger Säure auf Aminoverbindungen [3]). Der

---

[1]) Griefs, Ber. 10, 525. — [2]) Nölting u. Kohn, Ber. 17, 358. — [3]) Curtius, ebend. 29, 759, 31, 2489.

einfachste Vertreter, das Diazomethan, $\overset{N}{\underset{N}{\|}}\!\!>CH_2$, wurde hauptsächlich durch Einwirkung von Alkalien auf substituierte Nitrosamine gewonnen [1].

Eine besondere Stellung nehmen noch die aus Sulfonsäuren aromatischer Amine entstehenden Verbindungen, die Sulfondiazide, z. B. Diazobenzolsulfonsäure, $C_6H_4<^{N}_{SO_3}>N$, ein, da sie mit Säuren keine Verbindungen bilden und infolgedessen bei der Diazotierung in freier Form entstehen. Die p-Diazobenzolsulfonsäure dient als Reagens auf Aldehyde, mit denen sie in alkalischer Lösung eine rotviolette Färbung ergiebt.

Diazoderivate aliphatischer Kohlenwasserstoffe.

	Formel	Schmelzpunkt	Siedepunkt
Diazomethan	$CH_2N_2=CH_2<^{N}_{N}$	gelbes Gas	gegen 0°. Explodiert heftig b. 200°
Diazoäthan	$C_2H_4N_2=CH_3 . CH<^{N}_{N}$	dem Diazomethan sehr ähnlich	
Bisdiazomethan	$C_2H_4N_4=H_2C<^{N:N}_{N:N}>CH_2$	149°; 154°	
Diazosäuren.			
Diazoessigsäure	$C_2H_2N_2O_2=^{N}_{N}>CH . CO_2H$	nur in Salzen u. Estern bekannt	
Bisdiazoessigsäure	$C_4H_4N_4O_4=CO_2H . CH<^{N:N}_{N:N}>CH . CO_2H$	152°; 180° (Zersetzg.)	

Azoverbindungen.

Die einfachen Azokörper R.N=N.R entstehen durch Reduktion von Nitroso- und Nitrokörpern mit alkoholischer Kalilauge, zweckmäfsig unter Zusatz von Zinkstaub, sowie mit Natriumamalgam oder durch den elektrischen Strom [2], diejenigen der Kohlenwasserstoffe der Benzolreihe auch bei Oxydation des Anilins bezw. seiner Homologen mit Chlorkalk, Chromsäure, alkalischer Permanganatlösung, Kaliumferricyanid und Kali, Bleioxyd [3], Wasserstoffsuperoxyd [4], Sulfopersäure sowie bei Oxydation der Hydrazoverbindungen. Bei diesen Vorgängen gelingt die Reduktion der Nitrokörper um so schwerer, die Oxydation der

[1]) v. Pechmann, Ber. **27**, 1888; **31**, 2640; Nölting, ebend. **33**, 101; Bamberger u. Renault, Ber. **28**, 1683; Thiele u. Meyer, ebend. **29**, 961. — [2]) Haber, Zeitschr. Elektrochem. **5**, 77. — [3]) Schihuzky, Ber. **7**, 1454. — [4]) Leeds, ebend. **14**, 1383.

Azoderivate aromatischer Kohlenwasserstoffe.

	Formel	Schmelzpunkt	Siedepunkt	Spezif. Gew.
Azobenzol	$C_{12}H_{10}N_2 = C_6H_5 . N : N . C_6H_5$	68°	293°	1,203
Benzolazotoluole	$C_{13}H_{12}N_2 = C_6H_5 . N : N . C_6H_4 . CH_3$			
o-Verbindung		Öl, bei —13° nicht erstarr.	180—181° (20)	1,073 (21°) 1,065 (20°)
m-Verbindung		18—19°	175° (19)	
p-Verbindung		71—72°		
Azotoluole	$C_{14}H_{14}N_2 = CH_3 . C_6H_4 . N : N . C_6H_4 . CH_3$			
o, o'-Verbindung		55°		
o, m' Verbindung		Öl		
o, p' Verbindung		71°		
m, m' Verbindung		54—55°		
m, p'-Verbindung		56—58°; 55°		
p, p'-Verbindung		144°		
Azoxylole	$C_{16}H_{18}N_2 = (CH_3)_2 . C_6H_3 . N : N . C_6H_3(CH_3)_2$			
$CH_3 : CH_3 : N : N : CH_3 : CH_3$				
1 : 2 : 3 : 3' : 2' : 1'		110—111°		
1 : 2 : 4 : 4' : 2' : 1'		140—141°		
1 : 3 : 4 : 4' : 3' : 1'		129°		
1 : 3 : 4 : 5' : 3' : 1'		46—47°		
1 : 3 : 5 : 5' : 3' : 1'		136—137°		
1 : 4 : 2 : 2' : 4' : 1'		119°		
Azoäthylbenzole	$C_{16}H_{18}N_2 = C_2H_5 . C_6H_4 . N : N . C_6H_4 . C_2H_5$			
o, o'-Verbindung		46,5°		
p, p'-Verbindung		93°	oberhalb 340°	

2 Azocymol	$C_{20}H_{26}N_2 = {CH_3 \atop C_3H_7} C_6H_3 . N : N . C_6H_3 {CH_3 \atop C_3H_7}$	86°	
m-Azostyrol	$C_{16}H_{14}N_2=CH_2:CH.C_6H_4.N:N.C_6H_4.CH:CH_2$	38—39°	
Benzolazo-α-naphtalin	$C_{16}H_{12}N_2=C_6H_5.N:N.C_{10}H_7$	63,5°; 70°	
o-Toluolazo-α-Naphtalin	$C_{17}H_{14}N=CH_3.C_6H_4.N:N.C_{10}H_7$	52°	
m-Toluolazo-α-Naphtalin	do.	43—44°	
Azonaphtaline	$C_{20}H_{14}N_2=C_{10}H_7.N:N.C_{10}H_7$		
α, α'-Verbindung		190°	sublimierbar
α, β'-Verbindung		136°	
β, β'-Verbindung		204°	sublimiert gegen 210°
2-Azo-1,4-Dimethylnaphtalin	$C_{24}H_{22}N_2=(CH_3)_2C_{10}H_5.N:N.C_{10}H_5(CH_3)_2$	25,3°	
Phenazon	$C_{12}H_8N_2=C_6H_4.C_6H_4$ / $\dot{N}:\dot{N}$	156°	oberhalb 360°
Tolazon	$C_{14}H_{12}N_2=CH_3.C_6H_3.C_6H_3.CH_3$ / $\dot{N}:\dot{N}$	187°	oberhalb 360°
p-Azobiphenyl	$C_{24}H_{18}N_2=C_6H_5.C_6H_4.N:N.C_6H_4.C_6H_5$	249—250°	
Benzolazobiphenyl	$C_{18}H_{14}N_2=C_6H_5.N:N.C_6H_4.C_6H_5$	150°	
Triphenylmethanazobenzol	$C_{25}H_{20}N_2=(C_6H_5)_3C.N:N.C_6H_5$	110—112°	
Triphenylmethanazo-p-Toluol	$C_{26}H_{22}N_2=(C_6H_5)_3C.N:N.C_6H_4.CH_3$	103,5° (Zersetzung)	
Triphenylmethanazo-α-Naphtalin	$C_{29}H_{22}N_2=(C_6H_5)_3C.N:N.C_{10}H_7$	114°	

Disazoverbindungen.

Benzoldisazobenzol α-Naphtalin	$C_{22}H_{16}N_4=C_6H_5.N_2.C_6H_4.N_2.C_{10}H_7$	143°	

Amine hingegen um so leichter, je mehr Wasserstoffatome des Kernes durch Methyl substituiert sind [1]).

Die beste Methode zur Darstellung der Azoverbindungen ist die Reduktion der Nitroverbindungen mit der berechneten Menge Zinnchlorür, in Natronlauge gelöst [2]).

Die so entstehenden Verbindungen sind gelbe oder rote, krystallisierbare, indifferente Körper, in Wasser unlöslich, teilweise ohne Zersetzung destillierbar. Oxydationsmittel führen sie in Azoxyderivate über, Reduktionsmittel in Hydrazoderivate. Mit Chlor und Brom liefern sie Substitutionsprodukte, mit Schwefelsäure vereinigen sie sich zu Sulfonsäuren.

Den einfachen Azokörpern gleichen die gemischten R.N=N.R' durchaus.

Obwohl selbst gefärbt, was mit der chromophoren Gruppe .N=N. zusammenhängt, sind die Azoverbindungen noch keine Farbstoffe. Hierzu werden sie erst durch den Eintritt auxochromer Gruppen, und zwar der Hydroxyl- oder der Aminogruppe. Die gebräuchliche Darstellung dieser als Oxyazo- und Aminoazoverbindungen bezeichneten Farbstoffe aus den Diazoverbindungen ist bereits bei diesen erwähnt worden.

In der aliphatischen Reihe sind Azoverbindungen nicht bekannt.

Stickstoffdioxyd.

Das Stickstoffoxyd, NO, auch Stickstoffdioxyd, Stickoxyd, Salpetergas genannt, scheint zuerst von Hales beobachtet zu sein, wurde dann von Priestley und später besonders von H. Davy näher untersucht. Sein Vorkommen in der Natur erscheint durch die grofse Verwandtschaft zum Sauerstoff ausgeschlossen.

Bildung. Aus den Elementen beim Verbrennen vieler Substanzen, z. B. Magnesiumband, in einem mit Luft gefüllten Zylinder [3]). Aus Ammoniak beim Überleiten über glühenden Braunstein oder glühenden kalzinierten Eisenvitriol [4]). Aus salpetriger Säure und Untersalpetersäure bei der Zerlegung durch Wasser, aus Salpetersäure bei der Elektrolyse, aus allen dreien bei Einwirkung reduzierender Körper, namentlich von Kohle, Phosphor, Schwefel, arseniger Säure [5]), organischen Körpern, vielen Metallen, niedrigeren Oxyden und Metallsalzen. Aus Stickstoffbor beim Erhitzen mit Metalloxyden (Wöhler).

Darstellung. 1. Man übergiefst in einer Gasentwickelungsflasche zerschnittenes Kupferblech mit Salpetersäure von 1,2 spezif. Gew., wäscht das entweichende Gas erst mit Kalilauge, dann mit Wasser und

[1]) G. Schultz, Ber. 17. 476. — [2]) O. N. Witt, ebend. 18, 2912. — [3]) Kämmerer, ebend. 10. 1684. — [4]) Milner, Crells Ann. 1795, 1, 554. — [5]) Bunge, Zeitschr. Chem. 1868, S. 648.

trocknet es. Um es ganz rein zu erhalten, läfst man es, nach Carius[1]), durch möglichst konzentrierte, kalte Eisenvitriollösung absorbieren und treibt es aus dieser durch Erhitzen wieder aus. Die Reaktion läfst sich durch die Gleichung $8\,NO_3H + 3\,Cu = 3\,(NO_3)_2Cu + 2\,NO + 4\,H_2O$ veranschaulichen, verläuft aber selten ohne Nebenprocesse (s. Salpetersäure). Je verdünnter und kälter die Säure einwirkt, um so freier ist das Gas von beigemengtem Stickstoff[2]); höhere als die angegebene Konzentration, sowie die Gegenwart von viel Kupfernitrat[3]) begünstigt die Bildung von Stickoxydul. — Um einen konstanten Strom zu erzielen, benutzt H. Kämmerer[4]) als Entwickelungsapparat eine Woulfsche Flasche, auf deren einen Hals ein Tropftrichter aufgesetzt ist, während durch den zweiten das entwickelte Gas in die Waschapparate geleitet wird. Die Flasche wird mit dünnen Kupferstreifen und zu einem Drittel mit kalt gesättigter Natriumnitratlösung gefüllt: durch Regelung des Einflusses von konzentrierter Schwefelsäure aus dem Tropftrichter erhält man nach Wunsch langsame oder schnellere Entwickelung.

2. Man erwärmt Eisenvitriol mit Salpetersäure oder ein Gemenge von Eisenvitriol und Natronsalpeter mit Schwefelsäure, oder man trägt, nach Gay-Lussac[5]), Salpeterkrystalle in eine erwärmte, salzsaure Eisenchlorürlösung ein. Die Reaktion erfolgt nach der Gleichung $6\,Cl_2Fe + 2\,NO_3K + 8\,ClH = 3\,Cl_6Fe_2 + 2\,ClK + 4\,H_2O + 2\,NO$.

3. Auch durch Einleiten von Schwefligsäuregas in erwärmte, verdünnte Salpetersäure (spezif. Gew. = 1,15) erhält man vollkommen reines Stickoxyd nach der Gleichung $3\,SO_2 + 2\,NO_3H + 2\,H_2O = 3\,SO_4H_2 + 2\,NO$.

4. Nach D. E. Johnstone[6]) soll man eine Lösung von Schwefelcyankalium (4 Tle.) mit Kobaltnitrat (2 Tle.) erhitzen; es werden dann reichliche Mengen Stickoxyd entwickelt nach der Gleichung $4\,CNSK + (NO_3)_2Co + H_2O = 6\,NO + C_4 + 2\,K_2S + CoS + S + H_2O$; nach Chikashigé[7]) ist dies Verfahren, wie zu erwarten war, durchaus unbrauchbar.

5. Aus Nitritlösungen durch Ferrocyankalium und Essigsäure[8]).

Eigenschaften. Farbloses Gas, nach Faraday bei -110^0 und 50 Atm. Druck noch nicht tropfbar. Die Verflüssigung gelang L. Cailletet[9]) unter einem Druck von 104 Atm. bei -11^0; da bei $+8^0$ das Stickoxyd noch unter 270 Atm. Druck gasförmig ist, so liegt der kritische Punkt wahrscheinlich zwischen diesen Tempera-

---

[1]) Carius, Ann. Chem. **94**, 138. — [2]) Millon, Compt. rend. **14**, 908; Gmelin-Krauts Handb., 6. Aufl., 1 [2], 452. — [3]) Acworth, Chem. Soc. J. **28**, 828; JB. 1875, S. 173. — [4]) Kämmerer, Ber. **18**, 3064. — [5]) Gay-Lussac, Ann. ch. phys. [3] **23**, 229; JB. 1847/48, S. 382. — [6]) D. E. Johnstone, Chem. News **45**, 159; JB. 1882, S. 239. — [7]) Masumi Chikashigé, Chem. News **71**, 16; Ber. **28**, 837 Ref. — [8]) Ch. M. v. Deventer, Ber. **26**, 589. — [9]) L. Cailletet, Compt. rend. **85**, 1016; JB. 1877, S. 68.

turen [1]). K. Olszewski [2]) giebt folgende Siedepunkte bei verschiedenem Druck an, wobei —93,5° den kritischen Punkt angeben soll:

Druck	Temperatur	Druck	Temperatur	Druck	Temperatur	Druck	Temperatur
71,2 Atm.	— 93,5°	41,0 Atm.	— 105,0°	10,6 Atm	— 129,0°	138 mm	— 167,0°
57,8 „	— 97,5°	31,6 „	— 110,0°	5,4 „	— 138,0°	18 „	— 176,5°
49,9 „	— 100,9°	20,0 „	— 119,0°	1,0 „	— 153,6°		

Bei —167° tritt Erstarrung zu einer völlig schneeartigen Masse ein. — Das flüssige Stickoxyd ist, wenn die Luft völlig aus dem Apparate entfernt war, farblos, sonst grünlich.

Das spezifische Gewicht des Gases ist nach Thomson 1,041, nach Bérard 1,0888, nach Davy 1,094, nach Kirwan 1,0887, nach Daccomo und Meyer [3]) aber nur 1,0372. Das Molekulargewicht gegen Wasserstoff, theoretisch = 29,81, ist von Stas zu 29,97 gefunden worden. Das Molekularvolum ist = 2,68, der Molekularquerschnitt = 1,93, der Molekularhalbmesser = 1,39 [4]).

Die Bildungswärme beträgt nach Thomsen pro Molekül — 21575, nach Berthelot — 21600 Kalorien. Die spezifische Wärme nimmt nach einer Beobachtung Regnaults bei steigender Temperatur zu; Threlfall [5]) hält es daher für möglich, dafs bei niederer Temperatur in dem Gase eine Anzahl komplexer Moleküle enthalten seien, die bei steigender Temperatur in Moleküle der gewöhnlichen Gröfse NO zerfallen; die Vermehrung der spezifischen Wärme würde dann der zur Dissociation aufgewendeten Arbeit entsprechen. Diese, nach Analogie der beim Stickstofftetroxyd vorliegenden Verhältnisse gemachte Annahme wurde durch Versuche von Daccomo und Meyer [3]) widerlegt, nach welchen das Gas bei —70° dieselbe Dichte besitzt wie bei Zimmertemperatur.

Der Reibungskoeffizient ist = 0,000196 [6]) oder korrigiert = 0,000186 [7]). Für die Magnetisierungsfunktion k sind von Schulmeister [8]) die folgenden Werte ermittelt:

Magnetisierende Kraft	$10^6 . k$	
668,3	0,0278	0,0232
1418,4	0,0377	0,0388
2721,8	0,0496	0,0437

[1]) Berthelot, Compt. rend. 85, 1017; JB. 1877, S. 68. — [2]) K. Olszewski, Compt. rend. 100, 940; Ber. 18, 313 Ref. — [3]) G. Daccomo u. V. Meyer, Ann. Chem. 240, 326. — [4]) A. Naumann, ebend. Suppl. 5, 252. — [5]) Threlfall, Phil. Mag. [5] 23, 223; JB. 1887, S. 211. — [6]) O. E. Meyer, Ann. Phys. 143, 14. — [7]) Derselbe u. Springmühl, ebend. 148, 526. — [8]) J. Schulmeister, Wien. Akad. Ber. 83, 45.

Das Gas ist nicht brennbar und vermag das Brennen nur weniger Körper zu unterhalten. Indessen bewirkt es, mit brennbaren Gasen gemengt, dafs diese beim Anzünden mit lebhafterer Flamme als zuvor verbrennen. Nähere Untersuchungen über die Verbrennung solcher Gemische sind von Berthelot, zum Teil in Gemeinschaft mit Vieille[1]) veröffentlicht worden.

Es ist völlig unatembar, da es durch den Sauerstoff der Luftwege sofort in salpetrige Säure verwandelt wird. Sauerstoffhaltiges Blut, mit Stickoxyd (und Barytwasser) geschüttelt, wird infolge Entziehung von Sauerstoff dunkel, bei Gegenwart von mehr Stickoxyd hellrot durch Bildung von Stickoxydhämoglobin[2]) (s. u.). Bakterien leben in dem Gase recht gut[3]).

Löslichkeit. In Wasser ist es nur wenig löslich, ein Volum desselben löst nach Davy $^1/_{10}$, nach W. Henry $^1/_{20}$, nach Dalton $^1/_{27}$ Volum des Gases. Löslicher ist es in Alkohol, von dem nach Bunsen[4]) 100 Vol. bei 2° 30,895, bei 11,8° 28,165, bei 20° 26,573 Vol. lösen, während nach Carius[5]) der Absorptionskoeffizient $C = 0{,}31606 - 0{,}003487\,t + 0{,}000049\,t^2$ ist. Von wässerigen Eisenoxydulsalzen wird es reichlich absorbiert; die Lösung giebt, frisch bereitet, das Gas beim Erwärmen unverändert wieder ab, bei längerem Stehen wird ein Teil zu Stickoxydul reduziert (s. u.). Stickoxyd ist ferner leicht absorbierbar durch Kaliumpermanganat[6]), sowie durch eine Lösung von 50 g Chromsäure in 100 g verdünnter Salpetersäure. Konzentrierte Schwefelsäure (spezif. Gew. = 1,84) absorbiert pro Kubikcentimeter 0,035 ccm, diese Säure mit dem gleichen Volum Wasser verdünnt (spezif. Gew. = 1,5) 0,017 ccm des Gases[7]), Schwefelsäurehydrat absorbiert es nicht[8]). Kohle absorbiert 12,66 Vol.[9]). Brom absorbiert es reichlich; läfst man in der Kälte so viel absorbieren, dafs die entstehende Verbindung der Formel $NOBr_3$ entspricht, so ist die Dampfspannung derselben bei —10° 601 mm, bei —8° 631 mm, bei —4° 729 mm, bei 0° 889 mm; treibt man bei 0° einen Teil des absorbierten Gases aus, so wird der Rückstand immer bromreicher und seine Tension nimmt immer mehr ab[10]). Durch Sulfite erfolgt vollständige und schnelle Absorption unter Bildung von Nitrososulfaten[11]).

Verbindungen. Das Stickoxyd verbindet sich nach Kuhl-

---

[1]) Berthelot, Compt. rend. 93, 668; JB. 1881, S. 1113; Berthelot u. Vieille, Compt. rend. 98, 545 u. 601; JB. 1884, S. 90, 91. — [2]) L. Hermann, Chem. Centralbl. 1865, S. 1121; JB. 1865, S. 663. — [3]) Fr. Hatton, Chem. Soc. J. 39, 247; JB. 1881, S. 1141. — [4]) Bunsen, Gasometr. Methoden, 2. Aufl., S. 227. — [5]) Carius, Ann. Chem. 94, 138. — [6]) C. Böhmer, Ztschr. anal. Chem. 21, 212; A. Cavazzi, ebend. 21, 573. — [7]) G. Lunge, Ber. 18, 1391. — [8]) C. A. Winkler, Zeitschr. Chem. 1869, S. 715. — [9]) R. A. Smith, Chem. News 39, 77; JB. 1879, S. 72. — [10]) H. W. Bakhuis-Roozeboom, Rec. trav. chim. Pays-Bas 4, 382; JB. 1885, S. 1121. — [11]) E. Divers, Chem. Soc. Proc. 17, 221; Chem. Centralbl. 1899, I, S. 148.

mann[1]) mit Fluorbor, Fluorsilicium, Zinnchlorid, nach Reinsch[2]) mit Phosphorsäure, Arsensäure und organischen Säuren, ferner mit Piperidin, Pelargonsäure und Hämoglobin[3]).

Auch mit Eisenoxydulsalzen scheint es eine bestimmte Verbindung einzugehen. Es löst sich in den wässerigen Lösungen derselben mit dunkelbrauner, fast schwarzer Farbe. Peligot[4]) fand, dafs auf 2 Mol. des vorhandenen Eisensalzes 1 Mol. Stickoxyd aufgenommen wird; dasselbe geht in die unlöslichen Verbindungen ein, welche man aus der Lösung fällt, z. B. in den durch Natriumphosphat erzeugten Niederschlag. Giebt man zu der gesättigten Lösung Natronlauge im Überschufs, so tritt Ammoniak auf; das durch das Natron gefällte stickoxydhaltige Eisenoxydul zersetzt nämlich das Wasser, und der Wasserstoff giebt *in statu nascendi* mit dem Stickoxyd Ammoniak[5]). Nach J. Gay[6]) ist jedoch die Absorption durch Eisenoxydulsalze abhängig von Temperatur und Druck, nach Thomas[7]) auch vom Lösungsmittel und der Art des Eisensalzes, um so kleiner, je höher das Atomgewicht des Halogens, je geringer also der Prozentgehalt an Eisen ist. Bis etwa 8° und unter gewöhnlichem Druck entspricht die von wässeriger Ferrosulfatlösung absorbierte Menge annähernd der Formel $2NO, 3SO_4Fe$, zwischen 8° bis nahe an 25° annähernd der Peligotschen Formel $NO, 2SO_4Fe$, endlich um 25° der Formel $NO, 5SO_4Fe$. Die Verbindung ist eine sehr lose, schon beim Durchleiten von Wasserstoff entweicht alles Stickoxydul und es hinterbleibt reines Eisenoxydulsalz. Durch Reduktionsmittel, namentlich durch Eisenoxydul selbst, wird das absorbierte Stickoxyd unter beträchtlicher Wärmeentwickelung in Stickoxydul und Stickstoff verwandelt.

Dagegen ist es Thomas[8]) gelungen, eine Anzahl wohl charakterisierter Verbindungen, vom Eisenchlorid ausgehend, zu gewinnen. Wirkt auf trockenes Eisenchlorid überschüssiges Stickoxyd bei Ausschlufs von Luft und Feuchtigkeit ein, so entstehen zunächst zwei Verbindungen dieses Chlorids und zwar bei niederer Temperatur $Cl_6Fe_2 . NO$, bei etwa 60° $2 Cl_6Fe_2, NO$; beide sind amorph und werden von Wasser unter Abgabe von Stickoxyd zersetzt. Bei noch höherer Temperatur wird das Chlorid reduziert und man erhält zwei neue Verbindungen, eine rote, nicht unzersetzt flüchtige von der Zusammensetzung 5 (oder 6[7]) $Cl_4Fe_2 . NO$ und eine gelbbraune, die im Stickstoffstrom unzersetzt sublimiert, von der Zusammensetzung $Cl_4Fe_2 . NO$.

---

[1]) Kuhlmann, Ann. chim. phys. [3] 2, 116; Ann. Chem. 39, 319. — [2]) Reinsch, J. pr. Chem. 28, 391. — [3]) L. Hermann, Chem. Centralbl. 1865, S. 1121; JB. 1865, S. 663. — [4]) Peligot, Ann. ch. phys. 54, 17; Ann. Chem. 9, 259. — [5]) Fordos u. Gélis, Graham-Otto, 5. Aufl., 2 [2], 245. — [6]) J. Gay, Compt. rend. 89, 410; JB. 1879, S. 212. — [7]) V. Thomas, Ann. ch. phys. [7] 13, 145; Chem. Centralbl. 1898, I, 599. — [8]) V. Thomas, Compt. rend. 120, 447; 121, 128 u. 204; Ber. 28, 221 u. 728 Ref.

Beide sind sehr hygroskopisch und liefern beim Erhitzen in einem indifferenten Gase Eisenchlorür. Eine dritte Eisenchlorürverbindung entsteht, wenn man eine ätherische Lösung von wasserhaltigem Eisenchlorid mit Stickoxyd sättigt und das Lösungsmittel im Vakuum verdunsten läfst; es hinterbleiben dann schwarze, nadelförmige Krystalle von der Zusammensetzung $Cl_2Fe.NO + 2H_2O$ oder bei etwas erhöhter Temperatur kleinere, gelbe Krystalle ohne Wassergehalt. Diese Verbindung löst sich in Wasser ohne Gasentwickelung, während die beiden anderen damit unter gewöhnlichen Umständen Stickoxyd entwickeln, bei Ausschlufs von Sauerstoff aber gleichfalls klare Lösungen von rötlichgelber Farbe liefern. Alkalien fällen daraus einen zuerst hellgrauen, bald aber bläulich und endlich schwarz werdenden Niederschlag, der im Vakuum reichlich Stickstoff entwickelt.

Ähnliche Verbindungen entstehen mit Ferrobromid[1]). Dasselbe nimmt unterhalb 10° so viel Stickoxyd auf, wie der Bildung von $3Br_4Fe_2.4NO$ entspricht, bei 15 bis 16° die der Bildung von $Br_4Fe_2.NO$ entsprechende Menge. In alkoholischer Lösung sind die Erscheinungen anders als in wässeriger, es wird hierbei unter Umständen eine krystallinische Verbindung erhalten. Ob dabei 1 Mol. NO sich mit 5 oder 6 Mol. Br_4Fe_2 verbindet, konnte ebenso wenig wie bei der entsprechenden Ferrochloridverbindung mit Sicherheit entschieden werden.

Die Verbindungen mit geringem Stickoxydgehalt sind von den reinen Ferrosalzen besonders dadurch unterscheidbar, dafs sie nicht, wie diese, Stickstoffperoxyd absorbieren[1]).

Wismutchlorid liefert in einer Atmosphäre von trockenem Stickoxyd ohne äufsere Wärmezufuhr eine gelbe Verbindung von der Zusammensetzung $Cl_3Bi.NO$, Aluminiumchlorid eine blafsgelbe Verbindung $Cl_6Al_2.NO$[2]).

Chromochloridlösung absorbiert ebenfalls Stickoxyd, sie nimmt dabei zunächst eine dunkelrote, an Portwein erinnernde Farbe an, um so röter, je schneller die Sättigung mit dem Gase sich vollzieht. Diese Farbe schlägt bei gewöhnlicher Temperatur in 1 bis 2 Stunden, in Siedehitze sofort in Grünlichbraun um, ohne dafs die geringste Gasentwickelung stattfindet. Die so gewonnene Lösung absorbiert keinen Sauerstoff. Die entstandene Verbindung entspricht der Formel $3Cl_2Cr.NO$[3]).

Mit Stickstoffperoxyd vereinigt sich das Stickoxyd nach Dixon und Peterkin[4]) zu einer unbeständigen Verbindung, welche mit steigender Temperatur mehr und mehr dissociirt.

---

[1]) V. Thomas, Compt. rend. **123**, 943 u. **124**, 366; Chem. Centralbl. 1897, I, S. 14, 581. — [2]) Ders., Compt. rend. **121**, 128; Ber. **28**, 728 Ref. — [3]) Chemeau, Compt. rend. **129**, 100; Chem. Centralbl. 1899, II, S. 360. — [4]) Dixon u. Peterkin, Chem. Soc. J. **75**, 613; Chem. Centralbl. 1899, II, S. 86.

Stickoxyd addiert sich nach W. Traube[1]) zu allen organischen Körpern, welche mit salpetriger Säure Isonitrosoverbindungen liefern, zu 2 oder 4 Molekeln unter Bildung der Gruppe (N_2O_2H); welche stark saurer Natur ist. Wenn zwei oder mehr solcher Gruppen entstehen, treten sie stets an dasselbe Kohlenstoffatom. Die Verbindungen, welche als Untersalpetrigsäureester aufgefaſst werden können, sind sehr labil.

Zersetzungen. Bei fortgesetztem Elektrisieren (Priestley) oder beim Hindurchleiten durch ein glühendes Rohr, welches Platindraht enthält (Gay-Lussac[2]), zerfällt das Stickoxyd in Stickstoff und Untersalpetersäure, bei Gegenwart von Wasser in ersteren und Salpetersäure. Der Induktionsfunkenstrom bewirkt die Zersetzung nur langsam; läſst man die Funken unmittelbar in das absperrende Quecksilber überschlagen, so hinterlassen 49 ccm Stickoxyd nach $1^1/_2$ Stunden 25, endlich 24 ccm Stickstoff, während der Sauerstoff und wenig Stickstoff vom Quecksilber aufgenommen sind[3]). Eine raschere Zerlegung bewirkt die elektrisch glühende Eisenspirale, wobei das Eisen mit schönem Funkensprühen und, solange die gleich anfangs entstehenden roten Dämpfe nicht verschwinden, mit grünlichgelbem Schimmer verbrennt, während, falls reines Stickoxyd in Anwendung kam, das halbe Volum Stickstoff hinterbleibt[4]). Durch dielektrische Überströmung wird nach Berthelot[5]) nur ein Teil des Stickstoffs frei, ein anderer, beträchtlicherer wird zur Bildung von Stickoxydul verwendet. Berthelot beobachtete ferner[6]) beim Erhitzen in geschlossenen Röhren auf 520° beginnende Zersetzung nach den Gleichungen

$$2\,NO = N_2 + O_2 \text{ und } O_2 + 2\,NO = N_2O_4\text{, also } 4\,NO = N_2 + N_2O_4$$

oder

$$2\,NO = N_2O + O \text{ und } O + 2\,NO = N_2O_3\text{, also } 4\,NO = N_2O + N_2O_3.$$

Nach Langer und Meyer[7]) ist hingegen das Stickoxyd auch in hohen Temperaturen sehr beständig; es zeigte bei 900 bis 1200° noch keine Veränderung, erst bei 1690° zerfiel es vollständig in seine Elemente. — Durch explodierendes Knallquecksilber zerfällt es nach der Gleichung $2\,NO = N_2 + O_2$[8]).

Mit Sauerstoff, schon an der atmosphärischen Luft, giebt Stickoxyd gelbrote Dämpfe von Untersalpetersäure[9]), doch wirken die Gase,

[1]) W. Traube, Ann. Chem. 300, 81. — [2]) Gay-Lussac, Ann. ch. phys. [3] 23, 229; JB. 1847/48, S. 382. — [3]) Buff u. Hofmann. Ann. Chem. 113, 138; Grove, Arch. Pharm. 63, 1; Andrews u. Tait, Lond. Roy. Soc. Proc. 10, 247; JB. 1860, S. 31. — [4]) Buff u. Hofmann, Ann. Chem. 113, 138. — [5]) Berthelot, Compt. rend. 82, 1360; JB. 1876, S. 182. — [6]) Ders., Compt. rend. 77, 1448; Chem. Centralbl. 1874, S. 82. — [7]) C. Langer u. V. Meyer, Pyrochemische Untersuchungen, S. 66. — [8]) Berthelot, Compt. rend. 93, 613; JB. 1881, S. 1132. — [9]) Peligot, Ann. ch. phys. 54, 17, Ann. Chem. 9, 259; Gay-Lussac, Ann. ch. phys. [3] 23, 229; JB. 1847/48, S. 382.

wenn völlig trocken, nicht aufeinander ein[1]); in der Kälte, bei Abwesenheit von Wasser und Basen, wird hauptsächlich diese Säure gebildet, wie auch das Verhältnis zwischen Stickoxyd und Sauerstoff sein mag[2]). Hingegen bilden im erhitzten Rohr Sauerstoff und überschüssiges Stickoxyd salpetrige Säure[3]). In Berührung mit wässerigem Kali verdichtet 1 Vol. Sauerstoff aus sehr überschüssigem Stickoxyd höchstens 4 Vol. zu Kaliumnitrit[4]); bei Gegenwart von konzentrierter Kalilauge oder Barytwasser erfolgt jedoch nach Berthelot[5]) die Oxydation durch Sauerstoff zu salpetriger Säure nur dann, wenn die Absorption schnell genug erfolgt, sonst zu Untersalpetersäure. Überschüssiger Sauerstoff oxydiert bei Gegenwart von genug Wasser nach Schlösing[6]) völlig zu Salpetersäure, die indessen nach F. Fischer[7]) stets, wenn auch nur in geringer Menge, salpetrige Säure enthält. Leitet man zu Sauerstoff, welcher mit Wasser von 52° abgesperrt ist, Stickoxyd, so erfolgt die Bildung von Salpetersäure unter schwacher Verpuffung[8]). Bei Gegenwart von Schwefelsäurehydrat wird, auch bei Sauerstoffüberschufs, nicht Untersalpetersäure, sondern salpetrige Säure gebildet[9]).

Teilweise im Gegensatz zu Vorstehendem fafst G. Lunge[10]) seine Beobachtungen dahin zusammen: Es bildet sich 1. in trockenem Zustande mit überschüssigem Sauerstoff nur oder ganz überwiegend Untersalpetersäure; 2. bei überschüssigem Stickoxyd, wenn beide Gase trocken, neben Untersalpetersäure auch viel salpetrige Säure; bei —21° verbinden sich Stickstoffperoxyd und Stickoxyd fast quantitativ zu salpetriger Säure[11]); 3. bei Gegenwart von Wasser mit überschüssigem Sauerstoff nur Salpetersäure; 4. in Gegenwart von konzentrierter Schwefelsäure, selbst bei gröfstem Sauerstoffüberschufs, weder Untersalpetersäure noch Salpetersäure, sondern nur Nitrosulfonsäure, nach der Gleichung:

$$2\,SO_4H_2 + 2\,NO + O = 2\,SO_2(OH,NO_2) + H_2O.$$

Zur Demonstration der direkten Vereinigung von Stickoxyd und Sauerstoff dient ein Apparat von Bruylants[12]), zu derjenigen der alternierenden Oxydation und Reduktion des Stickoxyds bei der Schwefelsäurefabrikation ein solcher von Hofmann[13]).

---

1) Baker, Chem. Soc. Proc. 1883, p. 129; Ber. 27, 560 Ref. — 2) Peligot, Ann. ch. phys. 54, 17; Ann. Chem. 9, 259; Gay-Lussac, Ann. ch. phys. [3] 23; JB. 1847/48, S. 382. — 3) Hasenbach, J. pr. Chem. [2] 4, 1. — 4) Gay-Lussac, Ann. ch. phys. [3] 23, 229; JB. 1847/48, S. 382. — 5) Berthelot, Compt. rend. 77, 1448; Chem. Centralbl. 1847, S. 82. — 6) Th. Schlösing, Ann. ch. phys. [3] 40, 479; JB. 1854, S. 724. — 7) F. Fischer, s. Gmelin-Kraut, 6. Aufl., 1 [2], 453. — 8) Lampadius, J. pr. Chem. 4, 291. — 9) C. A. Winkler, Zeitschr. Chem. 1869, S. 715. — 10) G. Lunge, Ber. 18, 1384. — 11) Lunge u. Porschnew, Zeitschr. anorgan. Chem. 7, 209. — 12) G. Bruylants, Ber. 9, 7. — 13) A. W. Hofmann, ebend. 15, 1265.

Ein Gemenge gleicher Volume Stickoxyd und Wasserstoff verpufft nach Fourcroy und Thomson[1]) beim Durchleiten durch ein glühendes Rohr, doch wird die Richtigkeit dieser Angabe von Berthollet[2]) bestritten. Durch den elektrischen Funken wird ein solches Gemenge nicht zur Explosion gebracht (Davy). An der Luft entzündet, verbrennt es ohne Verpuffung mit weifser (nach Berzelius grüner) Flamme unter Bildung von Untersalpetersäure, so dafs der Wasserstoff nur durch den Sauerstoff der Luft verbrannt zu werden scheint; auch erlischt eine Wasserstoffflamme in Stickoxydgas[3]). Platinschwamm verwandelt das Gemenge in Wasser und Ammoniak[4]). Eine gereinigte Platinplatte verdichtet in 38 Stunden $^1/_8$ eines solchen Gemenges[5]).

Wässeriges Wasserstoffsuperoxyd bildet mit Stickoxyd Salpetersäure oder, bei weniger Wasserstoffsuperoxyd, salpetrige Säure. Schüttelt man letztere Lösung mit Äther und nimmt die aufgenommene Säure mit Kali fort, so zeigt die neutrale und nicht sauer schmeckende Ätherschicht auf Zusatz verdünnter Säuren die Reaktionen der salpetrigen Säure, auch wenn man zuvor destillierte[6]); vielleicht wird hier diese Säure erst durch den ozonisierten Äther aus dem Stickstoff der Atmosphäre gebildet (vergl. salpetrige Säure). Es ist zu beachten, dafs auch Wasserstoffsuperoxyd durch Äther aufgenommen wird.

Kohle verbrennt in Stickoxyd lebhafter als in Luft; leitet man das Gas über glühende Kohle, so zerfällt es in $^1/_2$ Vol. Stickstoff gegen $^1/_2$ Vol. Kohlensäure[7]). — Ein Gemenge von Kohlenoxyd und Stickoxyd ist durch den elektrischen Funken bei keinem Verhältnis entzündbar[8]). Glühendes Kohlenoxydkalium bildet mit Stickoxyd Cyankalium[9]).

Erhitztes amorphes Bor verbrennt zu Borsäure und Stickstoffbor[10]).

Schwach brennender Phosphor erlischt, lebhaft brennender brennt weiter, fast so heftig wie in Sauerstoff, unter Bildung von Stickstoff und Phosphorsäure. — Mit leicht entzündlichem Phosphorwasserstoffgas zersetzt sich Stickoxyd bei gewöhnlicher Temperatur meist in einigen Stunden, es hinterbleiben Stickstoff und Stickoxydul[7]). Das Gemenge, durch den elektrischen Funken oder durch Zusatz von Sauerstoff entzündet, verpufft mit hellem Lichte unter Freiwerden von Stickstoff und Bildung von Wasser und Phosphorsäure.

Brennender Schwefel erlischt im Stickoxydgas. Mit Schwefeldampf gemengtes Stickoxyd bildet beim Hindurchschlagen des elek-

---

[1]) Fourcroy u. Thomson, Gmelin-Kraut, 6. Aufl., **1** [2], 453. — [2]) Berthollet, Stat. chim. **2**, 145. — [3]) Waldie, Phil. Mag. **13**, 89; Gmelin-Kraut, 6. Aufl., **1** [2], 453. — [4]) Dulong, Ann. ch. phys. **2**, 317; Schweigg. J. **18**, 177; Thénard, ebend. **7**, 299; Kuhlmann, Ann. Chem. **29**, 272; Döbereiner, Schweigg. J. **8**, 239; Hare, J. Pharm. **24**, 146. — [5]) Faraday, Ann. Phys. **33**, 149. — [6]) Schönbein, J. pr. Chem. **81**, 265. — [7]) Dalton, Ann. Phil. **9**, 186 u. **10**, 38 u. 83; Gilb. Ann. **58**, 79. — [8]) W. Henry, Ann. Phil. **24**, 344; Kastn. Arch. **3**, 223. — [9]) Delbrück, J. pr. Chem. **41**, 161. — [10]) H. Deville u. Wöhler, Ann. Chem. **105**, 69.

trischen Funkens aufser salpetriger Säure auch schweflige Säure, daher bei geeigneter Kühlung Bleikammerkrystalle [1]).

2 Mol. Stickoxyd verdichten sich mit 1 Mol. schwefliger Säure über Wasser in einigen Stunden zu wässeriger Schwefelsäure und 1 Vol. Stickoxydul [2]); doch ist nach R. Weber [3]) die Umwandlung bei 22,5° selbst in 14 Tagen keine vollständige und auch bei der Temperatur der Bleikammer keine rasche. Bei Gegenwart von Platinschwamm erfolgt die Reduktion zu Stickoxydul und sogar zu freiem Stickstoff sehr leicht und wird durch Wärme noch gesteigert [4]). Nach Lunge [5]) wirken die trockenen Gase nicht aufeinander; bei Gegenwart von Wasser erfolgt sofort starke Reaktion, die bei Überschufs von schwefliger Säure bis zur vollkommenen Umwandlung in Stickoxydul verläuft, während sich Stickstoff nicht bildet. Das Gemisch der Gase ändert sich in Berührung mit Schwefelsäure von 1,45 spezif. Gew. (schwächste Kammersäure) nur insofern, als durch Auflösung von schwefliger Säure Kontraktion stattfindet; Stickoxydul wird dabei nicht gebildet, auch bei Anwendung einer Schwefelsäure von 1,32 spezif. Gew. treten höchstens Spuren desselben auf.

Ein Gemenge von Stickoxyd, schwefliger Säure und Sauerstoff liefert auch bei Überschufs des letzteren in Gegenwart von Wasser stets etwas Stickoxydul, bei Gegenwart von Schwefelsäure von 1,32 spezif. Gew. keine merkliche Spur weder von Stickoxydul noch von Stickstoff [5]).

Mit wasserfreier Schwefelsäure bildet Stickoxyd Salpetrig-Pyroschwefelsäureanhydrid und schweflige Säure [6]).

Mit dem gleichen Volum Schwefelwasserstoff zersetzt es sich in einigen Stunden in wenig Stickoxydul und Schwefelammonium. Nach Thomson [7]) wirken die trockenen Gase am schnellsten, nach Leconte [8]) aber gar nicht aufeinander. — Stickoxyd, welches Schwefelkohlenstoff aufgenommen hat, verbrennt beim Anzünden mit glänzender, grünlicher Flamme (Berzelius).

In Wasser verteiltes Jod bildet bei starker Verdünnung mit Stickoxyd Jodwasserstoffsäure und Salpetersäure [9]), umgekehrt absorbiert siedende, konzentrierte Jodwasserstoffsäure langsam Stickoxyd unter Bildung von Ammoniak und Abscheidung von Jod [10]). Auf Jodkalium wirkt das Gas nicht ein [11]). — Von Brom wird es unter Bildung von bromsalpetriger Säure oder Bromsalpetersäure absorbiert [12]). — Mit

---

[1]) Chevrier, Compt. rend. 69, 136; JB. 1869, S. 196. — [2]) Pelouze, Ann. ch. phys. 60, 162. — [3]) R. Weber, Ann. Phys. 130, 277. — [4]) F. Kuhlmann, Dingl. pol. J. 211, 24. — [5]) G. Lunge, Ber. 14, 2196. — [6]) Brüning, Ann. Chem. 98, 377. — [7]) Thomson, s. Gmelin-Kraut, 6. Aufl., 1 [2], 453. — [8]) Leconte, Ann. ch. phys. [3] 21, 180; JB. 1847/48, S. 388. — [9]) Schönbein, J. pr. Chem. 81, 265. — [10]) E. Th. Chapman, Chem. Soc. J. [2] 5, 166; J. pr. Chem. 51, 383. — [11]) R. Weber, Ann. Phys. 130, 277. — [12]) H. Landolt, Ann. Chem. 116, 177.

seinem halben Volum Chlor vereinigt sich Stickoxyd zu einem hellorangegelben Gase, das sich bei —15 bis —20° zu einer tiefrotbraunen Flüssigkeit verdichtet. Diese ist ein Gemenge von chlorsalpetriger Säure und Chloruntersalpetersäure nach wechselnden Verhältnissen und zeigt dasselbe Verhalten wie das bei der Destillation von Königswasser übergehende Gemenge [1]. — Bei sehr starker Verdünnung wirken Chlor und Brom wie Jod [2].

Unterchlorigsäuregas verpufft mit Stickoxyd bei gewöhnlicher Temperatur zu Untersalpetersäure und Chlor: $2\,NO + 2\,Cl_2O = N_2O_4 + 4\,Cl$; aus wässerigen Lösungen von unterchloriger Säure oder deren Salzen entwickelt Stickoxyd Chlor unter Bildung von Salpetersäure [3]. — Euchlorin (das bei sehr behutsamem Erwärmen von 1 Tl. Kaliumchlorat mit 2 Tln. Salzsäure und 2 Tln. Wasser entweichende Gas) bildet mit Stickoxyd augenblicklich rote Dämpfe (H. Davy). — Leitet man Stickoxyd zugleich mit Salzsäure in eine angefeuchtete Flasche und aus dieser in Wasser, so füllt sich die Flasche mit einem gelben Gase, aus dem sich ein gelbgrünes, sehr flüchtiges, Eisenvitriollösung schwärzendes Öl, vielleicht Chlorstickstoff, abscheidet (Berzelius). An dem das Salzsäuregas zuleitenden Rohre bilden sich zolllange, farblose Nadeln. auch färbt sich das Wasser rotgelb [4].

Beim Durchleiten von Stickoxyd durch Untersalpetersäure oder konzentrierte Salpetersäure wird salpetrige Säure gebildet. Nach Ramsay und Cundall [5]) erfolgt jedoch selbst bei längerem Stehen mit Untersalpetersäure keine Kontraktion, die Verbindung tritt also jedenfalls nur außerordentlich langsam ein. Vergl. auch Lunge und Porschnew [6]) sowie Dixon und Peterkin [7]).

Das Gemenge von Ammoniak und Stickoxyd läßt sich durch den elektrischen Funken verpuffen und zersetzt sich bei gewöhnlicher Temperatur langsam unter Bildung von Stickoxydul und Stickstoff [1]).

Erhitztes Kalium brennt lebhaft in dem Gase; bei Überschuß des Metalles werden Stickstoff und Kaliumsuboxyd, anderenfalls anfangs Kaliumsuperoxyd gebildet, welches dann unter weiterer Gasabsorption in Kaliumnitrit übergeht. — Natrium wirkt bei Lampenhitze nicht ein [8]). — Bei langer, nach Gay-Lussac vierteljähriger, Berührung mit konzentriertem, wässerigem Kali entsteht neben Kaliumnitrit $^1/_4$ Vol. Stickoxydul.

---

[1]) Gay-Lussac, Ann. ch. phys. [3] 23, 229; JB. 1847/48, S. 382. — [2]) Schönbein, J. pr. Chem. 81, 265. — [3]) Balard, Ann. ch. phys. 57, 225; Ann. Chem. 14, 167 u. 298. — [4]) Reinsch, Rep. Pharm. 32, 168. — [5]) W. Ramsay u. J. Tudor Cundall, Chem. Soc. J. 47, 672; JB. 1885, S. 425. — [6]) Lunge u. Porschnew, Zeitschr. anorgan. Chem. 7, 209. — [7]) Dixon u. Peterkin, Chem. Soc. J. 75, 613; Chem. Centralbl. 1899, II, S. 86. — [8]) Siehe [1]) und Dulong, Ann. ch. phys. 2, 317; Schweigg. J. 18, 177; Thénard. ebend. 7, 299; Kuhlmann, Ann. Chem. 29, 272; Döbereiner, Schweigg. J. 8, 239; Hare, J. Pharm. 24, 146.

Trockenes Schwefelkalium verwandelt bei gewöhnlicher Temperatur 2 Mol. Stickoxyd unter Entziehung von Sauerstoff in 1 Mol. Stickoxydul. Pyrophorisches Schwefelkalium entzündet sich darin und brennt sehr lebhaft (H. Davy). — Wässerige Alkalisulfide bilden ein Gemenge von Stickoxydul und Stickstoff [1]).

Mit überschüssigem Schwefelwasserstoff über schwach rotglühenden Natronkalk geleitet, wird Stickoxyd zu Ammoniak [2]).

Feuchtes Alkalisulfit bildet bei gewöhnlicher Temperatur Stickoxydul und Ammoniak [1]). Ebenso wirkt wässeriges Ammoniumsulfit oberhalb 0°, während es unterhalb dieser Temperatur stickoxydschwefligsaures Ammonium erzeugt [3]).

Glühendes Eisen, Zink, Arsen sowie Bariumsulfid nehmen den Sauerstoff des Stickoxyds auf, indem sie $^1/_2$ Vol. Stickstoff zurücklassen [4]). Mit feuchtem Stickoxyd erzeugt glühende Eisenfeile Ammoniak [5]). Feuchte Eisen- und Zinkfeile erzeugen im Laufe einiger Tage Stickoxydul und Ammoniak [1]). Ein feuchtes Gemenge von Eisenfeile und Schwefel erzeugt aus 100 Mol. Stickoxyd 44 Mol. Stickstoff [6]).

Feuchtes Zinnchlorür bildet nach älteren Angaben aus 2 Vol. Stickoxydgas 1 Vol. Stickoxydul. Nach Divers und Tamemasa Haga [7]) entsteht bei Ausschlufs von Luft nur Hydroxylamin und etwas freier Stickstoff, aber kein Oxydul. Bei 100° findet keine Einwirkung statt, bei 90° ist sie noch sehr unbedeutend und erst unter 80° nimmt sie mit sinkender Temperatur rasch zu. Auch Dumreicher [8]) fand Reduktion zu Hydroxylamin und demnächst zu Ammoniak. — Beim Einleiten des Gases in eine alkalische Lösung von Zinnoxydulhydrat entsteht Kaliumhyponitrit [7]); die Reaktion verläuft, allerdings sehr langsam, nach der Gleichung: $SnO_2K_2 + 2\,KOH + 2\,NO = SnO_3K_2 + N_2O_2K_2 + H_2O$, wobei vielleicht intermediär ein leicht zersetzliches Nitrosostannat gebildet wird.

Schüttelt man Stickoxyd mit in Wasser verteiltem Bleisuperoxyd oder Mennige mit Mangansuperoxyd oder rotem Manganoxyd, so werden langsam Nitrite gebildet; auch Silberoxyd bildet Nitrit neben metallischem Silber; Goldoxyd wird unter Bildung von Salpetersäure reduziert; auch Übermangansäure oxydiert zu Salpetersäure [9]). Nach Wanklyn und Cooper [10]) wird Stickoxyd von stark alkalischer Permanganatlösung schon bei gewöhnlicher Temperatur lebhaft absorbiert, indem sich die Lösung unter Abscheidung von Mangansuperoxyd zersetzt.

---

[1]) Priestley, Gmelin-Kraut, 6. Aufl., 1 [2], 454. — [2]) G. Ville, Ann. ch. phys. [3] 46, 320; JB. 1855, S. 795. — [3]) Pelouze, Ann. ch. phys. 60, 162. — [4]) Gay-Lussac, Ann. ch. phys. [3] 23, 229; JB. 1847/48, S. 382. — [5]) Milner, Crells Ann. 1795, 1, 554. — [6]) Berthollet, Stat. chim. 2, 145. — [7]) E. Divers u. Tamemasa Haga, Chem. Soc. J. 47, 623 u. 631; JB. 1885, S. 414. — [8]) O. v. Dumreicher, Wien. Akad. Ber. 82, 560. — [9]) Schönbein, J. pr. Chem. 81, 265. — [10]) Wanklyn u. Cooper, Phil. Mag. [5] 6, 288; JB. 1878, S. 277.

R.M.LOES

mann[1]) mit Fluorbor, Fluorsilicium, Zinnchlorid, nach Reinsch[2]) mit Phosphorsäure, Arsensäure und organischen Säuren, ferner mit Piperidin, Pelargonsäure und Hämoglobin[3]).

Auch mit Eisenoxydulsalzen scheint es eine bestimmte Verbindung einzugehen. Es löst sich in den wässerigen Lösungen derselben mit dunkelbrauner, fast schwarzer Farbe. Peligot[4]) fand, dafs auf 2 Mol. des vorhandenen Eisensalzes 1 Mol. Stickoxyd aufgenommen wird; dasselbe geht in die unlöslichen Verbindungen ein, welche man aus der Lösung fällt, z. B. in den durch Natriumphosphat erzeugten Niederschlag. Giebt man zu der gesättigten Lösung Natronlauge im Überschufs, so tritt Ammoniak auf; das durch das Natron gefällte stickoxydhaltige Eisenoxydul zersetzt nämlich das Wasser, und der Wasserstoff giebt *in statu nascendi* mit dem Stickoxyd Ammoniak[5]). Nach J. Gay[6]) ist jedoch die Absorption durch Eisenoxydulsalze abhängig von Temperatur und Druck, nach Thomas[7]) auch vom Lösungsmittel und der Art des Eisensalzes, um so kleiner, je höher das Atomgewicht des Halogens, je geringer also der Prozentgehalt an Eisen ist. Bis etwa 8° und unter gewöhnlichem Druck entspricht die von wässeriger Ferrosulfatlösung absorbierte Menge annähernd der Formel $2\,NO, 3\,SO_4Fe$, zwischen 8° bis nahe an 25° annähernd der Peligotschen Formel $NO, 2\,SO_4Fe$, endlich um 25° der Formel $NO, 5\,SO_4Fe$. Die Verbindung ist eine sehr lose, schon beim Durchleiten von Wasserstoff entweicht alles Stickoxydul und es hinterbleibt reines Eisenoxydulsalz. Durch Reduktionsmittel, namentlich durch Eisenoxydul selbst, wird das absorbierte Stickoxyd unter beträchtlicher Wärmeentwickelung in Stickoxydul und Stickstoff verwandelt.

Dagegen ist es Thomas[8]) gelungen, eine Anzahl wohl charakterisierter Verbindungen, vom Eisenchlorid ausgehend, zu gewinnen. Wirkt auf trockenes Eisenchlorid überschüssiges Stickoxyd bei Ausschlufs von Luft und Feuchtigkeit ein, so entstehen zunächst zwei Verbindungen dieses Chlorids und zwar bei niederer Temperatur $Cl_6Fe_2.NO$, bei etwa 60° $2\,Cl_6Fe_2, NO$; beide sind amorph und werden von Wasser unter Abgabe von Stickoxyd zersetzt. Bei noch höherer Temperatur wird das Chlorid reduziert und man erhält zwei neue Verbindungen, eine rote, nicht unzersetzt flüchtige von der Zusammensetzung 5 (oder 6[7]) $Cl_4Fe_2.NO$ und eine gelbbraune, die im Stickstoffstrom unzersetzt sublimiert, von der Zusammensetzung $Cl_4Fe_2.NO$.

---

[1]) Kuhlmann, Ann. chim. phys. [3] 2, 116; Ann. Chem. 39, 319. — [2]) Reinsch, J. pr. Chem. 28, 391. — [3]) L. Hermann, Chem. Centralbl. 1865, S. 1121; JB. 1865, S. 663. — [4]) Peligot, Ann. ch. phys. 54, 17; Ann. Chem. 9, 259. — [5]) Fordos u. Gélis, Graham-Otto, 5. Aufl., 2 [2], 245. — [6]) J. Gay, Compt. rend. 89, 410; JB. 1879, S. 212. — [7]) V. Thomas, Ann. ch. phys. [7] 13, 145; Chem. Centralbl. 1898, I, 599. — [8]) V. Thomas, Compt. rend. 120, 447; 121, 128 u. 204; Ber. 28, 221 u. 728 Ref.

Beide sind sehr hygroskopisch und liefern beim Erhitzen in einem indifferenten Gase Eisenchlorür. Eine dritte Eisenchlorürverbindung entsteht, wenn man eine ätherische Lösung von wasserhaltigem Eisenchlorid mit Stickoxyd sättigt und das Lösungsmittel im Vakuum verdunsten läfst; es hinterbleiben dann schwarze, nadelförmige Krystalle von der Zusammensetzung $Cl_2Fe.NO + 2H_2O$ oder bei etwas erhöhter Temperatur kleinere, gelbe Krystalle ohne Wassergehalt. Diese Verbindung löst sich in Wasser ohne Gasentwickelung, während die beiden anderen damit unter gewöhnlichen Umständen Stickoxyd entwickeln, bei Ausschlufs von Sauerstoff aber gleichfalls klare Lösungen von rötlichgelber Farbe liefern. Alkalien fällen daraus einen zuerst hellgrauen, bald aber bläulich und endlich schwarz werdenden Niederschlag, der im Vakuum reichlich Stickstoff entwickelt.

Ähnliche Verbindungen entstehen mit Ferrobromid [1]). Dasselbe nimmt unterhalb 10° so viel Stickoxyd auf, wie der Bildung von $3Br_4Fe_2.4NO$ entspricht, bei 15 bis 16° die der Bildung von $Br_4Fe_2.NO$ entsprechende Menge. In alkoholischer Lösung sind die Erscheinungen anders als in wässeriger, es wird hierbei unter Umständen eine krystallinische Verbindung erhalten. Ob dabei 1 Mol. NO sich mit 5 oder 6 Mol. Br_4Fe_2 verbindet, konnte ebenso wenig wie bei der entsprechenden Ferrochloridverbindung mit Sicherheit entschieden werden.

Die Verbindungen mit geringem Stickoxydgehalt sind von den reinen Ferrosalzen besonders dadurch unterscheidbar, dafs sie nicht, wie diese, Stickstoffperoxyd absorbieren [1]).

Wismutchlorid liefert in einer Atmosphäre von trockenem Stickoxyd ohne äufsere Wärmezufuhr eine gelbe Verbindung von der Zusammensetzung $Cl_3Bi.NO$, Aluminiumchlorid eine blafsgelbe Verbindung $Cl_6Al_2.NO$ [2]).

Chromochloridlösung absorbiert ebenfalls Stickoxyd, sie nimmt dabei zunächst eine dunkelrote, an Portwein erinnernde Farbe an, um so röter, je schneller die Sättigung mit dem Gase sich vollzieht. Diese Farbe schlägt bei gewöhnlicher Temperatur in 1 bis 2 Stunden, in Siedehitze sofort in Grünlichbraun um, ohne dafs die geringste Gasentwickelung stattfindet. Die so gewonnene Lösung absorbiert keinen Sauerstoff. Die entstandene Verbindung entspricht der Formel $3Cl_2Cr.NO$ [3]).

Mit Stickstoffperoxyd vereinigt sich das Stickoxyd nach Dixon und Peterkin [4]) zu einer unbeständigen Verbindung, welche mit steigender Temperatur mehr und mehr dissociirt.

---

[1]) V. Thomas, Compt. rend. **123**, 943 u. **124**, 366; Chem. Centralbl. 1897, I, S. 14, 581. — [2]) Ders., Compt. rend. **121**, 128; Ber. **28**, 728 Ref. — [3]) Chemeau, Compt. rend. **129**, 100; Chem. Centralbl. 1899, II, S. 360. — [4]) Dixon u. Peterkin, Chem. Soc. J. **75**, 613; Chem. Centralbl. 1899, II, S. 86.

Stickstofftrioxyd.

Die salpetrige Säure, früher untersalpetrige Säure genannt, existiert als Anhydrid und als Hydrat, als letzteres allerdings nur in wässeriger Lösung. Das Anhydrid hat die Zusammensetzung N_2O_3 $= ON.O.NO$ oder nach Günsberg[1]) $O_2N.NO$, das Hydrat ist NO_2H $= ON.OH$ oder nach Günsberg $O_2N.H$. Günsberg gründet seine Konstitutionsformeln auf die Beobachtung, dafs Silbernitrit bei behutsamem Erhitzen anfangs reines Stickoxydgas entwickelt, während sich unter gleichzeitiger Abscheidung von metallischem Silber Silbernitrat bildet und erst bei stärkerem Erhitzen unter Zersetzung des Nitrats Untersalpetersäure gebildet wird; danach giebt er den Nitriten die Formel $\left.\begin{matrix} NO_2 \\ R \end{matrix}\right\}$ u. s. w., wobei NO_2 in seinem Verhalten den Halogenen analog sein soll. Auch E. Divers[2]) sucht in einer ausführlichen Abhandlung zu erweisen, dafs in den Nitriten das Metall direkt mit Stickstoff, nicht mit Sauerstoff verbunden sei. Die Thatsache, dafs bei Ersatz des Metalls in den Nitriten durch Alkyle je nach den Bedingungen bald Salpetersäureäther, bald Nitroverbindungen entstehen, deutet auf Desmotropie.

Erst seit dem Jahre 1816 wurden salpetrige Säure und Untersalpetersäure voneinander unterschieden. Der rote Untersalpetersäuredampf galt bis dahin für dunstförmige salpetrige Säure, die rote, rauchende Salpetersäure und die durch Einleiten von Stickoxydgas in Salpetersäure entstehenden gefärbten Säuren hielt man für flüssige salpetrige Säure. Dafs Salpeter durch vorsichtiges Glühen in ein anderes Salz verwandelt wird, war schon bald nach der Mitte des 18. Jahrhunderts bekannt und Chenevix machte bereits die richtige Bemerkung, der Name „salpetrige Säure" passe nur für die Säure dieses Salzes und anderer Salze dieser Art. — Zur Zeit der Phlogistontheorie nannte man die salpetrige Säure phlogistisierte Salpetersäure. 1880 arbeiteten gleichzeitig Fritzsche[3]) und Peligot[4]) über die Darstellung der freien Säure, und vorzüglich dem ersteren ist die Kenntnis derselben zu danken.

Vorkommen. Die salpetrige Säure entsteht bei vielen, namentlich biologischen Oxydationsprozessen und findet sich daher, meist in Form des Ammoniumsalzes, in den atmosphärischen Niederschlägen[5]), nach Chabrier[6]) in Mengen von 0,001425 bis 0,00171 g pro Liter,

---

[1]) R. Günsberg, Wien. Akad. Ber. 68, 498. — [2]) E. Divers, Chem. Soc. J. 47, 205; JB. 1885, S. 363. — [3]) Fritzsche, J. pr. Chem. 19, 179. — [4]) Peligot, Ann. Chem. 39, 327. — [5]) H. Struve, Zeitschr. Chem. 1869, S. 274. — [6]) Chabrier, Compt. rend. 68, 540; Zeitschr. Chem. 1869, S. 316.

vorwaltend im Winter und Frühjahr [1]), in Pflanzensäften [2]), im Speichel [3]), und zwar variierend von 0,4 bis zu 2 auf 1 000 000 Tle., auch bei demselben Individuum tage- und sogar stundenweise verschieden [4]). Sie findet sich ferner in salpeterhaltiger Erde von 0,09 bis 0,1 g pro Kilo, sowie in anderen Ackererden [5]), im Blute nach Vergiftung mit Hydroxylamin [6]), im Harn infolge Umwandlung von Ammoniak [7]).

Bildung. 1. Aus Stickoxyd und Sauerstoff, wenn beide Gase, bei Überschufs des ersteren, durch ein erhitztes Rohr geleitet werden [8]), in Gegenwart von Schwefelsäurehydrat auch bei Überschufs von Sauerstoff [9]), auch bei Gegenwart von konzentrierter Kalilauge, falls für genügende Absorption gesorgt ist [10]). 2. Durch Einleiten von Stickoxyd in wasserfreie Untersalpetersäure in der Kälte [11]) oder vollständiger beim Durchleiten beider Gase durch ein erhitztes Rohr [8]). 3. Durch Einwirkung von Wasser oder Basen auf Untersalpetersäure, namentlich bei niederer Temperatur [12]). 4. Beim Durchleiten von Stickoxyd durch konzentrierte Salpetersäure und beim Zusammenbringen desselben mit Kali und $^1/_4$ Mol. oder weniger Sauerstoff (Gay-Lussac) oder Mercuronitrat [11]), Wasserstoffsuperoxyd, in Wasser verteiltem Mangan- oder Bleisuperoxyd oder Silberoxyd (Schönbein [13]). Ferner entsteht die Säure [14]) in Form von Salzen durch Reduktion von Nitraten, namentlich beim Schmelzen derselben für sich, im Wasserstoffstrom, mit Kohle, Kohlenoxyd oder mit Blei; in wässerigen Lösungen von Nitraten bei der Elektrolyse am negativen Pol, beim Umrühren mit einem Kadmium- oder Zinkstabe, beim Eintragen von Kalium, Natrium, Blei- oder Zinkamalgam, nicht aber von Eisen, Aluminium oder Zinn (Schönbein [13]); beim Eintragen von Natriumamalgam [15]); bei der Fäulnis oder Milchsäuregärung [16]), durch Albuminate, Leim, Stärke, Milchzucker, Traubenzucker, Harn, Bierhefe, Schwämme und Pilze, frische Konferven, Blutkörperchen, gewisse Materien des Planzensamens und durch pathologische Produkte [Schönbein [13]), Schür [17])]; durch Einflufs von Bakterien [18]), indes nur

---

[1]) Chabrier, Compt. rend. 73, 485; Chem. Centralbl. 1871, S. 583. — [2]) P. Genadius, Am. Chemist 5, 7; JB. 1874, S. 219. — [3]) P. Griess, Ber. 11, 624. — [4]) Musgrave, Chem. News 46, 217; JB. 1882, S. 1232. — [5]) Chabrier, Compt. rend. 73, 186; Chem. Centralbl. 1871, S. 486. — [6]) G. Bertoni u. C. Raimondi, Gazz. chim. ital. 12, 199; JB. 1882, S. 1221. — [7]) Bence Jones, Ann. Chem. 74, 342; 82, 368 u. 92, 90; vergl. dagegen Jaffée, J. pr. Chem. 59, 238. — [8]) Hasenbach, J. pr. Chem. [2] 4, 1. — [9]) C. A. Winkler, Zeitschr. Chem. 1868, S. 606. — [10]) Berthelot, Compt. rend. 77, 1448; Chem. Centralbl. 1874, S. 82. — [11]) Peligot, Ann Chem. 39, 327. — [12]) Ramsay u. Cundall, Chem. Soc. J. 47, 672; JB. 1885, S. 426. — [13]) Schönbein, J. pr. Chem. 88, 460 u. 105, 206. — [14]) H. Struve, Zeitschr. Chem. 1869, S. 274. — [15]) E. Divers, Chem. Soc. J. 47, 205; JB. 1885, S. 363. — [16]) Schlösing, Compt. rend. 66, 237; JB. 1868, S. 963. — [17]) Schür, Pharmac. Vierteljahrsschrift 18, 502. — [18]) T. L. Phipson, Chem. News 34, 33; JB. 1876, S. 196.

von gewissen Arten[1]. — Dewar[2]) hat die Bildung durch den elektrischen Flammenbogen beobachtet; bei Ozonisation der Luft durch Phosphor entsteht die Säure nicht[3]), was auch nach Berthelot[4]) deshalb nicht möglich ist, weil sie durch feuchtes wie durch trockenes Ozon sofort oxydiert wird. Auch tritt eine solche Bildung nicht bei direkter Oxydation von Stickstoff ein[5]), wohl aber bei langsamer Verbrennung von Phosphor an Luft[6]), wie auch beim Verbrennen vieler anderer Substanzen. So entsteht salpetrige Säure beim Verbrennen von Leuchtgas aus dem Ammoniakgehalt desselben[7]), von Wright[8]) auf den Ammoniakgehalt der zur Verbrennung dienenden Luft zurückgeführt, von Leeds[9]) aber auch bei Abwesenheit eines solchen nachgewiesen.

Beim Verdunsten von Wasser an Luft hatte O. Löw[10]) die Bildung von Ammoniumnitrit beobachtet. L. Carius[11]) konnte dies so wenig wie Bohlig[12]) bestätigt finden; Warington[13]) fand beim Verdampfen von Wasser in geschlossenen Gefäfsen ebenfalls keine salpetrige Säure, wohl aber beim Verdampfen in offenen Schalen; dieselbe stammt dann zum Teil aus den Verbrennungsprodukten des Leuchtgases, ist aber, wiewohl in geringerem Mafse, auch nachzuweisen, wenn Dampf zum Heizen verwendet wird. Auch beim Stehen reinen Wassers in einem offenen Gefäfse ohne merkbare Verdampfung ist nach entsprechender Zeit salpetrige Säure nachzuweisen; nach A. v. Lösecke[14]) ist die Bildung um so reichlicher, bei je niedrigerer Temperatur die Verdunstung des Wassers erfolgt. Nach Ansicht von Berthelot[15]) kann Ammoniumnitrit aus Stickstoff und Wasser nur unter dem Einflusse starker elektrischer Ströme entstehen.

Reichardt[16]) hat die Bildung von salpetriger Säure beim Schütteln von Luft mit Wasser, Manganoxydhydrat und Magnesiumkarbonat beobachtet, doch konnte dieselbe von Grete[17]) nicht bestätigt werden.

Nach Baumann[18]) entsteht salpetrige Säure aus Stickstoff durch

---

[1]) Schlösing u. Müntz, Compt. rend. 86, 982; JB. 1878, S. 1022; U. Gayon u. G. Dupetit, Compt. rend. 95, 644; JB. 1882, S. 1236. — [2]) J. Dewar, Lond. R. Soc. Proc. 30, 85; JB. 1880, S. 200. — [3]) A. R. Leeds, Ann. Chem. 200, 286. — [4]) Berthelot, Ann. ch. phys. [5] 14, 367; JB. 1878, S. 221. — [5]) Carius, Ber. 7, 1481; Berthelot, Compt. rend. 84, 61; JB. 1877, S. 226. — [6]) Schönbein, J. pr. Chem. 88, 460 u. 105, 206; Berthelot, Compt. rend. 84, 61; JB. 1877, S. 226. — [7]) L. T. Wright, Chem. Soc. J. 37, 422; Chem. Ind. 1880, S. 207. — [8]) Ders., Chem. Soc. J. 35, 42; JB. 1878, S. 221. — [9]) A. R. Leeds, Am. Chem. Soc. J. 1884, S. 3; Chem. News 49, 237; JB. 1884, S. 36. — [10]) O. Löw, Sill. Am. J. [2] 45, 29; Zeitschr. Chem. 1868, S. 606. — [11]) Carius, Ber. 7, 1481. — [12]) Bohlig, Ann. Chem. 125, 21. — [13]) R. Warington, Chem. Soc. J. 39, 229; JB. 1881, S. 182. — [14]) A. v. Lösecke, Arch. Pharm. [3] 14, 54. — [15]) Berthelot. Bull. soc. chim. [2] 27, 338; JB. 1877, S. 226. — [16]) Reichardt, Journ. f. Landw. 1878, 2. Heft. — [17]) Grete, Ber. 12, 674; Dingl. pol. J. 234, 431. — [18]) Baumann, Zeitschr. Physiol. 5, 244.

den aktiven Sauerstoff, welchen man durch Einwirkung von Palladiumwasserstoff auf gewöhnlichen Sauerstoff erhält.

Nach Witt[1]) sollen die bei Oxydation von arseniger Säure, Stärke u. s. w. durch Salpetersäure entwickelten salpetrigen Dämpfe hauptsächlich Untersalpetersäure und nur wenig salpetrige Säure enthalten. Dem gegenüber konstatiert Lunge[2]), dafs die bei Eintropfen einer Salpetersäure vom spez. Gew. 1,33 zu dickem Stärkebrei unter Erwärmen auf dem Wasserbade erhaltenen Dämpfe die Zusammensetzung N_2O_3 haben. Es bildet sich[3]): I. Aus Salpetersäure und arseniger Säure, wenn letztere als gepulverte glasige Säure angewandt und erstere durch einen Scheidetrichter allmählich eingegossen wird: 1. aus Salpetersäure von 1,20 spezif. Gewicht fast nur Stickoxyd, 2. aus Säure von 1,25 spezif. Gew. noch sehr viel Stickoxyd, wenig salpetrige Säure, 3. aus Säure von 1,3 spezif. Gew. noch etwas Stickoxyd und ganz vorwiegend salpetrige Säure, 4. aus Säure von 1,35 spezif. Gew. fast kein Stickoxyd mehr, 5. aus Säure von 1,40 spezif. Gew. ein Gemenge von 100 Mol. N_2O_3 auf 126 Mol. N_2O_4, 6. aus Säure von 1,45 spezif. Gew. 100 Mol. N_2O_3 auf 284 Mol. N_2O_4, 7. aus Säure von 1,50 spezif. Gew. 100 Mol. N_2O_3 auf 903 Mol. N_2O_4. II. Aus Salpetersäure und Stärke: 1. mit Säure von 1,20 spezif. Gew. fast gar keine Wirkung, 2. mit Säure von 1,33 spezif. Gew. hauptsächlich salpetrige Säure neben wenig Stickoxyd, 3. mit Säure von 1,40 spezif. Gew. auf 100 Mol. N_2O_3 25 Mol. N_2O_4, 4. mit Säure von 1,50 spezif. Gew. auf 100 Mol. N_2O_3 60 Mol, N_2O_4.

Aus Ammoniak bildet sich salpetrige Säure im Boden unter dem Einflufs und auf Kosten des Eisenoxyds[4]), nach Storer[5]) aber nur mit Hülfe von Bakterien, am besten im Dunkeln; in Lösungen erfolgt die Bildung durch Salpeterferment vorübergehend oder dauernd, was dann durch eine Umwandlung des Ferments selbst bedingt ist[6]). Durch Wasserstoffsuperoxyd erfolgt die Umwandlung nach Weith und Weber[7]) reichlich, nach Hoppe-Seyler[8]) nicht beim Stehen in der Kälte mit oder ohne Zusatz von Alkalien, wohl aber beim Eindampfen durch Sieden in einer Retorte, beim Einstellen von ausgeglühtem Platin- oder Palladiumblech in die Lösung, besonders aber durch mit Wasserstoff beladenes Palladiumblech oder Zinkstaub. Durch Luft resp. Sauerstoff geht sie bei Gegenwart von Kupfer schon in der Kälte vor sich; der Prozefs wird durch Erwärmen sehr beschleunigt, in beiden Fällen wird nach hinreichend langer Einwirkung sämtliches Ammoniak oxydiert; in der Kälte kann Beschleunigung durch einen Kohlensäurestrom be-

---

[1]) O. N. Witt, Ber. **11**, 750. — [2]) G. Lunge, Ber. **11**, 1229. — [3]) Ders., Ber. **11**, 1641. — [4]) F. A. Haarstick, Chem. Centralbl. 1868, S. 927. — [5]) F. H. Storer, Chem. News **37**, 268; JB. 1878, S. 1022. — [6]) Warington, Chem. News **44**, 217; JB. 1881, S. 1149. — [7]) W. Weith u. Ad. Weber, Ber. **7**, 1745. — [8]) Hoppe-Seyler, Ber. **16**, 1917.

wirkt werden. Ähnlich wie Kupfer, aber schwächer, wirken Zink und Eisen [1]).

Ferner entsteht die Säure durch tropfenweises Zufließenlassen von Wasser zu Bleikammerkrystallen nach den Gleichungen $SO_2<^{OH}_{NO_2} + H_2O = SO_4H_2 + NO_2H$ und $2NO_2H = N_2O_3 + H_2O$ [2]). — Die von Stenhouse [3]) angegebene Bildung beim Mischen faulender, organischer Substanzen mit Holzkohle fand Stanford [4]) nicht bestätigt.

Darstellung. Man leitet ein Gemenge von überschüssigem Stickoxyd mit Sauerstoff oder von Untersalpetersäuredampf und Stickoxyd durch ein erhitztes Rohr [5]). Oder man läfst zu 92 Tln. Untersalpetersäure, welche auf — 20° abgekühlt ist, mit Hülfe eines Kapillarrohres 45 Tle. Wasser treten und erwärmt die beiden sich bildenden Schichten, bis der Siedepunkt auf 25° gestiegen ist [6]). In beiden Fällen werden die Dämpfe in einer durch Kältemischung auf — 20° abgekühlten Vorlage aufgefangen und bewahrt. — Fritzsche [6]) erhielt auch aus konzentrierter Salpetersäure, welche durch Gebrauch in einer galvanischen Batterie blau geworden war, durch Erhitzen und Verdichten der entweichenden Gase in einer Kältemischung ein dunkelgrünes Destillat, aus dem bei wiederholtem Rektifizieren bei möglichst niedriger Temperatur rein indigblaue salpetrige Säure erhalten wurde.

Einen regelmäfsigen Strom erhält man durch tropfenweisen Zuflufs von Wasser zu Bleikammerkrystallen [2]), die nicht rein zu sein brauchen; man leitet unter steter Abkühlung trockene schweflige Säure in rote, rauchende Salpetersäure, bis die Flüssigkeit ölig geworden ist; die so erhaltene Lösung von Bleikammerkrystallen wird dann auf die angegebene Art zersetzt.

Die nachfolgenden Darstellungsmethoden geben anscheinend ein Gemenge von salpetriger Säure und Untersalpetersäure: a) Man erwärmt 1 Tl. Stärkemehl mit 8 Tln. Salpetersäure von 1,25 spezif. Gew. und leitet das sich entwickelnde Gasgemenge zuerst durch ein 1,25 m langes Chlorcalciumrohr, dann durch ein auf — 20° abgekühltes Rohr, in dem sich die salpetrige Säure als eine in starker Kälte farblose, bei gewöhnlicher Temperatur grüne Flüssigkeit verdichtet [7]). Peligot [8]) erhielt so, auch bei fraktionierter Destillation, ein Gemenge von salpetriger Säure und Untersalpetersäure, Lunge nur salpetrige Säure (vergl. Bildung). b) Man erwärmt arsenige Säure mit Salpetersäure und leitet die entweichenden Dämpfe durch zwei U-förmige Röhren, deren erste mit Wasser von + 8°, deren zweite mit einer Kältemischung umgeben

---

[1]) S. Kappel, Arch. Pharm. [3] 20, 567. — [2]) Streiff, Ber. 5, 285 (Korr.); Rammelsberg, Ber. 5, 925. — [3]) Stenhouse, Lond. R. Soc. Proc. 2. March, 1885; JB. 1854, S. 298. — [4]) C. C. Stanford, Chem. Soc. J. [2] 11, 14; JB. 1874, S. 1143. — [5]) Hasenbach, J. pr. Chem. [2] 4, 1. — [6]) Fritzsche, ebend. 19, S. 179. — [7]) Liebig, Geigers Handb., 5. Aufl., S. 219. — [8]) Peligot, Ann. Chem. 39, 327.

ist; in letzterer sammelt sich die (mit Untersalpetersäure vermischte) salpetrige Säure als blaugrüne Flüssigkeit, welche nach dem Rektifizieren bei + 12° grünblau erscheint. — Zur Reinigung versetzt man in beiden Fällen die Säure nach starkem Abkühlen mit einigen Tropfen Eiswasser, bis sie rein indigblau gefärbt ist, entfernt die aufschwimmende wässerige Säure und rektifiziert wiederholt bei 5 bis 10°[1]). — Über Wiedergewinnung in Schwefelsäurefabriken im Glover-Turm vergl. G. Lunge[2]).

Eigenschaften. Die salpetrige Säure bildet bei niedriger Temperatur eine tief dunkelblaue, bei — 10° indigblaue Flüssigkeit, welche bei — 30° nicht erstarrt[3]); nach Fritzsche[4]) ist die flüssige Säure bei Zimmertemperatur gelbgrün und wird beim Abkühlen wieder blau, vielleicht aber blasser als vor dem Erwärmen; nach Gaines[5]) verdichtet sich das gasförmige Anhydrid unter einem Drucke von 755 mm bei — 14,4° zu einer Flüssigkeit von tiefgrüner, nicht von blauer Farbe; die letztere entsteht erst auf Zusatz von etwas Wasser und es mischt sich der auf diese Weise blau gewordene Teil (vielleicht Salpetrigsäurehydrat) nun langsam mit dem übrigen, grün gebliebenen. — Das flüssige Anhydrid, das übrigens nach Berthelot[3]) stets — in reinstem Zustande etwa 1/8 — Untersalpetersäure enthält, siedet nach Hasenbach[6]) bei 2°, nach Geuther[7]) bei 3,5° unter Zersetzung, aber auch schon unter 0°, vielleicht sogar unter — 10°. Der Dampf ist gelbrot[4]) oder braun[1]); dafs derselbe unzersetztes Salpetrigsäureanhydrid enthalte, wird vielfach bestritten, obwohl manche Darstellungsarten, namentlich die von Hasenbach, die Existenz desselben im dampfförmigen Zustande bei höherer Temperatur zur notwendigen Voraussetzung haben. Nach Lunge[8]) kann das Anhydrid in Dampfform selbst bei 150° bestehen, hat aber eine gewisse Neigung zur Dissoziation, welche durch Überschufs von Luft gesteigert wird. Er schlofs die Existenz unzersetzten Anhydrids daraus, dafs das Gasgemenge auch durch einen Überschufs von Sauerstoff nicht völlig in Untersalpetersäure verwandelt wird; dies müfste aber geschehen, wenn dasselbe nur aus Untersalpetersäure und Stickoxyd bestände, wie Witt[9]) aus dem Verhalten der Dämpfe gegen eine Lösung von Anilin und Benzol schlofs. Dem gegenüber machen jedoch Ramsay und Cundall[10]) geltend, dafs Stickoxyd bei Gegenwart von Untersalpetersäure sich nicht mehr vollständig mit Sauerstoff verbinde, Ausführungen, denen Lunge[11]) wiederum mit einigem Recht

---

[1]) E. Luck, Zeitschr. anal. Chem. 8, 402. — [2]) G. Lunge, Dingl. pol. J. 201, 341. — [3]) Berthelot, Compt. rend. 77, 1448; Chem. Centralbl. 1874, S. 82. — [4]) Fritzsche, J. pr. Chem. 19, 179. — [5]) R. H. Gaines, Chem. News 48, 97; JB. 1883, S. 307. — [6]) Hasenbach, J. pr. Chem. [2] 4, 1. — [7]) Geuther, Ann. Chem. 245, 96. — [8]) G. Lunge, Dingl. pol. J. 233, 63; Ber. 12, 357. — [9]) O. N. Witt, Tagebl. d. Naturforscherversammlung zu Baden-Baden 1879, S. 194. — [10]) W. Ramsay u. J. Tudor Cundall, Chem. Soc. J. 47, 187, 672, 3154; JB. 1885, S. 422. — [11]) G. Lunge, Ber. 18, S. 1376.

die Beweiskraft abspricht. Auch Geuther[1]) hat die Existenz des Trioxyds aufser im flüssigen Zustande bestritten, Lunge und Porschnew[2]) stellen denn auch fest, dafs das Anhydrid nur unterhalb 21° beständig ist; bei höherer Temperatur dissoziiert es noch im flüssigen Zustande und bei der Verdampfung ist die Dissoziation so gut wie vollständig.

Im Spektrum der dampfförmigen salpetrigen Säure zeigen sich nach Brewster[3]) sehr zahlreiche, über das ganze Spektrum zerstreute, dunkle Linien. Es sind im Rot bis Gelb 21 feinere und in dem brechbareren Teile sechs dickere Absorptionslinien, von denen die feineren bei dickerer Dampfschicht, die im blauen Teile liegenden bei weniger dicker Schicht sichtbar werden. Nach Luck[4]) und Moser[5]) stimmen diese Linien mit denen des Untersalpetersäuredampfes genau überein.

Das spezifische Gewicht des flüssigen Trioxyds ist bei

—8°	—4°	—1°	0°	+1°	+2°
1,4640	1,4555	1,4510	1,4490	1,4485	1,4470[1]).

Durch Kohle werden 12,90 Vol. (Wasserstoff = 1) absorbiert[6]).

In Wasser sinkt die Säure unter und löst sich bei 0° reichlich und ohne Zersetzung mit schwach blauer Färbung, aber über 0° entwickelt das Gemisch viel Stickoxydgas und es hinterbleibt wässerige Salpetersäure (Mitscherlich): $3\,N_2O_3 + H_2O = 4\,NO + 2\,NO_2OH$. Diese Umsetzung findet aber nur dann statt, wenn man viel salpetrige Säure mit wenig Wasser versetzt; mit viel Wasser bildet sich ohne Zersetzung eine Lösung von ziemlich grofser Beständigkeit, die sich bei gewöhnlicher Temperatur mehrere Tage unverändert hält und erst beim Kochen allmählich, durch indifferente Pulver, wie Sand, Gips und namentlich Kohle, sogleich in Salpetersäure und Stickoxyd zerfällt[7]). Die Lösung besitzt stark reduzierende Eigenschaften, z. B. gegen Goldchlorid und Kaliumpermanganat[7]).

Verbindungen. Ob sich beim Lösen in Wasser ein Hydrat bildet, ist unentschieden. Reinsch[8]) nahm ein solches in der nach Fritzsches Anleitung entstehenden blauen Flüssigkeit an, doch spricht das Resultat der Analyse dagegen, indem dieselbe mindestens 93,4 Proz. Anhydrid ergab, während das niedrigste Hydrat NO_2H nur 80,85 Proz. enthalten würde. Nach Marchlewski[9]) leitet eine unter sorgfältigem Abschlufs bereitete Lösung die Elektricität, er schliefst daraus die Existenzfähigkeit des Hydrats NO_2H in wässeriger Lösung.

---

[1]) Geuther, Ann. Chem. 245, 96. — [2]) Lunge u. Porschnew, Zeitschr. anorgan. Chem. 7, 209. — [3]) Brewster, Ann. Phys. 28, 385. — [4]) E. Luck, Zeitschr. anal. Chem. 8, 402. — [5]) J. Moser, Ann. Phys. [2] 2, 139. — [6]) R. Angus Smith, Chem. News 18, 121; JB. 1868, S. 46. — [7]) Fremy, Compt. rend. 70, 61; Chem. Centralbl. 1870, S. 108. — [8]) Reinsch, J. pr. Chem. 28, 399. — [9]) L. Marchlewski, Zeitschr. anorgan. Chem. 5, 88.

Die Affinitätskonstante ist nach Schümann[1]) = 0,015. Auf die elektromotorische Kraft einer mit Salpetersäure beschickten Kette wirkt salpetrige Säure erhöhend, auf das Potential der Salpetersäure erniedrigend[2]).

Verbindung mit Schwefelsäure. Mit Schwefelsäurehydrat vereinigt sich salpetrige Säure unter Wärmeentwickelung. Die Verbindung ist eine innige, chemische, auch durch bedeutende Temperaturerhöhung nicht zu lösende; dagegen wird sie durch Zutritt von Wasser augenblicklich aufgehoben. In festem Zustande bildet sie die Bleikammerkrystalle, in gelöster, flüssiger Form findet sie sich in der aus den Gay-Lussac-Türmen abfliefsenden Schwefelsäure[3]).

Zersetzungen. Die Säure geht bei der Destillation zum Teil oder ganz in Untersalpetersäure und Stickoxyd über. — Unter dem Einflusse schwingender Bewegung zersetzt sie sich explosionsartig zu Salpetersäure und Stickoxyd[4]).

Sie wird, besonders leicht in der Hitze, durch Sauerstoff bei Abwesenheit von Wasser zu Untersalpetersäure, bei Gegenwart desselben zu Salpetersäure oxydiert. — Über glühende Metalle geleitet, bildet sie Metalloxyde und Stickstoff (Dulong), bei gelindem Glühen Stickoxyd[5]).

Langsam zu überschüssigem, stark abgekühltem Phosphorchlorür tretend, erzeugt die wasserfreie Säure Pyrophosphorsäurechlorid $P_2O_3Cl_4$, ferner Phosphorsäureanhydrid, Phosphoroxychlorid, entweichende chlorsalpetrige Säure, Stickstoff und wenig Stickoxyd. Bei Anwendung von Phosphorbromür werden Phosphoroxybromid und Phosphorsäureanhydrid gebildet, aber kein Phosphorsäurebromid[6]).

Reduzierend, indem sie selbst in Salpetersäure übergeht, wirkt salpetrige Säure auf Chlorsäure, welche zu chloriger Säure[7]), schliefslich zu Salzsäure[8]) wird; auf Wasserstoff-, Blei-, Mangansuperoxyd; auf Übermangansäure[9]), Osmiumsäure[10]); auf Goldchlorid unter Abscheidung von Metall; die tiefbraune Lösung von Silbersuperoxyd in kalter Salpetersäure wird durch Eintropfen von salpetriger Säure entfärbt[11]).

Wasserstoff im Entstehungszustande wirkt auf salpetrige Säure unter Bildung von Stickoxyd, Stickoxydul und Stickstoff, schliefslich von Ammoniak und Hydroxylamin ein. Auch andere reduzierende Agentien bewirken Zersetzung zu Ammoniak und Hydroxylamin[10]).

---

[1]) Schümann, Ber. 33, 527. — [2]) R. Ihle, Z. physikal. Chem. 19, 577. — [3]) C. A. Winkler, Zeitschr. Chem. 1869, 715; Girard u. Pabst, Bull. soc. chim. [2] 30, 531; JB. 1878, S. 223. — [4]) D. Gernez, Compt. rend. 86, 1549; Chem. Centralbl. 1878, S. 713. — [5]) Marchand, J. pr. Chem. 32, 492. — [6]) Geuther u. Michaelis, Ber. 3, 766. — [7]) Miller, J. Pharm. 29, 179. — [8]) Toussaint, Ann. Chem. 137, 114. — [9]) Schönbein, J. pr. Chem. 88, 460 u. 105, 206. — [10]) Fremy, Compt. rend. 70, 61; Chem. Centralbl. 1870, S. 108. — [11]) Schönbein, J. pr. Chem. 88, 460 u. 105, 206.

Schwefelwasserstoff scheidet Schwefel aus unter Bildung von Ammoniumnitrat.

In Wasser gelöste salpetrige Säure oxydiert schweflige Säure zu Schwefelsäure; wendet man die durch Zerlegung von Untersalpetersäure mittels Wasser entstehende Lösung an, so bleibt die gleichzeitig entstandene Salpetersäure unverändert[1]). Dabei giebt die salpetrige Säure, falls mehr Wasser zugegen ist, zwei Drittel ihres Sauerstoffs ab und wird zu Stickoxydul; bei weniger Wasser oder beim Einleiten von schwefliger Säure in die Lösung von salpetriger Säure in Schwefelsäure von 1,4 spezif. Gew. wird Stickoxyd gebildet. In Vitriolöl gelöste salpetrige Säure wird durch schweflige Säure überhaupt nicht verändert, allgemein entfärben sich verdünnte Gemische leichter als konzentrierte[2]). In der Kälte erzeugt wässerige, salpetrige Säure mit schwefliger Säure anfangs verschiedene Schwefelstickstoffsäuren, in der Wärme außer Stickoxydul und Stickoxyd auch Ammoniak[3]); die Bildung der Schwefelstickstoffsäuren bei Abwesenheit von Alkali wird von Claus[4]) bezweifelt, von Raschig[5]) aber bestätigt. — Infolge dieses Verhaltens gegen schweflige Säure ist die salpetrige Säure der Hauptsauerstoffüberträger beim Schwefelsäurebleikammerprozeſs[6]).

Das spezifische Gewicht der Schwefelsäure wird durch Sättigung mit salpetriger Säure ziemlich beträchtlich erhöht[7]). Verhalten gegen Schwefelsäurehydrat s. Verbindungen.

Mit unterschwefliger und hydroschwefliger Säure bildet salpetrige Säure, in Form ihres Kalisalzes angewandt, unter Entwickelung farbloser Gase saures schwefelsaures Hydroxylamin[8]).

Auf Stickoxydul wirkt salpetrige Säure unter Bildung von Stickoxyd ein[5]).

Sie zerstört die Lichtempfindlichkeit des Bromsilbers[9]).

Mit Harnstoff zerfällt sie in Kohlensäure, Stickstoff und Wasser[10]). $H_2N.CO.NH_2 + N_2O_3 = CO_2 + 4N + 2H_2O$. In der Kälte werden zuerst Ammoniumnitrit und Cyansäure gebildet, welche dann weiter in Stickstoff, Wasser, Kohlensäure und Ammoniumkarbonat zerfallen, $2H_2N.CO.NH_2 + N_2O_3 = (NH_4)_2.O_2.CO + 4N + CO_2$[11]); bei Überschuſs von salpetriger Säure und Abwesenheit anderer Säuren wird sämtlicher Harnstoff nach der ersten Gleichung zersetzt, im anderen Falle und besonders in kalter Lösung wird Ammoniaksalz erzeugt[12]).

---

[1]) R. Weber, Ann. Phys. 127, 543. — [2]) Ders., ebend. 130, 277. — [3]) Fremy, Compt. rend. 70, 61; Chem. Centralbl. 1870, S. 108. — [4]) Claus. Ann. Chem. 158, 219. — [5]) F. Raschig, Ann. Chem. 241, 161. — [6]) Berzelius, JB. Berz. 25, 61; R. Weber, Ann. Phys. 127, 543; Peligot, Ann. ch. phys. [3] 12, 263; H. Davy, Elemente, übersetzt von Fr. Wolff, Berlin 1814, 1, 249; G. Lunge, Ber. 18, 100. — [7]) J. Kolb, Dingl. pol. J. 209, 268. — [8]) A. Lidow, J. d. russ. chem.-phys. Ges. 1884, S. 751; Ber. 18, 100, Ref. — [9]) J. M. Eder, Wien. Akad. Ber. 81, 679. — [10]) Miller, J. Pharm. 29, 129. — [11]) Wöhler u. Liebig, Ann. Chem. 26, 261. — [12]) Ad. Claus, Ber. 4, 40; s. a. Ludwig u. Kromayer, Arch. Pharm. 100, 1.

An ungesättigte Kohlenwasserstoffe, Anethol, Styrol addiert sie sich [1]).

Auf Phenole wirkt die Säure unter Bildung von Farbstoffen [2]), auf primäre aromatische Amine unter Bildung von Diazokörpern [3]), während aus Ammoniak und primären aliphatischen Aminen Stickstoff und Wasser beziehungsweise Alkohol entsteht.

Indigolösung wird nach Schönbein [4]) sofort entfärbt, während nach Trommsdorff [5]) die Entfärbung erst nach etwa zwei Minuten eintritt, und auch Warington [6]) die direkte Einwirkung von Nitriten in Abrede stellt. Struve [7]) fand, dafs Nitrite ebenso wie Nitrate wirken; Heräus [8]) wollte sogar eine weit stärkere Einwirkung der salpetrigen Säure gefunden haben, doch wurde von anderer Seite konstatiert, dafs salpetrige Säure genau wie Salpetersäure, im Verhältnis des disponiblen Sauerstoffs, wirkt [9]).

Salpetrigsäurechlorid. Das Chlorid der salpetrigen Säure, chlorsalpetrige Säure, Nitrosylchlorid oder Nitroxylchlorür, NOCl, wurde zuerst von Gay-Lussac erhalten. Es findet sich im Königswasser. Gebildet wird es: 1. durch direkte Vereinigung von 2 Vol. Stickoxyd mit 1 Vol. Chlor, wobei ein gasförmiges, bei — 15° bis — 20° sich verdichtendes Gemenge derselben mit Chloruntersalpetersäure, $NOCl_2$, entsteht [10]); 2. durch Einleiten von Salzsäure in stark abgekühlte Untersalpetersäure oder durch Erhitzen von Königswasser; 3. durch Einwirkung von Phosphorpentachlorid auf Untersalpetersäure, von Phosphor- oder Arsentrichlorid auf diese oder salpetrige Säure, von Phosphoroxychlorid auf Kaliumnitrit [11]), von Phosphorchlorid auf Kaliumnitrat; 4. durch Einwirkung von Chlor auf Stickstoffperoxyd bei Rotglut [12]).

Darstellung. 1. Man leitet Salzsäuregas bei — 22° durch Untersalpetersäure, wobei es mit feurig gelbroter Färbung aufgenommen wird und gegen Ende etwas Chlor entweicht; die entstandene Flüssigkeit gerät aufserhalb der Kältemischung sogleich ins Sieden, läfst etwas Chlor und, bei — 10°, Nitrosylchlorid entweichen [13]). 2. Man läfst gleiche Molekeln Kaliumnitrat und Phosphorpentachlorid in der Kälte aufeinander wirken und trennt das entstehende Gemenge von Phosphoroxychlorid und chlorsalpetriger Säure durch wiederholte fraktionierte

---

[1]) Tönnies, Ber. 11, 1511 u. 13, 1845. — [2]) C. Liebermann, Ber. 7, 247, 908, 1098. — [3]) P. Griefs, Ber. 12, 426. — [4]) Schönbein, J. pr. Chem. 88, 460 u. 105, 206. — [5]) H. Trommsdorff, Zeitschr. anal. Chem. 9, 157. — [6]) R. Warington, Chem. Soc. J. 35, 578; JB. 1879, S. 1035. — [7]) Struve, Zeitschr. anal. Chem. 11, 25. — [8]) Heräus, Zeitschr. f. Hygiene 1, 193. — [9]) Skalweit, Rep. anal. Chem. 1884, S. 247; L. Spiegel, Zeitschr. f. Hygiene 2, 189. — [10]) Gay-Lussac, Ann. ch. phys. [3] 23, 203; Ann. Chem. 66, 213. — [11]) Naquet, Bull. soc. chim. 15, séance du 9 Mars 1860; JB. 1860, S. 102. — [12]) W. C. Williams, Chem. Soc. J. 49, 222; JB. 1886, S. 341. — [13]) R. Müller, Ann. Chem. 122, 1.

Destillation, zuletzt bei — 6 bis — 3°. 3. Man destilliert Bleikammerkrystalle mit Chlornatrium; die Reaktion erfolgt nach der Gleichung $NO_2.SO_2.OH + ClNa = NaO—SO_2—OH + NOCl$[1]); am besten leitet man die durch Erhitzen von Königswasser erhaltenen Dämpfe in konzentrierte Schwefelsäure bis zur Sättigung ein und destilliert die so erhaltene Flüssigkeit mit Kochsalz[2]).

Eigenschaften. Das Chlorid bildet eine gelblichrote Flüssigkeit, die bei — 5° oder — 8° siedet. Ihr spezifisches Gewicht ist bei — 18° 1,4330, bei — 15° 1,4250, bei — 12° 1,4165[3]), das des Dampfes bei 10° = 2,33 bis 2,29[2]).

Es vereinigt sich mit einer Reihe von Chloriden, wie Chloraluminium, Titanchlorid, Antimonchlorid, Zinnchlorid, Eisenchlorid, zu Doppelverbindungen, ebenso mit Schwefelsäure. Nordhäuser Vitriolöl verschluckt den Dampf und wird zum gelbroten Öl ohne Krystalle. Mit Schwefelsäureanhydrid verbindet es sich unter starker Wärmeentwickelung zu Nitrosulfosäurechlorid[4]).

Salpetrigsäurebromid. Das Bromid der salpetrigen Säure, bromsalpetrige Säure, Nitrosylbromid, NOBr, entsteht durch Einleiten von Stickoxyd in auf — 7 bis — 15° abgekühltes Brom[5]), sowie durch Destillation von Bleikammerkrystallen mit Bromkalium[6]). Vielleicht ist es auch in den Dämpfen enthalten, welche sich bei der Destillation von Bromkalium mit Salpetersäure bilden.

Es bildet eine schwarzbraune Flüssigkeit, welche nach Landolt bei — 2°, nach Girard und Pabst bei 19° siedet und dabei zum Teil zersetzt wird unter Entwickelung von salpetriger Säure, während der Rückstand bromreicher wird. Bei höherer Temperatur zerfällt es in Stickoxyd und Brom. In kaltem Wasser sinkt es unverändert unter; bei 14° beginnt dann Gasentwickelung, und die Verbindung zerfällt zunächst in Bromwasserstoffsäure und salpetrige Säure, aus welcher weiterhin Salpetersäure und Stickoxyd gebildet werden. — Der Dampf des Nitrosylbromids wird von unechtem Blattgold und von Quecksilber unter Bildung von Brommetall und einem dem der angewandten Säure gleichen Volum Stickoxydgas zerlegt[5]). Mit Kalilauge bildet es Bromkalium und Kaliumnitrit, mit Quecksilberoxyd bei gewöhnlicher Temperatur Bromquecksilber und salpetrige Säure. Gegen Anilin verhält es sich wie Salpetrigsäureanhydrid[7]).

Salpetrigsäureamid, Nitrosamid, $NO.NH_2$, ist nicht bekannt. Alkylderivate, $NO.NR_2$, entstehen durch Erhitzen der Nitrate sekun-

---

[1]) A. Tilden, Chem. Soc. J. [2] 12, 630 u. 852; JB. 1874, S. 458; Girard u. Pabst, Bull. soc. chim. [2] 30, 531. — [2]) A. Tilden, Chem. Soc. J. [2] 12, 630 u. 852; JB. 1874, S. 458. — [3]) Geuther, Ann. Chem. 245, 96. — [4]) R. Weber, Ann. Phys. 123, 333. — [5]) Landolt, Ann. Chem. 116, 177. — [6]) Girard u. Pabst, Bull. soc. chim. [2] 30, 531; JB. 1878, S. 223. — [7]) De Koninck, Ber. 2, 122.

därer Amine auf etwa 150°[1]) nach der Gleichung $R_2NH.NO_3H = R_2N.NO + H_2O + O$, und bei der Einwirkung von salpetriger Säure auf sekundäre Amine[2]): $R_2NH + NO_2H = R_2N.NO + H_2O$. Hierbei ist die Bildung der Nitrite als Zwischenprodukte anzunehmen, aber bisher nur beim Diisopropylamin nachgewiesen worden[3]).

Die aliphatischen Dialkylnitrosamine sind gelbliche Flüssigkeiten, die mit Wasserdämpfen unzersetzt flüchtig sind und meist auch für sich ohne Zersetzung destilliert werden können. Mit konzentrierter Salzsäure regenerieren sie die sekundären Amine, durch Zinkstaub und Essigsäure in alkoholischer Lösung erfolgt Reduktion zu asymmetrischen Dialkylhydrazinen[4]):

$$R_2N.NO + 2H_2 = R_2N.NH_2 + H_2O.$$

Die aromatischen Dialkylnitrosamine gleichen in ihren Eigenschaften denen der Fettreihe, sind aber zum Teil krystallinisch. Eine besondere Eigenschaft ist die Fähigkeit der Umlagerung, indem die Nitrosogruppe sich gegen das in Para-Stellung zur Aminogruppe befindliche Wasserstoffatom des Kernes austauscht. Diese Umwandlung erfolgt unter dem Einflusse alkoholischer Salzsäure[5]):

$$C_6H_5.NR.NO = NO.C_6H_4.NHR.$$

Nitrosoverbindungen.

In naher Beziehung zu der salpetrigen Säure und deren Halogeniden stehen die organischen Nitrosoverbindungen R.NO. Da nach dieser Auffassung das organische Radikal die Stelle einer Hydroxylgruppe bezw. eines Halogenatoms einnimmt, so ist es verständlich, dafs Verbindungen, welche als Radikale die positiven Charakter tragenden Alkyle der Fettreihe enthalten, nicht bekannt sind, dafs hingegen die mehr negativen Aryle, d. h. aromatischen Kohlenwasserstoffreste, wie Phenyl, diese Stelle einnehmen können. In der Fettreihe sind Nitrosoderivate nur von Verbindungen sauren Charakters, z. B. Acetessigester, bekannt oder von tertiärem Kohlenwasserstoff[6]), dessen Radikal ja gleichfalls mehr sauren Charakter zeigt.

Durch Einwirkung von salpetriger Säure werden Nitrosoverbindungen nicht aus Kohlenwasserstoffen, wohl aber aus deren Derivaten, besonders Aminen und Phenolen erhalten. Zu den Nitrosoderivaten der aromatischen Kohlenwasserstoffe gelangt man auf folgendem Wege:

---

[1]) P. v. Romburgh, Recueil trav. chim. Pays-Bas, 5, 246; Ber. 20, 470 Ref. — [2]) Geuther, Ann. Chem. 128, 151. — [3]) v. d. Zande, Recueil trav. chim. Pays-Bas 8, 207; Ber. 22, 343, Ref. — [4]) E. Fischer, Ann. Chem. 199, 308. — [5]) O. Fischer u. Hepp, Ber. 19, 2991. — [6]) Piloty u. Ruff, Ber. 31, 457.

1. Einwirkung von Quecksilberarylen, in Benzol oder Schwefelkohlenstoff gelöst, auf Nitrosylchlorid oder Nitrosylbromid, am besten auf die Verbindung des ersteren mit Stannichlorid[1]).

2. Einwirkung von salpetriger Säure auf Zinndiarylchlorid[2]).

3. Aus Diazoniumchloriden durch Kaliumferricyanid in alkalischer Lösung[3]).

4. Aus Arylhydroxylaminen durch Chromsäuremischung oder andere Oxydationsmittel[4]).

5. Aus Anilin durch Sulfopersäure[5]) und eine Reihe anderer Oxydationsmittel[6]).

6. Aus Nitroverbindungen durch elektrolytische Reduktion[7]).

7. Aus Ketoximen durch elektrolytische Oxydation[8]).

Dinitrosoverbindungen entstehen durch Oxydation der Hydroxylaminderivate von Chinonen, unter Stickstoffentwickelung beim Erhitzen von Nitrodiazoamiden[9]).

Die Nitrosoverbindungen sind feste, krystallinische Verbindungen, welche vielfach schon im festen Zustande oder wenigstens im geschmolzenen oder in Lösung grüne bis blaue Farbe zeigen. Nach Piloty[10]) besitzen die Verbindungen die Färbung im monomolekularen Zustande, während sie im dimolekularen farblos sind[11]). Charakteristisch für alle echten Nitrosokörper ist die Liebermannsche Nitrosoreaktion. Alle hierher gehörigen Körper geben, mit Phenol und konzentrierter Schwefelsäure behandelt, beim Übersättigen mit Kalilauge eine blaue Färbung.

Die Einwirkung von Ätzalkalien verläuft infolge der Labilität der Nitrosogruppe sehr kompliziert. So werden aus Nitrosobenzol je nach der Versuchstemperatur nicht weniger als 12 Verbindungen erhalten, als Hauptprodukt aber stets Azoxybenzol[12]).

Auch Salzsäure und Bromwasserstoffsäure ergeben komplizierte Reaktionen[13]). Konzentrierte Schwefelsäure bewirkt schon bei 0° Polymerisation zu Nitrosodiphenylhydroxylaminen[14]), z. B.

$$2C_6H_5 \cdot NO = (NO \cdot C_6H_4)(C_6H_5)N \cdot OH.$$

Infolge ihrer Labilität sind die Nitrosoverbindungen äufserst reaktionsfähig; so entstehen durch Kondensation von Nitrosodialphylaminen mit Phenolen oder m-Diaminen die Oxazinfarbstoffe, z. B. das Meldolablau aus β-Naphtol und Nitrosodimethylanilin nach der Gleichung:

---

[1]) v. Baeyer, Ber. 7, 1638. — [2]) Aronheim, Ber. 12, 510. — [3]) Bamberger, Storch u. Landsteiner, Ber. 26, 473, 483. — [4]) Bamberger, Ber. 27, 1548. — [5]) Caro, Zeitschr. angew. Chem. 1898, S. 845; D. R.-P. 105857. — [6]) Bamberger u. Tschirner, Ber. 31, 1522; 32, 342, 1675. — [7]) F. Haber, Zeitschr. Elektrochem. 5, 77. — [8]) J. Schmidt, Ber. 33, 871. — [9]) Zincke u. Schwarz, Anm. Chem. 307, 28. — [10]) O. Piloty, Ber. 31, 452. — [11]) Kremers, Pharm. Review I, 102; Chem. Centralbl. 1898, II, S. 201. — [12]) Bamberger, Ber. 33, 1939. — [13]) Bamberger, Büsdorf u. Szolayski, Ber. 32, 210. — [14]) Bamberger, Büsdorf u. Sand, Ber. 31, 1513.

$$2\,C_{10}H_7OH + 3\,C_6H_4NO\cdot N(CH_3)_2 = 2\,[\text{Strukturformel}] + C_6H_4\begin{cases}N(CH_3)_2\,[1]\\ NH_2\end{cases} + 3\,H_2O.$$

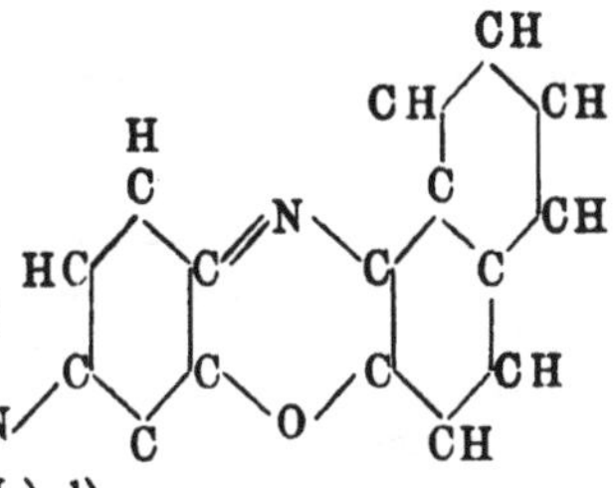

Weitgehender Anwendung fähig ist die von Ehrlich und Sachs entdeckte Reaktion zwischen solchen Nitrosoverbindungen und der sogenannten sauren Methylengruppe[2]). Hierbei erfolgt in Gegenwart alkalischer Kondensationsmittel Kondensation unter Austritt von Wasser und Bildung von Azomethinverbindungen, die den Azokörpern analoge Konstitution zeigen:

$$R\cdot CH_2\cdot R' + ON\cdot C_6H_4\cdot NR''_2 = {R \atop R'}{>}C{:}N\cdot C_6H_4\cdot NR''_2 + H_2O.$$

Werden die so entstandenen Produkte mit Mineralsäuren behandelt, so spalten sie sich wieder unter Wasseraufnahme, es tritt dabei aber der Sauerstoff an den Kohlenstoff und Wasserstoff an den Stickstoff, so dafs das Endresultat ein Ersatz von 2 Wasserstoffatomen der Methylengruppe durch Sauerstoff ist:

$${R \atop R'}{>}C{:}N\cdot C_6H_4\cdot NR''_2 + H_2O = R\cdot CO\cdot R' + H_2N\cdot C_6H_4\cdot NR''_2.$$

Die isomeren Isonitrosoverbindungen sind Derivate des Hydroxylamins $\overset{\shortparallel}{R}{:}N.OH$.

Nitrosoderivate von Kohlenwasserstoffen.

	Formel	Schmelzpunkt	Siedepunkt
Nitrosooktan, Dimethyl-2,5-nitroso-2-hexan[3])	$C_8H_{17}NO$ $=(CH_3)_2C(NO)$ $.CH_2.CH_2$ $.CH(CH_3)_2$	54°	
Nitrosobenzol	C_6H_5NO	67,5—68°	
p-Dinitrosobenzol	$C_6H_4(NO)_2$	sublimiert z. T. unzersetzt	

[1]) Nietzki u. Otto, Ber. 21, 1745. — [2]) P. Ehrlich u. F. Sachs, Ber. 32, 2341; F. Sachs, Ber. 33, 959; Derselbe und Bry, Barschall, Kempf, Ber. 34, 118, 498, 3047; 35, 1224. — [3]) Piloty u. Ruff, Ber. 31, 457.

Nitrosoderivate von Kohlenwasserstoffen.

	Formel	Schmelzpunkt	Siedepunkt
Nitrosotoluole[1]	$C_7H_7(NO)$		
o-Verbindung		48,5°	
m-Verbindung		53—53,5°	
p-Verbindung		72—72,5°	
2,5-Dinitrosotoluol	$C_7H_6(NO)_2$	133°; gegen 144°	
2,5-Dinitroso-1,4-Xylol	$C_8H_8(NO)_2$	gegen 250°	
p-Dinitrosocymol	$C_{10}H_{12}(NO)_2$	72°	

Salpetrigsäure-Salze, Nitrite.

Vom Stickstofftrioxyd leiten sich der Theorie nach drei Hydrate ab, nämlich NO—OH, $N_2O(OH)_4$, $N(OH)_3$; von allen diesen sind Salze bekannt, von denen man die des Hydrats NO.OH normale, die übrigen basische zu nennen pflegt.

Die normalen Nitrite sind, mit wenigen Ausnahmen, sehr leicht löslich in Wasser, meistens auch in Weingeist, wodurch in vielen Fällen eine Trennung von den schwerer löslichen Nitraten erzielt werden kann.

Nitrite kommen in der Natur in geringen Mengen, aber weiter Verbreitung vor. Schon bei der Bildung der salpetrigen Säure ist darauf hingewiesen worden, dafs sich salpetrige Säure in der Atmosphäre und bei Verbrennungsprozessen sowie beim Verdunsten von Wasser bilden kann. Die atmosphärische Elektrizität scheint die Bildung besonders zu begünstigen, denn Defren[2]) fand den Nitritgehalt der Luft vor Gewitter etwa 50 mal so hoch als nach demselben. Die Bildung in reinem destillierten Wasser ist in gut ventilierten Räumen proportional der Verdunstungszeit, in Räumen, wo Gasflammen brennen oder Menschen sich aufhalten, weit höher[3]). Ist schon durch diese Vorgänge das Vorkommen kleiner Nitritmengen in natürlichen Wässern erklärlich, so kann dasselbe, wie Schaer[4]) neuerdings auseinandersetzte, innerhalb des Bodens ferner bedingt sein: 1. durch Reduktion von Nitraten, hervorgerufen durch Substanzen, die bei der Zersetzung und Fäulnis tierischer und pflanzlicher Materien, namentlich der Eiweifsstoffe, entstehen; 2. durch Reduktion von Nitraten durch fermentartige Körper, die sich in den Zellen speziell pflanzlicher Organismen und Mikroorganismen finden; 3. durch Bildung aus Ammoniak, z. B. durch gewisse Bakterien. Nimmt man hinzu, dafs

[1]) E. Bamberger, Ber. 28, 247/48. — [2]) Defren, Chem. News 74, 230, 240; Ber. 29, 1102, Ref.; Chem. Centralbl. 1897, I, S. 10. — [3]) Siehe Note [2]) und L. Spiegel, Ber. 33, 639. — [4]) E. Schaer, Ber. 33, 1232.

bei der Assimilation atmosphärischen Stickstoffs, welche durch Bakterien vermittelt wird, salpetrige Säure oder Substanzen, welche nach Schaer zu ihrer Entstehung Anlaſs geben, entstehen und daſs bei den unter 2 und 3 erwähnten Prozessen harmlose Saprophyten ebenso gut beteiligt sein können als pathogene Bakterien, so ist es klar, daſs man kleine Mengen von Nitriten gewissermaſsen als normalen Bestandteil natürlichen Trinkwassers betrachten kann, und daſs erst das Vorkommen von auffallend groſsen Mengen auf besonders intensive Fäulnisvorgänge oder abnorme Verunreinigungen schlieſsen läſst. Die ältere gegenteilige Auffassung, welche vor kurzem noch Erdmann[1]) zu vertreten suchte, kann danach als überwunden gelten.

Die Alkalinitrite erhält man durch Schmelzen der Nitrate für sich, oder besser mit Blei, oder durch Einleiten salpetriger Dämpfe in Kali- bezw. Natronlauge bis zur Neutralisation. In beiden Fällen erhält man Gemenge von Nitrat und Nitrit; aus den neutralen Lösungen derselben scheidet sich beim Vermischen mit Silbernitrat das schwer lösliche Silbersalz der salpetrigen Säure aus, das durch wiederholtes Umkrystallisieren aus heiſsem Wasser leicht rein erhalten werden kann. Durch Wechselzersetzung desselben mit Metallchloriden lassen sich dann die meisten anderen Nitrite erhalten.

Étard[2]) empfahl die Reduktion der Alkalinitrate durch Zusammenschmelzen mit gleichen Molekülen getrockneten Kalium- oder Natriumsulfits. Die Reaktion erfolgt nach der Gleichung $NO_3K + SO_3K_2 = NO_2K + SO_4K_2$. Nach dem Erkalten wird die Masse gepulvert und das Nitrit entweder durch Ausziehen mit Alkohol oder durch Auskrystallisierenlassen der Sulfate aus der konzentrierten wässerigen Lösung gereinigt.

Goldschmidt[3]) erhitzt Nitrate mit Formiaten bei Gegenwart freier Basen oder läſst Kohlenoxyd auf das Gemenge von Nitrat und Base bei allmählich steigender Temperatur einwirken.

Auch Erhitzen von Nitraten mit Baryumsulfit führt zu Nitriten[4]).

Baryumnitrit kann man erhalten, wenn man in Barytlösung Untersalpetersäuredampf bis zur Neutralisation einleitet. Es läſst sich von gleichzeitig entstehendem Baryumnitrat infolge der weit geringeren Löslichkeit des letzteren trennen und durch Wechselzersetzung mit Sulfaten in Nitrite anderer Metalle umwandeln. Ähnlich erhält man die Alkalisalze in reinem Zustande und in konzentrierter Lösung durch Einleiten nitroser Dämpfe, die einen kleinen Überschuſs an Stickoxyd enthalten, in die konzentrierte Lösung von reinem Kalium- oder Natriumhydroxyd oder von Alkalikarbonat bei Ausschluſs von Luft. Unter diesen Umständen wird kein Nitrat gebildet[5]).

---

[1]) Erdmann, Ber. 33, 210. — [2]) A. Étard, Bull. soc. chim. [2] 27, 434; JB. 1877, S. 239. — [3]) M. Goldschmidt, D. R.-P. Nr. 83546 u. 83909; Ber. 28, 1030, Ref. — [4]) le Roy, Compt. rend. 108, 1251; Ber. 22, 545, Ref. — [5]) E. Divers, Chem. Soc. Proc. 15, 222; Chem. Centralbl. 1899, I, S. 98, 99.

Die Nitrite können sehr hohe Temperatur nicht ertragen, ohne Zersetzung zu erleiden. Auch in Lösungen werden sie bei anhaltendem Kochen vielfach, meist unter Entweichen von Stickoxyd und Bildung von Nitraten, zersetzt. In gewissen Gemengen bewirken sie heftigere Explosionen als die Nitrate [1]).

Beim Übergießen von Nitrit, in trockenem Zustande oder auch in sehr konzentrierter Lösung, mit Schwefelsäure tritt stürmische Entwickelung braunroter salpetriger Dämpfe auf, wahrscheinlich infolge Zersetzung der frei werdenden salpetrigen Säure in Untersalpetersäure und Stickoxyd. Verdünnte Lösungen geben beim Versetzen mit Schwefelsäure Stickoxyd, indem die salpetrige Säure in dieses und Salpetersäure zerfällt. Schwächere Säuren, z. B. Essigsäure, wirken bei gewöhnlicher Temperatur nicht zersetzend ein.

Nitrite färben Eisenoxydullösungen dunkel. Sie scheiden Jod aus Jodwasserstoffsäure ab, färben daher angesäuerten Jodkaliumstärkekleister blau. Sie wirken desoxydierend auf die angesäuerte rote Lösung von Kaliumpermanganat, indem sie dieselbe entfärben, auf Chromsäure unter Bildung von Chromoxyd. Aus Schwefelwasserstoff fällen sie Schwefel, wobei, nach Divers und Tamemasa Haga [2]), neben anderen Produkten Hydroxylamin entsteht; saure Indigolösung entfärben sie. Mit brennbaren Körpern geben sie Verpuffung, indessen weniger heftig als Nitrate.

Durch Alkalimetalle werden sie reduziert. Als Produkte der Einwirkung von Natriumamalgam treten stets Stickoxydul, Stickstoff, Hydroxylamin, Ammoniak, Natriumhyponitrit und Ätznatron auf. Der Prozeß läßt sich so leiten, daß die Ausbeute an jedem einzelnen dieser Stoffe innerhalb weiter Grenzen nach Belieben variiert wird [3]).

Durch Mischen mit molekularen Mengen Natriumacetat lassen sich die Nitrite in Cyanide verwandeln. Hierbei muß die doppelte Menge Natriumkarbonat zugefügt werden, um die Heftigkeit der Reaktion, welche sonst unter Explosion verläuft, zu mildern [4]).

Ammoniumsalz NO_2NH_4. Dasselbe findet sich weit verbreitet in der Natur als Zwischenstufe bei dem Oxydationsprozesse des freien Stickstoffs und der verschiedenen Stickstoffverbindungen. So ist es bei den Verbrennungen vieler Körper in atmosphärischer Luft konstatiert worden [5]) und soll nach Schönbein überhaupt bei jeder Ver-

---

[1]) Angelo Angeli, Atti d. R. Acc. Lincei Rendic. 1894, I, S. 510; Ber. 27, 556, Ref. — [2]) E. Divers u. Tamemasa Haga, Chem. Soc. J. 51, 48; JB. 1887, S. 401. — [3]) E. Divers, Chem. Soc. Proc. 15, 222; Chem. Centralbl. 1899, I, S. 98 u. 99. — [4]) W. Kerp, Ber. 30, 610. — [5]) Bence Jones, Phil. Trans. 1851, II, S. 399; Böttger, Chem. Centralbl. 1870, S. 101; Ders., J. pr. Chem. 85, 396; O. Löw, Zeitschr. Chem. [2] 6, 65 u. 269; C. Than, J. pr. Chem. [2] 1, 145; J. D. Boeke, Chem. News 22, 57; JB. 1870, S. 220; H. Struve, Petersb. Akad. Bull. 15, 325; L. T. Wright, Ber. 11, 2146.

brennung, ja bei jeder Oxydation auftreten. Nach Carius[1]) sowie nach Weith und Weber[2]) ist besonders die Oxydation von Ammoniak durch Ozon eine Hauptquelle des natürlichen Vorkommens. Schönbein[3]) hat die Bildung des Salzes namentlich beim Verbrennen von Wasserstoff in Luft beobachtet; von Bohlig[4]) wurde dies bezweifelt, von Zöller und Grete[5]) aber auch bei Verwendung von ganz reinem Wasserstoff und vollkommen gereinigter Luft stets in geringem, jedoch deutlich nachweisbarem Maſse gefunden. Andererseits haben Carius sowohl wie Weith und Weber dargethan, daſs aus Stickstoff und Wasserstoff unter keinen Umständen Ammoniumnitrit entstehe, und auch der Angabe Schönbeins, daſs sich dieses Salz beim Verdunsten von Wasser an der Luft bilde, ist Carius wie früher schon Bohlig entgegengetreten, während O. Löw[6]), Freda[7]) und A. v. Lösecke[8]) zum entgegengesetzten Resultate gelangten. Struve[9]) beobachtete das Vorkommen in den Wasserdämpfen von im Tages- oder Sonnenlichte verdunsteter Pyrogallussäurelösung, auch bei Zusatz von Kalilauge.

Mit wässerigem Ammoniak befeuchteter Platinmohr bildet an der Luft Ammoniumnitrit, eine noch nicht bis zum Glühen erhitzte Platindrahtspirale bildet in ammoniakalischer Luft weiſse Nebel des Salzes[10]). Hängt man die erhitzte Platinspirale über 20 prozentiges Ammoniakwasser auf und leitet Sauerstoff zu, so gerät das Metall in lebhaftes Glühen, und das Kochglas füllt sich mit weiſsen Dämpfen von Ammoniumnitrit, dann mit intensiv roten von Untersalpetersäure; auch das Glasrohr, durch welches der Sauerstoff eintritt, belegt sich meist mit einer dicken Kruste des Salzes[11]). Es bildet sich ferner Ammoniumnitrit aus Ammoniak durch Erhitzen mit Kaliumpermanganatlösung[12]). Schneller und unter Ausscheidung von Mangansuperoxyd erfolgt die Reaktion beim Schütteln mit Platinmohr[13]); auch bei Gegenwart von Ameisensäure[14]). Auch durch Wasserstoffsuperoxyd wird aus Ammoniak Ammoniumnitrat erzeugt.

Behufs Darstellung des Salzes verreibt man äquimolekulare Mengen von Silbernitrit und Salmiak mit Wasser oder läſst äquimolekulare Mengen von Blei- oder Baryumnitrit und Ammonsulfat aufeinander wirken. Man erhält so Lösungen, aus denen im ersten Falle das noch

---

1) L. Carius, Ber. 7, 1481. — 2) Weith u. Weber, Ber. 7, 1745. — 3) Schönbein, Ann. Chem. 124, 1. — 4) E. Bohlig, Ebend. 125, 21. — 5) Zöller u. Grete, Ber. 10, 2145. — 6) O. Löw, Zeitschr. Chem. [2] 6, 65 u. 269. — 7) P. Freda, Annuario della Scuola d'agric. di Portici 1877; Ber. 11, 1385, Ref. — 8) A. v. Lösecke, Arch. Pharm. [3] 14, 54. — 9) H. Struve, Wien. Akad. Ber. 68, 432. — 10) Schönbein, J. pr. Chem. 70, 129. — 11) Kraut, Ann. Chem. 136, 69. — 12) H. Tamm, Chem. News 25, 47; JB. 1872, S. 245. — 13) Schönbein, J. pr. Chem. 75, 99; Wöhler, Ann. Chem. 136, 256. — 14) Péan de St.-Gilles, Ann. ch. phys. [3] 55, 374; JB. 1858, S. 554.

zurückgehaltene Metall durch Schwefelwasserstoff entfernt werden kann. Dann wird das Filtrat bei gewöhnlicher Temperatur im Vakuum über Ätzkalk verdunstet. Nach Berthelot[1]) läfst sich das feste Salz auch neben freiem Stickstoff durch Einwirkung von trockenem Ammoniak, Stickoxyd und Sauerstoff aufeinander darstellen, die nach den Gleichungen $2NO + O + 2NH_3 = N_4 + 3H_2O$ und $6(2NO + O + 2NH_3 + H_2O) = 6NO_2H, NH_3$ erfolgt.

Gemengt mit Ammoniumnitrat erhält man es durch Einleiten salpetriger Dämpfe in Ammoniakflüssigkeit bis zur unvollständigen Sättigung und Abdampfen in der oben angegebenen Weise. Durch Einwirkung solcher Dämpfe auf Ammoniumkarbonat erhält man es im festen Zustande[2]). Dabei darf keine überschüssige salpetrige Säure zur Wirkung kommen, da sonst einerseits keine teilweise Umwandlung in Nitrat stattfindet, andererseits durch freie Säure Explosion bei erheblich niedrigerer Temperatur als sonst veranlafst werden kann. Man fügt zu 1 bis 2 kg Arsenigsäureanhydrid 150 bis 200 ccm eines Gemisches aus gleichen Raumteilen Wasser und 66 proz. Salpetersäure, erwärmt und läfst, sobald rote Dämpfe auftreten, weitere Anteile der Säure langsam zutropfen. Das in regelmäfsigem Strome entwickelte Gas wird von mitgerissener Salpetersäure befreit und in einen mit grob gepulvertem Ammoniumkarbonat gefüllten Cylinder geleitet. Das Reaktionsprodukt wird mit absolutem Alkohol aufgenommen, die durch Eiswasser gekühlte Lösung mit Äther gefällt, das abgeschiedene Salz mit Äther gewaschen und über Schwefelsäure getrocknet. Durch wiederholte Auflösung in Alkohol und Fällung mit Äther gereinigt, enthält es mindestens 90 Proz. NO_2NH_4[2]).

Eigenschaften. Das trockene Salz bildet eine weifse, krystallinische, gelegentlich in schönen Nadeln krystallisierte[1]), sehr zerfliefsliche Masse, es ist elastisch und zähe. Es reagiert vollkommen neutral. Die Aufbewahrung erfolgt am besten nach Berthelot im luftleeren Raum über gebranntem Kalk.

Beim Erhitzen giebt es keinen Stickstoff, sondern Stickoxydul, Ammoniak und Wasser (Berzelius). Nach Berthelot[1]) zersetzt es sich bei gewöhnlicher Wintertemperatur sehr langsam, im Sommer bedeutend rascher. Beim Erhitzen im Wasserbade auf 60 bis 70° bleibt es anscheinend einige Augenblicke unverändert, dann detoniert es plötzlich mit Heftigkeit. Bei allmählichem Erhitzen auf Platinblech verschwindet es in einem Moment; auf erhitztes Platin geworfen, verbrennt es plötzlich mit fahler Flamme. Im zugeschmolzenen Rohre kann es aufbewahrt werden, ohne Zersetzung zu erleiden.

Die konzentrierte Lösung zersetzt sich in Stickstoff und Wasser,

---

[1]) Berthelot, Bull. soc. chim. [2] 21, 55; JB. 1874, S. 218. — [2]) Erdmann, J. pr. Chem. 97, 395; Sörensen, Zeitschr. anorgan. Chem. 7, 33. —

und zwar bei weitem schneller als das feste Salz; die Lösung schäumt beim Schütteln wie Champagner[1]). Sehr glatt erfolgt dieser Zerfall, auch verdünnter Lösungen, beim Erhitzen, besonders nach geringem Ansäuern (Millon), so dafs dieser Prozefs zur Darstellung des Stickstoffs verwendet werden kann. Der Vorgang vollzieht sich nach der Gleichung $NO_2NH_4 = N_2 + 2H_2O$.

Verdünnte Lösungen lassen sich ohne Stickstoffentwickelung erwärmen. Dies ist allem Anschein nach durch die elektrolytische Dissoziation bedingt, denn Zusatz von Natriumnitrit oder Ammoniumchlorid bewirkt in Lösungen, die vorher beim Erwärmen nur eine eben erkennbare Gasentwickelung gaben, eine erhebliche Steigerung derselben[2]).

Das in der Luft enthaltene bezw. durch die erwähnten Bildungsarten in dieselbe gelangende Ammoniumnitrit ist von grofsem Einflufs auf die Verwitterung des Bodens, die Ernährung der Pflanzen u. s. f.[3]).

Baryumsalz, $(NO_2)_2Ba + H_2O$. Dasselbe wird gewonnen durch Einleiten salpetriger Dämpfe in Barytlösung, Entfernung des mit entstandenen Nitrats durch Krystallisation aus der eingeengten Lösung und Fällen mittelst Weingeist[4]). Man erhält es auch durch sehr vorsichtiges Erhitzen von Baryumnitrat, doch ist hierbei weitergehende Zersetzung nie ganz zu vermeiden, man mufs deshalb durch die Lösung der geglühten Salze, zur Entfernung des Ätzbaryts, Kohlensäure leiten, dann noch aus dem Filtrat das noch vorhandene Nitrat, wie oben, beseitigen[5]).

W. Zorn[6]) kocht Baryumnitratlösung mit schwammförmigem Blei, das durch Reduktion einer verdünnten Bleiacetatlösung mittelst Zink erhalten wird, bis dasselbe gänzlich in krystallinisches Bleioxyd übergegangen ist. Der Vorgang vollzieht sich nach der Gleichung $(NO_3)_2Ba + 2Pb = (NO_2)_2Ba + 2PbO$. Nach Abgiefsen der Lösung entfernt man daraus das meiste des gelösten Bleioxyds durch Einleiten von Kohlensäure, die letzten Spuren durch Schwefelwasserstoff, filtriert und verdampft. Es hinterbleibt ein dickes Öl, das beim Erkalten zu einer festen Masse von Baryumnitrit erstarrt und durch Umkrystallisieren aus 80 prozentigem Alkohol völlig rein erhalten wird.

Nach Arndt[7]) erhält man es in ganz reinem Zustande nur durch Umsetzung von Silbernitrit mit Baryumchlorid. Hierbei erweist sich

[1]) Berthelot, Bull. soc. chim. [2] 21, 55; JB. 1874, S. 218. — [2]) Angeli u. Boeris, Atti d. Accad. Linc. Rendic. 1892, II, S. 70; Gazz. chim. 22, II, S. 375; Ber. 25, 935 Ref. u. 26, 82 Ref. — [3]) A. Fröhde, J. pr. Chem. 102, 46. — [4]) Fritzsche, ebend. 19, 179. — [5]) Hess u. Lang, ebend. 86, 279. — [6]) W. Zorn, Die untersalpetrige Säure und deren organische Derivate, Habilitationsschrift, Heidelberg 1879. — [7]) K. Arndt, Zeitschr. anorgan. Chem. 27, 341.

Schütteln mit reinem Seesand zur Zerteilung des Silbersalzes sehr wirksam.

Das Salz krystallisiert mit einer Molekel Wasser in hexagonalen Pyramiden, die meist von einem Punkte ausgehen. Es ist vollkommen luftbeständig, nach Arndt[1]) jedoch sehr zur Verwitterung geneigt, so dafs meist ein geringerer als der berechnete Wassergehalt gefunden wird. Beim Erhitzen zersetzt es sich nur wenig, schmilzt bei 220°[1]). Im Wasser löst es sich unter Abkühlung sehr leicht zu einer schwach alkalischen Lösung; die alkalische Reaktion ist zwar in der Lösung durch Lackmus- und Kurkumapapier nicht zu erkennen, tritt aber beim Trocknen ganz deutlich hervor[2]). In kaltem, 94 prozentigem Weingeist ist es wenig löslich, sehr leicht in kochendem. Die Lösung zeigt keine Neigung, Sauerstoff aufzunehmen[3]). Eine Lösung von 15 g Salz in 100 ccm Wasser hat das spezif. Gew. 1,1140 bei 16°[1]).

Bleisalze. Es sind nur basische Salze mit Sicherheit bekannt, über welche ziemlich zahlreiche, zum Teil widersprechende Angaben vorliegen. Die älteren Arbeiten von Proust, Chevreul und Berzelius sind zuerst von Peligot[4]), dann von Bromeis[5]), N. von Lorenz[6]) und Meissner[7]) ergänzt und berichtigt worden.

Digeriert man eine Lösung von normalem Bleinitrat in 15 bis 20 Tln. Wasser bei 60 bis 70° mit 63 Tln. sehr fein gepulverten Bleis, so entsteht eine gelbe Lösung, aus welcher beim Erkalten ein goldgelbes Salz in kleinen Schuppen anschiefst. Dasselbe, von Berzelius als halbsalpetrigsaures Salz bezeichnet, hat nach Peligot die Zusammensetzung $N_2O_4, 2PbO + H_2O$, wonach es als basisch untersalpetersaures Salz oder, da die Existenz solcher Salze sehr zweifelhaft ist, als Doppelsalz von basisch salpetrigsaurem und basisch salpetersaurem Blei aufzufassen wäre. Nach Meissner hat es jedoch die Zusammensetzung $N_2O_5Pb_2 + 3H_2O$, was auf die Konstitution $N_2O_3{<}^{OPb}_{OPb}$ hindeutet. — Dasselbe Salz wird beim Einleiten der beim Erhitzen von Stärkemehl mit Salpetersäure entweichenden Dämpfe in Wasser, in welchem Bleioxyd suspendiert ist, erhalten[8]). Das Salz reagiert alkalisch; es löst sich schwierig in kaltem, leichter in heifsem Wasser. Beim Erhitzen giebt es Wasser und rote salpetrige Dämpfe aus, ohne zu schmelzen, wenn man die Temperatur allmählich steigert. Starke Säuren entwickeln ebenfalls salpetrige Dämpfe. In Essigsäure eingetragen, löst es sich ohne Gasentwickelung zu einer gelben Lösung

---

[1]) K. Arndt, Zeitschr. anorgan. Chem. 27, 341. — [2]) A. Piccini und F. Marino-Zuco, Atti d. Accad. Linc. Rendic. 1885, S. 15; Ber. 18, 175 Ref. — [3]) W. Fischer, Ann. Phys. 74, 119. — [4]) Peligot, Ann. Chem. 39, 338. — [5]) Bromeis, ebend. 72, 38. — [6]) N. von Lorenz, Wien. Akad. Ber. 84, 1133. — [7]) F. Meissner. Jen. Zeitschr. f. Med. u. Naturw. [2] 3. 2. Suppl., S. 26. — [8]) Fritzsche, J. pr. Chem. 19, 179.

auf, die sich beim Einbringen von Bleisuperoxyd infolge Oxydation der salpetrigen Säure zu Salpetersäure entfärbt, wobei 100 Tle. des Salzes 42,5 bis 45,2 (theoretisch 43) Tle. Bleisuperoxyd aufnehmen.

Wird die verdünnte Lösung von einer Molekel Bleinitrat mit $1^1/_2$ Molekel fein zerteiltem, metallischem Blei, oder wird die Lösung des vorigen Salzes mit Blei gekocht, so entsteht unter Entwickelung von Stickoxydgas eine gelbe Lösung, aus welcher sich beim Erkalten schwere, harte, orangerote Krystalle ablagern. Nach Peligot pafst für dieselben am besten die auch von Bromeis bestätigte Formel $2\,N_2O_4, 7\,PbO + 3\,H_2O$, die in $N_2O_3, 4\,PbO + N_2O_5, 3\,PbO + 3\,H_2O$ umgeändert werden kann; doch erhielt Bromeis auf demselben Wege auch einmal ein der Formel $N_2O_5, 3\,PbO + N_2O_4, 4\,PbO + 3\,H_2O$ entsprechendes Salz. — Das Salz ist in Wasser weniger löslich als das vorige, verhält sich aber im übrigen wie dieses. Die Lösung in Essigsäure nimmt für 100 Tle. Salz 27 Tle. Bleisuperoxyd auf.

Kocht man die sehr verdünnte Lösung von Bleinitrat mit noch mehr metallischem Blei (über 2 Molekeln) sehr anhaltend, so entfärbt sich die anfangs infolge Bildung der vorher beschriebenen Salze gelbe Flüssigkeit zuletzt vollständig, und beim langsamen Erkalten scheidet sich viertelsalpetrigsaures Bleioxyd, $N_2O_3, 4\,PbO + H_2O$, in schwach rosenroten, seideglänzenden Nadeln aus, beim raschen Erkalten als weifses Pulver. Nach Meissner ergab das Salz, nach Berzelius' Vorschrift, durch 12stündiges Kochen von 1 Tl. Bleinitrat mit $1^1/_2$ Tln. granuliertem Blei und 50 Tln. Wasser und mehrmaliges Umkrystallisieren aus ausgekochtem, ganz kohlensäurefreiem Wasser bereitet, die Zusammensetzung $N_2O_6Pb_3 . H_2O$. — Das Salz reagiert stark alkalisch, bedarf über 30 Tle. kochenden Wassers zur Lösung, von kaltem viel mehr. Die Lösung in Essigsäure nimmt auf 100 Tle. Salz 49,5 Tle. Bleisuperoxyd auf. Bei der Zersetzung mit Baryt liefert es nur Baryumnitrit[1]). Bei Einwirkung von Jodäthyl giebt es Äthyläther und das gelbe basische Salz neben angeblich neutralem Nitrit[2]).

Leitet man in die heifse Lösung des letzterwähnten Salzes Kohlensäuregas, so werden, nach Peligot, drei Viertel der Base als Karbonat gefällt, und die entstandene gelbe Lösung giebt beim Verdampfen im Vakuum leicht lösliche Krystalle von angeblich neutralem Bleinitrit $(NO_2)_2Pb + H_2O$, welche nach Nickles[3]) isomorph mit denen des Bleinitrats sind. Nach Gomes[4]) ist dieses Salz jedoch ein Doppelsalz von neutralem Nitrit und Nitrat, entsprechend der Formel $3\,(NO_2)_2Pb + (NO_3)_2Pb + H_2O$. Nach Meissner enthält die durch Kohlensäure saturierte Lösung sowohl des gelben als des roten basischen Nitrits das neutrale Salz; doch ist dieses so leicht zersetzbar, dafs es daraus in

---

[1]) Berzelius, Gilb. Ann. 40, 194 u. 46, 156; Chevreul, ebend. 46, 176. — [2]) F. Meissner, Jen. Zeitschr. f. Med. u. Naturw. [2] 3, 2. Suppl., S. 26. — [3]) Nickles, J. pr. Chem. 45, 374. — [4]) Gomes, Pharm. Centralh. 1852, S. 201.

festem Zustande nicht erhalten werden kann. Beim Abdampfen der Lösung in gelinder Wärme krystallisiert daraus ein weifses basisches Nitrit, $3\,N_2O_3, 4\,PbO + 2\,H_2O$ in seidenglänzenden Blättchen, während in der Mutterlauge neutrales Nitrat zurückbleibt. Wird die Lösung zum Kochen erhitzt, so bildet sich nur Nitrat, während ein farbloses Gas, wahrscheinlich Stickstoff, entweicht.

Mit Rücksicht darauf, dafs alle diese Salze durch Einwirkung von Blei auf eine Lösung von Bleitnitrat gebildet werden und dafs es von dem Verhältnisse der Materialien, der Dauer der Einwirkung und von der Temperatur abhängt. welches Salz schliefslich entsteht, ist es leicht ersichtlich, dafs sehr leicht Gemenge dieser Salze und dafs wohl auch noch andere Salze entstehen können, deren in der That noch eine ganze Anzahl beschrieben worden ist. So erhielt Bromeis, als er die Lösung des gelben Salzes eine Zeit lang mit Blei sieden liefs, auf Krystallen des ersteren goldgelbe Nadeln von halbsalpetrigsaurem Blei, $N_2O_3, 2\,PbO + H_2O$, und durch mehrstündiges Sieden der Lösung des orangefarbenen Salzes über Blei konzentrisch gruppierte, bald feuerrote, bald grüne Krystalle von drittelsalpetrigsaurem Blei, $N_2O_3, 3\,PbO$. Das letztere soll identisch sein mit demjenigen, welches Peligot für ein Gemenge von gelbem und orangefarbenem Salz gehalten hatte, weil sich ersteres daraus durch heifses Wasser ausziehen liefs. — Durch mehrtägiges Kochen der Lösung von Bleinitrat mit einem grofsen Überschusse an Blei erhielt Bromeis neben dem grünen Salze hellziegelrote Krystalle, für welche er die Formel $N_2O_4, 4\,PbO + N_2O_3, 3\,PbO + 3\,H_2O$ angiebt.

N. v. Lorenz[1]) konstatiert je nach den Versuchsbedingungen sogar vierzehn verschiedene Salze. Es entstehen durch Erwärmen einer Lösung von 1 Mol. Bleinitrat in 20 Tln. Wasser mit 1 At. Blei auf 60 bis 70° nach 40 Minuten langem Erhitzen: 1. $NO_3{-}Pb{-}OH$ in farblosen Blättchen; nach $1^1/_2$ Stunden: 2. gelblichweifse Nadeln derselben Zusammensetzung; nach $2^1/_2$ stündiger Digestion: 3. $2\,NO_3{-}Pb{-}OH + NO_2{-}Pb{-}OH + {}^1/_3\,H_2O$ in hellgelben, schief rhombischen Tafeln; nach 6 stündiger Digestion, wobei sich alles Blei löst: 4. $NO_3{-}Pb{-}OH + NO_2{-}Pb{-}OH + {}^2/_3\,H_2O$ in citronengelben, sechsseitigen Tafeln. Wird mehr als 1 At. Blei auf 1 Mol. des Nitrats angewandt, so entsteht: 5. das Salz $6\,NO_3{-}Pb{-}OH + 7\,NO_2{-}Pb{-}OH + 4\,H_2O$. Wendet man auf jede Molekel Bleinitrat 1 bis $1^1/_4$ At. Blei an, so erhält man je nach der Menge desselben: 6. $3\,NO_3{-}Pb{-}OH + 5\,NO_2{-}Pb{-}OH + 5\,H_2O$, sattgelbe Verbindung; 7. $NO_3{-}Pb{-}OH + 2\,NO_2{-}Pb{-}OH + {}^1/_3\,H_2O$; 8. $NO_3{-}Pb{-}OH + 3\,NO_2{-}Pb{-}OH + {}^1/_2\,H_2O$; 9. $NO_3{-}Pb{-}OH + 4\,NO_2{-}Pb{-}OH$; bei Anwendung von $1^1/_2$ At. Blei: 10. $NO_3{-}Pb{-}OH + 5\,NO_2{-}Pb{-}OH$; von $1^3/_4$ At.: 11. $4\,NO_3{-}Pb{-}OH + 6\,NO_3{-}Pb{-}OH + 5\,PbO + PbO_2H_2$, orangefarbene Nadeln; von 2 At.:

[1]) N. v. Lorenz, Wien. Akad. Ber. **84**, 1133.

12. NO_2–Pb–OH + 2 NO_2–Pb–OH + 2 PbO + $^1/_2$ H_2O; bei Anwendung von 2 At. Blei in gröfserer Verdünnung: 13. $(NO_2)_2Pb$ + 2 PbO und von mehr als 2 At. Blei: 14. NO_2–Pb–OH + PbO.

Blei-Kaliumsalze. Beim Verdunsten einer Mischung von Kaliumnitrit und Bleinitrit oder Bleiacetat erhielt Fischer[1]) orangegelbe monokline Nadeln der Zusammensetzung 4 $(NO_2)_2Pb$, 6 NO_2K + 3 H_2O. Lang[2]) orangegelbe, rhombische Prismen der Zusammensetzung $(NO_2)_2Pb$, 2 NO_2K + H_2O. Durch Einleiten von Stickoxyd und Luft in eine mit Kali übersättigte Lösung von Bleinitrat gewann Hayes[3]) die Salze 4 N_2O_3, 3 PbO, 3 K_2O, 2 N_2O_5 + 3 H_2O und $(NO_2)_2Pb$, 2 NO_2K + H_2O.

Blei-Kalium-Kobaltsalz. S. Kobaltsalze.

Calciumsalz, $(NO_2)_2Ca + H_2O$. Man zersetzt eine siedendheifse Lösung von Silbernitrit mit Kalkwasser oder Kalkmilch und filtriert vom ausgeschiedenen Niederschlag (Silberoxyd) ab. Da die Lösung noch etwas Silbersalz und Kalk enthält, wird sie mit Schwefelwasserstoff, dann mit Kohlensäure behandelt[4]). Durch Verdampfen des Filtrats in gelinder Wärme erhält man dann das Salz in äufserst zerfliefslichen Prismen. Dasselbe ist in Alkohol wenig löslich[5]).

Didymsalz wurde von Frerichs und Smith[6]) in Form einer bräunlichschwarzen, klebrigen Flüssigkeit erhalten.

Eisensalze. Ferrosalze sind in Form von Tripelnitriten bekannt, von welchen das Bleikaliumferronitrit, 6 NO_2 . PbK_2Fe, einen schweren, rotgelben Niederschlag bildet, während die Salze mit Kalium und Baryum, Calcium, Strontium nicht einheitlich erhalten wurden[7]). Ähnliche Verhältnisse finden sich auch bei anderen Tripelnitriten, da deren Zusammensetzung im allgemeinen willkürlich in Bezug auf alle drei Metalle variiert werden kann, so dafs man sie für isomorphe Mischungen halten mufs, und nur die bleihaltigen leicht von bestimmter Zusammensetzung erhalten werden.

Iridiumsalz hat die Zusammensetzung $(NO_2)_{12}Ir_2H_6$, ist also ein saures Salz, Wasserstoffiridonitrit, bezw. eine komplexe Säure. Es bildet blafsgelbe, leicht lösliche Nadeln[8]). Eine Reihe von zum Teil gut krystallisierenden Doppelsalzen leitet sich davon ab.

Iridium-Kaliumsalze. Salpetrigsaures Iridiumsesquioxyd-Kalium, $(NO_2)_{12}Ir_2K_6$ + 2 H_2O, entsteht durch Kochen von Iridium-

[1]) W. Fischer, Ann. Phys. **74**, 119. — [2]) J. Lang, ebend. **118**, 208. — [3]) Hayes, Sill. Am. J. [2] **31**, 226; JB. 1861, S. 279. — [4]) Fischer, Ann. Phys. **74**, 115. — [5]) J. Lang, ebend. **118**, 208; Hampe, Ann. Chem. **125**, 334. — [6]) Frerichs u. Smith, Ann. Chem. **191**, 331. — [7]) Przibylla, Zeitschr. anorg. Chem. **15**, 419 u. **18**, 449. — [8]) W. Gibbs, Ber. **4**, 281.

sesquichlorid mit überschüssigem Kaliumnitrit. Es bildet blafs grünlichgelbe, in Wasser ziemlich leicht lösliche Krystalle. Ein Doppelsalz mit Iridiumsesquichlorid-Kalium $6\,ClK, Cl_6Ir_2, 3\,(NO_2)_{12}Ir_2K_6$ entsteht unter Gasentwickelung durch Behandlung von Kaliumiridiumchlorid mit überschüssigem Kaliumnitrit als gelbliches, krystallinisches Pulver[1]).

Auf ähnliche Weise entstehen die drei

Iridium-Natriumsalze $(NO_2)_{12}Ir_2Na_6 + 2\,H_2O$,
$6\,ClNa, Cl_6Ir_2, 3\,(NO_2)_{12}Ir_2Na_6$,
$Cl_2(NO_2)_8Ir_2Na_4 + 2\,H_2O$,

und das

Iridium-Baryumsalz $3\,Cl_2Ba, Cl_6Ir_2, (NO_2)_{12}Ir_2Ba_3$.

Kadmiumsalze. Das neutrale Salz $(NO_2)_2Cd + H_2O$ entsteht durch Wechselzersetzung von Kadmiumsulfat und Baryumnitrit; die so erhaltene Lösung mufs unter Vermeidung jeder Temperaturerhöhung verdunstet werden. Das Salz bildet eine gelbe, an der Luft zerfliefsliche Masse.

Ein basisches Salz von der Zusammensetzung $N_2O_3, 2\,CdO$ entsteht durch Erhitzen des vorigen, sei es für sich, sei es in wässeriger oder alkoholischer Lösung. Es bildet ein weifses Pulver[2]).

Kadmium-Ammoniumsalz, $(NO_2)_2Cd.2\,NO_2NH_4.CdO_2H_2$, $2\,NH_3$, entsteht durch Einwirkung von heifser Ammoniumnitratlösung auf metallisches Kadmium; dabei erfolgt starke Temperaturerhöhung und stürmisches Aufkochen, doch ohne Entwickelung eines Gases. Die nach Erkalten schwach gelbe, alkalisch reagierende und nach Ammoniak riechende Flüssigkeit trübt sich auf Zusatz von Wasser. Beim Verdunsten über Chlorcalcium bei Abschlufs direkten Sonnenlichtes setzt sie durchsichtige, rhombische Prismen ab. Diese sind nach dem Abtropfen und Trocknen luftbeständig; durch reines Wasser werden sie unter Bildung von Kadmiumhydroxyd zersetzt, aus ammoniakalischem Wasser lassen sie sich unverändert umkrystallisieren. Beim Erhitzen schmilzt das Salz zuerst unter Entwickelung von Ammoniak; im Moment der vollendeten Entwässerung tritt dann plötzliche Entflammung und schliefslich, unter Entwickelung roter Dämpfe, Bildung von Kadmiumoxyd ein[3]).

Kadmium-Kaliumsalze. Durch Verdampfen von Kaliumnitrit mit Kadmiumnitrat erhielt Lang[2]) nacheinander die Salze $2\,NO_2K + (NO_2)_2Cd$, das in schiefen Prismen[4]) krystallisiert, und $4\,NO_2K.(NO_2)_2Cd$ (Tafeln). Hampe[2]) gewann, indem er eine Mischung beider Nitrite verdunstete, das in Würfeln krystallisierende Doppelsalz $NO_2K.(NO_2)_2Cd$.

[1]) Lang, K. Sv. Vet. Akad. Handl., N. F. 5, Nr. 7; J. pr. Chem. 86, 295. — [2]) J. Lang, Ann. Phys. 118, 208; Hampe, Ann. Chem. 125, 334. — [3]) H. Morin, Compt. rend. 100, 1497; Ber. 18, 494 Ref. — [4]) Topsöe, Wien. Akad. Ber. [2] 73, 113.

Kaliumsalz, NO_2K. Beim anhaltenden Schmelzen von Salpeter bildet sich dies Salz unter Entweichen von Sauerstoffgas; doch bleibt es dann stets mit unzersetztem Salpeter gemengt. Löst man die geschmolzene Masse in Wasser und dampft man ein, so krystallisiert zuerst der Salpeter, dann das Nitrit, durch anhängende Mutterlauge stark verunreinigt. Wird aber die Lösung, nach Auskrystallisieren des Salpeters, mit Essigsäure neutralisiert und dann mit dem doppelten Volumen Weingeist vermischt, so trennt sich die Flüssigkeit in zwei Schichten, von denen die untere das Nitrit enthält. Läfst man diese im Exsiccator über Schwefelsäure verdunsten, so schiefst das Salz in undeutlichen Krystallen an [1]). Kleine Mengen erhält man leicht beim Überleiten von Wasserstoffgas über geschmolzenen Salpeter [2]).

Stromeyer [3]) schmilzt in eiserner Pfanne 1 Tl. Salpeter, fügt dazu 2 Tle. Blei unter beständigem Umrühren, wobei sich schon bei Rotglühhitze das Blei in gelbes Bleioxyd, das aber noch metallisches Blei einschliefst, verwandelt. Durch Steigerung der Temperatur wird dann die Reaktion meist unter gefahrloser Feuererscheinung vollendet. Nach Erkalten wird die Masse mit Wasser ausgelaugt, die in der Lauge vorhandene geringe Menge Bleioxyd durch Kohlensäure und Schwefelammonium entfernt, dann zur Trockne verdampft und der Rückstand, um etwa entstandenes Kaliumhyposulfit zu zerstören, geschmolzen.

Nach Müller und Pauly [4]) läfst sich das Salz bequem nach der Methode von Persoz [5]) durch Reduktion von Salpeter mit schwammigem Kupfer, wie es durch Reduktion von Kupfervitriol mittelst Zinkstaub erhalten wird, in der Hitze darstellen. Man trägt das Salpeter-Kupfer-Gemisch in kleinen Portionen in einen schwach rotglühenden eisernen Tiegel ein, wobei vor jedem neuen Zusatz die unter Aufschäumen eintretende Reaktion abgewartet wird. Dann wird die breiige, schwarze Masse herausgenommen, nach Erkalten mit Wasser ausgezogen und, nach Neutralisation mit Salpetersäure, zur Krystallisation eingedampft.

Étard [6]) empfiehlt die Reduktion des Nitrats durch Zusammenschmelzen mit der äquimolekularen Menge getrockneten Kaliumsulfits, entsprechend der Gleichung $NO_3K + SO_3K_2 = NO_2K + SO_4K_2$. Die erkaltete Masse wird gepulvert, und das Nitrit durch Ausziehen mit Alkohol oder durch Auskrystallisieren des Sulfats aus der wässerigen Lösung gereinigt.

Das Salz läfst sich auch durch Reduktion wässeriger Salpeterlösungen mittelst Zink darstellen. Man setzt zu einer bei 30 bis 40° gesättigten Salpeterlösung $^1/_{10}$ Volumen Ammoniakflüssigkeit, trägt allmählich Zinkpulver unter Umschütteln und Abkühlen ein, bis eine filtrierte Probe durch Weingeist nicht mehr gefällt wird, giefst dann

[1]) Fischer, Ann. Phys 74, 115. — [2]) H. Schwarz, Dingl. pol. J. 191, 397. — [3]) Stromeyer, Ann. Chem. 96, 220. — [4]) H. Müller u. C. Pauly, Arch. Pharm. [3] 14, 245. — [5]) Persoz, Dingl. pol. J. 173, 75; JB. 1864, S. 181. — [6]) Étard, Bull. soc. chim. [2] 27, 434; JB. 1877, S. 239.

vom Zink ab, kocht bis zur Verflüchtigung allen Ammoniaks, beseitigt das hierdurch gefällte Zinkoxyd und leitet zur vollkommenen Beseitigung desselben in die kochende Flüssigkeit Kohlensäure ein. Dann neutralisiert man mit verdünnter Salpetersäure, dampft ein und giefst die Lösung des Nitrits von den zuerst ausgeschiedenen Salpeterkrystallen ab [1]).

Warren [2]) leitet ein Gemenge von Ammoniakgas und Luft über platinierten Asbest in einer Verbrennungsröhre, die an einem Ende mit einer Bunsenflamme erhitzt wird. Die Dämpfe, welche Ammoniumnitrit enthalten, werden in Kalilauge geleitet, so dafs das Kaliumsalz neben wieder verwendbarem Ammoniak gewonnen wird.

Rein erhält man das Salz am besten durch Wechselzersetzung von Silbernitrit und Chlorkalium. Man verreibt beide Salze zu äquimolekularen Mengen mit wenig Wasser. filtriert die entstandene Lösung vom Chlorsilber ab, verdampft sie im Vakuum und trocknet die erhaltenen Krystalle im Wasserstoffstrome. — Auf ähnliche Weise erfolgt die Darstellung aus Bleinitrit und Kaliumkarbonat.

Auch durch Zersetzung von Amylnitrit mit frisch bereiteter, nicht im Überschufs anzuwendender alkoholischer Kalilauge kann man das reine Salz erhalten. Die Mischung von 5 Tln. dieses Esters mit der Lösung von 2 Tln. Kalihydrat wird eine Stunde lang gelinde erwärmt. das ausgeschiedene Salz mit Alkohol gewaschen, ausgeprefst und im Wasserbade getrocknet [3]).

Das Salz krystallisiert in mikroskopischen, farblosen, prismatischen Krystallen, welche nach Lang [4]) der Formel $2\,NO_2K + H_2O$ entsprechen, nach Divers [5]) wasserfrei, aber äufserst hygroskopisch sind. In den Handel kommt meist das geschmolzene Salz, in Stangen gegossen. Es ist in Wasser sehr löslich, ja zerfliefslich, in absolutem Alkohol unlöslich. Sowohl in geschmolzenem Zustande als in Lösung zeigt es schwache Gelbfärbung [6]). Das Handelsprodukt, das etwa ein Viertel Nitrat enthält, löst sich in einem Viertel seines Gewichts Wasser [6]), während das reine Salz ein Drittel erfordert [5]).

Durch elektrolytisches Knallgas wird es zu Ammoniak reduziert [7]). Beim Vermischen seiner konzentrierten Lösung mit Lösungen ungesättigter Kohlenwasserstoffe in Eisessig giebt es Additionsprodukte der letzteren mit salpetriger Säure [8]). Bei Destillation mit Ammoniumchlorid entwickelt es Stickstoff; doch erfolgt nach Wright [9]) diese Umsetzung nicht so einfach, wie sie durch die Gleichung $ClNH_4$

---

[1]) Stahlschmidt, Ann. Phys. 128, 466. — [2]) Warren, Chem. News 64, 290; Ber. 24, 703 Ref. — [3]) E. T. Chapman, Laboratory 1, 56; Zeitschr. Chem. 1867, S. 411. — [4]) Lang, J. pr. Chem. 86, 295. — [5]) E. Divers. Chem. Soc. Proc. 15, 222; Chem. Centralbl. 1899, I, S. 98, 99. — [6]) Ders. Chem. Soc. Proc. 16, 40; Chem. Centralbl. 1900, I, S. 651. — [7]) D. Tommasi. Ann. Phys. Beibl. 6, 354. — [8]) P. Tönnies, Ber. 11, 1511. — [9]) L. T. Wright, Chem. Soc. J. 39, 357; JB. 1881, S. 177.

$+ NO_2K = N_2 + ClK + 2 H_2O$ ausgedrückt wird, denn es lassen sich im Destillat stets große Mengen von freiem Ammoniak und beträchtliche Mengen Ammoniumnitrit nachweisen. Bringt man auf das geschmolzene Salz Ammoniumchlorid, so beginnt dieses mit wachsender Geschwindigkeit zu rotieren, fängt Feuer und verbrennt mit purpurvioletter Flamme unter schwacher Detonation, ganz wie Kalium auf Wasser; auch Ammoniumnitrat verursacht mit dem geschmolzenen Nitrit Feuererscheinungen: kleine Krystalle bilden phosphoreszierende Punkte, große eine von einem phosphoreszierenden Ringe umgebene Kugel, die mit großer Heftigkeit rotiert, um schließlich unter prächtigem Aufflammen zu explodieren [1]).

Das Salz findet Verwendung in der Analyse zur Trennung von Kobalt und Nickel, ferner in der organischen Chemie zum Diazotieren, sowie zu den sonstigen, durch salpetrige Säure zu bewirkenden Reaktionen.

Verbindung mit Kaliumcyanid. Beide Salze bilden ein explosives Gemisch. Läßt man eine wässerige Lösung von 50 g Nitrit und 20 g Cyanid über Schwefelsäure eindunsten, so krystallisiert das Doppelsalz $NO_2K.CNK.{}^1/_2H_2O$ in kurzen Prismen, die bei 400 bis 500°, nicht aber durch Stoß, Schlag oder den Induktionsfunken, heftig explodieren [2]).

Kobaltsalze. Kobaltoxydulsalz, Kobaltonitrit. Im festen Zustande ist das Salz nicht bekannt. Eine dunkle Lösung desselben wird durch Wechselwirkung von Baryumnitrit und Kobaltosulfat erhalten [3]).

Kobaltoxydul-Kaliumsalze, Kobaltokaliumnitrite. Versetzt man eine neutrale Lösung von Kobaltchlorür mit überschüssigem Kaliumnitrit, so entsteht allmählich ein gelbes Krystallpulver, oder es bilden sich, bei viel Flüssigkeit, mikroskopische Würfel, die nach Erdmann [4]) die Zusammensetzung $6 NO_2K, 3 (NO_2)_2Co + H_2O$ besitzen, in kaltem Wasser unlöslich, in heißem mit roter Farbe löslich sind und sich beim Erhitzen zersetzen. — Setzt man eine ziemlich verdünnte Lösung von Kaliumnitrit zu einer heißen Lösung von Kobaltchlorür, so entsteht ein schwarzer, später grüner, aus wohl ausgebildeten, dunkelgrünen Würfeln bestehender Niederschlag von der Zusammensetzung $2 NO_2K, 2 (NO_2)_2Co + H_2O$, während beim Vermischen heißer, konzentrierter Lösungen von Kaliumnitrit und Kobaltchlorür ein gelber, flockiger Niederschlag von der Zusammensetzung $2 NO_2K, (NO_2)_2Co + H_2O$ entsteht [5]).

---

[1]) D. Tommasi, Chem. News **43**, 241; JB. 1881, S. 178. — [2]) K. A. Hofmann, Zeitschr. anorg. Chem. **10**, 259. — [3]) Lang, Sv. Vet. Akad. Handl. 1860; J. prakt. Chem. **86**, 295; Hampe, Ann. Chem. **125**, 334. — [4]) Erdmann, J. pr. Chem. **97**, 397. — [5]) Sadtler, Sill. Am. J. [2] 49, 189; Ber. **3**, 308.

Kobaltoxydul-Kalium-Baryumsalz wird beim Vermischen von konzentriertem, wässerigem Kobaltchlorür mit Chlorbaryum und überschüssigem, konzentriertem Kaliumnitrit als tiefgrüner, krystallinischer Niederschlag erhalten, dem die Zusammensetzung $2\,NO_2K$, $(NO_2)_2Ba$, $(NO_2)_2Co$ zukommt[1]).

Kobaltoxydul-Kalium-Calciumsalz, $2\,NO_2K$, $(NO_2)_2Ca$, $(NO_2)_2Co$, und

Kobaltoxydul-Kalium-Strontiumsalz, $2\,NO_2K$, $(NO_2)_2Sr$, $(NO_2)_2Co$, werden auf dieselbe Weise unter Anwendung von Chlorcalcium bezw. Chlorstrontium erhalten.

Kobaltoxydsalz, Kobaltinitrit, $(NO_2)_6Co_2$, ist ebenfalls nur in Form von Doppelsalzen bekannt. Von diesen existieren mehrere Reihen, und zwar nach Rosenheim und Koppel[2]): 1. Typus $6\,N_2O_3 . Co_2O_3 . 3\,R_2O$, gelbe Reihe, entsteht, wenn bei der Darstellung salpetrige Säure bis zur Sättigung eingeleitet wird, oder durch doppelte Umsetzung aus dem leicht löslichen Natriumsalz. 2. Typus $4\,N_2O_3 . Co_2O_3 . 2\,R_2O$, rote Reihe, entsteht, wenn man die salpetrige Säure nur bis zur Lösung des Kobalts einleitet und die tief schwarzbraunen Lösungen über Schwefelsäure verdunsten läſst. 3. Typus $3\,N_2O_3 . Co_2O_3 . 2\,R_2O$, entsteht wie der vorige unter Anwendung gewisser Basen. 4. Kobaltokobaltinitrite entstehen bei freiwilliger Zersetzung der roten Baryum- und Strontiumsalze.

Kobaltoxyd-Ammoniumsalze. Diammoniumkobaltoxydnitrit, $(NO_2)_6Co_2 + 4\,NO_2NH_4 + 2\,H_2O$, und Triammoniumkobaltoxydnitrit, $(NO_2)_6Co_2 + 6\,NO_2NH_4 + 2\,H_2O$ sind von Sadtler[3]) erhalten worden, ohne daſs die näheren Bedingungen ihrer Entstehung festgestellt werden konnten. Nach Rosenheim und Koppel[2]) krystallisiert das zweite Salz mit $1\,{}^1/_2$ Molekeln Krystallwasser in gelben, mikroskopischen Rosetten, ist in Wasser wenig löslich und sehr beständig.

Kobaltoxydbaryumsalze. $6\,N_2O_3 . Co_2O_3 . 3\,BaO + 14\,H_2O$ bildet ein gelbbraunes, mikrokrystallinisches Pulver, in Wasser unlöslich[2]). — $4\,N_2O_3 . Co_2O_3 . 2\,BaO + 10\,H_2O$, kleine, tief dunkelrote Krystalle, nur in angesäuertem Wasser löslich[2]).

Kobaltoxydbleisalz, $6\,N_2O_3 . Co_2O_3 . 3\,PbO + 12\,H_2O$, wird je nach der Darstellungsweise als gelbes, undeutlich krystallinisches Pulver oder als roter, schwerer Niederschlag, der sich unter dem Mikroskop als aus intensiv gelben Würfeln bestehend erweist, erhalten. Es ist in Wasser unlöslich[2]).

Kobaltoxyd-Cäsiumsalz, $(NO_2)_6Co_2 . 6\,NO_2Cs . 2\,H_2O$, wird dargestellt durch Auflösen gleicher Teile Kobaltnitrat und Natriumacetat in 15 Tln. Wasser, Kochen, Versetzen des abgekühlten Filtrats

---

[1]) Erdmann, J. pr. Chem. 97, 397. — [2]) Rosenheim u. Koppel, Zeitschr. anorgan. Chem. 17, 35. — [3]) Sadtler, Sill. Am. J. [2] 49, 189; Ber. 3, 308.

mit Essigsäure und Zuträufeln von Natriumnitrit in konzentrierter Lösung bis zur Orangefärbung. Die nach einiger Zeit filtrierte Lösung wird mit der Lösung eines Cäsiumsalzes versetzt und durchgeschüttelt, der entstandene Niederschlag, ausgewaschen und bei 100° getrocknet, entspricht der obigen Formel, falls die Kobaltlösung im Überschufs zugegen war. Das Salz ist zitronengelb, krystallinisch; es löst sich in 20 100 Tln. Wasser von 17°[1]).

Kobaltoxyd-Kaliumsalze. Kobaltikaliumnitrit, $(NO_2)_6Co_2, 6NO_2K + 3H_2O = 2(NO_2)_6CoK_3 + 3H_2O$. Letztere Formel ist nach Analogie der Formel Cy_6FeK_3 des Ferridcyankaliums gebildet, weil nach der Beobachtung Erdmanns[2]) das Kobalt weder als Oxydul noch als Oxyd in dem Salze enthalten ist. Aufser der obigen Formeln zu Grunde liegenden empirischen Formel $3K_2O, Co_2O_3, 6N_2O_3 + 3H_2O$ sind noch andere aufgestellt worden, so $3K_2O, 2CoO, 6N_2O_3 + 3H_2O$ von Erdmann, $14K_2O, 5Co_2O_3, 27N_2O_3 + 14H_2O$ von Braun[3]); nach Adie und Wood[4]) soll die Verbindung auf 1 At. K nur $3NO_2$ enthalten. Doch stimmen die analytischen Daten der zuverlässigsten Forscher mit der ersten Formel am besten überein. Der Wassergehalt schwankt nach Sadtler[5]), je nach der Konzentration der angewendeten Lösungen, von 0 bis zu 4 Mol. Fischer[6]) beobachtete zuerst, dafs eine Lösung von Kaliumnitrit in Lösungen von Kobaltonitrat und Kobaltchlorür einen schönen gelben Niederschlag hervorbringt, den er für salpetrigsaures Kobaltoxydul-Kalium hielt. Später erhielt St. Evre[7]) denselben Niederschlag und gab ihm auf Grund genauerer Untersuchung die empirische Formel $K_2O, CoO, 2N_2O_4 + H_2O$, nach welcher er entweder ein Untersalpetersäuredoppelsalz oder eine Verbindung von Nitrat mit Nitriten sein müfste. Braun[3]) zeigte aber, dafs die durch Zersetzung mit Natron daraus gewonnene Flüssigkeit nur salpetrige Säure enthält, und Stromeyer[8]), dafs das Kobalt als Oxyd in dem Salze enthalten sei, für welches er die Formel $3K_2O, Co_2O_3, 5N_2O_3 + 2H_2O$ oder $6NO_2K, (NO_2)_4Co_2O + 2H_2O$ aufstellte.

Aufser in der oben erwähnten Weise tritt die Bildung des Salzes auch ein, wenn das aus Kobaltonitrat durch Kalihydrat abgeschiedene blaue basische Salz mit wenig überschüssigem Kaliumnitrit zusammengebracht und Salpetersäure in dünnem Strahle zugefügt wird, oder wenn man nach dem Fällen jenes basischen Salzes Stickoxyd in die Flüssigkeit einleitet[7]).

Die Abscheidung des Salzes aus Kobaltlösungen durch Kaliumnitrit erfolgt schneller, wenn man jene vorher mit Salpetersäure er-

---

[1]) Th. Rosenbladt, Ber. **19**, 2531. — [2]) Erdmann, J. pr. Chem. **97**, 397. — [3]) Braun, Zeitschr. anal. Chem. **6**, 42 u. **7**, 313. — [4]) Adie u. Wood, Chem. Soc. Proc. **16**, 17; Chem. Centralbl. 1900, I, S. 572. — [5]) Sadtler, Sill. Am. J. [2] **49**, 189; Ber. **3**, 308. — [6]) Fischer, Ann. Phys. **67**, 245. — [7]) St. Evre, J. pr. Chem. **54**, 85 u. **58**, 185. — [8]) Stromeyer, Ann. Chem. **96**, 220.

wärmt, dann mit Kalihydrat neutralisiert und mit **Essigsäure** angesäuert hatte.

Zur Darstellung setzt man am besten der **Mischung der wässerigen** neutralen Salzlösungen, etwa von Kobaltnitrat oder **-sulfat und Kaliumnitrit**, überschüssige Essigsäure oder verdünnte **Salpetersäure** zu und wäscht das abgeschiedene Salz, da es in reinem **Wasser etwas** löslich ist, mit wässerigem Kaliumacetat, zuletzt mit 80 proz. **Weingeist**.

Das Salz ist hochgelb, doch schwankt nach **Sadtler**[1]) die Farbe, je nach dem Wassergehalte, von Hellgelb bis Dunkelgrünlichgelb. Unter dem Mikroskop erscheint es aus vierseitigen Prismen bestehend. Wasser löst es sehr wenig, ein Teil erfordert bei 17° 1120 Tle. Wasser[2]); in Salzlösungen sowie in Alkohol und Äther ist es unlöslich. Nach dem Trocknen bei 40 bis 50° nimmt es auch bei 100° nicht mehr an Gewicht ab. Beim Erhitzen auf 200° entwickelt es salpetrige Dämpfe und hinterläfst ein Gemisch von Kaliumnitrit und Kobaltoxyd. Kalilauge wirkt nur schwierig und erst bei starker Konzentration ein, durch Natronlauge und Barytwasser wird es dagegen schon bei gelindem Erwärmen ganz leicht, unter Abscheidung von Kobaltoxydhydrat, zersetzt. Durch anhaltendes Kochen mit konzentrierter Oxalsäurelösung wird es in schön rosenrotes Kobaltoxalat verwandelt, indem ein Teil der Oxalsäure das vorhandene Oxyd in Oxydul verwandelt und selbst dabei in Kohlensäure übergeht.

Da Kaliumnitrit in Lösungen der Nickeloxydulsalze keinen analogen Niederschlag bewirkt, so wird die Erzeugung dieses Salzes zur Trennung von Kobalt und Nickel benutzt[3]).

Das Salz $4\,N_2O_3 . Co_2O_3 . 2\,K_2O$ wird aus der Lösung des entsprechenden Natriumsalzes durch Kaliumchlorid erhalten. Es ist gelbbraun gefärbt.

Kobaltoxyd-Kalium-Bleisalz, $3\,K_2O, 3\,PbO, 2\,Co_2O_3, 10\,N_2O_3 + 4\,H_2O$, entsteht nach Stromeyer[4]) beim Vermischen von 1 Mol. Kobaltvitriol mit 3 Mol. Bleizucker oder Bleinitrat und Versetzen des Filtrats mit Kaliumnitrit und Essigsäure oder verdünnter Salpetersäure. Es bildet einen gelbgrünen, bei Anwendung verdünnter Lösungen braunschwarzen, krystallinischen Niederschlag. Die obige Formel dürfte, der des Kaliumdoppelsalzes entsprechend, umzuändern sein in $3\,K_2O, 3\,PbO, 2\,Co_2O_3, 12\,N_2O_3 + 4\,H_2O$.

Kobaltoxyd-Kobaltosalz, $3\,N_2O_3 . Co_2O_3 . 3\,CoO + (NO_3)_2Co + 14\,H_2O$, krystallisiert aus der Lösung aus, welche durch Einwirkung von salpetriger Säure auf Kobalthydroxyd entsteht. Kleine, fast schwarze Krystalle.

---

[1]) Sadtler, Sill. Am. J. [2] 49, 189; Ber. 3, 308. — [2]) **Th. Rosenbladt**, Ber. 19, 2531. — [3]) Fischer, Ann. Phys. 67, 245; **Stromeyer**, Ann. Chem. 96, 220; Köttig, J. pr. Chem. 61, 33 u. 41; **Gibbs u. Genth**, Ann. Chem. 104, 309. — [4]) Stromeyer, Ann. Chem. 96, 220.

Kobaltoxyd-Natriumsalze, Kobaltinatriumnitrite. Bei Anwendung von Natriumnitrit an Stelle des Kaliumsalzes erhält man nach Stromeyer[1]), wenn man sonst wie bei der Darstellung des Kobaltikaliumnitrits verfährt, kein entsprechendes Natriumdoppelsalz. Bei Zusatz einer sehr konzentrierten Lösung von Natriumnitrit zu einer mit Essigsäure stets sauer gehaltenen Lösung von Kobaltchlorür wird aber die Lösung sogleich dunkel, und es fällt zuerst, unter Entwickelung von Stickoxyd, das gelbbraune bis braune Salz $(NO_2)_6Co_2$, $4(NO_2)Na + H_2O$, Dinatriumkobaltoxydnitrit. Aus der Mutterlauge fällt, nachdem die Gasentwickelung langsamer geworden ist, durch weiteren Zusatz von Natriumnitrit gelbes Trinatriumkobaltoxydnitrit, $(NO_2)_6Co_2$, $6NO_2Na + H_2O$. Wasserfrei entsteht das Salz durch Fällen der schwarzbraunen Lösung, welche aus Natriumnitrit, Kobalthydroxyd und salpetriger Säure resultiert, mit viel Alkohol als gelbes mikrokrystallinisches Pulver[2]), Biilmann[3]) stellt es in ähnlicher Weise aus der essigsauren Lösung der Komponenten dar.

Die Lösung dieses Salzes giebt mit Luteo- und Roseokobaltlösungen unlösliche Niederschläge, in denen das Natrium durch die entsprechenden Radikale vertreten ist[4]). — Natriumkobaltnitrit ist ein sehr empfindliches Reagens für Kalium- und Rubidiumverbindungen. Zur Darstellung desselben löst man 30 g krystallisiertes Kobaltnitrat in 60 ccm Wasser und fügt 100 ccm konzentrierter Natriumnitritlösung (= 50 g NO_2Na), sowie 10 ccm Eisessig hinzu[5]). Besser ist die Verwendung des trockenen Salzes, da die Lösungen nicht haltbar sind[3]).

Das Salz $4N_2O_3 . Co_2O_3 . 2Na_2O$ wurde nicht in reinem Zustande erhalten, da es in Wasser sehr leicht löslich und sehr leicht zersetzlich ist[2]).

Kobaltoxyd-Rubidiumsalz, $(NO_2)_6Co_2$, $6NO_2Rb + 2H_2O$, entsteht in analoger Weise wie die Cäsiumverbindung, ist wie diese zitronengelb, krystallinisch und löst sich bei 17° in 19800 Tln. Wasser[6]).

Kobaltoxyd-Silbersalze. $6N_2O_3 . Co_2O_3 . 3Ag_2O$ konnte nicht in reinem Zustande erhalten werden[2]). — $3N_2O_3 . Co_2O_3 . 2Ag_2O + 3H_2O$ entsteht aus der Lösung des entsprechenden Zinksalzes durch Silbernitrat. Graubraune, mikrokrystallinische, in Wasser sehr wenig lösliche Substanz, die sich beim Kochen zersetzt[2]).

Kobaltoxyd-Strontiumsalz, $4N_2O_3 . Co_2O_3 . 2SrO$, ist dem entsprechenden Baryumsalz sehr ähnlich[2]).

Kobaltoxyd-Thalliumsalz, $(NO_2)_6Co_2$, $6NO_2Tl + 2H_2O$, ähnlich dargestellt, ist zinnoberrot, krystallinisch und erst in 23810 Tln. Wasser von 17° löslich[6]).

---

[1]) Stromeyer, Ann. Chem. 96, 220. — [2]) Rosenheim u. Koppel, Zeitschr. anorg. Chem. 17, 35. — [3]) E. Biilmann, Zeitschr. anal. Chem. 39, 284. — [4]) Sadtler, Sill. Am. J. [2] 49, 189; Ber. 3, 308. — [5]) Pharm. Centralbl. 35, 753. — [6]) Th. Rosenbladt, Ber. 19, 2531.

Kobaltoxyd-Zinksalz, $3\,N_2O_3 . Co_2O_3 . 2\,ZnO + 11\,H_2O$, bildet gut ausgebildete rote Pyramiden, in angesäuertem Wasser löslich[1]).

Kupfersalze. Versetzt man eine Lösung von Bleinitrit mit Kupfervitriollösung und filtriert vom ausgefällten Bleisulfat ab, so erhält man eine grüne Flüssigkeit, die sich sehr leicht unter Entwickelung von Stickoxyd zersetzt und an der Luft zu Kupfernitrat oxydiert. Durch Verdampfen im Vakuum erhält man aus dieser Lösung das basische Salz N_2O_3, $2\,CuO$[2]).

Ein anderes basisches Salz von der Zusammensetzung $(NO_2)_2Cu$, $3\,CuO_2H_2$ wird nach van der Meulen[3]) erhalten, wenn man Lösungen von Kaliumnitrit und Kupfersulfat mischt und Alkohol hinzufügt. Es fällt Kaliumsulfat und Kupferoxydhydrat aus, während das basische Kupfernitrit in der alkoholischen Flüssigkeit gelöst bleibt und beim Verdunsten derselben bei gewöhnlicher Temperatur sich in federartig gruppierten Krystallnädelchen ausscheidet. In Wasser und Alkohol ist es sehr wenig, in verdünnten Säuren und Ammoniak leicht löslich. Bei gewöhnlicher Temperatur ist es beständig, zersetzt sich aber schon bei längerem Kochen mit Wasser.

Kupfer-Ammoniaksalz. Ein solches entsteht nach Schönbein[4]) und anderen[5]) beim Einwirken von Luft auf eine Lösung von Kupferoxydul oder Kupferkarbonat in Ammoniak oder auf Kupfer bezw. Kupferoxyd, welches mit Ammoniak übergossen ist. Dampft man die auf letzterem Wege erhaltene blaue Lösung ein und kocht den Rückstand mit einer konzentrierten alkoholischen Ammoniaklösung, so erhält man beim Erkalten des Filtrats veilchenblaue Nadeln von der Zusammensetzung $(NO_2)_2Cu$, $2\,NH_3 + 2\,H_2O$. Aus der Lösung dieses Salzes in wenig Wasser scheiden sich bei freiwilligem Verdunsten grüne Krystalle von der Zusammensetzung $(NO_2)_2Cu$, $2\,CuO$, $2\,NH_3 + H_2O$ aus. Beide Salze verpuffen beim Erhitzen und explodieren durch den Schlag eines Hammers[6]).

Przibylla[7]) beschreibt ferner eine Anzahl Tripelnitrite: $(NO_2)_6Cu . Pb(NH_4)_2$, schwarzblau, krystallinisch; $(NO_2)_6CuCaK_2$, tiefgrün, krystallinisch; $(NO_2)_6CuBaK_2$, wie das vorige, aber leichter löslich; $(NO_2)_6CuBa(NH_4)_2$, dem vorigen ähnlich, allmählich sich zersetzend; Kupferstrontiumkaliumsalz und Kupferstrontiumammoniumsalz von wechselnder Zusammensetzung.

---

1) Rosenheim u. Koppel, Zeitschr. anorg. Chem. **17**, 35. — 2) Hampe, Ann. Chem. **125**, 334. — 3) B. van der Meulen, Ber. **12**, 758. — 4) Schönbein, J. pr. Chem. **70**, 129. — 5) Tuttle, Ann. Chem. **101**, 283; Peligot, Compt. rend. **47**, 1038; JB. 1858, S. 200; vergl. auch Berthelot u. Péan de St. Gilles, Bull. soc. chim. **5**, 491; JB. 1863, S. 273. — 6) Peligot, Compt. rend. **53**, 209; JB. 1863, S. 166. — 7) Przibylla, Zeitschr. anorg. Chem. **15**, 419 u. **18**, 449.

Lithiumsalz, $2\,NO_2Li + H_2O$, entsteht durch Umsetzung von Lithiumchlorid mit Silbernitrit und Eindampfen des Filtrats als weiße Krystallmasse von schwach alkalischer Reaktion[1]).

Magnesiumsalz, $(NO_2)_2Mg$. Eine Lösung desselben entsteht nach Fischer[2]) beim Kochen einer Lösung von Silbernitrit mit Magnesia und Beseitigen des in der Lösung stets noch vorhandenen Silbers durch Schwefelwasserstoff. Beim Verdampfen der Lösung in gewöhnlicher Temperatur, über Schwefelsäure, bleibt das Salz als blätterige, zerfließliche, in Alkohol unlösliche, in der Wärme leicht zersetzbare Masse zurück.

Lang[1]) stellte das Salz dar durch Wechselzersetzung der Lösungen von Baryumnitrit und Magnesiumsulfat und Verdampfen des Filtrats. Für das so erhaltene blätterige und zerfließliche Salz fand er die Formel $(NO_2)_2Mg + 3\,aq$. Dasselbe soll schon bei 100° Stickoxyd entwickeln und in wässeriger Lösung beim Kochen zersetzt werden, was mit Fischers Bereitungsweise im Widerspruch steht. — Nach Hampe[3]) enthält das Salz nur 2 Mol. Krystallwasser und löst sich leicht in Alkohol. Spiegel[4]) fand Langs Formel bestätigt, stellte aber fest, daß in verdünnter Lösung beim Kochen keine Zersetzung stattfindet.

Mangansalz ist zerfließlich, nicht näher untersucht.

Natriumsalz, NO_2Na. Bildet sich analog wie das Kaliumsalz, doch erfolgt die Bildung durch Erhitzen von Natriumnitrat leichter, allerdings auch unter Entstehung von mehr freiem Alkali. Die weitere Behandlung ist der beim Kaliumsalz beschriebenen ebenfalls analog. Die weingeistige Flüssigkeit trennt sich aber nicht, wie dort, in zwei Schichten, es bleibt daher in dem wässerigen Weingeist neben dem Nitrit noch etwas Natriumacetat und Salpeter gelöst. Man dampft dieselbe zur Trockne und setzt die resultierende Salzmasse der Luft aus, wobei das Nitrit zerfließt und abgegossen werden kann. Die so erhaltene Lauge liefert beim Stehen über Schwefelsäure krystallinisches Salz. Rein erhält man dasselbe durch Wechselzersetzung von Silber- oder Baryumnitrit mit Chlornatrium bezw. Natriumsulfat.

Für die Darstellung im großen dient als Ausgangsmaterial gereinigter Chilesalpeter. Derselbe wird in flachen, gußeisernen Schalen auf 400 bis 420° erhitzt, worauf unter tüchtigem Rühren auf je 100 Tle. Salpeter 280 Tle. Blei in flachen Streifen zugesetzt werden, das möglichst rein, besonders zinnfrei sein muß. Die Schmelze wird mit Hülfe von schmiedeeisernen Kellen in dünnem Strahle in Wasser gegossen, das darin zu etwa 1 Proz. enthaltene Natriumhydroxyd mit Salpeter-

[1]) J. Lang, Ann. Phys. **118**, 208. — [2]) W. Fischer, ebend. **74**, 119. — [3]) Hampe, Ann. Chem. **125**, 334. — [4]) Spiegel, Chem.-Ztg. **18**, 1423.

säure, Bleinitrat oder Schwefelsäure neutralisiert. Dann wird die Lösung abgezogen und nach Konzentration in schmiedeeisernen Pfannen zur Krystallisation gebracht. Die nötigenfalls mehrfach umkrystallisierten, zentrifugierten und ausgewaschenen Nitritkrystalle werden bei 50° getrocknet und in dichte, mit Pergamentpapier ausgeschlagene Fässer verpackt.

An Stelle von Blei werden auch Kohlenoxyd, ameisensaure Salze[1]) oder schweflige Säure[2]) zur Reduktion des Salpeters benutzt. Die Darstellung kann auch aus Ammoniumnitritdämpfen und Natronlauge erfolgen (s. Kaliumsalz).

Das reine und vollkommen trockene[3]) Salz bildet farblose, schiefe, vierseitige, häufig lange und sehr dünne Prismen[4]). In feuchtem Zustande aber und in Lösung zeigt es stets einen Stich ins Gelbe, vielleicht infolge der elektrolytischen Dissoziation. Das Salz schmilzt bei 213°[4]).

Es ist an trockener Luft beständig, reagiert alkalisch, ist leicht löslich in Wasser, bei 16° in $^5/_6$ Tln.[4]), löslich in wässerigem Weingeist, aber unlöslich in kaltem, absolutem Alkohol.

Das spezifische Gewicht der wässerigen Lösungen ändert sich nahezu proportional der Konzentration. Der Brechungskoeffizient für Natriumlicht ist bei 20° = 1,33336 + 0,0011559 P, worin P den Prozentgehalt an Natriumnitrit bedeutet[5]).

Durch elektrolytisches Knallgas wird das Salz zum Teil zu Ammoniak reduziert[6]). Natriumsulfid oxydiert es beim Erhitzen bis zu 360°, bei Gegenwart von Eisen schon bei viel niedrigerer Temperatur, nur zu Sulfit, unter Abscheidung von Ammoniak und Stickstoff, entsprechend den Gleichungen: 1. $Na_2S + NO_2Na + 2H_2O = SO_3Na_2 + NaOH + NH_3$; 2. $Na_2S + 2NO_2Na + H_2O = SO_3Na_2 + 2NaOH + N_2$. Auf Natriumsulfit findet bei dem Verhältnis $2SO_3Na_2 : 1NO_2Na$ selbst bei 350° keine Reaktion statt; beim Verhältnis $3SO_3Na_2 : 2NO_2Na$ tritt über 360° schwache Umsetzung unter Bildung von Sulfat, Stickstoff und wenig Ammoniak ein. Gegenwart von Eisen befördert auch hier die Reaktion, insbesondere wird dann alles Nitrit zu Stickstoff reduziert, im Sinne der Gleichung $3SO_3Na_2 + 2NO_2Na + H_2O = 3SO_4Na_2 + 2NaOH + N_2$. Auf Thiosulfat wirkt es in alkalischer Lösung bei hoher Temperatur nach der Gleichung $3S_2O_3Na_2 + 4NaOH + 2NO_2Na + H_2O = 6SO_3Na_2 + 2NH_3$; aufserdem tritt etwas Sulfat und Stickstoff auf[7]).

---

[1]) M. Goldschmidt, D. R.-P. Nr. 83546 u. 83909; Ber. **28**, 1030 Ref. — [2]) Flick, D. R.-P. 117289; Chem. Centralbl. 1901, I, S. 286. — [3]) Boguski, J. russ. phys.-chem. Ges. **31**, 543; Chem. Centralbl. 1899, II, S. 470. — [4]) E. Divers, Chem. Soc. Proc. **15**, 222; Chem. Centralbl. 1899, I, S. 98, 99. — [5]) Boguski, J. russ. phys.-chem. Ges. **31**, 543; Chem. Centralbl. 1899, II, S. 470. — [7]) D. Tommasi, Chem. News **43**, 241; JB. 1881, S. 178. — [6]) G. Lunge, Ber. **16**, 2914.

Das Salz vermag durch 100 Tle. 103 Tle. Chlor unwirksam zu machen[1]) und wirkt dabei nicht schädlich auf die behandelten Gewebe ein, wie es beim Natriumthiosulfat, infolge Abscheidung von Schwefel in den Poren, der Fall ist, soll deshalb vor letzterem als Antichlor den Vorzug verdienen[2]).

Auf den Organismus wirkt es einerseits, von der Haut aus beigebracht, als inneres Kaustikum, gleich Arsenik, andererseits, indem es das Nervensystem, vom Gehirn beginnend, ohne vorhergehende merkbare Erregung lähmt. Beides soll auf das Entstehen aktiven Sauerstoffs zurückzuführen sein[3]).

Es findet in weit ausgedehnterem Maſse als das Kaliumsalz Anwendung in der Technik zum Diazotieren u. s. w. Die Gehaltsbestimmung erfolgt durch Titration mit Chamäleonlösung bei Gegenwart von Schwefelsäure in der Kälte oder durch Diazotierung von reinem Anilin oder dergleichen unter Tüpfeln mit Kaliumjodidstärkepapier.

Nickelsalze. Das normale Salz $(NO_2)_2Ni$ wird nach Lang[4]) durch Wechselzersetzung von Baryumnitrit und Nickelsulfat und Verdunsten des Filtrats unter Vermeidung jeder Temperaturerhöhung in rotgelben Krystallkrusten erhalten.

Hampe[5]) beschreibt ein basisches Salz $N_2O_5Ni_2 = N_2O_3, 2NiO$.

Nickel-Baryumsalz, $(NO_2)_6Ba_2Ni$, wird nach Erdmann[6]) aus den gemischten Lösungen von Nickelacetat und Baryumnitrit als hellrotes, in Wasser mit grüner Farbe lösliches Pulver erhalten.

Nickel-Kaliumsalz, $(NO_2)_6K_4Ni$, ist von Fischer[7]) durch Vermischen einer Lösung von Nickelnitrat mit überschüssigem Kaliumnitrit in kleinen, schönen Oktaedern von bräunlichroter Farbe erhalten worden, die sich in Wasser mit grüner Farbe lösen. Das Salz ist vollständig luftbeständig und läſst sich durch vorsichtiges Verdunsten der wässerigen Lösung unverändert wieder erhalten. Erst beim Kochen der Lösung wird es zersetzt[8]).

Nickel-Kalium-Baryumsalz, $(NO_2)_6K_2BaNi$, wird auf Zusatz von Nickelacetat zu Kalium-Baryumnitrit oder von Baryumacetat zu Nickel-Kaliumnitrit[4]) oder auf Zusatz von überschüssigem Kaliumnitrit zu einer mit Chlorbaryum versetzten Lösung von Nickelchlorür[6]) als gelber bis braungelber, mikrokrystallinischer Niederschlag erhalten; derselbe bildet sich bei Anwendung konzentrierter Lösungen sogleich, aus verdünnten erst nach einiger Zeit. Das Salz ist in kaltem Wasser schwer, leichter und ohne sichtbare Zersetzung in heiſsem Wasser löslich.

---

[1]) R. Wagner, Dingl. pol. J. **183**, 76. — [2]) C. Lieber, ebend. **221**, 250. — [3]) C. Binz, Arch. exper. Pathol. u. Pharmakol. **13**, 133. — [4]) Lang, Ann. Phys. **118**, 282; JB. 1862, S. 100. — [5]) Hampe, Ann. Chem. **125**, 334. — [6]) Erdmann, J. pr. Chem. **97**, 397. — [7]) W. Fischer, Ann. Phys. **74**, 119. — [8]) Hampe, Ann. Chem. **125**, 334; Lang, Ann. Phys. **118**, 282; JB. 1862, S. 100.

Nickel-Kalium-Bleisalz, $(NO_2)_6K_2PbNi$, fällt als schweres, braungelbes Pulver aus. Das entsprechende Ammoniumsalz sowie die Nickel-Ammonium-Baryum-, -Strontium- und Calciumsalze sind nicht einheitlich [1]).

Nickel-Kalium-Calciumsalz, $(NO_2)_6K_2CaNi$, wird als gelber Niederschlag aus Chlorcalcium enthaltenden Nickellösungen durch überschüssiges Kaliumnitrit gefällt [2]). Das Salz ist in kaltem Wasser schwer, in heißem leicht, jedoch unter teilweiser Zersetzung, löslich. Langsam ausgeschieden, bildet es mikroskopische, durchsichtige, gelbliche, oft sehr schön ausgebildete reguläre Oktaeder [3]).

Nickel-Kalium-Strontiumsalz, $(NO_2)_6K_2SrNi$, wurde in analoger Weise wie die entsprechende Baryumverbindung erhalten [4]).

Palladiumsalze. Es sind nur Doppelsalze und Salze des Palladoammins bekannt.

Palladiumoxydul-Kaliumsalz, $(NO_2)_4K_2Pd$. Werden die Lösungen von Palladiumoxydulnitrat oder von Palladiumchlorür mit einer solchen von Kaliumnitrit im Überschuſs versetzt, so scheidet sich bei genügender Konzentration das Doppelsalz sogleich als weiſses Pulver aus, wenn die Lösungen verdünnt sind, erst beim Eindunsten in Form klarer gelber Prismen. Aus Wasser krystallisiert es mit 2 Mol. Wasser in gelben, verwitternden Tafeln, die im Vakuum neben Pottasche alles Wasser verlieren. Beim Erhitzen wird zunächst das Palladiumsalz zersetzt und es hinterbleiben metallisches Palladium und Kaliumnitrit (Fischer, Lang).

Palladiumoxydul-Silbersalz, $(NO_2)_4Ag_2Pd$, wird aus der Lösung des vorigen durch Silbernitrat als gelber, krystallinischer Niederschlag gefällt. Aus heiſsem Wasser krystallisiert es in dunkelgelben, gestreiften Prismen.

Palladiumoxyd-Kaliumsalz entsteht in sehr schönen, orthorhombischen, gelben Krystallen, wenn Palladiumchloridlösung mit Kaliumnitrit und sofort darauf mit Alkali unter Vermeidung von Temperaturerhöhung versetzt wird [5]).

Palladiumjodokaliumnitrit, $[PdJ_2(NO_2)_2]K_2 . 3H_2O$, entsteht nach Rosenheim und Itzig [6]) durch Auflösen von Palladiumjodür in konzentrierter, wässeriger Kaliumnitritlösung bei Wasserbadtemperatur und Konzentration der Lösung über Schwefelsäure.

Palladiumoxalatokaliumnitrit, $[Pd(C_2O_4)(NO_2)_2]K_2$, entsteht durch Behandlung von Kaliumpalladiumnitrit mit der berechneten Menge Oxalsäure bei Wasserbadtemperatur [6]).

---

[1]) Przibylla, Zeitschr. anorg. Chem. 15, 419 u. 18, 449. — [2]) Künzel, vergl. Erdmann, Zeitschr. anal. Chem. 3, 161. — [3]) Erdmann, J. pr. Chem. 97, 397. — [4]) Persoz, Dingl. pol. J. 173, 75; JB. 1864, S. 181. — [5]) Pozzi-Escot u. Couquet, Compt. rend. 130, 1073; Chem. Centralbl. 1900, I, S. 1092. — [6]) Rosenheim u. Itzig, Zeitschr. anorg. Chem. 23, 28.

Palladosamminsalz, $(NO_2)_2(NH_3)_2Pd$, entsteht beim Behandeln von Palladosamminchlorid mit Silbernitrit und Verdunsten der Lösung. Es bildet gelbe Krystallschuppen (Lang). Ein isomeres, aus Palladiumoxydul, Kaliumnitrit und Ammoniak entstehendes Salz ist wahrscheinlich salpetrigsaures Palladodiammin-Palladiumoxydul.

Palladosammin-Palladiumsalz, $(NO_2)_2(NH_3)_2Pd,(NO_2)_2Pd$. Die heiſse Lösung von Palladosamminchlorid wird mit Palladiumoxydul-Kaliumnitrit versetzt, worauf beim Erkalten oder Verdunsten das neue Salz in feinen, gelben Prismen krystallisiert.

Platinsalz. Dasselbe ist in einer Reihe ausgezeichnet krystallisierender Doppelsalze bekannt, welche indessen weder die Reaktionen des Platinoxyduls noch der gewöhnlichen Nitrite zeigen und offenbar als Salze einer komplexen Säure $Pt(NO_2)_4H_2$, des sauren Platinoxydulnitrits, aufzufassen sind.

Quecksilberoxydulsalz, Merkuronitrit, $(NO_2)_2Hg_2$, entsteht als weiſses Salz bei Einwirkung von Untersalpetersäure auf metallisches Quecksilber, unter gleichzeitiger Entwickelung von Stickoxydgas. Es entsteht auch stets, wenn verdünnte Salpetersäure von 10 bis 23 Proz. bei etwa 30° auf Quecksilber einwirkt[1]).

Zur Darstellung gieſst man in ein hohes, Salpetersäure vom spezif. Gew. 1,041 enthaltendes Becherglas so viel Quecksilber, daſs der Boden bis auf einen kleinen Rest damit bedeckt ist, und läſst das Ganze bei Zimmertemperatur stehen, indem man die an der Oberfläche des Metalles sich bildenden Krystalle fortwährend mittelst eines Glasstabes entfernt. Um das so gewonnene Salz von eingeschlossenen Quecksilberkügelchen und von Nitrat zu trennen, erhitzt man es mit einer reichlichen Menge Wasser einige Zeit zum Sieden. Hierbei zersetzt sich zwar das Nitrit zum Teil, ein anderer Teil aber geht unverändert in Lösung und scheidet sich beim Umrühren der heiſs filtrierten Lösung als feines Krystallmehl aus[2]).

Das Salz krystallisiert mit 1 Mol. Krystallwasser in gelben, prismatischen Krystallen, nach Holland[3]) triklin und von starker Doppelbrechung. Es zerfällt alsbald, namentlich auch zum Teil durch Wasser im Sinne der Gleichung $(NO_2)_2Hg_2 = (NO_2)_2Hg + Hg$[4]). Läſst man die durch hydrolytische Dissoziation des festen Salzes entstandene neutrale verdünnte Lösung von Merkuro- und Merkurinitrit bei gewöhnlicher Temperatur verdunsten, so scheiden sich nacheinander aus: un-

[1]) P. C. Ray, Zeitschr. anorg. Chem. **12**, 365; Chem. News **74**, 289; Chem. Centralbl. 1897, I, S. 159; Chem. Soc. J. **71**, 337; Chem. Centralbl. 1897, I, S. 965; Chem. Soc. Proc. **15**, 103; Chem. Centralbl. 1899, I, S. 1181. — [2]) Derselbe, Ann. Chem. **316**, 250. — [3]) T. H. Holland, Chem. News **74**, 289; Chem. Centralbl. 1897, I, S. 159. — [4]) L. L. de Coninck, Chem.-Ztg. **19**, 750; P. C. Ray, s. Note [1]).

verändertes Merkuronitrit, zwei basische Merkuromerkurinitrite und schliefslich basisches Merkurinitrit [1]). In die gleichen Produkte gehen die Krystalle des Merkuronitrits bei längerer Berührung mit der Mutterlauge, aus welcher sie sich abgeschieden haben, über. Durch Natriumnitrit erfolgt völlige Zersetzung zu Merkurinitrit und Quecksilber.

Merkuromerkurinitrite. Darstellung s. oben. Das zuerst sich ausscheidende α-Salz bildet kleine, orangefarbene Kugeln von der Zusammensetzung $5\,N_2O_3 . 9\,Hg_2O . 4\,HgO + 8\,H_2O$, das später abgeschiedene β-Salz tiefgelbe Aggregate von Nadeln der Zusammensetzung $N_2O_3 . Hg_2O . 2\,HgO . 2\,H_2O$ [1]).

Quecksilberoxydsalz, Merkurinitrit. Bei der Hydrolyse des Merkurosalzes entsteht schliefslich das basische Merkurisalz $5\,N_2O_3 . 12\,HgO . 24\,H_2O$ in schwach gelblichen Schüppchen [1]).

Rhodiumsalze. Es sind nur Doppelsalze des Rhodiumsesquioxydnitrits bekannt.

Rhodiumsesquioxyd-Baryumsalz, $3\,(NO_2)_2Ba, (NO_2)_6Rh_2$, wird aus Baryum-Rhodiumsesquichlorid und Silbernitrit erhalten. Es bildet ein weifses Krystallpulver, das unter dem Mikroskop zusammengesetzte Formen des regulären Systems aufweist (Lang).

Rhodiumsesquioxyd-Kaliumsalz, $6\,NO_2K, (NO_2)_6Rh_2$, wird beim Kochen von Rhodiumchloridlösung mit Kaliumnitrit als orangegelbes Krystallpulver gewonnen. Es ist sehr schwer löslich in Wasser, leicht in heifser Salzsäure und im Überschufs von Kaliumnitrit. Letztere Lösung färbt sich auf Zusatz von Schwefelammonium prachtvoll dunkelrot [2]). Daneben bleibt eine andere, durch Alkohol fällbare Verbindung in Lösung, in der durch Schwefelammon dunkelbraunes Schwefelrhodium erzeugt wird [3]).

Rhodiumsesquioxyd-Natriumsalz, $6\,NO_2Na, (NO_2)_6Rh_2$, wird analog der Kaliumverbindung erhalten. Es bildet ein weifses, anscheinend aus sehr kleinen, mikroskopischen Oktaedern bestehendes Pulver, ist selbst in kochendem Wasser schwer löslich und wird auch von konzentrierter Salzsäure in der Hitze nur langsam zersetzt, während Königswasser schnelle und vollständige Zersetzung bewirkt (Lang). Nach Gibbs [3]) entsteht aus Rhodiumsesquichlorid und Natriumnitrit nur ein lösliches Doppelsalz.

Rutheniumsalze. Das Rutheniumsesquioxyd-Kaliumsalz, $6\,NO_2K, (NO_2)_6Ru_2$ ist nach Gibbs [4]) ein in Wasser, Alkohol und

---

[1]) P. C. Ray, Zeitschr. anorg. Chem. 12, 365; Chem. News 74, 289; Chem. Centralbl. 1897, I, S. 159; Chem. Soc. J. 71, 337; Chem. Centralbl. 1897, I, S. 965; Chem. Soc. Proc. 15, 103; Chem. Centralbl. 1899, I, S. 1181. — [2]) Claus, J. pr. Chem. 34, 428. — [3]) W. Gibbs, Sill. Am. J. [2] 34, 341; JB. 1863, S. 290. — [4]) Ders., ebend. [2] 29, 427 u. 34, 344; JB. 1860, S. 217 u. 1863, S. 290.

Äther leicht lösliches Salz, das mit Schwefelammonium eine prächtigrote Lösung giebt. Nach Claus[1]) ist es schwer in Wasser, leicht in Kaliumnitrit löslich.

Joly und Leidié[2]) stellten ferner ein rotes Salz $(NO_2)_6Ru_2 . 4NO_2K$ und ein gelbes Salz $(NO_2)_4Ru_2O . 8NO_2K$ dar. Letzteres zerfällt im Vakuum bei 360 bis 440° explosionsartig in Stickstoff, Stickoxyd und einen Rückstand, welcher an Wasser NO_2K abgiebt, während ein schwarzer Körper von der Zusammensetzung $3Ru_2O_5 . K_2O$ zurückbleibt.

$(NO_2)_4Ru_2H_2 . 3NO_2K . 4H_2O$ entsteht nach Brizard[3]), wenn zu der verdünnten wässerigen, schwach mit Salzsäure angesäuerten Lösung des komplexen Doppelchlorids $(NO)Cl_3Ru_2H_2 . 3ClK . 2ClH$ allmählich Kaliumnitrit zugefügt wird, bis die Entwickelung nitroser Dämpfe aufhört. Aus der gelborange gewordenen Lösung scheiden sich dann beim Konzentrieren ebenso gefärbte Krystalle ab. Dieselben werden bei 100°, ohne weitere Zersetzung zu erleiden, wasserfrei. Erst etwas unterhalb 360° beginnen sie, sich zu schwärzen, und im Vakuum zerfallen sie bei 360° völlig zu Wasser, Stickstoff, Stickoxyd und einem Gemisch aus Kaliumnitrit und einer schwarzen, in heifsem Wasser unlöslichen, das gesamte Ruthenium und angeblich auch etwas Kalium enthaltenden Masse. In Wasser sind die Krystalle sehr leicht, in konzentrierter Kaliumchloridlösung beinahe gar nicht löslich. Die wässerige Lösung ist bei gewöhnlicher Temperatur sehr beständig. Salzsäure regeneriert langsam in der Kälte, rasch in der Siedehitze das als Ausgangsmaterial dienende Doppelchlorid.

Rutheniumsesquioxyd-Natriumsalze. Das Salz $(NO_2)_6Ru_2 . 4NO_2Na . 4H_2O$ bildet orangegelbe, klinorhombische Prismen. Das Salz $(NO_2)_4Ru_2O . 8NO_2Na$ wird beim Erhitzen im Vakuum auf 360 bis 440° in die Verbindung $3Ru_4O_9 . Na_2O$ verwandelt[2]).

Die alkalische Lösung des orangegelben Salzes, das aus Rutheniumsesquichlorid und Kaliumnitrit entsteht, giebt mit wenig farblosem Ammoniumsulfhydrat eine schöne karmesinrote Färbung. [Charakteristische Reaktion auf Ruthenium[4]).]

Silbersalz, NO_2Ag. Dasselbe wird durch Wechselzersetzung der Lösungen von Silbernitrat und Alkalinitrit gewonnen. Es entsteht auch beim Kochen von wässerigem Silbernitrat mit Silberpulver, unter Entwickelung von Stickoxyd[5]). Ferner beim vorsichtigen Schmelzen des Nitrats[6]); löst man das geschmolzene Salz in heifsem Wasser, so krystallisiert das Nitrit beim Erkalten; doch läfst sich eine vollkommene

---

[1]) Claus, J. pr. Chem. 34, 428. — [2]) A. Joly u. E. Leidié, Compt. rend. 118, 468; Ber. 27, 183 Ref. — [3]) Brizard, Compt. rend. 129, 216; Chem. Centralbl. 1899, II, S. 472. — [4]) W. Gibbs, Sill. Am. J. [2] 34, 341; JB. 1863, S. 290. — [5]) Proust, Gehl. J. 1, 508; J. Phys. 62, 211. — [6]) Persoz, Ann. Chem. 65, 177.

Umwandlung des Nitrats auf diese Weise nicht erreichen, da die Existenzfähigkeit des Nitrits in der Schmelze an das Vorhandensein des ersteren geknüpft ist; besonders reichlich bildet sich Nitrit beim Schmelzen eines Gemenges von Silbernitrat und Salpeter, wahrscheinlich infolge der Bildung von Silber-Kaliumnitrit.

Zur Darstellung mischt man nach V. Meyer[1]) am besten konzentrierte, warme Lösungen von 10 Tln. Kaliumnitrit und 16 Tln. Silbernitrat und kühlt dann ab; der gewaschene und abgesogene Niederschlag wird rasch im Wasserbade getrocknet.

Das Salz scheidet sich aus kalten Lösungen als ein aus zarten Prismen bestehendes Krystallpulver ab, aus heifsen Lösungen in zolllangen, wahrscheinlich triklinischen Prismen. Es löst sich nach Mitscherlich in 120 Tln., nach Fischer[2]) in 300 Tln. kaltem Wasser, reichlicher in heifsem. Geringe Mengen des Salzes erscheinen weiß, gröfsere gelblich.

Es verbindet sich mit Ammoniak. Eine derartige Verbindung scheint zuerst von Mitscherlich erhalten worden zu sein, nach dessen Angabe ein Ammoniaksilbernitrit sich aus der Lösung des Salzes in warmem, konzentriertem Ammoniak beim Erkalten in grofsen Krystallen abscheidet. Reychler[3]) hat ein Mono-, Di- und Triammoniaksilbernitrit beschrieben (s. unten).

Beim Erhitzen zersetzt sich das Salz, und zwar, wenn es im offenen Tiegel oder auf einem Uhrglase erhitzt wird, nach der Gleichung $3 NO_2Ag = N_2O_3 + 2 Ag + NO_3Ag$, bei gut bedecktem Tiegel aber nach der Gleichung $2 NO_2Ag = NO + Ag + NO_3Ag$; bei längerem Erhitzen in feuchter Atmosphäre oder in Wasserdampf auf 98 bis 140° findet fast vollständiger Zerfall statt nach der Gleichung $NO_2Ag = Ag + NO_2$[4]). Nach Günsberg[5]) entweicht bei behutsamem Erhitzen anfangs reines Stickoxyd, während unter gleichzeitiger teilweiser Abscheidung von metallischem Silber sich Silbernitrat bildet; bei stärkerem Erhitzen entsteht dann unter Zersetzung des Nitrats Untersalpetersäure.

Durch Einwirkung von trockenem Chlor entsteht neben Silberchlorid Nitrosylchlorid[6]).

Verbindungen mit Ammoniak:

Monoammoniaksilbernitrit, $NO_2Ag . NH_3$. Silbernitrit wird von Ammoniakflüssigkeit unter Wärmeentwickelung aufgenommen; nach kurzer Zeit scheiden sich aus dem Filtrate glänzende, gelbe Prismen ab und zwar, wenn mehr als 1 Mol. Ammoniak angewendet wurde, erst nach längerer Zeit, dann aber besonders schön. Die Krystalle

---

[1]) V. Meyer, Ann. Chem. 171, 23. — [2]) Fischer, Ann. Phys. 74, 115. — [3]) A. Reychler, Ber. 16, 2425. — [4]) E. Divers, Chem. Soc. J. [2] 9, [illegible]; Zeitschr. Chem. 1871, S. 254. — [5]) R. Günsberg, Wien. Akad. Ber. 68, [illegible] — [6]) W. Spring, Bull. Acad. Roy. de Belg. [2] 46, Juli 1878.

verlieren durch Übergiefsen mit Wasser oder Alkohol sofort ihren Glanz; meist sind sie nach allen Richtungen schön ausgebildet. In Wasser sind sie wenig, in Alkohol noch weniger, in Äther fast gar nicht löslich; sie schmelzen gegen 70° und erstarren beim Erkalten wieder krystallinisch. Beim Lösen wie beim Schmelzen entweicht Ammoniak, so dafs das Salz durch andauerndes Schmelzen vollständig zersetzt werden kann. Jodäthyl wirkt bei gewöhnlicher Temperatur unter mäfsiger Wärmeentwickelung ein, die Reaktion hört jedoch bald auf, so dafs die hierbei stattfindende Umsetzung, welche der Gleichung $2NO_2Ag.NH_3 + C_2H_5J = AgJ + NO_2C_2H_5 + NO_2Ag.(NH_3)_2$ entspricht, keine vollständige ist; hingegen verläuft bei mäfsiger Erwärmung die Reaktion glatt nach der Gleichung $NO_2Ag.NH_3 + C_2H_5J = AgJ + NO_2C_2H_5 + NH_3$; dabei entsteht neben Äthylnitrit stets auch das isomere Nitroäthan, ebenso bei Anwendung von Methyljodid neben Methylnitrit auch Nitromethan [1]).

Diammoniaksilbernitrit, $NO_2Ag.(NH_3)_2$, entsteht bei tüchtigem Durchschütteln von fein gepulvertem Monoammoniaksalz mit der berechneten Menge alkoholischer Ammoniaklösung und läfst sich aus der so erhaltenen Lösung nach der Filtration durch Äther als weifse Krystallmasse ausfällen. Es ist jedoch kaum trocken zu erhalten, da es an der Luft Ammoniak abgiebt und Wasser anzieht.

Triammoniaksilbernitrit, $NO_2Ag.(NH_3)_3$, wird durch Behandeln des Monoammoniaksalzes mit trockenem Ammoniakgas erhalten, wobei letzteres unter lebhafter, bis zum Schmelzen des Salzes steigender Wärmeentwickelung absorbiert wird. Es bildet eine weifse, zusammenhängende Masse, die in Wasser leicht löslich ist und an der Luft unter Freigabe von Ammoniak zerfliefst.

Silber-Kaliumsalz, $2(NO_2Ag, NO_2K) + H_2O$. Man löst Silbernitrat in überschüssiger Kaliumnitritlösung (Fischer); es scheidet sich dann, entweder sogleich oder nach einiger Zeit, das rhombisch-krystallinische Doppelsalz aus. Dasselbe ist gelblich, an der Luft beständig, zerfällt aber bei gelindem Erwärmen, ebenso auch bei Einwirkung von Wasser, zunächst in die Komponenten.

Silber-Magnesiumsalz, $NO_2Ag . 19(NO_2)_2Mg . 50H_2O$, vielfach verwachsene, strahlige, matt glänzende Krystalle, leicht löslich in Wasser. Die Lösung zersetzt sich schnell unter dem Einflusse des Lichtes [2]).

Strontiumsalz, $(NO_2)_2Sr$. Dasselbe kann aus dem Nitrat in entsprechender Weise wie das Baryumsalz erhalten werden, doch mufs alsdann, zur Ausscheidung des unangegriffenen Nitrats, sehr weit eingedampft werden. Man stellt es deshalb zweckmäfsiger durch Wechselzersetzung von Silbernitrit und Strontiumchlorid dar. Es krystallisiert in feinen, zerfliefslichen Nadeln oder, wenn die Lösung bei 90° ver-

---

[1]) A. Reychler, Ber. 17, 1840. — [2]) L. Spiegel, Chem.-Ztg. 19, 1423.

dunstet wird, in schönen, luftbeständigen Oktaedern, die 1 Mol. Krystallwasser enthalten [1]).

Zinksalze. Neutrales Salz, $(NO_2)_2Zn + 3H_2O$, wird durch Fällen von Zinkvitriol mit Baryumnitrit und Verdunsten des Filtrats im Vakuum als zerfliefsliche, auch in Weingeist lösliche Krystallmasse erhalten. Beim Eindampfen auf dem Wasserbade entsteht unter Entwickelung von Stickoxyd das basische Salz, $2ZnO, N_2O_3$ [1]).

Zink-Kaliumsalz, $2NO_2K,(NO_2)_2Zn + H_2O$, bildet nach Lang [2]) gelbe, zerfliefsliche, leicht zersetzliche Prismen.

Salpetrigsäureester, Alkylnitrite [3]).

Als Alkylnitrite bezeichnet man die Alkylsalze der salpetrigen Säure HONO, in welcher das Wasserstoffatom durch das organische Radikal vertreten ist. Diese Definition schliefst noch einige wenige Verbindungen, wie Dinitroxyde, ein, deren Einreihung unter die Salpetrigsäureester zwar noch bestritten ist, aber doch nicht vollständig ausgeschlossen werden kann. Im engeren Sinne des Wortes versteht man unter Salpetrigsäureester diejenigen Verbindungen, welche bei der Einwirkung der salpetrigen Säure auf die Alkohole gemäfs der Gleichung $ROH + HONO = RONO + H_2O$ resultieren, wofern nicht der Alkylrest direkt mit dem Stickstoff, wie bei den isomeren Nitrokörpern, sondern durch Vermittelung eines Sauerstoffatoms in Verbindung getreten ist. Es sind Ester von einwertigen bis dreiwertigen Alkoholen bekannt.

Nicht bekannt sind dagegen die Nitrite der polyvalenten Alkohole, wie Erythrit, Mannit u. s. w. Auch ist es nicht möglich gewesen, bei den Glykolen und Glycerinen eine teilweise Esterifikation herbeizuführen, da immer sämtliche Hydroxylgruppen durch den Salpetrigsäurerest ersetzt werden.

Alle Alkylnitrite lassen sich erhalten, indem man die Dämpfe von Stickstofftrioxyd (am leichtesten durch Einwirkung von Salpetersäure von 1,33 spezif. Gew. auf Arsentrioxyd zu erhalten) in die auf 0° abgekühlten Alkohole oder Verbindungen mit alkoholischer Funktion einleitet. Die Esterifikation ist nicht schwierig bei den gesättigten Alkoholen der Fettreihe, delikater bei den mehratomigen Alkoholen und aufserordentlich difficil beim Allylalkohol und Furfuralkohol. Nach Witt [4]) mischt man eine verdünnte wässerige Lösung von Natriumnitrit mit etwas mehr als der theoretischen Menge Alkohol und läfst dann in der Kälte verdünnte Schwefelsäure einfliefsen.

Am zuverlässigsten und wegen seiner bequemen Ausführbarkeit

[1]) Hampe, Ann. Chem. 125, 334. — [2]) Lang, Ann. Phys. 118, 282; JB. 1862, S. 100. — [3]) Wesentlich nach Bertoni, Neues Handwörterbuch der Chemie (Fehling) 6, 1178 ff. — [4]) O. N. Witt, Ber. 19, 915.

auch als Vorlesungsversuch geeignet vollzieht sich der Prozeſs durch doppelte Umsetzung von Glycerintrinitrit mit der abgewogenen Menge des zu esterifizierenden Alkohols[1]. Diese Umsetzung geht beim Methylalkohol ganz glatt von statten, beim Äthylalkohol bleibt die Ausbeute ein wenig unterhalb der theoretischen und nimmt um so mehr ab, je höher das Molekulargewicht und je abweichender die physikalischen Eigenschaften (Siedepunkt, Löslichkeit u. s. w.) werden.

Interessant ist auch die Bildung der Alkylnitrite durch Einwirkung der salpetrigen Säure auf die primären Amine, welche zuerst in den entsprechenden Alkohol und dann durch den Überschuſs der salpetrigen Säure in das Nitrit übergehen[2].

Nach den sorgfältigen Untersuchungen von V. Meyer und Fr. Forster[3] tritt entgegen den Behauptungen von Linnemann und Siersch bei Zersetzung des salpetrigsauren Propylamins nicht nur normaler Propylalkohol, sondern auch Isopropylalkohol, sowie Propylen auf, während aus salpetrigsaurem Isopropylamin nur Isopropylalkohol neben wenig Propylen sich bildet. Das Verhältnis des sekundären zum primären Propylalkohol ist etwa 42,2 : 57,8; das Verhältnis des Propylens zum Alkoholgemisch etwa 1,2 : 4. Das Auftreten von Isopropylalkohol bei der Zersetzung von normalem Propylamin erklärt sich ungezwungen aus der Bildung des Propylens, von welchem sich ein Teil wieder mit Wasser zu Isopropylalkohol vereinigt.

Die Salpetrigsäureester bilden sich auch bei der Einwirkung der Alkyljodide auf Silbernitrit oder auch Merkuronitrit[4] neben den isomeren Nitroparaffinen. Vermutlich entstehen diese Salpetrigsäureester in der Weise, daſs sich ein Teil des Jodids während der Reaktion zersetzt in Alkylen und Jodwasserstoff. Der letztere wirkt auf das Silbernitrit unter Bildung von salpetriger Säure ein, welche sich sofort an das Alkylen anlagert und dasselbe in ein Nitrit verwandelt. Je gröſser bei dem Jodid die Tendenz ist, in Jodwasserstoff und Olefin zu zerfallen, um so mehr Salpetrigsäureester wird gebildet werden. Die Ausbeute an Nitrokohlenwasserstoff ist bei Anwendung von Methyljodid fast die theoretische, da CH_2 nicht existieren kann; bei den anderen primären Alkyljodiden ist sie befriedigend, bei den sekundären verhältnismäſsig gering und bei den tertiären sehr gering, während umgekehrt die Menge der Salpetrigsäureester zunimmt. Es verdient bemerkt zu werden, daſs bei der Reaktion von normalem Propyljodid auf Silbernitrit sich sowohl das normale als auch das Isopropylnitrit bildet, weil bei der Anlagerung der Rest der salpetrigen Säure ONO sich vorzugs-

---

[1] Bertoni, Rendiconti R. Istituto Lombardo, Aprile 1885, p. 999; 1894, Aprile 12. — [2] Linnemann u. Siersch, Ann. Chem. **144**, 143; **150**, 370; **161**, 47. — [3] Meyer u. Forster, Ber. **9**, 535. — [4] Ray, Chem. News **74**, 289; Chem. Soc. Proc. **15**, 239; Chem. Centralbl. 1897, I, S. 159 u. 1900, I, S. 278.

weise mit dem weniger Wasserstoff enthaltenden Kohlenstoff verbindet[1]. Da die Nitrite der primären Alkohole durch die Wirkung der Wärme sich in Olefine und in salpetrige Säure dissoziieren, so werden sie bei wieder erfolgter Erniedrigung der Temperatur zum Teil in die Nitrite der sekundären bezw. tertiären Alkohole umgewandelt werden; daher kommt auch die Schwierigkeit, sie vollständig rein zu erhalten, während sich andererseits die Beständigkeit der tertiären Nitrite daraus erklärt.

Bei der Einwirkung von Silbernitrit auf Alkyljodid beobachtete Kissel[2], dafs noch eine dritte isomere Verbindung auftritt, deren Siedepunkt zwischen dem des Nitrokörpers und dem Nitrit liegt, und die mit Natriumäthylat eine weifse Verbindung bildet, welche teilweise dem Natriumderivat des Nitroäthans gleicht.

Die Konstitution der Alkylnitrite ist sowohl durch ihre Bildung als auch durch ihre Eigenschaften genügend charakterisiert. Wie jedoch schon angeführt wurde, giebt es Körper, welche nicht die ausgesprochenen Eigenschaften der reinen Salpetrigsäureester zeigen und doch als solche betrachtet werden müssen, da sie bei der Reduktion nur Ammoniak und keine organische Base liefern. Tönnies[3] und Werner[4] haben gezeigt, dafs die ungesättigten Kohlenwasserstoffe bei der Vereinigung mit salpetriger Säure, N_2O_3, Verbindungen liefern, welche zur Hälfte aus Nitrosoderivat, zur Hälfte aus Salpetrigsäureester bestehen.

In den Nitrositen nehmen Wallach[5] und Angeli[6] die einwertige Nitritgruppe ONO an, V. Meyer[7], Mendelejeff[8], Richter[9], Basset[10], Semenoff[11], Guthrie[12], Henry[13], Kekulé[14], Kolbe[15], Anschütz und Romig[16], Lippmann und Hawliczek[17], Kane[18] u. a. sind geneigt, für die Dinitroxyde der Olefine und die wenigen damit verwandten Verbindungen die Konstitution $R''\left\langle\begin{matrix}ONO\\NO_2\end{matrix}\right.$, also zum Teil Salpetrigsäureester, zum Teil Nitroderivate anzunehmen, ohne dafs es möglich wäre, die charakteristischen Kennzeichen der ONO-Verbindungen darin zu erkennen.

Die Alkylnitrite sind Flüssigkeiten von schwach gelber Farbe, die

---

[1]) Tscherniak, Ann. Chem. 180, 157. — [2]) Kissel, Journ. d. russ. phys.-chem. Ges. 1882, 1, 226. — [3]) Tönnies, Ber. 13, 1846; 20, 2983. — [4]) Werner, Beiträge zur Kenntnis der Einwirkung der salpetrigen Säure auf Anethol, Inaug.-Dissert., Bern 1885. — [5]) Wallach, Ber. 20, 631 Ref.; 24, 1535; Ann. Chem. 241, 288. — [6]) Angeli, Ber. 25, 1956. — [7]) Meyer, Ann. Chem. 171, 1; 175, 88; 180, 111. — [8]) Mendelejeff, Ber. 3, 990. — [9]) Richter, ebend. 4, 467. — [10]) Basset, Zeitschr. Chem. 1864, S. 281. — [11]) Semenoff, ebend. 1864, S. 129. — [12]) Guthrie, Ann. Chem. 119, 83. — [13]) Henry, Ber. 2, 279. — [14]) Kekulé, ebend. 2, 334. — [15]) Kolbe, ebend. 2, 327. — [16]) Anschütz u. Romig, JB. 1886, S. 671. — [17]) Lippmann u. Hawlizek, Ber. 9, 1463. — [18]) Kane, Traité de Chim. Org. de J. Liebig 1843, p. 316.

später, besonders beim Erwärmen, grünlich oder rötlich wird. Ihr Geruch ist eigentümlich, zum Teil angenehm, durchdringend; beim Einatmen wirken sie giftig durch die vorhandene ONO-Gruppe, welche leicht an das Blut abgegeben wird.

Die Nitrite der einwertigen Alkohole sind relativ beständiger als die der mehrwertigen; sie sind (hauptsächlich die der primären und sekundären Alkohole) der Autoxydation unterworfen, namentlich, wenn Wärme und Licht gleichzeitig mitwirken können. Einmal eingeleitet, kann diese Zersetzung in einigen Fällen mit solcher Schnelligkeit und solcher Wärmeentwickelung erfolgen, dafs eine Explosion eintritt. Dies kann auch von selbst bei gewöhnlicher Temperatur stattfinden, wenn z. B. die Aufbewahrung in zugeschmolzenen Röhren erfolgt. Allylnitrit kann auch ohne äufsere Ursache explodieren, selbst wenn es in einer nur mit Baumwolle lose verschlossenen Flasche aufbewahrt wird.

Durch die Einwirkung der Wärme färben sie sich braunrot wegen der Wirkung des Luftsauerstoffs auf Stickoxyd. In indifferenter Atmosphäre ist die Färbung weniger intensiv und beim Abkühlen geht sie wieder in Hellgelb zurück. Die bei niederer Temperatur siedenden Nitrite destillieren unverändert, die anderen dissoziieren sich zum Teil in rote Dämpfe, Olefine und in verschiedene Oxydationsprodukte (Aldehyde, Ketone, Säuren u. s. w.).

Der Siedepunkt der Nitrite liegt zum gröfsten Teil viel tiefer als der des entsprechenden Alkohols. Besonders die ersten Glieder einer jeden Alkoholreihe zeigen diese Eigenschaften in einer so bestimmten und bis zu einem gewissen Punkte regelmäfsigen Weise, dafs von Bertoni auf Grund dieser Erfahrung für manche solcher bisher für Nitrite gehaltenen Verbindungen, wie Äthylennitrit, Allylnitrit, u. s. w., die Nitritnatur geleugnet und durch die Darstellung der wahren Salpetrigsäureester dieser Alkohole [1]) mittelst der Methode der doppelten Umsetzung Irrtümer berichtigt werden konnten, welche bis dahin unbeanstandet in alle chemischen Handbücher übergegangen waren [2]). Der Siedepunkt der Nitrite liegt auch viel niedriger als der der isomeren Nitrokohlenwasserstoffe.

Das spezifische Gewicht der Salpetrigsäureester ist stets um etwa 0,08 höher als das ihrer zugehörigen Alkohole. Die Schwierigkeit, sie rein darzustellen und aufzubewahren, hat bis jetzt ein genaues Studium der physikalischen Eigenschaften nicht gestattet. Die Verbrennungs- und Bildungswärme der wichtigsten Nitrite ist nach Thomsen [3]):

	Verbrennungswärme	Bildungswärme
C_2H_5 ONO	3347 C.	306 C.
Iso-C_4H_9 ONO	6477 „	478 „
Iso-C_5H_{11}ONO	8126 „	481 „

[1]) Bertoni, Ann. Phys. Beiblätter 8, 427; Arch. sciences phys. nat. 1886, p. 27. — [2]) W. Körner, Gazz. Uff. R. d'Italia 1888, p. 4665. — [3]) Thomsen, Thermoch. Unters., Leipzig 1882 bis 1886.

Bei der Verbrennung bilden sich immer gewisse Mengen von Salpetersäure, welche besonders bestimmt und in Rechnung gebracht werden müssen; auch schreibt Thomsen wegen der Schwierigkeit der Reindarstellung den letzten Werten nur einen geringen Grad von Genauigkeit zu. Bezüglich anderer physikalischer Eigenschaften, wie spezifische Zähigkeit, Brechungsexponent, s. Landolt und Börnstein, Physikalisch-chemische Tabellen.

Die Salpetrigsäureester sind sehr wenig löslich in Wasser, leicht löslich in Äther, Chloroform, Schwefelkohlenstoff, Essigäther u. s. w., sowie in demjenigen Alkohol, von welchem sie sich ableiten. Methyl- und Äthylalkohol mit den höheren Nitriten zusammengebracht, werden augenblicklich in ihre Nitrite umgewandelt. Es tritt eine wahre Metathesis der organischen Radikale ein, welche sowohl die Diagnose eines Nitrits, als auch die Überführung dieses in den ursprünglichen Alkohol[1]) ermöglicht. Kalte, schwach alkalische, wässerige Lösungen verändern sie nur langsam, konzentrierte und speziell heiße alkoholische Lösungen zersetzen sie rasch. Jedoch beobachtet man, daß bei dieser Reaktion die Umsetzung zwischen dem Nitrit und dem als Lösungsmittel angewendeten Äthylalkohol zusammenwirkt. Bei Anwendung von starkem alkoholischen Kali auf Amylnitrit entsteht gleichzeitig Amyläthyläther[2]). Beim Erhitzen der Ester mit Ammoniak auf 180° zerfallen sie in den entsprechenden Alkohol, Stickstoff und Wasser.

Von Salzsäure und besonders von rauchender Bromwasserstoffsäure werden die Nitrite leicht verseift. Acetylchlorid setzt sich mit Nitriten um zu Essigsäureestern und Nitrosylchlorid[3]).

Natrium wirkt anfangs schwach, dann sehr stürmisch ein, so daß mitunter Explosion erfolgt; in einer verdünnten ätherischen Lösung verläuft die Zersetzung ruhiger; es entweicht Stickstoff oder bei wenig Natrium Stickoxyd und es hinterbleibt Natriumalkoholat. Beim Erwärmen mit Natriumamalgam und Wasser entsteht Ammoniak und regenerierter Alkohol. Verdünnte alkoholische Lösungen der Alkalien verseifen den Ester, und nach dem Verjagen des Alkohols kann man im Rückstande die salpetrige Säure leicht nachweisen[4]). Auch die Alkylnitrite selbst geben die Reaktionen der salpetrigen Säure, sie scheiden aus einer mit Schwefelsäure schwach angesäuerten Lösung von Jodkalium freies Jod ab. Mit Ferrosulfat verhalten sie sich wie ein salpetrigsaures Salz; es entsteht nach kurzer Zeit an der Berührungsfläche der beiden Flüssigkeiten eine grünbraune Zone. Bei Verwendung von Eisenoxydulhydrat zur Reduktion von Alkylnitriten entweichen $^2/_3$ des vorhandenen Stickstoffs in Form von NO und N, den Rest erhält man als NH_3, Alkylamin und eine Substanz von durchdringendem

---

[1]) Bertoni; Rendiconti l. c. 1895. p. 823. — [2]) Chapman u. Smith, JB. 1866, S. 529, 1867, S. 547; 1868, S. 172. — [3]) Henry, Bull. soc. chim [3] 8, 954; Bull. Acad. Roy. de Belg. [3] 23, 148; Ber. 25, 463 Ref. — [4]) Barfoed in Vortmann (s. daselbst).

Zwiebelgeruch. Bei gleichzeitiger Anwendung von Kalihydrat entsteht eine beträchtliche Menge von Kaliumhyponitrit[1]). Reduktionsmittel, wie Schwefelwasserstoff[2]), Zink und Salzsäure bei Gegenwart von Alkohol, zersetzen die Alkylnitrite unter Bildung von Alkohol und Ammoniak:

$$RONO + 3\,H_2S = NH_3 + ROH + H_2O + 3\,S.$$

Mischt man eine alkoholische Lösung des Nitrits mit Natriummonosulfidlösung, so färbt sich diese infolge der Bildung von Mehrfach-Schwefelammonium gelbbraun, und beim Kochen entweicht Ammoniak. Bringt man in ein Probierröhrchen einige Tropfen Alkylnitrit und schüttet eine Mischung von Natronkalk und Zuckerkohle in hoher Schicht darauf, so entweicht beim Erwärmen des nahezu wagerecht gehaltenen Röhrchens mit Wasser und Alkoholdämpfen auch Ammoniak. Fügt man zu einer wässerigen Lösung von Kupfernitrat, die man mit einigen Tropfen Kalilauge bis zur beginnenden Trübung versetzt und dann mit Natriumacetatlösung verdünnt hat, eine alkoholische Lösung des Alkylnitrits, so geht die blaugrüne Farbe der Lösung bei einem bestimmten Zusatz an letzterem in Grün über[3]). In Eisessig sind die Alkylnitrite leicht löslich, beim Kochen entweicht Stickoxydgas unter Bildung von Alkylacetat. Konzentrierte Schwefelsäure ruft eine heftige, mitunter von Entzündung begleitete Reaktion hervor. Mit 2 Vol. Wasser verdünnte Schwefelsäure zersetzt die Ester unter Bildung von Stickoxyd und Oxydationsprodukten der Alkylreste. Phosphorpentoxyd wirkt lebhaft ohne Gasentwickelung ein unter Bildung einer braunen festen Masse, welche bei der Destillation mit Kalilauge in Ammoniak, Essigsäure und andere organische Säuren zerfällt. Kaliumbichromat und Schwefelsäure wirken oxydierend auf den Alkylrest. Beim Erhitzen mit konzentrierter Chlorzinklösung entstehen unter reichlicher Gasentwickelung (N, NO) Oxydationsprodukte, wie Aldehyd u. s. w. Acetylchlorid, Phosphortri-, -penta- und -oxychlorid wirken unter Bildung von Nitroxylchlorid, NO_2Cl, und Alkylchloriden ein; eine Reaktion, die man benutzen kann, um die Unterschiede der Konstitution der Nitrite und der Nitroderivate durch einen Vorlesungsversuch zu zeigen. Chloracetyl löst die Nitroderivate und die Nitrite auf, bei der Destillation erhält man die ersteren unverändert wieder, während die Nitrite sich unter Entwickelung roter Dämpfe zersetzen. Die Einwirkung findet auch in der Kälte statt[4]).

Zur Bestimmung der Nitrite zersetzt man nach Eykman[5]) dieselben mit einer sauren Lösung von Ferrosulfat und fängt das Stickoxyd über Wasser auf: $2\,SO_4Fe + SO_4H_2 + 2\,RONO = (SO_4)_3Fe_2$

[1]) Dunstan u. Dymond, Ber. 21, 141 Ref. — [2]) Kopp, Ann. Chem. 64, 321. — [3]) Miller, Zeitschr. analyt. Chem. 1867, S. 289; Anleit. zur chem. Anal. org. Stoffe v. Vortmann, S. 184. — [4]) Henry, Bull. Acad. Roy. de Belg. [3] 23, 148. — [5]) Eykman, New Remedies, Mai 1882.

$+ 2 ROH + 2 NO$. Dymond[1]) wendet statt Wasser eine sehr verdünnte Natronlauge an, Miller[2]) gründet auf das Verhalten des Äthylnitrits zu Kupfernitratlösung ein Verfahren zur kolorimetrischen Bestimmung des Esters im käuflichen Produkt. Eine genauere Methode ist von Dott[3]) angegeben. Dieselbe beruht auf dem Verhalten des Alkylnitrits zu Jodkalium und Schwefelsäure, wobei der Ester nach der Gleichung $RONO + JK + SO_4H_2 = SO_4KH + ROH + NO + J$ zersetzt wird, so dafs das Jod durch Natriumthiosulfatlösung titriert, oder nach Allen[4]) das NO im Nitrometer von Lunge gemessen werden kann.

Die käuflichen Alkylnitrite sind stets eine Mischung des reinen Esters mit verschiedenen Produkten, wie Wasser, Alkohol, Aldehyd u. s. w. Die Gegenwart des Wassers erkennt man mittelst wasserfreien Kupfersulfats, den Aldehyd an der Braunfärbung beim Erwärmen mit Kalilauge, wie an der Reduktion einer ammoniakalischen Silbernitratlösung. Zur Erkennung anderer Ester, z. B. der Essigsäure, Valeriansäure u. s. w., behandelt man das käufliche Nitrit mit Schwefelalkalien bis zur völligen Zersetzung des Nitrits, fällt mit Kupfersulfat den Überschufs des Sulfürs und destilliert den Ester ab, der dann weiter untersucht werden kann[5]).

Über die Anwendung der Alkylnitrite s. unter Äthyl- und Amylnitrit.

Die physiologischen Wirkungen verschiedener Ester verglichen Cash, Dunstan und Leech[6]).

Wegen des besonderen Interesses, das der Äthylester und der Isoamylester bieten, sei die ausführliche Beschreibung dieser Verbindungen nach Bertoni hier wiedergegeben, um so mehr, als ihre Geschichte für die der Alkylnitrite im allgemeinen bedeutsam ist.

Äthylester, Äthylnitrit, *Aether nitrosus aethylicus*, *Naphta nitri*. Die Entdeckung dieses Esters kann man Raymundus Lullius[7]) zuschreiben, welcher im Jahre 1280 zuerst die heftige Einwirkung des „*aqua fortis acuta*“ auf Weingeist beobachtete, ohne jedoch den Ester selbst zu erhalten, der in dem Überschusse des Weingeistes verborgen blieb. In der Folge erwähnen andere Experimentatoren [Paracelsus[8]), Basilius Valentinus[9])] ein Produkt, das sie „*Spiritus nitri dulcis seu dulcificatus*“ nannten, und das nichts anderes als das Rohprodukt der Reaktion zwischen der Salpetersäure und dem Weingeist ist. Erst

---

[1]) Dymond, JB. 1884, S. 101. — [2]) Miller, Zeitschr. analyt. Chem. 1867 S. 289; Anl. zur chem. Anal. org. Stoffe v. Vortmann, S. 184. — [3]) Dott, Ber. 18, 303 Ref. — [4]) Allen, Journ. Soc. Chem. Ind. 4, 178. — [5]) Vortmann, Anleit. zur chem. Analyse org. Stoffe, S. 183 bis 187. — [6]) Lond. Roy. Soc. Proc. 49, 314; Ber. 24, 918 Ref. — [7]) F. Hoefer, Histoire de la Chimie 1, 400. — [8]) Frémy, Encyclop. d. Chimie, 3. Lief., Éthers par Leidié 7, 205. — [9]) Macquer-Scopoli, Dizionario di Chimica, Pavia 1783, 4, 427

Hugens und Papin[1]) zeigten 1695, dafs, wenn man Weingeist und Salpetersäure unter der Glocke der Luftpumpe mische, eine elastische Flüssigkeit sich bilde, von welcher Boyle[2]) nachwies, dafs sie entzündlich ist; doch geht aus seinen Angaben nicht hervor, dafs ihm die Trennung des reinen Esters gelungen ist. Auch Hierne[3]), welcher gegen 1673 die Untersuchung der bei der Einwirkung der Salpetersäure auf Weingeist entstehenden Produkte wieder aufnahm, beschränkte sich dabei mehr auf die in der Retorte zurückbleibenden als auf die flüchtigen Produkte. Als der wahre Entdecker des Äthylnitrits ist Kunckel[4]) anzusehen, welcher im Jahre 1681 in einem Briefe an Voigt die Verbindung mit folgenden Worten beschreibt: „Bei dieser Destillation scheidet sich ein Oleum ab, das so subtil ist, dafs es sich leicht verflüchtigt und, angezündet, mit einem sehr hellen Lichte verbrennt.“ Diese Entdeckung blieb am Anfang unbeachtet, hernach, als man die medizinische Wirkung des Produkts erkannte, wurde auch das Studium darüber wieder aufgenommen, so dafs Stahl und Becher[5]) im Jahre 1715 seine Darstellung als eine bekannte Sache, jedoch noch unter dem Namen „*Spiritus nitri dulcis*“ erwähnen und bemerken, dafs man den Äther als solchen nicht als Medikament benutzen könne, sondern dafs es nötig sei, die „*asperitas subadstringens*“ mittelst „*copiose spiritu vini obsaturare*“, und Boerhave[6]) beschreibt 1732 ausführlich ein Verfahren zur Darstellung des Äthylnitrits, sowie seine therapeutischen Eigenschaften so klar und deutlich, dafs man noch heute aus dem Lesen dieser Abhandlung Nutzen ziehen kann. Gleichzeitig dehnten Silvius[7]), Slarius[8]) und ein in Paris lebender italienischer Anonymus[9]) den Gebrauch desselben „*pour différentes maladies*“ aus, immer jedoch unter der Form des *Naphta nitri*, d. h. gelöst in dem zu seiner Bereitung dienenden überschüssigen Alkohol. Die praktische Anwendung dieser Lösung des Nitrits in Alkohol brachte es mit sich, dafs man den wahren Äther aus dem Gesichte verlor, und dafs nur der *Spiritus nitri dulcis* als pharmazeutisches Präparat übrig blieb.

Snellenius, Erzleben, Poerner, Hagen, Helvetius u. a. sprechen darüber in ihren Werken nur in dem erwähnten Sinne[10]).

Ch. J. Geoffroy[11]), welcher 1726 die verschiedenen Arten der

[1]) Hugens u. Papin, Philosoph. Transact. 1675. — [2]) R. Boyle, Opera omnia, Venetiis 1697, 1, 394; 3, 176, 322, 378, 513. — [3]) Hierne (1672), Actorum, Chemicorum Holmensium cum annotationibus Joh. Gotschalk Wallerius, Stock Holmiae 1753. — [4]) J. Kunckel von Löwensterns Curiose chemische Tractätlein, Frankfurt u. Leipzig 1721, S. 167 bis 168. — [5]) Stahl, Opuscolum Chymico-Physico-Medicum, Halae Magdeburgicae 1715, p. 551; 1737, p. 290 bis 291. — [6]) H. Boerhaave, Elementa Chemiae (Venetiis) 1737, 2, 218 bis 219. — [7]) Silvius in Boerhaave, l. c. — [8]) Slarius, Act. Soc. Reg. Comp. 3, 358; Boerhaave, l. c. — [9]) Italiano anonimo, Mémoires de l'Acad. Royale des Sciences 1734. — [10]) Die Litteratur zu diesen Autoren findet sich in dem oben angeführten Dizionario di Chimica von Macquer-Scopoli. — [11]) C. J. Geoffroy, Histoire de l'Académie Royale des Sciences 1726, u. Mémoires de l'Acad. Roy. d. Sc. 1742, p. 388.

Entzündung ätherischer Öle untersuchte und viele flüchtige Prinzipien in Berührung mit *„anima nitri“* (rauchender Salpetersäure) brachte, sowie gleichzeitig Duhamel und Grosse[1]), als auch Hellot[2]), Pott[3]) haben durch ihre Untersuchungen über die Ursache der roten Farbe der salpetrigen Dämpfe und deren Wirkung auf die verschiedensten Substanzen, darunter auch Alkohol, das Ihrige zur Charakterisierung des Äthylnitrits beigetragen. Der Umstand, dafs zu dieser Zeit von Frobenius[4]) der Schwefeläther wieder entdeckt wurde, brachte es mit sich, dafs das Studium der Einwirkung von Säuren auf den Alkohol weiter ausgedehnt wurde. Derselbe Frobenius verband sich zu diesem Zwecke in London mit Godfrey Hauckwitz[5]), Schüler und Mitarbeiter von Boyle. Jedoch erst vom Jahre 1742 an, als der Arzt Navier zu Châlons sur Marne das Äthylnitrit aufs neue entdeckte, nahm dasselbe seine definitive Stellung in der chemischen Litteratur ein. Navier[6]), in dem Bestreben, *„une teinture antispasmodique“* ähnlich dem Liquor von Frobenius (*Aether sulfuricus*) darzustellen, brachte *„de l'esprit de vin et de l'esprit de nitre“* zusammen und schlofs dieses Gemisch in eine hermetisch verschlossene Flasche ein. Nach neun Tagen sah er aus der Mischung eine etwa $^1/_6$ des Volums betragende Schicht sich oben ansammeln, welche er als *„huile éthérée nitreuse sans le secours du feu“* bezeichnete. Diese Mitteilung wurde 1742 von Duhamel der französischen Akademie vorgelegt. Die Sonderbarkeit und Einfachheit des Navierschen Verfahrens erregte die Neugierde vieler Chemiker und trug zu einer Menge von neuen Beobachtungen über diese Substanz bei.

Duhamel fügte schon bei dem Referate der Mitteilung von Navier hinzu, dafs Rouel[7]) über denselben Gegenstand eine Arbeit gemacht habe, die einer besonderen Erwähnung würdig sei, und im Jahre 1746 veröffentlichte Sebastiani[8]) dieselbe Wahrnehmung, ohne, wie versichert wird, von Naviers Versuch etwas zu wissen. Von diesem Zeitpunkte an beginnt für den Salpetrigsäureäthylester eine Litteratur, reich an den verschiedensten Methoden, um ihn darzustellen. Wallerius[9]), Baume[10]), Henkel[11]), Spielmann[12]), Black[13])

---

[1]) Duhamel et Grosse, Histoire de l'Académie Royale des Sciences 1734, p. 41; 1742, p. 379. — [2]) J. Hellot, Mémoires de l'Acad. Roy. d. Sc. 1734, p. 23; 1739, p. 62. — [3]) Pott, De acido nitrico vinoso Macquer-Scopoli, Dizion. citato (1732). — [4]) Frobenius, Transactions Philos. 1730, p. 413; 1733, p. 428. — [5]) Godfrey Hauckwitz, ebend. — [6]) P. T. Navier, Mémoires de l'Acad. Roy. d. Sc. 1742, p. 380. — [7]) Rouelle, ebend. 1742, p. 388. — [8]) G. H. Sebastiani, De nitro et modo cum eius acido oleum naphthae parandi, Erfurt 1746, p. 35. — [9]) Vallerius, Disputatio Academica 15, § 18. — [10]) A. Baume, Dissertation sur l'Éther, Paris 1757. — [11]) M. G. Henkel, De naphtha nitri per ignem elaboranda (1761) in Flückiger, Chimie Pharm. trad. de Gigli 1882, p. 112. — [12]) J. R. Spielmann, Institutionis Chym. (1750) Exper., p. 44. — [13]) Black, beschrieben von Fischer in Bayer. Akad. (1769) 1, 391.

lehrten ihn durch Destillation nach einem Verfahren zubereiten, das viele Jahre lang bevorzugt wurde; Mitouard[1]), Bogues[2]) gaben ihre Resultate an, die sie bei Anwendung von mehr oder weniger starker Salpetersäure in der Wärme oder in der Kälte erhalten hatten; D'Ayen[3]) fand darin gewöhnlich einen Gehalt von überschüssiger, salpetriger Säure vor; Landriani und der Graf Saluzzo[4]) zeigten, dafs mit Alkalien kein Salpeter entsteht; Bucquet[5]), Bergmann[6]) und D'Arcet[7]) erkannten, dafs beim Verdampfen des von der Bereitung des Esters herrührenden Rückstandes die Anfang des 18. Jahrhunderts von Hiaerne[8]) beschriebenen Krystalle erhalten werden, welche schon von Hermstadt[9]) aus Oxalsäure bestehend erkannt wurden, was von Guyton de Morveau[10]) bestätigt wurde. Zu dieser Zeit ergehen sich einige Chemiker, wie Hagen[11]), Dehne[12]), in theoretischen Betrachtungen über die ölige Natur des Körpers; andere, wie Hausbrand[13]), Crell[14]), Macquer[15]), Voigt[16]), Westrumb[17]), Woulfe[18]), Scopoli[19]), Kunsemüller[20]), Pelletier[21]), Ballen[22]), Tielebein[23]), fanden neue Mittel zur Reinigung, neue Eigenschaften und Anwendungen auf. Ungeachtet so vieler Modifikationen wurde die Bereitung des Nitrits von allen angeführten Autoren stets für gefährlich gehalten, wie es namentlich aus einer Mitteilung von Boyle[24]) (*Explosionis ejusdam facti per commixtionem spiritum vini et nitri*) hervorgeht. Die vorgeschlagenen Bereitungsmethoden hatten einen praktischen Wert nur in den erfahrenen Händen des Autors selbst. Die wissenschaftliche Untersuchung war noch von der Anschauung beeinflufst, welche man sich zu dieser Zeit über die Zusammensetzung und Natur der Körper machte. Die leichtere Darstellung dieses Äthers im Vergleich mit dem Schwefeläther, die starke Wärmeentwickelung bei der Einwirkung, die Thatsache, dafs man mehr Äther erhalten konnte, als Säure angewandt wurde, das Auftreten von Essigsäure, die Annahme, dafs die Wirkung der Salpetersäure nur in der Abscheidung der öligen

---

[1]) Mitouard, Journ. de Phys. par Rozier (1770) **1**, 473. — [2]) Bogues, ebend. (1773) **1**, 478. — [3]) D'Ayen, Dizionario Macquer-Scopoli, l. c. (1773), p. 441. — [4]) Landriani-Saluzzo, ebend., l. c. (1770), p. 411. — [5]) Bucquet, Système des Connaissances Chimiques de Fourcroy (1773) 1801, **8**, 172. — [6]) Bergmann, Journ. de Phys. de Rozier (1784) **25**, 352. — [7]) D'Arcet, ebend. — [8]) Hiaerne, Système des Connaiss. de Fourcroy (1680) **8**, 172. — [9]) Hermstadt, ebend., l. c. — [10]) Guyton de Morveau, Éléments de Chymie (1777) **3**, 326. — [11]) Hagen, Lehrb. d. Apothekerkunst, § 404, S. 8. — [12]) Dehne, Neueste Entdeckungen von Crell **8**, 21. — [13]) Hausbrand, De acidorum nitrosi..., ebend. **7**, 259. — [14]) Lorenz Crell, ebend. — [15]) Macquer, Dictionnaire de Chimie **1**, 552. — [16]) Voigt, Dizionario di Klaproth e Wolff, **2**, Aether. — [17]) Westrumb, ebend. (1780). — [18]) Woulfe, Journ. de Phys. par Rozier (1784) **25**, 352. — [19]) Scopoli, Dizionario, l. c., p. 437. — [20]) Kunsemüller, Crells Ann. (1790) **1**, 218, 312. — [21]) Pelletier, Journ. Phys. par Rozier (1773) **1**, 473. — [22]) Ballen, Crells Ann. (1787) **1**, 531. — [23]) Tielebein, ebend. 1786, S. 37. — [24]) Boyle, Opera omnia **3**, 176.

Substanz aus dem Weingeist bestehe, die Behauptung von Fiedler[1]), dafs sich Wasserstoff und schweflige Säure entwickele, und andere ähnliche Fragen waren es, über die man damals hauptsächlich diskutierte, und auch als die Chemie durch die Entdeckung der Zusammensetzung der Luft, des Wassers, der Säuren u. s. w. von einer Kunst zu einer Wissenschaft sich erhob, dauerten solche Ideen noch lange Zeit fort. So trugen Lassone[2]), Giobert[3]), Hofmann[4]), Durozier[5]) nur wenig Bemerkenswertes bei. Déyeux[6]) beschäftigte sich mit der Farbe und mit einer Erklärung „*sui generis*" über die ölige Natur des Äthers, Couerbe[7]) destillierte ihn wiederholt über Zucker, um ihn zu entfärben u. s. w.

Erst mit Brugnatelli beginnt wieder eine neue Reihe von bemerkenswerten Versuchen: Derselbe esterifiziert den Alkohol mit Hülfe von salpetrigen Dämpfen, die er durch Einwirkung von Salpetersäure auf Zucker entwickelte[8]). Proust[9]), welcher die Methode von Chaptal[10]) als die beste angab, modifizierte dieselbe sehr glücklich derart, dafs er eine Mischung von Alkohol und Schwefelsäure mit Kaliumnitrit zusammengofs. Berthollet beschäftigte sich damit, nachzuweisen, ob in der Essigsäure, welche sich unter den Produkten der Oxydation des Salpetrigsäureesters vorfindet, Stickstoff enthalten wäre[11]). Weitere Beobachtungen beschrieb Trommsdorff in zwei Briefen an Van Mons[12]) und an Vogel[13]); besonders zu erwähnen ist Thenard[14]), welcher ihn zum Gegenstande eines ausführlichen, methodischen, analytischen Studiums machte und dabei die Gase, die überdestillierte Flüssigkeit und den Rückstand in ihren Mengenverhältnissen genau bestimmte. In einer Rezension der früheren Arbeiten über dieses Thema zeigte er, wie abweichend diese Angaben waren, und als erster versuchte er, seine prozentische Zusammensetzung zu ermitteln, was etwas später von Dumas und Boullay fils genauer geschah. Die letzteren bestimmten auch die Dampfdichte, aus der sie schlossen: „*l'éther nitrique* (so wurde damals noch der Salpetrigsäureäther genannt) *est formé d'une volume d'éther sulfurique et probablement d'une volume d'acide hyponitreux sans condensation*" [15]).

---

[1]) Fiedler-Gottling, Ann. de chim. (1797) **23**, 80. — [2]) Lassone, Mémoires Soc. Roy. Paris (1788), **5**, 56. — [3]) Giobert, Ann. de chim. (1791) **10**, 5. — [4]) Hofmann di Leer, Trattato di Chimica di L. V. Brugnatelli, Pavia, **2**, 44. — [5]) Durozier, J. pharm. **9**, 191. — [6]) Déyeux, Ann. de chim. (1797) **12**, 144. — [7]) Couerbe, Ann. ch. phys., **68**, 168; Gmelin, Handb. org. Ch. **1**, 760; JB. von Liebig u. Kopp 1851, S. 514. — [8]) L. V. Brugnatelli, Ann. de chim. (1818) **47**, 207. — [9]) Proust, ebend. (1807) **42**, 226. — [10]) Chaptal, Chimie appliquée aux arts, Paris 1807, S. 73. — [11]) Berthollet, Essai de statique chimique (1803) **135**, 530. — [12]) Trommsdorff, Ann. de chim. (1800) **32**, 319. — [13]) Ders., J. pharm. (1800) [2] **1**, 215. — [14]) Thenard, Mémoire de Phys. et de Chim. de la Société d'Arcueil (1805) **1**, 75, 359; Ann. ch. phys. **61**, 282. — [15]) J. Dumas et Boullay fils, Ann. ch. phys. (1838) [3] **37**, 19.

Lagrange[1]) leitete die aus Salpetersäure und Kupfer entstehenden salpetrigen Dämpfe in ein Gemisch von Alkohol und Salpetersäure und fing die Dämpfe des hierbei entstandenen Esters in mit Eis gekühlten und Salzwasser enthaltenden Woulffschen Flaschen auf. Die Einwirkung von Salpetersäure auf Kupfer, um den Salpetrigsäureester darzustellen, wurde zuerst von Boullay père angegeben[2]).

Bis zu diesem Zeitpunkte waren die Anstrengungen der Chemiker hauptsächlich darauf gerichtet, den Äther möglichst rein und mit geringstem Verluste darzustellen. Berzelius[3]) hatte angegeben, daſs die salpetrige Säure den Ester ohne jeglichen Hülfskörper hervorbringe. Liebig[4]) benutzt diese Beobachtung, um den Ester im groſsen darzustellen. Er behandelte in einem Kolben Stärkemehl mit Salpetersäure vom spezif. Gew. 1,3 und leitete die sich entwickelnden Gase durch eine Reihe 60 proz. Alkohol enthaltender und in einer Kältemischung befindlicher Flaschen. Scholwin[5]) wandte Traubenzucker oder Milchzucker statt des Stärkemehls an und behauptete, daſs bei Anwendung von reinem Zucker der Äther blausäurehaltig werde. Grosourdi[6]) schmolz Salpeter mit Kienruſs zusammen, löste den Rückstand in wenig Wasser und behandelte ihn mit Alkohol und einer Säure. Pedroni[7]) fügte, um die Einwirkung der Salpetersäure auf den Alkohol zu mäſsigen, der Mischung Ammoniumnitrat hinzu. Jonas[8]) zog es vor, die Salpetersäure anstatt mit Stärkemehl oder Zucker mit metallischem Eisen zu behandeln. Ähnliche Mitteilungen machen Sandrock[9]), Kopp[10]), Mohr[11]), Harms[12]), Grant[13]), Carey Lea[14]). Sie ersetzen die Stärke durch Eisenvitriol, um die Salpetersäure zu reduzieren. Nach Feldhaus[15]) kann man ihn leicht in gröſserer Menge bereiten, wenn man zu einem Gemisch von Schwefelsäure und Alkohol eine Lösung von salpetrigsaurem Kali zuflieſsen läſst, oder auch das geschmolzene Salz in nuſsgroſsen Stücken zusetzt. Das sogleich entstehende Äthylnitrit entweicht ohne Anwendung von Wärme und kann in einer stark abgekühlten Vorlage verdichtet werden. N. O. Witt[16]) mischt eine verdünnte wässerige Lösung von Natriumnitrit mit etwas mehr als der theoretischen Menge Alkohol und läſst in der Kälte verdünnte Salzsäure zuflieſsen. Alle diese Methoden

---

[1]) Lagrange, Ann. ch. phys. (1797) Anno V, p. 153. — [2]) Boullay père, Bull. pharm. 3, 145. — [3]) Berzelius, Trattato di Chimica, trad. Dupré (1832) 3, 477. — [4]) Liebig, Ann. Chem. 30, 142. — [5]) Scholwin, Arch. Pharm. 39, 36. — [6]) Grosourdi, Journ. ch. méd. [3] 7, 706; JB. 1851, S. 514. — [7]) Pedroni, Compt. rend. 1843, 17, 769. — [8]) Jonas, Pharm. Centralbl. 1850, S. 479. — [9]) Sandrock, Arch. Pharm. [2] 74, 152; JB. 1853, S. 501. — [10]) E. Kopp, Rev. Scient. ind. (1846) 27, 292. — [11]) F. Mohr, Arch. Pharm. [2] 64, 47. — [12]) Harms, ebend. [2] 88, 164; JB. 1856, S. 9. — [13]) Grant, Traité de Chim. Org. de Ch. Gerhardt 2, 344. — [14]) Carey Lea, J. pr. Chem. [1] 36, 61. — [15]) Feldhaus, ebend. 90, 185. — [16]) N. O. Witt, Ber. 19, 915.

haben besonders in Bezug auf die Ökonomie und die Opportunität des Verfahrens ihren besonderen Wert.

Ebenso wichtig für die Geschichte des Äthylnitrits sind die speziellen Verfahren und Apparate, wie die von Rose[1]) beschriebenen, welcher vorschlägt, Nitroxylsulfat in Weingeist zu lösen, wobei, wie er versichert, der ganze Alkohol in Salpetrigsäureester ohne Stickoxydgasentwickelung umgewandelt werden soll. Roux[2]), Thenard[3]), Hare[4]), Dymond[5]), Dunstan[6]), Chancel[7]), Wallach und Otto[8]) schlagen Apparate und Prozesse vor, welche noch heute in bestimmten Fällen mit Vorteil benutzt werden können, je nachdem es sich um die Reinheit des Produktes, oder die Raschheit, es zu erhalten, oder die Verwertung der Nebenreaktionen handelt. In jedem Falle haben die bisher angegebenen Methoden nur eine Anwendung in den wissenschaftlichen oder pharmazeutischen Laboratorien gefunden. Bei der ausgedehnten Anwendung des Äthylnitrits zur Umwandlung der Aminogruppe in die Hydroxylgruppe, oder in Wasserstoff, als auch zur Darstellung von Nitroso- und Diazoderivaten, ferner bei der vielfachen Verwendung zur Aromatisierung von Branntwein, wie es namentlich in England und Nordamerika geschieht, ist die Darstellung des Äthylnitrits zu einer Industrie geworden, welche in grofsem Mafsstabe und mit umfangreichem Apparate arbeitet, um Materialverluste zu vermeiden, und zu gleicher Zeit die bei seiner Bildung auftretenden Nebenreaktionen auszunutzen. Stromeyer[9]) und Stinde[10]) beschreiben solche technischen Prozesse.

Darstellung: Da sich das Äthylnitrit in Berührung mit Säuren, hauptsächlich Mineralsäuren, so leicht verändert, so ist es natürlich, dafs als die beste Methode diejenige angesehen werden mufs, bei der man ohne die Anwesenheit von Säuren die Bildung des Esters erreicht. Der Prozefs, welcher sowohl durch Schnelligkeit und Bequemlichkeit, als auch durch Reinheit des erhaltenen Produktes am besten befriedigt, ist die Esterifikation auf kaltem Wege durch doppelte Umsetzung von Alkohol mit Glycerintrinitrit, die so glatt verläuft, dafs man sie zu einem Vorlesungsversuche benutzen kann. Eine bestimmte Menge von Glycerin (spezif. Gew. 1,25) wird bei 0° mit trockenem Salpetrigsäureanhydrid (aus Salpetersäure von 1,33 spezif. Gew. und arseniger Säure dargestellt) gesättigt, bis das Glycerin intensiv grün wird, und sich aus ihm eine ölige Masse von dem Trinitrit abscheidet. Aus der Gewichtsvermehrung berechnet man die aufgenommene Menge von N_2O_3,

---

1) Rose, Ann. Phys. [1] 74, 606. — 2) Roux, Ann. ch. phys. [3] 42, 344. — 3) Thenard, Mém. de Phys. et de Chim. de la Société d'Arcueil 1808, 1, 75—359. — 4) Hare, Rapp. annuel sur les progrès de la Chimie par Berzelius, Paris 1843, 4, 302. — 5) Dymond, JB. 1888, S. 1403. — 6) Dunstan, Pharm. J. Trans. 1888, p. 861. — 7) Chancel, Ber. 12, 2817. — 8) Wallach, Ann. Chem. 253, 251. — 9) Stromeyer, J. pr. Chem. 90, 185. — 10) Stinde, Dingl. pol. J. 184, 387.

und dieses rohe Produkt gießt man langsam vermittelst eines Hahntrichters in einen Kolben, worin sich 95 proz. Alkohol in entsprechender oder in wenig überschüssiger Menge befindet, um das Glycerintrinitrit und das überschüssige, darin gelöste Salpetrigsäureanhydrid zu zersetzen. Der Kolben ist mit einem doppelt durchbohrten Gummistopfen versehen; durch die eine Durchbohrung ist der Hahntrichter, durch die andere ein Rückflußkühler gesteckt, der seinerseits mit einer zweiten Vorlage in Verbindung steht, die in eine Kältemischung eingetaucht und überdies durch einen zweiten, mit Eiswasser gespeisten Kühler abgeschlossen ist.

Das auf diese Weise erhaltene Äthylnitrit kann unmittelbar zur chemischen wie medizinischen Anwendung dienen, da sich bei der momentanen und bei so niedriger Temperatur vollziehenden Operation keine Nebenprodukte bilden. Sehr rein erhält man ihn durch Waschen mit einer 10 proz. Sodalösung, dann mit Wasser und schließliches Trocknen mit Magnesia und wasserfreiem Calciumnitrat.

Die Reinigung des Äthylnitrits ist nicht so einfach, wenn es nach anderen Verfahren dargestellt worden ist, und hat Veranlassung zu einer ziemlich umfangreichen Litteratur gegeben, die hier kurz angeführt zu werden verdient.

Couerbe[1]), Grosourdi[2]), Déyeux[3]), von der Annahme ausgehend, daß die gelbe Farbe von dem Vorhandensein einer besonderen öligen, schwer zu beseitigenden Substanz herrührt, reinigen das Nitrit durch Waschen mit alkalischen Lösungen, solange diese noch braun werden und die Farbe des Esters heller geworden ist, und unterwerfen ihn dann wiederholten Destillationen über Zucker. Sie erreichen jedoch nicht den vorgesetzten Zweck, da sich bei der Destillation rötliche Dämpfe entwickeln, welche das Destillat wieder färben. Eine andere Ursache, welche die Veränderung des Esters hervorbrachte, war die, daß sie das Nitrit mit dem zum Trocknen angewandten Chlorcalcium während der Destillation in Berührung ließen, wodurch ein Teil in Chloräthyl verwandelt wird, wie Geiger[4]) nachwies und Duflos und Schmidt[5]) bestätigten, welche eine Lösung von Kaliumkarbonat zum Waschen und entwässertes Calciumnitrat zum Trocknen vorschlugen.

Die Aufbewahrung des Äthylnitrits ist, wie die aller Nitrite der primären und sekundären Alkohole, keine leichte Sache, im absoluten Sinne kann man sogar sagen, sie ist unmöglich. Die Verunreinigungen, welche wir stets in ihm nachweisen können, rühren von der unausgesetzten oxydierenden Wirkung der Gruppe ONO auf den Kohlenwasserstoffrest her, und nicht von der Methode seiner Darstellung oder Reinigung. Im allgemeinen enthält das Äthylnitrit Äthylaldehyd,

---

[1]) Couerbe, Ann. ch. phys. 1838, p. 161. — [2]) Grosourdi, Journ. chim. méd. [3] 7, 706. — [3]) Déyeux, Ann. ch. phys. 1797, 22, 147. — [4]) Geiger, Mag. Pharm. 33, 53. — [5]) Duflos u. Schmidt, Traité de Chim. Org. de Ch. Gerhardt 1862, 2, 347.

Essigsäure, Essigäther, Blausäure in einer Menge von 0,004 bis zu einem Maximum von 0,97 Proz. [Schoor[1])], aufserdem Stickoxyd und Stickstoffdioxyd, und mit der Zeit auch Oxalsäure; von Berzelius[2]) wurde auch Äpfelsäure darin gefunden, was in der Folge von Reich[3]) bestätigt wurde; nach Debus[4]) finden sich auch Glyoxal, Glycolsäure, Glyoxylsäure in mehr oder weniger merklicher Menge, je nach der Wirkung der Zeit, der Temperatur, des Lichtes, seines Reinheitszustandes und der Art seiner Aufbewahrung darin vor. Will man das Äthylnitrit längere Zeit aufbewahren, so mufs man ihm einen kleinen Überschufs von Alkohol hinzusetzen, andere raten einen Zusatz von 5 Proz. Glycerin an[5]). Die beste Methode, ihn zu konservieren, besteht darin, dafs man ihn bei niedriger Temperatur darstellt und ihn nach der Reinigung in Berührung mit Seignettesalz[6]) und entwässertem Calciumnitrat über Eis stehen läfst, wie es schon die alten Autoren gelehrt haben: *Sit reactionis neutrius, bene relectis et optime clausis, servetur siccum a luce remotum atque in frigidario.*

Keine natürlich vorkommende Substanz (ausgenommen die weinigen Flüssigkeiten) liefert bei der Behandlung mit Salpetersäure oder salpetriger Säure als Endprodukt das Äthylnitrit; es sei hier an den Streit erinnert, der sich zwischen Gerhardt[7]), Laurent[8]) und Liebig[9]) über das Nitrit bei der Einwirkung der Salpetersäure auf Brucin erhoben hat; ein Streit, an welchem noch Rosengarten[10]), Hofmann[11]) teilnahmen, und der durch Strecker[12]) entschieden worden ist.

Läfst man jedoch Salpetersäure und salpetrige Säure auf Äthylverbindungen einwirken, welche leicht Alkohol oder einen Äthanrest abspalten können, der mit ONO sich verbinden kann, so beobachtet man unter den Reaktionsprodukten Äthylnitrit. So liefs schon Crell[13]) rauchende Salpetersäure auf gewöhnlichen Äthyläther einwirken und wies dabei das Auftreten von Äthylnitrit nach; Scheele[14]) bestätigte im Jahre 1782, dafs in der That unter den von Crell angegebenen Bedingungen eine gelbliche Flüssigkeit vom Geruch des Äthylnitrits entstehe, und unter dem Titel „Umwandlung eines Äthers in einen anderen“ beschrieb er die Art und Weise, ihn zu erhalten. Chancel[15])

---

[1]) Schoor, Pharm. Zeitschr. Rufsland 19, 270; 25, 277; Hierne. Actorum Chemicorum Holmensium cum annotationibus Joh. Gotschalk Wallerius, Stock Holmiae 1753. — [2]) Berzelius, Traité de Chim. Org. de Ch. Gerhardt 1862, 2, 346. — [3]) Reich, Ann. Chem. 76, 280. — [4]) Debus, ebend. 100, 1; 120, 20. — [5]) Seelig, Org. Reakt. u. Reagentien 1892, S. 351. — [6]) Muspratts Encyklopädisches Handb. d. techn. Chem. 1888, 1, 30. — [7]) Gerhardt, Traité de Chim. Org. 1862, 3, 961. — [8]) Laurent, Compt. rend. 22, 633. — [9]) Liebig, Ann. Chem. 57, 94. — [10]) Rosengarten, Ann. Chem. 65, 111. — [11]) Hofmann, ebend. 75, 308. — [12]) Strecker, ebend. 91, 76. — [13]) Crell, Journ. de Chim. publié à Lemgo 1779. — [14]) Scheele, Nova Acta Acad. Reg. Stockholm 1782, p. 110. — [15]) Chancel, Compt. rend. 96, 1466.

fand neuerdings, dafs der Acetessigester mit Salpetersäure Äthylnitrit neben Dinitropropan, Essigsäure und Kohlendioxyd giebt; Griess[1]) und Riche[2]) erkannten, dafs Äthylanilin mit salpetriger Säure Äthylnitrit liefert; Borodin[3]) fand, dafs beim Erwärmen des Nitrosoamarins mit Alkohol und etwas Säure (ClH, SO_4H_2) lebhafte Reaktion eintritt, wobei Äthylnitrit und Stickstoff entweichen und Amarin sich abscheidet. Lauerbach[4]) erkannte, dafs bei der Herstellung eines äquivalenten Gemisches von äthylschwefelsaurem Kali mit Natriumnitrit Äthylnitrit neben wenig Nitroäthan (6 Proz.) und Aldehyd entstehe; V. Meyer[5]) stellte fest, dafs bei der Einwirkung von Äthyljodid auf Silbernitrit Äthylnitrit und Nitroäthan in etwa gleicher Menge sich bilden. Bertrand[6]) fand es unter den Reduktionsprodukten des Äthylnitrats durch Alkohol; Hare[7]) unter den Zersetzungsprodukten des gleichen Esters mit Schwefelsäure; Guthrie[8]) begegnete ihm bei der Reaktion zwischen Amylnitrit, Zink und Schwefelsäure beim Erhitzen in Alkoholdampf. In grofser Menge entsteht es bei der Darstellung des Knallquecksilbers, und Delion[9]) erhielt für ein brauchbares Verfahren seiner Kondensation den Preis von Montyon[10]). Chevallier[11]), Sobrero und Ribotti[12]) stellten fest, dafs die Menge des Äthylnitrits bei dieser Reaktion mehr als die Hälfte des angewandten Alkohols beträgt.

Eigenschaften. Äthylnitrit ist eine bewegliche, blafsgelbe Flüssigkeit von durchdringend ätherischem, angenehmem, an Borsdorfer Äpfel erinnerndem Geruch. Spezifisches Gewicht bei 15,5° 0,900, Brown[13]) 0,898, Mohr[14]) 0,917 bei 0°[15]). Siedepunkt 16,6° bis 17,8°[18]), 16,4° Liebig[16]). Seine Dampfdichte 2,627, Dumas und Boullay[17]); die Bildungswärme = 306 Kal.; also höher als die des isomeren Nitroäthans (186 Kal.). Die Verbrennungswärme beträgt 3342 Kal. Der Ester ist etwas löslich in Wasser (1 Tl. in 48 Tln. H_2O); der wasserhaltige wird bald sauer und entwickelt nach und nach so viel Stickoxyde, dafs häufig beim Aufbewahren in zugeschmolzenen Röhren Explosion der letzteren, namentlich beim Abbrechen der Spitze erfolgt[18]). Nach Monheim[19]) rührt das Sauerwerden nur von absorbierten Stickoxyden her, welche durch Sauerstoffaufnahme in Salpetersäure übergehen, er empfiehlt daher, ihn längere Zeit mit Luft in Berührung zu lassen, bis keine Sauerstoffaufnahme mehr erfolgt.

[1]) Griess, Ber. 7, 218. — [2]) Riche, Ann. Chem. 3, 91. — [3]) Borodin, Ber. 8, 934. — [4]) Lauerbach, ebend. 11, 1225. — [5]) V. Meyer, Ann. Chem. 171, 1; 175, 88. — [6]) Bertrand, Ber. 13, 1480. — [7]) Hare, Phil. Mag. 15, 488. — [8]) Guthrie, Ann. Chem. 111, 82. — [9]) Delion, Compt. rend. 3, 97. — [10]) Ebend. 4, 219. — [11]) Chevallier, Compt. rend. 4, 913. — [12]) Sobrero e Ribotti, Mem. Accad. Torino 8, 265. — [13]) Brown, JB. 1859, S. 575. — [14]) Mohr, N. Repert. Pharm. 3, 145. — [15]) Dymond, JB. 1888, S. 1403; Dunstan, Pharm. J. Trans. 1888, p. 861. — [16]) Liebig, Ann. Chem. 30, 143. — [17]) Dumas u. Boullay, Ann. ch. phys. 37, 32. — [18]) V. Meyer, Ber. 7, 1745. — [19]) Monheim, Gmelins Org. Ch. 1848, 4, 760.

Nach Stolze[1]) säuert auch ein nach Monheims Vorschrift behandelter Ester, jedoch langsamer und schwächer. In Alkohol, Äther, Chloroform, Schwefelkohlenstoff u. s. w. ist er in jedem Verhältnis löslich. Wird er mit einem gleichen Volumen Wasser gemischt und ein Luftstrom darüber geblasen, so entsteht infolge der raschen Verdampfung eine genügende Temperaturerniedrigung, um das Wasser zum Gefrieren zu bringen[2]). Wässeriges Kali verseift ihn bei gewöhnlicher Temperatur ziemlich schwierig, leichter wird er durch alkoholisches Kali zersetzt[3]). Dabei entsteht neben Kaliumnitrit auch Kaliumnitrat und, wie Berzelius[4]) beobachtete, etwas Äpfelsäure. In gleicher Weise bewirkt Kalkmilch die Bildung von Calciummalat und Calciumnitrat unter Entwickelung von Stickoxyd; zugleich färbt sich die Lösung intensiv gelb. Reich[5]) fand dabei Bernsteinsäure und stets Essigsäure. Säuren zersetzen das Äthylnitrit, je nach ihrer chemischen Energie und Konzentration, mehr oder weniger rasch. Konzentrierte Schwefelsäure zerstört es heftig unter Verkohlung. Schwefelwasserstoff und die alkalischen Sulfide reduzieren ihn rasch zu Alkohol und Ammoniak unter Abscheidung von Schwefel [Kopp[6])]. Nach Carey Lea bildet sich dabei keine Spur einer Äthylbase[7]). Ferroacetat zerlegt es unter heftigem Aufbrausen und Stickoxydentwickelung, Zinnchlorür wirkt sofort ein, ohne dafs rote Dämpfe entstehen. Andere reduzierende Stoffe wirken, je nach der Natur des reduzierenden Agens, verschieden, aber immer ohne Bildung von Äthylbasen ein. Führt man die Reduktion durch Ferrosalz bei gleichzeitiger Anwesenheit von Kalihydrat aus, so erhält man eine beträchtliche Menge von Kaliumhyponitrit[8]). Beim Erwärmen mit Natriumamalgam und Wasser liefert der Salpetrigsäureester Ammoniak, ebenso bildet sich beim Digerieren mit Zink und verdünnter Schwefelsäure oder Salzsäure bei 0° viel Ammoniak und Spuren von Äthylamin[9]). Bei der Einwirkung des Antimonpentasulfids wird sogleich Stickoxydgas reichlich entwickelt; das Schwefelantimon bleibt im wesentlichen unverändert; eine ähnliche, wenn auch schwächere Wirkung zeigen auch Kermes minerale, Kohle und mehrere eingedickte Pflanzensäfte[10]). Mischt man die alkoholische Lösung des Äthylnitrits mit Schwefelnatriumlösung, so färbt sich diese infolge der Bildung von Mehrfach-Schwefelnatrium gelbbraun und beim Kochen entweicht Ammoniak[11]). Das Äthylnitrit giebt die Reaktionen der salpetrigen Säure, scheidet aus einer schwach angesäuerten Jodkaliumlösung freies Jod aus und verhält sich gegen Ferrosulfatlösung wie ein salpetrigsaures Salz.

---

[1]) Stolze, Gmelins Org. Ch. 1848, 4, 760. — [2]) Gerhardt, Traité Ch. Org. 1862, 2, 346. — [3]) Strecker, Ann. Chem. 77, 331. — [4]) Berzelius, Traité Ch. Org. de Ch. Gerhardt, l. c. — [5]) Reich, Ann. Chem. 76, 280. — [6]) Kopp, ebend. 64, 321. — [7]) Carey Lea, J. pr. Chem. 85, 61. — [8]) Dunstan u. Dymond, JB. 1887, S. 761. — [9]) Geuther, ebend. 1858, S. 68. — [10]) Harms, Arch. Pharm. [2] 88, 164. — [11]) Barfoed, Lehrb. Org. Anal., S. 332.

An der Luft entzündet, verbrennt es mit heller, etwas gelblicher Flamme. In einer Porzellanröhre zur Rotglut erhitzt [Thenard[1])], oder über auf 400° erhitzten Platinschwamm geleitet [Kuhlmann[2])], bildet es Stickstoff, Stickoxyd, Kohlenoxyd, Wasser, Ammoniak, Ammoniumkarbonat, flüchtige Kohlenwasserstoffe, ölige Beimengungen, und es hinterbleibt ein voluminöser, kohliger Rückstand. Aufserdem entsteht bei erhöhter Temperatur konstant etwas Blausäure, in geringerer Menge, wenn die Zersetzung ohne Mitwirkung der Luft stattfindet, in bescheidener Menge, wenn die Luft gleichzeitig einwirken kann. Die Bildung von Blausäure ist schon 1839 von Gauthier de Claubry[3]), Dalpiaz[4]), Scholwin[5]), Derosne und Chatin[6]) nachgewiesen und am genauesten von Sobrero[7]) studiert worden. Das Äthylnitrit löst in geringer Menge Schwefel und Phosphor auf, färbt Guajakholz blau, Chinarinde und die Wurzel von Caryophyllum schmutziggrün.

Bringt man in ein Probierröhrchen einige Tropfen Äthylnitrit und schüttet Natronkalk und Zuckerkohle darauf, so dafs diese eine 5 bis 6 cm hohe Schicht bilden, so entweicht beim Erwärmen mit den Wasser- und Alkoholdämpfen auch Ammoniak[8]). Fügt man zu einer wässerigen Lösung von Kupfernitrat, die man mit einigen Tropfen Kalilauge bis zur beginnenden Trübung versetzt und dann mit Natriumacetatlösung verdünnt hat, eine alkoholische Lösung des Äthylnitrits, so geht die blaugrüne Farbe der Kupferlösung bei einem bestimmten Zusatz von letzterer in Grün über[9]).

Die alkoholische Lösung des Äthylnitrits bildet den sogenannten *Spiritus nitri dulcis*. Die physiologischen Wirkungen des Äthylnitrits sind zuerst in klassischer Weise von Boerhaave[10]) in dem Kapitel „Usus" so bestimmt und klar beschrieben worden, dafs nach ihm nichts Besseres darüber gesagt werden konnte. „*Is vires possidet vere antisepticas, detergentes, dissolventes... Prudenti usu bene dilutus parcissime adhibitus... sudores movet, pellit urinas, sitim lenit, emendat graveolentiam ... interdiu ad guttas triginta ex vino, hydromelite...*" u. s. w. Seine antiseptische, diaphoretische und diuretische Wirkung war daher schon kurz nach seiner Entdeckung durch Navier vollständig festgestellt, und die Anwendung von Peyrusson[11]) zur Konservierung tierischer Stoffe, da es merkwürdigerweise die Koagulation des Eiweifses verhütet, als auch die Arbeiten von Richardson[12]), Corracido Rodri-

---

[1]) Thénard, Mém. Soc. d'Arcueil, l. c. — [2]) Kuhlmann, Traité de Ch. Org. de Ch. Gerhardt 2, 347. — [3]) Gauthier de Claubry, J. pr. Chem. 19, 317. — [4]) Dalpiaz, Mem. Accad. Torino 8, 266. — [5]) Scholwin, Arch. Pharm. 39, 36. — [6]) Derosne u. Chatin, J. pharm. 1844. — [7]) Sobrero, Mem. Accad. Torino 8, 265 — [8]) Vortmann, Anleit. Ch. Org. Analyse, S. 183. — [9]) John T. Miller, ebend. S. 183. — [10]) Boerhaave, Elementa Chemiae, Venetiis 1737, p. 219. — [11]) Peyrusson, Compt. rend. 91 338. — [12]) Richardson, JB. von Virchow 1867, 1, 456.

guez[1]), Hay[2]), Leech[3]) und anderen Forschern bestätigten nur die schon von Boerhaave gemachten Angaben.

Anwendung. Als Medikament und Desinficiens hat das Äthylnitrit an andere Substanzen seinen Platz abtreten müssen. Seine Hauptverwendung findet es heutzutage ausschliefslich in der chemischen Industrie, bei der Darstellung der Diazoverbindungen und Nitrosoderivate. Es ist jedoch zu bemerken, dafs nicht immer die Gruppe NH_2 sich in OH oder H oder –N=N– verwandeln läfst. Die Ursache dieses verschiedenen Verhaltens gegen die Amidokörper kann von der geringen Löslichkeit der verschiedenen Substanzen in den angewandten Lösungsmitteln, oder von der Beständigkeit, welche andere Gruppen dem Molekül verleihen, herrühren. Körner[4]) hat in bewunderungswürdiger Weise dieses Verhalten des Äthylnitrits gegenüber den wichtigsten organischen Verbindungen beschrieben, worauf an dieser Stelle nicht weiter eingegangen werden kann. Bertoni[5]) hat die gröfsere Zahl von Fällen zusammengestellt, in welchen das Äthylnitrit als ein solches Reagens mit günstigem oder negativem Resultat verwendet werden kann.

Isoamylester, Amylnitrit, $C_5H_{11}NO_2 = (CH_3)_2CH.CH_2.CH_2ONO$ bezw. $CH_3.CH_2.CH(CH_3).CH_2ONO$, wurde 1844 von Balard[6]) unter den bei der Darstellung des Amylnitrats infolge der Reaktionswärme zuerst übergehenden Produkten aufgefunden, bequemer und mit besserer Ausbeute durch Einleiten der aus Stärkemehl und Salpetersäure entstehenden salpetrigen Dämpfe in auf 60 bis 70° erwärmten Gärungsamylalkohol dargestellt. Rieckher[7]) empfahl 1847, wegen besserer Regulierung der Säureentwickelung das Stärkemehl durch arsenige Säure zu ersetzen, die Dämpfe in den auf 90° erwärmten Amylalkohol einzuleiten und den gröfseren Teil des Amylnitrits in dem Mafse, als er sich bildet, abzudestillieren. Hilger[8]) beschrieb 1874 ein analoges Verfahren. Renard[9]) empfahl, in der Kälte 30 Tle. Isoamylalkohol mit 30 Tln. Schwefelsäure zu mischen, dann 26 Tle. Kaliumnitrit in 15 Tln. Wasser gelöst hinzuzusetzen und den gebildeten Ester auf dem Wasserbade abzudestillieren. Nadler[10]) schlug vor, ihn durch trockene Destillation gleicher Molekeln von Salpeter und isoamylätherschwefelsaurem Kalium zu bereiten. Greene[11]) fand es zweckmäfsiger, Schwefelsäure im gleichen Volumen Wasser gelöst auf eine im Wasserbade erhitzte Mischung von Amylalkohol und

[1]) Corracido Rodriguez, Les novedades scientificas 1, 278. — [2]) Hay, JB. von Virchow 1883, S. 469. — [3]) Leech, ebend., S. 414. — [4]) W. Körner, Gazz. chim. ital. 1874, 4, 300—420. — [5]) G. Bertoni, Annuario Lab. Ch. R. Accad. Navale 3, 1890. — [6]) Balard, Ann. ch. phys. [3] 12, 318. — [7]) Rieckher, Jahrb. f. pr. Pharm. 14, 1. — [8]) Hilger, Arch. Pharm. [3] 4, 485. — [9]) Renard, JB. Städl. 1874, S. 158. — [10]) Nadler, Ann. Chem. 116, 173. — [11]) Greene, JB. 1879, S. 491.

Kaliumnitrit auftropfen zu lassen. Witt[1]) ersetzte die Schwefelsäure durch Salzsäure. Squibb[2]), in seiner sehr ausführlichen Arbeit über das Amylnitrit, brachte bezüglich der Technik seiner Darstellung nur unwesentliche Modifikationen an, und das Gleiche läfst sich auch von den Methoden anderer Darsteller wie Chapman[3]), Williams und Smith[4]), Guthrie[5]), Tichborne[6]), Virchow[7]), Veyrières[8]) u. a. sagen.

Bunge[9]) beobachtete beim Einleiten der salpetrigen Säure in Amylalkohol das Auftreten von Krystallen von salpetersaurem Ammon entsprechend der Gleichung:

$$5\,C_5H_{11}OH + 6\,NO = 5\,C_5H_{11}ONO + NH_3 + H_2O.$$

Die Trennung und Reinigung des Isoamylnitrits geschieht in gleicher Weise wie bei den anderen Alkylnitriten. Die Ursache der zahlreichen Modifikationen der Darstellungsverfahren beruht auf dem Umstande, dafs durch die oxydierende Wirkung der Salpetersäure und der roten Dämpfe auf den Amylalkohol ein grofser Teil desselben in Valeraldehyd und Valeriansäure bezw. deren Amylester, Blausäure, Amylnitrat u. s. w. umgewandelt wird, während andererseits ein Teil des Alkohols unangegriffen bleibt. Diese Produkte entstehen im Laufe der Zeit auch in dem schon gereinigten Amylnitrit, so dafs dasselbe nur wenige Tage im Zustande der Reinheit erhalten werden kann. Um diesen Übelstand zu vermeiden, schlug Bertoni[10]) vor, den Ester erst im Moment seiner Anwendung durch Umsetzung von Glycerintrinitrit mit Amylalkohol frisch zu bereiten, ein Verfahren, das im einzelnen von Milani[11]) beschrieben worden ist. Die Veränderlichkeit des rohen Amylnitrits ist eine derartige, dafs Dott[12]) sich veranlafst sah, eine besondere Studie darüber anzustellen. Er hat eine grofse Anzahl von Proben dieses Esters untersucht, mit dem Resultate, dafs der reinste nicht weniger als 15 Proz. fremde Substanzen enthielt; gewöhnlich erreichten dieselben jedoch im Mittel etwa 50 Proz., bisweilen sogar 94 Proz. Allen[13]) konstatierte, dafs ein Amylnitrit von guter Qualität nicht mehr als 80 Proz. wahren Ester enthält, und Squibb[2]) kam bei seinen noch eingehenderen Untersuchungen zu ähnlichen Resultaten. Es sind nicht allein Wasser und salpetrige Dämpfe, welche das Amylnitrit zersetzen, sondern auch die Luft und das Licht. Diese haupt-

---

[1]) Witt, Ber. 19, 916. — [2]) Squibb, Mon. Scientif. 1885, p. 524. — [3]) Chapman, Zeitschr. f. Chem. 1866, S. 570; 1867, S. 734; 1868, S. 172; JB. 1866, S. 529; 1867, S. 547. — [4]) Williams u. Smith, Amer. Journ. of Pharm. 1886, p. 34. — [5]) Guthrie, Ann. Chem. 111, 82. — [6]) Tichborne, Bull. soc. chim. [2] 9, 316. — [7]) Virchow, Jahresber. d. Medizin 1877, 1, 413. — [8]) Veyrières, Inaug.-Dissert. Bonn 1874. — [9]) Bunge, Bull. soc. chim. [2] 6, 482. — [10]) Bertoni, Arch. Sciences Phys. Nat. 15, 27. — [11]) Milani, Suppl. Ann. Encycl. Selmi 1886, p. 177. — [12]) Dott, Husemanns Jahresber. f. Pharm. 1878, S. 330. — [13]) Allen, Comm. Org. Analys. 1879, 1, 160.

sächlich von Pharmazeuten und Medizinern **beklagte Veränderlich**keit des Amylnitrits hat Bertoni **veranlafst, in die medizinische** Praxis den Salpetrigsäureester des tertiären **Amylalkohols einzuführen**, der ziemlich beständig und daher von einer **sichereren und zuverlässigeren** therapeutischen Wirkung ist und so **heutzutage in der Medizin** die Stelle des gewöhnlichen Amylnitrits **vertritt, dessen Anwendung** nunmehr auf die Technik zur Darstellung von **organischen Nitrosoverbindungen**, Diazoverbindungen u. s. w. **beschränkt ist.**

Das Amylnitrit bildet sich ferner durch die **Einwirkung der salpetrigen** Säure auf Amylamin. Wahrscheinlich **entsteht hierbei zunächst** Amylalkohol, welcher dann durch den **Überschufs der salpetrigen** Säure in den Ester umgewandelt wird.

Das reine und trockene Isoamylnitrit ist **eine Flüssigkeit von** schwach gelber Farbe, die später besonders **beim Wiedererwärmen** grünlich oder rötlich wird; der Geruch ist **eigentümlich charakteristisch** und in kleiner Menge nicht unangenehm, **gewöhnlich aber erinnert er** an den unangenehmen Geruch der **Beimengungen (Amylalkohol, Amylnitrat**, Valeriansäureamylester). Bezüglich **des Siedepunktes und spezifischen** Gewichtes weichen die Angaben **beträchtlich voneinander ab**: Siedepunkt 99°[1]), 98°[2]), 97 bis 98°[3]), 97°[4]), **94 bis 95°[5]), 91°[6]), 90°[7])**. Spezif. Gew. 0,902, 0,877, 0,814 bei 15°, **0,905 bei 14,5°**.

Diese Unterschiede rühren teils von der **teilweisen Dissoziation des** Esters während der Destillation, teils **von der Schwierigkeit, ihn rein** und von genau bekannter Konstitution zu **erhalten, her. Enthält er** unveränderten Amylalkohol, so ist sein **spezifisches Gewicht niedriger**, mit Amylnitrat verunreinigt, wird es höher. **Dafs das gewöhnliche** Amylnitrit eine Mischung von Nitriten **der verschiedenen isomeren** Amylalkohole sein mufs, geht aus der **Thatsache hervor, dafs Wischnegradsky**[8]) in dem Gärungsamylalkohol **aufser dem aktiven und inaktiven** Isoamylalkohol auch normalen Amylalkohol **nachgewiesen hat**. Nach Bertoni liegt der Siedepunkt des **normalen Amylnitrits bei 97°**, der des inaktiven Isoamylnitrits bei 92°, **der des aktiven bei 88°. Nach** Dunstan und Williams[9]) liefert **linksdrehender β-Amylalkohol** rechtsdrehendes β-Nitrit, inaktiver **α-Amylalkohol inaktives α-Nitrit** vom Siedepunkt 97° und spezif. Gew. 0,880.

Der Dampf des Isoamylnitrits explodiert, **wenn er auf 260° erhitzt** wird. Nach Tichborne[10]) zersetzt es **sich durch Einwirkung der** Wärme unter Bildung von Stickoxyd, nach **Chapman**[3]) **ist es sehr**

---

[1]) Guthrie, Ann. Chem. **111**, 82. — [2]) Balard, **Ann. ch. phys. [3] 12**, 318. — [3]) Chapman, Zeitschr. f. Chem. 1866, S. 570; **1867, S. 734; 1866**, S. 172; JB. 1866, S. 529; 1867, S. 547. — [4]) Dunstan u. **Williams, JB. 1888**, S. 1418. — [5]) Hilger, Arch. Pharm. [3] **4**, 485. — [6]) **Rieckher, Jahrb. f.** pr. Pharm. **14**, 1. — [7]) Hoffmann, Gmelin-Krauts **Handb. d. Chem. 11**, 6 — [8]) Wischnegradsky, Ann. Chem. **190**, 328. — [9]) **Dunstan u. Williams**, Pharm. Journ. Trans. **19**, 485; Ber. **22**, 345, Ref. — [10]) **Tichborne, Bull. soc.** chim. [2] **9**, 316.

beständig, und soll sich ohne Änderung während 60 Stunden auf 150° erhitzen lassen. Thatsächlich nimmt es bei jeder Destillation, wie im allgemeinen alle Salpetrigsäureester, bevor es ins Sieden kommt, eine intensiv rotbraune Farbe an, und zugleich entwickeln sich rotbraune Dämpfe. Beim Erkalten nimmt jedoch die Masse wieder ihre bekannte gelbe Farbe an.

Das Isoamylnitrit ist beinahe unlöslich in Wasser, leicht löslich dagegen in Äther, Chloroform, Schwefelkohlenstoff und anderen organischen Lösungsmitteln. Verdünnte, wässerige Alkalien verseifen es langsam in der Kälte unter Bildung von Amylalkohol und alkalischem Nitrit; nach anderen Autoren wandelt Kalihydrat bei 145° es teilweise in Amylnitrat um. Auf geschmolzenes Kalihydrat gebracht, entzündet es sich und zugleich bildet sich valeriansaures Kali [1]). Wird es durch alkoholisches Kali zersetzt, so entsteht zugleich Äthylamyläther. Beim Erwärmen mit Bleisuperoxyd und Wasser entsteht Amylalkohol, salpetrigsaures und salpetersaures Blei [2]). Ammoniak zerlegt es bei 130° in Wasser, Stickstoff und Amylalkohol. Natrium wirkt auf Amylnitrit zuerst schwach, dann heftig und unter gleichzeitiger Explosion ein; wird bei dieser Reaktion das Amylnitrit zuvor mit wasserfreiem Äther gemischt, so wird die Zersetzung regelmäfsig unter Entwickelung von Stickstoff, Stickoxyd und Bildung von Natriumamylat [3]). Mit Natriummethylat oder -äthylat tritt eine energische Reaktion unter Bildung von Methyl- oder Äthylamyläther und Natriumnitrit ein. Beim Behandeln mit Natriumamalgam wird Amylalkohol regeneriert und der Stickstoff entwickelt sich in der Form von Ammoniak. Von Zink wird es langsam unter Bildung von Zinkamylat und Stickoxyd angegriffen. Mit Zink und Schwefelsäure oder Salzsäure entsteht Amylalkohol und Ammoniak. Verdünnt man die Schwefelsäure mit Alkohol, um das Nitrit besser zu lösen und die Reaktion zu mäfsigen, so erhält man neben Amylalkohol und Ammoniumsulfat Äthylnitrit. Das letztere bildet sich wahrscheinlich infolge der Umsetzung zwischen dem Amylnitrit und dem Äthylalkohol [4]). Durch Schwefelwasserstoff wird es wie die anderen Salpetrigsäureester reduziert [5]).

Es löst Phosphor bei gewöhnlicher Temperatur, ohne eine Reaktion hervorzurufen, bei höherer Temperatur tritt Einwirkung ein, und ist dieselbe einmal eingeleitet, so ist die stattfindende Wärmeentwickelung ausreichend, um sie weiter zu unterhalten; die Temperatur steigt bis auf 121°, es entwickelt sich Stickstoff, Stickoxydul und wenig Stickoxyd und in der Retorte hinterbleibt ein braunes, in Wasser unlösliches Öl von der Zusammensetzung der amylnitrophosphorigen Säure $C_{10}H_{23}NPO_4$ [6]).

---

[1]) Van Ermengem, Étude sur le nitrite d'amyle. Dissert. Louvain, p. 11. — [2]) Rieckher, Jahrb. f. pr. Pharm. **14**, 1. — [3]) Chapman, Zeitschr. f. Chem. 1866, S. 570; 1867, S. 734; 1868, S. 172; JB. 1866, S. 529; 1867, S. 547. — [4]) Bertoni, Arch. sciences phys. natur. 1886, **15**, 27—50. — [5]) Bunge, Zeitschr. f. Chem. **4**, 648. — [6]) Guthrie, Ann. Chem. **111**, 82.

Chlor wird bei gewöhnlicher Temperatur teilweise absorbiert, und es entsteht eine neue Verbindung von einer mehr oder weniger intensiven grünen bis roten Farbe und noch unaufgeklärter Konstitution (sie enthält 1 At. Chlor auf 3 Mol. Nitrit). Läfst man das Chlor im Wasserbade und länger einwirken, so erhält man Bichlorisoamylnitrit $C_5H_9Cl_2ONO$ als farblose, nach Ananas riechende, sehr bitter schmeckende Flüssigkeit vom spezif. Gew. 1,233 bei 12°, welche sich nicht mit Wasser mischt, gegen 90° ins Sieden kommt und sich unter stetem Steigen des Siedepunktes zersetzt [1]).

Gasförmige Salzsäure entwickelt Chlor, Stickoxyd und es bildet sich Amylalkohol. Mit wasserfreiem Bromwasserstoff tritt Entwickelung roter Dämpfe und Bildung von Amylbromid auf. Mit konzentrierter Jodwasserstoffsäure erhält man Stickoxyd, freies Jod und Ammoniak, mit gasförmigem und trockenem Jodwasserstoff auch Amyljodid; ungefähr ein Drittel des Stickstoffs wird zu Ammoniak reduziert [2]). Eisessig löst es leicht auf, und beim Kochen damit entsteht Amylacetat und Stickoxyd. Ameisensäure giebt Amylformiat, Kohlensäure, Stickoxydul und Wasser.

Verdünnte und kalte Schwefelsäure wirkt nur langsam ein; bei 100° bildet sich Schwefeldioxyd und Amylvalerianat. Ist die Säure konzentriert, so tritt eine lebhafte Reaktion ein, es entwickelt sich Stickoxyd, die Masse erhitzt sich schliefslich bis zur Entzündung und es hinterbleibt ein kohliger Rückstand. Läfst man jedoch auf festes, krystallisiertes und auf 15 bis 20° unter Null abgekühltes Schwefelsäuredihydrat, $H_2SO_4 . H_2O$, das unter 0° abgekühlte Amylnitrit auftropfen, so findet keine Zersetzung des Nitrits statt, und wenn man diese Bedingungen einige Tage einhält, so nimmt man wahr, dafs nach und nach das Amylnitrit verschwindet, indem es sich in dem Schwefelsäurehydrat verteilt; nimmt man es dann aus der Kältemischung heraus und schüttelt tüchtig um, so tritt keine Zersetzung mehr ein. Entfernt man hierauf mit Äther, dann durch Behandeln mit Wasserdampf die von der Schwefelsäure nicht gebundenen Anteile, so läfst sich durch kaustisches Natron eine Base der Pyridingruppe isolieren [3]). Sättigt man Amylnitrit mit Schwefeldioxyd, so entsteht Stickoxyd und Amylsulfat, $2 C_5H_{11}ONO + SO_2 = NO + (C_5H_{11})_2SO_4$.

Mit Phosphorpentoxyd tritt lebhafte Reaktion, begleitet von schwacher Gasentwickelung, ein. Es entsteht eine Masse von patchouliartigem Geruche, worin ein Cyanid, $C_5H_7N_4$, enthalten ist, das beim Verseifen mit Kalilauge Ammoniak, Essigsäure, Propionsäure und Angelikasäure liefert. Mit in Äther verdünntem Zinkäthyl bildet sich Zinkäthylamylat, Äthylamyläther und Stickoxyd [4]):

$$Zn(C_2H_5) + 2 C_5H_{11}ONO = C_5H_{11}OZnC_2H_5 + C_5H_{11}OC_2H_5 + 2 NO.$$

[1]) Guthrie, Ann. Chem. 111, 82. — [2]) Chapman u. Smith, Chem. Centralbl. 1868, S. 338. — [3]) Bertoni u. Troffi, JB. 1883, S. 853. — [4]) Chapman u. Smith, Bull. soc. chim. [2] 10, 261.

Ist Zinkäthyl im Überschusse, so entwickelt sich kein Stickoxyd, sondern dieses reagiert auf das Zinkäthyl unter Bildung des sogenannten Zinkdinitroäthylats von Frankland:

$$2\,NO + Zn(C_2H_5)_2 = C_2H_5N_2O_2ZnC_2H_5.$$

Eine Lösung von Ferrosulfat färbt sich grünbraun, wenn sie in die des Amylnitrits gegossen wird.

Die niedrigen homologen Alkohole, wie Methyl-, Äthyl- u. s. w. -alkohol setzen sich mit dem Amylnitrit um unter Bildung von Amylalkohol und den betreffenden Salpetrigsäureestern[1]). Mit einer warmen Lösung von Kaliumbichromat und verdünnter Schwefelsäure zusammengebracht, bildet Amylnitrit Valeriansäure, Amylvalerianat und Salpetersäure[2]). Läfst man in 20 ccm käuflichen (thiophenhaltigen) Benzols ein paar Tropfen Amylnitrit fallen und fügt dann wenig Schwefelsäure hinzu, so entsteht eine rotbraune Färbung, die später tief violett wird[3]).

Das Amylnitrit verändert sich unter dem Einflusse der Luft und des Lichtes und diese Zersetzung kann auch unter dem Einflusse eines Bündels von Lichtwellen stattfinden. Diese Zersetzung findet jedoch nicht statt, wenn die Lichtstrahlen zuerst durch den Dampf oder durch das flüssige Nitrit hindurchgegangen sind[4]). In gut verschlossenem Gefäfse und an kühlem Orte und im Kontakt mit Magnesia oder Chlorcalcium[5]) oder noch besser Calciumnitrat aufbewahrt, läfst es sich für eine gewisse Zeit unverändert erhalten. Es ist von sehr grofser Wichtigkeit, dafs es keine Blausäure enthält, wie dies häufig bei der Handelsware vorkommt. Andere ausführliche Angaben über Eigenschaften des Amylnitrits sind von Personne angegeben worden[6]).

Die Giftwirkung des Amylnitrits wird durch Sättigen mit Kohlenoxyd nach Beobachtungen von Ferd. Winkler[7]) erheblich gemildert, so dafs die Einatmung nicht von unangenehmen Nebenerscheinungen begleitet ist. Eine solche Mischung findet unter der Bezeichnung „Amylium nitrosum carbonisatum medizinische Anwendung.

Wird Amylnitrit mit Leuchtgas behandelt, so büfst es seinen charakteristischen Geruch ein, wird dunkler und scheidet bei längerem Stehen dickflüssige Partieen ab.

---

[1]) Bertoni, Arch. sciences phys. natur. 1886, **15**, 27—50. — [2]) Vortmann, Chem. Anal. Org. Stoffe 1891, S. 186. — [3]) Claisen u. Manasse, Ber. 1887, **20**, 2197. — [4]) Tyndall, Confer. Inst. Royal London 1869. — [5]) Berger, Pharm. Journ. Trans. [3] **1**, 422. — [6]) Personne, Journ. Pharm. **26**, 241—327; **27**, 22. — [7]) Ferd. Winkler, Zeitschr. klin. Med. **36**, 30.

Die anderen bekannten Nitrite enthält die folgende Übersich

	Formel	Schmelzpunkt	Siedepunkt	Spezi
Methylester	$NO_2 . CH_3$		— 12°	0,991 (flüss
Normalpropylester	$NO_2 . C_3H_7$	flüssig	43—46°; 57°	0,935 (0,996
Isopropylester	$NO_2 . CH(CH_3)_2$	"	45°; 39—39,5° (752)	0,856 0,844
Normalbutylester	$NO_2 . C_4H_9$	"	75°	0,9114
Isobutylester	$NO_2 . C_4H_9$	"	67—68°; 66—67°	0,8878 0,875 0,865 0,894 0,876
Sekundärbutylester	$NO_2 . C_4H_9$	"	68°	0,8981
Trimethylcarbinolester	$NO_2 . C_4H_9$	"	76—78° (?); 62,8—63,2°	0,8941
Dimethyläthylcarbinolester	$NO_2 . C_5H_{11}$	"	92 — 93°	0,9033
Normalheptylester	$NO_2 . C_7H_{15}$	"	155°	0,8939
Normaloktylester	$NO_2 . C_8H_{17}$	"	175 — 177°	0,862 (
Methylhexylcarbinolester	$NO_2 . C_8H_{17}$	"	165 — 166°	0,881 (
Cetylester	$NO_2 . C_{16}H_{33}$	Sonnenwärme	190 — 200° (Zersetzung)	
Allylester	$NO_2 . C_3H_5$	flüssig	43,5 — 44,5°	0,9546
Äthylenester	$(NO_2)_2 : C_2H_4$	"	96 — 98°	1,2156
Propylenester	$(NO_2)_2 : C_3H_6$	"	108 — 110°	1,144 (
Butylenester	$(NO_2)_2 : C_4H_8$	"	128°	1,092 (
Glycerintrinitrit	$(NO_2)_3 : C_3H_5$	"	150 — 154°	1,291 (
Benzylester	$NO_2 . CH_2 . C_6H_5$	zersetzlich		
Diphenyläthylenglycolnitrit	$C_{14}H_{13}NO_3$ $=(C_6H_5)_2C(OH)$ $. CH_2 . O . NO$	106—107°		
Diphenylvinylnitrit	$C_{14}H_{11}NO_2$ $=(C_6H_5)_2C:CH$ $. O . NO$	87—88°		

Stickstofftetroxyd.

Untersalpetersäure, Stickstoffperoxyd N_2O_4. Da der grofsen Teil aus Untersalpetersäure bestehende rote salpetrige D stets auftritt, wenn oxydierbare Körper, z. B. Metalle, mit Salpeter behandelt werden, und auch bei den älteren Methoden zur Bere der Salpetersäure stets eine Menge Untersalpetersäuredampf entwi wird, so ist diese Säure ebenso lange bekannt wie jene. Doch w der erwähnte Dampf anfangs für den der Salpetersäure gehalten und erst später als „salpetrichter" Dampf davon unterschieden. Die wahre Natur, Eigenschaften und Zusammensetzung der Säure wurden erst von Gay-Lussac[1]), Dulong[2]) und Peligot[3]) ergründet.

Bildung. 1. Bringt man bei gewöhnlicher Temperatur Stickstoffoxyd und Sauerstoff in beliebigem Verhältnis, aber bei völliger Abwesenheit von Wasser und Basen, zusammen, so verbinden sich stets 2 Mol. des ersteren mit 1 Mol. des letzteren zu 1 Mol. Untersalpetersäuredampf [Gay-Lussac[1])]. 2. Bei Zersetzungen von Stickoxydul, Stickoxyd, salpetriger Säure bezw. Silbernitrit, Salpetersäure und Nitraten, besonders auch beim Durchleiten von Stickoxyd durch konzentrierte Salpetersäure und nach Weltzien[4]) bei der Einwirkung von Jod auf Silbernitrat. 3. Bei der Vereinigung von Stickstoff und Sauerstoff in Gegenwart konzentrierter Laugen, falls die zuerst entstehende salpetrige Säure nicht schnell genug absorbiert wird [Berthelot[5])]. 4. Beim Bleikammerprozeſs; doch erfolgt nach Lunge und Naef[6]) die Bildung hier nur sekundär und unter abnormen Umständen, besonders bei sehr groſsem Überschuſs von Salpetergasen; der Sauerstoffgehalt der Gase ist hierbei ohne Einfluſs. 5. Aus Luft unter dem Einflusse dunkler elektrischer Entladungen[7]).

Darstellung. 1. Man leitet 1 Vol. Sauerstoff mit nahezu 2 Vol. Stickoxydgas in trockenem Zustande erst durch eine mit Porzellanstücken gefüllte, dann durch eine auf —20° abgekühlte, U-förmig gebogene Röhre, in welcher sich die Untersalpetersäure zur grünlichen, beim Umgieſsen gelb werdenden Flüssigkeit verdichtet [Dulong[2])]. Da beide Gase durch Chlorcalcium nicht völlig getrocknet werden, muſs man sie zuvor über Vitriolöl und darauf durch eine mit Stücken frisch geschmolzenen Kalihydrats gefüllte Röhre leiten. Bei völliger Abwesenheit von Wasser verdichtet sich die Säure zu farblosen Krystallen, welche erst bei unvollständiger Entwässerung der weiterhin zutretenden Gase zur grünen Flüssigkeit zerflieſsen [Peligot[3])]. Stickoxyd darf nicht im Überschuſs vorhanden sein, da sich sonst salpetrige Säure bildet, Überschuſs von Sauerstoff schadet hingegen nicht.

2. Man erhitzt ganz trockenes Bleinitrat in einer Retorte mit abgekühlter Vorlage [Gay-Lussac[1])]. Das Salz entläſst bei beginnender Glühhitze alle Salpetersäure, zersetzt in Untersalpetersäure und Sauerstoff, während Bleioxyd zurückbleibt: $N_2O_6Pb = PbO + N_2O_4 + O$. — Das gepulverte und dann möglichst vollkommen getrocknete Salz bringt man in eine kleine Retorte aus schwer flüssigem Glase und ver-

[1]) Gay-Lussac, Ann. ch. phys. 1, 394; Gilb. Ann. 58, 29. — [2]) Dulong, Ann. ch. phys. 2, 317; Gilb. Ann. 58, 53. — [3]) Peligot, Ann. ch. phys. 54, 17 u. 77, 58 u. 87; Ann. Chem. 9, 259 u. 39, 327. — [4]) Weltzien, Ann. Chem. 115, 219. — [5]) Berthelot, Compt. rend. 77, 1448; Chem. Centralbl. 1874, S. 82. — [6]) G. Lunge u. P. Naef, Chem. Ind. 7, 5. — [7]) Shenstone u. Evans, Chem. Soc. Proc. 14, 39; Chem. Centralbl. 1898, I, S. 765.

bindet damit als Vorlage ein U-förmiges Rohr, das in ein mit guter Kältemischung gefülltes Gefäfs eingestellt wird. Die Untersalpetersäure wird dann vollständig verdichtet, während aus der offenen Spitze des zweiten Schenkels Sauerstoff entweicht. Die Temperatur darf nicht höher als nötig gesteigert werden, da sonst leicht vor beendeter Zersetzung die Retorte durch das gebildete Bleioxyd durchgeschmolzen wird. — Es geht zuerst eine wasserhaltige grüne Flüssigkeit über, dann eine nur wenig Wasser enthaltende farblose, endlich die wasserfreien Krystalle [1]). Playfair und Wanklyn [2]) destillieren ein Gemenge von Bleinitrat mit Kaliumchlorochromat. Hasenbach [3]) behandelt das Destillat noch mit Sauerstoff, um etwa vorhandene salpetrige Säure in Untersalpetersäure überzuführen.

3. Man erwärmt rote rauchende Salpetersäure gelinde in einer Retorte mit abgekühlter Vorlage; in letzterer sammeln sich zwei Schichten, von denen die untere viel Salpetersäurehydrat, die obere fast nur Untersalpetersäure enthält; diese wird von der geringen Menge beigemischter Salpetersäure durch Destillation befreit [4]).

4. Man übergiefst erbsengrofse Stücke von arseniger Säure mit roter rauchender Salpetersäure von 1,38 bis 1,40 spezif. Gew. und leitet in das durch Abkühlen der Dämpfe erhaltene Gemenge von Untersalpetersäure und salpetriger Säure Luft oder Sauerstoff ein. Einmalige Rektifikation genügt dann, um die Säure für die meisten Zwecke genügend rein zu erhalten [3]). Nylander [5]) glaubte, dafs bei diesem Verfahren eine mit Untersalpetersäure isomere, bei 13° siedende Verbindung entstände, doch ist durch Hasenbach [3]) nachgewiesen, dafs dies Produkt ein Gemenge von Untersalpetersäure mit wenig Salpetrigsäureanhydrid ist.

5. Durch Einwirkung des Chlorids der Salpetersäure auf Silbernitrit. Die Reaktion erfolgt entsprechend der Gleichung $NO_2Cl + NO_2Ag = ClAg + N_2O_4$ und geht schon bei 30 bis 40° ganz glatt vor sich, nur ist das Produkt durch etwas salpetrige Säure grün gefärbt [6]).

6. Durch Einwirkung von Nitrosylchlorid auf Salpetersäure [7]).

Um die Untersalpetersäure krystallisiert zu erhalten, destilliert man das flüssige Produkt im Sauerstoffstrome partiell in eine auf —20° abgekühlte Vorlage; hierbei bleibt Salpetersäure zurück [8]).

Eigenschaften. Die Untersalpetersäure krystallisiert bei —20° in farblosen Säulen, deren Krystallform ihrer grofsen Zerfliefslichkeit wegen nicht näher zu bestimmen ist. Den Schmelzpunkt giebt

---

[1]) Peligot, Ann. ch. phys. **54**, 17 u. **77**, 58 u. 87; Ann. Chem. **9**, 259 u. **39**, 327. — [2]) Playfair u. Wanklyn, Chem. Soc. Quart. J. **15**, 142; Ann. Chem. **122**, 245. — [3]) Hasenbach, J. pr. Chem. [2] **4**, 1. — [4]) Mitscherlich, Lehrb. **1**, 345. — [5]) Nylander, Zeitschr. Chem. [2] **9**, 66. — [6]) A. Exner, Wien. Akad. Ber. **65**, 120. — [7]) Girard u. Pabst, Bull. soc. chim. [2] **30**, 531; JB. 1878, S. 223. — [8]) Fritzsche, J. pr. Chem. **22**, 21.

Peligot[1]) zu —9° (Ré.) an, Fritzsche[2]) zu — 13,5°, R. Müller[3]) zu — 11,5 bis — 12°. Nach erfolgtem Schmelzen mufs die Säure weit unter den Schmelzpunkt abgekühlt werden, ehe sie wieder erstarrt, nach Fritzsche[2]), der dies auf die Bildung einer Spur Salpetersäure zurückführt, auf — 30°. Bei der Darstellung aus Stickoxyd und Sauerstoff gesteht die Säure im Moment der Entstehung bei — 10° zu Krystallen[4]). — Die Farbe der Krystalle ist, je nach der Temperatur, verschieden. Bei — 50° völlig farblos, erscheinen sie zwischen — 40 und — 30° lichtgelb, zwischen — 30 und — 20° hellcitronengelb, beim Schmelzpunkt beinahe honiggelb[5]).

Die flüssige Säure ist ebenfalls um so dunkler, je wärmer sie ist; bei — 20° farblos, bei — 10° noch kaum gefärbt, erscheint sie bei 0 bis + 10° blafsgelb und bei + 15 bis 28° pomeranzengelb[6]). Das spezifische Gewicht, von Dulong zu 1,451 angegeben, ist nach Geuther[7])

bei	—5°	—4°	—2°	—1°	0°	+5°	+10°	+15°
	1,5035	1,5030	1,5020	1,5000	1,4935	1,4880	1,4770	1,4740.

Thorpe[8]) fand bei 0° 1,4903, bei 21,6° 1,43958.

Die Ausdehnung der flüssigen Säure ist eine ziemlich regelmäfsige; 1 Vol. derselben von 0° erfüllt nach Drion[9])

bei:	10°	20°	30°	40°	50°	60°	70°	80°	90°
Volumina:	1,01480	1,03029	1,04673	1,06442	1,08367	1,10484	1,12828	1,15440	1,18365,

nach Thorpe[8]) bei 21,6° 1,03523 Vol.

Die Säure siedet nach Peligot[1]) konstant bei 22° (Ré.), nach Gay-Lussac[10]) bei 26°, nach Dulong[6]) bei 28° unter dem Druck von 760 mm, nach Thorpe[8]) bei 21,6°. Nach Hasenbach[11]) ist der Siedepunkt der aus Bleinitrat erhaltenen Säure 22°, er wird aber durch Behandeln mit heifsem Sauerstoff auf 25 bis 26° erhöht.

Der Dampf ist bei — 10° kaum gelb[4]), bei gewöhnlicher Temperatur dunkelgelbrot bis rotbraun, mit steigender Temperatur immer dunkler, bei 183° in 2 cm dicker Schicht schon undurchsichtig und mehr schwarz als rot[12]). Im erhitzten Verbrennungsrohre verschwindet die Farbe des Dampfes hingegen völlig und erscheint beim Erkalten wieder, ohne dafs die wieder verdichtete Säure Veränderungen erlitten hat[11]). Der Geruch ist eigentümlich süfslich und scharf, der

---

[1]) Peligot, Ann. ch. phys. 54, 17 u. 77, 58 u. 87; Ann. Chem. 9, 259 u. 39, 327. — [2]) Fritzsche, J. pr. Chem. 22, 21. — [3]) R. Müller, Ann. Chem. 122, 1. — [4]) Deville u. Troost, Compt. rend. 64, 237; JB. 1867, S. 177. — [5]) Schönbein, J. pr. Chem. 55, 146. — [6]) Dulong, Ann. ch. phys. 2, 317; Gilb. Ann. 58, 53. — [7]) Geuther, Ann. Chem. 245, 96. — [8]) T. E. Thorpe, Chem. Soc. J. 37, 141 u. 327; JB. 1880, S. 19. — [9]) Drion, Ann. ch. phys. [3] 56, 5; JB. 1859, S. 18. — [10]) Gay-Lussac, Ann. ch. phys. 1, 394; Gilb. Ann. 58, 29. — [11]) Hasenbach, J. pr. Chem. [2] 4, 1. — [12]) Deville u. Troost, Compt. rend. 64, 237; JB. 1867, S. 177; s. auch [5]).

Geschmack sauer; beim Einatmen wirkt er sehr schädlich. Die S rötet Lackmus und färbt tierische wie auch viele pflanzliche Stoffe ;

Von Schwefelkohlenstoff wird Untersalpetersäure reichlich sorbiert; eine solche Lösung kann zweckmäfsig verwendet werden die Säure auf andere Substanzen einwirken zu lassen [1]).

Die Dichte des Untersalpetersäuredampfes ist nach Playfair Wanklyn [2])

bei	4,2°	11,3°	24,5°	97,5°
	2,588	2,645	2,52	1,783,

nach R. Müller [3])

bei	28°	32°	52°	70°	79°
	2,70	2,65	2,26	1,95	1,84,

nach Deville und Troost [4])

bei		bei		bei	
26,7°	2,65	70,0°	1,92	121,5°	1,63
35,4	2,53	80,6	1,80	135,0	1,60
39,8	2,46	90,0	1,72	154,0	1,58
49,6	2,27	100,1	1,68	183,2	1,57
60,2	2,08	111,3	1,65		

Der Ausdehnungskoefficient wird oberhalb 100° merklich k stant; deshalb halten Deville und Troost 1,589 für die ein wahre Dampfdichte der Untersalpetersäure und dem entsprechend Molekel derselben für NO_2.

Die allgemeine Ansicht geht aber dahin, dafs die Molekel Säure bei niederer Temperatur [nach Naumann [5]) bei —11°] die Fo N_2O_4 mit der entsprechenden Dampfdichte besitzt, und dafs d Molekeln mit steigender Temperatur in Molekeln NO_2 dissoziie Naumann [5]) schliefst aus den oben angeführten Ermittelungen d Dampfdichte auf den Grad der Dissoziation bei verschiedenen Tempe turen, wie die folgende Tabelle veranschaulicht:

Temperatur	Prozente der Zersetzung	Zuwachs an Prozenten der Zersetzung für 10° Temperaturerhöhung	Temperatur	Prozente der Zersetzung	Zuwachs an Prozenten der Zersetzung für 10° Temperaturerhöhung
26,7°	19,96	6,5	80,6°	76,61	10,4
35,4	25,65	8,1	90,0	84,83	8,6
39,8	29,23	11,0	100,1	89,23	4,4
49,6	40,04	12,1	111,3	92,67	3,1
60,2	52,84	13,0	121,5	96,23	3,5
70,0	65,57	10,4	135,0	98,69	1,5

[1]) L. H. Friedburg, Chem. News 47, 52; JB. 1883, S. 307. — [2]) Playfair u. Wanklyn, Chem. Soc. Quart. J. 15, 142; Ann. Chem. 122, — [3]) R. Müller, Ann. Chem. 122, 1. — [4]) Deville u. Troost, Compt 64, 237; JB. 1867, S. 177. — [5]) A. Naumann, Ann. Chem. Suppl. (

Die Dissoziation nimmt danach zu, bis sie halb vollendet ist, und nimmt dann wieder ab. Nahe damit übereinstimmende Zahlen fand Salet[1]), der auch durch Vergleichung der Farbenänderungen einen experimentellen Beweis für die Existenz der Molekel N_2O_4 bei niederer Temperatur lieferte, unter der Annahme, dafs diese Molekel farblos, die Molekeln NO_2 aber gefärbt sind. Auch die Molekulargewichtsbestimmung nach Raoults Methode hat die Molekulargröfse N_2O_4 bestätigt[2]); andererseits spricht die direkte Verbindung von Chlor und Brom mit erhitztem Untersalpetersäuredampf[3]) für den Zerfall in NO_2-Molekeln bei höherer Temperatur. Auch die Abnahme des Verhältnisses K der beiden spezifischen Wärmen mit zunehmender Dichte[4]) steht mit der Dissoziationshypothese im Einklange. Die kleinsten dafür ermittelten Werte kommen denjenigen nahe, welche man für Gase mit fünf-, sechs- und mehratomigen Molekeln zumeist gefunden hat, die gröfsten sind nicht viel kleiner als der für dreiatomige Molekeln gefundene Mittelwert.

Dieselbe Zersetzung tritt auch bei gleichbleibender Temperatur mit abnehmendem Druck ein[5]). L. Troost[6]) beobachtete schon bei 27° unter 35 mm Druck vollständige Zersetzung (Dichte 1,6, unter 16 mm Druck 1,59).

Nach E. und L. Natanson[7]) giebt es für jeden Dissoziationsgrad

t	p	d	t	p	d	t	p	d
— 12,6°	115,40	2,9470	+ 73,70°	107,47	1,6601	+ 99,80°	658,31	1,6817
0,00	37,96	2,4832	73,70	164,59	1,6737	99,80	675,38	1,6818
0,00	86,57	2,6737	73,70	302,04	1,7403	99,80	732,51	1,6933
0,00	172,48	2,8201	73,70	504,14	1,8126	117,91	58,29	1,6106
0,00	250,66	2,9028	73,70	633,27	1,8534	129,90	35,99	1,5987
+ 21,00	491,60	2,6838	99,80	11,73	1,6029	129,90	66,94	1,5997
21,00	516,96	2,7025	99,80	23,22	1,6024	129,90	78,73	1,5986
21,00	556,50	2,7120	99,80	34,80	1,6114	129,90	104,77	1,5978
21,00	639,17	2,7459	99,80	57,35	1,6084	129,90	152,46	1,5946
49,70	26,80	1,6634	99,80	79,57	1,6179	129,90	169,71	1,6003
49,70	93,75	1,7883	99,80	89,67	1,6107	129,90	247,86	1,6012
49,70	182,69	1,8942	99,80	108,65	1,6142	129,90	297,95	1,5970
49,70	261,37	1,9629	99,80	116,58	1,6121	129,90	550,29	1,6084
49,70	497,75	2,1441	99,80	142,29	1,6136	151,40	117,98	1,5907
73,70	49,65	1,6315	99,80	202,24	1,6263	151,40	475,41	1,5882
73,70	64,75	1,6428	99,80	371,27	1,6472	151,40	666,22	1,5927
73,70	67,72	1,6519	99,80	520,98	1,6647			

[1]) Salet, Compt. rend. 67, 488; Zeitschr. Chem. 1868, S. 716. — [2]) W. Ramsay, Chem. Soc. J. 53, 621; Ber. 21, 505 Ref. — [3]) Hasenbach, J. pr. Chem. [2] 4, 1. — [4]) E. u. L. Natanson, Ann. Phys. [2] 24, 454. — [5]) A. Naumann, Ann. Chem. Suppl. 6, 203. — [6]) L. Troost, Compt. rend. 86, 331 u. 1394; JB. 1878, S. 34. — [7]) E. u. L. Natanson, Ann. Phys. [2] 27, 606.

eine kontinuierliche Reihe von Zuständen, durch welche das Gas geführt werden kann, ohne merklich vom Mariotteschen Gesetze abzuweichen, ebenso eine Reihe von Zuständen, durch welche es dem Gay-Lussacschen Ausdehnungsgesetze folgt. Ihre Resultate sind in folgender Tabelle (s. S. 165) zusammengestellt, wo t die Temperatur, p den Druck in Millimetern Quecksilber, d die zugehörige Dampfdichte bezeichnen.

Nach Schreber[1]) gelangt man aus diesen Werten durch Elimination der Werte für die Gleichgewichtskonstante K, die Fehler von mehr als 10 Proz. besitzen, nach der theoretischen Formel von Gibbs und Boltzmann zu solchen Werten für die Änderung von K mit der Temperatur, die mit den gefundenen gute Übereinstimmung zeigen.

Nach Magnanino und Malagnini[2]) ist die thermische Leitfähigkeit in Übereinstimmung mit der thermochemischen Gleichung $2NO_2 = N_2O_4 + 129$ K. Die absolute thermische Leitfähigkeit K, bezogen auf Millimeter, Milligramm, Sekunden und Celsiusgrade, ist bei vollständiger Dissoziation $(150^0) = 0{,}0033$.

Der Zerfall in NO_2-Molekeln ist der Dampfdichte nach bei 140° vollständig, dann tritt aber weitgehender Zerfall ein, so dafs bei 619,5° die Dampfdichte genau der vollkommenen Zersetzung $2NO_2 = 2NO + O_2$ entspricht[3]).

Auch das flüssige Stickstoffperoxyd, in organischen Lösungsmitteln gelöst, unterliegt der Dissoziation. Dieselbe nimmt bei verschiedenen Solventien stets denselben Verlauf, aber in verschiedenem Umfange. Der Einflufs des Lösungsmittels ist im allgemeinen ein additiver, und zwar ändert sich die dissoziierende Kraft des Lösungsmittels nur unbedeutend mit dem Kohlenstoffgehalt, stärker mit dem Wasserstoffgehalt, erheblich durch Brom und Chlor, in noch höherem Grade durch Schwefel und Silicium[4]).

Das Absorptionsspektrum des Untersalpetersäuredampfes ist nach Luck[5]) dasselbe wie das der dampfförmigen salpetrigen Säure; es zeigt 21 bis 26 dunkle Linien zwischen den Teilstrichen 35 bis 90 ($D = 50$); die Linien im Rot, Orange und Gelb, d. i. zwischen 35 und 71, sind fein, die von 73 bis 90 breiter, möglicherweise Gruppen von feinen, durch das Prisma noch nicht hinreichend getrennten Linien. Das Spektrum der flüssigen Säure zeigt im grünen bis roten Teile drei bis fünf matte schwarze Banden, die mit stark ausgeprägten Liniengruppen des Dampfspektrums zusammenfallen[6]). Durch Untersuchung

[1]) Schreber, Zeitschr. physikal. Chem. 24, 651. — [2]) Magnanino u. Malagnini, Atti Real. Accad. dei Lincei Rendic. [5] 6, II, 22; Chem. Centralbl. 1897, II, 460, vergl. auch Magnanino u. Zunino, Gazz. chim. 30, I, 405; Chem. Centralbl. 1900, II, S. 80. — [3]) A. Richardson, Chem. Soc. J. 51, 397; JB. 1887, S. 403; E. B. Hagen, Ann. Phys. [2] 16, 610. — [4]) J. Tudor Cundall, Chem. Soc. J. 67, 794; Chem. Soc. Proc. 1895, p. 146; Ber. 29, 265 u. 830, Ref. — [5]) E. Luck, Zeitschr. anal. Chem. 8, 402. — [6]) A. Kundt, Ann. Phys. 141, 157.

der Säure bei niedrigen Temperaturen, wo sie schwächer gefärbt ist, läfst sich diese Coincidenz auch in den grünen und blauen Teil des Spektrums hinein verfolgen, ebenso, wenn die wasserfreie Säure in ebenfalls wasserfreiem Benzol, Nitrobenzol, Schwefelkohlenstoff oder Chloroform gelöst wird [1]). Aus den Veränderungen des Spektrums mit der Temperatur schliefst L. Bell [2]), dafs bei 0° keine Absorption mehr stattfinde, dafs also das Spektrum dem Dissoziationsprodukt NO_2, nicht der Verbindung N_2O_4 zukomme.

Die Bildungswärme der Untersalpetersäure aus Stickoxyd und Sauerstoff ist pro Molekel NO_2 nach Thomsen [3]) = 19570, nach Berthelot = 19400 kal., die aus den Elementen = — 16825 kal., die Lösungswärme in Wasser pro Molekel NO_2 = 7750 kal. [4]). Die Verbindungswärme von 1 Äquivalent flüssiger N_2O_4 mit Sauerstoffgas zu Salpetersäure bei Verdünnung mit dem 100 fachen Gewicht Wasser = 23500 kal. [5]).

Die Molekularwärme ist zwischen 100 und 200° höher als die Summe der spezifischen Wärmen von Stickstoff und Sauerstoff, zwischen 100 und 26° noch viel höher [6]), weil in diesem Temperaturintervall die Dissoziation der N_2O_4-Molekeln vorwiegend stattfindet, während sie sich zwischen 100 und 200° vollendet.

Die Atomrefraktion ist = 11,8, die Atomdispersion = 0,82 [7]).

Die flüssige Untersalpetersäure ist als Lösungsmittel ohne Dissoziationsvermögen. Sie wirkt vielmehr assoziierend und gegenüber schwachen Säuren stark polymerisierend [8]).

Die Untersalpetersäure ist gegen Wärme sehr beständig; der Dampf läfst sich ohne Zersetzung durch ein schwach rotglühendes Rohr leiten, und auch beim Erhitzen im geschlossenen Rohre auf 500° erleidet sie keine Veränderung [9]). Auf Sauerstoff übt sie bei gewöhnlicher Temperatur, auf Stickstoff selbst bei Glühhitze keine Wirkung aus. Durch elektrische Funken wird sie allmählich in die Elemente zerlegt; auch bei der Elektrolyse soll sie sich nach Faraday langsam zersetzen.

Sie ist ausnehmend ätzend und färbt, gleich der Salpetersäure, die Haut wie überhaupt stickstoffhaltige organische Verbindungen gelb.

Sie wirkt äufserst kräftig oxydierend. Leitet man den Dampf mit überschüssigem Wasserstoff über Platinschwamm, so gerät dieser in lebhaftes Glühen, und es wird Wasser und Ammoniak gebildet [10]).

---

[1]) D. Gernez, Compt. rend. 74, 465; JB. 1872, S 137. — [2]) L. Bell, Am. Chem. J. 7, 32; JB. 1885, S. 324. — [3]) Thomsen, Ber. 6, 1553; vergl. auch Dens., Thermochemische Untersuchungen. — [4]) Ders., Ber. 6, 710. — [5]) Troost u. Hautefeuille, Compt. rend. 73, 378; Zeitschr. Chem. 1871, S. 344. — [6]) Berthelot u. Ogier, Compt. rend. 94, 916; JB. 1882, 113. — [7]) Gladstone, Chem. News 55, 300; Chem. Centralbl. 1887, S. 915. — [8]) Bruni u. Berti, Atti Reale Accad. dei Lincei Rendic. [5] 9, I, 321; Chem. Centralbl. 1900, II, S. 80; Frankland u. Farmer, Chem. Soc. Proc. 17, 201; Chem. Centralbl. 1902, I, S. 7. — [9]) Berthelot, Compt. rend. 77, 1448; Chem. Centralbl. 1874, S. 82. — [10]) Kuhlmann, Ann. Chem. 29, 272 u. 39, 319.

Glühende Kohle verbrennt in dem Dampfe mit trüber roter Flamme. Phosphor bedarf zu seiner Verbrennung in demselben einer gröfseren Hitze als in Sauerstoff, verbrennt aber dann mit grofser Lebhaftigkeit. Nach Dulong verbrennt auch stark erhitzter Schwefel in dem Dampfe, während er nach anderen Angaben darin erlischt. Jod kann ohne Oxydation darin verdampft werden [1]).

Verhalten. Wasser zersetzt die Untersalpetersäure in Salpetersäure einerseits, salpetrige Säure und Stickoxyd andererseits, entsprechend den Gleichungen $NO.O.NO_2 + H_2O = H.O.NO_2 + H.O.NO$ oder $3 N_2O_4 + 2 H_2O = 4 H.O.NO_2 + 2 NO$. Es entsteht um so mehr salpetrige Säure und um so weniger Stickoxyd, je niedriger die Temperatur und je kleiner die Wassermenge ist; ist in der Kälte vorzugsweise salpetrige Säure gebildet worden, so kann diese hinterher beim Erhitzen oder beim Hinzufügen von Körpern, welche die Bildung von Gasblasen begünstigen, in Salpetersäure und Stickoxyd zerfallen. Bei kleinen Mengen Wasser bleibt ein Teil der Untersalpetersäure unzersetzt, indem die gebildete Salpetersäure die weitere Zersetzung hindert. — Krystallwasserhaltige Salze, z. B. Alaun, entfärben den Untersalpetersäuredampf nur langsam. — Fügt man zu viel Untersalpetersäure wenig Wasser, so färbt sich dieselbe, ohne dafs Gasentwickelung stattfindet, infolge Bildung von salpetriger Säure tiefgrün [2]); durch Schütteln mit entwässertem Kupfervitriol wird sie dann wieder gelb oder rötlich [3]). Fügt man zu einer gegebenen Menge Wasser die Untersalpetersäure in einzelnen Anteilen, so entwickeln die ersten Mengen am meisten, die letzten gar kein Stickoxydgas; dabei färbt sich das Wasser erst blau, dann grün, schliefslich pomeranzengelb [4]). Läfst man zu 2 Mol. Untersalpetersäure, die auf —20° abgekühlt ist, 1 Mol. Wasser langsam in feinem Strahle zufliefsen, so entwickelt sich nur wenig Stickoxyd und es bilden sich zwei Schichten, von denen die untere, dunkelgrüne, Untersalpetersäure mit wenig salpetriger Säure enthält, während die obere, nur etwa ein Drittel betragende, grasgrüne eine Mischung von salpetriger mit Salpetersäure ist. Bei 2 Mol. Untersalpetersäure auf 5 Mol. Wasser bildet sich unter höchst geringer Stickoxydentwickelung eine ähnliche obere Schicht, die untere aber ist dunkelblaugrün, nur in dünner Schicht durchsichtig, und gerät schon beim Ausgiefsen ins Kochen; bei gemeinsamer Destillation beider Schichten beginnt sie schon unterhalb 0° zu kochen und geht unter Ansteigen des Siedepunktes auf 25° in die abgekühlte Vorlage als blaue salpetrige Säure über [5]). Noch bei 6 bis 8 Mol. Wasser auf 1 Mol. Untersalpetersäure werden ohne Gasentwickelung grüne oder

[1]) Dulong, Ann. ch. phys. 2, 317; Gilb. Ann. 58, 53. — [2]) Wie Anm. [1]) und Peligot, Ann. ch. phys. 54, 17 u. 77, 58 u. 87; Ann. Chem. 9, 259 u. 39, 327. — [3]) Semenoff, Zeitschr. Chem. 7, 129. — [4]) Gay-Lussac, Ann. ch. phys. 1, 394; Gilb. Ann. 58, 29. — [5]) Fritzsche, J. pr. Chem. 22, 21.

blaue Flüssigkeiten erhalten [1]). Bei gewöhnlicher Temperatur entwickelt 1 Vol. Untersalpetersäure schon mit 5 Vol. Wasser viel Stickoxyd; nach beendeter Reaktion veranlafst das Einsenken von Platindraht neues heftiges Aufbrausen, das sich beim Erwärmen bis zum Herausschleudern der Flüssigkeit steigert; noch stärkere und anhaltendere Gasentwickelung bewirken Eisen, Kupfer, Messing, Silber, welche dabei selbst nur wenig angegriffen werden. Auch Kohle entbindet aus einem Gemische von 1 Tl. Untersalpetersäure und 9 Tln. Wasser stürmisch Stickoxyd, ohne dafs Kohlensäure erzeugt wird [2]). — Die Mischung von 1 Vol. Untersalpetersäure und 10 Vol. Wasser erfolgt ebenfalls unter Stickoxydentwickelung; die farblose Flüssigkeit liefert beim Kochen noch 60 Vol. Stickoxyd, erst nach stundenlangem Kochen, rascher bei Gegenwart von Platindraht, hört die Entwickelung auf. Auch in diesem Gemische erzeugen die vorher genannten oxydierbaren Metalle starkes Aufbrausen, während sie auf ein Gemisch von 1 Mol. Salpetersäure und 10 Vol. Wasser nur sehr schwach einwirken. Ein Gemisch von Untersalpetersäure mit überschüssiger konzentrierter Salpetersäure entwickelt mit Wasser kein Gas [2]). Auch der Dampf von Untersalpetersäure wird von Wasser ohne Gasentwickelung aufgenommen, die Lösung wirkt auf Jodkalium wie salpetrige Säure, selbst dann noch, wenn man bis zum beginnenden Sieden erhitzt, oder wenn das zur Absorption dienende Wasser auf 40° erwärmt war [3]). Gegen Äther verhält sich die wässerige Lösung wie die aus Stickoxyd und Wasserstoffhyperoxyd entstehende Flüssigkeit.

Die Untersalpetersäure oxydiert Kohlenoxyd schon bei gewöhnlicher Temperatur zu Kohlensäure und verbindet sich zum Teil damit zu einer sehr flüchtigen, durch Wasser unter Aufbrausen zersetzbaren Flüssigkeit [4]). Phosphorwasserstoff zersetzt sie fast gar nicht. Mit Schwefelwasserstoff bildet sie Schwefel, Wasser und Stickoxyd, aus Schwefelwasserstoffwasser fällt sie Schwefel unter Ammoniakbildung. Wässeriges Ammoniak zersetzt sie mit Heftigkeit.

Wird der Dampf mit trockener schwefliger Säure durch ein stark erhitztes Rohr geleitet, so bilden sich gelbe, krystallinisch erstarrende Tropfen von Salpetrigpyroschwefelsäureanhydrid; ist das Rohr zu schwach erhitzt, so entweichen die Gase unverändert [R. Weber [3])]. Nach Hasenbach [4]) verbinden sich beide Gase bei gewöhnlicher Temperatur zu einer weifsen festen Masse, vielleicht $NO_2–SO_2–NO_2$. Bei Gegenwart von Wasser oder Vitriolöl entsteht schon in der Kälte Salpetrigschwefelsäure [3]). Die Schwefelkohlenstofflösung der Untersalpetersäure giebt beim Zusammenbringen mit trockenem Schwefeldioxyd die bekannten Bleikammerkrystalle [5]).

---

[1]) Peligot, Ann. ch. phys. **54**, 17 u. **77**, 58 u. 87; Ann. Chem. **9**, 259 u. **39**, 327. — [2]) Schönbein, Ann. Phys. **73**, 326. — [3]) R. Weber, ebend. **130**, 277. — [4]) Hasenbach, J. pr. Chem. [2] **4**, 1. — [5]) L. H. Friedburg, Chem. News **47**, 52; JB. 1883, S. 307.

Wasserfreie Schwefelsäure verschluckt nach **Weber** den Untersalpetersäuredampf unter Bildung von schwefelsaurer Untersalpetersäure. Nach C. A. Winkler[1]) verbindet sich die Säure nicht nur im gasförmigen, sondern auch im flüssigen Zustande mit Schwefelsäurehydrat; doch ist die Verbindung, wenn überhaupt chemischer Natur, eine sehr lose; sie wird durch Erhitzen völlig aufgehoben und es entweicht hierbei die Untersalpetersäure entweder in unverändertem Zustande oder sie zerlegt sich in Sauerstoff und salpetrige Säure, welch letztere dann mit der Schwefelsäure in chemische Verbindung tritt. — Nach Hasenbach[2]) bildet sich die Rosesche Verbindung $N_2O_3, 2SO_3$, für welche er Armstrongs Konstitutionsformel $\begin{matrix}SO_2\\SO_2\end{matrix}\!>O<\!\begin{matrix}NO_2\\NO_2\end{matrix}$ für wahrscheinlich hält.

Schwefelsäure von 1,8 bis 1,7 spezif. Gew. nimmt Untersalpetersäure auf, ohne sich zu färben, indem wahrscheinlich Verbindungen von Schwefelsäure mit Salpetersäure und salpetriger Säure entstehen, von denen letztere bei Überschufs von Untersalpetersäure krystallisiert. Schwefelsäure von 1,5 spezif. Gew. wird gelb bis grüngelb, solche von 1,41 tiefgrün, von 1,31 unter Entwickelung von Stickoxyd blau, noch schwächere Säure nur vorübergehend gefärbt[3]). Nach Lunge[4]) kann Untersalpetersäure in Berührung mit Schwefelsäure unter gewöhnlichen Umständen nicht bestehen, sondern sie zerlegt sich in salpetrige Säure, die mit einem Teile der Schwefelsäure zu Nitrosylschwefelsäure zusammentritt, und Salpetersäure, die sich unverändert auflöst:

$$N_2O_4 + SO_4H_2 = SO_2(OH)(NO_2) + NO_3H.$$

Diese Gleichung ist jedoch nach den neueren Untersuchungen von Lunge und Weintraub[5]) umkehrbar, und hieraus erklären sich die beobachteten Erscheinungen. Bei der konzentrierten Schwefelsäure ist die Umwandlung der Untersalpetersäure in Nitrosylschwefelsäure die Hauptreaktion und die entgegengesetzte Reaktion kommt erst zur Geltung, wenn die Menge der Schwefelsäure im Vergleich zur gebildeten Salpetersäure sehr gering ist. Mit steigendem Wassergehalt nimmt aber die Affinität der Schwefelsäure zur Untersalpetersäure sehr rasch ab, so dafs bei einer Säure von 1,65 spezif. Gew. die Einwirkung der Salpetersäure auf Nitrosylschwefelsäure in den Vordergrund tritt.

Jod wirkt auch bei höherer Temperatur nicht ein. Brom, mit Untersalpetersäure durch ein erhitztes Rohr geleitet, erzeugt eine schwarzbraune Flüssigkeit von 19 bis 20° Siedepunkt, welche 30,7 bis 32,2 Proz. Brom enthält und vielleicht ein Bromsalpetersäure enthaltendes, beim Destillieren zersetzliches Gemenge vorstellt. Chlor

---

[1]) C. A. Winkler. Zeitschr. Chem. 1869, S. 715. — [2]) Hasenbach, J. pr. Chem. [2] 4, 1. — [3]) R. Weber, Ann. Phys. 130, 277. — [4]) G. Lunge, Ber. 12, 1058. — [5]) Lunge u. Weintraub, Zeitschr. angew. Chem. 18, S. 393, 417.

wirkt kaum auf die stark abgekühlte Säure ein, im stark erhitzten Rohre vereinigen sich beide zu Chloruntersalpetersäure [1]).

Durch Jodsäurelösung wird Salpetersäure und freies Jod gebildet, durch unterchlorige Säure Salpetersäure und Chlor.

Salzsäuregas erzeugt ein Gemenge von chlorsalpetriger Säure und Chlorsalpetersäure; wässerige Salzsäure bewirkt Entwickelung von Stickoxyd und Bildung von Königswasser [2]).

Phosphortrichlorid wirkt auf Untersalpetersäure wie auf salpetrige Säure: es bilden sich Pyrophosphorsäurechlorid, Phosphorsäureanhydrid, Phosphoroxychlorid, chlorsalpetrige Säure, Stickstoff und Stickoxyd [Geuther und Michaelis [3])]. Phosphorpentachlorid bildet Chlor, chlorsalpetrige Säure und Phosphoroxychlorid [4]).

Stickoxyd verwandelt einen Teil der Untersalpetersäure in salpetrige Säure, ohne bei gewöhnlicher Temperatur diese Umwandlung vollständig zu bewirken [5]), vollständig ist dieselbe jedoch beim Zusammentreffen der erhitzten Gase [1]).

Kalium entzündet sich im Untersalpetersäuredampf bei gewöhnlicher Temperatur und verbrennt mit roter Flamme. Natrium zersetzt den Dampf gleichfalls, aber ohne Feuererscheinung. Kupfer, Zinn und Quecksilber wirken bei gewöhnlicher Temperatur langsam zersetzend, Kupfer und Eisen erzeugen bei Glühhitze Stickstoff, indem sie selbst in Oxyde übergehen. — Läfst man bei —10° überschüssige flüssige Untersalpetersäure auf Metalle wirken, so werden Nitrate und Stickoxyd gebildet, welches letztere sich mit der überschüssigen Untersalpetersäure zu salpetriger Säure verbindet; Nitrite entstehen dabei nicht [4]).

Aluminium wird selbst bei 500° nur wenig, Mangan bei Rotglut heftig, Zink gleichmäfsig bei 200°, Blei bei derselben Temperatur nur langsam oxydiert. Nickel oxydiert sich zu Oxydul, Eisen zu Oxyd, Kobalt zu Oxyduloxyd, Kupfer bei 250° zu Oxyd [6]).

Gewisse Metalle nehmen in der Kälte trockenes reines Untersalpetersäuregas auf unter Bildung von Nitrometallen, welche durch Wasser und durch Hitze zersetzt werden [6]). So entstehen:

Nitrokupfer, NO_2Cu_2, kastanienbraun; es entwickelt, in Wasser geworfen, unter lebhafter Reaktion Stickoxyd, indem gleichzeitig Kupfer Kupfernitrat und Kupfernitrit entstehen. Im Stickstoffstrome oder im zugeschmolzenen Rohre erhitzt, liefert es viel Stickstoffperoxyd, Kupfer und etwas Kupferoxyd.

Nitrokobalt, NO_2Co_2, ein schwarzes Pulver, verhält sich gegen

[1]) Hasenbach, J. pr. Chem. [2] 4, 1. — [2]) Gay-Lussac, Ann. ch. phys. 1, 394; Gilb. Ann. 58, 29. — [3]) Geuther u. Michaelis, Ber. 3, 766. — [4]) R. Müller, Ann. Chem. 122, 1. — [5]) Peligot, Ann. ch. phys. 54, p. 17 u. 77, 58 u. 87; Ann. Chem. 9, 259 u. 39, 327. — [6]) P. Sabatier u. J. B. Senderens, Compt. rend. 115, 326; Ber. 25, 717, Ref.; Dieselben, Compt. rend. 116, 750; Chem. Centralbl. 1893, S. 926.

Wasser ähnlich wie die Kupferverbindung. **Beim Erhitzen** im Stickstoffstrome entwickelt es anfangs geringe **Mengen** nitroser Gase, um dann mit lebhaftem Glanze zu verbrennen **mit Hinterlassung** von metallischem, stellenweise oxydiertem Kobalt [1].

Metalloxyde bilden mit flüssiger **Untersalpetersäure** Nitrate und freie salpetrige Säure [2]. Gewisse Metalloxyde **werden** in höhere Oxydationsstufen übergeführt, so Manganoxydul in **Oxyd**, Titansesquioxyd in Titansäure, Wolframdioxyd in Wolframsäure, Vanadinsesquioxyd in Vanadinsäure, Kupferoxydul in Oxyd [1].

Wässerige Alkalien wirken ähnlich wie **Wasser**; konzentriertes wässeriges Alkali wird unter schwacher **Entwickelung** von Stickoxyd zu salpetersaurem und salpetrigsaurem Salz. **Leitet man** den Dampf der Säure bei gewöhnlicher Temperatur über **Baryt**, so wird er langsam verschluckt; bei 200° wird der Baryt **glühend und** schmilzt ohne Gasentwickelung zu einem Gemenge von Nitrat **und** Nitrit [3]. — Aus Calciumkarbonat treibt Untersalpetersäure bei **gewöhnlicher** Temperatur keine Kohlensäure aus [2].

Auf eine siedende Lösung von **Kaliumbichromat in** rauchender Salpetersäure soll Untersalpetersäure nach **D. Tommasi** [4]) unter Bildung eines braunvioletten, amorphen, geruch- **und** geschmacklosen, in Wasser. Alkohol und Essigsäure unlöslichen **Pulvers** von der Zusammensetzung $(CrO_2)_3 . (CrO_3)_2 . K_2O . H_2O$ einwirken.

Auf Borchlorid wirkt sie nach **Geuther** [5]) **unter Bildung** von Borsäureanhydrid und einer Verbindung BCl_3NOCl. Letztere bildet scheinbar rhombische Prismen und Oktaeder, **welche sich** mit Wasser unter Zischen in Borsäure, Chlor und **Salpetersäure zersetzen**. Bei 2[illegible] bis 24° schmelzen sie zu zwei Flüssigkeiten; die **untere ist** dick, zähe, gelbrot, die obere leichte, an Volum geringer, **ist goldgelb.** Bei langsamer Abkühlung vereinigen sich diese **Schichten wieder** bei 20° zu den ursprünglichen Krystallen; bei raschem **Abkühlen erstarrt** hingegen nur die untere, während die obere zunächst **flüssig bleibt** und erst nach längerer Zeit wieder völlig verschwindet. **Letztere** besteht offenbar aus Borchlorid, während die untere Schicht **von der** geschmolzenen Verbindung, welcher etwas Nitrosylchlorid **beigemengt ist**, gebildet wird. — Die Reaktion geht wahrscheinlich **nach den** Gleichungen vor sich:

$$2 BCl_3 + 3 N_2O_4 = B_2O_3 + 6 NOCl + 3 O$$
$$6 BCl_3 + 6 NOCl = 6 (BCl_3, NOCl)$$
$$\overline{8 BCl_3 + 3 N_2O_4 = B_2O_3 + 6 (BCl_3, NOCl) + 3 O.}$$

---

[1]) P. Sabatier u. J. B. Senderens, Compt. rend. **115**, 326; Ber. [illegible] 717 Ref.; Dieselben, Compt. rend. **116**, 750; Chem. Centralbl. [illegible] S. 926. — [2]) R. Müller. Ann. Chem. **122**, 1. — [3]) Dulong, Ann. ch. ph. **2**, 317; Gilb. Ann. **58**, 53. — [4]) D. Tommasi, Compt. rend. **74**, 987; 1872, S. 249. — [5]) A. Geuther, J. pr. Chem. [2] **8**, 854.

Mit verschiedenen Haloidsalzen giebt Untersalpetersäure nach Thomas [1]) in der Kälte auf trockenem Wege analoge Doppelverbindungen wie Stickoxyd. Es entstehen $Cl_3Bi.NO_2$, $Cl_4Sn.NO_2$, $Cl_6Fe_2.(NO_2)_2$, $(Cl_4Fe_2)_2.NO_2$, $(Br_4Fe_2)_2.NO_2$. Die Zinnchloridverbindung geht beim Erwärmen in das Chlorid $Cl_4Sn.(NOCl)_4$ über.

In Lösung wirkt die Untersalpetersäure nicht in gleicher Weise, sondern oxydierend. Bei den Jodiden findet die Oxydation zuweilen schon bei gewöhnlicher Temperatur statt. Die Zinnsalze geben in Chloroformlösung amorphe Substanzen von der Zusammensetzung $(SnCl_4)_3SnOCl_2.N_2O_5$, $(SnOBr_2)_8.SnO_2.N_2O_5$ und $(SnO_2)_4.N_2O_5 + 4H_2O$, welche Thomas als chlorierte bezw. bromierte Zinnnitrate betrachtet. Die gechlorte Verbindung liefert beim Erhitzen das Doppelchlorid $(SnCl_4)_3.(NOCl)_4$.

Mit Magnesiumphosphat bildet die Säure eine Verbindung $2PO_4MgH.NO_2$, die sich beim Erhitzen zersetzt [2]). Zur Darstellung löst man pyrophosphorsaure Magnesia in Salpetersäure von 1,25 spezif. Gew., hält die Lösung längere Zeit zur Überführung der Pyrophosphorsäure in Orthophosphorsäure nahe der Siedehitze, verdampft zur Trockne und erhitzt den weifsen, gummösen, sauren Rückstand, gröblich zerrieben, längere Zeit, bis er rotbraun geworden ist und keine sauren Dämpfe mehr entweichen. So dargestellt, erscheint die Verbindung als krystallinisches Pulver von bei gewöhnlicher Temperatur weifsgelber, bei höherer Temperatur rotbrauner Farbe. Bei stärkerem Erhitzen entweicht Wasser und Untersalpetersäure, während Magnesiumpyrophosphat hinterbleibt.

Mit Cyan vereinigt sich Untersalpetersäure in der Hitze zu Nadeln, die freiwillig aufs heftigste verpuffen [3]). Die Säure addiert sich direkt zu ungesättigten Kohlenwasserstoffen, wie Äthylen, Amylen [4]). Naphtalin verwandelt sie, unter gleichzeitiger Bildung von salpetriger Säure, in Nitronaphtalin [5]). Benzol wird durch flüssige Untersalpetersäure bei Abwesenheit von Wasser, unter gleichzeitiger Bildung von Oxalsäure, nur langsam in Nitrobenzol verwandelt; bei Gegenwart von Schwefelsäure entsteht nur das letztere und daneben Nitrosylschwefelsäure, wahrscheinlich nach der Gleichung:

$$C_6H_6 + NO_2\text{–}NO_2 + OH\text{–}SO_2\text{–}OH = C_6H_5NO_2 + OH\text{–}SO_2\text{–}NO_2 + H_2O$$ [3]).

Auf Alkyljodide wirkt die flüssige Untersalpetersäure in der Art ein, dafs unter Abscheidung von Jod die entsprechenden Nitrate entstehen [6]).

---

[1]) V. Thomas, Compt. rend. **122**, 32, 611, 1060; **123**, 51; Ann. chim. phys. [7] **13**, 145; Ber. **29**, 116, 343, 486, Ref.; Chem. Centralbl. 1898, I, S. 599. — [2]) E. Luck, Zeitschr. anal. Chem. **13**, 255. — [3]) Hasenbach, J. pr. Chem. [2] **4**, 1. — [4]) Semenoff, Zeitschr. Chem. **7**, 129. — [5]) Guthrie Chem. Soc. Quart. J. **13**, 129; Ann. Chem. **119**, 83. — [6]) L. Henry, Bull. de l'Acad. roy. de Belg. [2] **38**, 1; JB. 1874, S. 219.

Konstitution. Die Konstitution der flüssigen oder festen Untersalpetersäure kann durch die Formeln: 1. $O_2N{-}NO_2$ oder 2. $O_2N{-}O{-}NO$ oder 3. $ON{-}O{-}O{-}NO$ ausgedrückt werden. Von diesen ist die Formel 2 in mancher Hinsicht die wahrscheinlichste; sie erklärt am einfachsten den Zerfall in Salpetersäure und salpetrige Säure: $O_2N{-}O{-}NO + H.OH = O_2N{-}OH + NO.OH$, sowie die Synthese aus Nitroxylchlorid und Silbernitrit: $NO{-}O{-}Ag + NO_2{-}Cl = NO{-}O{-}NO_2 + AgCl$ [1]) und auch das Verhalten gegen Alkyljodide [2]). Wenn man in eine Auflösung von Anilin in Benzol Untersalpetersäuredampf einleitet, so entsteht glatt Diazobenzolnitrat und Wasser [3]): $NO_2{-}O{-}NO + H_2N{-}C_6H_5 = NO_2{-}O{-}N{=}NC_6H_5 + H_2O$. Der glatte Verlauf dieser Reaktion ebenso wie die glatte Bildung von Nitrat und Stickoxyd bei der Einwirkung von Quecksilber und fein verteiltem Silber auf die flüssige Säure [4]) ist nur durch diese Formel zu erklären, welche die Verbindung als intermediäres Anhydrid zwischen diejenigen der salpetrigen und der Salpetersäure einreiht:

$NO{-}O{-}NO$ = Salpetrigsäureanhydrid,
$NO_2{-}O{-}NO$ = Untersalpetersäure,
$NO_2{-}O{-}NO_2$ = Salpetersäureanhydrid.

Die Formel 3 hielt V. Meyer [5]) für wahrscheinlich wegen der Vereinigung mit Amylen zu der Verbindung $C_5H_{10}(NO_2)_2$, welche bei der Reduktion Ammoniak liefert, mithin den Kohlenstoff nicht mit Stickstoff, sondern mit Sauerstoff in direkter Verbindung enthalten, also die Konstitution $C_5H_{10}{<}^{O-NO}_{O-NO}$ haben sollte. Diese Annahme über die Konstitution der Nitrosate ist indessen hinfällig geworden.

R. Günsberg [6]) benutzt die Formel 1 entsprechend seiner Formel $NO_2{-}H$ für die salpetrige Säure. Danach würde der Zerfall der Untersalpetersäure mit Wasser durch die folgende Gleichung auszudrücken sein:

$$\begin{matrix} NO_2 \\ | \\ NO_2 \end{matrix} + \left.\begin{matrix} H \\ H \end{matrix}\right\}O = \left.\begin{matrix} NO_2 \\ H \end{matrix}\right\}O + \begin{matrix} NO_2 \\ | \\ H \end{matrix}.$$

Jedenfalls geht aus den in verschiedenartigem Sinne verlaufenden Reaktionen hervor, daſs die innere Bindung zwischen Sauerstoff und Stickstoff eine sehr bewegliche ist, daſs hier ein Fall von Desmotropie vorliegt.

Das Dissoziationsprodukt NO_2 charakterisiert sich ja durchaus als wenigstens einwertiges Radikal. Fraglich ist nur, ob die zu Tage

[1]) A. Exner, Wien. Akad. Ber. 65, 120. — [2]) L. Henry, Bull. de l'Acad. roy. de Belg. [2] 38, 1; JB. 1874, S. 219. — [3]) O. N. Witt, Tagebl. d. Naturforscherversammlung zu Baden-Baden 1879, S. 194. — [4]) E. Divers u. Tetsukichi Shimidzu, Chem. Soc. J. 47, 630; Ber. 18, 528, Ref. — [5]) V. Meyer, Ann. Chem. 171, 5. — [6]) R. Günsberg, Wien. Akad. Ber. 68, 498.

tretende Valenz dem Stickstoffatom oder einem Sauerstoffatom zukommt, ob das Radikal die Konstitution $N{<}^{O}_{O-}$ oder $-N{\ll}^{O}_{O}$ besitzt. Im letzteren Falle sollte es sich nach allem, was wir sonst über die Verbindungen mit sicher fünfwertigem Stickstoff wissen, nur mit positiven Radikalen vereinigen. Das Gleiche gilt für die erste Formel, welche aufserdem nicht verständlich erscheinen läfst, dafs das flüssige Peroxyd, im Gegensatz zum Ammoniak, ein nicht dissoziierendes Lösungsmittel ist. Derartige Verbindungen von einfacher durchsichtiger Zusammensetzung sind aber nicht bekannt. Vielmehr sprechen die Beobachtungen von Hasenbach[1]) für ein gröfseres Vereinigungsbestreben negativen Radikalen gegenüber. Auffällig ist ferner die lockere Bindung des einen Sauerstoffatoms, welche sich in dessen Abspaltung schon bei nicht allzu hoher Temperatur[2]) und in der lediglich oxydierenden Einwirkung auf viele anorganische wie organische Substanzen äufsert. Ich neige zu der Annahme, dafs in allen höheren Sauerstoffverbindungen, in denen der Sauerstoff ein derartiges Verhalten zeigt, also in allen Superoxyden, wenigstens ein Sauerstoffatom durch seine beiden Neutralvalenzen gebunden ist und dafs auch das Stickstofftetroxyd wenigstens in der dissoziierten Form, d. h. als NO_2, zu dieser Art von Verbindungen gehört. Als Ausdruck für diese Struktur ist am besten das folgende Bild zu wählen, aus dem sich ergiebt, dafs eine der Hauptvalenzen des Stickstoffatoms noch frei ist:

$$O{=}\begin{pmatrix}- & +\\ + & -\end{pmatrix}{=}N{\lessdot}^{O}.$$

Anwendung. Ein Gemenge von gleichen Teilen verflüssigter Untersalpetersäure und Schwefelkohlenstoff bildet nach dem Patente von E. Turpin[3]) den Panklastit, einen kräftigen Sprengstoff, der durch Knallquecksilber zur Explosion gebracht wird, während er beim Erwärmen auf 200° noch nicht explodiert. An freier Luft verbrennt diese Mischung mit glänzendem Licht (Selenophanit), dessen Glanz durch Zusatz von Phosphor noch erhöht wird; letztere Mischung wird als Heliophanit bezeichnet.

Als Mittel und Präservativ gegen Cholera wurde Untersalpetersäure von Ramon de Luna[4]) empfohlen. Dafs sie imstande ist, die Verwesung aufzuhalten, hat bereits Priestley beobachtet[5]).

Bestimmung. Untersalpetersäure wird neben schwefliger Säure bestimmt, indem man das Gasgemenge — es ist vorzugsweise an die aus den Bleikammern der Schwefelsäurefabriken austretenden Gase gedacht — durch Röhren leitet, welche auf ausgeglühtem Asbest fein

[1]) Hasenbach, J. pr. Chem. [2] 4, 1. — [2]) A. Richardson, Chem. Soc. J. 51, 397; JB. 1887, S. 413; E. B. Hagen, Ann. Phys. [2] 16, 610. — [3]) Ber. 15, 2946 (Patente). — [4]) Ramon de Luna, Compt. rend. 97, 633; JB. 1883, S. 1490. — [5]) Vergl. Rebuffat, Gazz. chim. ital. 14, 15; JB. 1884, S. 1524.

verteiltes Bleisuperoxyd enthalten. Die Gewichtszunahme desselben ergiebt das Gesamtgewicht beider Gase. Dann wird der Röhreninhalt mit Wasser und Baryumkarbonat ausgekocht, und aus der Menge des in Lösung gegangenen Baryumnitrats die Menge der ursprünglich vorhandenen und bei dem Verfahren in Salpetersäure übergeführten Untersalpetersäure berechnet [1]).

Untersalpetersäurebromid [2]), Bromuntersalpetersäure, $N_2O_2Br_4$ oder $NOBr_2$. Erwärmt man bromsalpetrige Säure allmählich bis auf 27°, so läfst der Rückstand zwischen 30 und 50° hauptsächlich eine Flüssigkeit übergehen, deren Bromgehalt, 82,64 bis 83,64 Proz., dem der Bromuntersalpetersäure (84,21 Proz.) nahezu entspricht und die daher von Landolt hierfür angesprochen wurde. Dieselbe ist schwarzbraun, dem Brom ähnlich, beginnt bei 46° zu sieden, zerfällt dabei aber teilweise in Bromsalpetersäure. Bei Gegenwart von Wasser absorbiert sie Sauerstoff unter Bildung von 2 Mol. Bromwasserstoff auf 1 Mol. Salpetersäure. In Wasser sinkt sie zunächst unter und verschwindet dann rasch unter Bildung von Bromwasserstoff und den Zersetzungsprodukten der Untersalpetersäure. — Diese Flüssigkeit verhält sich indessen nach den Angaben von Fröhlich sowohl bei der Einwirkung von Natriumäthylat als bei der Destillation ganz wie ein Gemenge von Nitrosylbromid und Brom.

Untersalpetersäurechlorid [3]), Chloruntersalpetersäure, $N_2O_2Cl_4$ oder $NOCl_2$, soll sich nach Gay-Lussac neben Nitrosylchlorid bei der Vereinigung von Chlor und Stickoxyd, sowie neben Nitrosylchlorid und Chlor beim Erwärmen von Königswasser bilden. Als Gas ist es citronengelb, siedet bei —7°; mit Wasser bildet es salpetrige Säure. Der Chlorgehalt eines solchen Präparates betrug 69,45 Proz. gegen 70,27 Proz. der Theorie; doch giebt schon Gay-Lussac an, dafs anders dargestelltes Königswasser eine chlorärmere Flüssigkeit ergab, und Kraut vermutete infolge dessen, dafs vielleicht chlorsalpetrige Säure, welche Chlor absorbiert enthält, vorliege. H. Goldschmidt erwies denn auch durch die Analyse verschiedener durch fraktionierte Destillation erhaltener Produkte, besonders aber durch Ermittelung der Dampfdichte, dafs eine Chloruntersalpetersäure sich unter den Destillationsprodukten des Königswassers nicht befindet, dafs vielmehr nur Nitrosylchlorid darin vorkommt, welches Chlor in wechselnder Menge absorbiert enthält.

Nach A. Geuther entsteht die Verbindung neben Nitrosylchlorid bei der Einwirkung von Untersalpetersäure auf Arsenchlorür ent-

---

[1]) Guillard, Rep. anal. Chem. 1883, S. 125. — [2]) Landolt, Ann. Chem. **116**, 177; O. Fröhlich, ebend. **224**, 270. — [3]) Gmelin-Krauts Handb., 6. Aufl., 1, 2, S. 563; H. Goldschmidt, Ann. Chem. **205**, 372; A. Geuther, J. pr. Chem. [2] **8**, 354.

sprechend der Gleichung $4\,AsCl_3 + 5\,N_2O_4 = 2\,As_2O_5 + 8\,NOCl + 2\,NOCl_2$.

Untersalpetersäure-Anthracen [1]). Das Untersalpetersäure-Anthracen,

$$C_{14}H_{10}N_2O_4 = C_6H_4{=}\{[-CH(NO_2)-][-CH(O.N{=}O)-]\}{=}C_6H_4,$$

entsteht beim Einleiten der aus Salpetersäure von 1,33 spezif. Gew. durch arsenige Säure erhaltenen roten Dämpfe nach Passieren einer leeren Waschflasche (zur Kondensation mitgerissener Salpetersäure) in Anthracen, das in Eisessig aufgeschlämmt und auf 10 bis 15° erhalten wird. Infolge seiner Schwerlöslichkeit in Benzol ist es leicht vom Anthracen zu trennen, worauf es aus Toluol umkrystallisiert wird. Es bildet kleine weifse Blättchen, die in Alkohol schwer löslich sind. Bei 194° schmilzt es und wenig oberhalb dieser Temperatur zersetzt es sich unter Entwickelung roter Dämpfe und Bildung von Nitrosoanthron, $C_{14}H_9NO_2$. In feuchtem Zustande oder beim Kochen mit höher siedenden Lösungsmitteln ist es zersetzlich. Verdünnte Natronlauge färbt es citronengelb, ohne es zu lösen.

Untersalpetersäuresalze sind nicht bekannt. Die früher dafür angesehenen Bleiverbindungen sind als Doppelsalze von basischem Nitrat und Nitrit erkannt worden.

---

[1]) Liebermann u. Lindemann, Ber. **13**, 1584; Liebermann u. Landshoff, Ber. **14**, 467.

Stickstoffpentoxyd.

Das **Stickstoffpentoxyd**, **Salpetersäureanhydrid**, N[illegible] $= NO_2{-}O{-}NO_2$, wurde zuerst von Deville[1]) im Jahre 1849 dargest[illegible] Man erhält diese Verbindung, indem man auf Silbernitrat, das sich [illegible] einer U-förmigen Röhre befindet, äufserst langsam trockenes Chlor[illegible] einwirken läfst und die auftretenden flüchtigen Zersetzungsprodukt[illegible] Sauerstoff und Stickstoffpentoxyd, durch eine mittelst Kältemisch[illegible] auf -20^0 abgekühlte gebogene Röhre leitet, in welcher sich als[illegible] das Stickstoffpentoxyd zu farblosen Krystallen verdichtet. Die Reakti[illegible] erfolgt nach der Gleichung $2 NO_3Ag + Cl_2 = 2 ClAg + N_2O_5 +$ [illegible] Die Röhre mit dem Silbersalz mufs auf 50 bis 60^0 erhalten werd[illegible] da bei höherer Temperatur ein beträchtlicher Teil des Pentoxyds i[illegible] Untersalpetersäure und Sauerstoff zerfallen würde. Kautschukverbi[illegible] dungen dürfen nicht angewendet werden, da das Pentoxyd diese[illegible] angreift; die Röhren müssen daher entweder aneinandergeschmolz[illegible] oder ineinandergefügt und mit paraffiniertem Asbest gedichtet werde[illegible]

Die Bildung erfolgt ferner durch Einwirkung von Nitroxylchlo[illegible] NO_2Cl, auf Silbernitrat, das auf 60 bis 70^0 erwärmt ist, nach [illegible] Gleichung $NO_2.OAg + NO_2Cl = NO_2.O.NO_2 + ClAg$. Dieser Vo[illegible] gang soll sich auch bei der ersterwähnten Darstellungsart abspi[illegible] indem hier zuerst das Säurechlorid sich bildet und dieses dann [illegible] noch nicht zersetztes Silbernitrat einwirkt[2]). Viel bequemer [illegible] man das Pentoxyd durch Einwirkung von Phosphorsäureanhydrid [illegible] möglichst konzentrierte Salpetersäure[3]). Man kann annehmen, [illegible] das Phosphorsäureanhydrid hierbei wasserentziehend wirkt, indem [illegible] 2 Mol. Salpetersäure 1 Mol. Wasser austritt, so dafs der Vorgang [illegible] der Gleichung $2 NO_3H = N_2O_5 + H_2O$ zu formulieren wäre; man [illegible] aber ebenso gut einen Austausch von 1 At. Sauerstoff gegen [illegible] Hydroxylgruppen zwischen den nahe verwandten Säureanhydride[illegible] nehmen: $2 NO_2.OH + P_2O_4{=}O = (NO_2)_2{=}O + P_2O_4(OH_2)$. — [illegible] möglichst konzentrierte Salpetersäure wird in ein durch Eis oder [illegible] kaltes Wasser gekühltes Becherglas gebracht und sehr vorsichtig [illegible]

---

[1]) Deville, Ann. ch. phys. [3] 28, 241; JB. 1849, S. 256; J. pr. C[illegible] 47, 185 u. 49, 407. — [2]) Odet u. Vignon, Compt. rend. 69, 1142 u. 7[illegible] Ber. 2, 714. — [3]) R. Weber, J. pr. Chem. [2] 6, 342; Ann. Phys. 147[illegible]

Umrühren so lange Phosphorsäureanhydrid in kleinen Portionen zugefügt, bis keine erhebliche Erwärmung mehr dadurch hervorgerufen wird. Dann wird die sirupdicke Masse in eine tubulierte, völlig trockene Retorte gebracht, ein eng an den Hals derselben anschliefsender Kolben vorgelegt und bei gelinder Wärme der flüchtigste Teil abdestilliert, wobei die Vorlage nur mit kaltem Wasser gekühlt wird. Es entwickeln sich zuerst braune Dämpfe und im Retortenhalse erscheinen ölige Tropfen; die Destillation wird so lange fortgesetzt, als diese übergehen. Das Destillat besteht dann aus zwei miteinander nicht mischbaren, etwas verschieden gefärbten Flüssigkeiten. Man giefst es in ein enges Röhrchen, dekantiert die obere, tief orangerot gefärbte Flüssigkeit und kühlt dieselbe zunächst mit Eiswasser, wodurch sich aus ihr eine geringe Menge heller gefärbter Flüssigkeit absondert, von der sie durch nochmalige Dekantation getrennt wird. Die so erhaltene Flüssigkeit wird nun in ein enges dünnwandiges Stöpselrohr gebracht und mittelst Eis oder Kältemischung abgekühlt. Die innere Wand des Rohres bekleidet sich dann mit einer festen Kruste, es bilden sich gut ausgebildete, durchsichtige, zuweilen 5 bis 6 mm lange, prismatische, gelb gefärbte Krystalle, welche von einer tief orangerot gefärbten Mutterlauge umgeben sind. Diese wird abgegossen, die Krystallmasse bei möglichst gelinder Wärme wieder eingeschmolzen, die entstandene Flüssigkeit abgekühlt und nach dem Erstarren die Mutterlauge nochmals abgegossen. Die übrig bleibende Krystallmasse ist dann reines Pentoxyd. — Berthelot[1]) trägt in konzentrierte Salpetersäure, die mit Eis und Kochsalz gekühlt ist, etwas mehr als das gleiche Gewicht Phosphorsäureanhydrid in kleinen Anteilen ein, so dafs die Temperatur der Säure niemals 0° übersteigt; er destilliert dann die erhaltene dicke Masse aus einer weiten Retorte mit äufserster Langsamkeit und kühlt sofort, wenn die Masse übersteigen will. Bei Beobachtung dieser Vorsichtsmafsregeln soll das Pentoxyd ganz rein übergehen und sich in der Vorlage zu grofsen, völlig weifsen Krystallen kondensieren. Nur zuletzt geht etwas Flüssigkeit, das Hydrat $2\,N_2O_5 + H_2O$, über. Dabei werden aus 150 g Salpetersäurehydrat 80 g Anhydrid erhalten.

Das reine Salpetersäureanhydrid bildet farblose und durchsichtige, stark glänzende, rhombische Säulen. Es schmilzt bei ungefähr 30° und beginnt bei 45 bis 50° zu sieden, wobei das Auftreten roter Dämpfe eine teilweise Zersetzung anzeigt; letztere ist bei wenig höherer Temperatur vollständig. Bei 15 bis 20° ist es mehr oder weniger gelb gefärbt (R. Weber), geschmolzen erscheint es weit dunkler und exhaliert dann unter Zersetzung braune Dämpfe. Es zeigt die Erscheinung der Überschmelzung. Das spezifische Gewicht des festen Anhydrids ist ungefähr 1,64; das geschmolzene ist leichter. Die Bildungswärme aus

---

[1]) Berthelot, Bull. soc. chim. [2] 21, 53.

den Elementen zur gasförmigen Verbindung beträgt pro Molekel — 41600 kal., zur festen Verbindung — 31600 kal.[1]).

Das Pentoxyd läßt sich nicht lange aufbewahren, bei + 8° und zerstreutem Tageslichte etwa einen Monat (Deville). Allmählich, schneller in direktem Sonnenlichte, zerfließt es selbst in zugeschmolzenen Röhren und zersprengt schließlich dieselben, indem es in Untersalpetersäure und Sauerstoff zerfällt. Namentlich beim Einbringen der im geschlossenen Rohre freiwillig geschmolzenen Krystalle in eine Kältemischung erfolgt diese Zersetzung plötzlich unter Verpuffung[2]). An der Luft zerfließt es sehr rasch und in Berührung mit Wasser löst es sich unter starker Wärmeentwickelung, ohne Auftreten von Gasen, zu farbloser, wässeriger Salpetersäure. Mit trockenem Ammoniakgas bildet es Untersalpetersäuredampf und ein weißes Salz, welches ganz oder fast ganz aus Ammoniumnitrat besteht[3]). Mit Schwefel entsteht sogleich unter Entwickelung brauner Dämpfe ein weißes Sublimat von Nitrosulfosäureanhydrid. Phosphor verbrennt in dem gelinde erwärmten Anhydrid mit großem Glanze. Kohle wirkt auf dasselbe weder bei gewöhnlicher Temperatur, noch wenn es zum Sieden erhitzt wird, ein; dagegen verbrennt sie, wenn partiell angezündet, in den Dämpfen mit blendendem Lichte wie in reinem Sauerstoffgas. Die meisten Metalle verhalten sich gegen das Stickstoffpentoxyd völlig passiv; Kalium verbrennt indessen darin mit großem Glanze. Auf manche organische Substanzen wirkt es mit äußerster Heftigkeit ein, doch geht die nitrierende Wirkung nicht weiter als die des Hydrats[4]).

Die Konstitution des Stickstoffpentoxyds erklärt sich am besten, wenn der Stickstoff darin als fünfwertig angenommen wird; sie wird dann durch die Formel $\begin{matrix}O\\O\end{matrix}\!\!\gg N-O-N\!\ll\!\!\begin{matrix}O\\O\end{matrix}$ wiedergegeben. Wird der Stickstoff als dreiwertig betrachtet, so müßte eine Kette von Sauerstoffatomen angenommen werden, entsprechend der Formel O=N–O–O–O–N=O oder zwei ringförmige Stickstoffsauerstoffsysteme, verbunden durch ein Sauerstoffatom, entsprechend der Formel $\begin{matrix}O\diagdown\\ |\;\;\;\\O\diagup\end{matrix}N-O-N\begin{matrix}\diagup O\\ \;\;\;|\\ \diagdown O\end{matrix}$.

Die leichte Abgabe von Sauerstoff macht eine Bindung von solchem durch Neutralvalenzen wahrscheinlich, auszudrücken durch die Formel

O=N–O–N=O

(+ −) (+ −)
(− +) (− +)

O O

[1]) Berthelot, Ann. ch. phys. [5] 6, 145; JB. 1875, S. 74. — [2]) Dumas, Compt. rend. 28, 323; JB. 1849, S. 257. — [3]) Deville, Ann. ch. phys. [3] 28, 241; JB. 1849, S. 256; J. pr. Chem. 47, 185 u. 49, 407. — [4]) Lothar Meyer, Ber. 22, 23.

Salpetersäurehydrate.

Vom Stickstoffpentoxyd würden sich der Theorie nach fünf Hydrate bei successivem Ersatze der Sauerstoffatome durch Hydroxylgruppen ableiten:

N_2O_5				Anhydrid,
$N_2O_4(OH)_2$	$= 2\,NO_2(OH)$	$= 2\,NO_3H$	$= N_2O_5 . H_2O$	Monohydrat,
$N_2O_3(OH)_4$			$= N_2O_5 . 2\,H_2O$	Dihydrat,
$N_2O_2(OH)_6$	$= 2\,NO(OH)_3$	$= 2\,(NO_3H . H_2O)$	$= N_2O_5 . 3\,H_2O$	Trihydrat,
$N_2O(OH)_8$			$= N_2O_5 . 4\,H_2O$	Tetrahydrat,
$N_2(OH)_{10}$	$= 2\,N(OH)_5$	$= 2\,(NO_3H . 2\,H_2O)$	$= N_2O_5 . 5\,H_2O$	Pentahydrat.

Für sich bekannt ist davon nur das erste Hydrat, $N_2O_4(OH)_2$, schlechtweg Salpetersäurehydrat oder Salpetersäure genannt. Andere sind wahrscheinlich in Lösungen vorhanden, wie sich aus gewissen Eigentümlichkeiten im physikalischen Verhalten derselben schliefsen läfst. So wies Bourgoin [1]) das Tetrahydrat durch Elektrolyse der verdünnten Säure nach. Die Existenz des Trihydrats schlofs Perkin [2]) aus der Kurve der magnetischen Drehung, Berthelot [3]) aus derjenigen der Lösungswärme, was indessen von Thomsen [4]) bestritten wird, Pickering [5]) aus der Gefrierpunktskurve der wässerigen Lösung. Letzterer fand aufser dem für das Trihydrat sprechenden Maximum noch ein solches, das einem Heptahydrat, $N_2O_5 . 7\,H_2O = 2\,(NO_3H . 3\,H_2O)$, entspricht. Die bei ersterem Maximum ausgeschiedenen Krystalle wurden auch durch die Analyse als Trihydrat bestätigt. Die Unregelmäfsigkeiten in der Änderung des Leitungswiderstandes gegen den elektrischen Strom lassen Di-, Tri-, Penta- und Heptanitrat mit Sicherheit annehmen, vielleicht auch ein Hydrat $N_2O_5 . 21\,H_2O$ [6]).

Bekannt ist aufserdem ein Hydrat $2\,N_2O_5 + H_2O$, die Disalpetersäure.

Disalpetersäure, Salpetersäuresubhydrat, $N_4O_{11}H_2 = 2\,N_2O_5 + H_2O$, ist von Weber [7]) durch Zusammenbringen von konzentrierter Salpetersäure mit Salpetersäureanhydrid erhalten worden. Man bringt in ein dünnwandiges, mit sorgfältig eingeschliffenem Stöpsel versehenes, röhrenförmiges Glas das Anhydrid, schmilzt dasselbe bei möglichst niedriger Temperatur und fügt konzentrierteste, möglichst farblose Säure so lange hinzu, bis das anfänglich auf der Oberfläche schwimmende Anhydrid verschwunden und ein geringer Überschufs von Hydrat vorhanden ist. Dann wird das Gemisch auf —5 bis —10° abgekühlt. Nach einiger Zeit beginnt Krystallisation, worauf man inner-

[1]) Bourgoin, Compt. rend. 70, 811; JB. 1870, S. 274. — [2]) W. H. Perkin, Chem. News 66, 277; Chem. Centralbl. 64, 6. — [3]) Berthelot, Compt. rend. 78, 777; JB. 1874, S. 81. — [4]) J. Thomsen, Ber. 26, 772. — [5]) S. U. Pickering, Chem. Soc. J. 63, 436; Ber. 7, 361, Ref. — [6]) Veley u. Manley, London R. Soc. Proc. 62, 223; Chem. Centralbl. 1898, I, S. 428 — [7]) R. Weber, J. pr. Chem. [2] 6, 342; Ann. Phys. 147, 113.

halb der Kältemischung nach momentanem Herausheben die Mut-
lauge abfliefsen läfst; durch nochmalige Wiederholung dieser Ma-
pulation wird die Verbindung rein erhalten.

Die Disalpetersäure ist eine dicke, gelbe Flüssigkeit, welche
etwa 5° erstarrt und das spezifische Gewicht 1,642 bei 18° hat.
der Luft raucht sie und beim Vermischen mit Wasser erhitzt sie
stark. Bei gelindem Erwärmen dunstet Anhydrid ab. Die Verbind-
in geschlossenen Röhren aufzubewahren, ist sehr gefährlich, da
dann leicht Explosionen eintreten. Gegen oxydierbare Körper ver-
sich Disalpetersäure wie das Anhydrid und wie dieses bildet sie
manchen organischen Substanzen unter energischer Reaktion Nitro-
bindungen.

Die Konstitution der Disalpetersäure ist, entsprechend der
ähnlich gearteten Dischwefelsäure, wahrscheinlich

$$\begin{matrix} NO_2-O-\overset{v}{N}O-OH \\ > \\ NO_2-O-\overset{v}{N}O-OH \end{matrix}.$$

Salpetersäuremonohydrat, Salpetersäure, $NO_3H = NO_2.OH$
war schon in sehr früher Zeit, nach Herapaths Ansicht sogar d
alten Ägyptern, bekannt. Der arabische Chemiker Geber (Dschâ
stellte, wahrscheinlich im 9. Jahrhundert, eine im wesentlichen dar
bestehende Flüssigkeit, *Aqua dissolutiva*, durch Destillation eines G
menges von Salpeter, Kupfervitriol und Alaun bei Rotglühhitze d
Hierbei entstehen durch Umsetzung Kupfernitrat und Aluminium-
nitrat; es destilliert zunächst das Krystallwasser über, dann f
wässerige Salpetersäure und bei gesteigerter Temperatur treten r
Dämpfe von Untersalpetersäure, gemengt mit Sauerstoff, auf, wel
von der in der Vorlage bereits befindlichen Flüssigkeit in Salpetersä
verwandelt werden. — In späteren Zeiten dienten kalzinierter Eis
vitriol, arsenige Säure, Thon, Vitriolöl zur Zersetzung des Salpete
Fehlte es derartigen Gemischen an Wasser, so wurde solches in d
Vorlage gegeben, um, wie man sich ausdrückte, die roten Dämpfe
verdichten. Die so in älterer Zeit erhaltene Säure war meist gelb g
färbt. An die Stelle der Bezeichnung *Aqua dissolutiva* traten sp
und nach die folgenden: *Aqua fortis*, Scheidewasser, *Spiritus
acidus*, *Acidum nitri*. Auch der Name *Spiritus nitri fumans Gl*
war lange gebräuchlich, vermutlich weil Glauber zuerst die
lung aus Salpeter und Schwefelsäure lehrte.

Dafs die Salpetersäure Sauerstoff enthalte, wurde zuerst 1776
Lavoisier ausgesprochen, welcher dieselbe für eine Verbindung
Salpetergas (Stickoxyd) und Sauerstoff erklärte; doch hatte Ma
schon früher behauptet, dafs ein aus der Luft stammender Stoff in
enthalten sei. Cavendish wies später den Stickstoff darin nach
stellte sie aus diesem und feuchtem Sauerstoff mittelst des el
Funkens dar.

Vorkommen. In freiem Zustande kommt Salpetersäure in der Natur kaum vor. Allerdings soll sie nach Emmerling[1]) in Pflanzen infolge Zersetzung des Kalksalzes oder der Alkalisalze durch Oxalsäure auftreten, nach Goppelsröder[2]) auch in atmosphärischen Niederschlägen. Weit verbreitet auf der Erdoberfläche sind die Salze mit Ammoniak, Kali, Natron, auch mit Kalk, Magnesia, Thonerde und Eisenoxyd, besonders dort, wo organische Stoffe verwest sind. Doch treten auch diese Salze selten in gröfseren Mengen auf, und man hat bis jetzt nur eine Stelle der Erde gefunden, wo das Natronsalz ein mächtiges Lager bildet; es ist dies das bekannte Salpeterlager an der Westküste Südamerikas, dessen wertvoller Besitz die Siegesbeute Chiles nach dem letzten Kriege gegen Peru und Bolivia bildete. Ein immerhin beträchtliches Lager stark salpeterhaltiger Erde (etwa 3 Proz. Nitrate) fand sich neuerdings auf dem linken Ufer des Amu-Darja, im Gebiete des Chanats von Chiwa[3]). Geringe Mengen salpetersaurer Salze, namentlich des Ammoniumsalzes, finden sich ferner in der Luft, infolge dessen auch in den atmosphärischen Niederschlägen, im Quell-, Flufs-, Teich-, Brunnen- und Drainwasser. Nach W. Knop[4]) enthalten die meteorischen Niederschläge gewöhnlich im Liter $^1/_{10}$ bis 1 mg N_2O_5, mitunter auch 5 bis 6 mg, die genannten Wasser $^1/_{10}$ bis $^1/_{100}$ mg, Ackererden im Kilogramm 1 bis 10 mg. Goppelsröder[2]) fand im Regenwasser zu Basel im Liter bis zu 13,6, im Schneewasser 1,6 bis 7, im Quellwasser 1,0 bis 44,4, im Brunnenwasser 40 bis 129, im Grundwasser 1,5 bis 400 und im Rheinwasser 13,5 bis 15,5 mg N_2O_5. Der Gehalt erscheint abhängig von der Jahreszeit, wie die folgenden Versuchsresultate Goppelsröders zeigen:

Monate	Gesamtmenge der atmosphärischen Niederschläge in Millimetern	Minimum des Gehaltes einer Million Teile atmosphärischer Niederschläge		Maximum des Gehaltes einer Million Teile atmosphärischer Niederschläge		
		N_2O_5	$NO_3.NH_4$	N_2O_5	$NO_3.NH_4$	Nitrat-Stickstoff
1870 Oktober	101,2	Spur	Spur	13,6 Tle.	20,1 Tle.	3,5 Tle.
1870 Novbr. .	123,9	0,5 Tle.	0,7 Tle.	1,2 „	1,8 „	0,31 „
1870 Dezbr. .	91,2	0,4 „	0,6 „	5,3 „	7,8 „	1,37 „
1871 Januar	37,4	3,1 „	4,6 „	5,3 „	7,8 „	1,37 „
1871 Februar	38,5	2,2 „	3,2 „	4,4 „	6,5 „	1,14 „
1871 März . .	27,5	2,6 „	3,8 „	12,3 „	18,2 „	3,19 „
1871 April. .	107,4	2,2 „	3,2 „	4,6 „	6,8 „	1,19 „
1871 Mai . .	41,3	2,2 „	3,2 „	10,0 „	14,8 „	2,59 „
1871 Juni . .	114,3	2,3 „	3,2 „	6,2 „	9,1 „	1,61 „

[1]) A. Emmerling, Ber. 5, 780. — [2]) Goppelsröder, J. pr. Chem. [2] 1, 198; 4, 139 u. 383. — [3]) Ljubawin, Journ. d. russ. phys.-chem. Ges. 1884, 1. 617. — [4]) W. Knop, Kreislauf des Stoffs, Leipzig 1868, 1, 109 u. 2, 58.

Auch die Art der atmosphärischen Erscheinungen scheint de[n] Gehalt zu beeinflussen. So soll bei Stürmen die Salpetersäure im Regenwasser vor der salpetrigen Säure überwiegen, während bei ruhiger Luft das umgekehrte Verhältnis statthat[1]). Liebig[2]) fand im Rege[nwasser] Salpetersäure stets nur nach Gewittern, Heller[3]) stets im Hagel, auch unabhängig von solchen. Mit der Meereshöhe scheint, wohl infolge der gröfseren Reinheit der Luft, der Gehalt der Niederschläge an Salpetersäure abzunehmen, vielleicht sogar ganz zu verschwinden, wie aus folgenden Zahlen über in den Alpen gesammelte Regen- und Schneeproben hervorgeht[4]):

		Milligramm N_2O_5 im Liter	Höhe in Metern	Jahr der Probeentnahme
	1. Vom Grofsen Bernhard, Regenwasser	0,30	2600	1855
	2. „ „ „ Schneewasser	0,05	2600	1859
	3. „ „ „ Seewasser	0,00	2600	1859
Schneewasser vom	4. Mont Velan, östl. vom Gr. Bernhard	0,00	3760	1859
Schneewasser vom	5. Mer de Glace, oberhalb der Quelle des Aveyron	0,26	1350	1862
Schneewasser vom	6. Gorner Gletscher bei Zermatt	0,00	2400	1861
Schneewasser vom	7. Aletschgletscher	Spur	2200	1862
Schneewasser vom	8. Kaltwassergletscher am Fufse des Monte Leone	0,00	(Höhe des Berggipfels) 3565	1863
Schneewasser vom	9. Piz Palü, Berninagruppe	0,00	3000	1865
Schneewasser vom	10. Alp Cobo[illegible] bei Aosta	0,66	2100	1866
	11. See Seven	0,04	?	1866

In den Tropen ist der Gehalt ein weit höherer, bis zu 2,67 mg im Liter[5]).

In Quellwasser bei vollständigem Ausschlufs von Verunreinigungen durch faulende organische Substanzen fand beispielsweise Ch. Erkin[6]) in der Nähe von Bath 65 Gran Salpetersäure pro Gallone; das Erdreich im Umkreise dieser Quelle enthielt 1,1 bis 7,6 Tle. Stickstoff in 1000000. In einer Harzburger Mineralquelle fanden Otto und Troeger[7]) 0,0051 g Nitrat pro 1000 g, in Mineralwässern, die zum Teil Hochmooren entstammten, v. John[8]) bis zu 0,5215.

[1]) Chaurier, Compt. rend. 73, 1273; JB. 1871, S. 236. — [2]) Liebig, Ann. ch. phys. 35, 329. — [3]) F. Heller, Schmidts Jahrb. d. ges. Medizin 73, 3. — [4]) Boussingault, Compt. rend. 95, 1121; JB. 1884, S. 1529. — [5]) A. Muntz u. V. Marcano, Compt. rend. 108, 1062; Ber. 22, 434, Ref.; vergl. auch Warington, Chem. Soc. J. 1889, p. 537; Ber. 22, 818, Ref. — [6]) Ch. Erkin, Chem. Soc. J. [2] 9, 64; JB. 1871, S. 236. — [7]) Otto u. Troeger, Arch. Pharm. 237, 149. — [8]) v. John, Jahrb. geol. Reichsanst. Wien 48, 375.

Aus dem Boden gehen die salpetersauren Salze in die Pflanzen über, ohne sich in ihnen neu zu bilden [1]). Der Gehalt der Pflanzenblätter, auf Trockensubstanz und Kaliumnitrat bezogen, beträgt 0,68 bis 2,77 Proz. [2]). Auf wasserfreie Salpetersäure bezogen, beträgt er 0,088 bis 1,01 Proz. der frischen Pflanzen, in den Stengeln der an Salpetersäure reichsten Pflanzen, *Borago officinalis* und *Lepidium sativum* 10,27 und 10,12 Proz. der Trockensubstanz [3]); auch das trockene Kraut von *Amaranthus Blitum* enthält 11,68 Proz. Kaliumnitrat [4]). Der Gehalt ist nach der Jahreszeit verschieden. Liliaceen und Iridiaceen sind im Herbste frei von Salpetersäure; Zwiebeln enthalten im Sommer Salpetersäure, welche nach Hosäus [3]) durch Oxydation von Ammoniak in den Pflanzen entstanden ist und im Herbst wieder zu Ammoniak wird.

Im Urin ist Salpetersäure mittelst Diphenylamin stets nachweisbar; der Gehalt ist sehr schwankend, mitunter recht bedeutend [5]). Auch im Schweifse und Speichel [6]) finden sich Nitrate, jedenfalls der Nahrung entstammend [7]).

Bildung. 1. Aus Stickstoff, Sauerstoff und Wasser: Ein über Wasser oder wässerigem Kali befindliches Gemenge von 3 Vol. Stickstoff und 7 Vol. Sauerstoff (richtiger 2 auf 5 Vol.) verdichtet sich bei wochenlangem Durchschlagen elektrischer Funken zu Salpetersäure [8]). Platindraht, in einem Gemenge von Stickstoff, Sauerstoff und Wasser durch den galvanischen Strom zum Schmelzen erhitzt, erzeugt Salpetersäure, und lufthaltiges Wasser bildet bei der Elektrolyse am negativen Pol Ammoniak, am positiven Spuren von Salpetersäure (H. Davy). Der Induktionsfunkenstrom erzeugt beim Durchschlagen durch trockene atmosphärische Luft schon innerhalb weniger Minuten salpetrige Dämpfe, bei Gegenwart von Wasser noch schneller [9]).

Nach Schönbein wird bei diesen Prozessen zunächst der Sauerstoff in Ozon verwandelt und dieses oxydiert den Stickstoff zu Untersalpetersäure, welche bei Abwesenheit von Wasser bestehen bleibt, bei Anwesenheit desselben sich hingegen in Salpetersäure und Stickoxyd umsetzt, welch letzteres durch weiteres Ozon gleichfalls zu Salpetersäure oxydiert würde. Carius [10]) hat indessen gezeigt, dafs Ozon weder bei gewöhnlicher noch erhöhter Temperatur auf Stickstoff einwirkt. Nach Meissner [11]) wird in trockener Luft durch den Funken-

---

[1]) Dessaignes, J. pharm. [3] 25, 28; JB. 1854, S. 649; Vaudin, J. chim. méd. 8, 674 u. 9, 321; vgl. jedoch dagegen Hosäus (s. Anm. [3]). — [2]) F. Schulze, Zeitschr. anal. Chem. 2, 289. — [3]) Hosäus, Arch. Pharm. [2] 122, 198; 124, 13. 127, 237. — [4]) A. Boutin, Compt. rend. 76, 413; JB. 1873, S. 859. — [5]) Schönbein, J. pr. Chem. 92, 152; R. Warington, Chem. Soc. J. 45. 637; JB. 1884, S. 1529. — [6]) Röhmann, Zeitschr. physiol. Chem. 5, 233; C. Wurster, Ber. 22, 1901. — [7]) Weyl, Arch. f. path. Anat. 96, 462. — [8]) Cavendish, Crells Ann. 1786, 1, 99. — [9]) Böttger, J. pr. Chem. 73, 494; Perrot, Compt. rend. 49, 204; JB. 1859, S. 35; H. Buff u. A. W. Hofmann, Ann. Chem. 113, 140. — [10]) Carius, Ber. 3, 697. — [11]) Meissner, Über den Sauerstoff, Hannover 1863.

strom wie durch stille Entladung nur Ozon gebildet, in feuchter Luft dagegen auch Untersalpetersäure, ebenso wenn die ozonisierte trockene Luft durch Wasser geleitet wird. Daſs solche ozonisierte Luft auch beim Leiten über Bodenarten in salpetrige Säure umgewandelt werde, wie de Luca [1]) und Cloëz [2]) behauptet hatten, ist von Lawes, Gilbert und Pugh [3]) widerlegt worden, selbst für den Fall, daſs dieselben alkalische Substanzen enthalten. Dagegen hat neuerdings Kappel [4]) behauptet, daſs Ozon *in statu nascendi* das Vermögen der Salpetersäurebildung besitze. Auch sollen die meisten Metalle in Berührung mit Hydrobasen und Luft Nitratbildung verursachen.

Verbrennende oder in Oxydation begriffene Körper bewirken in einem Gemenge von Stickstoff und Sauerstoff die Bildung von salpetriger Säure, Salpetersäure oder Ammoniumnitrit [5]) (vergl. auch dieses). So entsteht stets Ammoniumnitrat beim Verbrennen eines Gemenges von überschüssigem Wasserstoff, Sauerstoff und Stickstoff (Saussure, Berzelius). Bei der Verpuffung eines Gemenges von Luft und Knallgas im Eudiometer entsteht stets Salpetersäure, falls man auf 26 bis 64 Vol. brennbaren Gases weniger als 100 Vol. Luft anwendet; bei 3 bis 5 Vol. Knallgas auf 1 Vol. Luft bildet sich so viel Salpetersäure, daſs das absperrende Quecksilber sich mit Krystallen von Merkuronitrat bedeckt [6]). — Wenn Wasserstoff im offenen, mit Sauerstoff gefüllten Kolben bei Luftzutritt verbrennt, bildet sich bald salpetrige Säure, bald Salpetersäure [7]). So kommt die Säure auch in Leuchtgasflammen vor [8]).

Nach Berthelot [9]), der die Bildung bei Verbrennungsprozessen eingehend untersuchte, findet dieselbe bei Verbrennung von Wasserstoff nicht statt, wenn dieser im Überschuſs und das Volumen des Gasgemenges konstant ist. Bei Überschuſs von Sauerstoff und konstantem Volumen steigt die Menge der gebildeten Salpetersäure in regelmäſsiger Weise mit der Zunahme des Druckes, sie ist dann gröſser als die bei Verbrennung von Kohlenstoff oder Schwefel unter gleichen Umständen beobachtete. Werden beide Gase vor der Verbrennung gemischt, so wird weniger Salpetersäure gebildet, als wenn man den Wasserstoff in

---

[1]) De Luca, Ann. ch. phys. [3] **46**, 360; JB. 1855, S. 311. — [2]) Cloëz, Compt. rend. **41**, 935; JB. 1855, S. 318. — [3]) Ad. Meyers Agrikulturchemie, Heidelberg 1871, **1**, 161. — [4]) Kappel, Arch. Pharm. [3] **24**, 897. — [5]) Bence Jones, Phil. Trans. 1851, **2**, 399; JB. 1851, S. 323; Böttger, J. pr. Chem. **85**, 396; O. Löw, Zeitschr. Chem. [2] **6**, 65 u. 269; C. Than, J. pr. Chem. [2] **1**, 145; Zabelin, Ann. Chem. **130**, 54; J. D. Boeke, Chem. News **22**, 57; Chem. Centralbl. 1870, S. 545; H. Struve, Petersb. Acad. Bull. **15**, 325; Chem. Centralbl. 1871, S. 209; L. T. Wright, Ber. **11**, 2146. — [6]) Bunsen, Gasometr. Methoden, Braunschweig 1857, S. 63. — [7]) Kolbe, Ann. Chem. **119**, 176; A. W. Hofmann, Ber. **3**, S. 363 u. 658. — [8]) A. Figuier, J. pharm. [6] **13**, 374; Chem. Centralbl. 1886, S. 337. — [9]) Berthelot, Compt. rend. **130**, 1345, 1430, 1662; Chem. Centralbl. 1900, II, S. 11, 161.

der stickstoffhaltigen Sauerstoffatmosphäre verbrennen läſst. — Bei der Verbrennung von Kohlenstoff in Sauerstoff mit 8 Proz. Stickstoff werden bei konstantem Volumen für amorphen Kohlenstoff auf 106 Mol. Kohlensäure 1 Mol. Salpetersäure gebildet, für Graphit nur ein Fünftel und für Diamant ein Drittel dieser Menge. Dabei entsteht neben der Salpetersäure auch eine Spur Ammoniak. Bei konstantem Druck läſst amorpher Kohlenstoff 1 Mol. Salpetersäure auf 4000 Mol. Kohlensäure und beim Überleiten von Luft nur 1 Mol. auf 36000 Mol. Kohlensäure entstehen. — Die Verbrennung von Schwefel, bei welcher ebenfalls etwas Ammoniak auftritt, liefert bei konstantem Volumen 1 Mol. Salpetersäure auf 500 Mol. schwefliger Säure; dieser Betrag sinkt, wenn der Druck konstant gehalten wird und wenn die Verbrennung unter Überleiten von Luft stattfindet, in geringerem Grade als beim Kohlenstoff. — Bei Verbrennung von Eisen und Zink wurde keine Salpetersäurebildung beobachtet.

Die Säure entsteht auch bei langsamen Oxydationsprozessen, z. B. beim Aufbewahren von Äthyläther unter dem Einflusse von Licht und Luft[1]).

Die Vereinigung von Stickstoff und Sauerstoff scheint nicht durch die Wärme allein bewirkt zu werden. Denn ein Gemenge beider Gase liefert beim Durchleiten durch eine glühende Röhre, selbst wenn dieselbe Platinschwamm oder Platinschwarz enthält, keine Salpetersäure; ebenso wenig wird diese Bildung durch Überleiten von trockenem oder feuchtem Stickstoff über glühenden Braunstein bewirkt[2]). Auch durch Druck scheint die Verbindung nicht herbeigeführt zu werden; noch bei einem Drucke von 50 Atm. bleibt ein Gemenge aus 2 Vol. Stickstoff und 5 Vol. Sauerstoff unverbunden[3]).

2. Aus Stickoxyd, salpetriger Säure und Untersalpetersäure entsteht Salpetersäure bei vielen Zersetzungen. In Berührung mit Wasser und der genügenden Menge Sauerstoff gehen alle jene Verbindungen völlig in dieselbe über, während bei Abwesenheit von Wasser auch überschüssiger Sauerstoff nur Untersalpetersäure bildet[4]).

3. Aus Ammoniak: Wird Ammoniakgas mit überschüssigem Sauerstoff durch ein glühendes Rohr geleitet, so bildet sich unter Verpuffung Salpetersäure (Fourcroy). Ein Gemenge von Ammoniak und Luft liefert im glühenden Rohre nur wenig Stickoxyd und Untersalpetersäure; Platinschwamm, in das Rohr eingeführt, wirkt in der Kälte nicht ein; bis zu 308° erhitzt, kommt er darin zum Rotglühen und erzeugt dann Salpetersäure und Untersalpetersäure, bei sehr starker Hitze aber nur letztere; bei Überschuſs von Ammoniak entsteht hierbei Ammoniumnitrat. Der Dampf von Ammoniumkarbonat bildet mit Luft weniger

[1]) Berthelot, Compt. rend. **108**, 543; Ber. **22**, 286, Ref. — [2]) Kuhlmann, Ann. Chem. **29**, 272 u. **39**, 319. — [3]) Laroche, Schweigg. J. **1**, 123 u. 172. — [4]) Vergl. jedoch Harcourt, Chem. News **22**, 286; Chem. Centralbl. 1871, S. 98 u. Chapman, Ber. **3**, 922.

wisse experimentelle Resultate zu sprechen. So erhielt Dumas salpetersaures Kalium, als er mit Ammoniak gesättigte Luft bei 100° auf mit Kalilauge befeuchtete Kreide leitete; Collart de Martigny[1]) fand salpetersauren Kalk in Kalkmilch, welche im Sommer längere Zeit hindurch mit ammoniakhaltiger Luft in Berührung war. Wird Kreide in einem durchbrochenen Korbe über faulendes, also Ammoniak ausdünstendes Blut gehängt, so bildet sich in derselben innerhalb einiger Monate gleichfalls Calciumnitrat[2]). In allen diesen Fällen sind organische Substanzen entweder gar nicht oder doch nicht an dem Entstehungsorte der Salpetersäure vorhanden, die Oxydation des Ammoniaks ist also keinesfalls durch gleichzeitige Oxydation von Kohlenstoff und Wasserstoff bedingt. Besonders die Bildung von Calciumnitrat aus Ammoniak und Calciumkarbonat ist bemerkenswert, weil hierbei die angeblich prädisponierende Base bereits an eine wenn auch schwache Säure gebunden ist, die Verhältnisse also den in der Natur am häufigsten vorkommenden analog sind. In ähnlichem Sinne betrachtete Haarstick[3]) als Grund der Oxydation von im Boden absorbiertem oder in demselben aus organischen Substanzen entwickeltem Ammoniak den Gehalt des Bodens an Eisenoxyd, auf Grund der Beobachtung, dafs ammoniakhaltiges Wasser mit eisenhaltigem Sande Eisenoxyd-Ammoniak erzeugt, welches sich an der Luft zu basisch salpetrigsaurem Eisenoxyd oxydiere.

Dafs noch etwas anderes, „eine besondere chemische Bewegung", mitwirke, erkannte indessen schon Millon[4]). Derselbe fand, dafs die organische Substanz erst mit ihrer Umwandlung in Humus die Fähigkeit erlange, durch „Übertragung der chemischen Bewegung" das Ammoniak zu oxydieren, während sie vorher der Salpeterbildung nachteilig wirkt. Als letzte Ursache dieser besonderen Wirkung erkannten zuerst Th. Müntz und A. Schlösing[5]) organisierte Fermente. Es zeigte sich, dafs kein Salpeter mehr gebildet wird, wenn man die zu einem Salpetersäure erzeugenden Medium, in welchem die Nitrifikation in vollem Gange ist, hinzutretende Luft vorher durch Chloroform streichen läfst, dafs ferner die Fähigkeit eines Bodens, Salpetersäure zu erzeugen, durch Erhitzen auf 100° verloren geht. In beiden Fällen ruft ein Zusatz von frischem Boden die Erscheinung wieder hervor. Ganz in Übereinstimmung hiermit fand Warington[6]), dafs auch andere antiseptische Dämpfe die Nitrifikation ganz oder teilweise verhindern und dafs dieselbe alsdann durch Einsäen nitrifizierender Keime wieder hervorgerufen werden kann. Das Ferment ist später von Schlösing und Müntz[7]) in Reinkultur erhalten worden. Dasselbe

[1]) Martigny, J. chim. méd. 3, 525. — [2]) Französische Kommission der Akademiker, Graham-Otto, 5. Aufl., 2, 2, S. 155. — [3]) F. A. Haarstick, Chem. Centralbl. 1868, S. 927. — [4]) Millon, Compt. rend. 59, 232; JB. 1864, S. 158. — [5]) A. Müntz u. Th. Schlösing, Compt. rend. 84, 301; JB. 1877, S. 227. — [6]) R. Warington, Chem. News 36, 263; JB. 1877, S. 228. — [7]) Schlösing u. Müntz, Compt. rend. 89, 891 u. 1074; JB. 1879, S. 216.

ist stets sehr klein, doch erscheint die Gröfse innerhalb gewisser Grenzen von der Natur des Nährbodens abhängig; es vermehrt sich langsam, wahrscheinlich durch Knospung. Durch Erwärmung auf 100, selbst schon auf 90°, wird es getötet; auch andauernde Entziehung von Sauerstoff scheint es nicht zu ertragen und unter Austrocknung wenigstens zu leiden. Es findet sich in jedem Ackerboden, in Gewässern, besonders reichlich in denen der Kloaken und Abzugskanäle, mit Vorliebe scheint es an der Oberfläche fester Körper zu haften; in der Luft kommt es nicht vor. Die Bedingungen, unter denen das Ferment wirkt, sind mit grofser Sorgfalt untersucht worden. Porosität der Medien ist nicht erforderlich. Durch Lockerung des Erdbodens wird zwar die Salpeterbildung befördert, doch wohl hauptsächlich infolge der hierbei bewirkten Verteilung des Fermentes. Die Wirkung ist übrigens je nach der Jahreszeit verschieden [1]). Sie vollzieht sich im Dunkeln wie bei schwacher Beleuchtung [2]), während lebhafte Beleuchtung sie verlangsamt [3]) oder ganz aufhebt [4]). Unterhalb 5° ist die Wirkung sehr schwach, erst gegen 12° merkbar, dann aufserordentlich rasch zunehmend bis 37°, worauf wieder Abnahme und oberhalb 55° fast gänzliches Aufhören folgt. Sauerstoff und Feuchtigkeit sind unerläfsliche Bedingungen, auch eine gewisse Alkalinität des Mediums ist notwendig [5]) [Warington [6])], die in der Natur gewöhnlich durch Calciumkarbonat bewirkt wird. Es handelt sich also weniger um Alkalinität als um Neutralisierung der gebildeten Säure, die anderenfalls das Ferment schnell vernichten würde; in diesem Sinne gewinnt auch der sonst inhaltlose Ausdruck „prädisponierende Wirkung des Alkalis" Bedeutung. Die Gegenwart organischer Stoffe ist nach Schlösing und Müntz [3]) gleichfalls förderlich, selbst Chloroform scheint in geringer Menge günstig zu wirken [7]), während es in gröfserer Menge das Ferment abtötet. Doch kann der zur Ernährung nötige Kohlenstoff auch durch die Kohlensäure der Luft geliefert werden [8]). Unterhalb 9 Zoll Tiefe scheint nach Schlösing und Müntz der nitrifizierende Organismus nicht mehr vorzukommen. Dagegen fand Warington [9]) das Ferment bis zu 3 Fufs unter der Oberfläche noch regelmäfsig, bei 5 bis 6 Fufs Tiefe immer noch in der Hälfte der untersuchten Proben, im Unterboden aber weniger zahlreich und wahrscheinlich viel schwächer als

---

[1]) P. Dehérain, Compt. rend. 116, 1091; Ber. 26, 481, Ref. — [2]) A. Müntz u. Th. Schlösing, Compt. rend. 84, 301; JB. 1877, S. 227; Davy, Chem. News 40, 271; JB. 1879, S. 220. — [3]) Schlösing u. Müntz, Compt. rend. 89, 891 u. 1074; JB. 1879, S. 216. — [4]) R. Warington, Chem. News 36, 263; JB. 1877, S. 228; Derselbe, Chem. Soc. J. 35, 429; JB. 1879, S. 218. — [5]) Wie [3]) u. J. H. Munro, Chem. Soc. 49, 632; Ber. 19, 816, Ref. — [6]) Schönbein, J. pr. Chem. 92, 152; R. Warington, Chem. Soc. J. 45, 637; JB. 1884, S. 1529. — [7]) O. Hehner, Chem. News 39, 26; JB. 1879, S. 221. — [8]) E. Godlewski, Anz. d. Akad. d. Wissensch. in Krakau 1892, S. 408; Ber. 26, 527, Ref. — [9]) R. Warington, Chem. News 54, 228; Ber. 20, 44, Ref.

an der Oberfläche, so dafs die Nitrifikation thatsächlich auf den O flächenboden beschränkt bleibt. Andererseits vermag der nitrifizie Mikrokokkus auf den höchsten Gipfeln der Alpen und Pyrenäen, Felsen jeder Formation an der Sonne nicht direkt ausgesetzten St selbst in Spalten von mehrjährigem Schnee und Gletschereis beda Felsen zu existieren [1]. Amide und Albuminoide des Pflanzenkör können ebenso gut nitrifiziert werden wie solche des Tierkörpers, Hauptmaterial bildet aber in der Natur das Ammoniumkarb (Warington).

Es fanden sich bei Prüfung der bekannten Bakterienarten ganze Anzahl, welche, ohne unerläfsliche Bedingung der Salpeterbild zu sein, dieselbe begünstigen, während andere nicht nur keine Nit hervorzubringen vermögen, dieselben vielmehr zerstören [2]. L Zeit aber konnte trotz sorgfältiger Untersuchungen kein wirklich zifisches Ferment der Nitrifikation gefunden werden [3], so dafs Gegensatz zu den erwähnten Feststellungen wieder die Ansicht tauchte, die Salpeterbildung sei kein biologischer, sondern ein chemischer Prozefs [4]. Dem gegenüber zeigte Leone [5], dafs die gezweifelte Oxydation von Ammoniak über Nitrit zu Nitrat unter wissen Bedingungen, welche den Prozefs als einen biologischen zwe los erscheinen lassen, thatsächlich stattfindet. Frankland und s Gattin [6] gelang es dann, aus Gartenerde ein wirklich spezifis Ferment, das aus Ammoniak die Säure zu bilden vermag, zu isoli das sie mit dem Namen Bacillococcus belegten. Dieser Fund w von Warington [7] bestätigt, aber mit der Einschränkung, dafs d Bacillococcus nur die Bildung von salpetriger Säure, nicht die Salpetersäure hervorzurufen vermöge. Nach Müntz [8] wäre hie auch die Aufgabe des Fermentes erledigt, da die Nitrite im Bo unter dem gleichzeitigen Einflufs von Sauerstoff und Kohlensäure Nitraten oxydiert werden. Indessen stellten Winogradsky [9] u ebenso Warington [10] fest, dafs auch dieser Prozefs durch besond Arten von Mikroorganismen bewirkt wird. Ersterer isolierte e solche Art aus einem Boden Quitos, die kleine Stäbchen bildete u von dem nitritbildenden Ferment desselben Bodens durchaus verschied war. Die Salpeterbildung geht also, wie nunmehr zweifellos festst

---

[1]) A. Müntz, Ann. ch. phys. [6] 11. 137; Ber. 20, 502, Ref. — [2]) A. Ce u. F. Marino-Zuco, Atti d. R. Acc. d. Lincei Rendic. 1886, 1, 519; Ber. 818, Ref. — [3]) Warington. Chem. Soc. J. 53, 727; Ber. 21, 738, Re Percy F. Frankland, Chem. Soc. J. 53, 373; Ber. 21, 569, Ref. — [4]) R. de Blasi u. G. Russo Travali. Gazz. chim. 19, 440 u. 20, 18; 22, 778, Ref. u. 23, 276, Ref. — [5]) T. Leone, Gazz. chim. 19, 504 u. 152; Ber. 22, 773, Ref. u. 23, 356. Ref. — [6]) Percy F. Frankland Grace C. Frankland, Chem. News 61, 135; Ber. 23, 594, Ref. [7]) Warington, ebend. — [8]) A. Muntz. Compt. rend. 112, 1142; Ber. 576, Ref. — [9]) J. Winogradsky, Compt. rend. 113, 89; Ber. 24, 787, — [10]) R. Warington, Chem. Soc. J. 59. 484; Ber. 24, 862, Ref.

unter dem Einflufs von Mikroben aus dem Ammoniak vor sich; sie zerfällt in zwei Stadien, erstens die Überführung von Ammoniak in Nitrit, zweitens die von letzterem in Nitrat, und jedes dieser Stadien wird durch eine besondere Mikrobenart bedingt.

Unterliegen stickstoffhaltige organische Substanzen der Nitrifikation, so wird nicht sämtlicher Stickstoff in Nitrat oder Nitrit übergeführt, es entsteht vielmehr ein Verlust von 17 bis 19 Proz.[1]), der durch das Entweichen freien Stickstoffs bedingt wird[2]).

In manchen humusreichen Böden geht die Salpeterbildung nicht oder nur sehr spärlich vor sich. Sie wird hier durch Zusatz von 2 bis 3 pro Mille Kaliumkarbonat gefördert, durch mehr geschädigt; auch der Zusatz von Kaliumsulfat, bis zu 7 und 8 pro Mille, wirkt günstig, während Chlorkalium nur geringen und merkwürdigerweise Soda anscheinend gar keinen Einflufs ausübt. Übrigens ist der Einflufs derartiger Zusätze je nach der Beschaffenheit des Bodens verschieden, u. a. scheint er vom Kalkgehalt abzuhängen. Ist dieser beträchtlich, so wirken, wie theoretisch vorauszusehen war, auch Kaliumchlorid und Natriumchlorid günstig ein[3]).

Aufser im Boden wird auch in Pflanzen direkt Salpetersäure aus stickstoffhaltigen, organischen Verbindungen, z. B. aus Alkaloiden, gebildet[4]). Bemerkenswert ist übrigens, dafs die lebende Pflanze die in ihr enthaltenen Nitrate mit grofser Hartnäckigkeit festhält, so dafs sie sich nicht ohne weiteres herauslösen lassen. Es genügt aber die Abtötung des Protoplasmas, z. B. durch Chloroformdampf, um diese Schwerlöslichkeit zu beseitigen[5]).

Darstellung. An Stelle des freien Monohydrats werden stets Lösungen desselben in Wasser dargestellt, welche je nach der Konzentration als hochkonzentrierte, konzentrierte oder verdünnte Salpetersäure bezeichnet werden; hierzu kommt noch die rauchende Salpetersäure, welche im wesentlichen eine sehr konzentrierte Salpetersäure mit einem Gehalte an Untersalpetersäure vorstellt. Die gebräuchlichen Darstellungsmethoden benutzen als Ausgangsmaterial die beiden im Grofshandel erhältlichen Salze des Kaliums und Natriums, Salpeter und Chilisalpeter. Doch fehlt es auch nicht an Versuchen zur Darstellung aus atmosphärischem Stickstoff.

---

[1]) T. Leone u. O. Magnanini, Atti d. R. Acc. d. Lincei Rendic. 1891, 1. 425; Ber. 24, 674, Ref. — [2]) E. Godlewski, Anz. d. Akad. d. Wissensch. in Krakau 1892, S. 408; Ber. 26, 527, Ref. — [3]) J. Dumont u. J. Crochetelle, Compt. rend. 117, 170; 118, 604; 119, 93; Ber. 27, 24, Ref., 272, Ref. u. 671, Ref. — [4]) Berthelot, Compt. rend. 98, 1506; Ber. 17, 363, Ref.; Compt. rend. 110, 109; Ber. 23, 158, Ref.; Berthelot u. André, Compt. rend. 99, 355, 403, 428; Ber. 17, 447, Ref.; Compt. rend. 99, 493, 550, 591; Ber. 17, 540, Ref.; Compt. rend. 99, 683; Ber. 17, 591, Ref. — [5]) Demoussy, Compt. rend. 118, 79; Ber. 27, 141, Ref.

Die gebräuchlichste Methode ist die Destillation von Salpeter mit Schwefelsäure. Beim Zusammenbringen dieser beiden Substanzen entsteht bei gewöhnlicher Temperatur, selbst bei Überschufs von Salpeter, Kaliumbisulfat, nach der Gleichung $NO_3K + SO_4H_2 = SO_4HK + NO_3H$. Erst wenn die so gebildete Salpetersäure abdestilliert, wirkt bei erhöhter Temperatur das Kaliumbisulfat auf noch unzersetzten Salpeter unter erneuter Bildung von Salpetersäure ein: $NO_3K + SO_4HK = SO_4K_2 + NO_3H$; bei der hierzu erforderlichen Temperatur wird aber bereits ein grofser Teil der Salpetersäure unter Bildung von Sauerstoff und Untersalpetersäure zersetzt, und man wendet deshalb zur Bereitung reiner Säure stets gleich viel Molekeln Salpeter und Schwefelsäure an, was auch nahezu gleichen Gewichten entspricht: Man bringt den Salpeter in eine Retorte, giefst das gleiche Gewicht möglichst konzentrierter Schwefelsäure hinzu und destilliert in eine angelegte geräumige Vorlage. Der zu verwendende Salpeter mufs rein, besonders frei von Chloriden sein; er wird vorher grob gepulvert und ausgetrocknet. Zur Destillation verwendet man am besten eine tubulierte Retorte; bei Benutzung einer glatten Retorte hat man sorgfältig darauf zu achten, dafs von den eingefüllten Materialien nichts am Halse haften bleibt. Je nach der Gröfse der Retorte, welche von der Beschickung nur etwa zur Hälfte gefüllt sein darf, erhitzt man über direktem Feuer (im Windofen) oder im Kapellenofen. Als Vorlage verwendet man einen trockenen Kolben mit so weitem Halse, dafs der Retortenhals bis in die Mitte hineintreten kann; der Kolben wird durch beständig darauf fliefsendes Wasser gekühlt.

Der Retorteninhalt ist während der Destillation breiartig, ein Übersteigen desselben höchstens zu Beginn der Operation zu befürchten. Die Temperatur hält sich fast konstant auf 130°, erst gegen das Ende der Destillation erhöht sie sich etwas und es treten gleichzeitig rote Dämpfe auf; dann ist die Operation als beendet anzusehen; meist führt man die Destillation bis zum ruhigen Fliefsen des Rückstandes fort. Rötliche Dämpfe zeigen sich auch bei Beginn der Destillation, selbst wenn die Materialien vollkommen rein sind. Man glaubt dies so erklären zu müssen, dafs anfangs die Schwefelsäure noch nicht völlig von Kali gebunden werde und dafs der nicht gebundene Anteil zersetzend auf das Salpetersäurehydrat einwirke. Enthält der Salpeter Chloride oder organische Substanzen, so ist diese anfängliche Entwickelung rötlicher Dämpfe stärker, ebenso, wenn die Schwefelsäure schweflige Säure enthält.

Man erhält hierbei stets etwas mehr als die berechnete Menge an Destillat, weil nur zu Anfang Salpetersäuremonohydrat, später wasserhaltige Säure übergeht, indem das saure Kaliumsulfat unter Wasserverlust zu Pyrosulfat wird[1]. So erhielten statt der berechneten

[1] Hess, Ann. Phys. 53, 537.

62,3 Tle. aus 100 Tln. Salpeter Buchholz[1]) 65,6 Tle., Geiger[2]) 68,75 Tle., Phillips[3]) 65,9 Tle., letzterer vom spezif. Gew. 1,5035.

Anwendung von mehr als 1 Mol. Schwefelsäure auf 1 Mol. Salpeter erleichtert die Entwickelung der Salpetersäure nicht, Verdünnung mit Wasser erschwert sie. Bei Anwendung von rauchender Schwefelsäure zerfällt ein Teil der Salpetersäure in Untersalpetersäure, Wasser und Sauerstoff.

Zum gleichzeitigen Erhitzen mehrerer Retorten benutzt man einen sogenannten Galeerenofen (Fig. 1). Bei diesem sind die Retorten *a*

Fig. 1.

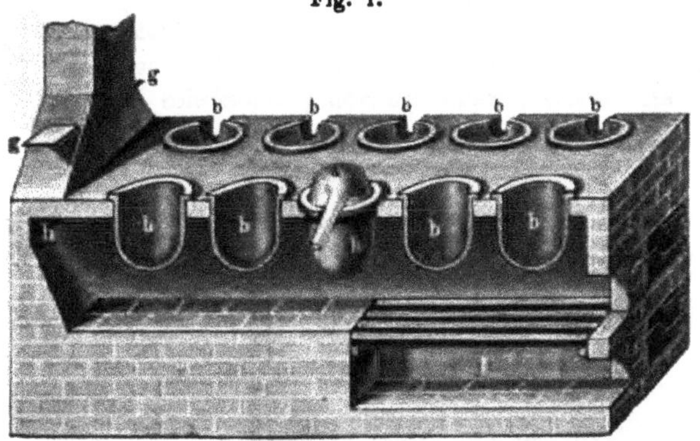

in gufseiserne Sandkapellen *bb* eingesetzt, welche sich in zwei Reihen in solchem Ofen befinden. Derselbe hat zwei durch eine dünne Zwischenwand getrennte Feuerungen mit gemeinschaftlichem Schornstein, in wel-

Fig. 2.

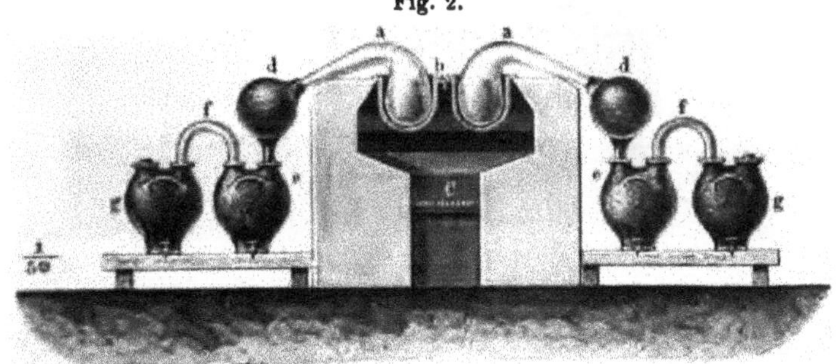

chen die Flamme von dem Rost aus, nachdem sie durch die ganze Länge des Ofens die Kapellen erhitzt hat, eintritt. Die Vorlagen werden lose

[1]) Buchholz, Taschenb. f. Chem. 1819, S. 201. — [2]) Geiger, N. Journ. Pharm. 3, 1 u. 456. — [3]) R. Warington, Chem. Soc. J. 59, 484; Ber. 24, 862, Ref.

vorgelegt und, um das Kühlen mit Wasser umgehen zu können, sehr grofs gewählt. Anstatt der Glaskolben kann man auch zweckmäfsig einen anderen Kondensationsapparat (Fig. 2) anwenden: Man verbindet die Retorte mit einer Kugelvorlage aus Steingut, deren zweite Öffnung, in ein Rohr auslaufend, in Verbindung mit einer zweihalsigen Woulffschen Flasche, ebenfalls aus Steingut, steht; in letzterer sammelt sich die konzentrierte Säure, während die nicht verdichteten Dämpfe durch ein im zweiten Halse befindliches Glasrohr in eine zweite ebensolche Flasche geleitet und hier völlig verdichtet werden. Die Verbindungen werden mit Ölkitt oder Asbest gedichtet.

War der Salpeter nicht ganz frei von Chloriden, so wird zu Anfang der Destillation eine kleine Vorlage gewählt und diese durch die gröfsere erst ersetzt, wenn ein völlig chlorfreies Produkt übergeht.

Fig. 3.

Das nach beendeter Destillation zurückbleibende geschmolzene Kaliumsulfat giefst man, da es beim Erstarren sich ausdehnt und dann meist die Retorte sprengt, aus, oder man fügt, sobald es fest zu werden beginnt, nach und nach siedendes Wasser hinzu.

Aus der so erhaltenen hochkonzentrierten Salpetersäure läfst sich das nahezu reine Monohydrat gewinnen, wenn man sie mit dem gleichen Volumen (Millon) oder mit dem fünffachen Volumen (Pelouze) englischer Schwefelsäure mischt und vorsichtig destilliert. Doch enthält auch das so gewonnene Produkt immer noch geringe Mengen

Wasser, meist 0,3 bis 0,5 Proz., da das absolut wasserfreie Hydrat sich bereits beim Sieden teilweise unter Bildung von Untersalpetersäure, Sauerstoff und Wasser zersetzt, weshalb auch die hochkonzentrierte Salpetersäure immer gelb gefärbt ist. Diese Gelbfärbung läfst sich beseitigen, wenn man längere Zeit Kohlensäure durch das schwach erwärmte Destillat leitet.

Wendet man statt des Kalisalpeters Chilisalpeter an, so vermag 1 Mol. Schwefelsäure 2 Mol. desselben schon bei niederer Temperatur zu zersetzen. Die Einwirkung erfolgt also nach der Gleichung $2\,NO_3Na + SO_4H_2 = SO_4Na_2 + 2\,NO_3H$. Aber die Masse schäumt hierbei stark, falls man nicht bereits fertige Salpetersäure mit in die Retorte giebt. Bei Anwendung von gleich viel Molekeln Säure und Salpeter wird das Übersteigen leicht vermieden. Bildung von Untersalpetersäure vermeidet man durch Zusatz von einem Viertel der Schwefelsäure an Wasser [1]). — Da der Natronsalpeter viel mehr Verunreinigungen enthält als der Kalisalpeter, von denselben auch infolge seiner Leicht-

Fig. 4.

löslichkeit weit schwerer zu befreien ist als letzterer, so wird er für die Darstellung hochkonzentrierter Salpetersäure im Laboratorium selten benutzt. Dagegen ist er seines geringen Preises wegen das hauptsächliche Material für die Darstellung der Säure im Grofsbetriebe.

Hier erfolgt die Zersetzung entweder in gufseisernen Cylindern oder in Blasen (Fig. 3) aus demselben Materiale. In die Cylinder bringt man bei 1,66 m Länge und 0,66 m innerem Durchmesser 120 bis 130 kg Natronsalpeter; zur Verdichtung der gebildeten Säure sind 12 bis 15 Vorlagen, zu 50 bis 60 Liter Inhalt, erforderlich. Die Cylinder *A* liegen zu zweien nebeneinander über einer Feuerung; der ganzen Länge nach tragen sie im Innern zwei hervorragende Rippen, auf denen ein die obere Hälfte der Cylinder auskleidendes, dieselbe gegen die Einwirkung der Säuredämpfe schützendes Gewölbe aus gut

[1]) Wittstein, Rep. d. Pharm. 64. 289.

gebrannten Steinen ruht. Während der Operation sind die Cylinder durch gufseiserne, mit einer Backsteinlage *a* bekleidete Scheiben geschlossen, die durch einen Kitt aus plastischem Thon und gepulvertem, gebranntem Thon gedichtet werden. Die hintere Scheibe besitzt eine Öffnung *b*, durch welche das Rohr des Bleitrichters für den Einfluſs der Schwefelsäure hindurchgeht, während eine entsprechende Öffnung der vorderen Scheibe das Ableitungsrohr *d* zur Fortführung der gebildeten Dämpfe in den Kondensationsapparat aufnimmt. Die Destillation ist nach etwa 16 Stunden beendet. Manche Fabriken wenden gröſsere Cylinder, für 250 bis 300 kg, ja sogar für 750 kg Natronsalpeter, an.

Eine bedeutende Ersparnis an Heizmaterial erzielt man durch Anwendung der Blasenapparate (Fig. 4). Hier ist ein blasenförmiger Kessel über der Feuerung so eingemauert, daſs er überall, auch am oberen Teile, von der Feuerluft umspielt werden kann. Nach Beschickung der Blase wird der guſseiserne Deckel mit Thonbrei und Gips auflutiert und dann der mit Asche ausgefütterte Plattenverschluſs *nn* aufgesetzt. Um den Hals der Blase gegen die Säuredämpfe zu schützen, ist in demselben ein Steinzeugrohr mit Thon festgekittet; in diesem steckt der gläserne Vorstoſs *D*, welcher die Dämpfe in die Vorlagen *EE* leitet. Die abziehenden Verbrennungsgase können je nach der Stellung des vorhandenen Schiebers durch die Kanäle *L* oder *M* geleitet werden. Im Beginn der Operation benutzt man den letzteren, um die Vorlagen anzuwärmen und hierdurch zu verhindern, daſs sie beim Eintropfen der heiſsen Säure zerspringen. — Ein solcher Kessel kann mit 650 kg Natronsalpeter und 700 kg Schwefelsäure vom spezif. Gew. 1,84 beschickt werden; die Dämpfe werden durch 2 × 25 Kondensationsgefäſse von je 100 Liter Inhalt verdichtet. Dabei sammelt sich vom vierten bis fünften Gefäſse an rote, rauchende Salpetersäure vom spezifischen Gewicht bis zu 1,55 und gegen 8 Proz. Untersalpetersäure.

Nach Dieterlen und Rohrmann[1]) wird in das Gemisch von Salpeter und Schwefelsäure bis zur Beendigung der Destillation ein inertes Gas, Luft, Kohlensäure, Stickstoff oder dergleichen, eingeblasen, um die gasförmigen Verunreinigungen fortzuführen. Die Rohrwindungen des Kühlapparates werden zur sofortigen Entfernung dieser mit Verunreinigungen beladenen Gase durch aufsteigende Kanalröhrchen mit einem senkrechten Entgasungskanal verbunden, in welchem auſserdem die mitgerissenen geringen Mengen Salpetersäure kondensiert werden; der Kanal läuft deshalb unten in ein Reservoir mit Siphonschalen aus.

Die Chemische Fabrik Rhenania[2]) führt das zurückbleibende Bisulfat durch Mischen mit wässeriger Schwefelsäure und weiteres Er-

---

[1]) W. Dieterlen u. L. Rohrmann, D. R.-P. Nr. 85240. — [2]) Chem. Fabrik Rhenania, D. R.-P. Nr. 106962.

hitzen in Polysulfat über, welches beim Erhitzen mit neu eingeführtem Salpeter unter Rückverwandlung in Bisulfat höchstkonzentrierte Salpetersäure abdestillieren läfst.

Bekanntlich gehen die bei der Einwirkung von Schwefelsäure auf Salpeter zunächst entstehenden sauren Sulfate bei ihrer Schmelztemperatur in neutrales Sulfat über, indem sie weiter auf Salpeter einwirken. Läfst man daher Schwefelsäure bei der Schmelztemperatur auf den Salpeter einwirken, so resultiert nur das neutrale Sulfat. Glock [1]) erhitzt Salpeter auf mindestens 120°, läfst dann die äquivalente

Fig. 5.

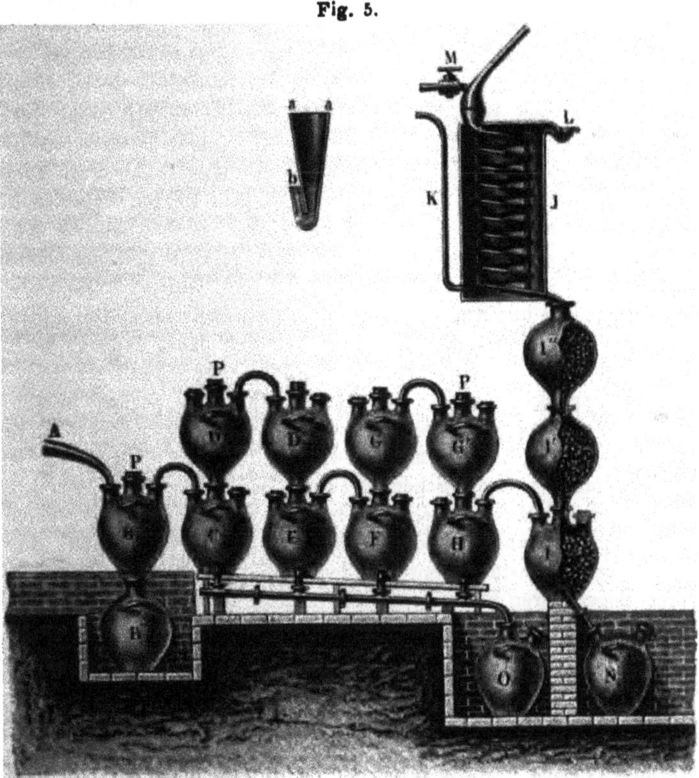

Menge auf etwa 130° erhitzter Schwefelsäure allmählich zufliefsen. Wenn die berechnete Menge Säure zugesetzt ist und die Bildung von Salpetersäuredämpfen aufgehört hat, erhöht man die Temperatur bis zur vollständigen Zersetzung des Salpeters auf 250°. Zur Erleichterung der Zersetzung wird zweckmäfsig Wasserdampf eingeleitet.

[1]) Gust. Glock, D. R.-P. Nr. 110254.

Zur Kondensation der Säuredämpfe benutzt man zweckmäfsig Apparate (Fig. 5), die nicht für jede Destillation besonders zusammengestellt werden müssen. Die Dämpfe treten aus dem Destillationsapparate durch das Rohr *A* in die Vorlage *B*, welche durch ein kurzes unteres Rohr mit *B'* verbunden ist, wo sich alles in *B* Kondensierte ansammelt; im mittleren Tubus von *B* ist ein Tropftrichter eingesetzt, um Wasser zufliefsen zu lassen. Das in *B* nicht Kondensierte geht durch die Vorlagen *C*, *D*, *D'*, *F*, *G*, *G'* nach *H*, und das hier angesammelte Kondensationsprodukt fliefst durch eine gemeinsame Röhrenleitung nach *O*. Die oberen Vorlagen tragen gleichfalls Tropftrichter, welche den Zuflufs von Wasser oder verdünnter Säure gestatten. Die aus *H* entweichende, nicht verdichtete Untersalpetersäure geht durch die mit Bimsstein gefüllten Kondensationsflaschen *J*, *J'*, *J''* und durch ein thönernes Schlangenrohr, in welches oben durch den Hahn *M* ein schwacher Strom Wasser fliefst, der, indem er sich über dem Bimsstein verteilt, alle Untersalpetersäure in verdünnte Salpetersäure überführt; letztere sammelt sich in *N* und wird zweckmäfsig an Stelle von Wasser durch die Tropftrichter in die Vorlagen eingeführt. — Vielfach werden zwischen den Destillations- und den Kondensationsapparat noch thönerne Kühlschlangen eingefügt. Hierdurch kann eine Anzahl Vorlagen erspart werden.

Guttmann und Rohrmann [1]) haben einen Kondensationsapparat konstruiert, der die Gewinnung einer reineren Säure dadurch herbeiführen will, dafs die Säure bei ihrer Bildung so schnell als möglich aufser Berührung mit den in den Gasen enthaltenen Verunreinigungen kommt. Der Apparat besteht aus einem schief angeordneten Hauptrohre, welches durch Querwände in viele Kammern geteilt ist; in jede derselben mündet je ein Schenkel zweier benachbarter, eventuell mit Kondensationsgefäfsen versehener, nach oben gerichteter Bogenrohre, während je zwei angrenzende Kammern auf der unteren Seite durch Knie- oder Bogenstücke miteinander verbunden sind. Die in den oberen Bogenrohren kondensierte Säure tritt durch die unteren Rohrstücke von Kammer zu Kammer über und wird sofort abgeführt; da hierbei diese Rohrstücke beständig mit Flüssigkeit gefüllt sind, können die Gase ihren Weg nur durch die oberen Bogenrohre nehmen.

Skoglund (D. R.-P. Nr. 104357) läfst zum gleichen Zwecke die zu kondensierenden Dämpfe nach dem Gegenstromprinzip mit bereits kondensierter und abwärts fliefsender Säure in Berührung treten. Dabei soll die Temperatur hoch genug bleiben, dafs sich die Beimengungen ständig verflüchtigen.

Eine wesentliche Verbesserung wird erzielt, wenn die Destillation im Vakuum vorgenommen wird [System Valentiner [2])]. Es ist hierbei die Ausbeute an hochprozentiger Säure wie auch die Gesamtausbeute

[1]) O. Guttmann u. L. Rohrmann, Ber. 25, 878, Pat. — [2]) Valentiner, Ber. 25, 878, Pat.

größer; die einzelnen Chargen können größer genommen werden und die Operation erfordert viel weniger Zeit[1]). Nach Francke[2]) werden im Durchschnitt 99,2 Proz. der theoretischen Menge Salpetersäure gewonnen. Dieselbe ist hochprozentig, nahezu frei von Chlor und niederen Oxyden, völlig frei von Schwefelsäure, Eisen und festem Rückstande. Innerhalb 24 Stunden können in regelmäßiger Beschickung 2500 bis 3000 kg Salpeter in einem Apparate zersetzt werden.

Lunge und Rey[3]) gelang auf diese Weise die Gewinnung ganz reiner farbloser Säure. Indem sie gebleichte Säure von 98,7 Proz. mit dem doppelten Volumen konzentrierter Schwefelsäure aus einer Retorte bei 20 mm Druck destillierten, ging bei 35° eine farblose Säure von 99,7 Proz. Salpetersäurehydrat über.

Da reines Blei von einer konzentrierten, weniger als 10 Proz. Wasser enthaltenden Säure nicht angegriffen wird, benutzt Skoglund[4]) Gefäße aus solchem für die Kondensation der starken Säure und nur für den ersten Teil des Kondensationsapparates, wo sich schwächere Säure verdichtet, Gefäße aus Glas, Steingut oder dergleichen.

Um aus den bei der Fabrikation erhaltenen verdünnten Säuren konzentriertere zu gewinnen, kann man sie mit konzentrierter Schwefelsäure oder Chlorcalcium- bezw. Chlormagnesiumlauge behandeln[5]). Direkt gelangt man zu Säuren höherer Konzentration, wenn man die Einwirkung der wasserentziehenden Mittel auf die aus dem Destillationsgefäße entweichenden Dämpfe vor ihrer Kondensation, zum Beispiel in einem Kolonnenapparat, geschehen läßt. Zur Aufrechterhaltung der notwendigen hohen Temperatur werden dem Kolonnenapparate zweckmäßig noch heiße Gase zugeleitet[6]).

Nach D. R.-P. Nr. 85042 schaltet man zwischen dem Destilliergefäße, in welchem Abfallsäuren mit konzentrierter Schwefelsäure erhitzt werden, und dem Kondensator einen auf etwa 85° gehaltenen Dephlegmator ein, aus welchem die dort niedergeschlagene verdünnte Säure beständig durch ein Siphonrohr in das Destilliergefäß zurückgeführt wird, während die hochprozentige Säure erst in einem angeschlossenen Kühlrohr sich kondensiert.

Auch das Valentinersche Verfahren wird mit Vorteil für Abfallsäuren verwendet.

Außer der Schwefelsäure wurden zur Zersetzung des Natronsalpeters empfohlen: Magnesiumsulfat[7]), Thonerdehydrat oder die aus Wasserglas abgeschiedene Kieselsäure[8]), Manganchlorür, geringhaltiger Braunstein, verschiedene Chloride und Sulfate[9]). Es wird dann aber

[1]) P. E. Hallwell, Chem.-Ztg. 19, 118. — [2]) Francke, ebend. 21, 488; Zeitschr. angew. Chem. 1899, S. 269, 779. — [3]) G. Lunge u. H. Rey, Zeitschr. angew. Chem. 1891, S. 165. — [4]) Skoglund, D. R.-P. Nr. 105704. — [5]) A. Erouard, Ber. 25, 696, Pat. — [6]) Frasch, Chem.-Ztg. 19, 1733. — [7]) Ramon de Luna, Ann. Chem. 96, 104. — [8]) R. Wagner, Dingl. pol. J. 183, 76; F. Kuhlmann jun., Compt. rend. 55, 246; JB. 1862, S. 660. — [9]) F. Kuhlmann jun, Compt. rend. 55, 246; JB. 1862, S. 660.

stets eine an salpetriger Säure sehr reiche Salpetersäure erhalten, welche noch durch Wasser und Sauerstoff von jener durch deren Umwandlung in Salpetersäure befreit werden mufs.

Von gröfserem Interesse ist die von H. Schwarz [1]) vorgeschlagene kontinuierliche Darstellung aus Ammoniak. Wird Mangansuperoxyd mit Ätznatron abgedampft und im Luftstrome erhitzt, so geht es in mangansaures Natron über, welches durch Glühen in überhitztem Wasserdampf unter Abgabe von Sauerstoff Mangansuperoxyd und Ätznatron zurückbildet. Der frei werdende Sauerstoff vermag nun gleichzeitig übergeleitetes Ammoniak zur Salpetersäure zu oxydieren, und diese entweicht, da, wie schon Wöhler zeigte, Natriumnitrat durch Erhitzen mit Braunstein in Ätznatron und Stickstoffpentoxyd zerfällt. Durch erneuten Luftzutritt entsteht wieder Natriummanganat u. s. f. Es wurden nach diesem Verfahren 60 Proz. der theoretischen Ausbeute erhalten.

Siemens und Halske [2]) suchten die Bildung aus Stickstoff und Sauerstoff durch dunkle elektrische Entladung zu verwerten. Dieselbe wird durch Beimischung von gut getrocknetem Ammoniakgas zu dem ebenfalls vorher getrockneten Gasgemisch gefördert und durch vorheriges Ozonisieren der Luft weiter verstärkt.

Lunge und Lyte [3]) leiten über ein erhitztes inniges Gemisch von Alkalinitrat und überschüssigem Eisenoxyd ein Gemisch von erhitzter Luft und Dampf. Das Oxyd wird in solcher Menge angewendet, dafs die resultierende Masse bei der Reaktionstemperatur nicht schmilzt, sondern fest und porös bleibt, somit leicht von dem Gasgemisch durchdrungen werden kann. Es bildet sich Alkaliferrit, das durch Erhitzen mit Wasser in kaustisches Alkali und fein verteiltes (als Farbe oder für Polierzwecke verwendbares) Eisenoxyd zerlegt wird, ferner salpetrige Dämpfe, die in geeigneter Vorrichtung in Salpetersäure umgewandelt werden können. Erforderlich ist, dafs das Material in geringen Mengen und fein zerkleinert durch den Apparat geht und dabei mehrmals mit der vom Feuer bestrichenen Seite in Berührung kommt. Der Apparat mufs gasdicht sein und selbstthätige Ein- und Ausführungsvorrichtungen besitzen. Man benutzt einen rotierenden, geneigt liegenden Cylinder aus Gufseisen, innen mit radialen Rippen versehen, auf den von aufsen Hämmer klopfen, um das leicht an den Wänden festhängende Material in Bewegung zu halten [4]).

Durch eine lehrreiche Zusammenstellung der früher und jetzt gebräuchlichen Methoden hat Oskar Guttmann [5]) den Überblick über die Salpetersäurefabrikation wesentlich erleichtert.

Die nach einer der angegebenen Methoden dargestellte Säure ent-

---

[1]) H. Schwarz, Dingl. pol. J. 218, 219. — [2]) D. R.-P. Nr. 85103. — [3]) G. Lunge u. M. Lyte, Ber. 27, 681, Pat. — [4]) J. L. F. Vogel, Eng. and Min. Journ. 69, 408. — [5]) O. Guttmann, Journ. Soc. Ind. 12, 203; Chem. Centralbl. [4] 5, 1, S. 904.

hält noch salpetrige Säure, Untersalpetersäure, überschüssiges Wasser und, falls chlorkaliumhaltiger Salpeter in Anwendung kam, Chlor. Die käufliche Säure kann außerdem Schwefelsäure, Zersetzungsprodukte organischer Substanzen, feuerbeständige Beimengungen und, wenn sie aus jodhaltigem Chilisalpeter destilliert wurde, Jod als Jodsäure oder Chlorjod enthalten.

Zur Reinigung destilliert man die Säure für sich oder mit etwas Salpeter unter Wechsel der Vorlage; es geht zuerst chlorhaltige, dann reine Säure über [1]). In den Fabriken befreit man die Säure durch mäßiges Erhitzen vom größeren Teile des Chlors und der Untersalpetersäure (Bleichen der Salpetersäure). Früher fällte man auch das Chlor vor der Rektifikation mit Silbernitrat; hierzu muß die Säure mäßig verdünnt sein und vom Niederschlage klar abgegossen werden, da mit in die Retorte gelangendes Chlorsilber teilweise zersetzt wird [2]). A. Erck [3]) erhitzt die Säure zur Befreiung von Halogen mit organischen Körpern, welche leicht flüchtige Halogenverbindungen geben, wie Methyl- und Äthylalkohol.

Zur Befreiung der chlorfreien Säure von Untersalpetersäure destilliert man wiederholt bei Lichtabschluß im Kohlensäurestrome, oder, wenn Säure von weniger als 1,48 spezif. Gew. vorliegt, über $^1/_{100}$ Kaliumbichromat. Pelouze digeriert zum selben Zwecke mit Bleihyperoxyd, wobei die konzentrierte Säure kein Blei auflösen soll. Otto [4]) konnte indessen weder hierdurch noch durch Verwendung von Baryumsuperoxyd den gewünschten Erfolg erzielen. Nach Millons Vorgange begnügt man sich vielfach damit, trockenes Kohlensäuregas unter gelindem Erwärmen durch die Säure zu leiten. Wenn die Beobachtung von Smith richtig ist, daß in der Säure vorhandene Untersalpetersäure bei etwa 77° C. durch den Sauerstoff der atmosphärischen Luft in Salpetersäure verwandelt werde, sollte man statt Kohlensäure Luft durchleiten und auf diese Weise noch eine Anreicherung der Salpetersäure erzielen. Die hohe Temperatur ließ aber schon einen ungünstigen Erfolg erwarten, da die Säure hierbei zersetzt werden muß, und Versuche in Ottos Laboratorium [4]) bestätigten dies. Man muß vielmehr, sowohl bei Anwendung von Kohlensäure wie von Luft, hohe Temperatur vermeiden, wenig oder gar nicht erwärmen. Bei Beobachtung dieser Vorsicht erhielt Roscoe [5]) eine Säure von 99,5 bis 99,8 Proz. Gehalt an Hydrat.

Eine schnelle und kontinuierliche Befreiung von salpetriger Säure will dagegen R. Hirsch [6]) wirklich dadurch bewirken, daß er in eine

---

[1]) Barreswil, J. pharm. [3] 7, 122; JB. Berz. 26, 71. — [2]) Wackenroder, Arch. Pharm. [2] 41, 161; 50, 23 u. 71, 279; Mohr, ebend. [2] 49, 25 u. 50, 19; Wittstein, Rep. Pharm. [3] 1, 44; Ohlert, Arch. Pharm. [2] 71, 264. — [3]) A. Erck, Ber. 22, 304, Pat. — [4]) Michaelis, Graham-Ottos Lehrb. d. Chem., 5. Aufl., 2, 2, S. 163. — [5]) Roscoe, Ann. Chem. 116, 211. — [6]) Rob. Hirsch, Ber. 22, 152, Pat.

durch heifses Wasser auf 80° erwärmte Thonschlange, während von oben die zu reinigende Säure einläuft, von unten Luft durchbläst und Zulauf und Luftstrom so reguliert, dafs die Säure mit 60° abläuft. Dieselbe soll dann, wenn nicht hölzerne Rührer angewendet wurden, absolut farblos sein. In ähnlicher Weise bewirken dies Guttmann und Rohrmann [1]) gleich bei der Darstellung vor der Kondensation der gebildeten Salpetersäure.

Eigenschaften. Das Salpetersäurehydrat oder vielmehr die höchst konzentrierte Salpetersäure, welche erhalten und nahezu als jenes betrachtet werden kann, ist eine höchst ätzende Flüssigkeit, die bei völliger Abwesenheit von Untersalpetersäure farblos erscheint. Das spezifische Gewicht ist bei 20° = 1,54 (Mitscherlich), bei 15° = 1,55 (Millon) oder 1,52 (Pelouze), bei 0° = 1,559 (Kolb), nach Veley und Manley [2]) bei 4° = 1,54212, bei 14,2° = 1,52234, bei 24,2° = 1,50394. Bei — 47° wird es starr [3]). Der Siedepunkt liegt bei 86°. An der Luft raucht es stark, indem sein Dampf mit dem Wassergehalt derselben eine wässerige Säure bildet, die sich als Nebel, Bläschendampf oder Tröpfchendampf niederschlägt, weil sie weniger flüchtig ist als das Hydrat. Die wässerige Säure riecht eigentümlich, schmeckt sehr sauer, rötet Lackmus, wirkt sehr ätzend und zerstörend auf organische Stoffe und färbt die stickstoffhaltigen unter ihnen, z. B. Nägel und Epidermis, gelb. Säure von 1,30 spezif. Gew. erstarrt schon bei — 19°.

Der Salpetersäure schreibt Ostwald [4]) unter allen einbasischen Säuren die gröfste mittlere Affinität zu; ihre Avidität gegenüber Natron ist = 1,00 [5]). Das Refraktionsäquivalent ist = 17,24 [6]). Es diffundieren in 24 Stunden 977 Mol. der Säure [7]). Die Reibungskoeffizienten für das Hydrat und seine Lösungen sind bei 0 und 10° [8]):

NO_3H-Proz.	100	72,85	71,24	67,82	66,6	64,3
η_0	0,02275	0,03276	0,03288	0,03422	0,03475	0,03560
η_{10}	0,01770	0,02456	0,02465	0,02579	0,02584	0,02676

NO_3H-Proz.	61,56	58,1	53,87	0
η_0	0,03459	0,03295	0,02945	0,01775
η_{10}	0,02604	0,02470	0,02324	0,01309

Die Umkehr in der Kurve der Reibungskoeffizienten findet hiernach bei einem Gehalte statt, der dem von Bourgoin auf andere Art wahrscheinlich gemachten Tetrahydrat $N_2O_5 . 4 H_2O$ entspricht.

Die molekulare Depression des Gefrierpunktes ist bis zu 6,6 Proz.

[1]) O. Guttmann u. L. Rohrmann, Ber. 27, 429, Pat.; vergl. auch Ber. 25, 223, Pat. — [2]) Veley u. Manley, Lond. R. Soc. Proc. 62, 223; Chem. Centralbl. 1898, I, S. 428. — [3]) Berthelot, Ann. ch. phys. [5] 14, 441; JB. 1878, S. 35. — [4]) W. Ostwald, J. pr. Chem. [2] 18, 328. — [5]) J. Thomsen, Ann. Phys. 140, 505. — [6]) J. H. Gladstone, Phil. Mag. [4] 36, 311; JB. 1868, S. 118. — [7]) J. H. Long, Ann. Phys. [2] 9, 613. — [8]) S. Pagliani u. E. Oddone, ebend., Beibl. 11, 415.

kleiner, als theoretisch berechnet; die Abweichungen sind um so gröfser, je höher die Konzentration ist[1]).

Das elektrische Leitungsvermögen ist = 99,6 [für Salzsäure = 100[2])], das molekulare Leitungsvermögen bei verschiedenen Konzentrationen[3]):

Volumen der Lösung . . .	2	4	8	16	32	64	128	256
Molekul. Leitvermögen . .	77,9	80,4	82,8	84,9	86,3	87,4	88,2	88,4
Volumen der Lösung . . .	512	1024	2048	4096	8192	16384	Maxim.	
Molekul. Leitvermögen . .	88,8	88,9	88,2	86,8	83,7	—	88,9	

Der Leitungswiderstand beträgt für 1 Äquivalent in verschiedenen Verdünnungen[4]):

Stärke der Lösung	$\frac{n}{4}$	$\frac{n}{8}$	$\frac{n}{16}$	$\frac{n}{32}$	$\frac{n}{64}$
Widerstand für 1 Äquivalent . . .	96,8	10,13	104,5	106,8	108,7

Nach Veley und Manley[5]) nimmt der Leitungswiderstand bei zunehmender Konzentration zwischen 1,30 und 30 Proz. zuerst schnell, dann langsam ab. Von 30 bis 76 Proz. steigt er, schneller noch zwischen 76 und 96,12 Proz., dann tritt wieder plötzliche Abnahme ein. Es zeigen sich deutliche Diskontinuitäten der Kurven bei Gehalten, die den Hydraten $NO_3H . 3H_2O$, $NO_3H . 2H_2O$, $NO_3H . H_2O$ und $2NO_3H . H_2O$ entsprechen, eine weniger ausgesprochene bei einem Gehalte, der $NO_3H . 10H_2O$ entspricht.

Die Änderungen des Widerstandes mit der Temperatur sind eingehend untersucht worden[6]). Es zeigt Säure von 6 Proz. NO_3H rasches Fallen von 245 bis 120, zwischen 21 und 199°, dann Anwachsen bis 142 bei 241°; für Säure von 12,5 Proz. fällt der Widerstand zwischen 21 und 164° von 156 auf 100, bleibt dann fast unverändert bis 244°; Säure von 18,5 Proz. zeigt ähnliches Verhalten; solche von 23,6 Proz. hat nahezu gleichförmige Abnahme von 136 auf 89, bis 209° und solche von 65,5 Proz. fällt von 195 bis 91,5 bei 207°, steigt dann aber wieder auf 99 bei 224,5°.

Die Wärmeentwickelung bei der Bildung des Salpetersäurehydrats aus den Elementen ist nach Berthelot[7]) N, O_3, H = 19600, die aus $N_2O_5, aq.$ = — 14800. Nach Thomsen[8]) ist die Wärmeentwickelung bei diesen und anderen Bildungsweisen folgende:

$N_2O_5, aq.$	+ 180 kal.	Bildung von $N_2O_5, aq.$	aus	N
$N_2O, O_4, aq.$	18500 „	„ „ $N_2O_5, aq.$	„	N_2O
$N_2O_2, O_3, aq.$	72970 „	„ „ $N_2O_5, aq.$	„	NO

[1]) Leonis, Ann. Phys. [2] 60, 523. — [2]) W. Ostwald, J. pr. Chem. [2] 30, 93. — [3]) Derselbe, ebend. 31, 433. — [4]) R. Lenz, Mém. de l'Acad. de St. Pétersbourg [5] 26, 163; Ann. Phys., Beibl. 2, 710. — [5]) Veley u. Manley, Lond. R. Soc. Proc. 62, 223; Chem. Centralbl. 1898, I, S. 428. — [6]) F. Exner u. G. Goldschmidt, Wien. Akad. Ber. 76, 455. — [7]) Berthelot, Compt. rend. 78, 162; JB. 1874, S. 112. — [8]) J. Thomsen, Ber. 5, 508; 6, 1533; 12, 2062.

$N_2O_4, O, aq.$	33 830 kal.	Bildung	von $N_2O_5, aq.$	„ NO_2
N, O_3, H	26 690 „	„	„ NO_3H	„ N
NO, O_2, H	63 085 „	„	„ NO_3H	„ NO
NO_2, O, H	43 515 „	„	„ NO_3H	„ NO_2
$NO_3H, aq.$	7 580 „	„	Lösungswärme	
$N, O_3, H, aq.$	34 270 „	„	von $NO_3H, aq.$	„ N
$NO, O_2, H, aq.$	70 665 „	„	„ $NO_3H, aq.$	„ NO
$NO_2, O, H, aq.$	51 095 „	„	„ $NO_3H, aq.$	„ NO_2 [1])
$NO_2H, aq., O$	18 320 „	„	„ $NO_3H, aq.$	„ $NO_2H, aq.$

Die spezifische Wärme verdünnter Salpetersäure ist, wenn sie auf 1 Mol. NO_3H enthält:

Molekeln H_2O . . .	10	20	50	100	200
Spezif. Wärme . . .	0,768	0,849	0,930	0,963	0,982

Beim Verdünnen von 1 Mol. Salpetersäurehydrat mit viel (200 Mol.) Wasser werden nach Berthelot [2]) 7150 Wärmeeinheiten entwickelt und beim Verdünnen von:

NO_3H +	0,5 H_2O	mit viel Wasser +	5150 Wärmeeinheiten,
NO_3H +	1,0 H_2O	„ „ „	3840 „
NO_3H +	1,5 H_2O	„ „ „	3020
NO_3H +	2,0 H_2O	„ „ „	2320
NO_3H +	3,0 H_2O	„ „ „	1420
NO_3H +	4,0 H_2O	„ „ „	790
NO_3H +	5,0 H_2O	„ „ „	420
NO_3H +	6,0 H_2O	„ „ „	200
NO_3H +	7,0 H_2O	„ „ „	60
NO_3H +	7,5 H_2O	„ „ „	0
NO_3H +	8,0 H_2O	„ „ „	—40
NO_3H +	10,0 H_2O	„ „ „	90
NO_3H +	15,0 H_2O	„ „ „	240
NO_3H +	20,0 H_2O	„ „ „	180
NO_3H +	40,0 H_2O	„ „ „	90 „
NO_3H +	100,0 H_2O	„ „ „	20 „

Aus diesem Verlaufe der Verdünnungswärmekurve schliefst Berthelot auf die Existenz eines Hydrats $NO_3H, 2H_2O = N(OH)_5$ in wässeriger Lösung; Thomsen [3]) widerspricht dem aber aufs bestimmteste, da seine Bestimmungen kontinuierliche Wärmeentwickelung bis zu $5 H_2O$ ergaben, nämlich für:

a =	$NO_3H . aH_2O, (100-a)H_2O$	a =	$NO_3H . aH_2O, (a) H_2O$
0,175	6650 kal.	0,3125	1014 kal.
0,5	5458 „	0,625	1393 „
1,0	4174 „	1,25	1556 „
1,5	3292 „	2,5	1878 „
2,5	2146 „		
3,0	1720 „		
5,0	758 „		

[1]) Vergl. auch Troost u. Hautefeuille, Compt. rend. 73, 378; Zeitschr. Chem. 1871, S. 344. — [2]) Berthelot, Compt. rend. 78, 769; JB. 1874, S. 80; Derselbe, Bull. soc. chim. [2] 22, 536; JB. 1874, S. 84. — [3]) Thomsen, Ber. 6, 697 u. 7, 772.

In Bezug auf 1 Mol. des gelösten Stoffes fand Thomsen folgende Verdünnungswärmen:

Gelöster Körper	Anzahl der Wassermolekeln	Wärmeentwickelung für 1 Mol. des gelösten Stoffes
Salpetersäurehydrat NO_3H	20	+ 7510 kal.
	320	7580 „
Wasserhaltige Salpetersäure $NO_3H + H_2O$	320	4280 „
$NO_3H + 2H_2O$	320	2740 „
$NO_3H + 3H_2O$	320	1830 „

Nach Berthelot[1]) entwickeln mit 1 Mol. H_2O 10,5 Mol. NO_3H 4,56 Kal., 2 Mol. NO_3H 4,06 Kal., 1 Mol. NO_3H 3,34 Kal.

Die Neutralisationswärme gegen Natron ist = 13617 kal. [Thomsen[2])] oder 14480 [Andrews[3])] oder 13700 bezw. 13800 [Berthelot[4])], gegen Kali 14800[1]), gegen Ammoniak 12683[1]) oder 12500[4]) und gegen Baryt 13900[4]). Die Übersättigungswärme für $Na_2O, N_2O_5 + 200 H_2O, N_2O_5 + 200 H_2O$ ist = − 37 kal.[2]).

Die Verbindungswärme für die Bildung einiger organischer Verbindungen fand Berthelot[5]) wie folgt:

	kal.
Salpetersäureäther $C_2H_6O + NO_3H = C_2H_4(NO_3H) + H_2O$	5800
Nitroglycerin $C_3H_8O_3 + 3NO_3H = C_3H_2(NO_3H)_3 + 3H_2O$	13000
Nitromannit $C_6H_{14}O_6 + 6NO_3H = C_6H_2(NO_3H)_6 + 6H_2O$	21200
Schießbaumwolle $C_{12}H_{20}O_{10} + 5NO_3H = C_{12}H_{10}O_5(NO_3H)_5 + 5H_2O$	55000
Nitrostärke $C_6H_{10}O_5 + NO_3H = C_6H_8O_4(NO_3H) + H_2O$	12000
Nitrobenzol $C_6H_6 + NO_3H = C_6H_5NO_2 + H_2O$	36200
Dinitrobenzol $C_6H_5NO_2 + NO_3H = C_6H_4(NO_2)_2 + H_2O$	36060
Chlornitrobenzol $C_6H_5Cl + NO_3H = C_6H_4ClNO_2 + H_2O$	36000
Nitrobenzoesäure $C_6H_5CO_2H + NO_3H = C_6H_4(NO_2)CO_2H + H_2O$	36000

Bei Oxydation durch Salpetersäure finden die folgenden Wärmevorgänge statt[6]):

Zersetzungsprodukte und übertragener Sauerstoff	Beschaffenheit der zersetzten Salpetersäure		
	NO_3H	$NO_3H, 2H_2O$	NO_3H, verdünnt
NO_2 (Gas) + $O^1/_2$	Q*) − 9700	Q − 16100	Q − 16900
$NO^2/_3$ (Gas) + O	(Q − 9100) . 2	(Q − 12300) . 2	(Q − 12700) . 2
$NO^2/_3$ (gelöst) + O	—	—	(Q − 9300) . 2

*) Q bezeichnet die Wärmeentwickelung bei der Oxydation, z. B. eines Metalles, durch freien Sauerstoff $O^1/_2$ = 8 Gewichtsteilen.

[1]) Berthelot, Ann. ch. phys. [7] 14, 207; Chem. Centralbl. 1898, II, S. 169. — [2]) Thomsen, Ann. Phys. 138, 65. — [3]) Th. Andrews, Chem. Soc. J. [2] 8, 432. — [4]) Berthelot, Compt. rend. 78, 1177; JB. 1874, S. 116; Compt. rend. 87, 671; Chem. Centralbl. [3] 9, 12. — [5]) Derselbe, Compt. rend. 73, 260; JB. 1871, S. 80. — [6]) Derselbe, Compt. rend. 90, 779; JB. 1880, S. 120.

Zersetzungsprodukte und übertragener Sauerstoff	Beschaffenheit der zersetzten Salpetersäure		
	NO_3H	$NO_3H, 2H_2O$	NO_3H, verdünnt
NO (Gas) + $O_{3/2}$ . . .	(Q —. 3 (0960	(Q — 11700) . 3	(Q — 12000) . 3
$NO_{1/2}$ (Gas) + O_2 . . .	(Q — 4300) . 4	(Q — 5900) . 4	(Q — 6100) . 4
N + $O_{5/2}$	(Q — 1400) . 5	(Q — 2600) . 5	(Q — 2800) . 5
$NH_3O + O_3$	unter Beteiligung von überschüssigem 1 H_2O	(Q — 16300) . 6	(Q — 16400) . 6
$NH_3 + O_4$		(Q — 12000) . 8	(Q — 12100) . 8
$NO_3H, NH_3 + O_4$ . .	unter Beteiligung von $2NO_3H + H_2O$	(Q — 10400) . 8	(Q — 10500) . 8

Die Molekularvolume der Salpetersäurelösungen sind nach Berthelot[1]) annähernd ausgedrückt durch die Formel $V = 18n + 29 + \frac{39}{n + 3,2}$, worin n die Anzahl der Wassermolekeln bedeutet.

Im Sonnenlichte färbt sich das Hydrat gelb, indem es zum Teil, ebenso wie durch Erhitzen, in Untersalpetersäure, Sauerstoff und Wasser zerfällt. Auch durch den elektrischen Strom, den es sehr gut leitet[2]), wird das Hydrat zersetzt, indem es in Sauerstoff am positiven und Stickoxyd am negativen Pol, oder, nach Luckow[3]), zu salpetriger Säure zerfällt. — Nach Bourgoin wird in wässeriger Salpetersäure nur das Hydrat $N_2O_5, 2H_2O$ durch den galvanischen Strom zersetzt, nicht das Wasser. Am positiven Pol konzentriert sich die Säure, und es entwickelt sich daraus während der ganzen Versuchsdauer reiner Sauerstoff; in sehr verdünnter Säure entsteht am negativen Pol reiner Wasserstoff, ohne daſs die Säure merkliche Reduktion erleidet. Ist die Säure weniger verdünnt ($N_2O_5, 2H_2O$ + 125 aq.), so ist der entstehende Wasserstoff nur anfangs rein, später enthält er kleine Mengen von Stickstoff, und in der Flüssigkeit finden sich Spuren von Ammoniak. Bei konzentrierter Säure (1 Äq. : 15 aq.) wird der entstehende Wasserstoff anfangs vollständig zur Reduktion verbraucht, dann entwickelt er sich gemengt mit etwas Stickstoff; nach einigen Stunden tritt Stickoxyd auf, in allmählich zunehmendem Maſse den Wasserstoff verdrängend, später aber seinerseits wieder verschwindend; in der Flüssigkeit findet sich dann viel Ammoniak und salpetrige Säure. Wendet man hingegen die Säure $N_2O_5, 2H_2O$ an, so entsteht anfangs gar keine Gasentwickelung, bald aber tritt sehr lebhafte Entwickelung von reinem Stickoxyd und erst später solche von Wasserstoff auf. Nach

[1]) Berthelot, Compt. rend. 78, 769; JB. 1874, S. 80; Derselbe, Bull. soc. chim. [2] 22, 536; JB. 1874, S. 84. — [2]) F. Kohlrausch u. O. Grotrian, Ann. Phys. 154, 215. — [3]) C. Luckow, Zeitschr. anal. Chem. 19, 1.

Ihle[1]) tritt Ammoniakbildung nur ein, wenn die Abspaltung von Hydroxylionen nicht zu schnell geschieht, daher besonders bei Vergröfserung der Stromdichte.

In der galvanischen Kette nimmt das Potential der Salpetersäure mit der Konzentration zu, wird aber durch Gehalt an salpetriger Säure herabgedrückt[2]).

Das Hydrat läfst sich nicht ohne Zersetzung destillieren, sondern färbt sich dunkel und liefert ein gleichfalls gefärbtes Destillat. Der Destillationsrückstand wird schliefslich wieder farblos, erweist sich aber weit ärmer an Monohydrat als zuvor. Die Art des eintretenden Zerfalls ist von **Carius**[3]) eingehend untersucht worden. Die Bestimmung des spezifischen Gewichtes der hierbei gebildeten Gase ergab folgende Resultate:

Temperatur der Zersetzung	Spezifisches Gewicht des Dampfgemenges		
	Luft = 1	Differenz	Wasserstoff = 1
86°	2,05	—	29,6
100	2,02		29,1
130	1,92	0,10	27,6
160	1,79	0,13	25,8
190	1,59	0,20	23,0
220	1,42	0,17	20,4
250	1,29	0,18	18,6
256	1,25	—	18,0
265	1,24	—	17,9
312	1,23	—	17,8

Das spezifische Gewicht der Zersetzungsgase bleibt also von etwa 256 bis 312° konstant und entspricht hier der Zersetzungsgleichung $2NO_3H = 2NO_2 + H_2O + O$. Das Stadium der Zersetzung bei verschiedenen Temperaturen ist aus der folgenden Tabelle zu ersehen:

Temperatur der Zersetzung	Prozente der Zersetzung	Sauerstoff aus 1 g NO_3H in Kubikcentimetern
86°	9,53	8,43
100	11,77	10,41
130	18,78	16,62
160	28,96	26,22
190	49,34	43,69
220	72,07	63,79
250	93,03	82.30
256	100,00	88,47

[1]) R. **Ihle**, Zeitschr. physikal. Chem. 19, 572. — [2]) **Derselbe**, ebend. 577. — [3]) L. **Carius**, Ber. 4, 828; Ann. Chem. 169, 273.

Nach Berthelot[1]) findet auch bei 100° die Zersetzung zum Teil nach der Gleichung $2\,NO_3H = 2\,NO_2 + H_2O + O$ statt.

Beim Durchleiten des Hydrats in Dampfform durch eine zum Rotglühen erhitzte Porzellanröhre tritt vollständige Zersetzung in Wasser, Sauerstoff und Untersalpetersäure ein; ist die Röhre weifsglühend, so treten Stickoxyd, Sauerstoff und Wasserdampf als Zersetzungsprodukte auf. Nach Braham und Gateshouse[2]) soll die Zersetzung durch Wärme nach der Gleichung $8\,NO_3H = 4\,NO_2 + H_2O + N_2O + N_2 + O_{11}$ erfolgen und nicht bei ganz reiner und wasserfreier Salpetersäure, sondern nur bei solcher, die salpetrige Säure enthält, eintreten.

Die Gegenwart von Platinmohr befördert die Zersetzung und entwickelt um so mehr rote Dämpfe, je konzentrierter die Säure ist. Solche von 1,35 spezif. Gew. wird dadurch schon im Dunkeln zersetzt[3]).

Das Salpetersäurehydrat ist auch in Äther löslich. Nach Tanret[4]) läfst es sich aus wässeriger Lösung zum Teil durch Äther ausschütteln und zwar sind die Verteilungskoeffizienten für Säuren von

0,25	0,50	1	2	10	18—40	45 Proz. NO_3H
1:160	1:100	1:66	1:42	1:17	1:12—1:10	1:8,5

Unter dem Einflusse von Nitraten werden diese Koeffizienten sehr wesentlich erhöht, was Tanret durch die Bildung saurer Nitrate und deren Dissoziation erklären will.

Als Strukturformel des Salpetersäuremonohydrats stellte Kanonnikow[5]) auf Grund des mittleren Refraktionsäquivalents, das aus acht Salzen zu 13,75 sich ergab, $HO{-}N\!<\!{\scriptstyle O \atop O}$ (die beiden O miteinander verbunden) auf, wobei also der Stickstoff dreiwertig wäre. Andererseits aber scheint es, dafs die Formel, entsprechend der Bildung aus dem Anhydrid N_2O_5 und Wasser, verdoppelt werden mufs. Wenigstens fanden Aston und Ramsay[6]) durch eine allerdings eigenartige Methode der Molekulargewichtsbestimmung das Molekulargewicht bei Temperaturen zwischen 11,6 und 46,2° = 105,9, während sich für $N_2O_6H_2$ 126, für NO_3H aber nur 63 berechnet.

Wässerige Salpetersäure. Die Eigenschaften der hochkonzentrierten Säure stimmen im allgemeinen mit denen des Monohydrats überein, und zwar um so mehr, je reicher sie an diesem ist. Sie ist gelblich gefärbt durch Gegenwart von Untersalpetersäure, falls sie von diesem nicht befreit wurde; durch Licht und durch Erhitzen wird sie teilweise zersetzt, läfst sich nicht unzersetzt destillieren u. s. f. Das

[1]) Berthelot, Compt. rend. 127, 83; Chem. Centralbl. 1898, II, S. 407. — [2]) Braham u. Gateshouse, Rep. of the Brit. Assoc. 1874, 2. Abt., p. 55; Graham-Otto, 5. Aufl., 2, 2, S. 167. — [3]) Schönbein, J. pr. Chem. 75, 103. — [4]) Tanret, Compt. rend. 124, 463; Chem. Centralbl. 1897, I, S. 733. — [5]) J. Kanonnikow, Journ. d. russ. phys.-chem. Ges. 1884, 1, 119; Ber. 17, 157, Ref. — [6]) Emily Aston u. W. Ramsay, Chem.-Ztg. 18, 179.

spezifische Gewicht ist etwas geringer, der Siedepunkt etwas höher als beim reinen Hydrat.

Durch Verdünnen der hochkonzentrierten Säure mit Wasser entstehen die sogenannten konzentrierten bezw. verdünnten Salpetersäuren, welche weit häufiger als jene zur Anwendung gelangen. Bei hinreichender Verdünnung verschwindet, infolge Zersetzung der Untersalpetersäure, die gelbe Farbe; dagegen ist auch in den farblosen Säuren fast stets noch etwas salpetrige Säure vorhanden, wie durch die Reaktion mit Jodkaliumstärke nachgewiesen werden kann. Um diese Verunreinigung zu beseitigen, was für die meisten Zwecke unnötig ist, destilliert man die Säure am besten über Braunstein, Kaliumbichromat oder Harnstoff. Erstere Mittel wirken auf die salpetrige Säure oxydierend, während der Harnstoff sich mit ihr zu Kohlensäure, Wasser und Stickstoff zersetzt. Auf diese Weise können Säuren, die auf etwa 1,45 spezif. Gew. verdünnt sind, bereits gereinigt werden, da bis zu diesem Punkte verdünntes Monohydrat bei der Destillation keine Zersetzung mehr erleidet. — Dagegen führt andauerndes Erwärmen selbst bei sehr verdünnter Säure nur schwierig zum Ziele.

Das spezifische Gewicht der wässerigen Salpetersäure nimmt mit steigender Verdünnung ab. Die folgenden von Ure[1]) und Kolb[2]) entworfenen Tabellen zeigen den Gehalt an Salpetersäuremonohydrat und Salpetersäureanhydrid bei verschiedenem Gewichte, die Konzentration oder Stärke der Säure.

Tabelle von Ure über den Prozentgehalt (Temperatur 16,5° C.).

Spezifisches Gewicht	Säurehydrat	Säure-anhydrid	Spezifisches Gewicht	Säurehydrat	Säure-anhydrid
1,500	93,0	79,7	1,453	78,0	66,9
1,498	92,0	78,9	1,450	77,1	66,1
1,496	91,1	78,1	1,446	76,2	65,3
1,494	90,2	77,3	1,442	75,2	64,5
1,491	89,2	76,5	1,439	74,4	63,8
1,488	88,3	75,7	1,435	73,5	63,0
1,485	87,4	74,9	1,431	72,6	62,2
1,482	86,4	74,1	1,427	71,6	61,4
1.479	85,5	73,3	1.423	70,7	60,6
1,476	84,6	72,5	1,419	69,8	59,8
1,473	83,6	71,7	1,415	68,8	59,0
1,470	82,7	70,9	1,411	67,9	58,2
1,467	81,8	70,1	1,406	66,9	57,4
1,464	80,9	69,3	1,402	66,0	56,6
1,460	79,9	68,5	1,398	65,1	55,8
1,457	79,0	67,7	1,394	64,1	55.0

[1]) Ure, Schweigg. J. 35, 446. — [2]) Kolb, Ann. ch. phys. [4] 10, 140; JB. 1866, S. 143.

Spezifisches Gewicht	Säurehydrat	Säure-anhydrid	Spezifisches Gewicht	Säurehydrat	Säure-anhydrid
1,388	63,2	54,2	1,196	31,6	27,1
1,383	62,3	53,4	1,189	30,7	26,3
1,378	61,3	52,6	1,183	29,7	25,5
1,373	60,4	51,8	1,177	28,8	24,7
1,368	59,6	51,1	1,171	27,9	23,9
1,363	58,6	50,2	1,165	26,9	23,1
1,358	57,6	49,4	1,159	26,0	22,3
1,353	56,7	48,6	1,153	25,1	21,5
1,348	55,9	47,9	1,146	24,1	20,7
1,343	54,8	47,0	1,140	23,2	19,9
1,338	53,9	46,2	1,134	22,3	19,1
1,332	53,0	45,4	1,129	21,3	18,3
1,327	52,0	44,6	1,123	20,4	17,5
1,322	51,1	43,8	1,117	19,5	16,7
1,316	50,1	43,0	1,111	18,5	15,9
1,311	49,2	42,2	1,105	17,6	15,1
1,306	48,3	41,4	1,099	16,7	14,3
1,300	47,1	40,4	1,093	15,7	13,5
1,295	46,4	39,8	1,088	14,8	12,7
1,289	45,5	39,0	1,082	13,9	11,9
1,283	44,7	38,3	1,076	13,1	11,2
1,276	43,7	37,5	1,071	12,1	10,4
1,270	42,8	36,7	1,065	11,2	9,6
1,264	41,9	35,9	1,059	10,2	8,8
1,258	40,9	35,1	1,054	9,3	8,0
1,252	40,0	34,3	1,048	8,4	7,2
1,246	39,1	33,5	1,043	7,5	6,4
1,240	38,1	32,7	1,037	6,5	5,6
1,234	37,2	31,9	1,032	5,6	4,8
1,228	36,3	31,1	1,027	4,7	4,0
1,221	35,3	30,3	1,021	3,7	3,2
1,215	34,4	29,5	1,016	2,8	2,4
1,208	33,5	28,7	1,011	1,9	1,6
1,202	32,5	27,9	1,005	0,9	0,8

Tabelle der Konzentration nach Kolb.

Der Stern (*) bezeichnet die direkt analytisch erhaltenen Resultate.

100 Tle. enthalten		Spezif. Gewicht		100 Tle. enthalten		Spezif. Gewicht	
NO_3H	N_2O_5	bei 0°	bei 15°	NO_3H	N_2O_5	bei 0°	bei 15°
100,00	85,71	1,559	1,530	99,52*	85,30	1,557*	1,529*
99,84*	85,57	1,559*	1,530*	97,89*	83,90	1,551*	1,523*
99,72*	85,47	1,558*	1,530*	97,00	83,14	1,548	1,520

100 Tle. enthalten		Spezif. Gewicht		100 Tle. enthalten		Spezif. Gewicht	
NO_3H	N_2O_5	bei 0°	bei 15°	NO_3H	N_2O_5	bei 0°	bei 15°
96,00	82,28	1,544	1,516	56,10*	48,08	1,371*	1,353*
95,27*	81,66	1,542*	1,514*	55,00	47,14	1,365	1,346
94,00	80,57	1,537	1,509	54,00	46,29	1,359	1,341
93,01*	79,72	1,533*	1,506*	53,81	46,12	1,358	1 339
92,00	78,85	1,529	1,503	53,00	45,40	1,353	1,335
91,00	78,00	1,526	1,499	52,33*	44,85	1,349*	1,331*
90,00	77,15	1,522	1,495	50,99*	43,70	1,341*	1,323*
89,56*	76,77	1,521*	1,494	49,97	42,83	1,334	1,317
88,00	75,43	1,514	1,488	49,00	42,00	1,328	1,312
87,45*	74,95	1,513*	1,486*	48,00	41,14	1,321	1,304
86,17*	73,86	1,507*	1,482	47,18*	40,44	1,315*	1,298*
85,00	72,86	1,503	1,478	46,64	39,97	1,312	1,295
84,00	72,00	1,499	1,474	45,00	38,57	1,300	1,284
83,00	71,14	1,495	1,470	43,53*	37,31	1,291*	1,274*
82,00	70,28	1,492	1,467	42,00	36,00	1,280	1,264
80,96*	69,39	1,488*	1,463	41,00	35,14	1,274	1,257
80,00	68,57	1,484	1,460	40,00	34,28	1,267	1,251
79,00	67,71	1,481	1,456	39,00	33,43	1,260	1,244
77,66	66,56	1,476	1,451	37,95*	32,53	1,253*	1,237*
76,00	65,14	1,469	1,445	36,00	30,89	1,240	1,225
75,00	64,28	1,465	1,442	35,00	29,99	1,234	1,218
74,01*	63,44	1,462*	1,438*	33,86*	29,02	1,226*	1,211*
73,00	62,57	1,457	1,435	32,00	27,43	1,214	1,198
72,39*	62,05	1,455	1,432	31,00	26,57	1,207	1,192
71,24*	61,06	1,450*	1,429*	30,00	25,71	1,200	1,185
69,96	60,00	1,444	1,423	29,00	24,85	1,194	1,179
69,20*	59,31	1,441*	1,419*	28,00*	24,00	1,187*	1,172*
68,00	58,29	1,435	1,414	27,00*	23,14	1,180	1,166*
67,00	57,43	1,430	1,410	25,71*	22,04	1,171*	1,157*
66,00	56,57	1,425	1,405	23,00	19,71	1,153	1,138
65,07*	55,77	1,420*	1,400*	20,00	17,14	1,132	1,120
64,00	54,85	1,415	1,395	17,47*	14,97	1,115	1,105*
63,59	54,50	1,413	1,393	15,00	12,85	1,099	1,089
62,00	53,14	1,404	1,386	13,00	11,14	1,085	1,077
61,21*	52,46	1,400*	1,381*	11,41*	9,77	1,075	1,067*
60,00	51,43	1,393	1.374	7,72*	6,62	1,050	1,045*
59,59*	51,08	1,391*	1,372*	4,00	3,42	1,026	1,022
58,88	50,47	1,387	1,368	2,00	1,71	1,013	1,010
58,00	49,71	1,382	1,363	0,00	0,00	1,000	0,999
57,00	48,86	1,376	1,358				

Tabelle der Konzentration nach Graden Baumé von Kolb.

Grade nach Baumé	Spezifisches Gewicht	100 Tle. enthalten bei 0°		100 Tle. enthalten bei 15°	
		NO_3H	N_2O_5	NO_3H	N_2O_5
0	1,000	0,00	0,00	0,2	0,1
1	1,007	1,1	0,9	1,5	1,3
2	1,014	2,2	1,9	2,6	2,2
3	1,022	3,4	2,9	4,0	3,4
4	1,029	4,5	3,9	5,1	4,4
5	1,036	5,5	4,7	6,3	5,4
6	1,044	6,7	5,7	7,6	6,5
7	1,052	8,0	6,9	9,0	7,7
8	1,060	9,2	7,9	10,2	8,7
9	1,067	10,2	8,7	11,4	9,8
10	1,075	11,4	9,8	12,7	10.9
11	1,083	12,6	10,8	14,0	12,0
12	1,091	13,8	11,8	15,3	13,1
13	1,100	15,2	13,0	16,8	14,4
14	1,108	16,4	14,0	18,0	15,4
15	1,116	17,6	15,1	19,4	16,6
16	1,125	18,9	16,2	20,8	17,8
17	1,134	20,2	17,3	22,2	19,0
18	1,143	21,6	18,5	23,6	20,2
19	1,152	22,9	19,6	24,9	21,3
20	1,161	24,2	20,7	26,3	22,5
21	1,171	25,7	22,0	27,8	23,8
22	1,180	27,0	23,1	29,2	25,0
23	1,190	28,5	24,4	30,7	26,3
24	1,199	29,8	25,5	32,1	27,5
25	1,210	31,4	26,9	33,8	28,9
26	1,221	33,1	28,4	35,5	30,4
27	1,231	34,6	29,7	37,0	31.7
28	1,242	36,2	31,0	38,6	33,1
29	1,252	37,7	32,3	40,2	34,5
30	1,261	39,1	33,5	41,5	35,6
31	1,275	41,1	35,2	43,5	37,3
32	1,286	42,6	36,5	45,0	38,6
33	1,298	44,4	38,0	47,1	40,4
34	1,309	46,1	39,5	48,6	41.7
35	1,321	48,0	41,1	50,7	43,5
36	1,334	50,0	42,9	52,9	45,3
37	1,346	51,9	44,5	55,0	47,1
38	1,359	54,0	46,3	57,3	49,1
39	1,372	56,2	48,2	59,6	51,1
40	1,384	58,4	50,0	61,7	52,9

Grade nach Baumé	Spezifisches Gewicht	100 Tle. enthalten bei 0°		100 Tle. enthalten bei 15°	
		NO_3H	N_2O_5	NO_3H	N_2O_5
41	1,398	60,8	52,1	64,5	55,3
42	1,412	63,2	54,2	67,5	57,9
43	1,426	66,2	56,7	70,6	60,5
44	1,440	69,0	59,1	74,4	63,8
45	1,454	72,2	61,9	78,4	67,2
46	1,470	76,1	65,2	83,0	71,1
47	1,485	80,2	68,7	87,1	74,7
48	1,501	84,5	72,4	92,6	79,4
49	1,516	88,4	75,8	96,0	82,3
49,5	1,524	90,5	77,6	98,0	84,0
49,9	1,530	92,2	79,0	100,0	85,71
50,0	1,532	92,7	79,5	—	—
50,5	1,541	95,0	81,4	—	—
51,0	1,549	97,3	83,4	—	—
51,5	1,559	100,0	85,71	—	—

Zu etwas abweichenden Werten gelangten Lunge und Rey[1]) auf Grund sehr sorgfältiger Bestimmungen mit ganz reiner Säure. Unter Verweisung auf die ausführliche Tabelle im Originale seien hier nur die direkt gefundenen Zahlen angegeben:

Prozente NO_3H chemisch rein	Vol.-Gew. bei $\frac{15^0}{4^0}$ (luftleerer Raum)	Änderung des Vol.-Gew. für ± 1°	Prozente NO_3H chemisch rein	Vol.-Gew. bei $\frac{15^0}{4^0}$ (luftleerer Raum)	Änderung des Vol.-Gew. für ± 1°
1,06	1,005 08	± 0,000 14	60,37	1,375 36	± 0,001 27
5,35	1,029 00	0,000 23	64,27	1,395 11	0,001 34
9,85	1,055 36	0,000 32	68,15	1,412 71	0,001 38
13,94	1,079 84	0,000 41	72,86	1,432 74	0,001 41
18,16	1,106 47	0,000 47	74,79	1,440 41	0,001 45
23,71	1,142 52	0,000 58	79,76	1,459 29	0,001 46
26,52	1,160 90	0,000 64	83,55	1,472 20	0,001 45
31,68	1,195 28	0,000 73	87,93	1,485 68	0,001 50
34,81	1,216 98	0,000 79	91,56	1,494 91	0,001 55
39,37	1,247 00	0,000 85	95,90	1,503 71	0,001 65
43,47	1,273 70	0,000 92	97,76	1,508 57	0,001 65
48,38	1,305 71	0,001 03	98,86	1,513 70	0,001 70
52,35	1,329 85	0,001 10	99,70	1.520 40	0,001 72
56,60	1,354 52	0,001 16			

[1]) G. Lunge u. H. Rey, Zeitschr. angew. Chem. 1891, S. 165.

liegt der Siedepunkt dieser Säure bei 120,5° C. und sie hat das spezif. Gew. 1,414 bei 15°. Wurde aber die Destillation unter 150 mm Druck ausgeführt, so enthielt die rückständige Säure nur 67,6 Proz. Hydrat, bei 70 mm Druck, wo der Siedepunkt zwischen 65 und 70° lag, nur 66,7 Proz. Dagegen erhob sich der Gehalt bei Anwendung übernormalen Druckes über 68 Proz.

Wird durch das Gemenge, das 64 bis 68 Proz. Hydrat enthält, trockene Luft geleitet, so hinterbleibt eine Säure, deren Gehalt verschieden ist nach der Temperatur, bei welcher das Durchleiten stattfindet. Bei 100° resultiert eine Säure von 66,2 Proz. Hydratgehalt, bei 60° von 64,5 Proz., bei gewöhnlicher Temperatur von 64 Proz. Es giebt also für jedes Gemisch eine Temperatur, bei welcher Hydrat und Wasser in demselben Verhältnis verdampfen, wie sie in den Gemischen vorkommen.

Höhere Hydrate. Andererseits hält Wislicenus[1]) die Existenz von Hydraten, besonders von $NO_3H.2H_2O$ auf Grund der Wärmeentwickelung beim Mischen von Salpetersäure und Wasser, sowie des höheren Siedepunktes für erwiesen, wenn dieselben auch nur bei niederer Temperatur beständig sind. Roscoes Versuche zeigen, daſs die Zusammensetzungsverhältnisse der unverändert verdampfenden Säure den für die Formel $NO_3H + 2H_2O = N(OH)_5$ berechneten Zahlen um so näher kommen, je niedriger die Verdampfungstemperatur gehalten wird, und daſs gegen 0° dieses Nitrogenpentahydrat oder Perhydroxylsalpetersäure wirklich existieren würde. Bei höherer Temperatur zerfällt diese Säure teilweise in $NO_3H.H_2O$ und 1 Mol. Wasser, und der Verdampfungsrückstand ist dann ein Gemisch des Penta- und Trihydrats, deren Mengenverhältnisse in den bei verschiedenem Drucke und verschiedenen Temperaturen übergehenden Säuren sich aus Roscoes Zahlen berechnen lassen.

Die Existenz des Pentahydrats leitet Berthelot[2]) auch aus den beim Verdünnen der Salpetersäure mit Wasser entwickelten Wärmemengen ab, während Thomsen die Berechtigung dieser Annahme bestreitet.

Die unter gewöhnlichem Drucke überdestillierende Säure ist vielleicht statt des Gemisches von $N(OH)_5$ und $NO(OH)_3$ auch das Hydrat $2NO_3H.3H_2O = N_2O(OH)_8$. Die Existenz dieses Hydrats erscheint dadurch wahrscheinlich, daſs nach Bourgoin[3]) nur dieses Hydrat durch den galvanischen Strom zersetzt wird, und daſs nach Kolb[4]) beim Vermischen von Salpetersäure mit Wasser das Maximum der Kontraktion bei der entsprechenden Konzentration eintritt. Die Aus-

[1]) Wislicenus, Ber. 3, 972. — [2]) Berthelot, Compt. rend. 78, 769; JB. 1874, S. 80; Derselbe, Bull. soc. chim. [2] 22, 536; JB. 1874, S. 74. — [3]) Bourgoin, Compt. rend. 70, 811; Chem. Centralbl. [3] 1, 289. — [4]) Kolb, Ann. ch. phys. [4] 10, 140; JB. 1866, S. 143.

3 Mol. Wasser auf 2 Mol. Hydrat enthalten; sie wurde daher als die Verbindung $2\,NO_3H + 3\,H_2O$ oder auch als besonderes Hydrat $N_2O_5 . 4\,H_2O$ betrachtet. Beide Formeln entsprechen der eines basischen Kupferoxydsalzes $(NO_3)_2Cu + 3\,CuO$ oder $N_2O_5 . 4\,CuO$ [1]).

Die Versuche anderer Chemiker haben Daltons Resultate im allgemeinen bestätigt, aber erkennen lassen, daſs der Siedepunkt und die Konzentration der bei der Destillation wasserhaltiger Salpetersäuren hinterbleibenden Säure nicht so konstant ist, wie jener angegeben. Millon [2]) fand denselben bei 125 bis 128°, Smith [3]) bei 121°, Konowalow [4]) bei 120,5°. Nach Smith hat die hinterbleibende Säure, mag sie aus konzentrierterer oder verdünnterer Säure erhalten sein, das von Dalton gefundene spezifische Gewicht, nämlich 1,424 bis 1,421, Millon konnte aber verdünnte Säure nur auf das spezif. Gew. 1,405 (bei 20°) bringen, und auch dies nur unter besonderen Umständen; auch Wackenroder [5]) erhielt aus verdünnter Säure nur einen Rückstand von 1,412 spezif. Gew.; Tünnermann [6]) von 1,415, Mitscherlich von 1,40. Millon nahm daher auſser Daltons Verbindung noch die Verbindung $2\,NO_3H + 3^1/_2$ aq. an und hielt auch den bei der Destillation einer groſsen Menge konzentrierter Salpetersäure bei 125° übergehenden geringen Anteil Säure von 1,484 spezif. Gew. für eine besondere Verbindung $2\,NO_3H + H_2O$, von der auch Graham [1]) spricht.

Schlieſslich wurde von Roscoe [7]) dargethan, daſs Konstanz des Siedepunktes einer Flüssigkeit dieselbe nicht immer als chemische Verbindung erweist, daſs vielmehr auch für jedes Gemenge zweier flüchtiger Flüssigkeiten eine Temperatur existiert, bei welcher es unverändert verdampft. Der konstante Siedepunkt, auf welchen Gemische von Salpetersäurehydrat und Wasser kommen, ist danach nicht bedingt durch die Bildung einer chemischen Verbindung beider, sondern er wird dann konstant, wenn Säurehydrat und Wasser auf das Verhältnis gekommen sind, in dem das Gemisch unverändert verdampft. Der Siedepunkt hängt nicht von der Zusammensetzung der zurückbleibenden Säure ab, sondern umgekehrt die Zusammensetzung von der Höhe des Siedepunktes unter den vorliegenden Umständen, zunächst also von dem Drucke, unter welchem die Destillation erfolgt. — Nach Roscoes Versuchen verwandelt sich jedes Gemisch von Salpetersäurehydrat und Wasser bei Destillation unter gewöhnlichem Luftdruck in eine Säure von 68 Proz. Gehalt an Salpetersäurehydrat, also weder in die Verbindung $2\,NO_3H + 3$ aq, welche 70 Proz., noch in $NO_3H + 2$ aq, welche 63 Proz. Hydrat erfordert. Bei dem Barometerstande von 735 mm

---

[1]) Graham, Ann. Chem. 29, 12 u. 123, 93. — [2]) Millon, J. pr. Chem. 29, 349. — [3]) Smith, Pharm. Centralbl. 19, 203. — [4]) D. Konowalow, Ann. Phys. [2] 14, 34. — [5]) Wackenroder, Arch. Pharm. [2] 41, 161; 50, 28; 71, 279. — [6]) Tünnermann, Kastn. Arch. 19, 344. — [7]) Roscoe, Ann. Chem. 116, 203.

Salpeter mit 1 Mol. oder weniger Vitriolöl, wobei die Hälfte der Salpetersäure als Hydrat übergeht, die andere Hälfte bei starker, fast bis zum Glühen gesteigerter Hitze meist in Untersalpetersäure und Sauerstoff zersetzt wird. Die Salpetersäure in der Vorlage absorbiert den Untersalpetersäuredampf, während der Sauerstoff entweicht. Nach Mitscherlich destilliert man zweckmäſsig Salpeter mit Kaliumbisulfat. Um eine möglichst vollständige Absorption der Untersalpetersäure herbeizuführen, muſs die Vorlage gut gekühlt und häufig gedreht werden, damit sich der flüssige Inhalt über die Wandung verbreitet.

Brunner [1]) destilliert ein Gemenge von 100 Tln. Salpeter, 5 Tln. Schwefel und 100 Tln. Vitriolöl, bis 50 Tle. übergegangen sind und der Schwefel mit gelber Farbe auf dem flüssigen Rückstande schwimmt; wegen des Gehaltes an Schwefelsäure muſs das Destillat rektifiziert werden; man erhält dann zwei Flüssigkeitsschichten, deren obere Untersalpetersäure ist. Man kann auch statt des Schwefels Stärkemehl anwenden [2]).

Vanino [3]) leitet die durch Formaldehyd aus konzentrierter Salpetersäure entwickelte Untersalpetersäure in Salpetersäure oder läſst Formalith, mit Formaldehyd getränkten Kieselgur, auf konzentrierte Säure einwirken und gieſst nach beendeter Reaktion die entstandene rote Säure ab.

Die rote rauchende Salpetersäure ist eine höchst ätzende Flüssigkeit, welche schon bei gelindem Erwärmen reichliche Mengen Untersalpetersäuredampf entweichen läſst. Fügt man zu der Säure nach und nach Wasser, so färbt sie sich erst grün, dann blau, und schlieſslich entsteht eine farblose Flüssigkeit; dabei treten rote Dämpfe auf, und zwar um so mehr, je wärmer das Wasser und die Säure sind und je weniger man die bei der Reaktion entstehende Wärme mäſsigt; läſst man die Säure in so viel Wasser flieſsen, daſs keine Erwärmung bemerkbar wird, so tritt auch kein Gas auf [4]); bei fortgesetztem Zufluſs der Säure erscheinen dann die oben erwähnten Farben in umgekehrter Reihenfolge. Dieser Farbenwechsel wird gewöhnlich in folgender Weise erklärt: Die Untersalpetersäure der roten Säure wird durch den Wasserzusatz in der Weise zersetzt, daſs sich Salpetersäure und salpetrige Säure bilden; das zugesetzte Wasser genügt jedoch zunächst nicht, um sämtliche Untersalpetersäure zu zersetzen, und das Gemisch enthält sonach neben Salpetersäure sowohl Untersalpetersäure als salpetrige Säure. Unter der Annahme, daſs diese Stickstoffoxyde in der Salpetersäurelösung ihre spezifischen Färbungen, also die salpetrige Säure eine blaue, die Untersalpetersäure eine rotbraune, beibehalten, muſs eine solche Lösung die Kombinationsfarbe Grün haben. Ist hingegen der

---

[1]) Brunner, J. pr. Chem. 62, 384. — [2]) Derselbe, Dingl. pol. J. 159, 355. — [3]) L. Vanino, Ber. 32, 1392. — [4]) Feldhaus, Zeitschr. anal. Chem. 1, 426.

Wasserzusatz hinreichend, um sämtliche Untersalpetersäure zu zersetzen, so dafs nur eine Mischung von Salpetersäure und salpetriger Säure übrigbleibt, so mufs das der letzteren eigene reine Blau auftreten.

Es ist versucht worden, die Richtigkeit dieser physikalischen Theorie auch chemisch zu erweisen. Hierbei ergaben sich anfangs abweichende Resultate [1]), dann ergaben sich Thatsachen, welche diese Abweichungen als unzuverlässig erscheinen lassen und eher für die Theorie sprechen [2]). Ein strenger Beweis ist indessen nicht möglich, da einerseits bei der Untersuchung der gefärbten Säuren immer eine Zersetzung von salpetriger Säure in Salpetersäure und Stickoxyd zu befürchten ist, andererseits ein Gemenge von Stickoxyd und Untersalpetersäure sich in Bezug auf alle Absorptionsmittel wie salpetrige Säure allein verhält [2]).

Die rote rauchende Säure bewirkt Entzündung von nicht selbst entzündlichem Phosphorwasserstoffgas, Selenwasserstoff, Jodwasserstoffsäuregas [3]). Besonders gegenüber organischen Substanzen führt ihr energisches Oxydationsvermögen leicht zu heftigen Verbrennungserscheinungen. Nach Lund [4]) soll sie zwar nicht eigentlich feuergefährlich sein; doch beweisen die Versuche von Kraut [5]) und Haas [6]) das Gegenteil; selbst Säure von 1,4 spezif. Gew. vermag danach noch leicht brennbare Stoffe zur Entzündung zu bringen [7]).

Mit konzentrierter Schwefelsäure giebt die rauchende Säure ein farbloses Gemisch, indem Verbindungen von Schwefelsäurehydrat und salpetriger Säure entstehen.

Durch gelindes Erhitzen im offenen Kölbchen liefert sie ein fast farbloses Hydrat von 1,5 spezif. Gew., das von Carius [8]) zur Oxydation organischer Substanzen bei der Elementaranalyse, zur Bestimmung von Schwefel und Halogenen, eingeführt worden ist.

Verhalten der Salpetersäure. Wasserstoff wirkt bei gewöhnlicher Temperatur und bei 100° [9]) nicht auf die Säure ein; mit ihrem Dampfe durch ein glühendes Rohr geleitet, bewirkt er heftige Verpuffung und Abscheidung von Stickstoff. Leitet man mit Salpetersäuredampf beladenen Wasserstoff über erwärmten Platinschwamm, so kommt dieser zum Glühen, und es entstehen Wasser und Ammoniak [10]). Naszierender Wasserstoff erzeugt schon bei gewöhnlicher Temperatur

[1]) L. Marchlewski, Ber. **24**, 3271; Montemartini, Atti della Reale Accad. dei Lincei Rendic. 1892, 1. Sem., p. 63; Ber. **25**, 408, Ref. — [2]) L. Marchlewski, Zeitschr. anorgan. Chem. **1**, 368 u. **2**, 18; L. Marchlewski u. Liljensztern, ebend. **5**, 288. — [3]) A. W. Hofmann, Ber. **3**, 658. — [4]) K. Lund, Dingl. pol. J. **207**, 512. — [5]) K. Kraut, Ber. **14**, 301. — [6]) R. Haas, Ber. 1881, S. 597. — [7]) Vgl. auch Archbutt, J. Soc. Chem. Ind. **15**, 84; Ber. **29**, 953, Ref. — [8]) L. Carius, Ber. **3**, 697. — [9]) Berthelot, Compt. rend. **127**, 27; Chem. Centralbl. 1898, II, S. 407. — [10]) R. Wagner, Dingl. pol. J. **183**, 76.

niedrigere Oxyde des Stickstoffs, zuletzt Ammoniak[1]), zuweilen auch Hydroxylamin.

Diamant oxydiert sich nicht in siedender Salpetersäure. Dagegen verbrennt rotglühende Kohle in der konzentrierten Säure sehr lebhaft, und Kohlenpulver zersetzt das Säurehydrat selbst bei gröſster Kälte unter Entwickelung von kohlensäurefreier Untersalpetersäure[2]). In Schwefelsäure gelöst, wird die Säure durch Berührung mit Koks schon bei gewöhnlicher, schneller bei erhöhter Temperatur vollständig zu salpetriger Säure reduziert[3]), weshalb diese Säure ausschlieſslich im Kondensationsprodukte der Gay-Lussac-Türme sich findet. — A. Scott[4]) will durch Einwirkung der Säure auf Holzkohle eine schwarze, in Wasser, Alkohol und Äther sehr lösliche Substanz erhalten haben, die über 30 Proz. Kohlenstoff, 2 oder 3 Proz. Wasserstoff und auſserdem Stickstoff enthält, sich mit Alkalien verbindet und mit den Salzen der meisten Metalle Niederschläge giebt; auch durch Salzsäure und Schwefelsäure wird die wässerige Lösung gefällt. Ähnlich fand Friswell[5]), daſs beim Übergieſsen fein gepulverter bituminöser Kohle mit dem doppelten Gewichte 49 proz. Salpetersäure eine heftige Reaktion stattfindet und je nach Art der Kohle dieselbe ganz oder zum gröſseren Teil in eine in verdünnter Sodalösung lösliche Substanz, wahrscheinlich eine Nitroverbindung, verwandelt wird. Graphit erleidet durch Behandlung mit roter rauchender Salpetersäure und nachheriges Glühen eine starke Aufblähung zu wurmähnlichen Gebilden; einzelne Arten Graphit, von Luzi[6]) deshalb als Graphitite unterschieden, zeigen diese Reaktion nicht.

Säure von 1,5 spezif. Gew. oxydiert im zugeschmolzenen Rohre bei 200 bis 320°, wobei sie selbst weitgehende Zersetzung erleidet, die organischen Verbindungen vollständig zu Kohlensäure und Wasser, auch diejenigen, welche Schwefel oder Halogene enthalten; Graphit wird davon bei 250 bis 260° nur langsam, bei 300 bis 330° in einer bis zwei Stunden oxydiert[7]).

Kohlenoxyd wirkt auf Säure von 1,2 spezif. Gew. weder in der Kälte noch in der Hitze reduzierend[8]).

Formaldehyd entwickelt mit konzentrierter Säure reichliche Mengen Untersalpetersäure. Chlorwasser verzögert die Reaktion sehr stark, Wasserstoffsuperoxyd scheint sie völlig zu verhindern[9]). Die aliphatischen Aldehyde liefern nach Ponzio[10]) allgemein mit Salpetersäure Fettsäuren, Hydroxylamin und Dinitrokohlenwasserstoffe. Primär sollen

---

[1]) Bloxam, Chem. News 19, 289 u. 20, 11; JB. 1869, S. 151 u. 253. — [2]) Schönbein, Ann. Phys. 73, 326 u. 100, 12. — [3]) G. Lunge, Chem. Ind. 8, 2. — [4]) A. Scott, Chem. News 25, 77; JB. 1872, S. 216. — [5]) R. J. Friswell, Chem. Soc. Proc. 1892, p. 9; Ber. 26, 580, Ref. — [6]) W. Luzi, Ber. 24, 4085. — [7]) L. Carius, ebend. 3, 697. — [8]) K. Stammer, Ann. Phys. 82, 135. — [9]) L. Vanino, Ber. 32, 1392. — [10]) Ponzio, Gazz. chim. 26, I, S. 423; J. pr. Chem. [2] 53, 431; Ber. 29, 653, 977, Ref.

Isonitrosoaldehyde entstehen, welche sich dann einerseits in den entsprechenden Ketoaldehyd und Hydroxylamin, andererseits in Dinitrokohlenwasserstoff umsetzen. Die Ketoaldehyde gehen ihrerseits in Fettsäuren über.

Mit Bor zersetzt sich die schwach erwärmte Säure unter Bildung von Borsäure, Stickoxyd und Stickstoff (Gay-Lussac, Thénard).

Phosphor wird von Salpetersäure von 1,2 spezif. Gew. bei gelindem Erwärmen unter Entwickelung von Stickoxyd und etwas Stickstoff zu phosphoriger Säure und Phosphorsäure gelöst; nach Wittstock[1]) soll hierbei auch Stickstoffoxydul auftreten, was Gmelin bestreitet. Beim Abdampfen der Lösung wird die phosphorige Säure durch noch vorhandene Salpetersäure vollends zu Phosphorsäure oxydiert. Personne[2]) will hierbei auch die Bildung von Ammoniak beobachtet haben, dies konnte von anderer Seite nicht bestätigt werden, findet aber nach Montemartini[3]) besonders bei mittlerer Konzentration der Säure statt. — Konzentrierte Säure gerät schon bei gewöhnlicher Temperatur durch Phosphor in immer heftigeres Aufwallen, bis die Hitze so weit gestiegen ist, dafs der Phosphor in den Säuredämpfen mit Glanz verbrennt; doch löst auch die stärkste Säure anfangs einen Teil des Phosphors zu phosphoriger Säure. Der früher als Phosphoroxyd bezeichnete unreine amorphe Phosphor oxydiert sich in verdünnter Säure schneller als der gewöhnliche, durch konzentrierte wird er entzündet (Pelouze).

Phosphorwasserstoffgas wird durch die konzentrierte Säure mit Heftigkeit zersetzt (Graham). Warme, rauchende Säure bewirkt beim Eintropfen in einen mit nicht selbstentzündlichem Phosphorwasserstoffgas gefüllten Cylinder heftige Verpuffung[4]).

Schwefel wird in Schwefelsäure verwandelt, um so leichter, je feiner er verteilt und je stärker die Säure ist[5]). **Schweflige Säure** reduziert die Salpetersäure nur schwierig, aufser bei Gegenwart von Schwefelsäure. Kocht man 1 Vol. Salpetersäure von 1,4 spezif. Gew. mit 5 Vol. wässeriger, schwefliger Säure, so entwickeln sich Stickoxydul und Stickoxyd, bei Gegenwart von weniger Wasser erfolgt vor Eintritt des Kochens plötzlich reichliche Bildung von Stickoxyd. Ein Gemisch von Salpetersäure und Schwefelsäure zerlegt die schweflige Säure je nach Konzentration in verschiedener Weise. Wird sie in ein Gemisch von Vitriolöl mit 10 Proz. starker Salpetersäure eingeleitet, und wird die gesättigte Mischung 24 Stunden sich selbst überlassen, so entstehen Bleikammerkrystalle. Leitet man nach Lösung derselben nochmals schweflige Säure ein, so wird die Flüssigkeit beim Stehen in der dicht verschlossenen Flasche dunkelviolett und enthält nebeneinander schweflige Säure, die an der Luft oder im Vakuum entweicht, und salpetrige

[1]) Wittstock, JB. Berz. 33, 2, S. 142. — [2]) Personne, Bull. soc. chim. [1] 1, 163; Gmelin-Krauts Handb. I, 2, 479. — [3]) Montemartini, Gazz. chim. 28, I, S. 397; Chem. Centralbl. 1898, II, S. 625. — [4]) A. W. Hofmann, Ber. 3, 660. — [5]) Bunsen, Ann. Chem. 106, 3.

Säure[1]). Gemenge von Salpetersäure und verdünnter Schwefelsäure (von mindestens 1,34 spezif. Gew.) werden durch schweflige Säure leicht unter Bildung von Stickoxyd zerlegt (R. Weber). Tropft man flüssige, schweflige Säure in reines Salpetersäurehydrat, so bilden sich rote Dämpfe und Bleikammerkrystalle, die bei Überschuſs des Reduktionsmittels wieder verschwinden, so daſs schlieſslich nur eine wenig gefärbte Schwefelsäure hinterbleibt[2]). Beim Erhitzen eines Gemisches beider Säuren beobachtete Fremy[3]) Bildung von Stickoxydul.

Durch Einwirkung von Thionylchlorid entsteht zunächst Nitrylchlorid, NO_2Cl[4]).

Schwefelwasserstoffwasser wird durch Säure, die von Untersalpetersäure frei ist, bei gewöhnlicher Temperatur nicht zersetzt; auch durch Einleiten von Schwefelwasserstoffgas wird reine Säure von 1,18 spezif. Gew. nicht verändert; enthält sie aber nur so viel Untersalpetersäure, wie sich beim Stehen an der Luft bei 25° bildet, so wird die gesamte Säure unter Bildung von Schwefel, Schwefelsäure, Ammoniak, Stickoxyd und Stickstoff zerlegt[5]). Gieſst man in eine mit Schwefelwasserstoffgas gefüllte Flasche Salpetersäurehydrat, so entsteht eine blaue Flamme, es bilden sich rote Dämpfe, der Wasserstoff und ein Teil des Schwefels wird oxydiert, während der Rest des letzteren sich absetzt.

Organische Sulfide oxydiert die Säure zu Sulfoxyden, mit denen sie sich zu unbeständigen, schon durch Wasser leicht zerlegbaren Verbindungen von je 1 Mol. vereinigt[6]).

Durch Schwefelkohlenstoff wird die Säure unter Einwirkung des Sonnenlichtes zu Untersalpetersäure reduziert; nach längerer Zeit treten dann Krystalle von unbekannter Zusammensetzung auf[7]).

Selen wird durch erwärmte Salpetersäure in selenige Säure verwandelt, Selenwasserstoff durch die rauchende Säure unter Feuererscheinung zersetzt[8]).

Auf fein verteiltes Tellur wirkt Säure von 1,25 spezif. Gew. schon bei —11° ein, doch bleibt, wenn bei niedriger Temperatur operiert wird, eine Substanz in mikroskopischen, verfilzten Nadeln, die neben telluriger Säure Salpetersäure enthält, zurück. Tellurdioxyd löst sich in heiſser Säure von 1,35 spezif. Gew. zu basisch salpetersaurem Tellurdioxyd; dabei scheinen sich der Reihe nach zu bilden: 1. eine Lösung des Hydrats TeO_3H_2 in Salpetersäure bei 0°; 2. Tellurnitrat, über 70°, langsamer in der Kälte in Tellurdioxyd und das basische Salz sich zersetzend; die Lösung des letzteren in Salpetersäure von 1,10 spezif.

---

[1]) Girard u. Pabst, Bull. soc. chim. [2] 30, 531; JB. 1878, S. 223. — [2]) Sestini, Bull. soc. chim. [2] 10, 226; JB. 1868, S. 152. — [3]) Fremy, Compt. rend. 70, 61; JB. 1870, S. 272. — [4]) Ch. Moureu, Compt. rend. 119, 337; Ber. 27, 624, Ref. — [5]) Kemper, Ann. Chem. 102, 342; s. auch Johnston, N. Ed. J. of Sc. 6, 65; Ann. Phys. 24, 354; Leconte, Ann. ch. phys. [3] 21, 180; JB. 1847/48, S. 386. — [6]) Beckmann, J. pr. Chem. [2] 17, 439. — [7]) Tifferau, Bull. soc. chim. 44, 109; Ber. 18, 604, Ref. — [8]) A. W. Hofmann, Ber. 3, 660.

Gew. zersetzt sich bei Zusatz der fünffachen Menge Wasser, besonders schnell beim Erwärmen, unter Abscheidung von Tellurdioxyd [1]).

Jod bildet beim Erwärmen mit konzentrierter Salpetersäure Jodsäure neben Untersalpetersäure. Jodwasserstoffsäure zerfällt damit in Wasser, Jod und Stickoxyd; rauchende Säure, in einen mit Jodwasserstoffgas gefüllten Cylinder getropft, zerfällt mit roter Flamme unter Auftreten von Joddampf [2]).

Bromwasserstoff zersetzt die konzentrierte Säure schon bei 0° und darunter unter Bildung von Brom, Untersalpetersäure und Wasser, Verdünnen mit viel Wasser führt indessen zur Wiederherstellung der ursprünglichen Verbindungen.

Jod- und Bromalkaliverbindungen, ferner Jodbaryum, Jodblei und Kupferjodür werden durch die Säure in Nitrate umgewandelt [3]).

Viele Chloride werden durch Salpetersäure unter Entwickelung chlorhaltiger Zersetzungsprodukte und Bildung von Nitraten zerzetzt. Vollständige Umwandlung erfolgt bei Kalium- und Natriumchlorid leicht beim Erwärmen mit 6 bis 7 Tln. Salpetersäure [4]). Nach Stas sind, wenn man anfangs auf 40 bis 50°, zuletzt bis nahe zum Kochen erhitzt, auf 1 Tl. Chlorkalium 3, Chlornatrium 4, Chlorlithium $5^1/_2$ Tle. Salpetersäurehydrat notwendig. Salmiak entwickelt beim Erwärmen mit der Säure Stickoxydul neben wenig Chlor und Stickstoff, mit konzentrierter Säure auch salpetrige Säure [5]). Arsenchlorür wird zu Arsensäure. Die Chlorverbindungen von Cer, Lanthan, Didym, Cadmium, sowie Eisen-, Gold- und Platinchlorid werden nur schwierig und unvollkommen zersetzt [6]). Antimonchlorür, Wismutchlorid, Chlorzink, Kupferchlorür und Kupferchlorid werden nach Schlesinger [3]) zersetzt, nach Wurtz [6]) aber gleichfalls nur schwierig und unvollständig, wobei Antimonchlorür in Antimonsäure verwandelt wird. Zinnchlorür geht zunächst in das Chlorid über, dann in Metazinnsäure [3]); zugleich mit Salzsäure und Salpetersäure im zugeschmolzenen Rohre auf 170° erhitzt, verwandelt es letztere in Ammoniak [7]). Chlorblei wird von kochender Salpetersäure von 1,3 spezif. Gew. zersetzt; diese selbe Säure ist unwirksam gegen Quecksilberchlorür, während eine solche von 1,46 spezif. Gew. beim Erhitzen damit unter Entwickelung von Stickoxyd Quecksilberchlorid und Mercurinitrat bildet. Quecksilberchlorid und Chlorsilber sollen nach einigen Autoren nicht angegriffen werden [8]); nach Pierre [9]) zersetzt indessen kochende Salpetersäure

---

[1]) D. Klein u. J. Morel, Compt. rend. 99, 540 u. 587; JB. 1884, S. 1569. — [2]) A. W. Hofmann, Ber. 3, 660. — [3]) Schlesinger, Repert. Pharm. [2] 35, 74. — [4]) L. Smith, Sill. Am. J. [2] 16, 373; JB. 1853, S. 662. — [5]) Derselbe, Sill. Am. J. [2] 15, 240; JB. 1853, S. 333. — [6]) H. Wurtz, Sill. Am. J. [2] 25, 371 u. 26, 188; J. pr. Chem. 76, 31 u. 36. — [7]) E. Pugh, Chem. Soc. Qu. J 12, 35; JB. 1859, S. 672. — [8]) Schlesinger, Repert. Pharm. [2] 35, 74; H. Wurtz, Sill. Am. J. [2] 25, 371 u. 26, 188; J. pr. Chem. 76, 31 u. 36. — [9]) J. Pierre, Compt. rend. 73, 1090; Chem. Centralbl. [3] 2, 759.

pulverförmiges Chlorsilber, so dafs nach dem Abdestillieren der Säure Silbernitrat krystallisiert.

Die Säure wirkt zuweilen auch auf Salze, die scheinbar chemisch nicht verändert werden, vielleicht durch Änderung der Molekularstruktur, ein. So wird die Lichtempfindlichkeit des Bromsilbers dadurch zerstört [1]).

Stickoxydgas wird von Salpetersäure um so reichlicher absorbiert, je konzentrierter und kälter sie ist, wobei die Säure zu Untersalpetersäure und salpetriger Säure reduziert wird und hierdurch anfangs eine gelbe, dann grüne und schliefslich blaue Färbung annimmt. Starke Säure wird gelb, dann orange, olivengrün, hellgrün, endlich grünblau, wobei Volumen und Flüchtigkeit beträchtlich zunehmen [2]).

Alle Metalle, mit Ausnahme des Platins, Rhodiums, Iridiums und unter gewöhnlichen Umständen des Goldes, werden durch die Säure entweder schon bei gewöhnlicher Temperatur oder bei Siedehitze oxydiert. Dabei bilden sich, wenn die Säure nicht zu konzentriert ist, Lösungen salpetersaurer Salze; nur Wolfram und Arsen bilden keine Nitrate und Antimon bleibt als salpetersaures Antimonoxyd ungelöst. Aus der Säure entwickeln sich dabei Untersalpetersäure, Stickoxyd, Stickoxydul oder Stickstoff; Zinn, Zink, Cadmium und Eisen [3]), sowie Nickel und Kobalt [4]), Magnesium und Mangan [5]) erzeugen auch Ammoniak, Zinn auch Hydroxylamin. Bildung von Ammoniak findet im allgemeinen nur durch solche Metalle statt, welche Wasser schon bei mäfsig hoher Temperatur zersetzen. Wo diese Einwirkung schon bei gewöhnlicher oder wenig erhöhter Temperatur stattfindet, tritt gleichzeitig Wasserstoff auf [5]). Hydroxylamin entsteht auch durch Einwirkung von Natriumamalgam auf die Säure; daneben will Maumené [6]) eine Verbindung $N_2O_3H_4$ erhalten haben. Natrium bewirkt in Salpetersäure von 1,36 spezif. Gew. Entwickelung von Wasserstoffgas, das sich an der Luft entzündet; bei Anwendung einer Säure von 1,056 spezif. Gew. entzündet sich das entwickelte Gas nicht mehr. — Die bei Auflösung der Metalle frei werdende Wärme beschleunigt den anfangs langsamen Prozefs und steigert sich bisweilen bis zu Feuererscheinungen.

Die Oxydation der Metalle durch Salpetersäure findet namentlich dann leicht statt, wenn dieselbe salpetrige Säure enthält. Diese bildet zuerst unter Ausscheidung von Stickoxyd ein Nitrit, welches im Entstehen durch die Salpetersäure in Nitrat umgewandelt wird. Die hierbei ausgeschiedene salpetrige Säure sowie diejenige, welche durch Einwirkung des Stickoxyds aus der Salpetersäure entsteht, zersetzt

[1]) J. M. Eder, Wien. Akad. Ber. 81, 679. — [2]) Priestley, Experiments and Observations 3, 121. — [3]) Kuhlmann, Ann. Chem. 27, 27. — [4]) C. Montemartini, Gazz. chim. 22, 250; Ber. 25, 618, Ref. — [5]) Derselbe, Gazz. chim. 22, 426; Ber. 25, 900, Ref. — [6]) Maumené, Monit. scientif. [3] 12, 467; JB. 1882, S. 238.

sich mit neuen Mengen Metall, so dafs sich der Prozefs stets wiederholt und die Menge der salpetrigen Säure sich vermehrt. Salpetersäure, die von salpetriger Säure ganz frei ist, übt daher auf die verschiedenen Metalle, namentlich in konzentrierter Form, wesentlich geringere Wirkung aus [1]), ja dieselbe kann unter solchen Umständen gänzlich ausbleiben [2]).

Nach van Bijlert [3]) ist eine oxydierende Wirkung der Säure und eine reduzierende durch den naszierenden Wasserstoff zu unterscheiden. Oxydierend wirken die undissoziierten Molekeln, diese Wirkung kommt daher in verdünnter Säure nicht zur Geltung. Hier wird durch Metalle von grofser Oxydationswärme Wasserstoff verdrängt, so dafs nur dessen Reduktionswirkung zum Ausdruck gelangt.

Nach Freer und Higley [4]) ordnen sich die Metalle bezüglich der Einwirkung auf verdünnte Säure nach der Potentialreihe. Doch zeigt die Verschiedenheit der elektrolytischen Zersetzung bei Verwendung von Blei- und von Silberelektroden, dafs nicht nur der Wasserstoff die Reduktion bewirkt. In konzentrierter Säure nimmt das Metallatom von einem Wasserstoffatom eine positive Ladung und der hierdurch naszent werdende Wasserstoff bewirkt die Reduktion der auftretenden Untersalpetersäure, oder die Metallatome wirken gemeinschaftlich mit dem Wasserstoff auf diese, bilden Wasser und Metalloxyd, das dann unveränderte Salpetersäure unter Nitratbildung neutralisiert. Diese Ansicht wird begründet durch die Thatsache, dafs Silber, Kupfer, Eisen und elektrolytischer Wasserstoff auf konzentrierte Säure nahezu die gleiche Wirkung ausüben, fast nur Untersalpetersäure bilden.

Das Verhalten einzelner Metalle gegen die Säure und besonders die Natur der dabei gebildeten Reduktionsprodukte ist Gegenstand zahlreicher Untersuchungen gewesen:

Zink entwickelt mit Säure von 1,2 spezif. Gew. Stickoxydul, dem sich mit zunehmender Erhitzung Stickoxyd in steigender Menge beimischt [5]). Wasserstoff wird dabei nicht entwickelt, welches auch die Temperatur und Konzentration sein mag; die Menge des erzeugten Ammoniaks ist bis zu einem gewissen Grade unabhängig von der Konzentration der Säure; doch erleidet die Ammoniakbildung einen Stillstand, wenn diese einen bestimmten Grad erreicht hat, vermutlich, weil die einzelnen Produkte der Reaktion gegenüber verschieden konzentrierter Säure verschieden beständig sind [6]). Der Konzentrationspunkt, bei welchem dieser Stillstand eintritt, ist je nach der Temperatur verschieden [7]). Läfst man auf das Zink Säure einwirken, die im Liter

[1]) Millon, J. pharm. 29, 179; Schönn, Zeitschr. anal. Chem. 10, 291. — [2]) V. H. Veley, J. Soc. Chem. Ind. 10, 204 u. 206; Ber. 24, 522 u. 523, Ref.; A. Dupré, Compt. rend. 76, 720; JB. 1878, S. 254. — [3]) van Bijlert, Zeitschr. physikal. Chem. 31, 103. — [4]) Freer u. Higley, Ann. Chem. Journ. 21, 377; Chem. Centralbl. 1899, II, S. 8. — [5]) Pleischl, Schweigg. J. 38, 461. — [6]) C. Montemartini, Atti d. R. Acc. dei Lincei Rendic. 1892, I, p. 63; Ber. 25, 408, Ref. — [7]) C. Montemartini, Gazz. chim. 22, 277; Ber. 25, 617, Ref.

2 bis 20 g Stickstoffpentoxyd enthält, so nimmt die Menge des entwickelten Stickstoffs mit zunehmender Konzentration ab und verschwindet bei 20 g pro Liter gänzlich, die Säuren mit 2 und 4 g entwickeln kein Stickoxydul, wohl aber die stärkeren; Stickoxyd wird nicht entwickelt (aufser beim Kochen), salpetrige Säure in schwankender, von der Konzentration anscheinend unabhängiger Menge erzeugt [1]). Ein Gemenge von Zink mit mäfsig verdünnter Säure, welches Stickoxyd entwickelt, liefert nach Zusatz von verdünnter Schwefelsäure bei lebhafterer Gasentwickelung hauptsächlich Stickoxydul [2]). Nach Montemartini [3]) verdankt das Stickoxyd seine Entstehung hauptsächlich sekundären Reaktionen; es ist ferner wahrscheinlich, dafs im Laufe der Reaktion untersalpetrige Säure auftritt. Bei Gegenwart von Ammoniumnitrat entsteht viel freier Stickstoff [4]).

In verdünnter Säure, wo lediglich die Reduktionswirkung des naszierenden Wasserstoffs zur Geltung kommt, wird als Endprodukt nur Ammoniak gebildet. Wahrscheinlich entstehen dabei aber Zwischenprodukte, namentlich salpetrige Säure [5]).

Kadmium verhält sich wie Zink [6]). Auf Eisen wirkt Säure von 1,217 spezif. Gew., mit der dreifachen Menge Wasser verdünnt, in der Kälte nicht ein; bei zweifacher Verdünnung entwickelt sie anfangs Stickoxydul mit wenig Stickoxyd, später letzteres allein [7]).

Kupfer entwickelt mit Säure von 1,217 spezif. Gew. bei — 10° Stickoxydul mit wenig Stickoxyd [8]). Bei gewöhnlicher Temperatur entwickelt es mit verdünnter Säure reines Stickoxyd, dem bei steigender Temperatur oder höherer Konzentration Stickstoff beigemengt ist. Nach Acworth [4]) ergiebt sich durch Einwirkung von kalter, verdünnter Säure (1 : 3 oder 3 : 5) ein Gas mit 90 bis 95 Proz. Stickoxyd, wenig Stickoxydul und Stickstoff; im Verhältnis, wie die Säure sich mit Kupfernitrat sättigt, wächst die Menge des Stickoxyduls bis zu etwa 85 Proz., während Gegenwart von Kaliumnitrat ohne Einflufs ist. Durch Einwirkung einer Säure von 1,40 spezif. Gew. auf reines Kupfer zwischen 0 und 50° entstehen nur salpetrige Säure und Untersalpetersäure als Gase, und zwar im Verhältnis 1 : 9, das kleinen, scheinbar aufser Zusammenhang mit der Temperatur stehenden Schwankungen unterliegt; Stickoxyd wird dabei nicht entwickelt [9]). Auch Säure von 1,30 spezif. Gew. liefert nur salpetrige Säure und Untersalpetersäure; von ersterer entsteht um so mehr, je höher die Konzentration [10]). Nach Monte-

---

[1]) H. St. Claire-Deville, Compt. rend. **70**, 20 u. 550; Chem. Centralbl. 1870, S. 149, 225, 532. — [2]) H. Schiff, Ann. Chem. **118**, 84. — [3]) C. Montemartini, Gazz. chim. **22**, 277; Ber. **25**, 617, Ref. — [4]) J. J. Acworth, Chem. Soc. J. [2] **13**, 828; JB. 1875, S. 173. — [5]) van Bijlert, Zeitschr. physikal. Chem. **31**, 103. — [6]) C. Montemartini, Gazz. chim. **22**, 250; Ber. **25**, 618, Ref. — [7]) Pleischl, Schweigg. J. **38**, 461. — [8]) Schlesinger, Repert. Pharm. [2] **35**, 74. — [9]) Paul C. Freer u. G. O. Higley, Am. Chem. J. **15**, 71; Chem. Centralbl. [4] **5**, 720. — [10]) G. O. Higley, Am. Chem. J. **17**, 18; Chem.-Ztg. **19**, Rep. 51.

martini[1]) löst sich hingegen Kupfer, und ebenso auch Wismut, Quecksilber und Silber, bei gewöhnlicher Temperatur in Säure von weniger als 30 Proz., indem dieselbe zu salpetriger Säure reduziert wird, ohne daſs Ammoniak, Stickoxydul oder Stickstoff auftreten, und erst durch Zersetzung der salpetrigen Säure entsteht Stickoxyd; bei Einwirkung stärkerer Säure tritt hauptsächlich oder als einziges Produkt Untersalpetersäure auf, entsprechend der Gleichung $M + 4 NO_3H = (NO_3)_2M + 2 NO_2 + 2 H_2O$. Allotropisches Kupfer wird von mit dem zehnfachen Gewicht Wasser verdünnter Säure unter Bildung von Stickoxydul angegriffen, wobei das Metall sich mit einem schwarzen Überzuge bedeckt[2]).

Antimon, Wismut, Blei, Quecksilber und Silber liefern Stickoxyd und bei heiſserer oder stärkerer Säure zugleich Stickstoff, letzteren namentlich reichlich bei Gegenwart von Ammoniumnitrat[3]). Silber entwickelt niemals Stickstoff oder Stickoxydul bei 70°; verdünnte Lösungen entwickeln damit mehr Stickoxyd, konzentrierte mehr Untersalpetersäure[4]).

Blei reagiert viel schneller als Kupfer und giebt bei gleicher Konzentration der Säure mehr niedrige und weniger höhere Oxyde[5]); doch wird reines Blei viel weniger angegriffen als unreines[6]), z. B. antimonhaltiges[7]). Mit verdünnten Säuren, von 2 bis 27,5 Proz., bildet es auch kleine Mengen Ammoniak[1]).

Quecksilber löst sich in Säure von 50 bis 70 Proz. zu Merkurinitrat, in solcher von 25 Proz. aber auch bei Überschuſs derselben nur zu Merkuronitrat[1]).

Zinn zersetzt sich mit Salpetersäure bei gewöhnlicher Temperatur unter heftiger Erhitzung zu Zinnoxyd, Stickoxydul, Stickstoff und Ammoniak. Bei Einwirkung von 1 Tl. Zinn auf 16 Tle. Säure von 1,2 spezif. Gew. entwickelt sich, da hierbei die Temperatur infolge des Säureüberschusses nicht über 33° steigen kann, nur Stickoxydul in geringer Menge[8]). Nach R. Weber[9]) wird das Metall bei Abkühlung durch Eiswasser ohne Gasentwickelung angegriffen, aber selbst bei Anwendung stärkerer Säure wird nur die Hälfte des Zinns als Nitrat gelöst. Säure von 1,2 spezif. Gew. giebt mit überschüssigem Zinn oder mit zinnreichen Bleilegierungen basisches Nitrat. Nach Walker[10]) bildet sich bei niedriger Temperatur (0 bis 21°) sowohl Stanno- als Stanni-

---

[1]) C. Montemartini, Gazz. chim. 22, 397; Ber. 25, 899, Ref. — [2]) P. Schützenberger, Compt. rend. 86, 1265; JB. 1878, S. 285. — [3]) J. J. Acworth, Chem. Soc. J. [2] 13, 828; JB. 1875, S. 173. — [4]) Higley u. Davis, Am. Chem. J. 18, 587; Ber. 29, 1099, Ref. — [5]) G. O. Higley, Am. Chem. J. 17, 18; Chem.-Ztg. 19, Rep. S. 51. — [6]) G. Lunge u. E. Schmidt, Zeitschr. angew. Chem. 1892, S. 624 u. 664. — [7]) V. H. Veley, J. Soc. Chem. Ind. 10, 204 u. 206; Ber. 24, 522 u. 523, Ref. — [8]) Pleischl, Schweigg. J. 38, 461. — [9]) R. Weber, J. pr. Chem. [2] 26, 121. — [10]) Walker, Chem. Soc. J. 63, 845; Ber. 26, 569, Ref.

salz; bei Anwendung sehr verdünnter Säure fällt die Menge des ersteren nur wenig mit steigender Temperatur, während bei Anwendung von 30- bis 40 proz. Säure diese Bildung schon bei 21 bezw. 13° gleich Null ist. Ceteris paribus fällt die Menge des Stannosalzes mit steigender Konzentration der Säure. Der gelblichweifse Niederschlag, der bei Behandlung von Zinn bei gewöhnlicher Temperatur mit konzentrierter Säure entsteht, ist basisches Zinnnitrat von wechselnder, der Formel $NO_3SnO_3H_3$ nahe kommender Zusammensetzung. Auch Montemartini[1]) bestätigt, dafs die durch mehr als 45 proz. Säure in der Kälte aus Zinn entstehende weifse Masse keine Metazinnsäure ist, wie früher angenommen wurde, sondern zum gröfsten Teil aus Stanninitrat besteht. Nach Engel[2]) wird Zinn durch Salpetersäure von 1,42 spezif. Gew., mit 2 Vol. Wasser verdünnt und auf 0° abgekühlt, als Stannonitrat gelöst, durch die mit nur 1 Vol. Wasser verdünnte Säure als Stanninitrat, während durch die unverdünnte ein weifser Niederschlag des letzteren, das in der konzentrierten Säure unlöslich ist, entsteht. Bei Gegenwart von Chrom, Aluminium, Eisen wird das Stannioxyd löslich, durch andere Metalle der Eisengruppe nicht[3]).

Das Maximum der Ammoniakbildung durch Zinn liegt bei etwa 1 proz. Säure[1]).

Antimon giebt mit überschüssiger 2 proz. Säure bei gewöhnlicher Temperatur kein Ammoniak; mit 70 proz. Säure bildet es unter ausschliefslicher Entwickelung von Stickoxyd ein weifses Nitrat, das auch nicht vorübergehend in Wasser löslich ist[1]).

Molybdän wird nur von mehr als 70 proz. Säure zu Molybdänsäure oxydiert. Bei gewöhnlicher Temperatur führen schwächere Säuren unter Entwickelung von Untersalpetersäure und wenig Stickoxyd das Metall in eine braune Lösung über, welche ein Nitrat des Molybdändioxyds enthält, das durch überschüssige Salpetersäure nur sehr langsam weiter zu Molybdänsäure oxydiert wird[1]).

Gallium wird von starker Säure, die frei von salpetriger Säure ist, in der Kälte nicht angegriffen, erst bei 40 bis 50° findet Lösung statt[4]).

Einige Metalle, wie Eisen, Zinn, Kupfer und Silber, bleiben in konzentrierter Salpetersäure unverändert, und ersteres Metall verliert durch Berührung damit auch die Eigenschaft, Kupfer und Silber aus ihren Lösungen metallisch zu fällen. Diese Erscheinung, der passive Zustand der Metalle, ist mit einer Änderung ihres elektrischen Verhaltens verbunden, doch scheint hierbei auch der Umstand von Einflufs zu sein, dafs sich an der Oberfläche der Metalle ein Überzug von Nitrat bildet, welcher, in der konzentrierten Säure unlöslich, die weitere Einwirkung derselben hindert.

---

[1]) C. Montemartini, Gazz. chim. **22**, 384; Ber. **25**, 898, Ref. — [2]) R. Engel, Compt. rend. **125**, 709; Chem. Centralbl. 1898, I, S. 90. — [3]) van Leent, Rec. trav. chim. Pays-Bas **17**, 86; Chem. Centralbl. 1898, I, S. 924. — [4]) A. Dupré, Compt. rend. **76**, 720; JB. 1878, S. 254.

Aluminium wird von Salpetersäure in der Hitze sowohl als bei gewöhnlicher Temperatur angegriffen, durch verdünnte stärker als durch konzentrierte [1]).

Salpetersäuredampf, über glühende Metalle geleitet, liefert Metalloxyd, Stickstoff und Wasser, oder, falls die Metalle letzteres zersetzen, Wasserstoff.

In der nachfolgenden Tabelle sind einige Versuchsresultate über die Zusammensetzung der bei Einwirkung von Salpetersäure auf Metalle entstehenden gasförmigen Produkte von Acworth und Armstrong [2]) zusammengestellt. Dieselben sind der Meinung, dafs zuerst infolge einfachen Ersatzes des Wasserstoffatoms durch das Metall Nitrate entstehen, der Wasserstoff aber unter keinen Umständen als solcher entwickelt wird, sondern reduzierend auf die freie Säure einwirkt, und zwar nach folgenden Gleichungen: 1. $NO_3H + H_2 = NO_2H + H_2O$; 2. $NO_3H + 2H_2 = NOH + 2H_2O$; 3. $NO_3H + 3H_2 = H_2N(OH) + 2H_2O$; 4. $NO_3H + 4H_2 = NH_3 + 3H_2O$. Erst in dritter Linie sollen durch Zersetzung dieser Reduktionsprodukte und ihre gegenseitige Einwirkung die auftretenden gasförmigen Produkte, also Stickoxyd, Stickoxydul und Stickstoff, gebildet werden (s. Tabelle a. f. S.).

Die niedrigeren Oxyde vieler Metalle und deren Salze werden durch Salpetersäure bei gewöhnlicher oder erhöhter Temperatur oxydiert, namentlich Eisenoxydul, Zinnoxydul, Quecksilberoxydul, Kupferoxydul und deren Salze. Manganoxydulsalze werden hingegen auch beim Kochen nicht oxydiert. Ist das Metallsalz, beispielsweise Eisenvitriol, im Überschusse und gleichzeitig freie Schwefelsäure vorhanden, so entwickelt sich sämtlicher Stickstoff der Salpetersäure als Stickoxyd, während bei Abwesenheit freier Schwefelsäure ein Drittel des Eisens in Ferrinitrat verwandelt wird:

$$6SO_4Fe + 8NO_3H = 2(SO_4)_3Fe_2 + (NO_3)_6Fe_2 + 2NO + 4H_2O.$$

Durch Zinnchlorür und Salzsäure wird bei Überschufs von ersterem Hydroxylamin und, wenn viel Salzsäure zugegen, auch Ammoniak gebildet; bei ungenügender Menge von Zinnchlorür wird die Lösung gelb, Geruch von Nitrosylchlorid bemerkbar, und es entwickelt sich Stickoxydul. Zinnsulfat und Schwefelsäure reduzieren die Salpetersäure nicht [3]).

Mit Stücken von arseniger Säure entwickelt Säure von 1,38 spezif. Gew. beim Erwärmen Untersalpetersäure [4]). Säure von 1,2 spezif. Gew. entwickelt anfangs gleichfalls Untersalpetersäure, dann, indem sie verdünnter wird, Stickoxyd [5]). Säure von 1,5 spezif. Gew. erzeugt reine

---

[1]) Stillman, J. Am. Chem. Soc. 19, 711; Chem. Centralbl. 1897, II, S. 858. — [2]) J. J. Acworth u. H. E. Armstrong, Chem. Soc. J. 32, 54; JB. 1877, S. 222. — [3]) E. Divers u. Tamemasa Haga, Chem. Soc. J. 47, 623; JB. 1885, S. 115. — [4]) Nylander, Zeitschr. Chem. [2] 9, 66. — [5]) Bunge, ebend. [2] 4, 648.

Tabelle von Acworth und Armstrong.

Gewicht und Art des Metalles	Temperatur	Stärke der Säure	ccm von erhaltenem Gas	Prozentische Zusammensetzung des Gasgemisches			Cubikcentimeter von das Atomgewicht, d. h. die 2 H äquivalente Me			
	Grade			NO	N_2O	N_2	Total	NO	N_2O	
0,3215 Kupfer	15	1 : 1	43,48	98,17	0,92	0,91	8 574	8 417	78	
0,920 „	13	1 : 2	221,63	98,26	0,99	0,75	15 272	15 007	151	
0,2285 „	90	1 : 2	51,40	97,23	1,82	0,95	14 261	13 866	259	
0,329 „	12	1 : 4	63,27	94,28	3,57	2,15	12 192	11 494	435	
0,325 „	16	1 : 8	66,16	71,89	20,74	7,37	12 845	9 234	2664	
0,459 „	10	1 : 2 ges. m. N_2O_6Cu	80,16	87,80	9,74	2,46	11 072	9 721	1078	
0,410 „	13	1 : 2 m. 5 g NO_3NH_4	114,52	30,92	1,96	67,12	17 708	5 475	348	11
0,400 Silber	11	1 : 2	17,78	97,18	—	2,82	9 601	9 330	—	
0,400 Zink .	5	1 : 8	35,33	46,05	49,86	4,09	5 741	2 643	2862	
0,400 „ .	5	1 : 4	34,39	49,08	47,60	3,32	5 588	2 742	2659	
0,400 „ .	7	1 : 2	31,30	45,30	49,90	4,80	5 086	2 304	2538	
0,221 „ .	90	1 : 2	19,31	51,88	39,99	8,13	5 679	2 946	2271	
0,3455 „ .	15	1 : 1	22,38	31,23	59,56	9,21	4 210	1 314	2507	
0,321 „ .	15	1 : 0	15,68	0,95	78,29	20,76	3 175	31	2485	
0,179 „ .	12	1 : 4 ges. m. NO_3NH_4	48,35	—	2,97	97,03	17 557	—	521	17
0,3655 Cadmium . .	13'	1 : 2	35,05	79,00	17,74	3,26	10 740	8 485	1905	
0,3085 Magnesium .	12	1 : 2	67,31	17,87	61,55	20,58	5 275	944	3246	1
0,251 Eisen .	16	1 : 1	54,22	91,68	1,28	7,04	8 064	7 392	104	
0,3975 „ .	13	1 : 2	63,86	88,77	6,26	4,97	5 997	5 323	375	
0,400 „ .	10	1 : 4	57,12	86,27	9,59	4,14	5 330	4 598	551	
0,318 „ .	12	1 : 8	50,30	93,87	3,43	2,70	5 904	5 542	202	
0,200 „ .	9	1 : 12	30,81	91,28	4,45	4,27	5 638	5 146	252	
0,2855 Nickel	13	1 : 2	7,76	5,37	83,31	11,32	1 935	104	1612	
0,4295 Kobalt	18	1 : 2	7,98	5,71	79,23	15,06	1 090	63	863	
0,265 Indium	15	1 : 2	29,43	90,57	4,49	4.94	8 395	7 603	376	
0,141 Aluminium . .	60—65	1 : 1	78,4	97,00	0,7	2,3	15 290	14 831	—	
0,4135 Zinn .	14	1 : 0	21,54	1,08	85,14	13,78	3 073	34	2616	
0,414 „ .	15	1 : 1	31,02	16,38	73,82	9,80	4 420	724	3263	
0,404 „ .	11	1 : 2	35,17	22,37	67,78	9,85	5 136	1 148	3481	
0,415 „ .	11	1 : 8	4,66	3,27	85,02	11,80	3 312	106	2816	
0,381 Blei .	14	1 : 2	10,56	51,23	41,47	7,30	5 737	2 939	2379	
0,3065 Thallium . .	30	1 : 2	6,42	69,78	19,15	11,07	8 546	5 963	1636	

Untersalpetersäure, doch überzieht sich dabei die arsenige Säure schnell mit einer die weitere Einwirkung behindernden Schicht von Arsensäure. Säure von 1,38 bis 1,40 spezif. Gew. liefert ein dunkelgrünes Gemenge von salpetriger Säure und Untersalpetersäure [1]). Bei Gegenwart von Salzsäure sind zur Oxydation von 1 Mol. arseniger Säure 2 Mol. Salpetersäure erforderlich [2]).

Die meisten organischen Verbindungen erhitzen sich heftig mit konzentrierter Salpetersäure, oft bis zum Entzünden, so die Öle und Alkohol. Hierbei wird die Säure in Stickoxyd, häufig auch in Stickstoff verwandelt. Beim Eintragen in überschüssige konzentrierte Säure werden viele organische Verbindungen, besonders die aromatischen, unter Wasserbildung in Nitroverbindungen verwandelt.

Durch Pflanzenteile kann Salpetersäure zu Ammoniak reduziert werden. Nach Jorissen [3]) ist dieser Vorgang ausschliefslich dem Einflusse niederer Organismen zuzuschreiben, Löw [4]) glaubt hingegen den Vorgang durch katalytische Wirkung des Protoplasmas erklären zu sollen, da mit Sauerstoff beladener Platinmohr in Gegenwart organischer Substanz dieselbe Wirkung zeige. Auch im Erdboden erfolgt unter Umständen eine Reduktion durch Mikroorganismen [5]), nach Berthelot [6]) zu organischen Stickstoffverbindungen. Nach Leone [7]) soll die Säure durch Mikroben nicht zu Ammoniak, sondern nur zu freiem Stickstoff reduziert werden. Dies widerspricht indessen vielfachen Beobachtungen. Die Wirkung verschiedener Bakterienarten ist durchaus verschieden. Thatsächlich aber giebt es solche, welche eine Überführung in gasförmigen Stickstoff, die sogenannte Salpetergärung, veranlassen [8]); meist scheint diese Reduktion durch Symbiose je zweier Mikroorganismen zustande zu kommen, wie Burri und Stutzer [9]) für die Gärung in faulendem Mist und Stroh nachgewiesen haben; doch fanden dieselben auch einen einzelnen Bacillus im selben Sinne wirksam. Dabei ist bald Luftzutritt erforderlich, bald, bei anderen Arten, völliger Luftabschlufs.

Verwendung. Die Säure findet als handliches Oxydationsmittel aufserordentlich vielseitige Verwendung, in der Technik hauptsächlich zur Fabrikation der Schwefelsäure, ferner zur Herstellung von Schiefsbaumwolle, Kollodium, Pikrinsäure und vielen anderen Zünd- und Sprengstoffen, sowie den für die Teerfarbenfabrikation als Ausgangs-

[1]) Hasenbach, J. pr. Chem. [2] 4, 1. — [2]) J. Stein, Rep. of the 20. Brit. Ass. f. the advanc. of science, Notices a. Abstracts, p. 62; JB. 1851, S. 627. — [3]) Jorissen, Bull. de l'Ac. Roy. de Belg. 13, 445; Ber. 20, 581, Ref. — [4]) O. Löw, Ber. 23, 675. — [5]) Dehérain u. Maquenne, Compt. rend. 95, 691; JB. 1882, S. 421. — [6]) Berthelot, Compt. rend. 106, 638; Ber. 21, 226, Ref. — [7]) Th. Leone, Atti d. R. Acc. dei Lincei Rendic. 1889, II, S. 171. — [8]) Dehérain u. Maquenne, Compt. rend. 95, 691; JB. 1882, S. 421; Boussingault, Ann. ch. phys. [5] 22, 433; JB. 1881, S. 1006 u. a. — [9]) Burri u. Stutzer, Centralbl. Bakteriol. [2] 1, 257, 350, 392, 422.

material erforderlichen Nitroverbindungen. Früher benutzte man sie auch zum Gelbfärben wollener Tücher. Sie dient ferner in der Kupferstecherei zum Ätzen der Platten, bei Bronzearbeiten zum Gelbbrennen, auch sonst vielfach in der Metallbearbeitung. Sie wird zur Scheidung von Silber und Gold, aber auch aller anderen Metalle von Gold und Platin benutzt. Als vorzügliches Lösungsmittel der meisten Metalle findet sie bei analytischen Laboratoriumsarbeiten vielfache Anwendung, und dient ferner zur Herstellung vieler anorganischer wie organischer Präparate. In der Pharmazie wird die freie Säure als Ätzmittel benutzt, auch als Räucherungsmittel in Krankenzimmern war sie im Gebrauche.

Amid, Bromide, Chloride u. s. w. der Salpetersäure.

Salpetersäureamid, Nitramid, $NO_2.NH_2$ [1]), entsteht beim Eintragen von nitrokarbaminsaurem Kali, $NO_2.NK.COOK$, in ein Gemisch von Eis und überschüssiger Schwefelsäure: $NO_2\text{–}NH\text{–}COOH = NO_2.NH_2 + CO_2$. Es kann aus der mit Ammoniumsulfat gesättigten Lösung ausgeäthert werden und hinterbleibt beim Verdunsten des Äthers in schönen wasserhellen Prismen. Mit allerdings sehr geringer Ausbeute kann es auch aus Imidosulfonaten oder Nitrilosulfonaten durch Salpeterschwefelsäure dargestellt werden. Aus der ätherischen Lösung durch Ligroin gefällt, bildet es glänzende, weiche Blätter, die bei 72° unter Zersetzung schmelzen; bei Anwesenheit der geringsten Spuren von Feuchtigkeit wird der Schmelzpunkt stark herabgedrückt. Es ist schon bei Zimmertemperatur etwas flüchtig, löst sich leicht in Wasser, Alkohol, Äther und Aceton, schwerer in Benzol, nicht in Ligroin. Die wässerige Lösung reagiert stark sauer. Das Nitramid ist äufserst leicht zersetzlich, schon durch Mischen mit Kupferoxyd, Bleichromat, selbst mit Glaspulver zerfällt es unter starker Erhitzung in Stickoxydul und Wasser. Auch ätzende Alkalien sowie Karbonate, Borax, ja sogar Natriumacetat bewirken dieselbe Zersetzung. Festes Nitramid verpufft mit Ätzlauge unter Feuererscheinung. Ferner wirken konzentrierte Schwefelsäure sowie heifses Wasser zersetzend. Auch bei Gegenwart von Salpetersäure scheint es nicht existenzfähig zu sein [2]).

Aus der ätherischen Lösung wird durch alkoholisches Ammoniak ein Salz gefällt, doch zersetzt sich dasselbe sofort unter Gasentwickelung. Man kann es auch durch Einleiten von trockenem gasförmigen Ammoniak in die ätherische Lösung erhalten [3]). Ein Quecksilbersalz von der Zusammensetzung N_2O_2Hg fällt als schleimiger Niederschlag aus der wässerigen Lösung des Nitramids durch Merkurinitrat.

---

[1]) Joh. Thiele u. Arthur Lachmann, Ber. **27**, 1909; Ann. Chem. **288**, 267. — [2]) Franchimont, Rec. trav. chim. Pays-Bas **2**, 329; Ber. **17**, 168, Ref. — [3]) Hantzsch, Ann. Chem. **296**, 84, 111. — Derselbe u. Kaufmann, Ann. Chem. **292**, 317.

Hantzsch, der die Leitfähigkeit derjenigen der untersalpetrigen Säure sehr nahestehend fand (zu abweichenden Worten gelangte Baur[1]), hält wegen der im Gegensatz zu anderen anorganischen Amiden stark ausgesprochenen Säurenatur und wegen des leichten Zerfalles in Stickstoffoxydul die Verbindung nicht für das wahre Amid der Salpetersäure, sondern für strukturidentisch und stereomer mit der untersalpetrigen Säure, und zwar spricht er sie für das Syndiazohydrat $\begin{matrix} HO.N \\ \ddot{} \\ HO.N \end{matrix}$ an. Thiele[2]) hält hingegen an der Nitroamidformel fest und glaubt die Salzbildung durch Uebergang in die tautomere Nebenform $HN = \dot{N}O.OH$ erklären zu sollen. Mit dem bisher vorliegenden experimentellen Material läfst sich eine sichere Entscheidung zwischen beiden Anschauungen nicht treffen.

Alkylderivate des Nitramids. Monoalkylnitramine, $R.NH.NO_2$, entstehen aus den Monoalkylurethanen, $R.NH.CO.OR$ oder Dialkyloxamiden $\begin{matrix} CO.NH.R \\ \dot{C}O.NH.R \end{matrix}$ durch Behandlung mit Salpetersäuremonohydrat, Spaltung der zunächst gebildeten Acidylverbindungen mit Ammoniak und schliefsliches Kochen der so erhaltenen Ammoniumsalze mit Alkohol[3]). Die aromatischen Derivate, welche auch als Diazosäuren bezeichnet werden, entstehen ziemlich allgemein durch Anhydrisierung der Nitrate von Aminen als Zwischenprodukte bei deren Nitrierung[4]).

Dialkylnitramine, $R_2N.NO_2$, entstehen durch Einwirkung von Alkyljodid und Kalilauge auf die Monoalkylverbindungen, ferner direkt durch Einwirkung von rauchender Salpetersäure auf verschiedene Säurederivate sekundärer Amine, z. B. auf Benzolsulfosäuredimethylamid, $C_6H_5.SO_2.N(CH_3)_2$[3]). Nach Umbgrove und Franchimont[5]) bestehen aufser den gewöhnlichen Dialkylverbindungen mehrere sehr unbeständige Isomere, die zum Teil vielleicht als Stereomere aufzufassen sind.

Alle Nitramine liefern die Liebermannsche Nitrosoreaktion überhaupt nicht oder nur in unreiner Färbung[6]). Die aliphatischen geben, in essigsaurer Lösung mit α-Naphtylamin, Anilin, Dimethylanilin, m-Phenylendiamin u. s. w. und Zinkstaub zusammengebracht, Farbstoffe[7]).

---

[1]) E. Baur, Ann. Chem. 296, 95. — [2]) Thiele, ebend. 296, 100. — [3]) Franchimont, Rec. trav. chim. Pays-Bas 2, 121, 343; 3, 427; Ber. 16, 2674; 17, 167, Ref.; 18, 147, Ref.; Derselbe u. Klobbie, ebenda 7, 343; 8, 295; Ber. 22, 295, Ref., 23, 62, Ref.; v. Romburgh, ebenda 3, 9; Ber. 17, 253, Ref.; Thomas, ebenda 9, 69; Ber. 23, 505, Ref. — [4]) E. Bamberger, Ber. 28, 399; Hoff, Ann. Chem. 311, 99. — [5]) Umbgrove u. Franchimont, Rec. trav. chim. Pays-Bas 16, 385, 401; 17, 270, 287; Chem. Centralbl. 1898, I, S. 373 u. II, S. 968/69. — [6]) J. Pinnow, Ber. 30, 833. — [7]) Franchimont, Rec. trav. chim. Pays-Bas 16, 226; Chem. Centralbl. 1897, II, S. 477.

Mit Alkali zersetzen sie sich zu salpetriger Säure, dem Amin des schwereren und dem Aldehyd des leichteren an Stickstoff gebundenen Radikals [1]).

Durch 40 proz. Schwefelsäure werden die Mononitramine zersetzt, die neutralen Dialkylamine nicht, wohl aber wiederum deren Isomere [1]).

Durch Reduktionsmittel werden die Nitramine in Azo- bezw. Hydrazoverbindungen übergeführt. So liefern die Diazosäuren mit Natriumamalgam Isodiazotate [2]), die Dialkylnitramine mit Zinkstaub und Essigsäure asymmetrische Dialkylhydrazine [3]).

Die Monoalkylnitramine besitzen saure Eigenschaften, das noch am Stickstoff haftende Wasserstoffatom zeigt (infolge der Nachbarschaft der Nitrogruppe?) die Fähigkeit, durch Metalle substituiert zu werden. Die Metallverbindungen verhalten sich gegen 40 proz. Schwefelsäure wie die freien Nitramine. Dasselbe Wasserstoffatom ist ferner, wie wir gesehen haben, durch Alkyle ersetzbar.

Isomere der Nitramine sind die von W. Traube eingehend studierten Isonitramine oder Nitrosohydroxylamine, welche Hantzsch als Abkömmlinge der untersalpetrigen Säure erkannt hat.

Salpetersäurebromide. Nitrylbromid, NO_2Br, entsteht nach Hasenbach [4]) beim Hindurchleiten von Brom und Untersalpetersäuredampf durch ein erhitztes Rohr, zerfällt aber bei der Destillation immer teilweise in seine Komponenten. Nach Heintze [5]) bildet es sich durch Einwirkung von Untersalpetersäure auf bromchromsaures Kalium.

Nitryltribromid, Bromsalpetersäure, $NOBr_3$, abzuleiten von dem Hydrat $NO(OH)_3$, ist zuerst von Landolt [6]) durch Einleiten von Stickoxyd in abgekühltes Brom erhalten worden. Dies Einleiten mufs so lange fortgesetzt werden, bis eine herausgenommene Probe beim Schütteln mit Wasser vollständig entfärbt wird. Muir [7]) hat nachgewiesen, dafs unter diesen Umständen sich auch bei verschiedenem Druck, zwischen 760 und 250 mm, nur die angegebene Verbindung bildet. Dieselbe verdichtet sich auch beim Destillieren von bromsalpetriger Säure aus dem zuletzt, gegen 40 bis 55° siedenden Anteil in einer nicht abgekühlten Vorlage.

Das Tribromid bildet eine braune, dem Brom ähnliche Flüssigkeit vom spezif. Gew. 2,628 bei 22,6°. Bei raschem Erhitzen ist es

---

[1]) Umbgrove u. Franchimont, Rec. trav. chim. Pays-Bas **16**, 385, 401; **17**, 270, 287; Chem. Centralbl. 1898, I, S. 373 u. II, S. 968/69. — [2]) E. Bamberger, Ber. **30**, 1248. — [3]) Franchimont, Rec. trav. chim. Pays-Bas **2**, 121, 343; **3**, 427; Ber. **16**, 2674; **17**, 167, Ref.; **18**, 147, Ref.; Derselbe u. Klobbie, ebenda **7**, 343; **8**, 295; Ber. **22**, 295, Ref. **23**, 62, Ref.; v. Romburgh, ebenda **3**, 9; Ber. **17**, 253, Ref.; Thomas, ebenda **9**, 69; Ber. **23**; 505, Ref. — [4]) W. Hasenbach, J. pr. Chem. [2] **4**, 1. — [5]) J. Heintze, ebend. [2] **4**, 58. — [6]) Landolt, Ann. Chem. **116**, 177. — [7]) P. Muir, Chem. Soc. J. [2] **13**, 844.

fast unverändert destillierbar, bei langsamem Erhitzen zerfällt es dagegen nahezu vollständig in Nitrosylbromid und freies Brom [1]). Mit Wasser bildet es Salpetersäure und Bromwasserstoffsäure: $NOBr_3 + 2H_2O = NO_3H + 3BrH$. Mit absolutem Alkohol zerlegt es sich nur langsam, mit Äther kann es ohne Zersetzung gemischt werden. Mit Natriumalkoholat bildet es nicht, wie zu erwarten wäre, Ester der dreibasischen Salpetersäure $NO(OR)_3$, sondern Bromnatrium, Salpetrigsäureester und Essigsäure [1]). Silberoxyd und Quecksilberoxyd wirken mit Heftigkeit auf das Tribromid ein unter Bildung von Brommetall, Untersalpetersäure und Sauerstoff: $2NOBr_3 + 3HgO = 2NO_2 + O + 3Br_2Hg$. Antimonnatrium entzündet sich im Dampfe der Verbindung.

Salpetersäurechlorid, Nitrylchlorid, NO_2Cl, auch Nitroxylchlorid oder Nitroylchlorür genannt, entsteht nach Hasenbach [2]) durch direkte Addition von Untersalpetersäuredampf und Chlor, wenn man beide durch ein schwach glühendes Rohr hindurchgehen läfst Nach Odet und Vignon [3]) bildet es sich durch Einwirkung eines sehr langsamen Stromes von Chlor auf trockenes Silbernitrat bei 95 bis 100° nach der Gleichung $NO_3Ag + Cl_2 = NO_2Cl + ClAg + O$ oder beim Einwirken von Phosphoroxychlorid auf Silber- oder Bleinitrat nach der Gleichung $3NO_3Ag + POCl_3 = 3NO_2Cl + PO_4Ag_3$ [4]).

Es soll ferner entstehen durch Einwirkung von Salpetersäure [5]) oder von Untersalpetersäure [6]) auf Phosphorpentachlorid, im zweiten Falle neben Nitrosylchlorid, auch durch Einwirkung von Salpeter auf Sulfurylhydroxylchlorid [7]) nach der Gleichung $SO_2{<}^{OH}_{Cl} + NO_2OK = NO_2Cl + SO_2{<}^{OH}_{OK}$, sowie durch Einwirkung von chlorchromsaurem Kali auf Untersalpetersäure [8]). Doch konnte Meissner [9]) nach den meisten dieser Methoden das gewünschte Produkt nicht erhalten, ebenso wenig Collingwood [10]) und Geuther [11]).

Das Nitrylchlorid bildet eine nach Williamson [7]) lichtbräunliche, nach Odet und Vignon [3]) schwachgelbe Flüssigkeit, welche bei — 31° noch nicht erstarrt und bei + 5° siedet. Das spezif. Gew. ist = 1,32 bei 14°, die Dampfdichte fand Müller [6]) gleich 2,52 bis 2,64 statt der berechneten 2,86.

Von Wasser wird es leicht und ohne Gasentwickelung zu Salpeter-

---

[1]) O. Fröhlich, Jen. Zeitschr. f. Med. u. Naturw. 13, Suppl. 1, 40; Ann. Chem. 224, 270. — [2]) Hasenbach, J. pr. Chem. [2] 4, 1. — [3]) Odet u. Vignon, Compt rend. 69, 1142 u. 70, 96; Chem. Centralbl. 1870, S. 206. — [4]) Exner, Wien. Akad. Ber. [2] 65, 120. — [5]) H. Schiff, Ann. Chem. 102, 115. — [6]) R. Müller, ebend. 122, 1. — [7]) Williamson, Lond. Roy. Soc. Proc. 7, 11; Ann. Chem. 92, 242. — [8]) Heintze, J. pr. Chem. [2] 4, 58. — [9]) F. Meissner, Jen. Zeitschr. f. Med. u. Naturw. 10, 27. — [10]) W. W. Collingwood, Chem. Soc. J. 49, 222; Ber. 19, 433, Ref. — [11]) Geuther, Ann. Chem. 245, 96.

säure und Salzsäure zersetzt nach der Gleichung $NO_2Cl + H_2O = NO_2.OH + ClH$. Mit Eis färbt es sich angeblich dunkelgrün. Mit Silbernitrat setzt es sich zu Chlorsilber und Salpetersäureanhydrid um: $NO_2Cl + NO_2.OAg = ClAg + NO_2.O.NO_2$. Platin verwandelt es in Platinchlorid.

Die Existenz des Nitrylchlorids ist neuerdings angezweifelt worden [1]), da, wie oben erwähnt, dasselbe nach den angegebenen Methoden mehrfach nicht erhalten werden konnte. Bamberger [2]) erhielt zwar durch Einwirkung der nach dem Verfahren von Exner und von Williamson entstehenden Gase, nicht aber der nach Hasenbachs Vorschrift erhaltenen, auf Anilin Diazobenzolsulfosäure, was für die Existenz des Nitrylchlorids spricht; doch entstand diese Substanz in so geringen Mengen, dafs jedenfalls das Nitrylchlorid nur einen kleinen Theil des Gasgemenges ausmachen kann.

Salpetersalzsäure, Königswasser. Mischt man 1 Tl. konzentrierter Salpetersäure und 2 bis 4 Tle. konzentrierter Salzsäure, zweckmäfsig 1 Tl. Salpetersäure 1,20 spezif. Gew. und 3 Tle. Salzsäure 1,12 spezif. Gew. [3]) oder löst man in Salpetersäure Kochsalz oder Salmiak, so entsteht eine Flüssigkeit, die sich allmählich dunkelgelb und schliefslich rotgelb färbt und dann einen eigentümlichen Geruch besitzt. Diese Mischung war schon Geber bekannt und wurde von Basilius Valentinus Königswasser (*Aqua regia* oder *regis*) genannt, weil sie Gold, den König der Metalle, auflöst, während weder Salpetersäure noch Salzsäure für sich hierzu befähigt ist. Wie Gold werden auch Platin und ähnliche Metalle, welche geringe Affinität zum Sauerstoff haben und daher sich in gewöhnlichen Säuren schwer oder gar nicht lösen, durch die Salpetersalzsäure in Chloride verwandelt, worauf die Verwendung derselben beruht.

Die Wirkung hierbei ist wie die des freien Chlors, indem stets ein Chlorid entsteht, Durch die Wechselwirkung der beiden Säuren bildet sich aber nicht nur freies Chlor, sondern vor allem eine Verbindung von Stickoxyd mit demselben, welche ihr Chlor sehr leicht abgiebt.

E. Davy [4]) beobachtete zuerst die Bildung eines solchen Gases beim Erwärmen von Kochsalz mit konzentrierter Salpetersäure. Er fand darin Stickstoff und Sauerstoff in dem Verhältnisse, in welchem beide Stickoxyd bilden; Quecksilber entzog dem Gase Chlor und hinterliefs Stickoxyd. Spätere Untersuchungen bestätigten diese Angaben im allgemeinen. Baudrimont [5]) fand hingegen für das Gas die Zusammensetzung $N_2O_3Cl_4$ und Gay-Lussac [6]) erhielt zwei Verbindungen,

[1]) Armstrong, Chem. News 69, 36; Chem.-Ztg. 18, 100. — [2]) E. Bamberger, Ber. 27, 668. — [3]) v. Grueber, Chem.-Ztg. 24, 1. — [4]) E. Davy, Ann. Phil. 9, 355; JB. Berz. 12, 90. — [5]) Baudrimont, Ann. ch. phys. [3] 17, 24; Ann. Chem. 59, 87. — [6]) Gay-Lussac, Ann. ch. phys. [3] 23, 203; Ann. Chem. 66, 213.

$NOCl_2$, ein Chlorid der Untersalpetersäure, und NOCl, ein Chlorid der salpetrigen Säure. Auf Grund der neueren Untersuchungen ist es wahrscheinlich, dafs die Verbindung $NOCl_2$ nur Nitrosylchlorid mit einem Gehalte an freiem Chlor ist [1]). Danach würden Salzsäure und Salpetersäure aufeinander nach der Gleichung wirken:

$$NO_3H + 3\,ClH = 2\,H_2O + NOCl + Cl_2,$$

oder, bei Annahme des Chlorids $NOCl_2$,

$$2\,NO_3H + 6\,ClH = 4\,H_2O + NOCl + NOCl_2 + 3\,Cl.$$

Bei der Einwirkung des Königswassers auf Metalle wird den erwähnten Chloriden das Chlor entzogen, z. B. $2\,NO_3H + 6\,ClH + 3\,Cu = 3\,CuCl_2 + 2\,NO + 4\,H_2O$.

Aufser mit Salpetersäure kann Salzsäure auch mit Untersalpetersäure, nicht aber mit salpetriger Säure, eine Flüssigkeit mit den Eigenschaften des Königswassers bilden [2]).

Phosphor, arsenige Säure, Eisenchlorür, Kupfer, Quecksilber und Silber entwickeln mit Königswasser Stickoxyd. Zinn hingegen und andere das Wasser zersetzende Metalle entwickeln kein Gas, sondern bilden Salmiak; Zinnchlorür entwickelt Stickoxydul [3]). Auf kohlenstoffhaltige Verbindungen wirkt der getrocknete Dampf meist wie freies Chlor [4]). Auf Formaldehyd wirkt Königswasser nur langsam ein [5])

Hinreichend verdünnte Lösungen zersetzen sich nicht, wenn nicht Untersalpetersäure zugegen ist, und greifen Arsen, Antimon und Platin nur in der Wärme oder auf Zusatz von Kaliumnitrit an.

Hat man die Flüssigkeit erhitzt, bis kein Chlor mehr entweicht, so vermag sie auch kein Gold mehr zu lösen [6]).

Salpetersäurecyanid, Nitrylcyanid, $NO_2.CN$, vermutete **Hasenbach** in einer weifsen, seidenglänzenden, sehr explosiven Substanz, welche er durch Einwirkung von Cyan auf Untersalpetersäure erhielt.

---

[1]) Goldschmidt, Ann. Chem. **205**, 372; Wien. Akad. Ber. **80**, 242; W. A. Tilden, JB. 1874, S. 214. — [2]) Kone, Sv. Akad. Handl. 1844; JB. Berz. **25**, 60. — [3]) Gay-Lussac, Ann. ch. phys. [3] **23**, 203; Ann. Chem. **66**, 213. — [4]) Bunge, Ber. **4**, 289. — [5]) L. Vanino, Ber. **32**, 1392. — [6]) H. Davy, Quart. J. of Science **1**, 67; Gilb. Ann. **57**, 296.

Nitroverbindungen.

In derselben Beziehung wie die Nitrosoverbindungen zur salpetrigen Säure stehen zur Salpetersäure die Nitroverbindungen $R.NO_2$. Bei diesen ist im Gegensatz zu den isomeren Alkylnitriten das einwertige Radikal der Salpetersäure NO_2 in direkter Bindung zwischen Stickstoff und Kohlenstoff vorhanden.

In der aromatischen Reihe entstehen diese Verbindungen sehr leicht durch die nitrierende Einwirkung der Salpetersäure nach der Gleichung $R.H + NO_3H = R.NO_2 + H_2O$. Als wasserentziehendes Mittel wird hierbei häufig konzentrierte Schwefelsäure zugefügt. In der aliphatischen Reihe erfolgt eine derartige Reaktion nur selten und unter bestimmten Bedingungen. Leichter als bei den normalen Paraffinen gelingt sie bei den Isoparaffinen [1]).

Die Nitroverbindungen der ersten Glieder in der aliphatischen Reihe entstehen auch neben den isomeren Nitriten bei Einwirkung von Jodalkylen auf Silbernitrit. Näheres darüber ist bereits bei der Bildung der Alkylnitrite angeführt.

In einigen Fällen, z. B. bei manchen aromatischen Aminen und Phenolen, führt auch die Anwendung der freien salpetrigen Säure bezw. er aus Salpetersäure und Arsenik entwickelten nitrosen Dämpfe zur Bildung von Nitroderivaten [2]).

In der aliphatischen Reihe unterscheidet man primäre, sekundäre und tertiäre Nitroverbindungen entsprechend den Alkoholen, also je nachdem an dem mit der Nitrogruppe verbundenen Kohlenstoffatom noch zwei Wasserstoffatome haften oder eins oder gar keins.

Die primären und sekundären Nitroverbindungen zeichnen sich dadurch aus, dafs ein Wasserstoffatom, an demselben Kohlenstoff wie

---

[1]) Markownikoff, Journ. russ. phys.-chem. Ges. 31, 47; Chem. Centralbl. 1899, I, S. 1064; Derselbe, Ber. 32, 1441. — [2]) Vergl. Pinnow u. Pistor, Ber. 27, 604; R. Störmer, ebend. 31, 2523; J. Pinnow, ebend. 31, 2984; Häussermann u. Bauer, ebend. 31, 2987.

die Nitrogruppe haftend, durch deren Nachbarschaft die Fähigkeit besitzt, durch Metalle ersetzbar zu sein. Die entstehenden Salze haben aber nicht die hiernach zu erwartende Struktur. Das aus Nitroäthan, $CH_3.CH_2.NO_2$, z. B. ist nicht $CH_3.CHNa.NO_2$, sondern es erfolgt dabei eine Umlagerung zu $CH_3.CH{=}NO.ONa$, Isonitroäthannatrium, dem Salze einer echten Säure. Diese Säuren, die Isonitroverbindungen, selbst sind nur in wenigen Fällen stabil und dann starke Säuren, meist gehen sie, aus den Salzen in Freiheit gesetzt, alsbald wieder in die wahren Nitroverbindungen über, welche demnach als Pseudosäuren zu bezeichnen sind [1]).

Die drei Arten der aliphatischen Nitroverbindungen unterscheiden sich ferner durch verschiedenes Verhalten gegenüber salpetriger Säure. Die primären gehen durch dieselbe in Nitrolsäuren, $R.C\!\!<\!\!{}^{NO_2}_{NOH}$, über [2]), farblose Substanzen, die sich in Alkalien mit blauroter Farbe zu erythronitrolsauren Salzen lösen. Diese sind nach Hantzsch und Graul [3]) sekundäre Umwandlungsprodukte von wahrscheinlich strukturisomeren leukonitrolsauren Salzen. Beim Erhitzen zerfallen die Nitrolsäuren unter stürmischer Entwickelung von Stickstoff und Stickstofftetroxyd und Zurücklassung von Fettsäuren nach der Gleichung

$$2\,R.C\!\!<\!\!{}^{NOH}_{NO_2} = 2\,R.COOH + NO_2 + 3\,N,$$

ebenso auch schon bei längerem Aufbewahren in gewöhnlicher Temperatur.

Sekundäre Nitroverbindungen liefern mit salpetriger Säure Pseudonitrole, die gewöhnlich als Nitrosonitroverbindungen ${}^{R}_{R}\!\!>\!C\!\!<\!\!{}^{NO}_{NO_2}$ aufgefaſst werden und die auch durch Einwirkung von Stickstofftetroxyd auf Ketoxime [4]) und bei deren Elektrolyse [5]) entstehen. Dieselben sind feste farblose Körper, die aber in Lösung oder geschmolzen intensiv blaue Farbe zeigen. Sie geben die Liebermannsche Nitrosoreaktion. Beim Erwärmen mit Säuren oder Alkalien sowie bei der Einwirkung von Reduktionsmitteln werden sie unter Abspaltung von Stickstoffoxyden zersetzt.

Tertiäre Nitroverbindungen reagieren mit salpetriger Säure überhaupt nicht.

Treten bei der Nitrierung einer aromatischen Verbindung mehrere Nitrogruppen zugleich in den Benzolkern ein, so geschieht dies meist

---

[1]) Hantzsch u. Veit, Ber. 32, 607, 3137. — [2]) V. Meyer, Ann. Chem. 175, 88; 180, 170. — [3]) O. Graul u. A. Hantzsch, Ber. 31, 2854. — [4]) R. Scholl, ebend. 21, 508. — [5]) J. Schmidt, Ber. 33, 874.

in Meta-Stellung, ebenso richtet sich die Nitrogruppe vorzugsweise in Meta-Stellung zu Sulfon-, Karboxyl-, Aldehydgruppen, dagegen in Para- und, wenn diese besetzt, in Ortho-Stellung zu Halogenen, Hydroxyl-, Amino- oder Methylgruppen.

Die Nitroparaffine sind farblose, in Wasser fast unlösliche, unzersetzt destillierbare Flüssigkeiten von eigentümlichem, angenehmem Geruche. Die niederen Glieder sind schwerer, die höheren leichter als Wasser.

Aromatische Nitrokörper sind meist gelb oder rötlich gefärbt. Doch tritt diese Färbung vielfach erst bei Gegenwart von Wasser oder anderen dissoziierenden Mitteln hervor. Die Mononitrokohlenwasserstoffe sind meist Flüssigkeiten, teilweise für sich oder mit Wasserdämpfen unzersetzt flüchtig, während Di- und Trinitroderivate sich meist nicht ohne Zersetzung verflüchtigen. Die mehrfach nitrierten Körper neigen zur Verpuffung.

Alle Nitrokörper gehen bei der Reduktion in primäre Amine über. In der aromatischen Reihe entsteht dabei eine ganze Anzahl von Zwischenprodukten, Nitrosoderivate und Hydroxylamine einerseits, Azoxy-, Hydrazo-, Azoverbindungen und Aminophenole andererseits. Auf diesem Prozefs beruht die wichtigste Verwendung der aromatischen Nitroverbindungen, welche als Ausgangsmaterialien in der Technik in grofsen Mengen hergestellt werden.

Im Gegensatze zu den Alkylnitriten sind die Nitroverbindungen nicht verseifbar. Hierauf und auf der Bildung der Amine beruht eben die Auffassung, dafs der Stickstoff direkt, ohne Vermittelung von Sauerstoff, an den Kohlenstoff gebunden ist. Es bleiben hiernach zwei Strukturmöglichkeiten, je nach der Bindungsart der Sauerstoffatome:

I. $R.N\begin{smallmatrix} \nearrow O \\ \searrow O \end{smallmatrix}$ (O doppelt gebunden) und II. $R.N\langle\begin{smallmatrix} O \\ | \\ O \end{smallmatrix}$.

Die Formel I hält Brühl [1]) nach dem gesamten optischen Verhalten für ausgeschlossen. Lachman [2]) schliefst aus dem verschiedenen Verhalten von Nitroäthan und Nitrobenzol gegenüber Zinkäthyl, dafs in jenen beiden Typen der aliphatischen und aromatischen Nitroverbindungen die Sauerstoffbindungen verschieden seien und dafs zwar das Nitrobenzol dem Bilde II, Nitroäthan aber I entpreche.

Nicht zu verwechseln mit den Nitroverbindungen sind einige fälschlich so genannte Salpetersäureester, wie Nitroglycerin, Nitrocellulose u. s. w.

---

[1]) Brühl, Ber. 31, 1350. — [2]) A. Lachman, Am. Chem. Journ. 21, 433; Chem. Centralbl. 1899, II, S. 110.

Mononitroparaffine.

	Formel	Schmelzpunkt	Siedepunkt	Spezif. Gew.
Nitromethan . . .	$CH_3.NO_2$	Öl	101—101,5° (764,7)	1,1441 (15°)
Nitroäthan	$C_2H_5NO_2$	flüssig	114—114,8° (760,7)	1,0561 (15°)
Nitropropane . . .	$C_3H_7NO_2$		—	—
1-Nitropopan .	$C_2H_5.CH_2NO_2$	Öl	130,5—131,5°; 130—131° (765)	1,0108 (15°) 1,009 (12°), 0,9999 (16,5°)[1]
2-(β-)Nitropopan	$CH_3.CH(NO_2).CH_3$	„	115—118°; 117—120°	1,024
Nitrobutane . . .	$C_4H_9NO_2$	—	—	—
1-(α-)Nitrobutan	$CH_3.(CH_2)_2.CH_2NO_2$	Öl	151—152°	—
2-(β-)Nitrobutan	$CH_3.CH_2.CH(NO_2).CH_3$	„	etwa 140°; 138—139° (747)	0,9877 (0°)
1-(α-)Nitroisobutan . . .	$(CH_3)_2.CH.CH_2NO_2$	flüssig	137—140°; 138—139° (755)	0,987 (7,5°)
2-Nitrotertiärbutan . . .	$(CH_3)_3.C.NO_2$	24°	126—126,5° (748)	
Nitropentane . . .	$C_5H_{11}NO_2$	—	—	
1-Nitroisopentan	$(CH_3)_2.CH.CH_2.CH_2.NO_2$	flüssig	150—160° 164° (755,5); 64—65° (21)	0,9605 (20°)
3-Nitropentan .	$C_2H_5.CH(NO_2).C_2H_5$	„	152—155° (746)	0,9575 (0°)
2-Nitro-2-Methylbutan . . .	$(CH_3)_2:C(NO_2).C_2H_5$	„	149—151° (748)	0,9783
Nitrohexane . . .	$C_6H_{13}NO_2$		—	—
1-Nitrohexan . .	$CH_3.(CH_2)_4.CH_2.NO_2$	Öl	180—181°; 178—181° (760)[2], 78—80° (15)	0,9605 (17°)
2-Nitrohexan . .	$C_4H_9.CH(NO_2).CH_3$	flüssig	176°	0,9509 (0°) 0,9357 (20°)
3-Nitro-3-Methylpentan . . .	$(C_2H_5)_2:C(NO_2).CH_3$	„	170—172° (749)	0,9775
2-Nitro-2,3-Dimethylbutan	$(CH_3)_2:C(NO_2).CH:(CH_3)_2$	5—7°	170—174°	0,9614 (20°)
3-Nitro-2,2-Dimethylbutan	$CH_3.CH(NO_2).C(CH_3)_3$	40°	167,5—167,8° (748)	—
Nitroheptane . . .	$C_7H_{15}NO_2$	—	—	—
1-Nitroheptan .	$C_6H_{13}.CH_2.NO_2$	Öl	193—195°	0,9476 (17°)

[1]) **Pauwels**, Bull. Acad. roy. Belg. [3] 34, 645; Chem. Centralbl. 1898, I, S. 193. — [2]) **V. Auger**, Bull. soc. chim. [3] 23, 333; Chem. Centralbl. 1900, I, S. 1263.

	Formel	Schmelzpunkt	Siedepunkt	Spezif. Gew.
2-Nitroheptan .	$C_5H_{11}.CH(NO_2).CH_3$	flüssig	193—197° 194—198° mit gering. Zersetzg.	0,9369 (19°) 0,9466 (0°)
3-Nitro-3-Äthylpentan . . .	$(C_2H_5)_3C(NO_2)$	"	185—190°	0,9549 (0°)
Nitrooktane . . .	$C_8H_{17}NO_2$			
1-Nitrooktan . .	$C_7H_{15}.CH_2.NO_2$	"	205—212°; 206—210° (unter gering. Zersetzg.)	0,9346 (20°)
2-Nitrooktan . .	$C_6H_{13}.CH(NO_2).CH_3$	—	210—212° (nicht unzersetzt) 123–124° (40)	0,93645 (0°)
2-Nitro-2,5-Dimethylhexan	$(CH_3)_2C(NO_2).(CH_2)_2.CH(CH_3)_2$	flüssig	201—202° (755)	0,9396 (°/₀°) 0,9205 (°/₀°)
Nitrononane . . .	$C_9H_{19}NO_2$	—	—	—
1-Nitrononan . .	$CH_3.(CH_2)_7.CH_2.NO_2$	flüssig	215—218° unter Zersetzung	0,9227 (17°)
Nitrodekane . . .	$C_{10}H_{21}NO_2$	—	—	—
2-Nitro-2,7-Dimethyloktan	$(CH_3)_2C(NO_2).(CH_2)_4.CH(CH_3)_2$	flüssig	235—237° (749, Zersetzung) 125° (22,5 mm, fast unzersetzt	0,9092 (20°)
3- (od. 4-) Nitro-2,7-Dimethyloktan	?	"	129—132° (25)	0,9115 (20/0°)
Normalnitrodekan	$CH_3.CH_2)_8.CH_2.NO_2$	"	zersetzlich	0,9105 (15°)
Normal-Nitrohendekan	$C_{11}H_{22}NO_2{=}CH_3.(CH_2)_8.CH_2.NO_2$	"	"	0,9001 (15°)

Dinitroparaffine.

Dinitromethan . .	$CH_2N_2O_4$	noch bei —15° flüssig	zersetzlich	—
Dinitroäthane . .	$C_2H_4N_2O_4$	—	—	—
1,1-Dinitroäthan	$CH_3.CH(NO_2)_2$	flüssig	185—186°	1,3503 (23,5°)
1,2-Dinitroäthan	$CH_2(NO_2).CH_2(NO_2)$	37,5°	sublimiert unter teilw. Zersetzung	—
Dinitropropane . .	$C_3H_6N_2O_4$	—	—	—
1,1-(α-)Dinitropropan . . .	$CH_3.CH_2.CH(NO_2)_2$	Öl	189°	1,258 (22,5°)
2,2-(β-) Dinitropropan . . .	$CH_3.C(NO_2)_2.CH_3$	53°	185,5°	—
1,3-Dinitropropan	$CH_2(NO_2).CH_2.CH_2(NO_2)$	Öl	nicht destillierbar	—
Dinitrobutane . .	$C_4H_8N_2O_4$	—	—	—
1,1-(α-) Dinitrobutan . . .	$C_3H_7.CH(NO_2)_2$	Öl	etwa 197° unter teilweiser Zersetzg.	1,205 (15°)

	Formel	Schmelzpunkt	Siedepunkt	Spezif. Gew.
2,2-(β-)Dinitrobutan . . .	$C_2H_5.C(NO_2)_2.CH_3$	Öl	199°	—
1,1-Dinitroisobutan . . .	$(CH_3)_2.CH.CH(NO_2)_2$	"	nicht flüchtig	—
Isobutylennitrit .	—	95–96°	nicht destillierbar	—
Dinitropentane . .	$C_5H_{10}N_2O_4$	—	—	
1,1-Dinitropentan	$C_4H_9.CH(NO_2)_2$	flüssig	—	
2,2-Dinitropentan	$CH_3.C(NO_2)_2.(CH_2)_2.CH_3$	Öl	207,5—209,5° (723)	—
3,3-Dinitropentan	$C_2H_5.C(NO_2)_2.C_2H_5$	flüssig	207—208° (723)	—
3,3-Dinitro-2-Methylbutan . .	$CH_3.C(NO_2)_2.CH(CH_3)_2$	"	205—207° (724)	—
Dinitrohexan . . .	$C_6H_{12}N_2O_4$	—	—	
1,1-Dinitrohexan	$C_5H_{11}.CH(NO_2)_2$	flüssig	zersetzlich	—
Dinitroheptane . .	$C_7H_{14}N_2O_4$	—	—	
1,1-Dinitroheptan	$CH_3.(CH_2)_5.CH(NO_2)_2$	Öl	zersetzlich	—
4,4-Dinitroheptan	$C_3H_7.C(NO_2)_2.C_3H_7$	"	220—221°	—
3,3-Dinitro-2,4-Dimethylpentan	$(CH_3)_2CH.C(NO_2)_2.CH(CH_3)_2$	—	203—207° (717 mm, etwas Zersetz.) 107—109° (15 mm)	—
2,2-Dinitro-3-Äthylpentan .	$CH_3.C(NO_2)_2.CH(C_2H_5)_2$	Öl	211—219° (722 mm)	—
Dinitrooktane . .	$C_8H_{16}N_2O_4$	—	—	—
1,1-Dinitrooktan .	$CH_3.(CH_2)_6.CH(NO_2)_2$	Öl	zersetzlich	1,0638 (23°)
2,2-Dinitrooktan	$CH_3.C(NO_2)_2.CH_2.C_5H_{11}$	"	220° (teilw. Zersetz.)	—
2,5-Dinitro-2,5-Dimethylhexan	$(CH_3)_2:C(NO_2).(CH_2)_2.C(NO_2)(CH_3)_2$	124—125°		
Dinitrononan . .	$C_9H_{18}N_2O_4$	—		
1,1-Dinitrononan (Stickoxydpelargonsäure)	$C_8H_{17}.CH(NO_2)_2$	Öl		
Dinitrodekan . . .	$C_{10}H_{20}N_2O_4$	—	—	
2,7-Dinitro-2,7-Dimethyloktan	$(CH_3)_2C(NO_2).(CH_2)_4.C(NO_2)(CH_3)_2$	101,5—102°	sublimiert bei 100°	—

Trinitroparaffine.

	Formel	Schmelzpunkt	Siedepunkt	Spezif. Gew.
Trinitromethan (Nitroform) . .	CHN_3O_6	15°	explodiert bei raschem Erhitzen	—
Trinitroäthan . .	$C_2H_3O_6N_3 = CH_3.C(NO_2)_3$	56°	leicht flüchtig	—

	Formel	Schmelzpunkt	Siedepunkt	Spezif. Gew.
Trinitrohexane	$C_6H_{11}N_3O_6$	—	—	—
2-Methyl-2,3,3-Trinitropentan	$(CH_3)_2C(NO_2).C(NO_2)_2.C_2H_5$	95°		
Trinitroisohexan	?	85,5—86°		
Trinitroisoheptan	$C_7H_{13}N_3O_6=C_7H_{13}(NO_2)_3$	194° (Zerstzg.)		
Trinitrodiisobutyl	$C_8H_{15}N_3O_6=C_8H_{15}(NO_2)_3$	91°		

Tetranitroparaffine.

	Formel	Schmelzpunkt	Siedepunkt	Spezif. Gew.
Tetranitromethan (Nitrokohlenstoff)	CN_4O_8	13°	126°	—
s-Tetranitroäthan	$C_2H_2N_4O_8=C(NO_2)_2H.C(NO_2)_2H$	nur in Salzen beständig		—
Tetranitrohexan	$C_6H_{10}N_4O_8$	—		
1,2,5,6-T. (Diallyltetranitrit)	$CH_2(NO_2).CH(NO_2).(CH_2)_2.CH(NO_2).CH_2(NO_2)$	Krystalle		

Nitroolefine.

	Formel	Schmelzpunkt	Siedepunkt	Spezif. Gew.
3-Nitropropen	$C_3H_5NO_2$	flüssig	125—130° (760) 87—89° (180)	1,051 (21°
Nitrobutylen	$C_4H_7NO_2$	Öl	154—158° (geringe Zersetzung)	—
Nitropentene	$C_5H_9NO_2$	—	—	
2-Nitro-4-Penten	$CH_3.CH(NO_2).CH_2.CH:CH_2$	Öl	nicht unzersetzt flüchtig	—
Nitroamylen	$(CH_3)_2.C:C(NO_2).CH_3$ (?)	flüssig	166—170° unter Zersetzung 69—73° (14)	
Nitrohexylene	$C_6H_{11}NO_2$	- -	—	
1-Nitro-1-Methylcyklopentan	$\frac{CH_2.CH_2}{CH_2.CH_2}>C(NO_2).CH_3$	flüssig	210—215°; 177—184° (755 unt. Zersetzg.); 92° (40)	1,0400 (20/(
2-Nitro-1-Methylcyklopentan	$\frac{CH_2.CH(NO_2)}{CH_2.CH_2}>CH.(CH_3)$	"	184—185° (758, Zersetzg.) 97—99° (40)	1,0296 (20/0
Nitrooktylen	$C_8H_{15}NO_2$	"	nicht unzersetzt flüchtig	—
Nitrononoaphten	$C_9H_{17}NO_2$	"	224—227° unter Zersetzung 131—133° (40)	1,0062 (0°)

Dinitrohexylen . .	$C_6H_{10}N_2O_4$	—	—	
3,4-Dinitro-2,3-Dimethyl-buten-(1)? . .	$CH_2(NO_2).C(NO_2)(CH_3).C(CH_3):CH_2$?	72—73°	—	
Dinitrooktylen . .	$C_8H_{14}N_2O_4$	flüssig	zerfällt in Nitrooktylen	

Nitrolsäuren.

Methylnitrolsäure .	$CH_2N_2O_3$	64°	zerfällt b. Erhitzen	—
Äthylnitrolsäure .	$C_2H_4N_2O_3 = CH_3.CH<^{NO}_{NO_2}$	81–82° (Zersetzung) 86—88°		
Isoverbindung .	$CH_2(NO).CH_2NO_2$?	75°		
Propylnitrolsäure 1,1 . .	$C_3H_6N_2O_3 = C_2H_5.CH<^{NO}_{NO_2}$	60°; 66°	—	—
Butylnitrolsäuren .	$C_4H_8N_2O_3$			
Normalbutylnitrolsäure . .		Öl		
Isobutylnitrolsäure	—	Sirup		
Oktylnitrolsäure .	$C_8H_{16}N_2O_3 = C_7H_{15}.CH<^{NO}_{NO_2}$?	Öl		
Allylnitrolsäure .	$C_3H_4N_2O_3 = CH_2:CH.CH(NO)(NO_2)$	68°	explodiert bei 95°	—

Pseudonitrole.

Pseudopropylnitrol	$C_3H_6N_2O_3$	76 od. 67° (?)	zersetzlich	—
Pseudobutylnitrol .	$C_4H_8N_2O_3$	58°	—	—
Pseudoamylnitrole	$C_5H_{10}N_2O_3$	—		
s-Amylpseudonitrol	$(C_2H_5)_2:C<^{NO}_{NO_2}$	63°		
Äthylpropylpseudonitrol .	$CH_3.C(NO)(NO_2).C_3H_7$	Öl	bei 59° Zersetzung	—
α-Dimethylpropylpseudonitrol	$CH_3.C(NO)(NO_2).CH(CH_3)_2$	-	bei 60° Zersetzung	—
Pseudoheptylnitrole	$C_7H_{14}N_2O_3$	—		
s-Diäthylpropylpseudonitrol .	$(C_2H_5.CH_2)_2C(NO)(NO_2)$	72—73° (unt. Zersetzung)		
s-Tetramethylpropylpseudonitrol	$([CH_3]_2CH)_2C(NO)(NO_2)$	Öl	bei 54° Zersetzung	—

	Formel	Schmelzpunkt	Siedepunkt	Spezif. Gew.
Pseudooktylnitrol	$C_8H_{16}N_2O_3$	—	—	—
Amylpropylpseudonitrol	$CH_3.C(NO)(NO_2).CH_2.C_5H_{11}$	Öl, im Kältegemisch erstarrd.	bei 53—55° Zersetzung	—

Mononitroderivate aromatischer Kohlenwasserstoffe.

	Formel	Schmelzpunkt	Siedepunkt	Spezif. Gew.
Nitrobenzol	$C_6H_5NO_2$	3°; 5°[1]	209,4° (745,4); 121,3° (76); 116,4° (51); 108° (32,84); 95° (16,68); 84,5° (8,66); 209° (korr.)[1]	1,2002 (0°); 1,1866 (14,4°), 1,3440 (1,5°), 1,2220 (3,3°), 1,2160 (13°), 1,1931 (28°)[1]
Nitrotoluole	$C_6H_4(CH_3).NO_2$	—	—	—
o-Verbindung	—	10,5°	218°	1,168 (15°)
m-Verbindung		16°	230—231°	1,168 (22°)
p-Verbindung		54°	238°	—
Phenylnitromethan	$C_6H_5.CH_2(NO_2)$	flüssig	225—227° (Zersetzg.); 141—142° (35, geringe Zersetzg.)[2]; 158—160° (35)[3]	1,1756 (°/₀°), 1,1598 (20/0°)[2]
Nitroäthylbenzole	$C_8H_9NO_2{=}C_6H_4(C_2H_5).NO_2$	—	—	—
o-Verbindung	—	flüssig	227—228°	1,126 (24,5°)
p-Verbindung	—	„	245—246°	1,124 (25°)
Nitroxylole	$C_8H_9NO_2{=}C_6H_3(CH_3)_2.NO_2$	—	—	—
3-Nitro-1,2-Dimethylbenzol		flüssig	250° (739)	1,147 (15°)
4-Nitro-1,2-Dimethylbenzol		29°	258 (geringe Zersetzg.); 248° (258)	1,139 (30°)
2-Nitro-1,3-Dimethylbenzol		flüssig	225° (744)	1,112 (15°)
4-Nitro-1,3-Dimethylbenzol		2°	237—239°; 243—244° (korr.)	1,126 (17,5°)
5-Nitro-1,3-Dimethylbenzol		74—75°; 71°	273° (739)	—
2-Nitro-1,4-Dimethylbenzol	—	flüssig	238,5—239° (739)	1,132 (15°)
1'-Nitro-1,3-Dimethylbenzol	$C_8H_9NO_2{=}(CH_3).C_6H_4.CH_2.NO_2$	Öl	—	—
Nitrocumol	$C_9H_{11}NO_2{=}C_6H_4[(CH_3)_2CH].NO_2$	—35°	nicht destillierbar	—
Nitro-o-Äthyltoluol	$C_9H_{11}NO_2{=}C_6H_3(C_2H_5)(CH_3).NO_2$	flüssig	—	—

[1]) Friswell, Chem. Soc. Proc. 1896/97, Nr. 182, 147; Chem. Centralbl. 1897, II, S. 547. — [2]) Konowalow, Ber. 28, 1852. — [3]) Holleman, Rec. trav. chim. Pays-Bas 13, 403; Ber. 28, 235, Ref.

	Formel	Schmelzpunkt	Siedepunkt	Spezif. Gew.
Xylyl-Nitromethan[1])	$C_9H_{11}NO_2 = (CH_3)_2C_6H_3 . CH_2 . NO_2$	46–47°	—	—
Nitro-ψ-Cumole	$C_9H_{11}NO_2$ 1,2,4 $= C_6H_2(CH_3)_3 . NO_2$	—	—	—
3-Nitroverbindung		30°	—	
5-Nitroverbindung		71°	265°	—
6-Nitroverbindung	—	20°	—	—
Phenyldimethylnitromethan[1])	$C_9H_{11}NO_2 = C_6H_5 . C(NO_2) . (CH_3)_2$	flüssig	224° (Zersetzg.), 125—127° (15)	1,1176 (°/°), 1,1025 (20/0°)
Nitromesitylen	$C_9H_{11}NO_2 = C_6H_2$ 1,3,5 $(CH_3)_3 . NO_2$	41—42°; 44°	255°	—
1'-Nitro-n-butylbenzol[1])	$C_{10}H_{13}NO_2 = C_6H_5 . CH(NO_2) . (CH_2)_2 . CH_3$	flüssig	250—256° (758, Zersetzg.), 151—152° (25)	1,0756 (°/°), 1,0592 (20/0°)[1])
Nitroisobutylbenzole	$C_{10}H_{13}NO_2 = C_6H_4(NO_2) . CH_2 . CH(CH_3)_2$	—	—	—
m-Verbindung	—	Öl, bei —20° nicht erstarrd.	250—252° (704)	—
1'-Nitro-Isobutylbenzol[1])	$C_{10}H_{13}NO_2 = C_6H_5 . CH(NO_2) . CH(CH_3)_2$	Öl	244° (Zersetzg.), 145—146° (25)	—
Nitrotertiärbutylbenzole	$C_{10}H_{13}NO_2 = C_6H_4(NO_2) . C(CH_3)_3$	—	—	—
o-Verbindung	—	Öl	247,4—248,4°	1,074 (15°)
p-Verbindung	—	30°	274,6—275°	—
Nitro-m-Isocymol	$C_{10}H_{13}NO_2 = C_6H_3(CH_3)(CH[CH_3]_2) . NO_2$	flüssig	255—265° (Zersetzg.)	—
2-Nitro-p-Cymol	do.	Öl	—	1,085 (15°)
Nitro-m-Diäthylbenzol	$C_{10}H_{13}NO_2 = C_6H_3(C_2H_5)_2 . NO_2$	flüssig	280—285° (teilw. Zersetzg.)	—
Nitro-p-Diäthylbenzol			155° (23, teilw. Zersetzg.)	—
6-Nitro-1,3,5-Dimethyläthylbenzol	$C_{10}H_{13}NO_2 = C_6H_2(CH_3)_2(C_2H_5) . NO_2$	Öl	270—272° (teilw. Zersetzg.)	—
Nitroprehnitol	$C_{10}H_{13}NO_2 = C_6H$ 1,2,3,4 $(NO_2)(CH_3)_4$	61°	295° (teilw. Zersetzg.)	—

[1]) Konowalow, Ber. 28, 1852.

	Formel	Schmelzpunkt	Siedepunkt	Spezif. Gew.
6-Nitro-ψ-Butyltoluol	$C_{11}H_{15}NO_2=(CH_3)_3C.C_6H_2(CH_3).NO_2$	flüssig	160—162° im Vakuum	—
Nitro-ψ-Butylxylol	$C_{12}H_{17}NO_2 = (CH_3)_2C_6H_2(NO_2).C(CH_3)_3$ (1,3 ... 5)	85°	—	
Nitropropylmesitylen[1]	$C_{12}H_{17}NO_2=C_3H_7.C_6H(NO_2)(CH_3)_3$	Öl	—	—
Nitroheptylbenzol	$C_{13}H_{19}NO_2=C_6H_{13}.CH_2.C_6H_4.NO_2$	"	178° (10)	—
Nitrooktylbenzole	$C_{14}H_{21}NO_2=C_8H_{17}.C_6H_4.NO_2$	—	—	—
o-Verbindung	—	Öl	—	—
m-Verbindung		123—124°		
p-Verbindung	—	204°	—	—
Nitrocetylbenzol	$C_{22}H_{37}NO_2=C_{16}H_{33}.C_6H_4.NO_2$	35—36°	—	—
Nitrodibenzyl[2]	$C_{14}H_{13}NO_2=C_6H_5.CH(NO_2).CH_2.C_6H_5$	Öl	—	
Nitrostyrole	$C_8H_7NO_2=C_6H_4(NO_2).CH:CH_2$	—	—	
o-Verbindung	—	12—13,5°	—	
m-Verbindung		—5°	—	—
p-Verbindung	—	29°	—	
1[2]-Nitrostyrol	$C_8H_7NO_2=C_6H_5.CH:CH(NO_2)$	58°	250—260° (Zersetzg.)	—
Phenylnitropropylen	$C_9H_9NO_2=C_6H_5.CH:C(NO_2).CH_3$	64°	—	—
p-Isopropyl-o-Nitrostyrol	$C_{11}H_{13}NO_2=C_3H_7.C_6H_3(NO_2).CH:CH_2$	flüssig		
Nitrophenylacetylene	$C_8H_5NO_2=C_6H_4(NO_2).C:CH$	—	—	—
o-Verbindung	—	81—82°	—	—
p-Verbindung	—	149°; 152°	—	—
Nitronaphtaline	$C_{10}H_7.NO_2$	—	—	—
α-Verbindung	—	58,5°; 61°	304°	1,331 (4°)
β-Verbindung	—	79°	—	—
Nitromethylnaphtaline	$C_{11}H_9.NO_2=C_{10}H_6(NO_2).CH_3$	—	—	—
Aus α-Methylnaphtalin	—	bei —21° noch flüssig	194—195° (27)	—

[1]) A. Toehl, Ber. 28, 2459. — [2]) Konowalow, Ber. 28, 1860.

	Formel	Schmelzpunkt	Siedepunkt	Spezif. Gew.
Aus β-Methylnaphtalin	—	81°	—	
Nitrobiphenyle	$C_{12}H_9NO_2=C_6H_5.C_6H_4(NO_2)$	—	—	
o-Verbindung . . .	—	37°	etwa 320°	—
p-Verbindung . . .	—	113°	340°	—
Nitroacenaphten	$C_{12}H_9.NO_2$	101—102°	—	
Nitrodiphenylmethane .	$C_{13}H_{11}NO_2=C_6H_4(NO_2).CH_2.C_6H_5$	—		
o-Verbindung . . .	—	Öl		
m-Verbindung . .		flüssig	—	
p-Verbindung . . .	—	31°	—	
Nitrophenyltolyl	$C_{13}H_{11}(NO_2)$	—		
Aus p-Phenyltolyl .	—	141°		
p-Nitrofluoren	$C_{13}H_9NO_2=C_6H_3(NO_2)\!>\!CH_2$ / C_6H_4	154°		
Nitrodiphenyläthylen . .	$C_{14}H_{11}NO_2=C_6H_4(NO_2).C{:}CH_2$ / C_6H_5	86°		
Nitrophenanthrene . . .	$C_{14}H_9NO_2$	—	—	
α-Verbindung . . .	—	73—75°	—	
β-Verbindung . . .		126—127°	—	
γ-Verbindung . . .	—	170—171°	—	
o-Nitrodiphenyldiacetylen	$C_{16}H_9NO_2$	154—155°	—	
Nitropyren	$C_{16}H_9NO_2$	149,5—150,5°	—	
Nitrotriphenylmethane .	$C_{19}H_{15}NO_2=C_6H_4(NO_2).CH(C_6H_5)_2$	—		
m-Verbindung . .	—	90°		
p-Verbindung . . .	—	93°		
m-Nitrophenylditolylmethan	$C_{21}H_{19}NO_2=C_6H_4(NO_2).CH(C_7H_7)_2$	85°	—	
Nitrochrysen	$C_{18}H_{11}NO_2$	209°	sublimierbar	—
Nitrobinaphtyl (α,α) . .	$C_{20}H_{13}NO_2$	188°	—	

Dinitroderivate aromatischer Kohlenwasserstoffe.

	Formel	Schmelzpunkt	Siedepunkt	Spezif. Gew.
Dinitrobenzole	$C_6H_4N_2O_4$	3°		
o-Verbindung . . .	—	117,9°	—	
m-Verbindung . . .		91°	297°	
p-Verbindung . . .		171—172°	leicht sublimierbar	—

	Formel	Schmelzpunkt	Siedepunkt	Spezif. Gew.
Dinitrotoluole	$C_6H_3(CH_3)(NO_2)_2$	—	—	—
2,4-Dinitroverbindung		70,5°; 69,21—69,57°	—	—
3,4-(?) Dinitroverbindung		60°	—	—
2,3-Dinitroverbindung		63°; 66°[1])	—	—
2,6-Dinitroverbindung		60—61°	—	—
3,5-Dinitroverbindung		92—93°	—	—
2,5-Dinitroverbindung	—	48°; 52,5°	—	—
Phenyldinitromethan[2])	$C_6H_5 \cdot CH(NO_2)_2$	79°	—	—
Dinitroxylole	$C_8H_8N_2O_4 = C_6H_2(CH_3)_2(NO_2)_2$	—	—	—
?-Dinitro-1,2-Dimethylbenzol	—	71°	—	—
2,4-Dinitro-1,3-Dimethylbenzol		82°	—	—
4,6 Dinitro ,3-Dimethylbenzol		93°	—	—
2,6-Dinitro-1,4-Dimethylbenzol		123,5°	—	—
2,3 Dinitro 1,4-Dimethylbenzol		93°	—	—
2,5 Dinitro 1,4-Dimethylbenzol	—	147—148°	—	—
Dinitro-o-Äthyltoluol	$C_9H_{10}N_2O_4 = C_6H_2(CH_3)(C_2H_5)(NO_2)_2$	flüssig	—	—
Dinitro-p-Äthyltoluole	"	—	—	—
α-Verbindung		52°	—	—
β-Verbindung	—	Öl	—	—
Dinitromesitylen	$C_9H_{10}N_2O_4 = C_6H(CH_3)_3(NO_2)_2$ (1,3,5)	86°	—	—
Dinitro-p-Cymole	$C_{10}H_{12}N_2O_4 = CH_3 \cdot C_6H_2(NO_2)_2 \cdot C_3H_7$	—	—	—
2,6-Dinitroverbindung	—	54°	—	—
Aus Ajowanölcymol		flüssig	—	1,206 (18,5°); 1,204 (21°)
Aus Steinkohlenteercymol	—	250°	—	—
Dinitroprehnitol	$C_{10}H_{12}N_2O_4 = C_6(NO_2)_2(CH_3)_4$ (5,6; 1,2,3,4)	178°	—	—
Dinitroisodurol	$C_{10}H_{12}N_2O_4 = C_6(NO_2)_2(CH_3)_4$ (4,6; 1,2,3,5)	156°	—	—

[1]) Holleman u. Boeseken, Rec. trav. chim. Pays-Bas 16, 425; Chem. Centralbl. 1898, I, S. 376. — [2]) Ponzio, Gazz. chim. ital. 31, II, 133; Chem. Centralbl. 1901, II, S. 1008.

	Formel	Schmelzpunkt	Siedepunkt	Spezif. Gew.
Dinitrodurol	$C_{10}H_{12}N_2O_4 = C_6(NO_2)_2(CH_3)_4$ (3,6; 1,2,4,5)	205°	—	—
Dinitro-ψ-Butyltoluol	$C_{11}H_{14}N_2O_4 = C_4H_9 . C_6H_2(NO_2)_2 . CH_3$	flüssig	224–225° im Vakuum	—
Dinitroäthylmesitylen[1]	$C_{11}H_{14}N_2O_4 = C_2H_5 . C_6(CH_3)_3(NO_2)_2$	123°	—	—
Dinitro-p-Dipropylbenzol	$C_{12}H_{16}N_2O_4 = C_6H_2(NO_2)_2(C_3H_7)_2$	65°	—	—
Dinitro-p-Propylisopropyl-**benzol**	"	flüssig	—	—
Dinitro-p-Isoamyltoluol	$C_{12}H_{16}N_2O_4 = CH_3 . C_6H_2(NO_2)_2 . C_5H_{11}$	Öl		
Dinitropropylmesitylen[1]	$C_{12}H_{16}N_2O_4 = C_3H_7 . C_6(NO_2)_2(CH_3)_3$	93—94°	—	—
Dinitrooktylbenzol	$C_{14}H_{20}N_2O_4 = C_6H_3(NO_2)_2 . C_8H_{17}$	226°	—	—
Dinitrotetraäthylbenzol	$C_{14}H_{20}N_2O_4 = C_6(C_2H_5)_4(NO_2)_2$	115°	—	—
Nitrophenyl-Nitroäthylene	$C_8H_6N_2O_4 = C_6H_4(NO_2) . CH:CH . NO_2$	—	—	—
o-Verbindung	—	106—107°	—	—
m-Verbindung		122°	—	—
p-Verbindung	—	199°	—	—
Dinitrophenylpropylen	$C_9H_8N_2O_4 = C_6H_3(NO_2)_2 . C_3H_5$	118°	—	—
Nitrophenyl-Nitropropylene	$C_9H_8N_2O_4 = C_6H_4(NO_2) . CH:C(NO_2) . CH_3$	—	—	—
o-Verbindung	—	76—77°	—	—
p-Verbindung	—	114—115°	—	—
Dinitronaphtaline	$C_{10}H_6N_2O_4 = C_{10}H_6(NO_2)_2$	—	—	—
1,5-Verbindung	—	211°; 216°; 214°	—	—
1,6- (oder 1,7-) Verbindung		161,5°	—	—
1,8-Verbindung	—	170°	—	—
Dinitro-β-Methylnaphtalin	$C_{11}H_8(NO_2)_2$	206°	—	—
Dinitrobiphenyle	$C_{12}H_8(NO_2)_2$	—	—	—
o-p-Verbindung	—	93,5°	—	—
Di-o-Verbindung		124°; 128°[2]	—	—
Di-m-Verbindung		197—198°	—	—
Di-p-Verbindung		233°	—	—

[1]) A. Toehl, Ber. 28, 2459. — [2]) St. v. Niementowski, Ber. 34, 3325.

	Formel	Schmelzpunkt	Siedepunkt	Spezif. Gew.
Dinitro-Acenaphten . . .	$C_{12}H_8(NO_2)_2$	206° (Zersetzg.)	—	—
Dinitro-Diphenylmethane	$C_{13}H_{10}(NO_2)_2$	—	—	—
α-Verbindung	—	183°	—	—
β-Verbindung		118°	—	—
γ-Verbindung		94°	—	—
Dorps Isodinitrodiphenylmethan . . .		172°	—	—
Diphenyldinitromethan (?)	—	78—78,5°	—	—
Dinitrophenyltolyl . . .	$C_{13}H_{10}(NO_2)_2$	—	—	—
Aus p-Phenyltolyl . .	—	153—157°	—	—
Dinitrobibenzyle	$C_{14}H_{12}(NO_2)_2$	—	—	—
Di-p-Verbindung . .	—	178°	—	—
Iso-Verbindung . . .	—	74—75°	—	—
6-Dinitro-3-Bitolyl . . .	$C_{14}H_{12}(NO_2)_2$	—	—	—
2-Dinitro-4-Bitolyl[1]) . . .	$C_{14}H_{12}(NO_2)_2$	140°	—	—
Dinitro-Benzyltoluole . .	do.	—	—	—
Aus o-Benzyltoluol .	—	100°	—	—
Aus m-Benzyltoluol .		141°	—	—
Aus p-Benzyltoluol .	—	137°	—	—
Dinitrobitolylmethan . .	$C_{15}H_{14}(NO_2)_2$	164°	—	—
Dinitrofluoren	$C_{13}H_8N_2O_4$ $=(1)\begin{matrix}C_6H_3(\overset{4}{N}O_2)\\ C_6H_3(\overset{4}{N}O_2)\end{matrix}>\overset{2}{C}H_2$	199—201°; 255—260° (Zersetzg.)	—	—
Dinitrostilbene	$C_{14}H_{10}N_2O_4$ $=\begin{matrix}CH.C_6H_4.NO_2\\ \ddot{C}H.C_6H_4.NO_2\end{matrix}$	—	—	—
o-Verbindung, Trans-Form		196°	—	—
o-Verbindung, Cis-Form		126°	—	—
p-Verbindung, α-Form		280—285°	—	—
„ β-Form	—	210—216°	—	—
o,p- „	$C_6H_5.CH:CH.C_6H_3(NO_2)_2$[2])	139—140°	—	—
Dinitroretenfluoren . . .	$C_{17}H_{16}N_2O_4$	gegen 245°	—	—
Dinitrodiisopropylanthracendihydrür	$C_{20}H_{22}(NO_2)_2$	—	—	—
Dinitrophenanthren . . .	$C_{14}H_8(NO_2)_2$	150—160°	—	—
p-Dinitrotolan	$C_{14}H_8(NO_2)_2$	288°	sublimierbar	—

[1]) St. v. Niementowski, Ber. 34, 3325. — [2]) Thiele u. Escales, Ber. 34, 2842.

	Formel	Schmelzpunkt	Siedepunkt	Spezif. Gew.
o,o'-Dinitrodiphenylacetylen	$C_{16}H_8(NO_2)_2$	212° (Zersetzg.)	—	—
Dinitropyren	$C_{16}H_8(NO_2)_2$	Zersetzg. oberh. 200°	—	—
Dinitro-p-Diphenylbenzol . .	$C_{18}H_{12}(NO_2)_2$	277°	—	—
Dinitrodibenzylbenzole . . .	$C_{20}H_{16}N_2O_4=C_6H_4(CH_2 . C_6H_4 . NO_2)_2$	—	—	—
Di-m-Verbindung	—	165°	—	—
Di-p-Verbindung	—	146°	—	—
Dinitrochrysen	$C_{18}H_{10}(NO_2)_2$	oberh. 300°	—	—
Dinitro-Phenylendiphenylmethan	$C_{12}H_{19}(NO_2)_2$	gegen 240° unt. Zersetzg.	—	—
Dinitro-Binaphtyl (α,α) . .	$C_{20}H_{12}(NO_2)_2$	280°	—	—
Dinitro-Bianthryl	$C_{28}H_{16}(NO_2)_2$	337° (Zersetzg.)	—	

Trinitroderivate aromatischer Kohlenwasserstoffe.

	Formel	Schmelzpunkt	Siedepunkt	Spezif. Gew.
Trinitrobenzole	$C_6H_3N_3O_6=C_6H_3(NO_2)_3$	—	—	—
1,2,4-Verbindung	—	57,5°	—	1,73 (15,5°)
1,3,5-Verbindung	—	121—122°	—	—
Trinitrotoluole	$C_7H_5N_3O_6 =C_6H_2(CH_3)(NO_2)_3$	—	—	—
α-(2,4,6-)Trinitroverbindung	—	82°; 78,84 u. 80,52°	—	—
β-Trinitroverbindung . .		112°	—	—
γ-(3,4,6-)Trinitroverbindung	—	104°	—	—
Trinitroxylole	$C_8H_7N_3O_6 =C_6H(CH_3)_2(NO_2)_3$	—	—	—
?-Trinitro-1,2-Dimethylbenzol	—	178°	—	—
2,4,6-Trinitro-1,3-Dimethylbenzol		182°	—	—
2,3,6-Trinitro-1,4-Dimethylbenzol	—	137°; 139—140°	—	—
2,4,6-Trinitrocumol	$C_9H_9N_3O_6=C_6H_2[CH(CH_3)_2](NO_2)_3$	109°	—	—
Trinitro-p-Äthyltoluol . . .	$C_9H_9N_3O_6=C_6H(CH_3)(C_2H_5)(NO_2)_3$	92°	—	—
Trinitro-1,2,3-Trimethylbenzol	$C_9H_9N_3O_6= C_6(CH_3)_3(NO_2)_3$	209°	—	—
Trinitro-1,2,4-Trimethylbenzol	do.	185°	—	—

	Formel	Schmelzpunkt	Siedepunkt	Spezif. Gew.
Trinitro-1,3,5-Trimethylbenzol	$C_9H_9N_3O_6 = C_6(CH_3)_3(NO_2)_3$	230—232	—	—
Trinitroisocymol	$C_{10}H_{11}N_3O_6 = CH_3 . C_6H(C_3H_7)(NO_2)_3$	72—73°	—	—
Trinitro-p-Cymol	do.	119°	—	—
Trinitro-m-Diäthylbenzol	$C_{10}H_{11}N_3O_6 = C_6H(C_2H_5)_2(NO_2)_3$	62°	—	—
Trinitro-1,3-Dimethyl-4-Äthylbenzol	$C_{10}H_{11}N_3O_6 = C_6(CH_3)_2(C_2H_5)(NO_2)_3$	119°; 127°	—	—
Trinitro-1,2-Dimethyl-4-Äthylbenzol	do.	121°	—	—
Trinitro-1,3-Dimethyl-5-Äthylbenzol	do.	238°; 234—235°	—	—
Trinitro-1,4-Dimethyl-2-Äthylbenzol	do.	129°	—	—
2,4,6-Trinitro-ψ-Butyltoluol (künstlicher Moschus)	$C_{11}H_{13}N_3O_6 = C_4H_9 . C_6H(NO_2)_3 . CH_3$	96—97°	—	—
Trinitro-1,3-Dimethyl-4-Propylbenzol	$C_{11}H_{13}N_3O_6 = (CH_3)_2 . C_6(NO_2)_3 . C_3H_7$	110°	—	—
Trinitro- ,4-Dimethyl-2-Propylbenzol	$C_{11}H_{13}N_3O_6 = (CH_3)_2 . C_6(NO_2)_3 . C_3H_7$	85°	—	—
Trinitro-1,3-Dimethyl-4-Isopropylbenzol	do.	182°	—	—
Trinitrolaurol	$C_{11}H_{13}N_3O_6$	84°	—	—
Trinitro-m-Diisopropylbenzol	$C_{12}H_{15}N_3O_6 = (C_3H_7)_2C_6H(NO_2)_3$	110—111°	—	—
2,4,6 Trinitrodimethyl-5-ψ-Butylbenzol	$C_{12}H_{15}N_3O_6 = (CH_3)_2C(NO_2)_3 . C(CH_3)_3$	110°	—	—
Trinitroäthylbutylbenzol	$C_{12}H_{15}N_3O_6 = C_2H_5 . CH(NO_2)_3 . C_4H_9$	—	—	—
Trinitronaphtaline	$C_{10}H_5N_3O_6 = C_{10}H_5(NO_2)_3$	—	—	—
α-Verbindung 1:3:5[1]	—	122°	—	—
β-Verbindung		213°; 218°	—	—
γ-Verbindung 1:4:5[1]		147°; 154°	—	—
δ-Verbindung 1:2:5[1]	—	112—113°	—	—
Trinitrobenzylmesitylen	$C_{16}H_{15}N_3O_6 = C_6H_4(NO_2) . CH_2 / (CH_3)_3C_6(NO_2)_2$	185°	—	—
Trinitrostilbene[2]	$C_{14}H_9N_3O_6$	—	—	—
2,4,4'-Verbindung	—	240°	—	—
2,4,3' Verbindung		183—184°	—	—
2,4,2' Verbindung		194—195°	—	—

[1]) W. Will, Ber. 28, 367. — [2]) Thiele u. Escales, Ber. 34, 2842.

	Formel	Schmelzpunkt	Siedepunkt	Spezif. Gew.
Trinitroidryl	$C_{15}H_7(NO_2)_3$	noch nicht bei 300°	—	—
Trinitro-α-Benzylnaphtalin	$C_{17}H_{11}(NO_2)_3$	—	—	—
Trinitro-p-Diphenylbenzol	$C_{18}H_{11}(NO_2)_3$	195°	—	—
Trinitro-Isodiphenylbenzol	do.	200°	—	—
p-Trinitrotriphenylmethan	$C_{19}H_{13}N_3O_6 = CH(C_6H_4.NO_2)_3$	203°; 206—207°	—	—
Trinitrotriphenylbenzol	$C_{24}H_{15}(NO_2)_3$	—	sublimierb.	—
Trinitrotri-p-tolylbenzol	$C_{27}H_{21}(NO_2)_3$	oberh. 160° (Zersetzg.)	—	—

Tetra-Nitroderivate aromatischer Kohlenwasserstoffe.

	Formel	Schmelzpunkt	Siedepunkt	Spezif. Gew.
Tetranitronaphtaline	$C_{10}H_4N_4O_8 = C_{10}H_4(NO_2)_4$	—	—	—
α-Verbindung	—	259°	—	—
β-Verbindung 1:2:6:8?[1]		200°	—	—
γ-Verbindung 1:3:5:8[1]		194—195°	—	—
δ-Verbindung 1:4:5:8[1]	—	noch nicht bei 310°	—	—
Tetranitrobiphenyl	$C_{12}H_6(NO_2)_4$	140°	—	—
Tetranitrodiphenylmethan	$C_{13}H_8(NO_2)_4$	172°	—	—
Tetranitro-p-Benzyltoluol	$C_{14}H_{10}(NO_2)_4$	160—161°	—	—
Tetranitrostilben[2]	$C_{14}H_8N_4O_8 = C_6H_3(NO_2)_2.CH:CH.C_6H_3(NO_2)_2$	264—266° (Zersetzg.)	—	—
Tetranitropyren	$C_{16}H_6(NO_2)_4$	oberhalb 300°	—	—
Tetranitrochrysen	$C_{18}H_8(NO_2)_4$	zersetzlich	—	—
Tetranitro-Binaphtyl (α, α)	$C_{20}H_{10}(NO_2)_4$	150° (Zersetzg.)	—	—
do. (β, β)	—	—	—	—
Tetranitro-α-Dinaphtylmethan	$C_{20}H_{12}(NO_2)_4 = [C_{10}H_5(NO_2)_2]_2CH_2$	Zersetzg. bei 260—270°	—	—
Tetranitro-β-Dinaphtylmethan	do.	150—160°	—	—
Tetranitrotriphenylbenzole	$C_{24}H_{14}(NO_2)_4$	—	—	—
α-Verbindung	—	oberhalb 370°	—	—
β-Verbindung	—	108° (Zersetzg.)	—	—
Tetranitrotetraphenyläthan	$C_{26}H_{18}(NO_2)_4$	—	—	—

[1]) W. Will, Ber. 28, 367. — [2]) K. Krasusky, J. russ. phys.-chem. Ges. 1895, I, S. 335; Ber. 29, 93, Ref.

Salpetersäuresalze, Metallnitrate.

Die Salpetersäure, eine der stärksten Säuren, ist einbasisch, sie bildet vorwiegend neutrale Salze von der Formel NO_3Me, daneben aber auch basische und nach Ditte[1]) auch saure Salze. Man erhält diese Salze, indem man die Metalle oder deren Oxyde oder Karbonate in der Säure löst. Konzentrierte Salpetersäure zersetzt wasserfreies Natriumkarbonat und Bleikarbonat in der Kälte nicht, Baryum- und Calciumkarbonat auch nicht beim Kochen, weil die entsprechenden Nitrate in starker Salpetersäure unlöslich sind und daher das zu Anfang etwa erzeugte Salz die noch unangegriffenen Teile als Kruste vor weiterer Einwirkung der Säure schützt. Dagegen wird Kaliumkarbonat auch durch die konzentrierte Säure leicht zersetzt[2]). Mit Weingeist versetzte Salpetersäure zersetzt Kaliumkarbonat nicht, Natrium-, Baryum- und Magnesiumkarbonat langsam, Strontium- und Calciumkarbonat rasch[3]), was wiederum durch die Löslichkeitsverhältnisse der entsprechenden Nitrate in Weingeist erklärlich erscheint. Salpetersäure, die mit viel Äther vermischt ist, wirkt selbst auf Kalihydrat nur beim Erhitzen oder Schütteln ein.

Die Nitrate zeichnen sich meist durch kühlenden Geschmack aus. In der Glühhitze werden sie zersetzt. Einige, z. B. das Kaliumsalz, entwickeln dabei anfangs ziemlich reinen Sauerstoff und gehen in Nitrite über, welche dann weiterhin unter Entwickelung von Sauerstoff und Stickstoff zersetzt werden. Andere leichter zerlegbare, wie das Bleisalz, entwickeln Sauerstoff und Untersalpetersäure, noch andere, wasserhaltige, z. B. das Aluminiumsalz, entwickeln Salpetersäure. Die Basis bleibt bald als Oxyd (Bleisalz), bald als Superoxyd (Mangansalz), bald als Metall (Silbersalz) zurück. Das Ammoniumsalz zerfällt hauptsächlich zu Stickoxydul und Wasser.

Brennbare, sowohl nicht metallische als metallische, Körper zersetzen die Nitrate gewöhnlich erst in Glühhitze unter lebhafter, häufig mit Explosion verbundener Feuererscheinung, wobei sich der Stickstoff als Gas entwickelt. Eine hierbei aus dem verbrennenden Körper erzeugte Säure vereinigt sich oft, wenigstens teilweise, mit der Basis des angewendeten Nitrats.

Wasserstoff bildet beim Überleiten über schmelzenden Salpeter

---

[1]) Ditte, Ann. ch. phys. [5] 18, 320; JB. 1879, S. 221. — [2]) Braconnot, Ann. ch. phys. [5] 52, 286; Ann. Phys. 29, 173. — [3]) Pelouze, Ann. ch. phys. [5] 50, 434; Ann. Phys. 26, 343.

Wasser und Nitrit; beim Einleiten in das geschmolzene Salz entzündet sich jede austretende Blase mit Knall und violettem Licht [1]). Auch bei längerer Berührung von Salpeterlösung mit Wasserstoffgas wird etwas Nitrit gebildet [2]). Dieselbe Umwandlung wird in wässeriger Lösung durch bestimmte Bacterien hervorgerufen [3]), möglicherweise infolge von Wasserstoffentwickelung beim Stoffwechsel derselben. Die günstigste Temperatur hierfür ist 35 bis 40°, Gegenwart organischer Substanzen ist erforderlich; am günstigsten wirken Zucker, Äthyl- und Propylalkohol. Karbolsäure und Salicylsäure hemmen die Reduktion nicht, sondern werden dabei zersetzt. Das zuweilen in reichlicher Menge auftretende Gas ist reiner Stickstoff. der Rest des Nitratstickstoffs geht dann in Ammoniak über; doch gelang es auch, Anaërobien zu isolieren, welche zu Nitriten, aber nicht weiter reduzieren. Nach Laurent [4]) erfolgt letztere Reduktion in wässeriger Lösung auch allein durch Sonnenlicht, ohne Mitwirkung von Bakterien; dabei soll Sauerstoff entbunden werden.

Wasserstoff im Entstehungszustande reduziert die in Wasser gelösten Nitrate stets zu Nitriten und weiterhin zu Ammoniak.

Kohle wird durch Salpeter schon wenig über dem Schmelzpunkt desselben ohne Feuererscheinung zu Kohlensäure oxydiert, wobei Stickstoff, Stickoxyd und salpetrige Säure auftreten; je nach den angewandten Mengen und nach der Temperatur hinterbleibt salpetrigsaures oder kohlensaures Salz [5]). Geschmolzene Nitrate erzeugen mit glühender Kohle elektrische Ströme. Kohlenoxyd verwandelt beim Erhitzen Nitrate in Nitrite [6]), bei Glühhitze das Kalium- wie das Baryumsalz zu Oxyd und Karbonat [7]). Auf schmelzenden Salpeter wirkt es nach Vogel [5]) nicht.

Phosphor verpufft mit einigen Nitraten schon durch Schlag. Er zersetzt die Lösungen des Kupfer- und Bleisalzes, nicht aber des Baryumsalzes, beim Kochen [8]).

Schwefelwasserstoff, durch die Lösungen einiger Nitrate geleitet, bildet, besonders beim Erwärmen, Schwefel, Schwefelsäure und Ammoniak [9]). Bei der Einwirkung desselben auf Nitrate in wässeriger Lösung hat Thomsen [10]) die folgende Wärmeentwickelung festgestellt:

R	Mn	Fe	Ni	Co	Zn	Cd
N_2O_6Raq, H_2Saq . .	— 12200	— 6770	— 4900	— 3680	— 1860	+ 7050 cal.

R	Pb	Tl_2	Cu	Hg	Ag_2
N_2O_6Raq, H_2Saq . .	+ 11430	+ 14190	+ 16420	+ 38640	+ 47630 cal.

[1]) Schwarz, Dingl. pol. J. 191, 397. — [2]) Schönbein, J. pr. Chem. 84, 207. — [3]) W. Heräus, Über das Verhalten der Bakterien im Brunnenwasser. Inaug.-Dissertat., Berlin 1886; U. Gayon u. G. Dupetit, Compt. rend. 95, 664 u. 1365; JB. 1882, S. 1235. — [4]) Emil Laurent, Bull. de l'Acad. roy. des sciences de Belg. [3] 21, 337; Ber. 24, 520, Ref. — [5]) A. Vogel jun., N. Jahrb. Pharm. 4, 1. — [6]) Goldschmidt, Ber. 28, 1030, Ref. — [7]) Stammer, Ann. Phys. 82, 135. — [8]) Slater, Chem. Gaz. 1853, p. 329: JB. 1853, S. 322. — [9]) Johnston, Gmelin-Krauts Handb., 2. Aufl., 1, 485. — [10]) Thomsen, J. pr. Chem. [2] 19, 1.

Schwefelkohlenstoffdampf, auf glühenden geschmolzenen Salpeter geleitet, bildet unter Entwickelung von Kohlensäure und salpetrigen Dämpfen Schwefelcyankalium und Kaliumsulfat. Beim Erhitzen des Schwefelkohlenstoffs mit wässerigen Nitraten im Rohre wird Kohlensäure gebildet [1]).

Schwefelnatrium erzeugt je nach der Temperatur Nitrit, Ammoniak oder Stickstoff. Werden Sodamutterlaugen (vom Leblanc-Verfahren), welche Schwefelnatrium enthalten, mit Natronsalpeter auf 138 bis 143° erhitzt, so zersetzen sie sich ruhig unter Bildung von Nitrit und Sulfat; bei 154° wird nach der Gleichung $Na_2S + NO_2.O.Na + 2H_2O = SO_2.O_2Na_2 + NaOH + NH_3$ viel Ammoniak entwickelt, erst weit über dieser Temperatur entwickelt sich Stickstoff entsprechend der Gleichung $5Na_2S + 8NO_3Na + 4H_2O = 5SO_4Na_2 + 8NaOH + 8N$ [2]).

Arsen zersetzt einige Nitrate beim Kochen unter Bildung von arseniger Säure [3]), Zinn einige schon in der Kälte.

Jod zersetzt geschmolzenes Silbernitrat heftig unter Bildung von Untersalpetersäure und Silberjodat: $6NO_2.O.Ag + 6J = 2JO_2.O.Ag + 4JAg + 3N_2O_4$ [4]).

Chlor wirkt auf Silbernitrat bei gewöhnlicher Temperatur nicht ein, bei 95° werden Salpetersäureanhydrid und ein dem absorbierten Chlor gleiches Volumen Sauerstoff gebildet (Deville); nach Odet und Vignon [5]) entsteht zunächst Chlorsalpetersäure, welche sich mit mehr Silbersalz zu den obigen Produkten umsetzt.

Phosphorchlorid bildet mit Salpeter chlorsalpetrige Säure und Phosphoroxychlorid [6]); letzteres erzeugt seinerseits mit Nitraten Phosphorsäureanhydrid, Chlormetall und andere Produkte [7]), mit dem Blei- und Silbersalz nach Odet und Vignon [5]) Chlorsalpetersäure.

Überschüssige Salzsäure zersetzt sich mit Nitraten in Chlormetall, Chlor und Untersalpetersäure. Die Umwandlung geht bei den Alkalisalzen schwieriger von statten als die umgekehrte Überführung der Chloride in Nitrate durch überschüssige Salpetersäure [8]), sie erfolgt aber leicht beim Erwärmen in Salzsäuregas [9]). Andererseits zeigen die Nitrate der Erdalkalien beim Überleiten von gasförmiger Salzsäure keine Einwirkung, Lithiumnitrat nur eine geringe.

Die Nitrate werden in der Kälte durch Schwefelsäure, bei wenig erhöhter Temperatur durch Phosphorsäure, Arsensäure und Flufssäure,

---

[1]) Schlagdenhauffen, J. Pharm. [3] 34, 175. — [2]) Ph. Pauli, Phil. Mag. [4] 23, 248; JB. 1862, S. 114. — [3]) Slater, Chem. Gaz. 1853, p. 329; JB. 1853, S. 322. — [4]) Weltzien, Ann. Chem. 115, 219. — [5]) Odet u. Vignon, Compt. rend. 69, 1142 u. 70, 96; Chem. Centralbl. 1870, S. 206. — [6]) Naquet, Bull. soc. chim. 1860, 9 Mars; JB. 1860, S. 102. — [7]) Mills, Ber. 3, 626. — [8]) L. Smith, Sill. Am. J. [2] 16, 373; JB. 1853, S. 662. — [9]) Baumhauer, J. pr. Chem. 78, 205.

in der Glühhitze durch Borsäure und häufig auch durch Kieselsäure zersetzt, wobei die genannten Säuren sich mit den Basen vereinigen. Auch Borax und Kaliumbichromat wirken in derselben Weise.

Selbst durch verdünnte Schwefelsäure, Salzsäure und Phosphorsäure kann aus wässerigen Nitratlösungen allmählich die gesamte Salpetersäure verdrängt werden, wenn dieselbe ständig durch Ausschütteln mit Äther aus dem System entfernt wird [1]).

Thonerde, einige Chloride (des Calciums, Magnesiums, Zinks) und Sulfate sowie Manganoxyd entwickeln die Salpetersäure in Form ihrer Spaltungsprodukte, bei Gegenwart von Wasser auch unzersetzt. Manganchlorür wirkt auf Natronsalpeter bei etwa 230° nach der Gleichung $5\,Cl_2Mn + 10\,NO_3Na = 2\,Mn_2O_3 + MnO_2 + 10\,ClNa + 5\,N_2O_4 + 2\,O$; Manganoxyd befördert die Zersetzung des Natriumsalzes beim Schmelzen [2]).

Beim Erhitzen mit Kaliumbisulfat oder Bleioxyd [3]) entwickeln die Nitrate gelbrote Dämpfe von salpetriger Säure oder Untersalpetersäure, mit Kupferfeile und verdünnter Schwefelsäure Stickoxyd, welches an der Luft rote Dämpfe von Untersalpetersäure erzeugt, unter Bildung einer grünblauen Lösung. In Berührung mit Quecksilber und viel konzentrierter Schwefelsäure entwickeln sie sämtlichen Stickstoff in Form von Stickoxyd [4]).

Die wässerige Lösung, mit dem zehnfachen Volumen Vitriolöl gemischt und abgekühlt, zeigt beim Zumischen oder Überschichten von konzentrierter Eisenvitriollösung an der Berührungsfläche eine rosenrote, purpurrote, violette oder schwarzbraune Färbung, je nach der Menge des anwesenden Nitrats [5]). Nach Price [6]) soll die durch die Schwefelsäure erzeugte salpetrige Säure diese Färbung bewirken. Thatsächlich ist es das Stickoxyd, zu welchem salpetrige Säure wie Salpetersäure durch die Eisenoxydullösung reduziert werden, das mit dem Überschusse des Eisenoxyduls die dunkel gefärbten Verbindungen liefert.

Durch Milchsäure werden viele Nitrate der Schwermetalle zu Metall reduciert [7]).

Nach E. Mallard [8]) sollen alle wasserfreien Nitrate eine dem Würfel sehr ähnliche Struktur besitzen.

Isomorphie besteht zwischen dem Wismut-, Didym-, Lanthan- und Yttriumsalz [9]). Magnesiumnitrat bildet mit allen seltenen Erden

---

[1]) Tanret, Bull. soc. chim. [3] 17, 497; Chem. Centralbl. 1897, II, S. 18. — [2]) F. Kuhlmann, Compt. rend. 55, 246; J. pr. Chem. 88, 505. — [3]) Stein, Dingl. pol. J. 155, 41. — [4]) W. Crum, Ann. Chem. 62, 233. — [5]) Desbassins de Richemont, J. chim. méd. 11, 507; Wackenroder, Ann. Chem. 18, 158. — [6]) D. S. Price, Chem. Soc. Quart. J. 4, 151; JB. 1851, S. 626. — [7]) L. Vanino u. O. Hauser, Ztschr. anal. Chem. 39, 506. — [8]) E. Mallard, Compt. rend. 99, 209; JB. 1884, S. 3. — [9]) Wyrouboff, Ber. 31, 1237.

bis zum Holmium, mit Ausnahme des Yttriums, Doppelnitrate der allgemeinen Formel $(NO_3)_6M_2 . 3(NO_3)_2Mg . 24H_2O$ [1]).

Die Salze sind, mit Ausnahme einiger basischer Salze, sämtlich in Wasser löslich. Sowohl in Salpetersäuremonohydrat wie in Salpetersäure von 1,42 spezif. Gew. $(2NO_3H, 3H_2O)$ sind das Baryum-, Strontium- und Bleisalz unlöslich [2]). Nach Ditte [3]) ist das Verhalten der verschiedenen Salze gegen starke Salpetersäure folgendes: 1. Es lösen sich in grofsem Überschusse der Säure unter Bildung bestimmt charakterisierter saurer Salze die Nitrate des Kaliums, Ammoniums, Thalliums und Rubidiums; 2. es lösen sich in entwässertem Zustande leicht in der heifsen rauchenden Säure und scheiden sich beim Erkalten als neutrale Salze, nur mit geringerem Krystallwassergehalt als gewöhnlich, ab die Nitrate von Magnesium, Mangan, Zink, Aluminium, Uranoxyd und Kupfer; 3. die übrigen Nitrate sind in konzentrierter Salpetersäure nicht oder kaum löslich.

Bei den Nitraten der seltenen Erden wächst die Löslichkeit in Salpetersäure, und zugleich die Unbeständigkeit, mit dem Molekelgewicht der Erde. So lösen bei 16° 100 ccm Salpetersäure von 1,3 spezif. Gew. etwas weniger als 2 g Neodymsalz, etwa 3 g Samariumsalz und etwa 5 g Gadoliniumsalz [4]).

Über die thermischen Vorgänge bei der Bildung und Lösung der Nitrate geben folgende Tabellen Aufschlufs:

Bildungswärmen der Nitrate für die Bildung aus den Elementen.

Metall	Reaction	Wärmeentwickelung nach Thomsen [5])	Reaktion	Wärmeentwickelung nach Berthelot [6])
Kalium . .	(K, N, O_3)	119 480 cal.	$N + O_3 + K$	118 700 cal.
Natrium . .	(Na, N, O_3)	111 250 „	$N + O_3 + Na$	110 600 „
Lithium . .	(Li, N, O_3)	111 620 „	—	—
Ammonium	—	—	$N_2 + O_3 + H_4$	87 900 „
Thallium .	(Tl, N, O_3)	58 150 „	—	—
Silber . . .	(Ag, N, O_3)	28 740 „	$N + O_3 + Ag$	28 700 „
Baryum . .	(Ba, N_2, O_6)	225 740 „	—	—
Strontium .	(Sr, N_2, O_6)	219 850 „	$N + O_3 + \frac{1}{2}Sr$	109 800 „
Calcium . .	(Ca, N_2, O_6)	203 230 „	$N + O_3 + \frac{1}{2}Ca$	101 200 „
Blei	(Pb, N_2, O_6)	105 500 „	$N + O_3 + \frac{1}{2}Pb$	52 800 „

[1]) Demarçay, Compt. rend. 130, 1019; Chem. Centralbl. 1900, I, S. 1011. — [2]) C. Schultz, Zeitschr. Chem. [2] 5, 531. — [3]) Ditte, Ann. ch. phys. [5] 18, 320; JB. 1879, S. 221. — [4]) Demarçay, Compt. rend. 130, 1019; Chem. Centralbl. 1900, I, S. 1011. — [5]) Thomsen, Ber. 12, 2062 und 13, 498. — [6]) Berthelot, Compt. rend. 90, 779; JB. 1880, S. 117.

Bildungswärmen für die Bildung nach der Formel (R, O_2, N_2O_4).

R	Reaktion	Wärmeentwickelung
Kalium	(K_2, O_2, N_2O_4)	242 960 cal.
Natrium	(Na_2, O_2, N_2O_4)	226 500 „
Lithium.	(Li_2, O_2, N_2O_4)	227 240 „
Thallium	(Tl_2, O_2, N_2O_4)	120 300 „
Silber	(Ag_2, O_2, N_2O_4)	61 480 „
Baryum	(Ba, O_2, N_2O_4)	229 750 „
Strontium	(Sr, O_2, N_2O_4)	223 860 „
Calcium	(Ca, O_2, N_2O_4)	207 240 „
Blei	(Pb, O_2, N_2O_4)	109 510 „
Strontium	($Sr, O_2, N_2O_4, 4\,H_2O$)	231 540 „
Calcium	($Ca, O_2, N_2O_4, 4\,H_2O$)	218 440 „
Cadmium	($Cd, O_2, N_2O_4, 4\,H_2O$)	124 870 „
Magnesium	($Mg, O_2, N_2O_4, 6\,H_2O$)	214 530 „
Zink	($Zn, O_2, N_2O_4, 6\,H_2O$)	142 180 „
Nickel	($Ni, O_2, N_2O_4, 6\,H_2O$)	124 720 „
Kobalt	($Co, O_2, N_2O_4, 6\,H_2O$)	123 330 „
Kupfer	($Cu, O_2, N_2O_4, 6\,H_2O$)	96 950 „

Lösungswärme der Nitrate nach Thomsen[1]).

	Formel	Wassermolekeln der Lösung	Lösungswärme bei 18°	Wassermolekeln im Salze nach der Analyse
	NO_3K	200	— 8 520 cal.	—
	NO_3Na	200	— 5 080 „	—
	NO_3Li	100	+ 300 „	—
	$(NO_3)_2Ba$	400	— 9 400 „	—
Sr	$(NO_3)_2Sr$	400	— 4 620 „	—
Sr	$(NO_3)_2Sr, 4\,H_2O$ . . .	400	— 12 300 „	4,02
Ca	$(NO_3)_2Ca$	400	+ 3 950 „	—
Ca	$(NO_3)_2Ca\ 4\,H_2O$ . . .	400	— 7 250 „	4,20
	$(NO_3)_2Mg, 6\,H_2O$ . .	400	— 4 220 „	6,06
	$(NO_3)_2Zn, 6\,H_2O$ . . .	400	— 5 840 „	5,94
Cd	$(NO_3)_2Cd, H_2O$ . . .	400	+ 4 180 „	1,00
Cd	$(NO_3)_2Cd, 4\,H_2O$ . .	400	— 5 040 „	4,19
	$(NO_3)_2Co, 6\,H_2O$ . .	400	— 4 960 „	6,08
	$(NO_3)_2Ni, 6\,H_2O$ . .	400	— 7 470 „	5,93
	$(NO_3)_2Cu, 6\,H_2O$ . .	400	— 10 710 „	6,01
	$(NO_3)_2Pb$	400	— 7 610 „	—
	NO_3Tl	300	— 9 970 „	
	NO_3Ag.	200	— 5 440 „	—
	NO_3NH_4	200	— 6 320 „	—
	NO_3NH_4	100	— 6 160 „	

[1]) Thomsen, J. pr. Chem. [2] 17, 165; Ber. 6. 710.

Nach Berthelot[1]) sind die Lösungswärmen für:

	NO_3K	NO_3Na	NO_3NH_4	$NO_3Ca^1/_2$	$NO_3Ca^1/_2 . 2H_2O$
Cal.	— 8,29	— 4,66	— 6,20	+ 1,6	— 3,81

	$NO_3Sr^1/_2$	$NO_3Sr^1/_2 + ^3/_2H_2O$	$NO_3Ba^1/_2$	$NO_3Pb^1/_2$	NO_3Ag
Cal.	— 2,54	— 6,48	— 4,64	— 4,11	— 5,73.

Ausführliche Untersuchungen über die Volumenänderung und Wärmeentwickelung beim Lösen von Nitraten haben Favre und Valson[2]) angestellt, deren Resultate in den folgenden Tabellen zusammengestellt sind.

I. Wasserfreie Nitrate.

P bezeichnet 1 Äq. des Salzes in Gramm, D die Dichte des festen Salzes, $V = \frac{P}{D}$ das Volumen eines Äquivalents, d die Dichte der Normallösung, v die daraus berechnete Volumenvermehrung von 1 Liter Wasser durch Auflösen von 1 Äq. Salz, C ist $(V—v)$ 7576 cal., C_1 die Wärmeentwickelung beim Auflösen des Salzes, mithin $C—C_1$ die bei der Auflösung verrichtete innere Arbeit bezw. deren Wärmeäquivalent.

Salze	P	D	$V=\frac{P}{D}$ ccm	d	v ccm	$V—v$ ccm	$\frac{V—v}{v}$	C cal.	C^1 cal.	$C—C_1$ cal.
$\frac{N_2O_6Sr}{2}$	105,75	2,980	35,5	1,0811	22,8	12,7	0,36	96215	— 2348	98563
$\frac{N_2O_6Ba}{2}$	131	3,208	40,8	1,1038	24,6	16,2	0,40	122731	— 4583	127314
$\frac{N_2O_6Ca}{2}$	82	2,504	32,7	1,0578	23,0	9,7	0,29	73487	+ 2014	71473
NO_3Na	85	2,241	37,9	1,0540	29,4	8,5	0,22	64396	— 4842	69238
NO_3K	101	2,093	48,3	1,0591	38,7	9,6	0,20	72730	— 8330	81060
NO_3NH_4	80	1,668	48,0	1,0307	47,9	0,1	0,02	758	— 6325	7083

[1]) Berthelot, Compt. rend. 77, 24; JB. 1873, S. 76. — [2]) P. A. Favre u. C. A. Valson, Compt. rend. 77, 802 u. 79, 968, 1036; JB. 1873, S. 87 u. 1874, S. 88.

II. Wasserhaltige und wasserfreie Nitrate bei verschiedenen Konzentrationen.

N bezeichnet die Anzahl der Salzäquivalente in 1 kg Wasser, D die Dichte der entsprechenden Lösungen, V das Volumen in Kubikcentimetern, erhalten durch Teilung des Gesamtgewichtes von Wasser und Salz durch D, v die successive Volumenzunahme durch jedes weitere Äquivalent des gelösten Salzes, D_1 die Dichte des Salzes im festen Zustande, v_1 das Volumen von 1 Äq. $= \frac{p}{D_1}$.

N	$\frac{(NO_3)_2Ca, 4H_2O}{2}$ $p = 118$ g $t = 24{,}65°$			$\frac{(NO_3)_2Ca}{2}$ $p = 82$ g $t = 24{,}65°$			$\frac{(NO_3)_2Sr, 4H_2O}{2}$ $p = 142$ g $t = 23{,}4°$			$\frac{(NO_3)_2Sr}{2}$ $p = 106$ g $t = 23{,}4°$			$\frac{(NO_3)_2Ni, 6H_2O}{2}$ $p = 145{,}5$ g $t = 24{,}4°$			$\frac{(NO_3)_2Ni}{2}$ $p = 91{,}5$ g $t = 24{,}4°$		
	D	V	v	D	V	v	D	V	v	D	V	v	D	V	v	D	V	v
1	1,056	1059	59	1,059	1023	23	1,078	1059	59	1,081	1023	23	1,069	1071	71	1,073	1017	17
2	1,104	1120	61	1,112	1048	25	1,146	1120	61	1,155	1049	26	1,128	1144	73	1,141	1036	19
3	1,145	1183	63	1,160	1074	26	1,205	1183	63	1,224	1077	28	1,179	1218	74	1,205	1057	21
4	1,181	1246	63	1,205	1102	28	1,257	1247	64	1,289	1105	28	1,224	1292	74	1,266	1079	22
5	1,213	1310	64	1,246	1131	29	1,303	1312	65	1,350	1133	28	1,264	1367	75	1,324	1101	22
6	1,243	1374	64	1,286	1160	29	1,345	1377	65	1,407	1162	29	1,299	1442	75	1,378	1124	23
7	1,270	1438	64	1,323	1190	30	1,383	1442	65	—	—	—	1,329	1518	76	—	—	—
8	1,294	1502	64	—	—	—	—	—	—	—	—	—	1,357	1594	76	—	—	—
9	1,316	1567	65	—	—	—	—	—	—	—	—	—	—	—	—	—	—	—
10	1,336	1631	64	—	—	—	—	—	—	—	—	—	—	—	—	—	—	—
	$D_1 = 1{,}878$; $v_1 = 62{,}8$			$D_1 = 2{,}504$; $v_1 = 32{,}7$			$D_1 = 2{,}249$; $v_1 = 63{,}1$			$D_1 = 2{,}980$; $v_1 = 35{,}6$			$D_1 = 1{,}993$; $v_1 = 73{,}0$					

Die Verdünnungswärme pro Gramm-Molekel in Kalorien ist nach Dunnington und Hoggard[1]):

Molekeln Wasser	5	6	7	8	9	10	11	12	13	14	15	Weiterhin Mol. H_2O	Weiterhin Cal.
Magnesiumsalz	—	76	37	33	—	—	—	7	—	—	—	(16)	1
Calciumsalz . .	—	—	—	—	—	131	41	21	8	−5	−22	(17)	−53
Dasselbe + $30 H_2O$.	—	−36	—	—	—	—	−30	—	—	—	—	—	—
Ammoniumsalz	−290	−205	−172	—	−122	—	−97	—	−68	—	—	(24)	−19
Natriumsalz . .	—	—	—	—	−87	—	−50	—	—	—	−16	(30)	−1

In Aceton lösen sich die Nitrate des Aluminiums, Ammoniums, Baryums, Cadmiums, Calciums, Cers, Chroms, Didyms, Kaliums, Lanthans, Rubidiums, Silbers, Strontiums, Thalliums und Uranyls, in Methylalkohol das Merkuri- und das Silbersalz[2]).

Mischungen von Nitraten zeigen bei bestimmten Verhältnissen teilweise konstante Erstarrungspunkte, die niedriger liegen als die der einzelnen Komponenten[3]). So erstarren:

Salz	Molekeln	+ Salz	Molekeln	bei	Salz	Molekeln	+ Salz	Molekeln	bei
NO_3K	1	NO_3Na	0	327°	NO_3K	1	NO_3Ag	1	169—121°
NO_3K	0	NO_3Na	1	298°	NO_3K	1,68	NO_3Ag	1	191—131°
NO_3K	3	NO_3Na	1	265—247°	NO_3Na	1	NO_3Ag	1	251,5°
NO_3K	2	NO_3Na	1	244°	NO_3Na	2	NO_3Ag	1	263°
NO_3K	1	NO_3Na	1	219°	NO_3Na	1	NO_3Ag	1	190—130°
NO_3K	1	NO_3Na	2	242—224°	NO_3K	1			
NO_3K	1	NO_3Na	3	267—237°	NO_3Na	1	$(NO_3)_2Ca$	½	235—216°

Baryum- und Bleinitrat können nur geschmolzen werden, wenn man sie in kleinen Krystallen auf das schmelzende Kalium- oder Natriumsalz oder ein Gemenge beider bringt; es erstarren Gemenge aus gleichen Gewichten von Baryumsalz + Natriumsalz bei 322 bis 288°, Bleisalz + Natriumsalz bei 282°, Bleisalz + Natriumsalz + Kaliumsalz bei 259°. — Ammoniumnitrat schmilzt bei 153 und erstarrt bei 135°; fügt man es aber zu gleichen Gewichten des Kalium- und Natriumsalzes, so schmilzt es ohne Gasentwickelung und erstarrt von 144 bis 136°. Mangannitrat, das sich beim Erhitzen für sich unter Abscheidung von Superoxyd zersetzt, kann in einer Mischung des

[1]) Dunnington u. Hoggard, Am. Chem. Journ. 22, 207; Chem. Centralbl. 1899, II, S. 693. — [2]) Wilh. Eidmann, Inaug.-Dissertat. Gießen 1899; Chem. Centralbl. 1899, II, S. 1014. — [3]) E. Maumené, Compt. rend. 97, 45, 1215; JB. 1883, S. 119.

Natrium- und Ammoniumsalzes geschmolzen und ohne die geringste Ausscheidung bis 140° erhitzt werden; diese Mischung erstarrt noch nicht vollständig bei 76°; wenn das Mangansalz feucht war, bleibt sie sogar bei 15° noch flüssig. Auch Strontiumnitrat, das für sich nicht ohne Zersetzung geschmolzen werden kann, schmilzt mit gleichen Gewichten der Alkalisalze unter geringer Sauerstoffentwickelung; erst bei 295° giebt diese Mischung einen dichten Absatz, der flüssige Teil erstarrt von 237 bis 214°.

Bei Mischung einiger Nitrate mit fester Soda tritt eine Temperaturerniedrigung ein. Dieselbe ist nach Walton [1]) im allgemeinen unabhängig von der Anfangstemperatur, und die Temperatur stellt sich ein

für	$(NO_3)_2Pb$	$(NO_3)_2Ba$	$(NO_3)_6Al_2 . 18 H_2O$	$(NO_3)_2Cu . 6 H_2O$
auf	—17°	—13,7 bis —17°	—18°	—18 bis —15°

Die Gefrierpunktserniedrigung und Dampfspannungsverminderung betragen nach Raoult [2]) für 1 proz. Lösungen:

Salz	Gefrierpunkts-erniedrigung	Dampfspannungs-verminderung
Bleisalz	0,104°	0,110 . 7,6
Baryumsalz	0,145°	0,137 . 7,6
Kaliumsalz	0,245°	0,280 . 7,6
Natriumsalz	0,347°	0,380 . 7,6
Ammoniumsalz	0,378°	0,361 . 7,6

Für gesättigte Lösungen beträgt die Gefrierpunktserniedrigung nach de Coppet [3]):

Salz	Gefrierpunkts-erniedrigung	100 Tle. Wasser enthalten Salz
Kaliumsalz	2,85°	10,7 g
Natriumsalz	18,5°	58,5 g
Ammoniumsalz	17,35°	70,0 g
Baryumsalz	0,7°	4,5 g
Strontiumsalz	5,75°	32,4 g
Calciumsalz	2,7°	35,2 g

Es diffundieren nach Long [4]) innerhalb 24 Stunden von:

NO_3NH_4	NO_3K	NO_3Na	NO_3Li	$(NO_3)_2Ba$	$(NO_3)_2Sr$	
660	607	524	512	656	552	Molekeln.

Nach Marignac [5]) sind die relativen Koeffizienten für gleich-

[1]) Evelyn M. Walton, Phil. Mag. 12, 290; Ber. 15, 78. — [2]) F. M. Raoult, Compt. rend. 87, 167; JB. 1878, S. 55. — [3]) L. C. de Coppet, Journ. phys. chem. 22, 239; Chem. Centralbl. 1897, I, S. 737. — [4]) J. H. Long, Ann. Phys. [2] 9, 613. — [5]) C. Marignac, N. Arch. phys. nat. 50, 89; J. B. 1874, S. 37.

zeitige Diffusion bei verschiedenen Verdünnungen zwischen verschiedenen Nitraten:

	Gehalt an jedem Salze für 100 Tle. Wasser						Mittel für
	20	10	5	2,5	1,25	0,625	2,5
$NO_3H:NO_3K$	—	5,208	4,140	3,649	0,390	—	3,73
$NO_3NH_4:NO_3K$	1,171	1,055	1,000	1,000	0,988	—	1,00
$(NO_3)_2Ba:NO_3K$	—	—	0,415	0,441	0,468	0,466	0,44
$NO_3K:NO_3Na$	1,404	1,527	1,577	1,529	1,543	1,575	1,55
$NO_3Ag:NO_3Na$	—	1,115	1,160	1,186	1,197	—	1,18
$(NO_3)_2Ca:NO_3Na$	0,634	0,610	0,659	0,638	0,674	—	0,66
$(NO_3)_2Pb:NO_3Na$	0,521	0,557	0,617	0,658	0,681	—	0,65
$(NO_3)_2Mg:NO_3Na$	0,702	0,695	0,656	0,640	0,632	—	0,64
$(NO_3)_2Sr:NO_3Na$	—	0,587	0,620	0,630	0,666	—	0,64
$(NO_3)_2Ba:NO_3Na$	—	—	0,589	0,625	0,672	0,682	0,63

Das elektrische Leitungsvermögen fand Long[1]) für das Kupfer- und Strontiumsalz den berechneten Werten sehr nahe. Für stark verdünnte Lösungen fand Arrhenius[2]) die folgenden Werte:

Substanz	Beobachteter Widerstand in Ohm	Temperatur in Graden Celsius	Verhältnis der Verdünnungen	Verhältnis der Widerstände	Dilutionskoeffizient
NO_3Ag	456	16,3	1 : 6,47	1 : 6,13	1,96
	2 745	16,8	1 : 5,84	1 : 5,81	1,99
	15 150	16,8	1 : 6,34	1 : 6,44	2,01
	75 400	16,9	—	—	—
NO_3NH_4	315	16,6	1 : 7,83	1 : 7,34	1,96
	2 295	16,7	1 : 7,66	1 : 7,50	1,88
	16 250	16,7	1 : 10,14	1 : 10,86	—
	107 500	16,8	—	—	—
$(NO_3)_2Ca$	525	15,4	1 : 6,50	1 : 5,98	1,94
	3 087	15,7	1 : 8,28	1 : 7,82	1,96
	22 520	15,9	1 : 8,15	1 : 8,45	2,02
	118 000	16,1	—	—	—
$(NO_3)_2Zn$	442	15,5	1 : 4,56	1 : 4,16	1,92
	1 819	15,7	1 : 7,61	1 : 7,12	1,95
	12 390	15,7	1 : 5,69	1 : 5,61	1,99
	56 400	15,8	—	—	—
NO_3H	399	16,45	1 : 10,14	1 : 10,46	2,02
	4 095	16,25	1 : 8,36	1 : 10,80	2,18
	36 100	16,8	—	—	—

[1]) J. H. Long, Ann. Phys. [2] 11, 37. — [2]) Sv. Arrhenius, Recherches sur la conductibilité galvanique des électrolytes, Stockholm 1884.

Foussereau[1]) fand für den Widerstand, verglichen mit Chlorkaliumlösungen gleicher Konzentration, folgende Werte:

Formel des Salzes	Äquivalentgewicht	Werte des Leitungswiderstandes bei der Konzentration			
		$^1/_{20}$	$^1/_{200}$	$^1/_{1000}$	$^1/_{4000}$
NO_3NH_4	80	1,203	1,134	1,156	1 133
NO_3K	101	1,555	1,431	1,371	—
$(NO_3)_2Pb$	165,5	3,721	2,834	2,530	2,212
NO_3Ag	170	2,865	2,480	2,480	2,149

Die hydrolytische Dissoziation ist geringer als bei den Chloriden, aber stärker als bei Sulfaten[2]). Für die Dissozationsformel $K = \frac{C_i^n}{C_s}$ ist nach Bancroft[3]) n beim

Kaliumsalz	Natriumsalz	Silbersalz
1,47	1,40	1,55.

Die Leitfähigkeit im flüssigen Ammoniak bestimmte Cady[4]). Es ist für

	Kaliumsalz	Silbersalz	Bleisalz
V	100	140	130
n	124	147	88

Das Verhalten gegen Reagentien in flüssigem Ammoniak untersuchten Franklin und Kraus[5]).

Fousserea u[1]) untersuchte auch den Leitungswiderstand einiger geschmolzener Salze und fand für:

Formel des Salzes	Temperatur	Widerstand in Ohm	Formel des Salzes	Temperatur	Widerstand in Ohm
NO_3K	329°	1,66	$1\,NO_3K + 1\,NO_3Na$	219°	2,40
	355°	1,31		355°	0,86
NO_3Na	300°	2,27	$1\,NO_3K + 1\,NO_3Na + 1\,NO_3NH_4$	140°	4,86
	356°	1,50		180°	3,45
NO_3NH_4	154°	3,09			
	188°	2,09			

Der Widerstand der festen Salze ist in der Nähe des Schmelzpunktes mehrtausendfach größer als derjenige der geschmolzenen und nimmt bei Abnahme der Temperatur noch zu; doch leiten im all-

[1]) Foussereau, Compt. rend. 98, 1325; JB. 1884, S. 252. — [2]) Ludw. Brunner, Zeitschr. physik. Chem. 32, 133. — [3]) Wilder D. Bancroft, ebend. 31, 188. — [4]) Cady, Journ. phys. chem. 1, 707; Chem. Centralbl. 1898, I, S. 168. — [5]) Franklin u. Kraus, Am. Chem. Journ. 21, 1; Chem. Centralbl. 1899, I, S. 515.

gemeinen die Nitrate bedeutend besser als Kalkgläser. Der Widerstand des Kaliumsalzes ist 4- bis 15 mal geringer als der des Natriumsalzes bei gleichen Temperaturen.

Die elektromotorische Kraft für 1° C. Temperaturintervall ist nach Bouty[1]), ausgedrückt in Daniells, für:

Kupfersalz	Zinksalz	Cadmiumsalz	Quecksilberoxydulsalz
0,000 704	0,000 692	0,000 634	0,000 140
	Silbersalz	Eisensalz	Nickelsalz
	— 0,000 165	— 0,000 169	— 0,000 234.

Nach Streintz[2]) verhält sich die elektromotorische Kraft von Metallen in Lösungen von Nitraten zu der in Sulfatlösungen wie 99,3 zu 100.

Bei der Elektrolyse läfst das Thalliumsalz sein Metall aus sauren Lösungen nicht, aus neutralen unvollständig, aus alkalischen vollständig abscheiden. Aus dem Indiumsalz erfolgt Abscheidung des Metalles, ebenso aus dem Palladiumsalz, doch entsteht bei letzterem daneben am positiven Pol eine geringe Menge Oxyd von roter Farbe[3]).

Bei den wasserhaltigen Nitraten kehrt fast durchgehends die Zahl von 3, seltener 4 Wassermolekeln bezw. Vielfache derselben wieder. So bilden die Nitrate von Eisen, Kobalt, Kupfer, Magnesium, Mangan, Nickel, Zink Hydrate mit 3 und 6 H_2O, das des Cadmiums solche mit 2 und 4 Mol. H_2O. Unterhalb —10° bilden diese Salze sämtlich wasserreichere Hydrate, und zwar mit 9 H_2O[4]).

Kastle[5]) fafst die verschiedenen Nitrate und eine Anzahl Doppelnitrate als Additionsprodukte der Metalloxyde mit dem Anhydrid N_2O_5 und den hypothetischen Hydraten desselben auf. Die normalen wasserhaltigen Nitrate sind danach als saure Salze komplexer Säuren zu betrachten, z. B. $(NO_3)_3Fe . 9H_2O$ als $N_3O_{18}FeH_{18}$, und die basischen Salze von jenen durch weitere Substitution des Wasserstoffs abzuleiten.

Zersetzung der Nitrate durch Bakterien: Severin, Centralbl. Bakteriol. II, 3, 504, 554. — Absorptionsspektra: W. N. Hartley[6]).

Aluminiumsalze. Das neutrale Salz $(NO_3)_6Al_2 + 18H_2O$ wird, wiewohl schwierig, erhalten durch Verdampfen einer sauren Lösung von Thonerdehydrat in Salpetersäure, besser durch Einwirkung von Salpetersäure 1,35 spezif. Gew. bei 100° auf Aluminiumdrehspäne[7]). Es bildet schiefe, rhombische, gewöhnlich sehr breite Prismen und

---

[1]) E. Bouty, Compt. rend. 90, 917; JB. 1880, S. 160. — [2]) F. Streintz, Wien. Akad. Ber. [2] 77, 410. — [3]) L. Schucht, Chem. News 47, 209; JB. 1883, S. 222. — [4]) Rob. Funk, Ber. 32, 96; Zeitschr. anorg. Chem. 20, 393. — [5]) J. H. Kastle, Ann. Chem. Journ. 20, 814; Chem. Centralbl. 1899, I, S. 407. — [6]) W. N. Hartley, Chem. Soc. Proc. 18, 67; Chem. Centralbl. 1902, I, S. 1037. — [7]) Stillman, Am. Chem. Soc. Journ. 19, 711; Chem. Centralbl. 1897, II, S. 888.

Oktaëder[1]), die ihrer Zerfliefslichkeit wegen auf Ziegelstein über Schwefelsäure getrocknet werden müssen. Die Grundform ist ein schiefes, rhombisches Prisma; Winkel 131° 36'; $a:b:c = 1{,}133{,}98:1:1{,}91913$; beobachtete Flächen: (110), (001) sehr entwickelt, (011) ziemlich entwickelt, ($\bar{1}12$) beschränkt[2]).

Die Krystalle sind schön durchsichtig, an feuchter Luft zerfliefslich, im Exsiccator verwittern sie, schmelzen bei ungefähr 70°, reagieren stark sauer[3]). Aufser in Wasser sind sie auch in Alkohol sowie in Salpetersäure leicht löslich. Mit Natriumbikarbonat geben sie bedeutende Temperaturerniedrigung[4]). Aus der Lösung des entwässerten Salzes in konzentrierter Salpetersäure krystallisiert ein Salz von der Zusammensetzung $(NO_3)_6Al_2 + 4H_2O$ in kleinen Nadeln[5]).

Die wässerige Lösung des neutralen Salzes löst noch Thonerdehydrat unter Bildung basischer Salze auf. Ein lösliches basisches Salz von der Zusammensetzung $2Al_2O_3, 3N_2O_5 + 3H_2O$ entsteht durch 36 stündiges Erhitzen des neutralen Salzes im Wasserbade[6]).

Ammoniumsalz (NO_3NH_4), Nitrum flammans, bildet sich bei Ozonisierung völlig gereinigter Luft durch feuchten Phosphor[7]), bei Verdampfung von Wasser[8]), ferner bei Einwirkung einer Lösung von Ferronitrat auf Eisen, entsprechend der Gleichung:

$$4(NO_3)_2Fe + 8H_2O + 11Fe = 4NO_3NH_4 + 5Fe_3O_4\,{}^{9)}.$$

Die Bildungswärme aus den Elementen ist für das feste Salz ($N_2 + O_3 + H_4 = NO_3NH_4$) = 80,7 Cal.[10]). Das Salz wird dargestellt durch Neutralisieren verdünnter Salpetersäure mit Ammoniak oder Ammoniumkarbonat und Abdampfen der Lösung zur Krystallisation. Im grofsen wird es durch Umsetzung des Baryum-[11]) oder häufiger des Natriumsalzes mit Ammoniumsulfat gewonnen. Diese Umsetzung kann durch Schmelzen erfolgen. Die Trennung von Alkalisulfat erfolgt dann durch Schmelzen und Abziehen[12]) oder durch successives Ausfrieren der Salze aus der wässerigen Lösung[13]). Knab[14]) behandelt Alkalinitrat mit Ammoniumoxalat.

Das Salz krystallisiert in sechsseitigen rhombischen Säulen mit sechsseitigen Pyramiden ohne Krystallwasser und ist isomorph dem Kaliumsalz. Das spezifische Gewicht ist nach Schiff 1,701, nach Kopp

---

[1]) Stillman, Am. Chem. Soc. Journ. 19, 711; Chem. Centralbl. 1897, II, S. 888. — [2]) Ch. Soret, Arch. phys. nat. [3] 16, 460. — [3]) E. Thorey, Russ. Zeitschr. Pharm. 10, 321; JB. 1871, S. 285. — [4]) Ordway, Pharm. Centralbl. 1850, S. 282. — [5]) Ditte, Ann. ch. phys. [5] 18, 320; JB. 1879, S. 221. — [6]) Ordway, Sill. Am. J. [2] 29, 208. — [7]) A. R. Leeds, Chem. News 43, 97; JB. 1881, S. 158. — [8]) P. Freda, Annuario della Scuola — d'agric. di Portici 1878; Ber. 11, 1388. — [9]) E. Ramann, Ber. 14, 1430. — [10]) Berthelot, Compt. rend. 78, 862; JB. 1874, S. 113. — [11]) E. Carez, D. R.-P. 48278; Ber. 22, 717, Ref. — [12]) Roth, D. R.-P. 53364 u. 55155; Ber. 23, 714, Ref. u. 24, 426, Ref. — [13]) Benker, D. R. P. 69148; Ber. 26, 731, Ref. — [14]) Knab, Franz. Pat. 116331.

1,707. Das Salz schmeckt kühlend, scharf und bitter, löst sich sehr leicht in Wasser und zieht an der Luft Feuchtigkeit an. Es zerfliefst, sobald der Partialdruck von Wasserdampf = 10,8 mm Quecksilber ist [1]). Nach Karsten löst es sich in 0,502 Tln. Wasser von 18°, nach Harris [2]) in 0,54 Tln. von 10°. 1 Tl. löst sich bei 25° in 2,29 Tln. Weingeist von 66,8 Gew.-Proz. [3]) und in 1,1 Tl. kochendem Weingeist. Beim Erhitzen zerfällt es in Wasser und Stickoxydul nach der Gleichung $NO_3NH_4 = N_2O + 2H_2O$. Es schmilzt zunächst nach Berthelot [4]) bei etwa 152°, nach Pickering [5]) erst bei 165° bis 166°, nach Veley [6]) zeigt es bei 150°, nach Smith [7]) bei 145° die ersten Zeichen von Schmelzung und wird bei 153 bezw. 160° [7]) zu einer klaren durchscheinenden Flüssigkeit. Die Gasentwickelung beginnt bei 185 bis 186° [8]), nach Smith schon bei 170°, und ist erst gegen 210° hinlänglich rasch [4]). Schmelz- und Zersetzungstemperatur bleiben bei Herabsetzung des Druckes auf 10 mm Quecksilber unverändert [6]). Die Zersetzung wird immer lebhafter, je mehr die Temperatur durch Wärmezufuhr steigt, ohne dafs zwischen 200 und 300° ein konstanter Punkt erreicht wird [4]). Das Zersetzungsverhältnis ist abhängig von der angewandten Salzmenge, ferner von dem Betrage vorhandener freier Salpetersäure. Bei anfangs alkalischer Reaktion wächst der Betrag schrittweise, solange der Gehalt an freier Säure wächst, bis zu einem Geschwindigkeitsmaximum, um dann mit der Säuremenge wieder abzunehmen. Überschufs an Ammoniak, wie er durch Einleiten desselben oder durch Zusatz basischer Oxyde erzielt werden kann, vermag die Reaktion völlig aufzuhalten, selbst wenn die Temperatur 50 bis 60° über die normale Zersetzungstemperatur steigt. Nach 13- bis 14stündigem Erhitzen wird der Zersetzungsbetrag in allen Fällen konstant [6]). Die Menge des gebildeten Stickoxyduls bleibt stets hinter der theoretischen zurück, weil stets eine grofse Menge des Salzes unzersetzt verflüchtigt wird [4]). Man kann sogar das Salz ohne erhebliche Zersetzung und nach Berthelots Ansicht, ohne dafs es dabei dissoziiert, sublimieren, wenn man es geschmolzen in eine Schale bringt, die mit Filtrierpapier bedeckt wird, und darüber einen Cylinder aus stärkerem Papier, mit groben Glasstücken gefüllt, anbringt. Erhitzt man dann vorsichtig auf dem Sandbade nicht über 190 bis 200°, so sublimiert das Salz in schönen glänzenden Krystallen, welche sich an die Wände der Schale oder an die untere Seite des Papiers anlegen, zum Teil sogar das Papier durch-

---

[1]) Kortright, Journ. phys. chem. 3, 328; Chem. Centralbl. 1899, II, S. 414. — [2]) Harris, Compt. rend. 24, 816. — [3]) Pohl, Wien. Akad. Ber. 6, 599. — [4]) Berthelot, Compt. rend. 82, 932; JB. 1876, S. 90. — [5]) S. Pickering, Chem. News 38, 267; JB. 1878, S. 221. — [6]) Veley, Chem. Soc. J. 43, 370; JB. 1883, S. 186. — [7]) W. Smith, Journ. Soc. Chem. Ind. 11, 867; Ber. 26, 268, Ref. — [8]) S. Pickering, Chem. News 38, 267; JB. 1878, S. 221; s. a. [4]).

dringen. Die Zersetzungswärme ($NH_3, NO_3H = N_2O + 2H_2O$) ist ungefähr = 46000 cal. [1]). — Gegenwart von Essigsäure führt explosionsartige Entzündung schon beim Konzentrieren der wässerigen Lösung herbei [2]). Durch Knallquecksilber kann das Salz zur Explosion gebracht werden [3]).

Bei gelinder Erwärmung treten anscheinend Strukturänderungen ein [4]). Bei der Entwässerung steigt nämlich die Temperatur anfangs regelmäfsig bis 35,67°, fällt dann wieder auf ein Minimum bei 34,96°, um hierauf abermals zu steigen; bei der Abkühlung ist der Verlauf ähnlich, doch liegen die Temperaturen etwas tiefer, nämlich das Maximum bei 31,05° und das Minimum bei 30,07°. Ähnlich charakteristische Temperaturen liegen für Erwärmung bei etwa 86 und 125°, für Abkühlung bei 82,5 und 124°. Dieselben sind Änderungen der krystallographischen Struktur zuzuschreiben, von denen die erste ebenso wie die dritte (35 und 125°) von bedeutender Volumenvergröfserung begleitet sind, während bei der zweiten (85°) das entgegengesetzte Verhältnis eintritt. Es ist die mittlere spezifische Wärme zwischen 0 und 31° = 0,407, zwischen 31 und 82,5° = 0,355, zwischen 82,5 und 124° = 0,426, während sie im allgemeinen zu 0,43 gefunden wurde [5]); die Übergangswärme ist bei 31° = 5,02, bei 82,5° = 5,33, bei 124° = 11,86 cal.

Die Wärmeentwickelung bei den verschiedenen explosiven Umwandlungen ist nach Berthelot:

	Umsetzung	Wärmeentwickelung
NO_3NH_4	$= N_2O + 2H_2O$ (flüssig)	+ 29500 cal.
	$= N_2 + O + 2H_2O$ (flüssig)	+ 50100 „
	$= N^3/_2 = {}^1/_2 NO_2 + 2H_2O$ (flüssig)	+ 48800 „
	$= N + NO + 2H_2O$ (flussig)	+ 28500 „
	$= {}^2/_5 NO_3H + {}^8/_5 N + {}^9/_5 H_2O$	+ 53000 „

Beim Lösen des Salzes in Wasser wird Wärme in bedeutender Menge latent, so dafs sich dasselbe zur Erzeugung niedriger Temperaturen eignet (Eissalz). 60 Tle. des Salzes geben beim Vermischen mit 100 Tln. Wasser eine Temperaturerniedrigung von 27,2°; bei einer Anfangstemperatur von 0° sinkt dieselbe indessen nur bis — 16,7°, da dies der Gefrierpunkt der wässerigen Lösung ist [6]).

Die Lösungswärme bei 0° (λ_0) ist $= 92{,}25 - 1{,}737\,pg + 0{,}04026\,pg^2$ für (Prozentgehalt) $pg = 3{,}04$ bis $20{,}0$, $= 89{,}1 - 0{,}985\,pg + 0{,}0105\,pg^2$ für $pg = 20{,}0$ bis $40{,}0$ [7]); die spezifische Wärme der Lösung (K) ist

---

[1]) Berthelot, Compt. rend. 82, 932; JB. 1876, S. 90. — [2]) C. O. Weber, Journ. Soc. Chem. Ind. 1893, II, S. 117; Ber. 26, 327, Ref. — [3]) Lobry de Bruyn, Recueil trav. chim. Pays-Bas 10, 127; Ber. 25, 191, Ref. — [4]) M. Bellati und R. Romanese, Ann. Phys. [2] Beibl. 11, 520. — [5]) J. Tollinger, Wien. Akad. Ber. 61, 319. — [6]) Rüdorff, Ber. 2, 68. — [7]) A. Winckelmann, Ann. Phys. 149, 1.

= 0,9835 — 0,00618 *pg* für *pg* = 3,04 bis 20,0 und = 0,7925 + 0,008555 *pg* + 0,0002575 pg^2 für *pg* = 20,0 bis 40,0 [1]). Thermische Ausdehnung der Lösung: de Lannoy, Zeitschr. f. physikal. Chem. **18**, 443.

In der Lösung sind bei 100° 0,072 Tle. dissoziiert [2]). Die Gefrierpunktserniedrigung der Lösungen ist nach de Coppet [3]):

M	E	$\frac{E}{M}$	M	E	$\frac{E}{M}$	M	E	$\frac{E}{M}$
2	0,83°	0,415°	12	4,55°	0,379°	50	1,6°	0,272°
5	2,03°	0,406°	20	6,9°	0,345°	60	15,6°	0,260°
6	2,4°	0,400°	30	9,35°	0,312°	70,24	17,4°	0,248°
10	3,85°	0,385°	40	11,75°	0,294°			

Der Leitungswiderstand für ein Äquivalent ist [4]) für

$L^1/_4$	$L^1/_8$	$L^1/_{16}$	$L^1/_{32}$	$L^1/_{64}$
28,2	30,3	31,7	32,8	33,5

Beim Zusammenreiben mit Glaubersalz tritt eine Temperaturerniedrigung um etwa 20°, mit Natriumphosphat um etwa 18°, mit Soda um etwa 25° ein [5]).

Die Lösung wird durch metallisches Eisen reduziert. Die Einwirkung erfolgt zunächst nach der Gleichung $2\,NO_3NH_4 + Fe = (NO_3)_2Fe + 2\,NH_3 + H_2$. Der Wasserstoff wird aber nicht frei, sondern dient zur Reduktion weiteren Ammoniumnitrats. Diese verläuft zum Teil bis zur Abscheidung von freiem Stickstoff, zum Teil entstehen intermediäre Produkte je nach der Dauer der Einwirkung und nach der Temperatur, wie Ammoniumnitrit und Ammoniumhyponitrit [6]).

Das Salz wird in grofsen Mengen zur Darstellung von Sicherheitsexplosivstoffen verwendet. Es mufs hierfür möglichst frei von fixen Bestandteilen sein. Durch Beimengung von Nitrobenzol oder Nitronaphtalin wird die Wirkung erhöht [7]).

Saure Salze: 1. NO_3NH_4, $2\,NO_3H$ wird nach Ditte [8]) durch Auflösen des geschmolzenen neutralen Salzes in Salpetersäuremonohydrat erhalten. Es krystallisiert in verlängerten, ineinander verwachsenen Prismen, welche bei 18° schmelzen und bei 20° unter schwacher Gasentwickelung sich zersetzen.

2. NO_3NH_4, NO_3H wird durch längeres Digerieren des vorigen mit geschmolzenem neutralen Salze erhalten. Es bildet viel feinere und weniger verwachsene, bei 9° schmelzende Nadeln.

[1]) A. Winckelmann, Ann. Phys. **149**, 1. — [2]) H. C. Debbits, Ber. 5, 820. — [3]) De Coppet, Ann. ch. phys. [4] **23**, 366; JB. 1871, S. 26. — [4]) Lenz, Ann. Phys. Beibl. 2, 710. — [5]) Ditte, Compt. rend. **90**, 1282; Ber. **13**, 1353. — [6]) E. Ramann, Ber. **14**, 1430. — [7]) Fairley, Journ. Soc. Chem. Ind. **16**, 211; Chem. Centralbl. 1897, I, S. 1182. — [8]) Ditte, Ann. ch. phys. [5] **18**, 320; JB. 1879, S. 221.

Basische Salze. Das neutrale Salz absorbiert lebhaft Ammoniak bei allen Temperaturen zwischen — 15 und + 25°, wobei es verflüssigt wird [1]). Die Zusammensetzung der erhaltenen farblosen Flüssigkeit ist abhängig von der Temperatur; über 28° wird sie unter Entwickelung von Ammoniak fest. Es absorbieren 100 g Ammoniumnitrat unter 760 mm Druck

bei	absorbiertes Ammoniak	Aggregatzustand	bei	absorbiertes Ammoniak	Aggregatzustand
— 10°	42,50	flüssig	+ 29°	20,90	fest
0°	35,00	"	30,5°	17,50	"
+ 12°	33,00	"	40,5°	6,00	"
18°	31.50	"	79°	0,50	"
28°	23,25	"			

Es entspricht demnach die Zusammensetzung bei — 10° der Formel $NO_3NH_4 + 2NH_3$. Diese Flüssigkeit gefriert nicht in einer Kältemischung aus Eis und Kochsalz. Ihr spezifisches Gewicht ist = 1,5; sie eignet sich vorzüglich zur Darstellung von flüssigem Ammoniak. Die durch Erwärmen auf 28,5° daraus erhaltene feste Verbindung entspricht der Formel $NO_3NH_4 + NH_3$.

Ferner sind die Verbindungen $2NO_3H, 5NH_3$ und $NO_3H, 4NH_3$ durch das Gleichbleiben der Tension bei Wegnahme wachsender Mengen des darüber befindlichen Gases nachgewiesen worden [2]). Die erste Verbindung ist bei Temperaturen unter — 22° fest, schmilzt bei dieser Temperatur langsam zu einer sehr beweglichen Flüssigkeit; während des Schmelzens unterscheidet man dünne rhomboidale Blättchen, welche, miteinander verbunden, die feste Masse bildeten. Das geschmolzene Salz zeigt die Erscheinung der Überschmelzung, es bleibt bei Abkühlung zunächst klebrig und erstarrt erst bei — 30° zu einer durchscheinenden blätterigen Masse. Die bei gegebener Temperatur konstante Tension wächst mit der Zunahme der ersteren. Sie beträgt bei:

Temperatur	— 30°	— 26°	— 18°	— 10°	— 0°
mm	90	115	170	250	365
Temperatur	+ 10,1°	+ 14°	+ 18,4°	+ 20,8°	+ 25°
mm	525	600	715	765	930

Die Verbindung $NO_3H, 4NH_3$ wird erst bei — 55° fest; sie läſst sich durch Schütteln mit einem kleinen Überschuſs von fein gepulvertem neutralen Salz leicht in die vorher beschriebene Verbindung überführen (Raoult).

[1]) E. Divers, Chem. News 27, 37; F. M. Raoult, Compt. rend. 76, 1261; JB. 1873, S. 219. — [2]) L. Troost, Compt. rend. 94, 789; JB. 1882, S. 236; Raoult, Compt. rend. 94, 1117; JB. 1882, S. 237.

Nach Divers[1]) und Kuriloff[2]) ist aber die Flüssigkeit nur eine Lösung des Salzes in flüssigem Ammoniak von wechselnder Zusammensetzung.

Auf die erwähnten Verbindungen wirken Phosphorsäure und Chromsäure nicht mit großer Energie ein, doch verbinden sie sich mit dem Ammoniak. Jod löst sich darin wie in flüssigem Ammoniak. Brom entwickelt Stickstoff. Bleisalze, einschließlich des Sulfats, Chlorids, Jodids und Oxyds, sowie Platinchlorid lösen sich unter Bildung von Ammoniakverbindungen [Divers[3])].

Werden die Krystalle der Verbindung NO_3H, $4NH_3$ mit einer Lösung von Platinchlorid in Essigäther überschichtet, so gehen sie in Pseudomorphosen des Platinsalmiaks über[4]). Kalomel wird zu metallischem Quecksilber (?) reduziert. Jodmethyl wird zersetzt, Buttersäureäther und Chloroform wenig gelöst. Äther mischt sich nicht mit den Verbindungen, bewirkt aber Zerfall in Ammoniak und neutrales Salz. Durch Elektrolyse wird Wasserstoff und Ammoniak am negativen, Stickstoff und neutrales Salz am positiven Pol erzeugt [Divers[3])]. Zink löst sich schon bei gewöhnlicher Temperatur nach und nach in der Flüssigkeit, die dadurch fest wird. Beim Öffnen des Apparates entwickelt sich dann viel Ammoniak, und die feste, weiße, krystallinische Masse enthält eine beträchtliche Menge Nitrite sowie Zinkoxyd. Eisen verschwindet ebenfalls in der Lösung, während Kupfer und Zinn nicht angegriffen zu werden scheinen.

Alkylsubstituierte Ammoniumsalze:

Methylaminsalz $NO_3H.NH_2(CH_3)$ ist aus heißem Alkohol gut krystallisierbar, hygroskopisch, vom Schmelzp. 99 bis 100° [5]).

Dimethylaminsalz $NO_3H.NH(CH_3)_2$ bildet lange hygroskopische, auch in kaltem Alkohol leicht lösliche Nadeln vom Schmelzp. 73 bis 74° [5]).

Trimethylaminsalz $NO_3H.N(CH_3)_3$ bildet lange, in kaltem Alkohol schwer lösliche, nur wenig hygroskopische Nadeln vom Schmelzp. 153° [5]).

Diäthylaminsalz $NO_3H.NH(C_2H_5)_2$ krystallisiert aus Alkohol in hygroskopischen Nadeln vom Schmelzp. 99 bis 100° [5]).

Triäthylaminsalz $NO_3H.N(C_2H_5)_3$ besitzt denselben Schmelzpunkt wie das vorige, ist hygroskopisch, im übrigen dem Ammoniumsalz sehr ähnlich [5]).

Antimonsalze. Durch Auflösen von Antimontrioxyd in rauchender Salpetersäure erhielt Peligot[6]) perlmutterglänzende Schuppen des Salzes N_2O_5, $2Sb_2O_3 = (OSb.O)_2{=}NO{-}O{-}ON{=}(O.SbO)_2$. Ein basisches Salz entsteht, wenn man fein gepulvertes Antimon mit verdünnter Salpetersäure digeriert; demselben kann durch kohlensaures

[1]) E. Divers, Chem. News 27, 37; Ders., Zeitschr. physikal. Chem. 26, 430. — [2]) Kuriloff, ebenda 25, 107. — [3]) E. Divers, Chem. News 27, 37. — [4]) W. v. Schröder, Zeitschr. anal. Chem. 22, 135. — [5]) Franchimont, Recueil trav. chim. Pays-Bas 2, 329; Ber. 17, 168, Ref. — [6]) Peligot, Ann. Chem. 64, 280.

Alkali die Säure leicht entzogen werden. Verschieden davon dürfte ein weifses Salz sein, das Montemartini[1]) durch Einwirkung von 70 proc. Salpetersäure auf Antimon bei gewöhnlicher Temperatur erhielt. Dasselbe ist in Wasser völlig unlöslich.

Baryumsalz $(NO_3)_2Ba$ kommt, nach Groth in Gestalt von bis 4 mm grofsen, farblosen Krystallen, die angeblich aus Chile stammten, in der Natur vor[2]). Dieselben sind Oktaeder und treten bisweilen in Zwillingsform nach dem Spinellgesetze auf. Das Salz wird künstlich meist in der Weise dargestellt, dafs man Baryumkarbonat (Witherit, oder das nicht völlig reine, künstlich erhaltene Salz) mit 4 bis 5 Tln. Wasser zum Sieden erhitzt und verdünnte Salpetersäure zufügt, solange noch Kohlensäureentwickelung dadurch hervorgerufen wird. Etwaige saure Reaktion wird dann durch Zusatz von etwas Baryumkarbonat beseitigt und vom Ungelösten heifs abfiltriert. Beim Erkalten krystallisiert das Nitrat aus und kann durch Waschen und Umkrystallisieren leicht gereinigt werden.

Vielfach wird auch rohes Schwefelbaryum als Ausgangsmaterial benutzt, welches in 3 bis 4 Tle. kochendes Wasser eingetragen und dann durch Zusatz von verdünnter Salpetersäure bis zur neutralen Reaktion zersetzt wird. Durch wechselseitige Einwirkung von Schwefelwasserstoff und Salpetersäure soll hierbei stets etwas Ammoniumnitrat gebildet werden, wodurch aber die Brauchbarkeit des Verfahrens kaum beeinträchtigt wird.

Duflos vermischt eine Lösung von 4 Tln. Baryumchlorid in 8 Tln. heifsem Wasser mit einer solchen von 3 Tln. Chilisalpeter in 3 Tln. heifsem Wasser, läfst das Gemisch unter fortwährendem langsamen Umrühren erkalten, wobei sich Baryumnitrat abscheidet, wäscht dieses mit Wasser und reinigt es durch Umkrystallisieren. Diese Methode wird von Kuhlmann[3]) und Bolley[4]) empfohlen; letzterer rät jedoch, genau gleiche Äquivalente beider Salze zu nehmen.

Das Salz krystallisiert in luftbeständigen, wasserfreien Oktaedern, vielfach tetartoedrisch[2]). Wulff[5]) beobachtete die Formen $\frac{O}{2}$, $\frac{\infty O \infty}{2}$, $\frac{mOm}{2}$, $\frac{mOn}{2}$, ∞O, $\infty O \infty$. Es existieren zwei Modifikationen, je nachdem die Tetartoeder rechts oder links liegen, doch konnte trotz dieser ausgesprochenen Enantiomorphie keine Zirkularpolarisation beobachtet werden. Die Brechungsindices für die Fraunhoferschen Linien C, D und F sind 1,5665 (C), 1,5711 (D) und 1,5825 (F)[6]). Das

[1]) Montemartini, Gazz. chim. 22, I, p. 384; Ber. 25, 898, Ref. — [2]) W. J. Lewis, Phil. Mag. [5] 3, 453; JB. 1877, S. 244; H. Baumhauer, Zeitschr. Kryst. 1, 51; P. Groth, ebenda 6, 195. — [3]) Kuhlmann, Dingl. pol. J. 150, 57, 108, 415. — [4]) Bolley, Chem. Centralbl. 1860, S. 330. — [5]) L. Wulff, Zeitschr. Kryst. 4, 122. — [6]) Haldor Topsoë u. C. Christiansen, K. Danske Vidensk. Selskabs Skr. [5] 9; Ann. Phys. Ergzgsbd. 6, 499.

spezif. Gew. ist = 3,16 (Joule und Playfair), nach Schröder[1]) 3,23 bei 3,9°.

Hirzel will einmal ein Salz mit 2 Mol. Krystallwasser in farblosen Würfeln erhalten haben, Berry[2]) konnte dies nicht bestätigen. Nur durch Einbringen eines Krystalles von Strontiumnitrat in eine mit dem Baryum- und Strontiumsalz zugleich gesättigte Lösung und Verdunsten über Schwefelsäure bei ungefähr 0° konnten Krystalle erhalten werden, welche beide Nitrate in wechselnden Verhältnissen und daneben 4 Mol. Krystallwasser enthielten.

Das Salz ist, wie schon aus der Darstellungsart hervorgeht, ziemlich schwer löslich; es braucht zur Lösung 12 Tle. Wasser von 15° und 3 bis 4 Tle. siedenden Wassers. Nach Mulder lösen 100 Tle. Wasser bei

10°	20°	30°	40°	50°	60°	70°	80°	90°	100°
7,0	9,2	11,6	14,2	17,1	20,3	23,6	27,0	30,6	32,2 Tle.

Die gesättigte Lösung siedet bei 101,9°. Das spezifische Gewicht der Lösungen ist bei 19,5° und bei einem Gehalt an festem Salze von

1	2	3	4	5	6	7	8	9	10 Proz.
1,009	1,017	1,025	1,034	1,042	1,050	1,060	1,069	1,078	1,087

Weit weniger löslich ist das Salz in Wasser, welches Salzsäure oder Salpetersäure enthält, so dafs man es durch diese Säuren aus der gesättigten Lösung ausfällen kann. In Weingeist ist es unlöslich.

Pearson[3]) giebt folgende Tabelle für die Löslichkeit in verschiedenen wässerigen Flüssigkeiten:

Lösungsmittel	1 g wird gelöst von n ccm		Bemerkungen
	bei gewöhnl. Temperatur	bei 100°	
Wasser	13,33	4,67	a) 1 Vol. Säure von 39° B. und 5 Vol. Wasser. b) 1 Vol. konzentrierte Säure u. 4 Vol. Wasser. c) 1 Vol. käufliche Säure und 1 Vol. Wasser. d) 1 Tl. gelöst in 10 Tln. Wasser. e) Schwaches Ammoniak, neutralisiert mit Säure, wie a) bezw. c). f) Käufliche Essigsäure mit Natriumkarbonat neutralisiert, verdünnt mit 4 Vol. Wasser. g) Bereitet nach Stolba[4]).
Ammoniak (gewöhnlich)	14,67	5,67	
Ammoniak (mit 3 Vol. Wasser verd.)	16,50	—	
Salpetersäure (verd. a) .	unlöslich	—	
Salzsäure (verd. b) . . .	28,00	—	
Essigsäure (c)	29,00	—	
Salmiak (d)	13,67	4,67	
Ammoniumnitrat (e) . .	24,00	—	
Ammoniumacetat (e) . .	17,33	4,33	
Natriumacetat (f) . . .	14,67	5,33	
Kupferacetat (g)	17,33	6,00	
Traubenzucker (d) . . .	18,67	—	

[1]) W. v. Schröder, Zeitschr. anal. Chem. 22, 135. — [2]) R. A. Berry, Chem. News 44, 190; JB. 1881, S. 206. — [3]) A. H. Pearson, Zeitschr. Chem. 1869, S. 662. — [4]) Stolba, Zeitschr. anal. Chem. 2, 390.

Das Salz wird zur Darstellung reinen Baryts benutzt; nach einer Angabe von Rammelsberg [1]) soll es indessen beim Glühen nicht diesen, sondern die sauerstoffreichere Verbindung Ba_3O_4, vielleicht ein Gemenge von Baryt und Baryumsuperoxyd liefern. In der Feuerwerkerei dient es zur Herstellung eines grün brennenden Feuersatzes. Auch als Ersatz des Salpeters in Sprengstoffen ist es empfohlen worden; so besteht das von Esselens und Wynants in Belgien eingeführte „Saxifragin" aus 76 Tln. Baryumnitrat, 22 Tln. Holzkohle und 2 Tln. Kalisalpeter. Bolley [2]) empfahl, das Salz, das sich ja aus Chilisalpeter leicht gewinnen läfst, mittelst Kaliumsulfat in Kalisalpeter überzuführen.

Mit Ameisensäure und Essigsäure bildet das Salz krystallisierbare gemischte Salze, Baryumformonitrat $(NO_3)Ba(CHO_2).2H_2O$ und Baryumacetonitrat $(NO_3)Ba(C_2H_3O_2).4H_2O$ [3]).

Berylliumsalze. Das neutrale Salz ist leicht löslich in Wasser, sogar zerfliefslich und daher schwierig krystallisiert zu erhalten; auch in Weingeist ist es leicht löslich. Ordway [4]), der eine Lösung durch Wechselzersetzung des Baryumsalzes mit Berylliumsulfat herstellte, erhielt beim Verdampfen derselben zerfliefsliche Krystalle, welche ungefähr der Formel $(NO_3)_2Be.3aq.$ oder $(NO_3)_6Be_2 + 9aq.$ entsprachen; dieselben entliefsen bei anhaltendem Erhitzen im Dampfbade die Hälfte der Salpetersäure. Das zurückbleibende basische Salz, eine dicke, durchsichtige Masse, war in Wasser löslich. Durch unvollständige Zersetzung des neutralen Salzes mittels Ammoniakflüssigkeit soll ein lösliches drittelsaures Salz entstehen. Ferner wird basisches Salz gebildet, wenn eine Lösung des neutralen mit Beryllerde digeriert wird.

Bei 200 bis 250° entlassen die Salze sämmtliche Salpetersäure unter Hinterlassung von Beryllerde [5]).

Bleisalze. Neutrales Salz $(NO_3)_2Pb$ wird dargestellt durch Auflösen von Bleioxyd oder Bleiweifs in siedender, sehr verdünnter Salpetersäure. Beim Erkalten oder Eindampfen der Lösung krystallisiert es in Oktaedern mit sekundären Würfelflächen, die, wenn die Lösung sauer war, durchsichtig, sonst weifs und undurchsichtig sind. Die beobachteten Formen sind $\frac{O}{2}, \frac{mOm}{2}, \left[\frac{\infty On}{2}\right], \frac{mOn}{2}$; obwohl das Tetartoeder stets rechtsseitig ist, sind die Krystalle optisch inaktiv [6]). Das spezifische Brechungsvermögen für Natriumlicht ist nach Forster [7]) = 0,1566. Die Brechungsindices für die Fraunhoferschen Linien *C*, *D*

---

[1]) Rammelsberg, Ber. 7, 542. — [2]) Bolley, Chem. Centralbl. 1860, S. 330. — [3]) Ingenhoes, Ber. 12, 1678. — [4]) Ordway, J. pr. Chem. 76, 22. — [5]) Joy, Sill. Am. J. [2] 36, 83; J. pr. Chem. 92, 229. — [6]) L. Wulff, Zeitschr. Kryst. 4, 122. — [7]) E. Forster, Ann. Phys. Beibl. 5, 656.

und *F* sind 1,7780 (*C*), 1,7820 (*D*) und 1,8065 (*F*)[1]. Das spezifische Gewicht ist nach Karsten = 4,4, nach Joule und Playfair = 4,4722, nach Schröder[2]) = 4,509 bei 3,9°. Das Salz löst sich bei gewöhnlicher Temperatur in etwa 2 Tln. Wasser. Nach Kremers[3]) löst sich 1 Tl.

bei	0°	10°	25°	45°	65°	85°	100°
in	2,58	2,07	1,65	1,25	0,99	0,83	0,72 Tln. Wasser.

Thermische Ausdehnung der Lösungen: De Lannoy, Zeitschr. physikal. Chem. 18, 443.

Weit weniger löslich ist es in salpetersäurehaltigem Wasser und starke Salpetersäure löst es gar nicht, wirkt daher auch nicht merkbar auf metallisches Blei ein. In Weingeist ist es etwas löslich, und zwar lösen nach Gerardin[4]) 100 Tle. Weingeist vom spezif. Gew. 0,9282

bei	4°	8°	22°	40°	50°
	4,96	5,82	8,77	12,8	11,49 Tle. des Salzes.

Es löst sich ferner in Pyridin und zeigt in dieser Lösung annähernd das berechnete Molekelgewicht, nämlich 352,07 [5]).

Das Salz wird bei beginnender Rotglut zersetzt; es schmilzt und entläfst Sauerstoff und Untersalpetersäure, während gelbes Bleioxyd zurückbleibt.

Die Lösung liefert im Kapillarapparat mit Kaliumbichromatlösung erst nach einigen Tagen Spuren eines Stromes mit minimalem Absatz auf Seite der Bleilösung; mit Kaliumsulfatlösung liefert sie zwar ebenfalls einen sehr schwachen Strom, aber keinen Niederschlag[6]).

Durch Alkalihydrat wird die Lösung nur unvollständig zersetzt; es bilden sich zuerst basische Nitrate verschiedener Zusammensetzung[7]) (s. u.).

Blei wirkt schon bei gewöhnlicher Temperatur unter Bildung von Dibleinitrosonitrat ein, aber sehr langsam und beschränkt[8]). Bei höherer Temperatur entstehen basische Salze und Nitratnitrite. Ähnlich wirkt Kaliumnitrit.

Mit Ferricyanblei entsteht ein Doppelsalz, Ferricyanblei-Bleinitrat $Fe_2C_{12}N_{12}Pb_3$, $N_2O_6Pb + 12 H_2O$. Dasselbe krystallisiert aus der Mischung heifs gesättigter Lösungen von 1 Mol. Ferricyankalium und 3 Mol. Bleinitrat in granatbraunen bis glänzendschwarzen Krystallen, zersetzt sich aber teilweise schon beim Eindampfen der wässerigen Lösung. Die Bildung erfolgt nach der Gleichung:

---

[1]) Haldor Topsoë u. C. Christiansen, K. Danske Vidensk. Selskabs Skr. [5] 9; Ann. Phys. Ergzgsbd. 6, 499. — [2]) W. v. Schröder, Zeitschr. anal. Chem. 22, 135. — [3]) Kremers, Ann. Phys. 92, 497. — [4]) Gerardin, Ann. ch. phys. [4] 5, 129; JB. 1865, S. 64. — [5]) Werner, Zeitschr. anorg. Chem. 15, 1. — [6]) Becquerel, Compt. rend. 76, 245; JB. 1873, S. 120. — [7]) A. Ditte, Compt. rend. 94, 1180; JB. 1882, S. 337. — [8]) J. B. Senderens, Compt. rend. 104, 504; JB. 1887, S. 376.

$$2\,Fe_2C_{12}N_{12}K_8 + 6\,(NO_3)_2Pb = Fe_2C_{12}N_{12}Pb_3,\ N_2O_6Pb + Fe_2C_{12}N_{12}Pb_2K_2 + 10\,NO_3K$$ [1]).

Das Doppelsalz löst sich bei 16° in 13,31 Tln. Wasser. Durch Schwefel wird es zersetzt [2]).

Basische Salze. Es sind deren mehrere bekannt, deren Existenz allerdings zum Teil nicht ganz zweifellos feststeht. Kocht man eine Auflösung des neutralen Salzes mit Bleioxyd, Bleiweifs oder Zinkoxyd und filtriert die Lösung kochend, so scheidet sich beim Erkalten **halbsaures Salz** in feinen Schuppen oder Körnern aus. Dasselbe ist nach Berzelius [3]) wasserfrei, $N_2O_5 . 2\,PbO$; nach Pelouze [4]) und Persoz [5]), denen sich die neueren Untersucher anschliefsen, enthält es hingegen noch 1 Mol. Wasser und läfst sich demnach durch die einfachere Formel $Pb{<}^{NO_3}_{OH}$ ausdrücken. Nach Ditte [6]) kann es leicht krystallisiert, in Form schöner, glänzender Oktaeder vom spezif. Gew. 5,930 bei 0° erhalten werden, wenn man den Niederschlag, welchen schwacher Überschufs von Ammoniak in der Lösung des neutralen Salzes hervorbringt, bei Gegenwart von viel Wasser einige Monate sich selbst überläfst. Nach Klinger [7]) entsteht das Salz auch neben unlöslichen Salzen durch Eintragen von Cadmiumoxyd in Bleinitrat- oder von Bleioxyd in Cadmiumnitratlösung. Athanasesco [8]) erhielt es in Form kleiner prismatischer Nadeln durch Erhitzen einer konzentrierten Bleinitratlösung im geschlossenen Rohre auf 310 bis 320°, ferner bei Behandlung einer Lösung des neutralen Salzes mit gröfserem oder geringerem Überschufs von Ammoniak, v. Lorenz [9]) durch Einwirkung von 1 Atom Blei auf die Lösung des neutralen Salzes in 20 Tln. Wasser während 40 bis 90 Minuten bei 60 bis 70°, während bei längerer Digestion schon Nitratonitrite (s. diese) entstehen. Vgl. a. Peters, Zeitschr. anorg. Chem. **11**, 116.

Das Salz ist in Wasser fast unlöslich und wird durch längere Einwirkung desselben unter Bildung von Bleioxydhydrat zersetzt. Es kann mit wechselnden Mengen Krystallwasser krystallisiren. So hat das basische Salz, welches durch Einwirkung von Blei auf Bleinitratlösung hervorgeht, nach Senderens [10]) die Zusammensetzung $N_2O_5 . 2\,PbO + 1\frac{1}{2}\,H_2O = (NO_3 . Pb . OH)_4 . H_2O$. Dasselbe bildet ein krystallinisches Pulver, untermischt mit schönen Krystallen; löst man dasselbe in gelinder Wärme, so erhält man beim Abkühlen spiefsige,

---

[1]) J. Schuler, Wien. Akad. Ber. **77**, 692. — [2]) E. Filhol u. Senderens, Compt. rend. **93**, 152; JB. 1881, S. 152. — [3]) Berzelius, Ann. Phys. **19**, 312. — [4]) Pelouze, J. pr. Chem. **25**, 486. — [5]) Persoz, Ann. ch. ph. [3] **58**, 191. — [6]) A. Ditte, Compt. rend. **94**, 1180; JB. 1882, S. 337. — [7]) H. Klinger, Ber. **16**, 997. — [8]) Athanasesco, Bull. soc. chim. [3] **13**, 175; Ber. **28**, 904, Ref. — [9]) N. v. Lorenz, Wien. Monatsh. **2**, 810. — [10]) J. B. Senderens, Bull. soc. chim. [3] **11**, 1165; Ber. **28**, 533, Ref.

zu Bündeln vereinte Krystalle des monoklinen Systems. Aus diesem Hydrat entweicht nur $^1/_3$ des Wassergehaltes bei 100°, der Rest erst bei 190°. An der Luft ist es beständig, löst sich in 15 Tln. kochendem Wasser. Mit 2 Mol. Wasser, wie schon Chevreuil und Pelouze auf anderem Wege, erhielt es André[1]) durch Auflösen von Bleiglätte in Ammoniumnitrat.

Nach Wakemann und Wells[2]) scheint das halbsaure Salz doppelte Krystallform zu besitzen, da aus identischen Lösungen bald flache, schuppige Krystalle, bald Prismen ausgeschieden werden. Erstere sind mono- oder triklin, zeigen starke Doppelbrechung, den Auslöschungswinkel 14° und glänzende Polarisationsfarben; letztere sind klein und schlecht ausgebildet.

Drittelsaures Salz soll aus einer Auflösung von neutralem Salz durch geringen Überschufs von Ammoniak als weifses Pulver niedergeschlagen werden, das nach Berzelius die Zusammensetzung $2 N_2O_5, 6 PbO . 3 H_2O$ hat. Krystallinisch und nach derselben Formel zusammengesetzt erhält man es nach Vogel[3]), wenn man nicht zu konzentrierte Lösungen von basischem Bleiacetat und Kaliumnitrat mischt, während es aus konzentrierten Lösungen als zähe Masse niederfällt. Löwe[4]) fand den Wassergehalt wechselnd zu 1 oder 2 Mol., Smolka[5]) zu 1 Mol. Wird die Mutterlauge von der Darstellung des halbsauren Salzes nach Klinger[6]) mit Wasser im zugeschmolzenen Rohre auf 225° erhitzt, so krystallisiert nach dem Erkalten das Salz $N_2O_5, 3 PbO . 4 H_2O$ in aus perlmutterglänzenden Blättchen bestehenden Warzen, die sich an der Luft schnell trüben. Wakemann und Wells[2]) erhielten durch Kochen der mit einem kleinen Überschufs von Ammoniak versetzten Lösung unter Zusatz von etwas neutralem Salz bis zum Verschwinden des Ammoniakgeruches beim Abkühlen flache Tafeln von triklinem Habitus mit dem Auslöschungswinkel von etwa 35°, aber zu klein für genaue Messungen; die Analysen stimmten am besten für die Formel $3 N_2O_5, 10 PbO . 4 H_2O$. Das Salz ist in Wasser weniger löslich als das halbsaure und wird durch kochendes Wasser nicht zersetzt, kann daher wiederholt umkrystallisiert werden. Auch bei gröfserem Überschufs von Ammoniak und längerer Digestion krystallisiert dasselbe Salz in kleinen triklinen Krystallen; es scheint also durch Ammoniak nur einerlei basisches Salz erhalten werden zu können, dem allerdings zuweilen etwas halbsaures Salz beigemengt ist [nach Athanasesco[7]) entsteht letzteres

---

[1]) G. André, Compt. rend. 100, 241; JB. 1885, S. 542. — [2]) Wakemann u. Wells, Am. Chem. J. 9, 299; JB. 1887, S. 543. — [3]) Vogel, Ann. Chem. 94, 96. — [4]) Löwe, J. pr. Chem. 98, 387; Zeitschr. anal. Chem. 4, 358. — [5]) Smolka, Monatsh. Chem. 6, 195. — [6]) H. Klinger, Ber. 16, 997. — [7]) Athanasesco, Bull. soc. chim. [3] 13, 175; Ber. 28, 904, Ref.

allein]. Auch das von Morawski [1]) erhaltene Salz (angeblich $3N_2O_5$, $10PbO.5H_2O$) und das von Löwe erhaltene sollen untereinander und mit dem Wakemann-Wellsschen Salze identisch sein, während Smolka [2]) sie als verschieden betrachtet.

Viertelsaures Salz N_2O_5, $4PbO.2H_2O$ wurde von Athanasesco [3]) an Stelle des erwarteten Sechstelsalzes erhalten, als gepulvertes neutrales Salz einige Wochen in verschlossener Flasche mit überschüssigem Ammoniak in Berührung gestanden hatte. Es bildet ein krystallinisches, in Wasser unlösliches und fast unveränderliches Pulver, das erst bei etwa 200° Wasser zu verlieren beginnt.

Sechstelsaures Salz wird durch Fällung einer Lösung des neutralen Salzes mit überschüssigem Ammoniak und Digerieren des entstandenen Niederschlages mit Ammoniakflüssigkeit oder durch Fällung mit schwachem Überschuſs nicht zu konzentrierter Kalilauge [4]) erhalten. Nach Geuther [5]) erhält man es am besten, wenn man die Lösung des neutralen Salzes in etwa doppelt so viel kaltes, wässeriges Ammoniak, als zur Umsetzung nötig ist, unter Umschütteln einflieſsen läſst. Athanasesco [6]) gewann es durch sehr lange Einwirkung von Ammoniak auf das halbsaure Salz oder durch Kochen des neutralen Salzes mit Bleiglätte.

Es enthält 1 Mol. Wasser, hat also die Formel $N_2O_5.6PbO.H_2O$; oder NO_6HPb_3. Dieselbe ist nach Meissner [7]) abzuleiten vom Orthohydrat der Salpetersäure $N(OH)_5$, also

$$N\begin{cases} O_2=Pb \\ O_2=Pb \\ O-Pb-OH \end{cases} \quad \text{oder wasserfrei} \quad N\begin{cases} O_2=Pb \\ O-Pb-O-Pb-O- \\ O_2=Pb \end{cases}\!\!\begin{matrix} Pb=O_2 \\ \\ Pb=O_2 \end{matrix}\Big\rangle N.$$

Geuther giebt ihm die Konstitutionsformel $HO-Pb-O-Pb-O-Pb-O-NO_2$. Dieses verliert durch Erhitzen auf 170° Wasser und geht über in $N_2O_{11}Pb_6 = O_2N-O-Pb-O-Pb-O-Pb-O-Pb-O-Pb-O-Pb-O-NO_2$. Bei der Zesetzung mit Natronlauge liefert die wasserhaltige Verbindung gelbes, die wasserfreie rotes Bleioxyd.

Mit Äthyljodid im zugeschmolzenen Rohre auf 170° erhitzt, wird das Salz unter Bildung von Äthyläther und Bleijodid in neutrales Salz neben wenig drittelsaurem übergeführt [7]).

Sämtliche basischen Salze werden beim Erhitzen wie das neutrale Salz zersetzt, nur schmelzen sie nicht dabei; die wasserhaltigen geben zunächst ihr Wasser ab.

---

[1]) Th. Morawski, J. pr. Chem. [2] 22, 401. — [2]) Smolka, Monatsh. Chem. 6, 195. — [3]) Athanasesco, Bull. soc. chim. [3] 13, 175; Ber. 28. 904, Ref. — [4]) C. Marignac, N. Arch. phys. nat. 50, 89; JB. 1874, S. 37. — [5]) Geuther, Ann. Chem. 219, 56. — [6]) Athanasesco, Bull. soc. chim. [3] 15, 1078; Ber. 29, 1097, Ref. — [7]) Meissner, Jen. Zeitschr. f. Med. u. Naturw. [2] 3, 2. Suppl, S. 26.

Verbindung mit Glycerin. Plumbonitratoglycerid $C_2H_5O_3 <^{Pb}_{Pb(NO_3)}$ entsteht beim Vermischen einer erhitzten wässerigen Lösung von 1 Mol. Bleinitrat, 4 Mol. Glycerin mit 2 Mol. Ammoniak oder beim Kochen einer glycerinhaltigen Bleinitratlösung mit Bleioxyd in krystallinischen Krusten. Durch kochendes Wasser wird es unter Abscheidung weniger Flocken gelöst, aus dieser Lösung scheiden sich beim Erkalten prismatische Krystalle des Pentaplumbotrinitrats $3N_2O_5 . 10PbO . 5H_2O$ aus [1]).

Bleidiphenylnitrat $(NO_3)_2Pb(C_6H_5)_2 . 2H_2O$ entsteht durch allmähliches Eintragen von Bleitetraphenyl in kochende Salpetersäure spezif. Gew. 1,4, wenn Abkühlung unter den Kochpunkt vermieden wird. Es bildet kleine, farblose, glänzende Blättchen, die sich vor dem Schmelzen zersetzen, ziemlich leicht löslich in heifsem Wasser und Alkohol.

Ein basisches Salz $(NO_3)(OH)Pb(C_6H_5)_2$ entsteht aus dem vorigen durch Fällung der Lösung mit Ammoniak, wahrscheinlich auch beim Kochen mit salpetersäurefreiem Wasser. Weifses Pulver, beim Erhitzen ohne merkliche Verpuffung sich zersetzend.

Cadmiumsalze. Das neutrale Salz entsteht durch Auflösen von metallischem Cadmium in verdünnter Salpetersäure. Aus der Lösung werden beim Verdampfen zerfliefsliche Säulen oder Nadeln von der Zusammensetzung $(NO_3)_2Cd . 4H_2O$ erhalten, die auch in Weingeist löslich sind [2]). Dieselben haben das spezif. Gew. 2,450 bei 14°, 2,460 bei 20° [3]) und schmelzen nach v. Hauer [2]) bei 100°, nach Ordway [4]) und Funk [5]) schon bei 59,5°, während sie bei 132° sieden. Dazwischen existiert ein in kleinen Nadeln krystallisierendes Hydrat $(NO_3)_2Cd . 2H_2O$ [5]), das bis 130° beständig sein soll. Unterhalb + 1° ist das Hydrat $(NO_3)_2Cd . 9H_2O$ beständig.

Die bei 18° gesättigte Lösung enthält 55,9 Proz. wasserfreies Salz [5]).

Das spezifische Gewicht der Lösungen ist nach Franz [6]) bei einem Prozentgehalt an wasserfreiem Salz von

5	10	15	20	25	30	35	40	45	50
1,0528	1,0978	1,1516	1,2134	1,2842	1,3566	1,4372	1,5372	1,6474	1,7608

Die Gefrierpunktserniedrigung für $(NO_3)_2Cd . 12H_2O$ ist = 0,095 S [7]).

Das elektrische Leitungsvermögen der wässerigen Lösungen geht aus den Versuchen von Grotrian [8]) hervor:

---

[1]) Th. Morawski, J. pr. Chem. [2] 22, 401. — [2]) Stromeyer, Schweigg. J. 22, 362; v. Hauer, Wien. Akad. Ber. 15, 23 u. 17, 331. — [3]) Clarke u. Laws, Sill. Am. J. [3] 14, 281. — [4]) Ordway, Sill. Am. J. [2] 27, 14. — [5]) Rob. Funk, Ber. 32, 96; Zeitschr. anorg. Chem. 20, 393. — [6]) B. Franz, J. pr. Chem. [2] 5, 274. — [7]) Rüdorff, Ann. Phys. 145, 529. — [8]) O. Grotrian, Compt. rend. 96, 996; JB. 1883, S. 216.

Prozentgehalt der Lösungen p	Spezif. Gew. bei 18° s_{18}	$k_{18} \cdot 10^8$	$\frac{\Delta k}{k_{18}}$
1	1,0069	64,4	0,0226
5	1,0415	269	0,0221
10	1,0869	477	0,0215
15	1,1360	639	0,0213
20	1,1903	769	0,0212
25	1,2500	855	0,0213
30	1,3125	891	0,0214
35	1,3802	883	0,0220
40	1,4590	841	0,0228
45	1,5430	766	0,0242
48	1,5978	703	0,0252

Basische Salze. Ein Salz von der Zusammensetzung $NO_3-Cd-OH + H_2O$ entsteht durch vorsichtiges Erhitzen des neutralen Salzes oder durch Auflösen von Cadmiumhydroxyd in einer heifsen Lösung desselben. Es krystallisiert in irisierenden, scheinbar rhombischen Blättchen [1]), welche nach dem Waschen mit Alkohol und Trocknen im Exsikkator eine atlasglänzende Krystallmasse bilden. Bei 130° verliert es sein Krystallwasser. Dasselbe Salz krystallisiert auch, wenn Bleioxydhydrat in die heifse Lösung des neutralen Salzes eingetragen war, beim Erkalten nach dem zuerst ausgeschiedenen basischen Bleisalz aus [2]).

$N_2O_5 . 5CdO . 8H_2O$ entsteht nach Rousseau und Tite [3]) beim Erhitzen des neutralen Salzes mit 6 Mol. Wasser unter Zusatz von Marmorstückchen im Rohr auf 100 bis 350°. Es krystallisiert in Blättern.

Ein anderes basisches Salz von der Zusammensetzung N_2O_5, $12CdO . 11H_2O$ wird nach Habermann [4]) durch Fällen des neutralen Salzes mit Ammoniak erhalten. Es bildet weifse, in Wasser wenig lösliche Flocken.

Verbindung mit Ammoniak. Durch Auflösen von Cadmiumnitrat in 20 proz. Ammoniakflüssigkeit erhält man nach André [5]) die Verbindung $(NO_3)_2Cd . 6NH_3 . H_2O$; durch Einleiten von Ammoniakgas in jene Lösung fällt dann die wasserfreie Verbindung $(NO_3)_2Cd . 6NH_3$ aus.

Cäsiumsalze NO_3Cs wird aus dem Karbonat durch Salpetersäure erhalten. Je nachdem man es langsam oder rasch aus der Lösung

---

[1]) H. Klinger, Ber. 16, 997; H. L. Wells, Am. Chem. J. 9, 304; JB. 1887, S. 534. — [2]) H. Klinger, Ber. 16, 997. — [3]) Rousseau u. Tite, Compt. rend. 114, 1184; Ber. 25, 560, Ref. — [4]) J. Habermann, Monatsh. Chem. 5, 432. — [5]) G. André, Compt. rend. 104, 987; Ber. 20, 279, Ref.

sich ausscheiden läfst, besitzen die Krystalle verschiedenen Habitus. Durch langsame Verdunstung des Lösungsmittels bei 14° C entstanden, gehören sie dem hexagonalen Systeme an und bestehen aus kleinen glasglänzenden Prismen, isomorph denen des Rubidiumnitrats. Bei schneller Krystallisation hingegen entstehen lange, spiefsige, gestreifte Prismen, welche longitudinale Höhlen einschliefsen. Das Salz ist wasserfrei, schmilzt unterhalb Rotglühhitze und entläfst bei stärkerem Erhitzen Sauerstoff, indem Nitrit entsteht, dem sich später, unter Aufnahme von Wasser aus der Luft, Cäsiumoxydhydrat beigesellt. Es ist in Wasser weniger löslich als Kalisalpeter, 10,58 Tle. in 100 Tln. Wasser von 3,2°, und schmeckt wie dieser salzig, bitterlich und kühlend. Von Alkohol wird es nur in geringer Menge aufgenommen.

Saure Salze. $NO_3Cs . NO_3H$ wird durch Sättigen von Salpetersäure 1,42 spezif. Gewicht mit neutralem Salze und gelindes Erhitzen erhalten, bildet kleine, farblose, parallel verwachsene Oktaeder und schmilzt bei 100°.

Das zweifach saure Salz, $NO_3Cs . 2NO_3H$ entsteht durch Sättigen von Salpetersäure 1,50 spezif. Gewicht mit neutralem Salz und Abkühlen unter 0° in dünnen Platten vom Schmelzpunkte 32—36° [1]).

Calciumsalze. Das neutrale Salz $(NO_3)_2Ca$ findet sich in kalkhaltigem Boden oder in anderen kalkhaltigen Massen, wo die Umstände der Bildung von Salpetersäure günstig sind, z. B. in der Ackerkrume, an den Wänden der Ställe (als sogenannter Mauersalpeter, Kalksalpeter) und gelangt aus dem Boden häufig in das Brunnenwasser. In der Salpeterrohlauge ist es in reichlicher Menge vorhanden. Eine Lösung des Salzes erhält man durch Neutralisieren von Salpetersäure mit Calciumkarbonat; dieselbe hinterläfst beim Verdampfen wasserfreies Salz als weifse Masse vom spezif. Gew. 2,472 nach Kremers [2]), 2,504 bei 17,9° nach Favre und Valson [3]), von scharfem, bitterem Geschmack, in Wasser wie in Weingeist leicht löslich. 100 Tle. Wasser lösen nach Poggiale bei 0° 84,2 Tle., nach Mulder 93,1 Tle., bei 100° nach Legrand 351,2 Tle. des Salzes. Die gesättigte Lösung siedet bei 150°. Die Lösungen haben bei 17,5° und dem beigemerkten Prozentgehalt folgende spezifische Gewichte [4]):

Proz.	1	5	10	20	25	30	35	40
Spezif. Gew.	1,009	1,045	1,086	1,174	1,222	1,272	1,328	1,385

Proz.	45	50	55	60	bei 18° [5])	54,8
Spezif. Gew.	1,447	1,515	1,587	1,666		1,548

Beim freiwilligen Verdunsten der wässerigen Lösung erhält man

[1]) H. L. Wells u. F. J. Metzger, Am. Chem. J. 26, 271; Chem. Centralbl. 1901, II, S. 907. — [2]) Kremers, Ann. Phys. 92, 497. — [3]) Favre u. Valson, Compt. rend. 77, 577; JB. 1873, S. 87. — [4]) B. Franz, J. pr. Chem. [2] 5, 274. — [5]) Mylius u. Funk, Ber. 30, 1716.

monokline Krystalle von prismatischem Habitus, deren Zusammensetzung der Formel $(NO_3)_2Ca.4H_2O$ entspricht. Sie zerfliefsen an der Luft, haben das spezif. Gew. 1,90 bei 15,5° (Ordway), 1,878 bei 18° (Favre und Valson), schmelzen bei 44° und verlieren im Vakuum oder bei stärkerem Erhitzen ihr Krystallwasser. Bei 97 bis 98° wird das Wasser ziemlich schnell abgegeben bis auf eine Molekel, die auch allmählich, aber nicht vollständig, abgegeben wird [1]).

Ein anderes, Krystallwasser enthaltendes Salz von der Zusammensetzung $(NO_3)_2Ca.3H_2O$ scheidet sich aus der wässerigen Lösung neben Schwefelsäure in verdünnter Luft aus. Dasselbe bildet eine weifse, krystallinische Salzmasse und hält 2 Mol. Wasser in festerer Bindung [2]).

Die Kontraktion bei Auflösung des wasserfreien Salzes beträgt 9,7 ccm, bei der Krystallbildung 5,8 ccm, bei Auflösung des wasserhaltigen Salzes 3,9 ccm, die Wärmewerte dabei 73487 bezw. 43941 und 29546 cal. [3]). Die mittlere Wärmeentwickelung bei Aufnahme einer Wassermolekel beträgt 2800 cal. [4]).

Die Kurve der Gefrierpunktserniedrigung zeigt Knicke bei Lösungen von 1,4 und 3,8 Proz. [5]).

Die Zehntelnormallösung in Äthylalkohol ist zu 15 Proz., die in Methylalkohol zu 5 Proz. dissoziiert [6]).

Basische Salze. Ein unlösliches Salz entsteht, wenn die Lösung des neutralen Salzes mit Kalkhydrat gekocht wird. Durch Erhitzen des neutralen Salzes mit 6 Mol. Wasser unter Zusatz von Kalk im Rohr auf 100 bis 350° resultieren Nadeln von der Zusammensetzung $N_2O_5.2CaO.2H_2O$ [7]). Aber auch in der Kälte erfolgt Einwirkung, wenn man kalt gesättigte Lösung des neutralen Salzes mit so viel in wenig Wasser verteiltem gelöschten Kalk versetzt, bis nichts mehr davon gelöst wird. Schüttelt man dann die Lösung in verschlossener Flasche, so verwandelt sich der Inhalt nach einigen Minuten in eine halbfeste Masse langer Nadeln, die auf poröser Unterlage in kohlensäurefreier Luft getrocknet werden müssen. Dieselben haben dann die Zusammensetzung $(NO_3)_2Ca_2(OH)_2.2^1/_2H_2O$; das Krystallwasser entweicht erst bei 160°. Durch gröfsere Mengen Wasser wird das Salz zerlegt [8]).

Durch Eintragen von Quecksilber- oder Bleioxyd in die Lösung des neutralen Salzes entstehen basische Doppelnitrate [9]).

---

[1]) Dunnington u. Smither, Am. Chem. Journ. 10, 227; Chem. Centralbl. 1897, I, S. 786. — [2]) W. Muller-Erzbach, Ber. 19, 2874. — [3]) Favre u. Valson, Compt. rend. 77, 577; JB. 1873, S. 87. — [4]) J. Thomsen, J. pr. Chem. [2] 18, 1. — [5]) Pickering, Ber. 25, 1594. — [6]) Jones, Zeitschr. physikal. Chem. 31, 114. — [7]) Rousseau u. Tite, Compt. rend. 114, 1184; Ber. 25, 560, Ref. — [8]) A. Werner, Ann. ch. phys. [6] 27, 570; Ber. 26, 269, Ref. — [9]) H. Klinger, Ber. 16, 997.

Ceriumsalze. Cersesquioxydsalz, Ceronitrat. Das Salz kann aus Cersesquioxyd und Salpetersäure erhalten werden, bildet sich aber auch beim Auflösen des Dioxyds in Salpetersäure bei Gegenwart reduzierender Substanzen. Die farblose Lösung erstarrt bei genügender Konzentration zu einer schwach rosaroten, krystallinischen Masse, die nach dem Trocknen über Schwefelsäure und Chlorcalcium 12 Mol. Krystallwasser enthält, also die Zusammensetzung $(NO_3)_6Ce_2 . 12H_2O$ besitzt und an der Luft leicht wieder Feuchtigkeit anzieht [1]). Das Salz zersetzt sich zwischen 300 und 350° unter Bildung eines gelblichen Pulvers von Ceroxyd [2]).

Mit den meisten Nitraten der nach der Formel $\overset{I}{R}_2O$ und $\overset{II}{R}O$ zusammengesetzten Basen bildet das Ceronitrat gut krystallisierende, isomorphe Doppelsalze, die meistens nach der allgemeinen Formel $3(NO_3)_2\overset{II}{R}, (NO_3)_6Ce_2 . 24H_2O$ zusammengesetzt sind. Dieselben sind von Lange [1]), Holzmann [3]) und Zschiesche [4]) untersucht worden. Man erhält sie teils durch Vermischen der Lösung von Ceronitrat mit der des anderen Salzes und Eindampfen, teils aber auch aus der letzteren Lösung und der des Cerdioxyds in Salpetersäure unter Zusatz von Alkohol. Dieser reduziert alsdann das salpetersaure Cerdioxyd zu Ceronitrat. Falls das andere Salz ein höherer Oxydation fähiges Metalloxyd enthält, so entstehen auf diese Weise Doppelsalze auch ohne Zusatz von Alkohol. So bildet sich z. B. beim Vermischen einer Lösung von Cerinitrat mit einer solchen von Manganonitrat, indem ein Teil des Manganoxyduls auf Kosten des Sauerstoffs vom Cerdioxyd zu Mangansuperoxyd oxydiert wird, das Doppelsalz von salpetersaurem Manganoxydul und Cersesquioxyd. Ist ein solches höherer Oxydation fähiges Metalloxyd nicht vorhanden, so resultieren beim Vermischen der Lösungen ohne Zusatz von Alkohol Doppelsalze des Cerinitrats (Zschiesche). Auch durch Auflösen des Metalles in einer stark sauren Lösung des Cerinitrats kann man die Doppelsalze erhalten. Es wirkt dann der beim Auflösen des Metalles frei werdende Wasserstoff reduzierend auf das Dioxyd ein.

Diese Salze krystallysieren meist in gut ausgebildeten, sechsseitigen Tafeln, doch auch in hemiedrischen Formen, und zeichnen sich besonders dadurch aus, dafs ihre heifs gesättigten Lösungen weit über den Krystallisationspunkt hinaus erkalten können und dann die Erscheinungen der Übersättigung in ganz ausgezeichneter Weise zeigen, indem beim Einwerfen eines kleinen Krystalles die Krystallisation momentan unter beträchtlicher Wärmeentwickelung erfolgt. Zur Erzielung schöner Krystalle müssen die Lösungen behufs Entfernung

---

[1]) Lange, J. pr. Chem. 82, 129. — [2]) H. Debray, Compt. rend. 96, 828; JB. 1883, S. 354. — [3]) Holzmann, J. pr. Chem. 84, 76. — [4]) Zschiesche, ebend. 107, 65.

des Säureüberschusses wiederholt eingedampft und der Rückstand in heifsem Wasser wieder gelöst werden.

Ammoniumdoppelsalz $3NO_3NH_4$, $(NO_3)_6Ce_2 . 12H_2O$, aus gemischten Lösungen der Komponenten erhalten, ist farblos, leicht löslich in Wasser und Alkohol, an der Luft zerfliefslich [1]).

Eisenoxyduldoppelsalz. Wird eine Lösung von Eisenoxydulnitrat mit einer solchen von Cerinitrat vermischt, so findet Bildung von Eisenoxydsalz und Cerosalz statt; ein reines Doppelsalz konnte indessen nicht erhalten werden. Da Ferronitrat weder Eindampfen noch längeres Stehen an der Luft verträgt, ohne sich höher zu oxydieren, so entstanden nur undeutliche, von Eisenoxyd braun gefärbte Krystallmassen [2]).

Kaliumdoppelsalz. Aus gemischten Lösungen der Komponenten krystallisieren bei hinlänglicher Konzentration Krystalle aus, die bei verschiedenen Bereitungen verschiedene Zusammensetzung besitzen. Solche, die sich bei längerem Stehen einer bis zur Sirupkonsistenz eingedampften Mischung ausgeschieden hatten, besafsen die Zusammensetzung $4NO_3K$, $(NO_3)_6Ce_2 . 4H_2O$.

Kobaltoxyduldoppelsalz $3(NO_3)_2Co$, $(NO_3)_6Ce_2 . 24H_2O$ ist ein sehr leicht lösliches, in sechseckigen Tafeln krystallisierendes [3]) Salz, welches in gröfseren Krystallen braun, in kleineren rubinrot erscheint, an der Luft zerfliefst und über Schwefelsäure verwittert. Nach Zschiesche [2]) bildet es schöne granatrote Tafeln.

Magnesiumdoppelsalz $3(NO_3)_2Mg$, $(NO_3)_6Ce_2 . 24H_2O$ krystallisiert bei langsamem Verdunsten der Lösung über Ätzkalk in schön ausgebildeten rhomboedrischen Tafeln von der Farbe des Kaliumbichromats [2]), die an der Luft zerfliefsen. Sie verlieren bei 100° C 9 Mol. Wasser, den Rest unter Schmelzen bei 200° [3]). Nach Holzmann enthält das Salz nur 18 Mol. Wasser und ist schwach rosarot.

Manganoxyduldoppelsalz $3(NO_3)_2Mn$, $(NO_3)_6Ce_2 . 24H_2O$ bildet prächtig rosenrote, oft zollgrofse Krystalle von der Form des Magnesiumdoppelsalzes. Es entsteht beim Vermischen einer Lösung von Manganonitrat mit einer Lösung von Cerinitrat unter gleichzeitiger Abscheidung von Mangansuperoxyd.

Nickeldoppelsalz $3(NO_3)_2Ni$, $(NO_3)_6Ce_2 . 24H_2O$ bildet zollgrofse, smaragdgrüne, rhombische Krystalle. Nach Zschiesche erhält man gewöhnlich gleichzeitig nebeneinander in derselben Krystallisation zwei verschieden gefärbte Salze derselben Zusammensetzung, von denen eins mehr gelbgrün, das andere mehr blaugrün ist.

Zinkdoppelsalz $3(NO_3)_2Zn$, $(NO_3)_6Ce_2 . 24H_2O$ bildet farblose, rhombische Krystalle.

---

[1]) Holzmann, J. pr. Chem. 84, 76. — [2]) Zschiesche, ebend. 107, 65. — [3]) Lange, ebend. 82, 129.

Ceroxydsalz, Cerinitrat $(NO_3)_4Ce$ wird nach Berzelius durch Verdunsten einer Auflösung von Cerhydroxyd in Salpetersäure erhalten. Es bildet eine rotgelbe, honigartige Masse, welche durch den Einfluſs heiſsen Wassers in ein basisches Salz übergeht. Ob das Salz wirklich die angegebene Zusammensetzung hat, erscheint zweifelhaft, denn nach Meyer und Jacoby [1]) krystallisiert aus der nach Berzelius' Vorschrift erhaltenen Masse unter geeigneten Umständen lediglich basisches Salz. Auſser diesem sind eine Anzahl meist gut krystallisierender, aber hygroskopischer Doppelsalze von leuchtend roter Farbe bekannt, welche dem Typus $(NO_3)_6CeR_2$ angehören. Das Verhalten dieser Salze in Wasser, in dem sie sich sämtlich leicht lösen, stimmt völlig mit dem des basischen Salzes überein [1]).

Basisches Salz $(NO_3)_3CeOH.3H_2O$. Die nach Berzelius durch Eindampfen einer salpetersauren Lösung von Ceroxydhydrat über Schwefelsäure erhaltene sirupartige Masse erstarrt beim Stehen an der Luft unter Wasseraufnahme allmählich zu einem Krystallbrei. In schönen, bis 5 mm langen, roten Krystallen wurde das Salz erhalten (an Stelle des erwarteten Calciumdoppelsalzes), wenn eine Lösung von 20 Gewtln. Cerihydroxyd in konzentrierter Salpetersäure mit dem gleichen Volumen Wasser verdünnt, 1 Tl. Calciumkarbonat darin gelöst, und die Lösung über Schwefelsäure und Kali verdunstet wurde. Die Verbindung ist sehr leicht reduzierbar, so daſs die letzten Anschüsse bei unverändertem Aussehen geringeren Gehalt an aktivem Sauerstoff aufweisen. In Wasser löst sich das Salz mit saurer Reaktion und gelber, allmählich infolge der Hydrolyse immer heller werdender Farbe. Durch Zusatz von Salpetersäure wird die Dissoziation wieder aufgehoben und die Lösung allmählich wieder rot. Die hydrolysierte Lösung wird, wie schon von Knorre [2]) fand, durch Wasserstoffsuperoxyd nicht gleich der frisch bereiteten sofort unter Sauerstoffentwickelung und Entfärbung reduziert, sondern zunächst unter Bildung höherer Oxydationsstufen tief dunkelrot gefärbt. Meyer und Jacoby sind daher geneigt, die Verbindung nicht als basisches Salz, sondern als Säure aufzufassen.

Ammoniumdoppelsalz $(NO_3)_6Ce(NH_4)_2$, zuerst von Holzmann [3]) dargestellt, später von Schottlaender [4]), Auer v. Welsbach [5]), Muthmann [6]), zuletzt von Meyer und Jacoby [1]) untersucht, entsteht durch Krystallisation gemischter Lösungen beider Komponenten und beim vorsichtigen Zusatz von Ammoniak zu der Lösung des oben beschriebenen basischen Cerinitrats [1]). Holzmann schrieb ihm $1\frac{1}{2}$ Mol., Muthmann 1 Mol. Krystallwasser zu, doch ist es in der That, wie schon Schottlaender angab, wasserfrei [1]). Es krystallisiert

---

[1]) R. J. Meyer u. Rich. Jacoby, Zeitschr. anorg. Chem. **27**, 364 ff. — [2]) v. Knorre, Zeitschr. angew. Chem. 1897, S. 685, 717; Ber. **33**, 1924. — [3]) Holzmann, J. pr. Chem. **84**, 76. — [4]) Schottlaender, Ber. **25**, 381. — [5]) Auer v. Welsbach, Monatsh. Chem. **5**, 508. — [6]) Muthmann, Zeitschr. anorg. Chem. **16**, 457.

in kleinen, orangeroten, zu Warzen vereinigten sechsseitigen Säulen. Nach Sachs[1]) ist das Krystallsystem monosymmetrisch, beobachtete Formen: $b = \{010\}$, $c = \{001\}$, $m = \{110\}$, $n = \{120\}$, $d = \{\bar{1}01\}$. Die Krystalle sind gestreckt nach der Vertikalen, tafelig nach der Symmetrieebene ausgebildet, meist verzwillingt nach der Basis, sehr spröde, unvollkommen nach der Basis spaltbar.

Das Salz ist in Salpetersäure schwer löslich und dient auf Grund dieser Eigenschaften zur Abscheidung des Cers aus Gemischen seltener Erden[2]).

Cäsiumdoppelsalz $(NO_3)_6CeCs_2$ fällt aus salpetersaurer Cerinitratlösung schon bei ziemlicher Verdünnung durch Cäsiumnitrat als gelber krystallinischer Niederschlag aus, der in reinem Wasser sehr leicht, in Salpetersäure schwer löslich ist[3]).

Kaliumdoppelsalz $(NO_3)_6CeK_2$, dem Holzmann[4]) ebenfalls, vielleicht weil sein Präparat durch wasserhaltiges Cerosalz oder durch basische Salze verunreinigt war, $1\frac{1}{2}$ Mol. Wasser zuschreibt, wird am besten erhalten, wenn man berechnete Mengen Cerihydroxyd und Kaliumnitrat in Salpetersäure von 1,25 spezif. Gew. löst und die Lösung über Schwefelsäure und Ätzkali verdunsten läfst. Es bildet dann schöne dunkelrote Krystalle, die an der Luft Wasser anziehen, aber im Exsikkator sich unverändert halten. Aus reinem Wasser läfst es sich nicht ohne Zersetzung umkrystallisieren[3]).

Kobaltdoppelsalz $(NO_3)_6CeCo.8H_2O$ scheidet sich aus einer Mischung von Lösungen der berechneten Mengen von Cerihydroxyd in konzentrierter Salpetersäure und von Kobaltnitrat in wenig Wasser beim Eindunsten über Schwefelsäure und Ätzkali in wohlausgebildeten dunkelrotvioletten Krystallen ab[3]).

Magnesiumdoppelsalz $(NO_3)_6CeMg.8H_2O$ ist bereits von Bunsen und Jegel[5]) dargestellt und von Holzmann eingehender untersucht worden, schien aber durch die Untersuchungen von Zschiesche[6]) und Rammelsberg als nicht existierend erwiesen. Die Resultate dieser Untersucher sind nach Meyer und Jacoby auf mangelnden Anschlufs reduzierender Einflüsse zurückzuführen. Unter Verwendung starker Salpetersäure, die durch Erhitzen von niederen Oxyden befreit wurde, Eindunsten der Lösung über Schwefelsäure und Ätzkali, Fernhaltung von Staub und Umkrystallisieren aus verdünnter Salpetersäure gelang es ihnen, das Salz in dunkelroten Krystallen rein zu erhalten. Dieselben geben im Exsikkator über Schwefelsäure lange Zeit kein Wasser ab, schliefslich tritt oberflächlicher Zerfall ein. An der Luft ist das Salz leichter zerfliefslich, in Wasser und Salpetersäure

---

[1]) A. Sachs, Zeitschr. Krystallogr. 34, Heft 2. — [2]) Auer v. Welsbach, Monatsh. Chem. 5, 508; Schottlaender, Ber. 25, 381. — [3]) R. J. Meyer u. Rich. Jacoby, Zeitschr. anorg. Chem. 27, 364 ff. — [4]) Holzmann, J. pr. Chem. 75, 324. — [5]) Bunsen u. Jegel, ebend. 73, 200 u. Ann. Chem. 105, 40. — [6]) Zschiesche, J. pr. Chem. 107, 65.

leichter löslich als die Alkalisalze. Beim Erhitzen verliert es das Krystallwasser nur unter gleichzeitiger völliger Zersetzung [1]).

Mangandoppelsalz $(NO_3)_6CeMn . 8 H_2O$ wurde ähnlich dem Magnesiumsalz, aber nicht in völlig reinem Zustande erhalten [1]).

Nickeldoppelsalz $(NO_3)_6CeNi . 8 H_2O$ liegt in den braungelben Krystallen vor, welche Holzmann nur als Nebenprodukt neben dem von Zschiesche als Cerodoppelsalz erwiesenen erhielt. Unter den beim Kobaltsalz angegebenen Kautelen erhält man es in überwiegender Menge, und zwar in wohlausgebildeten tafelförmigen Krystallen, die braun mit einem Stich ins Olivengrüne sind [1]).

Rubidiumdoppelsalz $(NO_3)_6CeRb_2$ fällt durch Rubidiumnitratlösung aus salpetersaurer Cerinitratlösung noch bei ziemlicher Verdünnung als schwerer, rotgelber, krystallinischer Niederschlag, ist in Wasser sehr leicht, in Salpetersäure schwer löslich [1]).

Zinkdoppelsalz $(NO_3)_6CeZn . 8 H_2O$. Für dieses Salz gilt das beim Magnesiumsalz Gesagte bezüglich Geschichte und Darstellung. In der dort beschriebenen Weise erhält man es in sehr schönen dunkelroten Krystallen [1]).

Chromsalze. Neutrales Salz. Chromoxydhydrat löst sich leicht in Salpetersäure; ist die Säure ziemlich konzentriert und im Überschusse vorhanden, so nimmt die in der Hitze grüne Lösung beim Erkalten sehr schnell violette Farbe an und enthält dann nach Löwel [2]) das neutrale Salz $(NO_3)_6Cr_2$. Dasselbe wird aus dieser Lösung durch Weingeist nicht gefällt. Ordway [3]) erhielt durch Zusatz eines grofsen Überschusses von Salpetersäure zu der konzentrierten Lösung, wenn auch schwierig, schiefrhombische, purpurfarbene Prismen von der Zusammensetzung $(NO_3)_6Cr_2 . 18 H_2O$. Dieselben schmelzen bei 36,5° zur grünen Flüssigkeit, welche bei 24° wieder krystallinisch erstarrt.

Basisches Salz. Digeriert und kocht man überschüssiges Chromoxydhydrat mit Salpetersäure, so entsteht eine grüne Lösung, nach Löwel [2]) von dem Salze des Tetrachromhydroxyds $(NO_3)_4Cr_2O$, die beim Erkalten nicht violett wird. Auch durch Zusatz von Säuren in der Kälte nimmt die Lösung nicht die violette Färbung an, wohl aber, wenn man sie nach dem Erhitzen mit Säuren erkalten läfst. Erhitzt man das neutrale krystallisierte Salz auf dem Wasserbade, bis es 39 Proz. an Gewicht verloren hat, so hinterbleibt eine dunkelgrüne Masse von der Zusammensetzung $(NO_3)_4Cr_2O . 12 H_2O$ [3]). — Durch Behandeln von Chromoxydhydrat mit verdünnter Salpetersäure werden nach Löwel ebenfalls grüne Lösungen des basischen Salzes erhalten. Beim Eindampfen derselben hinterbleibt ein grüner Rückstand, welcher

---

[1]) R. J. Meyer u. Rich. Jacoby, Zeitschr. anorg. Chem. 27, 364 ff. — [2]) Löwel, Ann. ch. phys. 14, 239; Pharm. Centralbl. 1845, S. 580. — [3]) Ordway, Pharm. Centralbl. 1850, S. 282.

beim Erhitzen erst eine braune, in Wasser lösliche Masse liefert, dann braunes Chromoxydhydrat ausscheidet und in höherer Temperatur Chromoxyd zurückläfst [1]).

Decipiumsalz ist nur in Lösung beschrieben, die nach Delafontaine [2]) charakteristische Absorptionsstreifen aufweist.

Didymsalz $(NO_3)_6Di_2 . 12 H_2O$ krystallisiert aus der zum Sirup eingedampften schwarzroten Lösung des Didymoxyds in Salpetersäure in grofsen violetten Prismen des triklinen Systems, mit denen des Lanthansalzes anscheinend nicht isomorph, die nach einigen Angaben wenig, nach Zschiesche [3]) hingegen sehr zerfliefslich sind. Ihr spezif. Gew. ist bei 19,3° = 2,249, das Molekularvolumen = 193,9 [4]). Die Lösung ist in verdünntem Zustande rein rosenrot, in konzentriertem amethystfarbig. Das Salz wird bei 170° wasserfrei und schmilzt bei 300° ohne Zersetzung. Erst bei weiterem Erhitzen zersetzt es sich unter Entwickelung von Untersalpetersäure, indem das basische Salz $3 N_2O_5, 4 Di_2O_3 . 15 H_2O$ als weifse poröse Masse hinterbleibt. Das wasserfreie neutrale Salz löst sich auch in Weingeist von 96 Proz. sowie in alkoholhaltigem, nicht aber in reinem Äther. Das Absorptionsspektrum der Lösung ist fast identisch mit dem der Chloridlösung, wird aber durch erheblichen Überschufs von Salpetersäure beträchtlich verändert [5]). Das Salz giebt mit anderen Nitraten gut krystallisierende Doppelsalze [6]). Vgl. auch Praseodymsalz.

Ammoniumdoppelsalze: $4 NO_3NH_4, (NO_3)_6Di_2 . 48 H_2O$, bildet dunkelrote, äufserst zerfliefsliche Krystalle. Nach Auer v. Welsbach [7]) läfst es sich in zwei Doppelsalze, Neodym-Ammoniumnitrat und Praseodym-Ammoniumnitrat, zerlegen.

Bei langsamem Verdunsten der konzentrierten Lösung an der Luft resultiert das wasserärmere Salz $(NO_3)_6Di_2 . 4 NO_3(NH_4) . 8 H_2O$ in sehr dünnen, durchsichtigen, rötlichen Tafeln vom spezif. Gew. 2,106 bei 16,33°. Das Salz ist dimorph, indem es entweder die oben erwähnten monoklinen oder tetragonale Krystalle bildet. Die ersteren zeigen gute basale Spaltbarkeit und starke negative Doppelbrechung. Die tetragonale Modifikation, ähnlich wie die monokline erhalten, bildet schöne rosenrote, vollkommen durchsichtige, dicke Tafeln vom spezif. Gew. 2,257 bei 16,5°, gut spaltbar, optisch einachsig, von ziemlich starker negativer Doppelbrechung [8]).

Nickeldoppelsalz $3 (NO_3)_2Ni, (NO_3)_6Di_2 . 36 H_2O$ krystallisiert in grofsen, hellgrünen, zerfliefslichen Tafeln.

---

[1]) Löwel, Ann. ch. phys. **14**, 239; Pharm. Centralbl. 1845, S. 580. — [2]) Delafontaine, Compt. rend. **87**, 632; JB. 1878, S. 259. — [3]) Zschiesche, J. pr. Chem. **107**, 65. — [4]) P. T. Clève, Bull. soc. chim. [2] **43**, 359; JB. 1885, S. 481. — [5]) Lawrence Smith u. Lecocq de Boisbaudran, Compt. rend. **88**, 1167; JB. 1879, S. 164. — [6]) Frerichs u. Smith, Ann. Chem. **191**, 331. — [7]) Auer v. Welsbach, Monatsh. Chem. **6**, 477. — [8]) E. H. Kraus, Zeitschr. Krystallogr. **34**, 397.

Zinkdoppelsalz $3(NO_3)_2Zn, (NO_3)_6Di_2.69H_2O$ bildet sehr rasch an der Luft zerfließende Tafeln.

Eisensalze. Eisenoxydulsalz, Ferronitrat $(NO_3)_2Fe$ erhält man in Lösung durch Auflösen von Schwefeleisen in kalter und verdünnter Salpetersäure (1,12 spezif. Gew.) unter guter Abkühlung. Die neutrale grüne Lösung giebt, wenn sie erst bei 60°, dann bei gewöhnlicher Temperatur im Vakuum verdampft wird, bei Winterkälte grüne, in Wasser leicht lösliche Krystalle, die wahrscheinlich 6 Mol. Wasser enthalten. Wenn die Auflösung völlig neutral ist, kann sie auch ohne Bedenken bis zum Sieden erhitzt werden; enthält sie aber freie Salpetersäure, auch nur in geringer Menge, so wird sie dabei unter Entwickelung von Stickoxyd zersetzt, indem je nach der Menge der freien Säure entweder ein Niederschlag von basischem Oxydsalz oder eine Auflösung des neutralen Oxydsalzes resultiert. — Eine neutrale, beim Abdampfen Krystalle liefernde Lösung des Salzes erhält man auch durch Umsetzung einer Eisenvitriollösung mit einer Lösung von Baryumnitrat.

Das Salz entsteht auch neben Ammoniumsalz in der von Färbern als Beize benutzten Lösung, welche durch Übergießen von Eisenfeilspänen mit kalter verdünnter Salpetersäure erhalten wird; hierbei löst sich das Eisen ohne Gasentwickelung, da der aus dem Wasser durch Zersetzung gebildete Wasserstoff mit dem Stickstoffoxyd aus der zersetzten Salpetersäure Ammoniak bildet.

100 Tle. des krystallisierten Salzes lösen sich bei 0° in 50 Tln. Wasser, bei 15° in 40,8 Tln. (spezif. Gew. der Lösung = 1,48), bei 25° in 33,3 Tln. [spezif. Gew. der Lösung = 1,50[1])]. Die bei 18° gesättigte Lösung enthält 45,14 Proz. wasserfreies Salz[2]).

Es bildet ein Hexahydrat $(NO_3)_2Fe.6H_2O$, das bei 60,5° schmilzt und dessen gesättigte Lösung sich zwischen —9 und +24° annähernd durch die Formel $(NO_3)_2Fe + (14,198 - 0.11242\,t)H_2O$ ausdrücken läßt, und ein erst unterhalb —12° beständiges Enneahydrat $(NO_3)_2Fe .9H_2O$[2]).

Eisenoxydsalze, Ferrinitrate. Beim Auflösen von metallischem Eisen in Salpetersäure von 1,073 spezif. Gew. entsteht bereits neben dem Ammonium- und dem Eisenoxydulsalz etwas Oxydsalz. Wendet man Säure von 1,115 spezif. Gew. an, so erhält man nur letzteres[3]) und bei Verwendung von noch stärkerer Säure enthält die Lösung auch basische Oxydsalze in um so größerer Menge, je konzentrierter die Säure war.

Das normale Salz $(NO_3)_6Fe_2$ krystallisiert in zwei verschiedenen Formen, nämlich in würfelförmigen und in monoklinen Krystallen.

---

[1]) Ordway, Sill. Am. J. [2] 40, 325. — [2]) Rob. Funk, Ber. 32, 96; Zeitschr. anorg. Chem. 20, 393. — [3]) Scheurer-Kestner, JB. 1858, S. 192.

Erstere, welche 12 Mol. Krystallwasser enthalten, erhält man nach Ordway[1]), wenn man die Lösung so herstellt, dafs sie aus dem erwähnten Salze und einer Säure von der Zusammensetzung $N_2O_5, 3H_2O$ bestehend gedacht werden kann, da das Salz in solcher Säure bei niederer Temperatur nur sehr wenig löslich ist. Enthält die Lösung weniger Wasser, so bilden sich keine Krystalle; ist sie hingegen wasserreicher, so erhält man neben den würfelförmigen auch Krystalle des monoklinen Salzes, welches 18 Mol. Wasser enthält. Letztere erhält man ausschliefslich, sobald sich die Zusammensetzung der Lösung durch die Formel $(NO_3)_6Fe_2 . 18H_2O + n(2NO_3H, 3H_2O)$ ausdrücken läfst. Erhitzt man das monokline Salz, bis es 14 Proz. seines Gewichtes, entsprechend 6 Mol. Wasser, verloren hat, und fügt dann ein gleiches Volumen Salpetersäuretrihydrat hinzu, oder mischt man die monoklinen Krystalle nach dem Schmelzen mit etwas mehr als 2 Mol. Salpetersäuremonohydrat, so erhält man wieder das würfelförmige Salz. Während der Krystallisation ist die atmosphärische Feuchtigkeit fernzuhalten.

Beide Salze sind fast farblos oder schwach lavendelblau, zerfliefslich, von ätzender Wirkung und geben mit Wasser gelblichbraune Lösungen. In kalter Salpetersäure sind sie sehr schwer löslich; das monokline Salz schmilzt nach Ordway[2]) bei 47,2° und siedet bei 125°. Es besitzt bei 21° das spezif. Gew. 1,6835. Das würfelförmige Salz schmilzt auffallenderweise schon bei niedrigerer Temperatur, nämlich bei 35° C.[3]).

Scheurer-Kestner[4]) will aus einer bei mäfsiger Wärme konzentrierten Lösung in der Kälte farblose Krystalle mit 2 Mol. Wasser erhalten haben, deren Darstellung aber Ordway nicht gelang. Ditte[5]) erhielt durch völliges Entwässern und nachfolgendes Auflösen in Salpetersäuremonohydrat gelblichweifse Nadeln.

Das spezifische Gewicht der Lösungen ist bei einem Gehalte an wasserfreiem Salze von

5	10	15	20	25	30	35 Proz.
1,0398	1,0770	1,1182	1,1612	1,2010	1,2622	1,3164

40	45	50	55	60	65 Proz.
1,3746	1,4338	1,4972	1,5722	1,6572	1,7532

Schon bei ziemlicher Konzentration der Lösung erscheint das Salz dissoziiert[6]).

Bei zunehmender Verdünnung wird die Dissoziation allmählich eine vollständige. Antony und Gigli[7]) nehmen hierbei zunächst, da

---

[1]) Ordway, JB. 1865, S. 264. — [2]) Ders., Zeitschr. Chem. 1866, S. 22. — [3]) Hausmann, Ann. Chem. 89, 109; JB. 1853, S. 361. — [4]) Scheurer-Kestner, JB. 1862, S. 193. — [5]) Ditte, Ann. ch. phys. [5] 18, 320; JB. 1879, S. 221. — [6]) G. Wiedemann, Ann. Phys. [2] 5, 45. — [7]) Antony u. Gigli, Gazz. chim. 26, I, 293; Ber. 29, 579, Ref.

die Lösung farblos bleibt, die Bildung des Orthonitrats NO_6FeH_3 an, welches erst weiterhin in NO_6H_5 und FeO_3H_3 zerfällt.

Basische Salze. Bringt man eine Auflösung des neutralen Salzes in den Dialysator, so diffundiert ein Gemisch desselben und freier Salpetersäure, während ein basisches Salz zurückbleibt.

Durch Auflösen von Eisenoxydhydrat in Salpetersäure resultiert eine farblose Lösung von Ferrinitrat, die sich beim Erwärmen gelb färbt; wird eine Auflösung des Ferrosalzes durch Erhitzen mit Salpetersäure oxydiert, so ist die Oxydsalzlösung dunkelgelb, wird aber auf Zusatz von viel freier Säure farblos; behandelt man Eisen in der Wärme mit Salpetersäure, so entsteht, falls letztere in hinreichender Menge zugegen, eine braunrote Lösung, welche beim Verdampfen sirupartig wird und schliefslich eine braune Masse hinterläfst. Diese Farbenveränderung, welche auch die farblose Lösung des neutralen Salzes beim Erwärmen erleidet, ist in der Bildung verschiedener basischer Salze begründet[2]). Das Wasser entzieht dem Salze beim Erwärmen Säure, und wenn die Lösung verdünnt und frei von freier Säure ist, erfolgt sogar Ausscheidung unlöslicher basischer Salze. Basische Salze entstehen ferner, wenn man in der Lösung des neutralen frisch gefälltes Eisenoxydhydrat auflöst. Die so erhaltenen roten Lösungen hinterlassen beim Verdunsten ein dunkelrotes, in Wasser vollkommen lösliches Pulver.

Scheurer-Kestner[1]) erhielt beim Auflösen von Eisen in Salpetersäure die Salze $2N_2O_5$, Fe_2O_3 und N_2O_5, Fe_2O_3. Ersteres ist in Lösung braungelb, wird durch Erhitzen rothbraun, durch Abkühlung hingegen gelber[2]). Beim Kochen mit Wasser werden beide zerlegt; dabei liefert das erste Salz die Verbindung N_2O_5, $3Fe_2O_3$, $2H_2O$, das zweite N_2O_5, $4Fe_2O_3$, $3H_2O$, während aus dem neutralen Salz unter denselben Umständen das Salz N_2O_5, $2Fe_2O_3$, H_2O hervorgeht. Ein Salz von der Zusammensetzung N_2O_5, $2Fe_2O_3$ entsteht auch als ockerartiges Pulver bei der Einwirkung von Nitriten auf die zur Zersetzung gerade nötige Menge eines Ferrosalzes. Das hypothetische Ferronitrit zersetzt sich dabei offenbar nach der Gleichung:

$$6(NO_2)_2Fe = 10NO + Fe_2O_3 + Fe_4N_2O_{11}$$ [3]).

Durch Vermischen der sehr konzentrierten Lösung des neutralen Salzes mit Wasser bis zur rotgelben Färbung, Erhitzen zum Kochen und Versetzen der erkalteten blutroten Lösung mit konzentrierter Salpetersäure erhielt Hausmann[4]) einen ockerfarbigen, in Wasser mit tiefroter Farbe leicht löslichen Niederschlag, welcher nach dem Trocknen bei 100° die Zusammensetzung $2N_2O_5$, $8Fe_2O_3$, $3H_2O$ besafs; die von

[1]) Scheurer-Kestner, JB. 1862, S. 193. — [2]) E. J. Houston, Chem. News 24, 188; JB. 1871, S. 146. — [3]) A. Piccini u. F. Marino-Zuco, Atti d. R. Acc. dei Linc. Rendic. 1885, p. 15; Ber. 18, 175, Ref. — [4]) Hausmann, Ann. Chem. 89, 109; JB. 1853, S. 361.

diesem Salze ablaufende, sehr wenig überschüssige Säure enthaltende Lösung liefs nach dem Verdünnen mit Wasser beim Sieden oft noch einen ockerfarbigen Niedersclag von sehr komplizierter Zusammensetzung fallen. Beim Behandeln von überschüssigem Eisen mit Salpetersäure erhielt Hausmann ein rostfarbiges, in Wasser nur wenig lösliches Salz von der Zusammensetzung N_2O_5, 8 Fe_2O_3, 12 H_2O.

Wird eine Lösung von Ferrinitrat mit Kaliumkarbonat vermischt, so löst sich der anfangs entstehende Niederschlag allmählich in dem Überschusse des Fällungsmittels wieder auf und man erhält eine rote Flüssigkeit, welche früher unter dem Namen „Stahls Eisentinktur" offizinell war.

Die basischen Nitrate des Eisenoxyds werden durch Wasser in der Siedehitze allmählich zu neutralem Salz und Eisenoxyd zerlegt. Diese Zerlegung erfolgt am schnellsten beim Erhitzen in zugeschmolzenen Röhren; nach einigen Stunden wird die anfangs rotbraune Flüssigkeit siegelrot und giebt nun auf Zusatz eines Tropfens von Salzsäure oder Salpetersäure oder einer Lösung eines neutralen Alkalimetallsalzes einen Niederschlag, welcher in allen Eigenschaften mit der von St. Gilles entdeckten Modifikation des Eisenoxydhydrats übereinstimmt[1]); er ist in Wasser zu einer im durchfallenden Lichte durchsichtig, im reflektierten Lichte trübe erscheinenden Flüssigkeit löslich, in den verdünnten Mineralsäuren und den meisten Alkalisalzen unlöslich. Die Lösung des basischen Ferrinitrats verhält sich also beim Erhitzen wie die des Eisenchlorids.

Taucht man in die Lösungen der basischen Salze Baumwollen- oder Seidenzeug, so wird das Eisenoxyd dauernd auf denselben befestigt. Diese Lösungen werden daher in der Färberei als Beize verwendet. Die im Handel vorkommenden Beizen enthalten jedoch meist gröfstenteils basisches schwefelsaures Eisenoxyd, Eisenchlorid und nur 2 bis 3 Proz. Nitrat[2]). Sie sind um so wirksamer, je mehr basisches Salz sie enthalten. Ein geeignetes Salz erhält man z. B. durch Einwirkung von 3,5 bis 4 kg Salpetersäure von 35° B., 3 kg Schwefelsäure von 66° B. und 9 kg Wasser auf 19 kg Eisenvitriol[3]).

Cäsiumdoppelsalz $NO_3Cs.(NO_3)_3Fe.7H_2O$ bildet hellgelbe, zerfliefsliche, prismatische Krystalle, die bei 33 bis 36° schmelzen[4]).

Erbiumsalze. Das neutrale Salz $(NO_3)_6Er_2.12H_2O$ wird durch Verdunsten einer Lösung von Erbinerde in Salpetersäure erhalten und bildet nach Höglund[5]) grofse, luftbeständige Krystalle, die in Wasser, Weingeist und Äther leicht löslich sind. Nach Clève[6]) enthalten sie nur 10 Mol. Wasser.

---

[1]) Scheurer-Kestner, JB. 1859, S. 211. — [2]) Müller, Dingl. pol. J. **138**, 301. — [3]) Lenssen, Zeitschr. anal. Chem. **8**, 321. — [4]) H. L. Wells und H. P. Beardsley, Am. Chem. J. **26**, 275; Chem. Centralbl. 1901, II, S. 907. — [5]) Höglund, Om Erbinjorden, Dissert., Stockholm 1872. — [6]) Clève, Compt. rend. **91**, 381; JB. 1880, S. 304.

Basisches Salz $3\,N_2O_5, 2\,Er_2O_3, 9\,H_2O$ entsteht beim Erhitzen des neutralen Salzes bis zur Entwickelung roter Dämpfe und Umkrystallisieren des Rückstandes aus kochendem Wasser. Es bildet kleine, undeutliche, hellrosenrote, nadelförmige Krystalle, die luftbeständig sind, beim Erwärmen ihr Krystallwasser verlieren und beim Glühen, ohne Veränderung der Form, in Erbinerde übergehen. Es ist ziemlich schwer in Salpetersäure löslich und wird durch viel Wasser in freie Säure und ein gelatinöses, noch höher basisches Salz zerlegt. Das Salz fällt auch sofort beim Erkalten aus, wenn man aufgeschlämmtes Erbiumoxyd zur kochenden Lösung des neutralen Salzes hinzufügt[1]).

Gadoliniumsalz[2]) $(NO_3)_6Gd_2$ krystallisiert aus neutraler Lösung mit 13 Mol. Wasser in grofsen, leicht löslichen, asymmetrischen Krystallen vom spezif. Gew. 2,332, aus konzentrierter Salpetersäure mit 10 Mol. Wasser in sehr schön ausgebildeten, an der Luft allmählich matt werdenden Prismen von monosymmetrischem Aussehen, spezif. Gew. 2,406.

Gadoliniumammoniumsalz $(NO_3)_6Gd_2 . 4\,NO_3(NH_4)$? Aus einer über Schwefelsäure bis beinahe zum Erstarren verdunsteten Lösung der im angegebenen Verhältnis gemischten Nitrate krystallisierten lange, haarfeine, äufserst zerfliefsliche Nadeln[2]).

Galliumsalz $(NO_3)_6Ga_2$. Eine Lösung von Gallium in Salpetersäure giebt beim Verdampfen auf dem Wasserbade einen Sirup, der im Exsikkator zur zerfliefslichen, weifsen Masse erstarrt. Nach dem Trocknen im Luftstrome bei 40° stellt dieselbe das wasserfreie Salz dar. Dasselbe schmilzt beim Erhitzen, zersetzt sich schon bei 110° und hinterläfst bei 200° unter Aufblähen reines Galliumoxyd.

Goldsalze. Goldoxydsalz, Aurylnitrat $5(NO_3.AuO) + H_2O$ oder $(N_2O_5, Au_2O_3) . 2\,H_2O$. Eine Verbindung von dieser allerdings nicht ganz sicher festgestellten Zusammensetzung erhielt Schottländer[3]) durch Lösen von über Schwefelsäure getrocknetem Goldtrioxydhydrat in Salpetersäure von 1,4 spezif. Gew. durch längeres Digerieren auf dem Wasserbade, Filtrieren durch Asbest und Verdunsten im luftleeren Raume über Ätzkalk und Ätznatron. Es entsteht nach einigen Wochen eine dunkelrotbraune, gummiartige Masse, die nach weiteren zwei bis drei Wochen zu einem Haufwerk schwarzer, glänzender Partikel zerfällt. Ein anderes Präparat, aus nach Thomsens[4]) Vorschrift dargestelltem Goldtrioxydhydrat erhalten, das übrigens nicht ganz rein war, zeigte die Zusammensetzung $4\,N_2O_5, 5\,Au_2O_3 . 2\,H_2O$.

Saures Salz, Salpetersäure-Goldtrioxydnitrat $NO_3H, (NO_3)_3Au . 3\,H_2O$. Dieses dem Wasserstoffgoldchlorid entsprechende Salz wird erhalten, indem man im Vakuum getrocknetes Goldtrioxyd-

[1]) Auer v. Welsbach, Monatsh. Chem. 4, 630. — [2]) C. Benedicks, Zeitschr. anorg. Chem. 22, 393. — [3]) Schottlaender, Ann. Chem. 217, 312. — [4]) Thomsen, J. pr. Chem. [2] 13, 347.

hydrat beliebiger Herkunft, in amorpher Modifikation, möglichst fein gepulvert[1]), in einem Kolben mit 13,6 Tln. reiner Salpetersäure von 1,492 spezif. Gew. bei 20° übergiefst und unter Bedeckung so lange digeriert, bis eine klare, gelbe Lösung entstanden ist. Diese wird von etwas reduziertem Gold abgegossen und mit einer Kältemischung aus Eis und Kochsalz abgekühlt oder bei 60 bis 80° eingedampft und einige Stunden über Ätzkalk und Natronhydrat gestellt. Es scheidet sich dann das Salz in grofsen Krystallen ab, welche man durch Umkrystallisieren aus konzentrierter Salpetersäure (von 1,40 spezif. Gew.) leicht von 1 bis 2 cm Kantenlänge erhält. Sie besitzen goldgelbe Farbe, bilden anscheinend trikline Oktaeder, abgestumpft durch die Basisfläche[1]), schmelzen bei 72 bis 73° und lassen sich in gut verschlossenen Gefäfsen unverändert aufbewahren. Das spezif. Gew. ist = 2,84. Durch Wasser wird das Salz zuerst in eine rotbraune, klebrige Masse, dann in flockiges Hydroxyd übergeführt.

Basisches Salz $(NO_3)_2Au_4O_5 + 2H_2O = N_2O_5, 2Au_2O_3 + 2H_2O$ entsteht, wenn man das Salpetersäuregoldtrioxydnitrat auf dem Wasserbade unter Umrühren so lange erhitzt, bis eine glänzendschwarze, völlig trockene, leicht zerreibliche Masse entstanden ist, diese aufs feinste verreibt und im offenen Schälchen im Trockenschrank bis zum Verschwinden des Salpetersäuregeruchs erhitzt. Es ist ein amorphes, rotbraunes Pulver, das in Salpetersäure erst nach stundenlanger Digestion bei 100° sich löst.

Doppelsalze. Das Salpetersäuregoldnitrat bildet mit vielen leicht löslichen Nitraten einwertiger Metalle zwei Reihen von Doppelsalzen[2]), nämlich

$$(NO_3)_4AuR \text{ und } (NO_3)_6AuR_2H = (NO_3)_4AuH, 2NO_3R.$$

Ammoniumdoppelsalze. Das normale Salz $(NO_3)_4AuNH_4$ zeigt sehr schöne, vollkommen durchsichtige Prismen von sattgelber Farbe, ist äufserst zerfliefslich, aber sonst verhältnismäfsig beständig.

Das saure Salz $(NO_3)_6Au(NH_4)_2H$ bildet ziemlich grofse, rhombische Tafeln oder perlmutterglänzende, rhombische Blättchen von blafsgelber Farbe.

Durch Erhitzen dieser Salze mit Salpetersäure erhält man einen gelben, explosiven Körper von der Zusammensetzung $2NO_3H, Au_2N_2H_2O$. Derselbe soll nach Schottlaender das Nitrat einer Imidbase, des Diaurodiamins, $2NO_3H, OAu_2(NH)_2$, oder einer Nitrilbase $2(NO_3H, NAu) + H_2O$ sein. Michaelis[3]) hält ihn dagegen für das Analogon des von Raschig[4]) dargestellten Auroimidchlorids ClAuNH, also für $2(NO_3AuNH) + H_2O$. Durch Behandeln der gelben Substanz mit heifsem Wasser entsteht unter Verlust von Salpetersäure ein gelb-

[1]) Thomsen, J. pr. Chem. [2] 13, 347. — [2]) Schottlaender, Inaug.-Dissert., Würzburg 1884; JB. 1884, S. 433. — [3]) Michaelis, Graham-Ottos Handb., 5 Aufl. II, 4, 1100. — [4]) F. Raschig, Ann. Chem. 235, 341.

brauner, noch leichter explodierender Körper, vielleicht das Auriimidnitrat selbst. Durch Zusatz von Salzsäure zu der Mutterlauge, aus welcher sich der erste explosive Körper abgeschieden hatte, wurde ein kanariengelber, chlorhaltiger Körper erhalten.

Kaliumdoppelsalze. Das normale Salz $(NO_3)_4AuK$ bildet sich stets, wenn gleiche Molekeln Salpetersäuregoldnitrat und Kaliumnitrat in möglichst wenig starker Salpetersäure (1,5 spezif. Gew.) in der Wärme gelöst werden. Es schiefst beim Erkalten oder beim Verdunsten über Ätzkalk in goldgelben, stark glänzenden, rhomboedrischen Krystallen an.

Das saure Salz $(NO_3)_6AuK_2H$ wird auf analoge Weise bei Anwendung von 2 Mol. Kaliumnitrat und weniger starker Salpetersäure (1,4 spezif. Gew.) erhalten. Es bildet schöne, tafelförmige, wahrscheinlich monokline Krystalle oder kurze, durch die Basisfläche begrenzte Prismen von blaugelber Farbe, die auf unglasiertem Porzellan über Ätzkalk und Natriumhydrat getrocknet werden müssen. Von Wasser wird es augenblicklich zersetzt.

Salze, die zwischen den beiden vorgenannten stehen, lassen sich erhalten, wenn man Krystalle des sauren Salzes in stärkerer Salpetersäure auflöst. Auf diese Weise entsteht z. B. die Verbindung $2[(NO_3)_4AuK],(NO_3)_6AuK_2H$, die in vierseitigen, mikroskopischen Prismen krystallisiert.

Rubidiumdoppelsalze. Das normale Salz $(NO_3)_4AuRb$ wird wie das entsprechende Kaliumsalz erhalten und bildet durchsichtige, gelbe, flächenreine Krystalle. — Das saure Salz $(NO_3)_6AuRb_2H$ bildet hellgelbe, dünne, rhombische oder hexagonale Blättchen.

Thalliumdoppelsalze. Das normale Salz bildet kleine, gelbe, sechsseitige Prismen oder grünlichgelbe, kurze, säulenförmige Krystalle — Ein saures Salz ist nicht zu erhalten, da überschüssiges Thalliumnitrat Gold reduziert; aus der Thalliumoxyd enthaltenden Lösung schied sich durch Wasser das basische Salz $3N_2O_5, 6Au_2O_3, 2Tl_2O_3 + 15H_2O$ ab.

Hydrazinsalze[1]). Das Mononitrat, $NO_3N_2H_5$, sogenanntes neutrales Salz, wird durch Neutralisieren von Hydrazinnitrat mit Lackmus als Indikator erhalten, soll aber gegen diesen schwach sauer reagieren. Sehr leicht löslich in Wasser, scheidet sich das Salz daraus manchmal in langen prismatischen Krystallen aus, aus absolutem Alkohol, in dem es sich auch in Siedehitze nur wenig löst, krystallisiert es in Nadeln. Es schmilzt bei etwa 69°, fängt bei 140° an sich ohne Zersetzung zu verflüchtigen und scheint sich selbst bei 300° noch nicht zu zersetzen. Beim Erhitzen über freier Flamme verpufft es. Konzentrierte Schwefelsäure bewirkt stürmische Entwickelung von

---

[1]) Sabanejeff u. Dengin, Zeitschr. anorgan. Chem. **20**, 21.

Stickstoffoxyden, verdünnte (1 : 1) zersetzt das Salz unter Bildung von Azoimid. Phosphorpentachlorid verwandelt es in Diammoniumchlorid.

Das Dinitrat, Diammoniumnitrat, $(NO_3)_2N_2H_6$ erhält man durch Umsetzung des Sulfats mit Baryumnitrat oder durch Halbneutralisation von Salpetersäure mit Hydrazinhydrat. Es bildet zu Büscheln vereinigte Nadeln oder Platten, die sich sehr leicht in Wasser lösen. Die wässerige Lösung kann auf dem Wasserbade nicht über einen Salzgehalt von 30 Proz. konzentriert werden, ohne Zersetzung zu erleiden. Absoluter Alkohol verwandelt das Salz in Mononitrat. Das Dinitrat schmilzt bei raschem Erhitzen bei 103 bis 104°, zersetzt sich aber, langsam erhitzt, schon bei 80 bis 85°, ohne zu schmelzen, in Azoimid, Salpetersäure, Stickstoff, Wasser, Hydrazinmononitrat und Ammoniumnitrat. Auch beim Aufbewahren über Schwefelsäure bei gewöhnlicher Temperatur tritt schon langsame Zersetzung unter Entwickelung von Azoimid ein.

Indiumsalz $(NO_3)_6In_2$ entsteht durch Lösen von Indium in Salpetersäure. Die neutrale Lösung liefert beim Eindampfen im Exsikkator sehr zerfliefsliche, auch in absolutem Alkohol leicht lösliche Lamellen. Aus saurer Lösung erhält man jedoch leicht büschelförmig oder konzentrisch gruppierte lange Säulen oder Nadeln, die nach dem Trocknen über Schwefelsäure 9 Mol. Wasser, nach Trocknen bei 100° noch 3 Mol. enthalten. Beim Glühen entsteht anfangs ein basisches Salz, dann Indiumoxyd [1]).

Kaliumsalz, NO_3K, Salpeter findet sich vielfach in der porösen lockeren Erdoberfläche und entsteht in dieser wie in ähnlichen Materialien, z. B. Bauschutt, verwitterten Mauern, ständig infolge der schon früher besprochenen meteorologischen und Fäulnisvorgänge, besonders in warmem und feuchtem Klima. So ist besonders in Bengalen die Erde vielfach in grofser Ausdehnung, wenn auch nur in geringer Tiefe mit Salpetersäuresalzen durchsetzt, die an der Oberfläche auswittern.

Besondere Erwähnung erheischt der Höhlensalpeter, dessen Vorkommen ursprünglich so gedeutet wurde, dafs durch die Gegenwart lockeren Gesteins die Vereinigung von Stickstoff und Sauerstoff zu Salpetersäure bewirkt werde. Wahrscheinlich ist die auf Ceylon, in Amerika, Italien, Frankreich, Algier beobachtete Bildung solcher Salpeterlager aber dadurch zu erklären, dafs die Exkremente von die Höhlen bewohnenden Tieren sich zersetzten und dabei das Gestein in Mitleidenschaft zogen oder dafs weiter oberhalb in gewöhnlicher Weise aus Humus gebildete Nitrate gelöst durch Gesteinsspalten in die Höhlen einsickerten und hier zur Ablagerung kamen.

In den sogenannten Salpeterplantagen werden die Bedingungen für die Bildung der Nitrate künstlich durch Vermischen geeigneten Bodens

---

[1]) Cl. Winkler, J. pr. Chem. 102, 273.

mit stickstoffhaltigen Flüssigkeiten wie Harn, Jauche u. s. w. hervorgerufen.

In dem natürlichen oder in den Plantagen gewonnenen Salpeter ist stets nur ein Teil der Salpetersäure als Kaliumsalz vorhanden, meistens die Hauptmenge in Form von Erdalkalisalzen. Die durch Behandlung der Erde mit Wasser gewonnene Rohlauge wird deshalb zunächst mit Kaliumkarbonat oder dergl., hauptsächlich mit roher Pottasche, behandelt, wodurch die alkalischen Erden ausfallen und die Salpetersäure sich an Kalium bindet. Die so erhaltene „gebrochene Lauge“ scheidet beim Eindampfen zunächst in der Hitze andere Salze, besonders Kalium- und Natriumchlorid, aus, während aus der hier abgezogenen Lösung nach genügender Konzentration der „Rohsalpeter“, ein noch recht unreines, dunkel gefärbtes Produkt, auskrystallisiert. Dasselbe wird einer Raffination unterworfen, die wesentlich in Umkrystallisieren aus heifsem Wasser besteht. Die färbenden organischen Substanzen werden dabei aus der Lösung durch Ausfällen mit Leim beseitigt. Läfst man die gereinigte Lösung langsam krystallisieren, so erhält man grofse Krystalle, die aber im Innern zwischen den einzelnen Krystalllamellen mit Mutterlauge erfüllte Höhlungen besitzen und daher unrein sind. Um ein reineres Produkt zu gewinnen, läfst man die Krystallisation unter Umrühren vor sich gehen, wobei das Salz in kleinen Krystallen, Salpetermehl, zur Abscheidung gelangt.

Neben dem aus natürlichem Rohsalpeter gewonnenen Salze spielt besonders in Deutschland der „Konversionssalpeter“ eine wesentliche Rolle, der aus Chilisalpeter durch Umsetzung mit Kaliumsalzen gewonnen wird. Zur Anwendung gelangt hierbei jetzt meist ausschliefslich Kaliumchlorid, das sich in Siedehitze mit Natriumnitrat ziemlich vollständig umsetzt, indem das hierbei sehr viel schwerer lösliche Natriumchlorid sich abscheidet. Älter ist die Umsetzung mit Pottasche, wobei Natriumkarbonat ebenfalls während des Siedens zur Ausscheidung gelangt. An Stelle von Pottasche findet gelegentlich Schlempekohle der Zuckerfabriken Verwendung. Der Konversionssalpeter besitzt von dem Ausgangsmaterial her häufig einen Gehalt an Perchlorat.

In dem Osmosewasser der Zuckerfabriken ist reichlich Salpeter vorhanden, so dafs er daraus gewonnen werden kann.

Der Salpeter gehört zu den Salzen, deren Löslichkeit in Wasser mit der Erhöhung der Temperatur sehr schnell steigt, er kann daher leicht und in grofsen Mengen aus heifs gesättigten Lösungen krystallisiert erhalten werden. Eine solche Lösung, aus welcher das Salz mit Leichtigkeit in Krystallen anschiefst, erhält man beispielsweise durch Neutralisieren von verdünnter Salpetersäure mit festem Kalihydrat oder Kaliumkarbonat. Meist jedoch wird das reine Salz durch Umkrystallisieren aus dem Salpeter des Handels dargestellt, wobei man zweckmäfsig durch Umrühren die Bildung gröfserer Krystalle verhindert.

Zur Entfernung der oft hartnäckig anhaftenden Chloride erwärmt man das gepulverte Salz zweckmäfsig, nach Grotes Vorschlag, mit ein wenig Salpetersäure; man erhält dann beim Umkrystallisieren leicht das reine Salz.

Dasselbe krystallisiert unter gewöhnlichen Umständen in langen, gestreiften, sechsseitigen Säulen, welche in einer sechsseitigen Pyramide enden. Die Krystalle sind wasserfrei, geben aber beim Zerreiben meist ein etwas feuchtes Pulver, weil sie Mutterlauge einschliefsen. Während diese gewöhnliche Form des Salpeters der selteneren des Calciumkarbonats, der Arragonitform, entspricht, können sich, wie zuerst Frankenheim[1]) beobachtete, beim Krystallisieren aus Tropfen der Lösung mikroskopische Krystalle bilden, die der gewöhnlichen Form des Calciumkarbonats entsprechen, nämlich Rhomboeder darstellen. Dieselben sind aber schon bei gewöhnlicher Temperatur wenig beständig und werden bei Berührung mit prismatischem Salpeter sowie beim Ritzen mit einem harten Körper in ein Aggregat von Krystallen der gewöhnlichen Form übergeführt. Die gleiche Umwandlung findet beim Erwärmen auf 122 bis 129° statt. Die spezifische Wärme beträgt unterhalb der Umwandlungstemperatur $0{,}2030 + 0{,}000271\,(T + t)$, oberhalb derselben 0,285, die Umwandlungswärme ist = 11,89 Kal.[2]).

Das spezifische Gewicht des Salzes sinkt mit steigender Temperatur der Lösung, aus welcher es sich abscheidet; war letztere 20°, so ist es = 2,10355; war sie 110°, so ist es = 2,09916[3]).

Das Salz schmeckt kühlend und ein wenig bitter; in gröfseren Dosen wirkt es giftig. Schon unter Glühhitze [bei 339° nach Persoz, 352° nach Carnelley[4])] schmilzt es zu einer farblosen Flüssigkeit. Beim Erkalten erstarrt das geschmolzene Salz zu einer grobstrahlig krystallinischen Masse, deren spezifisches Gewicht ungefähr = 2,1 ist. Ein selbst geringer Gehalt an Kochsalz und anderen fremden Salzen bewirkt, dafs der erstarrende Kuchen, und zwar zuerst in der Mitte, die krystallinische Beschaffenheit nicht zeigt. In stärkerer Hitze wird der Salpeter zerlegt; er giebt anfangs Sauerstoff, dann auch Stickstoff aus, und es bleibt Kaliumnitrit oder Kali zurück.

Das feine Pulver wird durch Druck von etwa 20000 Atmosphären zum gleichartigen, durchscheinenden, harten Block[5]).

Der Salpeter bildet Mischkrystalle mit Kaliumchlorid und Baryumnitrat[6]). Er bildet ein Kryohydrat in 11,25 proz. Lösung bei 3°[7]). Besonders befähigt ist er zur Bildung eutektischer Gemische[8]).

---

[1]) Frankenheim, Ann. Phys. **92**, 351. — [2]) M. Bellati u. R. Romanese, Atti R. Ist. Ven. [6] **3**, 17; Ann. Phys. [2] Beibl. **9**, 723. — [3]) W. W. J. Nicol, Ber. **16**, 2160. — [4]) Carnelley, Chem. Soc. J. 1876, I, p. 489; JB. 1876, S. 30. — [5]) W. Spring, Bull. de l'Acad. Roy. de Belg. [2] **45**, Nr. 6; JB. 1878, S. 63. — [6]) C. Brügelmann, Ber. **17**, 2359. — [7]) F. Guthrie, Phil. Mag. [5] **18**, 105; JB. 1884, S. 134. — [8]) Ders., ebend. **17**, 462; JB. 1884, S. 135.

Es geben

Proz. Kaliumnitrat	Anderes Salz	Proz.	Gemische vom Schmelzpunkt
94,24	Kaliumchromat	5,76	295°
74,64	Calciumnitrat	25,36	251°
74,19	Strontiumnitrat	25,81	285°
70,47	Baryumnitrat	29,53	278,5°
53,14	Bleinitrat	46,86	207°
67,1	Natriumnitrat	32,9	215°
38,02	{ Natriumnitrat Bleinitrat	18,64 43,34 }	186°

Mit Thalliumnitrat bildet er eine diskontinuierliche Mischungsreihe mit eutektischem Punkte bei 182°. Die Mischungen erstarren rhomboedrisch, erleiden aber bei Abkühlung die Umwandlung in die rhombische Modifikation. Die Umwandlungsprodukte sind gegenüber denen der reinen Salze erniedrigt [1]).

Das Salz bewirkt bei der Auflösung eine beträchtliche Erniedrigung der Temperatur, nach Rüdorff [2]) beim Mischen von 16 Tln. mit 100 Tln. Wasser um etwa 10°. Die Lösungswärme ist nach Winkelmann [3])

bei 0° $\lambda_0 = 95{,}9 - 2{,}123\, pg$ für $pg = 3{,}05$ bis $5{,}06$

$= 85{,}64 - 0{,}161\, pg - 0{,}0246\, pg^2$ für $pg = 5{,}62$ bis $19{,}8$

bei 50° $\lambda_{50} = 73{,}66 - 0{,}42\, pg$ für $pg = 3{,}0$ bis $19{,}8$

gegen 200° ist die Wärmebindung für die Auflösung von 1 Mol. Salz in 200 Mol. Wasser = 0 [4]).

Das Salz zerfließt, wenn der Partialdruck des Wasserdampfes 15,5 bis 16,5 mm Quecksilber erreicht [5]).

Die Löslichkeit wächst, wie schon erwähnt, sehr rasch mit der Temperatur. Nach Andreae [6]) lösen sich in 100 Tln. Wasser bei 4° 16,00 Tle., bei 16,3° 27,2 Tle., bei 68,3° 123,1 Tle. Mulder hat nach Versuchen von Gay-Lussac, Karsten, Longchamp, Gerlach sowie nach eigenen die folgende Tabelle berechnet. Es lösen 100 Tle. Wasser bei

0°	13,3 Tle.	35°	54 Tle.	70°	139 Tle.	105°	272 Tle.
5°	17,1 „	40°	64 „	75°	155 „	110°	301 „
10°	21,1 „	45°	74 „	80°	172 „	114°	326 „
15°	26,0 „	50°	86 „	85°	189 „	114,1°	327,4 „
20°	31,2 „	55°	98 „	90°	206 „		
25°	37,3 „	60°	111 „	95°	226 „		
30°	44,5 „	65°	124 „	100°	247 „		

[1]) van Eyk, Zeitschr. physikal. Chem. 30, 430. — [2]) Rüdorff, Ann. Phys. 145, 529. — [3]) A. Winckelmann, ebend. 149, 1. — [4]) Berthelot, Compt. rend. 78, 1722; JB. 1874, S. 77. — [5]) Kortright, J. physical. chem. 3, 328; Chem. Centralbl. 1899, II, S. 414. — [6]) Andreae, J. pr. Chem. [2] 29, 456.

Page und Keightley[1]) fanden für gesättigte Lösung bei 15,6°:

	Salzgehalt in 100 Tln. der gesättigten Lösung	Salzgehalt auf 100 Tle Wasser	Wassergehalt auf 1 Tl. Salz	Spezifisches Gewicht der gesättigten Lösung
bei 15,6° bereitet	20,66	26,04	3,84	1,14123
bei 100° bereitet, auf 15,6° erkaltet	20,82	26,30	3,80	1,14225

Die spezifischen Gewichte der wässerigen Lösungen bei 15° sind nach Gerlach[2]):

Proz. NO_3K	Spezif. Gew.	Proz. NO_3K	Spezif. Gew.	Proz. NO_3K	Spezif. Gew.
1	1,00641	8	1,05197	15	1,09977
2	1,01283	9	1,05861	16	1,10701
3	1,01924	10	1,06564	17	1,11426
4	1,02566	11	1,07215	18	1,12150
5	1,03207	12	1,07905	19	1,12875
6	1,03870	13	1,08596	20	1,13599
7	1,04534	14	1,09286	21	1,14361

Der Siedepunkt der gesättigten Lösung ist nach Mulder 114,1°, nach Griffith 114,5°, nach Magnus 118°. 20proz. Lösung siedet nach Guthrie[3]) bei 101,5°, 75proz. bei 114,2°.

Für die Formel der Dampfspannungsverminderung $d = a\varphi + b\varphi^2$, worin φ die Maximalspannung des Wasserdampfes bei der nämlichen Temperatur bedeutet, ist nach Pauchon[4]) bei

Prozentgehalt der Lösung	14,19	9,71	4,83
a	0,00165	0,00152	0,00148
b	0,0000398	0,0000314	0,0000275

Nach Nicol[5]) ist der Dampfdruck der Lösungen $\left(1 - \frac{P_1}{P}\right) \cdot 10000$, worin P_1 den Druck des Wasserdampfes in der Salzlösung, P den Druck von Wasserdampf bei der Temperatur bedeutet, bei 75° = 2402, bei 85° = 2775, bei 95° = 3302. Wenn aufserdem n die Anzahl der Molekeln NO_3K in 100 Mol. Wasser bedeutet, so ist[6]) für

[1]) Page u. Keightley, Chem. Soc. J. [2] 10, 566; JB. 1872, S. 25. — [2]) Gerlach, Zeitschr. anal. Chem. 8, 286. — [3]) Guthrie, Phil. Mag. [5] 18, 22; JB. 1884, S. 132. — [4]) E. Pauchon, Compt. rend. 89, 752; JB. 1879, S. 67. — [5]) Nicol, Phil. Mag. [5] 18, 364; JB. 1884, S. 125. — [6]) Ders., ebend. 22, 202.

n	$\frac{p - p_1}{n}$ bei						$\frac{p - p_1}{n \cdot p} \cdot 10000$ bei					
	70°	75°	80°	85°	90°	95°	70°	75°	80°	85°	90°	95°
1	3,90	5,20	6,80	7,80	9,40	11,10	171	184	195	182	180	181
2	3,75	4,85	6,10	7,50	9,10	10,60	164	171	175	173	175	172
3	3,33	4,20	5,23	6,57	8,00	9,77	146	148	150	153	153	155
4	3,35	4,18	5,20	6,50	7,93	9,75	147	147	149	152	152	155
5	3,16	4,04	5,00	6,16	7,58	9,30	138	143	143	144	145	147
10	2,73	3,46	4 30	5,37	6,62	8,13	120	122	123	125	127	129
15	2,43	3,08	3,86	4,79	5,91	7,25	107	109	111	112	113	115
20	2,25	2,84	3,57	4,42	5,47	6,71	99	100	102	103	105	106
25	2,05	2,63	3,30	4,08	5,01	6,16	90	93	95	95	96	98

Die Lösungswärme für Lösung von 1 Mol. in 100 Mol. Wasser ist bei 15° —7967 kal., bei 34° —7814 kal., bei 53° —7541 kal. [1]). Die spezifische Wärme der Lösungen ist nach Winkelmann [2]) $k = 0{,}9979 - 0{,}01039\,pg + 0{,}0001086\,pg^2$ für pg von 3,04 bis 29,4, nach Schüller [3]) für 30 Proz. = 0,8090, für 20 Proz. = 0,8589, für 10 Proz. = 0,9182.

Die Lösungen von 1, 3 und 5 Mol. des Salzes in 100 Mol. Wasser erfahren für ein Temperaturintervall von je 10° nach Nicol [4]) die folgende Ausdehnung:

Temperaturintervall $t - t_1$	Wenn in 100 Mol. Wasser enthalten sind		
	NO_3K	$3\,NO_3K$	$5\,NO_3K$
20 bis 30°	6,0	7,7	8,9
30 „ 40°	7,1	8,6	9,7
40 „ 50°	8,2	9,5	10,4
50 „ 60°	9,4	10,5	11,2
60 „ 70°	10,5	11,4	12,0
70 „ 80°	11,6	12,3	12,8
80 „ 90°	12,7	13,2	13,5
90 „ 100°	13,9	14,1	14,3

Die innere Reibung für Normallösung ist nach Kreichgauer 0,97, nach Arrhenius [5]) 0,959, die Kapillaritätskonstante $d = 7{,}11$ [6]), das Refraktionsäquivalent = 21,80 [7]). Die molekulare Gefrierpunkts-

[1]) W. A. Tilden, Lond. R. Soc. Proc. **38**, 401; JB. 1885, S. 164. — [2]) A. Winkelmann, Ann. Phys. **149**, 1. — [3]) J. H. Schüller, ebend. **136**, 70 u. 235. — [4]) Nicol, Phil. Mag. [5] **23**, 385; JB. 1887, S. 140. — [5]) Sv. Arrhenius, Zeitschr. phys. Chem. **1**, 285. — [6]) G. Quincke, Ann. Phys. **138**, 141. — [7]) Gladstone, Phil. Mag. [4] **36**, 311; JB. 1868, S 118.

erniedrigung der Lösungen ist = 27,0 [1]). Der Leitungswiderstand für 1 Äq. ist nach Lenz [2]) für

$L^1/_4$	$L^1/_8$	$L^1/_{16}$	$L^1/_{32}$	$L^1/_{64}$
26,4	29,0	30,8	32,1	33,0

Allgemein ist nach Kramers [3]) die Leitfähigkeit bei der Temperatur t und Konzentration C,

$$\lambda^t_C = C\,(0{,}1477 + 0{,}0056817\,t - 0{,}000007833\,t^2).(0{,}037793 - 0{,}00035707\,C).$$

Der Diffusionskoeffizient ist für $\tau^0\,k_\tau = 2{,}65\,(1 - 0{,}0127\,\tau)$ [4]).

Die Molekularvolumina der Lösungen sind nach Nicol [5]) bei einem Gehalte der Lösung auf 100 Mol. Wasser von

5,0	4,0	2,0	1,0	0,5 Mol. NO_3K
2006,74	1963,53	1879,58	1839,07	1819,03

Die durch Temperaturerhöhung erfolgende Vergröfserung derselben ist umgekehrt proportional der Stärke der Lösung. Daher vermindert sich auch die zu erwartende Kontraktion der Lösung beim Verdünnen mit steigender Temperatur [6]).

Werden Teile der Lösung verschieden erwärmt, so strebt dieselbe im kälteren Teil auf Kosten des wärmeren sich zu konzentrieren; diese Wirkung nimmt mit steigender Konzentration rasch zu und scheint derselben im Gleichgewichtszustande nahezu proportional zu sein [7]).

Aufser in Wasser löst sich Salpeter in 1,4 Tln. Salpetersäuremonohydrat, in 3,8 Tln. Salpetersäure von 1,423 spezif. Gew. bei 20° und 1 Tl. derselben bei 123°. In absolutem Alkohol löst er sich nicht, in wässerigem dem Wassergehalt entsprechend; so lösen nach Schiff [8]) 100 Tle. Weingeist von

10	20	30	40	50	60	80	Gew.-Proz.
13,2	8,5	5,6	4,3	2,8	1,7	0,4	Tle. Salpeter.

1 Tl. des Salzes löst sich ferner in 10 Tln. Glycerin von 1,225 spezif. Gew. bei gewöhnlicher Temperatur [9]).

Der Salpeter ist ein äufserst kräftiges Oxydationsmittel. Auf glühende Kohlen geworfen, schmilzt er und bewirkt lebhafte Verbrennung derselben. Ein Gemenge von gepulvertem Salpeter und Kohlenpulver verbrennt, angezündet, lebhaft. Es verwandelt hierbei der Sauerstoff der Salpetersäure den Kohlenstoff in Kohlensäure, welche teils an das Kali des Salpeters gebunden wird, teils mit dem Stickstoff desselben entweicht: $4\,NO_3K + 5\,C = 2\,CO_3K_2 + 3\,CO_2 + 2\,N_2$.

---

[1]) De Coppet, Ann. ch. phys. [4] 23, 366; JB. 1871, S. 26. — [2]) Lenz s. Salpetersäure, S. 205. — [3]) Kramers, Arch. néerland. sc. exact. et nat. [2] 1, 455; Chem. Centralbl. 1898, II, S. 5. — [4]) P. de Heen, Belg. Acad. Bull. [3] 8, 219; JB. 1884, S. 146. — [5]) Nicol, Phil. Mag. [5] 16, 121; JB. 1883, S. 56. — [6]) W. W. J. Nicol, Ber. 16, 2160. — [7]) Ch. Soret, Arch. phys. nat. [3] 2, 48; JB. 1879, S. 78. — [8]) H. Schiff, Ann. Chem. 118, 365. — [9]) A. Vogel, Zeitschr. Chem. 1867, S. 731.

Bei Überschufs von Kohle entsteht auch unter weniger lebhafter Verbrennung Kohlenoxydgas.

Wird ein Gemenge von Salpeter und Schwefel in einen glühenden Tiegel eingetragen, so verbrennt der Schwefel mit glänzendweifsem Licht und es entsteht Kaliumsulfat; ein Gemenge der gepulverten Substanzen verbrennt, angezündet, ebenfalls mit starker Lichtentwickelung, doch entsteht hierbei, wenn der Schwefel im Überschufs, auch schweflige Säure: $2\,NO_3K + 2\,S = SO_4K_2 + SO_2 + N_2$ Auf Natriumsulfid wirkt das Salz erst oberhalb 138° langsam ein, zunächst unter Bildung von Sulfit und Nitrit, erst gegen 170° beginnt die Bildung von Sulfat, die bei 190° vollständig ist. Ist gleichzeitig Eisen zugegen, so treten die Reaktionen bei niedrigerer Temperatur ein und es werden gröfsere Mengen Stickstoff und Ammoniak gebildet [1]). Natriumsulfit wird schon bei relativ niedriger Temperatur zu Sulfat oxydiert, wenn Überschufs von Salpeter vorhanden; auch hier wird der Prozefs durch Gegenwart von Eisen beschleunigt [1]).

Metalle werden beim Glühen mit Salpeter mit wenigen Ausnahmen oxydiert; ist das hierbei entstehende Oxyd eine Säure, so bildet sich deren Kalisalz (Arsen, Antimon, Mangan, Chrom, Eisen). Organische Stoffe werden ebenfalls beim Erhitzen mit Salpeter verbrannt.

Mit Chloriden anderer Metalle setzt sich Salpeter mehr oder weniger vollständig um. So folgert Enklaar [2]) aus der Änderung der Diffusionsgeschwindigkeit vollständige Umsetzung mit Chlornatrium und Chlorcalcium, unvollkommene mit Chlormagnesium. Die Umsetzung mit Chlorammonium ist nach Nicol [3]) vollständiger in verdünnten wie in konzentrierteren Lösungen.

Für die Rolle, welche das Salz bei den Vorgängen in der Pflanze spielt, ist die Beobachtung wichtig, dafs dasselbe auch in sehr verdünnten Lösungen durch Oxalsäure unter Bildung von freier Salpetersäure zerlegt wird [4]).

Das Salz findet vielfache Anwendung. Neben dem Natriumsalz giebt es das Material für die Darstellung der Salpetersäure, sowie es im allgemeinen den Ausgangspunkt für die Gewinnung aller Oxydationsstufen des Stickstoffs und der übrigen Nitrate bildet. Die Temperaturerniedrigung, welche durch seine Auflösung in Wasser bewirkt wird, wird zu Kühlungszwecken benutzt; als geeignete Mischung hierfür wird eine solche von 50 Tln. desselben mit 57 Tln. Chlorkalium und 32 Tln. Salmiak angegeben.

Salpeter besitzt stark antiseptische Eigenschaften und wird deshalb zum Konservieren von Fleisch viel verwendet. Als eigentliches Bakteriengift ist er indessen nicht zu bezeichnen, denn z. B. gegen

---

[1]) G. Lunge, Ber. **16**, 2914. — [2]) J. E. Enklaar, Arch. néerland. **17**, 232; JB. 1882, S. 92. — [3]) W. W. J. Nicol, Ber. **16**, 2160. — [4]) A. Emmerling, Landw. Vers.-Stat. **30**, 109.

Tabaksinfus-Bakterien erwiesen sich selbst Lösungen von 1 zu 50 Tln. als unwirksam [1]).

Auch als Medikament findet das Salz mehrfache Anwendung.

Am meisten aber wird es zur Anfertigung von Schiefspulver und ähnlichen explosiven Gemischen bezw. Feuerwerkssätzen benutzt. Von vorzüglicher Wirkung ist ein Gemisch mit Natriumacetat. Dasselbe explodiert bei 350° heftig, aber auch schon bei niederer Temperatur, wenn man irgend eine brennbare Substanz in das geschmolzene Gemisch einträgt. Die heftigste Wirkung zeigt das Gemisch gleicher Teile vorher geschmolzenen Salpeters und durch Schmelzen entwässerten Acetats. Ein Gemisch von 75 Tln. Salpeter, 12,5 Tln. Schwefel und 25 Tln. Natriumacetat soll das gewöhnliche Schiefspulver an Wirkung übertreffen und sich wie dieses körnen lassen [2]). Bei Pulver mit feiner Rotkohle kann ein dem natürlichen Salpeter entstammender Gehalt an Perchlorat zu Explosionen Anlafs geben [3]).

Eine Verbindung mit Schwefelsäure $N_2O_5, 2K_2O, 2SO_3, H_2O$ entsteht, wenn man 1 Mol. Schwefelsäure auf 2 Mol. Salpeter in verdünnter Lösung einwirken läfst und die Lösung langsam verdunstet. Sie bildet säulenförmige Krystalle, die durch Wasser zerfallen und bei 180° ohne Abgabe von Salpetersäure alles Wasser verlieren. Die Konstitution ist wahrscheinlich $ON\begin{cases}OSO_2.OK\\OH\\OK\end{cases}$ [4]).

Saures Salz $NO_3K, 2NO_3H$ entsteht nach Ditte [5]) durch Auflösen von geschmolzenem neutralen Salz in Salpetersäuremonohydrat. Es ist eine Flüssigkeit, welche erst unterhalb 0° in kleinen, glänzenden, bei —3° schmelzenden Blättchen krystallisiert erhalten werden kann.

Kobaltoxydulsalze. Das neutrale Salz $(NO_3)_2Co$ entsteht durch Behandlung von metallischem Kobalt oder dessen Oxydul oder von Kobaltokarbonat mit verdünnter Salpetersäure. Es krystallisiert nur schwer in roten, monoklinen Säulen, welche nach Millon und Marignac [6]) 6 Mol., nach Frémy [7]) im Vakuum getrocknet nur 5 Mol. Wasser enthalten, in feuchter Luft zerfliefsen, schon unterhalb 100° schmelzen und in hoher Temperatur erst Wasser, dann rote salpetrige Dämpfe ausgeben, während schwarzes Kobaltoxydul zurückbleibt.

Nach Funk [8]) schmilzt das Hexahydrat $(NO_3)_2Co.6H_2O$ bei 56°. Oberhalb dieser Temperatur ist ein Trihydrat $(NO_3)_2Co.3H_2O$ in grofsen, rhombischen Tafeln erhältlich, die bei 91° schmelzen. Unterhalb —22° ist das Enneahydrat $(NO_3)_2Co.9H_2O$ beständig.

[1]) N. Schwartz, Russ. Zeitschr. Pharm. 1880, S. 610. — [2]) H. Violette, Ann. ch. phys. [4] 23, 306; JB. 1871, S. 1028. — [3]) Kelbetz, Chem.-Ztg. 21, 587. — [4]) C. Friedheim, Zeitschr. anorgan. Chem. 6, 273. — [5]) Ditte, Ann. ch. phys. [5] 18, 320; JB. 1879, S. 221. — [6]) Marignac, Arch. ph. nat. [2] 1, 373; Ann. Chem. 97, 295. — [7]) Frémy, Ann. Chem. 83, 229. — [8]) Rob. Funk, Ber. 32, 96; Zeitschr. anorg. Chem. 20, 393.

Das spezifische Gewicht ist = 1,83, das der wässerigen Lösungen [1]) bei 17,5° und bei einem Gehalt an wasserfreiem Salz von

5	10	15	20	25	30	35	40	45 Proz.
1,0462	1,0906	1,1378	1,1936	1,2538	1,3190	1,3896	1,4662	1,5382.

Die bei 18° gesättigte Lösung enthält 45,14 Proz. wasserfreies Salz, allgemein läfst sich die Zusammensetzung der Lösungen zwischen —21 und +41° annähernd durch die Formel $(NO_3)_2Co + (12.183 - 0.10177\,t)H_2O$ ausdrücken [2]).

Mit einer Lösung von Schwefelcyankalium erhitzt, giebt es Stickoxyd [3]).

Mit Ammoniak verbindet es sich zu der Verbindung $(NO_3)_2Co, 6\,NH_3$. Dieselbe scheidet sich aus einer unter Luftabschlufs mit Ammoniak versetzten konzentrierten Lösung des Salzes in Form rosenroter Krystalle aus, nachdem das anfangs gefällte grüne oder blaue basische Salz wieder in Lösung gegangen ist. Die Krystalle müssen mit Ammoniakflüssigkeit gewaschen und schnell zwischen Fliefspapier, dann im Vakuum getrocknet werden, da sie sich an der Luft schnell unter Bräunung zersetzen [4]).

Basische Salze. Sechstelsaures Salz $N_2O_5, 6\,CoO.5\,H_2O$ entsteht als ein blauer Niederschlag durch Ammoniak in der völlig luftfreien Lösung des neutralen Salzes. An der Luft wird es durch Oxydation grün, zuletzt gelb.

Viertelsaures Salz $N_2O_5, 4\,CoO.6\,H_2O$ entsteht in ähnlicher Weise bei Anwendung heifser Lösungen [5]) als blauer, an der Luft oberflächlich grün werdender Niederschlag.

Kobaltoxydul-Cersesquioxydsalz s. S. 289.

Kobaltoxydul-Didymsalz $3(NO_3)_2Co, 2(NO_3)_3Di.48\,H_2O$ bildet dunkelrote, sehr zerfliefsliche Krystalle [6]).

Kupfersalze. Neutrales Salz $(NO_3)_2Cu$. Kupfer wird von mäfsig verdünnter Salpetersäure mit gröfster Leichtigkeit zum Nitrat gelöst. In England wird das Salz nach Lunge im grofsen dadurch hergestellt, dafs man Kupferblech oder Kupferdrahtschnitzel in einem Flammofen oxydiert, das Oxyd in Salpetersäure löst und die Flüssigkeit in kupfernen Kesseln konzentriert. Beim Verdampfen giebt die Lösung entweder dunkelblaue, prismatische Krystalle vom Schmelzpunkt 114° [2]), welche 3 Mol. Wasser enthalten [nach Gerhardt [7]) 4 Mol.], oder, bei niederer Temperatur, hellblaue tafelförmige Krystalle von der Zusammensetzung $(NO_3)_2Cu.6\,H_2O$, bei 26,4° schmelzend [2]). Unterhalb —20° besteht ein Enneahydrat $(NO_3)_2Cu.9\,H_2O$ [2]).

---

[1]) B. Franz, J. pr. Chem. [2] 5, 274. — [2]) Rob. Funk, Ber. 32, 96; Zeitschr. anorg. Chem. 20, 393. — [3]) D. E. Johnstone, Chem. News 45, 159; JB. 1882, S. 239. — [4]) Frémy, Ann. Chem. 83, 229. — [5]) J. Habermann, Monatsh. Chem. 5, 432. — [6]) Frerichs u. Smith, Ann. Chem. 191, 331. — [7]) Gerhardt, JB. Berz. 27, 179.

Die Krystalle sind hygroskopisch, in Wasser sehr leicht löslich, lösen sich auch in Alkohol. Das spezifische Gewicht der wässerigen Lösungen[1]) ist bei 17,5° und bei einem Gehalt an wasserfreiem Salz von

5	10	15	20	25	30	35	40	45 Proz.
1,0452	1,0942	1,1442	1,2036	1,2644	1,3298	1,3974	1,4724	1,5576

Das Wärmeleitungsvermögen der Lösungen ist nach Beetz[2]):

Zwischen 8 u. 14°		Zwischen 36 u. 28°	
spezif. Gew.	Leitungsvermögen	spezif. Gew.	Leitungsvermögen
1,197	423	1,197	662
1,455	404	1,455	563

Durch Krystallisation aus heifser konzentrierter Salpetersäure wurde das Salz von Ditte[3]) entweder in blauen Krystallen mit 3 Mol. Wasser oder wasserfrei als weifses, einen Stich ins Grüne zeigendes Krystallmehl erhalten.

Beim Erhitzen des krystallisierten Salzes entweicht zuerst Wasser, dann schon bei ziemlich niedriger Temperatur ein Teil der Säure, indem basisches Salz entsteht[4]). Beim Glühen bleibt schliefslich Kupferoxyd zurück, dessen Herstellung meist auf diese Art erfolgt.

Die Lösung des Salzes löst Zinnfeilspäne fast mit derselben Heftigkeit wie Salpetersäurehydrat; selbst beim Einwickeln des festen Salzes in Stanniol erfolgt die Reaktion nicht selten unter heftigem Erglühen.

Schwefel und Selen wirken auf die Lösung nicht ein, Tellur in beschränktem Mafse reduzierend. Phosphor bildet Kupferphosphür Cu_5P_4[5]) unter Entwickelung von Untersalpetersäuredämpfen bei der Temperatur des siedenden Wasserbades[6]), Arsen das entsprechende Arsenür[7]). Mit Thioharnstoff giebt es eine leicht zersetzliche Verbindung[8]).

Leitet man in eine heifse, gesättigte Lösung des Salzes Ammoniakgas ein, bis sich der erst entstandene Niederschlag wieder aufgelöst hat, so erhält man ein Kupfernitrat-Ammoniak in blauen rhombischen Krystallen[9]), welche beim Erhitzen unter lebhaftem Zischen zersetzt werden. Ihre Zusammensetzung entspricht der Formel $(NO_3)_2Cu, 4NH_3$.

Basisches Salz bleibt schon bei gelindem Erhitzen des neutralen Salzes zwischen 66 und 300° C. zurück, entsteht ferner durch Kochen einer Lösung des neutralen Salzes mit Kupfer oder Kupferoxydhydrat

---

[1]) B. Franz, J. pr. Chem. [2] 5, 274. — [2]) W. Beetz, Ann. Phys. [2] 7, 435. — [3]) Ditte, Ann. ch. phys. [5] 18, 320, JB. 1879, S. 221. — [4]) Graham, Ann. Chem. 29, 13. — [5]) J. B. Senderens, Compt. rend. 104, 175; JB. 1887, S. 1375. — [6]) J. Corne, Chem. Centralbl. 1882, S. 611. — [7]) Athanasesco, Bull. soc. chim. [3] 11, 1112; Ber. 28, 449, Ref. — [8]) B. Rathke, Ber. 17, 297. — [9]) Marignac, Ann. min. [5] 12, 23.

oder durch Zusatz von wenig Kali oder Ammoniak oder Silberoxyd[1]) zu derselben. Es bildet ein grünes, nach Habermann[2]) hellblau ausfallendes und erst beim Kochen mit Wasser mifsfarbig, grau, zuletzt schwarz werdendes Pulver. Seine Zusammensetzung, von Graham als N_2O_5, $3CuO.H_2O$ angegeben, ist nach späteren Autoren[3]) N_2O_5, $4CuO.3H_2O$. Dasselbe Salz entsteht merkwürdigerweise auch, wenn man Kupferoxyd mit stärkster Salpetersäure befeuchtet, auch wenn letztere in grofsem Übermafse vorhanden ist. In hübschen durchsichtigen Krystallen von einer Länge bis zu 3 mm erhielt Athanasesco[4]) ein Salz von gleicher Zusammensetzung auf folgende Weise: Eine konzentrierte Lösung des neutralen Salzes wird zwei bis drei Stunden unter Ersatz des verdampfenden Wassers mit frisch gefälltem Kupferkarbonat gekocht, heifs filtriert, das Filtrat in zugeschmolzenen Röhren einige Stunden auf 300° und etwas höher erhitzt. Die Krystalle verlieren bei 160 bis 165° Wasser, bei 175° bereits Salpetersäure. Bei der Bildung aus normalem Salz und festem Oxyd findet beträchtliche Wärmeentwickelung statt[1]).

Ammoniumdoppelsalz $2NO_3NH_4, (NO_3)_2Cu$ ist ein leicht lösliches, krystallisierendes Salz. Dampft man die Lösung desselben zu weit ein, so erfolgt Zersetzung unter heftiger Explosion (Berzelius).

Lanthansalz $(NO_3)_6La_2 + 12H_2O$ krystallisiert beim Verdunsten der wässerigen Lösung neben Schwefelsäure in grofsen, wasserhellen, triklinen Säulen. Beim Verdampfen der Lösung auf dem Wasserbade hinterbleibt das Salz als weifse, undurchsichtige Masse, die beim stärkeren Erhitzen schmilzt und alsdann zu einem farblosen Glase erstarrt. Es bildet eine Anzahl wohl charakterisierter Doppelsalze:

Lanthan-Ammoniumsalz $(NO_3)_6La_2, 4NO_3NH_4 + 8H_2O$. Grofse, farblose, monokline Krystalle, bald sich trübend. Kurze Säulen und dicke Tafeln vom spezif. Gew. 2,135 bei 16,5°, mit ziemlich starker negativer Doppelbrechung[5]).

Lanthan-Magnesiumsalz $(NO_3)_6La_2, 3(NO_3)_2Mg + 24H_2O$. Weifse, glänzende Oktaeder.

Lanthan-Mangansalz $(NO_3)_6La_2, 3(NO_3)_2Mn + 24H_2O$ ist dem Magnesiumsalz isomorph[6]).

Lanthan-Nickelsalz $(NO_3)_6La_2, (3NO_3)_2Ni + 36H_2O$. Grofse, hellgrüne, zerfliefsliche Tafeln[7]).

Lanthan-Zinksalz $(NO_3)_6La_2, 3(NO_3)_2Zn + 69H_2O$ [nach Damom und Deville[6]) $28H_2O$]. Sehr leicht lösliche Krystalle.

---

[1]) Sabatier, Compt. rend. 125, 175, 301; Chem. Centralbl. 1897, II, S. 516, 567. — [2]) J. Habermann, Monatsh. Chem. 5, 432. — [3]) Gerhardt, JB. Berz. 27, 179; Kühn, Pharm. Centralbl. 1847, S. 594; s. auch [3]); F. Reindel, J. pr. Chem. 100, 1. — [4]) Athanasesco, Bull. soc. chim. [3] 11, 1112; Ber. 28, 449, Ref. — [5]) E. H. Kraus, Zeitschr. Krystallogr. 34, 397. — [6]) Damom u. Deville, JB. 1858, S. 135. — [7]) Frerichs u. Smith, Ann. Chem. 191, 331.

Lithiumsalz NO_3Li wird durch Neutralisation von Salpetersäure mit Lithiumkarbonat erhalten. Es krystallisiert oberhalb 10 bis 15° in rhombischen Säulen, welche nach Kremers [1]) das spezif. Gew. 2,334, nach Troost [2]) 2,442 haben, unterhalb 10° in Rhomboedern mit $2^1/_2$ Mol. Krystallwasser, welche an der Luft rasch zerfliefsen, bei 18° in langen Prismen mit 3 Mol. Krystallwasser [3]). 100 Tle. Wasser lösen bei

0°	20°	40°	70°	100°	110°
48,3	75,7	169,4	196,1	227,3	256,4 Tle.

wasserfreies Salz.

Magnesiumsalze. Neutrales Salz. Wird Salpetersäure mit *Magnesia alba* neutralisiert und die Lösung verdampft, so erhält man bei bedeutender Konzentration derselben monokline Krystalle [4]) vom Schmelzpunkt 90° [5]), welche der Formel $(NO_3)_2Mg + 6\,H_2O$ entsprechen. Sie sind so leicht löslich, dafs sie in feuchter Luft zerfliefsen; auch in Alkohol sind sie leicht löslich. Das spezifische Gewicht der wässerigen Lösungen ist nach Oudemans [6]) bei 14°:

Prozent $(NO_3)_2Mg + 6\,H_2O$	Spezifisches Gewicht	Prozent $(NO_3)_2Mg + 6\,H_2O$	Spezifisches Gewicht
0	0,9993	25	1,1103
1	1,0034	30	1,1347
5	1,0202	35	1,1649
10	1,0418	40	1,1909
15	1,0639	45	1,2176
20	1,0869	49	1,2397

Die bei 18° gesättigte Lösung enthält 42,33 Proz. wasserfreies Salz, nach Mylius und Funk [7]) 43,1 Proz., und hat das spezif. Gew. 1,384 [7]).

Allgemein läfst sich die Zusammensetzung der gesättigten Lösung zwischen —18° und +80° durch die Formel $(NO_3)_2Mg + (12{,}269 - 0{,}06449\,t)H_2O$ ausdrücken [5]). Bei höherer Temperatur ist mehr Nitrat in der Lösung als im Bodenkörper enthalten [5]). Unterhalb —17° ist das Enneanitrat $(NO_3)_2Mg \cdot 9\,H_2O$ beständig.

Nach Dunnington und Smither [8]) erleidet das Salz in Wasser hydrolytische Spaltung unter Verlust von Säure.

Das Salz entläfst nach Graham bei der Schmelzhitze des Bleies 5 Mol. Wasser; das zurückbleibende Salz mit 1 Mol. Konstitutions-

[1]) Kremers, Ann. Phys. 92, 497. — [2]) L. Troost, Compt. rend. 94, 789; JB. 1882, S. 236. — [3]) D. B. Bott, Pharm. J. Trans. 53, 215; Chem. Centralbl. 1894, II, S. 794. — [4]) Marignac, JB. 1854, S. 336. — [5]) Rob. Funk, Ber. 32, 96; Zeitschr. anorgan. Chem. 20, 393. — [6]) Oudemans, Zeitschr. anal. Chem. 7, 419. — [7]) Mylius u. Funk, Ber. 30, 1716. — [8]) Dunnington u. Smither, Am. Chem. Journ. 19, 227; Chem. Centralbl. 1897, I, S. 786.

wasser kann geschmolzen werden, ohne Zersetzung zu erleiden. Diese erfolgt erst bei Glühhitze unter Hinterlassung von Magnesia. Einbrodt[1]) fand hingegen, dafs das krystallisierte Salz schon vor dem Verluste des 5. Mol. Wasser Salpetersäure abgiebt, und hält infolge dessen die Existenz des Salzes mit 1 Mol. Wasser für sehr zweifelhaft. Aus der Lösung des Salzes in Alkohol soll nach Graham ein Alkoholat krystallisieren, Einbrodt erhielt aber hierbei auch nur das wasserhaltige Salz.

Mit 2 Mol. Krystallwasser wird das Salz als weifse, strahlig krystallinische Masse beim Abkühlen des Sirups, den man durch Eindampfen von Magnesiumnitrat mit überschüssiger Salpetersäure erhält, gewonnen, mit 1 Mol. Wasser in Form schöner, durchsichtiger Krystalle durch stärkeres Erhitzen des gewöhnlichen Salzes bis zum Auftreten rötlicher Dämpfe, Lösen in Salpetersäure-Monohydrat in der Hitze und Abkühlen[2]).

Ein basisches Salz erhält man nach Chodnew[3]) durch Erhitzen des neutralen Salzes, bis die anfangs geschmolzene Masse fest und wasserfrei geworden ist. Beim Behandeln der Schmelze mit Wasser hinterbleibt es als weifses, unlösliches Pulver von der Zusammensetzung $N_2O_5, 3MgO$. Mit 5 Mol. Wasser krystallisiert dieses Salz aus dem Filtrate einer mit Magnesia erhitzten konzentrierten Lösung des neutralen Salzes in mikroskopischen Nädelchen, die durch viel Wasser in normales Salz und Magnesiumhydroxyd zerlegt werden[4]).

Manganoxydulsalze. Neutrales Salz N_2O_6Mn. Die durch Auflösen des Karbonats in Salpetersäure erhaltene Lösung giebt beim Verdunsten, obwohl schwierig, das Salz in Krystallen, welche nach Millon 6 Mol. Wasser enthalten. Nach Hannay[5]) krystallisiert es aus Salpetersäure in schönen, farblosen, monoklinen Krystallen; Schultz-Sellac[6]) erhielt dagegen aus der Lösung in konzentrierter Salpetersäure beim Eindunsten bis zum Sirup ein Salz mit nur 3 Mol. Wasser in undeutlichen Krystallschuppen, und Ditte erhielt es aus der Lösung des entwässerten Salzes in heifser konzentrierter Salpetersäure in Krystallen mit $2^1/_2$, 2 und 1 Mol. Wasser.

Das Hexahydrat schmilzt bei 25,8°, oberhalb dieser Temperatur entsteht das Trihydrat $(NO_3)_2Mn . 3H_2O$ in schwach rötlichen Nadeln vom Schmelzpunkt 35,5[7]).

Das Salz entsteht auch bei Einwirkung von Salpetersäure auf Mangansuperoxyd im Sonnenlichte oder bei Gegenwart reduzierender Substanzen. Es ist sehr zerfliefslich und auch in Weingeist löslich.

[1]) Einbrodt, Ann. Chem. 65, 115. — [2]) Ditte, Ann. ch. phys. [5] 18, 320; JB. 1879, S. 221. — [3]) Chodnew, Ann. Chem. 71, 241. — [4]) G. Didier, Compt. rend. 122, 935; Ber. 29, 485, Ref. — [5]) Hannay, Chem. Soc. J. 1878, p. 273; JB. 1878, S. 1061. — [6]) Schultz-Sellac, Zeitschr. Chem. 1870, S. 646. — [7]) Rob. Funk, Ber. 32, 96; Zeitschr. anorg. Chem. 20, 393.

Versucht man die Lösung zur Trockne zu verdampfen, so färbt sie sich schwarz, indem sich Superoxyd ausscheidet; der Rückstand bläht sich unter Entwickelung roter Dämpfe stark auf; und endlich hinterbleibt, je nach der angewendeten Temperatur, Superoxyd oder Oxyd oder Oxyduloxyd.

Das spezifische Gewicht der Lösungen bei 8° ist nach Oudemans[1]):

Prozente an $(NO_3)_2Mn + 6H_2O$	Spezifisches Gewicht	Prozente an $(NO_3)_2Mn + 6H_2O$	Spezifisches Gewicht
0	0,9999	40	1,2352
1	1,0049	45	1 2705
5	1,0253	50	1,3074
10	1,0517	55	1 3459
15	1,0792	60	1,3861
20	1,1078	65	1,4281
25	1,1377	70	1,4721
30	1,1688	71	1,4811
35	1,2012		

Die bei 18° gesättigte Lösung enthält 57,33 Proz. wasserfreies Salz. Allgemein wird die Zusammensetzung der gesättigten Lösung zwischen —29 und +18° annähernd durch die Formel $(NO_3)_2Mn + (9,763 - 0,13128\,t)H_2O$ ausgedrückt[2]).

Aus der Lösung wird durch Ozon sofort Mangansuperoxydhydrat gefällt; ist die Lösung aber sehr verdünnt und enthält sie zwischen 5 und 48 Proz. Salpetersäure, so wird ohne Entstehung eines Niederschlages Übermangansäure gebildet; bei der zuletzt angegebenen Säuremenge deutet die vorübergehend auftretende gelbe Färbung die Bildung eines unbeständigen Manganoxydsalzes an[3]).

Basisches Salz $N_2O_5, 2MnO, 3H_2O$ wird beim Eingiefsen von konzentrierter Natronlauge in eine kochende, 60 proz. Lösung des neutralen Salzes in feinen, glänzenden, verfilzten Krystallnadeln erhalten, die aus rhombischen Prismen bestehen[4]). Im Dunkeln unverändert, bräunen sie sich am Licht und an der Luft nach einiger Zeit. Wasser zersetzt sie rasch in unlösliches Manganoxydulhydrat und neutrales Nitrat. Beim Erhitzen werden sie schon unterhalb 100° unter Entwickelung von Wasser und Untersalpetersäure zersetzt.

Molybdänsalz. Ein Salz des Molybdändioxyds entsteht nach Montemartini[5]) in braun gefärbter Lösung bei der Einwirkung von Salpetersäure mit weniger als 70 Proz. Monohydrat auf Molybdän bei

[1]) Oudemans, Zeitschr. anal. Chem. 7, 419. — [2]) Rob. Funk, Ber. **32**, 96; Zeitschr. anorg. Chem. **20**, 393. — [3]) Maquenne, Compt. rend. **94**, 795; JB. 1882, S. 303. — [4]) Gorgeu, Compt. rend. **94**, 1425 u. **95**, 82; JB. 1882, S. 305. — [5]) Montemartini, Gazz. chim. **22**, I, 384; Ber. **25**, 899, Ref.

gewöhnlicher Temperatur. Durch überschüssige Salpetersäure wird diese Lösung nur schwierig zu Molybdänsäure oxydiert.

Natriumsalz, Natronsalpeter NO_3Na, auch Chilisalpeter, kubischer Salpeter genannt, findet sich in der Natur vielfach mit Kalisalpeter zusammen, kommt aber im Gegensatz zu diesem auch in ausgedehnten Lagern von erheblicher Mächtigkeit vor. Das bedeutendste bilden die grofsen Salpeterebenen der früher zu Peru, seit 1883 zu Chile gehörigen Provinz Tarapaca, deren Produkt auch früher in Chile raffiniert wurde und daher den Namen Chilisalpeter seit langem führt, ein sehr reiches findet sich ferner bei Scher Kala in Transkaspien. Die Bildung dieser Lager wird teils auf Guanoablagerungen[1]), teils auf Seetange ehemaliger Meere[2]) zurückgeführt. In Chile wird die eigentliche Salpeterschicht Kaliche, die unmittelbar darüber lagernde, auch noch stark salpeterhaltige Kostra genannt. Unter der Kaliche lagert reines Kochsalz. Über die Zusammensetzung dieser Schichten finden sich folgende Angaben:

	Kaliche					Kostra von Toco[4])
	weifs[3])	weifs[4])	braun[3])	von Toco[4])	von Toco[4])	
Natriumnitrat	70,92	64,98	60,97	51,50	49,05	18,60
Natriumjodat	1,90	0,63	0,73	—	—	—
Natriumjodid	—		—	Spur	Spur	—
Natriumchlorid	22,39	28,69	16,85	22,08	29,95	33,80
Natriumsulfat	1,80	3,00	4,56	8,99	9,02	16,64
Kaliumchlorid	—	—	—	8,55	4,57	2,44
Magnesiumchlorid	—	—	—	0,43	1,27	1,62
Magnesiumsulfat	0,51	—	5,88	—	—	—
Calciumsulfat	0,87	—	1,31	—	—	—
Calciumkarbonat	—	—	—	0,12	0,15	0,09
Kieselsäure + Eisenoxyd	—	2,60	—	0,90	2,80	3,00
Unlöslich	0,92		4,06	6,00	3,18	20,10
Wasser	0,99	—	5,64	—	—	—

In diesen Analysen ist der nach Noellner niemals fehlende Gehalt an Kalisalpeter nicht berücksichtigt.

Die Kaliche wird bergmännisch gewonnen, in Kesseln mit direkter Feuerung oder mit Dampfheizung ausgelaugt, die durch Zusatz immer weiterer Mengen von Rohsalpeter auf die erforderliche Konzentration gebrachte Lösung wird zur Krystallisation gebracht, wobei der Natronsalpeter auskrystallisiert. Es verbleiben etwa 60 Proz. Mutterlauge, die von neuem zur Auslaugung des Rohmaterials Verwendung findet.

Das erhaltene Produkt enthält beim Arbeiten mit direkter Feuerung etwa 5 Proz., mit Dampfheizung etwa 1 Proz. Verunreinigungen,

[1]) Vgl. Kuntze, Zeitschr. Krystall. **29**, 169. — [2]) Noellner, J. pr. Chem. **102**, 459. — [3]) Machattie, Chem. News **31**, 263. — [4]) Nahe u. Olivier, Ann. ch. phys. [5] **7**, 280.

wesentlich Kochsalz. Durch Umkrystallisieren ist eine weitere Reinigung bei der grofsen Löslichkeit des Nitrats schwer zu erzielen, besser gelingt dies durch Behandlung mit Salpetersäure oder durch Auswaschen mit gesättigter Lösung von reinem Natronsalpeter.

Als normale Verunreinigung findet sich u. a. das für die Verwendung als Düngemittel und zu Sprengstoffen unter Umständen bedenkliche Perchlorat [1]).

Unter der Bezeichnung Klipzweet oder Boomester ist ein Mineral bekannt, das sich in Südwestafrika, namentlich im Nomalande im Kharasgebirge und am Orangeflufs als Ausblühung am Gestein an der Unterseite überhängender Klippen findet. Dasselbe hat nach Thoms [2]) folgende Zusammensetzung:

K_2O	Na_2O	CaO	Fe_2O_3	Cl	SO_3	N_2O_5	SiO_2	H_2O	
10,39	27,86	1,10	0,46	10,54	2,88	38,56	7,12	2,74	Proz.

Der Natronsalpeter findet vielfache Verwendung. Zu den meisten Zwecken, für welche auch der eigentliche Salpeter dient, ist er gleichfalls zu brauchen und bietet dabei durch geringeren Preis und gröfsere Löslichkeit vielfach Vorteile. So dient er vor allem als Düngemittel, Oxydations- und Flufsmittel bei Metallarbeiten, ferner zur Darstellung von Salpetersäure und Kalisalpeter, von Natriumarseniat, Mennige und Chlor (Dunlop). Auch zum Einpökeln des Fleisches und als Medikament ist er in Anwendung gezogen worden.

Künstlich wird das Salz erhalten durch Neutralisieren von Salpetersäure mit Natriumkarbonat und Verdampfen der Lösung. Die Bildungswärme für Entstehung aus den Elementen ($N + O_3 + Na = NO_3Na$ [fest]) beträgt 85,6 Kal. [3]).

Das Salz krystallisiert in stumpfen, würfelähnlichen Rhomboedern vom Winkel 106° 30′ [4]), wird deshalb auch kubischer Salpeter genannt. Es ist isomorph mit Kalkspat, dessen Rhomboeder in seiner Lösung weiter wachsen [5]). Es zeigt Neigung, an der Luft feucht zu werden, und zerfliefst, sobald der Partialdruck des Wasserdampfes 12,3 bis 13,5 mm Quecksilber erreicht. In Wasser ist es sehr leicht und unter starker Erniedrigung der Temperatur löslich, bei gewöhnlicher Temperatur in etwas mehr als dem gleichen Volumen. Nach Mulder lösen 100 Tle. Wasser bei

−6°	0°	+10	20°	30°	40°	50°	60°	70°	80°	
68,8	72,9	80,8	87,5	94,9	102	112	122	134	148	Tle.

90°	100°	110°	
162	180	200	Tle.

[1]) Vgl. u. a. Wagner, Landw. Pr. 1897, Nr. 18/19; Zacharia, Chem. Centralbl. 1898, II, S. 1106; Pasqualini, Staz. speriment. agr. ital. 30, 669; Chem. Centralbl. 1898, I, S. 522; Märcker, Landw. Vers.-Stat. 51, 39; Krüger u. Berju, Centralbl. Bakteriol. [2] 4, 674. — [2]) H. Thoms, Journ. Landw. 45, 263. — [3]) Berthelot, Compt. rend. 78, 862; JB. 1874, S. 113. — [4]) Brooke, Ann. Phil. 21, 542; Rammelsberg, Handb. d. krystallogr. Chem., S. 115. — [5]) Senarmont, Compt. rend. 38, 105; L. Meyer, Ber. 4, 53.

Die gesättigte Lösung siedet bei 119,7° (Nordenskjöld) und enthält nach Mulder hierbei auf 100 Tle. Wasser 216,4 Tle. Salz.

Etwas abweichende Zahlen fand Ditte[1]), nämlich in 100 Tln. Wasser bei

0°	2°	4°	8°	10°	13°	15°	18°
66,69	70,97	71,04	75,65	76,31	79,00	80,60	83,62 Tle.
21°	26°	29°	36°	51°	68°		
85,73	90,33	92,93	99,39	113,63	125,07 Tle.		

Derselbe fand von 0 bis —15,7° die Löslichkeit konstant; bei letzterer Temperatur erstarrt das Ganze zu einer einheitlichen Masse von der Zusammensetzung $NO_3Na + 7\,H_2O$, deren Form wesentlich von der des gewöhnlichen Salzes verschieden ist. Ditte nimmt daher an, dafs hier nicht eine Lösung im eigentlichen Sinne, sondern eine chemische Verbindung vom Schmelzpunkt —15,7° vorliege.

Das spezifische Gewicht der gesättigten Lösung ist nach Page und Keightley[2]) bei 15,6° 1,13781 bezw. 1,137843 bei einem Gehalt von 84,21 bezw. 84,69 Tln. Salz auf 100 Tle. Wasser, je nachdem die Lösung bei 15,6° gesättigt oder bei 100° gesättigt und auf jene Temperatur erkaltet war. Nach Schiff[3]) ist das spezifische Gewicht der Lösungen bei 20,2° und einem Gehalt von

5	10	15	20	25	30	35	40	45	50 Proz.
1,033	1,068	1,103	1,142	1,182	1,224	1,268	1,315	1,366	1,418

75 Tle. Salz erniedrigen beim Vermischen mit 100 Tln. Wasser von 13,2° die Temperatur um 18,5°; 50 Tle., mit 100 Tln. Schnee von —1° vermischt, geben hingegen nur eine Abkühlung bis auf —15,7°, da dies der Gefrierpunkt der gesättigten Lösung ist[4]). Nach Tilden[5]) ist die Lösungswärme für 1 Mol. in 100 Mol. Wasser bei 16° —4786 Kal., bei 54° —4255 Kal.; gegen 130° mufs sie nach Berthelot[6]) = 0 werden und dann in Wärmeentbindung übergehen, also positiv werden. Nach Winkelmann[7]) ist die Lösungswärme

bei 0°: $\lambda_0 = 64{,}4 - 0{,}728\,pg$ . . . . für $pg =$ 3,03 bis 23,6

$= 58{,}1 - 0{,}5221\,pg + 0{,}002644\,pg^2$ für $pg =$ 23,6 bis 70,0

bei 50°: $\lambda_{50} = 51{,}1 - 0{,}3037\,pg$ . . . . für $pg =$ 3,03 bis 31,3

$= 45{,}1 - 0{,}123\,pg$ . . . . für $pg =$ 31,3 bis 70,0

Die spezifische Wärme k der Lösungen ist nach Winkelmann:

$1{,}0015 - 0{,}01066\,pg + 0{,}000161\,pg^2$ für $pg =$ 3,03 bis 19,19

$0{,}9410 - 0{,}004\,pg$ . . . . für $pg =$ 20,03 bis 40,06

$0{,}8703 - 0{,}002233\,pg$ . . . . für $pg =$ 40,06 bis 70,09,

---

[1]) Ditte, Compt. rend. 80, 1164; JB. 1875, S. 191; s. auch Maumené, Compt. rend. 58, 81 u. 81, 107; JB. 1875, S. 192. — [2]) Page u. Keightley, Chem. Soc. J. [2] 10, 566; JB. 1872, S. 25. — [3]) H. Schiff, Ann. Chem. 110, 75. — [4]) Rüdorff, Ber. 2, 68. — [5]) W. A. Tilden, Lond. R. Soc. Proc. 38, 401; JB. 1885, S. 164. — [6]) Berthelot, Compt. rend. 78, 1722; JB. 1874, S. 77. — [7]) A. Winkelmann, Ann. Phys. 149, 1.

nach Schüller[1]) ist sie bei

50°	40°	30°	20°	10°
0,7673	0,7998	0,8341	0,8768	0,9320

Die Ausdehnung der Lösung in 100 Mol. Wasser ist für je 10° Temperaturintervall für den Gehalt von 2 bis 12 Mol. Salz nach Nicol[2]):

$t - t_1$	$2\,NO_3Na$	$4\,NO_3Na$	$6\,NO_3Na$	$8\,NO_3Na$	$10\,NO_3Na$	$12\,NO_3Na$
20— 30°	7,1	8,1	9,9	10,8	11,5	12,2
30— 40°	8,1	9,2	10,6	11,4	12,1	12,6
40— 50°	9,1	10,1	11,3	12,0	12,6	13,1
50— 60°	10,1	11,1	11,9	12,7	13,1	13,5
60— 70°	11,1	12,1	12,6	13,3	13,7	14,1
70— 80°	12,1	13,1	13,3	13,9	14,1	14,5
80— 90°	13,0	14,0	14,0	14,5	14,6	15,0
90—100°	14,1	15,0	14,7	15,1	15,2	15,4

Das Molekularvolumen der Lösungen beträgt für 5 Mol. Salz in 100 Mol. Wasser 1954,96, für 2 Mol. 1858,85. Es wird durch Steigerung der Temperatur umgekehrt proportional dem Gehalt der Lösung erhöht[3]). Die Kontraktion beim Verdünnen der Lösung vermindert sich mit steigender Temperatur[4]).

Die innere molekulare Reibung ist für Normallösung nach Kreichgauer 1,06, nach Arrhenius[5]) 1,051.

Der Dampfdruck der Lösungen ist nach Nicol[6]) für Lösungen von n Mol. NO_3Na in 100 Mol. Wasser:

n	$\frac{p - p_1}{n}$						$\frac{p - p_1}{n \cdot p}$					
	70°	75°	80°	85°	90°	95°	70°	75°	80°	85°	90°	95°
2	4,25	5,45	6,65	8,10	9,85	11,90	186	193	190	189	189	189
4	4,03	4,90	6,05	7,48	9,00	11,03	176	173	173	175	173	175
5	3,96	4,92	6,14	7,48	9,12	11,16	174	174	176	175	175	177
6	3,82	4,77	6,02	7,35	8,98	10,92	167	168	172	172	172	173
8	3,84	4,74	5,86	7,18	8,75	10,70	168	167	167	168	168	170
10	3,67	4,58	5,67	6,97	8,49	10,33	161	162	162	163	163	164
15	3,45	4,28	5,30	6,50	7,95	9,65	151	151	152	152	153	153
20	3,29	4,05	4,97	6,14	7,47	9,06	144	143	142	143	143	144
25	3,07	3,79	4,69	5,77	7,05	8,52	135	134	134	135	135	135

[1]) J. H. Schüller, Ann. Phys. 136, 70 u. 235. — [2]) Nicol, Phil. Mag. [5] 23, 385; JB. 1887, S. 140. — [3]) Ders., Phil. Mag. [5] 16, 121; JB. 1883, S. 56. — [4]) Ders., Ber. 16, 2160. — [5]) Sv. Arrhenius, Zeitschr. phys. Chem. 1, 285. — [6]) Nicol, Phil. Mag. [5] 22, 502; JB. 1886, S. 93.

Für die Formel der Dampfspannungsverminderung $d = a\varphi + b\varphi^2$ (s. Kaliumsalz) ist nach Pauchon [1]) bei einem Gehalt der Lösung von

	69,71	55,02	31,22	14,68 Proz.
a =	0,00291	0,00332	0,00338	0,00341
b =	0,000012	0,000016	0,0000199	0,0000231

Für die Gefrierpunktserniedrigung der Lösungen ist nach de Coppet [2]) im Durchschnitt der Erniedrigungskoeffizient $\frac{E}{m} = 0{,}310$, woraus sich die molekulare Erniedrigung zu 26,4 ergiebt.

Der Leitungswiderstand für 1 Äq. beträgt nach Lenz für

$L^1/_4$	$L^1/_8$	$L^1/_{16}$	$L^1/_{32}$	$L^1/_{64}$
21,9	24,2	25,8	26,9	27,7

Die Löslichkeit des Salzes in Weingeist von 61,4 Gew.-Proz. ist nach Pohl [3]) bei 26° 21,2 : 100. Nach Wittstein [4]) enthält die bei 15° gesättigte Lösung in Weingeist von

10	20	30	40	60	80	Gew.-Proz.
65,3	48,8	35,5	25,8	11,4	2,8	Tle. Salz.

Das krystallisierte Salz hat das spezif. Gew. 2,26 bei 0° (Quincke) und schmilzt bei 310,5° nach Persoz, bei 313° nach Schaffgotsch, wobei das spezifische Gewicht nach Carnelley [5]) bis auf 1,878 sinkt. Der isotonische Koeffizient ist = 3,0 [6]), das spezifische Brechungsvermögen für Natriumlicht = 0,2208 [7]), das Refraktionsäquivalent = 18,66 (Gladstone), die Kapillaritätskonstante d_1 = 8,03 [8]).

Das fein gepulverte Salz wird durch Druck von etwa 20000 Atm. ebenso wie das Kalisalz zum harten, durchscheinenden Block [9]).

Das Salz bildet Mischkrystalle mit den labilen dimorphen Modifikationen von Kalium- und Natriumchlorat [10]), sowie von Baryumnitrat und Natriumacetat [11]), ferner eutektische Verbindungen mit Kaliumnitrat (s. d.) und eine solche von 58,16 Proz. mit 42,80 Proz. des Bleisalzes, die bei 268° schmilzt [12]). Bei Mischungen mit Silbernitrat wird der Schmelzpunkt des letzteren gesteigert. Eine Grenze liegt bei 217,5°, wobei Krystalle mit 26 Mol.-Proz. Natriumsalz neben solchem mit 38 Mol.-Proz. existieren. Die rhomboedrischen Krystalle werden bei niedrigerer Temperatur als die des reinen Silbersalzes in rhombische Krystalle umgewandelt [13]).

---

[1]) E. Pauchon, Compt. rend. **89**, 752; JB. 1879, S. 67. — [2]) De Coppet, Ann. ch. phys. [4] **23**, 366; JB. 1871, S. 26. — [3]) Pohl, Wien. Akad. Ber. **6**, 599. — [4]) Wittstein, Vierteljahrsschr. Pharm. **12**, 109. — [5]) Carnelley, Chem. Soc. J. 1876, I, p. 489; JB. 1876, S. 30. — [6]) M. de Vries, Rec. trav. chim. Pays-Bas **3**, 20; JB. 1884, S. 116. — [7]) E. Forster, Ann. Phys. Beibl. **5**, 656. — [8]) G. Quincke, Ann. Phys. **138**, 141. — [9]) W. Spring, Bull. de l'Acad. Roy. de Belg. [2] **45**, Nr. 6; JB. 1878, S. 63. — [10]) Mallard, Compt. rend. **99**, 209; JB. 1884, S. 3. — [11]) C. Brügelmann, Ber. **17**, 2359. — [12]) F. Guthrie, Phil. Mag. [5] **17**, 462; JB. 1884, S. 135. — [13]) Hissink, Zeitschr. physikal. Chem. **32**, 537.

Das geschmolzene Salz löst eine Anzahl anderer Salze, z. B. in Prozenten [1]) von

	Sulfat	Chromat	Karbonat
Baryum	2,61	0,205	0,916
Strontium	1,845	2,133	0,69
Calcium	1,477	0,547	0,294
Blei	6,82	0,245	—

Durch elektrolytisches Knallgas wird es zu Nitrit und Ammoniak reduziert [2]). Im Gegensatz zu den übrigen Nitraten fällt es Eiweifsstoffe [3]).

Die Diffusionskonstante ist für 10- bis 50proz. Lösungen ungefähr 0,6 [4]).

Bei der Mischung der Lösung mit einer solchen von Chlorkalium findet starke Konzentration statt, wie folgende Zahlen zeigen:

Temperatur t	Salzmischung	Spezifisches Gewicht	Spezif. Gew. der Mischung	Mittleres spezif. Gew.	C
20°	5 NO_3Na	1,13810	1,12664	1,12632	29
	5 ClK	1,11454			
40°	5 NO_3Na	1,13362	1,12359	1,12315	38
	5 ClK	1,11268			

Die Umsetzung mit Chlorammonium ist vollständiger in verdünnteren als in konzentrierteren Lösungen [5]).

Verbindung mit Natriumsuperoxyd von der Zusammensetzung $NO_3Na . Na_2O_2 + 8 H_2O$ wird nach Tanatar [6]) aus alkalischer Natriumnitratlösung durch Wasserstoffsuperoxyd erhalten. Die Lösungswärme beträgt — 18720 Kal.

Verbindung mit Natriumsulfat. Eine Verbindung von der Zusammensetzung $NO_3Na . SO_4Na_2 + H_2O$ ist der von Dietze in den chilenischen Pampas aufgefundene Darapskit. Man erhält denselben künstlich nach de Schulten [7]), wenn man 250 Tle. Natriumsulfat in 500 Tln. heifsem Wasser löst, 400 Tle. Natriumnitrat hinzufügt und unter Umrühren bis zur Lösung erhitzt. Beim Erkalten scheidet sich das Salz in monoklinen Krystallen vom spezif. Gew. 2,197 bei 15° aus. Bei 100° verliert es das Krystallwasser. Identisch damit dürfte auch ein bereits von Marignac erhaltenes Salz mit angeblich 3 Mol. Wasser sein.

[1]) Guthrie, Chem. Soc. J. 47, 94; JB. 1885, S. 112. — [2]) D. Tommasi, Ann. Phys. Beibl. 6, 354. — [3]) A. Heinsius, Chem. Centralbl. 1884, S. 643. — [4]) J. D. R. Schefter, Ber. 16, 1903. — [5]) Nicol, Phil. Mag. [5] 17, 150; JB. 1884, S. 112; vgl. auch Meyerhoffer, Wien. Monatsh. 17, 13. — [6]) S. Tanatar, Zeitschr. anorg. Chem. 28, 255. — [7]) A. de Schulten, Bull. soc. franç. minéral. 19; Chem. Centralbl. 1897, I, S. 1219.

Nickelsalze. Das neutrale Salz $(NO_3)_2Ni.6H_2O$ wird durch Auflösen von metallischem Nickel, Nickeloxydul oder Nickelkarbonat in Salpetersäure und Abdampfen der Lösung in smaragdgrünen, monoklinen Säulen vom Schmelzpunkt 56,7° [1]) erhalten, die bereits an feuchter Luft zerfliefsen und auch in Weingeist löslich sind. Das spezifische Gewicht ist = 2,065 bei 14°, = 2,037 bei 22° [2]). Beim Erhitzen entsteht zuerst gelbliches basisches Salz, dann Oxyd, zuletzt bleibt Oxydul zurück. Nach Ordway schmilzt das Salz bei 56,7°, siedet bei 136,7° und bleibt bei fortgesetztem Kochen klar, bis 3 Mol. Wasser entwichen sind.

Nach Funk findet schon beim Schmelzpunkt Übergang in das Trihydrat $(NO_3)_2Ni.3H_2O$ statt, das in grofsen rhombischen Tafeln vom Schmelzpunkt 95° auftritt. Unterhalb —16° besteht das Enneahydrat $(NO_3)_2Ni.9H_2O$ [1]).

Die wässerige Lösung ist blafsgrün, beim Erhitzen wird sie gelblicher [3]). Die Lösungen zeigen bei 17° und dem angegebenen Prozentgehalt an wasserfreiem Salz die folgenden spezifischen Gewichte [4]):

5	10	15	20	25	30	35	50 Proc.
1,0463	1,0903	1,1375	1,1935	1,2534	1,3193	1,3896	1,4667

Die bei 20° gesättigte Lösung enthält 49,06 Proz. wasserfreies Salz, allgemein läfst sich die Zusammensetzung der gesättigten Lösung zwischen —21 und +41° annähernd durch die Formel $(NO_3)_2Ni + (12,886 - 0,11355\,t)H_2O$ ausdrücken [1]).

Das Salz wurde als Absorptionspräparat für optische Zwecke empfohlen, da dem Spektrum die Endfarben roth und violett gänzlich fehlen [5]).

Die warm bereitete konzentrierte Lösung des Salzes in Ammoniakflüssigkeit liefert beim Erkalten grofse blaue Oktaeder einer Ammoniakverbindung von der Formel $(NO_3)_2Ni, 4NH_3.H_2O$. Dieselben entlassen an der Luft Ammoniak, während sie von Wasser unzersetzt gelöst werden [6]). Laurent [7]) fand darin 2 Mol. Wasser. Schwarz [8]) erhielt eine Verbindung dieses Salzes mit Nickelchlorür-Ammoniak, der Formel $Cl_2Ni, 6NH_3 + 6[(NO_3)_2Ni, 4NH_3.H_2O] + 10H_2O$ entsprechend, in azurblauen, ziemlich grofsen Oktaedern.

Basisches Salz $2N_2O_5, 8NiO, 5H_2O$ entsteht nach Habermann [9]) durch Eintröpfeln stark verdünnter Ammoniaklösung in die siedende Lösung des neutralen Salzes. Es bildet eine hellweifsgrüne, bröcklige, in kaltem wie in heifsem Wasser völlig unlösliche Masse, die sich beim Erhitzen leicht schwärzt.

---

[1]) Rob. Funk, Ber. 32, 96; Zeitschr. anorg. Chem. 20, 393. — [2]) Clarke u. Laws, Sill. Am. J. [3] 14, 281. — [3]) E. J. Houston, Chem. News 24, 188; JB. 1871, S. 146. — [4]) B. Franz, J. pr. Chem. [2] 5, 274. — [5]) H. Emsmann, Ann. Phys. Ergänzgsbd. 6, 334. — [6]) Erdmann, J. pr. Ch. 7, 249. — [7]) Laurent, JB. 1852, S. 412. — [8]) Rob. Schwarz, Wien. Akad. Ber. 1850, S. 272. — [9]) J. Habermann, Monatsh. Chem. 5, 432.

Palladiumsalze. Das neutrale Palladiumoxydulsalz $(NO_3)_2Pd$ bildet sich bei der Auflösung des Metalles in Salpetersäure, welche in der Kälte ohne Entwickelung von Stickoxydgas unter gleichzeitiger Bildung von salpetriger Säure, in der Wärme unter Bildung von Stickoxyd erfolgt. Die braune Lösung, zur Sirupskonsistenz [nach Fischer[1]) bei gewöhnlicher Temperatur] verdampft, giebt an einem warmen Orte lange, schmale, rhombische Prismen von braungelber Farbe. Dieselben sind sehr zerfliefslich, ein etwa vorhandener Krystallwassergehalt daher nicht bestimmbar[2]). Die Lösung, besonders die verdünnte, läfst nach und nach alles Palladium in Form von basischem Salz ausfallen. Dieses entsteht auch, wenn die durch Auflösen des Palladiums erhaltene Lösung in der Wärme verdampft wurde, bei Behandeln des Rückstandes mit Wasser; dampft man bei 100 bis 120° ein, so wird fast alles in basisches Salz verwandelt[1]), das bei 120 bis 130° fast vollständig in Oxydul übergeht. Das dunkelbraune basische Salz, welches durch Wasser oder eine zur völligen Zersetzung unzureichende Menge Kali aus der Lösung des neutralen Salzes gefällt wird, hat nach Kane[2]) die Zusammensetzung $N_2O_5, 4PdO.4H_2O$ oder $(NO_3)_2Pd, 3PdO + 4H_2O$. Mit Ozon liefert es Palladiumdioxyd[3]).

Platinsalz. Eine Lösung von salpetersaurem Platinoxyd entsteht durch Behandlung des Platinoxydhydrats mit Salpetersäure, besser durch Wechselzersetzung des entsprechenden Sulfats mit Baryumnitrat. Sie ist dunkelbraun gefärbt und hinterläfst beim Verdampfen eine braune, in Wasser nicht wieder vollständig lösliche Masse.

Praseodymsalz[4]) $(NO_3)_6Pr_2.12H_2O$ krystallisiert in langen, nadelförmigen Krystallen. Von Doppelsalzen sind beschrieben:

Praseodymammoniumsalz $(NO_3)_6Pr_2.4NO_3(NH_4).8H_2O$, kleine Nadeln.

Praseodymnatriumsalz $(NO_3)_6Pr_2.4NO_3Na.2H_2O$, grofse, schön ausgebildete Krystalle vom spezif. Gew. 2,151 bei 15°.

Quecksilbersalze. Die Quecksilberoxydulsalze, Merkuronitrate, sind hauptsächlich von Mitscherlich[5]), Lefort[6]), Marignac[7]) und Gerhardt[8]) untersucht worden. Bei der Einwirkung von überschüssigem Quecksilber auf Salpetersäure entsteht im allgemeinen zuerst das neutrale Salz, aber bei fortgesetzter Einwirkung bilden sich basische Salze, die auch bei Zersetzung des neutralen durch Wasser entstehen.

---

[1]) Fischer, Ann. Phys. 71, 431. — [2]) Kane, Phil. Trans. 1842, S. 275; JB. Berz. 24, 236. — [3]) Abbé Mailfert, Compt. rend. 94, 860 u. 1186; JB. 1882, S. 224. — [4]) C. v. Scheele, Zeitschr. anorg. Chem. 18, 352. — [5]) Mitscherlich, Ann. Phys. 9, 387. — [6]) Lefort, Ann. Chem. 56, 247. — [7]) Marignac, Ann. ch. phys. [3] 27, 332. — [8]) Gerhardt, Ann. Chem. 56, 25 u. 72, 74.

Neutrales Salz. Läfst man mäfsig starke Säure (1,2 spezif. Gew.) mit überschüssigem Quecksilber in der Kälte stehen, so scheidet sich allmählich das neutrale Salz in Krystallen aus, welche der Formel $(NO_3)_2Hg_2 . 2H_2O$ entsprechen. Es ist zweckmäfsig, sobald die Menge der Krystalle sich nicht mehr vermehrt, das Ganze zu erwärmen, bis sich die Krystalle eben wieder auflösen, dann abzufiltrieren und krystallisieren zu lassen. Dadurch wird jede Beimengung von basischem Salz vermieden, weil dieses sich beim Auflösen in der sauren Lösung in neutrales Salz verwandeln würde. Aus der Mutterlauge läfst sich durch Erwärmen mit Quecksilber noch eine weitere Menge des Salzes erhalten, dem aber dann leicht basisches Salz beigemengt ist.

Das Salz scheidet sich gleichfalls beim Erkalten oder Abdampfen der Lösung aus, wenn Quecksilber in der Wärme in verdünnter Salpetersäure gelöst wurde. Falls hierbei auch anfangs dünne, prismatische Krystalle von basischem Salz entstehen, so gehen sie doch in der Mutterlauge in die tafelförmigen des neutralen Salzes über[1]); eine solche Umwandlung der basischen Salze erfolgt besonders, wenn dieselben in Salpetersäure gelöst werden.

Die Bildungswärme aus den Elementen [N_2 (gasf.) + O_6 (gasf.) + Hg_2 (fl.) + $2H_2O$ (fl.) = $(NO_3)_2Hg_2 . 2H_2O$ (fest)] ist = + 69,4 Kal.[2]).

Die erhaltenen Krystalle sind nach Gerhardt rhombische Tafeln, welche sich von einem schiefen Prisma mit rhombischer Basis ableiten lassen; nach Marignacs genauen Messungen sind sie monoklin. Sie sind farblos und verwittern an der Luft ein wenig. Die Formel $N_2O_6Hg_2$ hat Canzoneri[3]) durch Molekulargewichtsbestimmung auf kryoskopischem Wege bestätigen können; doch ist dieselbe, da sie in verdünnter Salpetersäure vorgenommen werden mufste, nicht einwandsfrei.

Die Krystalle haben das spezif. Gew. 4,3 und schmelzen bei 70° zu einer klaren, dünnflüssigen Masse[4]).

Von wenig Wasser wird das Salz unverändert gelöst, von einer gröfseren Menge desselben aber unter Abscheidung von basischem Salz zersetzt, es können daher verdünnte Lösungen nur unter Zusatz von Salpetersäure erhalten werden.

Das Salz wird in den Apotheken zur Herstellung anderer Quecksilberpräparate gebraucht, wo es gewöhnlich den Namen *Mercurius nitrosus frigide paratus* führt. Eine sehr verdünnte Lösung war als *Liquor Hydrargyri nitrici oxydulati* offizinell. — Es ist auch als scharfes Reagens auf Ammoniak empfohlen worden[5]). Ein mit der Lösung befeuchteter Glasstab überzieht sich bei Anwesenheit von wenig Ammoniak mit einer weifslichen oder buntschillernden Schicht, welche durch viel Ammoniak sofort schwarz wird.

---

[1]) Gerhardt, Ann. Chem. 56, 25 u. 72, 74. — [2]) R. Varet, Compt. rend. 120, 997; Ber. 18, 591, Ref. — [3]) F. Canzoneri, Gazz. chim. 23, 2, p. 432; Ber. 27, 110, Ref. — [4]) Retgers, Jahrb. Mineral. 1896, II, S. 183. — [5]) Hager, Pharm. Centralh. 1883, S. 299.

Das trockene pulverisierte Salz entwickelt beim Erhitzen mit Wasserstoff auf 100° Stickoxyd nach der Gleichung $(NO_3)_2Hg_2 + 4H = 2NO + 2HgO + 2H_2O$. Sauerstoff wird bei 100° allmählich unter Bildung des Merkurisalzes absorbiert[1]).

Das Salz wird durch Kaliumsulfhydrat in konzentrierter Lösung zu Metall reduziert[2]). Eine Lösung von Kaliumchromat verwandelt es in eine solche von Bichromat, während es sich gleichzeitig mit einer Schicht von Quecksilberchromat überzieht[2]). Durch Ozon wird es vollständig reduziert[3]).

Merkurokarbidnitrat $Hg_2C_2 . NO_3Hg . H_2O$. Durch Einwirkung von Acetylen auf Merkurinitrat[4]) erhalten, ist nach Hofmann[5]) aber eine Merkuriverbindung.

Basische Salze. Läßt man Quecksilber, mit nicht zu starker Salpetersäure übergossen, längere Zeit stehen, oder erwärmt man die Mutterlauge von der Darstellung des neutralen Salzes wiederholt mit Quecksilber, so bilden sich lange, dünne, prismatische Krystalle eines basischen Salzes, welche, wie schon erwähnt, auch häufig an Stelle des neutralen Salzes oder mit diesem gemeinsam entstehen. Sie sind farblos, glänzend, verwittern weder an der Luft noch über Schwefelsäure. Nach Gerhardt entspricht ihre Zusammensetzung der Formel $2N_2O_5, 3Hg_2O . H_2O$ oder $(NO_3)_2Hg_2 + 2(NO_3)Hg_2(OH)$, während Marignac ihnen die Formel

$$3N_2O_5, 4Hg_2O . H_2O \text{ oder } (NO_3)_2Hg_2 + (NO_3)Hg_2(OH)$$

erteilt. Ob dieses oder das folgende Salz (vielleicht auch beide) mit dem Salze identisch ist, welches Mitscherlich als zweidrittelsaures Salz bezeichnet, und welches nach diesem Forscher dimorph ist, ist zweifelhaft.

Zuweilen an Stelle des vorher beschriebenen Salzes, besonders aber, wenn das neutrale Salz in wenig Wasser verteilt und damit zum Sieden erhitzt wird[6]), oder wenn man die Lösung oder Mutterlauge eines der vorbeschriebenen Salze mehrere Stunden hindurch, unter Ersatz des verdampfenden Wassers, mit überschüssigem Quecksilber sieden läßt, schießen beim Erkalten der filtrierten Lösung große glänzende Prismen eines anderen basischen Salzes an. Auch wenn Krystalle des vorerwähnten basischen Salzes bei gewöhnlicher Temperatur in ihrer Mutterlauge verbleiben, verändern sie allmählich die Form und verwandeln sich in große, harte und glänzende Krystalle des neuen Salzes. Dieselben sind farblos und an der Luft unveränderlich. Gerhardt schreibt ihnen die Formel $N_2O_5, 2Hg_2O . H_2O$ oder $(NO_3)Hg_2(OH)$ zu, wonach sie als halbsaures Salz zu bezeichnen wären, Marignac fand

---

[1]) Colson, Compt. rend. 128, 1104; Chem. Centralbl. 1899, I, S. 1234. — [2]) J. Myers, Ber. 6, 440. — [3]) Abbé Mailfert, Compt. rend. 94, 860 u. 1186; JB. 1882, S. 224. — [4]) Koethner, Ber. 31, 2475. — [5]) K. A. Hofmann, ebend. 31, 2783. — [6]) Gerhardt, Ann. Chem. 56, 25 u. 72, 74.

sie hingegen nach der Formel $3\,N_2O_5, 5\,Hg_2O \,.\, 2\,H_2O$ oder $(NO_3)_2Hg_2 + 4\,(NO_3)Hg_2(OH)$ zusammengesetzt. Wahrscheinlich identisch damit ist ein Salz, welchem Lefort die Formel $N_2O_5, 2\,Hg_2O \,.\, 2\,H_2O$ zuschreibt. Er erhielt dasselbe 1. durch anhaltende Digestion von überschüssigem Quecksilber mit verdünnter Salpetersäure bei 40 bis 80° C.; 2. indem er das durch Einwirkung von konzentrierter Säure auf überschüssiges Quecksilber erhaltene Produkt zur Trockne verdampfte und den Rückstand mit siedendem Wasser behandelte, wonach es aus der Lösung in grofsen Prismen anschofs; 3. aus einer mit Kaliumbikarbonat bis zur Entstehung eines Niederschlages neutralisierten Lösung.

Giefst man zu der klaren Lösung des neutralen Salzes in wenig Wasser auf einmal eine gröfsere Menge Wasser hinzu, so bildet sich ein leichter, rein schwefelgelber Niederschlag, für welchen Gerhardt sowohl als Marignac die schon von Kane gefundene Zusammensetzung $N_2O_5, 2\,Hg_2O.H_2O$ oder $(NO_3)Hg_2(OH)$ oder auch $NO\begin{cases}OH\\O\\O\end{cases}\!\!\!\!>Hg_2$ bestätigen und das Gerhardt daher als amorphe Modifikation des oben beschriebenen Salzes auffafst.

Diese basischen Salze lassen sich sämtlich als solche kondensierter Salpetersäuren auffassen. Danach sind $3\,N_2O_5, 4\,Hg_2O \,.\, H_2O = N_3O_{10}(Hg_2)_2H$ und $3\,N_2O_5, 5\,Hg_2O \,.\, H_2O = 2\,N_3O_{10}(Hg_2)_5 \,.\, H_2O$ als Salze der kondensierten Säure $N_3O_{10}H_5$ zu betrachten u. s. w.

Das neutrale Salz bildet eine Anzahl Doppelsalze:

Quecksilberoxydul-Ammoniumsalz $4\,NO_3NH_4, (NO_3)_2Hg_2 \,.\, 5\,H_2O$ entsteht aus gemischten Lösungen der beiden Nitrate in zweigliedrigen Krystallen [1]).

Quecksilberoxydul-Baryumsalz $2\,(NO_3)_2Ba, 2\,(NO_3)_2Hg_2$ scheidet sich als weifser, schwerer Niederschlag aus, welcher aus mikroskopischen Oktaedern besteht, wenn man mäfsig konzentrierte Lösungen der Komponenten vermischt. Es löst sich in der sauren Flüssigkeit, aus welcher es sich abgeschieden hat, sowie in verdünnter Salpetersäure beim Kochen auf und krystallisiert aus dieser Lösung beim Erkalten; durch Wasser wird es schon in der Kälte in Baryumnitrat und gelbes basisches Quecksilberoxydulsalz zerlegt [2]). Es färbt sich im Lichte allmählich gelb und bräunlichgrün.

Quecksilberoxydul-Bleisalz ist dem vorigen ganz ähnlich.

Quecksilberoxydul-Strontiumsalz $2\,(NO_3)_2Sr, 2\,(NO_3)_2Hg_2$ ist leichter löslich und kann daher nur aus sehr konzentrierten Lösungen der Komponenten erhalten werden. Es ist höchst empfindlich gegen Licht, schon im zerstreuten Tageslicht wird es augenblicklich fleischfarben und allmählich braun [2]).

---

[1]) Rammelsberg, Ann. Phys. 109, 397. — [2]) Städeler, Ann. Chem. 87, 129.

Quecksilberoxyduloxydsalz. Das neutrale Oxydulsalz färbt sich bei längerem Aufbewahren infolge von Sauerstoffaufnahme gelb, indem ein basisches Oxyduloxydsalz entsteht. Rein und von stets gleicher Zusammensetzung wird dieses Salz erhalten, wenn man 1 Tl. Quecksilber und $1^1/_2$ Tle. Salpetersäure von 1,2 spezif. Gew. bis zur vollständigen Auflösung des Metalles kocht. Schon während des Kochens beginnt die Ausscheidung des gelben Salzes und sie fährt fort, wenn man die Flüssigkeit längere Zeit in einer dem Siedepunkte nahen Temperatur erhält; endlich aber fällt zugleich weifses, basisches Oxydulsalz nieder. Nach Gerhardt entsteht jenes auch beim Schmelzen des neutralen Oxydulsalzes unter Entweichen von Stickoxyd. Derselbe bestätigt die von Brooks [1]) gefundene Formel N_2O_5, Hg_2O, Hg_2O_2 $= Hg_2<\substack{O-NO(O_2Hg)\\O-NO(O_2Hg)}$, wonach die Verbindung ein Oxyduloxydsalz der Orthosalpetersäure $NO(OH)_3$ ist.

Das Salz giebt, mit kalter Schwefelsäure übergossen, keine salpetrigen Dämpfe. Beim Zusammenreiben mit Chlornatrium entstehen braunrotes Oxychlorid und Chlorür; nach Zusatz von Wasser findet sich in der Flüssigkeit Quecksilberchlorid [2]).

Quecksilberoxydsalze sind hauptsächlich von Millon [3]) untersucht worden.

Neutrales Salz. Löst man Quecksilberoxyd in überschüssiger Salpetersäure und verdampft man die Lösung bei gelinder Wärme, so resultiert eine sirupartige Flüssigkeit, welche über Schwefelsäure nach einiger Zeit voluminöse Krystalle absetzt. Nach mehrmonatlichem Stehen im Exsikkator zeigt diese Flüssigkeit die Zusammensetzung $(NO_3)_2Hg.2H_2O$, sie ist also sirupöses neutrales Salz, das in der salpetersauren Lösung als solches auch durch thermochemische Messungen nachgewiesen wurde [4]).

Auch die ausgeschiedenen Krystalle sind neutrales Salz, aber mit nur 1 Mol. Wasser. Sie zerfliefsen leicht, entlassen auch leicht etwas Salpetersäure, weshalb sie nur schwierig von konstanter Zusammensetzung erhalten werden können. Vermischt man die sirupöse Verbindung mit rauchender Salpetersäure, so scheidet sich das krystallisierte Salz als krystallinische, breiartige Masse aus, die auf Ziegelsteinen getrocknet werden kann. Die Lösung des Salzes fällt Asparagin [5]).

Ditte [6]) erhielt aus einer möglichst neutralen und konzentrierten Lösung des neutralen Salzes durch Abkühlen auf — 15° C. klare, rhombische Tafeln, welche schon bei Zimmertemperatur zu einer farblosen Flüssigkeit schmolzen; aus dieser lagerten sich bald kurze Nadeln ab.

---

[1]) Brooks, Ann. Phys. **66**, 63. — [2]) Gerhardt, Ann. Chem. **56**, 25 u. **72**, 74. — [3]) Millon, Ann. ch. phys. [3] **18**, 361; J. pr. Chem. **40**, 211. — [4]) R. Varet, Compt. rend. **123**, 174; Ber. **29**, 946, Ref. — [5]) E. Schulze, Ber. **15**, 2855. — [6]) Ditte, JB. 1854, S. 366.

Die zuerst erhaltenen Krystalle hatten die Zusammensetzung $(NO_3)Hg \cdot 8\,H_2O$, die Nadeln waren halbsaures Salz $N_2O_5, 2\,HgO \cdot 3\,H_2O$.

Durch Einleiten von Acetylen in die siedende Lösung des Merkurinitrats sollte nach Koethner[1]) ein Merkurokarbidnitrat, $Hg \cdot C : C \cdot Hg \cdot Hg(NO_3) + H_2O$, entstehen. Nach Hofmann[2]) hat die Verbindung indessen die Konstitution $(NO_3)Hg \cdot \underset{OH\dot{C}}{C}{<}^{Hg}_{Hg}{>}O$, ist also vom Merkurinitrat abzuleiten.

Verbindungen entstehen ferner mit Acetaldehyd, Aceton und Acetessigester[3]).

Basische Salze. Halbsaures Salz (s. o.) entsteht ferner, wenn überschüssiges Quecksilberoxyd in Salpetersäure von 1,21 spezif. Gew. in der Wärme aufgelöst wird; es scheidet sich aus der Lösung allmählich, meist in nadelförmigen, dem rhombischen System angehörigen Krystallen ab, deren Zusammensetzung der Formel $N_2O_5, 2\,HgO \cdot 2\,H_2O = 2[(NO_3)Hg(OH) \cdot H_2O]$ entspricht[4]). Wendet man bei der Bereitung konzentriertere Säure an, so bildet sich zugleich neutrales Salz und die Krystalle werden zerfliefslich. Dasselbe basische Salz entsteht, wenn man das sirupförmige neutrale Salz mehrere Monate mit gelbem Quecksilberoxyd stehen läfst. — $N_2O_5 \cdot 2\,HgO \cdot H_2O$ entsteht nach Mailhe[5]) beim Sättigen von Ferrinitratlösung mit Quecksilberoxyd als durch einen geringen Eisengehalt gelb gefärbtes Krystallpulver, aus irregulären hexagonalen Täfelchen bestehend.

Drittelsaures Salz. Alle bisher angeführten Quecksilberoxydsalze werden durch Wasser zersetzt. Es scheidet sich anfangs ein weifses pulveriges Salz aus, dies färbt sich dann rötlich und schliefslich hinterbleibt nur Quecksilberoxyd. Das erst entstehende Salz ist das drittelsaure von der Zusammensetzung $N_2O_5, 3\,HgO \cdot H_2O = (NO)_2(O_2Hg)_3 \cdot H_2O$. Dasselbe bleibt auch zurück, wenn man die anderen Oxydsalze so lange erhitzt, bis sie in eine weifse Masse verwandelt sind und diese nach dem Pulvern einige Male mit kaltem Wasser auswäscht. In höherer Temperatur, von 120° an, giebt das Salz zuerst das Wasser ab, bei 250° beginnt dann die Entwickelung salpetriger Dämpfe. Beim Zusammenreiben mit Alkalisulfat giebt es Mineralturpeth, dem es in der Zusammensetzung entspricht, mit Alkalichlorid purpurrotes Oxychlorid $Cl_2Hg, 3\,HgO$.

Lösungen von Merkurinitrat pflegt man durch Behandeln von Quecksilber mit überschüssiger Salpetersäure von 1,2 spezif. Gew. in der Wärme herzustellen, bis ein Tropfen der Flüssigkeit in verdünnter Salzsäure keinen Niederschlag mehr giebt. Solche Lösung wird von

---

[1]) Koethner, Ber. 31, 2475. — [2]) K. A. Hofmann, Ber. 31, 2783. — [3]) Ders., ebenda 31, 2212. — [4]) Marignac, JB. 1855, S. 415. — [5]) A. Mailhe, Compt. rend. 132, 1560; Chem. Centralbl. 1901, II, S. 266.

den Pharmazeuten als *Liquor Hydrargyri nitrici oxydati* bezeichnet und liefert beim Verdampfen und Erkalten das als *Mercurius nitrosus calide paratus* bezeichnete halbsaure Salz.

Basische Merkuridoppelnitrate entstehen durch Einwirkung von Quecksilberoxyd auf konzentrierte Lösungen normaler Metallnitrate[1]):

Cadmiumverbindung $(NO_3)_2Hg.CdO.3H_2O$ bildet einen weifsen Niederschlag, der aus mikroskopischen Prismen oder klinorhombischen Platten besteht.

Kobaltverbindung $(NO_3)_2Hg.CoO.3H_2O$ entsteht als roter, aus kleinen monoklinen Prismen bestehender Niederschlag.

Kupferverbindung $(NO_3)_2Hg.CuO.4H_2O$ entsteht nur in sehr konzentrierter Lösung als blauer, aus quadratischen Prismen bestehender Niederschlag, der durch Wasser sehr leicht zersetzt wird.

Manganverbindung $(NO_3)_2Hg.MnO.3H_2O$ bildet weifse, mikroskopische hexagonale Prismen.

Nickelverbindung $2(NO_3)_2Hg.3NiO.8H_2O$ entsteht in sehr konzentrierter Lösung in Form hexagonaler grüner Blättchen.

Zinkverbindung $(NO_3)_2Zn.ZnO.H_2O$ entsteht als mikrokrystallinischer Niederschlag nur in sehr konzentrierter Lösung, wird durch Wasser unter Abscheidung von Quecksilberoxyd zersetzt.

Quecksilberoxydsalz-Quecksilberjodidverbindungen. Das Quecksilberoxydsalz verbindet sich in mehreren Verhältnissen mit Quecksilberjodid zu Merkurijodonitraten. Löst man das Jodid in einer kochenden Auflösung des Nitrats, so scheiden sich beim Erkalten weifse, perlmutterglänzende Schuppen aus, welche nach Riegel die Zusammensetzung $(NO_3)_2Hg.J_2Hg = NO_3HgJ$ haben, während Preuss[2]), der die Verbindung zuerst auf diese Weise darstellte, eine abweichende Zusammensetzung fand. Dieselbe Verbindung scheidet sich beim Erkalten aus, wenn man Quecksilberjodür oder das Jodid in heifser Salpetersäure gelöst hatte[3]).

Nach Kraut[4]) entsteht sie beim Kochen von 1 g Quecksilberjodid mit 75 ccm Salpetersäure von 1,3 spezif. Gew., bis sich alles gelöst hat. Derselbe ist der Ansicht, dafs überhaupt nur diese eine Verbindung existiere, da er auch nach den für die Darstellung der folgenden Verbindungen gegebenen Vorschriften nur diese oder gar keine Verbindung erhalten konnte.

Vermischt man eine kochende Auflösung des Nitrats mit halb so viel Jodkalium, als zur vollständigen Ausscheidung von Quecksilberjodid erforderlich ist, so liefert die filtrierte Lösung kleine rote Kry-

---

[1]) A. Mailhe, Compt. rend. 132, 1273, 1560; Chem. Centralbl. 1901, II, S. 90, 266. — [2]) Preuss, Ann. Chem. 29, 326. — [3]) Souville, J. Pharm. 26, 474. — [4]) K. Kraut, Ber. 18, 3461.

stalle, welche nach Riegel der Formel $(NO_3)_2Hg . 2 J_2Hg$ entsprechen. Aus der von diesen abfiltrierten, mit etwas Salpetersäure versetzten und in der Wärme mit Quecksilberjodid gesättigten Flüssigkeit erhielt Riegel nach mehrtägigem Stehen weifse, seidenglänzende Nadeln der Verbindung $2 (NO_3)_2Hg . 3 J_2Hg$.

Sämtliche Merkurijodonitrate werden durch Wasser zersetzt, indem sich Jodid abscheidet und das Nitrat in Lösung geht. Beim Erhitzen geben sie salpetrige Dämpfe; dann sublimiert das Jodid, und Oxyd bleibt zurück.

Rhodiumsalz $(NO_3)_6Rh_2 . 4 H_2O$. Gelbes Rhodiumsesquioxydhydrat löst sich leicht in Salpetersäure. Wird die erhaltene gelbe Lösung im Wasserbade verdampft, bis sie nicht mehr nach Salpetersäure riecht, so bleibt ein gummöses, terpentinartiges Salz von dunkelgelber Farbe zurück, das sehr hygroskopisch ist und sich leicht in Wasser, aber nicht in Weingeist löst[1]. Berzelius[2]) beschreibt die Verbindung als dunkelrotes, zerfliefsliches Salz und will ein krystallisiertes, dunkelrotes Doppelsalz mit Natriumnitrat erhalten haben, während Claus[1]) auf direktem Wege keine krystallisierbaren Doppelsalze gewinnen konnte.

Rubidiumsalz NO_3Rb wird aus Rubidiumkarbonat und Salpetersäure bereitet. Beim raschen Abkühlen der heifsen Lösung erhält man das Salz in langen, undeutlich ausgebildeten Nadeln, bei langsamer Krystallisation in glasglänzenden, sechsseitigen Prismen. Die an sich wasserfreien Krystalle schliefsen gleich denen des Kaliumsalzes in Höhlungen Wasser ein. Das Salz ist in Wasser leichter löslich als Salpeter; es lösen 100 Tle. Wasser bei 0° 20,1 Tle., bei 10° 43,5 Tle. desselben auf. Es schmilzt noch unter Glühhitze und läfst in höherer Temperatur Sauerstoff entweichen. Durch Auflösen des Salzes in Salpetersäuremonohydrat entsteht nach Ditte[3]) ein saures Salz von der Zusammensetzung $2 NO_3Rb, 5 NO_3H$ als nicht erstarrende Flüssigkeit; dasselbe wird durch Wasser sowohl als durch Erwärmung zersetzt.

Nach Wells und Metzger[4]) hat das Salz nicht die von Ditte angegebene Zusammensetzung. Durch Sättigen von Salpetersäure von 1,42 spezif. Gew. mit normalem Nitrat und gelindes Erhitzen entsteht das einfach saure Salz $NO_3Rb . NO_3H$, das bei 62° schmilzt, durch Sättigen einer Säure von 1,50 spezif. Gew. und Abkühlen unter 0° das zweifach saure Salz $NO_3Rb . 2 NO_3H$ in farblosen Nadeln vom Schmelzp. 39 bis 46°. Diese Salze geben an der Luft schon bei gewöhnlicher Temperatur Salpetersäure ab.

---

[1]) Claus, J. pr. Chem. **32**, 479 u. **42**, 351; Ann. Chem. **107**, 29. — [2]) Berzelius, Schweigg. J. **7**, 55 u. **34**, 81; JB. Berz. 9, 110. — [3]) Ditte, Ann. ch. phys. [5] **18**, 320; JB. 1879, S. 221. — [4]) H. L. Wells und F. J. Metzger, Am. Chem. J. **26**, 271; Chem. Centralbl. 1901, II, S. 907.

Samariumsalz $(NO_3)_6Sm_2 . 12 H_2O$ bildet hellgelbe Prismen [1]), nach Demarçay [2]) orangegelb, sehr hygroskopisch, bei 78 bis 79° schmelzend.

Samarium-Magnesiumsalz $(NO_3)_6Sm_2 . 6(NO_3)_2Mg . 48 H_2O$ krystallisiert in blaugelben dicken Rhomboedern vom Schmelzpunkt 93,5 bis 94° [2]).

Scandiumsalz krystallisiert aus der durch Abdampfen konzentrierten Lösung in kleinen feinen, radiär geordneten Säulen, welche beim Erhitzen unter Abgabe von Salpetersäure schmelzen. Setzt man das Erhitzen weiter fort, bis braungelbe Dämpfe entweichen, so wird das vorher leichtflüssige Salz teigig und sogar fest. Das hierbei erzeugte basische Salz ist ohne Rückstand in kochendem Wasser löslich. Erst bei noch weiterem Erhitzen wird Scandiumoxyd gebildet [3]).

Silbersalz, Silbersalpeter, Höllenstein NO_3Ag. Reines Silber löst sich bei niedriger Temperatur in Salpetersäure ohne Aufbrausen, wobei die Flüssigkeit, wahrscheinlich durch Bildung von salpetriger Säure, sich blau färbt. Erfolgt die Auflösung bei künstlicher oder auch nur spontaner Erwärmung, so tritt dabei stürmische Entwickelung von Stickoxydgas ein.

Zur Darstellung des Nitrats trägt man reines Silber, zerkleinert oder als Pulver, nach und nach in mäfsig konzentrierte Säure ein, bis selbst beim Erwärmen keine Einwirkung mehr stattfindet, oder man löst Silberoxyd in verdünnter Säure. Beim Erkalten oder Eindampfen liefert die Lösung farblose Tafeln des wasserfreien Salzes. Zweckmäfsig ist es, den etwaigen Überschufs von Salpetersäure durch Eindampfen der Lösung zur Trockne zu verjagen, den Rückstand wieder in Wasser aufzunehmen und dann erst das Salz zur Krystallisation zu bringen.

Um aus kupferhaltigem Silber das Salz rein zu gewinnen, kann man die leichtere Zersetzbarkeit des Kupfersalzes beim Erhitzen benutzen, indem man die Lösung des Metalles in Salpetersäure zur Trockne eindampft und den Rückstand vorsichtig schmilzt, bis das Kupfersalz eben zersetzt ist. Durch Wasser wird dann aus der Schmelze das noch unzersetzte Silbersalz ausgezogen, während Kupferoxyd zurückbleibt. Der richtige Zeitpunkt beim Schmelzen kann nur durch Auflösen von Proben der schmelzenden Masse und Prüfung ermittelt werden; dieser Umstand, sowie das Schäumen und Spritzen der schmelzenden Masse und die Notwendigkeit, die Operation in Porzellangefäfsen auszuführen, machen die Methode unangenehm und unpraktisch. Besser ist die folgende, auch von H. Rose für gut befundene Methode: Man löst das kupferhaltige Silber in mäfsig konzentrierter Salpetersäure bis zur vollkommenen Sättigung derselben auf, fällt aus einem Teile der

---

[1]) Cleve, Compt. rend. 97, 94; JB. 1883, S. 362. — [2]) Eug. Demarçay, Chem.-Ztg. 24, 424. — [3]) L. F. Nilson, Ber. 13, 1439.

Lösung mittels Kalilauge Silberoxyd, das natürlich kupferoxydhaltig ist, wäscht dasselbe aus und digeriert es dann mit dem Rest der Lösung, wodurch sämtliches Kupfer als Oxyd ausgefällt wird. Gröfsere Mengen kupferhaltigen Salzes werden zweckmäfsig erst durch wiederholte Krystallisation gereinigt, da das Silbersalz weit leichter krystallisiert als das Kupfersalz und die den Krystallen des ersteren anhaftende kupferhaltige Mutterlauge durch Waschen mit starker Salpetersäure entfernt werden kann.

Nach Palm [1]) soll die zur Sirupskonsistenz eingedampfte Lösung der beiden Salze, mit konzentrierter Salpetersäure versetzt, das Silbersalz als krystallinischen Niederschlag ausfallen lassen, während das Kupfersalz in Lösung bleibt. Bei Anwendung von 3 bis 4 Tln. Säure (spezif. Gew. = 1,25) auf 1 Tl. konzentrierter Lösung fällt die gesamte Menge des Silbersalzes aus und kann durch zwei- bis dreimaliges Auswaschen mit dieser Säure völlig kupferfrei erhalten werden.

Warden [2]) zieht den Trockenrückstand der Salpetersäurelösung von Rohsilber, aus welcher zuvor das Gold abgeschieden und ein Teil des Silbernitrats auskrystallisiert war, mit Salpetersäure von 1,42 spezif. Gew. aus, wobei alles Kupfersalz und nur wenig Silbersalz in Lösung geht. Auf diese Weise können auch die kupferhaltigen Mutterlaugen von der Krystallisation des Silbersalzes zweckmäfsig verarbeitet werden.

Ferner ist vorgeschlagen worden [3]), das Salz zur Befreiung von Kupfer zu schmelzen und so lange unter Umrühren reduziertes Silber zuzufügen, als ein Aufbrausen bemerkbar ist. Die erkaltete Schmelze wird in Wasser gelöst, wobei alles Kupfer mit etwas überschüssigem Silber zurückbleiben soll.

Das Salz krystallisiert wasserfrei in farblosen, klingenden Tafeln des rhombischen Systems. Nach H. Kopp [4]) ist es dimorph, da es mit Natriumnitrat rhomboedrische, in der Form mit denen des reinen Natriumsalzes übereinstimmende Mischkrystalle, in ziemlich weiten Grenzen nach stetig veränderlichem Verhältnis, zu bilden vermag. Es schmilzt bei 189°. Das spezifische Gewicht ist nach Karsten = 4,3554, nach Schröder = 4,328. Es erhält sich selbst am Licht unverändert, wenn es nicht mit organischen Substanzen in Berührung gekommen war. Es schmeckt herbe metallisch und wirkt ätzend und giftig.

In Wasser ist es sehr leicht löslich, auch in Alkohol und Äther löst es sich. Ferner in Piperidin und Benzonitril, in welchen es annähernd das für NO_3Ag berechnete Molekelgewicht zeigt [5]).

---

[1]) Palm, Monit. scientif. [3] 3, 1102; JB. 1873, S. 946; s. auch Mierzinski, Arch. Pharm. [2] 141, 193. — [2]) C. J. H. Warden, Pharm. Journ. Trans. [4] 4, 61; Chem. Centralbl. 1897, I, S. 438 u. II, S. 254. — [3]) Zeitschr. anal. Chem. 22, 76. — [4]) H. Kopp, Ber. 12, 868; s. auch H. Rose, Ann. Phys. 102, 436 u. 106, 320. — [5]) Werner, Zeitschr. anorg. Chem. 15, 1.

100 Tle. Wasser lösen nach Schnauss[1]) bei 11⁰ 127,7 Tle., nach Kremers[2]) bei

0°	19,5°	54°	85°	110°
121,9	227,3	500,0	714,0	1111,0 Tle.

Die gesättigte Lösung siedet erst oberhalb 125°. Von Weingeist sind zur Lösung 4 Tle. auf 1 Tl. Salz erforderlich. Konzentrierte Salpetersäure löst das Salz nicht oder doch nur sehr wenig, wirkt daher auch nicht merkbar auf metallisches Silber ein.

In der Glühhitze wird das Salz, unter Zurücklassung von metallischem Silber, zersetzt; auf Kohle vor dem Lötrohre erhitzt, verbrennt es dieselbe unter lebhafter Reaktion, und es hinterbleibt ein sehr schön weifser Überzug von mattem Silber, das unter dem Polierstahl Glanz annimmt.

Das spezifische Drehungsvermögen für Natriumlicht ist = 0,1582[3]). Die Diffusionskonstante ist nach Scheffer[4]) bei 5 proz. Lösung etwa 0,9, bei 36 proz. Lösung etwa 0,8, bei 68,5 proz. Lösung etwa 0,65.

Die Bildungswärme aus den Elementen [$N + O_3 + Ag = NO_3Ag$ (fest)] ist = 11,5 Kal.[5]).

Für die Gefrierpunktserniedrigung der Lösungen ist nach Rüdorff[6]), wenn M den Gehalt an Salz in 100 Tln. Wasser, E die Erniedrigung des Gefrierpunktes bedeuten:

M	E	$\frac{E}{M}$	M	E	$\frac{E}{M}$	M	E	$\frac{E}{M}$
4	0,70°	0,175	20	2,95°	0,147	44	5,1°	0,116
8	1,40°	0,175	28	3,75°	0,134	48	5,3°	0,110
10	1,60°	0,160	32	4,10°	0,128	52	5,6°	0,108
12	1,90°	0,158	36	4,55°	0,126			
16	2,50°	0,156	40	4,85°	0,121			

Nach Raoult[7]) ist für 1 proz. Lösung die Gefrierpunktserniedrigung = 0,145, die Dampfspannungsverminderung = 0,160.7,6.

Nach Wislicenus[8]) wie nach Henry[9]) soll dem Salze die doppelte Molekularformel $(NO_3)_2Ag_2 = NO_2{-}O{-}Ag{-}Ag{-}O{-}NO_2$ zukommen, während Werners Versuche wenigstens in Piperidin- und Benzonitrillösung die einfache Formel erweisen.

Das Salz zeichnet sich durch seine leichte Reduzierbarkeit, insbesondere organischen Substanzen gegenüber, aus. Nach Russel[10])

[1]) Schnauss, Arch. Pharm. [2] 82, 260. — [2]) Kremers, Ann. Phys. 92, 497. — [3]) E. Forster, ebend. Beibl. 5, 656. — [4]) J. D. R. Scheffer, Ber. 16, 1903. — [5]) Berthelot, Compt. rend. 78, 862; JB. 1874, S. 113. — [6]) Rüdorff, Ann. Phys. 145, 599. — [7]) F. M. Raoult, Compt. rend. 87, 167; JB. 1878, S. 55. — [8]) Wislicenus, Ber. 4, 63. — [9]) L. Henry, Compt. rend. 96, 1062; JB. 1883, S. 586. — [10]) Russel, Chem. Soc. J. [2] 12, 3; JB. 1874, S. 289.

sollte sogar das Durchleiten von reinem Wasserstoffgas, besonders durch sehr verdünnte Lösung, Reduktion zu metallischem Silber bewirken; dem wurde von Pellet[1]) widersprochen, doch trifft es nach Senderens[2]) zu, nur muſs der Wasserstoff ganz rein und die Silberlösung zum Sieden erhitzt sein, während unreines Gas und geringere Erwärmung der Lösung eine Reduktion nicht herbeiführen. Durch Leuchtgas entsteht allmählich ein deutlicher Niederschlag des Metalles[3]).

Die meisten Metalle bewirken die Reduktion; dieselbe geht nicht in der Weise vor sich, daſs für 1 Äq. des zutretenden Metalles auch 1 Äq. Silber abgeschieden wird. Beim Blei z. B. werden nur etwa $^3/_4$ Äq. Silber ausgefällt; wenn sämtliches Silber aus der Lösung verschwunden ist, haben sich 2 Äq. Blei gelöst unter Bildung eines Dibleinitrosonitrats, das sich zum Teil löst und die Flüssigkeit gelb färbt, zum Teil dem Silberniederschlag beigemengt ist; dieser wird weiter zersetzt, und erst wenn 3 Äq. Blei in Lösung gegangen sind, ist die Reaktion mit der Bildung von Tribleinitrat beendigt. Ganz analoge Erscheinungen zeigt die Reduktion des Silbernitrats durch Zink, Eisen, Cadmium, Zinn, Antimon und Aluminium[4]).

Schwefel wirkt auf siedende Lösungen unter Bildung von schwefliger Säure und Schwefelsilber, leichter noch wirkt Selen ein nach der Gleichung $4\,NO_3Ag + 3\,Se + 3\,H_2O = 2\,Ag_2Se + SeO_3H_2 + NO_3H$; in zugeschmolzenen Röhren ist die Reaktion weniger vollständig, da sich selenige Säure mit Silberoxyd zu einem Selenit verbindet; durch Tellur hingegen erfolgt die im übrigen weniger rasch als beim Selen verlaufende Reaktion im geschlossenen Rohre vollständig. Diese Reaktionen gehen auch schon bei gewöhnlicher Temperatur vor sich, aber langsamer[5]).

Arsen wirkt nach der Gleichung $6\,NO_3Ag + 2\,As + 3\,H_2O = 6\,Ag + As_2O_3 + 6\,NO_3H$, amorpher Phosphor nach der Gleichung $10\,NO_3Ag + 2\,P + 8\,H_2O = 10\,Ag + 2\,PO_4H_3 + 10\,NO_3H$ reduzierend ein[5]).

Durch die Wasserstoffverbindungen von Schwefel, Arsen, Phosphor und Antimon werden nach Poleck und Thümmel[6]) in konzentrierter Lösung Doppelverbindungen der Formel Ag_2S, NO_3Ag bezw. $Ag_3As, 3\,NO_3Ag$ u. s. w. gebildet. Die Silbersulfidverbindung ist dunkelgrün mit einem Stich ins Gelbe, amorph, wird durch Wasser in die Komponenten zerlegt, ebenso durch Alkohol; durch verdünnte Salpetersäure wird sie hingegen nicht wesentlich verändert. Die drei anderen Verbindungen sind gelb und werden durch Wasser in metallisches Silber,

---

[1]) H. Pellet, Compt. rend. 78, 1132; JB. 1874, S. 290. — [2]) Senderens, Bull. soc. chim. [3] 15, 991; Ber. 29, 1098, Ref. — [3]) G. Gore, Chem. News 48, 295; JB. 1883, S. 336. — [4]) J. B. Senderens, Compt. rend. 104, 504; JB. 1887, S. 376. — [5]) J. B. Senderens, Compt. rend. 104, 175; JB. 1887, S. 1375. — [6]) Th. Poleck u. K. Thümmel, Ber. 16, 2435.

Salpetersäure und arsenige Säure bezw. die entsprechenden Säuren von Antimon oder Phosphor zerlegt.

Kaliumsulfhydrat erzeugt aus dem Salze teils Schwefelsilber, teils metallisches Silber [1]).

Durch Ozon entsteht ein bläulichschwarzer Niederschlag von Silbersuperoxyd. Chlor und Jod erzeugen neben dem Chlorid bezw. Jodid Chlorsäure und Jodsäure, Brom neben dem Bromid unterbromige Säure [2]). Thionylchlorid $SOCl_2$ wirkt heftig ein unter Bildung von Chlorsilber und Nitrosulfochlorid, $Cl-SO_2-O-NO$. Sulfurylchlorid SO_2Cl_2 ist ohne Wirkung, selbst wenn es über dem Salze abdestilliert wird. Chlorsulfonsäure $SO_2(OH)Cl$ wirkt dagegen wiederum heftig ein unter Bildung von Chlorsilber und Nitrosulfosäure (Bleikammerkrystallen) $SO_2(OH)NO_2$; die letzte Reaktion scheint in zwei Phasen zu verlaufen [3]), nämlich:

$$\text{I.}\quad 2\,SO_3HCl + 2\,NO_3Ag = (SO_2)_2O(NO_2)NO_3 + H_2O + 2\,AgCl$$

oder

$$= (SO_2)_2O(NO_2)_2 + H_2O + 2AgCl + O$$

$$\text{II.}\quad (SO_2)_2O(NO_2)_2 + H_2O = 2\,SO_2(OH)(NO_2).$$

Im Stickoxydstrom zersetzt sich das Salz bei weit niedrigerer Temperatur als in Luft, unter Bildung von Stickstoffperoxyd, Silber und Silbernitrit [4]).

Thiophosphorylchlorid $PSCl_3$ wirkt schon in der Kälte sehr lebhaft ein nach der Gleichung: $PSCl_3 + 4\,NO_3Ag = PO_4Ag_3 + AgCl + SO_2 + 2\,NOCl + N_2O_4$; später bildet sich noch $S_2O_5(NO_2)_2$ [3]).

Durch Uranoxydul wird Reduktion bewirkt. Der Vorgang verläuft nach Isambert [5]) in zwei Stadien; erst bildet sich Silberoxyd und Uranoxydsalz, dann wird unter Übergang der grünen Farbe in Gelb das Silberoxyd unter Bildung von Uranylsalz zu metallischem Silber reduziert:

$$UrO_2 + 4\,NO_3Ag = (NO_3)_4Ur + 2\,Ag_2O;\ (NO_3)_4Ur + 2\,Ag_2O$$
$$= (NO_3)_2(UrO_2) + 2\,NO_3Ag + Ag_2.$$

Auch Uranoxyduloxyd fällt, wenn auch nur sehr langsam, aus der Lösung metallisches Silber.

Kupferoxydul reduziert bei Überschufs von Silbernitratlösung unter gleichzeitiger Bildung von basischem Kupfersalz [6]) nach der Gleichung:

$$6\,NO_3Ag + 3\,Cu_2O = 6\,Ag + 2\,(NO_3)_2Cu + 3\,CuO\,.\,NO_3Cu\,.\,3\,H_2O.$$

Durch Ammoniak wird in der neutralen Lösung ein anfangs weifser, rasch braunschwarz werdender Niederschlag von Silberoxyd hervor-

---

[1]) O. Löw, J. pr. Chem. [2] 4, 271; J. Myers, Ber. 6, 446. — [2]) J. B. Senderens, Compt. rend. 104, 175; JB. 1887, S. 1375. — [3]) T. E. Thorpe u. S. Dyson, Chem. Soc. J. 41, 297; JB. 1882, S. 235 u. 247. — [4]) E. Divers, Chem. Soc. Proc. 1898/99, S. 221; Chem. Centralbl. 1899, I, S. 101. — [5]) Isambert, Compt. rend. 80, 1087. — [6]) Sabatier, ebend. 124, 363; Chem. Centralbl. 1897, I, S. 581.

gerufen; daneben entstehen lösliche Verbindungen des Salzes mit Ammoniak (s. unten), so dafs bei hinreichendem Überschusse des Fällungsmittels der Niederschlag wieder verschwindet [1]). Zur Lösung von 1 Mol. des Salzes in Ammoniak sind nahezu 2 Mol. des letzteren erforderlich, so dafs die Reaktion nach Prescott [2]) durch die Gleichung $2\,NO_3Ag + 4\,NH_4OH = (NH_3Ag)_2O + 2\,NO_3NH_4 + 3\,H_2O$ ausgedrückt werden kann.

Gewöhnlich wird das Salz nicht in krystallisiertem Zustande in den Handel gebracht, sondern geschmolzen und in kleine Cylinder gegossen. Dies ist der Höllenstein, *Lapis infernalis, Argentum nitricum fusum* der Apotheken. Man schmilzt das krystallinische Salz oder den Rückstand vom Eindampfen der reinen Silberlösung bei möglichst gelinder Hitze, am besten in silbernen Gefäfsen, bis zum ruhigen Schmelzen und giefst die geschmolzene Masse in die Lapisform, welche aus Serpentinstein oder versilberter Bronze bezw. versilbertem Messing hergestellt und, um das Anhaften zu verhüten, mit fein gepulvertem Talk eingerieben ist. Es entstehen vollkommen weifse Cylinder, wenn das Salz kupferfrei war und wenn nicht durch zu hohe Temperatur beim Schmelzen eine Ausscheidung von metallischem Silber herbeigeführt wurde. Spuren von letzterem lassen sich durch Zusatz einiger Tropfen Salpetersäure zu dem geschmolzenen Salze vor dem Ausgiefsen beseitigen.

Das geschmolzene Salz mufs ungefärbte oder doch nur wenig gefärbte Stängelchen darstellen, welche auf dem Bruche strahlig-krystallinisch erscheinen. Es mufs sich in Wasser vollständig klar lösen und die Lösung darf auf Zusatz von überschüssiger Ammoniakflüssigkeit nicht blau gefärbt werden. Schwefelsäure darf darin keinen weifsen Niederschlag hervorrufen; doch macht Saidemann [3]) mit Recht darauf aufmerksam, dafs beispielsweise bei der von der russischen Pharmakopöe vorgeschriebenen Prüfungsmethode (0,1 g in 1 ccm Wasser gelöst, mit 4 g verdünnter Schwefelsäure versetzt) Kochhitze angewendet werden mufs, da sonst auch Silbersulfat ausfällt. Fällt man aus der Lösung das Silber durch Salzsäure aus, so mufs die abfiltrierte Lösung ohne Rückstand verdampfbar sein. Vor dem Lötrohr auf Kohle erhitzt, darf das Präparat nur metallisches Silber hinterlassen; benetzt man die Stelle mit Wasser, so darf darauf gebrachtes Kurkumapapier nicht gebräunt werden. Mit Kieselfluorwasserstoffsäure und Alkohol darf kein Niederschlag entstehen [4]).

Der Höllenstein wird in der Wundbehandlung vielfach als Ätzmittel benutzt, er zerstört das Fleisch und die Wucherungen. Eben für diese Verwendung wird er in die Form von Stängelchen gebracht,

---

[1]) H. N. Draper, Pharm. J. Trans. [3] 17, 487; JB. 1886, S. 480. — [2]) A. B. Prescott, Chem. News 42, 31; JB. 1880, S. 360. — [3]) Saidemann, Russ. Zeitschr. Pharm. 22, 441. — [4]) M. Stolba, Chem. News 45, 229; JB. 1882, S. 1283.

welche, da sie mit den Fingern nicht berührt werden dürfen, in Hülsen gefafst werden. Störend ist die Zerbrechlichkeit des reinen Präparates; um diese zu beseitigen, werden zuweilen absichtlich Zusätze, z. B. von Chlorsilber, gegeben. Während diese bei der Verwendung zum Ätzen nicht störend wirken, ist für andere, namentlich für photographische Zwecke vollkommene Reinheit des Salzes erforderlich.

Da organische Stoffe, die mit Silbernitratlösung getränkt sind, am Lichte geschwärzt werden, wird das Salz zur Herstellung sogenannter unauslöschlicher Tinte zum Zeichnen der Wäsche, sowie zum Färben der Haare u. s. w. verwendet. Die auf der Haut oder auf Wäsche entstehenden schwarzen Flecken sind nicht leicht zu beseitigen. Man behandelt sie abwechselnd mit Chlorwasser oder Chlorkalklösung und Ammoniakflüssigkeit oder mit Jodlösung und Natriumhyposulfit. Auch Cyankaliumlösung oder eine Lösung von Jod in letzterer sind zweckmäfsig, aber nur bei ganz unverletzter Haut verwendbar.

Auch als inneres Arzneimittel wird das Salz in kleinen Dosen gebraucht. Bei andauerndem Gebrauche desselben wird die Haut des Patienten durch Ablagerung von metallischem Silber dunkel, violettschwärzlich.

Mit Ammoniak verbindet sich das Salz in verschiedenen Verhältnissen:

1. Monoammoniaksilbernitrat $NH_3 . NO_3Ag$[1]. Filtriert man die Flüssigkeit von dem durch Ammoniak in neutraler Silbernitratlösung hervorgerufenen Niederschlag ab und dampft man das Filtrat auf dem Wasserbade ein, so erhält man, nachdem zunächst noch etwas Silberoxyd und metallisches Silber abgeschieden wurde, eine sehr schwere Flüssigkeit, die beim Erkalten zu einem Magma von farblosen, glänzenden Krystallnadeln erstarrt. Dieselben haben, mit Alkohol und Äther gewaschen und bei niedriger Temperatur getrocknet, die obige Zusammensetzung. Die Verbindung schwärzt sich am Licht, löst sich in Wasser nur teilweise unter Abscheidung eines braunen Niederschlages. Von Alkohol wird sie ziemlich leicht, von Äther dagegen nur sehr schwer gelöst, so dafs man sie durch Fällen der alkoholischen Lösung mit Äther reinigen kann; sie fällt hierbei in sehr schönen, glänzenden Nadeln aus. Bei der Dialyse der konzentrierten Lösung werden weifse Nadeln von der Zusammensetzung eines Argentammoniumhydroxyds erhalten. Die wässerige Lösung giebt mit Aldehyd einen weifsen, krystallinischen Niederschlag. Äthyljodid wirkt auf die feste Verbindung unter bedeutender Wärmeentwickelung ein; es entsteht eine Lösung von Äthylnitrat in überschüssigem Jodäthyl, sowie ein festes Gemenge von Silberjodid und Diammoniaksilbernitrat, während Äthylamin mit Sicherheit nicht nachgewiesen werden konnte.

[1]) A. Reychler, Ber. 16, 990 u. 2420.

Über die Konstitution dieses Salzes und ähnlicher Salze wird beim Ammoniak gesprochen werden.

2. Diammoniaksilbersalz $2NH_3.NO_3Ag$ entsteht, wenn man Ammoniakgas durch eine konzentrierte Silbernitratlösung leitet, wobei 2 Mol. des ersteren absorbiert werden [1]); ferner wird es bei hinreichendem Zusatz von Ammoniakflüssigkeit zu neutraler Silbernitratlösung, also in der üblichen ammoniakalischen Silberlösung, sowie beim Auflösen von Silberoxyd in einer Mischung von Ammoniumnitrat- und Ammoniaklösung [2]) erhalten, nach Reychler [3]) auch beim Ausziehen des oben erwähnten Magmas von Ammoniaksilbernitrat mit heifsem Alkohol und Erkaltenlassen. Es bildet luftbeständige, rhombische Krystalle [4]), aus alkoholischer Lösung lange, glänzende Nadeln [3]). Dieselben sind in Wasser leicht löslich; beim Erhitzen schmelzen sie unter Hinterlassung von metallischem Silber [2]). Äthyljodid wirkt erst in der Wärme ein unter Bildung von Jodsilber, Äthylnitrat und freiem Ammoniak.

Nach Berthelot und Delépine [5]) ist die Bildungswärme in Lösung

$$NO_3Ag\ (1\,\text{Mol.} = 2\,l) + 2NH_3\ (1\,\text{Mol.} = 1\,l) = 2NH_3.NO_3Ag\ (1\,\text{Mol.} = 4\,l) \cdots + 13{,}35\ \text{Kal.}$$

aus festem Salz und gasförmigem Ammoniak + 34 Kal.

Das erste Äquivalent Ammoniak ersetzt einfach ein Äquivalent Silberoxyd, das zweite bildet dann ein ammoniakalisches Silberoxyd $(NH_3Ag)_2O$, welches sich sofort mit dem Ammoniak des zuerst entstandenen Ammoniumnitrats zu dem Oxyd einer noch komplexeren Base $(NH_3[NH_3Ag])_2O$ verbindet. Dieses Silberammoniumoxyd ist eine sehr starke Base, welche eine vollständige Reihe krystallinischer löslicher Salze bildet, von denen das Nitrat $NO_3(NH_3[NH_3Ag])$ das hier besprochene Diammoniaksilbersalz ist.

3. Triammoniaksilbernitrat $3NH_3.NO_3Ag$ entsteht bei Einwirkung von Ammoniakgas auf trockenes, gepulvertes Silbernitrat [6]).

In ähnlicher Weise wie mit Ammoniak verbindet sich das Silbersalz auch mit verschiedenen organischen Basen. Die bekanntesten der hierher gehörigen Verbindungen sind:

Äthylidenimidsilbersalz $(C_2H_4NH)_2.NO_3Ag + \frac{1}{2}H_2O$; dasselbe wird aus einer Mischung von 1 Vol. Aldehyd, 3 Vol. Alkohol und 1 Vol. Ammoniak unter Abkühlung durch Silbernitratlösung gefällt [7]). Nach Mixter [8]) bildet es, aus wässeriger Ammoniakflüssigkeit um-

---

[1]) Mitscherlich, Ann. ch. phys. [2] 72, 288; Kane, Ann. Phys. 20, 153. — [2]) H. N. Draper, Pharm. J. Trans. [3] 17, 487; JB. 1886, S. 480. — [3]) A. Reychler, Ber. 16, 990 u. 2420. — [4]) Marignac, Ann. Phys. 9, 413; s. auch [2]). — [5]) Berthelot u. Delépine, Compt. rend. 129, 236; Chem. Centralbl. 1899, II, S. 554. — [6]) H. Rose, JB. 1857, S. 256. — [7]) Liebermann u. Goldschmidt, Ber. 10, 2179 u. 11, 1198. — [8]) Mixter, Sill. Am. J. [3] 14, 195; JB. 1877, S. 432.

krystallisiert, monokline, in wasserfreiem Zustande trikline Krystalle, was Goldschmidt [1]) bestätigt. Reychler [2]) erhielt es in Form sechsseitiger Blättchen, als er eine mäfsig konzentrierte Lösung von Monoammoniaksilbersalz mit so viel Aldehyd versetzte, bis sich der Niederschlag beim Schütteln nicht mehr löste, und dann noch 1 Mol. Ammoniak hinzufügte; wasserfrei scheidet es sich aus rein alkoholischen Lösungen ab.

Amylidenimidsilbersalz $(C_5H_{10}NH)_2.NO_3Ag$ entsteht durch Zufügen starker Silbernitratlösung zu in Äther gelöstem Valeraldehydammoniak [1]). — Ein Triamylidenimidsilbersalz $(C_5H_{10}NH)_3.NO_3Ag$ entsteht durch freiwillige Verdunstung alkoholischer Lösungen von Valeraldehydammoniak und Silbernitrat. Es ist unlöslich in Wasser, wässerigem Ammoniak, Alkohol und Äther, löslich in alkoholischem Ammoniak [3]).

Pyridinsilbersalze. Versetzt man eine konzentrierte Lösung von Silbernitrat mit 4 Mol. Pyridin, so entsteht auch auf Zusatz von Alkohol kein Niederschlag. Nach Zufügen von Äther scheiden sich dann aber centimeterlange dünne Nadeln des Salzes $(C_5H_5N)_2.NO_3Ag$ aus, die bei 87° schmelzen und bei 100° alles Pyridin verlieren.

Ein Salz von der Zusammensetzung $(C_5H_5N)_3.NO_3Ag$ scheidet sich beim Stehen einer Lösung von 5 Tln. Silbernitrat in 10 Tln. schwach verdünntem Pyridin in ziemlich grofsen, aber schlecht ausgebildeten Krystallen, wahrscheinlich Rhombendodekaedern, aus. Neben Schwefelsäure geht es unter Verlust von 1 Mol. Pyridin langsam in das erst beschriebene Salz über. In Wasser ist es schwer löslich [4]).

Chininsilbersalz $C_{20}H_{24}N_2O_2.NO_3Ag$ krystallisiert in weifsen Nadeln [5]).

Das Silbernitrat bildet ferner Doppelverbindungen mit den Silberverbindungen der Halogene, bei deren Elektrolyse das Halogensilber als Neutralteil eines komplexen Kations zur Kathode wandert [6]).

1. Mit Bromsilber. Frisch gefälltes Bromsilber löst sich, obwohl schwierig, in einer sehr konzentrierten, heifsen Lösung des Nitrats. Beim Erkalten dieser Lösung scheiden sich feine Krystalle aus, welche von der Mutterlauge zu trennen sind, bevor die Krystallisation des Nitrats beginnt. Dieselben besitzen die Zusammensetzung NO_3Ag, $BrAg$ [7]).

2. Mit Chlorsilber. Letzteres löst sich in der Lösung des Nitrats noch schwieriger als das Bromsilber und scheint eine ähnliche Verbindung zu bilden [7]).

3. Mit Cyansilber entsteht die Verbindung $(NO_3Ag)_2, CNAg$ unter

---

[1]) Goldschmidt, Ber. 11, 1198. — [2]) Reychler, ebend. 17, 41. — [3]) Mixter, Sill. Am. J. [3] 15, 205; JB. 1878, S. 438. — [4]) Jörgensen, J. pr. Chem. [2] 33, 501. — [5]) Skraup, Wien. Akad. Ber. 84, 645. — [6]) Karl Hellwig, Zeitschr. anorg. Chem. 25, 113. — [7]) Riche, Ann. Chem. 111, 42; s. auch [8]).

denselben Umständen[1]), aufserdem auch bei Einwirkung von konzentrierter Salpetersäure auf das Cyanid[2]), mit Rhodansilber $(NO_3Ag)_2 . CNSAg$[3]).

4. Mit Jodsilber. Preuss[4]) hat zuerst die Existenz einer krystallisierbaren Verbindung der beiden Silbersalze erkannt. Schnauss[5]) erhielt durch Lösen von Jodsilber in heifser Nitratlösung und Abkühlen nadelförmige Krystalle der Verbindung NO_3Ag, JAg, ebenso Kremers[6]), während Weltzien[7]) auf dieselbe Weise nur die Verbindung $(NO_3Ag)_2, JAg$ erhielt. Spätere Untersuchungen von Riche[8]) und Hellwig[3]) haben ergeben, dafs die letztere Verbindung wirklich existiert, die erstere wahrscheinlich nur als eine Lösung von Jodsilber in jener zu betrachten ist. Wird nämlich eine heifse, konzentrierte Silbernitratlösung mit überschüssigem Jodsilber gekocht, so löst sich dasselbe in reichlicher Menge, indem sich zugleich eine ölartige Flüssigkeit am Boden ansammelt. Die Farbe der letzteren ist hellgelb bis braungelb, je nach der Menge des zugefügten Jodsilbers variierend. Die darüber stehende klare Flüssigkeit liefert beim Erkalten seidenglänzende, konzentrisch gruppierte Prismen, welche bei 105° schmelzen und die Zusammensetzung $(NO_3Ag)_2, JAg$ haben. Die ölartige Flüssigkeit ist je nach der Menge des angewandten Jodsilbers verschieden zusammengesetzt, nach A. W. Hofmann[9]) enthält sie 3 Mol. Jodsilber auf 2 bis 9 Tle. Nitrat. Wird sie so lange mit Silbernitratlösung gekocht, als noch Jodsilber ausgezogen wird, so wird sie in die vorige Verbindung verwandelt und kann aus wenig Wasser umkrystallisiert werden. — Dieselbe Verbindung kann auch erhalten werden, wenn man Jodsilber und Silbernitrat in entsprechendem Verhältnis zusammenschmilzt und die Schmelze in wenig siedendem Wasser löst.

Hieran schliefsen sich die Doppelverbindungen mit Acetylensilber, welche bei der Einwirkung von Acetylen auf Silbernitrat zunächst entstehen, $(C_2HAg)_2 . NO_3Ag$ und $C_2Ag_2 . NO_3Ag$[10]).

Schliefslich sind noch einige Doppelsalze des Silbernitrats mit anderen Nitraten zu erwähnen. Während dasselbe mit den Nitraten des Natriums und Lithiums keine Verbindungen in bestimmten Verhältnissen, sondern isomorphe Mischungen bildet, werden mit den anderen Alkalinitraten wohl charakterisierte Doppelsalze erhalten[11]).

Ammoniumsilbersalz NO_3NH_4, NO_3Ag bildet sich schon beim

---

[1]) C. L. Bloxam, Chem. News 48, 154; JB. 1883, S. 472. — [2]) Ders., Chem. News 50, 155; JB. 1884, S. 475. — [3]) Karl Hellwig, Zeitschr. anorg. Chem. 25, 113. — [4]) Preuss, Ann. Chem. 29, 326. — [5]) Schnauss, Arch. Pharm. [2] 82, 260. — [6]) Kremers, J. pr. Chem. 71, 54. — [7]) Weltzien, Ann. Chem. 101, 127. — [8]) Riche, Ann. Chem. 111, 42. — [9]) A. W. Hofmann, Phil. J. Trans. [2] 1, 29. — [10]) Chavastelon, Compt. rend. 124, 1364; Chem. Centralbl. 1897, II, S. 256; G. Arth, Compt. rend. 124, 1534; Chem. Centralbl. 1897, II, S. 332. — [11]) Ditte, Compt. rend. 101, 878; JB. 1885, S. 566; s. auch W. J. Russel u. N. S Maskelyne, Lond. R. Soc. Proc. 26, 357; JB. 1877, S. 302.

Verdampfen einer Lösung gleicher Äquivalente von beiden Komponenten[1]), krystallisiert aber erst dann aus, wenn ein etwaiger Überschufs des Silbersalzes durch Krystallisation beseitigt ist. Es bildet dicke, tafelförmige, glänzende, durchsichtige Krystalle des monoklinen Systems. Wenn es keine Spur freien Ammoniaks enthält, ist es nach Böttger[2]) ein scharfes und empfindliches Reagens auf Wasserstoffsuperoxyd. Beim Kochen damit entsteht nämlich augenblicklich eine starke Trübung infolge von Ausscheidung fein verteilten Silbers.

Cäsiumsilbersalz NO_3Cs, NO_3Ag ist nicht sicher nachgewiesen[3]).

Kaliumsilbersalz NO_3K, NO_3Ag bildet sich nur unter besonders günstigen Bedingungen beim langsamen Verdampfen der gemischten Lösungen beider Salze, bis nach Auskrystallisieren eines Teiles Kaliumsalz das Silbersalz im Überschusse vorhanden ist. Die Krystalle, die sich alsdann abscheiden, sind von einem rhombischen Prisma abzuleiten, zeigen aber zahlreiche Modifikationen. Durch Wasser wird ihnen Silbernitrat entzogen.

Rubidiumsilbersalz NO_3Rb, NO_3Ag entsteht in ganz ähnlicher Weise in schönen, glänzenden Krystallen[3]).

Basische Silberkupfersalze entstehen durch Einwirkung von Kuprihydroxyd auf Silbernitratlösung oder auch von Silberoxyd auf Kupfernitratlösung[4]):

$Ag_2O.2CuO.N_2O_5.2H_2O$ bildet feine, hellblaue Krystallnadeln.

$Ag_2O.3CuO.N_2O_5.3H_2O$ ist ein blauviolettes Pulver, aus mikroskopischen Nadeln bestehend, an trockener Luft beständig, wird beim Erhitzen an der Luft unter Bildung von Kupferoxyd und Silbernitrat geschwärzt, durch warmes Wasser in blaues Kuprihydroxyd und Silbernitrat zerlegt.

Strontiumsalz $(NO_3)_2Sr$ wird wie das Baryumsalz dargestellt[5]). Es krystallisiert aus heifser Lösung wasserfrei in Oktaedern vom spezif. Gew. 2,962 nach Schröder, 2,980 bei 16,8° nach Favre u. Valson[6]), kann aber auch bei niedriger Temperatur aus verdünnter Lösung in monoklinen Krystallen mit 4 Mol. Wasser, die sämtlich gleichartig gebunden sind[7]), erhalten werden. Besonders schön, in grofsen, blätterig verwachsenen Formen, erhält man diese Krystalle durch Stehenlassen einer mit absolutem Alkohol bis zur beginnenden Trübung versetzten Lösung. Dieselben haben das spezif. Gew. 2,249 bei 15,5°[6]), verwittern rasch und werden bei 100° wasserfrei. — Die gesättigte Lösung scheidet beim Abkühlen auf 62° wasserfreies Salz ab, das von der

[1]) W. J. Russel u. N. S. Maskelyne, Lond. R. Soc. Proc. **26**, 357; JB. 1877, S. 302. — [2]) R. Böttger, Dingl. pol. J. **210**, 317. — [3]) Ditte, Compt. rend. **101**, 878; JB. 1885, S. 566. — [4]) Sabatier, Compt. rend. **125**, 175 u. **129**, 211; Chem. Centralbl. 1897, II, S. 516 u. 1899; II, S. 471. — [5]) Reindarstellung: Sörensen, Zeitschr. anorg. Chem. **11**, 305. — [6]) Favre u. Valson, Compt. rend. **77**, 577; JB. 1873, S. 87. — [7]) W. Müller-Erzbach, Ber. **19**, 2874.

Lösung nicht wieder aufgenommen wird[1]). Beim langsamen Verdunsten bei 32° krystallisiert dann noch ein Gemenge des wasserfreien und wasserhaltigen Salzes. Bei letzterem wird die Zahl von 4 Mol. Krystallwasser unter keinen Umständen überschritten[2]). Die Krystalle sind tetartoedrisch[3]). Die Kontraktion bei Auflösung des wasserfreien Salzes (*a*), bei der Krystallbildung (*b*) und bei Auflösung des wasserhaltigen Salzes (*a*—*b*), sowie die entsprechenden Wärmewerte (*A*, *B* und *A*—*B*) sind nach Favre und Valson[4]):

a	*A*	*b*	*B*	*a*—*b*	*A*—*B*
12,7 ccm	96215 kal.	8,5 ccm	64396 kal.	4,2 ccm	31819 kal.

Das wasserfreie Salz löst sich in 5 Tln. kalten und $^1/_2$ Tl. kochenden Wassers. Nach Mulder lösen 100 Tle. Wasser von wasserhaltigem Salz bei

5	10	20	30	31,3	40	50	60°
47,3	54,9	70,8	87,6	90,0	91,3	92,6	94,0 Tle.
70	80	90	100	105	107,9°		
95,6	97,2	99	101,1	102,3	102,9 Tle.		

Die gesättigte Lösung siedet bei 107,9°; das spezifische Gewicht der Normallösung ist bei 14,8° = 1,0811[4]); bei 19,5° und dem angegebenen Gehalt an wasserfreiem Salz ist es nach Kremers:

5	10	15	20	25	29	35	40 Proz.
1,041	1,085	1,131	1,181	1,235	1,295	1,354	1,422

In Weingeist ist das Salz nur sehr wenig löslich. Nach H. Rose löst sich 1 Tl. in 8500 Tln. absoluten Alkohols und erst in 60000 Tln. eines Gemenges von Alkohol und Äther. Das Salz dient in der Feuerwerkerei zur Herstellung von Rotfeuer.

Tellurdioxydsalz. Ein basisches Salz von der Zusammensetzung $N_2O_5, 4TeO_2 . 1,5 H_2O$ entsteht nach Klein[5]) in kleinen rhombischen Nädelchen beim Behandeln von Tellur mit überschüssiger Salpetersäure von 1,15 bis 1,35 spezif. Gew. und Abdampfen der erhaltenen Lösung in gelinder Wärme, bis Kryställchen auf der Oberfläche erscheinen; es krystallisiert alsdann beim Erkalten in reichlicher Menge aus. Das Salz zersetzt sich erst bei der Schmelztemperatur des Bleis unter Entwickelung roter Dämpfe und Hinterlassung von Tellurdioxyd. Es löst sich ohne Zersetzung in heifser, verdünnter Salpetersäure und scheidet sich nach genügendem Konzentrieren daraus wieder unverändert ab. Die Verbindung wird auch beim Auflösen von Tellurdioxyd in nicht zu verdünnter Salpetersäure gebildet.

[1]) Ch. Tomlinson, Chem. News 18, 2; JB. 1868, S. 43. — [2]) A. L. Baker, ebend. 42, 196, JB. 1880, S. 284. — [3]) L. Wulff, Zeitschr. Kryst. 4, 122. — [4]) Favre u. Valson, Compt. rend. 77, 577; JB. 1873, S. 87. — [5]) D. Klein u. J. Morel, Compt. rend. 99, 326, 540, 587; Ber. 17, 354, 463, 518, Ref.

Nach Norris, Fay und Edgerly[1]) ist der Wassergehalt geringer, als in obiger Formel ausgedrückt ist, und nicht als Krystallwasser vorhanden. Die Verbindung ist $N_2O_5 . 4TeO_2 . H_2O = NO_3 . Te_2O_3 . OH$.

Thalliumsalze. Thalliumoxydulsalz NO_3Tl bildet sich beim Auflösen des Metalles in Salpetersäure; erfolgte dieselbe in überschüssiger und konzentrierter Säure, so ist stets auch etwas Oxydsalz vorhanden. Das Salz bildet mattweiſse, rhombische Prismen, die sich bei 15° in 9,4, bei 18° in 10,3, bei 58° in 2,3, bei 107° in 0,17 Tln. Wasser[2]), nicht in Weingeist lösen. Es hat das spezif. Gew. 5,55, nach Retgers[3]) geschmolzen 5,3, schmilzt bei 205°, ohne Zersetzung zu erleiden, und erstarrt dann zu einem durchsichtigen Glase vom spezif. Gew. 5,8[4]). Durch starkes Glühen geht es in Thallonitrit und Thalliumoxyd über, während angeblich eine flüchtige Thalliumverbindung entweicht[5]).

Ein saures Salz von der Zusammensetzung $NO_3Tl, 3NO_3H$ entsteht nach Ditte[6]) durch Sättigen von Salpetersäuremonohydrat mit dem neutralen Salze als nicht krystallisierende Flüssigkeit. Nach Wells und Metzger[7]) entsteht bei Verwendung einer Säure von 1,50 spezif. Gew. und Abkühlen das zweifach saure Salz $NO_3Tl, 2NO_3H$ in farblosen Nadeln, die aber schon unterhalb der Zimmertemperatur schmelzen.

Retgers[3]) erhielt folgende Doppelsalze als Schmelzen, die zum Teil als Trennungsflüssigkeiten für mineralogische Arbeiten wertvoll sind:

Thallomerkuronitrat $(NO_3)_2TlHg$, spezif. Gew. 5,3, schmilzt bei 76° klar und dünnflüssig.

Thallomerkurisalz $(NO_3)_3TlHg$, spezif. Gew. 5,0, schmilzt bei 110° dünnflüssig, aber trübe.

Thallosilbersalz $(NO_3)_2TlAg$, spezif. Gew. etwa 4,8, schmilzt bei 70° dünnflüssig und klar.

Thallothallisalz $(NO_3)_5Tl_3 = 2NO_3Tl, (NO_3)_3Tl$ entsteht nach Wells und Beardsley[8]) durch Erhitzen der Auflösung von Thallosalz in Salpetersäure von 1,50 spezif. Gew. Es bildet durchsichtige prismatische Krystalle, die bei 150° schmelzen. In trockener Luft beständig, schwärzt es sich bei Einwirkung von Feuchtigkeit.

[1]) Norris, Fay u. Edgerly, Am. Chem. Journ. 23, 105; Chem. Centralbl. 1900, I, S. 105. — [2]) Crookes, Ann. Chem. 124, 203; J. pr. Chem. 92, 272; Lamy, Ann. ch. phys. [3] 67, 385 u. [4] 5, 410; Bull. soc. chim. [2] 11, 210; Ann. Chem. 124, 215; J. pr. Chem. 88, 392. — [3]) Retgers, Jahrb. Mineral. 1896, II, S. 183. — [4]) Lamy, Ann. ch. phys. [3] 67, 385 u. [4] 5, 410; Bull. soc. chim. [2] 11, 210; Ann. Chem. 124, 215; J. pr. Chem. 88, 392. — [5]) Carstanjen, J. pr. Chem. 102, 65 u. 129. — [6]) Ditte, Ann. ch. phys. [5] 18, 320; JB. 1879, S. 221. — [7]) H. L. Wells u. F. J. Metzger, Am. Chem. J. 26, 271; Chem. Centralbl. 1901, II, S. 907. — [8]) H. L. Wells u. H. P. Beardsley, Am. Chem. J. 26, 275; Chem. Centralbl. 1901, II, S. 907.

Thalliumoxydsalz $(NO_3)_6Tl_2$ scheidet sich aus der Lösung von Thalliumhydroxyd in Salpetersäure vom spezif. Gew. 1,4 in durchsichtigen, bisweilen sehr grofsen und wohl ausgebildeten, zerfliefslichen Krystallen ab. Dieselben enthalten nach Strecker[1]) 6, nach Willm 8 Mol. Wasser und werden schon beim Erhitzen auf etwa 100° zersetzt.

Thoriumsalze. Neutrales Salz $(NO_3)_4Th.12H_2O$ krystallisiert in grofsen, durchsichtigen, sehr hygroskopischen Tafeln, welche über Schwefelsäure 8 Mol. Wasser verlieren.

Mit 6 Mol. Krystallwasser krystallisiert es in quadratischen Pyramiden, die an den Polecken abgestumpft sind[2]). Mit 5 Mol. Wasser erhält man es durch Oxydation von Thoriumoxalat mit Salpetersäure bei 120° und Eindampfen der sauren Lösung. Dieses Salz ist weder hygroskopisch, noch verwittert es[3]).

In wässeriger Lösung ist das Thoriumnitrat weitgehend hydrolysiert[4]).

Das Salz hat neuerdings grofse Bedeutung gewonnen als wesentlicher Bestandteil der Mischungen zur Herstellung von Glühlichtkörpern. Die Darstellung erfolgt daher in ziemlich grofsem Mafsstabe, wobei als Material hauptsächlich Monazitsand verwendet wird.

Basisches Salz wurde nicht ganz rein von Meyer und Jacoby[4]) durch Zusatz von rauchender Salpetersäure in der Kälte zu vorher aufgekochter neutraler wässeriger Lösung des normalen Salzes erhalten. Es bildet sehr voluminöse, mikrokrystallinische Flocken und enthält auf 1 At. Th 1,5 bis $2NO_3$.

Meyer und Jacoby[4]) haben ferner eine Anzahl Doppelsalze dargestellt, von denen bis dahin nur ein Kaliumdoppelsalz ohne Angabe der Zusammensetzung von Berzelius erwähnt war. Dieselben sind zum Teil durch Sachs[5]) krystallographisch untersucht worden. Während die Doppelsalze mit einwertigen Elementen verschiedenen Typen angehören, werden mit zweiwertigen durchweg Salze der Zusammensetzung $(NO_3)_6Th\overset{II}{R}.8H_2O$, den Ceridoppelsalzen entsprechend, gebildet. Doppelsalze konnten nicht erhalten werden mit den Nitraten von Baryum, Strontium, Calcium, Kupfer, Cadmium, Blei, Silber, Lithium sowie mit Thallonitrat.

Ammoniumdoppelsalze. Monoammoniumthoriumnitrat $(NO_3)_5Th(NH_4).5H_2O$ krystallisiert aus Lösungen von 1 Mol. Thoriumnitrat auf 1 bis 2 Mol. Ammoniumnitrat in Wasser oder Salpetersäure bis 1,25 spezif. Gew. in blätterigen, seideglänzenden Krystallen, die an der Luft Wasser anziehen, im Exsikkator unter Verlust von 3 Mol. Wasser zu einem weifsen Pulver zerfallen.

---

[1]) Strecker, Ann. Chem. **135**, 207. — [2]) Fuhse, Zeitschr. angew. Chem. 1897, S. 115. — [3]) Brauner, Chem. Soc. Journ. **73**, 951; Chem. Centralbl. 1899, I, S. 822. — [4]) R. J. Meyer u. Rich. Jacoby, Zeitschr. anorg. Chem. **27**, 364 ff. — [5]) A. Sachs, Zeitschr. Krystallogr. **34**, Heft 2.

Biammoniumthoriumnitrat[1] $(NO_3)_6Th(NH_4)_2$ krystallisiert bei Anwendung stärkerer Salpetersäure in kleinen, zu Drusen vereinigten Krystallen. Es bildet isomorphe Mischungen mit dem entsprechenden Kaliumdoppelsalz.

Cäsiumdoppelsalz $(NO_3)_6ThCs_2$, gleicht dem Rubidiumdoppelsalz in allen Stücken.

Kaliumdoppelsalze. Je nach Temperatur, Konzentration der Salpetersäure und dem Verhältnis der Basen in der Lösung erhält man drei verschiedene Verbindungen. Monokaliumthoriumnitrat $(NO_3)_5ThK$ krystallisiert wahrscheinlich mit 9 Mol. Wasser, wenn man neutrale oder ganz schwach saure Lösungen von je 1 Mol. Kalium- und Thoriumsalz über Schwefelsäure und Ätzkali verdunstet, bei sehr starker Konzentration in dünnen, seideglänzenden Blättchen, die an der Luft Wasser anziehen, im Exsikkator verwittern. Hierbei scheinen zunächst 3 Mol. Wasser zu entweichen, bei längerem Verweilen im Exsikkator hinterbleiben nur zwei Molekeln. Wahrscheinlich ist dieses Salz das von Berzelius erwähnte. — Dikaliumthoriumnitrat $(NO_3)_6K_2Th$ erhält man, wenn man eine Lösung der berechneten Mengen beider Komponenten in verdünnter Salpetersäure bei 80° langsam eindunstet, in mehrere Millimeter langen, meist zu Drusen vereinigten Prismen. Es verändert sich im Exsikkator nicht, zieht an feuchter Luft Wasser an, giebt bei 100° noch keine Salpetersäure ab. — Saures Trikaliumthoriumnitrat $(NO_3)_{10}ThK_3H_3 . 4H_2O$ krystallisiert aus gemischten sauren Lösungen der Komponenten, welche auf 1 Mol. Thoriumsalz 1 bis 4 Mol. Kaliumsalz enthalten, wenn die zur Lösung verwandte Salpetersäure mehr als 1,2 spezif. Gew. hat, beim Verdunsten über Schwefelsäure und Ätzkali in grofsen, wasserklaren, oft mehrere Centimeter langen, flächenreichen Krystallen. An der Luft werden dieselben bald durch Verwitterung trübe. Bei gelindem Erwärmen wird die freie Salpetersäure und das Wasser abgegeben. Durch Wasser wird das Salz sofort zersetzt.

Kobaltdoppelsalz $(NO_3)_6Th_2Co . 8H_2O$ bildet schwach rote Krystallaggregate, die im Exsikkator verwittern, an der Luft sehr schnell Wasser anziehen.

Magnesiumdoppelsalz $(NO_3)_6ThMg . 8H_2O$ läfst sich bei sehr verschiedener Konzentration der Säure und verschiedenen Mischungsverhältnissen der Einzelsalze gewinnen. Es bildet grofse, glänzende, monosymmetrische[2]) Krystalle, sehr hygroskopisch, im Exsikkator nur sehr langsam verwitternd. Beim Erhitzen verliert es Krystallwasser nur unter gleichzeitiger Abgabe von Salpetersäure.

Manganodoppelsalz $(NO_3)_6ThMn . 8H_2O$ krystallisiert erst nach

---

[1]) Diese Bezeichnung empfiehlt sich statt der von den Autoren gewählten „Diammoniumsalz“, um Verwechselungen mit Hydrazinsalzen vorzubeugen. — [2]) A. Sachs, Zeitschr. Krystallogr. 34, Heft 2.

starker Einengung der Lösung in fast farblosen Krystallaggregaten, die aus übereinander liegenden Tafeln bestehen, konnte nicht ganz rein erhalten werden.

Natriumdoppelsalz $(NO_3)_5ThNa \cdot 9H_2O$ entsteht bei allen Verhältnissen der Komponenten in salpetersaurer Lösung, stimmt in Aussehen und Verhalten ganz mit dem entsprechenden Kaliumsalz überein.

Nickeldoppelsalz $(NO_3)_6ThNi \cdot 8H_2O$ bildet sehr schöne, hellgrüne Krystalle, sehr ähnlich denen des Magnesiumdoppelsalzes, im Exsikkator etwas schneller verwitternd als diese.

Rubidiumdoppelsalz $(NO_3)_6ThRb_2$. Während aus neutralen und schwach sauren Lösungen der Komponenten nur Rubidiumnitrat auskrystallisiert, wird aus starker Salpetersäure stets ein Salz von der angegebenen Zusammensetzung, bald in deutlichen Krystallen, bald als mikrokrystallinische Kruste erhalten. Es ist in Salpetersäure etwas schwerer löslich als die anderen Alkalidoppelsalze.

Zinkdoppelsalz $(NO_3)_6ThZn \cdot 8H_2O$ wird aus einer Lösung von 1 Mol. Thoriumnitrat und 1,5 Mol. Zinkkarbonat in Salpetersäure, spezif. Gew. 1,25, in grofsen, oft treppenförmig ausgehöhlten, monosymmetrischen [1]) Krystallen erhalten, die denen des Magnesiumdoppelsalzes sehr ähnlich sind. Es ist sehr hygroskopisch. Beim Erhitzen auf 65° verliert es unter Zerfall 2 Mol. Wasser.

Uranylsalz $(NO_3)_2UO_2 \cdot 6H_2O$ wird auf verschiedene Weise aus dem Uranpecherz gewonnen [2]). Sehr empfehlenswert, insbesondere bei Verarbeitung gröfserer Mengen, ist Wertheims Verfahren [3]): Man digeriert das Pecherz mit verdünnter Salpetersäure, welche die Silikate der Gangart sowie Schwefel ungelöst läfst, schlägt aus der erhaltenen Lösung durch Schwefelwasserstoffgas Blei, Kupfer und Arsen nieder, verdampft die filtrierte Flüssigkeit zur Trockne und löst die erkaltete Masse in Wasser, wobei Oxyde von Eisen, Kobalt und Mangan zurückbleiben. Die nun entstandene Lösung liefert beim Verdampfen Krystalle des Uranylnitrats, die durch Umkrystallisieren gereinigt werden.

Zur Darstellung aus Uranrückständen empfiehlt Savory [4]), das zur Austreibung von Ammoniak geglühte Uranylphosphat in starker Salpetersäure zu lösen, dann in kleinen Portionen grob gekörntes Zinn hinzuzufügen und das Ganze auf dem Wasserbade zur Trockne zu bringen; das Zinnoxyd, an welches alle Phosphorsäure gebunden ist, wird dann zerbröckelt, mit verdünnter Salpetersäure ausgekocht und die filtrierte Lösung zur Krystallisation eingedampft.

Zur Gewinnung eines vollkommen reinen Präparates fällt Peligot [2]) aus der konzentrierten Lösung des bereits durch Umkrystallisieren

[1]) A. Sachs, Zeitschr. Krystallogr. **34**, Heft 2. — [2]) Peligot, Ann. Chem. **64**, 280; Ebelmen, ebend. **43**, 286; J. pr. Chem. **27**, 385; Wertheim, J. pr. Chem. **29**, 209. — [3]) Wertheim, J. pr. Chem. **29**, 209. — [4]) J. T. Savory, Chem. News **48**, 251; JB. 1883, S. 385; vergl. auch Heintz, Ann. Chem. **151**, 216.

gereinigten Salzes mittels Oxalsäure Uranyloxalat, wäscht dieses mit kochendem Wasser, verwandelt es durch Glühen in Urandioxyd, digeriert dasselbe mit konzentrierter Salzsäure, wäscht aus, löst dann in Salpetersäure und bringt die so erhaltene Lösung zur Krystallisation.

Die Krystalle sind grofs, gelb mit etwas grünlichem Schein, dem rhombischen System angehörig. Sie haben das spezif. Gew. 2,807, verwittern etwas in trockener Luft, schmelzen beim Erwärmen leicht im Krystallwasser, schon bei 59° [1]), geben dann, zunächst unter Bildung von basischem Salz, Säure aus, hinterlassen dann reines Oxyd und schliefslich, in hoher Temperatur, Oxyduloxyd. Das Salz ist sehr leicht in Wasser, aufserdem in Alkohol und Äther löslich. Das Wasser bleibt dabei in der Molekel [2]).

Durch Erhitzen mit Wasser und Marmor auf 180 bis 200° und Kochen des Produktes mit Alkohol oder Wasser entsteht das Oxydhydrat $UO_3 . H_2O$ [3]). Durch Einwirkung von Wasserstoffsuperoxyd entsteht ein gelbweifser Niederschlag, der nach dem Trocknen bei 100° die Zusammensetzung UO_4, H_2O besitzt [4]). Bei der Elektrolyse giebt es hingegen am Zinkpol Uranoxydulhydrat [5]) bezw. schwarzes pyrophorisches Suboxyd [6]).

Ein Salz mit nur 3 Mol. Krystallwasser entsteht durch Verwittern des vorigen im trockenen Vakuum oder beim Abdampfen einer Lösung desselben in einem Überschusse von Salpetersäure in Form schöner, gelber Krystalle, nach Schultz-Sellac [1]) in Form schöner fluoreszierender Nadeln, welche namentlich beim Verdampfen der sauren Lösung im Vakuum über Schwefelsäure und Kali gut ausgebildet sind. Im Vakuum verwittern sie nicht, an der Luft zerfallen sie hingegen unter Aufnahme von Wasser. Sie schmelzen erst bei 120°. Ihre Lösungswärme ist —3,7 Kal. [7]). Die Fluorescenz geht in der Lösung gänzlich verloren [8]) und ist nach Favé [9]) überhaupt nur für Lichtstrahlen von höchstens gleicher Brechbarkeit vorhanden. — Bei Anwendung eines stärker zerstreuenden Lösungsmittels erscheint das Absorptionsspektrum nach Violett verrückt [10]).

Das Salz findet in der Analyse Verwendung zur volumetrischen Bestimmung der Phosphorsäure, ferner in der Photographie als lichtempfindliches Mittel. Letztere Eigenschaft soll darauf beruhen, dafs Uranoxyd durch Licht bei Gegenwart von Papier, Leim u. s. w. in

---

[1]) Schultz-Sellac, Zeitschr. Chem. 1870, S. 646. — [2]) Lespieau, Compt. rend. **125**, 1094; Chem. Centralbl. 1898, I, S. 234. — [3]) G. Rousseau u. G. Tite, Compt. rend. **115**, 174; Ber. **25**, 716, Ref.; vergl. auch Malaguti, J. pr. Chem. **29**, 231 u. Berzelius, JB. Berz. **24**, 118. — [4]) T. Fairley, Chem. News **32**, 219; JB. 1875, S. 223. — [5]) E. F. Smith, Ber. **13**, 751. — [6]) Oechsner de Coninck u. Camo, Bull. Acad. roy. Belg. 1901, S. 321; Chem. Centralbl. 1901, II, S. 175. — [7]) J. Aloy, Compt. rend. **122**, 1541; Ber. **29**, 945, Ref. — [8]) H. Morton, Sill. Am. J. [2] **2**, 355; JB. 1871, S. 177. — [9]) Favé, Compt. rend. **86**, 92, 289; JB. 1878, S. 162. — [10]) Vogel, Ber. **11**, 622, 913, 1363.

Oxydul verwandelt, und dafs dieses, nachher mit Gold- oder Silbersalzen zusammengebracht, auf diese reduzierend wirkt, indem es selbst wieder in Oxyd übergeht[1]). Durch die Entdeckung der aktiven Uranstrahlung (Becquerel) ist diese Frage in ein neues Licht gerückt worden.

Vanadinsalz ist nur in Lösung zu erhalten, wenn man eine Lösung von Vanadinchlorid mit Silbernitrat oder eine solche von Vanadinsulfat mit Baryumnitrat fällt. Beim Eindampfen zersetzt es sich bereits unter Abscheidung von Vanadinsäure.

Wismutsalze. Neutrales Salz $(NO_3)_3Bi$. Gepulvertes Wismut löst sich bei allmählichem Eintragen in Salpetersäure von 1,2 bis 1,3 spezif. Gew. sehr leicht. War das Metall gereinigt, so ist die Lösung vollkommen klar, anderenfalls von ausgeschiedenem schwarzen Pulver getrübt. Die nötigenfalls dekantierte oder durch Asbest bezw. Glaswolle filtrierte Lösung liefert beim Abdampfen grofse Krystalle des neutralen Salzes. Dasselbe schiefst auch beim Erkalten der heifs bereiteten Lösung des Metalles in konzentrierter Säure an[2]). Man schrieb ihm früher die Zusammensetzung $2(NO_3)_3Bi + 9H_2O$ zu, nach den Untersuchungen von Gladstone[3]), Heintz[4]), Ruge[5]) und Clarke und Laws hat es aber die Zusammensetzung $2(NO_3)_3Bi + 10H_2O$, wogegen Yvon[6]) ihm wieder die Formel $2(NO_3)_3Bi + 11H_2O$ erteilte. Das spezif. Gew. ist = 2,823 bei 13°.

Das Salz ist sehr ätzend, schmilzt schon bei gelindem Erwärmen in seinem Krystallwasser und entläfst schon bei 80° Salpetersäure und Wasser unter Hinterlassung von basischem Salz. Nach Graham[7]) bleibt hierbei das Salz $(NO_3)BiO + {}^1/_2H_2O$ zurück, welches dann eine Temperatur bis zu 260° verträgt, ohne weitere Zersetzung zu erleiden. Nach Ruge bildet sich bei 78° zuerst ein Salz $2N_2O_5, Bi_2O_3 + H_2O$ $= NO_2{-}O{-}NO{<}^{OH}_{OBiO}$, das auch hinterbleibt, wenn das krystallisierte Salz drei Monate lang trockener, reiner Luft ausgesetzt wird, und das erst durch längeres Erhitzen bei derselben Temperatur (78 bis 80°) in das Grahamsche Salz übergeht. Letzteres erhielt Yvon[6]) auch durch Erhitzen des neutralen Salzes im Ölbade auf 120°, ferner durch Einwirkung von Wasser auf das neutrale Salz. Läfst man seine mit einer grofsen Menge Wasser erhaltene Lösung stehen, so scheiden sich kleine, prismatische, asymmetrische Krystalle derselben Zusammensetzung aus[8]).

Behandelt man das reine Salz mit steigenden Mengen Wasser, so nimmt die Menge des in Lösung gehenden Wismuts ab, und bei

[1]) Schnauss, Arch. Pharm. [3] 3, 402. — [2]) Vergl. R. Schneider, J. pr. Chem. [2] 20, 418. — [3]) Gladstone, ebend. 44, 179. — [4]) Heintz, ebend. 45, 102. — [5]) Ruge, Vierteljahrsschr. d. naturf. Gesellsch. in Zürich 7. — [6]) Yvon, Compt. rend. 84, 1161; JB. 1877, S. 279; vergl. auch Ditte, Compt. rend. 84, 1317. — [7]) Graham, Ann. Chem. 29, 16. — [8]) A. des Cloizeaux, Compt. rend. 84, 1162; Zeitschr. Kryst. 2, 105.

50000 Tln. Wasser auf 1 Tl. Salz geht gar kein Wismut mehr in Lösung [1]).

Das neutrale Salz verbindet sich mit Glycerin zu einer Verbindung, die in überschüssiger Kalilauge löslich ist. Eine ähnliche Verbindung scheint mit Mannit zu entstehen. Gegenwart dieses Alkohols hindert die Fällung des Wismutnitrats durch Wasser. Nach längerem Stehen scheidet sich aber aus der Lösung eine salpetersäurefreie Verbindung ab, die vielleicht die Zusammensetzung $Bi_2O_3(C_6H_{14}O_6)_2$ hat [2]).

Rutten [3]) unterzog die neutralen Salze mit verschiedenem Wassergehalt und die basischen Salze als Gleichgewichte des Systems Wismutoxyd-Salpetersäure-Wasser bei verschiedenen Temperaturen und Verhältnissen einer eingehenden Betrachtung.

Basische Salze. Wie alle neutralen löslichen Wismutsalze, wird auch das Nitrat durch Wasser zerlegt, indem Salze des Hydroxyds BiO—OH, sogenannte basische Salze, entstehen. Ein solches ist unter den Namen *Bismutum nitricum praecipitatum*, *Magisterium Bismuti*, *Bismutum hydriconitricum* oder *subnitricum* offizinell. Viele Chemiker haben sich mit seiner Untersuchung beschäftigt und Methoden zu seiner Bereitung angegeben, insbesondere Phillips [4]), Duflos [5]), Herberger [6]), Ullgren [7]), Dulk [8]), Becker [9]), Janssen [10]) und Ruge [11]). Die Verschiedenheit der von diesen Forschern erhaltenen Resultate in Bezug auf Beschaffenheit und Zusammensetzung des Präparates erklärt sich daraus, daſs ganz verschiedene basische Salze entstehen, je nachdem man kaltes oder heiſses Wasser zur Zersetzung des neutralen Salzes bezw. der salpetersauren Lösung von Wismut anwendet, je nachdem man das ausgeschiedene Salz kurze oder längere Zeit mit der überstehenden sauren Flüssigkeit in Berührung läſst und das Auswaschen kürzere oder längere Zeit fortsetzt. Nach Ditte [12]) bildet sich stets ein wenig lösliches Produkt, basisches Salz, während das Wasser sich mit freier Säure beladet. Zunächst bildet sich das Salz N_2O_5, $Bi_2O_3 + H_2O$, dann das noch basischere $N_2O_5, 2Bi_2O_3$, auf welches Wasser keine Wirkung mehr ausübt. Jeder Temperatur entspricht eine Flüssigkeit von solcher Zusammensetzung, daſs bei Änderung der Konzentration in einem oder dem anderen Sinne eine Zersetzung oder Rückbildung des ursprünglichen Salzes stattfindet und die Flüssigkeit immer zu jener Grenzzusammensetzung zurückkehrt. Dabei scheint

[1]) Antony u. Gigli, Gazz. chim. 28, I, S. 245; Chem. Centralbl. 1898, II, S. 269. — [2]) Vanino u. Hauser, Zeitschr. anorgan. Chem. 28, 210. — [3]) G. M. Rutten, ebend. 30, 342. — [4]) Phillips, J. Pharm. 18, 688. — [5]) Duflos, s. Brandes, Arch. Pharm. [2] 23, 207. — [6]) Herberger, s. Buchner, Rep. Pharm. 55, 289, 306. — [7]) Ullgren, JB. Berz. 17, 169. — [8]) Dulk, s. Buchner, Rep. Pharm. 33, 1. — [9]) Becker, Arch. Pharm. 55, 31, 129. — [10]) Janssen, ebend. 68, 1 u. 129. — [11]) Ruge, Vierteljahrsschr. d. naturf. Gesellsch. in Zurich 7. — [12]) Ditte, Compt. rend. 79, 915, 956, 1254; JB. 1874, S. 103.

die Zersetzung unabhängig von der Menge des nicht zersetzten, in der Flüssigkeit enthaltenen Salzes wie von der seiner nicht gelösten Bestandteile und auch von den darin enthaltenen sauren oder salzigen Substanzen, sofern dieselben keine chemische Wirkung auf das Salz oder dessen Bestandteile ausüben.

I. Aus den angeführten Umständen geht hervor, dafs der Apotheker genötigt ist, bei der Darstellung des Präparates genau den Vorschriften der Landespharmakopöe zu folgen. Das Arzneibuch für das Deutsche Reich (1900, S. 59) giebt die folgende Anweisung:

1 Tl. grob gepulvertes Wismut wird in zuvor auf 75 bis 90° erhitzte 5 Tle. Salpetersäure von 1,2 spezif. Gew. ohne Unterbrechung in kleinen Mengen eingetragen, und die gegen das Ende sich abschwächende heftige Einwirkung durch verstärktes Erhitzen der Wismutlösung unterstützt. Letztere wird nach mehrtägigem Stehen klar abgegossen und zur Krystallisation eingedampft. Die erhaltenen Krystalle werden mit wenig salpetersäurehaltigem Wasser einigemale abgespült, hierauf wird 1 Tl. derselben mit 4 Tln. Wasser gleichmäfsig zerrieben und unter Umrühren in 21 Tle. siedendes Wasser eingetragen. Sobald der Niederschlag sich ausgeschieden hat, wird die überstehende Flüssigkeit entfernt, der Niederschlag gesammelt, nach völligem Ablaufen des Filtrats mit einem gleichen Raumteile kalten Wassers nachgewaschen und nach Ablaufen der Flüssigkeit bei 30° ausgetrocknet. — Das so hergestellte Präparat soll ein weifses, mikrokrystallinisches, sauer reagierendes Pulver bilden und beim Glühen, unter Entwickelung gelbroter Dämpfe, 79 bis 82 Proz. Wismutoxyd hinterlassen.

Das auf solche Weise erhaltene Präparat soll der Formel $(NO_3)BiO \cdot H_2O = NO_3Bi(OH)_2$, nach Becker[1]) der Formel $5 N_2O_5, 6 Bi_2O_3 . 9 H_2O$ (s. u.) entsprechen. Neutralisiert man die von diesem Salz abgehobene Flüssigkeit vorsichtig mit Ammoniak oder Ammoniumkarbonat, so bilden sich von neuem dieselben Schuppen, nur meistens gröfser und glänzender. Dasselbe Salz scheidet sich auch zuweilen beim Auflösen von Wismut in Salpetersäure aus, falls es an letzterer fehlt. Bei 110° getrocknet, entläfst es $^1/_2$ Mol. Wasser, so dafs das Salz $NO_3 . BiO + {}^1/_2 H_2O$ zurückbleibt[2]).

II. Bleibt dieses Salz längere Zeit mit der sauren Flüssigkeit in Berührung, so geht es allmählich in das Salz $4 N_2O_5, 5 Bi_2O_3 + 9 H_2O$ über, welches aus gröfseren und dickeren Prismen besteht, daher ein geringeres Volumen einnimmt, so dafs bei diesem Übergange ein Teil des Niederschlages zu verschwinden scheint. Am raschesten erfolgt die Umwandlung bei 40 bis 45° C.; um dieselbe schnell zu erreichen, wendet man daher zur Zersetzung der Wismutlösung oder des neutralen Salzes Wasser von dieser Temperatur an, giefst die Flüssigkeit,

---

[1]) Becker, Arch. Pharm. 55, 31, 129. — [2]) Heintz, J. pr. Chem. [2] 45, 102.

nachdem sie 24 Stunden über dem Niederschlage gestanden, zu drei Vierteln ab und ersetzt sie durch eine gleiche Menge Wasser von 50° C. Sobald dann nach mehreren Stunden die Trübung verschwunden ist, ist auch die Umwandlung vollständig erfolgt; man sammelt dann das Salz auf einem Filter und wäscht es mit kaltem Wasser aus. — Das so gewonnene Präparat ist nach Becker[1]) das wahre *Magisterium Bismuthi* der älteren Chemiker und Pharmaceuten. Man erhält 45 bis 50 Proz. vom Gewichte des neutralen Salzes und 100 bis 110 Proz. vom Gewichte des angewandten Wismuts als ein Präparat, das zerrieben ein lockeres, aus zarten Nadeln bestehendes, blendendweifses Pulver darstellt.

Wird das ersterwähnte Salz nicht rasch von der Flüssigkeit getrennt oder längere Zeit auf dem Filter ausgesüfst, so erfolgt die teilweise Umwandlung in das zweite und die Menge jenes Salzes vermindert sich scheinbar auf dem Filter immer mehr und mehr infolge der Bildung gröfserer Prismen, einer Umsetzung, die sich unter dem Mikroskop verfolgen läfst. Je weiter diese Umsetzung vorgeschritten ist und je langsamer sie stattfindet (wobei die Prismen gröfser werden), desto weniger locker und leicht wird das Präparat erhalten, woraus sich die verschiedenen Angaben über die Beschaffenheit des *Bismuthum nitricum praecipitatum* erklären.

Giefst man Wismutlösung in Wasser nur so lange, als der anfangs entstehende Niederschlag sich wieder auflöst, so scheiden sich aus der so erhaltenen klaren Flüssigkeit sehr bald kleine, glänzende Prismen dieses Salzes aus.

Anhaltende Behandlung mit Wasser, besonders mit heifsem, zerlegt das Salz; das Wasser löst Säure und neutrales Salz und es hinterbleiben noch basischere Salze.

III. Behandelt man das schuppige Salz $(NO_3)BiO + H_2O$, nachdem es von aller anhängenden Lauge befreit ist, mit Wasser in reichlicher Menge, so löst es sich bis auf eine Trübung, aber bald erfolgt dann die Ablagerung eines neuen Salzes $3\,N_2O_5, 5\,Bi_2O_3 + 8\,H_2O$, das schwierig von der Flüssigkeit zu trennen ist, keine krystallinische Beschaffenheit zeigt und getrocknet ein zwar nicht lockeres, aber äufserst zartes Pulver darstellt. Wahrscheinlich identisch hiermit ist das basische Salz, welches man erhält, wenn man das neutrale Salz mit dem 24fachen Gewicht Wasser zerrührt und dann so lange eine höchst verdünnte Natronlauge hinzufügt, bis die Flüssigkeit kaum noch Lackmuspapier rötet. Janssen[2]) giebt demselben indessen nur 6 Mol. Wasser und hält es für das einzige basische Nitrat des Wismutoxyds, das immer entstehe, wenn man bei der Zersetzung des neutralen Salzes durch Wasser die frei gewordene Salpetersäure beseitige, während Ver-

---

[1]) Becker, Arch. Pharm. 55, 31, 129. — [2]) Janssen, ebend. 68, 1 u. 129.

bindungen dieses basischen Salzes mit neutralem Salz, die anderen sogenannten basischen Salze, sich bilden, wenn die Säure nicht neutralisiert wird.

Es geht aus dem Mitgeteilten hervor, dafs ein mittels kalten Wassers bereitetes *Magisterium Bismuti* ein Gemenge von allen drei vorstehend besprochenen Salzen darstellen kann [1]). Nach anderen Angaben wandelt sich der durch kaltes Wasser hervorgebrachte Niederschlag durch Auswaschen in immer basischeres Salz um, so dafs zuletzt reines oder fast reines Wismuthydroxyd zurückbleiben kann.

IV. Zersetzt man die Wismutauflösung oder das neutrale krystallisierte Salz mit Wasser, dessen Temperatur höher als 50° C. ist, so scheidet sich nach Becker [1]) das basische Salz $5\,N_2O_5, 6\,Bi_2O_3 . 9\,H_2O$ aus, das nach dem Trocknen ein weifses, sehr lockeres Pulver bildet. Dieses Salz wird weit schneller als das oben erwähnte *Magisterium Bismuti* der älteren Pharmaceuten (II) zersetzt; das Waschwasser reagiert beim Auswaschen lange Zeit sauer, und wenn diese Reaktion aufhört, befindet sich das Salz auf dem Filter in ungleich gröfsere Prismen verwandelt. Beim Trocknen giebt es dann ein schwereres Pulver von der Zusammensetzung $3\,N_2O_5, 4\,Bi_2O_3 . 9\,H_2O$. Das erstere Salz erhielt auch Ruge [2]) in ähnlicher Weise, daraus aber durch längeres Behandeln mit Wasser von 90° ein Salz $N_2O_5, 2\,Bi_2O_3 . H_2O = 2\,BiO . O . Bi{<}^{ONO_2}_{OH}$, das durch weiteres Behandeln mit heifsem Wasser nicht mehr verändert wird [3]). Durch 90 stündiges Erhitzen mit Wasser auf 200° wird es in krystallinisches Oxyd verwandelt [4]).

Duflos [5]) hat zuerst das heifse Wasser zur Darstellung des *Magisterium Bismuti* und die Verwendung des krystallisierten neutralen Salzes an Stelle der Wismutauflösung empfohlen, welche Darstellungsweise von den neueren Pharmakopöen im allgemeinen angenommen wurde. Er liefs den Niederschlag zuerst durch wiederholtes Aufgiefsen von Wasser und dann noch auf dem Filter einigemale aussüfsen, wonach das Präparat im wesentlichen, seiner Angabe entsprechend, das Salz $3\,N_2O_5, 4\,Bi_2O_3 . 9\,H_2O$ sein dürfte.

Ruge [2]) schlägt zur Darstellung eines guten Präparates vor: 100 Tle. neutrales Salz nach und nach mit der 24 fachen Menge Wasser zu zersetzen, dann allmählich tropfenweise eine Lösung von 20 Tln. wasserfreiem oder 54 Tln. krystallisiertem Natriumkarbonat zuzusetzen, um die während der Zersetzung frei werdende und der Fällung hinderliche Salpetersäure zu binden. Nach 24 Stunden wird alsdann der

---

[1]) Becker, Arch. Pharm. **55**, 31, 129. — [2]) Ruge, Vierteljahrsschr. d. naturf. Gesellsch. in Zürich **7**. — [3]) Vergl. auch Lüddeke, Ann. Chem. **140**, 277. — [4]) G. Rousseau u. G. Tite, Compt. rend. **115**, 174; Ber. **25**, 716, Ref.; vergl. auch Malaguti, J. pr. Chem. **29**, 231 u. Berzelius, JB. Berz. **24**, 118. — [5]) Duflos, s. Brandes, Arch. Pharm. [2] **23**, 207.

in perlglänzenden Schuppen krystallisierte Niederschlag gesammelt und mit möglichst wenig Wasser ausgewaschen [1]).

Nach **Löwe** [2]) findet Zersetzung des offizinellen Präparates durch Wasser nicht statt, wenn letzterem 0,2 Proz. Ammoniumnitrat zugesetzt wurden. — Nach Demselben erhält man sämtliches im neutralen Salz vorhandene Wismut in Form basischen Salzes, wenn man nach Zusatz der vorgeschriebenen Menge Wasser zu jenem die über dem Niederschlage stehende saure Flüssigkeit im Wasserbade zur Trockne eindampft, den erhaltenen Rückstand mit etwas Wasser behandelt, wieder eindampft und so fortfährt, bis der Rückstand nicht mehr nach Salpetersäure riecht. Der auf diese Weise gewonnene Rückstand hat eine weifse, lockere, deutlich krystallinische Beschaffenheit, ganz ähnlich dem durch heifses Wasser gefällten Präparat. Er enthält 80,5 Proz. Wismutoxyd, worin er mit **Janssens** Salz $4\,N_2O_5, 5\,Bi_2O_3 . 9\,H_2O$ übereinstimmt.

Es ist zweifelhaft, ob die angeführten basischen Salze:

$$4\,N_2O_5, 5\,Bi_2O_3, 9\,H_2O,$$
$$3\,N_2O_5, 5\,Bi_2O_3, 8\,H_2O,$$
$$5\,N_2O_5, 6\,Bi_2O_3, 9\,H_2O,$$
$$3\,N_2O_5, 4\,Bi_2O_3, 9\,H_2O$$

wirklich chemische Individuen oder ob es nur Gemische einfacher zusammengesetzter Salze sind. Man kann sie alle als Gemische der beiden Salze $BiO.O.NO_2$ und $BiO.O.Bi{<}^{OH}_{ONO_2}$ auffassen. Es ist nämlich $2\,BiO.O.NO_2 = N_2O_5, Bi_2O_3$ und $2\,BiO.O.Bi{<}^{ONO_2}_{OH} = N_2O_5, 2\,Bi_2O_3, H_2O$ und man hat

$$3N_2O_5,5Bi_2O_3 + 8H_2O = N_2O_5,Bi_2O_3 + 2(N_2O_5,2Bi_2O_3) + 8H_2O,$$
$$3N_2O_5,4Bi_2O_3 + 9H_2O = 2(N_2O_5,Bi_2O_3) + N_2O_5,2Bi_2O_3 + 9H_2O,$$
$$4N_2O_5,5Bi_2O_3 + 9H_2O = 3(N_2O_5,Bi_2O_3) + N_2O_5,2Bi_2O_3 + 9H_2O,$$
$$5N_2O_5,6Bi_2O_3 + 9H_2O = 4(N_2O_5,Bi_2O_3) + N_2O_5,2Bi_2O_3 + 9H_2O.$$

Man kann die Salze indessen auch als einheitliche Verbindungen auffassen und von kondensierten Salpetersäuren herleiten, wobei man dann einen Teil des Krystallwassers als Konstitutionswasser zu betrachten hat. Danach ist:

$$3\,N_2O_5, 4\,Bi_2O_3, 9\,H_2O = 2\,[N_3O_{10}{}^{(BiO)_4}_{H} + 4\,H_2O],$$
$$3\,N_2O_5, 5\,Bi_2O_3, 8\,H_2O = 2\,[N_3O_{10}(BiO)_5 + 4\,H_2O],$$
$$4\,N_2O_5, 5\,Bi_2O_3, 9\,H_2O = 2\,[N_4O_{13}{}^{(BiO)_5}_{H} + 4\,H_2O],$$

---

[1]) Bezügl. der Darstellung vergl. noch: **Béchamp**, J. Pharm. [3] **32**, 330; **Ders.** u. **Saint Pierre**, Rép. chim. appl. **2**, 319; **Heintz**, Arch. Pharm. [3] **5**, 139; **M. Grossmann**, Arch. Pharm. [3] **22**, 297. — [2]) **Löwe**, J. pr. Chem. **74**, 341.

$$5\,N_2O_5, 6\,Bi_2O_3, 9\,H_2O = 2\,[N_5O_{16}{}^{(BiO)_6}_{H} + 4\,H_2O].$$

Die Salze würden sich also von den drei Säuren $N_3O_{10}H_5$, $N_4O_{13}H_6$, $N_5O_{16}H_7$ ableiten, welche ihrerseits Abkömmlinge einer Pyrosalpetersäure

$$\begin{matrix}HO\\HO\end{matrix}>ON\text{–}O\text{–}NO<\begin{matrix}OH\\OH\end{matrix}$$

sind, und zwar eine solche Säure, in welcher ein- oder mehrmals für je eine Hydroxylgruppe der Rest $ONO<\begin{matrix}OH\\OH\end{matrix}$ der Trihydroxylsalpetersäure eingetreten ist:

$$N_3O_{10}H_5 = \begin{matrix}HO\\HO\end{matrix}>ON\text{–}O\text{–}NO<\begin{matrix}O.NO(OH)_2\\OH\end{matrix}$$

$$N_4O_{13}H_6 = \begin{matrix}HO\\HO\end{matrix}>ON\text{–}O\text{–}NO<\begin{matrix}O.NO(OH)_2\\O.NO(OH)_2\end{matrix}$$

$$N_5O_{16}H_7 = \begin{matrix}HO\\HO\end{matrix}>ON\text{–}O\text{–}NO<\begin{matrix}O.NO\begin{matrix}OH\\O.NO(OH)_2\end{matrix}\\O.NO(OH)_2\end{matrix}$$

Das Präparat, dessen Bereitung genau nach der Vorschrift der Landespharmakopöe, wie schon erwähnt, unerläfslich ist, mufs auf der Kohle vor dem Lötrohre vollständig reduziert werden, ohne dabei starken Rauch zu geben. Von Salpetersäure mufs es ohne Aufbrausen gelöst werden, und die erhaltene Lösung darf nach vorsichtigem Verdünnen weder durch Silbersalz- noch durch Baryumsalzlösung getrübt werden. Die Lösung in Salzsäure darf auch durch Weingeist nicht gefällt werden, oder der entstandene Niederschlag mufs doch auf Zusatz von mehr Salzsäure verschwinden, und sie darf nicht bei vorsichtigem Zusatz von Schwefelsäure getrübt werden. Zur Prüfung auf Arsen wird man das Präparat am besten durch Schwefelsäure, nach Jassoy [1]) durch Salzsäure zersetzen, die Salpetersäure austreiben und den Rückstand nach dem Verfahren von Marsh behandeln. Auch zieht Schwefelammonium aus dem arsenhaltigen Präparat Schwefelarsen aus, welches durch Zusatz einer Säure aus der Lösung gefällt und dann weiter untersucht werden kann.

Das basische Salz vereinigt sich mit Jod, in Alkohol oder in Jodkaliumlösung gelöst, je nach den Darstellungsbedingungen zu blafsgelben bis orangeroten Verbindungen, wahrscheinlich Oxyjodiden [2]).

Das *Magisterium Bismuti* wird als vorzügliches Heilmittel bei Dysenterie angewendet und ist als solches namentlich in heifsen Klimaten hochgeschätzt. Ferner wird es in reichlichem Mafse verbraucht als weifse Schminke, für welchen Zweck es unter den Bezeichnungen Schminkweifs, *Blanc d'Espagne*, *Blanc de fond* in den Handel kommt,

---

[1]) L. W. Jassoy, Arch. Pharm. [3] 21, 585. — [2]) Jaillet, Rep. Pharm. 9, 272; Arch. Pharm. [3] 19, 395.

auch zur Darstellung der von Brianchon erfundenen Porzellanlüsterfarben. Zuweilen soll es mit Calciumphosphat verfälscht werden[1]). Das häufig darin vorkommende Oxychlorid (meist etwa 5 Proz.) soll vom Salzsäuregehalt der käuflichen Salpetersäure herrühren; gröfsere Mengen finden sich zuweilen auch und sind dann zumeist durch betrügerische Fällung der Mutterlauge durch Salzsäure oder Kochsalz bedingt; allerdings kann ein Teil des Chlorgehaltes auch aus dem Waschwasser stammen[2]). Häufig ist zu wenig Salpetersäure in dem Präparate vorhanden, was nach Riche[3]) dadurch veranlafst wird, dafs die Fabrikanten die Fällung mit verdünnter Ammoniakflüssigkeit statt mit reinem Wasser vornehmen. Blei ist nach Carnot[4]) fast stets vorhanden. Derselbe führte den Nachweis durch Lösen in Salzsäure, Vertreiben der Salpetersäure durch Erhitzen und Fällen mit Schwefelsäure unter vorsichtigem Zusatze von Alkohol. Chappuis und Linossier[5]) kochen zu demselben Zwecke mit 15 proz. Natronlauge unter Zusatz von Kaliumchromat und fällen dann mit Essigsäure.

Ferner finden sich oft kleine Mengen von Ammoniak[6]) und zuweilen erhebliche Mengen von Silber[7]) in dem Präparate; letzteres Vorkommnis wird durch den fast nie fehlenden Silbergehalt des käuflichen Wismuts erklärt.

Cäsiumdoppelsalz $(NO_3)_3Bi, 2NO_3Cs$ wurde von Wells und Beardsley[8]) durch Abdampfen der Lösung beider Komponenten in verdünnter Salpetersäure erhalten. Das Verhältnis des Cäsiumnitrats zum Wismutsalz mufs 1,5 bis 2,5 Mol. : 1 Mol. sein. Das Salz krystallisiert in prismatischen, luftbeständigen Krystallen vom Schmelzpunkt 102°.

Ytterbiumsalz $(NO_3)_6Yb_2$ schiefst aus sehr konzentrierter Lösung in grofsen, wasserhellen Säulen an, welche beim Erhitzen in ihrem Krystallwasser schmelzen, dann Salpetersäure und zuletzt rotgelbe Dämpfe abgeben. — Das rückständige basische Salz bleibt, auch wenn die Erhitzung sehr lange fortgesetzt wurde, in Wasser leicht löslich[9]). — Die Lösung zeigt kein Absorptionsspektrum.

Yttriumsalze. Beim Verdunsten einer konzentrierten Lösung von Yttererde in Salpetersäure neben Schwefelsäure erhält man nach Clève[10]) grofse, durchsichtige Krystalle des neutralen Salzes von

---

[1]) Vergl. Cl. Winkler in Hofmanns Ber. über d. Entw. der Chemie u. s. f. 1, 953; ferner: Redwood, Chem. News 18, 74; Landerer, Vierteljahrsschr. Pharm. 18, 551; Roussin, J. pharm. [4] 7, 180. — [2]) C. Leuwine, J. pharm. [4] 9, 357. — [3]) Riche, Compt. rend. 86, 1502; Dingl. pol. J. 230, 95. — [4]) Carnot, Compt. rend. 86, 718; Dingl. pol. J. 229, 98. — [5]) Chappuis u. Linossier, Compt. rend. 87, 169; JB. 1878, S. 294. — [6]) Piper, Anal. 2, 45; JB. 1877, S. 1047. — [7]) Ch. Ekin, Pharm. J. Trans. [3] 3, 381, 501; JB. 1872, S. 257. — [8]) H. L. Wells u. H. P. Beardsley, Am. Chem. J. 26, 275; Chem. Centralbl. 1901, II, S. 907. — [9]) L. F. Nilson, Ber. 13, 1439. — [10]) Clève, Bull. soc. chim. [2] 21, 344.

der Zusammensetzung $(NO_3)_6Y_2 . 12H_2O$. Popp[1]) beschrieb ein Salz mit 9 Mol. Wasser, das er beim Verdunsten der alkoholischen Lösung des aus Salpetersäure und Yttererde dargestellten trockenen Salzes neben Schwefelsäure erhielt. Dasselbe besteht aus weifsen, gut ausgebildeten, rhombischen, an der Luft zerfliefslichen Tafeln.

Ein basisches Salz von der Zusammensetzung $3N_2O_5, 2Y_2O_3 . 9H_2O$ entsteht aus dem neutralen durch partielle Zersetzung, indem man es bis zum Auftreten salpetriger Dämpfe erhitzt. Löst man die entstandene Masse in einer eben hinreichenden Menge heifsen Wassers auf, so krystallisiert die Verbindung in vollkommen weifsen Nadeln heraus, die an feuchter Luft zerfliefsen. Das Krystallwasser verlieren sie erst bei sehr hoher Temperatur. Reines Wasser zersetzt das Salz; doch löst es sich unverändert in Wasser, welches neutrales Yttrium- oder Erbiumnitrat enthält. Durch Kochen mit Wasser wird daraus eine gelatinöse, überbasische Verbindung gebildet[2]).

Beim Glühen dieser Salze hinterbleibt reine Yttererde.

Zinksalze. Neutrales Salz $(NO_3)_2Zn$. Sowohl metallisches Zink als dessen Oxyd und Karbonat werden leicht von Salpetersäure gelöst. Bei Verwendung von Zink entsteht hierbei gleichzeitig Stickoxydulgas oder, wenn die Lösung verdünnt ist, Ammoniumnitrat. Aus der sehr konzentrierten Lösung krystallisiert das Salz in zerfliefslichen, auch in Weingeist löslichen, vierseitigen Prismen, welche 6 Mol. Wasser enthalten[3]). Hiervon sind drei Molekeln fest gebunden, die vierte lockerer, die beiden letzten noch lockerer[4]). Schindler giebt den Wassergehalt zu sieben Molekeln an. Das spezifische Gewicht ist = 2,0363 bei 13°, = 2,067 bei 15°[5]). Die Krystalle schmelzen nach Pierre[6]) bei 50° in ihrem Krystallwasser, nach Ordway[7]) schon bei 36,4°, und sieden bei 131°.

Beim Schmelzen geht das Hexahydrat in das oberhalb 36° beständige Trihydrat $(NO_3)_2Zn . 3H_2O$ über, strahlenförmig gruppierte Nadeln vom Schmelzpunkt 45,5°[8]). Unterhalb —18° existiert ferner ein Hydrat $(NO_3)_2Zn . 9H_2O$[8]).

Die Krystalle des Hexahydrats verlieren nach Vogel und Reischauer[9]) im Vakuum über Schwefelsäure 2 Mol., nach Pierre bei 105° in einem trockenen Luftstrome sämtliches Wasser. Nach Graham entlassen sie bei 100° 3 Mol. Wasser, den Rest erst, wenn gleichzeitig Salpetersäure zu entweichen beginnt.

---

[1]) O. Popp, Ann. Chem. **131**, 179. — [2]) Bahr u. Bunsen, ebend. **137**, 1. — [3]) Graham, Ann. Chem. **29**, 16; Pierre, Ann. ch. phys. [3] **16**, 247. — [4]) W. Müller-Erzbach, Ber. **19**, 2874. — [5]) Clarke u. Laws, Sill. Am. J. [3] **14**, 281. — [6]) Pierre, Ann. ch. phys. [3] **16**, 247. — [7]) Ordway, Sill. Am. J. [2] **27**, 14. — [8]) Rob. Funk, Ber. **32**, 96; Zeitschr. anorg. Chem. **20**, 393. — [9]) Vogel u. Reischauer, N. Jahrb. Pharm. **11**, 137.

Ein Salz von der Zusammensetzung $2(NO_3)_2Zn + 3H_2O$ krystallisiert nach Ditte[1]) aus der Lösung des möglichst entwässerten Salzes in konzentrierter, heifser Salpetersäure in schönen, durchsichtigen, sehr glänzenden Krystallen.

Das spezifische Gewicht der Lösungen ist nach Franz[2]) bei 17,5° und einem Gehalt an wasserfreiem Salz von

5	10	15	20	25	30	35	40 Proz.
1,0496	1,0968	1,1476	1,2024	1,2640	1,3268	1,3906	1,4572
			45	50 Proz.			
			1,5258	1,5984			

Die bei 18° gesättigte Lösung hat das spezif. Gew. 1,664 und enthält 53,9[3]) oder 53,5[4]) Proz. wasserfreies Salz. Die Zusammensetzung der gesättigten Lösungen läfst sich zwischen —18 und +25° annähernd durch die Formel $(NO_3)_2Zn + (11,062 - 0.11046t)H_2O$ ausdrücken[4]).

Das Salz verbindet sich mit Ammoniak zu der Verbindung $3[(NO_3)_2Zn, 4NH_3].2H_2O$; dieselbe wird nach André[5]) durch Verdampfen einer Lösung des Salzes in konzentrierter Ammoniakflüssigkeit oder durch Einleiten von Ammoniakgas unter Abkühlung in zerfliefslichen Krystallen erhalten, die an der Luft Ammoniak abgeben. Behandelt man dagegen gefälltes Zinkoxyd mit einer Lösung von Ammoniumnitrat, die gleiche Teile des Salzes und Wasser enthält, so scheiden sich aus dem Filtrate halbkugelförmige, aus strahlig angeordneten Lamellen bestehende Krystalle des basischen Salzes $3N_2O_5, 13ZnO, 4NH_3.18H_2O$ ab, welche durch heifses Wasser unter Bildung von Zinkoxyd zersetzt werden.

Basische Salze. Soweit sich aus den verschiedenen Angaben ein Urteil bilden läfst, scheinen mehrere basische Salze zu existieren. Bei langsamem Erhitzen des neutralen Salzes auf 100° entsteht nach Vogel und Reischauer[6]) ein Salz von der Zusammensetzung N_2O_5, $9ZnO$, welches mit Wasser in neutrales Salz und Zinkoxyd zerfällt. Wird die wässerige Lösung des neutralen Salzes zum Sieden erhitzt, so lassen sich je nach der Dauer des Erhitzens Salze verschiedener Zusammensetzung gewinnen. Als auf diese Weise entstanden beschreiben Ordway[7]) und Gerhardt[8]) das Salz $3N_2O_5, 4ZnO.3H_2O$, Grouvelle[9]) das Salz $N_2O_5, 8ZnO.4H_2O$. Bertels[10]) erhielt durch Behandeln von Salpetersäure mit einem beträchtlichen Überschusse

[1]) Ditte, Ann. ch. phys. [5] 18, 320; JB. 1879, S. 221. — [2]) B. Franz, J. pr. Chem. [2] 5, 274. — [3]) Mylius u. Funk, Ber. 30, 1716. — [4]) Rob. Funk, Ber. 32, 96; Zeitschr. anorg. Chem. 20, 393. — [5]) G. André, Compt. rend. 100, 639; JB. 1885, S. 543. — [6]) Vogel u. Reischauer, N. Jahrb. Pharm. 11, 137. — [7]) Ordway, Sill. Am. J. [2] 27, 14. — [8]) Gerhardt, J. pharm. [3] 12, 61. — [9]) Grouvelle, Ann. ch. phys. 19, 137. — [10]) Bertels, Mitteil. a. d. chem. Labor. v. Hilger, S. 11.

von reinem Zink das Salz $(NO_3)_2Zn, 5ZnO_2H_2 . 3H_2O$; Riban[1]) gewann auf ähnliche Weise ein wohl damit identisches Salz $N_2O_5, 6ZnO . 8H_2O$ in sternförmig gruppierten Nadeln, daneben aber ein etwas wasserärmeres $N_2O_5, 6ZnO . 7H_2O$ in perlmutterglänzenden Blättchen. Bertels erhielt ferner an Stelle des von Ordway beschriebenen Salzes, als er die Lösung des neutralen Salzes zur Sirupskonsistenz eindampfte und die beim Erkalten entstandene glasige Masse, für welche übereinstimmende Analysenzahlen nicht gewonnen werden konnten, mit Wasser behandelte, das Salz $4(NO_3)_2Zn, 3ZnO_2H_2 . 3H_2O$. — Ein Salz von der Zusammensetzung $N_2O_5, 2ZnO . 3H_2O = Zn\langle{}^{NO_3}_{OH} + H_2O$ erhält man nach Wells[2]) durch Sättigen einer heifsen, konzentrierten Lösung des neutralen Salzes mit Zinkoxyd. Es bildet dünne Prismen, welche in trockenem Zustande wie Baumwolle erscheinen und sich ebenso anfühlen. Sowohl durch Wasser als durch Alkohol wird es zersetzt. — Habermann[3]) erhielt das Salz $N_2O_5, 5ZnO . 5^1/_2 H_2O$ durch Fällen des neutralen Salzes mit einer zur völligen Zersetzung unzureichenden Menge Ammoniak als rein weifses, deutlich krystallinisches Pulver, das in kaltem Wasser unlöslich, in heifsem sehr wenig löslich ist. Auf diese Weise konnte Athanasesco[4]) nur untrennbare Gemische mehrerer basischer Salze erhalten. — Nach Athanasesco[4]) entsteht ein Salz $N_2O_5 . 4ZnO . 3H_2O = O{=}N\begin{cases} O.Zn.OH \\ -OH \\ O.Zn.OH \end{cases}$ durch Erhitzen einer konzentrierten Lösung des neutralen Salzes auf etwa 310°. Es bildet kleine Nadeln, unlöslich in Wasser, löslich in verdünnten Säuren. Bei 180° verliert es Wasser und oberhalb 200° erleidet es vollständige Zersetzung. — $N_2O_5 . 4ZnO . 4H_2O$ entsteht durch Kochen einer sehr konzentrierten Lösung des neutralen Salzes mit Zink und bildet feine weifse Nadeln, die schon gegen 130° alles Wasser verlieren und sich oberhalb 180° zersetzen.

Zinnoxydulsalze. Neutrales Salz. Eine Lösung desselben wird durch Auflösen von Zinnoxydul oder dessen Hydrat in kalter, sehr verdünnter Salpetersäure erhalten. Beim Erhitzen zersetzt sie sich sehr leicht unter Abscheidung von Zinnsäure. — Trägt man Zinn in sehr verdünnte kalte Salpetersäure ein, so werden Säure und Wasser in solchem Verhältnis zersetzt, dafs der Wasserstoff des letzteren mit dem Stickstoff der ersteren zu Ammoniak zusammentreten kann; die auf diese Weise erhaltene Lösung enthält daher neben dem Zinnoxydulsalz stets auch Ammoniumnitrat; sie wird gleichfalls durch Erhitzen zersetzt. — In reinem Zustande erhält man das Salz nach

[1]) J. Riban, Compt. rend. **114**, 1357; Ber. **25**, 713, Ref. — [2]) H. L. Wells, Am. Chem. J. **9**, 304; JB. 1887, S. 534. — [3]) J. Habermann, Monatsh. Chem. **5**, 432. — [4]) Athanasesco, Bull. soc. chim. [3] **15**, 1078; Ber. **29**, 1097, Ref.

R. Weber[1]) durch Auflösen von oxydfreiem, braunem Zinnoxydul in Salpetersäure von 1,2 spezif. Gew. unter Abkühlung durch Eiswasser bis zur Sättigung; beim Abkühlen auf —20° scheiden sich dann reichliche Mengen von wasserhellen, dem Kaliumchlorat ähnlichen Blättchen von der Zusammensetzung $(NO_3)_2Sn.20H_2O$ ab. Dieselben sind leicht zerfließlich und zersetzlich. Mit Silbernitrat giebt das Salz, wenn es im Überschuß, einen weißen Niederschlag von Metastannat $Sn_5O_{10}, Ag_2O.7H_2O$, wenn das Silbersalz im Überschuß, einen dunkelroten Niederschlag von der Zusammensetzung $SnO_2, Ag_2O.2H_2O$, und bei allmählichem Eintragen des Silbersalzes in seine sehr verdünnte Lösung bis zum Überschuß eine purpurrote Verbindung $5SnO_2, Ag_4O, 2(SnO_2, Ag_2O).naq$.

Basisches Salz $N_2O_5, 2SnO$ entsteht nach Weber neben dem neutralen Salze bei längerer Berührung von dessen Lösung mit überschüssigem Zinnoxydul, ferner bei der Einwirkung von Salpetersäure (spezif. Gew. 1,2) auf überschüssiges Zinn oder zinnreiche Bleilegierungen, sowie bei der Einwirkung von Metallnitraten auf Zinn. Rein erhält man es als feinen, krystallinischen Niederschlag, wenn man zur frisch bereiteten Lösung des neutralen Salzes eine zur gänzlichen Fällung nicht genügende Menge Natriumkarbonat unter Umrühren hinzufügt. Es ist ein schwer lösliches, in trockenem Zustande schneeweißes Pulver, das unter dem Mikroskope sich aus rechtwinkligen Prismen bestehend erweist. Durch Wasser wird es teilweise zersetzt, und beim Erhitzen auf 100° oder durch Stoß detoniert es.

Zinnoxydsalze. Neutrales Salz. Frisch gefällte Zinnsäure löst sich reichlich in Salpetersäure auf, und bei gehöriger Konzentration der Säure scheidet sich aus der entstandenen Lösung das Salz in seideglänzenden Schuppen aus. Beim Erhitzen wird die Lösung unter Abscheidung von Zinnsäure zersetzt. — Metazinnsäure löst sich nicht in Salpetersäure.

Nach Montemartini[2]) entsteht das Salz auch bei Einwirkung von starker (mehr als 45 proz.) Salpetersäure auf metallisches Zinn. Es bildet dann eine weiße, in konzentrierter Salpetersäure unlösliche[3]) Masse, die sich vorübergehend in Wasser löst; doch trübt sich die Lösung sehr rasch. Im trockenen Zustande zersetzt sich der Körper leicht zu Zinnsäure, bei Gegenwart von Salpetersäure ist er aber auch noch bei 90° beständig.

Basisches Salz von wechselnder Zusammensetzung, aber der Formel $NO_3SnO_3H_3$ nahekommend, ist der gelblichweiße Niederschlag, der sich bei Behandlung von Zinn mit konzentrierter Salpetersäure bei gewöhnlicher Temperatur bildet[4]).

---

[1]) R. Weber, J. pr. Chem. [2] 26, 121. — [2]) Montemartini, Gazz. chim. 22, I, 384; Ber. 25, 898, Ref. — [3]) R. Engel, Compt. rend. 125, 709; Chem. Centralbl. 1898, I, S. 90. — [4]) Walker, J. Soc. Chem. Ind. 1893, 1, 845; Ber. 26, 569, Ref.

Neben chlorierten bezw. bromierten Zinnnitraten entsteht nach Thomas [1]) durch Einwirkung von Untersalpetersäure auf Zinnchlorid bezw. Zinnbromid in Chloroformlösung das basische Nitrat $N_2O_5 . 4 SnO_2 . 4 H_2O$, eine amorphe Substanz.

Zirkoniumsalze. Eine Lösung von Zirkoniumhydroxyd in Salpetersäure, in der freie Säure enthalten ist, liefert beim Verdampfen an der Luft eine krystallinische Salzmasse von neutralem Zirkonnitrat $(NO_3)_4 Zn$, das nach Paykull [2]) 5 Mol. Wasser enthält. Durch Erhitzen desselben über 100° C. wird daraus das in Wasser und in Weingeist lösliche Salz der Pyrosalpetersäure $N_2O_7 Zr$ erhalten; ein ähnliches lösliches Salz entsteht auch, wenn die Lösung des neutralen Salzes Zirkonhydrat aufnimmt. Verdünnt man die so erhaltene Lösung und erhitzt man sie dann zum Sieden, so scheidet sich ein gelatinöser Niederschlag des Salzes $2 N_2O_5, 5 ZrO_2$ aus.

[1]) V. Thomas, Ann. ch. phys. [7] 13, 145; Chem. Centralbl. 1898, I, S. 599. — [2]) R. S. Paykull, Ber. 12, 1719.

Salpetersäureester. Alkylnitrate.

Die Benennung Salpetersäureäther oder Salpeteräther wurde bis 1843, ohne eine Unterscheidung zu bezwecken, dem Salpetrigsäureäther beigelegt, und auch später erhielt sich diese Bezeichnung noch lange, so dafs bisweilen der eine mit dem anderen verwechselt wurde. J. B. van Mons[1]) gab folgende Definition: Nitrate d'éther, éther nitrique, sel dont la cristallisation liquide surnage sur l'eau. Auf den ersten Anblick könnte es scheinen, als ob es sich um den wahren Salpetersäureäther handle, aber der Zeitpunkt der Herausgabe seines Werkes liegt vor der Entdeckung des ersten eigentlichen Salpetersäureäthers und die Eigenschaft, auf dem Wasser zu schwimmen, läfst keinen Zweifel, dafs die Benennung Salpetersäureäther nicht zutreffend war. van Mons unterschied damals drei Salpetersäureäther: 1. Salpetersäureäther auf direktem Wege dargestellt; 2. Äthylnitrit; 3. Sel éthéreux d'acide nitrique. Stets war es jedoch dasselbe Produkt, nur in mehr oder weniger reinem Zustande verschiedene Eigenschaften zeigend und daher für verschiedene Körper gehalten. Heute versteht man unter Salpetersäureäthern die organischen Salze der Salpetersäure, worin deren Wasserstoff durch einen organischen Rest ersetzt ist, welcher Rest daher mittelst des Sauerstoffatoms mit dem Stickstoff verbunden ist; man kann sie auch betrachten als Alkohole, in welchen das Hydroxyl durch den Salpetersäurerest $-ONO_2$ ersetzt ist. Diese Definition ist zutreffender, weil sie voraussehen läfst, dafs bei den mehratomigen Alkoholen sämtliche Hydroxylgruppen von Salpetersäureresten ersetzt werden können, wie es thatsächlich auch der Fall ist.

Die primären und sekundären Alkohole werden ohne weiteres in die entsprechenden Nitrate umgewandelt. Die tertiären Alkohole werden dagegen schwieriger esterifiziert, sie werden während der Einwirkung wieder rasch zersetzt, so dafs bis jetzt nur wenige solcher Salpetersäureester bekannt sind. Henry hat nachgewiesen, dafs, je mehr Wasserstoffatome an dem Kohlenstoff sich befinden, welches das bei der Esterifikation beteiligte Hydroxyl gebunden hält, um so leichter dieselbe von statten geht. So werden von den Alkoholsäuren die mit

---

[1]) J. B. van Mons, Abrégé de Chimie 5, 1—14. Louvain 1835; Ders., Voir dans les considérations sur les Éthers, les chapitres: éthers-bases, éthers-sels, éthers-acides, éthérisalification, covicehydratation de l'acide nitrique par l'acide nitreux, sel d'éther u. s. w.

der Gruppe CH_2OH heftiger angegriffen als solche mit der Gruppe CHOH, während solche mit der Gruppe COH, wie z. B. die Diäthoxalsäure $C(OH)(C_2H_5)_2 . COOH$, von rauchender Salpetersäure nur schwach angegriffen werden [1]). Die Anfangsglieder der Reihe der Fettalkohole werden, weil wasserstoffreicher, leichter von der Salpetersäure angegriffen, ihre direkte Bildung findet daher nicht statt, während Butyl- und Amylalkohol sich mit aufserordentlicher Leichtigkeit esterifizieren. Nach Franchimont [2]) bilden die wasserstoffreichen Alkohole der Fettreihe, mit Salpetersäure behandelt, ein den Nitroderivaten der aromatischen Reihe ähnliches, aber wegen der gleichzeitigen Anwesenheit der Hydroxylgruppe unbeständiges Zwischenprodukt. Dasselbe kann sich auf zweierlei Art zersetzen, entweder wandelt es sich in ein beständigeres System um, und dann entsteht der Salpetersäureester, oder wenn man die nötigen Bedingungen einhält, zersetzt es sich, und man erhält dann die Zersetzungsprodukte Aldehyd und salpetrige Säure; die Reaktion läfst sich durch folgende Gleichungen ausdrücken:

$$\text{I.}\quad R{-}\overset{H}{\underset{OH}{C}}H \;+\; HO.NO_2 \;=\; R{-}\overset{H}{\underset{OH}{C}}NO_2 \;+\; H_2O$$

Alkohol — intermed. Verb.

$$\text{II.}\quad R{-}\overset{H}{\underset{OH}{C}}NO_2 \;=\; R{-}\overset{H}{\underset{ONO_2}{C}}H$$

salpeters. Ester

$$\text{III.}\quad R{-}\overset{H}{\underset{OH}{C}}NO_2 \;=\; R{-}C{\scriptstyle\begin{matrix}H\\O\end{matrix}} \;+\; HO.NO\;.$$

Aldehyd — Salpetrige Säure

Die einfachste Reaktion $R{-}OH + HONO_2 = RONO_2 + H_2O$ bietet technische Schwierigkeiten dar, so dafs man sozusagen für jeden Alkohol ein Spezialverfahren auffinden mufste, um das Nitrat daraus herzustellen. Die allgemeinen Mafsnahmen sind: Bei einer Temperatur, die man so niedrig als möglich hält (-20^0 bei Methyl- und Äthylalkohol, -10^0 bei Propylalkohol, 0^0 bei Butyl- und Amylalkohol, wieder unter 0^0, -10^0 und -20^0 bei den höheren Homologen), läfst man eine Mischung von Salpetersäure und Schwefelsäure auf den zu esterifizierenden Alkohol einwirken. Dieser Prozefs, so nützlich er bei dem Butylalkohol und dessen höheren Homologen ist, ist beim Äthyl- und Propylalkohol nicht angebracht, für welche besser die klassische Methode von Millon [3]), Zusatz von Harnstoff, zur Anwendung kommt, und beim Methylnitrat ist überhaupt eine ganz spezielle Methode zu gebrauchen. Bei diesen Alkoholen ist es wichtig, das Auftreten von

---

[1]) L. Henry, Ann. ch. phys. [4] 28, 415. — [2]) Franchimont, Action de l'acide azotique réel sur les composés de l'hydrogène. Société Chimique de Paris 1890, p. 7. — [3]) Millon, Ann. ch. phys. 1843 [3] 8, 233.

salpetrigen Dämpfen zu verhindern, wozu Harnstoff, Ammoniumsulfat und -nitrat [1]) verwendet werden. Die mehrwertigen Alkohole, die Alkoholsäuren und Alkoholäther wandeln sich leicht mittelst der Salpeter-Schwefelsäuremischung in die Nitrate um, das Gleiche thun die Chlorhydrine, jedoch unter besonderen Vorsichtsmafsregeln. Die Glycide vereinigen sich direkt mit verdünnter Salpetersäure zu den entsprechenden Nitraten [2]). Einige zusammengesetzte Äther spalten sich bei der Behandlung mit konzentrierter Salpetersäure, wobei der alkoholische Teil sich mit der Salpetersäure zu einem Nitrat vereinigt, während der übrige Teil oxydiert wird [3]).

Behandelt man die Bromhydrine [4]) und einige alkoholische Bromide und Jodide mit Silbernitrat, so erhält man Nitrate, welche oft auf anderem Wege nicht erhältlich sind [5]). Am leichtesten reagieren auch in diesem Falle die Jodide, was sich aus dem Verhalten solcher Verbindungen ergiebt, die neben dem Jod noch ein anderes Halogen enthalten: Äthylenchlorojodid $CH_2Cl.CH_2J$ und Äthylenbromojodid gehen mit Silbernitrat unter Bildung von Jodsilber in die Verbindungen $CH_2Cl.CH_2ONO_2$ bezw. $CH_2Br.CH_2ONO_2$ über, und ebenso bildet sich aus Äthylenchlorobromid das Nitrat $CH_2Cl.CH_2ONO_2$; aus $CH_2OH.CH_2Br$ resultiert $CH_2OH.CH_2ONO_2$, aus Nitrobenzylchlorid durch dieselbe Reaktion Nitrobenzylnitrat. Die Umsetzung vollzieht sich am glattesten durch Erhitzen einer alkoholischen oder ätherischen Lösung der Halogenverbindung mit Silbernitrat am Rückflufskühler. Jedoch liefert Äthyljodid, mit einer alkoholischen Lösung von Silbernitrat erhitzt, Nitrit und Aldehyd und kein Nitrat, indem der Alkohol das Nitrat in dem Mafse reduziert, als es sich bildet. — Propylenoxyd vereinigt sich direkt mit der Salpetersäure unter lebhafter Reaktion [6]). Andere Nitrate bilden sich, indem man den Alkohol in rauchender Salpetersäure bei — 10° löst und dann langsam konzentrierte Schwefelsäure hinzufügt [7]). Ortho-Ameisensäureäthylester giebt mit Salpetersäure von 1,52 unter 0° zusammengebracht Äthylnitrat [8]).

Äthylenglykoldinitrat soll nach Demjanow [9]) durch Einwirkung von Salpetersäureanhydrid auf Äthylen unter starker Kühlung entstehen.

Methylnitrat erhält man rein aus Methylacetamid und Salpetersäure: $CH_3CONHCH_3 + 2HO.NO_2 = CH_3COOH + N_2O + CH_3NO_3 + H_2O$ [10]). Phenole liefern wie die tertiären Alkohole auf keine Weise entsprechende Nitrate.

Die Salpetersäureester der Anfangsglieder der Alkoholreihe sind

[1]) Liebert, Ber. 23, 369, Ref. — [2]) Hanriot, Compt. rend. 88, 387. — [3]) Errera, Gazz. chim. ital. 1887, p. 194. — [4]) Henry, Ann. ch. phys. [4] 27, 243; Ber. 5, 452. — [5]) Romburgh, Beilsteins Handb. 1893, 1, 325. — [6]) Henry, Ann. ch. phys. [4] 28, 415. — [7]) Sokolow, Beilsteins Handb. 1, 327. — [8]) Arnhold, Ann. Chem. 240, 196; JB. 1887, S. 1585. — [9]) N. J. Demjanow, Ann. Inst. Agron. Moscou 4, 155; Chem. Centralbl. 1899, I, S. 1064. — [10]) Franchimont, JB. 1887, S. 1530.

farblose — wenn ganz rein, sehr bewegliche —, die der höheren oder mehratomigen Alkohole schwach gelblich gefärbte, dichtere Flüssigkeiten. Das Äthylnitrat besitzt einen ziemlich angenehmen, das Methylnitrat einen weniger angenehmen, die Propylnitrate einen schwachen, die Butyl- und Amylnitrate einen intensiven, unangenehmen, an Feldwanzen erinnernden Geruch. Die übrigen erinnern im Geruch an den Alkohol, von dem sie stammen, das Allylnitrat riecht erstickend; die Nitrate der Glykole sind frei von einem besonderen Geruch, jedoch besitzen alle, auch die ohne Zersetzung nicht flüchtigen, bei gewöhnlicher Temperatur einen gewissen Dampfdruck, woher es rührt, dafs sie eingeatmet in dem Organismus erhebliche Zirkulationsstörungen hervorrufen. Ihr spezifisches Gewicht ist stets höher als das des Alkohols, aus welchem sie stammen, desgleichen liegt auch der Siedepunkt einige Grade oberhalb dem des entsprechenden Alkohols. Die höheren Alkylnitrate sind nicht destillierbar, sie zersetzen sich, bevor sie ins Sieden kommen. Auch die destillierbaren werden, wenn man sie einige Grade über ihren Siedepunkt erhitzt, mit explosionsartiger Heftigkeit zersetzt, so dafs bei der Darstellung äufserste Vorsicht geboten ist. Die Nitrate des Methyls, Äthylens und die kohlenstoffarmen Polynitrate explodieren durch Schlag mit grofser Heftigkeit. Sie sind sämtlich mit Ausnahme des Mononitrats des Glycols und Glycerins in Wasser fast unlöslich, löslich in Alkohol, Äther, Chloroform und vorzugsweise in Schwefelkohlenstoff; sie selber sind Lösungsmittel für viele Körper, wie Phosphor, Jod, Fette u. s. w., namentlich zeichnen sich die Nitrate, welche keinen niedrigeren Siedepunkt als die Nitrate des Amylalkohols oder Glycerins haben, dadurch aus, dafs sie andere feste organische Nitrate auflösen und auf diese Weise die verschiedenen gelatineartigen Sprengstoffe erzeugen. Bezüglich der Bildungs-, Zersetzungs- und Verbrennungswärme, des molekularen und spezifischen Rotationsvermögens, der spezifischen Wärme, der Siedepunkte bei niederen Temperaturen, der elektrischen Leitfähigkeit, des magnetischen Drehungsvermögens und anderer physikalischer Eigenschaften der Salpetersäureester sind die vorhandenen Angaben noch zu ungenügend und unsicher, als dafs sich dieselben in einer Tabelle zusammenstellen liefsen.

Die direkte Bildung der Salpetersäureester aus Alkohol und Salpetersäure oder Salpeterschwefelsäure findet unter Entwickelung einer kleineren Zahl von Wärmeeinheiten statt als bei der Bildung der Nitroderivate. Berthelot[1]) hat die Bildungswärme aus den Elementen berechnet und experimentell die bei der Reaktion der Salpetersäure auf Alkohole und Kohlenhydrate entwickelten Kalorien bestimmt und daraus abgeleitet, dafs für jede Molekel Salpetersäure, die bei der Einwirkung auf organische Verbindungen die Bildung von Nitroderivaten veranlafst, sich im Mittel 32 Kalorien entwickeln, während für

[1]) Berthelot, Sur la force des matières explosives.

jede Molekel Salpetersäure, die einen Alkohol in einen Salpetersäureester umwandelt, bei den eigentlichen Alkoholen nur 5 bis 6 Kalorien und bei den Kohlenhydraten 11 und mehr Kalorien sich entwickeln. Daher die Unbeständigkeit der Alkylnitrate im Vergleich mit den Nitroverbindungen. Der Besitz einer gröfseren Verbrennungsenergie, auch wegen des Radikals ONO_2 anstatt der Gruppe NO_2, bedingt auch ihre direkte Verwendung als Explosivstoffe (Schiefsbaumwolle, Sprengöle).

Wichtig sind auch die Untersuchungen über die Molekularrefraktion der Nitrate. Die folgende Tabelle enthält die Resultate von Löwenherz[1]) über die vier bekanntesten Salpetersäureester. Die erste Spalte enthält das Molekulargewicht M, die zweite das spezifische Gewicht bei 20°, die dritte den Brechungskoëffizienten für die D-Linie, bestimmt bei 20°, mit dem Refraktometer von Abbe, die vierte den nach der Formel $M\frac{n-1}{d}$ berechneten Werth der Molekularrefraktion, die fünfte den aus der Formel $HON\langle^{O}_{O}$, die sechste den aus $HON\lll^{O}_{O}$ auf Grund der für H_a nach Landolt berechneten; die siebente und achte die Differenz zwischen der sechsten und fünften und zwischen der siebenten und fünften; die neunte Spalte enthält die nach der Formel $\frac{m}{d}\frac{n^2-1}{n^2+2}$ berechneten, die zehnte und elfte wieder die für die beiden Constitutionsformeln von Conrady berechneten Werte; die zwölfte und dreizehnte enthalten die Differenzen zwischen der zehnten und neunten und zwischen der elften und neunten Spalte. Die vierzehnte Spalte enthält die beobachtete Dispersion.

Guye[2]) studierte das Drehungsvermögen des Amylnitrats, Perkin[3]) das magnetische Drehungsvermögen der Salpetersäureester, andere Forscher[4]) machten Angaben über spezifisches Gewicht, Siede- und Schmelzpunkt der Salpetersäureester.

Die chemischen Eigenschaften, welche mehr Interesse bieten, sind: ihre Veränderlichkeit gegen Säuren und Alkalien, sogar gegen Wasser, wenn sie damit destilliert werden, ihre leichte Umwandlung in Aminbasen, ihre Überführung in Merkaptane durch die Einwirkung des Schwefelwasserstoffs, die verschiedene Art der Zersetzung durch Alkalien, je nachdem sie konzentriert oder verdünnt in alkoholischer oder wässeriger Lösung, in der Kälte oder in der Wärme einwirken. Mixter beobachtete, dafs nicht alle Alkylnitrate sich gleich gegen kaustisches Kali verhalten. Äthylnitrat giebt immer Alkohol und Kaliumnitrat, während Äthylennitrat durch konzentrierte Alkalilösung zu Kohlen-

---

[1]) Löwenherz, Ber. 23, 2180. — [2]) Guye, Étude sur la dissimetrie moléculaire. Archives Sc. Phys. Nat. Genève 1891, 26, 214. — [3]) Perkin, Chem. Soc. J. 55, 682. — [4]) Landolt und Börnstein, Physikalisch-Chem. Tabellen 1894.

	1	2	3	4	5	6	7	8	9	10	11	12	13	14
	M	d_{4}^{20}	MD	beobachtet	$\frac{m}{d}(n-1)$ berechnet für $H-O-N{<}^{O}_{O}$	berechnet für $H-O-N{\ll}^{O}_{O}$	$\Delta^{5}/_{4}$	$\Delta^{6}/_{4}$	beobachtet	berechnet für $H-O-N{<}^{O}_{O}$	berechnet für $H-O-N{\ll}^{O}_{O}$	$\Delta^{10}/_{9}$	$\Delta^{11}/_{9}$	Dispersion z
Äthylnitrat $C_2H_5NO_3$	90,83	1,1086	1,3859	31,62	30,65	31,85	+ 0,97	− 0,23	19,241	17,940	19,372	+ 1,401	− 0,131	36,05
Propylnitrat $C_3H_7NO_3$	104,80	1,0580	1,3972	39,34	38,25	39,45	+ 1,09	− 0,11	23,865	22,443	23,975	+ 1,422	− 0,110	36,05
Isobutylnitrat $C_4H_9NO_3$	118,87	1,0152	1,4028	47,14	47,85	47,05	+ 1,29	+ 0,09	28,537	27,046	28,578	+ 1,491	− 0,041	36,1
Amylnitrat $C_5H_{11}NO_3$	132,74	0,9988	1,4123	54,79	58,45	54,65	+ 1,34	+ 0,14	33,085	31,649	33,181	+ 1,436	− 0,096	36,1

säure, Oxalsäure und salpetriger Säure zersetzt wird[1]). Maquenne[2]) nimmt an, daſs unter dem Einfluſs verseifend wirkender Agentien auf Weinsäuresalpetersäureester, namentlich bei Gegenwart von Alkohol, der hierbei zu Aldehyd oxydiert wird, ein Übergang der Gruppe $CHONO_2$ zuerst in $C(OH)ONO$ und schlieſslich in $C(OH)_2$ bezw. in die Carbonylgruppe CO herbeigeführt wird. Mit alkoholischem Kali oder Ammoniak werden Alkylidene gebildet, aus denen Äther bezw. Amine entstehen[3]). Klassisch ist die Reduktion zu Hydroxylamin durch Reduktion mittelst Zinn und Salzsäure oder Zinnchlorür. Die Salpetersäureester verwandeln den Sulfoharnstoff in Schwefelcyanammonium, das dann weiterhin in Pseudoschwefelcyan übergeführt wird[4]). Neuerdings benutzt Angeli[5]) das Äthylnitrat, um das Natriumderivat des Nitrohydroxylamins, wahrscheinlich $N(NO_2)(ONa)Na$ oder $O(NONa)_2$, zu bereiten.

Zu den Nitraten gehören einige fälschlich als Nitroverbindungen bezeichnete Körper, welche als Sprengmittel von hervorragender Wichtigkeit sind, vor allem das Nitroglycerin und die Nitrocellulose.

Nitroglycerin ist das Glycerintrinitrat. Es bildet, durch Kieselgur aufgesaugt, das Dy-

---

[1]) Mixter, Am. Chem. J. 13, 507. — [2]) Macquenne, Compt. rend. 111, 113. — [3]) Nef, Chem. Centralbl. 1899, II, S. 958. — [4]) Claus u. König, Ber. 6, 726. — [5]) Angeli, Chem.-Ztg. 20, 16.

namit. Nitrocellulose oder Schiefsbaumwolle besteht offenbar aus einem Gemenge verschiedener Nitrate der Cellulose. Sie ist in einem Gemisch von Äther und Alkohol löslich und bildet so das Collodium, aus dem sie bei Verdunstung des Lösungsmittels in Form dünner elastischer Häutchen hinterbleibt.

Die Konstanten der in reinem Zustande bekannten unsubstituierten Alkylnitrate sind in der folgenden Tabelle, s. S. 368, enthalten. Brechungsvermögen s. Brühl, Ztschr. phys. Chem. **16**, 214; elektrische Leitfähigkeit s. Bartoli, Gazz. chim. ital. **24**, [2], 164.

Übersalpetersäuren.

Übersalpetersäure N_2O_6 oder NO_3 entsteht nach Hautefeuille und Chappuis[1]) durch Einwirkung der dunklen elektrischen Entladung auf ein Gemisch von Stickstoff und Sauerstoff neben Ozon als leicht zersetzliche Verbindung, bei deren Zerfall Untersalpetersäure sich bildet; letztere soll auch bei ihrer Bildung durch Einwirkung des Funkenstromes auf das genannte Gemisch erst sekundär als Zersetzungsprodukt der anfangs gebildeten Übersalpetersäure entstehen. Die Bildung derselben ist ebenso begrenzt wie die des Ozons; sobald ein Maximum erreicht ist, tritt bei weiterer Einwirkung des elektrischen Stromes die Zersetzung in Untersalpetersäure und Sauerstoff ein. Die gröfste Menge Übersalpetersäure wird erhalten, wenn man den Strom bei niedriger Temperatur auf das Gasgemenge einwirken läfst.

Berthelot[2]) erhielt dieselbe Säure durch Einwirkung des Induktionsstromes auf ein Gemisch von Sauerstoff und Untersalpetersäure, wobei sich das Eintreten der Reaktion durch Entfärbung kennzeichnet.

Die erhaltene Verbindung ist flüssig, erstarrt auch in Kältemischung nicht und ist noch leichter zersetzlich als Salpetersäureanhydrid. Im Spektroskop zeigt sie charakteristische Absorptionsstreifen.

Wenn die von Hautefeuille und Chappuis gegebene Formel N_2O_6 der wirklichen Zusammensetzung entspricht, so mufs man annehmen, dafs die Verbindung sich von Wasserstoffsuperoxyd durch Austausch der beiden Wasserstoffatome gegen Nitrogruppen ableitet, die Konstitution also NO_2–O–O–NO_2 wäre, was die Bildung von Sauerstoff und Untersalpetersäure bei der Zersetzung leicht erklärlich erscheinen läfst.

Dioxysalpetersäure. Eine noch höhere Säure, NO_5H, bezw. das derselben entsprechende Anhydrid N_2O_9 nimmt Mulder[3]) in Form eines Silbersalzes an, das die schon 1804 von Ritter bei der Elektrolyse von Silbernitratlösung beobachtete schwarze krystallinische Masse

---

[1]) P. Hautefeuille und J. Chappuis, Compt. rend. **92**, 80 u. 134; **94**, 1111 u. 1306; JB. 1881, S. 183 und 1882, S. 242, 243. — [2]) Berthelot, Ann. ch. phys. [5] **22**, 432; JB. 1881, S. 185. — [3]) Mulder (u. Heringa), Recueil trav. chim. Pays-Bas **15**, 1, 236, **16**, 57, **17**, 129; Chem. Centralbl. 1896, II, S. 14, 1897, I, S. 222 u. II, S. 254, 1898, II, S. 267.

	Formel	Schmelzpunkt	Siedepunkt	Spezifisches Gewicht
Methylester	$CH_3NO_3 = CH_3 . O . NO_2$	flüssig	65°	1,2322 (5°); 1,2167 (15°); 1,2032 (25°)
Äthylester	$C_2H_5NO_3 = C_2H_5 . O . NO_2$	flüssig; —112°	87,6°; 86,3° (728,4)	1,1305 (4°); 1,1159 (15°); 1,1044 (25°); 1,1322 (0°); 1,1123 (15,5°)
Normalpropylester . . .	$C_3H_7NO_3 = C_3H_7 . O . NO_2$	flüssig	110,5°	1,0747 (5°); 1,0631 (15°); 1,0531 (25°)
Isopropylester	do.	flüssig	101 bis 102°	1,054 (0°); 1,036 (19°)
Normalbutylester . . .	$C_4H_9NO_3 = C_4H_9 . O . NO_2$	flüssig	136°	1,048 (0°)
Isobutylester	do.	flüssig	123°	1,0884 (0°); 1,0334 (4°); 1,0215 (15°); 1,0124 (25°)
Methyläthylcarbinolester	do.	flüssig	124°	1,0382 (0°)
Isoamylester	$C_5H_{11}NO_3 = C_5H_{11} . O . NO_2$	flüssig	147 bis 148°; 147,2 bis 147,4° (757,8)	1,000 (7,5°); 0,8698 (147/4°)
Cetylester	$C_{16}H_{33}NO_3 = C_{16}H_{33} . O . NO_2$	Öl, bei 10 bis 12° erstarrend	—	0,91
Allylester	$C_3H_5NO_3 = C_3H_5 . O . NO_2$	flüssig	106°	1,09 (10°)
Glycolmononitrat . . .	$C_2H_5NO_4 = OH . CH_2 . CH_2 . O . NO_2$	flüssig	—	1,31 (11°)
Glycoldinitrat	$C_2H_4N_2O_6 = C_2H_4(O . NO_2)_2$	flüssig	114 bis 116°	1,5099 (4°); 1,4960 (15°); 1,4860 (25°)
Propylenglycoldinitrat .	$C_3H_6N_2O_6 = C_3H_6(O . NO_2)_2$	flüssig	—	1,335 (5°)
2, 3-Dimethylbutandiol-dinitrat	$C_6H_{12}N_2O_6 = (CH_3)_2C(ONO_2) . C(ONO_2)(CH_3)_2$	—	—	—
Glycerinmononitrat . .	$C_3H_7NO_5 = (OH)_2C_3H_5(O . NO_2)$	flüssig	—	—
Glycerintrinitrat, Nitroglycerin	$C_3H_5N_3O_9 = C_3H_5(O . NO_2)_3$	Öl, bei —20° erst.	flüchtig bei 160° (15)	1,6144 (4°); 1,6009 (15°); 1,5910 (25°)
Erythrittetranitrat . . .	$C_4H_6N_4O_{12} = C_4H_6(O . NO_2)_4$	61°	—	—
Xylitpentanitrat	$C_5H_7N_5O_{15} = C_5H_7(O . NO_2)_5$	Sirup	—	—
Quercitpentanitrat . . .	$C_6H_7N_5O_{15} = C_6H_7(O . NO_2)_5$	Harz	—	—
Mannitpentanitrat . . .	$C_6H_9N_5O_{16} = OH . C_6H_8(O . NO_2)_5$	77 bis 79°	—	—
Mannithexanitrat, Nitromannit	$C_6H_8N_6O_{18} = C_6H_8(O . NO_2)_6$	108°; 112 bis 113°	—	1,604 (0°)
Mannitantetranitrat . .	$C_6H_8N_4O_{13} = O : C_6H_8(O . NO_2)_4$	Sirup	—	—
Dulcithexanitrat, Nitrodulcit	$C_6H_8N_6O_{18} = C_6H_8(O . NO_2)_6$	85,5°	—	—
Nitroisodulcitan	$C_6H_9N_3O_{11} = O_2C_6H_9(O . NO_2)_3$	unter 100°	—	—
Perseïtheptanitrat . . .	$C_7H_9N_7O_{21} = C_7H_9(O . NO_2)_7$	138°	—	—
Dinaphtylenglycolmononitrat	$C_{22}H_{13}NO_4 = OH . C_{22}H_{12} . O . NO_2$	—	—	—
Dinaphtylenglycoldi-				

bildet. Aus konzentrierter Lösung erhält man dieselbe wasserfrei und von der Zusammen-etzung $NO_{11}Ag_7$. Bei der freiwilligen Zersetzung, welche je nach Art und Menge der vorhandenen Verunreinigungen mehr oder weniger schnell erfolgt, hinterbleibt Silbersuperoxyd. Die Verbindung wird deshalb als $3\,Ag_2O_3 . NO_3Ag$ betrachtet. Die Konstitution der zugehörigen Säure NO_5H könnte

$$O\!-\!\overset{\diagup O \diagdown \;\diagup O \diagdown}{}\!N(OH)\!-\!O$$

sein. Die Formeln beider Säuren sind aber zu unsicher, um Konstitutionsfragen erörtern zu können.

Werfen wir noch einen Blick auf die geschilderten Stickstoffsauerstoffverbindungen zurück, so fällt auf, dafs eine Anzahl derselben sich durch starke Färbung auszeichnet. Es sind dies das dissociierte Stickstofftetroxyd NO_2, das Trioxyd N_2O_3, ferner die Nitrosoverbindungen in monomolekularem Zustande und schliefslich die von Piloty als Verbindungen vierwertigen Stickstoffs betrachteten Porphyrexide (s. S. 18). Diese Körper zeigen mehr oder weniger erhebliche Verbindungsfähigkeit. Auf den hierdurch angezeigten Mangel an Sättigung allein kann die Färbung aber nicht wohl zurückgeführt werden, denn die sehr wenig gesättigten Verbindungen Stickoxydul N_2O und Stickoxyd NO zeigen die Erscheinung nicht. Es scheint sich vielmehr hier wie in anderen Fällen um eine Begleiterscheinung des Ionenzustandes zu handeln, und diese dürfte in den genannten Fällen anzeigen, dafs von dem Neutralvalenzenpaar (s. S. 17) eine Valenz in Anspruch genommen bezw. die durch Inanspruchnahme beider gebildete Verbindung dissociert ist.

Wir würden dem entsprechend formulieren:

$$NO_2 = \underset{\Theta}{N}{<}^{O}_{O};$$

analog würde sich die Konstitution der Porphyrexyde ergeben, falls sich deren Formel als richtig erweist.

$$N_2O_3 = \begin{matrix} \Theta\diagup N{\lessdot}O \\ | \\ O \\ | \\ \Theta\diagdown N{\lessdot}O \end{matrix};$$

dazu würde auch die Pseudoform der Metallnitrite (Günsberg, Divers) $= Me—N{<}^{O}_{O}$ passen.

Ferner würden sich davon die monomolekularen Nitrosoverbindungen leicht ableiten als

$$R.NO = \Theta\diagup\underset{R}{N}{\lessdot}O,$$

also mit einer freien und einer durch das Elektron abgesättigten Valenz.

Dafs im Salpetersäureanhydrid ein Sauerstoff mit Hülfe der Neutralvalenzen gebunden angenommen werden kann, wurde dort schon erwähnt. Dasselbe gilt für das Salpetersäuremonohydrat. Für Nitrite und Nitrate ergeben sich danach die Formeln

$$N{<}^{O}_{O\,Me} \quad \text{und} \quad O{<}^{\ominus\!=\!=\!\ominus}_{\ominus\!=\!=\!\ominus}{>}N{<}^{O}_{O\,Me}.$$

Schwefelstickstoff.

Stickstofftetrasulfid N_4S_4 entsteht bei der Einwirkung von Ammoniakgas auf Schwefelmonochlorid oder Schwefeldichlorid [1]) oder auf Thionylchlorid [2]), ferner bei der Zersetzung von Baryumamidosulfonat durch Wärme [3]). Soubeiran, welcher die Verbindung zuerst, wenn auch in unreinem Zustande erhielt, begnügte sich damit, das bei der Einwirkung des Ammoniaks auf Schwefeldichlorid schliefslich resultierende gelbe Pulver rasch mit kaltem Wasser zu behandeln, und gab dem Schwefelstickstoff die Formel N_2S_3. Den hierbei verbleibenden Rückstand erkannten Fordos und Gélis als ein Gemenge des eigentlichen Schwefelstickstoffs N_2S_2 mit Schwefel. Sie isolierten ersteren daraus, nachdem das Gemenge wiederholt mit kaltem Schwefelkohlenstoff in kleinen Mengen ausgewaschen war, durch Umkrystallisieren aus heifsem Schwefelkohlenstoff. Vorteilhafter gestaltet sich die Darstellung, wenn das Schwefelchlorid in der acht- bis zehnfachen Menge Schwefelkohlenstoff gelöst und dann Ammoniakgas so lange eingeleitet wird, bis das nach einiger Zeit entstandene braune Pulver völlig gelöst ist, die in der Flüssigkeit schwimmenden Flocken (wesentlich Chlorammonium) wenig gefärbt erscheinen und die Flüssigkeit selbst eine schöne orangegelbe Färbung zeigt. Dann wird filtriert und aus dem Rückstand der Schwefelstickstoff durch siedenden Schwefelkohlenstoff vollständig ausgezogen. Aus den Filtraten krystallisiert zunächst der Schwefelstickstoff, der im Schwefelkohlenstoff weniger löslich ist als Schwefel.

Das Stickstofftetrasulfid bildet orangerote, bei längerem Liegen, besonders im Sonnenlichte goldgelb werdende, meistens säulenförmige Krystalle des rhombischen oder monoklinen Systems [4]) vom spezifischen Gewicht 2,1166 bei 15°. Er besitzt einen schwachen, nach Michaelis [5])

---

[1]) Gregory, J. Pharm. **21**, 315, **22**, 301; JB. Berz. **16**, 70; Soubeiran, Ann. ch. phys **67**, 71; Ann. Chem. **28**, 59; Fordos u. Gélis, Compt. rend. **31**, 702; Ann. Chem. **78**, 71; Ann. ch. phys. [3] **32**, 385, 389; JB. 1851, S. 314, 324. — [2]) Michaelis, Jen. Ztschr. Med. u. Naturw. **6**, 79. — [3]) Divers u. Haga, Chem. News **74**, 277; Chem. Centralbl. 1897, I, S. 10. — [4]) Nicklès, Ann. ch. phys. [3] **32**, 420. — [5]) Michaelis, Jen. Ztschr. Med. u. Naturw. **6**, 70; Ztschr. Chem. [2] **6**, 460.

erst beim Erwärmen auf 120° deutlich hervortretenden Geruch. Nach den älteren Angaben soll er bei 135° in feinen, gelbroten Krystallen sublimieren, bei 158° unter Gasentwickelung schmelzen und bei 160° unter schwacher Feuererscheinung verpuffen. Nach den neueren Untersuchungen [1]) liegt indessen der Schmelzpunkt wesentlich höher, nämlich erst bei 178 bis 179° und der Explosionspunkt noch etwas höher. Dagegen findet eine teilweise Sublimation nach Hoitsema [2]) schon bei 110° statt und eine langsame Zersetzung, bei welcher nur Stickstoff entweicht, beginnt schon bei 100°, bis 170° nur langsam, dann aber äufserst schnell anwachsend.

Während man bis 1896 der Verbindung die von Fordos u. Gélis aufgestellte Formel N_2S_2 zuschrieb, zeigte Schenk [1]) in diesem Jahre auf Grund kryoskopischer Bestimmungen, dafs diese Formel zu verdoppeln sei, was Andreocci [1]) auch durch ebullioskopische Bestimmung bestätigte. Schenk stellte zugleich eine Konstitutionsformel auf, welche durch die mehrfachen Bindungen zwischen den Stickstoffatomen wohl hauptsächlich die explosiven Eigenschaften der Verbindung erklären soll, das verschiedene Verhalten, das ein Teil des Stickstoffs bei der Einwirkung von Aminen zeigt, aber unerklärt läfst, nämlich:

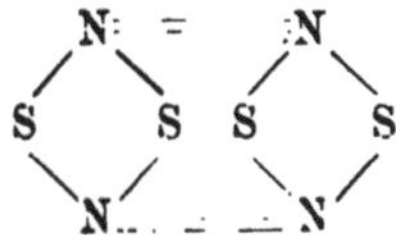

Das Stickstofftetrasulfid läfst sich zu einem prächtig goldgelben Pulver zerreiben. Dies mufs aber mit grofser Vorsicht geschehen, da ein stärkerer Stofs mit einem harten Körper heftige Explosion herbeiführen kann. In Wasser, das ihn kaum benetzt, ist er unlöslich, in Alkohol, Äther, Methylalkohol, Terpentinöl wenig, in Benzol und Schwefelkohlenstoff reichlicher löslich. Die tief dunkelrote Lösung in Schwefelkohlenstoff zersetzt sich nach Fordos und Gélis allmählich, es bildet sich dabei nach Muthmann und Clever [3]) u. a. das Stickstoffpentasulfid.

Bei anhaltender Einwirkung von Wasser wird Schwefelstickstoff in Ammoniak, unterschwefligsaures und trithionsaures Ammonium zerlegt, durch Kali in Ammoniak, unterschwefligsaures und schwefligsaures Salz.

Salzsäuregas wirkt in der Wärme heftig ein, indem Salmiak, Chlorschwefel und wahrscheinlich Chlorschwefelstickstoff $N_4S_5Cl_2$ entstehen [4]).

Letztere Verbindung oder, je nach der Menge des Schwefeldichlorids, $N_4S_6Cl_4$ bezw. $N_{12}S_{14}Cl_2$ u. a. entstehen bei Einwirkung von

[1]) R. Schenk, Ann. Chem. 290, 171; Andreocci, Ztschr. anorgan. Chem. 14, 246. — [2]) C. Hoitsema, Ztschr. physikal. Chem. 21, 137. — [3]) Muthmann u. Clever, Ztschr. anorgan. Chem. 13, 200. — [4]) Michaelis, Jen. Ztschr. Med. u. Naturw. 6, 79; Ztschr. Chem. [2] 6, 460.

Schwefeldichlorid auf Stickstofftetrasulfid [1]). Einwirkung von Schwefelmonochlorid S_2Cl_2 führt dagegen unter Elimination eines Stickstoffatoms zum Chlorid einer Base, welche von Demarçay [2]) als Thiotriazyl bezeichnet wurde und der Muthmann und Seitter [3]) die Konstitution

zuschreiben. Das Bromid und Jodid dieser Base entstehen analog den entsprechenden Schwefelverbindungen [3]), das Nitrat und Sulfat aus dem Chlorid durch Einwirkung von Salpeter- bezw. Schwefelsäure [4]), das Rhodanat durch doppelte Umsetzung des Chlorids mit Kaliumrhodanat [3]).

Statt des Thiotriazylchlorids entsteht bei Einwirkung von Schwefelmonochlorid in der Kälte Dithiotetrathiazylchlorid $S_6N_4Cl_2$, welches ebenfalls durch Schwefelsäure in das entsprechende Sulfat umgewandelt werden kann [5]).

Chlor und Brom lagern sich an das Tetrasulfid unter Bildung von $N_4S_4Cl_4$ [6]) bezw. $N_4S_4Br_4$ und $N_4S_4Br_6$ [7]) an. $N_4S_4Br_4$ geht beim Liegen an der Luft in $N_4S_5Br_2$ über.

Mit Untersalpetersäure entsteht in Schwefelkohlenstofflösung eine weiſse, an der Luft äuſserst zerflieſsliche Krystallmasse von der wahrscheinlichen Zusammensetzung NSO_4 [7]). Durch Einwirkung der Untersalpetersäure auf die oben erwähnten Bromierungsprodukte wurden Verbindungen NSO und $N_4S_3O_6$ erhalten [7]).

Während trockenes Ammoniak auf Schwefelstickstoff ohne Wirkung ist, entsteht damit in ätherischer Lösung bei 100° eine weiſse, sublimierbare Verbindung [8]). Von Aminen wirken die tertiären nicht, die primären in verschiedener Weise ein. Sekundäre bilden unter heftiger Reaktion Thiodiamine $R_2N.S.NR_2$; dabei tritt sämtlicher Schwefel des Schwefelstickstoffs in diese Verbindung ein, während vom Stickstoff zwei Drittel als Ammoniak, ein Drittel in freiem Zustande auftritt [9]).

Durch Reduktionsmittel wird Stickstofftetrasulfid in Ammoniak, Schwefel und Schwefeldioxyd bezw. dessen Reduktionsprodukte übergeführt [9]).

---

[1]) Soubeiran, Ann. ch. phys. 67, 71; Ann. Chem. 28, 59. — [2]) Demarçay, Compt. rend. 91, 1066; Ber. 14, 253. — [3]) Muthmann und Seitter, Ber. 30, 627. — [4]) Demarçay, Compt. rend. 91, 1066; Ber. 14, 253; s. a. [3]). — [5]) Derselbe, Compt. rend. 92, 726. — [6]) Derselbe, Compt. rend. 91, 854; Ber. 13, 2412; Andreocci, Ztschr. anorgan. Chem. 14, 246; Muthmann u. Seitter, Ber. 30, 627. — [7]) Clever u. Muthmann, Ber. 29, 340. — [8]) Michaelis, Jen. Ztschr. Med. u. Naturw. 6, 79; Ztschr. Chem. [2] 6, 460. — [9]) R. Schenk, Ann. Chem. 290, 171.

Stickstoffpentasulfid N_2S_5 [1]) bildet sich aus dem vorigen bei verschiedenen Zersetzungen, so bei Einwirkung von Tetrachlorkohlenstoff im Rohr bei 125°, auch bei der Explosion des Tetrasulfids, bei vorsichtigem Erhitzen mit Bleioxyd, bei Einwirkung von Halogen, salpetriger Säure und Salpetersäure, im allgemeinen um so reichlicher, je langsamer die Zersetzung erfolgt.

Zur Darstellung erhitzt man 30 g Tetrasulfid mit 500 g reinem Schwefelkohlenstoff im Autoklaven zwei Stunden auf 5 Atm. Druck. Nach dem Erkalten wird von einem gleichzeitig gebildeten amorphen Körper, der die Zusammensetzung des Rhodans besitzt und wahrscheinlich ein Polyrhodan $(CNS)_n$ ist, abfiltriert, vom Schwefelkohlenstoff zum gröfsten Teile durch Destillation, zuletzt durch Eindunsten im Vakuum befreit. Der Rückstand wird mit 500 ccm absolutem Äther digeriert, der dabei mit aufgenommene Schwefel durch Abkühlung der Lösung auf —25° vollständig zur Abscheidung gebracht, dann wird der Äther an trockener Luft verdunstet.

Das Stickstoffpentasulfid bildet eine blutrote Flüssigkeit, welche im Kältegemisch zu einer krystallinischen jodartigen Masse erstarrt und dann bei 10 bis 11° schmilzt, von intensivem jodähnlichen Geruch und brennendem Geschmack, starker Reizwirkung auf Schleimhäute. Das spezifische Gewicht ist bei 18° = 1,901. Die Verbindung verflüchtigt sich unter teilweiser Zersetzung. In Wasser ist sie unlöslich, in den meisten organischen Lösungsmitteln leicht löslich. Vor Licht geschützt, sind diese Lösungen ziemlich beständig, während der reine Körper leicht in Tetrasulfid und Schwefel zerfällt. Das Absorptionsspektrum zeigt ein breites Band, von der D-Linie bis zum Blau verlaufend.

Durch Wasser und Kalilauge wird die Verbindung unter Entwickelung von Ammoniak und Abscheidung von Schwefel zersetzt. Alkoholische Kalilauge färbt die alkoholische Lösung violettrot (empfindliche Reaktion); die färbende Substanz soll ein Alkalisulfonitrat sein. Alkoholisches Schwefelalkali bildet Ammoniak und Polysulfide, Schwefelwasserstoffgas färbt die alkoholische Lösung tiefgelb.

Schwefelstickstoffsäuren.

Im Jahre 1845 stellte Fremy [2]) eine Reihe von Verbindungen her, welche als Salze verschiedener, aus Schwefelstickstoff, Wasserstoff und Sauerstoff bestehender Säuren erschienen und als „corps sulfazotés" bezeichnet wurden. Dieselben werden teils durch Einwirkung von Schwefeldioxyd auf stark alkalische Lösungen von Kaliumnitrit, teils durch Mischen neutraler Lösungen von Sulfit und Nitrit, teils als Zersetzungsprodukte der so entstehenden Verbindungen durch Wasser

[1]) Muthmann und Clever, Ztschr. anorgan. Chem. 13, 200. — [2]) Fremy, Ann. ch. phys. [3] 15, 408; Ann. Chem. 56, 315.

erhalten. Die freien Säuren sind meist unbekannt, die Salze lassen sie als 2-, 3- und 4-wertig erscheinen.

Die Untersuchungen von Claus[1]) haben dann gezeigt, dafs diese Säuren sämtlich Sulfosäuren sind. Er unterschied drei Reihen, nämlich Sulfammonsäureverbindungen, Sulfoxyazosäureverbindungen und Sulfaminsäureverbindungen. Weitere Aufklärungen und teilweise Richtigstellungen brachten die Arbeiten Berglunds[2]) und Raschigs[3]), welche in neuerer Zeit noch durch Divers ergänzt wurden. Danach handelt es sich bei den vorliegenden Verbindungen wohl durchgehends um Schwefelsäurederivate des Ammoniaks bezw. Hydroxylamins, welche die für solche Derivate allgemein gültigen Merkmale aufweisen und bezüglich ihrer Besonderheiten mehr dem Schwefel als dem Stickstoff verdanken. Sie sollen daher nur tabellarisch verzeichnet werden, um die hauptsächlichen Verbindungen, welche die einzelnen Autoren beschrieben, in ihrem Zusammenhang und ihrer wahren Zugehörigkeit zu kennzeichnen.

---

[1]) Claus u. Koch, Ann. Chem. **152**, 336; Claus, Ann. Chem. **152**, 351; **158**, 52, 194. — [2]) Berglund, Lunds universitets Årskrift 12 und 13; Ber. **9**, 252, 1896; vergl. auch Raschig. — [3]) F. Raschig, Ann. Chem. **241**, 161.

					und Haga[1])
Sulfazinige Säure	$S_3N_2H_6O_{12}$		—	K-Salz = basisch dihydroxylaminsulfonsaurem Salz $\left.\begin{matrix}KO\\HO\end{matrix}\right\}SO_3K$	Nitrito-$^1/_6$n-hydroximidosulfat
Sulfazinsäure	$S_4N_2H_6O_{14}$			K-Salz = $KHN_2O_2(SO_3K)_2$, vielleicht $KSO_3 . \underset{\dot{O}K}{N} . O . \underset{\dot{O}K}{N} . SO_3K$	Kaliumnitrito-$^2/_3$n-hydroximidosulfat, teilweise durch Alkali in Normalhydroximidosulfat verwandelt
Metasulfazotinsäure			—	Wahrscheinlich mit dem vorigen identisch, nur unreiner	Kaliumnitrito-$^2/_3$n-hydroximidosulfat (gemischt mit etwas Normalhydroximidosulfat)
Metasulfazinsäure			—		Kaliumnitrito-n-hydroximidosulfat (gemischt mit etwas Normalhydroximidosulfat)
Sulfazotinsäure	$S_5N_2H_6O_{16}$	basisches Salz	Sulfazotinsaures Kali $HN(SO_3K)_2 . NO\begin{matrix}OK\\SO_3K\end{matrix}$	$(SO_3K)_2NH\langle O_2\rangle NK(SO_3K)_2$	—
		neutrales Salz	Disulfhydroxazo s. Kali $ONH(SO_3K)_2 . 2\,H_2O$	— Hydroxylamindisulfonsaures Kali $HON(SO_3K)_2 . 2\,H_2O$	
Sulfazilinsäure	$S_4N_2H_2O_{12}$		Oxysulfazotinsaures Kali $SO_3KNO\overset{O}{—}N(SO_3K)_2$	$(SO_3K)_2N\langle O_2\rangle N(SO_3K)_2$	Wahrscheinlich $ON(SO_3K)_2$

[1]) E. Divers und Tamemasa Haga, Chem. Soc. Proc. **16**, 55; Chem. Centralbl. 1900, I, S. 753.

Fremys Bezeichnung		Nach Claus	Nach Raschig	Nach Divers und Haga[1])
Metasulfazilinsäure	$S_6N_2H_6O_{20}$	Trisulfoxyazosaures Kali $ON(SO_3K)_3 . H_2O$	Wahrscheinlich $(SO_3K)_2N\langle{}^{O}_{O}\rangle N(SO_3K)_2$. $2 H_2O$	Wahrscheinlich $ON(SO_3K)_2$
Sulfazidinsäure	$S_2N_2H_6O_7$	Sulfhydroxylaminsaures Kali $HO . NH . SO_3K$	Hydroxylaminmonosulfonsäure $HO . NH . SO_3H$	—
Sulfammonsäure	$S_8N_2H_6O_{22}$	—	—	—
Metasulfamidinsäure	$S_6N_2H_6O_{16}$	—	—	—
Sulfamidinsäure	$S_4N_2H_6O_{10}$	—	—	—
—		Tetrasulfammonsaures Kali $HN(SO_3K)_4$ $3 H_2O$	} Nitrilosulfonsaures Kali $N(SO_3K)_3$ (Berglund)	—
—		Trisulfammonsaures Kali $H_2N(SO_3K)_3$ $2 H_2O$	}	—
—		Disulfammonsaures Kali $H_3N(SO_3K)_2$	Imidosulfonsaures Kali $HN(SO_3K)_2$ (Berglund)	—
—		—	Amidosulfonsäure H_2NSO_3H (Berglund)	—
—		Sulfhydroxylaminsäure $HO . NH . SO_3H$	—	—
—		—	Basisch hydroxylaminschwefligsaures Kali $HN\langle{}^{OK}_{SO_3K}$ (stickoxydschwefligs. Kali)	—

[1]) E. Divers und Tamemasa Haga, Chem. Soc. Proc. 16, 55; Chem. Centralbl. 1900, I, S. 758.

Stickstoffwasserstoffverbindungen.

Der Stickstoff könnte ähnlich wie Kohlenstoff durch ketten- und ringförmige Verbindung einzelner Stickstoffatome, die aufserdem mit Wasserstoff verbunden sind, eine fast unbeschränkte Anzahl von Wasserstoffverbindungen liefern. Thatsächlich ist dem jedoch eine ziemlich enge Grenze gezogen, und selbst von den wenigen existenzfähigen Verbindungen ist ein Teil sehr unbeständiger Natur. Es ist dies wohl auf die starke Spannung zurückzuführen, welche die Ablenkung der Valenzrichtungen bedingt, sobald mehrere Stickstoffatome untereinander in Bindung treten.

Zur Zeit sind fünf Verbindungen bekannt, welche nur aus Stickstoff und Wasserstoff bestehen:

1. Ammoniak . . . . NH_3
2. Diamid (Hydrazin) . . . . N_2H_4
3. Stickstoffwasserstoffsäure . . . . N_3H
4. Stickstoffammonium . . . . N_4H_4
5. Stickstoffdiammonium . . . . N_5H_5

Ferner sind Prozan $N_3H_5 = NH_2 . NH . NH_2$[1]) und Buzylen $N_4H_4 = NH_2{-}NH{-}N{=}NH$, dem Kohlenwasserstoff Butylen entsprechend[2]), in allerdings schon sehr unbeständigen Derivaten, nicht aber in freiem Zustande bekannt.

An das Ammoniak schliefst sich das an sich hypothetische, aber in Legierungen und Substitutionsprodukten anscheinend existenzfähige Ammonium NH_4.

Wie man vom Methan durch successiven Ersatz der Wasserstoffatome durch Hydroxylgruppen zum Alkohol, zum Aldehyd und schliefslich zur Säure gelangt, so kann man auch vom Ammoniak die folgenden Oxydationsstufen ableiten:

NH_3,
$NH_2(OH)$ Hydroxylamin,
$2[NH(OH)_2] = 2H_2O + [NOH]_2$ untersalpetrige Säure,
$N(OH)_3 = H_2O + NO_2H$ salpetrige Säure.

Die beiden letzten Verbindungen, in denen der Sauerstoff bereits vorwiegend den chemischen Charakter bedingt, sind unter den Stick-

[1]) Thiele u. Osborne, Ber. 30, 2867; Ann. Chem. 305, 80. — [2]) Th. Curtius, Ber. 29, 781.

stoffsauerstoffverbindungen abgehandelt worden. Das Hydroxylamin hingegen, das noch wesentlich den Charakter der Stickstoffwasserstoffverbindungen trägt und insbesondere dem Hydrazin ähnelt, wird zwischen diesem und dem konstitutionell näher stehenden Ammoniak besprochen werden.

Ammoniak.

Ammoniak NH_3 wurde auch als flüchtiges Alkali, flüchtiges Laugensalz, Ammonium, alkalische Luft, Kanes Amidowasserstoff, Hydramid (Amidide d'hydrogène) bezeichnet.

Von alters her bekannt ist der Salmiak. Die ursprünglich ohne Zweifel dem Steinsalz zukommende Bezeichnung „sal ammoniacum", die zu des angeblichen Gebers Zeiten als „sal armeniacum" und bei Basilius als „sal armoniacum" auftritt, ist früh auf jenes Salz übertragen worden. Davon leiteten zuerst gegen Ende des 18. Jahrhunderts französische Forscher das Wort „Ammoniaque" ab; dies wurde im Deutschen, wo bis dahin für das freie Ammoniakgas, welches vom Ammoniumkarbonat noch nicht durchgehends unterschieden wurde, die Bezeichnungen „flüchtiges Laugensalz" und „flüchtiges Alkali" gebräuchlich waren, anfangs durch „Ammonium" wiedergegeben. Isoliert wurde das Ammoniakgas zuerst durch Priestley, als er Quecksilber als Sperrflüssigkeit in Anwendung zog.

Vorkommen. Ammoniak findet sich 1. in der atmosphärischen Luft als Bikarbonat, Nitrit und Nitrat (s. d.), nach Chevalier[1]) in der Pariser Luft auch als Sulfid und Acetat. Scheele[2]) beobachtete die Bildung von Ammoniaksalzen an der Mündung von Säureflaschen im Zimmer, Saussure[3]) den Übergang von Aluminiumsulfat an freier Luft in Ammoniakalaun, Collard de Martigny[4]) die Bildung von Ammoniumsulfat in verdünnter Schwefelsäure, die auf einem Hausdache der Atmosphäre ausgesetzt war. Der Gehalt ist ein sehr schwankender. In grofsen Städten, namentlich solchen mit starker Industrie, scheint er im allgemeinen erhöht, während andererseits auf dem Lande auch durch Verwesung des Düngers unter Umständen besonders hohe Werte bedingt werden. Von wesentlichem Einflufs scheinen auch Jahreszeit und Witterung. Speziell über den stärkeren oder geringeren Gehalt an Ammoniumnitrit vergl. die dort gegebenen Daten.

In 1000000 Tln. Luft fanden (s. die Tabelle a. f. S.):

2. In den meteorischen Niederschlägen, wo es schon von Zimmermann[5]) und Brandes[6]) vereinzelt beobachtet worden war, als deren konstanter Bestandteil es aber erst von Liebig[7]) erkannt wurde. Mit

[1]) Chevalier, J. Pharm. 20, 655. — [2]) Scheele, Opuscul. 2, 373. — [3]) Saussure, N. allg. Journ. Chem. 4, 691. — [4]) Collard de Martigny, Journ. chim. méd. 3, 516; Gmelin-Kraut, 6. Aufl. I, 2. Abt., S. 487. — [5]) Zimmermann, Kastn. Arch. 1, 257. — [6]) Brandes, Schweiggers J. 48, 153. — [7]) Liebig, Organ. Chem., Braunschweig 1840, S. 70 u. 836.

Beobachter	Tle. NH_3	Ort	Besondere Umstände
Graeger[1]) . .	0,333	Mühlhausen	Regnerische Maitage
Fresenius[2]) .	0,098	Wiesbaden	Bei Tage } August u. Septbr.
"	0,169	"	" Nacht } August u. Septbr.
Horsford[3]) . .	1,2—47,6	Boston	Am höchsten im Juli, am niedrigsten im Dezember; an der Küste nicht weniger als inmitten der Stadt
Pierre[4]) . . .	3,5	Caen	—
" [5])	0,5	"	
G. Ville[6]) . .	16,52 —31,71	Paris	1849—1850
H. T. Brown[7])	1,44—3,09	Burton on Trent	Im Herbst
"	1,80—2,15	auf dem Lande	Dezember, Februar
A. Smith[8]) . .	40	Innellan	—
"	50	London	
	60	Glasgow	
"	100	Manchester	—
"	260	—	In der Nähe eines Misthaufens
Marcano u. Muntz[9]) . .	5,30—27 (Mittel 12,52) mg	Caracas	Pro 1 qm Oberfläche

der Bestimmung beschäftigten sich Barral[10]), Martin[11]), Bineau[12]), Lawes und Gilbert[13]), Boussingault[14]), Knop[15]), Wag[16]), Bechi[17]), Gopelsroeder[18]) u. a. Schon infolge der Anwesenheit in den Niederschlägen findet es sich auch im Flufs-, See- und Meerwasser[19]). Von den Bestimmungen seien folgende erwähnt (s. die Tabelle a. f. S.).

Nach Schöyen[20]) ist nur ein kleiner Teil des im Regenwasser enthaltenen Ammoniaks in Form von Nitrit vorhanden, der weit gröfsere als Karbonat. In den Tropen erscheint der Gehalt höher[21]),

---

[1]) Graeger, Arch. Pharm. [2] **44**, 35; Ann. Chem. **56**, 208. — [2]) Fresenius, J. pr. Chem. **46**, 100. — [3]) Horsford, Ann. Chem. **74**, 243. — [4]) Pierre, Compt. rend. **34**, 878; JB. 1852, S. 356. — [5]) Ders., Compt. rend. **36**, 694; JB. 1853, S. 333. — [6]) G. Ville, Compt. rend. **35**, 464; JB. 1852, S. 356. — [7]) H. T. Brown, Lond. Roy. Soc. Proc. **18**, 286; Chem. Centralbl. 1870, S. 341. — [8]) A. Smith, On air and rain, vgl. Graham-Otto, 5. Aufl. II, 2. Abt., S. 67. — [9]) Marcano u. Muntz, Compt. rend. **113**, 779; Ber. **25**, 4, Ref. — [10]) Barral, JB. 1852, S. 750. — [11]) Martin, ebend. 1853, S. 708. — [12]) Bineau, Compt. rend. **34**, 357. — [13]) Lawes u. Gilbert, JB. 1854, S. 758. — [14]) Boussingault, Ann. ch. phys. [3] **39**, 257 u. **40**, 129. — [15]) W. Knop, Kreislauf des Stoffes **2**, 76, Leipzig 1868. — [16]) Wag, Journ. Roy. Agric. Soc. England **17**, 142, 168. — [17]) Bechi, Ber. **6**, 1203. — [18]) Goppelsroeder, J. pr. Chem. [2] **4**, 139, 383. — [19]) Forchhammer, JB. 1850, S. 621. — [20]) Schöyen, Zeitschr. anal. Chem. **2**, 330. — [21]) s. [9]) u. Muntz, Compt. rend. **114**, 184; Ber. **25**, 188, Ref.

Art des Wassers	Ort	Gehalt an NH_3 pro Liter in mg	Beobachter	Bemerkungen
Regenwasser	Liebfrauenberg i. Els.	0,79	Boussingault[1])	Mittel von 47 Versuchen
"	Möckern	0,3—4,0	W. Wolf u. Knop[2])	—
"	Caracas	0,37—4,01 (Mittel 1,55)	Marcano u. Muntz[3])	—
Nebelwasser	Liebfrauenberg	2,56—7,21	Boussingault	Angeblich einmal 138 mg (?)
Thauwasser	"	1,02—6,20	"	—
"	Möckern	2,0	Knop u. Wolf	—
Flufswasser	Liebfrauenberg	0,016—4,9	Boussingault	—
"	Möckern	0,7—2,35	Knop u. Wolf	—
Meerwasser	Kanal bei Dieppe	2,0	Boussingault	—
"	" " Fécamp	0,57	E. Marchand[3])	—
"	Adriatisches Meer bei Spalato	13,8	Vierthaler[4])	—
"	Irisches Meer	1,1	Thorpe u. Morton[5])	—

die gegenteilige Behauptung[6]) gründet sich nach Muntz nur auf die Heranziehung von Beobachtungen in volkreichen Städten. Immerhin erscheint die Übereinstimmung zwischen den Beobachtungen in Möckern und in Caracas auffallend.

3. In Mineralwässern, an Salzsäure oder andere Säuren gebunden, wurde es zuerst von Murray[7]) und Chevallier[8]), später sehr vielfach nachgewiesen. Andererseits sind aber Mineralwässer wie Brunnenwässer[3]) häufig ganz frei von Ammoniak oder nur mit kaum merklichen Mengen desselben beladen. Immerhin gehört nach dem Gesagten das Ammoniak ebenso wie die salpetrige Säure zu den Bestandteilen, welche in geringer Menge in normalem Wasser vorkommen und deren Nachweis nicht unter allen Umständen auf eine Verunreinigung durch Abfallstoffe od. dergl. hinweist.

4. Im Boden. Ammoniumchlorid und Ammoniumsulfat finden

[1]) Boussingault, Ann. ch. phys. [3] 39, 257 u. 40, 129. — [2]) W. Knop, Kreislauf des Stoffes 2, 76, Leipzig 1868. — [3]) Marcano u. Muntz, Compt. rend. 113, 779; Ber. 25, 4, Ref. — [4]) Vierthaler, Wien. Akad. Ber. 56 [2], 479. — [5]) Thorpe u. Morton, Ann. Chem. 158, 122. — [6]) Alb. Lévy, Compt. rend. 113, 804; Ber. 25, 4, Ref. — [7]) Murray, Phil. Mag. Ann. 6, 284. — [8]) Chevallier, Journ. chim. méd. 10, 33.

sich in der Nähe von Vulkanen und entzündeten Steinkohlenlagern[1]), neben freiem Ammoniak in den Dämpfen der toscanischen Borsäurefumarolen. Bunsen[2]) hatte am Hekla wie Scacchi[3]) und Ranieri[4]) am Vesuv die Ammoniaksalze vorzugsweise da gefunden, wo der Lavastrom Wiesenland überflutete, und nahm daher an, dafs ihre Bildung eine sekundäre sei, teils aus dem Stickstoff der Vegetation herrühre, teils aus der Absorption von Ammoniak aus der Luft durch die mit Wasser durchtränkten Tuffmassen. Dagegen nehmen v. Waltershausen[5]), St. Claire-Deville[6]) und Dauberry[7]) ursprüngliche vulkanische Bildung von Salmiak, etwa aus Salzsäure, Stickstoff und Wasserstoff oder aus Stickstoffmetallen, an. Dafür spricht u. a. der Ammoniakgehalt der von freien Säuren durchtränkten Schlacken am Gipfel und Krater des Vesuvs[8]). — Das Wasser der Borsäurelagunen scheidet beim Einengen Ammoniummagnesiumsulfat ab[9]), am Rande der Fumarolen finden sich Ammoniumsulfat und Ammoniumborat sowie ammoniakhaltige Borsäure. Das Ammoniak dieser Fundquellen könnte aus Stickstoffbor stammen[10]).

Steinsalz von Hall in Tirol, Kochsalz von Rosenheim, Friedrichshall, Orb, Kissingen und Dürkheim ist nach Vogel[11]) salmiakhaltig. Ammoniakalaun findet sich bei Tschermig in Böhmen. Ammoniumbikarbonat, Natriumammoniumphosphat und andere Ammoniaksalze finden sich als Zersetzungsprodukte des Guanos, Ammoniummagnesiumphosphat in vormals mit Harn getränktem Boden. Nach Berthelot und André[12]) rührt der Ammoniakgehalt des Bodens von dem Zerfall amidartiger Körper, wozu ja auch Eiweifsstoffe bezw. deren Spaltungsprodukte zu rechnen sind, her.

Ammoniak findet sich ferner in Eisenerzen, Thonen, Ackererden und anderen porösen Körpern, falls sie Gelegenheit hatten, Ammoniakverbindungen aus Luft oder Wasser aufzunehmen[13]). Nach Austin[14]), Chevallier[13]), Berzelius[15]) sollte sich beim Rosten des Eisens Ammoniak

---

[1]) Glaser, Kastn. Arch. **14**, 69; Blondeau, Compt. rend. **29**, 405; JB. 1849, S. 793. — [2]) Bunsen, Ann. Chem. **62**, 8; **65**, 70. — [3]) Scacchi, Ann. min. [4] **17**, 323; JB. 1850, S. 770. — [4]) Ranieri, Compt. rend. **104**, 338. — [5]) S. v. Waltershausen, Phys.-geogr. Skizze von Island, Göttingen 1847, S. 115. — [6]) Ch. St.-Claire Deville, Bull. géol. [2] **14**, 263; JB. 1857, S. 717. — [7]) Daubeny, Phil. Mag. [4] **5**, 233; JB. 1858, S. 789. — [8]) Palmieri, Compt. rend. **64**, 668; JB. 1867, S. 1032. — [9]) C. Schmidt, Ann. Chem. **98**. 273; O. Popp, ebend. Suppl. **8**, 1. — [10]) H. St.-Claire Deville u. Wöhler, Ann. Chem. **105**, 71; Popp, l. c. — [11]) A. Vogel, J. pr. Chem. **2**, 290. — [12]) Berthelot u. André, Compt. rend. **112**, 189. — [13]) Vauquelin, Ann. chim. phys. **24**, 99; Chevallier, ebend. **34**, 109; Boussingault, ebend. **43**, 334; Bouis, ebend. **35**, 333; Faraday, Quart. Journ. of Science **19**, 16, Ann. Phys. **3**, 455; Schweigg. Journ. **44**, 341; Kastners Arch. **5**, 442, N. Journ. Pharm. **11**, **1**, 64; W. Knop, Chem. Centralbl. 1860, S. 257; Ders., Kreislauf des Stoffes **1**, 115 u. **2**, 82, Leipzig 1868; Ad. Mayer, Agrikulturchemie **2**, 77, Heidelberg 1871. — [14]) Austin, Ann. Chim. **2**, 260. — [15]) Berzelius, JB. Bz. **8**, 115.

bilden, nach Reiset[1]) unter Zwischenbildung von Cyan. Diese Ansicht ist aber durch Will[2]) widerlegt worden.

5. In Pflanzen finden sich Ammoniaksalze in so weiter Verbreitung, dafs ihre Abwesenheit die Ausnahme bildet[3]).

6. Auch im Tierkörper ist Ammoniak, wenn auch meist in geringen Mengen, sehr verbreitet. Menschliche Expirationsluft enthält dasselbe in geringen Spuren[4]). Solche finden sich auch im Blute, im arteriellen Hundeblute im Mittel zu 1,5 mg in 100 g, im Blute der Pfortader etwa 3,4 mal so viel, am meisten in den Ästen der Vena pneumatica, wo 11,2 mg in 100 g Blut ermittelt wurden[5]). Bei gesunden Menschen beträgt der Gehalt nach Winterberg[6]) im Mittel 0,9 mg, nach Salaskin[7]) 0,96 in 100 ccm Blut. Ebenso findet es sich in wechselnder Menge in allen Geweben[7]). Saures harnsaures Ammoniak, das den Hauptbestandteil des Harns von Vögeln und Reptilien bildet, findet sich in geringer Menge auch im Harn der Säugetiere, beim Menschen im Mittel etwa 0,7 g in 24 Stunden; die Menge steigt bei reichlicher Fleischkost, sowie bei Krankheiten, in welchen zufolge vermehrter Eiweifszersetzung erhöhte Säurebildung besteht, bei Fieber, Diabetes u. s. f.[8]).

Bildung. 1. Aus freiem Stickstoff. Der Induktionsfunkenstrom bildet Ammoniak aus einer Mischung von Stickstoff und Wasserstoff[9]), auch die dunkle elektrische Entladung bewirkt die Vereinigung der Elemente[10]). Durch Erhitzen wird deren direkte Vereinigung nur bei Gegenwart von Salzsäure im Devilleschen Apparate in geringer Menge bewirkt[11]).

Nach Mulders[12]), von Fleitmann[13]) nicht bestätigter Angabe soll sich Ammoniak bilden, wenn ein Gemenge von Luft und Schwefelwasserstoff bei 30 bis 40° mit Bimsstein oder Holzkohle zusammentrifft.

---

[1]) Reiset, Compt. rend. 15, 134, 162; JB. Bz. 23, 105; vgl. auch Faraday, Quart. Journ. of Science 19, 16. — [2]) Will, Liebigs Chemie in Anwendung auf Agrikultur, 7. Aufl., I, S. 309. — [3]) Pleischl, Zeitschr. Phys. Math. 2, 156; Liebig, Chemie in Anwendung auf Agrikultur 1, 66, 7. Aufl.; E. Schulze u. H. Schultze, Hennebergs landw. JB. 1867/68, S. 544; Hosaeus, Arch. Pharm. [2] 122, 198; 127, 237; Reichardt, ebend. 122, 193. — [4]) Thiry, Kühnes physiolog. Chem., S. 447, Leipzig 1868. — [5]) Nencki, Pawlow u. Zaleski, Arch. biol. de St. Pétersbourg 4; Hammarsten, Physiolog. Chem. 4. Aufl., S. 173. — [6]) Winterberg, Wien. klin. Wochenschr. 1897; Zeitschr. klin. Med. 35; Hammarsten, Physiolog. Chemie, 4. Aufl., S. 173. — [7]) Salaskin, Zeitschr. physiolog. Chem. 25, 449. — [8]) Rumpf, Virchows Arch. 143; Hallervorden, ebend. — [9]) Regnault, Traité él. de chimie 1846; Morren, Compt. rend. 48, 342; JB. 1859, S. 34; Perrot, Compt. rend. 49, 204; JB. 1859, S. 35; Deville, Compt. rend. 60, 317; Ann. Chem. 135, 104; Chabrier, ebend. 75, 484; Berthelot, Ann. ch. phys. [5] 21, 385. — [10]) Donkin, Lond. R. Soc. Proc. 81, 281. — [11]) Vgl. Gmelin-Kraut, Handbuch 1, 6. Aufl., 2. Abt., 489. — [12]) Mulder, Scheik. Onderz. 5, VII, 404; JB. 1850, S. 290. — [13]) Fleitmann, Ann. Chem. 76, 127.

Die Angabe Decharmes [1]), dafs Luft, die bei 10 bis 52° über feuchte Ackererde geleitet wird, Ammoniak entstehen lasse, ist durchaus unglaubwürdig, da im Widerspruch mit allen Erfahrungen. Auch Druck bis zu 50 Atmosphären bewirkt keine Vereinigung des Gemenges. Die angebliche Vereinigung der Elemente in Gegenwart von Platinschwamm [2]) findet nach Wright [3]) nicht statt.

Nach Fleck [4]) soll durch Überleiten eines Gemenges von Stickstoff, Wasserdampf und Kohlenoxyd über Kalkhydrat zwischen Dunkel- und Hellrotglut Ammoniak gebildet werden, und zwar 1 g pro 100 Liter Luft. Weinmann [5]) konnte dies nicht bestätigen. Ebenso haben sich die Angaben, dafs Ammoniak beim Überleiten von Stickstoff und Wasserstoff über glühenden Natronkalk gebildet werde, als unrichtig erwiesen [6]). Roger u. Jacquomin [7]) wollen ein Ammoniaksalz beim Überleiten von feuchtem Stickstoff über weifsglühende Holzkohle erhalten haben.

Über die Bildung des Nitrits oder Nitrats bei Verdunstungs- und Verbrennungsprozessen ist bei diesen Salzen das Erforderliche gesagt. Beim Verbrennen von Magnesium in atmosphärischer Luft nimmt Aslanoglou [8]) die Bildung von Ammoniak aus intermediär gebildetem Magnesiumnitrid an.

Die freiwillige Bildung aus den Elementen erfolgt nach Bauer [9]), wenn platinierte Platinelektroden von den räumlich getrennten Gasen umgeben und durch Diverssche Flüssigkeit (Ammoniumnitrat, in Ammoniakgas zerflossen) als Elektrolyt leitend umgeben sind.

2. Aus Stickstoffverbindungen. Aus allen Sauerstoffverbindungen des Stickstoffs entsteht Ammoniak, wenn man sie, gemischt mit Wasserstoffgas, über Platinschwamm leitet, aus Stickoxydul und Salpetersäuredampf aber nur in der Wärme [10]). Bei Verwendung von Stickoxyd oder Untersalpetersäure und überschüssigem Wasserstoff gerät selbst kalter Platinschwamm in lebhaftes Glühen und verwandelt unter Explosion sämtlichen Stickstoff in Ammoniak. Platinschwarz wirkt auf die Gemische erst beim Erwärmen und ohne Erglühen ein [11]). Ähnlich wie Platin, aber erst in Glühhitze, wirken Eisenoxyd, gepulverter Bimsstein, schwächer Zinkoxyd, Zinnoxyd, Kupferoxyd [12]).

---

[1]) Decharme, Chem. Centralbl. 1865, S. 782. — [2]) Johnson, Chem. Soc. 1881, I, S. 128; Ber. 14, 1102. — [3]) L. Wright, Chem. Soc. 1881, S. 357; Ber. 14, 2415. — [4]) Fleck, Bolleys Handb. chem. Technol. 1862, II, S. 2, 48. — [5]) Weinmann, Ber. 12, 976. — [6]) Varrentrapp u. Will, Ann. Chem. 39, 266 ff.; Will, Ann. Chem. 45, 95. — [7]) Roger u. Jacquemin, Instit. 1859, S. 103; JB. 1859, S. 117. — [8]) P. L. Aslanoglou, Chem. News 62, 99; Ber. 24, 7, Ref. — [9]) E. Bauer, Ber. 34, 2383. — [10]) Hare, Journ. Pharm. 24, 146; vgl. auch [11]) u. [1]). — [11]) Fr. Kuhlmann, Compt. rend. 1838, S. 1107; JB. Berz. 19, 178; Ann. Pharm. 27, 27, 29, 272; Ann. ch. phys. [3] 20, 223; Ann. Chem. 64, 233; JB. 1847/48, S. 391. — [12]) Reiset, Compt. rend. 15, 134, 162; JB. Berz. 23, 105; vgl. auch Faraday, Quart. Journ. of Science 19, 16.

Naszierender Wasserstoff und andere reduzierende Körper wandeln ebenfalls alle Stickstoffsauerstoffverbindungen, vielleicht mit Ausnahme des Stickstoffoxyduls, in Ammoniak um (Näheres bei den einzelnen Verbindungen). Bei der Elektrolyse von Salpetersäure tritt nach Ihle[1]) Ammoniakbildung ein, wenn die Abspaltung der Hydroxylionen nicht zu schnell geschieht; demgemäfs wirkt Vergröfserung der Stromdichte günstig auf diese Bildung ein.

Phosphor-, schwefel-, jod- und -chlorhaltige Stickstoffverbindungen sowie die Stickstoffmetalle liefern bei der Zersetzung durch Wasser, Säuren oder Alkalien häufig Ammoniak.

Stickstoffhaltige organische Verbindungen erzeugen Ammoniak bei vielerlei Zersetzungen. Die technisch wichtigste, welche zur Zeit die Hauptmenge des zur Verwendung gelangenden Ammoniaks liefert, ist die trockene Destillation. Derselben ähnlich wirkt die Behandlung mit stark wasserentziehenden und zugleich sauren Mitteln; für analytische Zwecke vielfach verwendet wird konzentrierte Schwefelsäure, meist noch in Verbindung mit rauchender Schwefelsäure und Phosphorsäureanhydrid sowie mit einem Oxydationsmittel, um die Zerstörung der organischen Substanz zu vervollständigen (Kjeldahl).

Auch bei Erhitzung mit Kali- oder Natronhydrat geben viele organische Substanzen ihren Stickstoff in Form von Ammoniak ab. Beim Glühen mit hinreichendem Überschufs von Natronkalk werden alle stickstoffhaltigen organischen Verbindungen, mit Ausnahme der von der Salpetersäure abgeleiteten, in der Weise zerlegt, dafs sämtlicher Stickstoff als Ammoniak austritt; dies gilt selbst für Cyanverbindungen bei hinreichend langem Glühen[2]).

Nach Berthelot[3]) werden stickstoffhaltige organische Verbindungen auch durch Erhitzen mit einem grofsen Überschufs von rauchender Jodwasserstoffsäure auf 275 bis 280° unter Bildung von Ammoniak zerlegt.

Bei der Fäulnis wie bei der Gärung stickstoffhaltiger organischer Substanzen entsteht Ammoniak in grofsen Mengen, und wahrscheinlich sind die ersten in der Geschichte vermerkten Ammoniaksalze, insbesondere also der Salmiak, in dieser Weise erhalten worden. Man nimmt heute im allgemeinen an, dafs diese Zersetzungen unter dem Einflusse von Mikroben erfolgen. Dafs auch andere Kräfte dabei wirksam sein können, zeigt ein Versuch von Loew[4]). Derselbe erhielt Ammoniak bei der Einwirkung von mit Sauerstoff beladenem Platinmohr auf Lösungen, welche neben Nitraten eine oxydierbare organische Substanz, am besten ein Kohlehydrat, enthielten.

Darstellung. Ammoniakgas sowie dessen wässerige Lösung

[1]) R. Ihle, Zeitschr. physikal. Chem. 19, 572. — [2]) Varrentrapp u. Will, Ann. Chem. 39, 266 ff. — [3]) Berthelot, Bull. soc. chim. [2] 9, 178; JB. 1867, S. 347. — [4]) O. Loew, Ber. 23, 675.

werden jetzt zumeist aus dem Ammoniumkarbonat des Gaswassers gewonnen, indem dieses Salz zunächst in Chlorid oder Sulfat verwandelt und aus diesen Salzen durch Ätzkalk das Ammoniak in Freiheit gesetzt wird. Auch wird zuweilen das Gaswasser direkt dieser Zersetzung unterworfen. In diesem Falle, ebenso wie bei der Verwendung nicht besonders gereinigter Salze, erhält man das Ammoniak mit verwandten flüchtigen organischen Basen, Aminen u. dergl. gemengt. Will man reines Ammoniak haben, so müssen diese Verunreinigungen durch Behandlung mit konzentrierter Salpetersäure (Stas) oder Salpetersalzsäure und wiederholtes Umkrystallisieren beseitigt werden. Auch Destillation mit Kaliumpermanganatlösung von 1 bis 3 Proz. führt zum Ziele[1]).

Will man das Ammoniakgas als solches gewinnen, so erwärmt man trockenen Salmiak bezw. eins der anderen genannten Salze mit zu pulverigem Hydrat gelöschtem Kalk, leitet das entweichende Gas durch ein weites Rohr oder einen Trockenturm mit Kalihydrat, gebranntem Kalk oder Natronkalk und fängt es über Quecksilber auf. Man kann auch, da das Ammoniakgas leichter als atmosphärische Luft ist, es in trockenen, mit der Mündung nach unten gerichteten Gefäfsen sammeln.

Die Umsetzung zwischen Salmiak und Kalkhydrat vollzieht sich nach der Gleichung:

$$2\,ClNH_4 + CaO_2H_2 = Cl_2Ca + H_2O + 2\,NH_3.$$

Um ganz trockenes Gas zu gewinnen, soll man aber auf 1 Tl. Salmiak 2 Tle. Ätzkalk nehmen.

Doch ist eine vollständige Austreibung des Ammoniakgases aus der die Wärme schlecht leitenden porösen Masse nur durch starkes Erhitzen zu erzielen, welches bei Anwendung von Glasgefäfsen deren Zerstörung zur Folge hat. Man verwendet deshalb zur Gewinnung gröfserer Mengen Ammoniakgas auf diesem Wege eiserne Gefäfse.

Leichter, weil schon bei erheblich niedrigerer Temperatur, erfolgt die Darstellung des Gases aus Ammoniumkarbonat.

Sehr bequem ist die Darstellung des Gases durch Erwärmen der konzentrierten Ammoniakflüssigkeit. Die mitgerissenen Wasserdämpfe werden durch die bereits erwähnte Trockenvorrichtung entfernt. Sättigt man die Lösung zuvor mit Chlorcalcium, so ist schon das beim Erhitzen entweichende Gas sehr wasserarm[2]). Nach Weyl[3]) kann man eine mit Ammoniakgas gesättigte Chlorcalciumlösung lange Zeit unverändert aufbewahren und durch Erwärmen derselben einen regelmäfsigen Gasstrom erhalten. Nach Neumann[4]) erhält man das Gas in reichlicher Menge und in konstantem Strome durch Einwirkung von Ammoniakflüssigkeit auf Kaliumhydroxyd.

---

[1]) E. Schering, Arch. Pharm. [2] 146, 25. — [2]) A. Vogel jun., N. Repert. Pharm. 4, 244. — [3]) Weyl, Ann. Phys. 123, 362. — [4]) G. Neumann, J. pr. Chem. [2] 37, 342.

In den meisten Fällen, besonders im Grofsbetriebe, will man nicht das Ammoniakgas, sondern dessen mehr oder weniger konzentrierte wässerige Lösung, den Salmiakgeist, gewinnen. In kleinem Mafsstabe verwendet man hierzu die bereits für die Gewinnung des Gases erwähnte Methode, Zersetzung der Ammoniaksalze durch Kalk; doch kann man an Stelle des pulverigen Kalkhydrats dessen Mischung mit Wasser, Kalkmilch anwenden, wodurch ein viel leichter und bequemer zersetzbares Gemisch resultiert. An Stelle der Trockenvorrichtung tritt ein Waschgefäfs mit sehr wenig Wasser, an welches sich das eigentliche, mit Wasser beschickte Absorptionsgefäfs schliefst. Da bei der grofsen Löslichkeit des Ammoniakgases in Wasser die Flüssigkeit sonst leicht zurücksteigt, versieht man zweckmäfsig sowohl das Destillationsgefäfs als die Vorlagen mit Sicherheitsröhren. Will man sehr konzentrierte Ammoniakflüssigkeit bereiten, so mufs das Absorptionsgefäfs gekühlt werden.

Obwohl nach der oben angegebenen Gleichung für 107,06 Tle. Salmiak nur 56,1 Tle. Ätzkalk erforderlich wären, also nur etwas mehr als die Hälfte, so erhält man nach Mohr [1]) eine vollkommene Ausbeute an Ammoniak nur dann mit Leichtigkeit, wenn man auf 4 Tle. Salmiak 5 Tle. Kalk anwendet. Es soll sich nämlich eine Verbindung von Chlorcalcium mit Kalk bilden, welche für sich erst bei hoher Temperatur zersetzend auf Salmiak wirkt. Bei Benutzung des angegebenen Verhältnisses ist nun der Rückstand eine durch Wasser äufserst schwierig aufweichbare Masse, die daher aus Glasgefäfsen kaum entfernt werden kann. Man verwendet deshalb meist eiserne Entwickelungsgefäfse, deren Form und Gröfse natürlich verschieden sein kann.

Für die Darstellung im grofsen trägt man z. B. 100 kg Salmiak in einen Kessel mit flachem Rande ein, vermischt denselben unter heftigem Umrühren mit 100 kg gebranntem Kalk, der vorher mit etwa 300 kg Wasser abgelöscht ist, nach völligem Erkalten dieser Mischung. Dann lutiert man einen passenden, mit Helm versehenen Deckel auf und verbindet denselben mit dem Kühlrohr. Dieses liegt in einem Wasserbottich und endigt in einem abwärts gebogenen Schnabel, der durch eine Bohrung des Verschlufskorks in einen grofsen Ballon hineinführt. Durch die zweite Bohrung dieses Korks führt ein rechtwinklig gebogenes Abzugsrohr in ein Absorptionsgefäfs mit Wasser.

Zum Lutieren so grofser Apparate verwendet man am besten einen Teig aus Roggenmehl, für kleinere kann auch ein Gemenge von Eiweifs und gepulverter Kreide oder ein Ölkitt aus Firnis und Kreide dienen.

Nachdem das Lutum erhärtet ist, wird der Kessel durch direktes Feuer erhitzt. Es entweicht dann das Ammoniakgas durch das eiserne Kühlrohr, in welchem die Wasserdämpfe verdichtet werden, so dafs s

[1]) Mohr, Arch. Pharm. [2] 58, 129.

nebst dem von ihnen absorbierten Ammoniak in dem Ballon bleiben, während die Hauptmenge des Gases in das Absorptionsgefäfs gelangt. Dieses bleibt so lange stehen, bis sein Inhalt das gewünschte spezifische Gewicht aufweist, und wird dann gegen ein anderes, mit frischem Wasser gefülltes ausgetauscht. Die Flüssigkeit in dem Ballon ist gewöhnlich etwas gefärbt und wegen der vorhandenen Verunreinigungen nicht für alle Zwecke verwendbar. Wo sie nicht anders verwertet werden kann, benutzt man sie bei der nächsten Operation an Stelle reinen Wassers zur Kesselfüllung.

Man kann bei dem geschilderten Apparate erheblich an Feuerung sparen, wenn man auf dem Deckel des Kessels einen durch Hahn verschliefsbaren Trichter anbringt, den Apparat zunächst nur mit dem Gemisch von Salmiak und trockenem Ätzkalk beschickt und die erforderliche Menge Wasser erst unmittelbar vor der Operation durch den Trichter einfliefsen läfst. Auf diese Weise wird die beim Löschen des Kalkes auftretende Reaktionswärme für die Erhitzung der Flüssigkeit ausgenutzt und dieselbe ist so grofs, dafs man für gute Kühlung der Vorlagen sorgen mufs, damit nicht ein Theil des plötzlich und stürmisch entwickelten Ammoniakgases unabsorbiert entweicht.

Statt des Salmiaks kann auch Ammoniumsulfat als Ausgangsmaterial dienen. Da hierbei als Nebenprodukt der schwer lösliche Gips entsteht, mufs mehr Wasser angewendet werden, um die erforderliche völlige Verflüssigung der Masse zu erzielen.

Fresenius[1]) empfiehlt als das Zweckmäfsigste die gemeinsame Anwendung beider Salze, weil hierbei einerseits weniger Wasser gebraucht wird als beim Sulfat allein, andererseits ein bröckliger, lockerer Rückstand an Stelle des beim Chlorid allein resultierenden harten erhalten wird. Für das von ihm benutzte eiserne Entwickelungsgefäfs werden 6,5 kg Salmiak und 3,5 kg Ammoniumsulfat, rohe aber nicht brenzlig riechende Salze, in Stücken von höchstens Linsengröfse mit 10 kg Kalk, die mit 4 kg Wasser zu pulverigem Hydrat gelöscht sind, in abwechselnden Schichten eingetragen, im Gefäfs erst trocken und dann, nach Zugabe von 8 kg Wasser, abermals gemengt. In das Absorptionsgefäfs kommen 21 kg Wasser. Man erhält so gegen 84 Proz. des in den angewendeten Salzen enthaltenen Ammoniaks als Ammoniakwasser von 11,1 Proz.

Harms[2]) benutzt Ammoniumkarbonat, das mit 2 bis 3 Tln. Kalkhydrat gemengt und noch mit solchem überschichtet wird.

Auch durch Destillation von Kaliumnitrit mit Ätzkali und metallischem Zink läfst sich ganz reines Ammoniak gewinnen. Es reduziert hierbei der durch die Einwirkung des Zinks auf Ätzkali entstehende Wasserstoff das Nitrit: $NO_2K + 6H = KOH + H_2O + NH_3$.

---

[1]) Fresenius, Zeitschr. anal. Chem. 1, 186. — [2]) Harms, Arch. Pharm. [2] 86, 282.

Bei den mannigfachen Verwendungen des Ammoniaks hat man für die Darstellung in grofsem Mafsstabe an Stelle der Ammoniumsalze billigere Rohstoffe in Anwendung zu ziehen gesucht. In erster Linie kommt hierfür die direkte Darstellung aus dem Gaswasser in Betracht. In diesem, dem wässerigen Destillationsprodukte der Steinkohlen, findet sich der Stickstoff gewöhnlich als Ammoniak in freier und gebundener Form, als Sulfid, kohlensaures, unterschwefligsaures und rhodanwasserstoffsaures Salz, selten als Chlorid oder Sulfat. Der Gehalt verschiedener Gaswässer an diesen Bestandteilen ist, je nach Art der vergasten Kohle, ein ungemein wechselnder. Der Gehalt an freiem Ammoniak schwankt zwischen 0,5 und 1,8 Proz., der an Ammoniumsalzen zwischen 1 und 5 Proz. Zur näheren Beleuchtung diene folgende von Gerlach[1]) aufgestellte Tabelle über den Gehalt des Gaswassers in verschiedenen Städten. In je 1 Liter Gaswasser sind enthalten:

	Chemnitz	Andere Stadt in Sachsen	Bonn	Trier	Zürich
	Zwickauer Kohle	Zwickauer Kohle	Ruhrkohle	Saarkohle	Saarkohle
Ammoniak im ganzen NH_3	12,09	9,40	18,12	15,23	3,47
Unterschwefligsaures Ammonium $(NH_4)_2 . S_2O_3$	1,036	1,628	5,032	2,072	0,296
Schwefelammonium $(NH_4)_2S$	0,340	0,646	6,222	2,468	1,428
Doppelt kohlensaures Ammonium $(NH_4)HCO_3$	1,050	1,470	2,450	33,763 (zusammen)	5,856 (zusammen)
Einfach kohlensaures Ammonium $(NH_4)_2CO_3$	4,560	7,680	33,120		
Schwefelsaures Ammonium $(NH_4)_2SO_4$	0,462	0,858	1,320	4,922 (zusammen)	1,926 (zusammen)
Chlorammonium NH_4Cl	30,495	17,120	3,745		
Ammoniumsalze im ganzen	37,943	29,402	51,889	43,225	9,506

Nach Anderson und Roberts[2]) ist die Menge des in Form von Ammoniak entwickelten Stickstoffs teilweise abhängig von der Struktur der stickstoffhaltigen Bestandteile, teilweise von der Menge des zur Bindung des Stickstoffs verfügbaren Wasserstoffs und teilweise von der Zeit, während welcher oberhalb einer bestimmten Temperatur der Stickstoff dem Einflusse des Wasserstoffs unterworfen ist. Zuweilen enthalten die entwickelten Gase 25 Proz. des Gesamtstickstoffs in elementarer Form, zufolge der oberhalb 500° erfolgenden Zersetzung des Ammoniaks.

Früher wurde das Gaswasser direkt durch Schwefelsäure gesättigt

[1]) Gerlach, s. Muspratts Techn. Chem. 4. Aufl., S. 863. — [2]) Anderson u. Roberts, Journ. Soc. Chem. Ind. 18, 1099; Chem. Centralbl. 1900, I, S. 443.

und durch Eindampfen in festes Ammoniumsulfat übergeführt. Da dieses, auf solche Weise gewonnen, starke Verunreinigungen aufweist, ist dieser rohe Prozeſs verlassen worden, und es wird jetzt allgemein das Ammoniak aus dem Gaswasser durch Destillation unter Zusatz von Kalk abgetrieben, und das Destillat erst event. in Salze übergeführt.

Um hierbei das Ammoniak von Wasser und anderen weniger flüchtigen Bestandteilen nach Möglichkeit zu befreien, werden zwischen die mannigfach gestalteten Destillationsapparate und die Kondensatoren Apparate zur Dephlegmation bezw. Rektifikation eingeschaltet, welche den in der Spiritusindustrie üblichen nachgebildet sind. Um die letzten Spuren von Teerdämpfen zu beseitigen, dienen Absorptionsgefäſse, welche mit frisch geglühter Holzkohle oder mit Olivenöl (Pfeiffer) gefüllt sind.

Nach Pfeiffer[1]) enthält Gaswasser etwa zwei Drittel seines Ammoniakgehaltes ungebunden, so daſs zur Abtreibung nur die dem letzten Drittel entsprechende Kalkmenge nötig wäre. Dabei verzögert sich aber die Austreibung der letzten Mengen sehr erheblich, und es wird deshalb ein Überschuſs von 20 kg Ätzkalk zur Blasenfüllung empfohlen.

Bei gewissen Betriebsstörungen kann unzersetztes Gaswasser in gröſseren Mengen überdestillieren und lästige Verunreinigungen des Reinigungssystems herbeiführen. Dies läſst sich nach Pfeiffer[1]) mit groſser Sicherheit durch Einschaltung eines mit Natronlauge beschickten Wäschers zwischen den Kohlenreinigern und den Absorptionsgefäſsen beseitigen.

Es ist auch vorgeschlagen worden, das Ammoniak des Leuchtgases direkt oder das aus dem Gaswasser entwickelte durch Torf absorbieren zu lassen und aus der erhaltenen Masse durch gelinde Erwärmung, auf 30 bis 40°, höchstens auf 80°, wieder auszutreiben[2]).

Bei jeder mit Steinkohlen bewirkten Feuerung tritt die Bildung von Ammoniak ein. Versuche, derartige Feuerungsanlagen für die Ammoniakbereitung nutzbar zu machen, haben bisher keinen Erfolg gehabt. Nur an Koksöfen und Hochöfen hat man zweckmäſsige Kondensationsanlagen anbringen können. Die Verarbeitung der Kondensationsprodukte erfolgt in analoger Weise wie die des Gaswassers.

Eine direkte Gewinnung aus Koks wurde in der Weise versucht, daſs über dieselben unter Erhaltung hoher Temperatur erst Wasserdampf, dann ein Gemisch desselben mit Feuergasen geleitet wurde[3]). Auch Braunkohlen und Torf sind auf Ammoniak verarbeitet worden. Ferner gehören Knochen zu den Ausgangsmaterialien, welche bei der trockenen Destillation (behufs Gewinnung der Knochenkohle) Ammoniakwasser als Nebenprodukt liefern.

---

[1]) Pfeiffer, Journ. Gasbel. 43, 89. — [2]) E. de Cuyper, D. R.-P. Nr. 70791. — [3]) J. Meikle, Engl. Pat. Nr. 25173 (1894).

Eine ergiebige Quelle für Ammoniak bilden die Fäkalien. Die Verarbeitung ist nur dann rationell, wenn eine gleichzeitige Verwertung der festen wie der flüssigen Anteile möglich ist. Bei dem Verfahren von Buhl und Keller[1]) werden die Fäkalien mit etwas Kalksalz und rohem Manganchlorür gut vermischt. Nach erfolgter Klärung werden die Flüssigkeiten mit Wasserdampf destilliert und aus den Dämpfen das Ammoniak durch Schwefelsäure kondensiert; die festen Anteile werden geprefst, getrocknet und auf Düngepulver verarbeitet.

Nach Nast[2]) wird die Ausbeute durch Zusatz von 20 Proz. Kochsalz erheblich gesteigert. Wedemeyer[3]) unterwirft das Gemisch fester und flüssiger Fäkalien der Destillation in einem Mehrkörperverdampfapparate, der mit Flügelwerken zum Zerschlagen des Schaumes versehen ist und zwischen den einzelnen Verdampfern die mit Säure beschickten Absorptionsgefäfse enthält.

Aus mittelst Kalkmilch geklärten Abwässern läfst sich Ammoniak durch den Einflufs eines Vakuums in Nachbarschaft von verdünnter Schwefelsäure leicht gewinnen[4]).

Zahlreiche Vorschläge wurden gemacht, das bei der Verarbeitung der Zuckerrüben auftretende Ammoniak zu gewinnen, teils durch Kondensation des in den Dämpfen beim Eindampfen des Dünnsaftes entweichenden, teils durch trockene Destillation der Melasseschlempe für sich oder unter Zusatz von Kalk, Kohle u. s. w.[5]).

Aus den Cyanverbindungen, welche in den Rohkarbonaten des Leblancschen Prozesses enthalten sind, gewinnt man Ammoniak, indem man dieselben in geschlossenen Gefäfsen mit Dampf oder überhitztem Dampf bei 300 bis 500° behandelt[6]), oder durch Einwirkung von Natronsalpeter auf die stark konzentrierte Lösung. Im letzten Falle rührt das gebildete Ammoniak wesentlich aus dem Salpeter her. Aus diesem kann man es durch Erhitzen mit verschiedenen organischen Stoffen, z. B. Naphtalin, Teerölen oder Schwerölen, auf 800 bis 900° gewinnen[7]).

Da Cyanmetalle aus Stickstoff, Kohlenstoff und Metall gewonnen und durch Wasserdampf unter Bildung von Ammoniak umgewandelt werden können, so lag der Gedanke nahe, diesen Prozefs für die Gewinnung von Ammoniak aus der Luft zu verwerten.

Margueritte und Sourdeval[8]) empfahlen zu diesem Zwecke, Luft über ein glühendes Gemenge von Baryt und Kohle zu leiten und

---

[1]) Buhl u. Keller, D. R.-P. Nr. 27671. — [2]) W. F. Nast, D. R.-P. Nr. 40980. — [3]) K. Wedemeyer, D. R.-P. Nr. 87591. — [4]) Mylius, D R.-P. Nr. 66465; Seifert, D. R.-P. Nr. 71414. — [5]) Vincent, Polyt. Journ. 230, 270; Waghäusel, D. R.-P. Nr. 15702; vgl. ferner die D. R.-P. Nr. 43845, 47190, 71408, 78442, 86400, 89147. — [6]) Mathieson u. Hawliczek, D. R.-P. Nr. 40987. — [7]) Boudoin u. Delort, D. R.-P. Nr. 57254; Fouler, D. R.-P. Nr. 75610. — [8]) Margueritte u. Sourdeval, Compt. rend. 50, 1100; JB. 1860, S. 224.

das erzeugte Baryumcyanid durch Wasserdampf bei 300° zu zerlegen. Bogarty [1]) bringt Luft bezw. überhitzte Generatorgase in einer Retorte, die in einem Schachtofen von aufsen beheizt wird, mit einem Gemenge von pulverisierter Kohle und Alkali in möglichst lange Berührung.

Auf einem ähnlichen Gedanken beruht der Vorschlag von Hunt, Salmiak durch Überleiten von Stickstoff mit Salzsäuregas über brennende Kohle zu gewinnen.

Es wurde auch versucht, die synthetische Bildung des Ammoniaks aus den Elementen mit Hülfe elektrischer Ströme [2]) oder in Gegenwart von Kontaktkörpern technisch zu benutzen. Nach Lambilly [3]) soll das Verfahren erleichtert werden, wenn man dem Stickstoff und Wasserstoff aufser Wasserdampf noch Kohlendioxyd oder Kohlenoxyd beimengt, so dafs Ammoniumbikarbonat bezw. Ammoniumformiat gebildet wird. Diese Bildung erfolgt am reichlichsten bei 40 bis 60° für das Bikarbonat und bei 80 bis 130° für das Formiat. Die Lösung der in Wasser aufgefangenen Gase wird dann über Kalk destilliert.

Aus Nitriten kann Ammoniak durch Einwirkung von Schwefelwasserstoff nach der Gleichung $NO_2R + 3H_2S = ROH + 3S + NH_3 + H_2O$ gewonnen werden [4]).

Aus Salmiak kann man das Ammoniak im grofsen in der Art neben Salzsäure und Chlor gewinnen, dafs man die Dämpfe bei Temperaturen, welche dieselben dissoziieren lassen, über Substanzen leitet, welche nur die Salzsäure binden, um sie unter gewissen Bedingungen wieder abzugeben, das Ammoniak aber unverändert lassen. Solche Substanzen sind die Oxyde des Nickels, Kobalts, Eisens, Mangans, Aluminiums, Kupfers und Magnesiums. Bei Anwendung von Eisen und Mangan entstehen bei der Behandlung mit Luft (zur Austreibung der Salzsäure) höhere Oxyde, die das Ammoniak zersetzen würden und deshalb vor der Neuverwendung durch reduzierende Gase reduziert werden müssen. An Stelle der Oxyde kann man auch die neutralen Salze feuerbeständiger mehrbasischer Säuren, wie Kieselsäure, Borsäure und Phosphorsäure, verwenden. Die Verdampfung des Salmiaks wird durch vorheriges Verschmelzen mit Zinkchlorid erleichtert oder durch Anwendung von vermindertem Druck oder eines Stromes von indifferentem Gas oder Dampf. — Das in dieser Weise bereitete Ammoniakgas wird behufs Reinigung von mitgerissenen Salmiakdämpfen durch heifse Kalkmilch oder eine ungesättigte heifse Ammoniumchloridlösung gewaschen. In ähnlicher Weise entzieht man den indifferenten Gasen, welche zum Erhitzen der gechlorten Oxyde oder Salze gedient haben, jede Spur von Ammoniak oder Salmiak [5]).

---

[1]) Bogarty, D. R.-P. Nr. 44653. — [2]) Müller u. Geisenberger, Engl. Pat. Nr. 1592 (1879). — [3]) P. R. de Lambilly, D. R.-P. Nr. 74275. — [4]) Goerlich u. Wichmann, D. R.-P. Nr. 87135. — [5]) Ludwig Mond und Deutsche Solway-Werke, D. R.-P. Nr. 40685 und Zusätze Nr. 40686, 47514, 78716.

Schliefslich ist vorgeschlagen worden, Ammoniak bei der Zersetzung des Natriumamalgams, das bei der Elektrolyse von Chlornatrium resultiert, zu gewinnen, indem man diese Zersetzung durch Natronsalpeter in Lösung unter passender Erhitzung bewirkt. Es resultiert dann das Ammoniak neben Natronlauge und dem regenerierten Quecksilber [1]).

Das Ammoniak wird in allen Fällen entweder in Wasser oder, wenn man Salze erhalten will, in den entsprechenden Säuren absorbiert. Bei der Darstellung aus Gaswasser ist häufig noch Rhodanwasserstoffsäure in den Produkten enthalten. Zu deren Entfernung empfiehlt Blochmann [2]) Behandlung mit Chlor, Chlorwasser oder Hypochloriten.

In flüssigem Zustande erhält man das Ammoniak durch Erhitzen von mit Ammoniakgas gesättigtem Chlorsilber in einem Schenkel eines knieförmig gebogenen, zugeschmolzenen Glasrohres, dessen anderer Schenkel durch Eis gekühlt wird [3]). Die Temperatur mufs 112 bis 119° betragen [4]). An Stelle des Chlorsilberammoniaks kann auch Chlorcalciumammoniak oder die durch Einwirkung von Ammoniak auf Ammoniumnitrat erhaltene Flüssigkeit (Divers und Raoult) oder mit Ammoniak gesättigte Holzkohle [Melsens [5])] Verwendung finden. — Das ausgetriebene Ammoniak wird von dem in dem erhitzten Schenkel verbliebenen Chlorid u. s. w. beim Erkalten begierig wieder aufgenommen.

Trockenes Ammoniakgas läfst sich auch unter Atmosphärendruck bei genügender Abkühlung verflüssigen. Diese bewirkte Bunsen [6]) durch eine Mischung von Chlorcalcium und Eis, Loir und Drion [7]), dem Vorgange Bussys folgend, durch schnelle Verdunstung von flüssigem Schwefeldioxyd.

Flüssiges Ammoniak wird, da es sich seiner hohen Verdunstungswärme wegen trefflich zur künstlichen Eisbereitung eignet, fabrikmäfsig dargestellt. Für die Kondensation kommen hauptsächlich die Apparate von Carré und von Tellier, Baudin und Hausmann in Betracht. Der Versand erfolgt in Stahlflaschen, von denen sich besonders die nach dem Mannesmann-Verfahren hergestellten bewährt haben. Das käufliche Produkt enthält zwischen 96,984 und 99,792 Proz. Ammoniak, daneben etwas karbaminsaures Ammoniak, Schmieröl von den Maschinenteilen, Mineralsubstanzen und verschiedene organische Substanzen, wie Alkohole und Aceton.

Das flüssige Ammoniak bildet eine farblose, sehr leicht bewegliche Flüssigkeit von stärkerem Lichtbrechungsvermögen als Wasser [3]). Das spezifische Gewicht ist nach Faraday bei $+10^0 = 0{,}76$, bei 15,5°

---

[1]) C. Kellner, D. R.-P. Nr. 80300. — [2]) Blochmann, D. R.-P. Nr. 73560. — [3]) Faraday, Quart. Journ. of Science 19, 16; Ann. Phys. 3, 455; Schweigg. Journ. 44, 341; Kastners Arch. 5, 442; N. Journ. Pharm. 11, I, 64. — [4]) Niemann, Brandes' Arch. 36, 180. — [5]) Melsens, Compt. rend. 77, 781. — [6]) Bunsen, Ann. Phys. 46, 102. — [7]) Loir u. Drion, Bull. soc. chim. 1860, S. 184.

= 0,731, nach Jolly[1]) bei 0° = 0,6234 (bezogen auf Wasser von 0°), nach Andréeff[2]) bei

—10,7°	0°	+1,1°	5,4°	10,4°	16,5°
0,6502	0,6362	0,6347	0,6288	0,6228	0,6134.

Setzt man das Volumen bei 0° = 1, so ist es bei

—10°	—5°	+5°	+10°	+15°	+20°
0,9805	0,9900	1,0105	1,0215	1,0330	1,0450[2]).

Ausführlicher berechnete Lange[3]) aus seinen Bestimmungen die folgenden Daten:

Temperatur °C.	Spezif. Gew.	Volumenänderung $v_0 = 1$	Mittlerer Ausdehnungskoeffizient	Temperatur °C.	Spezif. Gew.	Volumenänderung $v_0 = 1$	Mittlerer Ausdehnungskoeffizient
—50	0,6954	0,9119	—	30	0,5918	1,0715	0,00257
—45	0,6895	0,9197	0,00171	35	0,5839	1,0860	0,00271
—40	0,6835	0,9277	0,00174	40	0,5756	1,1015	0,00285
—35	0,6775	0,9359	0,00177	45	0,5671	1,1180	0,00299
—30	0,6715	0,9443	0,00180	50	0,5584	1,1355	0,00313
—25	0,6654	0,9529	0,00182	55	0,5495	1,1540	0,00326
—20	0,6593	0,9617	0,00185	60	0,5404	1,1735	0,00338
—15	0,6532	0,9708	0,00189	65	0,5310	1,1942	0,00353
—10	0,6469	0,9802	0,00194	70	0,5213	1,2164	0,00380
— 5	0,6405	0,9899	0,00198	75	0,5111	1,2407	0,00399
0	0,6341	1,0000	0,00204	80	0,5004	1,2673	0,00428
5	0,6275	1,0105	0,00210	85	0,4892	1,2963	0,00458
10	0,6207	1,0215	0,00217	90	0,4774	1,3281	0,00491
15	0,6138	1,0330	0,00225	95	0,4652	1,3631	0,00527
20	0,6067	1,0451	0,00234	100	0,4522	1,4021	0,00572
25	0,5993	1,0579	0,00245				

Nach demselben ist

	bei 13—16,2°	36,3—37,3°	65—66°
Drucksteigerung für 1° C.	17,5	16,0	12,5 Atm.
Zusammendrückbarkeitskoeffizient . .	0,000128	0,000178	0,000304.

Die spezifische Wärme fanden Ludeking und Starr[4]) zwischen 0 und 46° im Mittel = 0,886, Elleau und Ennis[5]) zwischen 0 und 20° = 1,0206, in der Abhängigkeit von der Temperatur der modifizierten Ledouxschen Formel $x = 0{,}9834 + 0{,}003658\,t$ entsprechend.

Der Siedepunkt wurde von Bunsen zu —33,7° bei 749,3 mm, von Regnault[6]) zu —38,5° bei 760 mm, von Loir und Drion zu —35,7° angegeben.

[1]) Jolly, Ann. Chem. 117, 181. — [2]) Andréeff, ebend. 110, 1. — [3]) Lange, Chem. Ind. 21, 191. — [4]) C. Ludeking und J. E. Starr, Sill. Journ. 45, 200; Ber. 26, 359, Ref. — [5]) L. A. Elleau u. W. D. Ennis, Journ. Frankl. Inst. 145, 189; Chem. Centralbl. 1898, I, S. 1094. — [6]) Regnault, JB. 1863, S. 70.

Die Dampfspannung ist nach Faraday[1]) bei

28,3°	16,3°	0°	—12,5°	—40°
10	7	4,5	3	1 Atmosphären,

nach Bunsen[2]) bei

20°	10°	0°	—5°	—33,7°
8,8	6,5	4,8	4	1 Atmosphären,

nach Regnault[3]) in Millimeter Quecksilber

bei —30° . . .	866,09	+ 40° . . .	11595,30
20° . . .	1392,13	50° . . .	15158,33
10° . . .	2144,62	60° . . .	19482,10
0° . . .	3183,34	70° . . .	24675,55
+10° . . .	4575,03	80° . . .	30843,09
20° . . .	6387,78	90° . . .	38109,22
30° . . .	8700,97	100° . . .	46608,24,

so daſs für die Spannkraftsformel

$\log F = a + b\alpha^t + c\beta^t$ $a = 11{,}5043330$, $b = -7{,}4503520$, $c = -0{,}9499674$, $\log \alpha = 0{,}9996014-1$, $\log \beta = 0{,}9939729-1$ ist und $t = T$ (Temperatur) $+ 22$ ist.

Die Verdampfungswärme beträgt etwa 300 Kal.[4]).

Den galvanischen Strom leitet flüssiges Ammoniak, wie Kemp zuerst konstatierte, nur unvollkommen und mit geringer Gasentwickelung. Die Vermutung dieses Forschers, daſs die Leitung bei seinem Präparate wohl überhaupt nur durch einen Wassergehalt desselben bedingt sei, dürfte aber nicht zutreffen, denn auch die neueren Versuche haben bei den reinsten Präparaten stets eine wenn auch sehr geringe Leitfähigkeit ergeben. Goodwin, de Kay und Thompson[5]) fanden dieselbe $= 1{,}6 \cdot 10^{-4}$ mit einem Temperaturkoeffizienten von $0{,}011 \cdot 10^{-4}$ zwischen -30 und -12^0, Cady[6]) $= 71 \cdot 10^{-7}$, Frenzel[7]) bei $-79{,}3^0 = 1{,}33 \cdot 10^{-7}$ und bei $-73{,}6^0 = 1{,}47 \cdot 10^{-7}$ mit einem Temperaturkoeffizienten von 1,9 Proz. für 1°. Die Dielektrizitätskonstante, die bei $-34^0 = 22$ ist[5]), nähert sich der des Wassers, wenn man beide bei ihren Siedepunkten vergleicht, von 22 : 80 auf 22 . 52,2[7]). Die Leitfähigkeit ist nach Frenzels Ansicht bedingt durch Dissoziation in Ionen: 1. $\overline{NH_2} + \overset{+}{H}$; 2. $\overline{\overline{N}H} + 2\overset{+}{H}$; 3. $\overline{\overline{\overline{N}}} + 3\overset{+}{H}$. Dieselbe wird durch Wasserzusatz ziemlich bedeutend erhöht, aber nicht so stark, wie bei völliger Addition zu NH_4OH zu erwarten wäre[7]).

---

[1]) Faraday, Ann. Chem. 106, 158. — [2]) Bunsen, Ann. Phys. 46, 95. — [3]) Regnault, JB. 1863, S. 70. — [4]) Franklin u. Kraus, Am. Chem. Journ. 20, 820, 836, 21, 8; Chem. Centralbl. 1899, I, S. 330, 331, 515; vgl. auch Weyl, Ann. Phys. 121, 601 u. 123, 350; Ch. A. Seely, Chem. News 22, 217 u. 23, 169; Chem. Centralbl. 1871, S. 2, 353; G. Gore, Chem. News 25, 251. — [5]) Goodwin, de Kay u. Thompson jun., Physical Review 8, 38; Zeitschr. Elektrochem. 6, 338. — [6]) Cady, J. physical Chem. 1, 707; Chem. Centralbl. 1898, I, S. 167. — [7]) C. Frenzel, Zeitschr. Elektrochem. 6, 477.

Dafs die Flüssigkeit beim Durchleiten des Stromes blau werde, trifft nur dann zu, wenn sie Alkalisalze enthält[1]); diese Erscheinung ist dann durch die Bildung von Alkaliammonium NH_3R bedingt.

Das flüssige Ammoniak hat viele physikalische wie auch chemische Eigenschaften mit dem Wasser gemein. Es bildet viele Molekularverbindungen, den Hydraten analog. Die Molekularassoziation scheint ebenso grofs als die des Wassers und gröfser als die der Alkohole zu sein[2]). Als Lösungsmittel ist es von ähnlich allgemeiner Anwendbarkeit wie Wasser. Es lösen sich darin nach Franklin und Kraus[2]):

Elemente: Lithium, Natrium, Kalium, Rubidium, Cäsium, Jod, Schwefel, Selen, Phosphor. Kupfer wird bei Gegenwart von Luft langsam angegriffen.

Salze: Fluoride sind unlöslich. Chloride lösen sich in verschiedenem Grade, die der Alkalimetalle wenig und unter Bildung von Additionsprodukten. Bromide und Jodide verhalten sich den Chloriden ähnlich, die Additionsprodukte sind aber leichter löslich. Sulfate und Schwefelsäure selbst sind unlöslich oder sehr wenig löslich. Von Sulfiden lösen sich die des Arsens und des Ammoniums. Ferner sind leicht löslich die Cyanide, Cyanate, Sulfocyanate, Nitrate und Nitrite.

Organische Verbindungen: Grenzkohlenwasserstoffe sind sehr wenig oder nicht löslich. Halogenderivate, Alkohole, Äther, mehrwertige Alkohole, Aldehyde, einbasische Säuren, Ester sind mit dem flüssigen Ammoniak mischbar oder darin löslich, im allgemeinen nimmt die Löslichkeit mit steigendem Molekelgewicht ab. Stickstoffhaltige Verbindungen, Oxysäuren und Zucker sind leicht löslich. Benzol löst sich leicht, Toluol weniger, Halogenderivate und Nitroderivate derselben wenig, Aminoverbindungen, Phenole, aromatische Alkohole, Aldehyde und Säuren (mit Ausnahme der zweibasischen) sehr leicht. Auch die aromatischen Ester, Sulfosäuren und deren Derivate sowie Säureamide und Anilide sind leicht löslich. Naphtalin ist wenig löslich, Naphtole und Naphtylamin sind löslich, Pyridin und Chinolin in jedem Verhältnis mischbar, Terpene unlöslich.

Wegen dieses allgemeinen Lösungsvermögens und des niedrigen Siedepunktes ist flüssiges Ammoniak auch vielfach für Molekelgewichts-Bestimmungen benutzt worden. Allerdings hat es den Übelstand, dafs die molekulare Siedepunktserhöhung geringer ist als die irgend eines anderen Lösungsmittels, nämlich nur etwa 3,4[2]).

Als Lösungsmittel teilt es mit dem Wasser die Eigenschaft, die gelösten Substanzen zu dissoziieren, und zwar in solchem Grade, dafs die Leitfähigkeit der Salze darin zum Teil sogar gröfser als in Wasser ist[1]).

---

[1]) Cady, J. physical Chem. 1, 707; Chem. Centralbl. 1898, I, S. 167. — [2]) Franklin u. Kraus, Am. Chem. Journ. 20, 820, 836, 21, 8; Chem. Centralbl. 1899, I, S. 330, 331, 515.

In einer Mischung von fester Kohlensäure und Äther im Vakuum oder bei raschem Verdunsten neben Vitriolöl, wobei die Temperatur auf — 85° sinkt[1]), erstarrt das flüssige Ammoniak ganz oder teilweise zu weifsen, durchscheinenden Krystallen, welche bei — 75° schmelzen und bei dieser Temperatur im flüssigen Ammoniak untersinken.

Die Erstarrungswärme ist nach de Forcrand[2]) 7,695 Kal., die Schmelzwärme nach Massol[3]) — 1,838 Kal.

Das Ammoniakgas ist farblos, von sehr stechendem und reizendem, aber in reinem Zustande weder brenzligem noch fischartigem Geruch. Der Geruch des im Handel befindlichen Ammoniakwassers bezw. des daraus oder aus unreinen Salzen erhältlichen Gases ist durch den Gehalt an organischen Basen beeinträchtigt. Reines Ammoniak schmeckt scharf alkalisch, besitzt aber keine Ätzwirkung. Es ist nur unter besonderen Umständen (s. u.) brennbar und vermag auch die Verbrennung der an Luft brennenden Körper nicht zu unterhalten. Ebenso wenig kann es die Atmung erhalten. Schon in Konzentrationen oberhalb 0,3 Prom. wirkt es gesundheitsschädlich, und die äufserste bei Gewöhnung noch erträgliche Konzentration ist 0,5 Prom. Das Atmen in Räumen mit ammoniakreicherer Atmosphäre führt Pneumonie herbei[4]). Nach C. Gottbrecht[5]) besitzt es fäulniswidrige Eigenschaften.

Es rötet Kurkumapapier und bläut rotes Lackmuspapier auch bei völliger Abwesenheit von Feuchtigkeit und färbt Veilchensaft grün. Die Färbungen des Papieres gehen aber beim Liegen an der Luft wieder zurück.

Das spezifische Gewicht fanden H. Davy = 0,5901, Thomson = 0,5931, Biot und Arago = 0,5967, A. Leduc[6]) bei Bestimmungen, die eine Genauigkeit von 0,0002 besitzen sollen, = 0,5971. Ein Liter wiegt nach Biot und Arago bei 0° und 760 mm 0,7752 g (berechnet 0,7635 g). Die Bildungswärme des Gases aus den Elementen beträgt per Molekel 26 710 Kal., die des wässerigen Ammoniaks 35 150 Kal.[7]).

Das Emissionsspektrum des Ammoniaks hat Magnanini[8]) eingehend untersucht. Eine grofse Zahl der beobachteten Linien stimmt der Lage nach mit solchen des sogenannten zweiten Wasserstoffspektrums genau überein.

Die wässerige Lösung des gewöhnlichen Ammoniaks giebt bei einem Gehalt von 2,5 g in 100 ccm und bei 150 mm Schichtdicke einen breiten Absorptionsstreifen zwischen λ 2707 und λ 2322. Dieses Band

---

[1]) Loir u. Drion, Bull. soc. chim. 1860, S. 184. — [2]) De Forcrand, Compt. rend. **134**, 708; Chem. Centralbl. 1902, I, S. 1041. — [3]) G. Massol, Compt. rend. **134**, 653; Chem. Centralbl. 1902, I, S. 965. — [4]) M. v. Pettenkofer, K. bayr. Akad. Wissensch. Ber. 1887, S. 179. — [5]) C. Gottbrecht, Arch. experiment. Pathol. **25**, 385. — [6]) A. Leduc, Compt. rend. **125**, 571; Chem. Centralbl. 1897, II, S. 1044. — [7]) Thomsen, Ber. **6**, 1533. — [8]) G. Magnanini, Ztschr. physikal. Chem. **4**, 435; Atti R. Accad. dei Lincei Rend. 1889, I, S. 900; Ber. **23**, 171, Ref.

wird aber schwächer, wenn das Ammoniak in das Chlorid übergeführt und dies mehrmals umkrystallisiert wird, und fehlt ganz bei Ammoniak aus sorgfältig gereinigtem Oxalat, sowie bei dem durch Reduktion von Hydroxylamin bereiteten. Es ist also jedenfalls auf Verunreinigungen, wahrscheinlich auf Pyridinbasen, zurückzuführen [1]).

Ammoniakgas wird von Wasser begierig verschluckt. Eis schmilzt in dem Gase augenblicklich, indem es dasselbe absorbiert. Näheres über die wässerige Lösung s. u. Auch Alkohol und Äther absorbieren erhebliche Mengen.

Durch Salzlösungen wird Ammoniak absorbiert, ohne darin Ausscheidungen zu veranlassen. Für Kalilauge ist nach Raoult [2]) der Löslichkeitskoeffizient geringer als für Wasser, um so mehr, je gröfser der Gehalt an Kaliumhydroxyd ist. So absorbiert z. B. eine gesättigte Kalilösung bei 16° und 760 mm Druck nur 1 g Ammoniak für 100 ccm. Natronlösungen haben denselben Absorptionskoeffizienten wie gleich konzentrierte Kalilösungen.

Lösungen von Natriumnitrat und Ammoniumnitrat absorbieren genau so viel Ammoniak wie Wasser. Eine Lösung von Kaliumnitrat absorbiert mehr als jenes, eine zersetzende Wirkung des Gases auf das gelöste Salz ist nicht anzunehmen. Denn der durch freiwillige Verdunstung der Lösung erhaltene Rückstand ist ammoniakfrei, die Absorption unter verschiedenem Druck gehorcht fast genau dem Daltonschen Gesetze und ergiebt auch die gleiche Wärmeentwickelung wie durch Wasser. Silbernitratlösung absorbiert um so viel Ammoniakgas mehr als Wasser, wie zur Bildung der Verbindung $NO_3Ag . 2NH_3$ erforderlich ist, verhält sich nach Absorption dieser Gasmenge bei der weiteren Absorption vollständig wie reines Wasser [3]).

Im allgemeinen ist der Unterschied zwischen den Löslichkeitskoeffizienten des Ammoniaks in Wasser und in mehr oder weniger konzentrierten Lösungen eines und desselben Salzes dem Gehalt an letzterem proportional [4]).

Absorption durch festes Ammoniumnitrat s. d.

Durch Holzkohle werden nach Hunter [5]) absorbiert bei 0° unter

760,0	1104,3	1178,0	1269,2	1369,5	1486,5	1795,1	2002,6	2608,5 mm Druck
170,7	174,3	176,0	178,2	180,8	183,5	188,7	196,7	209,8 Vol.

und unter 760 mm Druck bei

0°	5°	10°	15°	20°	25°	30°	35°
170,7	169,6	163,8	157,6	148,6	140,1	131,9	123,0 Vol. Ammoniakgas.

[1]) Hartley und Dobbie, Chem. Soc. Proc. 16, 14; Chem. Centralbl. 1900, I, S. 581. — [2]) F. M. Raoult, Compt. rend. 77, 1078; Ann. ch. phys. [5] 1, 262. — [3]) Konowaloff, J. russ. phys.-chem. Ges. 30, 367; Chem. Centralbl. 1898, II, S. 367. — [4]) Vgl. Gans, Zeitschr. anorgan. Chem. 25, 236; Rothmund, Zeitschr. physikal. Chem. 33, 401; Abegg u. Riesenfeld, ebend. 40, 84. — [5]) J. Hunter, Chem. Soc. Journ. [2] 9, 76 und 10, 649.

Längeres Durchschlagen des elektrischen Funkens durch Ammoniakgas bewirkt dessen Zersetzung zu Stickstoff und Wasserstoff. Sehr langsam wirkt der Funkenstrom der Elektrisiermaschine, rascher der Flammenbogen, am sichersten der Funkenstrom der Ruhmkorffschen Induktionsmaschine, welcher bei Anwendung von drei bis vier Bunsenelementen die Zersetzung von 4 ccm Ammoniakgas in vier Minuten vollendet, wobei der Funken anfangs violettes, blau umsäumtes, nach beendeter Zersetzung aber rein violettes Licht zeigt [1]). Nach Deville [2]) bleibt stets, auch nach mehrstündigem Durchschlagen der Funken, eine Spur Ammoniak zurück. Dies ist in Übereinstimmung mit der Thatsache, dafs Ammoniak auf demselben Wege aus den Elementen gebildet wird.

Nach Berthelot und A. W. v. Hofmann [3]) bewirkt stille Entladung gleichfalls den Zerfall des Ammoniaks in Wasserstoff und Stickstoff.

Der Zerfall in die Elemente wird auch durch einen elektrisch glühenden Platindraht bewirkt [4]), aber nur dann vollständig, wenn derselbe spiralförmig gewunden und bis zur starken Weifsglut erhitzt ist.

Hierbei handelt es sich offenbar nur um den Einflufs der hohen Temperatur, denn ganz allgemein wirkt Glühhitze in ähnlicher Weise wie der Funkenstrom. Diese Wirkung zeigt sich besonders beim Leiten des Gases durch ein enges Rohr aus Glas oder Porzellan [5]). Nach Deville und Troost [6]) werden im Porzellanrohr bei etwa 1100° 75,8 Proz. des durchgeleiteten Ammoniaks zersetzt. Nach Ramsay und Young [7]) bedarf es nur viel niedrigerer Temperatur; schon bei 500° beginnt in Porzellan- oder Eisenröhren die Zersetzung, und bei 780° ist sie in diesem Material fast vollständig, während sie in Glasröhren bei dieser Temperatur erst beginnt. Dem stehen Angaben von Thénard [8]) gegenüber, wonach die Zersetzung bei Anwendung eines reinen Porzellanrohrs kaum merklich ist und erst stärker wird, wenn dasselbe Porzellanstücke oder Bimsstein [9]) enthält. Besondere Förderung soll nach Bonet y Bonfill [10]) die Anwesenheit von Kalk bewirken, während Bouis [9]) beim Überleiten über eine 80 cm lange Schicht hellrot glühenden Kalks keine Zersetzung wahrnehmen konnte. Mit letzterer Angabe stehen jedenfalls die täglichen Erfahrungen bei der Anwendung der Will-Varrentrappschen Methode zur Stickstoffbestimmung in organischen Substanzen in besserem Einklang.

---

[1]) H. Buff und A. W. Hofmann, Ann. Chem. 113, 129. — [2]) H. Deville, Compt. rend. 60, 317; Ann. Chem. 135, 204. — [3]) A. W. v. Hofmann, Ber. 23, 3318. — [4]) Grove, Ann. Chem. 63, 1. — [5]) Am. Berthollet, N. Gehl. 7, 184; Gilb. Ann. 30, 378. — [6]) H. Deville und Troost, Compt. rend. 56, 891; Ann. Chem. 127, 274. — [7]) W. Ramsay und Young, Chem. Soc. J. 45, 88; Dingl. polyt. Journ. 252, 379. — [8]) Thénard, Schweigg. Journ. 7, 299; Gilb. Ann. 46, 267. — [9]) Bouis, Bull. soc. chim. 1859, S. 106; JB. 1860. S. 629. — [10]) Bonet y Bonfill, Ann. ch. phys. [3] 36, 225; Ann. Chem. 84, 236.

Eine Förderung erfährt die Zersetzung durch Hitze bei Gegenwart von Metallen. Als besonders förderlich haben sich Platin-, Silber- und Golddraht, mehr noch Kupferdraht und am meisten Eisendraht erwiesen. Die genannten Metalle verändern dabei ihr Gewicht nicht merklich, aber Kupfer und Eisen werden spröde [1]).

Die Beimengung indifferenter Gase schützt einen Teil des Ammoniaks vor der Zersetzung [2]).

In atmosphärischer Luft ist das Ammoniakgas nur schwer und bei dauernder Wärmezufuhr brennbar. Nach Hofmann erhält man eine 5 bis 10 cm hohe, grünlichgelbe Ammoniakflamme, wenn man das Gas durch die untere, für den Luftzutritt bestimmte Öffnung eines Iserlohner Brenners leitet, die Leuchtgasflamme anzündet und dann so klein wie möglich schraubt. In Sauerstoff brennt das Ammoniak, wenn es in feinem Strome eintritt, einmal entzündet, auch ohne weitere Erwärmung fort, und zwar mit gelber Flamme (Berzelius).

Die Gasmischung, die beim Durchleiten eines raschen Sauerstoffstromes durch siedendes Ammoniakwasser gewonnen wird, läfst sich gleichfalls entzünden und brennt mit grünlichgelber Flamme [3]). Die Mischung mufs gut getrocknet sein. Die Flamme besteht aus einem hellen Lichtkegel und einer wenig leuchtenden, fast farblosen Hülle. Bei Überschufs von Ammoniak ist der Kegel grofs und abgerundet, durch gröfsere Zufuhr von Sauerstoff verkleinert er sich. In dieser Form besitzt die Flamme eine sehr hohe Temperatur, sie bringt Kalk zum heftigen Glühen und selbst ziemlich dicke Platindrähte zum Schmelzen [4]). Andererseits läfst sich auch ein Sauerstoffstrom, der in einen mit Ammoniak gefüllten Raum eintritt, entzünden und brennt weiter [5]). Ein Gemenge von zwei Raumteilen Ammoniak und wenigstens einem bis sechs Raumteilen Sauerstoff verpufft durch den elektrischen Funken, bei Überschufs von Sauerstoff auch im glühenden Rohr. Mit Luft gemengtes Ammoniakgas verpufft durch den elektrischen Funken bei keinem Verhältnis, wird jedoch bei fortgesetztem Durchschlagen langsam verbrannt (W. Henry). Platinschwamm wirkt für sich in der Kälte auf ein Ammoniaksauerstoffgemenge nach Döbereiner [6]) nicht ein, und erst bei Zusatz von Knallgas erglüht das Platin und bewirkt dann die Verbrennung des Ammoniaks. Nach W. Henry [7]) vermag schon auf 193° erhitzter Platinschwamm in einem Gemenge gleicher Raumteile Ammoniak und Sauerstoff langsam Wasserbildung zu bewirken. Nach Kraut [8]) erglüht Platinschwamm sowohl als platinierter Asbest, wenn man ein Gemisch von Luft oder Sauer-

---

[1]) Am. Berthollet, N. Gehl. 7, 184; Gilb. Ann. 30, 378. — [2]) C. Than, Ann. Chem. 131, 129. — [3]) A. W. Hofmann, Ann. Chem. 115, 285. — [4]) M. Rosenfeld, Ber. 14, 2103, 15, 161. — [5]) Heintz, Ann. Chem. 130, 102. — [6]) Döbereiner, Ann. Pharm. 1, 29. — [7]) W. Henry, Ann. Phil. 25, 424; Gmelin-Kraut, 6. Aufl., I, 2. Abt., S. 494. — [8]) Kraut, Ann. Chem. 136, 69.

stoff mit Ammoniak darüber leitet, und es entstehen rote Dämpfe von salpetrigen Gasen neben Ammoniumnitrit. Platinmohr verliert im Ammoniak seine Zündkraft, bewirkt jedoch für kurze Zeit, dass das absorbierte Ammoniak mit Luftsauerstoff Wasser bildet [1]).

Ozon wirkt auf das trockene Gas nicht ein. In Ammoniaklösung erfolgt Oxydation, wobei niemals Wasserstoffsuperoxyd gebildet wird, wohl aber beträchtliche Mengen von salpetriger Säure und Salpetersäure [2]).

Mit glühender Kohle bildet Ammoniak Ammoniumcyanid und Stickstoff [3]); nach Weltzien [4]) erfolgt die Reaktion nach der Gleichung $2NH_3 + C = CN.NH_4 + H_2$, ohne Bildung von Kohlenwasserstoffen. Wird Ammoniak zugleich mit Kohlensäure über erhitztes Kalium geleitet, so entsteht Kaliumcyanid [5]).

Mit Bor entsteht bei Glühhitze unter Feuererscheinung Stickstoffbor und Wasserstoff.

Phosphor sublimiert nach Bineau [6]) im Ammoniakgase, ohne dasselbe zu absorbieren. Wird Ammoniakgas mit Phosphordämpfen durch ein glühendes Rohr geleitet, so erfolgt Umsetzung in Phosphorwasserstoff und Stickstoff.

Mit Schwefeldampf bildet es unter den gleichen Umständen Wasserstoff, Stickstoff und ein krystallinisches Gemenge von Einfach- und Mehrfach-Schwefelammonium (Foureroy).

Wässeriges Ammoniak löst nach Brunner [7]) unterhalb 75°, nach Flückiger [8]) unterhalb 60 bis 65° keinen Schwefel, bei 90° oder beim Kochen wird es durch denselben hell zitronengelb gefärbt [7]) unter Bildung von Ammoniumhyposulfit [8]) und Schwefelammonium (Fresenius). Im Einschlufsrohr auf 90 bis 100° erhitzt, löst Ammoniakwasser von 0,885 spezif. Gew. den Schwefel zur tief braungelben Flüssigkeit, welche Mehrfach-Schwefelammonium enthält und beim Öffnen des Rohres Schwefel auskrystallisieren läfst [8]).

Auf Selen sind Ammoniakgas und wässeriges Ammoniak ohne Wirkung. Nach Flückiger [8]) löst sich jedoch Selen beim Erhitzen mit wässerigem Ammoniak im geschlossenen Rohre zu einer farblosen Lösung von Ammoniumselenit und Ammoniumselenid.

Jod zersetzt Ammoniak bei Gegenwart von Wasser oder Weingeist hauptsächlich unter Bildung von Ammoniumjodid, etwas Jodat [9]), und Jodstickstoff (s. d.).

Brom erzeugt mit Ammoniakgas unter Entwickelung von Wärme und Stickstoff Ammoniumbromid: $4NH_3 + 3Br = 3BrNH_4 + N$. Mit wässerigem Ammoniak wird auch Hypobromit gebildet [9]).

---

[1]) Döbereiner, Ann. Pharm. 1, 29. — [2]) L. Ilosvay v. Nagy-Ilosva, Ber. 27, 3500. — [3]) Langlois, Ann. ch. phys. [3] 1, 111; Journ. pr. Chem. 23, 232. — [4]) Weltzien, Ann. Chem. 132, 224. — [5]) Delbrück, Journ. pr. Chem. 41, 161. — [6]) Bineau, Ann. ch. phys. 67, 229. — [7]) Brunner, Dingl. polyt. Journ 151, 371. — [8]) Flückiger, Ztschr. anal. Chem. 2, 398. — [9]) Schönbein, Journ. pr. Chem. 84, 387.

Im Chlorgase verbrennt Ammoniakgas bei gewöhnlicher Temperatur mit roter und weifser Flamme zu Stickstoff und Ammoniumchlorid: $4NH_3 + 3Cl = 3ClNH_4 + N$. Drei Raumteile Chlor entwickeln aus wässerigem Ammoniak einen Raumteil Stickstoff[1]). Der aus wässerigem Ammoniak auf diesem Wege entwickelte Stickstoff ist nach Anderson[2]) sauerstoffhaltig, auch werden nach Schönbein[3]) und Fresenius[4]) kleine Mengen Ammoniumchlorat gebildet. Die einzelnen Blasen Chlor, welche man in konzentriertes Ammoniakwasser leitet, veranlassen Verpuffungen mit Lichterscheinung[5]). Auf flüssiges Chlor wirkt Ammoniak auch bei starker Abkühlung sehr heftig ein[6]). Wirkt Chlor auf in Wasser gelöste Ammoniaksalze oder im Überschusse auf freies Ammoniak, so erfolgt die Einwirkung langsamer und unter Bildung von Chlorstickstoff (s. d.).

Wasserfreie selenige Säure zersetzt sich beim Erhitzen mit Ammoniak unter Bildung von Wasser, Selen und Stickstoff[7]): $4NH_3 + 3SeO_2 = 6H_2O + 3Se + 2N_2$.

Wasserfreie Jodsäure, bei mittlerer Temperatur ohne Einwirkung, bewirkt bei schwachem Erwärmen eine lebhafte, dann spontan fortschreitende Reaktion unter Bildung von Jod, Stickstoff und Wasser[8]).

Lösungen von Natrium- oder Baryumhypobromit oder mit Brom und Ätznatron vermischte Lösungen von Natriumhypochlorit entwickeln aus Ammoniak und dessen Salzen sämtlichen Stickstoff als Gas. Hierauf sind Knops Azotometer[9]) und dessen zahlreiche Modifikationen begründet.

Mit Unterchlorigsäuregas verpufft Ammoniakgas heftig unter Bildung von viel freiem Chlor. Auch konzentrierte wässerige unterchlorige Säure zersetzt das Gas unter Entwickelung von Licht, Wärme, Stickstoff und Chlor. Wird wässeriges Ammoniak unter beständiger Kühlung zu wässeriger unterchloriger Säure gefügt, so entsteht Stickstoff neben Chlorstickstoff (Balard).

Unterchlorsäure liefert mit Ammoniakgas bei gewöhnlicher Temperatur Stickstoff, Ammoniumchlorid und Ammoniumchlorat[10]).

Auf Stickstoffoxydul wirkt Ammoniak selbst in Gegenwart starker und wasserentziehender Basen nicht ein, wohl aber bei Gegenwart von metallischem Natrium, indem das zuerst entstehende Natriumamid beim Erhitzen mit Stickstoffoxydul Natriumtrinitrid, das Natriumsalz das Azoimids, liefert: $NaNH_2 + N_2O = N_3Na + H_2O$[11]).

---

[1]) A. W. Hofmann, Ann. Chem. 115, 283. — [2]) Anderson, Chem. News 5, 246; JB. 1862, S. 91. — [3]) Schönbein, Journ. pr. Chem. 84, 387. — [4]) Fresenius, Ztschr. anal. Chem. 2, 59. — [5]) Simon, Scher. Journ. 9, 588. — [6]) Donny und Mareska, Compt. rend. 20, 817; Ann. Chem. 56, 160. — [7]) A. Michaelis, Ztschr. Chem. [2] 6, 460 ff. — [8]) A. Ditte, Bull. soc. chim. [2] 13, 319; Ann. Chem. 156, 337. — [9]) W. Knop, Chem. Centralbl. 1860, S. 244, 257, 534 und 1870, S. 294. — [10]) Stadion, Gilb. Ann. 52, 197, 339. — [11]) W. Wislicenus, Ber. 25, 2084.

Ein Gemenge des Gases mit Stickoxydul, das ein Siebentel bis höchstens drei Viertel Ammoniak enthält, verpufft durch den elektrischen Funken zu Wasser, Stickstoff, Sauerstoff und, wenn Stickoxydul im Überschusse vorhanden ist, wenig Untersalpetersäure [1]). Ähnliche Produkte entstehen mit Stickoxyd bei geeigneter Menge [2]). Bei gewöhnlicher Temperatur vermindert sich ein Gemenge gleicher Raumteile Ammoniak und Stickoxyd innerhalb eines Monats um die Hälfte, ohne noch völlig zersetzt zu sein, wobei Stickstoff und wahrscheinlich auch Stickoxydul gebildet wird. Letzteres erzeugt auch wässeriges Ammoniak in Berührung mit Stickoxyd (Gay-Lussac).

Mit flüssiger oder gasförmiger Untersalpetersäure zersetzt sich Ammoniakgas schnell und heftig unter Entwickelung von Stickstoff und Stickoxyd (Dulong). Nach Soubeiran [3]) zersetzen sich beide Gase, wenn sie möglichst trocken und luftfrei sind, unter starker Wärmeentwickelung in Stickstoff, Wasser und Ammoniumnitrit; zugleich erhält man wegen der Bildung von Wasser und wegen nicht völliger Abwesenheit von Luft Spuren von Stickoxydul und Ammoniumnitrat.

Mit wasserfreier Kohlensäure bildet Ammoniakgas Ammoniumkarbamat, bei höherer Temperatur Karbamid (Harnstoff) neben Ammoniumkarbonat:

a) $2NH_3 + CO_2 = NH_2.CO.O.NH_4$,

b) $4NH_3 + 2CO_2 = NH_2.CO.NH_2 + NH_4.O.CO.O.NH_4$.

Bei Abwesenheit jeder Spur Feuchtigkeit erfolgt keine Reaktion [4]).

Mit wasserfreier Phosphorsäure bildet es Pyrophosphordiaminsäure.

Mit Phosphorpentoxyd entsteht nach Biltz [5]) Leverriers Phosphorsuboxyd in lockerer Verbindung mit Ammoniak. Ganz trockenes, durch frisch ausgeglühten Kalk geleitetes Ammoniak reagiert nicht, kann vielmehr durch das Pentoxyd völlig getrocknet werden, so dafs es dann auch nicht mehr mit trockenem Salzsäuregas oder anderen wasserfreien Säuren reagiert. Dies ist aber nur der Fall, wenn auch das Phosphorpentoxyd ganz rein ist, besonders keine Spur Metaphosphorsäure enthält [6]). Daraus erklärt Baker die abweichenden Resultate Gutmanns [7]).

Läfst man Ammoniak auf Phosphortrioxyd in Benzol- oder Ätherlösung einwirken, so erhält man beim Verdunsten des Lösungsmittels eine feste Substanz, nach Thorpe und Tutton [8]) wahrscheinlich das Diamid der phosphorigen Säure, neben deren Ammoniumsalz.

---

[1]) W. Henry, Phil. Transact. 1809, 2, 429; Gilb. Ann. 36, 291; Bischof, Schweigg. Journ. 43, 257. — [2]) W. Henry, Phil. Transact. 1809, 2, 429; Gilb. Ann. 36, 291. — [3]) Soubeiran, Journ. Pharm. 13, 329. — [4]) R. E. Hughes und F. Soddy, Chem. News 69, 138; Ber. 27, 726, Ref. — [5]) H. Biltz, Ber. 27, 1258. — [6]) H. B. Baker, Chem Soc. Proc. 1893, S. 129 u. 1897/98, S. 99; Ber. 27, 560, Ref. u. Chem. Centralbl. 1898, II, S. 82. — [7]) Gutmann, Ann. Chem. 299, 267. — [8]) Thorpe und Tutton, Chem. Soc. Proc. 1891, 1, S. 1019; Ber. 25, 366, Ref.

Mit trockenem Schwefeldioxyd bildet das Ammoniak nach älteren Angaben Ammoniumbisulfit oder Sulfitammon. Nach Schumann[1]) resultieren je nach dem Mengenverhältnis verschiedene Substanzen: 1. bei Überschufs von Schwefeldioxyd eine kanariengelbe krystallinische Verbindung von der Zusammensetzung SO_2NH_3, äufserst hygroskopisch, durch die geringste Menge Feuchtigkeit in ein weifses Pulver von wechselnder Zusammensetzung übergehend; 2. bei Überschufs von Ammoniak dunkelrote Krystalle oder rote, harte, krystallinische Massen, weniger hygroskopisch als die erste Verbindung, von der Zusammensetzung $SO_2(NH_3)_2$. Bei der Darstellung beider ist gute Kühlung erforderlich. Nach Divers und Ogawa[2]) treten die ganz trockenen Gase bei niedriger Temperatur überhaupt nicht in Reaktion, bei Gegenwart von etwas Feuchtigkeit aber unter solcher Temperaturerhöhung, dafs das Produkt teilweise zersetzt wird. Unzersetzt fällt das Reaktionsprodukt aus, wenn Ammoniak in trockenem alkoholfreien Äther gelöst und dann Schwefeldioxyd eingeleitet wird. Es ist dann farblos, an der Luft unbeständig und wird als Ammoniumamidosulfit $NH_2.SO_2NH_4$, in der Zusammensetzung also der zweiten Verbindung Schumanns gleich, angesprochen.

Mit Schwefeltrioxyd entsteht pyrosulfaminsaures oder sulfaminsaures Ammonium.

Schwefelkohlenstoff bildet mit Ammoniak in alkoholischer Lösung Ammoniumsulfokarbonat, Ammoniumsulfocyanid und Ammoniumsulfokarbamat[3]), und zwar entstehen nach Debus[4]) diese Produkte gleichzeitig, die beiden ersten besonders in warmer konzentrierter Lösung und bei Vorherrschen des Ammoniaks, das letzte bei 10 bis 15° und Vorherrschen des Schwefelkohlenstoffs.

Trockener Schwefelkohlenstoff verwandelt sich durch Einleiten von Ammoniakgas unter langsamer Absorption desselben in ein schwach gelbes, im trockenen Zustande sublimierbares, amorphes Pulver, welches begierig Wasser anzieht und sich dabei in Ammoniak, Schwefelwasserstoff und Kohlensäure verwandelt (Berzelius und Marcet). Nach Laurent[5]) entsteht bei Berührung von Schwefelkohlenstoff mit viel überschüssigem Ammoniakgas in 24 Stunden ein gelber, nicht unverändert sublimierbarer Absatz aus Nadeln und amorpher Substanz, dessen wässerige Lösung mit Säuren Schwefelwasserstoff entwickelt und Ammoniumsulfocyanid enthält.

Wird Schwefelkohlenstoffdampf mit trockenem Ammoniakgas durch ein rotglühendes Rohr geleitet, so entsteht Schwefelwasserstoff und Schwefelcyanwasserstoff.

---

[1]) H. Schumann, Ztschr. anorgan. Chem. 23, 43. — [2]) Divers und Ogawa, Chem. Soc. Proc. 16, 38; Chem. Centralbl. 1900, I, S. 651. — [3]) Zeise, Schweiggers Journ. 41, 98; JB. Berz. 4, 96; s. auch Hofmann, JB. 1858, S. 334. — [4]) Debus, Ann. Chem. 73, 26. — [5]) Laurent, Ann. ch. phys. [3] 22, 103; JB. 1847/48, S. 586.

Phosphortrisulfid absorbiert Ammoniakgas sehr langsam unter Bildung einer festen gelblichen Verbindung von hepatischem Geschmack, welche beim Erwärmen, ohne zu schmelzen, erweicht, Schwefelwasserstoff und Ammoniumsulfid, dann ein Sublimat von Schwefelphosphor entwickelt und Phosphorstickstoff als poröse Masse zurückläfst [1]).

Phosphortrichlorid absorbiert bis zu 5 Mol. Ammoniakgas, nach Persoz [2]) 4 Mol., sehr rasch unter Bildung weifser Nebel und starker Wärmeentwickelung. Es wird dabei, falls Erhitzung vermieden wurde, zur weifsen, andernfalls bräunlichen Masse von Dreifach-Chlorphosphor-Ammoniak. Erhitzt sich die Masse bei der Absorption des Ammoniaks oder wird sie nach beendeter Absorption im Kohlensäurestrom erhitzt, so entweichen Ammoniak, Wasserstoff und Phosphor, während vier Fünftel des vorhandenen Phosphors als Phospham zurückbleiben [3]).

Phosphortribromid verhält sich ebenso [3]).

Phosphorpentachlorid absorbiert bei starker Abkühlung Ammoniakgas fast gar nicht, bei weniger starker unter lebhafter Erwärmung und in wechselnden Mengen, so dafs das Produkt zwischen 55,94 und 73,55 Proz. schwankende Mengen Chlor enthält [3]). Nach Liebig und Wöhler [4]) ist in diesem Produkt Ammoniumchlorid fertig gebildet vorhanden. Nach Gerhardt [5]) ist es ein Gemenge von Chlorophosphamid $(NH_2)_2PCl_3$ und Ammoniumchlorid, nach der Gleichung:

$$2\,NH_3 + PCl_5 = (NH_2)_2PCl_3 + 2\,HCl$$

oder

$$4\,NH_3 + PCl_5 = (NH_2)_2PCl_3 + 2\,NH_4Cl$$

gebildet. Leitet man das Ammoniak über Phosphorchlorid, das sich in einem langen und weiten Glasrohr befindet, so entweicht Salzsäuregas [5]). — Nach Liebig und Wöhler wird bei der Einwirkung des Ammoniaks auf Phosphorchlorid auch Chlorphosphorstickstoff gebildet, und zwar nach Gladstone sowohl durch trockenes als durch feuchtes Ammoniak.

Phosphoroxychlorid geht bei langsamem Zuleiten von Ammoniakgas unter Erwärmung in eine weifse feste Masse über, welche bei Anwendung völlig trockenen Ammoniaks und bei vollständiger Sättigung mit demselben ein Gemenge von Salmiak und Phosphortriamid darstellt [6]): $POCl_3 + 6\,NH_3 = (NH_2)_3\,PO + 3\,ClNH_4$. Nach Gladstone [7]) nimmt das Oxychlorid bei 0° zunächst 2 Mol. Ammoniak auf, indem sich ein festes Gemenge von Amidophosphoroxychlorid und Salmiak bildet: $POCl_3 + 2\,NH_3 = NH_2.POCl_2 + ClNH_4$; dieses entwickelt nach einigem Stehen wieder den Geruch von Phosphoroxychlorid und nimmt bei gewöhnlicher Temperatur, schneller bei 100°, weitere

[1]) Bineau, Ann. ch. phys. 70, 265; JB. Berz. 20, II, 137. — [2]) Persoz, Ann. ch. phys. 44, 321. — [3]) H. Rose, Ann. Phys. 24, 308, 28, 529. — [4]) Liebig und Wöhler, Ann. Chem. 11, 139. — [5]) Gerhardt, Ann. ch. phys. [3] 18, 188. — [6]) H. Schiff, Ann. Chem. 101, 300. — [7]) Gladstone, Chem. Soc. Quart. Journ. 2, 121 und 3, 135, 353; JB. 1849, S. 259; Ann. Chem. 76, 74 und 77, 314.

2 Mol. Ammoniak auf, indem es in ein Gemenge von Diamidophosphoroxychlorid und Salmiak übergeht: $POCl_3 + 4 NH_3 = (NH_2)_2POCl + 2 ClNH_4$. Den vollständigen Ersatz des Chlors durch Amidogruppen konnte Gladstone nicht erreichen.

Ammoniak und Arsentrihalogenide verbinden sich nach Besson [1]) zu:

$AsBr_3 . 3 NH_3$, strohgelb, durch Sublimation bei 300° in Arsen, Stickstoff und Ammoniumbromid zerfallend;

$AsCl_3 . 4 NH_3$, nicht $AsCl_3 . 3 NH_3$ (Persoz) oder $2 AsCl_3 . 7 NH_3$ (Rose), schwachgelbes Pulver;

$2 AsF_3 . 5 NH_3$, weifses Pulver, durch Wasser unter Bildung einer sauren Lösung zerfallend.

$AsJ_3 . 4 NH_3$, weifs, zerfällt bei 300° analog der Bromidverbindung. Es vermag noch mehr Ammoniak unter Wärmeentwickelung aufzunehmen und verwandelt sich, bei 0° damit gesättigt, in eine Flüssigkeit, welche nahezu die Zusammensetzung $AsJ_3 . 12 NH_3$ hat.

Schwefelchlorid erzeugt bei langsamer Einwirkung von kalt gehaltenem Ammoniakgas braunrote, bei mehr Ammoniak hellcitronengelbe Flocken, welche auf 1 Mol. Schwefelchlorid 2 und 4 Mol. Ammoniak enthalten, Soubeirans Chlorure de soufre ammoniacal und biammoniacal. Auch bei gemäfsigter Einwirkung des Ammoniaks entstehen von Anfang an Gemenge, zunächst von Salmiak, Schwefelchlorür und Chlorschwefelstickstoff, dann von Salmiak, Schwefelstickstoff und Schwefel. Bei Gegenwart von Feuchtigkeit oder beim Erwärmen werden auch in Schwefelkohlenstoff unlöslicher Schwefel und Sulfitammon gebildet. — Wendet man das Schwefelchlorid in der acht- bis zehnfachen Menge Schwefelkohlenstoff gelöst an, so scheidet sich rot oder braun gefärbter Salmiak aus, während Schwefel und Schwefelstickstoff gelöst bleiben [Fordos und Gélis [2])].

Beim Eintropfen in Ammoniakwasser erzeugt Schwefelchlorid unter heftiger Erhitzung und Bildung dicker Dämpfe, aber ohne Gasentwickelung Ammonium-Hyposulfit, -Sulfat, -Chlorid, etwas suspendierten Schwefel und eine braunrote knetbare Materie, Soubeirans $4 NH_3 . N_2S_3 . SCl_2$.

Schwefelchlorür bildet in Ammoniakgas nach Martens [3]) die Verbindung $4 NH_3 . S_2Cl_2$, nach Fordos und Gélis wird es wie das Chlorid, nur unter Abscheidung von mehr Schwefel, zersetzt.

In abgekühltes Thionylchlorid eingeleitetes Ammoniak erzeugt weifse Salmiaknebel, dann gelbe Krystalle, während sich die Gefäfswandung grünlich und an den oberen Teilen rot färbt. Die entstandene gelbweifse Masse enthält durch Schwefelkohlenstoff ausziehbaren Schwefelstickstoff und ein Produkt, welches durch Wasser in Schwefel,

---

[1]) Besson, Compt. rend. 110, 1258; Ber. 23, 549, Ref. — [2]) Fordos und Gélis, Ann. chim. phys. [3] 32, 385; JB. 1851, S. 314. — [3]) Martens, J chim. méd. 13, 430.

Schwefelstickstoff, tri- und tetrathionsaures Ammonium und andere Produkte zerfällt. Thionylamid, das Schiff dabei zu erhalten glaubte, wird nicht gebildet, auch kein freier Schwefel abgeschieden, vielleicht aber Chlorschwefelstickstoff, aus dem durch Wasser die obigen Produkte entstehen, erzeugt [1]).

Sulfurylchlorid (in Mischung mit Äthylenchlorid), in der Kälte mit trockenem Ammoniakgas gesättigt, liefert ein pulveriges Gemenge von Salmiak und Sulfamid: $SO_2Cl_2 + 4NH_3 = 2ClNH_4 + SO_2(NH_2)_2$. Mit stark abgekühltem Pyrosulfurylchlorid entsteht nach ganz langsamem Zuleiten von Ammoniakgas und langer Berührung damit eine weiße bis gelbe Masse, deren Zusammensetzung etwa $S_2O_5Cl_2 . 4NH_3$ entspricht und welche aus ihrer wässerigen Lösung beim Verdunsten im Vakuum neben Schwefelsäure sich in Krystallrinden der gleichen Zusammensetzung abscheidet [2]).

Phosphorsulfochlorid absorbiert im Strome von trockenem Ammoniakgas unter Erwärmung und Festwerden 3, 4 oder 6 Mol. Ammoniak, je nach den Bedingungen. Es entstehen dabei: Ein festes gelbes Produkt, welches beim Erhitzen Ammoniumsulfid und Salmiak abgiebt und einen festen, durch Salpetersäure kaum angreifbaren Rückstand läßt (Baudrimont); eine weiße, zusammenbackende Masse, welche sich in Wasser zu Salmiak und Thiophosphodiaminsäure löst (Gladstone und Holmes); unlösliches Sulfophosphortriamid (H. Schiff, Chevrier).

Mäßig verdünntes Ammoniakwasser zersetzt Phosphorsulfochlorid unter Bildung von Thiophosphaminsäure (Gladstone und Holmes), bei Überschuß des ersteren unter Bildung von Ammoniumsulfophosphat (Chevrier).

Phosphorsulfobromid zersetzt sich mit Ammoniak in der Kälte schwierig, beim Erwärmen leicht unter Bildung von Schwefel, Ammonium-Sulfid, -Phosphit und -Phosphat [3]).

Mit Siliciumtetrachlorid entsteht in Benzollösung Siliciumtetramid [4]).

Metalle werden durch Glühen in Ammoniakgas teilweise in Stickstoffmetalle (s. d.) verwandelt oder bewirken bei höherer Temperatur einen Zerfall in die Elemente (s. o.). Andere gehen in Metallamide über (Alkalimetalle).

Mit vielen Metalloxyden zersetzt sich das Ammoniakgas, vielfach schon unterhalb der Glühhitze, in Wasser, Stickstoff, reduziertes Metall oder niedrigeres Oxyd, zum Teil unter Auftreten von Stickoxyd oder Untersalpetersäure (s. d.). In anderen Fällen (Titan-, Eisen-, Kupferoxyd) werden hierbei Stickstoffmetalle, wieder in anderen (Wolframsäure, Quecksilberoxyd) stickstoff-, wasserstoff- und sauerstoffhaltige Metallverbindungen erzeugt. Nickelsesquioxyd wird durch wässeriges

---

[1]) A. Michaelis, Ztschr. Chem. [2] 6, 460 ff. — [2]) H. Rose, Ann. Phys. 44, 291. — [3]) Michaelis, Ber. 4, 777. — [4]) Lengfeld, Am. Chem. Journ. 21, 531; Chem. Centralbl. 1899, II, S. 173.

Ammoniak schon in der Kälte unter Bildung von Nickeloxydul und Stickstoff zersetzt [1]).

Man ist gewöhnt, das Ammoniak schlechtweg als eine basische Substanz zu bezeichnen. Indessen ist die Berechtigung einer solchen Auffassung zum mindesten zweifelhaft. Es sei hier nochmals darauf hingewiesen, dafs Ammoniakgas sich in völlig trockenem Zustande weder mit wasserfreien Säuren [konzentrierter Schwefelsäure (Baker)], noch mit Säureanhydriden (CO_2, SO_2, P_2O_5) vereinigt. Das Gleiche gilt von dem flüssigen, völlig wasserfreien Ammoniak, das sich bei niederer Temperatur mit konzentrierter Schwefelsäure nur ganz allmählich verbindet [2]).

Thatsächlich scheinen im Ammoniak die negativen Valenzen des dreiwertigen Stickstoffs durch die Wasserstoffatome so genau abgeglichen, dafs weder ein Rest im positiven noch im negativen Sinne bleibt. Daher vermag Ammoniak gleich dem Wasser in den Hydraten in mannigfache Verbindungen einzutreten, ohne dafs beispielsweise die Valenz eines Metalles gegenüber elektronegativen Gruppen dadurch die geringste Abschwächung oder Erhöhung erfährt (Werner). Mit dem Wasser hat das flüssige Ammoniak die wichtigsten Eigenschaften, unter anderen die aufserordentlich geringe Leitfähigkeit und das hohe Ionisationsvermögen für gelöste Stoffe, gemein. Die Substitution von Wasserstoff kann sowohl durch stark positive wie durch negative Elemente oder Gruppen erfolgen.

Das Verhältnis ändert sich mit einem Schlage, wenn den drei Atomen Wasserstoff sich zwei weitere Atome oder Atomgruppen zugesellen, wenn der Stickstoff aus dem dreiwertigen in den fünfwertigen Zustand übergeht. Zum Verständnis dieses Vorganges ist zu beachten, dafs derselbe durchgehends nur bei Einwirkung elektrischer Ströme, in Gegenwart starken Metalls oder bei Gegenwart eines ionisierenden Mittels eintritt. Im ersten Falle erfolgt die Bildung von Metallsubstitutionsprodukten des Ammoniums NH_4 bezw. Diammoniums $(NH_4).(NH_4)$, im zweiten Falle ist das Ion NH_4 mit positiver Ladung einem negativ geladenen Ion gegenüber vorhanden bezw. es treten diese beiden Ionen in Verbindung.

Wollen wir diesen Vorgängen eine Erklärung geben, welche mit den Ergebnissen der Elektrochemie wie mit denen der Valenztheorie im Einklange steht, und welche auch für die Erklärung analoger Vorgänge ausreichen dürfte, so gelangen wir zu folgender Annahme:

Der Stickstoff ist nicht dreiwertig, auch nicht drei- oder fünfwertig, sondern durchgehends fünfwertig. In zahlreichen Verbindungen aber sind zwei Valenzen durch Elektronen und zwar von entgegengesetzter Affinität, also durch je ein positives und ein negatives Elektron abgesättigt. Berücksichtigen wir nun die Erfahrungen der Physiker, dafs

---

[1]) Fleischer, Journ. pr. Chem. [2] 2, 49 — [2]) Loir und Drion, Bull. soc. chim. 1860, p. 184.

negative Elektronen wesentlich leichter austreibbar sind als positive, so wird es verständlich, dafs beim Ersatz der beiden Elektronen durch je ein negatives und positives Elementaratom oder Radikal das positive Elektron bezw. dessen Ersatz inniger am Stickstoff haftet und somit den positiven Charakter des entstehenden stickstoffhaltigen Ions bedingt. Dafs dies nicht ausschliefslich der Fall ist, sondern, wie auch nach der Annahme zu erwarten, Stickstoff als Bestandteil negativer Ionen bei diesem Vorgange in untergeordnetem Mafse auftritt, schliefst Knorr aus seinen Versuchen (s. u.). Jenes wird in um so höherem Grade der Fall sein, je mehr die mit dem Stickstoff von Haus aus verbundenen oder hinzutretenden Radikale positiven Charakters sind. So erklärt sich die zunehmende Affinität der alkylsubstituierten Ammoniake in wässeriger Lösung und besonders auch die plötzliche starke Vermehrung derselben beim Übergang in die Tetraalkylammoniumverbindungen, deren Konfiguration jede andere Art der Ionisierung ausschliefst.

Ammoniakflüssigkeit.

Wässeriges Ammoniak oder Ammoniakwasser wird oder wurde auch als Salmiakgeist, Ammoniumoxydhydrat, liquides Ammoniak, Aetzammoniak, Spiritus salis Ammoniaci causticus s. cum calce viva paratus bezeichnet.

Ammoniakgas wird von Wasser schnell und unter beträchtlicher Wärmeentwickelung absorbiert, so dafs Eis in dem Gase fast momentan schmilzt. Beim Auflösen des Gases in Wasser werden nach Thomsen[1]) 8435, nach Berthelot[2]) 8820, nach Favre 8743 Kal. per Molekel frei. Beim Verdünnen von wässerigem Ammoniak, welches auf 1 Mol. NH_3 n Mol. Wasser enthält, mit viel Wasser werden ferner $-\frac{1270}{n}$ Wärmeeinheiten frei[3]). Wasserdampf mischt sich bei 100° mit Ammoniakgas derselben Temperatur ohne Kontraktion; bei dieser Temperatur findet also jedenfalls keine Bildung von Ammoniumoxydhydrat statt[4]).

Über die Darstellung des Ammoniakwassers ist bereits früher gesprochen worden. Von der Darstellung her kann es enthalten: Ammoniumkarbonat, Salmiak, feuerbeständige Stoffe, Rhodanammonium, brenzlige Stoffe. Letztere bewirken, dafs das Ammoniakwasser beim Übersättigen mit Essigsäure gelb, mit Salzsäure rot wird. Sie werden nach Schering[5]) durch Destillation mit 1 bis 3 Proz. Kaliumpermanganat entfernt.

Reines wässeriges Ammoniak ist eine farblose Flüssigkeit, welche den Geruch des Gases besitzt und brennend scharf schmeckt. Die konzentrierte Lösung gefriert erst bei —38 bis —41° zu glänzenden

[1]) Thomsen, Ber. 6, 1533. — [2]) Berthelot, Compt. rend. 76, 1041. — [3]) Derselbe, Ann. ch. phys. [5] 1, 209. — [4]) Playfair und Wanklyn, Chem. Soc. Quart. Journ. 15, 242; JB. 1861, S. 25. — [5]) E. Schering, Arch. Pharm [2] 146, 251.

biegsamen Nadeln, bei — 49° zu einer gallertartigen Masse, wobei es nahezu geruchlos wird (Fourcroy und Vauquelin).

Wasser von 0° absorbiert bei 760 mm Druck nach Sims[1]) 1177,3, nach Roscoe und Dittmar[2]) 1146, nach Carius[3]) 1049,6, nach Berthelot[4]) 1269,84 Raumteile Ammoniakgas. Bei 0° und wechselndem Druck ist die Absorption dem Druck nicht proportional, vielmehr wird zwischen 0 und 1000 mm Quecksilber die Zunahme der absorbierten Gasmenge bei wachsendem Drucke kleiner, von 1000 bis 2000 mm größer, als das Henry-Daltonsche Gesetz verlangt[2]). Bei steigender Temperatur nähert sich die Löslichkeit den von diesem Gesetze verlangten Werten, und bei 100° folgt sie dem Gesetz[5]).

Es absorbiert 1 g Wasser bei 0° *G* g Ammoniak, wenn der Partialdruck des trockenen Gases *P* m Quecksilber entspricht, nach Roscoe und Dittmar:

P	*G*	*P*	*G*	*P*	*G*	*P*	*G*
0,00	0,000	0,3	0,515	0,9	0,968	1,5	1,526
0,05	0,175	0,4	0,607	1,0	1,037	1,6	1,645
0,10	0,275	0,5	0,690	1 1	1,117	1,7	1,770
0,15	0,351	0,6	0,768	1,2	1,208	1,8	1,906
0,20	0,411	0,7	0,840	1,3	1,310	1,9	2,046
0,25	0,465	0,8	0,906	1,4	1,415	2,0	2,195

Zwischen 0° und 100° ist nach Sims:

P	*G* bei 0°	20°	40°	*P*	*G* bei 0°	20°	40°	100°
0,00	0,199	0,119	—	0,7	0,850	0,492	0,320	0,068
0,1	0,280	0,158	0,064	0,8	0,937	0,535	0,349	0,078
0,2	0,421	0,232	0,120	0,9	1,029	0,574	0,378	0,088
0,3	0,519	0,296	0,168	1,0	1,126	0,613	0,404	0,096
0,4	0,606	0,353	0,211	1,1	1,230	0,651	0,425	0,106
0,5	0,692	0,403	0,251	1,2	1,336	0,685	0,445	0,115
0,6	0,770	0,447	0,287	1,3	1,442	0,722	0,463	0,125
—	—	—	—	1,4	1,549	0,761	0,479	0,135
—	—	—	—	1,5	1,656	0,801	0,493	—
—	—	—	—	1,6	1,758	0,842	0,511	—
—	—	—	—	1,7	1,861	0,881	0,530	—
—	—	—	—	1,8	1,966	0,919	0,547	—
—	—	—	—	1,9	2,070	0,955	0,565	—
—	—	—	—	2,0	—	0,992	0,579	—

[1]) Sims, Ann. Chem. 118, 348; vergl. auch Perman, Chem. Soc. Journ. 67, 886; Ber. 29, 266, Ref.; Derselbe, Chem. Centralbl. 1898, 1, S. 656; Konowalow, Journ. russ. phys. chem. Ges. 31, 910, 985; Chem. Centralbl. 1900, I, S. 646, 938. — [2]) Roscoe und Dittmar, Ann. Chem. 110, 140 u. 112, 389. — [3]) Carius, Ebenda 99, 164. — [4]) Berthelot, Compt. rend. 76, 1041. — [5]) Sims, Ann. Chem. 118, 348.

Die Geschwindigkeit des Entweichens aus Lösungen verschiedener Konzentration zeigt große Abweichungen vom Henry-Daltonschen Gesetz [1]). Über den Partialdruck in wässerigen Salzlösungen s. Konowalow [2]).

Der Einfluß der Temperatur äußert sich bei einem Barometerstande von 760 mm nach Roscoe und Dittmar (*RD*) und Sims (*S*) in der Weise, daß 1 g Wasser bei t^0 absorbiert:

t	g Ammoniak		*t*	g Ammoniak		*t*	g Ammoniak	
	RD	*S*		*RD*	*S*		*RD*	*S*
0	0,875	0,899	24	0,474	0,467	48	0,244	0,294
2	0,833	0,853	26	0,449	0,446	50	0,229	0,284
4	0,792	0,809	28	0,426	0,426	52	0,214	0,274
6	0,751	0,765	30	0,403	0,408	54	0,200	0,265
8	0,713	0,724	32	0,382	0,393	56	0,186	0,256
10	0,679	0,684	34	0,362	0,378	58	—	0,247
12	0,645	0,646	36	0,343	0,363	60	—	0,238
14	0,612	0,611	38	0,324	0,350	70	—	0,194
16	0,582	0,578	40	0,307	0,338	80	—	0,154
18	0,554	0,546	42	0,290	0,326	90	—	0,114
20	0,526	0,518	44	0,275	0,315	98	—	0,082
22	0,499	0,490	46	0,259	0,304	100	—	0,074

Unterhalb 0° absorbiert 1 g Wasser nach Mallet [3]) unter einem Druck von 743 bis 744,5 mm Quecksilber bei:

—3,9°	—10°	—20°	—25°	—30°	—40°	
0,947	1,115	1,768	2,554	2,781	2,946	g Ammoniak

Die Diffusion des Ammoniaks durch Wasser wie durch Alkohol wächst mit steigender Temperatur nahezu umgekehrt proportional dem Absorptionskoeffizienten [4]).

Die Beziehung zwischen dem Prozentgehalte der Ammoniakflüssigkeit und ihrem spezifischen Gewicht, welche besonders für die Wertbemessung von Wichtigkeit ist, ist Gegenstand eingehender Forschungen gewesen. Diese wurden besonders durch die Flüchtigkeit des Ammoniaks aus höheren Konzentrationen erschwert und ergaben daher namentlich bei diesen starke Abweichungen untereinander. Die älteren Tabellen von Dalton [5]), Ure [6]), H. Davy [7]), Richter [8]), Griffin [9])

[1]) E. P. Perman, Chem. Soc. Journ. **67**, 866; Ber. **29**, 266, Ref.; Derselbe, Chem. Soc. Proc. Nr. 188, p. 24; Chem. Centralbl. 1898, I, S. 656; s. a. Konowalow, Journ. russ. phys.-chem. Ges. **31**, 910, 985; Chem. Centralbl. 1900, I, S. 646, 938. — [2]) Konowalow, Journ. russ. phys.-chem. Ges. **31**, 910, 985; Chem. Centralbl. 1900, I, S. 646, 938. — [3]) Mallet, Am. Chem. Journ. **19**, 804; Chem. Centralbl. 1898, I, S. 13. — [4]) J. Müller, Ann. ch. phys. [2] **43**, 554; Ber. **24**, 611, Ref. — [5]) Dalton, N. Syst. **2**, 230. — [6]) Ure, Schweigg. Journ. **32**, 58. — [7]) H. Davy, Elem. **1**, 241. — [8]) Richter, Stöchiometrie **3**, 233. — [9]) Griffin, Chem. Soc. Quart. Journ. **3**, 206; JB. 1850, S. 291.

sind daher völlig beseitigt. Von den neueren seien hier diejenigen von Otto [1]) und von Carius [2]), sowie die neueste und wahrscheinlich richtigste von Lunge und Wiernick [3]) angeführt. Letztere weist auch in den höheren Konzentrationen Abweichungen gegen die anderen auf, sie erscheint aber als die richtigste, weil sie mit der von Wachsmuth [4]) (nach Reduktion auf 15°) und mit der von Smith [5]) gut übereinstimmt. Die beiden letzten sind aus diesem Grunde nicht besonders aufgeführt.

Tabelle von Otto. Temperatur 16°.

Spez. Gewicht	Proz. Ammoniak	Spez. Gewicht	Proz. Ammoniak	Spez Gewicht	Proz. Ammoniak
0,9517	12,000	0,9607	9,625	0,9697	7,250
0,9521	11,875	0,9612	9,500	0,9702	7,125
0,9526	11,750	0,9616	9,375	0,9707	7,000
0,9531	11,625	0,9621	9,250	0,9711	6,875
0,9536	11,500	0,9626	9,125	0,9716	6,750
0,9540	11,375	0,9631	9,000	0,9721	6,625
0,9545	11,250	0,9636	8,875	0,9726	6,500
0,9550	11,125	0,9641	8,750	0,9730	6,375
0,9555	11,000	0,9645	8,625	0,9735	6,250
0,9556	10,950	0,9650	8,500	0,9740	6,125
0,9559	10,875	0,9654	8,375	0,9745	6,000
0,9564	10,750	0,9659	8,250	0,9749	5,875
0,9569	10,625	0,9664	8,125	0,9754	5,750
0,9574	10,500	0,9669	8,000	0,9759	5,625
0,9578	10,375	0,9673	7,875	0,9764	5,500
0,9583	10,250	0,9678	7,750	0,9768	5,375
0,9588	10,125	0,9683	7,625	0,9773	5,250
0,9593	10,000	0,9688	7,500	0,9778	5,125
0,9597	9,875	0,9692	7,375	0,9783	5,000
0,9602	9,750	—	—	—	—

[1]) Graham-Otto, 5. Aufl., II, 2. Abt., S. 94. — [2]) Carius, Ann. Chem. 99, 164. — [3]) Lunge u. Wiernik, Ztschr. angew. Chem. 1889, S. 181. — [4]) O. Wachsmuth, Arch. Pharm. [3] 8, 510. — [5]) Smith s. G. Lunge, Chem. Ind. 1883, S. 2.

Tabelle von Carius. Temperatur 14°.

Spezifisches Gewicht	Proz. Ammoniak	Spezifisches Gewicht	Proz. Ammoniak	Spezifisches Gewicht	Proz. Ammoniak	Spezifisches Gewicht	Proz. Ammoniak	Spezifisches Gewicht	Proz. Ammoniak
0,8844	36,0	0,9006	28,8	0,9203	21,6	0,9434	14,4	0,9701	7,2
0,8848	35,8	0,9011	28,6	0,9209	21,4	0,9441	14,2	0,9709	7,0
0,8852	35,6	0,9016	28,4	0,9215	21,2	0,9449	14,0	0,9717	6,8
0,8856	35,4	0,9021	28,2	0,9221	21,0	0,9456	13,8	0,9725	6,6
0,8860	35,2	0,9026	28,0	0,9227	20,8	0,9463	13,6	0,9733	6,4
0,8864	35,0	0,9031	27,8	0,9233	20,6	0,9470	13,4	0,9741	6,2
0,8868	34,8	0,9036	27,6	0,9239	20,4	0,9477	13,2	0,9749	6,0
0,8872	34,6	0,9041	27,4	0,9245	20,2	0,9484	13,0	0,9757	5,8
0,8877	34,4	0,9047	27,2	0,9251	20,0	0,9491	12,8	0,9765	5,6
0,8881	34,2	0,9052	27,0	0,9257	19,8	0,9498	12,6	0,9773	5,4
0,8885	34,0	0,9057	26,8	0,9264	19,6	0,9505	12,4	0,9781	5,2
0,8889	33,8	0,9063	26,6	0,9271	19,4	0,9512	12,2	0,9790	5,0
0,8894	33,6	0,9068	26,4	0,9277	19,2	0,9520	12,0	0,9799	4,8
0,8898	33,4	0,9073	26,2	0,9283	19,0	0,9527	11,8	0,9807	4,6
0,8903	33,2	0,9078	26,0	0,9289	18,8	0,9534	11,6	0,9815	4,4
0,8907	33,0	0,9083	25,8	0,9296	18,6	0,9542	11,4	0,9823	4,2
0,8911	32,8	0,9089	25,6	0,9302	18,4	0,9549	11,2	0,9831	4,0
0,8916	32,6	0,9094	25,4	0,9308	18,2	0,9556	11,0	0,9839	3,8
0,8920	32,4	0,9100	25,2	0,9314	18,0	0,9563	10,8	0,9847	3,6
0,8925	32,2	0,9106	25,0	0,9321	17,8	0,9571	10,6	0,9855	3,4
0,8929	32,0	0,9111	24,8	0,9327	17,6	0,9578	10,4	0,9863	3,2
0,8934	31,8	0,9116	24,6	0,9333	17,4	0,9586	10,2	0,9873	3,0
0,8938	31,6	0,9122	24,4	0,9340	17,2	0,9593	10,0	0,9882	2,8
0,8943	31,4	0,9127	24,2	0,9347	17.0	0,9601	9,8	0,9890	2,6
0,8948	31,2	0,9133	24,0	0,9353	16,8	0,9608	9,6	0,9899	2,4
0,8953	31,0	0,9139	23,8	0,9360	16,6	0,9616	9,4	0,9907	2,2
0,8957	30,8	0,9145	23,6	0,9366	16,4	0,9623	9,2	0,9915	2,0
0,8962	30,6	0,9150	23,4	0,9373	16,2	0,9631	9,0	0,9924	1,8
0,8967	30,4	0,9156	23,2	0,9380	16,0	0,9639	8,8	0,9932	1,6
0,8971	30,2	0,9162	23,0	0,9386	15,8	0,9647	8,6	0,9941	1,4
0,8976	30,0	0,9168	22,8	0,9393	15,6	0,9654	8,4	0,9950	1,2
0,8981	29,8	0,9174	22,6	0,9400	15,4	0,9662	8,2	0,9959	1,0
0,8986	29,6	0,9180	22,4	0,9407	15,2	0,9670	8,0	0,9967	0,8
0,8991	29,4	0,9185	22,2	0,9414	15,0	0,9677	7,8	0,9975	0,6
0,8996	29,2	0,9191	22,0	0,9420	14,8	0,9685	7,6	0,9983	0,4
0,9001	29,0	0,9197	21,8	0,9427	14,6	0,9693	7,4	0,9991	0,2

Tabelle von Lunge und Wiernik.

Spezif. Gew. bei 15°	Proz. NH_3	1 Liter enthält NH_3 bei 15° g	Korrektion des spezif. Gew. für ± 1°	Spezif. Gew. bei 15°	Proz. NH_3	1 Liter enthält NH_3 bei 15° g	Korrektion des spezif. Gew. für ± 1°
1,000	0,00	0,0	0,000 18	0,940	15,63	146,9	0,000 39
0,998	0,45	4,5	0,000 18	0,938	16,22	152,1	0,000 40
0,996	0,91	9,1	0,000 19	0,936	16,82	157,4	0,000 41
0,994	1,37	13,6	0,000 19	0,934	17,42	162,7	0,000 41
0,992	1,84	18,2	0,000 20	0,932	18,03	168,1	0,000 42
0,990	2,31	22,9	0,000 20	0,930	18,64	173,4	0,000 42
0,988	2,80	27,7	0,000 21	0,928	19,25	178,6	0,000 43
0,986	3,30	32,5	0,000 21	0,926	19,87	184,2	0,000 44
0,984	3,80	37,4	0,000 22	0,924	20,49	189,3	0,000 45
0,982	4,30	42,2	0,000 22	0,922	21,12	194,7	0,000 46
0,980	4,80	47,0	0,000 23	0,920	21,75	200,1	0,000 47
0,978	5,30	51,8	0,000 23	0,918	22,39	205,6	0,000 48
0,976	5,80	56,6	0,000 24	0,916	23,03	210,9	0,000 49
0,974	6,30	61,4	0,000 24	0,914	23,68	216,3	0,000 50
0,972	6,80	66,1	0,000 25	0,912	24,33	221,9	0,000 51
0,970	7,31	70,9	0,000 25	0,910	24,99	227,4	0,000 52
0,968	7,82	75,7	0,000 26	0,908	25,65	232,9	0,000 53
0,966	8,33	80,5	0,000 26	0,906	26,31	238,3	0,000 54
0,964	8,84	85,2	0,000 27	0,904	26,98	243,9	0,000 55
0,962	9,35	89,9	0,000 28	0,902	27,65	249,4	0,000 56
0,960	9,91	95,1	0,000 29	0,900	28,33	255,0	0,000 57
0,958	10,47	100,3	0,000 30	0,898	29,01	260,5	0,000 58
0,956	11,03	105,4	0,000 31	0,896	29,69	266,0	0,000 59
0,954	11,60	110,7	0,000 32	0,894	30,37	271,5	0,000 60
0,952	12,17	115,9	0,000 33	0,892	31,05	277,0	0,000 60
0,950	12,74	121,0	0,000 34	0,890	31,75	282,6	0,000 61
0,948	13,31	126,2	0,000 35	0,888	32,50	288,6	0,000 62
0,946	13,88	131,3	0,000 36	0,886	33,25	294,6	0,000 63
0,944	14,46	136,5	0,000 37	0,884	34,10	301,4	0,000 64
0,942	15,04	141,7	0,000 38	0,882	34,95	308,3	0,000 65

Das spezifische Gewicht der gesättigten Lösung ist bei —30° etwa 0,718, bei —40° etwa 0,731, bezogen auf Wasser von 4° C. [1]).

Im Anschlufs hieran geben wir die Tabellen der Absorptionskoeffizienten von Ammoniak in Alkoholen nach Pagliani und Emo[2]).

[1]) Mallet, Am. Chem. Journ. 19, 804; Chem. Centralbl. 1898, I, S. 13. — [2]) Pagliani u. Emo, Atti R. Accad. di Torino 18, 67; Ann. Phys. [2], Beibl. 8, 18.

t = Temperatur in Celsiusgraden, p = Druck in Millimeter Quecksilber, a = Absorptionskoeffizient.

Äthylalkohol			Propylalkohol			Isobutylalkohol		
t	p	a	t	p	a	t	p	a
23,00	455,22	66,3	21,74	464,83	53,4	20,20	479,00	54,3
21,32	443,78	68,5	19,60	456,59	56,6	20,18	523,11	59,1
21,61	511,05	75,4	19,80	484,36	59,2	20,49	585,21	64,3
21,70	568,27	81,5	19,90	525,54	62,7	20,42	659,89	70,5
22,10	467,35	70,6	20,90	588,08	67,5	20,62	725,30	75,4
23,19	629,17	76,6	21,36	722,88	78,3	21,19	538,90	51,9
24,60	634,36	84,4	20,62	416,97	50,9	21,00	587,99	55,7
23,10	630,39	87,3	20,43	453,82	55,3	21,21	639,33	60,6
20,40	457,00	70,9	20,62	498,77	59,6	21,25	733,86	67,1
22,75	474,89	68,7	20,96	576,00	66,4			
22,70	525,49	75,2	21,20	706,00	76,8			
22,98	623,65	85,3						
23,16	613,23	91,4						

In der wässerigen Lösung des Ammoniaks nimmt man vielfach die Verbindung $NH_4.OH$, Ammoniumhydroxyd, an, welche den Alkalihydroxyden entspricht und sonach das chemische Verhalten der Ammoniaklösung erklären würde. Für die Bildung dieser Verbindung sprechen die Abweichungen vom Henry-Daltonschen Gesetze, welche sich für die Löslichkeit des Gases ergeben. Es spricht ferner dafür die Leitfähigkeit verdünnterer Ammoniaklösungen und vor allem die Bildung von Ammoniumamalgam bei der Elektrolyse mit Quecksilberkathode.

Diese Verbindung, welche Cailletet und Bordet[1]) beim Zusammenbringen einer gesättigten Ammoniaklösung mit Ammoniakgas unter Druck in Form weifser Nebel beobachtet haben wollen, ist jedenfalls aufserordentlich unbeständig. Ein Vergleich der Eigenschaften des Ammoniaks in wässeriger Lösung mit denen seiner durch Eintritt organischer Radikale entstandenen Substitutionsprodukte zeigt eine ganz allmähliche Zunahme der schwachen Basizität beim successiven Ersatz der drei Wasserstoffatome, während bei weiterem Zutritt von Alkyl die sehr stark basischen Tetraalkylammoniumhydroxyde $NR_4.OH$ entstehen. Man mufs danach der Gruppierung, welcher die Verbindung $NH_4.OH$ entspricht, viel stärker basische Eigenschaften zuerkennen, als sie der wässerigen Lösung des Ammoniaks, der primären, sekundären und tertiären Amine innewohnen. Versuche von Hantzsch und Sebaldt[2]) über die Verteilung dieser Substanzen zwischen Wasser

[1]) L. Cailletet u. Bordet, Compt. rend. **95**, 58. — [2]) Hantzsch u. Sebaldt, Zeitschr. physikal. Chem. **30**, 258.

und organischen Lösungsmitteln weisen darauf hin, dafs nur lockere, bei Temperaturerhöhung zerfallende Verbindungen $NR_3 . H_2O$ vorliegen und dafs die entsprechende Verbindung des Ammoniaks schon bei gewöhnlicher Temperatur zerfällt.

Die Bildungswärme des hypothetischen Ammoniumhydroxyds zeigt nach Tommasi[1]) erhebliche Abweichungen gegenüber denen anderer Hydroxyde. Auch ist das Leitungsvermögen des Ammoniakwassers, im Gegensatz zu jener der Alkalihydroxydlösungen, nach Bouty[2]) etwa 10 mal geringer als die von Salzen gleichen Molekelgewichtes.

Schliefslich sprechen Beobachtungen von Knorr[3]) über die Addition von Äthylenoxyd an Ammoniak in wässeriger Lösung dafür, dafs nicht nur die Ionen $\overset{+}{NH_4}$ und $\overline{OH}$, sondern auch $\overline{NH_3}$ oder $\overline{NH_3}.OH$ in der Lösung vorhanden sind.

Die meist gebräuchliche Lösung des Ammoniaks ist die 10 proz. vom spezif. Gew. 0,96. In den Fabriken stellt man aber aus praktischen Rücksichten für den Versand eine möglichst konzentrierte Lösung dar, und auch für manche technische Zwecke und vielfach auch für Laboratoriumsgebrauch ist eine solche, meist von 0,91 spezif. Gew., also 25 Proz., im Gebrauche.

Konzentriertes wässeriges Ammoniak leitet den elektrischen Strom so schlecht wie reines Wasser. Durch Zusatz von wenig Ammoniumsulfat wird es leichter zersetzbar und liefert dann an der Kathode drei bis vier Raumteile Wasserstoff auf einen Raumteil an der Anode auftretenden Stickstoffs, dem eine veränderliche, aber stets geringe Menge Sauerstoff beigemengt ist (Faraday). Nach Hisinger und Berzelius giebt konzentriertes wässeriges Ammoniak bei Anwendung von Eisenelektroden reinen Stickstoff am positiven Pol; ist es aber mit der dreifachen Wassermenge verdünnt, so entwickelt es auch Sauerstoff und bildet Eisenoxyd.

Das Stickstoffdefizit, das schon aus dem oben angegebenen, von Faraday ermittelten Verhältnisse der entwickelten Gase hervorgeht und von späteren Untersuchern bestätigt wurde, hat nach Losanitsch und Jovitschitsch[4]) seinen Grund in der Bildung von Nitriten oder, wenn Halogensalze zugegen sind, von Halogenstickstoff bezw. Hypochlorit u. s. w. In letzterem Falle resultiert denn auch die theoretische Menge Stickstoff, wenn die Zersetzung bei höherer Temperatur vorgenommen wird.

Befindet sich wässeriges Ammoniak in einer Röhre über Quecksilber, welches durch einen Platindraht mit dem negativen Pol einer Stromquelle verbunden ist, während das Platin des positiven Pols in

---

[1]) Tommasi, Compt. rend. 98, 812; Bull. soc. chim. [2] 41, 444. — [2]) Bouty, Compt. rend. 98, 140, 326, 797. — [3]) Knorr, Ber. 32, 729. — [4]) S. M. Losanitsch u. M. Z. Jovitschitsch, ebend. 29, 2436.

das Ammoniak eintaucht, so entwickelt sich an letzterem Sauerstoff, während am negativen Ammoniumamalgam gebildet wird[1]).

Konzentriertes wässeriges Ammoniak (0,88 spezif. Gew.) mischt sich mit gesättigter Kaliumkarbonatlösung erst, wenn auf einen Raumteil der letzteren 30 Raumteile Ammoniakwasser angewandt werden. Bei 18 Raumteilen Kaliumkarbonat- und 15 Raumteilen Ammoniaklösung entstehen zwei nicht mischbare Flüssigkeitsschichten, welche sich bei 24 stündigem Stehen unter Absatz eines Krystallpulvers vereinigen. Auch Natriumsilikatlösung mischt sich nicht mit starkem Ammoniakwasser. Kupfervitriol erzeugt darin, ohne sich zu lösen, einen blauen Niederschlag. Kupfernitrat löst sich, worauf durch Zusatz von gesättigter Kaliumkarbonatlösung eine fast farblose Ammoniakschicht und eine tiefblaue Kalikupferlösung erhalten wird[2]).

Mit den Hydraten mehrerer Schwermetalloxyde, wie des Zinkoxyds, Kadmiumoxyds, Kobalto- und Nickeloxyds, Kupro- und Kuprioxyds und mit Silberoxyd bildet wässeriges Ammoniak Auflösungen. Chromoxydhydrat löst sich nur langsam und unvollständig, Ferrohydrat und Manganhydrat nur bei Gegenwart von Ammoniaksalzen, welche übrigens auch die Lösung der oben genannten Hydrate vielfach begünstigt.

Mit Vanadinoxyd, Uran-, Antimon-, Quecksilber-, Silber-, Gold-, Platin- und Rhodiumoxyd bildet Ammoniak feste, beim Erhitzen zum Teil verpuffende Verbindungen.

Viele Metallsalze vereinigen sich mit Ammoniak auf nassem oder trockenem Wege nach bestimmten Molekularverhältnissen und häufig unter Wärmeentwickelung zu Verbindungen, welche keine ihrem Ammoniakgehalt entsprechende Sättigungskapazität und von denen die beständigeren auch die doppelte Umsetzung der Ammoniumsalze nicht zeigen. Von diesen Metallammoniakverbindungen verlieren einige, wie Jodblei-Ammoniak, ihr Ammoniak schon an der Luft, andere beim Erhitzen als solches (Zinksulfat-, Chlorsilber-, Chlorcalcium-Ammoniak) oder als Ammoniumsalz (Nickelchlorür-, Kupfersulfat-Ammoniak), wobei dann ein Teil des Metalles in reduzierter Form zurückbleiben kann, noch andere, wie Zinnchlorid-Ammoniak und Eisenchlorid-Ammoniak, sind unzersetzt flüchtig.

Auch gegen Wasser zeigen die Metallammoniakverbindungen einen sehr verschiedenen Grad von Beständigkeit. Ein Teil wird zersetzt, entweder unter Auflösen des Metallsalzes und Freiwerden von Ammoniak (Chlorcalcium-Ammoniak) oder unter Fällung von Oxyden, Oxydhydraten oder basischen Salzen (Zinkkarbonat-, Thalliumchlorid-, Bleijodid-, Eisenchlorür-Ammoniak). Die Verbindungen des Kobalts und der Platinmetalle zeichnen sich durch gröfsere Beständigkeit aus und

---

[1]) Berzelius u. Pontin, Gilb. Ann. 36, 260. — [2]) B. S. Proktor, Chem. News 9, 25; Chem. Centralbl. 1864, S. 606.

werden auch durch überschüssige Säure nicht in Metallsalz und Ammoniaksalz, durch überschüssige Basen nicht oder nur schwierig in Metalloxyd und Ammoniak zerlegt. Sie tragen demnach den Charakter komplexer Verbindungen. Ihre Konstitution ist Gegenstand vieler Erwägungen gewesen.

Dafs in diesen Verbindungen besondere Verhältnisse vorliegen, brachte schon Berzelius[1]) zum Ausdruck. Er falste sie auf als gepaarte Verbindungen von Ammoniak und einem Paarling, der beim Neutralisieren mit einer Säure nicht abgeschieden wird und nicht dazu beiträgt, die Sättigungskapazität der Base zu vermehren oder zu vermindern. So sei in dem Platodiaminchlorür PtN_2H_4 als unwirksamer Paarling mit $Cl_2N_2H_8$ verbunden.

Dagegen betrachtete Claus[2]) das Ammoniak in diesen Verbindungen als den passiven Paarling, eine Auffassung, welche mit der zur Zeit herrschenden besser in Einklang steht.

Gentele[3]) nahm Verbindungen von Metallamiden mit Ammoniaksalzen an, z. B. $Co_2(NH_2)_6$, $6\,NH_4Cl$.

Andere, wie Reiset[4]), Graham[5]), Gerhardt[6]), Hofmann[7]), Weltzien[8]), fafsten die Salze als Substitutionsprodukte von Ammonium- bezw. Ammoniaksalzen auf, in welchen ein Teil des Wasserstoffs durch Metalle oder auch wiederum durch Ammonium[7]) vertreten sei.

Die besonders auffällige Thatsache, dafs aus verschiedenen Metallammoniakchloriden ein Teil des Chlors leichter als der Rest durch Silbersalz abgeschieden werden kann, dafs also, wie wir heute sagen, nur ein Teil des Chlors als Chlorion darin vorhanden ist, veranlafste weiterhin Grimm[9]) und Kolbe[10]), nicht nur Metalle als die einen Teil des Wasserstoffs ersetzenden Radikale anzunehmen, sondern auch chlorhaltige Radikale, z. B. in den Verbindungen $Cl(NH_3.PtCl)$ und $Cl[NH_2(NH_4)PtCl]$ das einwertige Radikal PtCl.

Einen wesentlichen Fortschritt, der besonders auch zur Erklärung mancher bei den erwähnten Verbindungen beobachteter Isomerien führte, bedeutet die Theorie von Blomstrand[11]). Danach enthalten die Metallammoniake gepaarte Ammoniake. Das stets in ihnen vorhandene mehrwertige Metall bewirkt, dafs sich zwei oder mehrere Atome Stickstoff nach Art des Kohlenstoffs in den homologen Kohlen-

---

[1]) Berzelius, JB. Berz. 21, 108. — [2]) Ad. Claus, Beiträge zur Chemie der Platinmetalle; Ann. Chem. 97, 317. — [3]) Gentele, J. pr. Chem. 93, 298. — [4]) Reiset, Ann. ch. phys. [3] 11, 417, 52, 262. — [5]) Graham, Graham-Ottos Lehrb. 1840, 2, 741. — [6]) Gerhardt, JB. 1850, S. 335. — [7]) A. W. Hofmann, Phil. Trans. 1851, 2, 357. — [8]) Weltzien, Ann. Chem. 97, 19 u. 100, 108. — [9]) Grimm, J. pr. Chem. [2] 2, 217; Ann. Chem. 99, 67, 95; Handwörterbuch der Chemie, I. Aufl., 6, 548. — [10]) Kolbe, Mündl. Mitteil. vor der Naturforscherversammlung Göttingen 1854, sonst nur durch Grimm; vgl. Jörgensen, Zeitschr. anorg. Chem. 24, 153. — [11]) Blomstrand, Chemie der Jetztzeit, Heidelberg 1869, S. 280 ff.; Ber. 4, 46 ff.

stoffverbindungsreihen miteinander vereinigen. Die Sättigungskapazität des Metalles bestimmt das Sättigungsvermögen des ganzen Komplexes, aber das Metall selbst bindet die Haloide nicht oder nur teilweise. Dem ersten Falle soll das aus Ammoniak und Platinchlorür entstehende

Chlorür des Platodiamins $PtCl_2, 4NH_3$ als $\overset{II}{Pt}\left\{\begin{array}{l}\overbrace{NH_3.NH_3}.Cl \\ \overbrace{NH_3.NH_3}.Cl\end{array}\right.$ entsprechen,

dem zweiten das durch Einleiten von Chlor daraus entstehende Chlor-

platindiamin $PtCl_4, 4NH_3$ als $Cl_2:\overset{IV}{Pt}\left\{\begin{array}{l}\overbrace{NH_3.NH_3}.Cl \\ \overbrace{NH_3.NH_3}.Cl\end{array}\right.$.

Den weiteren Ausbau der Blomstrandschen Theorie, vor allem aber die ausgedehntesten und aufklärenden Forschungen auf dem Gebiete der Metallammoniakverbindungen verdanken wir Jörgensen [1]). Derselbe widerlegte zunächst experimentell die Reiset-Hofmannsche Theorie durch den Nachweis, dafs ganz analoge Verbindungen wie mit Ammoniak auch mit Pyridin, in welchem doch kein vertretbares Wasserstoffatom am Stickstoff haftet, erhalten werden können. Er zeigte ferner, dafs der Isomeriefall bei der Verbindung $Pt(NH_3)_2Cl_2$, den Cleve [2]) auf Grund der Blomstrandschen Theorie, entsprechend den

Formelbildern $Pt\!<\!\begin{array}{l}\overbrace{NH_3.NH_3}.Cl \\ Cl\end{array}$ und $Pt\!<\!\begin{array}{l}NH_3.Cl \\ NH_3.Cl\end{array}$ vorausgesehen

hatte, bei den entsprechenden Pyridinverbindungen thatsächlich eintritt. Zugleich wies er darauf hin, dafs auch Verbindungen wie Silbernitratammoniak und Kupridiaminsulfat den Platinbasen entsprechend konstituiert sein müssen.

Jörgensen legte ferner dar und bewies es durch kryoskopische Molekelgewichtsbestimmungen, dafs in den Kobaltbasen nicht, wie ursprünglich angenommen wurde, ein hexavalentes Doppelmetallatom vorliegt, sondern ein trivalentes Einzelatom. Das Gleiche wurde für Platin- und Chromverbindungen erwiesen.

Von grofser Bedeutung ist der Hinweis auf die Analogie zwischen Chlorotetrammin- und Chloropurpureosalzen. In ersteren nimmt eine Molekel Wasser den Platz einer Molekel Ammoniak in letzteren ein, nach Jörgensens Formulirung:

$$R\!\begin{array}{l}/Cl \\ -OH_2.Cl \\ \backslash NH_3.NH_3.NH_3.NH_3Cl\end{array} \quad \text{und} \quad R\!\begin{array}{l}/Cl \\ -NH_3.Cl \\ \backslash NH_3.NH_3.NH_3.NH_3Cl\end{array}$$

Chlorotetramminchlorid — Chloropurpureochlorid.

Auf den Zusammenhang zwischen Ammoniakverbindungen und Hydraten hatte schon Claus hingewiesen. Die Zahl der in jene ein-

[1]) Jörgensen, J. pr. Chem. [2] 33, 489, 41, 429, 440, 42, 206; Zeitschr. anorg. Chem. 11, 416, 13, 172, 14, 404, 16, 245, 17, 455, 19, 109, 24, 153. —
[2]) Cleve, Sv. Vet. Akad. Förhandl. 1870, S. 783.

tretenden Ammoniakäquivalente ist, wie er betonte, keine zufällige, sondern richtet sich nach der Zahl der Wasseräquivalente, die in den Hydraten der entsprechenden Metalloxyde enthalten sind.

Mit weitem Blicke hat dann Werner[1]) die Metallammoniakverbindungen als Spezialfall seiner Theorie von der Konstitution anorganischer Verbindungen eingeordnet. Nach dieser kommt den Metallatomen eine von der Valenzzahl unabhängige „Koordinationszahl" zu, d. h. jedes Metallatom ist befähigt, eine gewisse Anzahl von Atomen oder Molekeln in einer engeren Sphäre um sich zu gruppieren und mit ihnen ein Radikal zu bilden, das, je nachdem diese Atome bezw. Molekeln neutral oder negativ sind, die ursprüngliche Valenz des Metallatoms oder verringerte oder entgegengesetzte aufweist. Zu den neutralen Molekeln zählen vor allem Wasser und Ammoniak.

Unter den Ammoniakverbindungen unterscheidet Werner, indem er die Trennung in beständigere atomistische und unbeständige mit sogenannten Molekularformeln gänzlich fallen läfst, wesentlich zwei Klassen, je nachdem auf ein Metallatom sechs oder vier Ammoniakmolekeln aufgenommen werden. Von den hieraus resultierenden ammoniakreichsten Verbindungen jeder Klasse leiten sich bei Ersatz von Ammoniak durch andere Molekeln oder Atome neue Körperreihen ab. In jeder Klasse ergeben sich Unterabteilungen je nach der Wertigkeit des Metallatoms, also in der ersten Klasse:

a) $\overset{\text{IV}}{M}(NH_3)_6X_4$,

b) $\overset{\text{III}}{M}(NH_3)_6X_3$,

c) $\overset{\text{II}}{M}(NH_3)_6X_2$.

Zu b gehört z. B. das Luteokobaltchlorid, das durch Austritt von einer Molekel Ammoniak in Purpureokobaltchlorid übergeht. Hierbei findet eine Funktionsänderung bei einem Chloratom statt. Während im Luteosalz alle drei Chloratome als Ionen vorhanden sind, demgemäfs schon in der Kälte mit Silbernitrat reagieren, gilt dies im Purpureosalz nur noch für zwei. Ähnlich ist der Übergang zum Praseosalz, das durch Austritt einer weiteren Ammoniak-Molekel entsteht und in welchem nur noch ein Chloratom als Ion funktioniert. Schliefslich findet sich in Verbindungen vom Typus $M(NH_3)_3X_3$ wie Hexakobaltamminnitrit, überhaupt kein Ion mehr. Es bestehen somit stets Radikale, in welchen die Gesamtzahl der an das Metallatom enger angeschlossenen Molekeln oder einwertigen Atome = 6 ist, und diese Radikale haben nach ihrer Zusammensetzung verschiedene chemische Funktion: Das Luteoradikal ist positiv und dreiwertig, das Purpureoradikal positiv und zweiwertig, das Praseoradikal positiv und einwertig, während die

[1]) Alfr. Werner, Zeitschr. anorg. Chem. 3, 267, 8, 153, 189, 15, 143, 16, 109, 245, 21, 145.

Verbindungen des Typus $M(NH_3)_3X_3$ neutral sind. Wird in diesen weiterhin Ammoniak durch ein einwertiges negatives Radikal ersetzt, so wird nunmehr das Gesamtradikal negativ und einwertig u. s. f., bis schliefslich ein negatives und dreiwertiges Radikal resultiert, wie es z. B. im Kaliumkobaltnitrit und in der Reihe des roten Blutlaugensalzes vorliegt.

In ähnlicher Weise findet bei den Körpern der Unterabteilungen a und c der stetige Übergang von den Ammoniakverbindungen zu den sogenannten Doppelsalzen statt, als welche sich bei c die Reihe des gelben Blutlaugensalzes, bei a die des Kaliumplatinchlorids ergiebt.

Wird das Ammoniak durch Wasser ersetzt, so gelangt man zu Verbindungen, welche gegen die Ausgangskörper kaum verändert erscheinen, in denen namentlich die X-Reste dieselbe Funktion haben, und schliefslich, wenn alle Ammoniakmolekeln in dieser Art ersetzt worden, zu den bei vielen Metallen am häufigsten auftretenden Hydratformen ihrer Salze.

In der zweiten Klasse findet man die entsprechenden Übergänge.

Aus diesen Thatsachen ergiebt sich die Ansicht, dafs direkt an Metall gebundenes Halogen u. dgl. kein Ion ist, sondern erst durch Einschiebung von Wasser, Ammoniak u. dgl. dazu wird.

Werner ist dann zu räumlichen Vorstellungen über die Art der Bindung in dem komplexen Radikal geschritten. In den Radikalen des Typus MA_6 nimmt er das Metallatom in der Mitte eines regulären Oktaeders an, dessen sechs Ecken von den koordinierten Gruppen eingenommen werden. Geht man von einem Radikal mit $6\,NH_3$ aus und ersetzt zwei dieser Molekeln durch andere Reste oder Molekeln, so mufs Isomerie eintreten, je nachdem der Ersatz an zwei an einer Kante oder an zwei achsial zu einander liegenden Ecken des Oktaeders stattfindet, also:

So erklärt Werner z. B. die von Jörgensen entdeckte Isomerie zwischen Praseo- und Violeokobaltsalzen sowie diejenige zwischen Platinammin- und Platisemidiamminsalzen.

Bei Eintritt von drei Radikalen an Stelle von NH_3 ist dementsprechend eine Isomerie möglich, je nachdem zwei jener Radikale einander oder sämtliche je einer Ammoniakmolekel achsial gegenüberstehen, also:

und

Die Auffindung zweier isomerer Triamminkobaltnitrite war daher im Sinne der Wernerschen Theorie vorauszusehen.

Des weiteren hat Werner auf die Möglichkeit einer Isomerie bei Ersatz einer Ammoniakmolekel in den Salzen $(MA_6)X_3$ durch Wasser hingewiesen, indem dieses einmal sich in derselben Hauptebene des Oktaeders befinden kann wie die drei negativen Reste, das andere Mal in der darauf senkrechten Hauptebene. Die Existenz von zwei isomeren Reihen von Roseokobaltverbindungen (rosa und gelb) suchte er auf diese Weise zu erklären. Dabei ist zu bemerken, dafs Werner allgemein diese negativen Reste in einer der Hauptebenen des Oktaeders auf einer dasselbe aufserhalb umgebenden Sphäre gelagert annimmt.

Den Übergang eines Radikals MA_6 in MA_4 kann man sich nach Werner so vorstellen, dafs zwei achsial am Oktaeder befindliche Reste verschwinden, die übrigen vier also um das Metallatom in einer Ebene angeordnet sind. Bei Ersatz von 2 NH_3 durch negative Reste ergiebt sich dann, analog wie bei den Verbindungen MA_4X_2, die Isomerie $\begin{matrix}A\\A\end{matrix}{>}M{<}\begin{matrix}X\\X\end{matrix}$ und $\begin{matrix}A\\X\end{matrix}{>}M{<}\begin{matrix}X\\A\end{matrix}$, also eine Cis- und Trans-Konfiguration. In diesem Sinne fafst Werner die Isomerie bei den Verbindungen $Pt(NH_3)_2Cl_2$ auf:

$$\begin{matrix}Cl\\Cl\end{matrix}{>}Pt{<}\begin{matrix}NH_3\\NH_3\end{matrix} \quad \text{und} \quad \begin{matrix}Cl\\NH_3\end{matrix}{>}Pt{<}\begin{matrix}NH_3\\Cl\end{matrix}.$$

Platosemidiamminchlorid — Platosamminchlorid

In Fällen, wo die Stickstoffatome der Ammoniakmolekeln untereinander gebunden sind, wie bei den Oxalatodiäthylendiaminkobaltisalzen, läfst sich noch eine weitere Isomerie im Sinne von Bild und Spiegelbild voraussehen, wie die folgenden Figuren veranschaulichen:

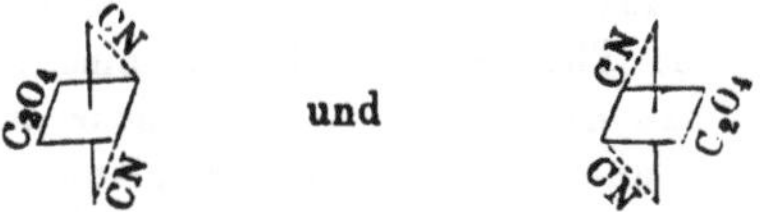

Für die Wernersche Anschauung mufs als Grundstein das Postulat gelten, dafs die Verbindungen $M(NH_3)_3X_3$ sich völlig neutral verhalten. Die chemischen Reaktionen können hierfür nicht ganz ausschlaggebend sein, da bei längerer Behandlung mit Wasser teilweise Ionisierung der zunächst nicht in Ionenform vorhandenen Säurereste eintreten kann. Aus dem gleichen Grunde mufs auch die physikalische Bestimmung der Ionenzahl unter gewissen Kautelen, unmittelbar nach der Auflösung und bei niedriger Temperatur, erfolgen. Bei Einhaltung dieser Vorsichtsmafsregeln erhielt Werner im Gegensatz zu Petersen [1]) Resultate, welche mit seiner Theorie im Einklange stehen. Eine bedeutsame Stütze erhielt die Theorie auch durch die Bestätigung der

[1]) Em. Petersen, Zeitschr. phys. Chem. 22, 410.

danach zu erwartenden Verhältnisse bei den von Hofmann und Wiede erhaltenen Derivaten der Trithiokohlensäure[1]), sowie durch die Feststellung von Klason[2]), dafs mindestens zwei Verbindungen von der Zusammensetzung des Platintriammoniakchlorürs $Pt(NH_3)_3Cl_2$ existieren, während die Blomstrand-Jörgensensche Formulierung $Pt{<}^{NH_3.NH_3.Cl}_{NH_3.Cl}$ nur eine Form zuliefse. Immerhin wäre aber nach jener Theorie auch eine Form $Pt{<}^{NH_3.NH_3.NH_3.Cl}_{Cl}$ denkbar. Klason spricht sich auch nicht für Werners Ansichten aus, sondern weist auf die Möglichkeit strukturchemischer Auffassungen hin.

Mit Jörgensen, der bis in die neueste Zeit an seiner Auffassung festhält, thut dies auch Cossa[3]), obwohl er sich der Einsicht nicht verschliefst, dafs dieselbe für die Platinammoniakverbindungen keine ausreichende Erklärung giebt.

Kurnakow[4]) macht die Annahme, dafs Ammoniak nicht nur auf Kosten des Metalles, sondern auch durch Vermittelung der Haloide bezw. sonstiger Säuregruppen festgehalten werde. Für Verbindungen $MCl.NH_3$, $MCl(NH_3)_2$, $MCl(NH_3)_3$ u. s. w. stellt er die schematischen Formeln $M{-}NH_3{-}Cl$, $M{<}^{NH_3}_{NH_3}{>}Cl$, $M{\lessgtr}\begin{smallmatrix}NH_3\\NH_3\\NH_3\end{smallmatrix}{\gtrless}Cl$ u. s. w. auf. Daneben könne auch noch die Existenz einer unmittelbaren Bindung zwischen Metall und Säurerest angenommen werden: $M\overset{A}{\wedge}Cl$, $M\overset{A}{\underset{A}{\lessgtr}}Cl$, $M\overset{A}{\underset{A\,A}{\lessgtr}}Cl$ u. s. w.

Mit Recht bemerkt dazu Reitzenstein in seiner ausführlichen Erörterung über die Theorien der Metallammoniakverbindungen[5]): „Werner macht man den Vorwurf, nicht mehr auf dem Boden der Valenz zu stehen — und hier tritt uns die Valenz im Chamäleonkleide entgegen.“

Der eben erwähnte Einwand gegen die Wernersche Theorie dürfte in derselben Weise zu beheben sein wie der Streitpunkt wegen der Basizität des Ammoniaks. Wir müssen nur ebenso wie dort für den Stickstoff auch für die Metallatome und den Sauerstoff die Annahme machen, dafs über die gewöhnlich in Erscheinung tretenden, einen bestimmten elektrochemischen Charakter tragenden Valenzen hinaus eine Anzahl weiterer Valenzen in den gewöhnlichen Verbindungen paarweise durch je ein positives und ein negatives Elektron

[1]) K. A. Hofmann u. Wiede, Zeitschr. anorg. Chem. **11**, 379; Hofmann, ebend. **14**, 262. — [2]) P. Klason, Ber. **28**, 1477. — [3]) A. Cossa, Zeitschr. anorg. Chem. **14**, 367. — [4]) Kurnakow, J. pr. Chem. [2] **52**, 490. — [5]) Reitzenstein, Zeitschr. anorg. Chem. **18**, 152.

abgesättigt sind, durch doppelten Austausch dieser Elektronen mit entgegengesetzten anderer Verbindungen oder Elemente aber diese anlagern können. Wir können diese Art von Valenzen zum Unterschiede von den gewöhnlichen als „Neutralvalenzen" bezeichnen.

Da Ammoniak und Wasser nach dieser Annahme noch je ein positives und ein negatives Elektron besitzen, so können sie mit beliebigen Ionen unter Elektronenaustausch in Verbindung treten. Lagert sich nun z. B. eine Ammoniakmolekel an eine negative Affinität eines Metallatoms an, so würde ein negatives Elektron mit einem positiven des Metalles austreten. Dadurch aber tritt das positive Elektron des Ammoniaks aus dem neutralen Zustande heraus, und es kann nunmehr an seine Stelle irgend ein negatives Radikal treten. Die Valenz der Ammoniakmetallverbindung ist also genau dieselbe wie vorher die des Metallatoms. Tritt dagegen ein Ion, also ein Radikal, das nur Elektronen einer Art enthält, mit dem Metallatom in Verbindung, so scheidet das entsprechende Elektron des Metalles aus, ohne dafs ein gleichwertiges in dem Komplex entneutralisiert oder, um einen kürzeren und schlagenderen Ausdruck zu gebrauchen, aktiviert wird. Sind nun die gewöhnlichen aktiven Valenzen des Metallatoms gesättigt und wird nunmehr ein weiteres Ion aufgenommen, so wird hierzu eins der paarweise entgegengesetzten Elektronen beansprucht und infolge dessen sein Gegenspiel aktiviert.

So können wir im Platinatom im ganzen acht Valenzen annehmen, von denen aber nur vier bei den Platiniverbindungen, zwei bei den Platinoverbindungen aktiv sind. Dies ist so zu erklären, dafs einmal sechs positiven Elektronen gegenüber zwei negative mit dem Platinatom verbunden sind, das andere Mal gegenüber fünf positiven drei negative. Das Platinchlorid $PtCl_4$ würde also die im gewöhnlichen Sinne gesättigte Verbindung der ersten Form sein. Sie vermag aber noch zwei Chloratome aufzunehmen, wenn gleichzeitig die dadurch aktivierten zwei negativen Elektronen sich austauschen können.

Nach unserer Annahme sind in den Metallammoniaksalzen die als Ionen fungierenden Säurereste an das Ammoniak mittelst dessen negativer Neutralvalenz gebunden, also ganz ebenso wie in den Ammoniumsalzen. Der häufig betonte Umstand, dafs jene Salze sich durchaus wie Ammoniumsalze verhalten, ist danach durchaus erklärlich.

Mit dieser Auffassung im Einklang ist auch die Definition von Abegg und Bodländer[1]: Komplexe Verbindungen sind solche, in denen einer der ionogenen Bestandteile eine Molekularverbindung aus einem einzeln existenzfähigen Ion („Einzelion") mit einer elektrisch neutralen Molekel („Neutralteil") darstellt. In den Ammoniakverbindungen übernehmen eine oder mehrere Molekeln Ammoniak die Rolle des Neutralteiles in komplexen Kationen.

---

[1]) Abegg u. Bodländer, Zeitschr. anorg. Chem. 20, 453.

Das Ammoniak vereinigt sich mit Säuren zu Salzen. Diese Vereinigung findet bei Wasserstoffsäuren wie bei Sauerstoffsäuren ohne Austritt oder Zutritt von Wasser statt: $NH_3 + ClH = NH_3ClH$, $2NH_3 + SO_4H_2 = SO_4H_2(NH_3)_2$. Nimmt man im wässerigen Ammoniak die Existenz von Ammoniumhydroxyd an, so paſst sich die Salzbildung den allgemeinen Regeln an, d. h. sie erfolgt unter Austritt von Wasser: $NH_4OH + ClH = ClNH_4 + H_2O$. Nach der Elektronen-Hypothese schlieſslich erfolgt sie gemäſs den Regeln der doppelten Umsetzung:

$$\mathrm{N}\begin{cases}-\oplus\\-H\\-H\\-H\\-\ominus\end{cases} + \begin{matrix}Cl\\|\\|\\|\\H\end{matrix} = \mathrm{N}\begin{cases}-Cl\\-H\\-H\\-H\\-H\end{cases} + \begin{matrix}\oplus\\|\\\ominus\end{matrix}$$

Bei der Salzbildung in wässeriger Lösung findet Kontraktion statt [1]).

Man faſst die Salze entweder als lockere Verbindungen, z. B. $NH_3.ClH$, auf, wofür namentlich das groſse Dissoziationsvermögen spricht, oder als Salze, welche das den Alkalimetallen analoge einwertige Radikal Ammonium NH_4 enthalten, also $Cl.NH_4$ u. s. w. Für letztere Ansicht spricht das gesamte chemische Verhalten, besonders auch die Isomorphie der krystallisierten Salze mit den entsprechenden des Kaliums, Rubidiums und Cäsiums.

Die Ammoniaksalze oder Ammoniumsalze sind krystallisierbar, isomorph den Salzen des Kaliums, farblos, falls die Säure ungefärbt ist. Je nach deren Stärke reagieren sie schwach sauer, neutral oder alkalisch. Der Geschmack ist meist ein stechend salziger.

Karbonat, Borat, Orthophosphat und Schwefelammonium riechen bei gewöhnlicher Temperatur ammoniakalisch. Haloidsalze und Sauerstoffsalze mit flüchtigen Säuren verflüchtigen sich beim Erhitzen ohne Rückstand, zum Teil anscheinend unzersetzt (dissoziiert). Diejenigen mit nicht oder schwer flüchtigen Säuren lassen entweder unzersetzte Säuren zurück (Borat, Phosphat), oder das Ammoniak wirkt unter Bildung von Wasser und Stickstoff reduzierend auf die Säure [Chromat, Sulfat [2])]. Noch andere, besonders die Salze organischer Säuren, geben beim Erhitzen unter Wasseraustritt Amide oder Nitrile. (Nitrit zerfällt in Stickstoff und Wasser, Nitrat bildet N_2O, Karbonat karbaminsaures Ammonium und Harnstoff, Acetat und Benzoat Acetamid bezw. Benzamid oder bei weitergehender Wasserentziehung Acetonitril und Benzonitril. Oxalat bildet Dicyan, Formiat Cyanwasserstoff.)

Wässerige Salmiaklösung zerfällt bei der Elektrolyse in Chlor am positiven Pol und Wasserstoff und Ammoniak am negativen Pol (Hisinger, Berzelius). Setzt man eine aus Salmiak oder Ammonium-

---

[1]) Thomson, Ber. 4, 308. — [2]) Vgl. W. Smith, Journ. Soc. Chem. Ind. 15, 3; Ber. 29, 948, Ref.

karbonat geformte und befeuchtete Schale auf ein mit dem positiven Pol verbundenes Platinblech und füllt sie mit Quecksilber, in welches der negative Pol taucht, so schwillt das Quecksilber unter Chlorentwickelung an der Platinplatte zu Ammoniumamalgam vom fünffachen Volumen an, dessen Vegetationen sich in das Ammoniumsalz hineinfressen [1]).

Wässeriges Ammoniumsulfat zerfällt am negativen Pole in Wasserstoff und freies Ammoniak, am positiven Pol wird bei Anwendung von Eisenelektroden Ferrisulfat gebildet und erst später Sauerstoff entwickelt (Hisinger u. Berzelius). Die Gase enthalten keinen freien Stickstoff [2]).

Nitrat liefert in geschmolzenem Zustande an der Kathode Wasserstoff mit wenig Stickstoff, in gelöstem an der Anode Sauerstoff, an der Kathode Wasserstoff, zuweilen mit etwas Stickstoff (Faraday). In wässerigem Nitrat entwickelt der positive Eisendraht kein Gas, doch sammelt sich um ihn Ammoniak (Hisinger und Berzelius).

Nach Baker [3]) dissoziiert trockenes Ammoniumchlorid bei 300° nicht, vielmehr zeigt dessen Dampf die normale Dichte 28,8 des unzersetzten Salzes.

Viele Salze, selbst Salmiak, verlieren bei gewöhnlicher Temperatur an der Luft und besonders beim Abdampfen ihrer wässerigen Lösung einen Teil des Ammoniaks. So verhalten sich nach Gladstone [4]) auch das Sulfat, Oxalat und Citrat, nach Brücke [5]) auch Nitrat und die Salze vieler organischer Säuren.

Fixe Alkalien, Erdalkalien, Bleioxyd und andere nach der Formel M_2O oder MO zusammengesetzte Oxyde entwickeln beim Zusammenreiben mit festen oder beim Vermischen mit wässerigen Ammoniaksalzen das Ammoniak, welches durch Geruch, Verhalten gegen Kurkuma- und rotes Lackmuspapier, sowie dadurch zu erkennen ist, daſs ein mit flüchtigen Säuren benetzter Glasstab weiſse Nebel über dem Gemenge erzeugt. Die Sesquioxyde zersetzen die wässerigen Ammoniaksalze nicht, aber beim Glühen mit Salmiak bilden einige von ihnen Chlormetall, wohl unter gleichzeitigem Auftreten von Ammoniak. Einige borsaure, gesättigte und zweidrittelgesättigte phosphorsaure Salze, ferner gelbes Kaliumchromat und andere Chromate entwickeln beim Kochen mit wässerigen Ammoniumsalzen Ammoniak [6]).

Mit Eisen, Zink, am besten mit beiden Metallen zugleich, entwickeln die wässerigen Salze bei gewöhnlicher Temperatur, rascher bei 40°, Wasserstoff, von dem bei Anwendung von Ammoniumsulfat aus

[1]) H. Davy, Gilb. Ann. 33, 247; Seebeck, Journ. Chem. Phys. 5, 482. — [2]) Bourgoin, Bull. soc. chim. [2] 11, 39; JB. 1869, S. 152. — [3]) H. B. Baker, Chem. Soc. Proc. 1893, p. 129, 1894, I, p. 611 u. 1897/98, Nr. 193, p. 99; Ber. 27, 560 u. 611, Ref.; Chem. Centralbl. 1898, II, S. 82. — [4]) Gladstone, JB. 1859, S. 118. — [5]) Brücke, Wien. Akad Ber. 57, [2] 20. — [6]) Bolley, Ann. Chem. 68, 122; Woodcock, Chem. Soc. Journ. [2] 9, 785.

63 g mehr als 12 Liter erhalten werden. Nur das Nitrat entwickelt statt des Wasserstoffs Stickoxydul[1]).

Die einfachen Ammoniaksalze sind meist in Wasser leicht löslich. Die nicht zu verdünnte Lösung giebt krystallinisch-körnige Niederschläge mit konzentriertem Thonerdesulfat (Ammoniakalaun), mit Platinchloridchlorwasserstoffsäure (Platinchlorid-Chlorammonium) und, je nach Art der mit dem Ammoniak verbundenen Säure, nach kürzerer oder längerer Zeit, mit Weinsäure oder saurem Natriumtartrat. Die sehr konzentrierte Lösung giebt auch mit Überchlorsäure und Pikrinsäure, die mäfsig verdünnte mit Natriumpikrat einen krystallinischen Niederschlag.

Näheres im analytischen Teil.

Das Chlorid und das Nitrat lösen sich in Wasser unter starker Dilatation, das Bromid unter sehr geringer Dilatation, das Jodid unter Kontraktion. Das Nitrat löst sich in Methylalkohol und das Jodid in Äthylalkohol gleichfalls unter — im zweiten Falle starker — Kontraktion[2]).

Überaus häufig vereinigen sich Ammoniaksalze mit anderen Salzen zu meist krystallisierbaren Doppelsalzen.

Metallamide.

Schon Gay-Lussac und Thénard hatten beobachtet, dafs bei Einwirkung von Ammoniakgas auf metallisches Natrium oder Kalium gefärbte Schmelzen entstehen, die beim Erkalten krystallinisch erstarren. Beilstein und Geuther[3]) lehrten die aus Natrium, Baumert und Landolt[4]) die aus Kalium entstehende Verbindung näher kennen. Es ergab sich, dafs diese Verbindungen aus dem Ammoniak in der Weise entstehen, dafs ein Wasserstoffatom durch Metall ersetzt wird. In neuerer Zeit haben sich Titherley[5]) und Moissan[6]) mit diesen Verbindungen beschäftigt. Nach den Ergebnissen des letzteren, der die Amide aus substituiertem Ammonium durch Erhitzen gewann, scheint das Ammoniak zunächst an das Metall angelagert zu werden, wodurch sich auch die anfänglich blaue Farbe der Schmelzen erklären dürfte.

Calciumamid $(NH_2)_2Ca$ entsteht schon bei gewöhnlicher Temperatur aus Calciumammonium und bildet durchsichtige Krystalle[6]).

Kaliumamid NH_2K. Gay-Lussac und Thénard erhielten bei mäfsigem Erhitzen von Kalium in trockenem Ammoniakgase eine an-

[1]) Lorin, Bull. soc. chim. [4] 4, 429; Ann. Chem. 139, 372. — [2]) H. Schiff u. U. Monsacchi, Zeitschr. physikal. Chem. 21, 277. — [3]) Beilstein u. Geuther, Ann. Chem. 108, 88. — [4]) Baumert u. Landolt, ebend. 111, 1. — [5]) A. W. Titherley, Chem. Soc. Journ. 65, 504; Ber. 27, 566, Ref.; Chem. Soc. Proc. 13, 45, 46; Chem. Centralbl. 1897. I, S. 636/37. — [6]) Moissan, Compt. rend. 127, 685; Chem. Centralbl. 1898, II, S. 1241.

fangs gelbliche, dann olivengrüne Schmelze, die nach Erkalten dunkelolivengrün, an den Kanten braun war. Baumert und Landolt gewannen eine tiefblaue, bei durchfallendem Lichte grüne Flüssigkeit, die zu einer gelblichbraunen oder fleischfarbenen, in dünnen Schichten weifsen Masse erstarrte. Nach Titherley ist die bei 300 bis 400° in einem silbernen oder polierten eisernen Gefäfse entstehende Verbindung rein weifs, wachsartig, nach vorangehender Sublimation aber auch in durchsichtigen Nadeln krystallisierend. Sie schmilzt nach Titherley bei 270 bis 272°. Zwischen 400 und 500° destilliert sie im Wasserstoffstrome vollständig und ohne Zersetzung über. Bei höherer Temperatur tritt teilweiser Zerfall in Kalium, Stickstoff und Wasserstoff ein. Ammoniak und Nitrid entstehen hierbei und ebenso beim Zerfall des Natriumamids nicht, entgegen den älteren Angaben, deren Fehler Titherley auf die Verwendung von Glasgefäfsen zurückführt. Durch Wasser, Salzsäure und Alkohol wird es sehr heftig zersetzt.

Lithiumamid NH_2Li entsteht aus Lithium und Ammoniak bei 400° [1]), aus Lithiumammonium bei 65 bis 80°. Es bildet lange, glänzende Nadeln, sehr wenig löslich in flüssigem Ammoniak, bei 380 bis 400° schmelzend; durch Wasser u. s. w. wird es nur langsam angegriffen.

Natriumamid NH_2Na gleicht im wesentlichen der Kaliumverbindung, schmilzt aber schon bei 149 bis 155° und wird schon bei dunkler Rotglut, während ein Teil unzersetzt destilliert, teilweise in Natrium, Stickstoff und Wasserstoff zersetzt [1]).

Bei der Einwirkung von Natriumamid auf organische Haloidverbindungen reagiert der Wasserstoff, nicht das Natrium, mit dem Halogen, so dafs der Rest NaN in Form von Cyannatrium oder Natriumcyanamid erhalten bleibt. Bei Behandlung mit organischen Substanzen von schwach saurem Charakter, wie Oximen, Hydrazinen, Amiden, erfolgt leicht Reaktion unter Bildung von Ammoniak und Natriumderivaten [1]).

Rubidamid [1]) NH_2Rb krystallisiert in Tafeln vom Schmelzpunkt 285 bis 287° und destilliert im Ammoniakgasstrome unzersetzt bei 400°. Durch Wasser wird es heftig zersetzt. Gegen organische Substanzen zeigt es dasselbe Verhalten wie die Natriumverbindung.

Ammonium NH_4.

Das in den wässerigen Lösungen des Ammoniaks wie in dessen Salzen vielfach angenommene einwertige positive Radikal NH_4, das sich chemisch den Alkalimetallen, insbesondere dem Kalium analog verhält, ist in freiem Zustande nicht bekannt, auch nicht, wie man nach Analogie beispielsweise des Dicyans annehmen könnte, in Form

[1]) Moissan, Compt. rend. 127, 685; Chem. Centralbl. 1898, II, S. 1241.

des Doppelradikals H_4N-NH_4. Nach den Untersuchungen von Ruff[1]) ist freies Ammonium jedenfalls noch nicht bei — 95° und unter Druck von 60 Atmosphären beständig, zerfällt vielmehr auch hierbei sofort in Ammoniak und Wasserstoff.

Dagegen scheint Ammonium eine gewisse Beständigkeit in Form des Amalgams zu besitzen. Das Ammoniumamalgam bildet sich als weiche schwammige Masse bei der Elektrolyse von konzentriertem wässerigen Ammoniak oder von feuchtem Salmiak mit Hülfe einer Quecksilberkathode, ferner bei Einwirkung von Salmiak, unter gewissen Umständen[2]) auch von Ammoniaklösung auf Natriumamalgam. Die Eigenschaften desselben weichen allerdings von denen anderer Amalgame nicht unwesentlich ab; z. B. fehlen die reduzierenden Eigenschaften[3]); das Amalgam zerfällt äufserst leicht in Quecksilber, Ammoniak und Wasserstoff; wenn es mit Hülfe des galvanischen Stromes bereitet war, tritt diese Zersetzung sofort bei Ausschaltung des Stromes ein. Ferner ist durch Seely[4]) und Routledge[5]) gezeigt worden, dafs es sein Volum mit dem Drucke gemäfs dem Mariotteschen Gesetze ändert, also offenbar Gas enthält. Andererseits geht aus den Untersuchungen von Le Blanc[6]), Pocklington[7]) und Coehn[8]) mit grofser Wahrscheinlichkeit hervor, dafs dieses Gas wenigstens zunächst Ammonium und mit dem Quecksilber wirklich legiert ist. Diese Forscher gelangten zu dem Schlusse von der Existenz des Ammoniumamalgams durch vergleichende Versuche über das elektrische Verhalten von reinem Quecksilber und von solchem, das mit dem Ammoniumamalgam bezw. anderen Amalgamen beladen war. Coehn wies übrigens auch nach, dafs ein nicht durch Auftreten von naszierendem Wasserstoff zu erklärendes Reduktionsvermögen des Ammoniumamalgams bei niederer Temperatur besteht.

Nach Meidinger[9]) wäre auch eine Legierung von Eisen (und Kupfer?) mit Ammonium zu erhalten, wenn man Ferrosalzlösung mit reichlichem Salmiakgehalt durch einen kräftigen galvanischen Strom unter Anwendung eines Kupferdrahtes als Kathode zerlegt.

Beständiger als das Ammonium sind die Ammoniummetalle, d. h. Ammonium, in dem ein oder mehrere Wasserstoffatome durch Metall ersetzt sind. Diese Auffassung entwickelte zuerst Weyl[10]) für die von Seely[4]) als einfache Metalllösungen betrachteten gefärbten Lösungen der Metalle in flüssigem Ammoniak. Sie hat durch die neueren

---

[1]) O. Ruff, Ber. **34**, 2604. — [2]) J. Proude u. W. H. Wood, Chem. Soc. Proc. 1895, p. 236; Ber. **29**, 833, Ref. — [3]) Landolt, Ann. Chem. Suppl. **6**, 346. — [4]) Seely, Chem. News **21**, 265, **22**, 217, **23**, 169; Chem. Centralbl. 1871, S. 2, 353. — [5]) Routledge, Chem. News **26**, 210. — [6]) Le Blanc, Zeitschr. physikal. Chem. **5**, 467. — [7]) Pocklington, Electrician **41**, 457; Zeitschr. Elektrochem. **5**, 139. — [8]) Coehn, Zeitschr. anorg. Chem. **25**, 425. — [9]) Meidinger, Chem. Centralbl. 1862, S. 78. — [10]) Weyl, Ann. Phys. **121**, 601, **123**, 350.

Untersuchungen von Joannis[1]), Moissan[2]) und Hugot[3]) weitgehende Bestätigung erfahren.

Die Resultate der älteren Beobachtungen lassen wir zunächst folgen[4]):

Kalium und Natrium absorbieren unter starkem Druck zugeleitetes Ammoniakgas, und zwar 1 Molekel Ammoniak auf 1 At. Metall. Setzt man Kalium in knieförmig gebogenem Rohre dem aus der Chlorsilberverbindung entwickelten trockenen Ammoniak aus, so schwellen die Kaliumkugeln an, lassen silberweifse Kugeln austreten, welche allmählich die Oberfläche bedecken, messinggelb, endlich kupferrot, metallglänzend und flüssig werden. Beim Erkalten des Chlorsilberschenkels wird das Ammoniak resorbiert und aus dem Kaliumammonium Kalium abgeschieden, welches die Innenseite des Schenkels als Silberspiegel überzieht. Diese Rückzersetzung erfolgt im Laufe eines Tages. Natrium verhält sich dem Kalium ähnlich, doch ist die Verbindung gelblich. Wirkt viel überschüssiges Ammoniak auf Kalium, so löst sich das anfangs gebildete Kaliumammonium zur tiefblauen Flüssigkeit, welche nach Weyl Wasserstoffammonium (s. u.) enthält und welche sich bald, ohne Kalium abzuscheiden, gelb färbt. Bei der Resorption des Ammoniaks durch Chlorsilber scheidet sich aus der gelben Flüssigkeit ein farbloser, durchsichtig krystallinischer Körper ab, der an der Luft beständig ist und sich in Wasser unter heftigem Aufbrausen und Ammoniakentwickelung löst. — Auch Kalium- und Natriumamalgam absorbieren Ammoniak, werden teigig, metallglänzend und färben sich rötlich wie Kupferbronze (Weyl). Nach Seely ist die Lösung von Natrium in flüssigem Ammoniak bei viel Natrium kupferrot, bei viel Ammoniak gegen Natrium schön blau und hinterläfst bei Resorption des Ammoniaks unverändertes, metallglänzendes Natrium, bei langsamem Verdunsten Natrium in schneeartigen Flocken. Krystallisiertes Natriumamalgam bleibt nach Seely im tropfbaren Ammoniak unverändert. Auch die Kaliumlösung ist bei Konzentration kupferrot, bei kleinerem Kaliumgehalt blau, die Lithiumlösung ist blau.

Bringt man in den zweiten Schenkel des Chlorsilberammoniakrohres Chlorbaryum, Zinkoxyd, Kupfer-, Quecksilber- oder Silberchlorid zugleich mit nicht ganz der äquivalenten Menge Natrium, so wirkt das beim Erhitzen entwickelte Ammoniak zuerst auf jene Sauerstoff- oder Chlorverbindungen, welche es absorbieren, zu festen Massen werden und sich teilweise im verdichteten Ammoniak lösen. Hierauf wird auch das Natrium zu kupferrotem Natriumammonium gelöst, welches, über

---

[1]) Joannis, Compt. rend. 109, 900, 965, 112, 392, 113, 795; Ber. 23, 12 u. 79, Ref., 24, 292, Ref., 25, 4, Ref. — [2]) Moissan, Compt. rend. 127, 685; Chem. Centralbl. 1898, II, S. 1241. — [3]) C. Hugot, Compt. rend. 127, 553, 129, 299, 388, 603; Chem. Centralbl. 1898, II, S. 1115, 1899, II, S. 515, 580, 985. — [4]) Nach Gmelin-Kraut, 6. Aufl. I, 2. Abt., S. 606.

das Metallsalz fliefsend, sich ohne Temperaturerhöhung im Laufe von einer bis zwei Stunden mit diesem umsetzt. Dabei geht die Farbe der Mischung in Rubin- und Purpurrot über, ohne den Metallglanz zu verlieren; es wird endlich eine tiefblaue, metallglänzende Flüssigkeit erhalten. Diese enthält nach Weyl die dem Natriumammonium entsprechenden Verbindungen $Ba(H_3N)_2$, $Ag_2(H_3N)_2$ u. s. f. Diese Ammoniummetalle entstehen nur in der Kälte; bei wenig erhöhter Temperatur tritt die Reduktion der Metallsalze zwar ein, doch bildet sich statt des Ammoniummetalles Metall und flüssiges Ammoniak, auch zerlegen sich die Ammoniummetalle im Schenkel des Chlorsilberammoniakrohres bei 12 bis 15° im Laufe eines Tages selbst dann, wenn das Chlorsilberammoniak sich in siedendem Chlorcalciumbade befindet. Einmal zerlegt, lassen sich die Ammoniummetalle, mit Ausnahme des Baryumammoniums, nicht regenerieren. Weyl giebt dieser Zersetzung den Ausdruck:

$$Na_2(H_3N)_2 + Ba.(H_3N)_2.Cl_2 = Ba.(H_3N)_2 + 2(Na.H_3N.Cl).$$

Wendet man bei diesem Verfahren als Chlormetall Chlorammonium an, so wird Weyls Wasserstoffammonium erhalten. Und zwar nimmt der Salmiak zunächst viel Ammoniak auf, löst sich in dem tropfbaren Ammoniak und wirkt zugleich auf das Natriumammonium, welches dunkelbronzefarben, dann stahlblau wird und seinen Metallglanz allmählich verliert, worauf eine tiefblaue Flüssigkeit die Röhre erfüllt. Diese, nach Weyl Wasserstoffammonium $H_4N.NH_4$ haltend, zerlegt sich im Laufe einiger Stunden in farbloses, tropfbares Ammoniak, Wasserstoff und Chlornatrium. Bei Anwendung von schwefelsaurem Ammoniak treten entsprechende Erscheinungen ein, salpetersaures Ammoniak wirkt zu heftig und bewirkt Explosion (Weyl).

Da nach den Versuchen von Ruff die Existenz des Wasserstoffammoniums unter den vorliegenden Bedingungen wenig wahrscheinlich ist, so ist die blaue Farbe wohl der Lösung von Natriumammonium zuzuschreiben.

Von grofsem Interesse sind die Beobachtungen von Joannis über die Dissoziationsspannung der Ammoniummetalle und ihrer Ammoniaklösungen. Entfernt man aus der Lösung von 1 Äq. Alkalimetall in 20 Äq. flüssigen Ammoniaks allmählich das letztere, so sinkt die Spannung anfangs sehr schnell; sie wird konstant, bei 0° einem Drucke von 170 mm Quecksilber gleich, sobald der Rückstand die Zusammensetzung $Na + 5,3\,NH_3$ erreicht hat. Da sich diese Zusammensetzung aber mit der Temperatur ändert, so ist eine entsprechende chemische Verbindung nicht anzunehmen. Bei weiterer Ammoniakentziehung beginnt, ohne dafs die Spannung sich ändert, die Abscheidung eines dunkelroten Körpers, des Alkaliammoniums, und wenn, dessen Zusammensetzung entsprechend, der Gehalt auf 1 Äq. Ammoniak gesunken ist, so ist auch die Flüssigkeit völlig verschwunden und nur das feste

Alkaliammonium übrig. Dieses aber dissoziiert weiterhin unter demselben Drucke von 170 mm bei 0°.

Es mag sein, dafs diese Übereinstimmung nur, wie Bakhuis-Roozeboom[1]) annimmt, durch zu geringe Entfernung der Beobachtungspunkte bedingt ist. Auffällig ist jedenfalls die von Lescoeur[2]) hervorgehobene Analogie mit dem bei gewissen Salzhydraten beobachteten Verhalten, welche auch hierin wieder die Übereinstimmung von Wasser und Ammoniak hervortreten läfst.

Die Bildungswärme bei der Entstehung aus Metall und gasförmigem Ammoniak beträgt für NH_3Na 5,2 Kal., für NH_3K 6,3 Kal.[3]).

Die Beobachtungen von Weyl und Seely über die Erscheinungen bei der Zersetzung, besonders auch über die Zersetzung trotz Hinderung der Ammoniakabspaltung, werden erklärt durch die ebenfalls zuerst von Joannis beobachtete, bei gewöhnlicher Temperatur erfolgende Spaltung in Wasserstoff und Metallamid. Dieser bei Natriumammonium eingehender verfolgte Zerfall scheint mit steigendem Druck des entwickelten Wasserstoffs einer Grenze zuzustreben. Während der Gasentwickelung sieht man das Amid NH_2Na in kleinen, farblosen, durchsichtigen Krystallen auftreten, die sich in Wasser unter Zischen, aber ohne Gasentwickelung auflösen.

Moissan verfolgte den Einflufs der Temperatur auf die Bildung und Zersetzung der Ammoniummetalle bei der Einwirkung von flüssigem oder gasförmigem Ammoniak auf die freien Metalle. Unterhalb —80° werden diese nicht angegriffen. Durch gasförmiges Ammoniak erfolgt Einwirkung auf die Metalle noch bei folgenden Temperaturen:

Metall	Temperatur	Verflüssigung
Lithium	+70°	tritt ein
Calcium	+20°	tritt nicht ein
Kalium	—2°	tritt ein
Natrium	—20°	tritt ein

Dafs das Calcium nicht verflüssigt wird, beruht auf der Schwerlöslichkeit des entstehenden Calciumammoniums in flüssigem Ammoniak.

Die angegebene oberste Temperaturgrenze für die Bildung bezeichnet zugleich den Zersetzungspunkt der Ammoniummetalle.

Die Ammoniummetalle sind äufserst reaktionsfähig. Mit Schwefel, Selen, Tellur liefern sie direkt Sulfide u. s. w. Mit Phosphor entstehen je nach dem Mengenverhältnis verschiedene Verbindungen, mit Arsen liefert Natriumammonium stets die ziegelrote Verbindung $Na_3As.NH_3$,

[1]) H. W. Bakhuis-Roozeboom, Compt. rend. **110**, 134. — [2]) H. Lescoeur, ebend. **110**, 275. — [3]) Joannis, ebend. **109**, 900, 965, **112**, 392, **113**, 795; Ber. **23**, 12 u. 79, Ref, **24**, 292, Ref., **25**, 4, Ref.

Kaliumammonium aber je nach dem Mengenverhältnis entweder die entsprechende Verbindung oder die orangefarbene $As_4K_2 . NH_3$ (?)[1]).

Bei Einwirkung auf Metalle entstehen Legierungen, welche zum Teil auch noch Ammoniak enthalten. So bildet sich aus Natriumammonium und Blei ein indigoblauer Körper der Zusammensetzung $Pb_4Na\,2\,NH_3$, welcher bei 0° eine Dissoziationsspannung von 224,2 mm zeigt und durch Dissoziation in eine graue, dem Platinschwamm ähnliche Masse übergeht[2]).

Ammoniumoxyd $(NH_4)_2O$ ist ebenfalls nur in Form eines Metallsubstitutionsproduktes bekannt, des Kaliumammoniumoxyds $(KNH_3)_2O$. Dasselbe entsteht beim Stehen der durch Einwirkung von flüssigem Ammoniak auf ein Gemenge von Kalium und Kaliumhydroxyd gebildeten Lösung, ferner durch Überleiten von lufthaltigem oder feuchtem Ammoniak über Kalium bei 100°. Es bildet eine weifse, dichte, glimmerglänzende Masse, die an trockener Luft geruchlos ist, an feuchter Ammoniak entwickelt und zerfliefst. Beim Schütteln mit Wasser wird es zunächst zu einem weifsen Pulver, das sich erst allmählich unter Ammoniakentwickelung löst. Bei trockenem Erhitzen liefert es Ammoniak, Kaliumamid und Wasser.

Substituiertes Ammoniumhydroxyd könnte man in der Millonschen Base $2\,HgO, NH_3$ erblicken, wenn man derselben die Konstitution $O:Hg_2NH_2 . OH$ zuschreibt.

Analoge Substitution nimmt Joannis in einem äufserst zersetzlichen Salze an, das sich bei Behandlung eines Gemisches von Natrium und überschüssigem Natriumchlorid mit einer zur völligen Lösung des letzteren unzureichenden Menge flüssigen Ammoniaks bildet und dem er die Zusammensetzung $(NH_2Na_2)Cl$ zuschreibt.

Ammoniumhyperoxyd $(NH_4)_2O_2$ erhielten Melikoff und Pissarjewski[3]) durch Einwirkung von Wasserstoffsuperoxyd auf Ammoniak in ätherischer Lösung bei niedriger Temperatur als Verbindung mit Wasserstoffsuperoxyd. Fügt man zur ätherischen Lösung von Wasserstoffsuperoxyd auf einmal einen grofsen Überschufs von ätherischem Ammoniak und kühlt man die Flüssigkeit durch eine Mischung von Chlorcalcium und Schnee, so entsteht die feste krystallinische Verbindung $(NH_4)_2O_2 . H_2O_2 + H_2O$, zuweilen auch mit geringerem Wassergehalt. Dieselbe zerfliefst bei gewöhnlicher Temperatur, indem sie zunächst in Ammoniak und Wasserstoffsuperoxyd dissoziiert, dann starke Sauerstoffentwickelung und nebenbei Bildung von wenig Ammoniumnitrit aufweist. In festem Zustande zieht sie Kohlensäure an. In Wasser ist sie leicht löslich, die Lösung zersetzt sich aber unter Sauerstoffentwickelung. In Alkohol löst sie sich unter teilweiser Disso-

[1]) C. Hugot, Compt. rend. **127**, 553, **129**, 299, 388, 603; Chem. Centralbl. 1898, II, S. 1115, 1899, II, S. 515, 580, 985. — [2]) Joannis, Compt. rend. **109**, 900, 965, **112**, 392, **113**, 795; Ber. **23**, 12 u. 79, Ref., **24**, 292, Ref., **25**, 4, Ref. — [3]) Melikoff u. Pissarjewski, Ber. **30**, 3144, **31**, 152 u. 446.

ziation. In Ligroin, worin sie bei —30° fast unlöslich ist, hält sich die Verbindung lange unverändert. Kaliumhydroxyd verwandelt sie unter Ammoniakentwickelung in Kaliumhyperoxyd. Im übrigen zeigt sie das Verhalten des Wasserstoffsuperoxyds.

Wasserfrei wird die Verbindung $(NH_4)_2O_2.H_2O_2$ erhalten, wenn eine gesättigte ätherische Lösung von Ammoniak und Wasserstoffsuperoxyd auf —40° abgekühlt, die ausgeschiedene krystallinische Masse mit kaltem Äther gewaschen und mit Hülfe von auf — 40° abgekühlten Thonplatten getrocknet wird. Sie krystallisiert dann in Würfeln, verliert aber schon bei —40° Ammoniak. Bei gewöhnlicher Temperatur soll sie sich dagegen in Ammoniumhydroxyd und Sauerstoff zersetzen.

Der Vollständigkeit wegen sei noch das Protoxyd des Ammoniaks oder Chydrazaïn erwähnt, welches Maumené[1]) beim Erwärmen gleicher Mengen Ammoniumoxalat und Übermangansäure in wässeriger Lösung erhalten haben will. Es soll die Zusammensetzung $(NH_3)_2O$ haben.

Alkylsubstitutionsprodukte des Ammoniaks, Amine.

Die drei Stickstoffatome des Ammoniaks können teilweise oder ganz durch organische Radikale ersetzt werden. Die resultierenden Verbindungen, Amine, haben im wesentlichen durchaus den Charakter des Ammoniaks bewahrt. Sie bilden wie dieses mit Säuren ohne Wasseraustritt Salze, in welchen man, ebensowohl wie in den Ammoniaksalzen das Radikal Ammonium, substituierte Ammoniumradikale RNH_3, R_2NH_2, R_3NH annehmen könnte. Durch Anlagerung von Alkylhalogenid an dreifach substituierte Amine gelangt man schliefslich zu Salzen der quaternären Ammoniumbasen $R_4N.X$, in denen der Komplex R_4N in der That ein stark positives, den Alkalimetallen vergleichbares Ion bildet.

Je nach der Anzahl der substituierten Wasserstoffatome unterscheidet man:

$R.NH_2$ Primäre Amine, Amine schlechtweg, Aminoverbindungen,
$R_2:NH$ Sekundäre Amine, Imine, Iminoverbindungen,
R_3N Tertiäre Amine, Nitrilbasen.

Die ersten Amine lehrte Wurtz[2]) kennen, der 1848 Methyl- und Äthylamin gewann. Bald darauf fand Hofmann[3]) in der Einwirkung der Halogenalkyle auf Ammoniak eine Reaktion, welche alle Klassen der hier in Betracht kommenden Verbindungen vom primären Amin bis zu den quaternären Ammoniumbasen liefert. Seine Untersuchungen haben hauptsächlich dieses gewaltige Gebiet der organischen Basen erschlossen.

---

[1]) E. J. Maumené, Bull. soc. chim. 49, 850; Ber. 21, 703, Ref. — [2]) Wurtz, Ann. Chem. 71, 330, 76, 317. — [3]) A. W. Hofmann, Ann. Chem. 73, 91, 74, 159, 78, 253, 79, 16.

Die allgemeinen Darstellungsmethoden sind die folgenden:

1. Direkter Ersatz der Wasserstoffatome im Ammoniak durch Alkyl erfolgt beim Erwärmen der wässerigen oder alkoholischen Ammoniaklösung mit Halogenalkyl [1]). Das Halogenatom des letzteren tritt mit einem Wasserstoffatom des Ammoniaks als Säure zusammen, das Alkyl tritt an die Stelle des eliminierten Wasserstoffatoms, und die so entstandene Base lagert sich mit der Säure zum Salze zusammen:

$$R.J + NH_3 = JH + R.NH_2 = JH.RNH_2.$$

In derselben Weise entsteht aus freiem primären Amin und Halogenalkyl das Salz eines sekundären Amins u. s. w. bis zum Salze der quaternären Ammoniumbase. Da nun in dem Reaktionsgemische von Ammoniak und Halogenalkyl aus einem Teil des zunächst gebildeten Aminsalzes durch noch vorhandenes Ammoniak die freie Base abgeschieden wird, so vollzieht sich auch die weitere Substitution, und man erhält in der That bei der Hofmannschen Reaktion meist alle vier Arten von Basen nebeneinander. Auf das Mengenverhältnis dieser Produkte sind die Mengenverhältnisse der Ausgangsmaterialien ohne Einfluſs, es ist vielmehr die Natur des verwendeten Halogenalkyls hierfür maſsgebend.

Methyljodid liefert wesentlich quaternäre, Äthyljodid wesentlich primäre Base, die höheren Homologen vorwiegend sekundäre und tertiäre. Jodide der primären Isoalkohole ergeben wesentlich primäre bis tertiäre Basen, solche der sekundären Alkohole liefern die tertiären Basen nur sehr schwer, und die Jodide tertiärer Alkohole geben mit Ammoniak überhaupt keine organischen Basen, werden vielmehr durch dasselbe in Jodwasserstoffsäure und ungesättigte Kohlenwasserstoffe zerlegt [2]). Isopropyljodid, β-Hexyljodid, β-Sekundäroktyljodid liefern nur primäre Amine [3]). Im übrigen variieren die Resultate auch mit der Temperatur [4]).

Statt der Alkyljodide werden mit Vorteil die Alkylester anderer Mineralsäuren verwendet, z. B. alkylschwefelsaure Salze $R.SO_4Me$ [5]) Alkylnitrate u. s. w. [6]).

Auch kann man die Amine direkt aus den Alkoholen durch Erhitzen mit Chlorzinkammoniak auf 250 bis 260° erhalten. Quaternäre Basen entstehen dabei nicht [7]). Schwieriger und erst bei höherer

[1]) A. W. Hofmann, Ann. Chem. 73, 91, 74, 159, 78, 253, 79, 16. — [2]) Ders., Ber. 7, 513; Reymann, Ber. 7, 1290; v. d. Zande, Rec. trav. chim. Pays-Bas 8, 202; Ber. 22, 343, Ref.; s. a. Malbot, Compt. rend. 104, 64, 998, 105, 574; Ber. 20, 99, Ref., 283, Ref., 708, Ref. — [3]) Jahn, Monatsh. f. Chem. 3, 165. — [4]) Malbot, Compt. rend. 104, 64, 998, 105, 574; Ber. 20, 99, Ref., 283, Ref., 708, Ref. — [5]) Ladenburg, Ber. 24, 1622. — [6]) Lea, JB. 1861, S. 493, 1862, S. 331; Erlenmeyer und Carl, JB. 1875, S. 617; Claesson und Lundvall, Ber. 13, 1699; Wallach und Schulze, Ber. 14, 241; Duvillier u. Buisine, Ann. ch. phys. [5] 23, 321; Duvillier und Malbot, Ann. ch. phys. [6] 10, 284. — [7]) Merz und Gasiorowsky, Ber. 17, 623.

Temperatur erfolgt die Reaktion beim Erhitzen von Salmiak mit Alkoholen[1]).

Primäre und sekundäre Amine erhielt Vidal[2]) durch Erhitzen von Alkoholen mit Phospham, zweckmäfsig in geschlossenen Gefäfsen.

Ferner führt die Einwirkung von Alkoholen[3]) oder Natriumalkoholaten[4]) auf Säureamide bei höherer Temperatur zum Ziele.

In der aromatischen Reihe erfolgt der Ersatz von im Kern befindlichem Halogen durch den Ammoniakrest nur dann, wenn jenes durch anderweitige Substituenten, besonders Nitrogruppen, beweglicher geworden ist. Dagegen erfolgt die Bildung aus Phenolen durch Ammoniak verhältnismäfsig leicht. Diese Reaktion ist aber in vielen Fällen umkehrbar, da man besonders in Diaminen und Aminophenolen[5]) durch Kochen mit verdünnten Säuren oder Salzlösungen die Aminogruppe durch die Hydroxylgruppe ersetzen kann.

2. Kochen der Isocyansäureester oder Isocyanursäureester mit Ätzkali[6]): $R.N.CO + H_2O = R.NH_2 + CO_2$. Die analoge Zersetzung erleiden Senföle durch Einwirkung von konzentrierter Schwefelsäure.

Theoretisch sollten hierbei nur primäre Basen entstehen, doch stellten Silva[7]) u. a.[8]) fest, dafs auch sekundäre und in kleiner Menge selbst tertiäre Basen sich bilden.

Lediglich primäre Amine entstehen durch folgende Vorgänge:

3. Reduktion von Nitroverbindungen: $R.NO_2 + 6H = RNH_2 + 2H_2O$. Diese Reaktion wird in der Fettreihe, deren Nitroverbindungen ziemlich schwer zugänglich sind, selten benutzt, bildet aber die Hauptdarstellungsweise für die aromatischen Amine. Als Reduktionsmittel benutzte Zinin[9]), welcher diese Reaktion auffand, alkoholisches Schwefelammonium. Dasselbe gelangt jetzt hauptsächlich dann zur Anwendung, wenn Körper mit mehreren Nitrogruppen nur partiell reduziert werden sollen. Sonst kommen eine Reihe von Gemischen, die im allgemeinen Wasserstoff abzugeben vermögen, zur Verwendung. Sehr glatt wirken Gemenge von Zinn und konzentrierter Salzsäure oder besonders salzsaure Zinnchlorürlösung, ferner Zinkstaub und Eisessig. Für Darstellung im grofsen wird vorwiegend das zuerst von Béchamp[10]) empfohlene Gemisch von Eisenfeile und Essigsäure benutzt. Dasselbe bietet den Vorzug, dafs nur sehr wenig Säure erforderlich ist. Auch durch Zink und Salzsäure kann die Reduktion bewirkt werden, doch entstehen dabei stets chlorhaltige Nebenprodukte[11]).

---

[1]) Weith, Ber. 8, 459. — [2]) R. Vidal, Bull. soc. chim. [3] 6, 551; Ber. 24, 556, Ref.; D. R.-P. Nr. 64 346. — [3]) Baubigny, Bull. soc. chim. 39, 521. — [4]) Seifert, Ber. 18, 1356. — [5]) J. Meyer, Ber. 30, 2568. — [6]) Wurtz, Ann. Chem. 71, 330, 76, 317. — [7]) Silva, Bull. soc. chim. 8, 363. — [8]) Heintz, Ann. Chem. 129, 34; A. W. Hofmann, Ber. 15, 762. — [9]) Zinin, Ann. Chem. 44, 283. — [10]) Béchamp, Ann. ch. phys. [3] 42, 192. — [11]) Kock, Ber. 20, 1568.

Schliefslich kommt Jodwasserstoff, für sich oder in Gegenwart von Phosphor, als Reduktionsmittel in Betracht.

4. Aus Nitrilen durch Anlagerung von Wasserstoff, bewirkt durch Einwirkung von Zink und Schwefelsäure[1]) oder von Natrium und Alkohol[2]): $R.CN + 4H = R.CH_2.NH_2$.

5. Aus Isonitrilen bei Behandlung mit Säuren, unter gleichzeitiger Abspaltung von Ameisensäure: $R.NC + 2H_2O = R.NH_2 + H.CO_2H$[3]).

6. Aus Phenylhydrazonen[4]) und Oximen[5]) durch Reduktion, im ersten Falle unter gleichzeitiger Abspaltung von Anilin, mit Natriumamalgam und Eisessig, bei Oximen auch durch Natrium und Alkohol:

a) $C_nH_{2n}N.NH.C_6H_5 + 4H = C_nH_{2n+1}.NH_2 + NH_2.C_6H_5$,

b) $R_2C:NOH + 4H = R_2CH.NH_2 + H_2O$;
(Ketoxim)
$R.CH:NOH + 4H = R.CH_2.NH_2 + H_2O$.
(Aldoxim)

7. Aus Ketoximen lassen sich kohlenstoffärmere Amine auch in der Weise gewinnen, dafs man jene zunächst durch Einwirkung konzentrierter Mineralsäuren in alkylierte Säureamide umwandelt ($R.C[NOH].R_1 = R.CO.NH.R_1$) und diese durch Erhitzen mit konzentrierter Salzsäure verseift: $R.CO.NH.R_1 + H_2O = R.COOH + NH_2.R_1$.

8. Durch Abbau der Amide von Karbonsäuren. Diese werden zunächst durch alkalische Bromlösung in Monobromderivate übergeführt ($R.CO.NH_2 + Br_2 + KOH = R.CO.NHBr + KBr + H_2O$), diese gehen durch Destillation mit überschüssiger Kalilauge zunächst in Isocyansäureester ($R.CO.NHBr - HBr = CO:N.R$) über, aus welchen nach Darstellungsweise 2 die Amine entstehen[6]). Man löst das Amid in Brom, vermischt mit Kalilauge bis zur Entfärbung, destilliert schliefslich mit überschüssiger Kalilauge.

Diese Reaktion liefert in den niederen Reihen sehr gute Ausbeuten, weniger gute in den höheren, da hier zugleich im Sinne der Gleichung $R.CH_2.NH_2 + 4Br = 4BrH + R.CN$ beträchtliche Mengen der entsprechenden Nitrile entstehen[7]). Hier wird die Ausbeute zuweilen besser, wenn man das Amid, statt zunächst in Brom, in einer alkalischen Lösung von Kaliumhypobromit löst und überhitzten Dampf durchleitet[8]). Jeffreys[9]) verwandelt die Amide zunächst durch Einwirkung von Brom und Natriummethylat in Methylurethane ($R.CO.NH_2 + Br_2 + 2CH_3ONa = R.NH.CO.OCH_3 + 2NaBr + CH_3OH$), diese durch Destillation mit Kalk in die Amine.

[1]) Mendius, Ann. Chem. 121, 229. — [2]) Ladenburg, Ber. 18, 2956, 19, 783. — [3]) Gautier, Ann. Chem. 146, 122, 149, 159. — [4]) J. Tafel, Ber. 19, 1925, 22, 1854. — [5]) Goldschmidt, Ber. 19, 3232, 20, 728. — [6]) A. W. Hofmann, Ber. 15, 762. — [7]) Ders., Ber. 17, 1406, 1920. — [8]) Hoogewerf und van Dorp, Rec. trav. chim. Pays-Bas 5, 252, 6, 376; ... 20, 470, Ref., 21, 291, Ref. — [9]) Jeffreys, Am. Chem. Journ. 22, 14;

9. Gewisse Aminosäuren zerfallen beim Erhitzen mit Baryt in Kohlensäure und primäres Amin: $NH_2.C_nH_{2n}.CO_2H = NH_2.C_nH_{2n+1} + CO_2$.

10. Aus Karbonsäureamiden durch Reduktion mittelst Elektrolyse, besonders bei cyklischen Amiden [1]) oder mittelst Natrium und Amylalkohol [2]).

11. Durch Erhitzen der Additionsprodukte von Halogenalkylen und Hexamethylentetramin mit 3 Mol.-Gew. Salzsäure und 12 Mol.-Gew. Alkohol [3]).

12. Bei Reduktion von Aldehyd-Ammoniaken oder Gemischen von Aldehyden und Ammoniak mit Zinkstaub und Salzsäure [4]).

13. Aus Hexamethylenamin und Alkylhalogen durch alkoholische Salzsäure [5]).

Primäre und sekundäre Amine entstehen:

14. Durch Einwirkung von Halogenalkylen oder ätherschwefelsauren Salzen auf Oxaminsäuresalze und nachfolgende Verseifung [6]).

Lediglich sekundäre Amine entstehen:

15. Durch mehrstündiges Erhitzen von Dialkylsulfonamiden mit Salzsäure auf 160° oder mit Chlorsulfonsäure auf 130 bis 150° [7]).

Soweit die verschiedenen Arten der Amine nebeneinander entstehen, ist ihre Trennung in besonderen Operationen durchzuführen, welche sich auf die Eigenschaften der einzelnen Klassen gründen. Am leichtesten gelingt die Abtrennung der quaternären Ammoniumbasen, da diese im Gegensatze zu den primären, sekundären und tertiären Aminen nicht flüchtig sind, überhaupt aus ihren Salzen durch lösliche Alkalien meist nicht in Freiheit gesetzt werden. Schwieriger und nach den Umständen verschieden ist die Trennung der flüchtigen Basen.

In einzelnen Fällen, z. B. für die Äthylbasen, führt der folgende, von Hofmann angegebene Weg zum Ziele. Man läfst auf das Gemenge der wasserfreien Amine trockenen Oxalester einwirken. Dieser bildet mit Äthylamin Diäthyloxamid $C_2O_2(NH.C_2H_5)_2$, mit Diäthylamin Diäthyloxaminsäureester $C_2O_2<^{N(C_2H_5)_2}_{O.C_2H_5}$, während Triäthylamin unverändert bleibt und aus dem Reaktionsgemisch direkt abdestilliert werden kann. Das Diäthyloxamid ist fest, kann durch Absaugen des öligen Anteils rein erhalten werden und regeneriert dann bei Destillation mit Kali das Monäthylamin neben Kaliumoxalat. Der ölige Anteil

[1]) J. Tafel, Ann. Chem. 301, 289; Ber. 32, 68. — [2]) Guerbet, Compt. rend. 129, 161; J. chim. pharm. [6] 10, 160; Chem. Centralbl. 1899, II, S. 338, 623. — [3]) Delépine, Bull. soc. chim. [3] 13, 555, 17, 291; Compt. rend. 124, 292; Ann. ch. phys. [7] 15, 508. — [4]) Höchster Farbwerke, D. R.-P. 73812. — [5]) Delépine, Compt. rend. 124, 292; Chem. Centralbl. 1897, I, S. 539. — [6]) Baum, D. R.-P. 77597; Ber. 28, 126, Ref. — [7]) O. Hinsberg, Ann. Chem. 265, 178; W. Markwald und v. Droste-Huelshoff, Ber. 31, 3261.

liefert nach Rektifizieren und Waschen reinen Diäthyloxaminsäureester, der bei der Destillation mit Kali Diäthylamin neben Kaliumoxalat und Alkohol liefert.

Unter Verlust der primären Amine kann man zu einer Reindarstellung der sekundären und tertiären durch Einwirkung von salpetriger Säure gelangen [1]). Diese erzeugt aus primären Aminen Alkohole (in der aromatischen Reihe zunächst Diazoverbindungen, welche aber leicht in Phenole übergehen), aus sekundären Nitrosamine, während tertiäre unverändert bleiben oder, zum geringen Teile, unter Abspaltung einer Alkylgruppe, ebenfalls jene Nitrosamine liefern. Tertiäre aromatische Amine werden indessen, soweit sie nicht in o-Stellung substituiert sind [2]), in Nitroso- oder Nitroderivate [3]) übergeführt. Läfst man den Prozefs in salzsaurer Lösung vor sich gehen, so kann man die meist öligen und in Wasser unlöslichen Nitrosamine abheben bezw. ausäthern oder durch Destillation mit Wasserdampf abtreiben. Durch Erwärmen mit konzentrierter Salzsäure wird daraus die sekundäre Base in reinem Zustande regeneriert:

$$R_2N.NO + 2\,ClH = R_2NH.ClH + NOCl.$$

Auch Nitrosylchlorid erzeugt aus sekundären Aminen die Nitrosamine, aus primären hauptsächlich das entsprechende Alkylchlorid neben Stickstoff und Wasser [4]).

Vielfach kann auch das verschiedene Verhalten gegen Acetylchlorid zur Trennung der tertiären Basen von primären und sekundären dienen, soweit nämlich die aus den beiden letzten Gruppen entstehenden Acetylderivate in Wasser unlöslich oder der wässerigen bezw. sauren Lösung leicht zu entziehen sind.

Eine bequeme Art zur Darstellung der tertiären Amine in reinem Zustande gewährt der Zerfall der quaternären Ammoniumbasen bei der Destillation in tertiäres Amin und Alkohol [5]).

In manchen Fällen lassen sich auch die tertiären Basen durch Kaliumferrocyanid, mit welchem sie schwer lösliche saure Ferrocyanide geben, aus saurer Lösung der Basengemische abscheiden [6]).

Sekundäre Basen entstehen aus primären durch Vermittelung der Benzolsulfonsäureamide $C_6H_5.SO_2.NHR$, welche aus diesen durch Einwirkung von Benzolsulfochlorid gebildet werden [7]). Man erwärmt dieselben mit verdünnter Kalilauge, etwas Alkohol und dann mit Alkyljodid auf 100°, wodurch sekundäres Amid entsteht: $C_6H_5.SO_2.NHR$

---

[1]) Heintz, Ann. Chem. 138, 319; vergl. auch Geuther, Ann. Chem. 128, 153. — [2]) Friedländer, Monatsh. f. Chem. 19, 267. — [3]) Häussermann und Bauer, Ber. 31, 2987, 32, 1912. — [4]) Solonina, Journ. russ. phys.-chem. Ges. 30, 431, 449; Chem. Centralbl. 1897, II, S. 887/888. — [5]) A. W. Hofmann, Ann. Chem. 73, 91, 74, 159, 78, 253, 79, 16; V. Meyer und Lecco, Ann. Chem. 180, 184; Lossen, ebenda 181, 378. — [6]) E. Fischer, Ann. Chem. 190, 185. — [7]) Hinsberg, Ann. Chem. 265, 180.

$+ KOH + R_1J = C_6H_5.SO_2.NRK + R_1J + H_2O = C_6H_5.SO_2.NRR_1 + JK + H_2O$. Dieses Amid spaltet sich beim Erhitzen mit konzentrierter Salzsäure auf 150° in sekundäre Base und Benzolsulfosäure. $C_6H_5.SO_2.NRR_1 + ClH + H_2O = NHRR_1.ClH + C_6H_5.SO_2.OH$.

Aliphatische Amine sind in den niederen, kohlenstoffärmeren Reihen bei gewöhnlicher Temperatur gasförmig, dem Ammoniak im Geruch nahestehend und auch sonst in jeder Beziehung gleichend, mit dem Unterschiede, dafs sie direkt brennbar sind. In den höheren Reihen bilden sie Flüssigkeiten von geringerem spezifischen Gewicht als Wasser, in diesem mit steigendem Kohlenstoffgehalte immer weniger löslich. Zugleich verliert sich der ammoniakalische Geruch mehr und mehr. Die höchsten Glieder sind fest, geruchlos und in Wasser unlöslich.

Die Basizität der Amine ist, wie die Messung der elektrischen Leitfähigkeit ergab, wesentlich gröfser als die des Ammoniaks [1]). Reine Fettamine wirken wie starke Basen sowohl dem Phenolphtaleïn wie dem Helianthin gegenüber, rein aromatische nur noch gegen Helianthin und, wenn ein zweites aromatisches Radikal eintritt, überhaupt nicht mehr [2]).

Die Chlorhydrate sind meist in Wasser und auch in Alkohol leicht löslich. Mit Platin- und Goldchlorid bilden sie meist gut krystallisierende Doppelsalze, welche im allgemeinen den Typen $(AmH)_2PtCl_6$ und $(AmH)AuCl_4$ angehören, worin Am das betreffende Amin bezeichnet. Bei den Goldsalzen findet sich auch der Typus $(AmH)_2AuCl_5$ [3]).

Gegenüber Reagentien erweisen sich die tertiären Amine vielfach indifferent, wo die primären und sekundären, da sie am Stickstoffatom noch vertretbare Wasserstoffatome enthalten, verändert werden. Derartige Fälle haben wir bereits bei der Einwirkung von salpetriger Säure, Oxalester und Acetylchlorid, an dessen Stelle auch Essigsäureanhydrid treten kann, kennen gelernt. Weitere Reaktionen von allgemeiner Bedeutung sind die folgenden:

Schwefelkohlenstoff bildet mit primären und sekundären Aminen Salze der Alkylsulfokarbaminsäuren:

$$CS_2 + 2NH_2.R = CS{<}^{NH.R}_{SH.NH_2.R};$$

$$CS_2 + 2NHR_2 = CS{<}^{NR_2}_{SH.NHR_2}.$$

Von diesen liefern die aus primären Aminen entstandenen bei Einwirkung entschwefelnder Reagentien, wie Quecksilberchlorid oder Eisenchlorid [4]), unter Abspaltung von Schwefelwasserstoff Senföle:

---

[1]) Ostwald, Journ. pr. Chem. [2] 33, 352. — [2]) Astruc, Compt. rend. 129, 1021; Chem. Centralbl. 1900, I, S. 224. — [3]) Fenner und Tafel, Ber. 32, 3220. — [4]) A. W. Hofmann, Ber. 8, 107; Weith, Ber. 8, 461.

$$CS<^{NH.R}_{SH.NH_2R} = H_2S + CS:NR + NH_2R.$$

Benzolsulfochlorid reagiert in Gegenwart von Kalilauge mit primären und sekundären Basen. Erstere liefern hierbei in der Lauge lösliche Benzolsulfonsäureamide $C_6H_5.SO_2.NHR$, sekundäre unlösliche Dialkylamide $C_6H_5.SO_2.NR_2$ [1]). Bei grofsem Überschufs von Benzolsulfochlorid und in Gegenwart ungenügender Alkalimengen können aber auch aus primären Aminen alkaliunlösliche Dibenzolsulfonderivate $(C_6H_5.SO_2)_2NR$ entstehen [2]). Auch erscheinen die normalen Derivate $C_6H_5.SO_2.NHR$ zuweilen in Alkali schwer löslich, weil ihre Alkalisalze bei Abwesenheit von überschüssigem Alkali stark hydrolytisch dissoziiert werden oder in Alkali schwer löslich sind [3]).

Primäre und sekundäre Amine liefern Nitroderivate [4]), welche man als Alkylderivate des Nitramids auffassen kann, welchen aber möglicherweise auch eine andere Konstitution, nach Brühl [5]) vielleicht

$$R_2N{-}N{<}^{O}_{O}{>}$$, zuzuschreiben ist.

Primäre Basen liefern mit 2 Mol. Brom und 2 Mol. Kalilauge alkylierten Bromstickstoff: $R.NH_2 + 2Br_2 + 2KOH = R.NBr_2 + 2H_2O + 2BrK$. Sekundäre Basen werden bei gleicher Behandlung in Alkylenbromid und primäre Base gespalten oder tauschen, wenn in ihnen die NH-Gruppe an ein zweiwertiges Radikal gebunden ist, den Wasserstoff derselben gegen Brom aus [Hofmann [6])].

Mit konzentrierter Natriumhypochloritlösung liefern die salzsauren Salze primärer und sekundärer Basen Alkylchloramine $R.NHCl$ und R_2NCl, die der primären ergeben bei Destillation mit Chlorkalk und Wasser Dichloramine $RNCl_2$ [7]). Durch Reduktionsmittel werden alle diese Substanzen wieder in die Ausgangskörper zurückverwandelt. Von denselben sind die Alkylchloramine am wenigsten beständig. — Da die Dialkylchloramine beim Behandeln mit alkoholischer Kalilauge in Salzsäure und alkylierte Aldehydderivate zerfallen, z. B. $(C_3H_7.CH_2)_2NCl$ in $C_3H_7.CH:N.CH_2.C_3H_7$, diese aber durch Salzsäure in Aldehyd und primäre, das ursprüngliche Alkyl enthaltende Base zerlegt werden können, so ergiebt sich hieraus ein Weg zur Feststellung der einwertigen Reste einer sekundären Base [8]). — Tertiäre Amine liefern mit unterchloriger Säure in heftiger Reaktion gleichfalls Dialkylchlor-

[1]) Hinsberg, Ber. 23, 2963. — [2]) Solonina, Journ. russ. phys.-chem. Ges. 29, 405, 31, 640; Chem. Centralbl. 1897, II, S. 848, 1899, II, S. 867; Bamberger, Ber. 32, 1803. — [3]) W. Marckwald, Ber. 32, 3512, 33, 765; Duden, ebend. 33, 477; Willstätter und Lessing, Ber. 33, 557; s. a. [2]). — [4]) Franchimont, Rec. trav. chim. Pays-Bas 2, 94, 121, 343, 3, 427; Ber. 16, 1869, 2674, 17, 167, Ref., 18, 147, Ref. — [5]) Brühl, Ztschr. physikal. Chem. 25, 626. — [6]) A. W. Hofmann, Ber. 16, 558. — [7]) A. Berg, Ann. ch. phys. [7] 3, 289. — [8]) Ders., Bull. soc. chim. [3] 17, 297; Chem. Centralbl. 1897, I, S. 745.

amine, wodurch sich eine Darstellungsweise sekundärer Amine aus jenen ergiebt [1]).

Zinkäthyl wirkt auf primäre und sekundäre Basen sehr lebhaft ein, indem im ersten Falle die Hälfte, im zweiten das Ganze des noch am Stickstoff befindlichen Wasserstoffs durch Zink substituiert wird [2]):

1) $2\,NH_2R + Zn(C_2H_5)_2 = (RNH)_2Zn + 2\,C_2H_6$;

2) $2\,R_2NH + Zn(C_2H_5)_2 = (R_2N)_2Zn + 2\,C_2H_6$.

Ganz analog dem Ammoniak verbinden sich primäre und sekundäre Amine mit Alkylisocyanaten bezw. Senfölen zu Harnstoff- bezw. Thioharnstoffderivaten. Jenem entsprechend setzen sie sich auch mit Säureestern zu alkylierten Säureamiden um.

Ausschliefslich den primären Aminen kommt die Isonitrilreaktion zu [3]). Dieselbe beruht darauf, dafs sich beim Erwärmen mit Ätzkali und etwas Chloroform in alkoholischer Lösung die durch ihren Geruch ausgezeichneten Isonitrile bilden:

$$R.NH_2 + CHCl_3 + 3\,KOH = R.NC + 3\,ClK + 3\,H_2O.$$

Für sekundäre Amine ist besonders die schon erwähnte Bildung der Nitrosamine bei Einwirkung von salpetriger Säure charakteristisch. Dieselben bilden sich auch beim Erhitzen der Nitrate sekundärer Amine auf etwa 150° [4]).

Neben diesen qualitativen Reaktionen benutzt man zur Unterscheidung der primären, sekundären und tertiären Amine die Fähigkeit zur Aufnahme weiterer Substituenten. Als solche dienen vornehmlich die Methyl-, Acetyl- und Benzoylgruppe. Es lassen sich jedoch auch Halogene verwerten, da bei Einwirkung von solchen in alkalischer Lösung, z. B. in Form von Chlorkalk, die noch freien Wasserstoffatome am Stickstoff unter Bildung organischer Halogenstickstoffe substituiert werden [5]). Von diesen gehen die Chlorderivate beim Erwärmen mit konzentrierter Salzsäure unter Chlorentwickelung wieder in die ursprünglichen Amine über. Die Bromderivate höherer primärer Amine liefern bei Einwirkung von Natronlauge, unter Abspaltung von Bromwasserstoffsäure, Nitrile.

Primäre und sekundäre Amine reagieren schon bei gewöhnlicher Temperatur auf Aldehyde, z. B. Önanthol, indem unter Wasseraustritt indifferente Körper entstehen. Die gleiche Menge Aldehyd braucht 2 Mol. sekundäre, aber nur 1 Mol. primäre Base zur Abscheidung von

---

[1]) Willstätter und Iglauer, Ber. 33, 1636. — [2]) Gal, Bull. soc. chim. 39, 582. — [3]) A. W. Hofmann, Ber. 3, 767. — [4]) v. d. Zande, Rec. trav. chim. Pays-Bas 8, 202; Ber. 22, 343, Ref. — [5]) Wurtz, Ann. Chem. 71, 330, 76, 317; A. W. Hofmann, Ber. 17, 1406, 1920; Tscherniak, Ber. 9, 143; Köhler, Ber. 12, 770; A. W. Hofmann, Ber. 16, 558; F. Raschig, Ann. Chem. 230, 222; Pierson u. Heumann, Ber. 16, 1047; Berg, Compt. rend. 110, 862; Bull. soc. chim. [3] 3, 685.

je 1 Mol. Wasser. Schiff hat hierauf ein Titrationsverfahren begründet [1]).

Die sehr verschiedene Geschwindigkeit, mit welcher die Acetylierung vor sich geht, gestattet gleichfalls eine Unterscheidung von primären und sekundären Aminen [2]).

Schwefelsäureanhydrid wirkt auf gesättigte aliphatische Basen sehr heftig ein, indem es alkylierte Sulfaminsäuren bezw. innere Anhydride derselben bildet [3]). Ganz anders verhalten sich die echten aromatischen Basen, d. h. solche, deren Stickstoff an Kohlenstoff des Kernes gebunden ist. Diese bilden schon mit konzentrierter Schwefelsäure Sulfonsäuren, indem das Schwefelsäureanhydrid mit dem Kohlenstoff der Base in Verbindung tritt.

Sulfurylchlorid wirkt ähnlich wie Schwefelsäureanhydrid. Aus den Chlorwasserstoffsalzen der Basen entstehen zunächst Chloride der Sulfaminsäuren, die, wenn Base im Überschufs zugegen, in Amide der Sulfaminsäuren übergehen. Letztere entstehen sofort, wenn man das Sulfurylchlorid auf die freien Basen einwirken läfst [4]):

1) $NH.R_2.ClH + SO_2Cl_2 = R_2N.SO_2.Cl + 2ClH,$

2) $R_2N.SO_2.Cl + R_2NH = R_2N.SO_2.NR_2 + ClH.$

Thionylchlorid erzeugt in ätherischer Lösung nur mit primären Basen Thionylderivate $R.N:SO$, welche durch Wasser in Sulfite übergeführt werden [5]).

Phosphortrichlorid giebt mit sekundären Aminen Verbindungen $R_2N.PCl_2$ [6]). Phosphoroxychlorid, Phosphorsulfochlorid, Arsentrichlorid, Borchlorid, Siliciumchlorid liefern entsprechende Derivate.

Mit Metaphosphorsäure liefern die primären Basen in Alkohol unlösliche und auch in Wasser nur schwer lösliche Salze, sekundäre und tertiäre hingegen Salze, die sowohl in Wasser als auch in Alkohol sich lösen [7]).

Mit Xylylenbromid geben primäre aliphatische Amine destillierbare N-Alkyldihydroisoindole $R.N{<}{}^{CH_2}_{CH_2}{>}C_6H_4$, sekundäre dagegen Ammoniumbromide $R_2N(Br){<}{}^{CH_2}_{CH_2}{>}C_6H_4$ und tertiäre liefern Biammoniumbromide $R_3{\equiv}N(Br).CH_2.C_6H_4.CH_2.N(Br){\equiv}R_3$. Primäre aromatische Basen verhalten sich, wenn die o-Stellungen frei sind, wie aliphatische; ist eine o-Stellung besetzt, so entstehen symmetrische Diaryl-o-xylylen-

[1]) Schiff, Ann. Chem. 159, 158. — [2]) Menschutkin, Journ. russ. phys.-chem. Ges. 32, 40; Chem. Centralbl. 1900, I, S. 1071. — [3]) Beilstein und Wiegand, Ber. 16, 1264. — [4]) A. Behrend, Ann. Chem. 222, 118. — [5]) Michaelis, ebend. 274, 179. — [6]) Michaelis und Luxembourg, Ber. 29, 711. — [7]) Kossel und Schlömann, ebend. 26, 1023.

diamine; sind beide o-Stellungen besetzt, so erfolgt in der Kälte überhaupt keine Einwirkung, bei längerem Erhitzen Zerstörung des Dibromids. Sekundäre aromatische und fett-aromatische Amine liefern tertiäre Basen der Formel $C_6H_4[CH_2.NR.R^1]_2$. Tertiäre aromatische Basen reagieren gar nicht [1]). Analog dem o-Xylylendibromid wirkt auch 1,4-Dibrompentan [2]).

Cyan reagiert mit primären aromatischen Aminen unter Anlagerung. Aus den einfachen Monoaminen entstehen neben den Anlagerungsprodukten, welchen die Konstitution $\begin{matrix} R.NH.C:NH \\ R.NH.\dot{C}:NH \end{matrix}$ zugeschrieben wird, Guanidinderivate. Substitution der Amine in o-Stellung wirkt auf die Reaktion hindernd ein [3]).

Bromcyan wirkt auf tertiäre Amine, nach v. Braun unter intermediärer Bildung eines Körpers mit fünfwertigem Stickstoff, spaltend ein, indem aus offenen Aminen disubstituierte Cyanamide und Bromalkyl, letzteres stets aus dem Alkyl mit dem geringsten Kohlenstoffgehalt, entstehen. Aromatische Basen reagieren hierbei langsamer als rein aliphatische, solche mit zwei aromatischen Alkylen gar nicht mehr. Aus Basen mit ringförmig gebundenem Stickstoff entstehen Verbindungen, welche das Cyan am Stickstoff, das Brom am benachbarten Kohlenstoff gebunden enthalten [4]).

Aliphatische Amine geben mit einer Lösung von Nitroprussidnatrium, welche mit Brenztraubensäure versetzt ist, violette Färbung, die auf Zusatz von Essigsäure zunächst in Blau umschlägt, dann rasch verschwindet [5]). Primäre Amine geben mit Nitroprussidnatrium und Aceton Rotfärbung, sekundäre mit Nitroprussidnatrium und Aldehyd Blaufärbung, tertiäre reagieren mit beiden Reagentien nicht [6]).

Oxydation der Amine [7]) führt zur Abspaltung des Alkylrestes, welcher dabei zum Aldehyd oder zur Karbonsäure oxydiert wird. Durch Chromsäuregemisch werden aliphatische Amine unter Entwickelung von Stickstoff und Kohlensäure zersetzt [8]). Sekundäre Amine werden nur schwer, tertiäre gar nicht angegriffen [9]). Bei Oxydation mit Wasserstoffsuperoxyd liefern sekundäre Amine Dialkylhydroxylamine, tertiäre Trialkylhydroxylamine [10]). Bei partieller Oxydation mit Permanganat oder

---

[1]) M. Scholtz, Ber. **31**, 414, 1707; Partheil und Schumacher, Ber. **31**, 591. — [2]) Scholtz und Friemehlt, Ber. **32**, 848. — [3]) Meves, Journ. pr. Chem. [2] **61**, 449. — [4]) J. v. Braun, Ber. **33**, 1438; Scholl und Nörr, Ber. **33**, 1550; vgl. auch v. Braun u. Schwarz, Ber. **35**, 1279. — [5]) L. Simon, Compt. rend. **125**, 536; Chem. Centralbl. 1897, II, S. 1001. — [6]) E. Rimini, Ann. Farm. Chim. 1898, p. 193; Chem. Centralbl. 1898, II, S. 133. — [7]) Wallach u. Claisen, Ber. **8**, 1237. — [8]) Oechsner de Coninck und Combe, Compt. rend. **127**, 1028, 1221; Chem. Centralbl. 1899, I, S. 265, 266. — [9]) Oechsner de Coninck, Compt. rend. **128**, 682; Chem. Centralbl. 1899, I, S. 883. — [10]) Dunstan und Goulding, Chem. Soc. Journ. **75**, 1004; Chem. Centralbl. 1899, II, S. 1024; Mamlock und Wolffenstein, Ber. **33**, 159.

Kaliumferricyanid wird weder Ammoniak gebildet, noch Stickstoff in Freiheit gesetzt. Die sekundären Amine gehen zum Teil in primäre, die tertiären in sekundäre und primäre über [1]). Einwirkung von Königswasser führt mehrfach zu gechlorten Verbindungen [2]). Sulfomonopersäure oxydiert aromatische Amine zu Nitrosoverbindungen [3]). Auf die eingehenden Untersuchungen Bambergers und seiner Schüler [4]) kann hier nur verwiesen werden.

Werden Haloidsalze der Amine hoher Temperatur ausgesetzt, so tritt im allgemeinen eine Abtrennung eines Alkylrestes ein, der mit dem Halogenatom als Halogenalkyl entweicht [5]).

Durch Amine können bei Ausschlufs von Wasser Salze in ähnlicher Weise wie durch die Hydrolyse gespalten werden [Aminolyse [6])].

Bei optisch aktiven Aminen wird das spezifische Drehungsvermögen durch Eintritt einer Methylgruppe bedeutend gesteigert, durch Eintritt höherer Alkyle aber wieder verringert. Das molekulare Drehungsvermögen zeigt das Maximum bei Eintritt einer Normalpropylgruppe. Der Eintritt von zwei Alkylgruppen ist weniger wirksam als der von einer. Besonders ausgesprochen ist auch hier wieder der Einflufs beim Übergang in die quaternären Ammoniumverbindungen. So wird z. B. beim Bornylamin die ursprüngliche Rechtsdrehung bis zu schwacher Linksdrehung vermindert [7]).

Eine besondere Betrachtung erfordern die Diamine, d. h. Verbindungen, welche durch Substitution zweier Ammoniakmolekeln durch einen zweiwertigen Kohlenstoffrest oder durch Substitution von zwei Wasserstoffatomen eines Kohlenwasserstoffs u. s. w. durch zwei Aminogruppen entstehen. In der aliphatischen Reihe verhalten sich diese Verbindungen im allgemeinen wie die einfachen Amine, natürlich mit dem Unterschiede, dafs die Bildung der Salze und der verschiedenen Derivate in doppelter Weise vor sich gehen kann. Dasselbe gilt im allgemeinen auch von den aromatischen Meta- oder Paradiaminen. Dagegen zeigen aromatische Orthodiamine, welche also die zwei Aminogruppen an zwei benachbarten Kohlenstoffatomen des Kernes enthalten, vielfache Abweichungen. So sind deren Säurederivate schwieriger als sonst zu erhalten und gehen leicht unter Wasserabspaltung in Anhydride, die sogenannten Imidazole, über:

---

[1]) R. N. de Haas, Rec. trav. chim. Pays-Bas **14**, 166; Ber. **29**, 41, Ref. — [2]) Solonina, Journ. russ. phys.-chem. Ges. **30**, 822; Chem. Centralbl. 1899, I, S. 254. — [3]) H. Caro, Ztschr. angew. Chem. 1898, S. 845. — [4]) Vergl. Bamberger u. Tschirner, Ber. **31**, 1522, **32**, 342; Ann. Chem. **311**, 78. — [5]) A. W. Hofmann, JB. 1860, S. 343. — [6]) Goldschmidt und Salcher, Ztschr. physikal. Chem. **29**, 89. — [7]) M. O. Forster, Chem. Soc. Journ. **75**, 934; Chem. Centralbl. 1899, II, S. 835.

$$\begin{array}{c} \text{H} \\ \text{C} \\ \text{HC}\quad\quad \text{C.NH.CO.CH}_3 \\ |\quad\quad\quad \| \\ \text{HC}\quad\quad \text{C.NH}_2 \\ \text{C} \\ \text{H} \end{array} = H_2O + \begin{array}{c} \text{H} \\ \text{C} \\ \text{HC}\quad \text{C}-\quad \text{N} \\ |\quad\quad \|\quad\quad \| \\ \text{HC}\quad \text{C}\quad\quad \text{C.CH}_3 \\ \text{C}\quad \text{NH} \\ \text{H} \end{array}$$

Acetyl-o-Phenylendiamin α-Methylbenzimidazol

Mit salpetriger Säure reagieren die aromatischen Diamine nicht immer in der normalen Weise unter Bildung von Di- bezw. Tetrazoverbindungen. Vielmehr tritt vielfach ein Ersatz von drei Wasserstoffatomen durch ein Stickstoffatom ein. Während bei Metadiaminen diese Substitution für drei Wasserstoffatome zweier Diaminmolekeln erfolgt, tritt sie bei Orthodiaminen in einer Molekel unter Ringbildung ein. Es entstehen so, besonders aus den Monoalkylderivaten, Azimide $C_6H_4<{N \atop NR}>N$ [1]).

Orthodiamine verbinden sich mit zwei Molekeln Aldehyd zu starken einsäurigen Basen, den Aldehydinen, welche als Derivate der Amidine aufzufassen sind, z. B. $C_6H_4<{N \atop N.CH_2.R}>C.R$ [2]).

Mit Körpern, welche die Gruppe –CO.CO– enthalten, reagieren sie sehr leicht unter Austritt von 2 Mol. Wasser und Bildung von Chinoxalinen. In analoger Weise bilden sie mit seleniger Säure die Piaselenole $C_6H_4<{N \atop N}>Se$. Sie verbinden sich ferner unter Wasseraustritt mit Kohlehydraten.

Dicyan addiert sich direkt an eine Molekel Orthodiamin.

Während die Cyanate der Orthodiamine sich in normaler Weise zu substituierten Harnstoffen umlagern, zerfallen die Rhodanide beim Erhitzen in ringförmige Thioharnstoffe, z. B. $C_6H_4<{NH \atop NH}>CS$, aus welchen durch alkalische Bleilösung kein Schwefel abgeschieden wird [3]). Dieselben Verbindungen entstehen auch durch Einwirkung von Thiophosgen auf o-Diamine.

Sind die Kohlenwasserstoffreste, welche sozusagen den Wasserstoff des Ammoniaks vertreten, noch anderweitig substituiert, so gelangt man zu Verbindungen, in welchen die durch die Aminogruppe u. s. w. bedingten Eigenschaften mit den durch die anderen Substituenten bedingten verbunden oder unter Umständen auch durch sie mehr oder weniger aufgehoben erscheinen. Dies gilt von den Aminoalkoholen, Amino-

[1]) Jacobson, Ann. Chem. **287**, 129. — [2]) Ladenburg, Ber. **11**, 600. 1649; Hinsberg, ebend. **20**, 1587. — [3]) Lellmann, Ann. Chem. **221**, 8; **228**, 248.

aldehyden, Aminoketonen u. s. f. Es sei nur noch darauf hingewiesen, daſs die Iminogruppe, wenn sie zwischen sogenannten stark negativen Resten sich befindet, ausgesprochen negativen Charakter annimmt, wie es ja bereits in der Stickstoffwasserstoffsäure der Fall ist, d. h. daſs sie ihr Wasserstoffatom leicht gegen Metalle austauscht.

Eine besondere Erwähnung verlangen aber noch wegen der hervorragenden Bedeutung einiger in diese Klasse gehöriger Verbindungen die

Säureamide.

Diese Verbindungen, welche man als Säuren aufzufassen hat, in welchen die Hydroxylgruppe durch die Aminogruppe ersetzt ist, sind sowohl von anorganischen als von organischen Säuren bekannt. Diejenigen der Stickstoffsäuren sind bei diesen erwähnt. Im übrigen lassen sich Entstehung und Eigenschaften dieser Verbindungen am einfachsten an den organischen Vertretern schildern.

Die Amide $R.CO.NH_2$ enthalten, wie leicht zu übersehen, 1 Mol. Wasser weniger als die Ammoniumsalze der entsprechenden Säuren. Sie lassen sich auch leicht aus diesen Salzen durch Wasserentziehung gewinnen, welche teils durch trockene Destillation, teils schon beim Erhitzen mit Wasser unter Druck erfolgt. Dieser Prozeſs ähnelt durchaus dem der Esterbildung und folgt auch, wie Menschutkin [1]) zeigte, ähnlichen Gesetzen.

Die Amide entstehen auch, in umkehrbarer Reaktion [2]), durch Einwirkung von Ammoniak auf die Säureester. Leichter verläuft die Einwirkung des Ammoniaks auf die Säureanhydride, am besten aber die auf Säurechloride [3]).

Als Zwischenstufe bei der sogenannten Verseifung der Nitrile zu Ammoniumsalzen der Säuren kann man die Amide auch aus jenen darstellen. Durch eine kalihaltige Lösung von Wasserstoffsuperoxyd erfolgt diese Umwandlung schon in der Kälte [4]), ferner in Form der Chlorhydrate, wenn man die eisessigsaure Lösung der Nitrile mit gasförmiger Salzsäure sättigt [5]).

Die Amide der gesättigten Fettsäuren gewinnt man ferner neben Kohlenstoffoxysulfid durch Destillation der Säuren mit Rhodankalium [6]).

Die Amide sind meist fest und unzersetzt flüchtig, in Wasser anfangs leicht, mit steigendem Kohlenstoffgehalt weniger löslich. Sie reagieren neutral und entwickeln, abgesehen vom Formamid, mit Alkali in der Kälte kein Ammoniak. Sie verbinden sich mit Säuren, aber auch mit einigen Metalloxyden, besonders Quecksilberoxyd [7]), und Hydr-

---

[1]) Menschutkin, Journ. pr. Chem. [2] 29, 422. — [2]) Bonz, Ztschr. physikal. Chem. 2, 865. — [3]) Vergl. Aschan, Ber. 31, 2344. — [4]) Radziszewski, ebend. 18, 355. — [5]) Colson, Bull. soc. chim. [3] 17, 57. — [6]) Letts, Ber. 5, 669; Kekulé, ebend. 6, 112; Hemilian, Ann. Chem. 176, 7; J. Schulze, Journ. pr. Chem. [2] 27, 514. — [7]) Dessaignes, Ann. Chem. 82, 231.

oxyden [1]), und können sogar Wasserstoff der Aminogruppe gegen Metall austauschen [2]). Durch wasserentziehende Mittel werden sie in Nitrile übergeführt. Schon durch Erhitzen mit Wasser, glatter bei Gegenwart von Säuren oder Alkalien, werden sie verseift, d. h. in Säure und Ammoniak gespalten. Dieser Prozefs unterliegt sehr ähnlichen Gesetzen wie die Verseifung der Ester [3]).

Der am Stickstoff noch vorhandene Wasserstoff kann durch Alkyle ersetzt werden. Doch gelingt dies nicht auf den gewöhnlichen Wegen der direkten Alkylierung. Zum Ziele führt die Behandlung von Säurechloriden oder Estern mit Aminen, die Erhitzung von Salzen primärer Amine, die Behandlung von Alkylkarbonimiden (Isocyanaten) mit den Säuren, sowie die Behandlung von Ketoximen mit kalten konzentrierten Säuren. Dialkylierte Säureamide entstehen neben Cyanursäure aus α-dialkylierten Harnstoffen beim Kochen mit Säureanhydriden.

Die Einführung eines zweiten Säureradikals gelingt durch Erhitzen mit Säurechloriden auf 180° [4]). Vielfach treten bei Einwirkung von Säurechloriden aber nur Zersetzungen oder Austausch ein [5]). Sonst erhält man Amide mit zwei Säureradikalen durch Erhitzen von Säureanhydriden mit Senfölen [4]), solche mit zwei und drei Säureradikalen durch Einwirkung von Säuren auf Nitrile.

Alkylierte Säureamide, mit Ausnahme der Formamidderivate, setzen sich mit Phosphorpentachlorid in der Weise um, dafs der Sauerstoff gegen Chlor ausgetauscht wird. Die entstandenen Chloride $R.CCl_2.NH_2$ verlieren leicht Salzsäure.

Gegen salpetrige Säure sind die Amide weit beständiger als die Amine.

Durch Salpetersäure von 1,52 spez. Gew. werden die Amide und ihre Monoalkylderivate sehr leicht, die dialkylierten langsamer, unter Entbindung von Stickoxydul zersetzt [6]). Durch Chromsäuregemisch wird meist nur Kohlensäure entwickelt, durch alkalisches Wasserstoffsuperoxyd aufserdem Ammoniak. Die Widerstandsfähigkeit der einzelnen Amide gegen diese Oxydationsmittel ist sehr verschieden [7]).

Chlor und Brom verdrängen zunächst ein Atom Wasserstoff in der Aminogruppe. Bei Einwirkung von Brom in Gegenwart von Alkali erfolgt zwar, wenn nur 1 Mol. Brom auf 1 Mol. des Amids zugegen ist, dieselbe Reaktion. Bei 2 Mol. Brom entsteht dagegen das Natriumsalz eines Superbromids $R.CO.NBrNaBr_2$, bei 2 Mol. Amid auf 1 Mol.

---

1) Cohen und Brittain, Chem. Soc. Proc. 1897/98, Nr. 187, S. 10; Chem. Centralbl. 1898, I, S. 562. — 2) Hantzsch, Ann. Chem. 296, 91; H. L. Wheeler, Am. Chem. Journ. 23, 453; Chem. Centralbl. 1900, II, S. 190. — 3) Ira Remsen, Am. Chem. Journ. 19, 319, 21, 281; Chem. Centralbl. 1897, I, S. 981 und 1899, I, S. 1111. — 4) Kay, Ber. 26, 2857. — 5) Pictet, ebend. 23, 3014. — 6) Franchimont, Rec. trav. chim. Pays-Bas 2, 343; Ber. 17, 167, Ref. — 7) Oechsner de Coninck, Compt. rend. 127, 1028, 128, 503; Chem. Centralbl. 1899, I, S. 265, 736.

Brom aber ein substituierter Harnstoff. Die Bromamide zerfallen bei Behandlung mit überschüssigem Alkali in Kohlensäure, Bromwasserstoff und primäres Amin. Daneben erfolgt aber bei den Amiden mit höherem Kohlenstoffgehalte, besonders wenn 3 Mol. Brom auf 1 Mol. Amid anwesend sind, eine Umwandlung in Nitril der um ein Kohlenstoffatom ärmeren Säure [1]).

Es schien einige Zeit zweifelhaft, ob den Amiden nicht statt der Konstitution $R.CO.NH_2$ die isomere der Imidsäuren $R.C{<}^{OH}_{NH}$ zukäme, worauf das Verhalten bei einigen Reaktionen [2]) und gewisse kryoskopische Anomalien [3]) hindeuten. Die sorgfältigsten Untersuchungen lassen aber die übliche Formulierung wenigstens für die freien Amide als begründet erscheinen [4]). Eschweiler [5]) wollte beide Formen isoliert haben, doch sind seine Imidohydrine nach Hantzsch und Vögelen [4]) Polymere der Amide. Der Imidohydrinform entsprechen aber wahrscheinlich die Natriumsalze.

Bei den mehrbasischen Säuren können die Hydroxyle teilweise oder durchgehends durch Aminogruppen ersetzt sein. Nur die im letzten Falle resultierenden Verbindungen werden als Amide bezeichnet, die ersten als Aminosäuren. Es können ferner je zwei Hydroxyle bezw. das Brückensauerstoffatom der Säureanhydride durch die zweiwertige Iminogruppe NH ersetzt sein. So leiten sich vom Kohlensäurehydrat $CO{<}^{OH}_{OH}$ die folgenden Verbindungen ab:

$CO{<}^{OH}_{NH_2}$,	$CO{<}^{NH_2}_{NH_2}$,	$CO = NH$
Karbaminsäue	Karbamid, Harnstoff	Karbonimid, Isocyansäure.

Die Imide gehen durch Ammoniak vielfach leicht in die Amide über. Die klassische Synthese des Harnstoffs durch Umlagerung des unbeständigen Ammoniumisocyanats ist somit nur ein Beispiel einer allgemeinen Reaktion.

Bei den aromatischen Ortho-Diaminen lernten wir eine besondere Neigung zur Bildung stickstoffhaltiger Ringsysteme kennen. Gleiches zeigt sich bei den Amiden, die zwei Aminogruppen in Nachbarstellung enthalten, besonders aber beim Harnstoff, dessen Aminogruppen am gleichen Kohlenstoffatom haften. Die Säurederivate desselben, bei welchen der eintretende Säurerest sich an beide Stickstoffatome kettet,

---

[1]) Hofmann, Ber. 17, 1407; Freundler, Bull. soc. chim. [3] 17, 419; Chem. Centralbl. 1897, I, S. 1023. — [2]) A. Pinner, Die Imidoäther und ihre Derivate, Berlin 1892; Tafel und Enoch, Ber. 23, 103; Comstock und Kleeberg, Am. Chem. Journ. 12, 493; Ber. 23, 659, Ref.; Nef, Ann. Chem. 270, 273. — [3]) K. Auwers, Ztschr. physikal. Chem. 23, 449. — [4]) Ders., ebenda 30, 529; Ber. 34, 3558; Menschutkin, Journ. russ. phys.-chem. Ges. 32, 35; Chem. Centralbl. 1900, I, S. 1070; Hantzsch und Vögelen, Ber. 34, 3142. — [5]) W. Eschweiler, Ber. 30, 998.

sind die vielfach physiologisch wichtigen Ureïde, unter denen die Puringruppe nur erwähnt zu werden braucht, um an die Bedeutung dieser Körperklasse zu erinnern.

Thermochemie der Amide: Stohmann, Journ. pr. Chem. [2] 55, 263.

Den Amiden analog sind die Thioamide $R.CS.NH_2$, welche aus jenen durch Einwirkung von Phosphorpentasulfid, ferner aus Nitrilen durch Addition von Schwefelwasserstoff, durch Einwirkung desselben auch aus Amidchloriden und (ebenso wie durch Schwefelkohlenstoff) aus Amidinen (s. u.) entstehen. Bei ihnen ist der Säurecharakter noch deutlicher als in den Amiden ausgesprochen. Sonst zeigen sie ganz entsprechendes Verhalten. Beim Erhitzen z. B. zerfallen sie in Nitrile und Schwefelwasserstoff, bei der Verseifung in die zugehörige Säure, Ammoniak (die alkylierten in Amin) und Schwefelwasserstoff.

Wie hier durch Schwefel, ist der Sauerstoff der Amide in einer anderen sehr interessanten Körperklasse, bei den Amidinen, durch die zweiwertige Gruppe NH vertreten, also $R.C(:NH).NH_2$ [1]). Sie entstehen aus den Amiden durch aufeinanderfolgende Behandlung mit Phosphorpentachlorid (Bildung von Amidchloriden $R.CCl_2.NH_2$) und Ammoniak oder durch Entziehung von 1 Mol. Säure aus je 2 Mol. Amid, welche durch Erhitzen im Salzsäurestrome bewirkt wird: $2R.CO.NH_2 = R.CO.OH + R.C(NH).NH_2$. Ferner entstehen sie durch Behandlung eines Gemenges aus Säurenitril und Alkohol mit Salzsäure durch Zerlegung der hierbei zunächst gebildeten Imidoäther, leichter noch aus diesen bezw. ihren Chlorhydraten durch Einwirkung von Ammoniak oder Aminen in der Kälte [2]). In der aromatischen Reihe bestehen weitere Darstellungsmethoden im starken Erhitzen der Nitrile oder Thioamide mit Chlorhydraten von Basen, sowie in der Wechselwirkung der Chloride von sekundären Säureamiden und Basen.

Im Gegensatze zu den Amiden und Thioamiden sind die Amidine kräftige einsäurige Basen, welche Ammoniak aus seinen Salzen austreiben und beständige Salze, darunter meist gut krystallisierbare Chlorhydrate, bilden. In freiem Zustande besitzen sie alkalische Reaktion. Die freien Basen der Fettreihe sind sehr unbeständig und zerfallen leicht in Ammoniak und Säureamide bezw., bei Abschlufs von Wasser, in Ammoniak und Nitrile. Die Beständigkeit steigt mit zunehmendem Kohlenstoffgehalt und ist bei den aromatischen Verbindungen meist gröfser. Die Einwirkung von Essigsäureanhydrid führt nur ausnahmsweise zu Acetylderivaten. Bei den nicht alkylierten Amidinen bewirkt es regelmäfsig Abspaltung von Ammoniak, und zwar wird bei den aliphatischen Verbindungen NH_3 aus 1 Mol. Amidin abgespalten, bei den aromatischen aus 2 Mol. Im ersten Falle entstehen Nitrile bezw. Derivate derselben, im zweiten durch Aufnahme von Acetyl und Ringschlufs

[1]) Wallach, Ann. Chem. 184, 121. — [2]) A. Pinner, Die Imidoäther und ihre Derivate, Berlin 1892.

unter Wasserabspaltung Kyanidine $R.C\begin{matrix}N-C.R\\ \\N{=}C.R'\end{matrix}\!\!>N$. Chlorkohlensäureester liefert in der aromatischen Reihe Amidylurethane, Kohlenoxychlorid zunächst Harnstoffe $CO<\begin{matrix}NH.C(NH).R\\NH.C(NH).R\end{matrix}$, die aber sehr leicht Ammoniak abspalten und Oxykyanidine bilden. In der aliphatischen Reihe verläuft die Einwirkung beider Reagentien komplizierter.

Die Amidine verbinden sich leicht mit 2 Mol. Phenylisocyanat zu Diureïden, die sich aber leicht in Phenylharnstoff und Phenylacidylharnstoff spalten. Phenylsenföl verbindet sich mit Amidinen zu Thioharnstoffderivaten. Hydroxylamin erzeugt Amidoxime $R.C(:NOH).NH_2$. Bei Einwirkung von Acetessigester und analogen Verbindungen tritt unter Abspaltung von Wasser und Alkohol Kondensation zu Oxypyrimidinen ein:

$$CH_3.CO.CH_2.CO.OC_2H_5 + R.C(NH).NH_2$$
$$= R.C<\begin{matrix}N-C(CH_3)\\N{=}C(OH)\end{matrix}>CH + H_2O + C_2H_5.OH$$ [1]).

Die bereits erwähnten Imidoäther $RC<\begin{matrix}NH\\OR'\end{matrix}$ bieten theoretisches Interesse als Derivate der Nebenform von Säureamiden, praktisches wegen ihrer grofsen Reaktionsfähigkeit. Man erhält sie in Form ihrer Chlorhydrate, wenn man etwas mehr als 1 Mol. Salzsäuregas in ein gut gekühltes Gemisch aus gleichen Molekeln Nitril und Alkohol einleitet, eventuell unter Verdünnung mit Äther oder Benzol. Aus den Salzen erhält man die freien Äther durch Eintragen in 33 proz. Kaliumkarbonatlösung unter Abkühlen und Ausschütteln mit Äther [1]).

Die freien Äther werden durch Wasser nach Pinner [1]) nicht verändert, nach Eschweiler [2]) aber zu den zu Grunde liegenden Imidohydrinen $RC<\begin{matrix}NH\\OH\end{matrix}$ verseift, welche sich von den isomeren Säureamiden durch höhere Schmelzpunkte und durch die Fähigkeit, mit Säuren beständige Salze zu bilden, unterscheiden (s. S. 448). Die salzsauren Salze werden durch Wasser (ebenso durch Alkohole) in Säureester und Salmiak zerlegt, nach Eschweiler [2]) aber gleichfalls in die angeblichen Imidohydrine, wenn eine zur Bindung der Säure geeignete Base oder ein hierzu geeignetes Salz zugegen ist.

Beim Erhitzen zerfallen die salzsauren Salze in Säureamide und Alkylchloride; Essigsäureanhydrid liefert acetylierte Säureamide. Einwirkung von Ammoniak und Basen liefert, wie oben bei deren Darstellung erwähnt, Amidine. Hydroxylamin liefert Amidoxime und

---

[1]) A. Pinner, Die Imidoäther und ihre Derivate, Berlin 1892. — [2]) Eschweiler, D. R.-P. 97 558.

Hydroxamsäuren, Phenylhydrazin Hydrazidoäther $CR<^{N.NH.R''}_{OR'}$ und Hydrazidine [1]).

Nach Stieglitz [2]) ist in den salzsauren Salzen das Chlor nicht an den Stickstoff, sondern an Kohlenstoff gebunden. Er giebt denselben die Formel $RClC<^{NHR''}_{OR'}$.

Mit Alkyljodiden reagieren die Imidoester schon bei gewöhnlicher Temperatur unter Bildung von Alkylamiden. Wheeler [3]) nimmt bei Verwendung acyklischer Imidoester und niederer Alkyljodide drei Hauptreaktionen an: 1. Verschiebung der Alkylgruppe vom Sauerstoff zum Stickstoff, 2. Bildung von Jodwasserstoff, der mit unverändertem Imidoester primäres Amid liefert, 3. Zersetzung von Imidoester in Nitril und Alkohol. Imidoester mit aromatischem Radikal lagern sich beim Erhitzen mit Jodäthyl lediglich in Äthylanilid u. s. w. um [4]).

Die Imidoäther des Form- und Benzanilids lagern sich oberhalb 200° in am Stickstoff substituierte Säureamide um [5]).

---

[1]) Vergl. Pinner, Ann. Chem. **297**, 221; s. a. A. Pinner, Die Imidoäther und ihre Derivate, Berlin 1892. — [2]) Stieglitz, Am. Chem. Journ. **21**, 101; Chem. Centralbl. 1899, I, S. 737. — [3]) H. L. Wheeler, Am. Chem. Journ. **23**, 135; Chem. Centralbl. 1900, I, S. 719. — [4]) Ders. und Johnson, Am. Chem. Journ. **21**, 185; Chem. Centralbl. 1899, I, S. 981. — [5]) Wislicenus u. Goldschmidt, Ber. **33**, 1467.

Primäre aliphatische Amine mit gesättigtem Radikal.

	Formel	Schmelzpunkt	Siedepunkt	Spezifisches Gewicht u. s. w.
Methylamin	$CH_5N = CH_3.NH_2$	—	—6° bis —5,5°	0,699 (- 10,8°)
Äthylamin	$C_2H_7N = C_2H_5.NH_2$	flüssig	18,7°	0,6994 (8°); 0,6892 (15°)
Propylamine	C_3H_9N	—	—	—
Normal-Propylamin	$CH_3.CH_2.CH_2.NH_2$	flüssig	49—50°	0,7222 (15°)
Iso-Propylamin	$(CH_3)_2.CH.NH_2$	flüssig	31,5° (743) 33—34°	0,690 (18°)
Butylamine	$C_4H_{11}N$	—	—	—
Normalbutylamin	$CH_3.(CH_2)_3.NH_2$	flüssig	77,8°; 75,5° (740) 76—77° (754,5)	[illegible]01 (20°); 0,742 (15°)
Sekundärbutylamin	$C_2H_5.CH(NH_2).CH_3$	flüssig	63°; [illegible]° (762,5)	0,7285 (15°)
Isobutylamin	$(CH_3)_2.CH.CH_2.NH_2$	flüssig	57,5°; 68—69° 66,2—66,7° (749,5)	[illegible]63 (15°) [illegible]45 (15°)
Tertiärbutylamin	$(CH_3)_3.C.NH_2$	flüssig	45,2° 7[illegible]0) 43,8° [illegible]5)	[illegible]931 (15°) [illegible]98 (15°)
Amylamine	$C_5H_{13}N$	—	—	—
Normalamylamin	$CH_3.(CH_2)_3.CH_2.NH_2$	flüssig	103°, 104°	0,7662 (19°)
Sekundäramylamin	$CH_3.(CH_2)_2.CH(NH_2).CH_3$	[illegible]	92°; 91,5° (755) 90° ([illegible])	0,73839 (20°), 0,75449 (0°)
Isoamylamin	$(CH_3)_2.CH.(CH_2)_2.NH_2$	[illegible]	95°	0,7503 (18°); 0,7462 (17,5°)
Inaktives		[illegible]	96—97° ([illegible]6)	0,7678 (0°), 0,7501 (20°)
Aktives		[illegible]	96—97°	0,7725 (0°) Rechtsdrehend
Tertiäramylamin	$(CH_3)_2(C_2H_5)C.NH_2$	[illegible]	78,5°; 77,5—78° (757,7)	0,7475 (15,5°)
Tertiärbutylkarbinamin	$(CH_3)_3.C.CH_2.NH_2$	[illegible]	82—83°	—
3-Aminopentan	$C_2H_5.CH(NH_2).C_2H_5$	Öl	89—91°	0,7478 (17,5°); 0,7487 (°/°)
3-Amino-2-Methylbutan	$(CH_3)_2CH.CH(NH_2).CH_3$	[illegible]	83—84°; 84—87°	0,7574 (18,5°)
Hexylamine	$C_6H_{15}N$	—	—	—
1-Aminohexan	$CH_3.(CH_2)_4.CH_2.NH_2$	flüssig	128—130°	0,768 (17°)
2-Aminohexan	$CH_3.CH(NH_2).C_4H_9$	[illegible]	116°	0,7638
1-Amino-1-Methylpentan	$C_4H_9.$ [illegible] $.NH_2$	—	—	—

Methylisoamylamin	$C_6H_{15}N = CH_3 . NH . C_5H_{11}$	flüssig	108°	0,7390 (22°)
Äthylisoamylamin	$C_7H_{17}N = C_2H_5 . NH . C_5H_{11}$	flüssig	127°	0,764
Diamylamine	$C_{10}H_{23}N = (C_5H_{11})_2NH$	—	—	—
Diisoamylamin	—	flüssig	178—180°; 187°	0,7825 (0°)
Inaktives	—	flüssig	185—186°	0,7878 (0°); 0,7776 (14°)
[illegible]tes	—	flüssig	182—184°	0,7878 (0°)
Di[illegible], normal	$C_{12}H_{27}N = (C_6H_{13})_2NH$	flüssig	190—195°	—
[illegible]e	$C_{16}H_{35}N = (C_8H_{17})_2NH$	—	—	—
Normal	—	36,5°	297—298°	—
Sekundär	—	flüssig	260—270°	—
Äthylcetylamin	$C_{18}H_{39}N = C_2H_5 . NH . C_{16}H_{33}$	27—28°	342° (nicht unzersetzt) 195—196° (15)	—
Dimyricylamin	$C_{60}H_{123}N = (C_{30}H_{61})_2NH$	78°	—	—

Tertiäre aliphatische Amine.

Trimethylamin	$C_3H_9N = (CH_3)_3 \vdots N$	—	3,2—3,8°	0,662 (— 5,2°)
Methyldiäthylamin	$C_5H_{13}N = (CH_3) . N : (C_2H_5)_2$	flüssig	63—65°	—
Triäthylamin	$C_6H_{15}N = (C_2H_5)_3 \vdots N$	flüssig	88,8—89° (758,3)	0,735 (15°)
Methyldipropylamin	$C_7H_{17}N = CH_3 . N : (C_3H_7)_2$	Öl	117°	—
Methyläthylisobutylamin	$H_{17}N = (CH_3)(C_2H_5)(C_4H_9)N$	Öl	105°	—
Äthyldipropylamin	$C_8H_{19}N = C_2H_5 . N : (C_3H_7)_2$	Öl	132—134°	—
Äthylpropylisobutylamin	$C_9H_{21}N = (C_2H_5)(C_3H_7)(C_4H_9)N$	Öl	146°	—
Tripropylamin	$C_9H_{21}N = (C_3H_7)_3 \vdots N$	[illegible]sig	156,5°	0,7563 (18,2°)
Tributylamine	$C_{12}H_{27}N = (C_4H_9)_3N$	—	—	—
Normaltributylamin	—	flüssig	216,5°; 211—215° (740)	0,7782 (20°)
Triisobutylamin	—	flüssig	177—180° oder 184—186°	0,785 (21°)
Dimethylisoamylamin	$C_7H_{17}N = (CH_3)_2 . N . C_5H_{11}$	flüssig	113—114°	—
Diäthylisoamylamin	$C_9H_{21}N = (C_2H_5)_2 . N . C_5H_{11}$	flüssig	154°; 155°	—
Triisoamylamin	$C_{15}H_{33}N = (C_5H_{11})_3N$	flüssig	257° (Hofm.) 205° (Silva) 233—236° (Malbot)	—
Inaktives	—	—	237°	0,7882 (13°)
Aktives	—	—	230—237°	0,7964 (13°)
Trihexylamin, normal	—	—	260°	—

	Formel	Schmelzpunkt	Siedepunkt	Spezifisches Gewicht
Undekylamine	$C_{11}H_{25}N$	—	—	—
1-Aminoundekan	$CH_3.(CH_2)_{10}.NH_2$	15°; 16,5°	233—234°; 232° (742)	—
2-Aminoundekan	$CH_3.CH(NH_2).C_9H_{19}$	flüssig	230—231° (741)	—
1-Dodekylamin	$C_{12}H_{27}N = C_{12}H_{25}.NH_2$	25°—28°	247—249°; 134—135° (15)	—
1-Tridekylamin	$C_{13}H_{29}N = C_{13}H_{27}.NH_2$	27°	265°	—
1-Tetradekylamin	$C_{14}H_{31}N = C_{14}H_{29}.NH_2$	37°	162° (15)	—
1-Pentadekylamin	$C_{15}H_{33}N = C_{15}H_{31}.NH_2$	36,5°	298—301°	—
1-Hexadekylamin (Cetylamin)	$C_{16}H_{35}N = C_{16}H_{33}.NH_2$	45—46°	330°; 187° (15)	—
1-Heptdekylamin	$C_{17}H_{37}N = C_{17}H_{35}.NH_2$	49°	335—340°	—

Sekundäre aliphatische Amine.

	Formel	Schmelzpunkt	Siedepunkt	Spezifisches Gewicht
Dimethylamin	$C_2H_7N = (CH_3)_2 : NH$	—	7,2—7,3°	0,6865 (—5,8°)
Methyläthylamin	$C_3H_9N = CH_3.NH.C_2H_5$	flüssig	34—35°	—
Diäthylamin	$C_4H_{11}N = (C_2H_5)_2 : NH$	—50 bis —40°	55,5°	0,7116 (15°)
Methylpropylamin	$C_4H_{11}N = CH_3.NH.C_3H_7$	flüssig	62—64°	0,7204
Äthylisopropylamin	$C_5H_{13}N = C_2H_5.NH.CH(CH_3)_2$	Öl	76°	—
Dipropylamine	$C_6H_{15}N = (C_3H_7)_2NH$	—	—	—
N-Dipropylamin	—	flüssig	109,4—110,4°	0,7430 (15°)
Diisopropylamin	—	flüssig	83,5—84° (748)	0,722 (22°)
Methylbutylamin	$C_5H_{13}N = CH_3.NH.C_4H_9$	flüssig	90,5—91,5° (764)	0,7375 (15°)
Methylisobutylamin	$C_5H_{13}N = CH_3.NH.CH_2.CH(CH_3)_2$	flüssig	76—78°	0,7222 (18°)
Äthylisobutylamin	$C_6H_{15}N = C_2H_5.NH.C_4H_9$	Öl	98°	—
Propylisobutylamin	$C_7H_{17}N = C_3H_7.NH.C_4H_9$	flüssig	123—125°	—
Dibutylamin	$C_8H_{19}N = (C_4H_9)_2 : NH$	Öl	60°	—
Diisobutylamin	$C_8H_{19}N = (C_4H_9)_2NH$	Öl	139—140°	0,7491 (15°)
Ditertiärbutylamin	$C_8H_{19}N = ([CH_3]_3.C)_2NH$	Nur als Hydrojodid beständig		—
Ditertiärbutylamylamin	$C_9H_{21}N = C(CH_3)_3.NH.(C.[CH_3]_2.C_2H_5)$	desgl.		—

Name	Formel	Zustand	Siedepunkt	Dichte
Heptanaphtenamin	$C_7H_{15}N = C_7H_{13}.NH_2$	flüssig	151—153°	—
2-Amino-3-Methylhexen(5)	$C_7H_{15}N = CH_2$: [illegible] $.CH_2.$ [illegible] $)_2.NH$	Öl	133—136°	0,793 (15°)
2-Methyl-6-Aminohepten(2)	$C_8H_{17}N = (CH_3)_2C$ [illegible] $(CH_2)_2.$ [illegible] $H_2).CH_3$	[illegible]sig	166—167°	0,7975 (0°)
[illegible] hten	$C_9H_{19}N = C_9H_{17}.$ [illegible]	[illegible]sig	173—175°; 175,5—177,5°	0,8434 (0/0°); 0,8273 (20/0°)
[illegible]	$C_9H_{19}N$	[illegible]sig	173—175° (751)	0,8485 (0/0°); 0,8329 (20/0°)
[illegible]phelylamin	$C_9H_{19}N = C_9H_{17}.$ [illegible]	43°	174°; 175,5°	—
2-Methyl-3-Methylen-6-Aminoheptan	$C_9H_{19}N = (CH_3)_2CH.C(:CH_2).(CH_2)_2.CH(NH_2).$ [illegible]	—	78—79° (26)	—
Campholamin	$C_{10}H_{21}N = C_{10}H_{19}.NH_2$	flüssig	20°	—
Sekundäres [illegible]-β-Dekanaphten	$C_{10}H_{21}N = C_{10}H_{19}.NH_2$	flüssig	202—204° (754)	0,8683 (0/0°); 0,85499 (20/0°)
Tertiäres [illegible]	$C_{10}H_{21}N = C_{10}H_{19}.NH_2$	flüssig	199—201° (754)	0,8675 (0/0°); 0,85305 (20/0°)
[illegible] aus [illegible] Isolauronolmethyl[illegible]	$C_{10}H_{21}N = C_8H_{15}.CH(NH_2).CH_3$	flüssig	190° (760)	0,9558 (15°)

Primäre Amine $C_nH_{2n-1}N$.

Name	Formel	Zustand	Siedepunkt	Dichte
3-Aminopropin, Propargylamin	$C_3H_5N = CH \vdots C.CH_2.NH_2$	—	—	—
Aminocyklopenten	$C_5H_9N = C_5H_7.NH_2$	flüssig	gegen 102—104°	—
3-Amino-Methylcyklohexen (1)	C_7H_{13} [illegible] $H_2 < \frac{CH(NH_2).CH}{CH_2.CH_2} > C.CH_3$	flüssig	152—155°	—
Diallyläthylamin	$C_8H_{15}N = ($ [illegible] $:CH.CH_2)_2CH.CH_2.NH_2$	flüssig	167°	—
5-Amino-1,3-Dimethylcyklohexen	$C_8H_{15}N = CH_2 < \frac{CH(CH_3):CH}{CH(CH_3).CH_2} > CH.NH_2$	Öl	169—170°	—
Nonenylamine	$C_9H_{17}N$	—	—	—
4¹-Amino-4-Äthyl-Heptadien (1,6)	([illegible] $)_2$: $HCH(NH_2).CH_3$	Öl	174—176°	0,826 (15°)
α-Aminocampholen	$(CH_3)_2.C.C$ [illegible] $) \ CH_2.CH_2 \ CH.CH_2.NH_2$ (?)	flüssig	185°	0,8795 (15°)
β-Aminocampholen	$(CH_3)_2.C.C(CH_3) \ CH_2.CH_2 \ C.CH_2.NH_2$ (?)	flüssig	185°	0,8795 (15°)

	Formel	Schmelzpunkt	Siedepunkt	Spezifisches Gewicht
Trioktylamine	$C_{24}H_{51}N = (C_8H_{17})_3N$	—	—	—
Normal	—	—	365—367°	—
Sekundär	—	—	370°	—
Diäthylcetylamin	$C_{20}H_{43}N = C_{16}H_{33}.N(C_2H_5)_2$	6—8°	355°; 204—206° (15)	—
Tricetylamin	$C_{48}H_{99}N = (C_{16}H_{33})_3N$	39°	—	—

Primäre aliphatische Amine mit ungesättigten Radikalen.

	Formel	Schmelzpunkt	Siedepunkt	Spezifisches Gewicht
Vinylamin, Aminoäthen (Dimethylenimin)	$C_2H_5N =$ ...$CH.NH_2$ $(CH_2>NH$ / $CH_2)$	flüssig	55—56° (756)	0,8321 (24°)
Aminopropylene	C_3H_7N	—	—	—
1-Aminopropylen	$CH_3.CH{:}CH.NH_2$	Öl	66—67° (751)	0,812 (16°)
3-Aminopropylen, Allylamin	$CH_2{:}CH.CH_2.NH_2$	flüssig	56—56,5° (756,2) 53,3°	0,7688 (15°)
Aminobutene	C_4H_9N	—	—	—
α-Crotylamin, 1-Amino-2-Buten	$CH_3.CH{:}CH.CH_2.NH_2$	flüssig	81—85°	—
Crotylamin	—	flüssig	75—80°	—
Isocrotylamin	$CH_2{:}CH.(CH_2)_2.NH_2$ (?)	flüssig	80—90°	—
Aminopentene	$C_5H_{11}N$	—	—	—
Valerylamin	$C_5H_9.NH_2$	—	—	—
α-Allyläthylamin, 4-Amino-1-Penten	$CH_2.CH(C_2H_5).NH_2$	—	85°	—
Tetramethylenmethylamin (1[1]-Aminomethylcyklobutan)	$CH_2<\frac{CH_2}{CH_2}>CH.CH_2.NH_2$	Öl	82—83°	—
Brieger'sche Base	?	flüssig	100°	—
Aminohexene	$C_6H_{13}N$	—	—	—
5-Amino-1-Hexen, Methylbutylallylcarbinamin	$CH_2{:}CH.CH_2.CH_2.CH(NH_2).CH_3$	Öl	117—118°	0,779 (15°)
6-Amino-1-Hexen, Pentallylcarbinamin	$CH_2{:}CH.(CH_2)_3.CH_2.NH_2$	Öl	143—143,5°	0,767 (15°)
5-Amino-2-Hexen	$CH_3.CH{:}CH.C\quad.CH$	—	—	—

Tertiäre ungesättigte aliphatische Amine.

Propylpropylidenamin	$C_6H_{13}N = C_3H_7 . N : CH . C_2H_5$	flüssig	102°	0,84 (0°)
Allyldimethylamin	$C_5H_{11}N = C_3H_5 . N(CH_3)_2$	—	—	—
Allyldiäthylamin	$C_7H_{15}N = (C_3H_5) . N(C_2H_5)_2$	—	100—103°; 110—113°	—
Allyldipropylamin	$C_9H_{19}N = C_3H_5 . N(C_3H_7)_2$	—	145—150°; 150—152°	0,7587 (16°)
Methyldiallylamin	$C_7H_{13}N = (C_3H_5)_2N . CH_3$	flüssig	112°	—
Triallylamin	$C_9H_{15}N = (C_3H_5)_3N$	flüssig	150—151°; 155—156°	0,8094 (14,3°)
Hexenyldimethylamin	$C_8H_{17}N = C_6H_{11} . N(CH_3)_2$	Öl	138—140°	0,780 (15°)
Butylmethylenimin	$C_5H_{11}N = C_4H_9 . N : CH_2$	Öl	146—149° (10—12)	0,8772 (15°)
Dimethylaminocyklopentan	$C_7H_{15}N = \begin{matrix} CH_2 . CH_2 \\ CH_2 . CH_2 \end{matrix} > CH . N(CH_3)_2$	flüssig	133,5—135°	—
1-Dimethylamino-2-Methylpenten (4)	$C_8H_{17}N = CH_2 : CH . CH_2 . (CH_3) . CH_2 . N(CH_3)_2$	Öl	129—130°	0,767 (15°)
Dimethylbornylamin[2])	$C_{12}H_{23}N = C_{10}H_{17} . N(CH_3)_2$	Öl	210—212° (763)	0,9123 (16°)
Diäthylbornylamin[2])	$C_{14}H_{27}N = C_{10}H_{17} . N(C_2H_5)_2$	Öl	232—234° (750)	—

Primäre aliphatische Diamine und Polyamine.

Äthylendiamin, 1,2-Diaminoäthan	$C_2H_8N_2 = NH_2 . CH_2 . CH_2 . NH_2$	+ 8,5°	116,5°	0,902 (15°)
	dasselbe wasserhaltig	+ 10°	—	0,970 (15°)
Diaminopropane	$C_3H_{10}N_2 = C_3H_6(NH_2)_2$	—	—	—
1,2-Diaminopropan	$CH_3 . CH(NH_2) . CH_2 . NH_2$	flüssig	119—120°	0,878 (15°)
[illegible] [illegible]ation	—	—	—	0,91186 (23,3°)
1,3-Diaminopropan (Trimethylendiamin)	$NH_2 . CH_2 . CH_2 . CH_2 . NH_2$	flüssig	135—136° (738)	—
Diaminobutane	$C_4H_{12}N_2 = C_4H_8(NH_2)_2$	—	—	—
2.3-Diaminobutan	$CH_3 . CH(NH_2) . CH(NH_2) . CH_3$ nur in Salzen bekannt	—	—	—
1,4-Diaminobutan, Putrescin (Tetramethylendiamin)	$NH_2 . CH_2 . (CH_2)_2 . CH_2 . NH_2$	23—24° 27—28°	158—160°	—
Diaminopentane	$C_5H_{14}N_2 = C_5H_{10}(NH_2)_2$	—	—	—
1,5-Diaminopentan, Cadaverin (Pentamethylendiamin)	$NH_2 . CH_2 . (CH_2)_3 . CH_2 . NH_2$	ähnl. Temp.	178—179°	0,8846 (15°)

[1]) M. O. Forster, Chem. Soc. Journ. 73, 386; Chem. Centralbl. 1898, II, S. 300. — [2]) M. O. Forster, Chem. Soc Journ. 75, 934; Chem. Centralbl. 1898, II, S. 835.

	Formel	Schmelzpunkt	Siedepunkt	Spezifisches Gewicht
1,4-Diamino-2-Methylbutan	$CH_3.CH.CH_2.NH_2$ / $\dot{C}H_2.CH_2.NH_2$	flüssig	172—173°	0,8836 (20°)
Rechtsdrehende Modifikation	—	flüssig	170°	—
Gerontin aus Leberzellen	?	—	—	—
Neuridin	?	gelatinös	—	—
2,4-Diaminopentan	$CH_3.CH(NH_2).CH_2.CH(NH_2).CH_3$	—	—	—
α)	—	flüssig	46—47° (20); 120—140° (760, unter geringer Zersetz.)	—
β)	—	flüssig	43—44° (11—12); 29—30° (9—10)	—
Diaminohexane	$C_6H_{16}N_2 = C_6H_{12}(NH_2)_2$	—	—	—
2,5-Diaminohexan	$CH_3.CH(NH_2).(CH_2)_2.CH(NH_2).CH_3$	Öl	175°	(besteht aus 2 Isomeren)
1,4-Diamino-2-Methylpentan (α,β-Dimethyltetramethylendiamin)	$CH_3.CH(NH_2).CH_2.CH(CH_3).CH_2.NH_2$	flüssig	175°	—
1,6-Diaminohexan, Hexamethylendiamin	$NH_2.(CH_2)_6.NH_2$	39—40°	204—205°; 192—195°	—
1,7-Diaminoheptan, Heptamethylendiamin	$C_7H_{18}N_2 = NH_2.(CH_2)_7.NH_2$	28—29°	223—225°	—
1,8-Diaminooktan, Oktamethylendiamin	$C_8H_{20}N_2 = NH_2.(CH_2)_8.NH_2$	52°	236—240°; 240—241°	—
Diaminodiisobutyl	$C_8H_{20}N_2 = (CH_3)_2.C(NH_2).(CH_2)_2.C(NH_2).(CH_3)_2$	—	—	—
1,9-Diaminononan, Nonomethylendiamin	$C_9H_{22}N_2 = NH_2.(CH_2)_9.NH_2$	37—37,5°	258—259°	—
1,10-Diaminodekan (Dekamethylendiamin)	$C_{10}H_{24}N_2 = NH_2.CH_2.(CH_2)_8.CH_2.NH_2$	61,5°	140°	—
Diaminodiisoamyl	$C_{10}H_{24}N_2 = (CH_3)_2.C(NH_2).(CH_2)_4.C(NH_2).(CH_3)_2$	Erst. 0°	223—225° (743)	—
1,2-Diaminopropan	$C_3H_{10}N_2$ [illegible] $NH_2.CH$: [illegible]		—	—

Diäthylentriamin	$C_4H_{13}N_3 = NH_2 . C_2H_4 . NH . C_2H_4 . NH_2$	flüssig	208° (nicht ganz unzersetzt)	
Tetrylintriamin	$C_4H_{11}N_3$	flüssig	oberhalb 150°	—
Triäthylentetramin	$C_6H_{18}N_4 = NH_2 . C_2H_4 . NH . C_2H_4 . NH . C_2H_4 . NH_2$	12°	266—267°	0,9817 (15°)
Sekundäre Diamine u. s. w.				
Dimethyläthylendiamin . .	$C_4H_{12}N_2 = (CH_3)NH . C_2H_4 . NH(CH_3)$	flüssig	119°	0,828 (15°); 0,848 (4°)
s-Diäthyläthylendiamin . . .	$C_6H_{16}N_2 = (C_2H_5)NH . C_2H_4 . NH(C_2H_5)$	flüssig	149—150°	—
Triäthyldiäthylentriamin . .	$C_{10}H_{25}N_3 = NH(C_2H_5) . C_2H_4 . N(C_2H_5) . C_2H_4 . NH(C_2H_5)$	flüssig	220—250°	—
Tertiäre Diamine u. s. w.				
Tetramethylmethylendiamin	$C_5H_{14}N_2 = CH_2(N[CH_3]_2)_2$	flüssig	85°	0,7491 (18,7°)
Tetraäthylmethylendiamin .	$C_9H_{22}N_2 = CH_2(N[C_2H_5]_2)_2$	flüssig	166—169°; 168°	0,8105 (18,7°)
Tetrapropylmethylendiamin	$C_{13}H_{30}N_2 = CH_2(N[C_3H_7]_2)_2$	flüssig	215—225°; 225—230° (nicht ganz unzersetzt)	0,8014 (18°)
Tetraisobutylmethylendiamin	$C_{17}H_{38}N_2 = CH_2(N[C_4H_9]_2)_2$	flüssig	245—255° (nicht ganz unzersetzt)	—
Tetramethyläthylendiamin .	$C_6H_{16}N_2 = (CH_3)_2N . C_2H_4 . N(CH_3)_2$	—	—	—
as-Diäthyläthylendiamin . .	$C_6H_{16}N_2 = NH_2 . C_2H_4 . N(C_2H_5)_2$	flüssig	145°	0,827 (18,5°)
Tetramethyldiaminobutan .	$C_8H_{20}N_2 = C_4H_8(N[CH_3]_2)_2$	—	—	—
Diäthyldiäthylentriamin . .	$C_8H_{21}N_3 = (C_2H_4)_2N_3H_3(C_2H_5)_2$	flüssig	220—250°	—
Polymethylenamine u. dgl.				
Tetramethylenamin, Aminocyklobutan	$C_4H_9N = CH_2<\substack{CH_2 \\ CH_2}>CH . NH_2$	flüssig	82°	
Aminocyklopentan	$C_5H_{11}N = CH_2<\substack{CH_2 . CH . NH_2 \\ CH_2 . CH_2}$	flüssig	106—108°	
β-Methylpentamethylenamin, 3-Amino-1-Methylcyklopentan	$C_6H_{13}N = CH_3 . CH . CH_2 . CH_2 . CH_2>CH . NH_2$	flüssig	ca. 42° (12); 124° (754)	0,8594 (0/0°); 0,8422 (20/0°)

	Formel	Schmelzpunkt	Siedepunkt	Spezifisches Gewicht
2-Amino-1-Methylcyklopentan	$C_6H_{13}N = CH_2 . CH . CH(NH_2) > CH_2$ $CH_2 . CH_2$	flüssig	121—122° (738)	—
1-Amino-1-Methylcyklopentan	$C_6H_{13}N = CH_2 . C(NH_2) . CH_2 > CH_2$ $CH_2 . CH_2$	flüssig	114° (753)	0,8367 (0/0°); 0,8197 (20/0°)
Aminocyklohexan	$C_6H_{13}N = CH_2 < \begin{matrix} CH_2 . CH_2 \\ CH_2 . CH_2 \end{matrix} > CH . NH_2$	flüssig	134° (768)	0,86478 (20/0°)
Aminocykloheptan, Suberylamin	$C_7H_{15}N = \begin{matrix} CH_2 . CH_2 . CH_2 \\ CH_2 . CH_2 . CH_2 \end{matrix} > CH . NH_2$	flüssig	169° (751)	—
3-Aminomethylcyklohexan	$C_7H_{15}N = CH_2 . CH < \begin{matrix} CH_2 . CH(NH_2) \\ CH_2 . CH_2 \end{matrix} > CH_2$	flüssig	151°	—
5-Amino-1,1,3-Trimethylcyklohexan	$C_9H_{19}N = (CH_3)_2C < \begin{matrix} CH_2 . CH(CH_3) \\ CH_2 . CH(NH_2) \end{matrix} > CH_2$	Öl	183—185°; 77° (16)	—
Tetrahydrocarvakrylamin	$C_{10}H_{21}N = C_{10}H_{19} . NH_2$	flüssig	210—212°	—
l-Menthylamin	$C_{10}H_{21}N =$ $C_3H_7 . CH < \begin{matrix} CH_2 —— CH_2 \\ CH(NH_2) . CH_2 \end{matrix} > CH . CH_3$	flüssig	206°	0,8707 (0/0°); 0,8562 (20/0°)
N-Äthylderivat	$C_{12}H_{25}N$	flüssig	222—224°	0,8603 (0°); 0,8448 (20/0°)
N-Diäthylderivat	$C_{14}H_{29}N$	flüssig	240,5—241°	—
d-Menthylamin	desgl.	flüssig	85° (10)	—
2-Amino-1-Methyl-4-Isopropylcyklohexan	$C_{10}H_{21}N =$ $CH_3 . CH < \begin{matrix} CH(NH_2) . CH_2 \\ CH_2 —— CH_2 \end{matrix} > CH . C_3H_7$	Öl	211—212°	—
5[1]-Amino-5-Äthyl-1,1,2,2,4-Pentamethylcyklopentan	$C_{10}H_{21}N =$ $\begin{matrix} (CH_3)_2C—C(CH_3)_2 \\ CH_2 . CH(CH_3) \end{matrix} > CH . CH(NH_2) . CH_3$	—	—	—
Bornylamin	$C_{10}H_{19}N = C_8H_{14} < \begin{matrix} CH_2 \\ CH . NH_2 \end{matrix}$ (?)	159—160°	199—200°	—
N-Benzylderivat	$C_{17}H_{25}N$	dickflüssig	184° (14)	—
N-Bornylderivat	$C_{20}H_{35}N$	43—44°	180—181° (12)	—
1,2-Diaminocyklohexan	$C_6H_{14}N_2 = NH_2 . CH < \begin{matrix} CH(NH_2) . CH_2 \\ CH_2 . CH_2 \end{matrix} > CH_2$	erstarrt in Kältemischung	183—185° (720)	—

1,3-Diaminocyklohexan	$C_6H_{14}N_2 = NH_2 . CH<{CH_2 . CH(NH_2) \atop CH_2 . CH_2}>CH_2$	Öl	193°	0,956 (15°)
β-Diaminohexamethylen 1,4-Diaminocyklohexan	$C_6H_{14}N_2 = NH_2 . CH<{C_2H_4 \atop C_2H_4}>CH . NH_2$	Öl	—	

Amine ungesättigter cyklischer Kohlenwasserstoffe.

Aminocyklopenten	$C_5H_9N = C_5H_7 . NH_2$	flüssig	102—104°	—
3-Aminomethylcyklohexen (1), Tetrahydro-m-Toluidin	$C_7N_{13}N = CH_3 . C<{CH . CH(NH_2) \atop CH_2 . CH_2}>CH_2$	flüssig	152—155°	—
5-Amino-1,3-Dimethylcyklohexen (3), Tetrahydro-s-Xylidin	$C_8H_{15}N = NH_2 . CH<{CH = C(CH_3) \atop CH_2 . CH(CH_3)}>CH_2$	Öl	169—170°	—
Pulegonamin, Amino-Methylisopropenylcyklohexan	$C_{10}H_{19}N = CH_2<{CH(CH_3) . CH_2 \atop CH_2 . C : C_3H_6}>CH . NH_2$	gegen 50°	205—210°	—
Dihydrocarvylamin	$C_{10}H_{19}N = C_{10}H_{17} . NH_2$	flüssig	218—220°	0,8875 (20°)
Dihydroeucarvylamin	desgl.	Öl	—	—
l-Fenchylamin	desgl.	Öl	195°	0,9095 (22°)
N-Methylderivat	$C_{11}H_{21}N$	flüssig	201—202°	0,8905 (20,5°)
N-Phenylderivat	$C_{16}H_{23}N$	93—94°	—	—
N-Benzylderivat	$C_{17}H_{25}N$	flüssig	190—191° (16)	0,9735 (20°)
d-Fenchylamin	desgl.	—	—	—
Fencholenamin	$C_{10}H_{19}N = C_9H_{15} . CH_2 . NH_2$	flüssig	205°	—
Thujonamin	$C_{10}H_{19}N = (CH_3)_2C_6H_7 . CH(NH_2) . CH_3$	Öl	195°; 80,5° (14)	0,8743 (20°)
β-Thujonamin	$C_{10}H_{19}N$	Öl	193°	0,875 (20°)
γ-Thujonamin	desgl.	Öl	200—201°	0,865 (20°)
Hydropyridin	$C_5H_7N = C_5H_5 . NH_2$	—	—	—
N-Methylderivat	C_6H_9N	Öl	129°	—
N-Äthylderivat	$C_7H_{11}N$	Öl	148°	—
N-Isoamylderivat	$C_{10}H_{17}N$	Öl	201—203°	—
Aminoterpen	$C_{10}H_{17}N = C_{10}H_{15} . NH_2$	Öl	197—200° (geringe Zersetzung) 117° (40), 94—97° (9—13)	—
α-Carvylamin	desgl.	flüssig	—	—

	Formel	Schmelzpunkt	Siedepunkt	Spezifisches Gewicht
2-Amino-1-Methylcyklopentan	$C_6H_{13}N = CH_3 . CH . CH(NH_2) > CH_2$; $CH_2 . CH_2$	flüssig	121—122° (738)	—
1-Amino-1-Methylcyklopentan	$C_6H_{13}N = CH_3 . C(NH_2) . CH_2 > CH_2$; $CH_2 . CH_2$	flüssig	114° (753)	0,8367 (0/0°); 0,8197 (20/0°)
Aminocyklohexan	$C_6H_{13}N = CH_2 < \genfrac{}{}{0pt}{}{CH_2 . CH_2}{CH_2 . CH_2} > CH . NH_2$	flüssig	134° (768)	0,86478 (20/0°)
Aminocykloheptan, Suberylamin	$C_7H_{15}N = \genfrac{}{}{0pt}{}{CH_2 . CH_2 . CH_2}{CH_2 . CH_2 . CH_2} > CH . NH_2$	flüssig	169° (751)	—
3-Aminomethylcyklohexan	$C_7H_{15}N = CH_3 . CH < \genfrac{}{}{0pt}{}{CH_2 . CH(NH_2)}{CH_2 . CH_2} > CH_2$	flüssig	151°	—
5-Amino-1,1,3-Trimethylcyklohexan	$C_9H_{19}N = (CH_3)_2C < \genfrac{}{}{0pt}{}{CH_2 . CH(CH_3)}{CH_2 . CH(NH_2)} > CH_2$	Öl	183—185°; 77° (16)	—
Tetrahydrocarvakrylamin	$C_{10}H_{21}N = C_{10}H_{19} . NH_2$	flüssig	210—212°	—
l-Menthylamin	$C_{10}H_{21}N =$ $C_3H_7 . CH < \genfrac{}{}{0pt}{}{CH_2 \text{———} CH_2}{CH(NH_2) . CH_2} > CH . CH_3$	flüssig	206°	0,8707 (0/0°); 0,8562 (20/0°)
N-Äthylderivat	$C_{12}H_{25}N$	flüssig	222—224°	0,8603 (0°); 0,8448 (20/0°)
N-Diäthylderivat	$C_{14}H_{29}N$	flüssig	240,5—241°	—
d-Menthylamin	desgl.	flüssig	85° (10)	—
2-Amino-1-Methyl-4-Isopropylcyklohexan	$C_{10}H_{21}N =$ $CH_3 . CH < \genfrac{}{}{0pt}{}{CH(NH_2) . CH_2}{CH_2 \text{———} CH_2} > CH . C_3H_7$	Öl	211—212°	—
5[1]-Amino-5-Äthyl-1,1,2,2,4-Pentamethylcyklopentan	$C_{10}H_{21}N =$ $\genfrac{}{}{0pt}{}{(CH_3)_2C—C(CH_3)_2}{CH_2 . CH(CH_3)} > CH . CH(NH_2) . CH_3$	—	—	—
Bornylamin	$C_{10}H_{19}N = C_8H_{14} < \genfrac{}{}{0pt}{}{CH_2}{CH . NH_2}$ (?)	159—160°	199—200°	—
N-Benzylderivat	$C_{17}H_{25}N$	dickflüssig	184° (14)	—
N-Bornylderivat	$C_{20}H_{35}N$	43—44°	180—181° (12)	—
1,2-Diaminocyklohexan	$C_6H_{14}N_2 = NH_2 . CH < \genfrac{}{}{0pt}{}{CH(NH_2) . CH_2}{CH_2 . CH_2} > CH_2$	erstarrt in Kältemischung	183—185° (720)	—

...ocyklohexan .	$C_6H_{14}N_2 = NH_2 . CH < \genfrac{}{}{0pt}{}{}{CH_2 . CH_2} > CH_2$	Öl	193°	0,956 (15°)
β-Diaminohexamethylen . . 1,4-Diaminocyklohexan . .	$C_6H_{14}N_2 = NH_2 . CH < \genfrac{}{}{0pt}{}{C_2H_4}{C_2H_4} > CH . NH_2$	Öl	—	

Amine ungesättigter cyklischer Kohlenwasserstoffe.

Aminocyklopenten	$C_5H_9N = C_5H_7 . NH_2$	flüssig	102—104°	—
3-Aminomethylcyklohexen (1), Tetrahydro-m-Toluidin . . .	$C_7N_{13}N = CH_3 . C \lessgtr \genfrac{}{}{0pt}{}{CH . CH(NH_2)}{CH_2 . CH_2} > CH_2$	flüssig	152—155°	—
5-Amino-1,3-Dimethylcyklohexen (3), Tetrahydro-s-Xylidin	$C_8H_{15}N = NH_2 . CH < \genfrac{}{}{0pt}{}{CH = C(CH_3)}{CH_2 . CH(CH_3)} > CH_2$	Öl	169—170°	—
Pulegonamin, Amino-Methylisopropenylcyklohexan .	$C_{10}H_{19}N = CH_2 < \genfrac{}{}{0pt}{}{CH(CH_3) . CH_2}{CH_2 . C : C_3H_6)} > CH . NH_2$	gegen 50°	205—210°	—
Dihydrocarvylamin . . .	$C_{10}H_{19}N = C_{10}H_{17} . NH_2$	flüssig	218—220°	0,8875 (20°)
Dihydroeucarvylamin . . .	desgl.	Öl	—	—
l-Fenchylamin	desgl.	Öl	195°	0,9095 (22°)
N-Methylderivat	$C_{11}H_{21}N$	flüssig	201—202°	0,8905 (20,5°)
N-Phenylderivat	$C_{16}H_{23}N$	93—94°	—	—
N-Benzylderivat	$C_{17}H_{25}N$	dickflüssig	190—191° (16)	0,9735 (20°)
d-Fenchylamin	desgl.	—	—	—
Fencholenamin	$C_{10}H_{19}N = C_9H_{15} . CH_2 . NH_2$	flüssig	205°	—
Thujonamin	$C_{10}H_{19}N = (CH_3)_2C_6H_7 . CH(NH_2) . CH_3$	Öl	195°; 80,5° (14)	0,8743 (20°)
β-Thujonamin	$C_{10}H_{19}N$	Öl	193°	0,875 (20°)
γ-Thujonamin	desgl.	Öl	200—201°	0,865 (20°)
Hydropyridin	$C_5H_7N = C_5H_5 . NH_2$	—	—	—
N-Methylderivat	C_6H_9N	Öl	129°	—
N-Äthylderivat	$C_7H_{11}N$	Öl	148°	—
N-Isoamylderivat	$C_{10}H_{17}N$	Öl	201—203°	—
Aminoterpen	$C_{10}H_{17}N = C_{10}H_{15} . NH_2$	Öl	197—200° (geringe Zersetzung) 117° (40), 94—97° (9—13)	—
α-Carvylamin	desgl.	flüssig	—	—

	Formel	Schmelzpunkt	Siedepunkt	Spezifisches Gewicht
6-Amino-1,3-Dimethyl-4-Äthy[illegible]zol	$C_{10}H_{15}N = (CH_3)_2C_6H_2(C_2H_5).NH_2$	Öl	144—145° (20)	—
2-Amino-1,4-Dimethyl-3-Äthylbenzol	desgl.	bei — 10° noch [illegible]sig	237°	0,9635 (15°)
Amino-1,3-Diäthylbenzol	$C_{10}H_{15}N = (C_2H_5)_2:C_6H_3.NH_2$	[illegible]sig	—	—
Amino-1,4-Diäthylbenzol	desgl.	[illegible]sig	140—142° (20)	—
[illegible]nzole	$C_{10}H_{15}N = (CH_3)_4C_6H.NH_2$	—	—	—
$NH_2:CH_3:CH_3:CH_3:CH_3 = 5:1:2:3:4$ (Prehnidin)	—	64—66°; 70°	259—260°	—
4:1:2:3:5 ([illegible]din)	—	23—24°	255°	—
unbekannter [illegible]ung	—	14°	252—253°	0,978 (24°)
Aminoisoamylbenzol	$C_{11}H_{17}N = C_5H_{11}.C_6H_4.NH_2$	[illegible]sig	256—258°; 259—262°	—
3-Isobutyl-o-Toluidin	$C_{11}H_{17}N = (CH_3)_2.CH.CH_2.C_6H_3(CH_3).NH_2$	flüssig	243—244°	—
5-Pseudobutyl-o-[illegible]in (o-Tolu-ψ-Butylamin)	$C_{11}H_{17}N = (CH_3)_3C.C_6H_3(CH_3).NH_2$	flüssig	243°	—
Amino-p-Äthylisopropylbenzol	$C_{11}H_{17}N = (CH_3)_2CH.C_6H_3(C_2H_5).NH_2$	—	—	—
Ami[illegible]ol	$C_{11}H_{17}N = (CH_3)_5C_6.NH_2$	151—152°	277—278°	—
Aminohexylbenzol	$C_{12}H_{19}N = C_6H_{13}.C_6H_4.NH_2$	[illegible]sig	unterh. 360°	—
Amino-p-Propylisopropylbenzol	$C_{12}H_{19}N = (CH_3)_2.CH.C_6H_3(C_3H_7).NH_2$	[illegible]sig	260—265°	—
[illegible]tylen[1])	$C_{12}H_{19}N = (CH_3)_4C_6H(C_3H_7).NH_2$	Öl	—	—
Aminoheptylbenzol	$C_{13}H_{21}N = C_7H_{15}.C_6H_4.NH_2$	[illegible]sig	175° (10)	—
Amino-1,2,5-Trimethyl-3,6-Diäthylbenzol	$C_{13}H_{21}N = (CH_3)_3C_6(C_2H_5)_2.NH_2$	[illegible]sig	286—290°	0,971
o-Aminooktylbenzol	$C_{14}H_{23}N = C_8H_{17}.C_6H_4.NH_2$	—	—	—
[illegible]ol	desgl.	19,5°	310—311°	—
p-Amino-Sekundäroktyl-(Capryl-)Benzol	desgl.	bei — 9° [illegible] flüssig	290—292°	—
o-Aminooktyltoluol	$C_{15}H_{25}N = C_8H_{17}.C_6H_3(CH_3).NH_2$	bei — 20° noch [illegible]sig	324—326°	—
Aminocetylbenzol	$C_{22}H_{39}N = C_{16}H_{33}.C_6H_4.NH_2$	53°	254—[illegible] (14)	—
Amino-p-Methylhexadekylbenzol	$C_{23}H_{41}N = C_{16}H_{33}.C_6H_3(CH_3).NH_2$	54°	264—265° (15)	—

o-Verbindung	—	sehr unbeständig	—	—
m-Verbindung	—	—	112—115° (12—13)	—
p-Verbindung	—	81°	nicht flüchtig	—
Ar-Tetrahydro-α-Naphtylamin	$C_{10}H_{13}N = C_6H_3(NH_2)<\begin{smallmatrix}CH_2.CH_2\\CH_2.CH_2\end{smallmatrix}$	Öl	275° (712)	1,0625 (16°)
Ar-Tetrahydro-β-Naphtylamin	desgl.	38°	275—277° (713)	—
o-Aminophenylacetylen	$C_8H_7N = CH \vdots C.C_6H_4.NH_2$	Öl	—	—
Aminomethylinden	$C_{10}H_{11}N = CH_3.C \lessgtr \begin{smallmatrix}CH\\CH_2\end{smallmatrix} > C_6H_3.NH_2$	98°	271—272° (718)	—
m-Amino-β,γ-Dimethylinden	$C_{11}H_{13}N = CH_3.C \lessgtr \begin{smallmatrix}C(CH_3)\\CH_2\end{smallmatrix} > C_6H_3.NH_2$	62—63°	—	—
Aminoäthylinden	$C_{11}H_{13}N = C_2H_5.C \lessgtr \begin{smallmatrix}CH\\CH_2\end{smallmatrix} > C_6H_3.NH_2$	89°	—	—
Aminoisopropylinden	$C_{12}H_{15}N = (CH_3)_2CH.C \lessgtr \begin{smallmatrix}CH\\CH_2\end{smallmatrix} > C_6H_3.NH_2$	84°	sublimierbar	—
Aminonaphtaline, Naphtylamine	$C_{10}H_9N = C_{10}H_7.NH_2$	—	—	—
α-Naphtylamin	—	50°	300°	—
β-Naphtylamin	—	111—112°	294°	—
o-Aminobiphenyl	$C_{12}H_{11}N = C_6H_5.C_6H_4.NH_2$	44—45°; 49°	—	—
p-Aminobiphenyl, Xenylamin	desgl.	48—49°; 53°; 51°	322°	—
Aminoacenaphten	$C_{12}H_{11}N = C_{12}H_9.NH_2$	108°	—	—
Aminodiphenylmethane	$C_{13}H_{13}N = C_6H_5.CH_2.C_6H_4.NH_2$	—	—	—
o-Verbindung	—	Öl	—	—
m-Verbindung	—	46°	—	—
p-Verbindung	—	34—35°	—	—
4-Amino-3-Bitolyl	$C_{14}H_{15}N = CH_3.C_6H_3(NH_2).C_6H_4.CH_3$	—	—	—
Aminofluoren	$C_{13}H_{11}N = C_{13}H_9.NH_2$	124—125°	—	—
Fluorenamin	$C_{13}H_{11}N = \begin{smallmatrix}C_6H_4\\C_6H_4\end{smallmatrix} > CH.NH_2$	50—60°	—	—

[1]) A. Toehl, Ber. 28, 2459.

	Formel	Schmelzpunkt	Siedepunkt	Spezifisches Gewicht
Aminostilben	$C_{14}H_{12}N = C_6H_5.CH:CH.C_6H_4.NH_2$	—	—	—
Anthramin	$C_{14}H_{11}N = C_6H_4\langle{CH \atop \dot{C}H}\rangle C_6H_3.NH_2$	238°	—	—
Mesoanthramin	$C_{14}H_{11}N = C_6H_4\langle{C(NH_2) \atop CH}\rangle C_6H_4$	Zersetzung bei 115°	—	—
Aminophenanthrene	$C_{14}H_{11}N = C_{14}H_9.NH_2$	—	—	—
α-Verbindung	—	—	—	—
β-Verbindung	—	139°[1]); 85°[2])	—	—
γ-Verbindung				
a-Modifikation[2])	—	143°	—	—
b-Modifikation[2])	—	87,5°	—	—
Aminopyren	$C_{16}H_{11}N = C_{16}H_9.NH_2$	116°	—	—
Aminotriphenylmethane	$C_{19}H_{17}N = (C_6H_5)_2CH.C_6H_4.NH_2$	—	—	—
m-Verbindung	—	120°	—	—
p(?)-Verbindung	—	83—84°	—	—
Aminochrysen	$C_{18}H_{13}N = C_{18}H_{11}.NH_2$	201—203°; 199°	—	—

Sekundäre aromatis he [illegible]e.

	Formel	Schmelzpunkt	Siedepunkt	Spezifisches Gewicht
Methylanilin	$C_7H_9N = C_6H_5.NH.CH_3$	flüssig	193,5° (760); 192° (754)	0,976 (15°)
Äthylanilin	$C_8H_{11}N = C_6H_5.NH.C_2H_5$	[illegible]	[illegible]06° (760)	0,954 (18°)
Propylanilin	$C_9H_{13}N = C_6H_5.NH.C_3H_7$	[illegible]	222°	0,949 (18°)
Isopropylanilin	desgl.	[illegible]	215—[illegible]28° ([illegible]2); 212—213° (760)	—
Normalbutylanilin	$C_{10}H_{15}N = C_6H_5.NH.C_4H_9$	flüssig	235° (720)	—
Isobutylanilin	desgl.	flüssig	242°; 231—232° (760)	0,9262 (15°); 0,940 (18°)
Isoamylanilin	$C_{11}H_{17}N = C_6H_5.NH.C_5H_{11}$	flüssig	254,5°; 242—244°	—
Cetylanilin	$C_{22}H_{39}N = C_6H_5.NH.C_{16}H_{33}$	42°	—	—
[illegible]ylanilin	$C_9H_{11}N$ [illegible] $C_6H_5.NH.C_3H_5$	Öl	208—209°	0,982 (25°)
Benzylanilin	$C_{13}H_{13}N$ [illegible] $C_6H_5.NH.CH_2.C_6H_5$	32°	200—220° (50)	—
[illegible]	[illegible]	41,5°	-	-

Diphenylamin	$C_{12}H_{11}N = (C_6H_5)_2NH$	54°	302°	1,159
Cholesterylanilin	$C_{32}H_{49}N = C_6H_5.NH.C_{26}H_{43}$	187°	—	—
Methyltoluidine	$C_8H_{11}N = C_7H_7.NH.CH_3$	—	—	—
o-Verbindung	—	flüssig	207—208°	0,973 (15°)
m-Verbindung	—	flüssig	206—207°	—
p-Verbindung	—	flüssig	208°	—
Äthyltoluidine	$C_9H_{13}N = C_7H_7.NH.C_2H_5$	—	—	—
o-Verbindung	—	bei −15° noch flüssig	213—214°; 204—206°	0,9534 (15,5°)
p-Verbindung	—	flüssig	217°	0,9391 (15,5°)
Propyltoluidine	$C_{10}H_{15}N = C_7H_7.NH.C_3H_7$	—	—	—
o-Verbindung	—	Öl	230° (766)	—
p-Verbindung	—	Öl	235°; 230—233°	0,7543 (Sdp.)
Isopropyltoluidin	$C_{10}H_{15}N = C_7H_7.NH.C_3H_7$	—	—	—
p-Verbindung	—	Öl	230—231° (756); 219—221°	0,9226 (20°), 0,8937 (56°), 0,7469 (Sdp.)
Phenyltoluidine	$C_{13}H_{13}N = C_7H_7.NH.C_6H_5$	—	—	—
o-Verbindung	—	41°	305° (727,5)	—
m-Verbindung	—	Öl	300—305°	—
p-Verbindung	—	87°	334,5°; 317—318° (727,5)	—
Ditolylamine	$C_{14}H_{15}N = (C_7H_7)_2NH$	—	—	—
o,o-Verbindung	—	flüssig	312° (727,5)	—
m,m-Verbindung	—	bei −2° noch flüssig	319—320°	—
p,p-Verbindung	—	79°	330,5° (760); 328,5° (727,5)	—
Benzyltoluidine	$C_{14}H_{15}N = C_7H_7.NH.CH_2.C_6H_5$	—	—	—
o-Verbindung	—	56—57°	200—210° (15—25)	—
m-Verbindung	—	121°	—	—
p-Verbindung	—	—	312-313°; 205-215° (10-15)	—
C[illegible]-Toluidin	$C_{17}H_{21}N = C_7H_7.NH.CH_2.C_6H_4.C_3H_7$	36°	—	—
Cholesteryl-p-Toluidin	$C_{33}H_{51}N = C_7H_7.NH.C_{26}H_{43}$	172°	—	—
Äthylphenyl-Äthylamin	$C_{10}H_{15}N = C_8H_9.NH.C_2H_5$	—	—	—
Methyl-Xylidine	$C_9H_{13}N = CH_3.NH.C_6H_3(CH_3)_2$	—	—	—
$CH_3.NH:CH_3:CH_3 = 3:1:2$	—	Öl	222—223°	—
2:1:4 aus käufl. Xylidin	—	Öl	225—227° (735)	0,962

[1]) Japp u. Findlay, Chem. Soc. Journ. 71, 1115; Chem. Centr. 1897, II, S. 1072. — [2]) A. Werner u. J. Kunz, Ber. 34, 2554.

	Formel	Schmelzpunkt	Siedepunkt	Spezifisches Gewicht
Äthyl-Xylidine	$C_{10}H_{15}N = C_2H_5 . NH . C_6H_3(CH_3)_2$	—	—	—
$C_2H_5 . NH : CH_3 : CH_3 = 3:1:2$	—	bei — 18° noch flüssig	227—228°	—
Benzylxylidine $RNH : CH_3 : CH_3 = 4:1:3$	$C_{15}H_{17}H = C_6H_5 . CH_2 . NH . C_6H_3(CH_3)_2$	flüssig	200—210°	—
2:1:4	desgl.	Öl	320—325°	—
Dixylylamin	$C_{16}H_{19}N = NH(C_6H_3[CH_3]_2)_2$	—	—	—
$NH : CH_3 : CH_3 = 4:1:2$	—	Öl	340—345° (teilw. Zerstzg.)	—
4:1:3	—	Öl	305—310°	—
aus käufl. Xylidin a)	—	Öl	305—315°	—
b)	—	162°	305—315°	—
Phenylxylidin aus Roh-Xylidin	$C_{14}H_{15}N = C_6H_5 . NH . C_6H_3(CH_3)_2$	52°	278—282° (485)	—
Tolylxylidin aus Roh-Xylidin	$C_{15}H_{17}N = C_7H_7 . NH . C_6H_3(CH_3)_2$	70°	298—302° (487)	—
Propyl-p-Aminopropylbenzol	$C_{12}H_{19}N = C_3H_7 . C_6H_4 . NH(C_3H_7)$	flüssig	258—260°	—
Isopropyl-p-Cumidin	$C_{12}H_{19}N = (CH_3)_2 . CH . C_6H_4 . NH . CH(CH_3)_2$	flüssig	245—250°	—
Methyl-ψ-cumidin	$C_{10}H_{15}N = (CH_3)_3 . C_6H_2 . NH(CH_3)$	44°	237°	—
Äthyl-ψ-cumidin	$C_{11}H_{17}N = (CH_3)_3 . C_6H_2 . NH(C_2H_5)$	—	220—230°	—
Isobutylaminoisobutylbenzol	$C_{14}H_{23}N = C_4H_9 . C_6H_4 . NH(C_4H_9)$	flüssig	260—270°	—
Diphenisobutylamin	$C_{20}H_{27}N = (C_4H_9 . C_6H_4)_2 : NH$	bei — 15° noch Öl	305—315°	—
Dicarvakrylamin	$C_{20}H_{27}N = [(CH_3)_2CH . C_6H_3(CH_3)]_2 : NH$	bei — 18° noch flüssig	344—348°	—
Dithymylamin	desgl.	Öl	340—345°	—
Diisoamylphenylamin	$C_{22}H_{31}N = (C_5H_{11} . C_6H_4)_2 : NH$	Öl	319—321°	—
Methyl-Aminopentamethylbenzol	$C_{12}H_{19}N = C_6(CH_3)_5 . NH . CH_3$	60—61°	—	—
Äthyl-Ar-Tetrahydro-α-Naphtylamin	$C_{12}H_{17}N = \frac{CH_2 . CH_2}{CH_2 . CH_2} > C_6H_3 . NH(C_2H_5)$	Öl	286—287° (717)	—
Äthyl-Ar-Tetrahydro-β-Naphtylamin	desgl.	Öl	291—293°	—
Methyl-α-Naphtylamin	$C_{11}H_{11}N = C_{10}H_7 . NH . CH_3$	Öl	293°	—
Äthyl-Naphtylamin (α)	$C_{12}H_{13}N = C_{10}H_7 . NH . C_2H_5$	—	—	—
Äthyl Naphtylamin (β)	desgl.	Öl	315—316°; 305° (718), [illegible] (25)	—

Methyltoluidine	$C_8H_{11}N = C_7H_7.NH.CH_3$	—	—	—
o-Verbindung	—	flüssig	207—208°	0,973 (15°)
m-Verbindung	—	flüssig	206—207°	—
p-Verbindung	—	flüssig	208°	—
Äthyltoluidine	$C_9H_{13}N = C_7H_7.NH.C_2H_5$	—	—	—
o-Verbindung	—	bei — 15° noch flüssig	213—214°; 204—206°	0,9534 (15,5°)
p-Verbindung	—	flüssig	217°	0,9391 (15,5°)
Propyltoluidine	$C_{10}H_{15}N = C_7H_7.NH.C_3H_7$	—	—	—
o-Verbindung	—	Öl	230° (766)	—
p-Verbindung	—	Öl	235°; 230—233°	0,7543 (Sdp.)
Isopropyltoluidin	$C_{10}H_{15}N = C_7H_7.NH.C_3H_7$	—	—	—
p-Verbindung	—	Öl	230—231° (756); 219—221°	0,9226 (20°), 0,8937 (56°), 0,7469 (Sdp.)
Phenyltoluidine	$C_{13}H_{13}N = C_7H_7.NH.C_6H_5$	—	—	—
o-Verbindung	—	41°	305° (727,5)	—
m-Verbindung	—	Öl	300—305°	—
p-Verbindung	—	87°	334,5°; 317—318° (727,5)	—
Ditolylamine	$C_{14}H_{15}N = (C_7H_7)_2NH$	—	—	—
o,o-Verbindung	—	flüssig	312° (727,5)	—
m,m Verbindung	—	bei — 12° noch flüssig	319—320°	—
p,p-Verbindung	—	79°	330,5° (760); 328,5° (727,5)	—
Benzyltoluidine	$C_{14}H_{15}N = C_7H_7.NH.CH_2.C_6H_5$	—	—	—
o-Verbindung	—	56—57°	200—210° (15—25)	—
m-Verbindung	—	121°	—	—
p-Verbindung	—	—	312—313°; 205—215° (10—15)	—
Cuminyl-p-Toluidin	$C_{17}H_{21}N = C_7H_7.NH.CH_2.C_6H_4.C_3H_7$	36°	—	—
Cholesteryl-p-Toluidin	$C_{33}H_{51}N = C_7H_7.NH.C_{26}H_{43}$	172°	—	—
Äthylphenyl-Äthylamin	$C_{10}H_{15}N = C_8H_9.NH.C_2H_5$	—	—	—
Methyl-Xylidine	$C_9H_{13}N = CH_3.NH.C_6H_3(CH_3)_2$	—	—	—
$CH_3.NH:CH_3:CH_3 = 3:1:2$	—	Öl	222—223°	—
2:1:4 aus käufl. Xylidin	—	Öl	225—227° (735)	0,962

[1]) Japp u. Findlay, Chem. Soc. Journ. 71, 1115; Chem. Centr. 1897, II, S. 1072. — [2]) A. Werner u. J. Kunz, Ber. 34, 2554.

	Formel	Schmelzpunkt	Siedepunkt	Spezifisches Gewicht
Methylisobutylanilin	$C_{11}H_{17}N = C_6H_5.N(CH_3)(C_4H_9)$	—	234—236°	—
Dipropylanilin	$C_{12}H_{19}N = C_6H_5.N(C_3H_7)_2$	—	245,4°; 238—241°	0,9104 (20,4°)
Diisopropylanilin	desgl.	flüssig	221°	0,9190 (20,5°)
Methylisoamylanilin	$C_{12}H_{19}N = C_6H_5.N(CH_3)(C_5H_{11})$	Öl	257°	0,906 (20°)
Äthylisoamylanilin	$C_{13}H_{21}N = C_6H_5.N(C_2H_5)(C_5H_{11})$	Öl	262°	—
Diisobutylanilin	$C_{14}H_{23}N = C_6H_5.N(C_4H_9)_2$	Öl	245—250°	—
Diisoamylanilin	$C_{16}H_{27}N = C_6H_5.N(C_5H_{11})_2$	Öl	275—280°	—
D[illegible]tylanilin	$C_{38}H_{71}N = C_6H_5.N(C_{16}H_{33})_2$	—	—	—
Äthylallylanilin	$C_{11}H_{15}N = C_6H_5.N(C_2H_5)(C_3H_5)$	Öl	220—225°	—
Diallylanilin	$C_{12}H_{15}N = C_6H_5.N(C_3H_5)_2$	flüssig	243,5—245°	0,9538 (19,8°)
Methylbenzylanilin	$C_{14}H_{15}N = C_6H_5.N(CH_3).CH_2.C_6H_5$	—	305—306°	—
Äthylbenzylanilin	$C_{15}H_{17}N = C_6H_5.N(C_2H_5).CH_2.C_6H_5$	bei 0° noch flüssig	285—286° (710, geringe Zersetzung)	—
Dibenzylanilin	$C_{20}H_{19}N = C_6H_5.N(CH_2.C_6H_5)_2$	67°	oberh. 300° (teilw. Zerstzg.)	—
Dimethylamino-p-Äthylbenzol	$C_{10}H_{15}N = (CH_3)_2N.C_6H_4.C_2H_5$	89°	—	—
Dimethylxylidine	$C_{10}H_{15}N = (CH_3)_2N.C_6H_3.(CH_3)_2$	—	—	—
$(CH_3)_2N:CH_3:CH_3 = 3:1:2$	—	Öl	199—200°	—
4:1:3	—	flüssig	203—205°	—
5:1:3	—	flüssig	226,5—227,5°	—
aus käufl. Xylidin a)	—	flüssig	196°	0,9293
b)	—	flüssig	203°	—
c)	—	87°	—	—
Methylbenzylxylidin $R_2N:CH_3:CH_3 = 4:1:3$	$C_{16}H_{19}N = C_6H_5.CH_2.N(CH_3).C_6H_3(CH_3)_2$	flüssig	205—210°	—
Dimethyl-p-Aminopropylbenzol	$C_{11}H_{17}N = C_3H_7.C_6H_4.N(CH_3)_2$	flüssig	230°	—
Dimethyl-ψ-Cumidin	$C_{11}H_{17}N = (CH_3)_2.C_6H_3.N(CH_3)_2$	flüssig	222°	—
Dimethyl-Mesidin	desgl.	flüssig	213—214°	0,9076
Dimethylaminotetramethylbenzol	$C_{12}H_{19}N = (CH_3)_4.C_6H.N(CH_3)_2$	flüssig	236—238°	—
Dimethyl-o-Tolu-ψ-Butylamin	$C_{13}H_{21}N = (CH_3)_3C.C_6H_3(CH_3).N(CH_3)_2$	flüssig	250—251°	—
Dimethyl Ar-Tetrahydro α-Naphthylamin	[illegible]	Öl	261—262° (721)	—

Dimethyl-Ar-Tetrahydro-β-Naphtylamin	desgl.	Öl	287° (718), 168° (69,5)	—
Diäthyl-Ar-Tetrahydro-β-Naphtylamin	$C_{14}H_{21}N = \begin{matrix} CH_2 . CH_2 \\ CH_2 . CH_2 \end{matrix} > C_6H_3 . N(C_2H_5)_2$	Öl	298° (709), 167° (16)	—
Dimethyl-α-Naphtylamin	$C_{12}H_{13}N = C_{10}H_7 . N(CH_3)_2$	Öl	247,5° (711)	1,0423 (20°)
Dimethyl-β-Naphtylamin	desgl.	46°	305°	—
Diäthyl-Naphtylamin (α)	$C_{14}H_{17}N = C_{10}H_7 . N(C_2H_5)_2$	Öl	290°; 283—285°	1 005
Diäthyl-Naphtylamin (β)	desgl.	Öl	316° (717)	—
Methyldiphenylamin	$C_{13}H_{13}N = (C_6H_5)_2N(CH_3)$	flüssig	282°; 291,7—292,2° (740,8)	1,0476 (20°)
[illegible]thyldipheny[illegible]min (?)	—	flüssig	270° (528)	—
Äthyldiphenylamin	$C_{14}H_{15}N = (C_6H_5)_2N(C_2H_5)$	flüssig	295—297°; 285—287°	—
Isoamyldiphenylamin	$C_{17}H_{21}N = (C_6H_5)_2N(C_5H_{11})$	—	330—340°	—
Benzyldiphenylamin	$C_{19}H_{17}N = (C_6H_5)_2N . CH_2 . C_6H_5$	86,5—87°; 95°	—	—
Triphenylamin	$C_{18}H_{15}N = (C_6H_5)_3N$	127°	—	—
Dimethyl-o-toluidin	$C_9H_{13}N = C_7H_7 . N(CH_3)_2$	flüssig	183°	—
Dimethyl-m-Toluidin	desgl.	flüssig	215°	—
Dimethyl-p-Toluidin	desgl.	flüssig	[illegible]°	0,938
Di-Äthyl-o-toluidin	$C_{11}H_{17}N = C_7H_7 . N(C_2H_5)_2$	flüssig	210° (768); 208—209° (755)	—
Diäthyl-m-[illegible]in	desgl.	flüssig	227—228°	—
Diäthyl-p-Toluidin	desgl.	flüssig	229°	0,9242 (15,5°)
Methylbenzyl-o-Toluidin	$C_{15}H_{17}N = C_6H_5 . CH_2 . N(CH_3) . C_7H_7$	flüssig	210—215° (15,2)	—
Methylbenzyl-p-Toluidin	desgl.	flüssig	210— 2[illegible]° (30)	—
Methylditolylamin (p)	$C_{15}H_{17}N = CH_3 . N(C_7H_7)_2$	flüssig	235—240° (20)	—
Äthylbenzyl-o-Toluidin	$C_{16}H_{19}N = C_6H_5 . CH_2 . N(C_2H_5) . C_7H_7$	fl[illegible]ssig	230° (20—25)	—
Äthylbenzyl-p-T[illegible]luidin	desgl.	flüssig	200—210° (10)	—
Äthylditolylamin (p)	$C_{16}H_{19}N = C_2H_5 . N(C_7H_7)_2$	f[illegible]ssig	255—260° (20)	—
(p)	$C_{19}H_{25}N = C_5H_{11} . N(C_7H_7)_2$	flüssig	290— [illegible]06° (15)	—
Dibenzyl-p-Toluidin	$C_{21}H_{21}N = C_7H_7 . N(CH_2 . C_6H_5)_2$	54,5—55°	—	—
Diphenylmethylenanilin[1])	$C_{19}H_{15}N = (C_6H_5)_2C : N . C_6H_5$	98—100°	356—358°	—
Äthyldinaphtylamin (β)	$C_{22}H_{19}N = (C_{10}H_7)_2N . C_2H_5$	231°	—	—
Diäthyl-p-Aminobiphenyl	$C_{16}H_{19}N = C_6H_5 . C_6H_4 . N(C_2H_5)_2$	unterh. 100°	—	—
Dimethyl-p-Aminodiphenylmethan	$C_{15}H_{17}N = C_6H_5 . CH_2 . C_6H_4 . N(CH_3)_2$	—	—	—
Diphenyl-α-Naphtylamin	$C_{22}H_{17}N = C_{10}H_7 . N(C_6H_5)_2$	142°	335—340° (80—85)	—
Methyldinaphtylamin (β)	$C_{21}H_{17}N = (C_{10}H_7)_2 . N . CH_3$	139—140°; 123—124°	—	—

[1]) Naegeli, Bull. soc. chim. [3] 21, 785; Chem. Centralbl. 1899, II, S. 709.

	Formel	Schmelzpunkt	Siedepunkt	Spezifisches Gewicht
Dimethylanthramin	$C_{16}H_{15}N = C_{14}H_9 . N(CH_3)_2$	155°	—	
Dimethyl-p(?)-Aminotriphenylmethan	$C_{21}H_{21}N = (C_6H_5)_2CH . C_6H_4 . N(CH_3)_2$	132°	—	

Primäre aromatisch substituierte Fettamine.

	Formel	Schmelzpunkt	Siedepunkt	Spezifisches Gewicht
Benzylamin	$C_7H_9N = C_6H_5 . CH_2 . NH_2$	flüssig	183°; 185°; 182° (749)[1]; 183—186°, 90° (12)[2]	0,990 (14°); 0,9826 (18,9°); 0,9797 (20/0°)[1]
Phenyläthylamine	$C_8H_{11}N$	—	—	—
α-Verbindung	$C_6H_5 . CH(NH_2) . CH_3$	[illegible]	187,5° (763); 182—185° (741)	0,9395 (15°)
ω-Verbindung	$C_6H_5 . CH_2 . CH_2 . NH_2$	flüssig	197—198° (753,7) 196° (747)[2]	0,9580 (24,4°)
Xylylamine	$C_8H_{11}N = CH_3 . C_6H_4 . CH_2 . NH_2$	—	—	—
o-Verbindung	—	Öl	199,5°; 201° (718); 125° (105)	—
m-Verbindung	—	flüssig	201—202° (753)	—
Angeblich ebenfalls m-Verbindung	—	Öl	196°	—
p-Verbindung	—	flüssig	195°	—
1¹-Aminopropylbenzol	$C_9H_{13}N = C_6H_5 . CH(NH_2) . CH_2 . CH_3$	Öl	204—206° (748)	0,9560 (0°); 0,9424 (20°)
1²-Aminopropylbenzol	$C_9H_{13}N = C_6H_5 . CH_2 . CH(NH_2) . CH_3$	flüssig	203°	—
1³-Aminopropylbenzol	$C_9H_{13}N = C_6H_5 . (CH_2)_2 . CH_2 . NH_2$	flüssig	221,5° (755)	0,951 (15°)
2-Phenylpropylamin	$C_9H_{13}N = CH_3 . CH(C_6H_5) . CH_2 . NH_2$	Öl	210°	—
1¹-Amino-1,2,4-Trimethylbenzol	$C_9H_{13}N = (CH_3)_2 . C_6H_3 . CH_2 . NH_2$	flüssig	218—219°	—
1¹-Amino-1,3,5-Trimethylbenzol (ω-Mesitylamin)	desgl.	Öl	217—218° (756); 220—221° (758[1])	0,9631 (0/0°), 0,9500 (20/0°)[1]
Cumylamin, 1¹-Aminomethyl-[illegible]ol	$C_{10}H_{15}N = (CH_3)_2 : CH . C_6H_4 . CH_2 . NH_2$	[illegible]	225—227° (724)	—
1¹-[illegible]o-1,2,4,5-Tetramethylbenzol	$C_{10}H_{15}N = (CH_3)_3 . C_6H_2 . CH_2 . NH_2$	64,5°	—	—
1¹-[illegible]o-1,3,4,5-Tetramethylbenzol	desgl.	123°	—	—
1¹-Amino-Normalbutylbenzol[1]	$C_{10}H_{15}N$ $C_6H_5 . CH(NH_2) . (CH_2)_2 . CH_3$	flüssig	220—220,…° (748)	0,9505 (0/0°), 0,9367 (20/0°)

[illegible]-Ar-Tetrahydro-β-Naphtylamin	desgl.	Öl	287° (718), 168° (69,5)	—
Diäthyl-Ar-Tetrahydro-β-Naphtylamin	$C_{14}H_{21}N = \frac{CH_2 . CH_2}{CH_2 . CH_2} > C_6H_3 . N(C_2H_5)_2$	Öl	298° ([illegible]), 167° (16)	—
Dimethyl-α-Naphtylamin	$C_{12}H_{13}N = C_{10}H_7 . N(CH_3)_2$	Öl	247,5° (711)	1,0423 (20°)
Dimethyl-β-Naphtylamin	desgl.	46°	305°	—
Diäthyl-Naphtylamin (α)	$C_{14}H_{17}N = C_{10}H_7 . N(C_2H_5)_2$	Öl	290°; 283—285°	1,005
Diäthyl-Naphtylamin (β)	desgl.	Öl	316° (717)	—
Methyldiphenylamin	$C_{13}H_{13}N = (C_6H_5)_2N(CH_3)$	flüssig	282°; 291,7—292,2° (740,8)	1,0476 (20°)
Methyldiphenylamin (?)	—	flüssig	270° (528)	—
Äthyldiphenylamin	$C_{14}H_{15}N = (C_6H_5)_2N(C_2H_5)$	flüssig	295—297°; 285—287°	—
Isoamyldiphenylamin	$C_{17}H_{21}N = (C_6H_5)_2N(C_5H_{11})$	—	330—340°	—
Benzyldiphenylamin	$C_{19}H_{17}N = (C_6H_5)_2N . CH_2 . C_6H_5$	86,5—87°; 95°	—	—
Triphenylamin	$C_{18}H_{15}N = (C_6H_5)_3N$	[illegible]	—	—
Dimethyl-o-toluidin	$C_9H_{13}N = C_7H_7 . N(CH_3)_2$	flüssig	183°	—
Dimethyl-m-Toluidin	desgl.	flüssig	215°	—
Dimethyl-p-Toluidin	desgl.	flüssig	208°	[illegible]
Di-Äthyl-o-toluidin	$C_{11}H_{17}N = C_7H_7 . N(C_2H_5)_2$	flüssig	210° (768); 208—209° (755)	—
Diäthyl-m-Toluidin	desgl.	flüssig	227—228°	—
Diäthyl-p-Toluidin	desgl.	flüssig	229°	0,9242 (15,5°)
Methylbenzyl-o-Toluidin	$C_{15}H_{17}N = C_6H_5 . CH_2 . N(CH_3) . C_7H_7$	flüssig	210—215° (15,2)	—
Methylbenzyl-p-Toluidin	desgl.	flüssig	210—220° (30)	—
Methylditolylamin (p)	$C_{15}H_{17}N = CH_3 . N(C_7H_7)_2$	flüssig	235—240° (20)	—
Äthylbenzyl-o-Toluidin	$C_{16}H_{19}N = C_6H_5 . CH_2 . N(C_2H_5) . C_7H_7$	flüssig	230° (20—25)	—
Äthylbenzyl-p-Toluidin	desgl.	flüssig	200—210° (10)	—
Äthylditolylamin (p)	$C_{16}H_{19}N = C_2H_5 . N(C_7H_7)_2$	flüssig	255—260° (20)	—
Isoamylditolylamin (p)	$C_{19}H_{25}N = C_5H_{11} . N(C_7H_7)_2$	flüssig	290—300° (15)	—
Dibenzyl-p-Toluidin	$C_{21}H_{21}N = C_7H_7 . N(CH_2 . C_6H_5)_2$	54,5—55°	—	—
Diphenylmethylenanilin[1]	$C_{19}H_{15}N = (C_6H_5)_2C : N . C_6H_5$	98—100°	356—358°	—
Äthyldinaphtylamin (β)	$C_{22}H_{19}N = (C_{10}H_7)_2N . C_2H_5$	231°	—	—
Diäthyl-p-Aminobiphenyl	$C_{16}H_{19}N = C_6H_5 . C_6H_4 . N(C_2H_5)_2$	unterh. 100°	—	—
Dimethyl-p-Aminodiphenylmethan	$C_{15}H_{17}N = C_6H_5 . CH_2 . C_6H_4 . N(CH_3)_2$	—	—	—
Diphenyl-α-Naphtylamin	$C_{22}H_{17}N = C_{10}H_7 . N(C_6H_5)_2$	142°	335—340° (80—85)	—
Methyldinaphtylamin (β)	$C_{21}H_{17}N = (C_{10}H_7)_2 . N . CH_3$	139—140°; 123—124°	—	—

[1]) **Naegeli**, Bull. soc. chim. [3] **21**, 785; Chem. Centralbl. 1899, II, S. 709.

	Formel	Schmelzpunkt	Siedepunkt	Spezifisches Gewicht
Dimethylanthramin	$C_{16}H_{15}N = C_{14}H_9 . N(CH_3)_2$	155°	—	—
Dimethyl- p(?)-Amino-triphenylmethan	$C_{21}H_{21}N = (C_6H_5)_2CH . C_6H_4 . N(CH_3)_2$	132°	—	

Primäre aromatisch substitui[illegible]te Fettamine.

	Formel	Schmelzpunkt	Siedepunkt	Spezifisches Gewicht
Benzylamin	$C_7H_9N = C_6H_5 . CH_2 . NH_2$	flüssig	183°; 185°; 182° (749)[1]; 183–186°, 90° (12)[2])	0,990 (14°); 0,9826 (18,9°); 0,9797 (20°)[1])
Phenyläthylamine	$C_8H_{11}N$	—	—	—
α-Verbindung	$C_6H_5 . CH(NH_2) . CH_3$	flüssig	187,5° (763); 182—185° (741)	0,9395 (15°)
ω-Verbindung	$C_6H_5 . CH_2 . CH_2 . NH_2$	flüssig	197–198° (753,7) 196° (747)[3])	0,9580 (24,4°)
Xylylamine	$C_8H_{11}N = CH_3 . C_6H_4 . CH_2 . NH_2$	—	—	—
o-Verbindung	—	Öl	199,5°; 201° (718); 125° (105)	—
m-Verbindung	—	flüssig	201—202° (753)	—
Angeblich ebenfalls m-Verbindung	—	Öl	196°	—
p-Verbindung	—	fl[illegible]sig	195°	—
1¹-Aminopropylbenzol . . .	$C_9H_{13}N = C_6H_5 . CH(NH_2) . CH_2 . CH_3$	Öl	204—206° (748)	0,9560 (0°); 0,9424 (20°)
1² [illegible]ylbenzol . . .	$C_9H_{13}N = C_6H_5 . CH_2 . CH(NH_2) . CH_3$	f[illegible]sig	203°	—
1³-Aminopropyl[illegible]benzol . . .	$C_9H_{13}N = C_6H_5 . (CH_2)_2 . CH_2 . NH_2$	[illegible]sig	221,5° (755)	0,951 (15°)
2-Phenylpropylamin	$C_9H_{13}N = CH_3 . CH(C_6H_5) . CH_2 . NH_2$	Öl	210°	—
1¹-Amino-1,2,4-Trimethyl-[illegible]zol	$C_9H_{13}N = (CH_3)_2 . C_6H_3 . CH_2 . NH_2$	[illegible]sig	218—219°	—
1¹-Amino-1,3,5-Trimethyl-benzol (ω-Mesitylamin) . .	desgl.	Öl	217—218° (756); 220—221° (758[1])	0,9631 (0/0°), 0,9500 (20/0°)[1])
Cumylamin, 1¹-Aminomethyl-4-Methoäthylbenzol . . .	$C_{10}H_{15}N = (CH_3)_2 : CH . C_6H_4 . CH_2 . NH_2$	flüssig	225—227° (724)	—
1¹-[illegible]ino-1,2,4,5-Tetramethyl-benzol	$C_{10}H_{15}N = (CH_3)_3 . C_6H_2 . CH_2 . NH_2$	64,5°	—	—
1¹-Amino-1,3,4,5-Tetramethyl-benzol	desgl.	123°	—	—
1¹-Amino-Normalbutyl-[illegible]	$C_{10}H_{15}N = C_6H_5 . CH(NH_2) .$ [illegible]	flüssig	220—220,5° (748)	0,9505 (0/0°), 0,9367 (20/0°)

1^1-Amino-Isobutylbenzol[1]	$C_{10}H_{15}N = C_6H_5.CH(NH_2).CH(CH_3)_2$	flüssig	213,5—215° (743)	0,9390 (0/0°), 0,9199 (20/0°)
1^2-Aminostyrol	$C_8H_9N = C_6H_5.CH:CH.NH_2$	sehr unbest.	—	—
Styrylamin	$C_9H_{11}N = C_6H_5.CH:CH.CH_2.NH_2$	flüssig	235—237°	—
o-Vinylbenzylamin	$C_9H_{11}N = CH_2:CH.C_6H_4.CH_2.NH_2$	—	—	—
α-Aminohydrinden	$C_9H_{11}N = C_6H_4<{CH_2 \atop CH(NH_2)}>CH_2$	Öl	220,5 (747)	—
Ac-Tetrahydro-α-naphtylamin	$C_{10}H_{13}N = C_6H_4<{CH(NH_2).CH_2 \atop CH_2.CH_2}$	Öl	246,5°	—
Ac-Tetrahydro-β-naphtylamin	$C_{10}H_{13}N = C_6H_4<{CH_2.CH(NH_2) \atop CH_2.CH_2}$	—	249,5°(710, ger. Zerstg.) 162° (36)	1,031 (16°)
α-Tetrahydronaphtobenzylamin	$C_{11}H_{15}N = C_{10}H_{11}.CH_2.NH_2$	flüssig	269—270° (722)	—
β Tetrahydronaphtobenzylamin	desgl.	flüssig	270,2° (729)	—
Cholesterylamin	$C_{26}H_{45}N = C_{26}H_{43}.NH_2$	104°	—	—
Naphtobenzylamine	$C_{11}H_{11}N = C_{10}H_7.CH_2.NH_2$	—	—	—
α-Verbindung	—	flüssig	290—293°	—
β-Verbindung	—	59—60°	—	—
1-Aminodiphenylmethan (Benzhydrylamin)	$C_{13}H_{13}N = (C_6H_5)_2CH.NH_2$	flüssig	288—289°	—
1^1-Aminomethyldiphenylmethan (β-Diphenyläthylamin)	$C_{14}H_{15}N = (C_6H_5)_2CH.CH_2.NH_2$	Öl	—	—
s-Diphenyläthylamin	$C_{14}H_{15}N = C_6H_5.CH_2.CH(NH_2).C_6H_5$	—	309—310° (737)	1,031 (15°)
o-Benzylbenzylamin	$C_{14}H_{15}N = C_6H_5.CH_2.C_6H_4.CH_2.NH_2$	—	—	—
o-Homobenzhydrylamin	$C_{14}H_{15}N = CH_3.C_6H_4.CH(C_6H_5).NH_2$	Öl	299° (721)	—
m-Homobenzhydrylamin	desgl.	Öl	299° (724)	—
p-Homobenzhydrylamin	desgl.	Öl	296° (723)	—
Diphenylpropylamin	$C_{15}H_{17}N = C_6H_5.CH_2.CH(C_6H_5).CH_2.NH_2$	Öl	315—317°	—
p-Tolhydrylamin	$C_{15}H_{17}N = (CH_3.C_6H_4)_2CH.NH_2$	93°	—	—
Dibenzylkarbinamin	$C_{15}H_{17}N = (C_6H_5.CH_2)_2CH.NH_2$	47°	330°	—

[1]) **Konowalow**, Ber. **28**, 1852. — [2]) **Curtius** u. **Boetzelen**, Journ. pr. Chem. [2] **64**, 314. — [3]) **Curtius** u. **Jourdan**, ebenda **64**, 297.

	Formel	Schmelzpunkt	Siedepunkt	Spezifisches Gewicht
Dihydromesoanthramin	$C_{14}H_{13}N = C_6H_4 <\frac{CH(NH_2)}{CH_2}> C_6H_4$	92°	—	—
Dihydroanthramin	$C_{14}H_{13}N$	oberh. 100°	—	—
Aminomethylanthracenhydrür	$C_{15}H_{15}N = CH_3 . C_{14}H_{10} . NH_2$	78—79°	—	—
Triphenylmethylamin	$C_{19}H_{17}N = C(C_6H_5)_3 . NH_2$	102°; 103°, 105°	—	—
Phenylbiphenylmethylamin	$C_{19}H_{17}N = C_6H_5 . C_6H_4 . CH(C_6H_5) . NH_2$	77°	—	—
Triphenyläthylamin	$C_{20}H_{19}N = (C_6H_5)_3C . CH_2 . NH_2$	116°	—	—
	Sekundäre aromatisch substituierte Fettamine.			
Methylbenzylamin	$C_8H_{11}N = CH_5 . CH_2 . NH . CH_3$	flüssig	184—185° (749)	—
Äthylbenzylamin	$C_9H_{13}N = CH_5 . CH_2 . NH . C_2H_5$	flüssig	199°	—
Propylbenzylamin	$C_{10}H_{15}N = CH_5 . CH_2 . NH . C_3H_7$	—	210° (741)	—
Isobutylbenzylamin	$C_{11}H_{17}N = C_6H_5 . CH_2 . NH_2 . CH(CH_3)_2$	—	217— 29° (741)	—
Normalbutylbenzylamin[1])	$C_{11}H_{17}N = CH_5 . CH_2 . NH . C_4H_9$	Öl	226—230°	—
Sekundärbutylbenzylamin[1])	desgl.	Öl	216—220°	—
Tertiärbutylbenzylamin[1])	dgl.	Öl	—	—
Isoamylbenzylamin	$C_{12}H_{19}N = C_6H_5 . CH_2 . NH . (CH_2)_2 . CH(CH_3)_2$	—	240° (745)	—
Bornylbenzylamin[2])	$C_{17}H_{25}N = C_{10}H_{17} . NH . CH_2 . C_6H_5$	Öl	313—315° (740)	0,9818 (17°)
Dibenzylamin	$C_{14}H_{15}N = NH(CH_2 . C_6H_5)_2$	flüssig	300°	1,033 (14°)
Diphenyläthylamin	$C_{16}H_{19}N = NH . (C_2H_4 . C_6H_5)_2$	flüssig	oberh. 360°; 335—337°(603)	—
Ditolylmethylamin (m)	$C_{16}H_{19}N = (CH_3 . C_6H_4 . CH_2)_2 . NH$	Öl	Zersetzung oberh. 210°	—
Dicumylamin	$C_{20}H_{27}N = (C_3H_7 . C_6H_4 . CH_2)_2 . NH$	168°	280—300° (100)	—
Distyrylamin	$C_{16}H_{19}N = (C_6H_5 . CH{:}CH . CH_2)_2NH$	Öl	—	—
Äthyl-Ac-Tetrahydro-β-Naphtylamin	$C_{12}H_{17}N = C_6H_4 <\frac{CH_2 . CH . NH(C_2H_5)}{CH_2 . CH_2}$	Öl	267° (724), 153° (23)	0,998 (15°)
Dibenzhydrylamin	$C_{26}H_{23}N = [(C_6H_5)_2CH]_2 . NH$	136°	—	—
Methylaminotriphenylmethan	$C_{20}H_{19}N = (C_6H_5)_3C . NH(CH_3)$	73°	—	—
Benzylaminotriphenylmethan	$C_{26}H_{23}N = (C_6H_5)_3C . NH . CH_2 . C_6H_5$	110°	—	—

Tertiäre aromatisch substituierte Fettamine.

Dimethylbenzylamin	$C_9H_{13}N = C_6H_5 . CH_2 . N(CH_3)_2$	flüssig	183—184° (765,3)	—
Diäthylbenzylamin	$C_{11}H_{17}N = C_6H_5 . CH_2 . N(C_2H_5)_2$	flüssig	211—212	—
Äthyldibenzylamin	$C_{16}H_{19}H = (C_6H_5 . CH_2)_2N . C_2H_5$	flüssig	306°	—
Tribenzylamin	$C_{21}H_{21}N = N(CH_2 . C_6H_5)_3$	91,3°	zersetzlich	—
Triphenyläthylamin	$C_{24}H_{27}N = N(C_2H_4 . C_6H_5)_3$	Öl	—	—
Tri-m-tolylmethylamin	$C_{24}H_{27}N = N(CH_2 . C_6H_4 . CH_3)_3$	Öl	nicht flüchtig	—
Tricumylamin	$C_{30}H_{39}N = N(CH_2 . C_6H_4 . C_3H_7)_3$	81—82°	—	—
Tristyrylamin	$C_{27}H_{27}N = (C_6H_5 . CH : CH . CH_2)_3N$	89°	—	—
Dimethylaminotriphenylmethan	$C_{21}H_{21}N = (C_6H_5)_3C . N(CH_3)_2$	97°	—	—

Aromatische Diamine.

Hexahydro-o-Phenylendiamin	$C_6H_{14}N_2 = C_6H_{10}(NH_2)_2$	starrt in Kältemschg.	183—185° (720)	—
Phenylendiamine	$C_6H_8N_2 = C_6H_4(NH_2)_2$	—	—	—
o-Verbindung	—	102—103°	256—258°	—
n-Methylderivat	$C_7H_{10}N_2$	Öl	245—248° (736)	—
n-Dimethylderivat [3])	$C_8H_{12}N_2$	Öl	99,5—101° (20—25)	—
n,n[1]-Tetramethylderivat	$C_{10}H_{16}N_2$	Öl	215—218°; 215—216° [4])	—
n-Äthylderivat	$C_8H_{12}N_2$	flüssig	248—249°	—
n-Phenylderivat	$C_{12}H_{12}N_2$	79—80°	—	—
n-p-Tolylderivat	$C_{13}H_{14}N_2$	74°; 76—77°	—	—
n-Benzylderivat	do.	—	—	—
n,n[1]-Äthylenderivat	$C_8H_{10}N_2$	96,5—97°	288,5—289,5°	—
n,n[1]-Propylenderivat	$C_9H_{12}N_2$	72°	283—284°	—
n,n[1]-Trimethylenderivat	$C_9H_{12}N_2$	102°	290—300°	—
m-Verbindung	=	63°	282—284°	1,1421 (0°); 1,1389 (15°); 1,1337 (25°); 1,1240 (60°)
n-Methylderivat	$C_7H_{10}N_2$	flüssig	265—270°; 160—163° (10)	—
n-Dimethylderivat	$C_8H_{12}N_2$	bei — 15° noch flüssig	268—270°; 258°	0,995 (25°)
n,n[1]-Dimethylderivat	desgl.	Öl	275—280° (739); 165—170° (10)	—

[1]) Einhorn u. Pfeiffer, Ann. Chem. 310, 225. — [2]) M. O. Forster, Chem. Soc. Journ. 75, 934; Chem. Centralbl. 1899, II, S. 835. — [3]) Bamberger u. Tschirner, Ber. 32, 1903. — [4]) Pinnow, Ber. 32, 1401.

	Formel	Schmelzpunkt	Siedepunkt	Spezifisches Gewicht
n,n¹-Trimethylderivat	$C_9H_{14}N_2$	flüssig	270°; 280°[1]	—
n,n¹-Tetramethylderivat	$C_{10}H_{16}N_2$	— 2°	266—267° (748)	0,92 (15°)
n-Äthylderivat	$C_8H_{12}N_2$	flüssig	276°	—
n-Diäthylderivat	$C_{10}H_{16}N_2$	flüssig	276—278°	—
n,n¹-Diphenylderivat	$C_{18}H_{16}N_2$	95°	—	—
n,n¹-Di-p-Tolylderivat	$C_{20}H_{20}N_2$	137°	—	—
n,n¹-Dimethyl-Di-p-Tolylderivat (symmetr.)	$C_{22}H_{24}N_2$	flüssig	gegen 400°	—
n-Benzylderivat	$C_{13}H_{14}N_2$	flüssig	—	—
n,n¹-Tetrabenzylderivat	$C_{34}H_{32}N_2$	80—81	—	—
n-β-Naphtylderivat	$C_{16}H_{14}N_2$	128°	gegen 320° (40)	—
n,n¹-Di-β-Naphtylderivat	$C_{26}H_{20}N_2$	192°	oberh. 460° (45, teilweise Zersetzung)	—
p-Verbindung	—	140°	267°	—
n-Methylderivat	$C_7H_{10}N_2$	flüssig	257—259,5°	—
n-Dimethylderivat	$C_8H_{12}N_2$	41°	262,3°	1,0414 (15°); 1,0357 (25°); 1,0168 (90°)
n,n¹-Trimethylderivat	$C_9H_{14}N_2$	flüssig	265°	—
n,n¹-Tetramethylderivat	$C_{10}H_{16}N_2$	51°	260°	—
n-Äthylderivat	$C_8H_{12}N_2$	flüssig	261—262°	—
n-Diäthylderivat	$C_{10}H_{16}N_2$	flüssig	260—262°	—
n,n¹-Tetraäthylderivat	$C_{14}H_{24}N_2$	52°	280°	—
n-Dimethyl-n¹-Diäthylderivat	$C_{12}H_{20}N_2$	flüssig	263—265°	—
n-Propylderivat	$C_9H_{14}N_2$	—	281°	—
n-Isobutylderivat	$C_{10}H_{16}N_2$	39°	—	—
n,n¹-Diisoamylderivat	$C_{16}H_{28}N_2$	49°	—	—
n-Phenylderivat	$C_{12}H_{12}N_2$	66—67°; 75°	354°	—
n-Dimethyl-n¹-Phenylderivat	$C_{14}H_{16}N_2$	130°	sublimierbar	—
n-Diphenylderivat	$C_{18}H_{16}N_2$	unbeständig	—	—
n,n¹-Diphenylderivat	desgl.	146°	—	—
n-p-Tolylderivat	$C_{13}H_{14}N_2$	118°	—	—
n,n¹-Ditolylderivat	$C_{20}H_{20}N_2$	135°	420°	—

o-Derivat	—	flüssig	385—390°	—
p-Derivat	—	182°	—	—
n-Benzylderivat	$C_{13}H_{14}N_2$	30°	—	—
n-Dimethyl-n[1]-Benzylderivat	$C_{15}H_{18}N_2$	48°	—	—
n-Phenyl-n[1]-Benzylderiv.	$C_{19}H_{18}N_2$	124°	—	—
n-Dibenzylderivat	$C_{20}H_{20}N_2$	89—90°	—	—
n-n[1]-Tetrabenzylderivat.	$C_{34}H_{32}N_2$	149°	—	—
n-Dimethyl-n[1]-Cuminylderivat	$C_{18}H_{24}N_2$	39°	—	—
n,n[1]-Di-β-Naphtylderivat	$C_{26}H_{20}N_2$	235°	oberh. 400° (Zersetzung)	—
n,n[1]-Dimethyldinaphtylderivat (symmetr.)	$C_{28}H_{24}N_2$	180°	—	—
Toluylendiamine	$C_7H_{10}N_2 = CH_3 . C_6H_3(NH_2)_2$	—	—	—
2,3-Diamin	—	61—62°	255°	—
2,4-Diamin	—	99°	280°	—
n-Methylderivat[2]) (2)	$C_8H_{12}N_2$	Öl	273°	—
n, n′-Tetramethylderivat[3])	$C_{11}H_{18}N_2$	Öl	254—256° (757), 148—150° (24—26)	0,9661 (24°)
n-Aethylderivat (2)	$C_9H_{14}N_2$	flüssig	274—275°	—
desgl. (4)	do.	flüssig	280—283°	—
n-Tolylderivat (4)	$C_{14}H_{16}N_2$	71°	—	—
2,5 Diamin	—	64°	273—274°	—
n-Dimethylderivat (5)	$C_9H_{14}N_2$	28°	—	—
desgl. (2)	desgl.	47°	253—254°	—
n,n[1]-Tetramethylderivat	$C_{11}H_{18}N_2$	Öl	260°	—
n-Äthylderivat (2)	$C_9H_{14}N_2$	dickflüssig	264°; 272°	—
n-Diäthylderivat (2)	$C_{11}H_{18}N_2$	24°	266—267°	—
n-Benzylderivat (2)	$C_{14}H_{16}H_2$	—	—	—
n,n[1]-Di-p-Tolylderivat	$C_{21}H_{22}N_2$	112—113°	—	—
2,6-Diamin	—	103,5—105°	—	—
3,4-Diamin	—	88,5°	265°	—
n-Methylderivat (4)	$C_8H_{12}N_2$	43—44°	—	—
n-Dimethylderivat (4)	$C_9H_{14}N_2$	Öl	234°	—

[1]) Jaubert, Bull. soc. chim. [3] 21, 18; Chem. Centralbl. 1899, I, S. 419. — [2]) Jehm u. Blumer, Ann. Chem. 304, 87. — [3]) G. T. Morgan, Chem. Soc. Proc. 18, 87; Chem. Centralbl. 1902, I, S. 1279.

	Formel	Schmelzpunkt	Siedepunkt	Spezifisches Gewicht
n,n[1]-Tetramethylderivat	$C_{11}H_{18}N_2$	flüssig	224,5—225,5° (717)	—
n-Äthylderivat (4) . . .	$C_9H_{14}N_2$	54—55°	—	—
n,n[1]-Diäthylderivat . . .	$C_{11}H_{18}N_2$	flüssig	265°	—
n-p-Tolylderivat (3) . .	$C_{14}H_{16}N_2$	107°	—	—
do. (4) . .	desgl.	109°	—	—
Diaminoxylole	$C_8H_{12}N_2 = (CH_3)_2C_6H_2(NH_2)_2$	—	—	—
2,4-Diamino-m-Xylol . . .	—	—	—	—
2,5-Diamino-m-Xylol . . .	—	—	—	—
4,5-Diamino-m-Xylol . . .	—	77—78°	—	—
4,6-Diamino-m-Xylol . . .	—	104°	—	—
n, n'-Tetramethylderivat [1])	$C_{12}H_{20}N_2$	—	243–245° (757), 124–125° (12)	—
2,3-Diamino-p-Xylol . . .	—	75°	sublimierbar	—
2,5-Diamino-p-Xylol . . .	—	150°; 142° (Zerstzg.)	—	—
n-Methylderivat (5) . .	$C_9H_{14}N_2$	83°	—	—
2,6-Diamino-p-Xylol . . .	—	101,5—102,5°	sublimierbar	—
Diamino-p-Methyläthylbenzol	$C_9H_{14}N_2 = C_2H_5.(CH_3)C_6H_2(NH_2)_2$	71—72°	gegen 300°	—
Diaminotrimethylbenzole . .	$C_9H_{14}N_2 = (CH_3)_3C_6H(NH_2)_2$	—	—	—
$NH_2 : NH_2 : CH_3 : CH_3 : CH_3$	—	—	—	—
3 : 5 : 1 : 2 : 4	—	84°	—	—
3 : 6 : 1 : 2 : 4	—	78°	—	—
5 : 6 : 1 : 2 : 4	—	90°	—	—
2 : 4 : 1 : 3 : 5	—	90°	sublimierbar	—
Cumylendiamin	$C_9H_{14}N_2 = C_3H_7 . C_6H_3(NH_2)_2$	47°	—	—
2,3-Diaminoisobutylbenzol .	$C_{10}H_{16}N_2 = (CH_3)_2CH . CH_2 . C_6H_3(NH_2)_2$	109°	sublimierbar	—
3,4-Diaminoisobutylbenzol .	desgl.	97,5°	280—282°	—
Diamino-1,2,3,4-Tetramethylbenzol (Prehnitylendiamin)	$C_{10}H_{16}N_2 = (CH_3)_4C_6(NH_2)_2$	140°	—	—
Diamino-1,2,4,5-Tetramethylbenzol (Diaminodurol) . .	desgl.	148°	—	—
Tetrahydronaphtylendiamine	$C_{10}H_{14}N_2 = C_{10}H_{10}(NH_2)_2$	—	—	—
5,6,7,8-Tetrahydro-1,2-Diamin	—	84°	220° (81)	—

p,p¹-Diaminophenyl-o-Tolylmethan	$C_{14}H_{16}N_2 = CH_2 < \begin{smallmatrix} C_6H_4 . NH_2 \\ C_6H_3(CH_3) . NH_2 \end{smallmatrix}$	129°	—	—
p,p¹-Diaminodiphenyläthan	$C_{14}H_{16}N_2 = C_2H_4(C_6H_4 . NH_2)_2$	132°	sublimierbar oberh. 300°	—
n,n¹-Tetramethylderivat	$C_{18}H_{24}N_2$	50°		—
o,o¹-Diaminodiphenyläthan, o-Diaminodibenzyl [2])	$C_{14}H_{16}N_2 = C_2H_4(C_6H_4 . NH_2)_2$	68°	—	—
Diaminodimethylbiphenyle	$C_{14}H_{16}N_2 = NH_2 . [C_6H_3(CH_3)]_2 . NH_2$	—	—	—
$NH_2 : NH_2 : CH_3 : CH_3$				
4 : 4¹ : 2 : 2¹ (m-Tolidin)	—	106—107°	—	—
2 : 4¹ : 3 : 3¹ (Ditolylin)	—	?	—	—
4 : 4¹ : 3 : 3¹ (o-Tolidin)	—	129°; 126,5°	—	—
n,n¹-Tetramethylderivat	$C_{18}H_{24}N_2$	—	—	—
α-Base	—	190°	—	—
β-Base	—	80°	—	—
4 : 4¹ : 2 : 3¹	—	?	—	—
2 : 2¹ : 4 : 4¹ [4])	—	120°	—	—
p-Tolidin	—	128—129°	—	—
n,n¹-Tetramethylderivat	$C_{18}H_{24}N_2$	57°	—	—
Diaminophenyl-o-Tolylmethan	$C_{14}H_{16}N_2 = CH_2 < \begin{smallmatrix} C_6H_4 . NH_2 \\ C_6H_3(CH_3) . NH_2 \end{smallmatrix}$	59—60°	—	—
Diaminophenyl-p-Tolylmethan	desgl.	?	—	—
Diaminodiphenylpropan	$C_{15}H_{18}N_2 = NH_2 . C_6H_4 . (CH_2)_3 . C_6H_4 . NH_2$	—	—	—
n,n¹-[illegible]derivat	$C_{19}H_{26}N_2$	Öl	227—229° (40)	—
5,5¹-Diaminodi-2,2¹-Tolylmethan	$C_{15}H_{18}N_2 = CH_2[C_6H_3(CH_3) . NH_2]_2$	98—100°	—	—
6,6¹-Diaminodi-3,3¹-Tolylmethan	desgl.	92°	—	—
Dimethyldiaminodiphenylmethan	$C_{15}H_{18}N_2 = (CH_3)_2C(C_6H_4 . NH_2)_2$	—	—	—
n,n¹-Tetramethylderivat	$C_{19}H_{26}N_2$	83°	—	—
n,n¹-Tetraäthylderivat	$C_{23}H_{34}N_2$	76°	—	—
4,4¹-Diamino-3,3¹-Diäthylbiphenyl	$C_{16}H_{20}N_2 = NH_2 . [C_6H_3(C_2H_5)]_2 . NH_2$	schmierige Masse	—	—
6,6¹-Diamino-3,5,3¹,5¹-Tetramethylbiphenyl	$C_{16}H_{20}N_2 = NH_2 . [C_6H_2(CH_3)_2]_2 . NH_2$	180°	—	—

31*

[1]) Merz und Strasser, Journ. pr. Chem. [2] 60, 159. — [2]) Thiele und Holzinger, Ann. Chem. 305, 96. — [3]) W. Bertram, Journ. pr. Chem. [2] 65, 327 — [4]) St. v. Niementowski, Ber. 34, 3325.

	Formel	Schmelzpunkt	Siedepunkt	Spezifisches Gewicht
Diaminodiphenylheptan	$C_{19}H_{26}N_2 = C_6H_{12} . CH(C_6H_4 . NH_2)_2$	flüssig	—	—
n,n[1]-Tetramethylderivat	$C_{23}H_{34}N_2$	59,5°	275° (15)	—
Diaminofluoren	$C_{13}H_{12}N_2 = C_{13}H_8(NH_2)_2$	157°	—	—
o,o[1]-Diaminostilben	$C_{14}H_{14}N_2 = NH_2 . C_6H_4 . CH : CH . C_6H_4 . NH_2$	—	—	—
Trans-Modifikation (α)	—	176°; 168°	—	—
Cis-Modifikation (β)	—	123°	—	—
p,p[1]-Diaminostilben	$C_{14}H_{14}N_2 = NH_2 . C_6H_4 . CH : CH . C_6H_4 . NH_2$	227—228°	sublimierbar	—
o,p[1]-Diaminostilben [1])	desgl.	119—120°	—	—
m-Divinylbenzidin	$C_{16}H_{16}N_2 = NH_2 . [C_6H_3(CH : CH_2)]_2 . NH_2$	124°	—	—
o-Diaminodiphenyldiacetylen	$C_{16}H_{12}N_2 = NH_2 . C_6H_4 . C_4 . C_6H_4 . NH_2$	128°	—	—
Diaminopyren	$C_{16}H_{12}N_2 = C_{16}H_8(NH_2)_2$	zsetzlich	—	—
p,p[1]-Diaminotriphenylmethan	$C_{19}H_{18}N_2 = C_6H_5 . CH(C_6H_4 . NH_2)_2$	139°	—	—
n,n[1]-Tetramethylderivat (Leukomalachitgrün)	$C_{23}H_{26}N_2$	—	—	—
α-Modifikation	—	102°	—	—
β-Modifikation	—	93—94°	—	—
n,n[1]-Tetraäthylderivat	$C_{27}H_{34}N_2$	62°	—	—
n,n[1]-Diphenylderivat	$C_{31}H_{26}N_2$	gegen 170°	—	—
n,n[1]-Diäthyldibenzylderivat	$C_{37}H_{38}N_2$	115—116°	—	—
Methylphenylbisaminophenylmethan	$C_{20}H_{20}N_2 = C_6H_5 . C(CH_3)(C_6H_4 . NH_2)_2$	—	—	—
n,n[1]-Tetramethylderivat	$C_{24}H_{28}N_2$	Öl	oberh. 360° (Zersetzung)	—
Phenyldiaminodi-o-tolylmethan	$C_{21}H_{22}N_2 = C_6H_5 . CH[C_6H_3(CH_3) . NH_2]_2$	sintert unterh. 100°	—	—
Phenyldiaminodi-m-tolylmethan	desgl.	—	—	—
n,n[1]-Tetramethylderivat	$C_{25}H_{30}N_2$	109°; 123°	—	—
Phenyldiaminodi-p-tolylmethan	desgl.	185 - 186°	427—433° (ger. Zersetzung)	—
Isopropylphenyldiaminodiphenylmethan	$C_{22}H_{24}N_2 = C_3H_7 . C_6H_4 . CH(C_6H_4 . NH_2)_2$	—	—	—

Diamino-α,α-Dinaphtyl	$C_{20}H_{16}N_2 = C_{20}H_{12}(NH_2)_2$	—	—	—
α-Naphtidin	$C_{20}H_{16}N_2 = NH_2.C_{10}H_6.C_{10}H_6.NH_2$	198°	—	—
Dinaphtylin	desgl.	273°	—	—
Bis-β-Aminonaphtylmethan	$C_{21}H_{18}N_2 = CH_2(C_{10}H_6.NH_2)_2$	—	—	—
n,n¹-Dimethylenderivat	$C_{23}H_{18}N_2$	202—203°	—	—
Phenyldiaminodi-α-Naphtylmethan	$C_{27}H_{22}N_2 = C_6H_5.CH(C_{10}H_6.NH_2)_2$	—	—	—
n,n¹-Tetramethylderivat	$C_{31}H_{30}N_2$	188—189°	—	—
Diaminobianthryl	$C_{28}H_{20}N_2 = C_{28}H_{16}(NH_2)_2$	307—309° (Zerstzg.)	—	—

Gemischte fett-aromatische Diamine.

o-Aminobenzylamin	$C_7H_{10}N_2 = NH_2.C_6H_4.CH_2.\overset{1}{N}H_2$	zersetzlich	—	—
n¹-Methylderivat	$C_8H_{12}N_2$	Öl	—	—
n¹-Äthylderivat	$C_9H_{14}N_2$	Öl	—	—
n¹-Phenylderivat	$C_{13}H_{14}N_2$	86—87°	—	—
n¹-o-Tolylderivat	$C_{14}H_{16}N_2$	94°	—	—
n¹-p-Tolylderivat	desgl.	80,5°; 84—85°	—	—
n¹-Benzylderivat	desgl.	Öl	—	—
n¹-Phenyl-n-Benzylderivat	$C_{20}H_{20}N_2$	88°	—	—
n¹-Naphtylderivat α	$C_{17}H_{16}N_2$	134°	—	—
desgl. β	desgl.	99°	—	—
p-Aminobenzylamin	desgl.	flüssig	268—270°	1,08 (20°)
n¹-Dimethylderivat	$C_9H_{14}N_2$	Öl	oberh. 300° (geringe Zersetzung)	—
n¹-Diäthylderivat	$C_{11}H_{18}N_2$	Öl	212—214° (40)	—
n¹-Isoamylderivat	$C_{12}H_{20}N_2$	Öl	zersetzlich	—
n¹-Phenylderivat	$C_{13}H_{14}N_2$	88°	—	—
o-Amino-α-Phenyläthylamin	$C_8H_{12}N_2 = NH_2.C_6H_4.CH(NH_2).CH_3$	Öl	zersetzlich	—
Äthylenphenyldiamin	$C_8H_{12}N_2 = C_6H_5.NH.C_2H_4.NH_2$	Öl	262—264°	—
Äthylenmethylphenyldiamin	$C_9H_{14}N_2 = C_6H_5.N(CH_3).C_2H_4.NH_2$	Öl	254—255°	—
Trimethylenphenyldiamin	$C_9H_{14}N_2 = NH_2.(CH_2)_3.NH.C_6H_5$	bei — 15° noch flüssig	281—282°	1,0356 (0°); 1,0256 (15°)
Dimethyltrimethylenphenyldiamin	$C_{11}H_{18}N_2 = C_6H_5.NH.CH_2.(CH[CH_3]_2).NH_2$	—	—	—

¹) Thiele u. Escales, Ber. **34**, 2842.

	Formel	Schmelzpunkt	Siedepunkt	Spezifisches Gewicht
Diaminodiphenylheptan	$C_{19}H_{26}N_2 = C_6H_{13}.CH(C_6H_4.NH_2)_2$	flüssig	—	—
n,n[1]-Tetramethylderivat	$C_{23}H_{34}N_2$	59.5°	275° (15)	—
Diaminofluoren	$C_{13}H_{12}N_2 = C_{13}H_8(NH_2)_2$	157°	—	—
o,o[1]-Diaminostilben	$C_{14}H_{14}N_2 = NH_2.C_6H_4.CH:CH.C_6H_4.NH_2$	—	—	—
Trans-Modifikation (α)	—	176°; 168°	—	—
Cis-Modifikation (β)	—	123°	—	—
p,p[1]-Diaminostilben	$C_{14}H_{14}N_2 = NH_2.C_6H_4.CH:CH.C_6H_4.NH_2$	227—228°	sublimierbar	—
o,p[1]-Diaminostilben [1])	desgl.	119—120°	—	—
m-Divinylbenzidin	$C_{16}H_{16}N_2 = NH_2.[C_6H_3(CH:CH_2)]_2.NH_2$	124°	—	—
[illegible]nyldiace[illegible]yn	$C_{16}H_{12}N_2 = NH_2.C_6H_4.C_4.C_6H_4.NH_2$	128°	—	—
Diaminopyren	$C_{16}H_{12}N_2 = C_{16}H_8(NH_2)_2$	zersetzlich	—	—
p,p[1]-Diaminotriphenylmethan	$C_{19}H_{18}N_2 = C_6H_5.CH(C_6H_4.NH_2)_2$	139°	—	—
n,n[1]-Tetramethylderivat (Leukomalachitgrün)	$C_{23}H_{26}N_2$	—	—	—
α-Modifikation	—	102°	—	—
β-Modifikation	—	93—94°	—	—
n,n[1]-Tetraäthylderivat	$C_{27}H_{34}N_2$	62°	—	—
n,n[1]-Diphenylderivat	$C_{31}H_{26}N_2$	gegen 170°	—	—
n,n[1]-Diäthyldibenzylderivat	$C_{37}H_{38}N_2$	115—116°	—	—
Methylphenylbisaminophenylmethan	$C_{20}H_{20}N_2 = C_6H_5.C(CH_3)(C_6H_4.NH_2)_2$	—	—	—
n,n[1]-Tetramethylderivat	$C_{24}H_{28}N_2$	Öl	oberh. 360° (Zersetzung)	—
Phenyldiaminodi-o-tolylmethan	$C_{21}H_{22}N_2 = C_6H_5.CH[C_6H_3(CH_3).NH_2]_2$	sintert unterh. 100°	—	—
Phenyldiaminodi-m-tolylmethan	desgl.	—	—	—
n,n[1]-Tetramethylderivat	$C_{25}H_{30}N_2$	109°; 123°	—	—
Phenyldiaminodi-p-tolylmethan	desgl.	185 - 186°	427—433° (ger. Zersetzung)	—

asymm. Tetramethyl-Diaminodiphenyläthan [1])	$C_{18}H_{24}N_2 = CH_3.CH[C_6H_4.N(CH_3)_2]_2$	68—69°	—	—
Diäthylenditolyldiamin	$C_{18}H_{22}N_2 = C_7H_7.N<\genfrac{}{}{0pt}{}{C_2H_4}{C_2H_4}>N.C_7H_7$	—	—	—
o,o-Verbindung	—	—	—	—
α-Derivat	—	174°	—	—
β-Derivat	—	153,5—154,5°	—	—
p,p-Verbindung	—	189—190°	360°	—
Methyldi-p-tolylpiperazin	$C_{19}H_{24}N_2 = C_7H_7.N<\genfrac{}{}{0pt}{}{CH_2.CH(CH_3)}{CH_2.CH_2}>N.C_7H_7$	105°	—	—
Äthylendinaphtyldiamin (α)	$C_{22}H_{20}N_2 = C_{10}H_7.NH.(CH_2)_2.NH.C_{10}H_7$	127°	—	—
do. (β)	desgl.	149—150°	—	—

Aromatisch substituierte aliphatische Diamine.

Phenylmethylendiamin	$C_7H_{10}N_2 = C_6H_5.CH(NH_2)_2$	—	—	—
n-Phenylderivat	$C_{13}H_{14}N_2$	114,5—115°	—	—
Phenyläthylendiamin	$C_8H_{12}N_2 = C_6H_5.CH(NH_2).CH_2.NH_2$	flüssig	243—246°	—
o-Xylylendiamin	$C_8H_{12}N_2 = C_6H_4(CH_2.NH_2)_2$	flüssig	—	—
n,n[1]-Diphenylderivat	$C_{20}H_{20}N_2$	172°	—	—
m-Xylylendiamin	desgl.	flüssig	245—248°	—
p-Xylylendiamin	desgl.	35°	—	—
ω-Diaminomesitylen	$C_9H_{14}N_2 = CH_3.C_6H_3(CH_2.NH_2)_2$	Öl	268°	—
Phenylen-o-Diäthyldiamin	$C_{10}H_{16}N_2 = C_6H_4(CH_2.CH_2.NH_2)_2$	Öl	—	—
Stilbendiamin, Diphenyläthylendiamin	$C_{14}H_{16}N_2 = C_6H_5.CH(NH_2).CH(NH_2).C_6H_5$	120—121°; 90—92°	zersetzlich	—
Methylendibenzylamin	$C_{15}H_{18}N_2 = CH_2(NH.CH_2.C_6H_5)_2$	45—46°	225—230° (teilw. Zerstzg.)	—

Aromatische Triamine.

Triaminobenzole	$C_6H_9N_3 = C_6H_3(NH_2)_3$	—	—	—
1,2,3-Triamin	—	103°	330°; 336° (korr.)	—
1,2,4-Triamin	—	unterh. 100°	gegen 340°	—
n-Dimethylderivat (1)	$C_8H_{13}N_3$	42—44°	289°; 178° (22); 188° (35), 199° (45), 207,1° (60), 218,9° (90)	—

1) Trillat, Compt. rend. 128, 1113; Chem. Centralbl. 1899, I, S. 1240.

	Formel	Schmelzpunkt	Siedepunkt	Spezifisches Gewicht
n(²),n(⁴)-Tetramethylderivat	$C_{10}H_{1}$ [illegible] N_3	noch bei −18° flüssig	180,5° (45), 198,5° (86), 209,4° (112)	1,023 (22°)
n(¹),n(²),n(⁴)-Hexamethylderivat	$C_{12}H_{21}N_3$	flüssig	184°(40), 204°(98), 210°(136)	—
n(¹)-Phenylderivat	$C_{12}H_{13}N_3$	130°	—	—
n(²),n(⁴)-Diphenylderivat	$C_{18}H_{17}N_3$	107°	—	—
n(¹),n(²),n(⁴)-Triphenylderivat	$C_{24}H_{21}N_3$	252°	—	—
1,3,5-Tr[illegible]min		—	—	—
n,n¹-Trimethylderivat	$C_9H_{15}N_3$	90°	294°	—
symm.n-Triphenylderivat	$C_{24}H_{21}N_3$	193°	—	—
symm. n-Tri-p-tolylderivat	[illegible] N_3	186—187°	—	—
Triaminotoluole	$C_7H_{11}N_3 = CH_3 . C_6H_2(NH_2)_3$	—	—	—
2,3,4-Verbindung	—	?	—	—
2,3,5-Verbindung	—	—	—	—
n(²)-Methylderivat	$C_8H_{13}N_3$	?	—	—
2,4,5-Verbindung	—	sehr unbeständig	—	—
n(²),n(⁵)-Di-p-tolylderivat	$C_{21}H_{23}N_3$	165—166°	—	—
2,4,6-Verbindung	—	Öl, leicht erstarrend	—	—
3,4,5-Verbindung	—	—	—	—
n(⁴)-Methylderivat	$C_8H_{13}N_3$	92°	—	—
2,4,6-Triamino-1,3-Xylol	$C_8H_{13}N_3 = (CH_3)_2C_6H(NH_2)_3$	Zersetzg. bei 140—150°	sublimierbar	—
2,4,6-Triaminomesitylen	$C_9H_{15}N_3 = (CH_3)_3C_6(NH_2)_3$	117—119°	—	—
3,4,5-Triaminopseudobutylbenzol	$C_{10}H_{17}N_3 = C_4H_9 . C_6H_2(NH_2)_3$	156—157°	—	—
Triaminonaphtaline	$C_{10}H_{11}N_3 = C_{10}H_5(NH_2)_3$	—	—	—
1,2,4-Verbindung	—	—	—	—
symmetr. n-Triphenylderivat	$C_{28}H_{23}N_3$	148°	—	—
symmetr. n-Tri-p-tolylderivat	$C_{31}H_{29}N_3$	159—160°	—	—

2,4-Diaminodiphenylamin	$C_{12}H_{13}N_3 = (NH_2.C_6H_4)_2NH$	130°	—	—
m-Amino-o-Tolidin	$C_{14}H_{17}N_3 = CH_3.C_6H_2(NH_2)_2 / CH_3.C_6H_3(NH_2)$	?	—	—
Triaminostilbene [1])	$C_{14}H_{15}N_3 = (NH_2)_2C_6H_3.CH:CH.C_6H_4(NH_2)$	—	—	—
2,4,4[1]-Triamin	—	176—177°	—	—
2,4,3[1]-Triamin	—	112—113°	—	—
2,4,2[1]-Triamin	—	156—157°	—	—
Tris-o-Aminophenylmethan (o-Leukanilin)	$C_{19}H_{19}N_3 = CH(C_6H_4.NH_2)_3$	165°	—	—
n,n[1]-Tetramethylderivat	$C_{23}H_{27}N_3$	134—135°	—	—
n,n[1]-Tetraäthylderivat	$C_{27}H_{35}N_3$	136°	—	—
Pseudo-(m)-Leukanilin	desgl.	150°	—	—
n,n[1]-Tetramethylderivat	$C_{23}H_{27}N_3$	130°	—	—
Tris-o,p,p[1]-Aminophenylmethan	desgl.	—	—	—
n(p),n(p[1])-Tetramethylderivat	$C_{23}H_{27}N_3$	65°	—	—
Tris-p-Aminophenylmethan (p-Leukanilin)	desgl.	148°	—	—
n,n[1]-Tetramethylderivat	$C_{23}H_{27}N_3$	151—152°	—	—
n,n[1],n″-Pentamethylderivat	$C_{24}H_{29}N_3$	115—116°	—	—
n,n[1],n″-Hexamethylderivat	$C_{25}H_{31}N_3$	—	—	—
α-Modifikation	—	173°	—	—
β-Modifikation	—	250°	—	—
n,n[1]-Tetraäthylderivat	$C_{27}H_{35}N_3$	118°	—	—
n,n[1]-Tetramethyl-n″-phenylderivat	$C_{29}H_{31}N_3$	176°	—	—
n,n[1]-Tetramethyl-n″-p-tolylderivat	$C_{30}H_{33}N_3$	177°	—	—
Triaminodiphenyltolylmethan (Leukanilin)	$C_{20}H_{21}N_3 = NH_2.C_6H_3(CH_3).CH(C_6H_4.NH_2)_2$ (1,2)	100°	—	—
n[1]-Dimethylderivat	$C_{22}H_{25}N_3$	154° (1,2,4-Tolylder.)	—	—

[1]) Thiele u. Escales, Ber. 34, 2842.

	Formel		Schmelzpunkt	Siedepunkt	Spezifisches Gewicht
n,n¹n″-Hexamethylderivate		$C_{26}H_{33}N_3$	gegen 100° (1,2,4-Tolylder.) ? (1,2,5-Tolylder.)		
n¹,n-″Tetramethylderivate		$C_{24}H_{29}N_3$	160° (1,2,4-[illegible]r.) 180 (1,3,4-Tolylder.)	—	—
n¹,n″-Tetraäthylderivat		$C_{28}H_{37}N_3$	103°	—	—
n¹,n″-Tetramethyl-n-Dibenzylderivat		$C_{38}H_{41}N_3$	120°	—	—
1,1,2-Trisaminophenyläthan	$C_{20}H_{21}N_3 = (NH_2 . C_6H_4)_2CH . CH_2 . C_6H_4 . NH_2$		—	—	—
n,n¹,n″-Hexamethylderivat		$C_{26}H_{33}N_3$	125°	—	—
Triaminophenylditolylmethan (Diortholeukanilin)	$C_{21}H_{23}N_3$		?	—	—
n,n′-Tetramethylderivat		$C_{25}H_{31}N_3$	131°	—	—
n,n′,n″-Hexamethylderivat		$C_{27}H_{35}N_3$	?	—	—
m-Aminophenyl-Di-p-Aminotolylmethan	$C_{21}H_{23}N_3$		—	—	—
n′,n″-Tetramethylderivat		$C_{25}H_{31}N_3$	139°	—	—
Triaminodiphenylxylidylmethan	$C_{21}H_{23}N_3$		—	—	—
n,n′ Tetramethylderivat		$C_{25}H_{31}N_3$	158°	—	—
Triaminotritolylmethan	$C_{22}H_{25}N_3$		—	—	—
n,n′,n″-Hexamethylderivat		$C_{28}H_{37}N_3$	190—191°	—	—
Triaminodiphenylmesidylmethan	$C_{22}H_{25}N_3$		—	—	—
n,n′-Tetramethylderivat		$C_{26}H_{33}N_3$	142°	—	—
Trisaminoxylylmethan	$C_{25}H_{31}N_3$		—	—	—
n,n′,n″ [illegible]at		$C_{31}H_{42}N_3$	134—135°	—	—
Bis-Aminophenylaminonaphtylmethan	[illegible]		—	—	—
n,n′-Tetramethyl-n″ Phenylderivat		[illegible]	12[illegible]°	—	—

n,n′,n″-Pentamethyl-phenylderivat	$C_{24}H_{35}N_3$	87°		
Bis-Amino-α-Naphtylamino-phenylmethan	$C_{27}H_{23}N_3$	—		
n,n′,n″-Hexamethylderivat	$C_{33}H_{35}N_3$	178—179°		

Gemischte fett-aromatische Triamine.

Bis-o-Aminobenzylamin	$C_{14}H_{17}N_3 = (NH_2 . C_6H_4 . CH_2)_2NH$	71°	—	—
n-Methylderivat	$C_{15}H_{19}N_3$	96°	—	—
n-Äthylderivat	$C_{16}H_{21}N_3$	94°	—	—
n-Propylderivat	$C_{17}H_{23}N_3$	112°	—	—
n-Butylderivat	$C_{18}H_{25}N_3$	132°	—	—
n-Propenylderivat	$C_{17}H_{21}N_3$	104°	—	—
n-Phenylderivat	$C_{20}H_{21}N_3$	187°	—	—
n-p-Tolylderivat	$C_{21}H_{23}N_3$	145°	—	—
n-Benzylderivat	desgl.	143°	—	—
Bis-p-Aminobenzylamin	desgl.	106°	—	—
Triäthylentritolyltriamin (p)	$C_{27}H_{33}N_3 = N_3(C_7H_7)_3(\ \ H_2)_3$	186°	—	—

Aromatische Tetraamine.

Tetraaminobenzole	$C_6H_{10}N_4 = C_6H_2(NH_2)_4$	—	—	—
1,2,3,4-Tetramin	—	zersetzlich	—	—
1,2,3,5-Tetramin	—	zersetzlich	—	—
1,2,4,5-Tetramin	—	zersetzlich	—	—
n(¹),n(⁵)-Diphenylderivat	$C_{18}H_{18}N_4$	207°	—	—
1,2,4,6-Tetramin [1]	—	—	—	—
1,2,3,4-Tetraaminonaphtalin	$C_{10}H_{12}N_4 = C_{10}H_4(NH_2)_4$	—	—	—
n(1—4)-Tetraphenylderivat	$C_{34}H_{28}N_4$	191°	—	—
2,2′,4,4′-Tetraaminobiphenyl	$C_{12}H_{14}N_4 = (NH_2)_2C_6H_3 . C_6H_3(NH_2)_2$	165°; 166°	—	—
n(²),n(²′)-Tetramethyl-derivat	$C_{16}H_{22}N_4$	165,5—166°	—	—
2,2′,5,5′-Tetraaminobiphenyl	desgl.	168°	—	—

[1]) Nietzki u. Hagenbach, Ber. 30, 539.

	Formel	Schmelzpunkt	Siedepunkt	Spezifisches Gewicht
Tretaaminodiphenylmethan	$C_{13}H_{16}N_4 = CH_2[C_6H_3(NH_2)_2]_2$	161°	—	—
n,n″-Tetramethylderivat	$C_{17}H_{24}N_4$	142°	—	—
Diaminotolidin	$C_{14}H_{18}N_4 = (NH_2)_2(CH_3)C_6H_2 \cdot (NH_2)_2(CH_3)C_6H_2$	176°	—	—
Tetraaminoisobinaphtyl	$C_{20}H_{18}N_4 = C_{20}H_{10}(NH_2)_4$	164—167° (Zersetzg.)	—	—
Tetraaminotriphenylbenzol	$C_{24}H_{22}N_4 = C_{24}H_{14}(NH_2)_4$	—	—	—
α-Verbindung	—	137—138°	—	—
β-Verbindung	—	96—98° (Zersetzg.)	—	—
Tetraaminotetraphenyläthan	$C_{26}H_{26}N_4 = (NH_2.C_6H_4)_2CH.CH(C_6H_4.NH_2)_2$	—	—	—
n(1—4)-Oktomethylderivat	$C_{34}H_{42}N_4$	90°	300°	—
Tetraaminotetraphenyläthen	$C_{26}H_{24}N_4 = (NH_2.C_6H_4)_2C{:}C(C_6H_4.NH_2)_2$	—	—	—
n(1—4)-Oktomethylderivat	$C_{34}H_{40}N_4$	310—315°	—	—

Gemischte fett-aromatische Tetraamine.

	Formel	Schmelzpunkt	Siedepunkt	Spezifisches Gewicht
Tris-p-Aminobenzylamin	$C_{21}H_{24}N_4 = (NH_2.C_6H_4.CH_2)_3N$	136°		

Ringförmige Imine u. s. w.

	Formel	Schmelzpunkt	Siedepunkt	Spezifisches Gewicht
Äthyldiäthylidendiamin	$C_6H_{14}N_2 = C_2H_5.N\!<\!\begin{smallmatrix}CH(CH_3)\\CH(CH_3)\end{smallmatrix}\!>\!NH$ (?)	flüssig	35—37° im Vakuum	—
Trimethylenimin	$C_3H_7N = CH_2\!<\!\begin{smallmatrix}CH_2\\CH_2\end{smallmatrix}\!>\!NH$	flüssig	63° (748)	0,8436 (20,4°)
Pyrrolidin, Pentazan	$C_4H_9N = \begin{smallmatrix}CH_2.CH_2\\CH_2.CH_2\end{smallmatrix}\!>\!NH$	flüssig	87,5—88,5°	0,8520 (22,5°); 0,879 (0°), 0,871 (10°)
n-Methylpyrrolidin	$C_5H_{11}N = C_4H_8N.CH_3$	flüssig	81—83°	—
Piperidin, Hexazan	$C_5H_{11}N = CH_2\!<\!\begin{smallmatrix}CH_2.CH_2\\CH_2.CH_2\end{smallmatrix}\!>\!NH$	flüssig; Erst. — 17°	104,5—105° (755,7); 106° (760), 52,6° (170,28) 36,7 (69,5), 17,2 (19,08)	0,8810 (0°); 0,8603 (20,6°); 0,8758 (4°), 0,8864 (15°), 0,8591 (25°)

2,4-Diaminodiphenylamin	$C_{12}H_{13}N_3 = (NH_2.C_6H_4)_2NH$	130°	—	—
m-Amino-o-Tolidin	$C_{14}H_{17}N_3 = \begin{matrix} CH_2.C_6H_3(NH_2)_2 \\ CH_2.C_6H_3(NH_2) \end{matrix}$	?	—	—
Triaminostilbene [1])	$C_{14}H_{15}N_3 = (NH_2)_2C_6H_3.CH:CH.C_6H_4(NH_2)$	—	—	—
2,4,4[1]-Triamin	—	176—177°	—	—
2,4,3[1]-Triamin	—	112—113°	—	—
2,4,2[1]-Triamin	—	156—157°	—	—
Tris-o-Aminophenylmethan (o-Leukanilin)	$C_{19}H_{19}N_3 = CH(C_6H_4.NH_2)_3$	165°	—	—
n,n[1]-Tetramethylderivat	$C_{23}H_{27}N_3$	134—135°	—	—
n,n[1]-Tetraäthylderivat	$C_{27}H_{35}N_3$	136°	—	—
Pseudo-(m)-Leukanilin	desgl.	150°	—	—
n,n[1]-Tetramethylderivat	$C_{23}H_{27}N_3$	130°	—	—
Tris-o,p,p[1]-Aminophenylmethan	desgl.	—	—	—
n(p),n(p[1])-Tetramethylderivat	$C_{23}H_{27}N_3$	65°	—	—
Tris-p-Aminophenylmethan (p-Leukanilin)	desgl.	148°	—	—
n,n[1]-Tetramethylderivat	$C_{23}H_{27}N_3$	151—152°	—	—
n,n[1],n″-Pentamethylderivat	$C_{24}H_{29}N_3$	115—116°	—	—
n,n[1],n″-Hexamethylderivat	$C_{25}H_{31}N_3$	—	—	—
α-Modifikation	—	173°	—	—
β-Modifikation	—	250°	—	—
n,n[1]-Tetraäthylderivat	$C_{27}H_{35}N_3$	118°	—	—
n,n[1]-Tetramethyl-n″-phenylderivat	$C_{29}H_{31}N_3$	176°	—	—
n,n[1]-Tetramethyl-n″-p-tolylderivat	$C_{30}H_{33}N_3$	177°	—	—
Triaminodiphenyltolylmethan (Leukanilin)	$C_{20}H_{21}N_3 = NH_2.C_6H_3(CH_3).CH(C_6H_4.\overset{1,2}{N}H_2)_2$	100°	—	—
n[1]-Dimethylderivat	$C_{22}H_{25}N_3$	154° (1,2,4-Tolylder.)	—	—

[1]) Thiele u. Escales, Ber. 34, 2842.

	Formel	Schmelzpunkt	Siedepunkt	Spezifisches Gewicht
Tretaaminodiphenylmethan .	$C_{13}H_{16}N_4 = CH_2[C_6H_3(NH_2)_2]_2$	161°	—	—
n,n″-Tetramethylderivat .	$C_{17}H_{24}N_4$	142°	—	—
Diaminotolidin	$C_{14}H_{18}N_4 = (NH_2)_2(CH_3)C_6H_2$ / $(NH_2)_2(CH_3)C_6H_2$	176°	—	—
Tetraaminoisobinaphtyl . .	$C_{20}H_{18}N_4 = C_{20}H_{10}(NH_2)_4$	164—167° (Zersetzg.)	—	—
Tetraaminotriphenylbenzol .	$C_{24}H_{22}N_4 = C_{24}H_{14}(NH_2)_4$	—	—	—
α-Verbindung	—	137—138°	—	—
β-Verbindung	—	96—98° (Zersetzg.)	—	—
Tetraaminotetraphenyläthan	$C_{26}H_{26}N_4 = (NH_2.C_6H_4)_2CH.CH(C_6H_4.NH_2)_2$	—	—	—
n(1—4)-Oktomethylderivat .	$C_{34}H_{42}N_4$	90°	300°	—
Tetraaminotetraphenyläthen	$C_{26}H_{24}N_4 = (NH_2.C_6H_4)_2C:C(C_6H_4.NH_2)_2$	—	—	—
n(1—4)-Oktomethylderivat .	$C_{34}H_{40}N_4$	310—315°	—	—

Gemischte fett-aromatische Tetraamine.

	Formel	Schmelzpunkt	Siedepunkt	Spezifisches Gewicht
Tris-p-Aminobenzylamin . .	$C_{21}H_{24}N_4 = (NH_2.C_6H_4.CH_2)_3N$	136°	—	

Ringförmige Imine u. s. w.

	Formel	Schmelzpunkt	Siedepunkt	Spezifisches Gewicht
Äthyldiäthylidendiamin . . .	$C_8H_{14}N_2 = C_2H_5.N<^{CH(CH_3)}_{CH(CH_3)}>NH$ (?)	flüssig	35—37° im Vakuum	—
Trimethylenimin	$C_3H_7N = CH_2<^{CH_2}_{CH_2}>NH$	flüssig	63° (748)	0,8436 (20,4°)
Pyrrolidin, Pentazan	$C_4H_9N = {}^{CH_2.CH_2}_{CH_2.CH_2}>NH$	flüssig	87,5—88,5°	0,8520 (22,5°); 0,879 (0°), 0,871 (10°)
n-Methylpyrrolidin	$C_5H_{11}N = C_4H_8N.CH_3$	flüssig	81—83°	—
Piperidin, Hexazan	$C_5H_{11}N = CH_2<^{CH_2.CH_2}_{CH_2.CH_2}>NH$	flüssig; Erst. — 17°	104,5—105° (755,7); 106° (760), 52,6° (170,28) 36,7 (69,5), 17,2 (19,08)	0,8810 (0°); 0,8603 (20,6°); 0,8758 (4°), 0,8664 (15°), 0,8591 (25°)

n-Methylpiperidin	$C_6H_{13}N = C_5H_{10}N.CH_3$	flüssig	107°	0,821 (15°); 0,8280 (10,2°)
n-Äthylpiperidin	$C_7H_{15}N = C_5H_{10}N.C_2H_5$	flüssig	128°	—
n-Propylpiperidin	$C_8H_{17}N = C_5H_{10}N.C_3H_7$	flüssig	149—150°	—
n-Isopropylpiperidin	desgl.	—	—	—
n-Isobutylpiperidin	$C_9H_{19}N = C_5H_{10}N.C_4H_9$	—	—	—
n-Isoamylpiperidin	$C_{10}H_{21}N = C_5H_{10}N.C_5H_{11}$	flüssig	186°; 188°	—
n-Phenylpiperidin	$C_{11}H_{15}N = C_5H_{10}N.C_6H_5$	Öl	248—250°	—
n-p-Tolylpiperidin	$C_{12}H_{17}N = C_5H_{10}N.C_6H_4.CH_3$	Öl	262°	—
n-Benzylpiperidin	$C_{12}H_{17}N = C_5H_{10}N.CH_2.C_6H_5$	Öl	245°	—
n-5,6,7,8-Tetrahydronaphtylpiperidin	$C_{15}H_{21}N = C_5H_{10}N.C_{10}H_{11}$	—	—	—
α-Derivat	—	Öl	218° (63, fast unzersetzt)	—
β-Derivat	—	Öl	274–276°(749); 190–196°(24)	—
n-Naphtylpiperidin	$C_{15}H_{17}N = C_5H_{10}N.C_{10}H_7$	—	—	—
α-Derivat	—	Öl	215° (35)	—
β-Derivat	—	57—58°	—	—
n-Anthracylpiperidin	$C_{19}H_{19}N = C_5H_{10}N.C_{14}H_9$	—	—	—
n-Phenanthrylpiperidin	desgl.	113°	—	—
Methylpyrrolidine	$C_5H_{11}N = CH_3.C_4H_7NH$	—	—	—
α-Verbindung	—	flüssig	96—97° (737)	—
n-**Methylderivat**	$C_6H_{13}N = CH_3.C_4H_7N.CH_3$	—	98—101°	0,8089 (0°), 0,7968 (15°)
β-Verbindung	—	flüssig	103—105°	0,8654 (0°)
Dimethylpyrrolidine	$C_6H_{13}N = (CH_3)_2C_4H_6NH$	—	—	—
2,4-Verbindung	—	—	—	—
n-Methylderivat	$C_7H_{15}N = (CH_3)_2C_4H_6N.CH_3$	Öl	111—113°	0,790 (15°)
2,5-Verbindung	—	Öl	106—108° (746)	0,8185 (12,3°)
n-Methylderivat	$C_7H_{15}N$	Öl	115—116° (750)	0,8149 (7,4°)
Methylpiperidine, Pipekoline	$C_6H_{13}N = CH_3.C_5H_9NH$	—	—	—
α-Verbindung	—	flüssig	116,5° (715)	0,8622 (0°)
n-Methylderivat	$C_7H_{15}N$	Öl	126,5° (720)	0,8369 (0°); 0,8345 (7,4°)
n-Phenylderivat	$C_{12}H_{17}N$	flüssig	256,5—257° (710)	—
n-β-Naphtylderivat	$C_{16}H_{21}N$	Öl, in Kälte erstarrend	186—190° (10)	—
β-Verbindung		flüssig	125—126°	0,8635 (0°)
n-Methylderivat	$C_7H_{15}N$	Öl	124—126°	0,818 (15°)
γ-Verbindung		flüssig	126,5—129°	0,8674 (0°)

	Formel	Schmelzpunkt	Siedepunkt	Spezifisches Gewicht
Äthylpiperidine	$C_7H_{15}N = C_2H_5 . C_5H_9NH$	—	—	—
α-Verbindung	—	flüssig	142—145°	0,8764 (0°)
n-Methylderivat	$C_8H_{17}N$	flüssig	147—151°	0,8495 (0°)
β-Verbindung	—	Öl	154—155°	0,8711 (0°)
γ-Verbindung	—	flüssig	156—158°	0,8759 (0°)
Dimethylpiperidine	$C_7H_{15}N = (CH_3)_2C_5H_8NH$	—	—	—
2,4-Verbindung	—	flüssig	140—142°	0,8615 (0°)
2,6-Verbindung	—	flüssig	127—130°	0,8492 (0°)
2,3,5-Trimethylpyrrolidin	$C_7H_{15}N = (CH_3)_3C_4H_5NH$	Öl	126—128°	0,816 (15°)
Propylpiperidine	$C_8H_{17}N = C_3H_7 . C_5H_9NH$	—	—	—
α-Propylpiperidin, α-Coniin	—	— 2,5°	163,5° (739); 170°; 16 [illegible] 166,5°	0,846 (12,5°); 0,8625 (0°)
n-Methylderivat	$C_9H_{19}N$	flüssig	175,5°; 173—174° (757)	0,8318 (24,3°)
n-Äthylderivat	$C_{10}H_{21}N$	flüssig	—	—
Inaktives Coniin	—	flüssig	166° (756)	0,8447 (20°)
β-Propylpiperidin	—	Öl	—	—
α-Isopropylpiperidin	—	flüssig	159,5°	0,8668 (0°)
n-Methylderivat	$C_9H_{19}N$	flüssig	165—167°	0,8593 (0°)
γ-Isopropylpiperidin	—	flüssig	168—171°	—
Methyläthylpiperidine	$C_8H_{17}N = (CH_3)(C_2H_5)C_5H_8NH$	—	—	—
2,4-Verbindung	—	flüssig	155—160°	0,8515 (0°), 0,8389 (20°)
2,5-Verbindung, Copellidin	—	—	—	—
α-Modifikation, inaktiv	—	flüssig	162—162.5°	0,8362 (18°)
β-Modifiaktion, rechtsdrehend	—	flüssig	162—162,8° (772)	[illegible]75 (15°)
γ-Modifikation, linksdrehend	—	flüssig	162—164°	0,8347 (10°)
n-Methylderivat	$C_9H_{19}N$	Öl	164—165°	0 8519 (0°); 0,8[illegible]40 (13°)
2,6-Verbindung	—	flüssig	147—151°	0,8550 (0°); 0,8410 (20°)
Isocopellidin	—	—	—	—
α-Modifikation, inaktiv	—	flüssig	162—164°	0,8484 (21°)
β-Modifikation, linksdrehend	—	flüssig	162,2—162,5° (778)	0,[illegible]85 (17°)

arenend	—	flüssig	163—166° (770)	0,850 (18°)
Trimethylpiperidine	$C_8H_{17}N = (CH_3)_3C_5H_7NH$	—	—	—
2,4,6-Verbindung	—	flüssig	145—146°	0,8475 (4°)
Hexahydrocollidin	—	flüssig	175—180°	—
2-Isobutylpiperidin, Homoconiin	$C_9H_{19}N = C_4H_9 . C_5H_9NH$	flüssig	181—182°	0,8583 (0°)
2,4-Diäthylpiperidin	$C_9H_{19}N = (C_2H_5)_2C_5H_8NH$	flüssig	174—179°	0,8722 (0°)
2,5-Diäthylpiperidin	desgl.	Öl	190°; 100—105° (22)	0,8722 (0°)
2,6-Dimethyl-4-Äthylpiperidin, s-Äthyllupetidin	$C_9H_{19}N = (C_2H_5)(CH_3)_2C_5H_7NH$	flüssig	165—167° (725)	—
Parpevolin	desgl.	flüssig	176—177°	0,8635 (0°); 0,8474 (20°)
Tetramethylpiperidin, Parpevolin	$C_9H_{19}N = (CH_3)_4C_5H_6N_4$	flüssig	150—152°	—
Dekamethylenimin	$C_{10}H_{21}N = C_{10}H_{20} . NH$	flüssig	104—105° (16,5)	—
2,6-Dimethyl-4-Propylpiperidin	$C_{10}H_{21}N = (C_3H_7)(CH_3)_2C_5H_7NH$	flüssig	178—183° (718,4)	—
2,6-Dimethyl-4-Isobutylpiperidin	$C_{11}H_{23}N = (C_4H_9)(CH_3)_2C_5H_7NH$	flüssig	196—198° (720)	—
2,6-Dimethyl-4-Hexylpiperidin	$C_{13}H_{27}N = (C_6H_{13})(CH_3)_2C_5H_7NH$	flüssig	239—242° (715)	—
Vinylpiperidin	$C_7H_{13}N = C_2H_3 .$ [illegible]H	flüssig	146—148°	—
n-Methylderivat	$C_8H_{15}N$	flüssig	159—162°	—
Pyrrolin	$C_4H_7N = \begin{matrix} CH . CH_2 \\ CH . CH_2 \end{matrix} > NH$ od. $\begin{matrix} CH : CH \\ CH_2 . CH_2 \end{matrix} > NH$	flüssig	90—91°	—
n-Methylderivat	C_5H_9N	Öl	79—80°	—
n-Benzylderivat	$C_{11}H_{13}N$	Öl	150°	—
Tetrahydropyridin, Piperideïn, Hexazen	$C_5H_9N = CH_2 < \begin{matrix} CH_2 . CH_2 \\ CH : CH \end{matrix} > NH$	—	—	—
α-Methylpiperideïn	$C_6H_{11}N = CH_3 . C_5H_7NH$	Öl	125-127°; 123,5-125,5° (750)	0,8801 (0°)
2-Methylhexazen (2)	desgl.	flüssig	131—132° (716)	0,9133 (0°)
n-Methylderivat	$C_7H_{13}N$	flüssig	145—146° (720)	0,95105 (0°); 0,8854 (16,5°)
n-Phenylderivat	$C_{12}H_{15}N$	—	—	—
2-Methylhexazen (5)	desgl.	—	—	—
n-Methylderivat	$C_7H_{13}N$	Öl	—	—

	Formel	Schmelzpunkt	Siedepunkt	Spezifisches Gewicht
n-Methylderivat, Kairolin	$C_{10}H_{13}N$	flüssig	242–244° (720); 130–131° (77)	1,022 (20°)
n-Äthylderivat	$C_{11}H_{15}N$	flüssig	254—258° (Zersetzung?)	—
β-Tetrahydrochinolin	desgl.	flüssig	212—213°	—
Tetrahydroisochinolin	desgl.	bei — 15° noch flüssig	232—233°	—
n-Methylderivat	$C_{10}H_{13}N$	—	—	—
Methyltetrahydrochinoline	$C_{10}H_{13}N = CH_3 . C_9H_9NH$	—	—	—
2-Methylverbindung, Tetrahydrochinaldin	—	flüssig	250°; 243—246° (699); 246—248° (709)	1,042 (16°)
n-Äthylderivat	$C_{12}H_{17}N$	flüssig	256°	—
4-Methylverbindung, Tetrahydrolepidin	—	Öl	250—253° (740)	—
6-Methylverbindung	—	38°	262,3° (712)	—
8-Methylverbindung	—	flüssig	255—257° (717)	—
Dimethyldihydroindole	$C_{10}H_{13}N = (CH_3)_2C_8H_8NH$	—	—	—
2,2-Dimethylverbindung	—	Öl	210°	—
2,3-Dimethylverbindung	—	flüssig	229—231° (750)	—
3,3-Dimethylverbindung	—	34—35°	226—228° (743)	—
n-Methylderivat	$C_{11}H_{15}N$	flüssig	224—227°	—
4-Phenylpiperidin	$C_{11}H_{15}N = C_6H_5 . C_5H_9NH$	57,5—58°	255—257° (727)	—
Dimethyltetrahydrochinoline	$C_{11}H_{15}N = (CH_3)_2C_9H_8NH$	—	—	—
2,3-Dimethylverbindung	—	flüssig	254—255°	—
2,4-Dimethylverbindung	—	flüssig	254—256°	—
4,4-Dimethylverbindung	—	flüssig	234—235°	—
n-Methylderivat	$C_{12}H_{17}N$	flüssig	32° (749)	—
2,6-Dimethylverbindung	—	flüssig	267°	—
2,8-Dimethylverbindung	—	flüssig	260—262°	—
n-Methylderivat	$C_{12}H_{17}N$	—	242—245°	—
5,8-Dimethylverbindung	—	flüssig	271°	—
6,8-Dimethylverbindung	—	Öl	272—273° (720)	—
1-Propyldihydroisoindol	$C_{11}H_{15}N = C_6H_4 \langle {CH(C_3H_7) \atop CH_2} \rangle NH$	Öl	—	—
1-Isopropyldihydroindol	$C_{11}H_{15}N$ $C_6H_4 \langle {CH . CH(CH_3)_2 \atop NH} \rangle$ CH	flüssig	gegen 260°	—

3-Methyl-2-Äthyltetrahydrochinolin	$C_{12}H_{17}N=(CH_3)(C_2H_5)$ [illegible] NH	flüssig	260—262° (718)	—
2,6,8-Trimethyltetrahydrochinolin	$C_{12}H_{17}N=(CH_3)_3C_9H_7NH$	flüssig	200—250°	—
3-Benzylpiperidin	$C_{12}H_{17}N=C_6H_5.CH_2.C_5H_9NH$	Öl	—	—
2-Methyl-6-Phenylpiperidin	$C_{12}H_{17}N=(CH_3)(C_6H_5)C_5H_8NH$	flüssig	257—259°	—
Isobutyldihydroisoindol	$C_{12}H_{17}N=C_6H_4<\begin{matrix}CH(C_4H_9)\\CH_2\end{matrix}>NH$	Öl	—	—
3,6 [illegible]yl-2-Äthyltetrahydrochinolin	$C_{13}H_{19}N=(CH_3)_2(C_2H_5)C_9H_7NH$	flüssig	285—286°	—
n-Methylderivat	$C_{14}H_{21}N$	flüssig	275—280°	—
3,8- [illegible]yl-2-Äthyltetrahydrochinolin	desgl.	Öl	274—276° (724)	—
Diäthyltetrahydrochinolin	$C_{13}H_{19}N=(C_2H_5)_2C_9H_8NH$	—	—	—
n-Äthylderivat	$C_{15}H_{23}N$	Öl	—	—
2,2,3,4-Tetramethyltetrahydrochinolin	$C_{13}H_{19}N=(CH_3)_4C_9H_6NH$	—	—	—
n-Methylderivat	$C_{14}H_{21}N$	flüssig	253—254°	—
Stilbazolin	$C_{13}H_{19}N=C_6H_5.CH_2.CH_2.CH<\begin{matrix}NH.CH_2\\CH_2.CH_2\end{matrix}>CH_2$	flüssig	288°	0,9874 (0°)
2,6-Dimethyl-4-Phenylpiperidin	$C_{13}H_{19}N=(CH_3)_2(C_6H_5)C_5H_7NH$	noch bei —16° flüssig	274° (731)	—
3,6,8-Trimethyl-2-Äthyltetrahydrochinolin	$C_{14}H_{21}N=(CH_3)_3(C_2H_5)C_9H_6NH$	Öl	287—289°	—
6-Methylstilbazolin	$C_{14}H_{21}N=CH_3.C_{13}H_{17}NH$	flüssig	286—291°	0,9776 (0°)
2-Methyl-6-Phenoäthylpiperidin	desgl.	80—81°	—	—
5-Äthyl-2-Stilbazolin	$C_{15}H_{23}N=C_2H_5.C_{13}H_{17}NH$	flüssig	314,2° (761)	0,9663 (0°)
2,4-Dimethyl-6-Stilbazolin	$C_{15}H_{23}N=(CH_3)_2C_{13}H_{16}NH$	—	—	—
Tetrahydroamylhexylchinolin	$C_{20}H_{33}N=(C_5H_{11})(C_6H_{13})C_9H_8NH$	—	—	—
Indol	$C_8H_7N=C_6H_4<\begin{matrix}CH\\NH\end{matrix}>CH$	52°	253—254°	—
n-Methylderivat	C_9H_9N	Öl, bei —20° nicht erstarr.	240—241° (720)	1,0707 (0°)
n-Äthylderivat	$C_{10}H_{11}N$	flüssig	247°	—
n-Allylderivat	$C_{11}H_{11}N$	flüssig	252°	—
n-Phenylderivat	$C_{14}H_{11}N$	Öl	326—327° (757)	—
n-Benzylderivat	$C_{15}H_{13}N$	44,5°	—	—

	Formel	Schmelzpunkt	Siedepunkt	Spezifisches Gewicht
n-Methylderivat, Kairolin	$C_{10}H_{13}N$	flüssig	242–244° (720); 130–131° (77)	1,022 (20°)
n-Äthylderivat	$C_{11}H_{15}N$	flüssig	254—258° (Zersetzung?)	—
β-Tetrahydrochinolin	desgl.	flüssig	212—213°	—
Tetrahydroisochinolin	desgl.	bei — 15° noch flüssig	232—233°	—
n-Methylderivat	$C_{10}H_{13}N$	—	—	—
Methyltetrahydrochinoline	$C_{10}H_{13}N = CH_3 . C_9H_9NH$	—	—	—
2-Methylverbindung, Tetrahydrochinaldin	—	flüssig	250°; 243—246° (699); 246—248° (709)	1,042 (16°)
n-Äthylderivat	$C_{12}H_{17}N$	flüssig	256°	—
4-Methylverbindung, Tetrahydrolepidin	—	Öl	250—253° (740)	—
6-Methylverbindung	—	38°	262,3° (712)	—
8-Methylverbindung	—	flüssig	255—257° (717)	—
Dimethyldihydroindole	$C_{10}H_{13}N = (CH_3)_2C_8H_6NH$	—	—	—
2,2-Dimethylverbindung	—	Öl	210°	—
2,3-Dimethylverbindung	—	flüssig	229—231° (750)	—
3,3-Dimethylverbindung	—	34—35°	226—228° ([illegible])	—
n-Methylderivat	$C_{11}H_{15}N$	flüssig	224—227°	—
4-Phenylpiperidin	$C_{11}H_{15}N = C_6H_5 . C_5H_9NH$	57,5—58°	255—257° (727)	—
Dimethyltetrahydrochinoline	$C_{11}H_{15}N = (CH_3)_2C_9H_8NH$	—	—	—
2,3-Dimethylverbindung	—	flüssig	254—255°	—
2,4-Dimethylverbindung	—	flüssig	254—256°	—
4,4-Dimethylverbindung	—	flüssig	234—235°	—
n-Methylderivat	$C_{12}H_{17}N$	flüssig	239° (749)	—
2,6-Dimethylverbindung	—	flüssig	267°	—
2,8-Dimethylverbindung	—	flüssig	260—262°	—
n-Methylderivat	$C_{12}H_{17}N$	—	242—245°	—
5,8-Dimethylverbindung	—	flüssig	271°	—
6,8-Dimethylverbindung	—	Öl	272—273° (720)	—
1-Propyldihydroisoindol	$C_{11}H_{15}N = C_6H_4 \langle {CH(C_3H_7) \atop CH_2} \rangle NH$	Öl	—	—
3-Isopropyldihydroindol	$C_{11}H_{15}N = C_6H_4 \langle {CH . CH(CH_3)_2 \atop NH} \rangle CH$	flüssig	gegen 260°	—

n-Methylderivat	$C_{13}H_{15}N$	20° flüssig	243—244° (746)	—
Carbazolin	$C_{12}H_{15}N = C_{12}H_{14}NH$	99°	296—297°	—
n-Äthylderivat	$C_{14}H_{19}N$	—	—	—
2,3,4,5-Tetramethylindol . .	$C_{12}H_{15}N = (CH_3)_4C_8H_2NH$	flüssig	285° (Zersetzung)	—
Trimethyldihydrochinolin .	$C_{12}H_{15}N = (CH_3)_3C_9H_5NH$	—	—	—
n-Methylderivat	—	Öl	128—130° (21)	—
(Py)3-Pentylindol	$C_{13}H_{17}N = C_5H_{11}.C_8H_5NH$	—	345—347° (753); 275—280° (170)	—
Diäthyldihydrochinolin . . .	$C_{13}H_{17}N = (C_2H_5)_2C_9H_6NH$	flüssig	255–257°(750); 139-140°(24)	—
2,2,3,4-Tetramethyl-1,2-Dihydrochinolin	$C_{13}H_{17}N = (CH_3)_4C_9H_4NH$	—	—	—
n-Methylderivat	$C_{14}H_{19}N$	Öl	270°	—
Ar-Oktohydro-α-Naphtochinolin	$C_{13}H_{17}N = C_{13}H_{16}NH$	47 - 48°	216° (37,5)	—
n-Methylderivat	$C_{14}H_{19}N$	37—38°	—	—
Ac-Oktohydro-β-Naphtochinolin	desgl.	91°	321° (727)	—
Ar-Oktohydro-β-Naphtochinolin	desgl.	60,5°	325° (727)	—
3,5- [illegible]lindol	$C_{14}H_{19}N = (C_3H_7)_2C_8H_4NH$	65°	295–300° (geringe Zerstzg.)	—
Ac-Oktohydro-β-Naphtochinaldin	$C_{14}H_{19}N = CH_3.C_{13}H_{15}NH$	—	—	—
Ar-Oktohydro-β-Naphtochinaldin	desgl.	75°	—	—
Methyldiisopropyldihydrochinolin	$C_{16}H_{23}N = (CH_3)(C_3H_7)_2C_9H_5NH$	Öl	298—300° (teilw. Zersetzg.)	—
Methyldihydro-β-Naphtindol	$C_{13}H_{13}N = C_{10}H_6\langle{}^{CH_2}_{NH}\rangle CH.CH_3$	Öl	190—200° (20)	—
Tetrahydronaphtochinoline	$C_{13}H_{13}N = C_{13}H_{12}NH$	—	—	—
α-Verbindung	—	46,5°	—	—
β-Verbindung	—	93,5°	—	—
Tetrahydro-β-Naphtochinaldin	$C_{14}H_{15}N = CH_3.C_{13}H_{11}NH$	51,5—52°	—	—
Dimethyldihydro-β-Naphtindol	$C_{14}H_{15}N = (CH_3)_2C_{12}H_8NH$	Öl	—	—

	Formel	Schmelzpunkt	Siedepunkt	Spezifisches Gewicht
α-Naphtindol	$C_{12}H_9N = C_{10}H_6<\genfrac{}{}{0pt}{}{CH}{NH}>CH$	174—175°	—	—
β-Naphtindol	desgl.	flüssig	oberh. 360°; 222° (18)	—
n-Äthylderivat	$C_{14}H_{13}N$	73°	—	—
Diphenylimid, Carbazol	$C_{12}H_9N = NH<\genfrac{}{}{0pt}{}{C_6H_4}{C_6H_4}$	238°	338°, 351,5° (corr.)	—
Methylnaphtindole	$C_{13}H_{11}N = CH_3.C_{12}H_7NH$	—	—	—
2-Methyl-α-Verbindung	—	132°	—	—
2-Methyl-β-Verbindung	—	flüssig	314—320° (223)	—
3-Methyl-α-Verbindung	—	198°	—	—
Dihydrophenanthridin	$C_{13}H_{11}N = \genfrac{}{}{0pt}{}{C_6H_4.CH_2}{C_6H_4.NH}$	90°	—	—
Dihydroakridin	$C_{13}H_{11}N = C_6H_4<\genfrac{}{}{0pt}{}{CH_2}{NH}>C_6H_4$	169°	sublimierbar	—
Dimethylnaphtindole	$C_{14}H_{13}N = (CH_3)_2C_{12}H_6NH$	—	—	—
2,3-Dimethyl-α-Verbindung	—	150°	—	—
2,3-Dimethyl-β-Verbindung I	—	126°	—	—
2,3-Dimethyl-β-Verbindung II	—	132°	oberh. 360°	—
o-Iminobibenzyl[1])	$C_{14}H_{13}N = C_6H_4<\genfrac{}{}{0pt}{}{CH_2.CH_2}{—NH—}>C_6H_4$	110°	—	—
3,6-Dimethylcarbazol	$C_{14}H_{13}N = (CH_3)_2C_{12}H_6NH$	219°	—	—
2-Methyldihydroakridin	$C_{14}H_{13}N = CH_3.C_{13}H_9NH$	157°	sublimierbar	—
Iminobitolyl	$C_{14}H_{13}N = \genfrac{}{}{0pt}{}{CH_3.C_6H_3}{CH_3.C_6H_3}>NH$	183—184°	364°	—
2-Phenyldihydroindol	$C_{14}H_{13}N = C_6H_5.C_8N_7NH$	46°	—	—
Dimethyldihydro-β-Naphtochinolin	$C_{15}H_{15}N = C_{10}H_6<\genfrac{}{}{0pt}{}{C(CH_3):C(CH_3)}{—NH.CH_2}$	115°	—	—
2,4-Dimethyldihydroakridin	$C_{15}H_{15}N = (CH_3)_2.C_{13}H_8NH$	80°	—	—
Phenyltetrahydrochinoline	$C_{15}H_{15}N = C_6H_5.C_9H_9NH$		—	—
2-Phenylverbindung		flüssig	341—344°	—
4-Phenylverbindung	—	74°		

[illegible]	$C_{16}H_{17}N$	Öl	—	—
6-Phenylverbindung	—	harzartig, unbestdg.	—	—
2-Phenyltetrahydroiso-chinolin	desgl.	45—48°	—	—
4-Phenyltetrahydrochinaldin	$C_{16}H_{17}N = (CH_3)(C_6H_5)C_9H_8NH$	66—67°	—	—
Tetramethylcarbazol	$C_{16}H_{17}N = (CH_3)_4C_{12}H_4NH$	128—129°	—	—
2,6-Diphenylpiperidin	$C_{17}H_{19}N = (C_6H_5)_2C_5H_8NH$	69°	367—368°	—
2-Phenylindol	$C_{14}H_{11}N = C_6H_5 . C_8H_5NH$	186°	oberh. 360°; 240—250° (10)	—
n-Methylderivat	$C_{15}H_{13}N$	100—101°	—	—
n-Phenylderivat	$C_{20}H_{15}N$	Öl	oberh. 360°	—
3-Phenylindol	desgl.	88—89°	—	—
n-Methylderivat	$C_{15}H_{13}N$	64—65°	—	—
2-Methyl-3-Phenylindol	$C_{15}H_{13}N = (CH_3)(C_6H_5)C_8H_4NH$	59—60°	—	—
3-Methyl-2-Phenylindol	desgl.	91—92°	280—290° (120)	—
2-Phenyl-o-Toluindol	desgl.	118—119°	gegen 250° (10)	—
2-Phenyl-p-Toluindol	desgl.	213°	—	—
2-Phenyl-3-Methyl-o-Toluindol	$C_{16}H_{15}N = (CH_3)_2(C_6H_5)C_8H_3NH$	92—94°	—	—
Phenylnaphtylcarbazolin	$C_{16}H_{15}N = C_{16}H_{14}NH$	Sirup	—	—
o-Benzylidenindol	$C_{15}H_{11}N = C_6H_4\langle^{C . CH_2}_{NH}\rangle C . C_6H_4$	gegen 245° (Zerstzg.)	—	—
2,5-Diphenylpyrrol	$C_{16}H_{13}N = NH\langle^{C(C_6H_5):CH}_{C(C_6H_5):\dot{C}H}$	143,5°	—	—
n-Phenylderivat	$C_{22}H_{17}N$	231°	—	—
n-o-Tolylderivat	$C_{23}H_{19}N$	114—115°	oberh. 300°	—
n-p-Tolylderivat	desgl.	201°	—	—
n-m-Xylylderivat	$C_{24}H_{21}N$	147—149°	—	—
n-α-Naphtylderivat	$C_{26}H_{19}N$	148—149°	—	—
n-β-Naphtylderivat	dgl.	207—208°	—	—
2,5-p-Ditolylpyrrol	$C_{18}H_{17}N = NH\langle^{C(C_7H_7):CH}_{C(C_7H_7):\dot{C}H}$	197°	—	—
Phenylnaphtylcarbazole	$C_{16}H_{11}N = {}^{C_6H_4}_{\dot{C}_{10}H_6}\rangle NH$	—	—	—
α-Verbindung	—	225°	—	—
β-Verbindung	—	330°	440—450°	—
1,2-Verbindung	—	120°	—	—

[1]) Thiele u. Holzinger, Ann. Chem. 305, 96.

	Formel	Schmelzpunkt	Siedepunkt	Spezifisches Gewicht
Dihydrophenonaphtakridin	$C_{17}H_{13}N = C_{10}H_6 < {CH_2 \atop NH} > C_6H_4$	287°	—	—
α-Phenyltetrahydro-α-Naphtochinolin	$C_{18}H_{15}N = C_{10}H_6 < {CH_2 . CH_2 \atop NH . CH . C_6H_5}$	Sirup	—	—
2-α-Naphtylindol	$C_{18}H_{13}N = C_6H_4 < {CH \atop NH} > C . C_{10}H_7$	196°	—	—
2-Phenyl-β-Naphtindol	$C_{18}H_{13}N = C_{10}H_6 < {CH \atop NH} > C . C_6H_5$	129–130°	—	—
3-Phenyl-β-Naphtindol	$C_{18}H_{13}N = C_{10}H_6 < {C(C_6H_5) \atop NH} > CH$	211° (Zerstzg.)	—	—
Dihydrophenylakridin	$C_{19}H_{15}N = C_6H_4 < {CH(C_6H_5) \atop NH} > C_6H_4$	163—164°	—	—
2,3-Diphenylindol	$C_{20}H_{15}N = C_6H_4 < {C(C_6H_5) \atop NH} > C . C_6H_5$	123—124°	290—296° (10)	—
n-Methylderivat	$C_{21}H_{17}N$	139°	—	—
2,3-Phenylbenzylindol	$C_{21}H_{17}N = C_6H_4 < {C(CH_2 . C_6H_5) \atop NH} > C . C_6H_5$	100—101°	—	—
2,3-Diphenyl-7-Toluindol	$C_{21}H_{17}N = CH_3 . C_6H_3 < {C(C_6H_5) \atop NH} > C . C_6H_5$	—	—	—
α-Modifikation	—	102°	—	—
β-Modifikation	—	128°	—	—
γ-Modifikation	—	136°	—	—
2,3-Diphenyl-5-Toluindol	desgl.	153°	—	—
Dinaphtylcarbazole	$C_{20}H_{13}N = {C_{10}H_6 \atop C_{10}H_6} > NH$	—	—	—
Verbindung I	—	157°, 159° (korr.)	—	—
Verbindung II	—	216°	sublimierbar	—
β-Verbindung	—	169—170°	—	—
2,4,5-Triphenylpyrrolin	$C_{22}H_{17}N = (C_6H_5)_3C_4HNH$	140—141°	—	—
n-Phenylderivat	$C_{28}H_{21}N$	196—197°	—	—
2,3-Diphenyl-α-Naphtindol	$C_{24}H_{17}N = C_{10}H_6 < {C(C_6H_5) \atop NH} > C . C_6H_5$	140—141°	315—330° (10)	—

2,3-Diphenyl-β-Naphtindol	desgl.	166—167°	330—340° (15)	
Tetraphenylpyrrol	$C_{28}H_{21}N = (C_6H_5)_4C_4NH$	211—212°	—	
n-Methylderivat	$C_{29}H_{23}N$	214°	—	
n-Äthylderivat	$C_{30}H_{25}N$	221°		

Ringförmige Diimine.

1,2-Pentadiazan	$C_3H_8N_2 = NH<{CH_2.CH_2 \atop NH.CH_2}$	—	—	—
n-Phenylderivat	$C_9H_{12}N_2$	noch bei −15° flüssig	260° (teilw. Zersetzung) 210°(165), 184–185°(100), 166° (50), 160° (20)	1,20 (15°)
n-Methyl-n'-Phenylderivat	$C_{10}H_{14}N_2$	Öl	175—180° (90)	—
n-Phenyl-n-'Benzylderivat	$C_{16}H_{18}N_2$	noch bei −15° flüssig	225° (40)	—
Diäthylendiamin, Piperazin	$C_4H_{10}N_2 = NH<{CH_2.CH_2 \atop CH_2.CH_2}>NH$	104°	145—146°; 140°	—
Triäthylendiamin	$C_6H_{12}N_2 = N{-C_2H_4- \atop -C_2H_4- \atop -C_2H_4-}N$	—	—	—
Dipropylendiamin	$C_6H_{14}N_2 + H_2O$	Öl	203—207°	—
Polytrimethylendiaminhydrat	$2C_6H_{14}N_2 + H_2O$	Öl	oberh. 350°	—
Dimethyldimethylendiamin	$C_4H_{10}N_2 = CH_3N<{CH_2 \atop CH_2}>NCH_3$	krystallinisch, nicht unzersetzt flüchtig		—
Trimethylenäthylendiamin	$C_5H_{12}N_2 = CH_2<{CH_2.NH.CH_2 \atop CH_2.NH.CH_2}$	42°	168—170°; 167° (764)	—
Methylpiperazin	$C_5H_{12}N_2 = NH<{CH_2.CH_2 \atop CH_2.CH(CH_3)}>NH$	—	155—155,5°	—
2,5-Dimethylpiperazin	$C_6H_{14}N_2 = NH<{CH(CH_3).CH_2 \atop CH_2.CH(CH_3)}>NH$	118—119°	162°	—
Bistrimethylendiimin	$C_6H_{14}N_2 = NH<{(CH_2)_3 \atop (CH_2)_3}>NH$	14—15°	186—188°	—
Diäthyldimethylendiamin	$C_6H_{14}N_2 = C_2H_5N<{CH_2 \atop CH_2}>NC_2H_5$	flüssig	205—208°	—
Dimethyldiäthylendiamin	$C_6H_{14}N_2 = CH_3.N<{C_2H_4 \atop C_2H_4}>N.CH_3$	Öl	153—158°	—

	Formel	Schmelzpunkt	Siedepunkt	Spezifisches Gewicht
2,3,5-Trimethylpiperazin . .	$C_7H_{16}N_2$ $NH\left<\begin{matrix}CH(CH_3).CH(CH_3)\\ CH_2.CH(CH_3)\text{——}\end{matrix}\right>NH$	—	—	—
α-Verbindung	—	erstarrt bei 0°	169—169,5° (756)	—
β-Verbindung	—	flüssig bei 0°	174—175°	—
2,5-Dimethyl-3-Äthyl-piperazin	$C_8H_{18}N_2$	—	—	—
α-Verbindung	—	gegen 62°	176°	—
β-Verbindung	—	flüssig bei 0°	185—186°	—
2,3,5,6-Tetramethylpiperazin	$C_8H_{18}N_2$	—	—	—
α-Verbindung	—	37°	177°	—
β-Verbindung	—	Öl	181°	—
Diäthyldiäthylendiamin . .	$C_8H_{18}N_2 = C_2H_5.N\left<\begin{matrix}C_2H_4\\ C_2H_4\end{matrix}\right>NC_2H_5$	flüssig	185°; 165°	—
Tetramethyldihydropyrazin .	$C_8H_{14}N_2 = NH\left<\begin{matrix}C(CH_3):C(CH_3)\\ C(CH_3):C(CH_3)\end{matrix}\right>NH$	—	—	—
n-Diphenylderivat	$C_{20}H_{22}N_2$	107—108°	281°	—
Dipiperideïn	$C_{10}H_{18}N_2 = NH:C_5H_8=C_5H_8:NH$	60—61°	130—220°	—
Dipiperideïn aus Nitroso-piperidin dch. Elektrolyse .	—	96—97°	—	—
Isopiperideïn	—	dickflüssig	281—288°	—
Tetrahydrochinazolin . . .	$C_8H_{10}N_2 = C_6H_4\left<\begin{matrix}CH_2.NH\\ NH.\dot{C}H_2\end{matrix}\right.$	81°	—	—
n-Allylderivat (3)	$C_{11}H_{14}N_2$	Öl	270—272°	—
n-Phenylderivat (3) . . .	$C_{14}H_{14}N_2$	117°	—	—
n-Tolylderivate (3) . . .	$C_{15}H_{16}N_2$	—	—	—
o-Verbindung	—	140°	—	—
p-Verbindung	—	127°	—	—
n-β-Naphtylderivat (3) . .	$C_{18}H_{16}N_2$	155—158°	—	—
Tetrahydro-2-Äthylchinazolin	$C_{10}H_{14}N_2 = C_2H_5.C_8H_7(NH)_2$	86—88°	—	—
Tetrahydro-2-Phenylchinazolin	$C_{14}H_{14}N_2 = C_6H_5.C_8H_7(NH)_2$	101°	—	—
n-Benzyl-n′-Phenylderivat	$C_{27}H_{24}N_2$	120°	—	—
1,3-Dihydrindazol	$C_7H_8N_2 = C_6H_4\left<\begin{matrix}NH\\ CH_2\end{matrix}\right>NH$	—	—	—
n-Phenylderivat (2)	$C_{13}H_{12}N_2$	gegen 98°	—	—

Tetrahydrophtalazin	$C_8H_{10}N_2 = C_6H_4<\begin{smallmatrix}CH_2.NH\\CH_2.NH\end{smallmatrix}$	Öl	—	—
Methyltetrahydrochinazolin	$C_9H_{12}N_2 = C_6H_4<\begin{smallmatrix}NH.CH(CH_3)\\CH_2.NH\end{smallmatrix}$	—	—	—
n-Phenylderivat	$C_{15}H_{16}N_2$	94—95°	—	—
Tetrahydro-1-Methyl-phtalazin	$C_9H_{12}N_2 = C_6H_4<\begin{smallmatrix}CH(CH_3).NH\\CH_2.NH\end{smallmatrix}$	flüssig	—	—
Tetrahydro-2,4-Dimethyl-chinazolin	$C_{10}H_{14}N_2 = C_6H_4<\begin{smallmatrix}NH.CH(CH_3)\\CH(CH_3).NH\end{smallmatrix}$	Öl	235—250°	—
Dihydrocinnolin	$C_8H_8N_2 = C_6H_4<\begin{smallmatrix}NH.NH\\CH:CH\end{smallmatrix}$	87—88°	—	—
2-Phenyl-Tetrahydropyrazin	$C_{10}H_{12}N_2 = NH<\begin{smallmatrix}CH_2.CH_2\\CH:C(C_6H_5)\end{smallmatrix}>NH$	—	—	—
n,n'-Diphenylderivat	$C_{22}H_{20}N_2$	130—131°	—	—
Oktohydro-α-Chinochinolin	$C_{12}H_{16}N_2 = NH:C_3H_6<\begin{smallmatrix}CH_2\\NH\end{smallmatrix}>C_6H_4$	Öl	—	—
Hexahydrodiphenylpiazin	$C_{16}H_{18}N_2 = \begin{smallmatrix}CH_2.NH.CH.C_6H_5\\CH_2.NH.CH.C_6H_5\end{smallmatrix}$	-	—	—
α-Verbindung	—	122—123°	—	—
n,n'-Dimethylderivat	$C_{18}H_{22}N_2$	263—264°	—	—
β-Verbindung	—	108—109°	—	—
Di-o-Xylylendiimin	$C_{16}H_{18}N_2 = C_6H_4<\begin{smallmatrix}CH_2.NH.CH_2\\CH_2.NH.H_2C\end{smallmatrix}>C_6H_4$	79—80°	130—135° (12)	—
Hexahydro-α-Naphtinolin	$C_{16}H_{16}N_2 = C_6H_4<\begin{smallmatrix}CH_2.CH.CH_2\\NH.CH.NH\end{smallmatrix}>C_6H_4$	128°	—	—
1,4-Dihydro-2,5-Diphenyl-piazin	$C_{16}H_{14}N_2 = \begin{smallmatrix}C_6H_5.C.NH.CH\\CH.NH.C(C_6H_5)\end{smallmatrix}$	—	—	—
n,n'-Dibenzylderivat	$C_{30}H_{26}N_2$	163°	—	—
1,4-Dihydro-2,6-Diphenyl-piazin	$C_{16}H_{14}N_2 = NH<\begin{smallmatrix}C(C_6H_5):CH\\C(C_6H_5):CH\end{smallmatrix}>NH$	—	—	—
n[1]-Phenyl-n[4]-Benzylderivat	$C_{29}H_{24}N_2$	184—185°	—	—
n[1]-n[4]-Dibenzylderivat	$C_{30}H_{26}N_2$	86°	—	—
1,4-Dihydrophenanthrapiazin	$C_{16}H_{12}N_2 = \begin{smallmatrix}C_6H_4.C.NH.CH\\C_6H_4.C.NH.CH\end{smallmatrix}$	97—99°	—	—

	Formel	Schmelzpunkt	Siedepunkt	Spezifisches Gewicht
Diphendimethylindol	$C_{18}H_{16}N_2 =$ $CH_3.C{<}^{CH}_{NH}{>}C_6H_3.C_6H_3{<}^{CH}_{NH}{>}C.CH_3$	270°	—	—
1,4-Dihydromethylisopropylphenanthrapiazin	$C_{20}H_{20}N_2 = {}^{CH_3}_{C_3H_7}{>}C_6H_2.C.NH.CH$ / $C_6H_4.C.NH.CH$	77—79°	—	—
1.4-Dihydromethylisopropylphenanthramethylpiazin	$C_{21}H_{22}N_2 = {}^{CH_3}_{C_3H_7}{>}C_6H_2.C.NH.CH$ / $C_6H_4.C.NH.CHCH_3$	83—85°	—	—
Diphenyltetrahydrochinoxalin	$C_{20}H_{18}N_2 = C_6H_4{<}^{NH.CH.C_6H_5}_{NH.CH.C_6H_5}$	—	—	—
α-Modifikation	—	105—106°	—	—
β-Modifikation	—	142,5°	—	—
3,4,6-Triphenyldihydropyridazin	$C_{22}H_{18}N_2 = C_6H_5.C{<}^{C(C_6H_5).NH}_{CH:C(C_6H_5)}{>}NH$	186—187°	—	—
n-Phenylderivat	$C_{28}H_{22}N_2$	149°	—	—
Benzylidenindol	$C_{23}H_{18}N_2 =$ $C_6H_5.CH{<}^{C{<}^{C_6H_4}_{CH}{>}NH}_{C{<}^{C_6H_4}_{CH}{>}NH}$	—	—	—
n,n'-Dimethylderivat	$C_{25}H_{22}N_2$	197°	—	—
Benzylidenmethylketol	$C_{25}H_{22}N_2 =$ $C_6H_5.CH{<}^{C{<}^{C_6H_4}_{C(CH_3)}{>}NH}_{C{<}^{C_6H_4}_{C(CH_3)}{>}NH}$	246—247°	—	—
—	$C_{26}H_{22}N_2 = C_6H_4.NH.CH.C_6H_5$ / $C_6H_4.NH\ CH.C_6H_5$	154°	—	—
—	$C_{28}H_{26}N_2 = CH_3.C_6H_3.NH.CH.C_6H_5$ / $H_3.C_6H_3.NH.CH.C_6H_5$	163°	—	—

Ringförmige Triimine und Tetraimine.

	Formel	Schmelzpunkt	Siedepunkt	Spezifisches Gewicht
Trimethyltrimethylentriamin	$C_6H_{15}N_3 =$ $(CH_3)N{<}^{CH_2.N(CH_3)}_{CH_2.N(CH_3)}{>}CH_2$	— 27°	166°; 162,5° (743)	0,9215 (18,7°)

Triäthyltrimethylentriamin	$C_9H_{21}N_3$	-45^0 bis -50^0	$207-208^0$	0,8923 (18,7°)
Tripropyltrimethylentriamin	$C_{12}H_{27}N_3$	noch bei — 75° flüssig	248°	0,880 (18,7°)
Triäthylentriamin	$C_6H_{15}N_3 = C_2H_4<^{NH.C_2H_4}_{NH.C_2H_4}>NH$	flüssig	216°	—
Triäthyltriäthylentriamin	$C_{12}H_{27}N_3$	Öl	—	—
Tetraäthylentriamin	$C_8H_{17}N_3 = C_2H_4\langle^{N-C_2H_4}_{N-C_2H_4}\rangle C_2H_4>NH$?	—	—	—
Tetraäthyltetramethylentetramin	$C_{12}H_{28}N_4 = CH_2<^{N(C_2H_5).CH_2.N(C_2H_5)}_{N(C_2H_5).CH_2.N(C_2H_5)}>CH_2$	flüssig	—	—
Hexamethylentetramin	$C_6H_{12}N_4 = (CH_2)_6N_4$	sublimiert im Vakuum fast unzersetzt		—

Säureamide.

Formamid	$CH_3NO = H.CO.NH_2$	flüssig, bei — 1° fest	192—195° unter teilw. Zerstzg. 150° im Vakuum; 85—95° (0,5)	1,16 (4°); 1,337 (14,1°)
Acetamid	$C_2H_5NO = CH_3.CO.NH_2$	82—83°	222°	1,12; 1,159; 0,9901 (86,5°)
Propionamid	$C_3H_7NO = C_2H_5.CO.NH_2$	79°	213°	1,0335; 0,9565 (76°)
Buttersäureamide	C_4H_9NO	—	—	—
Normalbutyramid	$CH_3.(CH_2)_2.CO.NH_2$	115°	216°	—
Isobutyramid	$(CH_3)_2.CH.CO.NH_2$	128—129°	216—220°	—
Valeriansäureamide	$C_5H_{11}NO$	—	—	—
Normalvaleramid	$CH_3.(CH_2)_3.CO.NH_2$	114—116°	—	—
Isovaleramid	$(CH_3)_2.CH.CH_2.CO.NH_2$	126—128°; 127—129°	230—232°	—
Isobutylameisensäureamid	$CH_3.CH_2.CH(CH_3).CO.NH_2$ (?)	135°	—	—
Trimethylacetamid	$(CH_3)_3.C.CO.NH_2$	153—154°	212° (766,5)	—
Amid der Säure aus Harzessenz	—	86—87°	—	—
Capronsäureamide	$C_6H_{13}NO$	—	—	—
Normalcapronamid	$CH_3.(CH_2)_4.CO.NH_2$	100°	255°	—
Methylpropylacetamid	$CH_3.CH(C_3H_7).CO.NH_2$	95°	—	—
Isobutylacetamid	$(CH_3)_2:CH.(CH_2)_2.CO.NH_2$	120°	—	—
Amid der aktiven Capronsäure	$CH_3.CH(C_2H_5).CH_2.CO.NH_2$	124°	—	—

	Formel	Schmelzpunkt	Siedepunkt	Spezifisches Gewicht
Diäthylacetamid	$(C_2H_5)_2:CH.CO.NH_2$	105°	230—235°	—
Methylisopropylacetamid	$(CH_3)_2:CH.CH(CH_3).CO.NH_2$	129°	—	—
Önanthsäureamid	$C_7H_{15}NO=C_6H_{13}.CO.NH_2$	95°	250—258°	0,8489 (112,2°)
Methylisobutylacetamid	$C_7H_{15}NO=(CH_3)_2.CH.CH_2.CH(CH_3).CO.NH_2$	90°	—	—
Caprylsäureamide	$C_8H_{17}NO=C_7H_{15}.CO.NH_2$	—	—	—
Normalcaprylsäureamid	$CH_3.(CH_2)_6.CO.NH_2$	110°; 97—98°	zersetzlich	—
Dipropylacetamid	$(C_3H_7)_2CH.CO.NH_2$	123—124°	—	—
Amid der Säure aus Harzessenz	—	84—85°	—	—
Nonanamide	$C_9H_{19}NO$	—	—	—
Pelargonsäureamid	—	92—93°; 99°	—	—
Isononylamid	—	80—81°; 105°	—	—
Amid der Säure aus Harzessenz	—	77—78°	—	—
Diisobutylacetamid	$C_{10}H_{21}NO=(C_4H_9)_2CH.CO.NH_2$	120—121°	—	—
Divaleriansäureamid	$C_{10}H_{21}NO$	112°	—	—
Caprinsäureamid	$C_{10}H_{21}NO$	98°; 108°	—	—
Amid der Dekylsäure aus Menthonoxim	$C_{10}H_{21}NO$	108—109°	—	—
Undekylsäureamid (aus Harzessenzsäure)	$C_{11}H_{23}NO$	80—81°	—	—
[illegible]d	$C_{11}H_{23}NO$	103°	—	—
Laurinsäureamid	$C_{12}H_{25}NO$	102°; 97°; 110°	199—200° (12,5)	—
Diisoamylacetamid	$C_{12}H_{25}NO=(C_5H_{11})_2CH.CO.NH_2$	115°	—	—
Tridekylsäureamid	$C_{13}H_{27}NO$	98,5°	—	—
Myristinsäureamid	$C_{14}H_{29}NO$	102°	217° (12); 135—136° (0)	—
Lactarsäureamid	$C_{15}H_{31}NO$	108°	—	—
Palmitinsäureamid	$C_{16}H_{33}NO$	101,5; 40-105°; 106—107°	235—236° (12, nicht unzersetzt) 152—153° (0)	—
Stearinsäureamid	$C_{18}H_{37}NO$	108,5—109°	250—251° (12, nicht unzersetzt) 168—169° (0)	—
Arachinsäureamid	$C_{20}H_{41}NO$	98—9°; 108°	—	—

Cerotinsäureamid	$C_{26}H_{53}NO$	109°	—	—
Melissinsäureamid	$C_{30}H_{61}NO$	116°	—	—
Acrylsäureamid	$C_3H_5NO = CH_2:CH.CO.NH_2$	84—85°	—	—
Crotonsäureamid	$C_4H_7NO = CH_3.CH:CH.CO.NH_2$	149—152°	—	—
Allylacetamid	$C_5H_9NO = CH_2:CH.CH_2.CH_2.CO.NH_2$	94°	230° (770)	—
Tetramethylencarbonsäureamid	$C_5H_9NO = CH_2<{CH_2 \atop CH_2}>CH.CO.NH_2$	138°; 152—153°	240°	—
Hexanaphtencarbonsäureamid	$C_7H_{13}NO = CH_3.CH<{CH_2.CH_2 \atop CH(CO.NH_2).CH_2}$ (Ring)	123,5°	—	—
2-Methyl-Hexen- **(2)-Amid (6)**	$C_7H_{13}NO = (CH_3)_2C:CH.(CH_2)_2.CO.NH_2$	85—86°	—	—
Amid der Heptylensäure **aus** 1-Methylcyklohexanoxim (3)	$C_7H_{13}NO$	68—70°	—	—
Heptanaphtencarbonsäureamid	$C_8H_{15}NO$	133°; 128—129°	ca. 250° unter teilweiser Zersetzung	—
Suberancarbonsäureamid, Cykloheptancarbonsäureamid	$C_8H_{15}NO = {CH_2.CH_2.CH_2 \atop CH_2.CH_2.CH_2}>CH.CO.NH_2$	194—195°	—	—
Nonaphtensäureamid	$C_9H_{17}NO$	128—130°	—	—
Dihydro-cis-Campholytsäureamid	$C_9H_{17}NO$	161°	—	—
Dekanaphtensäureamid	$C_{10}H_{19}NO$	104—105°	—	—
Citronellasäureamid	$C_{10}H_{19}NO = (CH_3)_2C:CH.(CH_2)_2.CH(CH_3).CH_2.CO.NH_2$	81,5-82,5°; 82-83°	165—167° (12)	—
Campholsäureamid	$C_{10}H_{19}NO$	79—80°	—	—
Isocampholsäureamid	$C_{10}H_{19}NO$	116°	—	—
Menthonensäureamid	$C_{10}H_{19}NO$	104—105°	165—167° (12)	—
Undekanaphtensäureamid	$C_{11}H_{21}NO$	126—129°	—	—
Undekylensäureamid	$C_{11}H_{21}NO$	84,5—85,5°	—	—
Ölsäureamid	$C_{18}H_{35}NO$	75°; 78-81°; 75—76°	—	—
Elaidinsäureamid	$C_{18}H_{35}NO$	92—94°; 93—94°	—	—
Erucasäureamid	$C_{22}H_{43}NO$	84°	—	—
Brassidinsäureamid	$C_{22}H_{43}NO$	90°	—	—

	Formel	Schmelzpunkt	Siedepunkt	Spezifisches Gewicht
Sorbinsäureamid	$C_6H_9NO = C_5H_7.CO.NH_2$	—	—	—
Amide $C_8H_{13}NO$	$C_8H_{13}NO$	—	—	—
Diallylacetamid	$(CH_2:CH.CH_2)_2CH.CO.NH_2$	82,5°	265°	—
Suberencarbonsäureamide:				
Cyklohepten (1)-Carbonsäureamid (1)	$\begin{matrix} CH_2.CH_2.CH \\ CH_2.CH_2.CH_2 \end{matrix} \gg C.CO.NH_2$	126°; 125—126°	—	—
4-Äthyl-Cyklopenten (2)-Carbonsäureamid	$C_2H_5.CH<^{CH_2.CH.CO.NH_2}_{CH:CH}$	158°	—	—
Stereomeres (?)	—	185°	—	—
Tetrahydro-p-Toluylsäureamid	$CH_3.CH<^{CH_2.CH_2}_{CH_2.CH}\gg C.CO.NH_2$	151°	—	—
Amide $C_9H_{15}NO$	$C_9H_{15}NO$	—	—	—
Lauronolsäureamid	—	71—72°	—	—
Isolauronolsäureamid	—	129—130°	—	—
p-Lauronolsäureamid	—	Öl	—	—
Amid der Campholytsäure (?)	—	90°	—	—
Camphoceensäureamid	—	155° unter Zersetzung	—	—
Amide $C_{10}H_{17}NO$	$C_{10}H_{17}NO$	—	—	—
Campholensäureamid aktiv	—	125°; 130°	—	—
desgl. inaktiv	—	86°	—	—
α-Fencholensäureamid	—	113—114°	—	—
β-Fencholensäureamid	—	86,5–87,5°; 85—86°	—	—
Isogeraniumsäureamid	—	—	—	—
α-Derivat	—	121°	208° (10)	—
β-Derivat	—	202°	leicht sublimierbar	—
α-Pulegensäureamid	-	121—122°		—
β-Pulegensäureamid		152°		

Säureamide. Einbasische Oxysäuren.

Glykolsäureamid	$C_2H_5NO_2 = OH.CH_2.CO.NH_2$	120°	—	—
Laktamid	$C_3H_7NO_2 = CH_3.CH(OH).CO.NH_2$	74°	—	—
γ-Oxyvaleramid	$C_5H_{11}NO_2 = CH_3.CH(OH).(CH_2)_2.CO.NH_2$	50°; 56°	zersetzlich	—
α-Oxyisovaleramid	$C_5H_{11}NO_2 = (CH_3)_2:CH.CH(OH).CO.NH_2$	104°	—	—
α-Oxycapronamid	$C_6H_{13}NO_2 = C_4H_9.CH(OH).CO.NH_2$	140—142°	—	—
γ-Oxycapronamid	$C_6H_{13}NO_2 = C_2H_5.CH(OH).(CH_2)_2.CO.NH_2$	74°	—	—
α-Oxyönanthsäureamid	$C_7H_{15}NO_2 = C_5H_{11}.CH(OH).CO.NH_2$	147°	—	—
α-Oxycaprylsäureamid	$C_8H_{17}NO_2 = C_5H_{13}.CH(OH).CO.NH_2$	150°	—	—
β-Propyliden-α-Oxybutyramid	$C_7H_{13}NO_2 = C_2H_5.CH:C(CH_3).CH(OH).CO.NH_2$	100—101°	—	—
Ricinolsäureamid	$C_{18}H_{35}NO_2$	66°	—	—
Ricinelaidinsäureamid	$C_{18}H_{35}NO_2$	91—93°	—	—
Tetrinsäureamid	$C_5H_7NO_2$	212°	—	—
Komenamid	$C_6H_5NO_4 = OH.C_5H_2O_2.CO.NH_2$	—	—	—
Cholsäureamid	$C_{24}H_{41}NO_4 = C_{24}H_{39}O_4(NH_2)$	130—140°, erstarrt bei 180° und schmilzt wieder gegen 228°	—	—
Arabinosekarbonsäureamid	$C_6H_{13}NO_6 = CH_2(OH).(CH.OH)_4.CO.NH_2$	bei 160° Zersetzung	—	—
Galaktosekarbonsäureamid	$C_7H_{15}NO_7$	194° unter Zersetzung	—	—

Säureamide. Einbasische Ketosäuren.

Brenztraubensäureamid	$C_3H_5NO_2 = CH_3.CO.CO.NH_2$	124—125°	sublimiert von 100° ab
Propionylameisensäureamid	$C_4H_7NO_2 = C_2H_5.CO.CO.NH_2$	116—117°	

	Formel	Schmelzpunkt	Siedepunkt	Spezifisches Gewicht
Amide	$C_5H_9NO_2$	—	—	—
Butyrylameisensäureamid	$C_3H_7.CO.CO.NH_2$	105—106°	—	—
Isobutyrylameisensäureamid	$(CH_3)_2.CH.CO.CO.NH_2$	125—126°	—	—
Lävulinsäureamid	$CH_3.CO.(CH_2)_2.CO.NH_2$	107—108°	—	—
Methylacetessigsäureamid	$CH_3.CO.CH(CH_3).CO.NH_2$	73°	—	—
Äthylacetessigsäureamid	$C_6H_{11}NO_2=CH_3.CO.CH(C_2H_5).CO.NH_2$	96°	sublimierbar	—
Dimethylpropionylacetamid	$C_7H_{13}NO_2=C_2H_5.CO.C(CH_3)_2.CO.NH_2$	66°	—	—
Isoamylacetessigsäureamid	$C_9H_{17}NO_2=CH_3.CO.CH(C_5H_{11}).CO.NH_2$	129°	—	—
Diacetylcapronamid	$C_{10}H_{17}NO_3=CH_3.CO.C_4H_8.CH(CO.CH_3).CO.NH_2$	228°	—	—
Kamphansäureamid (Rechts-Trans-π)	$C_{10}H_{15}NO_3=NH_2.CO.C_8H_{12}<{CO \atop O}$	107,5—108,5°	—	—
Galaktonsäureamid	$C_6H_{13}NO_6=$ [illegible] $.CO.NH_2$	172—173° (Zersetzg.)	—	—
Arabinosekarbonsäureamid	$C_6H_{13}NO_6=OH.CH_2(CH.OH)_4.CO.NH_2$	Zersetzung bei 160°	—	—

Hydroaromatische und ähnliche Säureamide.

	Formel	Schmelzpunkt	Siedepunkt	Spezifisches Gewicht
Hexahydrobenzoesäureamid	$C_7H_{13}NO=C_6H_{11}.CO.NH_2$	184°; 185—186°	—	—
Hexahydrotoluylsäureamide	$C_8H_{15}NO=CH_3.C_6H_{10}.CO.NH_2$	—	—	—
o-Verbindung	—	180—181°	—	—
m-Verbindung	—	155—156°	—	—
p-Verbindung	—	220—221°	—	—
aus der flüssigen Säure	—	176—178°	—	—
Äthylpentamethylenkarbonsäureamid (1,4)	$C_8H_{15}NO=C_2H_5.C_5H_8.CO.NH_2$	195°	—	—
Tetrahydrobenzoesäureamide	$C_7H_{11}NO=C_6H_9.CO.NH_2$	—	—	—
Δ 1		127—128°	—	—
Δ 2		144°	—	—

Tetrahydro-p-Toluylsäure-amid Δ 1	$C_8H_{13}NO=CH_3.C_6H_8.CO.NH_2$	151°	—	—
Äthylcyklopentenkarbon-säureamide	$C_8H_{13}NO=C_2H_5.C_5H_6.CO.NH_2$	—	—	—
der **Γα-Δ²-1,4-Säure** . . .	—	158°	—	—
der Γβ-Δ²-1,4-Säure . . .	—	185°	—	—
der Δ¹-1,4-Säure	—	134—135°	—	—
Dihydrobenzoesäureamide .	$C_7H_9NO=C_6H_7.CO.NH_2$	—	—	—
der Δ 1,3-**Säure**	—	105°	—	—
?	—	152—153°	—	—
Dihydro-o-Toluylsäureamid .	$C_8H_{11}NO=CH_3.C_6H_6.CO.NH_2$	155—156°	—	—
p-Methylendihydrobenzoe-säureamide	$C_8H_9NO=CH_2:C_6H_5.CO.NH_2$	—	—	—
α-Derivat	—	125,5°	—	—
β-Derivat	—	101—102°	—	—
γ-Derivat	—	90°	—	—
Tetrahydronaphtoesäure-amide	$C_{11}H_{13}NO=C_{10}H_{11}.CO.NH_2$	—	—	—
Ar-α-Derivat	—	182°	—	—
Ac-α-Derivat	—	116°	—	—
Abietinsäureamid	$C_{19}H_{29}NO=C_{18}H_{27}.CO.NH_2$	63°	—	—

Aromatische Säureamide.

Benzoesäureamid, Benzamid	$C_7H_7NO=C_6H_5.CO.NH_2$	128°	—	1,341 (4°)
Phenylacetamid, α-Toluyl-säureamid	$C_8H_9NO=C_6H_5.CH_2.CO.NH_2$	154—155°	281—284°	—
Toluylsäureamide	$C_8H_9NO=CH_3.C_6H_4.CO.NH_2$	—	—	—
o-Verbindung	—	138°	—	—
p-Verbindung	—	{ 151°; 156°; 158—159° }	—	—
Homotoluylsäureamid . . . (Hydrozimmtsäureamid)	$C_9H_{11}NO=C_6H_5.(CH_2)_2.CO.NH_2$	105°; 82°	—	—
Hydratropasäureamid . . .	$C_9H_{11}NO=C_6H_5.CH(CH_3).CO.NH_2$	91—92°	—	—
p-Äthylbenzoesäureamid . .	$C_9H_{11}NO=C_2H_5.C_6H_4.CO.NH_2$	115—116°	—	—

	Formel	Schmelzpunkt	Siedepunkt	Spezifisches Gewicht
o-Tolylessigsäureamid . . .	$C_9H_{11}NO = CH_3.C_6H_4.CH_2.CO.NH_2$	161°	sublimierbar	—
m-Tolylessigsäureamid . . .	desgl.	141°	sublimierbar	—
p-Tolylessigsäureamid . . .	desgl.	184°	sublimierbar	—
p-Xylylsäureamid $CH_3:CH_3:CONH_2$ 1 : 2 : 4	$C_9H_{11}NO = (CH_3)_2.C_6H_3.CONH_2$	130—131°	—	—
Xylylsäureamid 1 : 3 : 2 . .	desgl.	179—181°	—	—
Mesitylensäureamid 1 : 3 : 5 .	desgl.	133°	—	—
Isoxylylsäureamid 1 : 4 : 2 .	desgl.	186°	—	—
Phenylisobuttersäureamid .	$C_{10}H_{13}NO = C_6H_5.CH_2.CH(CH_3).CO.NH_2$	109°	—	—
o-Cuminsäureamid	$C_{10}H_{13}NO = (CH_3)_2.CH.C_6H_4.CO.NH_2$	124°	—	—
p-Cuminamid	desgl.	153,5°	—	—
as-m-Xylylessigsäureamid .	$C_{10}H_{13}NO = (CH_3)_2.C_6H_3.CH_2.CO.NH_2$	183°	sublimierbar	—
Cumylsäureamid	$C_{10}H_{13}NO = (CH_3)_3.C_6H_2.CO.NH_2$	200—201°	—	—
m-Isobutylbenzoesäureamid .	$C_{11}H_{15}NO = (CH_3)_2.CH.CH_2.C_6H_4.CO.NH_2$	130°	—	—
p-Isobutylbenzoesäureamid .	desgl.	171°	—	—
p-Homocuminsäureamid . .	$C_{11}H_{15}NO = (CH_3)_2.CH.C_6H_4.CH_2.CO.NH_2$	170°	—	—
Karbocymolsäureamid . . .	$C_{11}H_{15}NO = CH_3.C_6H_3(CH[CH_3]_2).CO.NH_2$	138—139°	—	—
m-Xylylpropionsäureamid .	$C_{11}H_{15}NO = (CH_3)_2C_6H_3.(CH_2)_2.CO.NH_2$	107°	sublimierbar	—
Pseudocumenylessigsäureamid	$C_{11}H_{15}NO = (CH_3)_3.C_6H_2.CH_2.CO.NH_2$	174°	—	—
Mesitylessigsäureamid . . .	$C_{11}H_{15}NO = (CH_3)_3.C_6H_2.CH_2.CO.NH_2$	208°	—	—
1,2,4,5-Tetramethylbenzoesäureamid	$C_{11}H_{15}NO = (CH_3)_4.C_6H.CO.NH_2$	172—173°	—	—
m-Xylylbuttersäureamid . .	$C_{12}H_{17}NO = (CH_3)_2.C_6H_3.C_3H_6.CO.NH_2$	123—124°	—	—
p-Xylylbuttersäureamid . .	desgl.	125°	—	—

o-Cymylessigsäureamid . . .	$C_{12}H_{17}NO = C_3H_7.C_6H_3(CH_3).CH_2.CO.NH_2$	112°	—	—
p-Cymylessigsäureamid . . .	desgl.	—	—	—
Pentamethylbenzoesäureamid	$C_{12}H_{17}NO = (CH_3)_5C_6.CO.NH_2$	206°	—	—
Zimmtsäureamid	$C_9H_9NO = C_6H_5.CH:CH.CO.NH_2$	141,5°	—	—
Phenylcrotonsäureamid . .	$C_{10}H_{11}NO = C_6H_5.CH:C(CH_3).CO.NH_2$	128°	—	—
Hydrindenkarbonsäureamid .	$C_{10}H_{11}NO = C_6H_4{<}{}^{CH_2}_{CH_2}{>}CH.CO.NH_2$	178°	—	—
Phenylangelikasäureamid . .	$C_{11}H_{13}NO = C_6H_5.CH:C(C_2H_5).CO.NH_2$	128°	—	—
p-Cumenylakrylsäureamid .	$C_{12}H_{15}NO = (CH_3)_2CH.C_6H_4.CH:CH.CO.NH_2$	185—186°	—	—
Phenylpropiolsäureamid . .	$C_9H_7NO = C_6H_5.C \vdots C.CO.NH_2$	99—100°	—	—
Naphtoesäureamide	$C_{11}H_9NO = C_{10}H_7.CO.NH_2$	—	—	—
α-Derivat	—	202°	—	—
β-Derivat	—	192°	—	—
α-Naphtylessigsäureamid . .	$C_{12}H_{11}NO = C_{10}H_7.CH_2.CO.NH_2$	180—181°	—	—
α-Äthylnaphtoesäureamid . .	$C_{13}H_{13}NO = C_2H_5.C_{10}H_6.CO.NH_2$	166°	—	—
o-Biphenylkarbonsäureamid	$C_{13}H_{11}NO = C_6H_5.C_6H_4.CO.NH_2$	177°	—	—
Acenaphtoesäureamid . . .	$C_{13}H_{11}NO = C_{12}H_9.CO.NH_2$	198°	—	—
Diphenylessigsäureamid . .	$C_{14}H_{13}NO = (C_6H_5)_2CH.CO.NH_2$	165—166°	—	—
o-Benzylbenzoesäureamid . .	$C_{14}H_{13}NO = C_6H_5.CH_2.C_6H_4.CO.NH_2$	163°	—	—
α,β-Diphenylpropionsäureamid	$C_{15}H_{15}NO = C_6H_5.CH_2.CH(C_6H_5).CO.NH_2$	133—134°	—	—
p-Tolylphenylessigsäureamid	$C_{15}H_{15}NO = CH_3.C_6H_4.CH(C_6H_5).CO.NH_2$	151°	—	—
Phenyltolylmethan-o-Karbonsäureamid	$C_{15}H_{15}NO = CH_3.C_6H_4.CH_2.C_6H_4.CO.NH_2$	123°	—	—
Dibenzylessigsäureamid . .	$C_{16}H_{17}NO = (C_6H_5.CH_2)_2CH.CO.NH_2$	128—129°	—	—
γ-Anthracenkarbonsäureamid	$C_{15}H_{11}NO = C_{14}H_9.CO.NH_2$	293—295°	—	—
Triphenylacrylsäureamid[1] . .	$C_{21}H_{17}NO = (C_6H_5)_2C:C(C_6H_5).CO.NH_2$	223°	—	—

[1]) Heyl u. V. Meyer, Ber. 28, 2785.

Neutrale Amide mehrbasischer aliphatischer Säuren.

	Formel	Schmelzpunkt	Siedepunkt	Spezifisches Gewicht
Carbamid, Harnstoff	$CH_4N_2O = CO(NH_2)_2$	132°	sublimiert im Vakuum fast unzersetzt	1,30; 1,323
Oxamid	$C_2H_4N_2O_2 = NH_2.CO.CO.NH_2$	417—419° (Zersetzg.)	sublimiert unter teilweiser Zersetzung	1,667
Malonylamid	$C_3H_4N_2O_2 = CH_2(CO.NH_2)_2$	170°	—	—
s-Succinamid	$C_4H_8N_2O_2 = NH_2.CO.(CH_2)_2.CO.NH_2$	242—243°	—	—
as-Succinamid	$C_4H_8N_2O_2 = CH_2.C(NH_2)_2$ / $CH_2.CO.O$	ca. 90°	—	—
Isosuccinamid	$C_4H_8N_2O_2 = CH_3.CH(CO.NH_2)_2$	206°	—	—
Brenzweinsäureamid	$C_5H_{10}N_2O_2 = CH_3.CH<{CO.NH_2 \atop CH_2.CO.NH_2}$	175°; 225°	—	—
Glutarsäureamid	$C_5N_{10}N_2O_2 = CH_2(CH_2.CO.NH_2)_2$	176° unter NH_3-Abgabe; 175°	—	—
Dimethylmalonamid	$C_5H_{10}N_2O_2 = (CH_3)_2C(CO.NH_2)_2$	196—198°	—	—
Äthylmalonsäureamid	$C_5H_{10}N_2O_2 = C_2H_5.CH(CO.NH_2)_2$	207—208°; 212°	—	—
Adipinsäureamid	$C_6H_{12}N_2O_2 = NH_2.CO.(CH_2)_4.CO.NH_2$	220°	—	—
Propylmalonsäureamid	$C_6H_{12}N_2O_2 = C_3H_7.CH(CO.NH_2)_2$	182—183°	—	—
s-Dimethylbernsteinsäureamid	$C_6H_{12}N_2O_2 = {CH(CH_3).CO.NH_2 \atop \dot{C}H(CH_3).CO.NH_2}$	noch nicht bei 260°	—	—
β-Methyladipinsäureamid	$C_7H_{14}N_2O_2 = {CH(CH_3).CH_2.CO.NH_2 \atop \dot{C}H_2.CH_2.CO.NH_2}$	191°	—	—
αα-Dimethylglutarsäureamid	$C_7H_{14}N_2O_2 = CH_2<{CH_2.CO.NH_2 \atop C(CH_3)_2.CO.NH_2}$	169—172°	—	—
Isoamylmalonamid	$C_8H_{16}N_2O_2 = C_5H_{11}.CH(CO.NH_2)_2$	210°	—	—
Suberamid	$C_8H_{16}N_2O_2 = C_6H_{12}(CO.NH_2)_2$	216—217°	—	—
Azelaïnamid	$C_9H_{18}N_2O_2 = C_7H_{14}(CO.NH_2)_2$	175—176°	—	—

Sebacinamid	$C_{10}H_{20}N_2O_2 = C_8H_{16}(CO.NH_2)_2$	208°	—	—
Undekamethylendikarbonsäureamid	$C_{13}H_{26}N_2O_2 = C_{11}H_{22}(CO.NH_2)_2$	150,5°	—	—
Brassylsäureamid	$C_{13}H_{26}N_2O_2$	177°	—	—
Fumaramid	$C_4H_6N_2O_2 = C_2H_2.(CO.NH_2)_2$	32°; 266°	—	—
Itakonamid	$C_5H_8N_2O_2 = C_3H_4.(CO.NH_2)_2$	192°	—	—
Citrakonamid	desgl.	Zerstzg. bei 185—187°	—	—
Mesakonamid	desgl.	175°	—	—
$\Delta\beta\gamma$-Dihydromuconsäureamid	$C_6H_{10}N_2O_2 = C_4H_6(CO.NH_2)_2$	210° unter Zersetzung	—	—
Tetramethylendikarbonsäureamid	$C_6H_{10}N_2O_2 = \begin{matrix} CH_2.CH.CO.NH_2 \\ \dot{C}H_2.\dot{C}H.CO.NH_2 \end{matrix}$	ca. 228°	—	—
Isopropylfumaramid	$C_7H_{12}N_2O_2 = C_5H_8(CO.NH_2)_2$	240° unter Zersetzung	—	—
Cis-Cyklopentandikarbonsäureamid	$C_7H_{12}N_2O_2 = C_5H_8(CO.NH_2)_2$	224—226°	—	—
Camphersäureamid	$C_{10}H_{18}N_2O_2 = C_8H_{14}(CO.NH_2)_2$	192—193°	—	—
Mukonsäureamid	$C_6H_8N_2O_2 = \begin{matrix} CH:CH.CO.NH_2 \\ \dot{C}H:CH.CO.NH_2 \end{matrix}$	Zerstzg. von 240° an	—	—
Tartronamid	$C_3H_6N_2O_3 = OH.CH(CO.NH_2)_2$	gegen 198°; 195—196° unt. Zerstzg.	—	—
Butanondiamid	$C_4H_6N_2O_3 = NH_2.CO.CO.CH_2.CO.NH_2$	180° unter Zersetzung	—	—
Äpfelsäureamid, Malamid . .	$C_4H_8N_2O_3 = C_4H_4O_3(NH_2)_2$	—	—	—
Crassulaceen-Äpfelsäureamid	$C_4H_8N_2O_3$	174—178°	—	—
Oxyäthylmalonsäureamid . .	$C_5H_{10}N_2O_3 = HO.CH_2.CH_2.CH(CO.NH_2)_2$	150°	—	—
Propiondikarbonsäureamid .	$C_7H_{10}N_2O_5 = C_5H_6O_3(CO.NH_2)_2$	292°	sublimiert von 250—260° an	—
Phoronsäureamid	$C_{11}H_{20}N_2O_2$	oberhalb 300°	—	—
Mesoxalsäureamid	$C_3H_6N_2O_4 = (OH)_2:C:(CO.NH_2)_2$	—	—	—
Weinsäureamide	$C_4H_8N_2O_4 = \begin{matrix} CH(OH).CO.NH_2 \\ \dot{C}H(OH).CO.NH_2 \end{matrix}$	—	—	—
Rechtsweinsäureamid . .	—	—	—	—
Linksweinsäureamid . . .	—	—	—	—
Camphoronsäureamid . . .	$C_9H_{16}N_2O_4$	etwas über 160°	—	—

	Formel	Schmelzpunkt	Siedepunkt	Spezifisches Gewicht
Zuckersäureamide	$C_6H_{12}N_2O_6 = C_4H_8O_4(CO.NH_2)_2$	—	—	—
Saccharamid	—	—	—	—
d-Mannozuckersäureamid	—	geg. 89° unt. Zersetzung	—	—
l-Mannozuckersäureamid	—	189—190°, 183—185° (unt. völlig. Zersetzg.)	—	—
Schleimsäureamid	—	—	—	1,589 (13,5°)
Isozuckersäureamid	$C_6H_{10}N_2O_5$	226°	—	—
Trikarballylsäureamid	$C_6H_{11}N_3O_3 = C_3H_5(CO.NH_2)_3$	205—207° unt. Zerstzg.	—	—
Karboxyglutarsäuretriamid	$C_6H_{11}N_3O_3 = CH(CO.NH_2)_2.CH_2.CH_2.CO.NH_2$	181°	—	—
Akonitsäureamid	$C_6H_9N_3O_3 = (NH_2.CO).CH_2.C(CONH_2) \; H\ddot{C}(CO.NH_2)$	verkohlt oberhalb 260°, ohne zu schmelzen	—	—
Citramid	$C_6H_{11}N_3O_4 = OH.C_3H_4(CO.NH_2)_3$	210—215°	—	—
Acetotrikarballylsäureamid	$C_8H_{13}N_3O_4 = CH_3.CO.(CH[CO.NH_2])_2.CH_2.CO.NH_2$	248° (Gasentwicklg.)	—	—
Acetylentetrakarbonsäureamid	$C_6H_{10}N_4O_4 = \dot{C}H(CO.NH_2)_2 \; \dot{C}H(CO.NH_2)_2$	Zersetzung bei 230°	—	—
Amid der Säure $C_8H_{10}O_8$ (aus Itakonsäure)	$C_8H_{14}N_4O_4 = C_4H_6(CO.NH_2)_4$	250°	—	—
β-Butantetrakarbonsäuretetramid	$C_8H_{14}N_4O_4$	verkohlt bei ca. 310°	—	—
β-Methylpropantetrakarbonsäuretetramid	$C_8H_{14}N_4O_4$	270° (Gasentwickelung)	—	—

Neutrale Amide mehrbasischer aromatischer Säuren.

	Formel	Schmelzpunkt	Siedepunkt	Spezifisches Gewicht
Phtalamid	$C_8H_8N_2O_2 = C_6H_4(CO.NH_2)_2$	219—220° (NH_3-Ent-	—	

Terephtalamid	desgl.	—	—	—
Homoterephtalamid	$C_9H_{10}N_2O_2 = NH_2.CO.C_6H_4.CH_2.CO.NH_2$	235°	—	—
Methyl-2,4-Isophtalsäureamid	$C_9H_{10}N_2O_2 = CH_3.C_6.H_3(CO.NH_2)_2$	—	—	—
α-Methyl-Phtalsäureamid 1,3,4	desgl.	188° (NH_3-Entwcklg.)	—	—
Benzylmalonylamid	$C_{10}H_{12}N_2O_2 = C_6H_5.CH_2.CH(CO.NH_2)_2$	225°	—	—
p-Phenylendiessigsäureamid	$C_{10}H_{12}N_2O_2 = C_6H_4(CH_2.CO.NH_2)_2$	über 290°	—	—
α-Methyl-Homoterephtalsäureamid	$C_{10}H_{12}N_2O_2 = NH_2.CO.C_6H_4.CH(CH_3).CO.NH_2$	227—229°	—	—
Benzalmalonsäureamid	$C_{10}H_{10}N_2O_2 = C_6H_5.CH{:}C(CO.NH_2)_2$	189—190°	—	—
1,2-Naphtalindikarbonsäureamid	$C_{12}H_{10}N_2O_2 = C_{10}H_6(CO.NH_2)_2$	265° (NH_3-Entwcklg.)	—	—
1,10-Diphensäureamid	$C_{14}H_{12}N_2O_2 = NH_2.CO.(C_6H_4)_2.CO.NH_2$	212°	—	—
Benzylhomophtalsäureamid	$C_{16}H_{16}N_2O_2 =$ CO.NH₂ / $C_6H_4.CH(C_7H_7).CO.NH_2$	224° (NH_3-Entwicklg.)	—	—
γ-Isatropa-(α-Truxill-)säureamid	$C_{18}H_{18}N_2O_2 = C_6H_5.CH.CH.CO.NH_2$ / $NH_2.CO.CH.CH.C_6H_5$	265°	—	—

Saure Amide mehrbasischer aliphatischer Säuren.

Karbaminsäure	$CH_3NO_2 = NH_2.CO.OH$	nur in Salzen, Estern etc. bekannt	—	—
Oxaminsäure	$C_2H_3NO_3 = NH_2.CO.CO.OH$	210° unter Zersetzung	—	—
Succinaminsäure	$C_4H_7NO_3 = NH_2.CO.(CH_2)_2.CO.OH$	154°	—	—
Dimethylmalonaminsäure	$C_5H_9NO_3 = (CH_3)_2.C(CO.NH_2).COOH$	84—85°	Zersetzung bei 135°	—
Adipinaminsäure	$C_6H_{11}NO_3$	125—130°	—	—

	Formel	Schmelzpunkt	Siedepunkt	Spezifisches Gewicht
Suberaminsäure	$C_8H_{15}NO_3 = NH_2.CO.C_6H_{12}.CO_2H$	etwas über 170°; 125—127°	—	—
Azelaïnaminsäure	$C_9H_{17}NO_3 = NH_2.CO.C_7H_{14}.CO_2H$	93—95°	—	—
Sebaminsäure	$C_{10}H_{19}NO_3 = NH_2.CO.C_8H_{16}.CO_2H$	170°	—	—
Tetradekylmalonaminsäure	$C_{17}H_{33}NO_3 = C_{14}H_{29}.CH(CO.NH_2).CO_2H$	zerfällt v. d. Schmelzen	—	—
Hexadekylmalonaminsäure	$C_{19}H_{37}NO_3 = C_{16}H_{33}.CH(CO.NH_2).CO_2H$	zerfällt v. d. Schmelzen	—	—
Oktodekylmalonaminsäure	$C_{21}H_{41}NO_3 = C_{18}H_{37}.CH(CO.NH_2).CO_2H$	126° unter Zersetzung	—	—
Fumaraminsäure	$C_4H_5NO_3 = NH_2.CO.C_2H_2.CO_2H$	217° unter Zersetzung	—	—
Maleïnaminsäure	$C_4H_5NO_3 = NH_2.CO.C_2H_2.CO_2H$	152—153°	—	—
Iso-α-Methylglutakonaminsäure	$C_6H_9NO_3 = CH_3.C_3H_3(CO.NH_2)(CO_2H)$	182—183°	—	—
Campheraminsäure α-Derivat	$C_{10}H_{17}NO_3 = NH_2.CO.C_8H_{14}.CO_2H$	174—176°	—	—
desgl. β-Derivat	—	180—181°	—	—
Hydroxycamphokarbaminsäure	$C_{11}H_{19}NO_3 = NH_2.CO.CH_2.C_8H_{14}.CO_2H$	205—210°	—	—
Tartronaminsäure	$C_3H_5NO_4 = OH.CH<^{CO.NH_2}_{CO.OH}$	160° unter Zersetzung	—	—
Malaminsäure	$C_4H_7NO_4 = NH_2.CO.CH(OH).CH_2.CO_2H$	146°	—	—
Methyltartronaminsäure	$C_4H_7NO_4 = CH_3.C(OH)<^{CO.NH_2}_{CO_2H}$	Sirup	—	—
α-Isoamyl-$α_1$-Methyl-α'-Oxysuccinaminsäure	$C_{10}H_{19}NO_4$	183°	—	—
Hydrochelidonaminsäure	$C_7H_{11}NO_4 = CO<^{CH_2.CH_2.CO_2H}_{CH_2.CH_2.CO.NH_2}$	127°	—	—
β-Acetylglutaraminsäure	$C_7H_{11}NO_4 = CH_3.CO.CH<^{CH_2.CO.NH_2}_{CH_2.CO_2H}$	—	—	—
[illegible]	[illegible] $CO.NH_2$ [illegible]	160; [illegible]		

[illegible]	$C_{10}H_{17}NO_4 = C_8H_{14}O \langle CO_2H$	—	—	—
Krokonaminsäure	$C_5H_3NO_4 = CO{:}C{:}C\langle^{CO.NH_2}_{CO_2H}$	—	—	—
Tartraminsäure	$C_4H_7NO_5 = \begin{matrix} CH(OH).CO.NH_2 \\ \dot{C}H(OH).CO_2H \end{matrix}$	Sirup	—	—
Trikarballylaminsäure	$C_6H_9NO_5 = NH_2.CO.C_3H_5(CO_2H)_2$	—	—	—
Citromonoaminsäure	$C_6H_9NO_6 = OH.C_3H_4(CO_2H)_2.CO.NH_2$	138°	—	—
Citrodiaminsäure	$C_6H_{10}N_2O_5 = OH.C_3H_4(CO_2H)(CO.NH_2)_2$	158°	—	—
Butantetrakarbondiamidsäuren	$C_8H_{12}N_2O_6 = C_4H_6(CO_2H)_2(CO.NH_2)_2$	—	—	—
Derivat der α-Säure	—	169° (Gasentwicklg.)	—	—
Derivat der β-Säure	—	181° (Zersetzung)	—	—

Saure Amide mehrbasischer aromatischer Säuren.

Phtalamidsäure	$C_8H_7NO_3 = NH_2.CO.C_6H_4.CO_2H$	148—149°	—	—
Terephtalamidsäure	desgl.	214°	—	—
Homophtalamidsäure	$C_9H_9NO_3 = CO_2H.CH_4.CH_2.CO.NH_2$	185—187° (Zersetzg.)	—	—
Homoterephtalamidsäure 4[2]	desgl.	62°	—	—
desgl. 1[1]	$NH_2.CO.C_6H_4.CH_2.CO_2H$	229°	—	—
1,10-Diphenamidsäure	$C_{14}H_{11}NO_3 = CO_2H.C_6H_4.C_6H_4.CO.NH_2$	193°; 190—191°	—	—

Aliphatische Säureimide.

Oximid	$C_2HNO_2 = \begin{matrix} CO \\ \dot{C}O \end{matrix} \rangle NH$	—		
Succinimid	$C_4H_5NO_2 = \begin{matrix} CH_2.CO \\ \dot{C}H_2.CO \end{matrix} \rangle NH$	125—126°	287—288°	
Brenzweinsäureimid	$C_5H_7NO_2 = CH_3.CH\langle^{CO.NH}_{CH_2.\dot{C}O}$	66°	über 280° unter teilweiser Zersetzung	

	Formel	Schmelzpunkt	Siedepunkt	Spezifisches Gewicht
Glutarsäureimid	$C_5H_7NO_2 = CH_2<{CH_2.CO \atop CH_2.CO}>NH$	151–152°	sublimiert unzersetzt	—
2,3-Dimethyl-1,4-Butanimide	$C_6H_9NO_2 = {CH_3.CH.CO \atop CH_3.CH.CO}>NH$	—	—	—
a) Anti-Dimethylbernsteinsäureimid	—	106°	300°	—
b) Para-Dimethylbernsteinsäureimid	—	78°	—	—
c) s-Dimethylbernsteinsäureimid	—	109—110°	260—265°	—
2-Methylbutan(4)-2-Methylimid	$C_6H_9NO_2 = (CH_3)_2.C<{CO.NH \atop CH_2.CO}$	—	—	—
a-Dimethylbernsteinsäureimid	—	106°	sublimiert von 60° an	—
Pi [illegible]imid	$C_7H_{11}NO_2 = (CH_3)_2.CH.CH<{CO.NH \atop CH_2.CO}$	60°	—	—
αα-Dimethylglutarimid	$C_7H_{11}NO_2 = CH_2<{C(CH_3)_2.CO \atop -CH_2.CO-}>NH$	150°	262—265°	—
αα¹-Dimethylglutarimid	$C_7H_{11}NO_2 = CH_2<{CH(CH_3).CO \atop CH(CH_3).CO}>NH$	146°	268°	—
ββ-Dimethylgl[u]tarimid	$C_7H_{11}NO_2 = (CH_3)_2.C<{CH_2.CO \atop CH_2.CO}>NH$	144°	—	—
Trimethylbernsteinsäureimid	$C_7H_{11}NO_2 = {(CH_3)_2C.CO \atop CH_3.CH.CO}>NH$	121°	—	—
Tetramethylbernsteinsäureimid	$C_8H_{13}NO_2 = {(CH_3)_2.C.CO \atop (CH_3)_2C.CO}>NH$	187°	sublimierbar	—
αββ-Trimethylglutarimid	$C_8H_{13}NO_2 = (CH_3)_2C<{CH(CH_3).CO \atop -CH_2.CO-}>NH$	126°	—	—
β-Isopropylglutarimid	$C_8H_{13}NO_2$ [illegible]	[illegible]		—

...imid	$C_3H_7.CH.CO$			
Fumarimid	$C_4H_2O_2:NH$?	—	—	—
Citrakonimid	$C_5H_5NO_2 = C_3H_3:(CO)_2:NH$	109—110°	—	—
Dimethylfumarimid	$C_6H_7NO_2 = \begin{matrix} CH_3.C.CO \\ CH_3.\ddot{C}.CO \end{matrix} > NH$	118°; 113°	sublimierbar	—
Cis-Cyklopentandikarbonsäureimid (1,3)	$C_7H_9NO_2$	154—155°	—	—
Camphersäureimid	$C_{10}H_{15}NO_2$	244—245°	300°	—
α-Isoamyl-α¹-Methyl-α¹-Oxysuccinimid	$C_{10}H_{17}NO_3 = \begin{matrix} C_5H_{11}.CH.CO \\ CH_3.\dot{C}H(OH).CO \end{matrix} > NH$	104°	—	+
Hydrochelidonsäureimid	$C_7H_9NO_3 = CO < \begin{matrix} CH_2.CH_2.CO \\ CH_2.CH_2.CO \end{matrix} > NH$	117°	—	—
β-Acetylglutarsäureimid	$C_7H_9NO_3 = CH_3.CO.CH < \begin{matrix} CH_2.CO \\ CH_2.CO \end{matrix} > NH$	144—145°	—	—
Oxycamphersäureimid	$C_{10}H_{15}NO_3 = OH.C_8H_{13} < \begin{matrix} CO \\ CO \end{matrix} > NH$	208°	sublimiert von 150° an	—
Phoronsäureimid	$C_{11}H_{17}NO_3$	205°	—	—

Aromatische Säureimide.

Phtalimid	$C_8H_5NO_2 = C_6H_4 < \begin{matrix} CO \\ CO \end{matrix} > NH$	233,5°	sublimierbar	—
n-Methylderivat[1]	$C_9H_7NO_2$	—	285,7° (761)	—
n-Äthylderivat[1]	$C_{10}H_9NO_2$	—	285° (758)	—
n-Propylderivat[1]	$C_{11}H_{11}NO_2$	—	296,9° (758)	—
n-Isopropylderivat[1]	desgl.	—	286° (761)	—
n-Butylderivat[1]	$C_{12}H_{13}NO_2$	—	311,8° (758)	—
Homophtalimid	$C_9H_7NO_2 = C_6H_4 < \begin{matrix} CH_2.CO \\ CO \end{matrix} > NH$	233°	—	—
Methylphtalsäureimid 1,2,3	$C_9H_7NO_2 = CH_3.C_6H_3 < \begin{matrix} CO \\ CO \end{matrix} > NH$	183—184°	—	—
α-Methylphtalsäureimid 1,3,4	desgl.	196°	—	—

[1]) F. Sachs, Ber. 31, 1225.

	Formel	Schmelzpunkt	Siedepunkt	Spezifisches Gewicht
α-Methyl-o-Homophtalsäureimid	$C_{10}H_9NO_2 = C_6H_4<{CH(CH_3).CO \atop CO}>NH$	145°	—	—
Dimethylhomophtalsäureimid	$C_{11}H_{11}NO_2 = C_6H_4<{C(CH_3)_2.CO \atop CO}>NH$	119—120°	318,5° (770)	—
Diäthylhomophtalsäureimid	$C_{13}H_{15}NO_2 = C_6H_4<{C(C_2H_5)_2.CO \atop CO}>NH$	144°	—	—
1,2-Naphtalindikarbonsäureimid	$C_{12}H_7NO_2 = C_{10}H_6<{CO \atop CO}>NH$	224°	—	—
1,8-Naphtalimid	desgl.	300°	sublimierbar	—
1,10-Diphensäureimid	$C_{14}H_9NO_2 = {C_6H_4.CO \atop C_6H_4.CO}>NH$	219—220°	—	—
Benzylhomophtalsäureimid	$C_{16}H_{13}NO_2 = C_6H_4<{CH(C_7H_7).CO \atop CO}>NH$	170°	oberh. 300°	—
Stilbendikarbonsäureimid	$C_{16}H_{11}NO_2 = {C_6H_5.C.CO \atop C_6H_5.C.CO}>NH$	213°	sublimierbar	—
Dibenzylhomophtalimid	$C_{23}H_{19}NO_2 = C_6H_4<{C(C_7H_7)_2.CO \atop CO}>NH$	174°	—	—

Imidsäuren, Amidimide, Diimide u. s. w.

	Formel	Schmelzpunkt	Siedepunkt	Spezifisches Gewicht
Camphoronimidsäure	$C_9H_{13}NO_4 = CO_2H.C_6H_{11}<{CO \atop CO}>NH$	210° (Zersetzg.)		-
Trikarballylamidimid	$C_6H_8N_2O_3 = (NH_2.CO).C_3H_5<{CO \atop CO}>NH$	173°		-
Camphoronsäureamidimid	$C_9H_{14}N_2O_3 = NH_2.CO.C_6H_{11}<{CO \atop CO}>NH$	210—218°		-

Propantetrakarbonsäure-diamidimid	$C_7H_9N_3O_4 = NH<{CO.\dot{C}H.CH_2.CO.NH_2 \atop CO.\dot{C}H.CO.NH_2}$	237—238°	—	—
[illegible]tetrakarbonsäurediimid	$C_8H_6N_2O_4 = C_4H_6\left(\cdot{CO \atop CO}>NH\right)_2$	verkohlt gegen 320°	—	—
Propanpentakarbonsäure-triamidimid	$C_8H_{10}N_4O_5 = NH<{CO.CH.CO.NH_2 \atop CO.\dot{C}H.CH(CO.NH_2)_2}$	212° (Zersetzg.)	—	—
Joniregentrikarbonsäureimid	$C_{12}H_{11}NO_4 = CO_2H.C_9H_9<{CO \atop CO}>NH$	oberh. 300°	—	—
Dibenzyl-o,o[1],α-Trikarbonsäureimid	$C_{17}H_{13}NO_4 = CO_2H.C_6H_4.CH_2 \quad {\dot{C}H.CO \atop \dot{C}_6H_4.CO}>NH$	242°	—	—
α-Methyldibenzyl-o,o[1], α-Trikarbonsäureimid	$C_{18}H_{15}NO_4$	233—236°	—	—
Naphtalintetrakarbonsäurediimid	$C_{14}H_6N_2O_4 = C_{10}H_4\left({CO \atop CO}>NH\right)_2$	—	sublimiert oberhalb 270°	—
Mellithsäurediimid, Euchronsäure	$C_{12}H_4N_2O_8 = (CO_2H)_2C_6\left({CO \atop CO}>NH\right)_2$	oberh. 280° (Zersetzg.)	—	—
Mellithsäuretriimid, Paramid	$C_{12}H_3N_3O_6 = C_6\left({CO \atop CO}>NH\right)_3$	—	—	—

Amidine und Imidine.

Formamidin, Methenylamidin	$CH_4N_2 = NH:CH.NH_2$	ebenso wie seine Dimethyl- und Diäthylderivate nur in Salzen [bekannt		
Acetamidin, Äthenylamidin	$C_2H_6N_2 = CH_3.C(NH).NH_2$	zerfällt schon bei gelinder Erwärmung		
Dimethylacetamidin	$C_4H_{10}N_2 = CH_3.C(NCH_3).NH.CH_3$	—	—	—
Diäthylacetamidin	$C_6H_{14}N_2 = CH_3.C(NC_2H_5).NH.C_2H_5$	Öl	165—168°	—
Dipropylacetamidin	$C_8H_{18}N_2$	—	—	—
Propionamidin	$C_3H_8N_2 = C_2H_5.C(NH).NH_2$	Öl	—	—
as-Diäthylpropionamidin	$C_7H_{16}N_2$	182—183°	—	—
as-Dipropylpropionamidin	$C_9H_{20}N_2$	203—204°	—	—
Laktamidin	$C_3H_8N_2O = CH_3.CH_2(OH).C(NH).NH_2$	ebenso wie sein Dimethylderivat nur in Form von Salzen bekannt		

	Formel	Schmelzpunkt	Siedepunkt	Spezifisches Gewicht
s-Dimethyl-Butyramidin	$C_6H_{14}N_2 = C_3H_7.C(NCH_3).NH.CH_3$	Öl	—	—
as-Dimethyl-Butyramidin	$C_6H_{14}N_2 = C_3H_7.C(NH).N(CH_3)_2$	Öl	ca. 160°	—
Oxyisobutyramidin	$C_4H_{10}N_2O = OH.C(CH_3)_2.C(NH).NH_2$	nur als Salz bekannt	—	—
Capronamidin	$C_6H_{14}N_2 = (CH_3)_2:CH.(CH_2)_2.C(NH).NH_2$	Öl	—	—
Palmitamidin	$C_{16}H_{34}N_2$	85°	194° (13)	—
Stearamidin	$C_{18}H_{38}N_2$	85°	—	—
Karbamidin, Guanidin	$CH_5N_3 = NH:C(NH_2)_2$	zersetzlich	—	—
Methylguanidin	$C_2H_7N_3 = HN:C(NH_2).NH(CH_3)$	zersetzlich	—	—
Dimethylguanidin	$C_3H_9N_3 = HN:C(NH_2).N(CH_3)_2$	—	—	—
Diäthylguanidin	$C_5H_{13}N_3 = HN:C(NH.C_2H_5)_2$	Öl	—	—
Triäthylguanidin	$C_7H_{17}N_3 = N(C_2H_5):C(NH.C_2H_5)_2$	flüssig	—	—
Succinimidin	$C_4H_7N_3 = \genfrac{}{}{0pt}{}{CH_2.C(NH)}{CH_2.C(NH)}>NH$	ebenso wie seine Alkylderivate nur in Salzen bekannt		
	od. $= \genfrac{}{}{0pt}{}{CH:C(NH_2)}{CH_2.C(NH_2)}>N$	—	—	—
Glutarimidin	$C_5H_9N_3 = C_3H_5<\genfrac{}{}{0pt}{}{C(NH_2)}{C(NH_2)}>N$	nur in Salzen seiner Alkylderivate bekannt		
Oxamidin	$C_2H_6N_4 = NH:C(NH_2).C(NH_2):NH$	nur als Salz bekannt		—
Succinamidin	$C_4H_{10}N_4$	desgl.		—
Glutaramidin	$C_5H_{12}N_4$	desgl.		—

Aromatische Amidine.

	Formel	Schmelzpunkt	Siedepunkt	Spezifisches Gewicht
Benzenylamidin	$C_7H_8N_2 = C_6H_5.C(NH).NH_2$	75—80°	--	
n-Äthylderivat	$C_9H_{12}N_2$	Öl	--	
n,n[1]-Äthylenderivat	$C_9H_{10}N_2$	101°	--	—
n[1]-Phenylderivat	$C_{13}H_{12}N_2$	111—112°	--	—
n-Methyl n[1]-Phenylderivat	$C_{14}H_{14}N_2$	134°	--	—
n[1]-Methylphenylderivat	desgl.	85°	-	—
n-Methyl n[1]-Methylphenyl- [illegible]	[illegible]	[illegible]	--	

n-Phenyl-n[1]-Dimethylderivat	desgl.	73—74°	—	—
n,n[1]-Diphenylderivat	$C_{19}H_{16}N_2$	144°	—	—
n[1]-Diphenylderivat	desgl.	{111,5–112°; 109–110,5°}	—	—
n-Methyl-n[1]-Diphenylderivat	$C_{20}H_{18}N_2$	Sirup	—	—
n[1]-Benzylderivat	$C_{14}H_{14}N_2$	77—78°	—	—
n[1]-Phenyl-n-Benzylderivat	$C_{20}H_{18}N_2$	100°	—	—
n-Phenyl-n[1]-Methylbenzylderivat	$C_{21}H_{20}N_2$	67°	—	—
n-Benzyl-n[1]-Methylphenylderivat	desgl.	90,6°	—	—
n-Phenyl-n[1]-Phenylbenzylderivat	$C_{26}H_{22}N_2$	111°	—	—
n-o-Tolylderivat	$C_{14}H_{14}N_2$	105—108°	—	—
n-p-Tolylderivat	desgl.	99—99,5°	—	—
n-Phenyl-n[1]-o-Tolylderivat	$C_{20}H_{18}N_2$	110°	—	—
n-p-Tolyl-n[1]-Phenylderivat	desgl.	131—132°	—	—
n-Phenyl-n[1]-Äthyl-p-Tolylderivat	$C_{22}H_{22}N_2$	102°	—	—
n-p-Tolyl-n[1]-Äthylphenylderivat	desgl.	117°	—	—
n,n[1]-Di-p-Tolylderivat	$C_{21}H_{20}N_2$	131°	—	—
n[1]-1,3,4-Xylylderivat	$C_{15}H_{16}N_2$	107—108°	—	—
n[1]-α-Naphtylderivat	$C_{17}H_{14}N_2$	141°	—	—
n-Methyl-n[1]-β-Naphtylderivat	$C_{18}H_{16}N_2$	204°	—	—
n-Methyl-n[1]-Methyl-β-Naphtylderivat	$C_{19}H_{18}N_2$	Öl	—	—
n-β-Naphtyl-n[1]-Dimethylderivat	desgl.	—	—	—
n[1] Phenyl-β-Naphtylderivat	$C_{23}H_{18}N_2$	147°	—	—
n-β-Naphtyl-n[1]-Methylphenylderivat	$C_{24}H_{20}N_2$	84°	—	—
n-Phenyl-n[1]-Methyl-β-Naphtylderivat	$C_{24}H_{20}N_2$	110°	—	—
n,n[1]-Di-β-Naphtylderivat	$C_{27}H_{20}N_2$	155°	—	—

	Formel	Schmelzpunkt	Siedepunkt	Spezifisches Gewicht
Phenylacetamidin	$C_8H_{10}N_2 = C_6H_5.CH_2.C(NH).NH_2$	116—117,5°	—	—
n,n[1]-Dimethylderivat	$C_{10}H_{14}N_2$	Öl	—	—
n[1]-Dimethylderivat	desgl.	—	—	—
n[1]-Phenylderivat	$C_{14}H_{14}N_2$	139°	sublimierbar	—
n,n[1]-Diphenylderivat	$C_{20}H_{18}N_2$	107—108°	—	—
n-p-Tolylderivat	$C_{15}H_{16}N_2$	118—119°	—	—
o-Tolenylamidin	$C_8H_{10}N_2 = CH_3.C_6H_4.C(NH).NH_2$	—	—	—
n[1]-Phenylderivat	$C_{14}H_{14}N_2$	121—123°	—	—
p-Tolenylamidin	desgl.	101—102°	—	—
n[1]-Phenylderivat	$C_{14}H_{14}N_2$	149°	—	—
n,n[1]-Diphenylderivat	$C_{20}H_{18}N_2$	168°	—	—
Phenylpropenylamidin	$C_9H_{12}N_2 = C_2H_5.C(NH).NH.C_6H_5$	68°	—	—
Cumenylamidin	$C_{10}H_{14}N_2 = (CH_3)_2CH.C_6H_4.C(NH).NH_2$	—	—	—
α-Naphtenylamidin	$C_{11}H_{10}N_2 = C_{10}H_7.C(NH).NH_2$	128—130°	—	—
n,n[1]-Äthylenderivat	$C_{13}H_{12}N_2$	131°	—	—
n,n[1]-Diphenylderivat	$C_{23}H_{18}N_2$	183,5°	—	—
β-Naphtenylamidin	desgl.	145°	—	—
n,n[1]-Äthylenderivat	$C_{13}H_{12}N_2$	116°	—	—
n[1]-Phenylderivat	$C_{17}H_{14}N_2$	162—163°	—	—

Hydroxylamin.

Oxyammoniak, Hydroxylamin, NH_3O, wurde 1865 von W. Lossen entdeckt und war bis 1891 nur in wässeriger Lösung und in Verbindungen mit Säuren bekannt. Erst in diesem Jahre gelang es Crismer [1]), aus den Metallammoniakverbindungen ähnlichen Verbindungen des Hydroxylamins mit Schwermetallsalzen jenes in geringer Menge in freiem Zustande abzuscheiden, und kurz darauf beschrieb Lobry de Bruyn [2]) ein brauchbares Verfahren, um auch größere Mengen reiner Substanz zu gewinnen.

Hydroxylamin bildet sich bei Einwirkung von nascierendem Wasserstoff auf Stickoxyd, salpetrige Säure, Salpetersäure [3]) oder Äthylnitrat, besonders beim Einleiten von Stickoxyd in ein Gemenge von Zinn und Salzsäure [4]), beim Zusammenbringen von Äthylnitrat mit diesem Gemenge [5]). In kleiner Menge entsteht es auch bei der Einwirkung von Zinn auf Salpetersalzsäure [5]), von Zinn und Salzsäure auf Alkalinitrate [5]), von Natriumamalgam auf Natriumnitrit [6]), auch von schwefliger Säure, Schwefelwasserstoff, Schwefelmetallen, Alkalimetallen, Magnesium, Aluminium, Cadmium oder Zink auf Salpetersäure [7]), von Schwefelwasserstoff oder schwefliger Säure auf Nitrite [8]).

Es entsteht ferner durch Zersetzung der Nitroverbindungen von Fettkörpern [9]), durch Erhitzen von hydroxylamindisulfosauren Salzen [10]). Schließlich gelingt auch eine synthetische Darstellung aus Stickoxyd und Wasserstoff. Während diese beiden Gase meist nach der Gleichung

$$NO + 5H = NH_3 + H_2O$$

aufeinander wirken, gelingt es unter gewissen Umständen, den Vorgang nebenbei, allerdings in geringem Betrage (etwa 1 bis 2 Proz. Ausbeute), entsprechend der Gleichung

$$NO + 3H = NH_3O$$

zu leiten. Es wird zu diesem Zwecke eine mit Platinschwamm gefüllte Röhre mit trockenem Stickoxyd gefüllt, dann ein trockenes Gemenge

---

[1]) L. Crismer, Bull. soc. chim. [3] 6, 793; Ber. 25, 75, Ref. — [2]) C. A. Lobry de Bruyn, Recueil trav. chim. Pays-Bas 10, 100, 11, 18; Ber. 25, 190 u. 684, Ref. — [3]) E. Divers u. T. Shimidzu sowie E. Divers u. Tamemasa Haga, Chem. Soc. Journ. 43, 443, 47, 597, 623; Ber. 18, 526/27, Ref. — [4]) E. Ludwig u. Th. Hein, Ber. 2, 671; E. Divers u. T. Shimidzu sowie E. Divers u. Tamemasa Haga, Chem. Soc. Journ. 43, 443, 47, 597, 623; Ber. 18, 526/27, Ref. — [5]) W. Lossen, Berl. Akad. Ber. 1865, S. 359; Journ. pr. Chem. 96, 462; Ztschr. Chem. [2] 4, 399, 403; Ann. Chem. 160, 242. — [6]) E. Fremy, Compt. rend. 70, 61 u. 1207; Ztschr. Chem. [2] 6, 138, 407; E. J. Maumené, Compt. rend. 70, 147; Chem. Centr. 1870, S. 199; Ztschr. Chem. [2] 6, 187. — [7]) E. Fremy, Compt. rend. 70, 61 u. 1207; Ztschr. Chem. [2] 6, 138, 407. — [8]) E. Divers u. Tamemasa Haga, Ber. 20, 1992. — [9]) O. Preibisch, Journ. pr. Chem. [2] 7, 480, 8, 316; V. Meyer u. J. Locher, Ber. 8, 215, 219. — [10]) F. Raschig, D. R.-P. 41 987.

beider Gase in dem durch die letzte Gleichung angegebenen Verhältnis eingeleitet, wobei stets Überschufs von Stickoxyd bleiben mufs. Sobald der Apparat mit den Gasen gefüllt ist, wird zunächst auf 100°, dann ganz langsam auf 115 bis 120° erhitzt [1]).

Die Bildungswärme in der Lösung beträgt nach Berthelot und André [2]) 23,8 Kal.

Darstellung. 1. Man beschickt mehrere grofse Kolben mit je 120 g Äthylnitrat, 400 g Zinngranalien, 800 bis 1000 ccm Salzsäure von 1,19 spezif. Gew. und deren dreifachem Volumen Wasser. Nach einigem Stehen beginnt die Reaktion, welche durch Umschütteln gefördert wird und zu ihrer Vollendung keiner äufseren Erwärmung bedarf. Der Kolbeninhalt wird mit mindestens dem gleichen Volumen Wasser verdünnt, durch Schwefelwasserstoff entzinnt und eingeengt, wodurch Salmiak (bei unvollständiger Entzinnung in Form der Chlorzinndoppelverbindung), weiterhin ein Gemenge von Salmiak und salzsaurem Hydroxylamin auskrystallisiert. Dieses Gemenge befreit man durch Waschen mit möglichst wenig kaltem absoluten Alkohol von der Mutterlauge, kocht es mit absolutem Alkohol bis zur Lösung des Hydroxylaminsalzes und fällt das noch heifse Filtrat mit Platinchlorid. Nach Entfernung des hierbei ausfallenden Platinsalmiaks krystallisiert das salzsaure Hydroxylamin sogleich oder beim Einengen. Ausbeute etwa 47 g aus 120 g Äthylnitrat.

2. Man leitet Stickoxyd aus einem Glasgasometer in langsamem, regelmäfsigem Strome durch vier bis sechs miteinander verbundene Kolben, welche eine kochende Mischung von Zinngranalien und Salzsäure enthalten, giefst nach zwei Stunden vom ungelösten Zinn ab, fällt aus der mit Wasser verdünnten Lösung das Zinn mit Schwefelwasserstoff, verdampft das Filtrat zur Trockne, wäscht den Rückstand mit kaltem absoluten Alkohol, zieht wiederum mit kochendem absoluten Alkohol aus und fällt die noch mit weingeistigem Platinchlorid behandelte und filtrierte Lösung mit Äther. Der Niederschlag wird mit Äther gewaschen und aus absolutem Alkohol umkrystallisirt [3]).

3. Man erwärmt Zinn mit Salzsäure, setzt, sobald sich reichlich Wasserstoff entwickelt, salpetrige Säure, deren Salze oder Salpetersäure hinzu, fällt das Zinnoxydul mit Ammoniak, verdunstet das Filtrat im Wasserbade, zieht mit absolutem Alkohol aus und verfährt weiter wie bei 1 [Fremy [4])].

4. Maumené [5]) versetzt 200 g Ammoniumnitrat mit 2170 g Salzsäure von 1,12 spezif. Gew., dann in drei bis vier Anteilen mit 552 g

[1]) Jouve, Compt. rend. 128, 435; Chem. Centr. 1899, I, S. 659. — [2]) Berthelot, Compt. rend. 83, 473; Chem. Centr. 1876, S. 620; Berthelot u. André, Compt. rend. 110, 830; Ber. 23, 316, Ref. — [3]) E. Ludwig u. Th. Hein, Ber. 2, 671. — [4]) E. Fremy, Compt. rend. 70, 61 u. 1207; Ztschr. Chem. [2] 6, 138, 407. — [5]) E. J. Maumené, Compt. rend. 70, 147; Chem. Centr. 1870, S. 199; Ztschr. Chem. [2] 6, 187.

Zinn unter sorgfältiger Vermeidung der namentlich zu Anfang leicht eintretenden Erwärmung. Nach Donath[1]) erhält man bessere Ausbeute bei Verwendung von Natriumnitrat. Béla v. Lengyel[2]) verwendet Kaliumnitrat.

5. Man behandelt Natriumnitrit mit Natriumsulfit bei Temperaturen etwas unterhalb 0°, hydrolysiert das Produkt durch zweitägiges Erwärmen auf 90 bis 95°, neutralisiert, filtriert vom ausgeschiedenen Natriumsulfat ab und bringt das im Filtrat enthaltene Hydroxylaminsulfat zur Krystallisation. Die Ausbeute an demselben soll annähernd der Menge des angewandten Nitrits gleich sein[3]).

6. Als beste Methode zur technischen Gewinnung gilt das Verfahren von Raschig[4]). Hydroxylamindisulfosaure Alkalien, welche leicht aus Bisulfit und Nitrit erhalten werden, werden durch Erhitzen der wässerigen nicht alkalischen Lösung auf 100 bis 130° in Hydroxylaminsulfat verwandelt, das vom schwerer löslichen Alkalisulfat durch fraktionierte Krystallisation getrennt wird. Man kann auch zuvor die hydroxylamindisulfosauren Salze durch Eintragen der alkalischen Lösung in stets vorwaltende verdünnte Säure in Monosulfonate verwandeln.

7. Eine sehr bequeme Darstellung beruht nach Carstanjen und Ehrenberg[5]) auf der Zersetzung von Knallquecksilber durch Salzsäure. 100 g der etwas feuchten Verbindung werden allmählich in 300 g konzentrierte reine Salzsäure eingetragen, wobei sich nur im Anfang etwas Blausäure, während der ganzen Operation aber reichlich Kohlensäure entwickelt. Es wird eine Zeitlang erwärmt, vom abgeschiedenen Merkurochlorid abfiltrirt und das Filtrat nach Verdünnung durch Schwefelwasserstoff vom Quecksilber befreit. Beim Eindampfen hinterläfst dann die Flüssigkeit salzsaures Hydroxylamin, das nach einmaligem Umkrystallisieren aus heifsem Alkohol völlig rein ist, in einer Ausbeute von 33 g aus 100 g Knallquecksilber.

8. Lidow[6]) giebt zu einer möglichst starken Lösung von hydroschwefliger Säure ganz allmählich und unter Abkühlung eine verhältnismäfsig schwache Lösung von Kaliumnitrit. Unter lebhafter Entwickelung farbloser Gase bildet sich Hydroxylamin, das durch Einleiten von Luft in saures Sulfat verwandelt und als solches nach umständlicher Reinigung gewonnen wird.

9. Man läfst zu 50-proz. Schwefelsäure in einem Elektrolyseur, dessen Kathode aus gut amalgamiertem Blei und dessen Anode aus reinem Blei besteht, unter guter Kühlung und bei Durchgang eines Stromes von 60—120 Amp. pro qdm langsam 50-proz. Salpetersäure zufliefsen, so dafs stets deutliche Wasserstoffentwickelung wahrnehmbar

[1]) J. Donath, Wien. Akad. Ber., 2. Abtlg., 75, 566. — [2]) Béla v. Lengyel, Ung. naturw. Ber. 1, 76; JB. 1884, S. 355. — [3]) E. Divers u. T. Haga, Chem. News 74, 269; Chem. Centr. 1897, I, S. 31. — [4]) F. Raschig, D. R.-P. 41 987. — [5]) E. Carstanjen u. A. Ehrenberg, Journ. pr. Chem. [2] 25, 233. — [6]) A. Lidow, Journ. russ. phys.-chem. Ges. 1884, I, S. 751; Ber. 18, 100, Ref.

ist, und rührt die Kathodenflüssigkeit fortwährend kräftig um. Wenn die gesamte Salpetersäure eingetragen ist, wird noch weiter bis zu deren gänzlichem Verschwinden reduziert[1]).

Freies Hydroxylamin gewinnt man in wässeriger Lösung aus dem Sulfat, das eventuell aus dem Chlorhydrat durch Abdampfen mit der berechneten Menge Schwefelsäure erhältlich ist, durch Zerlegen mit Barythydrat, in alkoholischer Lösung aus einer konzentrierten wässerigen Lösung des Sulfats oder Nitrats mit alkoholischem Kali[2]).

Aus einer solchen Lösung das Hydroxylamin in reinem Zustande zu gewinnen, gelingt nicht, da es bei Anwesenheit von Wasser selbst bei niedriger Temperatur äufserst flüchtig ist. Bei Abwesenheit von Wasser gelingt hingegen die Kondensation der in gasförmigem Zustande aus Lösungen oder Gemischen ausgetriebenen Substanz ganz leicht.

Crismer[3]) zersetzte die Zinkchloridverbindung durch Erhitzen auf 120° oder bei Gegenwart von Äther mit Ammoniak und verdunstete die abgegossene ätherische Lösung unter vermindertem Drucke. Reiner noch, in festem Zustande, erhielt er das Hydroxylamin, wenn er ein Gemisch der Zinkchloridverbindung mit Anilin der Destillation unterwarf und das unter guter Kühlung kondensierte und dabei erstarrende Destillat zur Entfernung des Anilins unter Ausschlufs von Feuchtigkeit mit geringen Mengen wasserfreien Äthers wusch.

Lobry de Bruyn[4]) zersetzt das Chlorhydrat in methylalkoholischer Lösung durch Natriummethylat, filtriert vom ausgeschiedenen Kochsalz ab und destilliert das Filtrat unter vermindertem Druck, wobei er zunächst die Hauptmenge des Methylalkohols, mit welchem nur wenig Hydroxylamin entweicht, übergehen läfst, dann erst den Druck weiter erniedrigt. Unter 60 mm Druck destilliert dann bei 70° eine Flüssigkeit, welche schon im Kühler zu langen Nadeln von reinem Hydroxylamin erstarrt.

Uhlenhuth[5]) erwärmt das trockene tertiäre Phosphat unter einem Druck von 13 mm. Dabei geht die Hauptmenge des Hydroxylamins zwischen 135 und 137° über, und man kann, falls man öfters unterbricht und den Druck nicht über 30 bis 40 mm steigen läfst, bis 170° erhitzen, ohne dafs Explosion eintritt. Die Ausbeute beträgt dann 43,3 Proz.

Brühl[6]) hat zur Verbesserung der Ausbeute bei Lobry de Bruyns Verfahren empfohlen, die Destillation ohne Unterbrechung, also unter möglichst starker Evakuation von Beginn an durchzuführen und den Kühler mit Eiswasser zu speisen. Lobry de Bruyn[7]) hält

---

[1]) Böhringer, Pat.-Anm. B 29 706 v. 25. Juli 1901; vergl. a. J. Tafel, Ztschr. anorgan. Chem. 31, 289. — [2]) W. Lossen, Berl. Akad. Ber. 1865, S. 359; Journ. pr. Chem. 96, 462; Zeitschr. Chem. [2] 4, 399, 403; Ann. Chem. 160, 242. — [3]) L. Crismer, Bull. soc. chim. [3] 6, 793; Ber. 25, 75, Ref. — [4]) C. A. Lobry de Bruyn, Recueil trav. chim. Pays-Bas 10, 100, 11, 18; Ber. 25, 190 u. 684, Ref. — [5]) Uhlenhuth, Ann. Chem. 311, 117, 120. — [6]) Brühl, Ber. 26, 2508. — [7]) C. A. Lobry de Bruyn, Ber. 27, 967.

dies aber wegen der damit, zum Teil durch Verstopfung des Kühlers, verbundenen Explosionsgefahr nur bei Bereitung kleiner Mengen für zulässig, und auch Uhlenhuths Angaben sprechen für diese Ansicht.

Zu besonderer Vorsicht bei der Destillation selbst kleiner Mengen mahnt eine von Wolffenstein und Groll [1]) berichtete, äufserst heftige Explosion.

Reines Hydroxylamin bildet grofse farblose Blätter [2]) oder lange harte Nadeln [3]), die nach Lohry de Bruyn bei 33,05° schmelzen und bei 56 bis 58° unter 22 mm Druck sieden. Das spezifische Gewicht ist = 1,35, geschmolzen = 1,23 bei 15° [4]), nach Brühl [5]) 1,2255 bei 0° und 1,2156 bei 10°. Die Verbindung bleibt leicht überschmolzen. Der Brechungsindex $\frac{A^2-1}{A^2-2}\mu$ ist nach Eykman [4]) = 6,98, die Molekulardispersion nach Brühl [5]) = 0,19. Die wasserfreie Substanz ist geruchlos. An feuchter Luft zieht sie begierig Wasser an und verflüchtigt sich.

Bei niedriger Temperatur bis zu + 15° ist das freie Hydroxylamin ziemlich beständig, bei Temperaturen von 20 bis 30° geht die Beständigkeit mehr und mehr zurück. Langsame Selbstzersetzung findet sowohl im festen wie im geschmolzenen und überschmolzenen Zustande statt, wobei sich Stickstoff und Stickoxydul entwickeln. Man kann diesen Vorgang als eine Selbstoxydation und -reduktion auffassen; indem ein Teil unter Bildung von Ammoniak Sauerstoff abgiebt, unterliegt ein anderer Teil der Oxydation zu untersalpetriger und salpetriger Säure [6]).

Die Beständigkeit wird ungünstig beinflufst durch Alkalinität des Glases, das je nach seiner Art mehr oder weniger stark angegriffen wird [6]).

Das Hydroxylamin ist in Chloroform, Benzin, Äther, Essigäther, Schwefelkohlenstoff kaum oder wenig löslich, dagegen mit Methyl- und Amylalkohol in jedem Verhältnis mischbar [7]).

Es löst seinerseits viele Salze, einige, z. B. Kaliumjodid, in sehr grofsen Mengen. Ammoniak wird von der geschmolzenen Substanz begierig bis zu 20 Proz. gelöst, auch festes Ätznatron in reichlicher Menge.

An der Luft oxydiert es sich unter Temperatursteigerung und Entwickelung von salpetriger Säure. Besonders lebhaft erfolgt diese Oxydation bei Einwirkung von Sauerstoff auf die fein verteilte Substanz. Beim Erhitzen zersetzt es sich heftig unter Erzeugung einer grofsen hellblauen Flamme [3]), während die unzersetzte Substanz mit gelber Flamme verbrennt [7]).

---

[1]) R. Wolffenstein u. F. Groll, Ber. 34, 2417. — [2]) L. Crismer, Bull. soc. chim. [3] 6, 793; Ber. 25, 75, Ref. — [3]) C. A. Lobry de Bruyn, Recueil trav. chim. Pays-Bas 10, 100, 11, 18; Ber. 25, 190 u. 684, Ref.; Brühl, Ber. 26, 2508. — [4]) C. A. Lobry de Bruyn, Recueil trav. chim. Pays-Bas 10, 100, 11, 18; Ber. 25, 190 u. 684, Ref. — [5]) Brühl, Ber. 26, 2508. — [6]) C. A. Lobry de Bruyn, Ber. 27, 967. — [7]) Lobry de Bruyn, Chem. News 70, 111; Ber. 27, 854, Ref.

Von Halogenen wird es heftig angegriffen. Im Chlorstrom entflammt es, während Brom und Jod ohne Entzündung unter sofortiger Umwandlung in Wasserstoffsäuren angreifen. Nebenher entstehen dabei Wasser und Stickoxyd.

Festes Kaliumpermanganat, Chromsäure u. s. w. bringen das Hydroxylamin zur Entflammung, Natriumjodat und Silbernitrat werden augenblicklich reduziert. Auch wasserfreies Kupfersulfat wirkt lebhaft und bisweilen unter Entflammung ein.

Mehr noch als sonst neigt das Hydroxylamin zur Oxydation, wenn es Ätznatron enthält; es kann dann schon durch den Luftsauerstoff Entflammung eintreten.

Metallisches Natrium erzeugt eine heftige Reaktion. Wird dieselbe durch Überschichten mit wasserfreiem Äther gemildert, so entsteht unter Wasserstoffentwickelung zunächst ein amorpher, weifser, sehr hygroskopischer Körper von der Zusammensetzung $NaO.NH_2.NH_3O$, weiterhin eine gleichfalls weifse Substanz der Zusammensetzung $NaO.NH_2$, der bei Berührung mit Luft explodiert. Befeuchtet man Zinkstaub (in Stickstoffatmosphäre) mit freiem Hydroxylamin, so tritt nach einigen Minuten eine ziemlich heftige Reaktion ein, wobei Wasserstoff entweicht und Zinkoxyd zurückbleibt.

Die Molekelgewichtsbestimmung nach Raoult bestätigte die Zusammensetzung NOH_3 für das freie Hydroxylamin [1]).

Die wässerige Lösung ist geruchlos, von alkalischer Reaktion. Beim Destillieren läfst sie Hydroxylamin unzersetzt mit übergehen ohne Hinterlassung eines Rückstandes. Alkoholische Lösung wirkt stark reizend und rötend auf die Haut [2]).

Die wässerige Lösung fällt Lösungen von Baryum-, Strontium-, Calcium- und Magnesiumsalzen nicht. In Lösungen von Zinksulfat, Nickelsulfat, Bleiacetat, Eisenchlorid, Alaun und Chromalaun ruft sie Niederschläge hervor, die sich im Überschufs des Fällungsmittels nicht lösen. Letzteres ist wenigstens teilweise bei dem in Kobaltlösungen entstehenden schmutzig pfirsichfarbenen Niederschlag der Fall, sowie bei dem Niederschlag aus Kupferlösungen (siehe unten).

Auf manche Metallsalzlösungen wirkt wässeriges Hydroxylamin reduzierend, besonders auf Kupfer-, Quecksilber-, Silber- und Goldsalze [3]), bei längerem Erhitzen auch auf Platinchlorid [4]).

Aus Kupfersulfatlösung fällt Hydroxylamin einen anfangs schön grasgrünen, dann schmutzig kupferfarbenen Niederschlag, der sich im Überschufs des Hydroxylamins ohne merkliche Gasentwickelung zu einer farblosen Flüssigkeit löst. Bei Berührung mit der Luft bildet

[1]) C. A. Lobry de Bruyn, Recueil trav. chim. Pays-Bas 10, 100, 11, 18; Ber. 25, 190 u. 684, Ref. — [2]) W. Lossen, Berl. Akad. Ber. 1865, S. 359; Journ. pr. Chem. 96, 462; Zeitschr. Chem. [2] 4, 399, 403; Ann. Chem. 160, 242. — [3]) E. Fremy, Compt. rend. 70, 61 u. 1207; Zeitschr. Chem. [2] 6, 138, 407; s. a. [2]) — [4]) W. Lossen, Ber. 8, 357.

diese Lösung an der Oberfläche eine schmutzig braungrüne Ausscheidung, die sich beim Umschütteln oder gelindem Erwärmen wieder löst, solange noch ein Überschufs von Hydroxylamin vorhanden ist. Beim Erhitzen entwickelt die Lösung Gas. Wird sie mit wenig Alkalilauge oder Barytwasser versetzt, so scheidet sie sofort einen orangegelben Niederschlag, wahrscheinlich Kupferoxydulhydrat, aus.

Aus alkalischer Kupferoxydlösung scheiden die Hydroxylaminsalze noch bei sehr starker Verdünnung sofort Oxydulhydrat ab, so dafs man noch $^1/_{10}$ bis $^2/_{10}$ mg Hydroxylaminsalz, in 10 000 g Wasser gelöst, mittelst dieser Reaktion nachweisen kann.

Ammoniakalische Kupferlösung wird durch Hydroxylamin entfärbt. Aus der so erhaltenen Lösung scheidet Kalilauge zwar noch den gelben Niederschlag ab, aber augenscheinlich schwieriger als aus der ammoniakfreien Lösung.

Der durch alkoholische Hydroxylaminlösung aus Kupfersulfatlösung gefällte Niederschlag ist weniger veränderlich als der aus wässeriger Lösung. Ebenfalls zunächst grasgrün, wird er durch Zusatz von viel alkoholischem Hydroxylamin dunkellasurblau, nach dem Trocknen neben Vitriolöl wieder grün; durch Kochen mit Wasser wird er unter Gasentwickelung in Kupferoxydul verwandelt.

Aus Quecksilberchloridlösung wird im ersten Augenblick ein gelblicher Niederschlag abgeschieden, der rasch in Quecksilberchlorür oder, wenn Hydroxylamin im Überschufs vorhanden, unter Gasentwickelung in metallisches Quecksilber übergeht.

Silbernitrat giebt zunächst einen schwarzen Niederschlag, der sich alsbald unter heftiger Gasentwickelung in metallisches Silber verwandelt.

Auch alkalische Permanganatlösung wird reduziert. Neutrale Kaliumchromatlösung wird in der Kälte nicht verändert, beim Erhitzen dunkel. Zusatz von wenig Schwefelsäure bewirkt heftige Gasentwickelung und Abscheidung eines braunen Niederschlages, der sich in mehr Schwefelsäure mit dunkler Farbe löst.

Bei diesen und ähnlichen Vorgängen wird das Hydroxylamin meist völlig unter Bildung von Stickoxyd und Stickoxydul zerstört. Chromsäure entwickelt Stickstoff neben nitrosen Dämpfen [1]), und bei Oxydation durch Vanadinsäure tritt jener sogar als Hauptprodukt [2]), nach Hofmann und Küspert [3]) als einziges auf. Sonst ist das Stickoxydul das Haupt- und häufig sogar das einzige Oxydationsprodukt [4]). In der Lösung läfst sich aber meist auch Salpetersäure und salpetrige Säure nachweisen, und die relativen Mengen dieser Produkte wechseln, wie v. Knorre und Arndt [2]) gezeigt haben, nicht nur nach der Art des Oxydationsmittels, sondern auch mit der Konzentration der Lösung u. s. w.

---

[1]) Oechsner de Coninck, Compt. rend. 127, 1028; Chem. Centr. 1899, I, S. 265. — [2]) G. v. Knorre u. K. Arndt, Ber. 33, 30. — [3]) K. Hofmann u. F. Küspert, Ber. 31, 64. — [4]) J. Donath, Wien. Akad. Ber., 2. Abtlg., 75, 566; G. v. Knorre u. K. Arndt, Ber. 33, 30; W. Meyeringh, Ber. 10, 1940.

Die Einwirkung von Jodlösung, Ferrisulfat oder alkalischer Kupferlösung führt lediglich zu Stickoxydul und Wasser. Dagegen oxydiert Wasserstoffsuperoxyd, das in alkalischer Lösung wie die meisten anderen Oxydationsmittel wirkt, in schwefelsaurer oder salzsaurer Lösung bei 40° nach Wurster [1]) rasch und quantitativ zu Salpetersäure. Nach Tanatar [2]) wird in neutraler Lösung ein Gas entwickelt, das zu etwa gleichen Teilen aus Stickstoff und Sauerstoff besteht, in alkalischer fast reiner Stickstoff.

Thum [3]) stellte fest, daſs bei vielen dieser Oxydationsprozesse auch untersalpetrige Säure entsteht. Die alkalische Permanganatlösung soll ferner zu einem Oxyde derselben, dem Azohydroxyl $O\langle\begin{matrix} N.OH \\ | \\ N.OH \end{matrix}$ führen.

Eingehend untersucht wurde besonders die Einwirkung der salpetrigen Säure. Es erfolgt im ganzen eine glatte Umsetzung gemäſs der Gleichung

$$NH_3O + NO_2H = 2H_2O + N_2O.$$

Diese Umsetzung erfolgt nach V. Meyer [4]) sehr lebhaft und unter spontaner Erwärmung beim Mischen konzentrierter Lösungen von Hydroxylaminsulfat und Nitrit. Verdünnte Lösungen zeigen erst beim Kochen lebhaftere Gasentwickelung, langsame, mit der Zeit aber ebenfalls vollständig verlaufende Zersetzung aber selbst bei 0° [5]). Die Geschwindigkeit dieser Reaktion unter verschiedenen Bedingungen wurde von Montemartini [6]) eingehend untersucht.

Von Wislicenus [5]) wurde zuerst angegeben, daſs bei dem Vorgange auch untersalpetrige Säure entsteht. Dieselbe tritt aber gewöhnlich nur als intermediäres Produkt auf und konnte stets nur in geringer Menge isoliert werden [7]). In gröſserer Menge resultiert sie nach Tanatar [8]) bei Gegenwart von Kalk.

Andererseits kann Hydroxylamin durch die Neigung, unter Sauerstoffabgabe in Ammoniak überzugehen, auch als Oxydationsmittel wirken.

Die Reduktion zu Ammoniak erfolgt langsam und unvollständig durch Erhitzen mit konzentrierter Salzsäure und Zinn [9]), vollständig nach Haber [10]) durch Eisenoxydulhydrat.

Entsprechend der bei dem reinen Hydroxylamin auftretenden Selbstoxydation und Selbstreduktion findet eine solche auch in Lösung bei Gegenwart von fixem Alkali statt.

---

[1]) C. Wurster, Ber. **20**, 2631. — [2]) S. Tanatar, Ber. **32**, 241, 1016. — [3]) A. Thum, Wien. Monatsh. **14**, 294. — [4]) V. Meyer, Ann. Chem. **175**, 141. — [5]) W. Wislicenus, Ber. **26**, 771. — [6]) C. Montemartini, Gazz. chim. ital. **22**, II, 304; Ber. **26**, 50, Ref. — [7]) C. Paal, Ber. **26**, 1026; s. a. [3]) u. [5]). — [8]) S. Tanatar, Journ. russ. phys.-chem. Ges. 1893, S. 342; Ber. **26**, 763, Ref. — [9]) W. Lossen, Berl. Akad. Ber. 1865, S. 359; Journ. pr. Chem. **96**, 462; Zeitschr. Chem. [2] **4**, 399, 403; Ann. Chem. **160**, 242. — [10]) F. Haber, Ber. **29**, 2444.

Wird die Lösung eines Hydroxylaminsalzes mit konzentrierter Alkalilauge übersättigt, so entwickelt sich reichlich Stickstoff und gleichzeitig Ammoniak neben wenig Stickoxydul. Die Hauptreaktion verläuft nach der Gleichung

$$3\,NH_3O = N_2 + NH_3 + 3\,H_2O,$$

ein geringer Teil zerfällt aber im Sinne der Gleichung

$$4\,NH_3O = N_2O + 2\,NH_3 + 3\,H_2O.$$

Bei der Zersetzung im Sinne der ersten Gleichung werden pro Molekel 57 Kal. frei, bei Zersetzung in Stickstoff, Sauerstoff und Wasser 45,2 Kal.[1]).

Nach Kolotow[2]) zersetzt sich Hydroxylamin in wässeriger Lösung mit Ätznatron schon bei Zimmertemperatur innerhalb einiger Tage vollständig, indem neben Ammoniak und Wasser freier Stickstoff, Stickoxydul, salpetrige Säure und höchstens Spuren von untersalpetriger Säure entstehen. Nach V. Meyer[3]) erfolgt indessen selbst beim Kochen und Destillieren mit konzentriertem.Kali keine vollständige Zerstörung. Vielmehr konnte im Destillate stets noch unverändertes Hydroxylamin nachgewiesen werden.

Oxydierend wirkt Hydroxylamin ferner in schwefelsaurer Lösung auf die Sesquioxyde des Vanadiums, Titans und Molybdäns[4]), sowie auf eine Anzahl organischer Verbindungen[5]). Biltz neigt zu der Annahme, dafs diese Wirkung nur den Salzen, nicht dem freien Hydroxylamin zukomme. Dagegen spricht aber, dafs gerade in alkalischer Lösung die Oxydation des Ferrooxydhydrats erfolgt, während in saurer Lösung Ferrisalz reduziert wird.

Tanatar[6]) nahm auch eine oxydierende Wirkung auf schweflige Säure an. Die von ihm beobachtete Bildung von Ammoniumsulfat ist aber wohl richtiger mit Raschig[7]) als sekundärer Vorgang, durch Hydrolyse der zunächst entstehenden Sulfaminsäure, aufzufassen.

Beim Erwärmen mit Nitroprussidnatrium in alkalischer Lösung entsteht eine schöne fuchsinrote Färbung. Die Intensität derselben wird durch die Gegenwart überschüssiger Ammoniaksalze beeinträchtigt[8]).

Auf pflanzliche wie auf tierische Organismen wirkt Hydroxylamin stark toxisch[9]). Es vermindert den Blutdruck in derselben Weise wie

---

[1]) Berthelot, Compt. rend. 83, 473; Chem. Centr. 1876, S. 620; Berthelot u. André, Compt. rend. 110, 830; Ber. 23, 316, Ref. — [2]) S. Kolotow, Journ. russ. phys.-chem. Ges. 1893, S. 295; Ber. 26, 761, Ref. — [3]) V. Meyer, Ann. Chem. 264, 126. — [4]) A. Piccini, L'Orosi 18, 258; Gazz. chim. ital. 25, II, 451; Chem. Centr. 1896, I, S. 19; Ber. 29, 271, Ref. — [5]) E. v. Meyer, Journ. pr. Chem. [2] 29, 497; Nietzki u. Benckiser, Ber. 19, 303; H. Biltz, Ber. 29, 2080. — [6]) S. Tanatar, Ber. 32, 241, 1016. — [7]) F. Raschig, Ann. Chem. 241, 177; Ber. 32, 394. — [8]) A. Angeli, Gazz. chim. ital. 23, II, 101; Ber. 26, 891, Ref. — [9]) O. Loew, Arch. ges. Physiol. 35, 516 (daselbst auch die ältere Litteratur).

Amylnitrit [1]) und wirkt lähmend auf das Nervensystem [2]). Vor allem ist es ein starkes Blutgift, das schnell den Blutfarbstoff in Methämoglobin neben wenig Hämatin verwandelt [3]), auch die Blutkörperchen morphologisch verändert [4]). Die Ursache der Giftwirkung wird in der Bildung von salpetriger Säure und Salpetersäure gesehen, welche Lauder Brunton und Bokenham im lebenden Körper wie im toten Blute nachweisen konnten.

Hydroxylamin bildet Salze in derselben Art wie Ammoniak, d. h. ohne Wasseraustritt. Wie in den Ammoniaksalzen das Ammonium, so kann man in den Hydroxylaminsalzen das Radikal $NH_3(OH)$, Oxyammonium, annehmen. Die Bildungswärme scheint geringer zu sein als die der entsprechenden Ammoniaksalze. Bei der Neutralisation von Salzsäure mit Hydroxylamin werden nur 9250 Wärmeeinheiten pro Molekel entwickelt [5]). Bemerkenswert ist, dafs mit Jodwasserstoffsäure nur anormale Salze $(NH_3O)_3 . JH$ und $(NH_3O)_2 . JH$ leicht erhalten werden können [6]), während das normale Salz $(NH_3O) . JH$ zwar neuerdings von Wolffenstein und Gröll [7]) aufgefunden wurde, aber nur unter besonderen Vorsichtsmafsregeln isolierbar und gegen Feuchtigkeit wie gegen Wärme aufserordentlich unbeständig ist. Äufserst zersetzlich ist auch das Nitrit, doch scheint es in kalter verdünnter Lösung wenigstens kurze Zeit existenzfähig zu sein [8]).

Die Salze sind in Wasser meist löslich, das gesättigte Phosphat und das Oxalat nur schwer. Viele lösen sich auch in Alkohol. Sie haben Neigung zur Bildung übersättigter Lösungen. Die bis jetzt bekannten sind frei von Krystallwasser. Beim Erhitzen zersetzen sie sich unter stürmischer Gasentwickelung. Barytwasser, Kali- und Natronhydrat, auch Karbonate (unter Entwickelung von Kohlensäure) entziehen den wässerigen oder alkoholischen Lösungen die Säure. Überschufs von mäfsig konzentrierter Kali- oder Natronlauge zerlegt das frei werdende Hydroxylamin unter Bildung von Ammoniak, Entwickelung von Stickstoff und anscheinend auch von Stickoxydul. Magnesia zerlegt die konzentrierte Lösung des Chlorhydrats bei gewöhnlicher Temperatur nicht und entwickelt erst beim Erwärmen stürmisch Ammoniak und Gase [9]).

---

[1]) T. Lauder Brunton u. Bokenham, Lond. Roy. Soc. Proc. 45, 352; Ber. 22. 507, Ref. — [2]) C. Binz, Virchows Arch. 113, 1. — [3]) C. Raimondi u. G. Bertoni, Rend. istit. Lombard. 15, 122; C. Binz, Virchows Arch. 113, 1; L. Levin, Arch. experiment. Pathol. 25, 306; Toxikologie, II. Aufl.. S. 61. — [4]) L. Lewin, Arch. experiment. Pathol. 25, 306; Toxikologie, II. Aufl.. S. 61. — [5]) J. Thomsen, Journ. pr. Chem. [2] 13, 241. — [6]) Dunstan u. Goulding, Chem. Soc. Journ. 69, 839; Ber. 29, 620, Ref.; Lobry de Bruyn, Recueil trav. chim. Pays-Bas 15, 185; Ber. 29, 771, Ref. — [7]) R. Wolffenstein u. F. Groll, Ber. 34, 2417. — [8]) C. Paal, Ber. 26, 1026. — [9]) W. Lossen, Berl. Akad. Ber. 1865, S. 359; Journ. pr. Chem. 96, 462; Zeitschr. Chem. [2] 4, 399, 403; Ann. Chem. 160, 242.

Übermangansäure und Jodsäure werden durch Hydroxylaminsalze in saurer und in neutraler Lösung reduzirt [1]).

Phosphorpentachlorid wirkt nach Tanatar [2]) auf das Chlorhydrat in der Kälte langsam, in der Wärme lebhafter ein, wobei Salmiak gebildet wird.

Auch in der Bildung von Verbindungen mit Metallsalzen u. s. w. gleicht das Hydroxylamin dem Ammoniak [3]). Nur macht sich durchgehends die gröfsere Labilität bemerkbar. Ferner scheint eine stärker ausgesprochene Neigung zur Bildung analoger Verbindungen mit Säuren zu bestehen. So wurden wohl charakterisierte Verbindungen mit Uransäure, Molybdänsäure, Wolframsäure, Vanadinsäure und unterphosphoriger Säure erhalten [4]).

Wie im Ammoniak können auch im Hydroxylamin die Wasserstoffatome durch organische Radikale ersetzt werden [5]).

Durch direkte Alkylierung scheint nur ausnahmsweise ein Monoalkylderivat zu entstehen. Hantzsch und Hilland [6]) erhielten die β-Äthylverbindung bei Einwirkung von Äthyljodid auf Hydroxylamin, während Lobry de Bruyn seine ursprünglichen Angaben über diese Reaktion in Übereinstimmung mit Dunstan und Goulding widerrufen hatte. Nach diesen läfst sich wohl ein Diäthylhydroxylamin gewinnen, wie auch mit Hülfe von Propyl- und Isopropyljodid die entsprechenden Dialkylderivate entstehen. Bei Überschufs von Jodalkyl soll aber, was Hantzsch und Hilland nicht bestätigt fanden, Triäthyloxamin entstehen, und das entsprechende Produkt wurde in der Methylreihe von allen Forschern als einziges erhalten.

Als Darstellungsmethode für die Monoalkylderivate kommt hauptsächlich die Alkylierung von Derivaten des Hydroxylamins, z. B. Benzaldoxim, und nachfolgende Spaltung des entstandenen Produktes in Betracht. Ferner hat sich bei der Reduktion von Nitroverbindungen die Entstehung von Hydroxylaminderivaten ergeben, und es hat sich gezeigt, dafs unter bestimmten Bedingungen die Reaktion so geleitet werden kann, dafs die Hydroxylaminderivate ausschliefslich oder wenigstens in der Hauptmenge entstehen. Man kann dabei sowohl

---

[1]) E. Fremy, Compt. rend. **70**, 61 u. 1207; Zeitschr. Chem. [2] **6**, 138, 407. — [2]) S. Tanatar, Ber. **32**, 241, 1016. — [3]) L. Crismer, Bull. soc. chim. [3] **2**, 114; Ber. **23**, 223, Ref.; W. Feldt, Ber. **27**, 401; H. Goldschmidt u. K. L. Syngros, Zeitschr. anorg. Chem. 5, 129; Uhlenhuth, Ann. Chem. **311**, 117. — [4]) K. A. Hofmann, Zeitschr. anorg. Chem. **15**, 75; derselbe u. Kohlschütter, ebenda **16**, 463 u. Ann. Chem. **307**, 314. — [5]) Lossen u. Zanni, Ann. Chem. **182**, 223; Gürke, ebenda **205**, 273; Petraczek. Ber. **16**, 827; Bewad, Journ. russ. phys.-chem. Ges. 1888, S. 125, 1889, S. 43; Ber. **21**, 479, Ref., **22**, 250, Ref.; Lossen, Ann. Chem. **252**, 222, 229; Dittrich, Ber. **23**, 599; Behrend u. Leuchs, Ann. Chem. **257**, 203, 239; Dunstan u. Goulding, Chem. Soc. Proc. **15**, 58; Chem. Centr. 1899, I, S. 875; Lobry de Bruyn, Recueil trav. chim. Pays-Bas **13**, 46, **15**, 185; Ber. **27**, 496, Ref., **29**, 771, Ref.; Lachman, Ber. **33**, 1022. — [6]) Hantzsch u. Hilland, Ber. **31**, 2058.

metallische Reduktionsmittel verwenden [1]) als auch die Elektrolyse [2]). Andererseits entsteht Phenylhydroxylamin auch aus Anilin durch Sulfopersäure (Caros Reagens) in ätherisch-wässeriger Lösung unter Eiskühlung [3]).

Verschiedene Oxydationsmittel führen die aliphatischen Monoalkylderivate in Oxime, die aromatischen dagegen in Nitrosoverbindungen über; bei letzteren ergeben sich unter gleichzeitigem Einfluſs von Luft und Wasser als erste Oxydationsprodukte Azoxyverbindungen neben Wasserstoffsuperoxyd [4]).

In verdünnten Alkalien löst sich Phenylhydroxylamin, das sauren Charakter hat, bei Luftabschluſs völlig klar und unverändert auf, bei längerer Einwirkung des Alkalis entstehen aber Azoxybenzol und Anilin. Sind beide o-Stellungen zur Oxaminogruppe durch Methyle ersetzt, so bleibt die Reaktion bei Bildung von Nitrosoarylen stehen. Bei Einwirkung von alkoholischem Kali liefert Phenylhydroxylamin nahezu quantitativ Azobenzol [5]).

Die Säurederivate des Hydroxylamins, Hydroxamsäuren, deren Kenntnis wir namentlich Lossen [6]) verdanken, entstehen ähnlich wie die Säureamide durch Einwirkung von Säurechloriden auf Hydroxylamin [6]), durch Wechselwirkung zwischen diesem und Säureestern [7]), sowie durch Einwirkung von salzsaurem Hydroxylamin auf Säureamide [Acetamid [8])] oder Anhydride [9]). Von den tautomeren Formen

$$\underset{\text{Hydroxamsäure}}{\overset{\text{I.}}{R.CO.N\begin{smallmatrix}H\\OH\end{smallmatrix}}} \quad \text{und} \quad \underset{\text{Hydroximsäure}^{10)}}{\overset{\text{II.}}{R.C\begin{smallmatrix}OH\\NOH\end{smallmatrix}}}$$

bevorzugte Lossen schlieſslich II, während Tiemann [10]) die erste verteidigt. Es sind Isomerieen bekannt, welche auf die Verschiedenheit der beiden Strukturformeln zurückgeführt werden können. Andere. zuerst von Lossen beobachtete Isomeriefälle konnten von Werner [11]) auf Stereomerie zurückgeführt werden. Im übrigen ist die Frage, welche von den obigen Formeln den bekannten Hydroxamsäuren zukomme, bis in die neueste Zeit diskutiert [12]), nachdem Nef [13]) für die Formhydroxamsäure die Formel I angenommen und begründet hat.

---

[1]) Bamberger, Ber. 27, 1348; Wohl, ebenda 1432; D. R.-P. 84138 u. 84891; Wislicenus u. Kaufmann, Ber. 28, 1326, 1985; Cohen u. Ormandy, Ber. 28, 1505; Bamberger u. Knecht, Ber. 29, 863; C. Goldschmidt, Ber. 29, 2307. — [2]) Pierron, Bull. soc. chim. [3] 21, 784; Chem. Centr. 1899, II, S. 700; Haber, Zeitschr. Elektrochem. 5, 77. — [3]) Bamberger u. Tschirner, Ber. 32, 1675. — [4]) Vgl. Bamberger, Ber. 33, 113. — [5]) Derselbe u. Brady, Ber. 33, 271. — [6]) Lossen, Ann. Chem. 161, 347, 175, 271, 186, 1, 252, 170; Ber. 17, 1587. — [7]) Tiemann u. Krüger, Ber. 18, 740; Jeanrenaud, Ber. 22, 1270; H. Modeen, Ber. 24, 3437; Schroeter u. Peschkes, Ber. 31, 2191. — [8]) C. Hoffmann, Ber. 22, 2854. — [9]) A. Miolati, Ber. 25, 699; Crismer, ebenda 1244. — [10]) Tiemann, Ber. 24, 3447. — [11]) A. Werner, Ber. 25, 27. — [12]) Schroeter u. Peschkes, Ber. 33, 1975. — [13]) Nef, Jones u. Biddle, Ann. Chem. 310, 1.

Die Hydroxamsäuren bezw. Hydroximsäuren sind charakterisiert durch das Eintreten einer roten Färbung auf Zusatz von Eisenchlorid und durch Bildung von schwer löslichen grünen Kupfersalzen.

Das Hydroxylamin lagert Cyan direkt an unter Bildung von Oxalamidoxim $\begin{matrix}NH_2\\OHN\end{matrix}\!\!>\!C-C\!<\!\!\begin{matrix}NH_2\\NOH\end{matrix}$ [1]), Blausäure unter Bildung von Methenylamidoxim $HC\!<\!\!\begin{matrix}NH_2\\NOH\end{matrix}$ [2]). Mit Cyansäure entsteht Oxyharnstoff [3]), mit Phenylisocyanat nur bei grofsem Überschufs des Hydroxylamins Phenyloxyharnstoff [1]). Phenylsenföl spaltet bei Einwirkung von Hydroxylamin sämtlichen Schwefel ab [4]), bei genügender Vorsicht werden indessen mit Senfölen allgemein die Derivate des Oxysulfoharnstoffes erhalten [5]).

Mit Aldehyden und Ketonen reagiert Hydroxylamin in der Weise, dafs die beiden an Stickstoff direkt gebundenen Wasserstoffatome mit dem Sauerstoff jener Verbindungen als Wasser austreten, indem sich Oxime (Isonitrosoverbindungen) bilden. Aller Wahrscheinlichkeit nach erfolgt zunächst eine Ablagerung des Hydroxylamins, besonders bei Abwesenheit von Säuren. In einzelnen Fällen konnten diese primären Reaktionsprodukte isoliert werden [6]).

Ketone vom Typus R.CH:CH.CO.CH:CH.R scheinen nach Minunni [7]) allgemein die Fähigkeit zu besitzen, mit 2 Mol. Hydroxylamin unter Austritt von 1 Mol. Wasser zu reagieren.

Je nach dem Ausgangsmaterial unterscheidet man Aldoxime, Ketoxime, Chinonoxime u. s. f. Aldoxime $= R.C\!<\!\!\begin{matrix}NOH\\H\end{matrix}$, Ketoxime $= R.C\!<\!\!\begin{matrix}NOH\\R'\end{matrix}$.

Ketoxime entstehen auch bei der Oxydation von Alkylderivaten des Pyrrols mit Hydroxylamin [8]) und durch Reduktion sekundärer Nitroverbindungen mit Zinnchlorür und Salzsäure [9]).

Die Aldoxime entstehen meist schon in der Kälte bei der Einwirkung von salzsaurem Hydroxylamin in wässeriger Lösung auf Aldehyde in Gegenwart von Natriumkarbonat, während die Ketone meist erst bei höherer Temperatur oximiert werden. In solchen Fällen ist es zweckmäfsig, stark alkalische Lösung zu verwenden [10]).

Zufolge der Anwesenheit einer Hydroxylgruppe besitzen die Oxime den Charakter schwacher Säuren, sie sind in Alkalien löslich. Andererseits vermögen sie sich auch noch mit Säuren zu vereinigen. Beim

[1]) E. Fischer, Ber. **22**, 1930. — [2]) Lossen u. Schifferdecker, Ann. Chem. **166**, 295. — [3]) Dresler u. Stein, Ann. Chem. **150**, 242. — [4]) R. Schiff, Ber. **9**, 574. — [5]) Tiemann, Ber. **22**, 1939; s. a. [1]). — [6]) Nef, Ann. Chem. **270**, 267; L. Spiegel, Ber. **25**, 2959 u. a. — [7]) Minunni u. Carta-Satta, Gazz. chim. ital. **29**, II, 404; Chem. Centralbl. 1900, I, S. 336. — [8]) Ciamician u. Zanetti, Ber. **23**, 1792. — [9]) Konowalow, Zeitschr. russ. phys.-chem. Ges. **30**, 960; Chem. Centr. 1899, I, S. 597. — [10]) Auwers, Ber. **22**, 604.

Erwärmen mit Säuren werden sie aber in die Ausgangsmaterialien, Hydroxylamin und Aldehyd bezw. Ketone, gespalten.

Mit unterchloriger Säure bilden Aldoxime wie Ketoxime Ester, R.CH.N.OCl bezw. R.C(R').N.OCl [1]).

Durch Reduktion mit Natriumamalgam in schwach essigsaurer Lösung können die Oxime in primäre Amine verwandelt werden.

Durch Erhitzen mit Alkylhaloiden in alkoholischer Lösung liefern Aldoxime wie Ketoxime Verbindungen, in denen eine Alkylgruppe an Stickstoff gebunden ist [2]).

In den Ketoximen läßt sich der Wasserstoff der Hydroxylgruppe bei Behandlung mit Säureanhydriden durch Säureradikale ersetzen. Die Acylderivate können nach Schmidt [3]) in zwei strukturisomeren Formen existieren, den Typen $\frac{R}{R'}>C:NO.CO.R''$ und $\frac{R}{R'}>C\overset{O}{\frown}N.CO.R''$ entsprechend. Bei den Aldoximen wirkt das Anhydrid meist wasserentziehend und erzeugt Nitrile. Bei vielen Ketoximen wirken Acetylchlorid und verwandte Reagentien in ganz anderer Weise ein, indem sie eine intramolekulare Umlagerung bewirken, als deren Resultat alkylierte Säureamide entstehen (Beckmannsche Umlagerung): $\frac{R}{R'}>C{=}NOH = R.CO.NHR'$ [4]).

Untersalpetersäure führt die Ketoxime in Pseudonitrole über.

Durch elektrolytische Oxydation aliphatischer Ketoxime entstehen Nitrosoverbindungen [5]).

Ketoxime besitzen vielfach die Eigenschaft, mit organischen Lösungsmitteln Doppelverbindungen einzugehen [6]). Diejenigen cyklischer Ketone können durch Behandlung mit Phosphorpentachlorid oder Phosphorpentoxyd in Nitrile ungesättigter Fettsäuren verwandelt werden, wobei als Zwischenprodukte Isomere jener Oxime entstehen [7]).

Für die Aldoxime hat sich zuerst der Nachweis von Isomeren erbringen lassen, welche leicht ineinander verwandelt werden und als Strukturisomere nicht erwiesen werden können [8]). Diese Fälle haben, nachdem auch die Ansicht von Auwers und V. Meyer [9]), welche in der Natur des Hydroxylamins die besondere Veranlassung zu denselben erblicken wollten, nicht als ausreichend erscheinen konnte, als starke Stütze der Hantzsch-Wernerschen Theorie über die Stereomerie des

---

[1]) Möhlau u. Hoffmann, Ber. 20, 1504. — [2]) Dunstan u. Goulding, Chem. Soc. Proc. 1896/97, Nr. 177, S. 76; Chem. Centr. 1897, I, S. 802. — [3]) Schmidt, Ber. 31, 3225. — [4]) V. Meyer u. Warrington, Ber. 20, 500; Beckmann, Ber. 20, 2580. — [5]) Schmidt, Ber. 33, 871. — [6]) Petrenko-Kritschenko u. Kasanezky, Ber. 33, 854. — [7]) Wallach, Ann. Chem. 309, 1. — [8]) E. Beckmann, Ber. 20, 2766, 21, 1163 Anm., 22, 429, 23, 1680. — [9]) Auwers u. V. Meyer, Ber. 23, 2403.

Stickstoffes [1]) gedient und sind im Sinne derselben folgendermaſsen aufzufassen:

$$\begin{array}{ccc} \mathrm{R.C.H} & & \mathrm{R.C.H} \\ \| & \text{und} & \| \\ \mathrm{HO{-}N} & & \mathrm{N{-}OH} \\ \text{Antialdoxim} & & \text{Synaldoxim.} \end{array}$$

Den Amidinen als Derivaten des Ammoniaks entsprechen in der Hydroxylaminreihe die Amidoxime, wie $CH(NH_2):NOH$.

Konstitution des Hydroxylamins. Die Richtigkeit der Formel NH_2OH ist, soweit das Molekelgewicht in Betracht kommt, durch Lobry de Bruyn [2]) und bezüglich der Struktur nach Brühls [3]) Ansicht durch die Ergebnisse der spektrochemischen Untersuchung sicher gestellt. Die groſse Ähnlichkeit, welche sich zwischen Hydroxylamin und Wasserstoffsuperoxyd äuſsert, bestimmt Wagner [4]), jenes als ein Derivat des letzteren aufzufassen, in dem ein Hydroxyl durch die Amidogruppe ersetzt ist und das durch den gleichen Ersatz auch des zweiten Hydroxyls in das ebenfalls in seinen Eigenschaften vielfach ähnliche Hydrazin übergeht. Haber [5]) nimmt für die Fälle, in denen Hydroxylamin oxydierend wirkt, eine tautomere Form $H_3N:O$ an.

Die doppelte Eigenschaft des Hydroxylamins läſst sich leicht verstehen, wenn man sich vergegenwärtigt, daſs dasselbe zwischen dem Ammoniak und der untersalpetrigen Säure dieselbe Stellung einnimmt wie ein Aldehyd zwischen Alkohol und Säure:

NH_3 Ammoniak	$CH_3(OH)$ Methylalkohol
$NH_2(OH)$ Hydroxylamin	$CH_2(OH)_2-H_2O = CH_2O$ Formaldehyd
$NH(OH)_2-H_2O = NOH$ untersalpetrige Säure	$CH(OH)_3-H_2O = CO_2H_2$ Ameisensäure
$N(OH)_3-H_2O = NO_2H$ salpetrige Säure	$C(OH)_4-H_2O = CO_3H_2$ Kohlensäure.

[1]) Hantzsch u. Werner, Ber. 23, 1. — [2]) C. A. Lobry de Bruyn, Recueil trav. chim. Pays-Bas 10, 100, 11, 18; Ber. 25, 190 u. 684, Ref. — [3]) Brühl, Ber. 27, 805, 32, 507. — [4]) E. Wagner, Zeitschr. russ. phys.-chem. Ges. 30, 721; Chem. Centr. 1899, I, S. 244. — [5]) F. Haber, Ber. 29, 2444.

	Formel	Schmelzpunkt	Siedepunkt	Spezifisches Gewicht
	Primäre Hydroxylamine.			
Methylhydroxylamine	CH_5NO	—	—	—
α-Methylhydroxylamin	$CH_3O.NH_2$	—	—	—
β-Methylhydroxylamin	$CH_3.NH.OH$	42°	62,5 (15)	1,003 (20°)
Äthylhydroxylamine	C_2H_7NO	—	—	—
α-Äthylhydroxylamin	$C_2H_5O.NH_2$	flüssig	68°	0,8827 (7,5°)
β-Äthylhydroxylamin	$C_2H_5.NH.OH$	59-60° unt. Zersetzg.	—	0,9079 (63,9°)
Propylhydroxylamine	C_3H_9NO	—	—	—
β-Normalpropylhydroxylamin	$C_3H_7.NH.OH$	ca. 46°	—	—
β-Isopropylhydroxylamin	$(CH_3)_2.CH.NH.OH$	87°	40° (25)	—
β Phenylhydroxylamin [1])	$C_6H_7NO=C_6H_5.NH.OH$	80—81°	—	—
Tolylhydroxylamine	$C_7H_9NO=C_7H_7.NH.OH$	—	—	—
o-Verbindung [2])[3])	—	Öl	—	—
m-Verbindung [3])	—	68°	—	—
p-Verbindung	—	92—93° [2]); 93,5—94° [3])	—	—
o,p-Xylylhydroxylamin [2])	$C_8H_{11}NO=(\overset{1,4}{CH_3})_2.C_6H_3.NH.OH$	88—89°	—	—
	Sekundäre Hydroxylamine.			
Dimethylhydroxylamin	$C_2H_7NO=CH_3O.NH.CH_3$	flüssig	42,2—42,6°	—
Äthoxyläthylamin	$C_4H_{11}NO=C_2H_5O.NH.C_2H_5$	flüssig	83°	0,829 (0°)
ββ-Diäthylhydroxylamin	$C_4H_{11}NO=(C_2H_5)_2NOH$	Öl	130—134° unter Zerstzg. 47—49° (15)	0,8784; 0,8771 (15/15°)
ββ-Dipropylhydroxylamin	$C_6H_{15}NO=(C_3H_7)_2NOH$	—	153—156°; 72—74° (30)	—
ββ-Diisopropylhydroxylamin	$C_6H_{15}NO=([CH_3]_2CH)_2NOH$	flüssig	137—142°	-

Aldoxime.

		gegen 40°	(korr.); 135°; 77° (100)	0,9258 (20°)
Butyraldoxim	$C_4H_9NO = CH_3.(CH_2)_2.CH:N.OH$	noch bei −80° flüssig	152° (715)	—
Isobutyraldoxim	$C_4H_9NO = (CH_3)_2.CH.CH:N.OH$	—	139°	0,8943(20°); 0,91059(4°); 0,89432 (25°)
Isovaleraldoxim	$C_5H_{11}NO$	48,5°	160—162°; 164—165°; 67,5—68° (84); 162—163°	0,8934 (20°)
Önanthaldoxim	$C_7H_{15}NO$	50°; 57–58°; 55,5°	195°; 100,5° (14)	0,8341 (83°)
Capryloxim	$C_8H_{17}NO$	flüssig	121—123°	—
2,6-Dimethyl-3-Methyloxim-Hepten (3)	$C_{10}H_{19}NO$	flüssig	125° (20)	—
Tetradekylaldoxim	$C_{14}H_{29}NO$	82°	—	—
Crotonaldoxim	C_4H_7NO	119—120°	—	—
Methyläthylakroleïnoxim	$C_6H_{11}NO$	48—49°	193—194°	—
Δ4,6-Dihydrobenzaldoxim	$C_7H_9NO = C_6H_7.CH:N.OH$	—	—	—
α-Derivat	—	Öl	—	—
β-Derivat	—	43—44°	—	—
Benzaldoxim	$C_7H_7NO = C_6H_5.CH:N.OH$	—	—	—
α-anti-Derivat	—	35°	117,5°(14); 152—153°(53); 138-139°(21); 123-124°(14); 118-119° (10); 118° (5)	1,1111 (20°)
β-syn-Derivat	—	128—130°	—	—
Phenylacetaldoxim	$C_8H_9NO = C_6H_5.CH_2.CH:NOH$	97—99°	—	—
Toluylaldoxime	$C_8H_9NO = CH_3.C_6H_4.CH:NOH$	—	—	—
o-Derivat	—	48—49°	—	—
p-Derivat	—	—	—	—
Anti-Modifikation	—	79—80°	—	—
Syn-Modifikation	—	108—110°	—	—
Hydrozimmetaldoxim	$C_9H_{11}NO = C_6H_5.(CH_2)_2.CH:NOH$	93—94,5°	—	—
Cuminaldoxim	$C_{10}H_{13}NO = C_3H_7.C_6H_4.CH:NOH$	—	—	—
Anti-(α-)Modifikation	—	58°	zersetzlich	—
Syn-(Iso-)Modifikation	—	112°	—	—

[1]) Bamberger, Ber. 24, 378. — [2]) Lumière frères u. Seyewetz, Bull. soc. chim. [3] 11, 1038; Ber. 28, 156, Ref. — [3]) Bamberger, Ber. 28, 245.

	Formel	Schmelzpunkt	Siedepunkt	Spezifisches Gewicht
Mesitylaldoxim	$C_{10}H_{13}NO = (CH_3)_3C_6H_2.CH:NOH$	—	—	—
Anti-Modifikation	—	124°; 127°	—	—
Syn-Modifikation	—	179°	—	—
Zimmetaldoxim	—	—	—	—
Anti-(α-)Modifikation	—	64—65°	—	—
Syn-(β-)Modifikation	—	138,5°	—	—
α-Naphtobenzaldoxim	$C_{11}H_9NO = C_{10}H_7.CH:N.OH$	98°	—	—
Diphenylacetaldoxim	$C_{14}H_{13}NO = (C_6H_5)_2.CH.CH:N.OH$	120°	—	—
Salicylaldoxim	$C_7H_7NO_2 = OH.C_6H_4.CH:N.OH$	57°	nicht destillierbar	—
m-Oxybenzaldoxim	desgl.	87,5°	—	—
p-Oxybenzaldoxim	desgl.	72—73°; wassrfr. 112°	—	—
p-Homosalicylaldoxim	$C_8H_9NO_2 = CH_3.C_6H_3(OH).CH:NOH$	105°	—	—
o-Homosalicylaldoxim	desgl.	99°	—	—
o-Homo-p-oxybenzaldoxim	desgl.	143,5°	—	—
Tertiärbutylsalicylaldoxim	$C_{11}H_{15}NO_2 = (CH_3)_3C.C_6H_3(OH).CH:NOH$	112°	—	—
Benzoylacetaldoxim	$C_9H_9NO_2 = C_6H_5.CO.CH_2.CH:NOH$	86—87°	—	—
Resorcylaldoxim	$C_7H_7NO_3 = (OH)_2C_6H_3.CH:NOH$	191°	—	—

Ketoxime.

	Formel	Schmelzpunkt	Siedepunkt	Spezifisches Gewicht
Acetoxim	$C_3H_7NO = (CH_3)_2C:NOH$	59—60°	134,8° (728)	0.8868 (75°)
Methyläthylketoxim	$C_4H_9NO = (CH_3)(C_2H_5)C:NOH$	Öl	152—153°	0,9195 (24°); 0,9232 (20°)
Isonitrosopentane	$C_5H_{11}NO$	—	—	—
Methylpropylketoxim	$CH_3.C(NOH).C_3H_7$	Öl	167°; 168° (748); 165° (725)	0,92369 (0°); 0,90711 (20/0°); 0,9095 (20/4°)
Methylisopropylketoxim	$CH_3.C(NOH).CH(CH_3)_2$	flüssig	157—158°	[illegible]

[illegible]	[illegible]	flüssig	165°	0,9141 (20°)
Methylnormalbutylketoxim	$C_6H_{13}NO = CH_3.C(NOH).C_4H_9$	Öl	185°; 138° (112)	0,8971 (20°)
Methylpseudobutylketoxim	$C_6H_{13}NO = CH_3.C(NOH).C(CH_3)_3$	74—75°; 77—78°	171,6° (748)	—
Normalbutyronoxim	$C_7H_{15}NO = (C_3H_7)_2.C:NOH$	flüssig	190—195°	—
Isobutyronoxim	$C_7H_{15}NO = ([CH_3]_2CH)_2C:NOH$	6—8°	181—185°	—
Methylisoamylketoxim	$C_7H_{15}NO = CH_3.C(NOH).C_5H_{11}$	Öl	195—196° (teilw. Zersetzg.)	0,8881 (20°)
Gem.-Diäthylacetoxim	$C_7H_{15}NO = CH_3.C(NOH).CH(C_2H_5)_2$	flüssig	186—188,5° (712)	—
Methylnormalhexylketoxim	$C_8H_{17}NO = CH_3.(CH_2)_5.C(NOH).CH_3$	Öl	213—217° (713, nicht ganz unzers.); 123° (40)	0,8858 (20°)
Butyroinketoxim	$C_8H_{17}NO_2 = C_3H_7.CH(OH).C(NOH).C_3H_7$ (?)	Öl	nicht destillierbar	—
Methylnonylketoxim	$C_{11}H_{23}NO = CH_3.C(NOH).C_9H_{19}$	42°; 45°; 46°	—	—
Dihexylketoxim	$C_{13}H_{27}NO = (C_6H_{13})_2.C:NOH$	bei 0° noch flüssig	—	—
Caprylonoxim	$C_{15}H_{31}NO = (C_7H_{15})_2.C:NOH$	19,5—20°	—	—
Nonylonoxim	$C_{17}H_{35}NO = (C_8H_{17})_2.C:NOH$	11—12°	—	—
Oktadekanonoxim (3)	$C_{18}H_{37}NO = C_{15}H_{31}.C(NOH).C_2H_5$	44°	—	—
N[illegible]anoxim (4)	$C_{19}H_{39}NO = C_{15}H_{31}.C(NOH).C_3H_7$	28°	—	—
Äthylheptadekylketoxim	$C_{20}H_{41}NO = C_{17}H_{35}.C(NOH).C_2H_5$	55,5—56,5°	—	—
Hexylpentadekylketoxim	$C_{22}H_{45}NO = C_{15}H_{31}.C(NOH).C_6H_{13}$	35—36°	—	—
Lauronoxim	$C_{23}H_{47}NO = (C_{11}H_{23})_2C:NOH$	39—40°	—	—
Myristonoxim	$C_{27}H_{55}NO = (C_{13}H_{27})_2C:NOH$	51°; 47—48°	—	—
[illegible]im	$C_{31}H_{63}NO = (C_{15}H_{31})_2C:NOH$	59°	—	—
Stearonoxim	$C_{35}H_{71}NO = (C_{17}H_{35})_2C:NOH$	62—63°	—	—
2-Methyl-1,3-Butenonoxim	$C_5H_9NO = CH_3.C(NOH).C(CH_3):CH_2$	—	—	—
α-Verbindung	—	45°	83—84° (55)	—
β-Verbindung	—	67—8°	120—122° (11); 129—134° (25)	—
Acetyltrimethylenoxim	$C_5H_9NO = CH_3.C(NOH).CH<(CH_2, CH_2)$	50—51°	—	—
Cyklopentanoxim	$C_5H_9NO = CH_2<(CH_2.C:NOH, CH_2.CH_2)$	56,5°	196—196,5°; 120—121° (45)	—

	Formel	Schmelzpunkt	Siedepunkt	Spezifisches Gewicht
Mesityloxim	$C_6H_{11}NO = (CH_3)_2C:CH.C(NOH).CH_3$	Öl	180—190° unter teilw. Zersetzung	—
Labiles (α-) Oxim	—	Öl	83—84° (9)	—
Stabiles (β-) Oxim	—	49°	92° (9); 102° (13)	—
Allylacetonketoxim	$C_6H_{11}NO = CH_3.C(NOH).CH_2.C_2H_5$	flüssig	187,5°	—
Methyltetramethylenketoxim	$C_6H_{11}NO = CH_3.C(NOH).CH.CH_2$ / $\dot{C}H_2.\dot{C}H_2$	60—61°	—	—
1-Methyl-3-Ketopentamethylenoxim	$C_6H_{11}NO = (NOH)C<^{CH_2.CH.CH_3}_{CH_2.\dot{C}H_2}$	—	—	—
α-Verbindung	—	81,5°; 87—89,5°	—	—
β-Verbindung (mit α gemischt)	—	60°; 67—69°	98—99° (12)	—
1-Methyl-Cyklopentanoxim(2)	$C_6H_{11}NO = CH_3.CH<^{CH_2——CH_2}_{C(NOH).\dot{C}H_2}$	flüssig	103° (22)	—
Cyklohexanoxim	$C_6H_{11}NO = CH_2<^{CH_2.CH_2}_{CH_2.CH_2}>C:NOH$	88°; 89,5—90,5°	206—210°	—
Äthyltetramethylenketoxim	$C_7H_{13}NO = C_2H_5.C(NOH).CH.CH_2$ / $\dot{C}H_2.\dot{C}H_2$	flüssig	208—209° (750)	—
Suberoxim, Cykloheptanonoxim	$C_7H_{13}NO = {CH_2.CH_2.CH_2 \atop \dot{C}H_2.CH_2.CH_2}>C:NOH$	23,3°	230° (751)	1,0228 (20°)
Isobutylidenacetoxim	$C_7H_{13}NO = (CH_3)_2CH.CH:CH.C(NOH).CH_3$	flüssig	103° (15)	—
1-Methyl-Cyklohexanoxim(3)	$C_7H_{13}NO = CH_3.CH<^{CH_2.C(NOH)}_{CH_2.CH_2}>CH_2$	43—44°	216—217° (760); 110° (8)	—

2-Methylhepten(3)-Oxim (6)	$C_8H_{15}NO = (CH_3)_2 . C(NOH) . CH_3$	—	120° (25); 116° (15)	0,919 (14°)
	$= (CH_3)_2 . CH . CH:CH . CH_2 . C(NOH) . CH_3$	—	122° (28); 108—110° (15)	—
1,3-Dimethyl-Cyklohexan-oxim (2)	$C_8N_{15}NO = CH_2{<}\begin{matrix}CH_2 . CH(CH_3)\\CH_2 . CH(CH_3)\end{matrix}{>}C:NOH$	—	—	—
a-Verbindung	—	118—119°; 115—117°	—	—
b-Verbindung	—	63—67°	—	—
Oxim des Ketons aus α-hydroxydihydro-cis-campholytischer Säure	$C_8H_{15}NO$	104°	—	—
Thujaketonoxim	$C_9H_{17}NO = (CH_3)_2CH . C(CH_3):CH . CH_2 . C(NOH) . CH_3$	—	118—120°	—
Hexahydropropiophenonoxim	$C_9H_{17}NO = CH_2{<}\begin{matrix}C_2H_4\\C_2H_4\end{matrix}{>}CH . C(NOH) . C_2H_5$	72—73°	—	—
Dihydrocamphoketoxim	$C_9H_{17}NO = C_8H_{16}:C:NOH$	Öl	220—225° unter Zersetzung	—
Oxim	$C_9H_{17}NO$	—		—
1-Methyl-Cyklopenten (1)-Oxim (5)	$C_6H_9NO = CH_2{<}\begin{matrix}CH_2 . C:NOH\\CH:\dot{C} . CH_3\end{matrix}$	128°	—	—
1-Methyl-Cyklohexen (1)-Oxim (3) labil	$C_7H_{11}NO = CH_2 . C(CH_3):CH$ $\dot{C}H_2 . CH_2 . \dot{C}:NOH$	63°	130—131° (18)	—
desgl. stabil	desgl.	85—86°	—	—
Methyldihydropentenmethylketoxim	$C_8H_{13}NO = C(H_3):C . C(NOH) . CH_3$ $CH_2 . CH_2 . CH_2$	85°	—	—
1,3-Dimethyl-Cyklohexen (3)-Oxim (5)	$C_8H_{13}NO = CH_3 . C{\lessgtr}\begin{matrix}CH . C(NOH)\\CH_2 . CH(CH_3)\end{matrix}{>}CH_2$	72—74°	140—141° (19)	—
Phoronoxim	$C_9H_{15}NO$	48°	218°	—
β-Campherphoronoxim	$C_9H_{15}NO$	82—82,5°	—	—
Ditetramethylenketoxim	$C_9H_{15}NO = (C_4H_7)_2C:NOH$	Sirup	—	—

	Formel	Schmelzpunkt	Siedepunkt	Spezifisches Gewicht
Isoacetophoronoxim a . . .	$C_9H_{15}NO$	75—76°; 74—75°; 79—80°	153° (40); 133° (16); 125—145° (15)	—
desgl. b . . .	desgl.	99—100°	—	—
o-Methyltetrahydrobenzol-Methylketoxim	$C_9H_{15}NO = CH_3 . C(NOH) . C \langle {C(CH_3) . CH_2 \atop CH_2 . CH_2} \rangle CH_2$	dickflüssig	—	—
Camphenylonoxim	$C_9H_{15}NO = C_8H_{14} : C : NOH$	105—106°; 109—110°	—	—
Methyldimethyldihydropentenketoxim	$C_9H_{15}NO = CH_3 . C(NOH) . C = C(CH_3) . CH_2 . CH(CH_3) . CH_2$	flüssig	175° (100)	—
Isocamphenylonoxim	$C_9H_{15}NO$	165°	--	—
Fenchocamphoronoxime . .	$C_9H_{15}NO = C_8H_{14} : C : NOH$	—	--	—
Aus D-d-Fenchocamphoron	—	69—71°	--	—
Aus D-l-Fenchocamphoron	—	54—56°	--	—
Methyläthylmethyldihydropentenketoxim	$C_{10}H_{17}NO = CH_3 . C(NOH) . C = C(CH_3) . CH_2 . CH_2 . CH(C_2H_5)$	flüssig	--	—
1-Methyl-3-Methoäthyl-Cyklohexen (6)-oxim (5) .	$C_{10}H_{17}NO = CH_3 . C \langle {CH_2 . CH . C_3H_7 \atop CH . C : NOH} \rangle CH_2$	117—118°	-	
1-Methyl-4-Methoäthyl-Cyklohexen (1)-oxim (3) .	$C_{10}H_{17}NO = CH_3 . C \langle {CH . C(NOH) \atop CH_2 . CH_2} \rangle CH . C_3H_7$	.		
Isolauronolsäuremethylketoxim	$C_{10}H_{17}NO = (CH_3)_2C . C(CH_3) \rangle C . CH_2 . CH_2 \rangle C(NOH) . CH_3$	64—65°	144—145° (25)	

1-Methyl-3-Methopropyl-Cyklohexen (6)-oxim (5)	$C_{11}H_{19}NO = CH_2$ — CH_2—$\dot{C}=CH$—$C:NOH$ — $\dot{C}HCH_2.CH[CH_3]_2).\dot{C}H_2$	92—94°	—	—
Oxime des Desoxymesityloxyds	$C_{12}H_{21}NO$	—	—	—
α-Oxim	—	156—157°	—	—
β-Oxim	—	126°	—	—
1-Methyl-3-Hexyl-Cyklohexen (6)-Oxim (5)	$C_{13}H_{23}NO =$ $CH_3.C\langle^{CH \text{———} C:NOH}_{CH_2.CH(C_6H_{13}).\dot{C}H_2}$	103—105°	—	—
Bicyklopentenpentanoxim	$C_{10}H_{15}NO =$ $CH_2\langle^{CH_2.C=C\ .\ C(NOH)\ >CH_2}_{CH_2.CH_2\ CH_2.CH_2}$	123—124°	—	—
Carvoxime	$C_{10}H_{15}NO = CH_3.$ $C\langle^{CH.CH_2}_{C(NOH).CH_2}\rangle CH.(CH_3):CH_2$	—	—	—
Inaktive Modifikation (Nitrosodipentin)	—	92—93°	—	—
Linkscarvoxim (Nitrosohesperiden)	—	72°	sublimierbar	—
Rechtscarvoxim	—	72°	—	—
Isocarvoxim	—	142—143°	—	—
Isocarvonoxim	$C_{10}H_{15}NO = C_{10}H_{14}:NOH$	98°	—	—
Xylitonoxim	$C_{12}H_{19}NO$	—	162—164° (14)	—
Bicyklomethylpentenmethylpentanoxim	$C_{12}H_{19}NO$	94°	—	—
Ironoxim	$C_{13}H_{21}NO = C_{11}H_{17}.C(NOH).CH_3$	121,5°	—	—
Bicyklomethylhexenmethylhexanonoxim	$C_{14}H_{23}NO$	152°	—	—
Methylphenylketoxim	$C_8H_9NO = CH_3\ C(NOH).C_6H_5$	59°	—	—
Äthylphenylketoxim	$C_9H_{11}NO = C_2H_5.C(NOH).C_6H_5$	52—53°	245–246°(Zerstzg.), 165°(38)	—
Methylbenzylketoxim	$C_9H_{11}NO = CH_3.C(NOH).CH_2.C_6H_5$	Öl	—	—
Methyltolyl (2)-ketoxim	$C_9H_{11}NO = CH_3.C(NOH).C_6H_4.CH_3$	116°	—	—
Methyltolyl (4)-ketoxim	desgl.	88°	—	—

	Formel	Schmelzpunkt	Siedepunkt	Spezifisches Gewicht
Isopropylphenylketoxim	$C_{10}H_{13}NO = C_3H_7.C(NOH).C_6H_5$	58°; 61°	—	—
Äthyl-p-Tolylketoxim	$C_{10}H_{13}NO = C_2H_5.C(NOH).C_6H_4.CH_3$	86—87°	—	—
p-Tolylacetoxim	$C_{10}H_{13}NO = CH_3.C_6H_4.CH_2.C(NOH).CH_3$	90—91°	—	—
Methyl-o-Xylylketoxim	$C_{10}H_{13}NO = CH_3.C(NOH).C_6H_3(CH_3)_2$	84,5—85°	—	—
2-Methyl-1,4-Xylylketoxim	desgl.	58°	—	—
Isobutylphenylketoxim	$C_{11}H_{15}NO = C_4H_9.C(NOH).C_6H_5$	74°	—	—
Isopropyl-p-tolylketoxim	$C_{11}H_{15}NO = C_3H_7.C(NOH).C_6H_4.CH_3$	92°	—	—
Methyl-p-propylphenylketoxim	$C_{11}H_{15}NO = CH_3.C(NOH).C_6H_4.C_3H_7$	43—44°	—	—
Methyl-p-cumylketoxim	desgl.	70—71°	—	—
Äthyl-m-Xylylketoxim	$C_{11}H_{15}NO = C_2H_5.C(NOH).C_6H_3(CH_3)_2$	72°	—	—
2-Propyl-1,4-Xylylketoxim	$C_{12}H_{17}NO = C_3H_7.C(NOH).C_6H_3.(CH_3)_2$	47°	—	—
4-Isopropyl-1,2-Xylylketoxim	desgl.	68°	—	—
4-Isopropyl-1,3-Xylylketoxim	desgl.	97°	—	—
2-Isopropyl-1,4-Xylylketoxim	desgl.	76°	—	—
Methyl-o-Cymylketoxim	$C_{12}H_{17}NO = CH_3.C(NOH).C_6H_3(CH_3)(C_3H_7)$	Öl	—	—
Phenylhexylketoxim	$C_{13}H_{19}NO = C_6H_{13}.C(NOH).C_6H_5$	55°	—	—
Cumylacetoxim	$C_{13}H_{19}NO = CH_3.C(NOH).CH_2.CH_2.C_6H_4.C_3H_7$	56—57°	—	—
Äthyl-p-Isocymylketoxim	$C_{13}H_{19}NO = C_2H_5.C(NOH).C_6H_3(CH_3)(C_3H_7)$	Öl	—	—
p-Tolylhexylketoxim	$C_{14}H_{21}NO = C_6H_{13}.C(NOH).C_6H_4.CH_3$	Öl	—	—
Propyl-p-Isocymylketoxim	$C_{14}H_{21}NO = C_3H_7.C(NOH).C_6H_3(CH_3)(C_3H_7)$	Öl	—	—
2-Isopropyl-1,4-Isocymylketoxim	desgl.	Öl	—	—

ketoxim	... $C_6H_3(CH_3)(C_3H_7)$	Öl	—	—	—
α-Hydrindonoxim	$C_9H_9NO = C_6H_4<\frac{CH_2}{C(NOH)}>CH_2$	144—144,5°	—	—	—
β-Hydrindonoxim	$C_9H_9NO = C_6H_4<\frac{CH_2}{CH_2}>C(NOH)$	152° (Zersetzg.); 155°	—	—	—
Methylcinnamylketoxim	$C_{10}H_{11}NO = CH_3.C(NOH).CH:CH.C_6H_5$	115—116°	220° (100, fast unzersetzt)	—	—
Äthylenacetophenoxim	$C_{10}H_{11}NO = \frac{CH_2}{\dot{C}H_2}>CH.C(NOH).C_6H_5$	90—92°	—	—	—
1,2,3,4-Tetrahydronaphtenonoxim	$C_{10}H_{11}NO = C_6H_4<\frac{CH_2.CH_2}{CH_2.\dot{C}(NOH)}$	87,5—88°	—	—	—
Tetramethylenphenylketoxim	$C_{11}H_{13}NO = \frac{CH_2.CH_2}{\dot{C}H_2.\dot{C}H_2}.C(NOH).C_6H_5$	91—93°	—	—	—
Methyltrimethylenphenylketoxim	$C_{11}H_{13}NO = CH_3.\frac{CH}{\dot{C}H_2}>CH.C(NOH).C_6H_5$	Öl	—	—	—
Methylhydrindenketoxim	$C_{11}H_{13}NO = CH_3.C(NOH).CH<\frac{CH_2}{CH_2}>C_6H_4$	125—126°	—	—	—
Äthylhydrindenketoxim	$C_{12}H_{15}NO = C_2H_5.C(NOH).CH<\frac{CH_2}{CH_2}>C_6H_4$	104°	—	—	—
Methylphenylhexamethylenketoxim	$C_{14}H_{19}NO = CH_3.C(NOH).CH<\frac{CH(C_6H_5).CH_2}{CH_2.CH_2}>CH_2$	dickflüssig	—	—	—
Methylcinnamenylvinylketoxim	$C_{12}H_{13}NO = CH_3.C(NOH).(CH:CH)_2.C_6H_5$	153°	—	—	—
Äthylcinnamenylvinylketoxim[1]	$C_{13}H_{15}NO = C_2H_5.C(NOH).(CH:CH)_2.C_6H_5$	142—143°	—	—	—
1-Methyl-5-Phenyl-1-Cyklohexenon (3)-oxim	$C_{13}H_{15}NO = CH_3.C\lessgtr\frac{CH_2.CH(C_6H_5)}{CH.C(NOH)}>CH_2$	115°	—	—	—
α-Methylnaphtylketoxim	$C_{12}H_{11}NO = CH_3.C(NOH).C_{10}H_7$	145°; 135—136°	—	—	—

[1]) M. Scholtz, Ber. 29, 613.

	Formel	Schmelzpunkt	Siedepunkt	Spezifisches Gewicht
β-Methylnaphtylketoxim	$C_{12}H_{11}NO = CH_3 . C(NOH) . C_{10}H_7$	142—143°	—	—
α-Äthylnaphtylketoxim	$C_{13}H_{13}NO = C_2H_5 . C(NOH) . C_{10}H_7$	57—58°	—	—
β-Äthylnaphtylketoxim	desgl.	133°	—	—
α-Propylnaphtylketoxim	$C_{14}H_{15}NO = C_3H_7 . C(NOH) . C_{10}H_7$	flüssig	206—208° (13)	—
β-Propylnaphtylketoxim	desgl.	89°	—	—
α-Isopropylnaphtylketoxim	desgl.	140°	—	—
β-Isopropylnaphtylketoxim	desgl.	121—122°	—	—
α-Isobutylnaphtylketoxim	$C_{15}H_{17}NO = C_4H_9 . C(NOH) . C_{10}H_7$	flüssig	202—205° (10)	—
β-Isobutylnaphtylketoxim	desgl.	99°	208—210° (10)	—
2,4-Dimethyl-1′-Phenomethylencyklohexenon (6)-oxim	$C_{15}H_{17}NO = C_6H_5 . CH : C<{C(NOH) . CH \atop CH(CH_3) . CH_2}>C . CH_3$	133—134°	—	—
2-Methyl-4-Phenoäthencyklohexenon (6)-oxim	$C_{15}H_{17}NO = C_6H_5 . CH : CH . CH<{CH_2 . C(NOH) \atop CH_2 . C(CH_3)}>CH$	176—177°	—	—
Acenaphtenonoxim	$C_{12}H_9NO = C_{10}H_6<{CH_2 \atop C(NOH)}$	175°	—	—
Benzophenonoxim	$C_{13}H_{11}NO = C_6H_5 . C(NOH) . C_6H_5$	139,5—140°	—	—
Phenyltolylketoxim	$C_{14}H_{13}NO = C_6H_5 . C(NOH) . C_6H_4 . CH_3$	—	—	—
o-Verbindung	—	—	—	—
Anti-Modifikation	—	105°	—	—
Syn-Modifikation	—	69°	—	—
m-Verbindung	—	100—101°	—	—
p-Verbindung	—	—	—	—
α-Modifikation	—	153—154°	—	—
β-Modifikation	—	115—116°	—	—
Methylbiphenylketoxim	$C_{14}H_{13}NO = CH_3 . C(NOH) . C_6H_4 . C_6H_5$	145—146°	—	—
Desoxybenzoinoxim	$C_{14}H_{13}NO = C_6H_5 . CH_2 . C(NOH) . C_6H_5$	98°	—	—

[illegible]	[illegible] $CH_2.C(NOH).C_6H_5$	87°; 82°	—	—
Dibenzylketoxim	$C_{15}H_{15}NO = C_6H_5.CH_2.C(NOH).CH_2.C_6H_5$	119,5°	—	—
Benzyl-p-Tolylketoxim	$C_{15}H_{15}NO = C_6H_5.CH_2.C(NOH).C_6H_4.CH_3$	131°	—	—
Phenyl-p-Xylylketoxim	$C_{15}H_{15}NO = C_6H_5.C(NOH).C_6H_3(CH_3)_2$	109°	—	—
Methyldesoxybenzoinoxim	$C_{15}H_{15}NO = C_6H_5.CH(CH_3).C(NOH).C_6H_5$	120°	—	—
p-Äthylbenzophenonoxim	$C_{15}H_{15}NO = C_6H_5.C(NOH).C_6H_4.C_2H_5$	—	—	—
Anti-Modifikation	—	142°	—	—
Syn-Modifikation	—	108°	—	—
α-Phenyl-m-Xylylketoxim	$C_{15}H_{15}N = C_6H_5.C(NOH).C_6H_3(CH_3)_2$	—	—	—
Anti-Modifikation	—	126°	—	—
Syn-Modifikation	—	152°	—	—
symm. (p)- Dimethylbenzophenonoxim	$C_{15}H_{15}N = CH_3.C_6H_4.C(NOH).C_6H_4.CH_3$	163°	—	—
Äthyldesoxybenzoinoxim	$C_{16}H_{17}NO = C_6H_5.C(NOH).CH(C_2H_5).C_6H_5$	129—130°	—	—
Benzyl-p-Xylylketoxim	$C_{16}H_{17}NO = C_6H_5.CH_2.C(NOH).C_6H_3(CH_3)_2$	99°	—	—
p-Desoxytoluoinoxim	$C_{16}H_{17}NO = CH_3.C_6H_4.CH_2.C(NOH).CH_2.C_6H_4.CH_3$	128°	—	—
p-Propylbenzophenonoxim	$C_{16}H_{17}NO = C_3H_7.C_6H_4.C(NOH).C_6H_5$	—	—	—
Anti-Modifikation	—	104°	—	—
Syn-Modifikation	—	130°	—	—
p-Isopropylbenzophenonoxim	desgl.	—	—	—
Anti-Modifikation	—	132°	—	—
Syn-Modifikation	—	106°	—	—

	Formel	Schmelzpunkt	Siedepunkt	Spezifisches Gewicht
o-Dibenzylacetoxim	$C_{17}H_{19}NO = (C_6H_5.CH_2.CH_2)_2C(NOH)$	92°	—	—
Di-p-Tolylacetoxim	$C_{17}H_{19}NO = (CH_3.C_6H_4.CH_2)_2C:(NOH)$	106°	—	—
Propyldesoxybenzoinoxim	$C_{17}H_{19}NO = C_6H_5.C(NOH).CH(C_3H_7).C_6H_5$	100°	—	—
Isopropyldesoxybenzoinoxim	desgl.	69—70°	—	—
Isobutyldesoxybenzoinoxim	$C_{18}H_{21}NO = C_6H_5.C(NOH).CH(C_4H_9).C_6H_5$	118°	—	—
symm. Tetramethylbenzylacetophenonoxim	$C_{19}H_{23}NO = (CH_3)_2.C_6H_3.C(NOH).CH_2.CH_2.C_6H_3(CH_3)_2$	82—84°	—	—
Hexyldesoxybenzoinoxim	$C_{20}H_{25}NO = C_6H_5.C(NOH).CH(C_6H_{13}).C_6H_5$	89°	—	—
Oktyldesoxybenzoinoxim	$C_{22}H_{29}NO = C_6H_5.C(NOH).CH(C_8H_{17}).C_6H_5$	101°	—	—
Diphenylenketoxim, Fluorenonoxim	$C_{13}H_9NO = \begin{matrix}C_6H_4\\C_6H_4\end{matrix}>C:NOH$	193—194°; 195°	—	—
Cinnamylphenylketoxim	$C_{15}H_{13}NO = C_6H_5.CH:CH.C(NOH).C_6H_5$	107—108°	—	—
6-Phenylindanon (7)-oxim	$C_{15}H_{13}NO = C_6H_4<\begin{matrix}CH_2\\C(NOH)\end{matrix}>CH.C_6H_5$	141°	—	—
Dypnonoxim, Phenylpropenylphenylketoxim	$C_{16}H_{15}NO = CH_3.C(C_6H_5):CH.C(NOH).C_6H_5$	65°	—	—
Cinnamylenacetophenonoxim	$C_{17}H_{15}NO = C_6H_5.CH:CH.CH:CH.C(NOH).C_6H_5$	131°	—	—
Phenylnaphtylketoxime	$C_{17}H_{13}NO = C_6H_5.C(NOH).C_{10}H_7$	—	—	—
α-Verbindung	—	140—142°	—	—
β-Verbindung	—	174—176°	—	—
Cinnamylenbenzylidenacetoxim	$C_{19}H_{17}NO = \begin{matrix}C_6H_5.CH:CH.CH:CH\\C_6H_5.CH:CH\end{matrix}>C:NOH$	127—128°	—	—

p-Phenylbenzophenonoxim	$C_{19}H_{15}NO = C_6H_5 . C_6H_4 . ([illegible]H) . C_6H_5$	193—194°	—	—
Benzyldesoxybenzoinoxim	$C_{21}H_{19}NO = C_6H_5 . C(NOH) . CH(CH_2 . C_6H_5) . C_6H_5$	208°	—	—
Benzylidenacenaphtenonoxim	$C_{19}H_{13}NO = C_{10}H_6<{C(NOH) \atop \dot{C}:CH . C_6H_5}$	48°	—	—
Benzylidendesoxybenzoinoxim	$C_{21}H_{17}NO = C_6H_5 . C(NOH) . C(C_6H_5):CH . C_6H_5$	208—209°	—	—
2,3,4-Triphenyl-1-Cyklohexenonoxim (6)	$C_{24}H_{21}NO = C_6H_5 . CH<{CH_2 . C(NOH) \atop CH(C_6H_5) . C(C_6H_5)}>CH$	209°	—	—
Isoverbindung	—	120°	—	—
1,2,3-Triphenyl-1-Cyklohexenonoxim (5)	$C_{24}H_{21}NO$	233—234°		
Benzyldiphenylbenzylketoxim	$C_{27}H_{23}NO = C_6H_5 . C_6H_4 . C(NOH) . CH(CH_2 . C_6H_5) . C_6H_5$	175°	—	—
Undekandion (2,3)-monoxim	$C_{11}H_{21}NO_2 = CH_3 . CO . C(NOH) . C_8H_{17}$	56—58°	—	—
Methylallyldiketonmonoxim	$C_6H_9NO_2 = CH_3 . C(NOH) . CO . C_3H_5$	46°	—	—

Oxime der Zuckerarten.

l-Arabinoseoxim	$C_5H_{11}NO_5 = C_5H_{10}O_4 : NOH$	132—133°; 138—139°	—	—
[illegible]xim	desgl.	138—139°	—	—
Glykosoxim	$C_6H_{13}NO_6 = C_6H_{12}O_5 : NOH$	136—137°; 135°; 137,5°	—	—
[illegible]eoxim	desgl.	118°	—	—
d-Mannoseoxim (?)	desgl.	176—184°	—	—
Galaktoseoxim	desgl.	173—174°	—	—
Digitoxoseoxim	$C_6H_{13}NO_4$	102°	—	—

Dioxime (Glyoxime u. s. w.).

Glyoxim	$C_2H_4N_2O_2 = OHN:CH.CH:NOH$	178°	leicht sublimierbar	

	Formel	Schmelzpunkt	Siedepunkt	Spezifisches Gewicht
Methylglyoxim	$C_3H_6N_2O_2 =$ $CH_3.C(NOH).CH.NOH$	153°; 156°	leicht sublimierbar	—
Propandioxim (1,3)	$C_3H_6N_2O_2 = CH_2(CH:NOH)_2$	—	—	—
Succinaldehyddioxim	$C_4H_8N_2O_2 = \begin{array}{l} CH_2.CH:NOH \\ CH_2.CH:NOH \end{array}$	173°	—	—
Diacetyldioxim	$C_4H_8N_2O_2 = CH_3.C(NOH).$ $C(NOH).CH_3$	234,5°; 234°	—	—
Acetylacetondioxim	$C_5H_{10}N_2O_2 = [CH_3.C(NOH)]_2CH_2$	149—150°	—	—
Methyläthylglyoxim	$C_5H_{10}N_2O_2 = \begin{array}{l} CH_3.C:NOH \\ C_2H_5.C:NOH \end{array}$	170°; 172—173°	—	—
Lävulinaldehyddioxim . . .	$C_5H_{10}N_2O_2 =$ $CH_3.C(NOH).(CH_2)_2.CH:NOH$	67—68°	—	—
2-Methyl-Butandioxim . . .	$C_5H_{10}N_2O_2 =$ $(CH_3)_2.CH.C(NOH).CH:NOH$	110°	—	—
Methylpropylglyoxim	$C_6H_{12}N_2O_2 = \begin{array}{l} CH_3.C:NOH \\ C_3H_7.C:NOH \end{array}$	168°; 170—171°	—	—
Propionylpropionaldioxim .	$C_6H_{12}N_2O_2 = \begin{array}{l} CH_2.C(NOH).C_2H_5 \\ CH_2.CH:NOH \end{array}$	84—85°	—	—
Äthylsuccinaldioxim	$C_6H_{12}N_2O_2 = \begin{array}{l} CH(C_2H_5).CH:NOH \\ CH_2.CH:NOH \end{array}$	134—135°	—	—
Methyllävulinaldioxim . . .	$C_6H_{12}N_2O_2 = \begin{array}{l} CH(CH_3).CH:NOH \\ CH_2.C(NOH).CH_3 \end{array}$	—	—	—
Acetonylacetoxim	$C_6H_{12}N_2O_2 = CH_3.C(NOH).$ $(CH_2)_2.C(NOH).CH_3$	134—135°	—	—
Acetylisobutyryldioxim . . .	$C_6H_{12}N_2O_2 = CH_3.C(NOH).$ $C(NOH).CH(CH_3)_2$	155—158°	—	—
Methylisobutyldiketonoxim .	$C_7H_{14}N_2O_2 = CH_3.[C(NOH)]_2.$ $CH_2.CH(CH_3)_2$	170—172°	—	—
Propionylbutyryldioxim . .	$C_7H_{14}N_2O_2 = CH_3.(CH_2)_2.$ $C(NOH).C(NOH).C_2H_5$	129°; 167—168°(?)	—	—
Methylamyldiketonmonoxim	$C_8H_{15}NO_2 = CH_3.C(NOH).$ $CO.C_5H_{11}$	—	—	—

Oktandioxim (2,3)	$C_8H_{16}N_2O_2 = CH_3.[C(NOH)]_2.C_5H_{11}$	167 — 169°	—	—
Methylamyldiketondioxim .	$C_8H_{16}N_2O_2 = CH_3.[C(NOH)]_2.(CH_2)_2.CH(CH_3)_2$	172—173°; 177—178°	—	—
Oktandioxim (3,4)	$C_8H_{16}N_2O_2$	ca. 139–141°	—	—
2-Methylheptandioxim (3,6) .	$C_8H_{16}N_2O_2 = (CH_3)_2CH.C(NOH).(CH_2)_2.C(NOH).CH_3$	132°	—	—
Dioxim des Korkaldehyds, Oktandioxim (1,8)	$C_8H_{16}N_2O_2 = OHN:CH.(CH_2)_6.CH:NOH$	150—155°	—	—
α,ω-Diacetylpentandioxim .	$C_9H_{18}N_2O_2 = [CH_3.C(NOH)]_2:C_5H_{10}$	84—85°	—	—
Triacetonhydroxylaminoxim	$C_9H_{18}N_2O_2 = (CH_3)_2C.N(OH).C(CH_3)_2$ $CH_2.C(NOH).CH_2$	126—127°	—	—
2-Methyloktandioxim (6,7) .	$C_9H_{18}N_2O_2 = CH_3.(C[NOH])_2.(CH_2)_3.CH(CH_3)_2$	169—170°	—	—
1,5-Dimethyl-1,5-Diacetyl-pentandioxim	$C_{11}H_{22}N_2O_2 = [CH_3.C(NOH).CH(CH_3)]_2:C_3H_6$	95—96°	—	—
Undekandion (2,3)-Dioxim .	$C_{11}H_{22}N_2O_2 = CH_3.(C[NOH])_2.C_8H_{17}$	162°	—	—
1,5-Diäthyl-1,5-Diacetyl-pentandioxim	$C_{13}H_{26}N_2O_2 = [CH_3.C(NOH).CH(C_2H_5)]_2:C_3H_6$	110—111°	—	—
Acetylpalmityldioxim . . .	$C_{18}H_{36}N_2O_2 = CH_3.(C[NOH])_2.(CH_2)_{14}.CH$	147—148°	—	—
Acetylstearyldioxim	$C_{20}H_{40}N_2O_2 = CH_3.(C[NOH])_2.(CH_2)_{16}.CH_2$	120—121°	—	—
Cyklopentandioxim (1,2) . .	$C_5H_8N_2O_2 = CH_2 < \begin{matrix} C & H \\ C & H \end{matrix}$	ca. 210° (Zersetzung)	—	—
Methylallyldiketondioxim . .	$C_6H_{10}N_2O_2 = CH_3.[C$ ... H_5	153°	—	—
p-Diketohexamethylendioxim	$C_6H_{10}N_2O_2 = (NOH)C < \begin{matrix} CH_2.CH_2 \\ CH_2.CH_2 \end{matrix} > C(NOH)$	200° rasch erhitzt, 192° langsam erhitzt (unter geringer Zersetzung)	—	—

	Formel	Schmelzpunkt	Siedepunkt	Spezifisches Gewicht
Cyklohexandioxim (1,3) (Dihydroresorcindioxim)	$C_6H_{10}N_2O_2 = CH_2<^{CH_2.C(NOH)}_{CH_2.C(NOH)}>CH_2$	154—157°	—	—
1-Methyl-Cyklohexandioxim 3,5	$C_7H_{12}N_2O_2 = CH_2<^{C(NOH).CH_2}_{C(NOH).CH_2}>CH.CH_3$	155—157°; 155°	—	—
1,1-Dimethyl-Cyklohexandioxim (3,5)	$C_8H_{14}N_2O_2 = CH_2<^{C(NOH).CH_2}_{C(NOH).CH_2}>C(CH_3)_2$	176°	—	—
1-Methyl-4-Äthanoylcyklohexanon (2)-Dioxim	$C_9H_{16}N_2O_2 = CH_3.CH<^{CH_2.CH_2}_{C(NOH).CH_2}>CHC(NOH).CH_3$	—		
α-Modifikation	—	197—198°		
β-Modifikation	—	175—176°		
Acetylmethylheptenondioxim	$C_{10}H_{18}N_2O_2 = (CH_3)_2C:CH.(CH_2)_2.C(NOH).CH_2.C(NOH).CH_3$	109—110°		
1-Methyl-3-Methopropanoyl-Cyklopentanon (4)-Dioxim	$C_{10}H_{18}N_2O_2 = CH_3.CH<^{CH_2.C:NOH}_{CH_2.\dot{C}H.C(NOH).CH(CH_3)_2}$	144°	—	—
Diacetylacetondioxim	$C_7H_{12}N_2O_2 = C_7H_{10}O(:NOH)_2$	68,5°	—	—
1-Methyl-Cyklohexanon (3)-Dioxim (2,4)	$C_7H_{10}N_2O_2 = CH_3.CH<^{C(NOH).CO}_{CH_2.CH_2}>C:NOH$	Zersetzung bei 190°	—	—
Chinondioxim	$C_6H_6N_2O_2 = C_6H_4(NOH)_2$	Zersetzung gegen 240°	—	—
Toluchinondioxim	$C_7H_8N_2O_2 = CH_3.C_6H_3(NOH)_2^{2,5}$	Zersetzung bei 220°; [illegible]	—	—
p-Xylochinondioxim [illegible]	[illegible]	[illegible]		

Thymochinondioxim	$C_{10}H_{14}N_2O_2 = (CH_3)(C_3H_7)C_6H_2(NO_2H)_2$	Zersetzung 255°	—	—
Bithymochinondioxim	$(C_{10}H_{14}N_2O_2)_2$	gegen 290° (Zersetzg.)	—	—
Phtalaldoxim (1,2)	$C_8H_8N_2O_2 = C_6H_4(CH:NOH)_2$	245°	—	—
Isophtalaldoxim (1,3)	desgl.	180°	—	—
Terephtalaldoxim (1,4)	desgl.	90°	—	—
Phenylglyoxim	$C_8H_8N_2O_2 = C_6H_5.C(NOH).CH:NOH$	—	—	—
Antiphenylamphiglyoxim	—	162°; 168°	—	—
Phenylantiglyoxim	—	180°	—	—
Resorcyldialdoxim	$C_8H_8N_2O_4 = (OH)_2C_6H_2(CH:NOH)_2$	209°	—	—
p-Tolylglyoxaldioxim	$C_9H_{10}N_2O_2 = CH_3.C_6H_4.C(NOH).CH:NOH$	165°	—	—
Methylphenylglyoxim	$C_9H_{10}N_2O_2 = C_6H_5.C(NOH).C(NOH).CH_3$	231—233°	—	—
Methylphenyldiketoxim	$C_9H_{10}N_2O_2 = CH_3.[C(NOH)]_2.C_6H_5$	239—240°	—	—
p-Diacetylbenzoldioxim	$C_{10}H_{12}N_2O_2 = C_6H_4[C(NOH).CH_3]_2$	240° (Zersetzg)	—	—
Acetophenonacetondioxim	$C_{11}H_{14}N_2O_2 = C_6H_5.C(NOH).CH_2.CH_2.C(NOH).CH_3$	80°	—	—
Diketohydrindendioxim	$C_9H_8N_2O_2 = C_6H_4{<}{C(NOH) \atop C(NOH)}{>}CH_2$	Zersetzung bei 225°	—	—
1-Phenylcyklohexandiondioxim (3,5)	$C_{12}H_{14}N_2O_2 = C_6H_5.CH{<}{CH_2.C(NOH) \atop CH_2.C(NOH)}{>}CH_2$	177°	—	—
6-Methyl-2-Äthyl-1,2,3,4-Tetrahydronaphtendiondioxim (1,3)	$C_{13}H_{16}N_2O_2 = CH_3.C_6H_3{<}{C(NOH).CH(C_2H_5) \atop CH_2.\dot{C}(NOH)}$	gegen 235°	—	—
Naphtochinondioxime	$C_{10}H_8N_2O_2 = C_{10}H_6(NOH)_2$	—	—	—
α-Verbindung	—	207° (Zersetzg.)	—	—
β-Verbindung	—	180—181°	—	—
Benzildioxim, Diphenylglyoxim	$C_{14}H_{12}N_2O_2 = C_6H_5.[C(NOH)]_2.C_6H_5$	—	—	—

	Formel	Schmelzpunkt	Siedepunkt	Spezifisches Gewicht
α-Verbindung	—	237° (Zersetzung)	—	—
β-Verbindung	—	206—207° ([illegible])	—	—
γ-Verbindung	—	164—166°	—	—
Acenaphtendioxim	$C_{12}H_8N_2O_2 = C_{10}H_6(C:NOH)_2$	222° (Zersetzg.)	—	—
Diphenacyldioxim	$C_{16}H_{16}N_2O_2 = C_6H_5.C(NOH).C_2H_4.C(NOH).C_6H_5$	203—204°	—	—
Phenanthrenchinondioxim	$C_{14}H_{10}N_2O_2$	202°	—	—
p-Tolildioxim	$C_{16}H_{16}N_2O_2 = CH_3.C_6H_4.[C(NOH)]_2.C_6H_4.CH_3$	—	—	—
α-Verbindung	—	217°	—	—
β-Verbindung	—	225°	—	—
α,γ-Dibenzoylpropandioxim	$C_{17}H_{18}N_2O_2 = CH_2[CH_2.C(NOH).C_6H_5]_2$	149—151°	—	—
α,ω Dibenzoylpentandioxim	$C_{19}H_{22}N_2O_2 = C_3H_6[CH_2.C(NOH).C_6H_5]_2$	175—176°	—	—
4,5-Diphenyloktandiondioxim (2,7)	$C_{20}H_{24}N_2O_2 = C_6H_5.CH.CH_2.C(NOH).CH_3$ / $C_6H_5.\dot{C}H.CH_2.C(NOH).CH_3$	235—237°	—	—
Cuminildioxim	$C_{20}H_{24}N_2O_2 = C_3H_7.C_6H_4.[C(NOH)]_2.C_6H_4.C_3H_7$	—	—	—
α-Verbindung	—	249°	—	—
β-Verbindung	—	227°	—	—
Di-m-Xylylenäthylenketondioxim	$C_{20}H_{24}N_2O_2 = C_2H_4[C(NOH).C_6H_3(CH_3)_2]_2$	140°	—	—
β-Phenyl-α,γ-Diketohydrindendioxim	$C_{15}H_{12}N_2O_2 = C_6H_4 \begin{matrix} C(NOH) \\ C(NOH) \end{matrix} > CH.C_6H_5$	193—196°	—	—
m-Tolyldiketohydrindendioxim	$C_{16}H_{14}N_2O_2$ [illegible]	[illegible]		—

Diphensuccindondioxim	$C_{16}H_{12}N_2O_2 = C_6H_4\langle C(NOH).CH - CH.C(NOH) \rangle C_6H_4$	254° (Zersetzung)	—	—
m-Phenylendiphenylketondioxim	$C_{20}H_{16}N_2O_2 = C_6H_4[C(NOH).C_6H_5]_2$	70—75°	—	—
p-Phenylendiphenylketondioxim	desgl.	235°	—	—
Desylacetophenondioxim	$C_{22}H_{20}N_2O_2 = C_6H_5.C(NOH).CH(C_6H_5).CH_2$ / $C_6H_5.C(NOH)$	215° (Zersetzung)	—	—

Trioxime u. s. w.

Propantrioxim, Triisonitrosopropan	$C_3H_5O_3N_3 = HON:CH.C(NOH).CH:NOH$	171° (Aufschäumen)	—	—
Diphenyltriketoxim	$C_{15}H_{13}N_3O_3 = [C_6H_5.C(NOH)]_2C:NOH$	185—186°	—	—
β-Benzoyl-α,γ-Diketohydrindentrioxim	$C_{16}H_{13}N_3O_3 = C_6H_4<^{C(NOH)}_{C(NOH)}>CH.C(NOH).C_6H_5$	232° (Zersetzung)	—	—
Diphenyltetraketoxim	$C_{16}H_{14}N_4O_4 = C_6H_5.[C(NOH)]_4.C_6H_5$	225°	—	—

Amidoxime.

Methenylamidoxim (Isuretin)	$CH_4N_2O = NH_2.CH:NOH$	104—105° (teilw. Zersetzung); 114—115°		
Äthenylamidoxim	$C_2H_6N_2O = CH_3.C(NH_2):NOH$	135°		
Propenylamidoxim	$C_3H_8N_2O$	—		
Amenylamidoxim	$C_5H_{12}N_2O$	115—116°		

	Formel	Schmelzpunkt	Siedepunkt	Spezifisches Gewicht
Normalhexenylamidoxim	$C_6H_{14}N_2O = C_5H_{11}.C(NH_2):NOH$	48°	—	—
Isocapramidoxim	$C_6H_{14}N_2O = (CH_3)_2.CH.(CH_2)_2.C(NH_2):NOH$	58°	—	—
Normalheptenylamidoxim	$C_7H_{16}N_2O$	48—49°	—	—
Nonenylamidoxim	$C_9H_{20}N_2O$	84°	—	—
Lauramidoxim	$C_{12}H_{26}N_2O = C_{11}H_{23}.C(NH_2):NOH$	92—92,5°	—	—
Myristamidoxim	$C_{14}H_{30}N_2O = C_{13}H_{27}.C(NH_2):NOH$	97°	—	—
Palmitamidoxim	$C_{16}H_{34}N_2O$	101,5—102°	—	—
Stearamidoxim	$C_{18}H_{38}N_2O$	106—106,5°	—	—
α-Campholenamidoxim	$C_{10}H_{18}N_2O$	101°	—	—
Oxalmonamidoxim	$C_2H_4N_2O_3 = CO_2H.C(NH_2):NOH$	—	—	—
Syn-Modifikation	—	158° (Zersetzung)	—	—
Anti-Modifikation	—	159°	—	—
Oxalendiamidoxim	$C_2H_6N_4O_2 = (NOH):(NH_2)C.C(NH_2):NOH$	196° unter Zersetzung	—	—
Malonendiamidoxim	$C_3H_8N_4O_2 = CH_2(C[NH_2]:NOH)_2$	163—167° (Zersetzg.)	—	—
Succinendiamidoxim	$C_4H_{10}N_4O_2 = \begin{matrix} CH_2.C(NOH).NH_2 \\ CH_2.C(NOH).NH_2 \end{matrix}$	188° unter Zersetzung	—	—
Succineniminodioxim	$C_4H_7N_3O_2 = \begin{matrix} CH_2.C(NOH) \\ CH_2.C(NOH) \end{matrix} > NH$	198°	—	—
Glutarendiamidoxim	$C_5H_{12}N_4O_2 = CH_2[CH_2.C(NOH).NH_2]_2$	233°	—	—
Glutarimidoxim	$C_5H_8N_2O_2 = CH_2 < \begin{matrix} CH_2.C(NOH) \\ CH_2.CO \end{matrix} > NH$	196°	—	—
Glutareniminodioxim	$C_5H_9N_3O_2 = CH_2 < \begin{matrix} CH_2.C(NOH) \\ CH_2.C(NOH) \end{matrix} > NH$	193°	—	—

Hydrazin.

Hydrazin, Diamid $N_2H_4 = NH_2-NH_2$ ist in Form seiner Salze und eines Hydrats durch die Untersuchungen von Curtius, in freiem Zustande erst später durch Lobry de Bruyn bekannt geworden.

Curtius erhielt das Sulfat zuerst[1]) durch Digerieren von Triazoessigsäure $C_3H_3N_6(COOH)_3$ in wässeriger Lösung mit sehr verdünnter Schwefelsäure. Hierbei zerfällt die Triazoessigsäure unter Aufnahme von 6 Mol. Wasser in Oxalsäure (die zum Teil, besonders bei längerem und stärkerem Erhitzen, weiter in Kohlensäure und Ameisensäure zerfällt) und Hydrazin: $C_3H_3N_6(COOH)_3 + 6H_2O = 3C_2H_2O_4 + 3N_2H_4$. Die anfangs goldgelbe Lösung entfärbt sich ohne Entwickelung von Stickstoff vollkommen, und nach dem Erkalten scheidet sich das Hydrazinsulfat als farbloser, prächtig krystallisierender Körper aus, der infolge seiner geringen Löslichkeit leicht völlig rein gewonnen werden kann. — Zweckmäfsig erwärmt man 245 g Triazoessigsäure mit 2 Litern Wasser und 300 g konzentrierter Schwefelsäure auf dem Wasserbade, bis alles in Lösung gegangen, und weiterhin, bis die Lösung das Maximum der Entfärbung erreicht hat. Den Mutterlaugen vom auskrystallisierten Sulfat läfst sich der Rest durch Schütteln mit Benzaldehyd als Benzalazin $N_2(C_6H_5CH)_2$ entziehen, welches dann aus Alkohol umkrystallisiert und mit fünffach verdünnter Schwefelsäure zerlegt wird; der hierbei wieder gebildete Benzaldehyd wird mit Wasserdampf abgetrieben. Man erhält auf diese Weise ungefähr 90 Proz. der berechneten Menge Hydrazinsalz[2]).

Hydrazinsalze wurden ferner aus Diazoessigester erhalten: 1. durch Reduktion desselben mit Zinkstaub und Eisessig[3]); 2. durch Erhitzen seiner Additionsprodukte mit den Estern ungesättigter Säuren (Fumarsäureester und Zimtsäureester) mit Mineralsäuren[3]). Die Reduktion des Diazoessigesters erfolgt besser mit Hülfe von Eisenvitriol und Natronlauge. Es werden 350 g Eisenvitriol in Wasser gelöst und 600 g Natronlauge (1 : 14) hinzugefügt. Dazu giebt man 50 g Diazoessigester und rührt etwa 20 Minuten unter gelindem Erwärmen bis auf 40° um. Es darf dann die Mischung nicht mehr nach dem Ester

---

[1]) Th. Curtius, Ber. 20, 1632. — [2]) Curtius u. R. Jay, J. pr. Chem. [2] 39, 27. — [3]) Ed. Buchner, Ber. 21, 2637.

riechen, eine abfiltrierte Probe mufs wasserhell sein und darf beim Ansäuern keine erhebliche Gasentwickelung zeigen. Dann wird filtriert, der Rückstand mehrmals mit warmem Wasser ausgewaschen und der Gesamtlösung, nach Ansäuern, alles Hydrazin durch Benzaldehyd entzogen. Die Ausbeute liefs sich so bis auf 92 Proz. der Theorie bringen[1]).

Auf dieselbe Weise liefert jeder Körper Hydrazin, welcher die Azogruppe an ein Kohlenstoffatom gebunden enthält. So wurde dasselbe aus Diazoverbindungen erhalten, die aus durch Säure zersetzten Proteinstoffen ohne vorherige Isolierung der Amidoverbindungen gewonnen waren. Es wurde Hydrazinsalz durch successive Einwirkung von Mineralsäuren, Alkohol, Nitrit und dem oben angegebenen Reduktionsmittel erhalten aus Blut, Hühnereiweifs, Käseresten, Haaren, tierischer Wolle, Tischlerleim[1]).

Nach W. Traube[2]) bildet sich Diamid aus Methylendiisonitramin durch Reduktion mit Natriumamalgam in der Kälte.

Ferner entsteht das Sulfat, aber in wenig befriedigender Ausbeute, beim Kochen von Aminoparaldimin, dem Reduktionsprodukte des bei Einwirkung von salpetriger Säure auf Aldehydammoniak entstehenden Nitrosoparaldimins, mit verdünnter Schwefelsäure[3]):

$$C_5H_{11}O_2.CH{=}N.NH_2 + H_2O = C_5H_{11}O_2.CHO + N_2H_4.$$

Man kann auch unmittelbar aus dem Nitrosoparaldimin durch Reduktion Hydrazin gewinnen, wenn man jenes mit Zinkstaub und verdünnter Schwefelsäure (1:5) einige Minuten erwärmt, bis das gelbe Öl verschwunden ist, dann schnell filtriert, das Filtrat noch einige Minuten heftig einkocht, mit Wasser verdünnt, mit Benzaldehyd ausschüttelt und das so gewonnene Benzalazin mit Schwefelsäure zerlegt[3]).

Eine bequeme und ergiebige Bereitungsweise, die jetzt wohl hauptsächlich angewendet wird, hat Thiele[4]) angegeben. Dieselbe beruht auf der hydrolytischen Spaltung von Aminoguanidin durch Kochen mit verdünnten Säuren oder Alkalien, wobei sich Semikarbazid als Zwischenprodukt bildet.

Hydrazinsalze entstehen aus Sulfohydrazimethylenkarbonester, sowie aus sulfohydrazimethylendisulfonsaurem Baryum beim Erwärmen mit Salzsäure[5]). Nach der Patentschrift D. R.-P. Nr. 79885 entstehen aus der Einwirkung von schwefliger Säure auf Cyankalium sekundäre oder primäre Alkalisalze einer im freien Zustande nicht beständigen Säure, wahrscheinlich von der Zusammensetzung $CH_2(SO_3H).NH(SO_3H)$. Durch Einführung einer Nitrosogruppe in das sekundäre Kaliumsalz entsteht ein gelbes Salz, vermutlich $CH_2(SO_3K)N(NO)SO_3K$, das durch Einwirkung reduzierender Substanzen in alkalischer Lösung und nachheriges Kochen mit verdünnten Säuren Hydrazinsalze liefert.

---

[1]) Curtius u. Jay, Ber. 27, 775. — [2]) W. Traube, ebend. 27, 3292. — [3]) Curtius u. Jay, ebend. 23, 740. — [4]) J. Thiele, Ann. Chem. 270, 1. — [5]) H. v. Pechmann u. Ph. Mauck, Ber. 28, 2381.

Duden [1]) stellt die Salze dar aus Nitrosoderivaten des Hexamethylenamins durch Reduktion mit Metallen in alkalischer oder essigsaurer Lösung und nachfolgende Spaltung mit Mineralsäuren. Demselben [2]) gelang es, das Diamid aus rein anorganischen Substanzen darzustellen, indem er Stickoxydkaliumsulfid mit Natriumamalgam oder Zinkstaub und Ammoniak bezw. Natronlauge in der Kalte reduzierte.

Auch aus untersalpetriger Säure läfst sich Hydrazin gewinnen, indem man die saure Lösung mit Natriumbisulfit behandelt und nach Eindampfen im Vakuum mit Zinkstaub und Eisessig unter Kühlung reduziert [3]).

Freies Diamid wird durch Erwärmen seiner Salze mit Alkalilösung als vollkommen beständiges Gas ausgetrieben, das in kleinen Mengen durch den Geruch nicht wahrgenommen werden kann, in konzentriertem Zustande einen eigentümlichen, kaum an Ammoniak erinnernden Geruch besitzt und beim Einatmen Nase und Rachen überaus stark angreift. In Wasser ist das Gas äufserst leicht löslich, rotes Lackmuspapier bläut es intensiv, mit Salzsäuredämpfen bildet es weifse Nebel [4]).

Aus dem wässerigen Destillat läfst sich zunächst durch fraktionierte Destillation das Hydrazinhydrat $N_2H_4 . H_2O$ isolieren, das als Diammoniumoxyd $\begin{matrix} NH_3 \\ | \\ NH_3 \end{matrix}\!\!>\!O$ aufgefafst werden kann. Dasselbe bildet eine an der Luft rauchende, fast geruchlose, stark lichtbrechende Flüssigkeit, die unter gewöhnlichem Druck bei 119°, unter 739,5 mm Druck bei 118,5°, unter 26 mm Druck bei 47° [5]) konstant siedet und sich auch bei stundenlangem Kochen nicht zersetzt; doch wird es an der Luft leicht unter Stickstoffbildung oxydiert und zersetzt sich mit Sauerstoff quantitativ nach der Gleichung $N_2H_6O + O_2 = N_2 + 3\,H_2O$ [5]). Das spezif. Gew. ist = 1,03 bis 1,0305 bei 21°. Das Mol.-Gew. ist bei 100° im Vakuum = 50, wie für die Formel N_2H_6O berechnet; bei 170° unter gewöhnlichem Druck ist es dagegen im Zustande vollständiger Dissoziation als Diamid und Wasser; bei höherer Temperatur nimmt die Molekulargröfse wieder zu, doch wird bei Temperaturen von 300 bis 400° unter gewöhnlichem Druck der Wert 50 nicht wieder erreicht. Bei noch höheren Temperaturen im Vakuum werden dagegen sogar in der Nähe von 100 liegende Zahlen erhalten. In wässeriger Lösung zeigt das Hydrat annähernd die Molekulargröfse 68, entsprechend der Zusammensetzung $N_2H_4 . 2\,H_2O$, also Diammoniumhydroxyd $(OH)NH_3 - NH_3(OH)$. Im Gemisch von Kohlensäure und Äther erstarrt das Hydrat zu einer blätterig-krystallinischen Masse, welche noch unterhalb —40° wieder flüssig wird. — Alle gebräuchlichen Indikatoren, mit Ausnahme des Phenolphtaleins, zeigen Hydrazin ebenso scharf an wie Ammoniak [6]).

Das Hydrat löst mehrere Salze leicht auf, wie Brom-, Jod-, Cyan-

---

[1]) P. Duden, D. R.-P. Nr. 80466. — [2]) Ders., Ber. 27, 3498. — [3]) v. Brackel, Ber. 33, 2115. — [4]) Th. Curtius, Ber. 20, 1632. — [5]) Lobry de Bruyn, ebend. 28, 3086. — [6]) Curtius u. Schulz, J. pr. Chem. [2] 42, 521.

kalium, Ammoniumsulfat, Baryumnitrat, Magnesiumsulfat, ferner Kali, Natron, gasförmiges Ammoniak, weniger leicht Chlornatrium, Kaliumnitrat, Bleinitrat. Schwefel reagiert leicht, daher wird auch vulkanisierter Kautschuk leicht von den Dämpfen und der Flüssigkeit angegriffen; es entsteht eine braunrote Flüssigkeit, welche Schwefelammonium und Schwefel aufgelöst enthält. Weifser Phosphor giebt nach und nach zu einer gelben, rotvioletten und schwarzen Färbung Veranlassung, wobei schwacher Phosphorwasserstoffgeruch bemerkbar ist; bei Verdünnung mit Wasser fällt dann ein schwarzer Niederschlag, der vielleicht ein fester Phosphorwasserstoff ist [1]). In der Siedehitze greift es Glas stark an und zerstört Kork sowie Gummi. Es ist ein heftiges Gift für Organismen der verschiedensten Art, insbesondere auch für Bakterien [2]). Die Bildungswärme in wässeriger Lösung aus $N_2H_4 + H_2O$ ist — 9,5 Kal., die Neutralisationswärme gegen Schwefelsäure für SO_4H_2 + 11,1 Kal., gegen Salzsäure für 2 ClH + 10,4 Kal. in wässeriger Lösung [3]).

Das freie Diamid wurde für sich durch Lobry de Bruyn [4]) isoliert: 1. durch Zersetzung des salzsauren Salzes mittels Natriummethylat in methylalkoholischer Lösung; 2. durch Entwässern des Hydrats mit Baryumoxyd und Abdestillieren unter vermindertem Druck. Man kann hierzu Glasgefäfse benutzen, mufs aber, da die Entwässerung unter spontaner Erwärmung vor sich geht, in der Weise vorgehen, dass man das Hydrat in Portionen von 5 ccm unter Kühlung überschüssigem Baryumoxyd zufügt.

Das reine Hydrazin ist eine stark rauchende, brennbare Flüssigkeit, die unter 761 mm Druck bei 113,5°, unter 71 mm bei 56°, unter 1490 mm bei 134,6° siedet, bei Abkühlung unter 0° fest wird und dann bei + 1,4° schmilzt. Der kritische Druck beträgt 145 Atm. Das spezifische Gewicht ist = 1,008 bei 23°, 1,014 bei 15°. Die Substanz ist sehr beständig, nicht explosiv, kann, ohne Zersetzung zu erleiden, bis über 300° hinaus erwärmt werden. Sie löst sich in jedem Verhältnis in Methyl-, Äthyl-, Propyl-, Isobutyl-, Amylalkohol, wenig oder gar nicht in den sonst üblichen organischen Lösungsmitteln. Ihrerseits löst sie verschiedene Salze, und zwar lösen sich in 100 Tln. Diamid bei 12,5 bis 13°

ClNa	ClK	BrK	JK	NO_3Na	NO_3K	$(NO_3)_2Ba$
12,2	8,15	56,4	135,7	22,6	21,7	81,1 Tle.

Mit Natriumchlorid entsteht allem Anschein nach eine chemische Verbindung. Ammoniaksalze werden unter Entwickelung von Ammoniakgas zersetzt.

An trockener und kohlensäurefreier Luft oxydiert sich das Diamid langsam, indem es sich verflüchtigt. Sauerstoff oxydiert unter Stick-

---

[1]) Lobry de Bruyn, Ber. 28, 3086. — [2]) O. Löw, ebend. 23, 3203. — [3]) Berthelot u. Matignon, Compt. rend. 113, 672; Ber. 25, 63 Ref.; R. Bach, Zeitschr. phys. Chem. 9, 241; Thomson, ebend. 9, 633. — [4]) Lobry de Bruyn, Rec. trav. chim. des Pays-Bas 13, 433, 15, 174; Ber. 28, 3085 u. 976 Ref., 29, 770 Ref.

stoffbildung. Fester Schwefel wird schon bei gewöhnlicher Temperatur zu Schwefelwasserstoff reduziert, gepulverter greift das Diamid heftig an unter Bildung von Schwefelwasserstoff, Ammoniak und Stickstoff. Halogene wirken äufserst heftig ein. In Chloratmosphäre erfolgt freiwillige Entzündung, mit Brom und Jod werden die entsprechenden Wasserstoffsäuren gebildet.

Weifser Phosphor liefert eine seltsame schwarze Substanz.

Mit Phosgen erfolgt lebhafte Reaktion, auch Kohlensäure, schweflige Säure, Stickoxydul wirken auf das freie Diamid ein.

Mit Natrium entsteht unter heftiger Einwirkung ein weifses Pulver [1]).

Bei gemäfsigter Reduktion entstehen Wasserstoff und Ammoniak neben einer noch nicht näher untersuchten, in braunen Flocken auftretenden Substanz.

Das Hydrazin ist ein eminent reduktionsfähiger Körper, in seinem ganzen chemischen Verhalten den bekannten Eigenschaften der substituierten Hydrazine durchaus entsprechend. Fehlingsche Lösung und ammoniakalische Silberlösung werden schon in der Kälte sofort reduziert, beim Erwärmen wird aus ersterer das Kupfer als Metallspiegel abgeschieden. Auch neutrales Kupfersulfat wird sofort unter Bildung eines dichten roten Niederschlages zersetzt [2]). Goldchlorid wird selbst in saurer Lösung reduziert [3]). Aus Aluminiumsalzen wird Thonerde, aus Quecksilberchloridlösung ein weifser Niederschlag gefällt [2]). Schwefelsäure wird beim einfachen Schmelzen des Sulfats bis zu Schwefelwasserstoff reduziert [4]). Mit vielen Körpern verpufft das Hydrazin schon in der Kälte, z. B. mit Aceton, Chinon, Quecksilberoxyd. Bei allen Reduktionen auf nassem Wege giebt es seinen ganzen Stickstoffgehalt gasförmig ab [5]). Mit Nitriten zersetzen sich die Lösungen der Salze unter heftigem Aufschäumen [2]). Unter geeigneten Umständen entsteht mit salpetriger Säure Stickstoffwasserstoffsäure.

Durch Chromsäure wird Hydrazin schon in der Kälte sofort zersetzt, durch Chromate nicht [6]).

Durch Behandlung mit Methyljodid und Alkali wird Hydrazinhydrat in der Kälte fast quantitativ bis zu Trimethylazoniumjodid $NH_2 . N(CH_3)_3J$ alkyliert, ohne dafs die zweite Aminogruppe angegriffen wird [7]).

Mit Epichlorhydrin entsteht eine geringe Menge Pyrazol [8]).

Mit aromatischen Aldehyden und Ketonen werden schwer lösliche, krystallinische Verbindungen erhalten, indem unter Wasseraustritt

---

[1]) Lobry de Bruyn, Rec. trav. chim. Pays-Bas **18**, 297; Chem. Centralbl. 1899, II, S. 930. — [2]) Th. Curtius, Ber. **20**, 1632. — [3]) Curtius u. F. Schrader, J. pr. Chem. [2] **50**, 311. — [4]) Curtius u. R. Jay, ebend. [2] **39**, 27. — [5]) Curtius, ebend. [2] **39**, 36. — [6]) de Coninck, Compt. rend. **127**, 1028; Chem. Centralbl. 1899, I, S. 265. — [7]) Harries u. Tamemasa Haga, Ber. **31**, 56. — [8]) Curtius u. Rautenberg, J. pr. Chem. [2] **44**, 192.

Kondensationsprodukte entstehen. Das Kondensationsprodukt mit Benzaldehyd, Benzalazin, zerfällt beim Erhitzen für sich glatt in Stickstoff und Stilben. Natrium reduziert es in alkoholischer Lösung zu Benzylamin, Natriumamalgam zu symmetrischem Dibenzylhydrazin[1]).

Während die Einwirkung auf Aldehyde noch in stark saurer Lösung vor sich geht, entstehen die Kondensationsprodukte mit Ketonen unter diesen Umständen nicht, weil dieselben Säuren gegenüber nicht beständig sind. Die Einwirkung auf Ketone kann im übrigen in zweierlei Art stattfinden. Beim Eintragen derselben in überschüssiges Hydrazinhydrat entstehen nach der Gleichung $R_2{=}CO + N_2H_4.H_2O = R_2CN_2H_2 + 2H_2O$ sekundäre unsymmetrische Hydrazine von sehr unbeständiger Natur, welche schon in der Kälte nach der Gleichung $2R_2CN.NH_2 = R_2CN.NCR_2 + H_2N.NH_2$ in die sehr beständigen Ketazine übergehen. Letztere entstehen sofort, wenn man auf 2 Mol. Keton nur 1 Mol. Hydrazinhydrat anwendet. Die Ketazine lösen sich in Alkohol und Äther, die kohlenstoffärmsten Glieder mischen sich auch mit Wasser. Gegen Säuren sind sie sehr unbeständig, gegen Alkalien dagegen sehr beständig. Fehlingsche Lösung reduzieren sie nicht, ammoniakalische Silberlösung nur schwierig. Am Licht und an der Luft zersetzen sie sich allmählich, nachdem sie zunächst gelb geworden sind. Auf Benzophenon wirkt Hydrazinhydrat in alkoholischer Lösung erst im Einschlufsrohre bei 130 bis 150° ein, und zwar unter Bildung von Diphenylmethylenhydrazin $(C_6H_5)_2C{=}N{-}NH_2$, einer echten Base, deren Salze indessen wenig beständig sind, da wässerige Mineralsäuren auf die Base unter Regenerierung von Benzophenon zersetzend einwirken[2]). Mit Acetessigester vereinigt sich Hydrazinhydrat zu Methylpyrazolon

$$\begin{array}{l}N{=}C{-}CH_3\\ |\qquad\quad >CH_2\\ H.N{-}CO\end{array}$$

farblosen, bei 215° schmelzenden, sublimierbaren Krystallen[1]). In Orthodiketonen ersetzt Hydrazin die Ketonsauerstoffatome eins nach dem anderen. Die hierbei schliefslich entstehenden Hydrazimethylenverbindungen spalten beim Erhitzen über ihren Schmelzpunkt sehr leicht fast den gesamten Stickstoff als solchen ab, während ein kleiner Teil in Form von Ammoniak entweicht. Mit 1,4-Diketonen tritt nach A. Smith[3]) primär die Bildung von Hydraziden ein, dann bilden sich unter Wasseraustritt Dihydropyridazine

$$\begin{array}{l}R.C:CH.CH:C.R\\ |\qquad\qquad\qquad\quad |\\ NH{-\!-\!-\!-\!-\!-}NH\end{array}.$$

Mit Laktonen können unter Sprengung des Laktonringes Additionsprodukte entstehen[4]).

Isatin wird in alkoholischer Lösung von Hydrazinhydrat schon in

---

[1]) Curtius u. R. Jay, J. pr. Chem. [2] 39, 27. — [2]) Curtius, Ber. 23, 3023. — [3]) A. Smith, Ann. Chem. 289, 310. — [4]) Wedel, Ber. 33, 766.

der Kälte in Hydrazisatin $C_6H_4\langle\!\begin{smallmatrix}C(N_2H_2)\\ N\end{smallmatrix}\!\rangle COH$ übergeführt, einen Körper von gleichzeitig sauren und basischen Eigenschaften, der beim Schmelzen (Schmelzp. 219°) fast glatt in Stickstoff und Oxindol zerfällt. Phenol liefert beim Erhitzen mit Hydrazinhydrat nur Phenoldiammonium vom Schmelzp. 56°, Hydrochinon das Hydrochinondiammonium vom Schmelzp. 154° [1]). Bei höherer Temperatur liefert Phenol etwas Phenylhydrazin. Erheblich leichter erfolgt dieser Austausch bei den Naphtolen [2]).

Bei der Einwirkung auf die Äthylester von Nitrophenolen erfolgt meist glatter Ersatz der Äthoxygruppe durch den Hydrazinrest. Zwei Hydrazinreste auf diesem Wege einzuführen, gelingt aber nicht [3]).

Hydrazinsalze. Das Diamid ist eine starke zweisäurige Base und bildet zwei Reihen Salze, welche als Diammoniumsalze bezeichnet werden. Es tritt dabei entweder das zweiwertige Radikal $N_2H_6 = \begin{matrix}\overset{v}{N}H_3-\\ \downarrow\\ NH_3-\end{matrix}$ oder das einwertige Radikal $N_2H_5 = \begin{matrix}\overset{III}{N}H_2\\ \downarrow\\ NH_3-\end{matrix}$ nach Analogie des Radikals Ammonium an Stelle von Wasserstoff in die Säuren ein. Meist aber ist letzteres der Fall; es verhält sich also das Diamid entgegen seiner symmetrisch anzunehmenden Struktur als einsäurige Basis; besonders trifft dies in wässeriger Lösung zu [Bach [4])]. Halogendiammoniumsalze mit 2 Mol. Säure bilden sich vorzugsweise, wenn man wässerige Hydrazinlösung neutralisiert und zuerst auf dem Wasserbade, dann über Kali verdunsten läßt; Brom- und Jodsalze mit 1 Äq. Säure bilden sich bei Einwirkung der freien Halogene auf alkoholische Hydrazinlösung, wobei ein Teil des Hydrazins zersetzt wird, und werden durch Fällung mit Äther aus der Lösung gewonnen. Jodwasserstoffsäure bildet kein Dijodhydrat. Die Salze mit 2 Äq. Säure sind in Wasser leicht löslich, in Alkohol fast unlöslich, die mit 1 Äq. Säure sind in Wasser wie in warmem Alkohol leicht löslich, während in Äther und Benzol beide Reihen von Salzen unlöslich sind. Die Salze mit 2 Äq. Säure krystallisieren im regulären System [5]). Sie gehen leicht in die Verbindungen des Typus N_2H_5X über.

Von Doppelsalzen bestehen mehrere Reihen. Den Alaunen entsprechende Verbindungen konnten nicht erhalten werden, es verhält sich das zweiwertige Radikal N_2H_6 wie ein Erdalkalimetall. Dagegen entsprechen den Ammoniumdoppelsalzen $SO_4(NH_4)_2, SO_4\overset{II}{R}.6H_2O$ Diammoniumverbindungen $SO_4(N_2H_5)_2, SO_4\overset{II}{R}$, in denen $\overset{II}{R}$ Kupfer, Nickel,

[1]) Curtius u. Thun, J. pr. Chem. [2] 44, 187. — [2]) L. Hoffmann, Ber. 31, 2909. — [3]) A. Purgotti, Gazz. chim. 25, II, 497; Ber. 29, 298 Ref. — [4]) R. Bach, Zeitschr. phys. Chem. 9, 241. — [5]) Curtius u. Schulz, J. pr. Chem. [2] 42, 521.

Kobalt, Eisen, Mangan, Kadmium und Zink bedeuten kann, die aber sämtlich wasserfrei, dabei schwer löslich und sehr beständig sind. Sie fallen sofort beim Vermischen nicht allzu verdünnter Lösungen der Komponenten als feine krystallinische Niederschläge aus. Ein entsprechendes Magnesiumdoppelsalz existiert nicht. Den Ammoniumdoppelchloriden der zweiwertigen Elemente entsprechen analoge Doppelverbindungen des einwertigen Radikals N_2H_5. Schliefslich finden sich Analoga jener Verbindungen, die als Additionsprodukte von Ammoniak an Metallsulfate oder Chloride betrachtet werden können [1]).

Die Salze zersetzen sich, für sich erhitzt, bei hoher Temperatur unter Bildung von Ammoniumsalzen, Stickstoff und Wasserstoff. Beim Versetzen mit Nitriten entweicht Stickstoff unter heftigem Aufschäumen. Von den einfachen Salzen ist nur das Sulfat in Wasser schwer löslich, in Alkohol sind sie hingegen sämtlich schwer oder gar nicht löslich. Die meisten scheinen den entsprechenden Salzen des Ammoniums isomorph zu sein [2]).

Die Molekulargröfse ist in wässeriger Lösung bei den Monohalogeniden, dem Difluorid und dem Sulfat gleich der Hälfte, bei den übrigen Dihalogeniden gleich dem vierten Teile und bei dem Trihydrazinbijodhydrat gleich dem fünften Teile der einfachsten Formel [3]).

Wie das Hydrazinhydrat sind auch die Salze giftig. Nach subkutaner Injektion treten heftige Erscheinungen, Erregungszustände, dann Depression, zuletzt Koma, unregelmäfsiger Puls, Erbrechen, Speichelsekretion und Kotentleerung ein. Der Harn enthält in den ersten Stunden nach der Vergiftung gröfsere Mengen Allantoin, das auch im Speichel, aber nicht im Blute aufzutreten scheint [4]).

Acetat bildet eine weifse, krystallinische, sehr leicht in Wasser lösliche Masse [2]).

Bromide. Das Bibromid $N_2H_6Br_2$ wird durch Eindampfen der wässerigen Lösung von Hydrazinhydrat oder dem halbsauren Salze mit überschüssiger Bromwasserstoffsäure erhalten, ebenso wenn Benzalazin mit der Säure gekocht wird. Es schmilzt bei 195° [3]).

Das Monobromid (halbsaure Salz) N_2H_5Br entsteht durch Einwirkung von Brom auf in Chloroform suspendiertes Hydrat unter lebhafter Stickstoffentwickelung als weifse Krystallmasse, die durch Umkrystallisieren aus heifsem Alkohol in grofsen Säulen erhalten wird, nach der Gleichung:

$$5\,N_2H_4.H_2O + 4\,Br = 4\,N_2H_4.BrH + 5\,H_2O + N_2.$$

Es entsteht ferner aus alkoholischer Hydrazinhydratlösung durch Bromwasserstoffsäure und Äther als weifses Pulver. Der Schmelzpunkt liegt bei 80° [3]).

[1]) Curtius u. F. Schrader, J. pr. Chem. [2] 50, 311. — [2]) Curtius u. R. Jay, ebend. [2] 39, 27. — [3]) Curtius u. Schulz, ebend. [2] 42, 521. — [4]) P. Borissow, Zeitschr. physiol. Chem. 19, 499.

Karbonat entsteht als stark kaustischer Sirup beim Verdunsten einer mit Kohlensäure gesättigten Hydrazinlösung, ist sehr hygroskopisch, in absolutem Alkohol schwer löslich [1]).

Chloride. Das Bichlorid $Cl_2N_2H_6 = N_2H_4(ClH)_2$ wurde zuerst aus dem Sulfat durch Umsetzung mittelst Chlorbaryum dargestellt, entsteht auch durch Einwirkung von Chlor auf das Hydrat in alkoholischer Lösung nach der Gleichung $3N_2H_4 . H_2O + 4Cl = 2(N_2H_4 . 2ClH) + 3H_2O + N_2$. Es krystallisiert in grofsen, glasglänzenden, regulären Oktaedern, bei schnellem Auskrystallisieren dieselben charakteristischen, federförmigen Gebilde wie Ammoniumchlorid zeigend, löst sich leicht in Wasser, wenig in heifsem absoluten Alkohol. Es schmilzt bei 198° unter Salzsäureentwickelung zu einem klaren Glase des Monochlorhydrats, bei längerem Erhitzen auf 240° zerfällt es vollständig in Ammoniumchlorid, Stickstoff und Wasserstoff; bei schnellem Erhitzen findet die Zersetzung unter heftigem Verzischen, häufig unter Feuererscheinung statt. Mit Platinchlorid zersetzt es sich in konzentrierter Lösung, ohne ein Doppelsalz zu bilden, unter lebhafter Gasentwickelung, wobei das Platinsalz zu Chlorür reduziert wird [2]). Thiele [3]) erhielt dagegen das Platindoppelsalz $Cl_6Pt.(N_2H_5)_2$, also ein Doppelsalz des Monochlorhydrats, als gelben Niederschlag, wenn er eine absolut-alkoholische Lösung von Platinchlorid mit sehr konzentriert wässeriger Lösung des obigen Salzes versetzte und absoluten Äther zufügte.

Das Monochlorid $ClN_2H_5 = N_2H_4(ClH)$ entsteht durch Erhitzen des Bichlorids auf 160°, doch ist auch bei 140° die Zersetzung schon vollständig [4]). Es schmilzt bei 89° und ist in Wasser überaus löslich, sehr schwer in siedendem absoluten Alkohol, aus dem es beim Erkalten in zolllangen, weifsen Nadeln krystallisiert.

Vom Monochlorid leiten sich Metalldoppelsalze ab. Aufser dem oben erwähnten Platindoppelsalze sind solche der zweiwertigen Metalle von der Zusammensetzung $Cl_2\overset{II}{R}, ClN_2H_5$ und $Cl_2\overset{II}{R}, 2ClN_2H_5$ beim Kadmium, Quecksilber, Zink und Zinn bekannt, aufserdem Diamidverbindungen der Zusammensetzung $Cl_2\overset{II}{R}, 2N_2H_4$. Die Doppelchloride sind in Wasser meist sehr leicht löslich, scheiden sich jedoch meistens entweder aus diesem oder aus Alkohol gut krystallisiert ab. Unter fast identischen Versuchsbedingungen entstehen die Salze der beiden Reihen, so dafs sogar beim Umkrystallisieren zuweilen ein Salz in das andere übergeht [5]).

Kadmiumdoppelchloride sind schwer getrennt zu erhalten, da beide aus wässeriger Lösung krystallisieren. Das einfache Salz

---

[1]) Curtius u. R. Jay, J. pr. Chem. [2] **39**, 27. — [2]) Curtius, Ber. **20**, 1632. — [3]) J. Thiele, Ann. Chem. **270**, 1. — [4]) Curtius u. Schulz, J. pr. Chem. [2] **42**, 521. — [5]) Curtius u. F. Schrader, ebend. [2] **50**, 311.

Cl_2Cd, ClN_2H_5 erhält man durch ziemlich starkes Eindampfen einer Lösung von 1 Mol. Kadmiumchlorid und 1 Mol. Hydrazinbichlorid und nicht allzu langsames Auskrystallisieren als glashelle, dünne, bis zu 2 cm lange Nadeln. Es ist in Wasser ziemlich leicht, in Alkohol wenig löslich, schmilzt noch nicht bei 250°. An der Luft wie im Exsikkator zerfällt es schnell, beim Stehen unter der Mutterlauge geht es zuweilen in das zweifache Salz über. In Ammoniak löst es sich ohne Gasentwickelung, aus der erhaltenen Lösung wird durch Salzsäure eine weifse Diamidverbindung gefällt.

Das zweifache Salz $Cl_2Cd, 2ClN_2H_5 . 4H_2O$ entsteht vielfach neben jenem, ist etwas schwerer löslich. Es bildet derbe, kurze, schief abgeschnittene Prismen, die an der Luft wie im Exsikkator schnell unter Verlust des Krystallwassers verwittern. Gegen Ammoniak verhält es sich wie das einfache Salz. Die entstehende weifse Diamidoverbindung hat die Zusammensetzung $Cl_2Cd, 2N_2H_4 . H_2O$.

Eisenoxyduldoppelchlorid ist schneeweifs, an der Luft beständig, aber zerfliefslich, in Alkohol unlöslich. Die wässerige Lösung nimmt an der Luft Sauerstoff auf.

Quecksilberdoppelchloride. Das zweifache Salz $Cl_2Hg, 2ClN_2H_5$ entsteht, wenn man eine Lösung von 2 Mol. Hydrazinbichlorid und 1 Mol. Quecksilberchlorid langsam an der Luft verdunsten läfst. Es bildet bis zu 2 cm lange, sechsseitige Säulen, welche an der Luft schnell matt und undurchsichtig werden, ohne ihre Zusammensetzung zu ändern. Schmelzp. 178°. Es ist leicht löslich in Wasser, in heifsem Alkohol etwas löslicher als in kaltem. Durch Salpetersäure wird es unter Gasentwickelung zerstört, auch auf Zusatz von Ammoniak oder Natronlauge erfolgt sofort Gasentwickelung, während metallisches Quecksilber abgeschieden wird.

Wahrscheinlich existieren noch andere Doppelsalze des Merkurichlorids, die aber nicht isoliert werden konnten.

Zinkdoppelchloride. Das zweifache Salz $Cl_2Zn, 2ClN_2H_5$ ist am leichtesten zu erhalten. Es entsteht in grofsen, schönen Krystallen, wenn eine wässerige Lösung von 2 Mol. Hydrazinbichlorid und 1 Mol. Zinkchlorid bis zu starker Konzentration eingedampft, dann die sirupähnliche Masse nach dem Erstarren zerrieben, mit absolutem Alkohol mehrmals gewaschen und schliefslich mit heifsem Alkohol in Lösung gebracht wird. Die Krystalle bilden glänzendweifse, bis zu 2 cm lange, flache Nadeln vom Schmelzp. 135°, die an der Luft schnell zerfliefsen. Im Exsikkator scheinen sie Salzsäure zu verlieren, also langsam in das einfache Salz überzugehen. Dieses, Cl_2Zn, ClN_2H_5, wurde in grofsen, sechsseitigen Prismen bei langsamem Verdunsten der wässerigen Lösung von je 1 Mol. der Komponenten erhalten. Die Krystalle sind sehr wenig fest und stark hygroskopisch; sie schmelzen unscharf, zwischen 180 und 185°.

Zinnoxyduldoppelchloride Cl_2Sn, ClN_2H_5 und $Cl_2Sn, 2ClN_2H_5$ sind schwer zu trennen. Das einfache Salz krystallisiert vorzüglich, schmilzt bei 105°. Man erhält es in ähnlicher Weise wie das zweifache Zinkdoppelsalz als perlmutterglänzende, grofse Blätter, meist zu Büscheln gruppiert, die nicht hygroskopisch, aber leicht in Wasser, etwas schwerer in Alkohol löslich sind. Beim Umkrystallisieren aus letzterem pflegen sich ölige Tropfen abzuscheiden, die beim Erkalten erstarren und dann krystallinische Struktur zeigen. Sie stellen das zweifache Salz dar, das unscharf, zwischen 55 und 60°, schmilzt.

Fluorid. Das Bifluorid $F_2N_2H_6$ schmilzt bei 105° und scheint unzersetzt destillierbar[1]). Das Monofluorid konnte nicht erhalten werden.

Formiat $(HCO_2H)_2N_2H_4$ wird bei der Zersetzung von Triazoessigsäure mit kochendem Wasser oder heifsem, nicht ganz wasserfreiem Alkohol erhalten. Es ist in Wasser überaus leicht löslich, daher trocknet die wässerige Lösung zu einem erst allmählich krystallisierenden Sirup, der, mit wenig Wasser aufgenommen, durch absoluten Alkohol in Form weifser, aus kleinen Nädelchen bestehender Flocken gefällt wird. Bei der Zersetzung der Triazoessigsäure mit Alkohol wird das Salz in centimeterlangen, rechtwinkligen Tafeln gewonnen. Es schmilzt bei 128° unter heftiger Gasentwickelung[2]).

Jodide. Das Bijodid $J_2N_2H_6$ läfst sich nur durch Zersetzung von Benzalazin mit rauchender Jodwasserstoffsäure erhalten. Es schmilzt bei 220°, ist sehr hygroskopisch und färbt sich am Lichte braun.

Das Monojodid JN_2H_5 entsteht nach den allgemeinen Bildungsweisen. Die Bildung aus Hydrazinhydrat und Jodtinktur erfolgt nach der Gleichung $5N_2H_4.H_2O + 4J = 4N_2H_4.HJ + 5H_2O + N_2$ so quantitativ, dafs diese Reaktion zur Titration des Hydrats benutzt werden kann. Das Salz bildet lange, farblose Prismen vom Schmelzpunkt 127°, verpufft bei höherer Temperatur äufserst lebhaft. Es geht nicht beim Eindampfen mit konzentrierter Jodwasserstoffsäure in das Bijodid über[1]).

Trihydrazinbijodhydrat $N_6H_{12}.2JH$ entsteht, wenn man zu einer Lösung von Hydrazinhydrat in wenig Alkohol nur so lange Jod zufügt, bis eine reichliche Ausscheidung weifser Krystalle eingetreten ist. Es ist in Wasser leicht löslich, krystallisiert aus Alkohol in grofsen, weifsen, optisch zweiachsigen Nadeln vom Schmelzp. 90°. Beim Eindampfen der wässerigen Lösung geht es in Monojodid über[1]).

Nitrate. Das neutrale Salz $NO_3N_2H_5$ wird aus dem Karbonat durch Versetzen mit Salpetersäure erhalten, ist krystallinisch, in Wasser sehr leicht löslich[2]), scheidet sich daraus manchmal in langen, pris-

[1]) Curtius u. Schulz, J. pr. Chem. [2] 42, 521. — [2]) Curtius u. R. Jay, ebend. 39, 27.

matischen Krystallen ab. Aus absolutem Alkohol, in dem es bei Siedehitze etwas löslich ist, krystallisiert es in Nadeln. Es schmilzt bei etwa 69°, beginnt bei 140° sich unzersetzt zu verflüchtigen und scheint auch bei 300° noch keine Zersetzung zu erleiden. Beim Erhitzen über freier Flamme verpufft es, konzentrierte Schwefelsäure bewirkt stürmische Entwickelung von Stickstoffoxyden, verdünnte Zersetzung unter Bildung von Stickstoffwasserstoffsäure. Beim Verreiben mit Phosphorpentachlorid verpufft das Nitrat zum Bichlorid. Das Salz reagiert gegen Lackmus schwach sauer[1]).

Saures Salz $(NO_3)_2N_2H_6$ gewinnt man durch Umsetzung von Baryumnitrat mit Hydrazinsulfat, oder indem man Salpetersäure nur zur Hälfte mit Hydrazinhydrat neutralisiert. Es krystallisiert in zu Büscheln vereinigten Nadeln oder Platten, die in Wasser sich sehr leicht lösen, durch absoluten Alkohol schnell in das neutrale Salz verwandelt werden. Die wässerige Lösung zersetzt sich beim Erwärmen auf dem Wasserbade, sobald sie mehr als 30 Proz. des Salzes enthält. Das trockene Salz schmilzt, rasch erhitzt, bei 103 bis 104°; bei langsamem Erhitzen erfolgt schon bei 80 bis 85° Zersetzung in Stickstoffwasserstoffsäure, Salpetersäure, Stickstoff, Wasser, neutrales Hydrazinnitrat und Ammoniumnitrat. Langsame Zersetzung unter Entwickelung von Azoimid tritt selbst bei gewöhnlicher Temperatur im Exsikkator über konzentrierter Schwefelsäure ein[1]).

Oxalat scheidet sich in kleinen, harten, glänzenden Krystallen aus, wenn Triazoessigsäure mit kalt gesättigter, wässeriger Oxalsäurelösung gekocht wird[2]).

Phosphate. Das neutrale Salz $PO_4H_3 . N_2H_4$ wird durch doppelte Umsetzung aus dem Sulfat erhalten, ist sehr hygroskopisch und schmilzt bei 82°. — Das saure Salz $(PO_4H_3)_2N_2H_4$ ist weniger leicht löslich[3]).

Phosphite. Das neutrale Salz $PO_3H_3 . N_2H_4$ bildet eine krystallinische hygroskopische Masse, bei etwa 36° schmelzend. — Das saure Salz $(PO_3H_3)_2N_2H_4$ ist weniger löslich, krystallisiert gut und schmilzt unzersetzt bei 82°[3]).

Sulfate. Saures Salz $SO_4N_2H_6 = SO_4H_2 . N_2H_4$, das gewöhnliche, bei der Darstellung des Hydrazins entstehende Salz, krystallisiert wasserfrei in glasglänzenden, klinobasischen Tafeln. Es besitzt das spezif. Gew. 1,378, ist schwer löslich in kaltem Wasser (100 Tle. Wasser von 32° lösen 3,055 Tle.), leicht in heifsem, unlöslich in Alkohol. Bei 250° erleidet es noch keine Veränderung, bei 254° schmilzt es unter Gasentwickelung[4]). Im Reagenzglase in der Flamme erhitzt, schmilzt es unter explosionsartiger Gasentwickelung, wobei die Schwefelsäure

[1]) A. Sabanejeff u. E. Dengin, Ztschr. anorg. Chem. 20, 21. — [2]) Curtius u. R. Jay, J. pr. Chem. [2] 39, 27. — [3]) Sabanejeff, Ztschr. anorg. Chem. 17, 480 u. 20, 21. — [4]) Curtius, J. pr. Chem. [2] 44, 101.

zum Teil zu Schwefel reduziert wird[1]). Die Lösungswärme ist — 8,7 Kal.[2]).

Neutrales Salz, Semisulfat $SO_4(N_2H_5)_2 = SO_4H_2(N_2H_4)_2$ entsteht, wenn man die wässerige Lösung von Hydrazinhydrat mit Schwefelsäure genau neutralisiert, die Lösung eindampft und schliefslich im Vakuum verdunsten läfst. Es bildet grofse anisotrope Tafeln, die bei 85° schmelzen und an der Luft zerfliefslich sind. Aus der wässerigen Lösung wird es durch Alkohol zunächst ölig gefällt, beim Reiben mit einem Glasstabe oder beim Einwerfen eines Krystalles wird diese Fällung krystallinisch[3]).

Von dem Semisulfat leiten sich, wie schon erwähnt, eine Anzahl Metalldoppelsulfate ab[4]). Von diesen werden diejenigen des Eisens, Mangans, Quecksilbers und Zinns durch Ammoniak unter Stickstoffentwickelung zersetzt, während sich die von Nickel, Kobalt, Zink und Cadmium ohne Gasentwickelung darin lösen und, wenn der Überschufs des Ammoniaks durch Kochen entfernt wird, Additionsprodukte von Hydrazin an die entsprechenden Sulfate ausfallen lassen.

Cadmiumdoppelsulfat $SO_4Cd, SO_4(N_2H_5)_2$, dem Zinksalz in jeder Beziehung aufserordentlich ähnlich, ist weifs, beständig, in Wasser schwer, in Ammoniakflüssigkeit leicht löslich. Von verdünnten Säuren wird es nicht angegriffen.

Ferrodoppelsulfat $SO_4Fe, SO_4(N_2H_5)_2$ ist ein feiner, krystallinischer Niederschlag, nach dem Trocknen ein feines, fast weifses Pulver mit geringem gelbgrünlichen Schein. Die Reaktionen entsprechen vollständig denen der Komponenten. Bei der Zersetzung durch Ammoniak hinterbleibt ein grünlichschwarzer Rückstand.

Kobaltdoppelsulfat $SO_4Co, SO_4(N_2H_5)_2$, ein schön rosenrotes Salz in mikroskopischen Krystallen, verhält sich gegen Reagentien fast ebenso wie das Nickelsalz. Die Lösung in Ammoniak ist prächtig dunkelrot.

Kupferdoppelsulfat $SO_4Cu, SO_4(N_2H_5)_2$, ein hellblauer Niederschlag, der aus verdünnten Lösungen erst nach längerem Stehen ausfällt; nach dem Trocknen bildet es ein leuchtend hellblaues, sehr feines Pulver, das unter dem Mikroskop gut ausgebildete, schiefe Prismen oder Täfelchen zeigt. Durch konzentrirte Salpetersäure wie durch erhitzte konzentrierte Schwefelsäure wird es schnell unter Gasentwickelung zerstört.

Manganodoppelsulfat $SO_4Mn, SO_4(N_2H_5)_2$ ist dem Ferrosalze sehr ähnlich, aber bedeutend leichter löslich. Nach dem Trocknen erscheint es als weifses, krystallinisches Pulver mit sehr schwachem, rötlichem Schimmer, das noch bei 100° an der Luft beständig ist.

---

[1]) Curtius, Ber. 20, 1632. — [2]) Berthelot u. Matignon, Compt. rend. 113, 672; Ber. 25, 63 Ref.; R. Bach, Ztschr. phys. Chem. 9, 241; Thomson, ebend. 9, 633. — [3]) Curtius, J. pr. Chem. [2] 44, 101. — [4]) Curtius u. F. Schrader, J. pr. Chem. [2] 50, 311.

Nickeldoppelsulfat $SO_4Ni, SO_4(N_2H_5)_2$, ein feiner, apfelgrüner Niederschlag, auch in siedendem Wasser schwer löslich, nach dem Trocknen weifslichgrün, aus sehr feinen, mikroskopischen Prismen bestehend. In Salpetersäure ist es unter Gasentwickelung mit gelber Farbe löslich, in Chlorwasserstoffsäure unlöslich. Von Ammoniakflüssigkeit wird es mit blauer Farbe aufgenommen.

Zinkdoppelsulfat $SO_4Zn, SO_4(N_2H_5)_2$, ein weifses, krystallinisches Pulver, wenig löslich in Wasser und verdünnten Säuren, leicht in Ammoniak. Von konzentrierter Salpetersäure und heifser konzentrierter Schwefelsäure wird es zersetzt. Die ammoniakalische Lösung wird durch starke Verdünnung zersetzt unter Abscheidung eines flockigen Niederschlages, der ein Gemenge von Zinkoxydhydrat mit basischem Salze ist, während Hydrazinsulfat in Lösung bleibt.

Sulfite. Sabanejeff und Speransky[1]) erhielten durch Einleiten von Schwefeldioxyd in eine Lösung von Hydrazinhydrat das Pyrosulfit $S_2O_5(N_2H_5)_2$, das durch Krystallisation im Vakuum oder durch Abdampfen in einer Schwefeldioxydatmosphäre und Fällen mit Alkohol in trockenem Zustande erhalten wird. Wird die wässerige Lösung dieses Salzes mit Hydrazinhydrat neutralisiert, so scheiden sich beim Stehen der Lösung über Schwefelsäure seidenglänzende Nadeln des Hydrazinsulfits $SO_3(N_2H_5)_2$ aus. Beide Salze oxydieren sich leicht zu den entsprechenden Sulfaten.

Dithionate, Amidosulfonate, Sulfophosphate s. Sabanejeff[1]).

Trinitrid s. u. Azoimid.

Organische Salze s. Curtius[2]).

Metalldiamidsalze, Additionsprodukte von Hydrazin an Metallsulfate oder Chloride, entstehen, wie schon erwähnt, teilweise durch Kochen ammoniakalischer Lösungen gewisser Diammoniumdoppelsalze; ferner entstehen sie unmittelbar durch Einwirkung von Hydrazinhydrat auf Lösungen der betreffenden Metallsalze. Sie sind stets mehr oder weniger durch Metallhydroxyde verunreinigt. In verdünnter Schwefelsäure lösen sie sich unter Abscheidung von Diammoniumsulfat[3]).

Cadmiumchlorid-Diamid $Cl_2Cd, 2N_2H_4 . H_2O$, weifser, unlöslicher Niederschlag, leicht löslich in Ammoniak.

Kobaltsulfat-Diamid $SO_4Co, 3N_2H_4$ (?), fleischfarbener Niederschlag, anscheinend weniger beständig als die Nickelverbindung, daher die Formel auch noch unsicher.

Nickelsulfat-Diamid $SO_4Ni, 3N_2H_4$ fällt als hellrotvioletter Niederschlag, im Überschufs des Fällungsmittels nicht wieder löslich; getrocknet bildet es ein krystallinisches, hellrosa bis rotviolett gefärbtes Pulver.

---

[1]) Sabanejeff, Ztschr. anorg. Chem. 17, 480 u. 20, 21. — [2]) Curtius u. H. Franzen, Ber. 35, 3239. — [3]) Curtius u. F. Schrader, J. pr. Chem. [2] 50, 311.

Zinkchlorid-Diamid $Cl_2Zn, 2N_2H_4$, weifser Niederschlag, in Wasser unlöslich, in Ammoniak leicht löslich.

Zinksulfat-Diamid $SO_4Zn, 2N_2H_4$, weifser, krystallinischer Niederschlag, in Ammoniak ohne Gasentwickelung löslich.

Substituierte Hydrazine.

Diese Körperklasse wurde von E. Fischer[1]) entdeckt und hat auch durch ihn die fruchtbringendste Verwendung in der Erforschung der Zuckerarten gefunden.

Die allgemeine Darstellungsmethode war zunächst die Reduktion der Nitrosamine, am besten mit Zinkstaub und Essigsäure in alkoholischer Lösung: $R_2N.NO + H_4 = R_2N.NH_2 + H_2O$. Hiernach lassen sich aber nur sekundäre Hydrazine gewinnen, da primäre Amine keine Nitrosoverbindungen liefern. Zur Darstellung primärer Hydrazine führt die Spaltung der Semikarbazide, ferner die Einwirkung von Bromaminen mit sekundärer Stellung der Aminogruppe auf Silberoxyd[2]), die Reduktion von Nitraminen[3]). Methylhydrazin erhält man durch Reduktion von Diazomethan[4]).

Auch direkte Alkylierung des Hydrazins führt zum Ziele[5]). Geeignete Alkylierungsmittel sind die alkylschwefelsauren Salze[6]).

Kishner[7]) behandelt Monobromamine mit Silberoxyd. Es entstehen Hydrazone, die durch Spaltung mit Salzsäure in Hydrazine übergeführt werden.

In der aromatischen Reihe liefern die Diazokörper ein bequemes Ausgangsmaterial. Allgemein verwendbar ist deren Reduktion vermittelst Alkalibisulfit. Es entsteht dabei zunächst hydrazinsulfonsaures Salz, das durch Kochen mit konzentrierter Salzsäure in das substituierte Hydrazin und Alkalisulfat zerfällt:

$$1.\quad C_6H_5N:N.NO_3 + 2SO_3KH + H_2O = C_6H_5NH.NH.SO_3K + SO_4HK + NO_3H$$

$$2.\quad C_6H_5NH.NH.SO_3K + ClH + H_2O = C_6H_5NH.NH_2.ClH + SO_4HK.$$

Oder man reduziert Diazoaminokörper in ähnlicher Art wie die Nitrosamine:

$$C_6H_5N:N.NH.C_6H_5 + H_4 = C_6H_5NH.NH_2 + C_6H_5NH_2.$$

Speziell das Phenylhydrazin entsteht auch mit Leichtigkeit bei Einwirkung von Zinnchlorür und Salzsäure auf Diazobenzolchlorid.

Quaternäre Hydrazine entstehen aus den Natriumverbindungen sekundärer Amine durch Jod:

$$2R_2NNa + J_2 = 2JNa + R_2N.NR_2.$$

---

[1]) E. Fischer, Ann. Chem. **199**, 281. — [2]) N. Kishner, Journ. russ. phys.-chem. Ges. **31**, 872; Chem. Centralbl. 1900, I, S. 653. — [3]) Thiele u. Meyer, Ber. **29**, 963; Franchimont u. van Erp, Rec. trav. chim. Pays-Bas **14**, 318; Ber. **29**, 424 Ref. — [4]) v. Pechmann, Ber. **28**, 859. — [5]) Harries u. Tamemasa Haga, ebend. **31**, 60. — [6]) R. Stollé, ebend. **34**, 3268. — [7]) N. Kishner, J. pr. Chem. [2] **52**, 424 u. **64**, 113.

Die aliphatischen Hydrazine sind leicht flüchtige Öle, leicht löslich in Wasser und Alkohol. Die aromatischen sind gleichfalls ölig oder von niederem Schmelzpunkt, sieden aber meist bei gewöhnlichem Druck unter geringer Zersetzung, lösen sich in Wasser nur wenig. Jene vermögen sich mit einer oder mit zwei Molekeln einer einbasischen Säure zu vereinigen, wobei allerdings die einfachsauren Salze meist beständiger sind. Die aromatischen Hydrazine bilden überhaupt nur Salze letzterer Art. Von diesen zeichnen sich die Chlorhydrate dadurch aus, dafs sie in heifsem Benzol löslich sind.

Gegen Reduktionsmittel sind die Hydrazine recht beständig, und erst bei anhaltender Behandlung mit Zink und konzentrierter Salzsäure erfolgt unter Spaltung Reduktion zu Amin und Ammoniak: $RNH.NH_2 + H_2 = R.NH_2 + NH_3$. Um so leichter reagieren die Verbindungen mit Oxydationsmitteln. Die primären reduzieren Fehlingsche Lösung schon in der Kälte. Von den sekundären thun dies die symmetrischen auch noch ziemlich leicht, die unsymmetrischen erst in der Wärme.

Die primären Hydrazine liefern beim Kochen mit Kupfervitriol [1]), Eisenchlorid [2]) oder Ferricyankalium [3]) den zugehörigen Kohlenwasserstoff, während der gesamte Stickstoff gasförmig entweicht, z. B.:

$$C_6H_5NH.NH_2 + 2CuSO_4 + H_2O = C_6H_6 + N_2 + 2SO_4H_2 + Cu_2O.$$

Chlorkalk oxydiert Phenylhydrazin zu Azobenzol [4]).

Sekundäre unsymmetrische Hydrazine gehen bei Oxydation mit Quecksilberoxyd unter Verlust von zwei Wasserstoffatomen in Tetrazone über:

$$2RNR_1.NH_2 + O_2 = R.NR_1.N:N.R_1NR + 2H_2O.$$

Salpetrige Säure wirkt auf primäre Hydrazine wie auf sekundäre Amine, nämlich unter Bildung von Nitrosoverbindungen $R.N(NO).NH_2$. In saurer Lösung bildet sie aus Phenylhydrazin Azobenzol [5]).

Phenylhydrazin und eine Anzahl seiner Homologen und Substitutionsprodukte reagieren mit Aldehyden und Ketonen in der Art, dafs das Sauerstoffatom des Karbonyls mit den beiden Wasserstoffatomen der NH_2-Gruppe als Wasser austritt und die Reste sich zusammenlagern:

$$C_6H_5.NH.NH_2 + R.COH = C_6H_5.NH.N:CH.R + H_2O,$$

$$C_6H_5.NH.NH_2 + R.CO.R_1 = C_6H_5.NH.N:C<^{R}_{R_1} + H_2O.$$

Diese Verbindungen, Phenylhydrazone [6]) u. s. w., erhält man meist gut in essigsaurer Lösung. Freie Mineralsäuren dürfen nicht zugegen sein, besonders nicht salpetrige Säure. Die Verbindungen krystallisieren

---

[1]) v. Baeyer, Ber. 18, 90. — [2]) Zincke, ebend. 18, 786. — [3]) N. Kishner, Journ. russ. phys.-chem. Ges. 31, 1033; Chem. Centralbl. 1900, I, S. 957. — [4]) Brunner u. Pelet, Ber. 30, 284. — [5]) Altschul, Journ. pr. Chem. [2] 54, 496. — [6]) E. Fischer, Ber. 21, 985.

meist und sind im Vakuum unzersetzt destillierbar. Sie dienen zum Nachweis und zur Charakterisierung von Aldehyden und Ketonen. Dialdehyde und Diketone gehen die Kondensation mit 2 Molekeln Phenylhydrazin ein und liefern dabei meist gut krystallisierende Bis-Phenylhydrazone, meist als Osazone bezeichnet. Solche Verbindungen entstehen auch aus Zuckerarten, welche eine Aldehyd- oder Ketogruppe enthalten, indem gleichzeitig Oxydation einer benachbarten Hydroxylgruppe erfolgt [1]). Diese Verbindungen spalten bei Einwirkung von rauchender Salzsäure oder von Brenztraubensäure [2]) oder Benzaldehyd [3]) Phenylhydrazin ab, indem sie in Osone übergehen.

Wie Aldehyde und Ketone verhalten sich auch Aldehyd- und Ketonsäuren. Mit Acetessigester entstehen schon in der Kälte Hydrazone $CH_3.C\begin{matrix}\diagup CH_2.CO.OC_2H_5 \\ \diagdown N.NR\end{matrix}$, die bei 130 bis 140° eine Molekel Alkohol verlieren und in Derivate des Pyrazolons $CH_3.C\begin{matrix}\diagup CH_2.CO \\ \diagdown N\;.\;NR\end{matrix}$ übergehen.

Gegen Säurechloride, Säureanhydride und Ester verhalten sich im übrigen die primären Hydrazine wie das Ammoniak, indem sie zur Bildung substituierter Hydrazide führen.

Sekundäre aromatische Hydrazine verbinden sich sehr leicht schon in der Kälte mit Brenztraubensäure zu alkylierten Hydrazonen $R.N.R_1.N:C(CH_3).CO_2H$, welche beim Erwärmen mit konzentrierter Salzsäure Ammoniak abspalten und in Karbonsäuren alkylierter Indole übergehen.

Säurehydrazide.

Diese Verbindungen entstehen analog den Amiden bei Einwirkung von Hydrazinhydrat auf Säureester, Säurechloride und auch Säureamide [4]). Man erhält bei geringem Überschufs von Hydrazin primäre Hydrazide, $R.CO.NH.NH_2$, krystallisierbare, in Wasser und Alkohol lösliche, in Äther, Chloroform und Benzol unlösliche Verbindungen. Sie vermögen sich noch mit Säuren zu verbinden, liefern aber andererseits auch Natriumsalze. Ammoniakalische Silberlösung reduzieren sie schon in der Kälte.

Wendet man Säureester im Überschufs an oder trägt man in die alkoholische Lösung der primären Hydrazide Jod ein, so entstehen sekundäre Säurehydrazide, die sich durch gröfsere Beständigkeit gegenüber Säuren und Alkalien auszeichnen. Durch Erhitzen für sich bezw. mit Chlorzinkammoniak oder Phosphorpentasulfid gehen sie in Derivate des Furodiazols, Pyrrodiazols und Thiodiazols über [5]).

Die Hydrazide entstehen ferner schon durch Erhitzen der Diam-

---

[1]) E. Fischer, Ber. 17, 579. — [2]) E. Fischer u. Ach, Ann. Chem. 253, 63. — [3]) E. Fischer u. E. F. Armstrong, Ber. 35, 3141. — [4]) Th. Curtius, J. pr. Chem. [2] 50, 275. — [5]) Stollé, Ber. 32, 797.

moniumsalze organischer Säuren. Dabei liefern die niedrig schmelzenden Salze ausschliefslich primäre Hydrazide, die höher schmelzenden daneben sekundäre [1]).

Salpetrige Säure, kalte konzentrierte Salpetersäure sowie Diazosalze wandeln die Hydrazide in Azide um:

$$R.CO.NH.NH_2 + NO_2H = R.CO.N_3 + 2H_2O.$$

Durch Einwirkung von Hydrazinhydrat auf Kohlensäureamide und Kohlensäureester entstehen je nach den Bedingungen drei verschiedene Hydrazide: 1. Karbaminsäurehydrazid (Semikarbazid) $CO<^{NH_2}_{NH.NH_2}$, 2. dessen Biuret, das Hydrazidikarbonamid $CO<^{NH_2}_{NH.NH.CO.NH_2}$, 3. Karbohydrazid $CO<^{NH.NH_2}_{NH.NH_2}$ [2]).

Entsprechende Verbindungen entstehen aus den substituierten Harnstoffen. Ebenso liefern die Thioharnstoffe Thiosemikarbazide und andere Körper [3]).

Amidinähnliche Produkte, Mono- und Dihydrazidine, entstehen bei Einwirkung von Hydrazin auf Imidoäther [4]).

Von den Verbindungen mit organischen Säuren seien die folgenden besonders angeführt, weil sie zur Auffindung der Stickstoffwasserstoffsäure geführt haben:

Benzoylhydrazin $C_6H_5CONH-NH_2$ krystallisiert beim Vermischen von 1 Mol. Benzoylglykolsäureester und 1 Mol. Hydrazinhydrat zuerst aus, bildet sich auch durch Einwirkung des Hydrats auf Benzoeester quantitativ nach der Gleichung $C_6H_5.CO_2R + N_2H_4.H_2O = C_6H_5CO.NH-NH_2 + ROH$ [5]). Es bildet, aus Alkohol krystallisiert, grofse, glänzende Blätter vom Schmelzp. 112°, reduziert Fehlingsche Lösung schon in der Kälte. In kaltem Wasser und Alkohol ist es ziemlich, in heifsem sehr leicht löslich, in heifsem Äther schwer. Durch Kochen mit Wasser wird es nicht verändert, dagegen zerfällt es durch Erwärmen mit Säuren oder Alkalien in die Komponenten. Durch Schütteln mit der äquimolekularen Menge Benzaldehyd entsteht quantitativ Benzoylbenzalhydrazin, farblose, lange, spiefsige Krystalle, unlöslich in Wasser, sehr schwer löslich in heifsem Äther, bei 203° schmelzend. Mit salpetriger Säure liefert das Benzoylhydrazin Stickstoffwasserstoffsäure [6]).

Hydrazinessigsäure $NH_2-NH.CH_2.COOH$ krystallisiert aus der Mutterlauge, wenn man Benzoylglykolsäureester mit 2 Mol. Hydrazin versetzt und das zunächst ausgeschiedene Benzoylhydrazin abfiltriert hat. Durch wiederholtes Umkrystallisieren aus heifsem Alkohol

---

[1]) Curtius u. H. Franzen, Ber. 35, 3239. — [2]) Curtius u. Heidenreich, ebend. 27, 55. — [3]) M. Busch, ebend. 32, 2815, 33, 1058. — [4]) A. Pinner, ebend. 30, 1871; Ann. Chem. 297, 221, 298, 1. — [5]) Curtius, Ber. 24, 3341. — [6]) Ders., ebend. 23, 3023.

gereinigt, bildet sie grofse, spröde, glasglänzende Tafeln vom Schmelzpunkte 93°, sehr leicht löslich in kaltem Wasser, leicht in heifsem Alkohol, unlöslich in Äther. Sie schmeckt deutlich süfs und kühlend und reagiert vollkommen neutral. Sie löst sich in alkalischer Kupferlösung mit tief violetter Farbe und fällt aus neutraler Eisenchloridlösung einen roten Niederschlag. Fehlingsche Lösung reduziert sie erst beim Erwärmen, ammoniakalische Silberlösung schon in der Kälte unter Spiegelbildung. Durch Erwärmen mit Alkalien oder Säuren zerfällt sie in Glykolsäure und Hydrazin. Beim Schütteln mit der äquimolekularen Menge Benzaldehyd in schwach alkalischer Lösung liefert sie Benzalhydrazinessigsäure, die aus heifsem Alkohol in seidenglänzenden Nadeln vom Schmelzp. 156,5° krystallisiert, schwer löslich in Wasser und heifsem Äther, leicht in heifsem Alkohol [1]).

Hippurylhydrazin $C_6H_5CO.NH.CH_2CO.NH.NH_2$ entsteht durch Zugabe von Hydrazinhydrat zu 1 Mol. Hippursäureester, der in möglichst wenig siedendem Alkohol gelöst ist, scheidet sich beim Erkalten aus und wird durch Umkrystallisieren aus heifsem Alkohol gereinigt. Ausbeute etwa 90 Proz. Es bildet farblose, zu glänzenden Büscheln vereinigte Nadeln vom Schmelzpunkt 162,5°, ziemlich löslich in kaltem Wasser, leicht in heifsem Alkohol und Wasser, schwer in heifsem Äther. Ammoniakalische Silberlösung wird schon in der Kälte unter Spiegelbildung reduziert, Fehlingsche Lösung zunächst smaragdgrün gefärbt und erst bei längerem Stehen oder beim Erwärmen reduziert. Durch Erwärmen mit Säuren oder Alkalien zerfällt es in die Komponenten. Beim Schütteln mit Benzaldehyd in wässeriger Lösung giebt es Hippurylbenzalhydrazin, das aus Alkohol in glänzenden Blättchen vom Schmelzpunkt 182° krystallisiert. Durch Natriumnitrit und Essigsäure bei 0° entsteht eine Ausscheidung von Nitrosohippurylhydrazin oder Nitrosohydrazinhippursäure. Diese Substanz bildet, aus Äther oder Alkohol umkrystallisirt, farblose, anisotrope Nadeln vom Schmelzpunkt 98°. Sie ist unlöslich in kaltem Wasser, leicht löslich in kaltem Alkohol, schwer in heifsem Äther, giebt die Liebermannsche Reaktion. Sie hinterläfst auf der Zunge ein brennendes Gefühl und reizt heftig zum Niesen. Beim Erhitzen auf Platinblech verzischt sie lebhaft. Beim Kochen mit Säuren, leichter noch mit Alkalien, zerfällt sie in Hippursäure und Stickstoffwasserstoffsäure, durch Kochen mit Wasser in ein indifferentes Gas und eine sehr schwer lösliche Substanz. Sie reagiert sauer und löst sich leicht in Alkalien oder Ammoniak, die alkalische Lösung zeigt vorübergehend prachtvoll blaue Fluoreszenz. Die ammoniakalische Lösung giebt auf Zusatz von Silbernitrat ein weifses, explosives Silbersalz [1]). Nach späteren Untersuchungen ist die Substanz als Hippurazid $C_6H_5.CO.NH.CH_2.CO.N\langle{N \atop N}$ aufzufassen [2]).

[1]) Curtius, Ber. 23, 3023. — [2]) Ders., J. pr. Chem. [2] 50, 275.

	Formel	Schmelzpunkt	Siedepunkt	Spezif. Gewicht
Primäre aliphatische Hydrazine.				
Methylhydrazin	$CH_6N_2 = H_2N.NH(CH_3)$	flüssig	87° (745)	
Äthylhydrazin	$C_2H_8N_2 = (C_2H_5)NH.NH_2$	"	99,5° (709)	
Normalbutylhydrazin	$C_4H_{12}N_2 = CH_3.(CH_2)_3.NH.NH_2$	"	50,5 - 51° (38)	0,8002 (15°)
Isobutylhydrazin	$C_4H_{12}N_2 = (CH_3)_2CH.CH_2.NH.NH_2$	Öl	—	
Heptylhydrazin[1])	$C_7H_{18}N_2 = (C_3H_7)_2.CH.NH.NH_2$	—	190 - 192°	0,8545 (0,0°)
Oktylhydrazin[1])	$C_8H_{20}N_2 = CH_3.CH(NH.NH_2).C_6H_{13}$	—	210 - 215°	
Allylhydrazin	$C_3H_8N_2 = CH_2:CH.CH_2.NH.NH_2$	—	.	
Menthylhydrazin	$C_{10}H_{22}N_2 = H_{19}.NH.NH_2$	flüssig	235 - 240°	
N-Äthylderivat (asymm.)	$C_{12}H_{26}N_2$	"	243 - 246° (Zersetzg.); 150 - 151° (50)	0,8866 (20°)
Sekundäre aliphatische Hydrazine.				
as-Dimethylhydrazin	$C_2H_8N_2 = (CH_3)_2:N.NH_2$	flüssig	62,5° (717); 63° (753)	0,801 (11°)
s-Dimethylhydrazin	$C_2H_8N_2 = CH_3.NH.NH.CH_3$	"	50 - 60°	
as-Diäthylhydrazin	$C_4H_{12}N_2 = (C_2H_5)_2N.NH_2$	"	96 - 99°	
s-Diäthylhydrazin	$C_4H_{12}N_2 = C_2H_5.NH.NH.C_2H_5$	"	84 - 86° (758)	-
Dimethylmethylenhydrazin	$C_3H_8N_2 = (CH_3)_2C:N.NH_2$	Öl	124 - 125°	
Aromatische Hydrazine.				
Phenylhydrazin	$C_6H_8N_2 = C_6H_5NH.NH_2$	17,5°	243,5°	1,1070 (10°); 1,0970 (26°); 1,097 (22,7°)
N-Methylderivat (asymm.)	$C_7H_{10}N_2$	flüssig	227° (745, geringe Zersetzung); 131° (35)	
N,N[1]-Dimethylderivat	$C_8H_{12}N_2$	Öl	93 - 94° (7)	-
N,N[1]-Trimethylderivat	$C_9H_{14}N_2$	"	93 - 94° (8)	
N-Äthylderivat (asymm.)	$C_8H_{12}N_2$	"	237° (761)	1,018 (15°)
N[1]-Äthylderivat (symm.)	$C_8H_{12}N_2$	"	-	
N-Methyl-N[1]-Äthylderivat	[illegible]	[illegible]	101 - 102° (9)	
[illegible]	[illegible]	[illegible]	[illegible]	[illegible]
[illegible]	[illegible]		[illegible]	[illegible]

N-Isobutylderivat (asymm.) . . .	[illegible]	[illegible]	[illegible]	
N-Isoamylderivat „ . .	$C_{11}H_{18}N_2$	„	276°; 210° (57)	—
N-Allylderivat „ . .	$C_9H_{12}N_2$	Öl	177° (109,5)	—
N¹-Allylderivat (symm.)	$C_9H_{12}N_2$	„	172° (60)	—
N-Phenylderivat (asymm.) . . .	$C_{12}H_{12}N_2$	34,5°	220° (40—50)	—
N, N¹-Triphenylderivat	$C_{24}H_{20}N_2$	147° (Zerstzg.)	—	—
[illegible]t (asymm.) . . .	$C_{13}H_{14}N_2$	26°	—	—
N¹-Benzylderivat (symm.) . . .	$C_{13}H_{14}N_2$	155,5°	230—260° (Vakuum)	—
N-Styrylderi at (asymm.) . . .	$C_{15}H_{16}N_2$	54°	—	—
Tolylhydrazine	$C_7H_{10}N_2 = CH_3.C_6H_4.NH.NH_2$	—	—	—
o-Verbindung	—	56°	—	—
m-Verbindung	—	flüssig	240—244°	—
p-Verbindung		61°	240—244° (geringe Zersetzung)	—
N-Allylderivat (asymm.)	$C_{10}H_{14}N_2$	Öl	160—170° (90)	—
N-Tolylderivat „	$C_{14}H_{16}N_2$	171—172°	—	—
N,N¹-Tritolylderivat	$C_{28}H_{28}N_2$	138° (geringe Zersetzung)	—	—
Benzylhydrazin	$C_7H_{10}N_2 = C_6H_5.CH_2.NH.NH_2$	—	—	—
N-Phenylderivat (asymm.) . . .	$C_{13}H_{14}N_2$	26°	zersetzlich	—
N¹-Phenylderivat (symm.) . . .	$C_{13}H_{14}N_2$	155,5°	230—260° (Vakuum)	—
N¹-Benzylderivat „ . . .	$C_{14}H_{16}N_2$	65°	—	—
1, 3, 4-Xylylhydrazin	$C_8H_{12}N_2 = (CH_3)_2C_6H_3.NH.NH_2$	85°	—	—
1, 2, 4 - Trimethylphenylhydrazin (5) (Pseudokumylhydrazin) . .	$C_9H_{14}N_2 = (CH_3)_3C_6H_2.NH.NH_2$	120°	—	—
Benzalhydrazin	$C_7H_8N_2 = C_6H_5.CH:N.NH_2$	gegen 16°	140° (14)	—
Styrylhydrazin	$C_9H_{12}N_2 = C_6H_5.CH.CH:CH_2.NH.NH_2$	—	—	—
N-Phenylderivat (asymm.) . . .	$C_{15}H_{16}N_2$	54°	—	—
α-Tetrahydronaphtylhydrazin . . .	$C_{10}H_{14}N_2 = C_{10}H_{11}.NH.NH_2$	—	—	—
α-Naphtylhydrazin	$C_{10}H_{10}N_2 = C_{10}H_7.NH.NH_2$	116—117°	203° (20, geringe Zersetzung)	—
β-Naphtylhydrazin	desgl.	124—125°	—	—
N-Äthylderivat (asymm.) . . .	$C_{12}H_{14}N_2$	Öl	—	—
o-Hydrazinobiphenyl	$C_{12}H_{12}N_2 = C_6H_5.C_6H_4.NH.NH_2$	38°	—	—
p-Hydrazinobiphenyl	desgl.	135—136°	—	—
s-Dibenzylhydrazin	$C_{14}H_{16}N_2 = C_6H_5.CH_2.NH.NH.CH_2.C_6H_5$	65°	—	—

[1]) N. Kishner, Journ. russ. phys.-chem. Ges. 31, 872; Chem. Centralbl. 1900, I, S. 653.

	Formel	Schmelzpunkt	Siedepunkt	Spezif. Gewicht
Hydrazinotriphenylmethan	$C_{19}H_{18}N_2 = (C_6H_5)_3 : C.NH.NH_2$	—	—	—
N^1-Phenylderivat (symm.)	$C_{25}H_{22}N_2$	gegen 135°	—	—
Tetrabenzylhydrazin	$C_{28}H_{28}N_2 = (C_6H_5.CH_2)_2N.N(CH_2.C_6H_5)_2$	149°	—	—
Piperylhydrazin	$C_5H_{12}N_2 = CH_2{<}{CH_2—CH_2 \atop CH_2—CH_2}{>}N.NH_2$	Öl	146° (728)	0,9283 (14,6°)
Dihydrazine.				
Piperazyldihydrazin	$C_4H_{12}N_4 = NH_2.N{<}{C_2H_4 \atop C_2H_4}{>}N.NH_2$	100°		228°
o-Diphenylendihydrazin	$C_{12}H_{14}N_4 = NH_2.NH.C_6H_4.C_6H_4.NH.NH_2$	110°		
p-Diphenylendihydrazin	desgl.	165—167° (Zersetzung)		
Primäre Hydrazide.				
Formhydrazid	$CH_4ON_2 = H.CO.N_2H_3$	54°	—	—
Acethydrazid	$C_2H_6N_2O = CH_3.CO.N_2H_3$	67°	—	—
Benzhydrazid	$C_7H_8N_2O = C_6H_5.CO.N_2H_3$	112,5°	—	—
Karbohydrazid	$CH_6N_4O = CO(N_2H_3)_2$	152°	—	—
Glykolsäurehydrazid	$C_2H_6N_2O_2 = HO.CH_2.CO.N_2H_3$	93°	—	—
α-Milchsäurehydrazid [1]	$C_3H_8N_2O_2 = CH_3.CH(OH).CO.N_2H_3$	185°	—	—
Lävulinsäurehydrazid	$C_5H_{10}N_2O_2$	82°	—	—
Oxalylhydrazid	$C_2H_6N_4O_2 = {CO.N_2H_3 \atop CO.N_2H_3}$	235°	—	—
Malonylhydrazid	$C_3H_8N_4O_2 = CH_2(CO.N_2H_3)_2$	154°	—	—
Succinhydrazid	$C_4H_{10}N_4O_2 = {CH_2.CO.N_2H_3 \atop CH_2.CO.N_2H_3}$	167°	—	—
β-Methyladipinsäurehydrazid	$C_7H_{16}N_4O_2 = C_5H_{10}(CO.N_2H_3)_2$	136°	—	—
Korksäurehydrazid	$C_8H_{18}N_4O_2 = C_6H_{12}(CO.N_2H_3)_2$	185— [illegible]°	—	—
Fumarsäurehydrazid	$C_4H_8N_4O_2 = C_2H_2(CO.N_2H_3)_2$	220°	—	—
Weinsäurehydrazid	$C_4H_{10}N_4O_4 = {CH(OH).CO.N_2H_3 \atop CH(OH).CO.N_2H_3}$	182,5—183°	—	—

Isophtaldihydrazid	$C_8H_{10}N_4O_2 = C_6H_4<{CO.N_2H_3 \atop CO.N_2H_3}$	220°	—	—
Terephtaldihydrazid	desgl.	oberhalb 300°	—	—

Sekundäre Hydrazide.

s-Diformylhydrazin	$C_2H_4N_2O_2 = H.CO.NH.NH.CO.H$	159—160°	—	—
Diacetylhydrazin (symm.)	$C_4H_8N_2O_2 = {CH_3.CO.NH \atop CH_3.CO.\dot{N}H}$	140°; 138°	209° (15)	—
" (asymm.)	$(CH_3.CO)_2N.NH_2$	132°	—	—
Bihydrazikarbonyl, p-Urazin, Diharnstoff	$C_2H_4N_4O_2 = CO<{N_2H_2 \atop N_2H_2}>CO$	270°; 266—267°	—	—
Hydrazioxalyl	$C_4H_4N_4O_4 = {CO.N_2H_2.CO \atop \dot{C}O.N_2H_2.\dot{C}O}$	—	—	—
Maleinsäurehydrazid	$C_4H_4N_2O_2 = C_2H_2<{CO.NH \atop CO.\dot{N}H}$	nicht bei 250°	—	—
Acetylbenzoylhydrazin	$C_9H_{10}N_2O_2 = (C_7H_5O)N_2H_2(C_2H_3O)$	170°	—	—
Dibenzoylhydrazin (symm.)	$C_{14}H_{12}N_2O_2 = (C_7H_5O)_2N_2H_2$	233°	—	—
N-Äthylderivat [2])	$C_{16}H_{16}N_2O_2$	132—132°	—	—
N-Propylderivat [2])	$C_{17}H_{18}N_2O_2$	131°	—	—
N-Isobutylderivat [2])	$C_{18}H_{20}N_2O_2$	167°	—	—
N-Amylderivat [2])	$C_{19}H_{22}N_2O_2$	133°	—	—
Phtalhydrazid	$C_8H_6N_2O_2 = C_6H_4<{CO.NH \atop CO.\dot{N}H}$	—	sublimiert bei 200°	—

Tertiäre Hydrazide.

Triacetylhydrazin	$C_6H_{10}N_2O_3 = (C_2H_3O)_2N.NH(C_2H_3O)$	erstarrt nicht bei —20°	180—183° (15)	

Quaternäre Hydrazide.

Tetraacetylhydrazin	$C_8H_{12}N_2O_4 = (C_2H_3O)_2N.NH(C_2H_3O)_2$	86°	141° (15)	
Diacetylphtalhydrazid	$C_{12}H_{10}N_2O_4 = C_6H_4<{CO.N(C_2H_3O) \atop CO.\dot{N}(C_2H_3O)}$	114°	—	

[1]) Curtius u. Franzen, Ber. 35, 3240. — [2]) R. Stollé, Ber. 34, 3268.

Buzylen.

Buzylen $N_4H_4 = NH{=}N.NH.NH_2$ ist bisher nur als Phenylhippurylderivat $C_6H_5N:N.NH.NH.CO.CH_2.NH.CO.C_6H_5$, das durch Einwirkung von Hippurylhydrazin auf Diazobenzolsulfat entsteht, und des entsprechend hergestellten Phenylbenzoylderivats bekannt [1]). Ersteres ist ein gut krystallisierender Körper, der aber in organischen Lösungsmitteln sich alsbald zersetzt in Anilin und Diazohippuramid einerseits, Hippuramid und Diazobenzolimid andererseits. Die Benzoylverbindung ist noch leichter zersetzlich, so dafs sie in trockenem Zustande nicht erhalten werden konnte.

Azoimid.

Azoimid, Stickstoffwasserstoffsäure $N_3H = \begin{matrix}N\\ \|\\ N\end{matrix}\!\!>NH$ wurde von Curtius [2]) entdeckt. Ebenso wie sich aus Salmiak und Natriumnitrit Stickstoff bildet, sollte das Azoimid aus Hydrazinmonochlorid und Nitriten hervorgehen. Der Gleichung

$$NH_4Cl + NO_2Na = N_2 + 2H_2O + ClNa$$

sollte entsprechen:

$$\begin{matrix}NH_3Cl\\ |\\ NH_2\end{matrix} + NO_2Na = \begin{matrix}N\\ |\\ N\end{matrix}\!\!>NH + 2H_2O + ClNa.$$

Indessen gelang diese direkte Darstellung zunächst nicht, sondern es mufsten Umwege eingeschlagen werden. So gelingt die Darstellung, wenn man Hydrazinhydrat auf Benzoylglykolsäureester einwirken läfst. Hierbei entstehen Benzoylhydrazin und Hydrazinessigsäure. Aus ersterem entsteht durch Einwirkung von Natriumnitrit und Essigsäure unter Aufnahme der Nitrosogruppe und gleichzeitiger spontaner Wasserabspaltung schon in der Kälte nach der Gleichung

$$C_6H_5.CO.NH.NH_2 + NOOH = C_6H_5.CO.N\!\!<\!\begin{matrix}N\\ \|\\ N\end{matrix} + 2H_2O$$

Benzoylazoimid, welches durch Kochen mit Natronlauge, besser mit Natriumäthylat [3]), Natriumbenzoat und Stickstoffnatrium liefert:

$$C_6H_5.CO.N\!\!<\!\begin{matrix}N\\ \|\\ N\end{matrix} + 2NaOH = C_6H_5.COONa + NaN\!\!<\!\begin{matrix}N\\ \|\\ N\end{matrix} + H_2O;$$

aus dem Natriumsalz erhält man dann durch Ansäuern das freie Azoimid. Ganz analog liefert die neben Benzoylhydrazin entstandene Hydrazinessigsäure durch Behandeln mit salpetriger Säure die leicht lösliche Azimidoessigsäure, welche ihrerseits durch verseifende Mittel Stickstoffwasserstoffsäure bildet [2]).

Hippurylhydrazin liefert beim Behandeln mit Nitrit und Essigsäure zunächst einen Körper, den Curtius ursprünglich als Nitrosohippuryl-

---

[1]) Curtius, Ber. 26, 1263. — [2]) Ders., ebend. 23, 3023. — [3]) Ders., ebend. 24, 3341.

hydrazin $C_6H_5.CO.NH.CH_2.CO.N{<}^{NO}_{NH_2}$ auffaſste, der später[1]) als Diazohippuramid $C_6H_5.CO.NH.CH_2.CO.NH-N=N.OH$ angesprochen wurde und sich schlieſslich[2]) als Hippurazid $C_6H_5.CO.NH.CH_2$ $.CO.N{<}^{N}_{N}$ (mit $N \| N$) erwies. Beim Kochen mit Säuren oder Alkalien zerfällt derselbe leicht in Hippursäure und Stickstoffwasserstoffsäure[3]); ebenso spaltet er Azoimid ab bei Einwirkung vieler anderer Körper, wie Ammoniak, Anilin, Toluylendiamin, Diamid, Phenylhydrazin. Die Zersetzung erfolgt beispielsweise schon durch Sättigen der alkoholischen Lösung mit Ammoniakgas.

Diazobenzolimid, das als Phenylester der Stickstoffwasserstoffsäure aufzufassen ist, läſst sich nicht verseifen. Durch Eintritt von Nitrogruppen wird das Radikal beweglicher, und es gelingt in der That, beispielsweise aus Dinitrodiazobenzolimid durch Verseifung mit alkoholischem Kali anscheinend glatt zum Azoimid zu gelangen[4]). Auch andere aromatische Azoimide geben bei dieser Zersetzung Stickstoffwasserstoffsäure. Die Reaktion ist aber in manchen Fällen durchaus nicht glatt, liefert vielmehr zahlreiche Nebenprodukte[5]).

Ferner entsteht die Säure neben Cyanamid aus Diazoguanidinnitrat durch Einwirkung gewisser Alkalien. Das Nitrat zerfällt dabei, wahrscheinlich unter intermediärer Bildung des Körpers CN_5H_3, nach der Gleichung:

$$C\begin{cases}NH-N=N-NO_3\\=NH\\NH_2\end{cases} = C{\lessgtr}^{N}_{NH_2} + N_3H + NO_3H.$$

Diese Spaltung erfolgt am besten durch Natronlauge; auch durch ammoniakalische Silberlösung wird sie schon in der Kälte momentan herbeigeführt, während Ammoniak allein fast nur Amidotetrazolsäure CN_5H_3 bildet[6]). Zu bemerken ist, daſs nach Hantzsch[7]) das sogenannte Diazoguanidin keine Diazoverbindung, sondern ein Azid von der Konstitution $HN:C{<}^{N{<}^{N}_{N}}_{NH_2}$ ist. Die Spaltung ist dann ganz verständlich.

In kleiner Menge wird Azoimid durch Einwirkung von Diamid auf Diazobenzolsulfat erhalten[8]). Wislicenus[9]) erhielt es durch Einwirkung von Stickoxydul auf Ammoniak, was der einfachen Gleichung $NH_3 + N_2O = N_3H + H_2O$ entsprechen würde. Doch wirken beide

[1]) P. Borissow, Zeitschr. f. physiol. Chem. 19, 499. — [2]) Th. Curtius, J. pr. Chem. [2] 50, 275. — [3]) Curtius, Ber. 26, 1263. — [4]) E. Nölting u. E. Grandmougin, Ber. 24, 2546. — [5]) Dieselben u. Michel, ebend. 25, 3328. — [6]) J. Thiele, Ann. Chem. 270, 1. — [7]) Hantzsch u. Vagt, Ann. Chem. 314, 339. — [8]) Curtius, Ber. 26, 1263. — [9]) W. Wislicenus, ebend. 25, 2084.

Gase nicht direkt aufeinander ein, auch nicht, wenn man das Gemenge beider über starke und wasserentziehende Basen, wie Natronkalk, leitet. Wohl aber erfolgt die Einwirkung bei Gegenwart von metallischem Natrium. Es bildet sich hierbei zunächst Natriumamid, und dieses reagiert dann mit dem Stickoxydul nach der Gleichung $2\,NaNH_2 + N_2O = N_3Na + NaOH + NH_3$. Man erhält daher auch bessere Ausbeute, und die Arbeit ist gefahrloser, wenn man erst durch Ueberleiten von Ammoniak das Natrium in sein Amid verwandelt und dann erst, am besten bei 250°, Stickoxydul darüber leitet. Die Ausbeute beträgt dann etwa 50 Proz. der Theorie. Ebenso wie Natriumamid wirken auch Kaliumamid und Zinkamid, doch liefert letzteres schlechte Ausbeuten.

Auch die anfangs nicht geglückte Synthese aus Diamid durch salpetrige Säure ist schliefslich auf verschiedene Weise gelungen. Curtius[1]) stellt eine verdünnte Lösung der freien Säure dar, indem er die „roten Gase" aus Salpetersäure und Arsentrioxyd in eine eiskalte, verdünnte, wässerige Hydrazinhydratlösung so lange einleitet, bis anhaltende Gasentwickelung beginnt oder besser, indem er diese roten Gase zuerst auf Eisstücken kondensiert und die so erhaltene blaue Lösung allmählich in die Hydrazinhydratlösung einträgt. — Angeli[2]) erhielt das Silbersalz durch Versetzen einer kalten, gesättigten Lösung von Silbernitrit mit einer ebenfalls gesättigten Lösung von Hydrazinsulfat; es scheiden sich nach kurzer Zeit weifse Nadeln von Stickstoffsilber ab. Die Reaktion erfolgt nach den Gleichungen:

$$1.\quad H_2N{-}NH_2 + NO_2H = H_2N{-}N{=}NOH + H_2O,$$

$$2.\quad H_2N.N{=}NOH = \begin{matrix}N\\\|\\N\end{matrix}\!\!>\!NH + H_2O.$$

Dennstedt und Goehlich[3]) vermischen stark gekühlte Lösungen von Hydrazinbisulfat und Kaliumnitrit. Nachdem die sofort eintretende Gasentwickelung beendet ist, wird destilliert. Um gute Ausbeute zu erzielen, mufs man so viel Schwefelsäure oder Kaliumbisulfat zufügen, wie zur Neutralisation des im technischen Nitrit vorhandenen Alkali erforderlich ist. Die Reaktion verläuft wahrscheinlich nach der Gleichung:

$$3\,SO_4H_2.N_2H_4 + 6\,NO_2K + 3\,SO_4H_2 = 2\,N_3H + 8\,H_2O$$
$$+ 6\,SO_4HK + 2\,O + 2\,N + 2\,N_2O.$$

Doch läfst die mangelhafte, nur etwa 20 Proz. der Theorie betragende, Ausbeute auf Nebenreaktionen schliefsen.

Azoimid entsteht auch durch Zersetzung des Hydrazinnitrats in der Wärme. Diese Bildungsart ist besonders für Demonstrationszwecke geeignet. Man erhitzt im Probierrohr ein Gemisch von 1,5 g Hydrazin-

[1]) Curtius, Ber. 26, 1163. — [2]) Angelo Angeli, Atti della Reale Accad. dei Lincei Rendic. [5] 2, 1, 569; Chem. Centralbl. 1893, 2, 559. — [3]) Dennstedt u. Goehlich, Chem.-Ztg. 21, 876.

sulfat und 4 ccm Salpetersäure (spezif. Gew. 1,3) über kleiner Flamme und leitet das entwickelte Gas in Silbernitratlösung [1]).

Leicht und in relativ guter Ausbeute entsteht Azoimid aus Hydrazin nach Tanatar[2]) durch Einwirkung von Chlorstickstoff, dessen Benzollösung mit der wässerigen Hydrazinlösung durchgeschüttelt wird, während man durch Zusatz kleiner Mengen Natronlauge die Flüssigkeit ständig stark alkalisch hält. Dann wird ein Überschufs von Schwefelsäure zugefügt und ein Viertel der Flüssigkeit abdestilliert.

Azoimid wurde ferner aus Amidotriazsulfol

```
      N—N
      ‖  ‖
 H2N.C   N
      \S/
```

durch Einwirkung von Alkali erhalten [3]).

Darstellung. Bei der Gefährlichkeit der freien Stickstoffwasserstoffsäure ist es ratsam, ihre Darstellung möglichst zu umgehen und sich an die weniger gefährlichen Alkalisalze zu halten. Solche entstehen: 1. aus den Nitrosohydrazinen resp. den aus diesen durch Wasserabspaltung spontan hervorgehenden Azoimiden durch Einwirkung von Alkalien in alkoholischer Lösung; 2. aus einer Klasse organischer Verbindungen, welche drei Stickstoffatome als offene, unverzweigte Kette enthalten und als Derivate des dem Kohlenwasserstoff-Propylen entsprechenden Stickstoffwasserstoffs $NH_2{-}N{=}NH$ zu betrachten sind.

Curtius[4]) empfiehlt besonders die folgenden Methoden:

Darstellung von Stickstoffnatrium aus Benzoylazoimid. Letzteres wird im gleichen Gewichte absoluten Alkohols gelöst, dazu ein Atom Natrium, in wenig absolutem Alkohol aufgelöst, gegeben und das Gemisch einige Stunden auf dem Wasserbade digeriert. Es entsteht Benzoesäureester und Stickstoffnatrium, welches letztere auf Zusatz von Äther nahezu in der berechneten Menge ausfällt, nachdem ein Teil schon aus der erkalteten alkoholischen Lösung auskrystallisiert ist. Durch Destillation des Filtrats wird fast die berechnete Menge Benzoesäureester gewonnen, der von neuem durch Einwirkung auf Hydrazinhydrat in Benzoylazoimid verwandelt werden kann. Das erhaltene Stickstoffnatrium ist völlig rein.

Darstellung von Stickstoffammonium aus Hippurazid. Dieses zerfällt beim Sättigen seiner alkoholischen Lösung mit Ammoniakgas quantitativ nach der Gleichung:

$$C_6H_5.CO.NH.CH_2.CO.N\langle{}^{N}_{N} + 2NH_3$$
$$= C_6H_5.CO.NH.CH_2.CO.NH_2 + N_3.NH_4.$$

500 g Hippurazid werden in einem zwei Liter fassenden Kolben

[1]) Sabanejeff, Ztschr. anorg. Chem. 20, 21. — [2]) S. Tanatar, Ber. 32, 1399. — [3]) M. Freund u. Schander, ebend. 29, 2505. — [4]) Curtius, ebend. 24, 3341.

mit 600 g 85 proz. Alkohols übergossen, unter Kühlung Ammoniakgas bis zur Sättigung eingeleitet und die Flüssigkeit nach 24 stündigem Stehen am Rückflufskühler gekocht, bis kein Ammoniak mehr entweicht. Nach 12 stündiger Abkühlung wird die ausgeschiedene Krystallmasse abgesaugt und mit kaltem Alkohol ausgewaschen. Aus dem alkoholischen Filtrat fällen 4 Vol.-Tle. Äther gegen 70 Proz. des entstandenen Stickstoffammoniums in völlig reinem Zustande als weifses Pulver. Den Rest der Verbindung kann man nach Umkrystallisieren des ausgeschiedenen Hippuramids aus Wasser und Vereinigung der Mutterlauge mit den ätherisch-alkoholischen Filtraten als Blei-, Silber- oder Quecksilberoxydsalz leicht gewinnen. Doch ist die Verarbeitung dieser Salze mit grofser Gefahr verknüpft, so dafs man besser auf diesen Teil der Ausbeute verzichtet.

Es kommen für die Darstellung ferner die oben erwähnten Methoden von Thiele und Wislicenus in Betracht, welche gleichfalls zum Natriumsalz führen.

Lösungen der freien Säure erhält man nach der oben erwähnten Methode von Tanatar direkt. Sonst stellt man sie nach Curtius und Rissom[1]) am besten aus aufgeschlämmtem Bleitrinitrid durch Destillation mit verdünnter Schwefelsäure her (1 : 20 bis 1 : 30). Dabei wird aber der gröfste Teil des Stickstoffs als solcher abgespalten, ein anderer bildet Ammoniak; Hydroxylamin oder Hydrazin entstehen dabei nicht.

Eigenschaften. Die freie Säure ist ein Gas von eigentümlichem, furchtbar stechendem Geruch. Selbst in verdünntem Zustande erzeugt es Schwindel, Kopfschmerz und heftige Entzündung der Nasenschleimhaut. Die wässerige Lösung ätzt die Epidermis in schmerzhafter Weise. Das Gas wird von Wasser leicht absorbiert. Beim Destillieren der wässerigen Flüssigkeit entweicht zuerst ein Teil gasförmig, die ganz reine Lösung wird aber beim Kochen nicht zersetzt (Curtius und Rissom); dann destilliert zwischen 90 und 100° eine sehr konzentrierte wässerige Säure über, deren erste Anteile gegen 27 Proz. Azoimid enthalten. Bei weiterem Destillieren tritt schliefslich ein Gleichgewichtszustand ein, und es destilliert dann eine sehr verdünnte Stickstoffwasserstoffsäure bis zum letzten Tropfen über. Bei weitem die Hauptmenge findet sich im ersten Viertel des Destillats. Die wässerige Lösung besitzt bis zu ziemlich starker Verdünnung den stechenden Geruch des Gases, ein darüber gehaltenes blaues Lackmuspapier wird intensiv hellrot gefärbt. Die reine Lösung ist vollkommen haltbar.

Das Azoimid ist eine starke, einbasische Säure, in allen Eigenschaften unmittelbar der Chlorwasserstoffsäure vergleichbar. Ammoniakgas erzeugt dicke Nebel von Stickstoffammonium. Eine 7 proz.

---

[1]) Th. Curtius u. J. Rissom, Journ. pr. Chem. [2] 58, 261.

wässerige Lösung löst Eisen, Zink, Kupfer, Aluminium (nur sehr wenig), Magnesium, Arsen, schwieriger Antimon[1]), unter heftiger Wasserstoffentwickelung auf. Die konzentrierte Säure scheint auch Silber und selbst Gold anzugreifen, da sie sich in Berührung mit beiden Metallen rot färbt. Von den Halogenwasserstoffsäuren unterscheidet sie sich nur durch ihre höchst explosiven Eigenschaften, welche ganz aufserordentliche Vorsicht in der Behandlung dieser Substanz erforderlich und ein Operieren mit dem wasserfreien Körper nahezu unmöglich machen. Schon wenige Milligramme des Silber- oder Quecksilberoxydulsalzes erzeugen eine Detonation von beispielloser Heftigkeit. Der Schlag bei Entzündung eines Stäubchens Stickstoffsilber ist so kurz wie die Entladung einer Leidener Flasche[2]).

Die reine Säure, wie sie durch Trocknen der bei fraktionierter Destillation erhaltenen konzentrierten wässerigen Säure mit Chlorcalcium gewonnen wird, ist eine wasserhelle, leicht bewegliche Flüssigkeit, welche bei 37^0 unzersetzt siedet, von unerträglichem Geruch, mit Wasser und Alkohol mischbar. Sie explodiert durch Berührung mit einem heifsen Körper, unter Umständen aber schon bei Zimmertemperatur ohne jede erkennbare Veranlassung, mit beispielloser Heftigkeit unter glänzendblauer Lichterscheinung. Die Bildungswärme beträgt — 61,6 Kal. [Berthelot und Matignon[3])].

Nach dem elektrischen Leitungsvermögen ist die Säure etwas stärker als Eisessig[4]). Leitfähigkeit und Dissoziationskonstante zeigen folgende Werte[5]):

v	μ	m	k	Für Natriumsalz μ
10	5,38	0,01397	0,0000198	94,9
100	15,98	0,0415	0,0000180	104,1
1000	45,97	0,1194	0,0000166	108,2

Nach Peratoner und Oddo[6]) leitet die freie Säure sehr schlecht, doch steigt die Leitfähigkeit allmählich erheblich dadurch, dafs an der Kathode sekundär kleine Mengen von Ammoniak gebildet werden. Bei der Elektrolyse des Natriumsalzes findet sich etwas weniger Stickstoff an der Anode, als dem Wasserstoff an der Kathode entspricht, weil ein kleiner Teil desselben zu Salpetersäure oxydiert wird.

Bei der Auflösung von Metallen in Stickstoffwasserstoffsäure wird ein Teil des Wasserstoffs zur Reduktion der Säure unter Bildung von Ammoniak verbraucht. In alkalischer Lösung, bei Einwirkung von Natriumamalgam auf die Lösung des Natriumsalzes, tritt eine derartige Reduktion nicht ein[1]).

[1]) Th. Curtius u. A. Darapsky, Journ. pr. Chem. [2] 61, 408. — [2]) Curtius, Ber. 23, 3023. — [3]) Berthelot u. Matignon, Compt. rend. 113, 672; Ber. 25, 63 Ref. — [4]) Curtius u. Radenhausen, Journ. pr. Chem. [2] 43, 207; Ch. A. West, Chem. Soc. Journ. 77, 705. — [5]) Ch. A. West, Chem. Soc. Journ. 77, 705. — [6]) A. Peratoner u. G. Oddo, Gazz. chim. 25, 2, S. 13; Ber. 28, 971 Ref.

Durch katalytische Zersetzung (mit Platinmohr) kann die Säure Ammoniak liefern[1]). Sie ist stark giftig, bei Säugetieren erzeugt sie Krämpfe[1]). Auf pflanzliche Mikroorganismen wirkt sie bezw. ihre Salze wachstumshemmend[2]).

Stickstoffwasserstoffsäuresalze, auch als Stickstoffmetalle, Nitride bezw. Trinitride, Azide bezeichnet, entstehen, soweit sie nicht direkt bei der Darstellung erhalten werden, durch Auflösen der Metalle in der Säure oder durch Neutralisieren der letzteren mit Basen. Sie sind den Chloriden in jeder Beziehung vergleichbar. Silbernitrat und Quecksilberoxydulnitrat fällen auch in verdünnter salpetersaurer Lösung die Stickstoffwasserstoffsäure quantitativ als Stickstoffsilber N_3Ag bezw. Stickstoffkalomel $(N_3)_2Hg_2$. Beide Reaktionen können zur Abscheidung und Reinigung der Säure benutzt werden. Ebenso entsteht Fällung von Stickstoffblei N_6Pb durch lösliche Bleisalze, von Stickstoffthallium N_3Tl und, abweichend von dem Verhalten der Halogenwasserstoffsäuren, von Stickstoffkupfer N_6Cu durch die entsprechenden Metallsalze (Curtius u. Rissom).

Mit den Salzen anderer Metalle wurden Fällungen direkt nicht erzielt. Doch scheiden sich, da die Säure schwach reduzierende Eigenschaften besitzt, beim Erwärmen der Salzlösungen oftmals neben dem betreffenden Metalle schwer lösliche Oxydulverbindungen aus. Dies tritt z. B. ein, wenn man die roten Lösungen von Stickstoffeisen, Stickstoffgold oder Stickstoffkupfer einzuengen sucht. Verdünnte Schwefelsäure zerlegt die Lösungen sämtlicher Stickstoffmetalle unter Abscheidung der freien Säure. Konzentrierte Schwefelsäure zerstört die in Freiheit gesetzte Substanz in der Wärme unter langsamer Gasentwickelung vollständig. Daher kann man Azoimid nicht auf diesem Wege wasserfrei darstellen[3]).

Die durch Auflösen von Metallen in wässeriger Stickstoffwasserstoffsäure erhaltenen Lösungen zersetzen sich beim Eindampfen zum Teil, andere liefern basische Salze. Auch durch Fällen mit Alkohol und Äther kann man neutrale Salze nur aus solchen Lösungen erhalten, die auch beim Eindampfen zu solchen führen. Aus den Lösungen des Ferri-, Chromi-, Thonerde- und Thoriumsalzes werden beim Kochen die Hydroxyde quantitativ abgeschieden, aus Zirkonlösungen erfolgt diese Fällung durch Stickstoffnatrium schon in der Kälte vollständig. Die im festen Zustande erhältlichen Metallsalze hinterlassen beim Erhitzen reines Metall. Nach Curtius und Rissom sollen sie sämtlich wasserfrei krystallisieren, Dennis und Benedict[4]) beschreiben indessen auch einige krystallwasserhaltige Salze.

[1]) O. Löw, Ber. 24, 2947. — [2]) Siehe [1]) und A. Schattenfroh, Arch. f. Hyg. 27, 231. — [3]) Curtius, Ber. 23, 3023. — [4]) Dennis u. Benedict, Am. Chem. Soc. Journ. 20, 225; Ztschr. anorgan. Chem. 17, 18.

Von organischen Basen liefern nach Pommerehne[1]) Morphin, Nikotin, Coniin, Pyridin, Piperidin, Chinolin und Tetrahydrochinolin überhaupt keine krystallisierbaren Salze, Strychnin, Brucin, Chinin und Codein Salze, die ihre Säure leicht abgeben.

Lösliche Stickstoffwasserstoffsalze liefern mit Ferrichlorid sofort eine blutrote Lösung.

Ammoniumsalz $N_4H_4 = N_3.NH_4$ ist ein in grofsen, glänzenden Prismen krystallisierender Körper, welcher seine Eigenschaften weder durch Kochen mit Wasser noch durch Sublimieren ändert. Die nicht hygroskopischen Krystalle verflüchtigen sich langsam schon bei Zimmertemperatur, indem sie zunächst trübe werden und im Verlaufe einiger Tage völlig verschwinden; aber auch der letzte Rest entwickelt beim Übergiefsen mit Mineralsäuren unveränderte Stickstoffwasserstoffsäure. Die von Mendelejeff gestellte Prognose, dafs sich diese Verbindung nach Art des Ammoniumcyanats umlagern werde, ist also unzutreffend[2]). Aus siedendem Alkohol läfst das Salz sich umkrystallisieren. Aus der alkoholischen Lösung wird es durch Äther als schneeweifses Pulver gefällt, welches aus winzigen, anisotropen Nädelchen besteht. Kocht man dasselbe einige Zeit mit Alkohol am Rückflufskühler, so geht alles in Lösung, und beim Erkalten scheidet sich die Substanz in derben, farblosen, grofsen Blättern aus, welche aus treppenförmig oder fächerförmig gruppierten Krystallindividuen bestehen. In dieser Form sieht die Verbindung dem Chlorammonium täuschend ähnlich, doch krystallisiert sie nicht im regulären, sondern wahrscheinlich im rhombischen Systeme. Aus wässeriger Lösung gewinnt man beim Verdunsten im Vakuum grofse, wasserhelle Prismen. — Das Salz reagiert schwach alkalisch, ist leicht löslich in Wasser und 80 proz. Alkohol, schwer löslich in absolutem Alkohol, unlöslich in Äther und Benzol. Selbst aus Lösungen verflüchtigt es sich aufserordentlich leicht. Bei 160° schmilzt es und beginnt es zugleich zu sieden. Die Dämpfe sind sehr giftig. Im Dampfzustande ist es vollkommen dissoziiert (Curtius, Rissom).

Während durch gelindes Erwärmen im Reagenzrohre auf wenig mehr als 100° das Salz sich von einer Stelle zur anderen sublimieren läfst und dabei in kleinen, blitzenden Prismen gewonnen wird, explodiert es bei schnellem Erhitzen äufserst heftig[3]). Es erzeugt dabei Pressionen, welche denen der Schiefsbaumwolle nahestehen. Die Explosionstemperatur beträgt 1350 bis 1400° C. Dabei zerfällt nur die Stickstoffwasserstoffsäure in ihre Elemente, während das Ammoniak zufolge der niedrigen Explosionstemperatur unverändert bleibt. Das entbundene Gasvolumen ist bei 0° und 760 mm pro Kilogramm 1148 Liter, gröfser als bei irgend einem der bekannten Explosivkörper[4]).

---

[1]) H. Pommerehne, Arch. Pharm. **236**, 479. — [2]) Curtius u. Radenhausen, J. pr. Chem. [2] **43**, 207. — [3]) Curtius, Ber. **24**, 3341. — [4]) Berthelot u. Vieille, Bull. soc. chim. [3] **11**, 744; Ber. **28**, 134 Ref

Versucht man die Verbindung im Luftstrome bei Gegenwart von Kupferoxyd zu verbrennen, so wird der Apparat jedesmal unter furchtbarer Detonation zerschmettert. Zunächst sublimiert das Salz sehr schön aus dem Schiffchen in das kältere Verbrennungsrohr; durch stärkere Wärmezufuhr verwandeln sich dann die Kryställchen in gelbe Tröpfchen, und wenige Augenblicke später erfolgt die Explosion. Curtius[1]) neigt der Annahme zu, dafs zunächst durch Oxydation die Verbindung N_6 gebildet werde, und dafs diese die Explosion bewirke.

Die Bildungswärme des Salzes beträgt — 25,3 Kal. in festem, — 32,3 Kal. in gelöstem Zustande, die Lösungswärme 7,1 Kal., die Verbrennungswärme bei konstantem Druck 163,3 Kal. [Berthelot und Matignon[2])].

Baryumsalz N_6Ba, glänzende, harte, anisotrope Krystalle des rhombischen Systems, wasserfrei, leicht löslich in Wasser. 100 Tle. Wasser lösen bei 17° 17,3 Tle., 100 Tle. Alkohol bei 16° 0,0172 Tle. Es reagiert neutral, verpufft beim Erhitzen auf 217 bis 221° ohne heftige Detonation mit grünem Licht und kann ohne Schwierigkeit durch Verbrennen mit Kupferoxyd analysiert werden[3]). Lösungswärme —7,8 Kal.[4]).

Dennis und Benedict beschrieben ein triklines Salz $N_6Ba.H_2O$, das sich schon bei gewöhnlicher Temperatur zersetzt, dessen Existenz aber Curtius und Rissom bestreiten.

Berylliumsalz konnte nicht in reinem Zustande erhalten werden.

Bleisalz N_6Pb fällt aus der Lösung des Natrium- oder Ammoniumsalzes auf Zusatz von Bleiacetat, doch ist der Niederschlag im Überschufs des Fällungsmittels löslich. In kaltem Wasser ist er unlöslich, auch in heifsem viel schwerer löslich als Chlorblei, ungefähr 0,5 g im Liter. Nach dem Erkalten einer solchen Lösung erscheint das Salz in centimeterlangen, glänzenden, farblosen Nadeln, denen des Bleichlorids täuschend ähnlich, aber schon bei ganz gelindem Erwärmen mit furchtbarer Gewalt explodierend. Durch anhaltendes Kochen mit Wasser wird das Salz sehr allmählich unter Abscheidung einer Bleiverbindung zersetzt, welche nicht mehr explosiv ist, wobei sich Verflüchtigung von Stickstoffwasserstoffsäure deutlich nachweisen läfst. Das Salz löst sich leicht in warmer Essigsäure, wird aber hierbei allmählich unter Entwickelung freier Säure zersetzt. In konzentriertem, wässerigem Ammoniak ist es unlöslich[1]).

Cadmiumsalz N_6Cd bildet tafelförmige, optisch zweiachsige Kryställchen. Beim Versetzen der wässerigen Lösung mit der berechneten Menge Pyridin fällt die Verbindung $N_6(C_5H_5N)_2Cd$ in farblosen, grobkörnigen Krystallen aus.

---

[1]) Curtius, Ber. 24, 3341. — [2]) Berthelot u. Matignon, Compt. rend. 113, 672; Ber. 25, 63 Ref. — [3]) Curtius, Ber. 23, 3023. — [4]) Berthelot u. Matignon, Bull. soc. chim. [3] 11, 744; Ber. 28, 134 Ref.

Cäsiumsalz N_3Cs krystallisiert nach Dennis und Benedict in klaren, farblosen, tetragonalen, optisch einachsigen Nadeln, nach Curtius und Rissom in undeutlichen, rechtwinkligen Krystallen vom Schmelzpunkt 310 bis 318°. In Wasser ist es sehr leicht löslich. 100 Tle. Wasser lösen bei 0° 224,2 Tle., bei 16° 307,4 Tle.; 100 Tle. Alkohol lösen bei 16° 1,0366 Tle. des Salzes, in Äther ist dasselbe unlöslich. Die wässerige Lösung zersetzt sich beim Abdampfen.

Calciumsalz N_6Ca bildet farblose, säulenförmige Krystallmassen (Curtius und Rissom) oder kleine Krystallnadeln in kugeligen Aggregaten (Dennis und Benedict) des rhombischen Systems, ist sehr zerfliefslich. 100 Tle. Wasser lösen bei 15,2° 45 Tle., 100 Tle. Alkohol bei 16° 0,211 Tle. Äther gar nicht.

Cersalz. Beim Kochen einer Mischung von Cernitrat- und Stickstoffnatriumlösung fällt ein explosiver Niederschlag aus. Frisch gefälltes Cerhydroxyd löst sich in Stickstoffwasserstoffsäure mit roter Farbe; beim Verdunsten hinterbleibt ein explosiver gelber Rückstand, der auf 1 At. Ce $2N_3$ enthält (Curtius und Darapsky).

Chromsalz N_9Cr bildet sich beim Auflösen von frisch gefälltem Chromhydroxyd in Stickstoffwasserstoffsäure, ist aber nur in Lösung beständig und zersetzt sich beim Eindampfen derselben.

Diammoniumsalz $N_5H_5 = N_3H{-}N_2H_4$ oder $N_3(N_2H_5)$ wird durch Übergiefsen des Ammoniumsalzes mit 1 Mol. Hydrazinhydrat und Eindunsten auf einer flachen Schale im Exsikkator in berechneter Menge gewonnen. Dieselbe Verbindung wird auch an Stelle des zu erwartenden Dinitrids $N_8H_6 = 2N_3H, N_2H_4$ oder $(N_3)_2(N_2H_6)$ erhalten, wenn man sehr konzentrierte Stickstoffwasserstoffsäure mit Hydrazinhydrat bis zur Bläuung von Lackmus versetzt und hierauf die Lösung über Kali und Schwefelsäure sich selbst überläfst.

Die Verbindung krystallisiert in zollgrofsen, derben, glasglänzenden, anisotropen Prismen, welche bei 65° schmelzen, bei 108° lebhaft Gas entwickeln, an der Luft schnell zerfliefsen und sich allmählich schon bei gewöhnlicher Temperatur, noch leichter mit Wasser- oder Alkoholdämpfen verflüchtigen. In siedendem Alkohol ist der Körper schwer löslich, krystallisiert daraus in glänzenden Blättern. Die Krystalle brennen mit rauchender, wenig gelb gefärbter Flamme ruhig ab, ohne Spuren von Rückstand zu hinterlassen, wenn man sie mit einer Flamme anzündet. Metallflächen, auf welchen die Verbrennung vor sich geht, werden durch die reduzierende Kraft des entwickelten glühenden Wasserstoffgases von jeder Spur Oxyd gesäubert, so dafs sie wie poliert erscheinen. Durch schnelles Erhitzen an der Luft oder durch Berühren mit einem weifsglühenden Draht oder durch Entzündung mittelst detonierender Stickstoffmetalle oder Knallsalze tritt dagegen furchtbare Explosion ein. Die explosiven Eigenschaften bleiben dem Salze auch in feuchtem Zustande erhalten[1]).

Didymsalz. Beim Verdunsten der roten Lösung des Karbonats in N_3H hinterbleibt ein explosives rosa Pulver, das auf 1 At. Didym $2\,N_3$ enthält (Curtius und Darapsky).

Eisensalze. Bei Einwirkung von Stickstoffnatrium auf Ferroammonsulfatlösung erhält man eine zunächst farblose Lösung des Ferroazids, die beim Kochen sich zersetzt, beim Schütteln mit Luft aber eine blutrote Lösung von Ferriazid liefert, die auch direkt aus Ferrisalzen erhalten werden kann. Letztere zersetzt sich ebenfalls beim Kochen unter Abscheidung von Eisenhydroxyd (Curtius und Rissom). Beim Stehen in der Kälte läſst sie zunächst braunes basisches Azid ausfallen (Curtius und Darapsky).

Kaliumsalz N_3K bildet quadratische Krystalle in treppenförmigen Schichten. 100 Tle. Wasser lösen bei 17° 49,6 Tle., 100 Tle. Alkohol bei 16° 0,1375 Tle., Äther löst nicht. Die wässerige Lösung zersetzt sich beim Eindampfen, die Krystalle hingegen erst bei ziemlich hoher Temperatur, wobei sie mit rötlichblauem Lichte verbrennen.

Kobaltsalze. Beim Eindunsten einer Lösung von Kobaltkarbonat in Stickstoffwasserstoffsäure hinterbleibt basisches Salz $N_3Co(OH)$, dem etwas neutrales Azid N_6Co beigemengt ist. Mit dem Kalium- und Ammoniumsalz liefert die Lösung hellblaue krystallinische Doppelsalze von der Zusammensetzung $N_6Co\,.\,N_3K$ und $N_6Co\,.\,N_3NH_4$.

Kupfersalz. Kuprisalz N_6Cu entsteht als tiefrotbrauner Niederschlag beim Versetzen von Kupfersulfatlösung mit Stickstoffnatrium (charakteristische Reaktion). Es bildet sich ferner beim Auflösen von Kupfer in der freien Säure. Krystallisiert mit $^1/_2$ oder 1 Mol. Krystallwasser in braunen, drusenförmig angeordneten, anisotropen Säulen (Curtius und Rissom).

Lanthansalze. Basisches Salz fällt bei längerem Kochen von Lanthannitratlösung mit Stickstoffnatrium als klebrige Masse aus, hinterbleibt ferner beim Verdunsten der rötlichen Lösung von Lanthanhydroxyd in Stickstoffwasserstoffsäure im Vakuum und läſst sich aus dieser Lösung auch durch eine Mischung von Alkohol und Äther ausfällen. Es hat die Zusammensetzung $(N_3)_2La(OH)\,.\,1^1/_2\,H_2O$, ist nahezu farblos und explosiv (Curtius und Darapsky).

Lithiumsalz N_3Li bildet farblose, spieſsförmige, häufig fächerförmig gruppierte, anisotrope Krystalle. In 100 Tln. Wasser lösen sich bei 10° 36,12 Tle., bei 16° 66,41 Tle., in 100 Tln. Alkohol bei 16° 20,26 Tle., in Äther nichts. Das Salz ist hygroskopisch und zerflieſslich und explodiert beim Erhitzen unter karmesinroter Lichterscheinung (Curtius und Rissom).

---

[1]) Curtius Ber. 24, 3341.

Dennis und Benedict wollen das Salz mit 1 Mol. Krystallwasser in farblosen, glänzenden, wahrscheinlich hexagonalen Nadeln erhalten haben.

Magnesiumsalz konnte nicht in reinem Zustande erhalten werden.

Mangansalz. Basisches Salz $N_3Mn(OH)$ entsteht beim Eindampfen der aus Manganoxydulhydrat durch Stickstoffwasserstoffsäure erhaltenen Lösung als pulverige, nicht umkrystallisierbare Masse (Curtius und Rissom).

Natriumsalz N_3Na bildet klare, farblose, optisch einachsige und stark doppeltbrechende hexagonale Krystalle. 100 Tle. Wasser lösen bei 17° 41,7 Tle., 100 Tle. Alkohol bei 16° 0,3153 Tle., Äther nichts (Curtius und Rissom). Das Salz besitzt schwach alkalische Reaktion und sehr salzigen Geschmack. Durch Schlag explodiert es nicht, wohl aber durch Erhitzen bei verhältnismäfsig sehr hoher Temperatur. Dabei verbrennt es mit glänzend gelbem Licht unter schwacher Detonation. Es ist weder flüchtig noch hygroskopisch und wird durch Eindampfen seiner wässerigen Lösung nicht verändert[1]).

Nickelsalze. Basisches Salz und Doppelsalze entstehen ähnlich wie die entsprechenden Kobaltverbindungen (Curtius und Rissom).

Quecksilbersalze. Oxydulsalz N_6Hg_2, Stickstoffkalomel, wird aus den Lösungen der Alkalisalze durch Merkuronitrat gefällt, bildet mikrokrystalline, anisotrope Nädelchen, welche sich am Lichte gelb färben, ohne weitere Veränderung zu erleiden. In Wasser ist es ganz unlöslich. Zur Gewinnung von Azoimid aus Mutterlaugen ist die Überführung in dieses Salz noch am geeignetsten, weil es nicht so empfindlich gegen Stofs ist wie das Silbersalz und einer höheren Temperatur zur Entzündung bedarf als das Bleisalz. Die Zersetzungswärme ist = 144,6 Kal.[2]). Mit Ammoniakwasser übergossen, bildet es eine schwarze, unlösliche Verbindung[1]). Kleine Partikelchen lösen sich mit glänzendblauem Lichte bei der Explosion in die Elemente auf.

Oxydsalz, Merkuritrinitrid N_6Hg wird durch Neutralisieren der verdünnten Säure mit frisch gefälltem Quecksilberoxyd als weifses Pulver erhalten, das in warmem Wasser sich löst und beim Erkalten in langen, weifsen Nadeln krystallisiert. Die nähere Untersuchung mufste der Gefährlichkeit wegen unterlassen werden[2]).

Rubidiumsalz N_3Rb bildet optisch einachsige, stark negativ doppeltbrechende Krystalle des quadratischen Systems, etwas hygroskopisch. 100 Tle. Wasser lösen bei 17° 114,1 Tle., 100 Tle. Alkohol bei 16° 0,182 Tle., Äther nichts. Das Salz schmilzt bei etwa 330 bis

---

[1]) Curtius, Ber. **24**, 3341. — [2]) Berthelot u. Vieille, Bull. soc. chim. [3] **11**, 744; Ber. **28**, 134 Ref.

340° und verpufft bei stärkerem Erhitzen mit violettem Licht (Dennis und Benedict, Curtius und Rissom).

Silbersalz N_3Ag, vom Chlorsilber äußerlich nur durch seine Beständigkeit gegen Licht zu unterscheiden, in Wasser ganz unlöslich, löst sich in Ammoniak und krystallisiert beim Verdunsten der ammoniakalischen Flüssigkeit in centimeterlangen, fast farblosen, furchtbar explosiven Nadeln. Schon beim Zerbrechen explodieren die Krystalle zuweilen. Kleine Partikelchen zerfallen mit grünem Lichte [1]). Bei der Explosion des trockenen Salzes entsteht ganz reiner Stickstoff [2]).

Strontiumsalz N_6Sr krystallisiert in flimmernden, hygroskopischen Blättchen. 100 Tle. Wasser lösen bei 16° 45,83 Tle., 100 Tle. Alkohol 0,095 Tle. Bei 194 bis 196° versprüht das Salz mit rotem Licht (Curtius und Rissom).

Thalliumsalze. Thallosalz N_3Tl bildet durchsichtige, gelbliche, glänzende, treppenförmig gelagerte Blätter des quadratischen Systems. 100 Tle. Wasser lösen bei 16° nur 0,3 Tle. des Salzes, in absolutem Alkohol und in Äther ist es ganz unlöslich (Curtius und Rissom). In heifsem Wafser ist es leicht löslich. Es ist nicht explosiv und schmilzt, in einer Kohlensäureatmosphäre erhitzt, bei 334°, während es beim Erhitzen an der Luft infolge Bildung von Thalliumoxydul oberflächliche Braunfärbung erleidet. Beim Erhitzen im Stickstoffstrom wird es leicht reduziert, im Wasserstoffstrom gleichfalls, wobei Ammoniak und Stickstoff entstehen [3]).

Thallothallisalz $N_{12}Tl_2 = N_3Tl, N_9Tl$ entsteht durch Auflösen von Thallihydroxyd in Stickstoffwasserstoffsäure und Stehenlassen im mit Eis gekühlten Exsikkator in Form glänzender, gelber, wahrscheinlich trikliner, mäfsig stark doppeltbrechender Nadeln. Es explodiert sehr leicht. Bei Einwirkung von heifsem Wasser wird Thallihydroxyd abgeschieden [3]).

Yttriumsalze. Beim Kochen der Lösungen von Yttriumsulfat und Stickstoffnatrium scheidet sich nur Yttriumhydroxyd aus, beim Eindunsten der Lösung von frisch gefälltem Yttriumoxyd in Stickstoffwasserstoffsäure hinterbleibt ein sehr wenig lösliches basisches Azid (Curtius und Darapsky).

Zinksalze. N_6Zn besteht nur in Lösung. Beim Eindampfen derselben resultiert basisches Zinkazid, vermutlich $N_3Zn(OH)$, in undeutlichen, anisotropen Krystallen, sehr wenig in Wasser löslich (Curtius und Rissom).

Alkylderivate der Stickstoffwasserstoffsäure sind die in der aromatischen Reihe lange vor dem Bekanntwerden der Säure (1864)

---

[1]) Curtius, Ber. 23, 3023; Ders., ebend. 24, 3341. — [2]) A. Peratoner u. G. Oddo, Gazz. chim. 25, 2, 13; Ber. 28, 971 Ref. — [3]) Dennis, Doan u. Gill, Am. Chem. Soc. Journ. 18, 970; Chem. Centralbl. 1897, I, S. 16.

von Griess[1]) entdeckten Diazoimide. Griess erhielt dieselben durch Einwirkung von wässerigem Ammoniak auf die Superbromide von Diazokörpern: $R.N_2Br.Br_2 + NH_3 = R.N\!\!<\!\!{}^{N}_{N} + 3\,BrH$. Sie entstehen ferner beim Erwärmen von Nitrosohydrazinen mit Kalilauge[2]) oder alkoholischer Salzsäure[3]) oder bei Einwirkung von Hydroxylaminsalz in Gegenwart von Natriumkarbonat auf Diazoniumsalze[2]):

$$\text{I. } R.N(NO).NH_2 = R.N_3 + H_2O,$$
$$\text{II. } R.N_2Cl + NH_3O = R.N_3 + H_2O + ClH.$$

So entstehen sie auch direkt bei Einleiten von Nitrosylchlorid in eisessigsaure Lösung von Hydrazinen[4]). Ferner erhält man sie bei Einwirkung von Hydrazin oder Azoimid auf Diazoniumsalze[5]):

$$\text{I. } R.N_2.SO_4H + N_2H_4 = R.N_3 + SO_4HNH_4,$$
$$\text{II. } R.N_2.SO_4H + N_3H = R.N_3 + SO_4H_2 + N_2.$$

Die Darstellung erfolgt am besten nach Culmann und Gasiorowski[6]) durch Behandlung von Diazoniumsalzen mit 1 Mol. Zinnchlorürlösung:

$$\text{a) } R.N_2Cl + H_4 = R.N_2H_3.ClH,$$
$$\text{b) } R.N_2H_3.ClH + R.N_2Cl = RN_3 + R.NH_2.ClH + ClH.$$

Durch Einwirkung von nascierendem Wasserstoff werden die Diazoimide in Ammoniak und primäre Basen gespalten. Überschüssiges Brom erzeugt gebromte Basen. Alkoholisches Kali verseift einzelne Körper dieser Gruppe mehr oder weniger glatt zu Stickstoffwasserstoffsäure.

Alkylazoimide.

	Formel	Schmelzp.	Siedep.	Spezif. Gew.
Diazobenzolimid (Triazobenzol, Phenylcyklotriazen)	$C_6H_5N_3 = C_6H_5.N\!\!<\!\!{}^{N}_{N}$	Öl	73,5 (22–24)	1,12399 (0°); 1,0980 (10°); 1,0853 (25°)

Säureazide, Verbindungen, in welchen der Wasserstoff des Azoimids durch Säureradikale ersetzt ist, entstehen aus den Hydraziden durch die Einwirkung von Salpetersäure, besonders aber von salpetriger Säure, indem die zunächst gebildeten Säurenitrosohydrazide in Wasser und Azide zerfallen. Die Darstellung erfolgt nach Curtius[7]) allgemein

---

[1]) P. Griess, Ann. Chem. 137, 68. — [2]) E. Fischer, ebend. 190, 92. — [3]) O. Fischer u. Hepp, Ber. 19, 2995. — [4]) Tilden u. Millar, Chem. Soc. J. 63, 257; Ber. 26, 318 Ref. — [5]) Nölting u. Michel, Ber. 26, 86, 88. — [6]) Culmann u. Gasiorowski, J. pr. Chem. [2] 40, 99. — [7]) Th. Curtius, ebend. [2] 50, 275.

nach zwei Methoden: 1. Man löst das Hydrazid in Eiswasser und fügt 1 Mol. Natriumnitrit, dann Essigsäure hinzu, wodurch das Azid ausfällt; 2. man behandelt das Hydrazid in wässeriger Lösung mit Diazobenzolsulfat, z. B.

$$C_6H_5.CO.NH.NH_2 + C_6H_5.N_2.SO_4H = C_6H_5.CO.N_3 + C_6H_5NH_2.SO_4H_2.$$

Die Azide der Benzoesäure und ihrer Substitutionsprodukte sind giftige, in Wasser unlösliche, in Alkohol, Äther, Chloroform, Benzol lösliche Verbindungen von niedrigem Schmelzpunkt, stechendem, zu Thränen reizendem Geruch. Erheblich über den Schmelzpunkt erhitzt, verpuffen sie.

Mit sauren Reduktionsmitteln liefern die Azide Amide und Stickstoff, bei energischer Reduktion in alkalischer Lösung sekundäre, symmetrische Hydrazide.

Einwirkung von Alkalien und ähnlich wirkenden Substanzen spaltet in Trinitride und Derivate der Säure, deren Radikal im Azid vorhanden ist. Wasser, Alkohol oder Halogen zerlegen hingegen den N_3-Rest mit gröfster Leichtigkeit unter Abspaltung von Stickstoff[1]). Ein Stickstoffatom bleibt der Verbindung erhalten, wandert aber an den Kohlenwasserstoffrest, dessen Verbindung mit dem Karbonyl u. s. w. vermittelnd, z. B.:

$$\underset{\text{Benzoylazid}}{C_6H_5.CO.N_3} + C_2H_5OH = \underset{\text{Phenyläthylurethan.}}{C_6H_5.NH.CO.OC_2H_5} + N_2$$

Ähnlich wie die Alkalien wirken Ammoniak, substituierte Ammoniake und Hydrazine. Säurehydrazide bewirken hingegen beim Kochen in Acetonlösung Umlagerung unter Stickstoffentwickelung.

---

[1]) Th. Curtius, Ber. 24, 3344 u. 27, 778.

Säureazide.

	Formel	Schmelzp.	Siedep.	Spezif. Gew.
Karbazid	$CN_6O = CO\begin{cases}N<\overset{N}{\underset{N}{:}} \\ N<\overset{N}{\underset{N}{:}}\end{cases}$	äußerst flüchtig und explosiv	—	—
Glykolsäureazid	$C_2H_3N_3O_2 = CH_2(OH) . CO . N<\overset{N}{\underset{N}{:}}$	verpufft beim Erhitzen		
Oxalsäureazid	$C_2N_6O_2 = \begin{matrix}CO . N<\overset{N}{\underset{N}{:}} \\ \cdot \\ CO . N<\overset{N}{\underset{N}{:}}\end{matrix}$	96—97°		
Malonsäureazid	$C_3H_2N_6O_2 = CH_2\begin{cases}CO . N<\overset{N}{\underset{N}{:}} \\ CO . N<\overset{N}{\underset{N}{:}}\end{cases}$	Öl	explosiv	
Succinazid	$C_4H_4N_6O_2 = \begin{matrix}CH_2 . CO . N<\overset{N}{\underset{N}{\Vert}} \\ \cdot \\ CH_2 . CO . N<\overset{N}{\underset{N}{:}}\end{matrix}$	explodiert beim Erhitzen		
β-Methyladipinsäureazid	$C_7H_{10}N_6O_2 = C_5H_{10}\left(CO . N<\overset{N}{\underset{N}{:}}\right)_2$	Öl, bei —10° nicht erstarrend		
Benzazid	$C_7H_5N_3O = C_6H_5 . CO . N<\overset{N}{\underset{N}{\Vert}}$	29—30°	flüchtig mit Wasserdämpfen	

Stickstoffmetalle, Nitride[1]).

Es soll hier nicht von den Salzen der Stickstoffwasserstoffsäure die Rede sein, welche als Trinitride zu bezeichnen und nach der Formel $N_3\overset{I}{R}$ zusammengesetzt sind, sondern von Verbindungen, in welchen allem Anschein nach einzelne Stickstoffatome mit Metallatomen verbunden sind, Verbindungen, die nach Entstehungsart und Verhalten den Karbiden ähneln.

Stickstoff vermag mit den meisten Metallen Verbindungen einzugehen. Mit freiem Stickstoff vereinigen sich bei Glühhitze Magnesium, Calcium, Strontium, Baryum, Lithium, Chrom; auch Eisen, Zink und Aluminium, das Silicium und Eisen enthält, nehmen bei Rotglut kleine Mengen des Gases auf. Sehr geeignet für diese Art der Bildung scheint die Erzeugung eines elektrischen Lichtbogens in einer Stickstoffatmosphäre zwischen Elektroden aus dem betreffenden Metall zu sein. Im Ammoniakgas verwandeln sich beim Erhitzen oder Glühen in Stickstoffmetalle Magnesium und Eisen; durch Erhitzen ihrer Oxyde in Ammoniakgas gehen in Stickstoffmetalle über Thorium, Tantal, Niob, Kupfer, Eisen und Quecksilber, während aus Wolframsäure bei dieser Behandlung Stickstoffamidowolfram entsteht. Auch durch Glühen der Chloride in Ammoniakgas oder in Salmiakdampf werden vielfach Stickstoffmetalle erhalten.

Um Stickstoffverbindungen der Erdalkalimetalle zu erhalten, glüht man zweckmäfsig deren hochprozentige Amalgame oder Cadmiumlegierungen [2]) im Stickstoffstrome. Die Aufnahme des Stickstoffs erfolgt mehrfach direkt aus der Luft bei Gegenwart von Calciumkarbid. Auch die Behandlung von Metalloxyden mit Kohle im elektrischen Ofen unter gleichzeitigem Einblasen von Stickstoff führt zu Nitriden. Schliefslich kann man einige derselben durch Umsetzen der entsprechenden Metallsalze mit dem leicht zugänglichen Magnesiumnitrid erhalten.

---

[1]) H. St. Claire-Deville u. Wöhler, Ann. Chem. **105**, 69 u. 259; Thénard, Ann. ch. phys. **85**, 61; Gilb. Ann. **46**, 267; Savart, Ann. ch. phys. **37**, 326; Ann. Phys. **13**, 172; Despretz, Ann. ch. phys. **42**, 122; Ann. Phys. **17**, 296; Pfaff, ebend. **42**, 164; Schrötter, Ann. Chem. **37**, 128; Plantamour, N. Bibl. univ. **32**, 339; Ann. Chem. **40**, 115; Briegleb und Geuther, ebend. **123**, 228; Maquenne, Bull. soc. chim. [3] **7**, 366; Chem. Centr. 1892, **2**, 204. — [2]) H. Gautier, Compt. rend. **134**, 1108; Chem. Centralbl. 1902, II, S. 13.

Grove[1]) wollte verschiedene Stickstoffmetalle, „Nitrogurete", durch Elektrolyse konzentrierter Salmiaklösung erhalten haben, wenn die Anode aus dem betreffenden Metall, die Kathode aus einem Platindraht bestand. Nach Versuchen von Aslanoglou[2]) und Pauli[3]) ist dies aber nicht der Fall.

Die Stickstoffmetalle sind sämtlich spröde, zum Teil metallglänzend krystallinische, meist aber matte, amorphe Pulver. Sie sind unschmelzbar. Einige ertragen heftige Glühhitze, ohne Veränderung zu erleiden, während andere dabei in Stickstoff und Metall zerfallen, was bei der Quecksilberverbindung schon bei 200° stattfindet. Beim Glühen an der Luft werden von den schwerer zerlegbaren einige oxydiert; alle aber zersetzen sich, wenn sie mit leicht reduzierbaren Metalloxyden, also z. B. Blei-, Kupfer- oder Quecksilberoxyd erhitzt werden, wobei häufig Feuererscheinung eintritt. Die Verbindungen des Kaliums, Magnesiums, Zinks und Quecksilbers werden durch Wasser leicht zersetzt. Erhitztes Chlor bildet meist Chloride; Natriumhypochlorit entwickelt in vereinzelten Fällen (Chrom) Stickstoff. Wässerige Säuren oder Alkalien erzeugen, wo sie zerlegend wirken, Ammoniak- und Metallsalz, sind aber vielfach wirkungslos. Schmelzendes Kalihydrat entwickelt aus allen Verbindungen Ammoniak.

Die sehr ähnlichen Nitride der Kohlenstoffgruppe werden in den folgenden Abschnitten besonders behandelt.

Aluminiumnitrid N_2Al_2 erhielten Briegleb und Geuther[4]) beim Erhitzen von Aluminium in Stickstoff zu starkem Glühen nur in sehr geringer Menge. Nach Arons[5]) bildet es sich, wenn man zwischen Aluminiumelektroden in einer Stickstoffatmosphäre einen elektrischen Lichtbogen erzeugt.

Mallet[6]) erhielt es zufällig durch Erhitzen von Aluminium mit trockenem Natriumkarbonat in einem Kohle- oder Kalktiegel, der allseitig von einer Schicht Rufs umgeben und in einen Graphittiegel eingesetzt war, unter Mitwirkung des in der heifsen Ofenluft enthaltenen Stickstoffes. Es zeigte sich hierbei teils in Form krystallinischer gelber Teilchen auf der Oberfläche des hinterbleibenden Aluminiumregulus, teils in Form einer amorphen gelben Masse, die beim Auflösen dieses Regulus in sehr verdünnter Salzsäure hinterblieb.

Nach Franck[7]) wird feines Aluminiumpulver mit Calciumkarbid vermischt und im Porzellantiegel über einer Gebläseflamme erhitzt. Es tritt dann zunächst eine bläuliche Flamme auf, dann wird die Masse rotglühend, und plötzlich findet blendendes Erglühen statt. Die

[1]) Grove, Phil. Mag. [3] **18**, 548 u. **19**, 97; Ann. Phys. **53**, 363 u. **54**, 107. — [2]) Aslanoglou, Chem. News **64**, 313; Ber. **25**, 193 Ref. — [3]) Pauli, Z. Elektrochem. **4**, 137. — [4]) Briegleb u. Geuther, Chem. Soc. J. **30**, 349; Ann. Chem. **186**, 155. — [5]) L. Arons, Naturw. Rundschau **14**, 453. — [6]) Mallet, Ann. Chem. **186**, 155. — [7]) Léon Franck, Chem. Ztg. **21**, 263.

so gewonnene Masse von grauweifser bis graugelber Farbe enthält aber nur 15 bis 20 Proz. Stickstoff.

Mallets Produkt ist in amorpher Form blafsgelb, in krystallisierter prächtig honiggelb und durchscheinend. Die Krystalle sind sehr klein und zerbrechlich, nicht härter als Glas. An feuchter Luft werden sie allmählich schwefelgelb und zerfallen nach einiger Zeit in Thonerde unter Entwickelung von Ammoniak. Säuren sowie kaustische Alkalien bewirken diese Zersetzung schneller. An der Luft verbrennt die Verbindung nur langsam zu Thonerde.

Baryumnitrid N_2Ba_3 entsteht nach Maquenne[1]) aus hochprozentigem Baryumamalgam, durch gelindes Erhitzen des gewöhnlichen Amalgams gewinnbar, im Eisen- oder Nickelschiffchen in Stickstoffatmosphäre, zuletzt auf Hellrotglut. Es ist eine harte geschmolzene Masse, zuweilen auch in gelblichen irisierenden Nadeln auftretend, die beim Feilen zunächst metallähnlich aussehende Flächen ergeben, dieses Aussehen aber an feuchter Luft schnell verlieren. Mit Wasser zersetzt sich die Verbindung in Wasserstoff, Ammoniak und Baryumhydroxyd. Im Kohlenoxydstrom geht sie bei Rotglut in Baryumoxyd und Baryumcyanid über.

Bleinitrid entsteht nach Arons in geringer Menge beim Überschlagen des elektrischen Lichtbogens zwischen Bleielektroden in einer Stickstoffatmosphäre.

Calciumnitrid N_2Ca_3 entsteht nach Maquenne analog der Baryumverbindung. Nach Moissan[2]) erhält man es auch direkt durch Erhitzen von Calcium im Nickelschiffchen in einem Stickstoffstrom. Es bildet durchsichtige hellbraune Krystalle, die bei etwa 1200° schmelzen und bei 17° das spezif. Gew. 2,63 haben.

Bei Erhitzung im Wasserstoffstrom wird die Verbindung unter Bildung von Ammoniak und Calciumhydrür reduziert. Chlor zersetzt sie sehr energisch, schon in der Kälte, Brom wie Jod erst beim Erhitzen. Durch den Sauerstoff der Luft verbrennt sie unter Erglühen. Schwefeldampf erzeugt bei 500° Calciumsulfid, Phosphordampf bei Kirschrotglut Calciumphosphid. Bor und Silicium sind noch bei 1000° ohne Einwirkung. Auch beim Erhitzen mit Kohlenstoff auf 800° erfolgt keine Reaktion, mit Hülfe eines Stromes von 950 Amp. und 45 Volt setzt sich das Gemisch unter Bildung von Calciumkarbid um. Natrium, Kalium und Magnesium sind bei Rotglut im Vakuum ohne Einwirkung.

Kaltes Wasser zerlegt das Calciumnitrid energisch unter Bildung von Ammoniak und Ätzkalk. Verdünnte Säuren zersetzen es schon in der Kälte unter Bildung der entsprechenden Calcium- und Ammoniumsalze. Sehr konzentrierte Säuren üben dagegen keine Wirkung

[1]) Maquenne, Compt. rend. **114**, 25, 220; Bull. soc. chim. [3] **7**, 366; Ber. **25**, 103 Ref., 188 Ref., 770 Ref. — [2]) H. Moissan, Compt. rend. **127**, 497; Chem. Centralbl. 1898, II, S. 960.

aus. Beim Erhitzen mit absolutem Alkohol im Rohr erfolgt Umsetzung zu Ammoniak und Calciumäthylat. Chloräthyl wird durch Calciumnitrid bei Dunkelrotglut langsam zersetzt unter Bildung von Calciumchlorid und Methan.

Chromnitrid N_2Cr_2 entsteht, wenn freies Chrom im Stickstoffstrom [1]) oder Chromchlorid in einem Strome trockenen und völlig luftfreien Ammoniakgases [1]) unter wiederholtem Zerreiben anhaltend erhitzt wird. Im zweiten Falle ist es überaus schwer, die letzten Spuren von Chromchlorid zu entfernen, weshalb auch die Analysen der älteren Produkte zu den Formeln N_5Cr_2 bezw. N_4Cr_3 führten. Die völlige Reinigung gelingt nur durch längere Digestion mit konzentrierter Salzsäure und reinem Zinn [2]). Wurde die Verbindung aus freiem Chrom dargestellt, so müssen auch die letzten Reste des Metalls durch Kochen mit konzentrierter Salzsäure entfernt werden. Man erhält das Nitrid auch durch Einwirkung von pyrophorischem Chrom auf Ammoniak oder Stickoxyd, im zweiten Falle mit Chromoxyd gemengt [3]).

In reinem Zustande bildet Stickstoffchrom ein schweres schwarzes Pulver, das bei beginnender Rotglut Ammoniakgas in seine Bestandteile zu zerlegen vermag. Beim Erhitzen an der Luft oder in Sauerstoff verbrennt es schon bei 136 bis 200° mit roter Feuererscheinung zu Chromoxyd, indem Stickstoff entweicht. Dieselbe Zersetzung tritt beim Erwärmen mit Mennige oder Kupferoxyd ein. Ohne Luftzutritt für sich erhitzt, zerfällt es hingegen erst in sehr starker Glühhitze in Stickstoff und Chrom.

Verdünnte Alkalien und Säuren, konzentrierte Salpeter- und Salzsäure wirken auf Chromnitrid nicht ein, und selbst Königswasser löst dasselbe nur sehr langsam. Konzentrierte Schwefelsäure bewirkt in der Kälte ohne Entwickelung von Stickstoff Bildung von Chromiammoniumsulfat: $N_2Cr_2 + 4\,SO_4H_2 = (SO_4)_3Cr_2 + SO_4(NH_4)_2$.

Lösungen von Alkalihypochloriten lösen die Verbindung allmählich unter Entwickelung von Stickstoff zu Chromsäure. Schmelzendes Natriumkarbonat verändert sie nicht, schmelzender Salpeter oder Kaliumchlorat bewirkt dagegen Verpuffung zu Stickstoff und Chromsäure. Beim Erhitzen in trockenem Chlorgase, langsamer in trockenem Salzsäuregas geht die Verbindung in Salmiak und Chromchlorid über.

Eisennitrid. N_2Fe_4, Tetraferrammonium, richtiger Tetraferrodiammonium, bildet sich bei direkter Einwirkung der Elemente, selbst wenn durch Wasserstoff reduziertes Eisen im Stickstoff anhaltend erhitzt wird [4]), oder wenn ein elektrischer Lichtbogen in einer Stickstoffatmosphäre zwischen Eisenelektroden erzeugt wird [5]), nur in

---

[1]) Briegleb u. Geuther, Ann. Chem. **123**, 239. — [2]) Schrötter, ebend. **37**, 151. — [3]) Ufer, ebend. **112**, 281. — [4]) J. Férée, Bull. soc. chim. [3] **25**, 618; Chem. Centralbl. 1901, II, S. 169. — [5]) Arons, Naturw. Rundschau **14**, 453.

geringem Maſse. Bei Gegenwart von Calciumkarbid nimmt Eisen Stickstoff aus der atmosphärischen Luft auf[1]). In reichlicherer Menge erfolgt die Vereinigung, wenn wenigstens eins der beiden Elemente in statu nascendi vorliegt.

So entsteht Stickstoffeisen, wenn man ein Gemenge von Kohle und Eisenoxyd in einem Strome von Stickstoff oder Eisenoxyd in einem Gemenge von Wasserstoff und Stickstoff erhitzt.

Es entsteht ferner aus Eisenchlorür bei starkem Erhitzen im Strome von trockenem Ammoniakgas[2]). Um ein Präparat von konstanter Zusammensetzung zu erhalten, muſs das Eisenchlorür in sehr dünner Schicht ausgebreitet und die Temperatur nur so hoch sein, wie sie zur Verflüchtigung des Salmiaks erforderlich ist[3]).

Auch durch anhaltendes Überleiten von Ammoniakgas über reduziertes Eisen bei nicht zu hoher Temperatur entsteht Stickstoffeisen[4]).

Die Verbindung bildet ein graues Pulver oder eine silberweiſse, sehr spröde Masse, die in der Flamme unter Funkensprühen in die Elemente zerfällt. Diese Zersetzung tritt schon bei wenig höherer Temperatur ein als die Bildung. Beim Glühen im Wasserstoffstrom erfolgt Reduktion zu metallischem Eisen.

Beim Kochen mit Wasser wird Stickstoffeisen nur wenig, unter Bildung von etwas Ammoniak, zersetzt. In Salzsäure, Salpetersäure, Schwefelsäure löst es sich leicht. Salpetersäure bildet dabei Stickoxyd, die anderen Säuren unter Wasserstoffentwickelung die entsprechenden Ferro- und Ammoniumsalze.

In Chlorwasser löst sich Stickstoffeisen bei höherer Temperatur unter Bildung von Ferri- und Ammoniumchlorid.

Kadmiumnitrid entsteht nach Arons[5]) unter dem Einflusse des elektrischen Lichtbogens zwischen Kadmiumelektroden in Stickstoffatmosphäre.

Kaliumnitrid NK_3 entsteht aus Kaliumamid beim Erhitzen bis zur Rotglut, daher auch bei stärkerem Erhitzen von Kalium in trockenem Ammoniakgas.

Die Verbindung ist grünschwarz oder grauschwarz, sehr guter Leiter der Elektrizität, entzündet sich leicht an der Luft und verbrennt mit roter Flamme zu Kali und Stickstoff. Mit Wasser entsteht unter starkem Aufbrausen Kaliumhydrat und Ammoniak. Mit Phosphor und Schwefel vereinigt sich das Stickstoffkalium in der Wärme zu leicht entzündlichen Gemischen, welche mit Wasser Ammoniak und Phosphorwasserstoff bezw. Schwefelwasserstoff entwickeln.

---

[1]) Rossel, Compt. rend. **121**, 941; Ber. **29**, 3 Ref. — [2]) Regnault, Cours élém. 3. éd. Paris 1851, **3**, 47; Fremy, Compt. rend. **52**, 321; J. pr. Chem. **84**, 86. — [3]) Stahlschmidt, Ann. Phys. **125**, 37. — [4]) Desprez, Ann. Phys. **17**, 296; Buff, Ann. Chem. **83**, 375; s. a. [3]). — [5]) Arons, Naturw. Rundsch. **14**, 453.

Nach Titherley[1]) entsteht das Nitrid auf die angegebene Weise nicht und ist seine Existenz überhaupt zweifelhaft.

Kupfernitrid NCu_3 wird nach Schrötter[2]) durch Erhitzen von fein verteiltem Kupferoxyd im Strome trockenen Ammoniakgases auf 250° erhalten. Die vollkommene Umwandlung erfordert sehr anhaltende Einwirkung des Ammoniaks unter wiederholtem Zerreiben der Masse.

Die Verbindung ist grünlichschwarz. Beim Erhitzen im Glasrohr verpufft sie gelinde mit rotem Licht, indem Stickstoff und, wenn die Substanz noch Kupferoxyd enthielt, auch Stickoxyd entweicht.

Salpetersäure oxydiert heftig, Schwefelsäure zerlegt in Metall und Stickstoff, Salzsäure in Kupferchlorür und Salmiak. In Chlorgas entstehen Kupferchlorid und Stickstoff.

Bei Erhitzen von metallischem Kupfer in Ammoniakgas entsteht kein Stickstoffkupfer[2]), ebenso wenig bei der Elektrolyse von Salmiaklösung mit einer Kupferanode. Das von Grove[3]) auf letzterem Wege erhaltene schokoladenbraune angebliche Stickstoffkupfer ist vielmehr ein Gemenge von Kupfer und Kupferoxydul[4]).

Dagegen nimmt Kupfer, bei Gegenwart von Calciumcarbid an der Luft erhitzt, aus dieser Stickstoff auf[5]).

Lithiumnitrid NLi_3. Wird Lithium im Stickstoffstrom auf Dunkelrotglut erhitzt, so erglüht es und verwandelt sich unter Absorption von Stickstoff in eine schwarze schwammige Masse, welche annähernd die obige Zusammensetzung hat und sich in Wasser unter Bildung von Ammoniak, Wasserstoff und Lithiumhydroxyd löst[6]).

Nach Guntz[7]) benutzt man zur Darstellung am besten ein Eisenschiffchen und möglichst niedrige Temperatur. Ganz rein wird die Verbindung auch auf diese Weise nicht erhalten, da stets das Eisen ein wenig angegriffen wird. Unter Berücksichtigung der noch vorhandenen Verunreinigungen wurden für das reine Nitrid berechnet:

Lösungswärme (18°): NLi_3 (fest) + nH_2O (flüssig) = 3 LiOH (gelöst) + NH_3 (gelöst) = + 131,1 Kal.

Bildungswärme: 3 Li (fest) + N (gasförmig) = NLi_3 (fest) = + 49,5 Kal.

Das Nitrid wird durch Wasserstoff zersetzt, doch ist diese Reaktion umkehrbar, so dafs man jenes auch durch Zersetzung von Lithiumwasserstoff mit Stickstoff gewinnen kann.

---

[1]) A. W. Titherley, Chem. Soc. J. 65, 504; Ber. 27, 566 Ref. — [2]) Schrötter, Ann. Chem. 37, 131. — [3]) Grove, Phil. Mag. [3] 19, 100. — [4]) P. L. Aslanoglou, Chem. News 64, 313; Ber. 25, 193 Ref. — [5]) Rossel, Compt. rend. 121, 941; Ber. 29, 3 Ref. — [6]) L. Ouvrard, Compt. rend. 112, 120; Ber. 25, 104 Ref. — [7]) Guntz, Compt. rend. 123, 995; Chem. Centralbl. 1897, I, S. 156.

Magnesiumnitrid N_2Mg_3 [1]. Diese Verbindung vermuteten bereits Deville und Caron in kleinen, bei der Darstellung des Magnesiums auftretenden Krystallen. Briegleb und Geuther stellten sie zuerst durch Erhitzen von Magnesium im Stickstoffstrome her. Diese Umwandlung erfolgt nach Merz [2]) schon bei 40 bis 60 Minuten langem Glühen nahezu vollständig. Die leichte Aufnahme des Stickstoffs durch Magnesium wird zur Entfernung des ersteren aus Gasgemischen, insbesondere für die Gewinnung von Argon [3]) u. s. w. benutzt.

Bei Gegenwart von Calciumkarbid erfolgt die Aufnahme des Stickstoffs direkt aus der atmosphärischen Luft nach der Gleichung $CaC_2 + 3\ Mg + 2\ N + 5\ O = CaO + N_2Mg_3 + 2\ CO_2$ [4]).

Mehner [5]) stellt das Nitrid aus Magnesia und Kohle im elektrischen Ofen unter Einblasen von Stickstoff her.

Pulverförmiges Magnesium bildet auch mit Ammoniakgas leicht Magnesiumnitrid. Die Hitze eines Bunsenbrenners ist genügend, um auf diese Weise ca. 95 Proz. des Magnesiums umzuwandeln [2]). Das Ammoniak mufs völlig trocken und kohlensäurefrei sein.

Auch anderen Verbindungen kann infolge des grofsen Vereinigungsbestrebens zwischen beiden Elementen Stickstoff entzogen werden. So entsteht das Nitrid aus Siliciumstickstoff sowie aus Cyaniden durch metallisches Magnesium bei Rotglut [6]).

Magnesiumnitrid bildet eine leichte, lockere, eigentlich lichtgelbe, meist aber schwach grünlich-graustichige Masse, die hier und da orangefarbene Auflagerungen zeigt. Beim Erhitzen wird es satter gelb und schliefslich rotbraun (Merz). An feuchter Luft giebt es bald Ammoniak ab und geht unter Erwärmung in Magnesia über, mit wenig Wasser löscht es sich unter ähnlichen Erscheinungen wie gebrannter Kalk. Beim Erhitzen an Luft oxydiert es sich langsam, in Sauerstoff schnell und unter starker Lichtentwickelung.

Mit verdünnten Säuren sowie mit konzentrierter Salz- und Salpetersäure liefert es die entsprechenden Magnesium- und Ammoniumsalze. Konzentrierte Schwefelsäure wirkt in der Kälte fast gar nicht, erst beim Erhitzen werden die Sulfate neben Schwefeldioxyd gebildet.

Chlorgas wirkt nicht merkbar ein. Beim Erhitzen in Chlorwasserstoffgas entstehen unter lebhaftem Erglühen Magnesium- und Ammoniumchlorid. Ähnlich entstehen in Schwefelwasserstoffgas bei mäfsiger Glühhitze langsam die Sulfide.

Bei starkem Glühen in Kohlensäure entstehen Magnesia und Cyan, während sich Kohle abscheidet.

---

[1]) Aslanoglou, Chem. News 73, 115; Ber. 29, 950 Ref. — [2]) V. Merz, Ber. 24, 3940; s. a. S. Paschkowezky, Journ. pr. Chem. [2] 47, 89. — [3]) Lord Rayleigh und W. Ramsay, Ztschr. physikal. Chem. 16, 344. — [4]) Rossel, Compt. rend. 121, 941; Ber. 29, 3 Ref. — [5]) Mehner, D. R.-P. 88999; Ber. 29, 925 Ref. — [6]) W. Eidmann, Journ. pr. Chem. [2] 59, 1.

Mit Phosphortrichlorid erfolgt bei Rotglut unter starker Wärmeentwickelung eine lebhafte Reaktion, wobei reichliche Mengen Phosphor abdestillieren. Nach Auslaugen des Reaktionsproduktes mit Wasser hinterbleibt ein Rückstand, der Magnesium, Phosphor und Stickstoff enthält [1]).

Beim Erhitzen im Dampfe von Phosphorpentachlorid werden Magnesiumchlorid und Phosphorstickstoff gebildet.

Beim Erhitzen mit trockenen Metallchloriden erfolgen Umsetzungen, zum Teil unter Bildung der entsprechenden Nitride. Dies ist der Fall bei Nickelchlorür, Chromchlorid, Mercurichlorid, Silberchlorid. Dagegen bilden Ferro- und Ferrichlorid und Kobaltochlorid stickstofffreie Produkte, Platinchlorid metallisches Platin [2]).

Mit Kupferoxyd und wasserfreiem Kupfersulfat entsteht in der Wärme ein stickstoffhaltiges Produkt neben metallischem Kupfer. — Bleisuperoxyd, Eisenoxyd und Eisenoxydul wirken heftig ein [2]).

Äthylalkohol ist selbst oberhalb 200° ohne Einwirkung [3]). Mit Methylalkohol erfolgt schon bei niederer Temperatur sehr heftige Einwirkung nach der Gleichung

$$N_2Mg_3 + 6\,CH_3.OH = 3\,Mg(OH)(OCH_3) + NH_3 + N(CH_3)_3.$$

In der Wärme ist der Verlauf etwas anders, indem nur Magnesiummethylat und Ammoniak gebildet werden:

$$N_2Mg_3 + 6\,CH_3.OH = 3\,Mg(OCH_3)_2 + 2\,NH_3$$ [4]).

Gegen Chloroform, Hexachloräthan [5]), Phenol, Triphenylphosphat, Benzylchlorid [6]) und Säurechloride [3]) ist Magnesiumnitrid nicht oder sehr wenig wirksam, ebenso gegen Benzaldehyd bei mäfsiger Temperatur, während damit bei etwa 240° Tetraphenylazin, identisch mit Laurents „Amaron“, entsteht [5]). Säureanhydride, wie Essigsäureanhydrid und Benzoesäureanhydrid, reagieren unter Bildung von Nitrilen [3]).

Molybdännitrid N_2Mo_3 entsteht durch Einwirkung von trockenem Ammoniakgas auf Molybdänpentachlorid oder Molybdänsäure bei lebhafter Rotglut. Es ist ein grauschwarzes Pulver, das bei Weifsglut in Metall übergeht [7]).

Natriumnitrid NNa_3 soll nach einer von Titherley [8]) bestrittenen Angabe bei starkem Glühen von Natriumamid entstehen.

Nickelnitrid ist nach Smits [9]) in der schwarzen Masse enthalten, die beim Erhitzen von trockenem Nickelchlorür mit Magnesium-

[1]) E. A. Schneider, Z. anorg. Chem. 7, 358. — [2]) A. Smits, Rec. trav. chim. Pays-Bas **12**, 198 und **15**, 135; Ber. **27**, 12 Ref. u. **29**, 770 Ref. — [3]) Emmerling, Ber. **29**, 1635. — [4]) E. Szarvasy, Ber. **30**, 305. — [5]) M. Lloyd Snape, Chem. Soc. Proc. 1896/97, Nr. 175, S. 50; Chem. Centralbl. 1897, I, S. 667. — [6]) S. Paschkowezky, J. pr. Chem. [2] **47**, 89. — [7]) Uhrlaub, Ann. Phys. **101**, 605. — [8]) A. W. Titherley, Chem. Soc. J. **65**, 504; Ber. **27**, 566 Ref. — [9]) A. Smits, Rec. trav. chim. Pays-Bas **15**, 135; Ber. **29**, 770 Ref.

nitrid entsteht. Dieselbe löst sich mit grüner Farbe in Schwefelsäure, Salzsäure, Salpetersäure und Essigsäure.

Niobnitrid scheint als tiefschwarzes Pulver zu entstehen, wenn man Niobsäure in trockenem Ammoniak zur Weifsglut oder wenn man Nioboxychlorid-Ammoniak bis zur Sublimation des Salmiaks erhitzt. Gemische von Kohlenstoffniob und Stickstoffniob entstehen beim Erhitzen von Niobsäure in Cyangas sowie von Natriumniobat im Graphittiegel auf 1200° [1]).

Platinnitrid entsteht nach Arons aus Platinelektroden durch den elektrischen Lichtbogen in einer Stickstoffatmosphäre [2]).

Quecksilbernitrid. Mercurinitrid, Trimercuramin N_2Hg_3 erhält man durch Überleiten von trockenem Ammoniakgas über gelbes Quecksilberoxyd, zunächst, bis zur völligen Sättigung, in der Kälte, dann unter Erhitzen auf 150° [3]). Nach Hirzel [4]) darf das Quecksilberoxyd bei höchstens 40 bis 50° getrocknet sein und braucht die Erhitzungstemperatur 100° nicht zu übersteigen. Dem Produkt ist etwas Quecksilberoxydul beigemengt, das Plantamour [3]) durch verdünnte reine Salpetersäure entfernt haben will.

Das Mercurinitrid ist ein braunes, äufserst explosives Pulver. Die Zersetzung ist vom Auftreten weifsen, am Rande bläulichroten Lichtes begleitet. Nach Hirzel wird die Verbindung schon durch Licht und durch die Luftfeuchtigkeit allmählich zersetzt. In Wasser geht sie innerhalb 24 Stunden in ein weifses Pulver über.

Beim Erhitzen mit Kalihydrat liefert sie Ammoniak und ein Sublimat von Quecksilber (Plantamour), mit konzentrierter Kalilauge geht sie in der Kälte langsam, beim Kochen rascher in ein gelbes Pulver über, durch Ammoniakflüssigkeit langsam in ein gelblichweifses, durch Ammoniumkarbonat erst in gelbes, dann in weifses Pulver (Hirzel).

Verdünnte Schwefelsäure wirkt in der Kälte nicht ein, in der Wärme zersetzend. Mit konzentrierter Schwefelsäure entsteht so starke Erhitzung, dafs Explosion erfolgt. Konzentrierte Salpetersäure liefert nach Plantamour Ammonium- und Mercurinitrat, nach Hirzel färbt sie anfangs gelb, dann weifs, ohne dafs Quecksilber in Lösung geht. Salzsäure liefert Mercuri- und Ammoniumchlorid, konzentrierte wirkt nach Hirzel unter Zischen ein.

Nach Smits [5]) entsteht durch Erhitzen von Mercurichlorid mit Magnesiumnitrid ein grünes, durch Säuren zersetzbares Nitrid.

Silbernitrid NAg_3. Diese Zusammensetzung hat nach Raschig [6]) das Knallsilber Berthollets [7]), nicht zu verwechseln mit dem eigent-

---

[1]) Deville, Compt. rend. 66, 183; Joly, Bull. soc. chim. [2] 25, 506. — [2]) L. Arons, Naturw. Rundschau 14, 453. — [3]) Plantamour, Ann. Chem. 40, 115. — [4]) Hirzel, JB. 1852, S. 419. — [5]) A. Smits, Rec. trav. chim. Pays-Bas 15, 135; Ber. 29, 770 Ref. — [6]) F. Raschig, Ann. Chem. 233, 93. — [7]) Berthollet, Crells Ann. 1788, 2, 392.

lichen Knallsilber, dem Salze der Knallsäure. Dasselbe entsteht, wenn man frisch gefälltes Silberoxyd mit konzentrierter Ammoniakflüssigkeit digeriert, oder wenn man eine ammoniakalische Lösung von Silbernitrat mit Kalilauge fällt und die abfiltrierte ammoniakalische Lösung verdunsten läfst. Raschig gewinnt es durch kurzes Erhitzen einer konzentrierten Lösung von Silberoxyd in Ammoniak oder durch Zusatz von Alkohol zu einer solchen Lösung.

Je nach der Darstellungsart resultiert die Verbindung als schwarzes Pulver oder in schwarzen Krystallen. Es explodiert beim leisesten Druck mit furchtbarer Heftigkeit. In trockenem Zustande genügt hierzu die Berührung mit einer Federfahne, und selbst die feuchte Verbindung wird durch Druck mit einem harten Gegenstande zur Explosion gebracht.

Cyankalium löst die Verbindung, indem es dieselbe nach der Gleichung $NAg_3 + 3CNK + 3H_2O = NH_3 + 3KOH + 3CNAg$ in Ammoniak und Cyansilber verwandelt [1]).

Nach Smits [2]) soll sich durch Erhitzen von Silbernitrat mit Magnesiumnitrid ein gelbes Nitrid bilden, das mit Wasser Silberoxyd und Ammoniak liefert.

Strontiumnitrid N_2Sr_3 wird wie die Baryumverbindung dargestellt und gleicht derselben im allgemeinen völlig. Nur gegen Kohlenoxyd verhält es sich anders, indem beim Erhitzen in diesem Gase nur Spuren von Strontiumcyanid, hauptsächlich aber Stickstoff, Strontiumoxyd, Strontiumkarbonat und Kohlenstoff entstehen [3]).

Tantalnitrid NTa bildet sich nach Joly [4]) durch anfangs gelindes, dann starkes Glühen von Tantalchlorid-Ammoniak in trockenem Ammoniakgas. Es bildet ein schwarzes, beim Reiben Metallglanz annehmendes und die Elektrizität gut leitendes Pulver, das wegen dieser Eigenschaften zuerst für reines Tantal gehalten wurde. An der Luft verglüht es zu Tantalsäure. Mit Kalihydrat geschmolzen, entwickelt es Ammoniak. Durch ein Gemisch von Fluorwasserstoffsäure und Salpetersäure wird es leicht schon bei gewöhnlicher Temperatur gelöst, während andere Säuren selbst in Siedehitze ohne Einwirkung sind [5]).

Thoriumnitrid N_4Th_3 oder Thoriumamid soll sich nach Chydenius [6]) in kleinen Mengen bilden, wenn Thorerde oder Thoriumchlorid in Ammoniakgas oder wenn ein Gemenge von Thorium- und Ammoniumchlorid in Salzsäuregas geglüht wird. Es entsteht auch bei Einwirkung von Stickstoff auf naszierendes Thoriummetall. In entsprechender Weise erhält man

---

[1]) F. Raschig, Ann. Chem. **233**, 93. — [2]) A. Smits, Rec. trav. chim. Pays-Bas **15**, 135; Ber. **29**, 770 Ref. — [3]) Maquenne, Compt. rend. **114**, 25 u. 220; Bull. soc. chim. [3] **7**, 366; Ber. **25**, 103 Ref., 188 Ref., 771 Ref. — [4]) Joly, Compt. rend. **82**, 1195; Bull. soc. chim. [2] **25**, 506. — [5]) H. Rose, Ann. Phys. **100**, 166. — [6]) Chydenius, ebend. **119**, 43.

Urannitrid N_4U_3. Beide sind wohl charakterisierte, sehr beständige Verbindungen[1].

Vanadiumnitride. Mononitrid NV entsteht durch Erhitzen von Vanadium in reinem Stickstoff, durch Erhitzen von Vanadinoxytrichlorid-Ammoniak im Ammoniakstrom zur vollen Weifsglut, zweckmäfsiger durch gleiche Behandlung des Vanadintrioxyds oder des beim Glühen von Ammoniumdihypovanadat unter Luftabschlufs verbleibenden Rückstandes.

Es bildet ein graubraunes, metallglänzende Teile enthaltendes Pulver, das beim Erhitzen in Luft erst zu blauem Oxyd, dann zu Pentoxyd verbrennt und mit Natronkalk Ammoniak entwickelt.

Dinitrid N_2V entsteht aus Vanadinoxytrichlorid-Ammoniak durch Erhitzen, bis die Hauptmenge des Salmiaks sich verflüchtigt hat und Auslaugen des Rückstandes mit ammoniakhaltigem Wasser. Es ist ein schwarzes Pulver, das bei Luftzutritt Ammoniak entwickelt und sich oxydiert.

Wolframnitrid N_2W_3 entsteht nach Uhrlaub[2]), wenn man das nach Woehler[3]) erhältliche Nitridamid $W_3N_4H_4$ bei etwas höherer Temperatur, als zu seiner Darstellung erforderlich ist, einem Ammoniakgasstrome aussetzt. Bei noch etwas höherer Temperatur geht es in Wolframmetall über.

Zinknitrid N_2Zn_3 entsteht beim Erhitzen von Zinkamid auf 200°[4]). Es geht mit Wasser unter freiwilliger Erhitzung, die sich bis zum Glühen steigert, in Zinkhydroxyd und Ammoniak über.

Arons[5]) beobachtete die Bildung im elektrischen Lichtbogen zwischen in Stickstoffatmosphäre befindlichen Zinkelektroden, Rossel[6]) durch Erhitzen eines fein gepulverten Gemisches von Zink und Calciumkarbid an der Luft. Dagegen findet bei der Elektrolyse einer Salmiaklösung mit Zinkanode die Bildung von Nitrid nicht statt[7]).

Zinnnitrid entsteht nach Arons[5]) im elektrischen Lichtbogen zwischen Zinnelektroden in Stickstoffatmosphäre.

Phosphorstickstoffverbindungen.

Die Existenz eines Phosphorstickstoffs ist noch zweifelhaft. Die von Rose[8]) und Liebig und Wöhler[9]) dafür angesprochenen Körper sind nach Gladstone und H. Schiff[10]) Phospham oder jedenfalls

---

[1]) V. Kohlschütter, Ann. Chem. 317, 158. — [2]) Uhrlaub, Die Verbindungen einiger Metalle mit Stickstoff, Dissertation, Göttingen 1859, S. 30. — [3]) Woehler, Ann. Chem. 73, 190. — [4]) Frankland, Phil. Mag. [4] 15, 149. — [5]) L. Arons, Naturw. Rundsch. 14, 453. — [6]) Rossel, Compt. rend. 121, 941; Ber. 29, 3 Ref. — [7]) Pauli, Z. Elektrochem. 4, 137. — [8]) H. Rose, Ann. Phys. 24, 308, 28, 529. — [9]) Wöhler u. Liebig, Ann. Chem. 11, 139. — [10]) H. Schiff, ebend. 101, 299.

wasserstoffhaltig. Balmains Angabe[1]), dafs Phosphorstickstoff durch Eintragen von Phosphor in erhitzten weifsen Präcipitat entstehe, ist bisher nicht nachgeprüft worden.

Vielleicht ist der Körper, welchen Briegleb und Geuther[2]) beim Leiten von Phosphorchloriddampf mit Hülfe eines Stickstoffstromes über erhitztes Stickstoffmagnesium erhielten, Phosphorstickstoff. Es wird dabei unter lebhaftem Erglühen, aber ohne bemerkenswerte Gasentwickelung, eine grauweifse Masse gebildet, welche durch Behandeln mit Wasser, verdünnter und heifser konzentrierter Salzsäure von der Hauptmenge des Magnesiums befreit wird, dabei aber selbst teilweise gelöst wird. Der ungelöste Anteil enthielt Phosphor und Stickstoff nur entfernt im Verhältnis der Verbindung N_5P_3, aufserdem noch erhebliche Mengen Magnesium und anderer Substanzen.

Phospham HN_2P = HN.PN, identisch mit dem Phosphorstickstoff Roses, sowie Liebig u. Wöhlers, wurde zuerst von Davy[3]) durch Erhitzen von Phosphorchlorid in Ammoniakgas erhalten. Es bildet sich bei der Zersetzung der Produkte, welche aus Phosphorchlorür, Phosphorbromür, Phosphorchlorid und Ammoniak erhalten werden, oder bei der Einwirkung von Salmiak auf Phosphorsulfid oder Phosphorchlorid, Phosphorhyposulfit[4]), von amorphem Phosphor oder Phosphorcalcium auf Salmiak und Schwefelblumen[4]).

Darstellung: 1. Man sättigt trockenes Phosphorpentachlorid durch Überleiten von Ammoniakgas und erhitzt das entstandene Produkt bei Luftabschlufs, solange noch Salmiak fortgeht[5]). 2. Man leitet den Dampf von Phosphorpentachlorid über bis zum Verdampfen erhitzten Salmiak[5]). 3. Man sättigt von freiem Phosphor gereinigtes gekühltes Phosphortrichlorid langsam mit Ammoniakgas, erhitzt das völlig trockene Produkt im Kohlensäurestrome bis zur Verflüchtigung des Ammoniumchlorids und läfst in diesem Gasstrom erkalten. 4. Man erhitzt ein inniges Gemenge von Phosphorpentasulfid und Ammoniumchlorid in einer Retorte, zerreibt den gelblichen Rückstand und erhitzt ihn von neuem, bis kein Salmiak mehr entweicht[6]). Hierbei werden bei geeigneten Mengen Salmiak mindestens 90 Proz. der theoretischen Ausbeute erhalten[7]).

Phospham bildet ein lockeres weifses Pulver, das bei Luftabschlufs in ziemlich starker Rotglühhitze weder schmilzt noch verdampft, in Wasser unlöslich ist. An der Luft erhitzt, stöfst es weifse Nebel von Phosphorsäure aus und oxydiert sich langsam ohne Flamme[8]). Im

---

[1]) Balmain, Lond. Edinb. Phil. Mag. **24**, 192; JB. Bz. **25**, 67. — [2]) Briegleb u. Geuther, Ann. Chem. **123**, 236. — [3]) H. Davy, Gilb. Ann. **39**, 6. — [4]) Pauli, Ann. Chem. **104**, 41. — [5]) Wöhler u. Liebig, ebend. **11**, 139; Gerhardt, Ann. ch. phys. [3] **18**, 188 u. **20**, 255; JB. Bz. **27**, 44 u. JB. 1847/48, S. 588. — [6]) Pauli, Ann. Chem. **101**, 41. — [7]) R. Vidal, Monit. scientif. [4] **11**, II, S. 571; Chem. Centralbl. 1897, II, S. 517. — [8]) H. Rose, Ann. Phys. **24**, 308 u. **28**, 529.

Vakuum oder im Stickstoffstrom erhitzt, entwickelt es Ammoniak und zerfällt bei heller Rotglut vollständig, indem Phosphor frei wird[1]). Nach Anfeuchten erhitzt, liefert es Metaphosphorsäure und Ammoniak[2]). Durch verdünnte Salpetersäure wird es kaum verändert, durch konzentrierte langsam zu Phosphorsäure oxydiert[3]), nach Pauli[4]) selbst von rauchender Salpetersäure nicht gelöst. In konzentrierter Schwefelsäure löst es sich unter Entwickelung von Schwefeldioxyd und Bildung von Phosphorsäure[3]). Beim Erhitzen mit Nitraten verpufft es heftig[3]), mit Kaliumchlorat ebenfalls, unter Chlorentwickelung[5]).

Beim Schmelzen mit wasserhaltigem Kalihydrat zersetzt es sich leicht zu Kaliumphosphat und Ammoniak, häufig unter Feuerentwickelung; letztere tritt stets beim Schmelzen mit Barythydrat ein[1]). Auch beim Glühen mit Alkalikarbonaten erfolgt dieselbe Zersetzung unter gleichzeitiger Entwickelung von Kohlensäure[3]). Nach Vidal[6]) erfolgt bei Kirschrotglut die Zersetzung unter Bildung von Cyanat gemäfs der Gleichung $PN_2H + 2\,CO_3M_2 = PO_4HM_2 + 2\,NCOM$. Wird der Schmelze Kohle zugesetzt, so resultiert Cyanid.

Beim Schmelzen mit Zink entwickelt es Ammoniak[4]). Erhitztes Quecksilberoxyd bewirkt unter Schmelzen und Feuererscheinung Zersetzung zu Mercuriphosphat. Auch beim Erhitzen mit Kupferoxyd tritt Feuererscheinung ein, und es wird Untersalpetersäure gebildet[5]).

Trockenes Schwefelwasserstoffgas zersetzt das Phospham in Glühhitze unter Bildung von Schwefelphosphor und Ammoniak[4]). Trockenes Chlor, Salzsäuregas, Kohlensäure und Ammoniak sind ohne Wirkung, ebenso schmelzender oder destillierender Schwefel[3]).

Verdünnte Salz- und Schwefelsäure sowie kochende Alkalilösungen wirken auf Phospham weder lösend noch zersetzend[3]).

Dämpfe von Methyl- und Äthylalkohol, bei 150 bis 200° über Phospham geleitet, glatter im geschlossenen Gefäfs, erzeugen Metaphosphat von primärem Amin und sekundäres Amin gemäfs der Gleichung: $PN_2H + 4\,ROH = PO_4(NH_3R_2)_2H = ROH + PO_3NH_3R + NHR_2$[6]). Analog wird Phenol in Diphenylamin verwandelt.

Mit Propylalkohol verläuft die Reaktion kompliziert, neben Propylamin tritt Propyloxyd auf. Äthylenglykol wird beim Siedepunkt unter Wasserentziehung zersetzt zu Acetylen unter Bildung von Diammoniumphosphat[7]).

Mit Oxalaten bildet es in der Hitze Phosphate und Dicyan: $PN_2H + C_2O_4M_2 = PO_4HM_2 + (CN)_2$[7]).

Konstitution. Man erteilt dem Phospham meist die Konstitutions-

---

[1]) A. Besson, Compt. rend. **114**, 1264; Ber. **25**, 561 Ref. — [2]) Gerhardt, Ann. ch. phys. [3] **18**, 188 u. **20**, 255; J. B. Bz. **27**, 44 u. J. B. 1847/48, 588. — [3]) H. Rose, Ann. Phys. **24**, 308 u. **28**, 529. — [4]) Pauli, Ann. Chem. **101**, 41. — [5]) Liebig u. Wöhler, ebend. **11**, 139. — [6]) R. Vidal, Compt. rend. **112**, 950; **115**, 123; Ber. **24**, 556 Ref., **25**, 727 Ref. — [7]) R. Vidal, Monit. scientif. [4] **11**, II, 571; Chem. Centr. 1897, II, S. 517.

formel $P\begin{smallmatrix}\diagup NH\\ \diagdown N\end{smallmatrix}$, indem man es als Phosphorsäure betrachtet, in welcher der Sauerstoff durch die Imidgruppe, die drei Hydroxylgruppen durch ein Stickstoffatom vertreten sind. Man kann aber ebenso gut einen Ring aus zwei Stickstoffatomen und einem Phosphoratom annehmen. Zwischen zwei der beteiligten Atome müfste dann eine sogenante Doppelbindung vorhanden sein. Die Verschiedenheit beider Stickstoffatome bei Einwirkung von Alkoholen, wobei, wie erwähnt, nebeneinander primäre und sekundäre Basen entstehen, läfst dann die Konfiguration $P\begin{smallmatrix}\diagup NH\\ |\\ \diagdown N\end{smallmatrix}$ bevorzugen, nach welcher Phospham ein Analogon des Azoimids wäre.

Übrigens darf nicht unerwähnt bleiben, dafs Salzmann[1]) durch Entfernung des Salmiaks aus dem Reaktionsprodukt von Ammoniak und Phosphorpentachlorid mittels Wasser eine dem Phospham sehr ähnliche Substanz von abweichender Zusammensetzung, annähernd $H_4P_3N_3$, erhielt und dafs auch Paulis Analysen zu geringe Stickstoffzahlen ergaben.

Chlorphosphorstickstoff. Tri-Phosphornitrilchlorid $N_3P_3Cl_6$ wurde von Liebig[2]) 1832 entdeckt, später von Gladstone[3]), Wichelhaus[4]), Hofmann[5]) und Stokes[6]) untersucht. Die Verbindung entsteht neben anderen bei der Einwirkung von Ammoniak oder Ammoniumchlorid auf Phosphorchloride und läfst sich dem Reaktionsgemisch durch Äther entziehen.

Darstellung: 1. Man sättigt Phosphorchlorid mit Ammoniakgas, das nicht getrocknet zu sein braucht, zersetzt die entstandene weifse Masse mit Wasser und destilliert, wobei der Chlorphosphorstickstoff mit den Wasserdämpfen übergeht und in der Vorlage krystallisiert[2]). Die Krystalle werden durch Umkrystallisieren aus warmem Äther oder durch Sublimation[4]) gereinigt. — 2. Man leitet den Dampf von Phosphorchlorid über bis zum Verdampfen erhitzten Salmiak[2]) oder erhitzt ein Gemenge von 1 Tl. Phosphorchlorid mit 2 Tln. Ammoniumchlorid im Kolben mit Vorlage[3]). Hierbei entstehen stets noch mehrere Verbindungen gleicher empirischer Zusammensetzung[6]). — 3. Man erhitzt äquimolekulare Mengen Phosphorchlorid und Ammoniumchlorid im geschlossenen Rohr auf 150 bis 200° unter häufiger Entlassung des entstandenen Salzsäuregases. Die butterartige, mit dünnen Prismen und Tafeln durchsetzte Masse wird destilliert, das Destillat zur Entfernung von überschüssigem Phosphorchlorid in kaltes Wasser gegossen und auf dem Wasserbade erwärmt. Dann wird unter 13 bis

[1]) M. Salzmann, Ber. 7, 494. — [2]) Liebig u. Wöhler, Briefwechsel I, S. 63; Ann. Chem. 11, 146. — [3]) Gladstone, Chem. Soc. Qu. J. 2, 121 u. 3, 135, 353; J. B. 1849, S. 259; Ann. Chem. 76, 74, 77, 314; Derselbe u. Holmes, Chem. Soc. 2, 225, 4, 1, 290, 6, 64, 261, 7, 15; J. B. 1864, S. 148, 1866, S. 145, 1867. S. 187, 189, 1869, S. 236. — [4]) Wichelhaus, Ber. 3, 163. — [5]) A. W. Hofmann, Ber. 17, 1909. — [6]) H. N. Stokes, Ber. 28, 437.

15 mm Druck bei 200° ein Gemisch von $N_3P_3Cl_6$ und der polymeren Verbindung $P_4N_3Cl_8$ abdestilliert. Beide werden durch wiederholte Destillation im Vakuum und Krystallisation aus Benzol getrennt[1]. — 4. Man erhitzt ein inniges Gemenge von Phosphorchlorid und weifsem Präzipitat und reinigt das Sublimat durch Waschen mit Wasser und Umkrystallisieren aus Äther, Chloroform oder Schwefelkohlenstoff (Gladstone und Holmes).

Die Verbindung bildet wasserhelle, dünne, sechsseitige Tafeln des rhombischen Systems[2], vom spezif. Gewicht 1,98, in geschmolzenem Zustande leichter als Wasser; sie ist spröde, leicht zu pulvern, von Wasser nicht benetzbar, schmilzt bei 114° (nach Wichelhaus) zur wasserhellen Flüssigkeit. Der Siedepunkt liegt nach Gladstone bei 240°, nach Wichelhaus bei 250 bis 260°, nach Stokes unter 760 mm Druck bei 256,5°, unter 13 mm Druck bei 127°.

In Wasser ist sie leicht löslich, wird aber dadurch allmählich unter Bildung von Pyrophosphordiaminsäure zersetzt. Deren Äthylester entsteht allmählich auch durch Einwirkung von Weingeist und Äther [selbst in wasserfreiem Zustande[3]], worin sich die Verbindung zunächst unverändert löst. Beim andauernden Schütteln der ätherischen Lösung mit Wasser entsteht ein gut krystallisierendes Chlorhydrin $P_3N_3Cl_4(OH)_2$, welches sich in Wasser unter Bildung von Trimetaphosphiminsäure $P_3N_3O_6H_6$ löst[4]. Schüttelt man die ätherische Lösung mit wässerigem Ammoniak, so entsteht in grofser Menge das dem Chlorhydrin entsprechende krystallinische Chloramid $P_3N_3Cl_4(NH_2)_2$, das aus Wasser umkrystallisiert werden kann[4].

Chlorphosphorstickstoff löst sich unverändert in Chloroform, Schwefelkohlenstoff, Benzol und Terpentinöl. Beim Erhitzen an der Luft verbreitet er dichten weifsen Rauch von eigentümlichem, unangenehmem Geruch.

Die Verbindung wird durch Glühen mit Kupferoxyd oder Bleichromat unter Bildung von Stickstoff und Untersalpetersäure zersetzt[5]. Beim Überleiten des Dampfes über glühendes Eisen entsteht wasserstofffreier Stickstoff und eine krystallinische Masse, welche durch Wasser in Eisenchlorür und Phosphoreisen zerlegt wird[6]. Beim Erhitzen mit metallischem Silber entsteht Chlorsilber, ein in Salpetersäure und Ammoniak unlöslicher Körper und ein in Wasser lösliches Sublimat[5]. Naszierender Wasserstoff entwickelt Phosphorwasserstoff[3]. In Wasserstoff- oder Schwefelwasserstoffgas kann dagegen die Verbindung unverändert sublimiert werden, ebenso ist Jod ohne Einwirkung[5]. Wässerige Säuren und Alkalien sind auch in der Hitze

---

[1]) H. N. Stokes, Ber. 28, 437; Am. Chem. Journ. 19, 782; Chem. Centralbl. 1898, I, S. 13. — [2]) Vgl. Groth, Ber. 3, 166. — [3]) Wichelhaus, Ber. 3, 163. — [4]) H. N. Stokes, Ber. 28, 437; Am. Chem. J. 19, 782; Chem. Centralbl. 1898, I, S. 13. — [5]) Gladstone, s. S. 619. — [6]) Liebig u. Woehler, Ann. Chem. 11, 146.

ohne Einwirkung, in Alkohol gelöste Alkalien oder Metallsalze bilden hingegen Metallchloride neben pyrophosphordiaminsaurem Salz. Rauchende Salpetersäure oxydiert in der Wärme.

Wie schon erwähnt, entstehen bei der Destillation von Phosphorchlorid mit Salmiak aufser der oben beschriebenen Verbindung noch Polymere. Stokes erhielt deren durch ein abgeändertes Verfahren eine gröfsere Reihe. Erhitzt man die niederen Glieder, welche am besten nach der Methode 3 gewonnen werden, im Verbrennungsofen, so resultiert eine gelatinöse, kautschukähnliche Masse, aus welcher die ganze Reihe durch Destillation gewonnen werden kann. Aufserdem entsteht bei der gewöhnlichen Darstellung der niederen Glieder ein Nitrilohexaphosphonitrilchlorid $P_6N_7Cl_9$.

Tetraphosphonitrilchlorid $P_4N_4Cl_8$ krystallisiert in Prismen, die nach wiederholtem Umkrystallisieren aus Benzol bei 123,5° schmelzen, bei 328,5° unter 760 mm Druck und bei 188° unter 13 mm Druck sieden, mit Wasserdampf nur wenig flüchtig. Der Dampf ist noch bei 360° beständig. Von kochendem Wasser, Säuren oder wässerigen Alkalien wird es so gut wie gar nicht angegriffen. Bei sehr langem Schütteln der ätherischen Lösung mit Wasser bilden sich zunächst zwei krystallinische Chlorhydrine und schliefslich eine ausgeprägt krystallinische Säure $P_4N_4O_8H_8 + 2\,H_2O$, Tetrametaphosphimsäure.

Pentaphosphonitrilchlorid $P_5N_5Cl_{10}$ bildet lange, flache Krystalle vom Schmelzp. 40 bis 41° mit grofser Neigung zur Überschmelzung, unter 13 mm Druck bei 223 bis 224,3° siedend, während es sich beim Erhitzen unter gewöhnlichem Druck polymerisiert. Bei der Temperatur des Schmelzpunktes ist es mit Benzol, Ligroin, Äther und Schwefelkohlenstoff in allen Verhältnissen mischbar, aus der Lösung in Eisessig wird es durch Wasser gefällt.

Hexaphosphonitrilchlorid $P_6N_6Cl_{12}$ krystallisiert aus Benzol in rhombischen Tafeln vom Schmelzp. 91°, unter 13 mm Druck bei 261 bis 263° siedend, leicht löslich in Äther, Gasolin, Schwefelkohlenstoff, wenig und unter Zersetzung löslich in Alkohol. Durch siedendes Wasser wird es kaum angegriffen, an feuchter Luft entwickelt es langsam Salzsäuregas. Beim Schütteln der ätherischen Lösung mit Wasser entsteht eine Metaphosphimsäure unter Bildung sirupöser Chlorhydrine als Zwischenprodukte.

Heptaphosphonitrilchlorid $C_7N_7Cl_{14}$ ist eine farblose Flüssigkeit, welche bei −18° noch nicht erstarrt, unter 13 mm Druck bei 289 bis 294° siedet, aber dabei schon teilweise Polymerisation erleidet, leicht mischbar mit Benzol, Gasolin und Äther, gegen Wasser ebenso beständig wie die vorhergehenden.

Polyphosphonitrilchloride $(CNCl_2)_x$. Bei der Destillation des Gemenges unter 13 mm Druck bis 370° hinterbleibt ein öliges

Produkt, das durch Kochen mit Wasser vom festen Rückstande getrennt werden kann. Dasselbe ist noch ein Gemenge verschiedener Phosphonitrilchloride, deren mittleres Molekelgewicht der Zusammensetzung $C_{11}N_{11}Cl_{22}$ entspricht. Es ist beständig, mit Äther, Gasolin und Benzol mischbar. Bei weiterem Erhitzen unter 13 mm Druck polymerisiert es sich sofort zu dem elastischen Produkt, das vermutlich ein weit höheres Molekelgewicht hat, erst kurz unter Rotglut schmilzt und bei der Destillation unter gewöhnlichem Druck sich depolymerisiert.

Nitrilohexaphosphonitrilchlorid $P_6N_7Cl_9$ geht bei der Destillation zusammen mit dem Hexaphosphonitrilchlorid über und kann durch Krystallisation aus Benzol und Behandlung der Lösung mit Gasolin gereinigt werden. Durchsichtige, anscheinend rhombische Prismen vom Schmelzp. 237,5°, unter 13 mm Druck bei 251 bis 263° siedend, löslich in 20 Tln. kaltem und 5 Tln. siedendem Benzol, leichter löslich in Schwefelkohlenstoff, wenig in Gasolin und Alkohol. Während kleine Mengen sich beim Erhitzen ohne Rückstand verflüchtigen, entsteht bei stärkerer Erhitzung eine dem elastischen Polyphosphonitrilchlorid ähnliche Masse, die bei der Destillation niedrigere Phosphonitrilchloride liefert. Gegen Wasser ist es ziemlich beständig, an feuchter Luft wird es aber allmählich angegriffen; von heifsem verdünnten Ammoniak wird es langsam, schneller bei Zusatz von Alkohol gelöst. — Diese Verbindung entsteht nie bei der Polymerisierung oder Depolymerisierung reiner Phosphonitrilchloride, ist vielmehr ein sekundäres Produkt der Einwirkung von Phosphorpentachlorid auf Ammoniumchlorid.

Chlorphosphorstickstoff PCl_2N, also angeblich Monophosphornitrilchlorid, entweicht nach Besson[1]) beim Erhitzen der Verbindung von Phosphorpentachlorid mit Ammoniak $PCl_5 . 8NH_3$ unter ca. 50 mm Druck bei 175 bis 200°. Er bildet stark lichtbrechende Krystalle vom Schmelzp. 106°. Der Dampf riecht aromatisch. Ein Polymeres desselben dürfte die von Gladstone beobachtete Verbindung vom Schmelzpunkt 210° sein.

Phosphornitril, N.PO, Gerhardts Biphosphamid, Schiffs Monophosphamid, bildet sich beim Erhitzen gut getrockneten Phosphamids[2]) oder Phosphortriamids[3]) während längerer Zeit bei Luftabschlufs: $H_2N.PO.NH = N.PO + NH_3$ und $(NH_2)_3.PO = N.PO + 2NH_3$. Es entsteht ferner, wenn man das durch Einwirkung von Ammoniak auf Phosphoroxychlorid erhaltene Gemenge von Amido- und Diamidophosphoroxychlorid und Salmiak sehr stark erhitzt[4]).

Es bildet ein amorphes weifses Pulver, das bei heller Rotglut

[1]) A. Besson, Compt. rend. **114**, 1264; Ber. **25**, 561 Ref. — [2]) Gerhardt, Ann. ch. phys. [3] **18**, 188, **20**, 255; JB. Bz. **27**, 44 u. JB. 1847/48, S. 588. — [3]) H. Schiff, Ann. Chem. **101**, 299, **103**, 168; Zeitschr. Chem. [2] **5**, 609. — [4]) Gladstone, Chem. Soc. Quart. Journ. **2**, 121; JB. 1849, S. 259; ebend. **3**, 135, 353; Ann. Chem. **76**, 74, **77**, 314.

schmilzt und beim Erkalten zu einer schwarzen glasigen Masse erstarrt. Es verbindet sich weder mit Alkalien noch mit Säuren, wird durch Salpetersäure, Chlor, Jod und Schwefel nicht angegriffen. Beim Schmelzen mit Kaliumkarbonat oder Ätzkali liefert es Kaliumorthophosphat und Ammoniak. Beim Schmelzen mit Salpeter verpufft es. Beim Schmelzen in Schwefelwasserstoff wird es dunkel, klebrig und nimmt etwas an Gewicht zu; beim Erhitzen in Wasserstoffgas entsteht Ammoniak, zugleich entweichen Dämpfe von Phosphorsäure oder phosphoriger Säure mit leicht entzündlichem Phosphorwasserstoff, es verdichtet sich Wasser und es sublimiert ein roter Körper, wahrscheinlich unreines Phosphoroxyd.

Stickstoffarsen suchte Bachmann [1]) durch Erhitzen von Silbercyanid mit arseniger Säure zu gewinnen, ohne zu einem sicheren Resultate zu gelangen.

---

[1]) J. A. Bachmann, Am. Chem. Journ. 10, 45; Ber. 21, 175 Ref.

Stickstoffkohlenstoff.

Cyan, Dicyan C_2N_2.

Die erste Cyanverbindung wurde 1704 von Diesbach und Dippel in Berlin zufällig entdeckt und hat von diesem Entdeckungsort den Namen Berlinerblau bis heute behalten. Macquer beobachtete dessen Zerlegung durch Kalkwasser in Eisenoxyd und Blutlaugensalz oder, wie dasselbe zunächst genannt wurde, phlogistisiertes Kali. Scheele führte den Abbau weiter, erhielt daraus im Jahre 1782 die wässerige Blausäure und beschrieb deren Bestandteile als Ammoniak, Luftsäure und Phlogiston; seine Angaben wurden durch Berthollet bestätigt, der dann, gemäfs der inzwischen eingetretenen Änderung der Anschauungen die Bestandteile mit den uns geläufigen Bezeichnungen Kohlenstoff, Stickstoff und Wasserstoff versah.

Wasserfreie Blausäure stellte zuerst Ittner aus Cyanquecksilber und Salzsäure her, der aber den Dampf noch als permanentes Gas ansprach. Gay-Lussac erhielt sie dann 1811 in tropfbar flüssiger Form und bestimmte 1815 ihre quantitative Zusammensetzung. Er entdeckte auch das freie Cyan und untersuchte dasselbe und seine Verbindungen in einer für alle Zeiten mustergültigen Weise. Als wesentlichen Bestandteil des Berlinerblau und aller davon abgeleiteten Verbindungen erkannte er das Radikal „Cyanogène", dessen Name im Deutschen zu Cyan verkürzt wurde.

Cyan findet sich in Form von Blausäure und Rhodanwasserstoffsäure, hauptsächlich aber in Form von organischen Derivaten dieser Verbindungen in pflanzlichen und tierischen Organismen.

Aus den Elementen soll es sich nach einer Angabe von Morren[1]) direkt bilden, wenn elektrische Funken zwischen Kohlenspitzen durch Stickstoffgas hindurchschlagen. Diese Angabe ist aber anderweitig nicht bestätigt worden, und der Prozefs kann jedenfalls nur zur Bildung sehr geringer Mengen führen, da umgekehrt Cyan durch den Funkenstrom in die Elemente zerlegt wird.

Meistens erscheint die Bildung an die Anwesenheit oder gleichzeitige Entstehung eines Körpers geknüpft, der mit dem Cyan eine unter den Bildungsverhältnissen beständige Verbindung liefert. Solche

---

[1]) Morren, Compt. rend. 48, 342.

Körper sind in erster Linie Alkalimetalle oder Erdalkalimetalle, auch Ammoniak, seltener Wasserstoff. Es entstehen demgemäfs zumeist Cyanide bezw. Blausäure.

Glüht man Stickstoffkohle, wie sie bei der Verkohlung vieler stickstoffhaltiger organischer Substanzen zunächst resultiert, mit metallischem Kalium, so entsteht Kaliumcyanid. Dasselbe Resultat erreicht man, wenn das Kalium erst während des Prozesses gebildet wird. Man braucht also nur Kaliumkarbonat mit stickstoffhaltiger Kohle bezw. mit solchen Substanzen, welche bei der Verkohlung eine derartige Kohle liefern, zu glühen und mufs nur darauf achten, dafs die Reduktionstemperatur des Kaliums erreicht wird. Der Vorgang ist besonders bei Verwendung von Kaliummetall ein so allgemein gültiger, dafs er zum sicheren Nachweis des Stickstoffs in organischen Verbindungen benutzt wird[1]). Eine bessere Ausbeute erzielt man nach Warren[2]), wenn der Mischung neben Alkalikarbonat noch Kalk oder Baryt zugesetzt wird. Auch ist es vorteilhaft, Gemenge von Kalium- und Natriumkarbonat statt eines einzelnen Karbonats anzuwenden.

Auch der Stickstoff des Ammoniaks ist zur Überführung in Cyan geeignet. Dasselbe liefert in der Glühhitze mit vielen organischen Verbindungen, mit Kohle und selbst mit Graphit sowie mit Kohlenoxyd Ammonium- bezw. Kaliumcyanid. So entsteht Ammoniumcyanid, wenn man Ammoniakgas im Porzellanrohr über stark glühende Kohlen leitet[3]), entsprechend der Gleichung:

$$2\,NH_3 + C = CN.NH_4 + 2\,H \text{ (Langlois).}$$

Die Richtigkeit dieser Gleichung bestritt Kuhlmann[4]), der zwar auch Ammoniumcyanid, aber an Stelle von Wasserstoff Methan erhalten haben will. Weltzien[5]) fand dies nicht bestätigt, konstatierte aber, dafs der Prozefs sich kompliziert, indem, wahrscheinlich durch Zerfall des Ammoniaks in seine Elemente, auch Stickstoffgas auftritt, und dafs die Ausbeute an Cyan eine sehr geringe ist. Nach Lance[6]) ist die Ausbeute gröfser bei Anwendung eines Gemenges von Ammoniak, Stickstoff und Wasserstoff, es beteiligt sich dann der freie Stickstoff wesentlich an der Reaktion.

Romilly[7]) erhielt Cyanide, wenn er Leuchtgas, das zuvor durch ammoniakhaltiges Wasser geleitet war, verbrannte und die Flamme mit Kalilauge oder Wasser in Berührung brachte. Cyan findet sich infolge ähnlicher Vorgänge im rohen Leuchtgase, wird in der Gasreinigungsmasse angereichert und unter besonderen Umständen daraus technisch gewonnen; es dienen hierzu auch besondere Absorptions-

[1]) Desfosses, Journ. Pharm. 14, 280; Lassaigne, Ann. Chem. 48, 367. — [2]) H. N. Warren, Chem. News 72, 40; Ber. 29, 7 Ref. — [3]) Clouet, Ann. chim. 11, 30; Crell. Ann. 1796, I, S. 45; Bonjour, Scher. Journ. 2, 621; Langlois, Ann. chim. phys. 76, 111 u. [2] 1, 117; Ann. Chem. 36, 64. — [4]) Kuhlmann, Ann. Chem. 38, 62. — [5]) Weltzien, ebend. 132, 224. — [6]) Lance, Compt. rend. 124, 819; Chem. Centr. 1897, I, S. 1093. — [7]) Romilly, Compt. rend. 65, 865.

gemische[1]). Ähnlich erfolgt die Gewinnung von Cyanverbindungen aus Hochofengasen[2]). Wird an Stelle der Kohle ein inniges Gemisch von solcher und Kaliumkarbonat, wie es z. B. beim Glühen von Weinstein sich ergiebt, benutzt, so entsteht Kaliumcyanid neben Wasser, Wasserstoff und Sauerstoff. Man kann diesen Prozeſs in der Weise ausführen, daſs man das Gemenge mit Salmiak glüht[3]), oder daſs man Ammoniakgas über das glühende Gemenge leitet[4]). Andere Cyanide resultieren durch Glühen von überschüssiger Kohle mit Salmiak und Kalk oder besser Bleiglätte[5]).

Ferner bildet sich Ammoniumcyanid, wenn ein Gemenge von Ammoniak und Kohlenoxyd durch ein glühendes Rohr oder über erhitzten Platinschwamm geleitet wird[6]): $2\,NH_3 + CO = CN.NH_4 + H_2O$.

Young und Macfarlane[7]) leiten ein solches Gasgemenge über ein Gemisch von Kohle und Ätzkali.

In ähnlicher Weise verläuft der Prozeſs, wenn man Gemische gasförmiger Stickstoffoxyde mit Kohlenwasserstoff- oder Alkoholdämpfen hoher Temperatur oder der Einwirkung von erhitztem Platinschwamm[8]) aussetzt. So entsteht Cyanammonium beim Verbrennen von Schieſsbaumwolle[9]), Cyanwasserstoff bei Verbrennung von Luft, welche Stickoxyd enthält, in einer Leuchtgasatmosphäre[10]). Äthylen, mit überschüssigem Stickoxyd über erhitzten Platinschwamm geleitet, bildet Ammoniumcyanid neben Wasser, Kohlensäure und Stickstoff, überschüssiger Alkohol mit Stickoxyd beim Erglühen des Platinschwamms dasselbe neben Kohlenstoff, Wasser und Ammoniumkarbonat. Äthylnitrit, das mit auf 400° erhitztem Platinschwamm Stickoxyd liefert, ergiebt mit glühendem Ammoniumcyanid neben Wasser Kohlenoxyd, Methan und Kohlenstoff. Ein Gemisch von 1 Mol. Stickoxydul und 2 Mol. Ammoniak, über rotglühende Kohle od. dgl. geleitet, erzeugt Blausäure[11]).

Derartige Reaktionen vollziehen sich auch, wenn die entsprechenden Stickstoffoxyde sich erst während des Prozesses bilden und dann häufig bei wesentlich niedrigerer Temperatur. So entsteht Kaliumcyanid beim Glühen von Salpeter mit Weinstein[12]), namentlich bei Gegenwart von

---

[1]) Vgl. Leybold, Ber. **24**, 70 Ref.; Hornig, D. P. 68833, Ber. **26**, 629 Ref.; Knoblauch, D. P. 41930; Drehschmidt, D. P. 88614; Eisenstein, Österr. Chem.-Ztg. **1**, 481. — [2]) H. Aitken, D. P. 84078. — [3]) Scheele, Opusc. **2**, 148; Dive, Journ. Pharm. **7**, 487. — [4]) Desfosses, Journ. Pharm. **14**, 280; Lassaigne, Ann. Chem. **48**, 367; Täuber, Ber. **32**, 3150; Kuhlmann, Ann. Chem. **38**, 62; Jacquemins, Ann. chim. phys. [2] **7**, 296; Ann. Chem. **46**, 236; vgl. A. Riepe, D. P. 105051; Chem. Centralbl. 1899, II, S. 1080. — [5]) F. v. Ittner, Beiträge zur Geschichte der Blausäure. Freiburg und Constanz 1809; Vauquelin, Scher. Journ. **2**, 626. — [6]) Kuhlmann, Ann. Chem. **38**, 62. — [7]) Conroy, Journ. Soc. Chem. Ind. **15**, 8; Ber. **29**, 949 Ref. — [8]) Kuhlmann, Ann. Chem. **29**, 284. — [9]) Fordos u. Gélis, Compt. rend. **23**, 382. — [10]) L. Ilosvay de N. Ilosva, Bull. soc. chim. [3] **2**, 734; Ber. **23**, 85 Ref. — [11]) Roeder u. Grünwald, D. P.-Anm. R. 15205 vom 23. März 1901. — [12]) Guibourt, Journ. Pharm. **5**, 58.

Kaliumacetat[1]). Verdünnte Salpetersäure liefert mit vielen stickstoffhaltigen oder stickstofffreien organischen Verbindungen blausäurehaltige Destillate: Mit Blutserum[2]), Zucker, Gummi, Stärkemehl[3]), Alkohol[4]), Aceton[5]), Fetten[6]) und flüchtigen Ölen[7]), mit Thialdinen, Sulfocyanaten und Senfölen[8]), Rhodaniden[9]), auch mit Holzkohle[10]). Nach Schoor[11]) dürfte diese Reaktion mit allen Substanzen eintreten, welche zur Bildung von Jodoform u. s. w. befähigt sind. Ähnliche Erscheinungen treten bei freiwilliger Oxydation von Salpetrigsäureestern ein, z. B. bei der Oxydation von Nitromilchsäure[12]) (s. a. Schiefsbaumwolle).

So bildet sich auch beim Kochen der Lösung mancher organischer Silbersalze mit Salpetersäure ein bei weiterem Kochen wieder verschwindender Niederschlag von Silbercyanid in um so gröfserer Menge, je weniger Untersalpetersäure entwickelt wird[13]).

Nach Fritsche[14]) sollte sich auch bei Behandlung wässeriger Phenollösung mit Salpetersäure und folgender Destillation Blausäure bilden; dies ist indessen nach Goldstein[15]) unrichtig.

Stickstoffhaltige Verbindungen liefern vielfach auch bei Anwendung anderer Oxydationsmittel Blausäure, so durch Kaliumchromat und Schwefelsäure[16]) oder Kaliumpermanganat[8]). Es scheint dies vornehmlich bei komplizierteren Verbindungen, Alkaloiden und eiweifsartigen Körpern, der Fall zu sein.

Die Entschwefelung von Rhodaniden läfst sich auch durch Metalle bewirken, so durch Eisen in Gegenwart von Eisenchlorür in Lösung bei 140 bis 150°[9]). Nach Conroy[17]) hat sich ein auf dieser Grundlage beruhendes Verfahren bestens bewährt.

Aus Karbiden entstehen Cyanide, wenn man bei erhöhter Temperatur über jene ein Gemisch von Stickstoff und Wasserdampf leitet[18]).

Manche organische Verbindungen zersetzen sich, zum Teil für sich, zum Teil in Gegenwart wasserentziehender Mittel erhitzt unter Bildung von Cyan oder Blausäure. So soll nach Pelouze und Doebereiner[19]) Ammoniumformiat beim Erhitzen wasserhaltige Blau-

---

[1]) Schindler, Repert. Pharm. 31, 277. — [2]) Fourcroy, Système des connaiss. chim. 9, 91. — [3]) Thénard, Traité, tome 4; Burls, Evans und Desch, Chem. News 68, 75; Ber. 26, 783 Ref. — [4]) Gaultier de Claubry, Journ. Pharm. 25, 764; Dalpiaz, ebend. [3] 5, 239. — [5]) C. Hell u. C. Kitrosky, Ber. 24, 984. — [6]) Derosne u. Chatin, Journ. Pharm. [3] 5, 240. — [7]) Thénard, Traité, tome 4; Sobrero, Journ. Pharm. [3] 2, 211 u. 7, 448; Journ. pr. Chem. 36, 16. — [8]) J. Guareschi, Ber. 12, 1699. — [9]) Raschen s. Conroy, Journ. Soc. Chem. Ind. 18, 432; Chem. Centr. 1899, II, S. 233. — [10]) Burls, Evans u. Desch, Chem. News 68, 75; Ber. 26, 783 Ref. — [11]) K. W. J. Schoor, Rec. trav. chim. Pays-Bas 2, 125; Ber. 16, 2669. — [12]) L. Henry, Ber. 12, 1837. — [13]) Liebig, Ann. Chem. 5, 585. — [14]) Fritsche, Bull. Acad. St. Pétersbourg 3, 215. — [15]) Goldstein, Ber. 11, 1943. — [16]) Schlieper, Ann. Chem. 59, 1. — [17]) Conroy, Journ. Soc. Chem. Ind. 15, 8; Ber. 29, 949 Ref. — [18]) N. Caro, D. P. 88363. — [19]) Pelouze, Ann. Pharm. 2, 88; Doebereiner, Repert. Pharm. 15, 425.

säure liefern, indem es sich gemäfs der Gleichung $HCO.ONH_4 = CNH + 2H_2O$ zersetzt. Doch fand schon Lorin[1]), dafs hierbei hauptsächlich das Zwischenprodukt Formamid $HCO.NH_2$ sich bildet, und nach Andreasch[2]) entsteht, falls Überhitzung vermieden wird, überhaupt keine Blausäure oder höchstens in Spuren.

Ammoniumoxalat liefert bei Erhitzen mit wasserentziehenden Substanzen, wie Phosphorsäureanhydrid oder Glycerin[3]), freies Cyan gemäfs der Gleichung:

$$\begin{matrix} CO.ONH_4 \\ \dot{} \\ CO.ONH_4 \end{matrix} = \begin{matrix} CN \\ | \\ CN \end{matrix} + 4H_2O.$$

Ähnlich ist die Bildung aus Glyoxim $\begin{matrix} CH(NOH) \\ \dot{} \\ CH(NOH) \end{matrix}$ durch Essigsäureanhydrid[4]).

Ferner bildet sich Cyan aus Oxalaten beim Erhitzen mit Phospham[5]).

Trimethylamin ergiebt Blausäure neben Ammoniak und Leuchtgasen, wenn seine Dämpfe durch glühende Gefäfse geleitet werden[6]).

Auch unter den Zersetzungsprodukten von Harnstoff, Harnsäure und ähnlichen Substanzen finden sich Cyanverbindungen.

Ob auch freier Stickstoff in Cyanverbindungen übergeführt werden kann, ist eine lange umstrittene Frage gewesen. Schon Desfosses[7]) gab an, dafs Stickstoff bei sehr hoher Temperatur durch ein Gemisch von Holzkohle und einem feuerbeständigen Alkali unter Bildung von Cyanid aufgenommen werde, und Fownes[8]) fand Ähnliches für ein Gemisch von Kaliumkarbonat und Zuckerkohle. Dies konnten aber andere Chemiker[9]) nicht bestätigen, und man neigte daher zu der Annahme, dafs die positiven Resultate einem Stickstoffgehalte der benutzten Kohle zuzuschreiben seien. Schliefslich stellten Bunsen und Playfair[10]) sowie Rieken[11]) fest, dafs die Angaben durchaus richtig sind, dafs nur die Temperatur genügend hoch, nämlich die Reduktionstemperatur des Kaliums, sein mufs[12]).

Da dieser Prozefs, wenn fabrikmäfsig durchführbar, von grofser praktischer Bedeutung ist, so sind viele diesbezügliche Versuche angestellt[13]) und die besten Bedingungen eingehend studiert worden.

---

[1]) Lorin, Compt rend. 59, 51; Journ. pr. Chem. 94, 63. — [2]) R. Andreasch, Ber. 12, 973. — [3]) Storch, ebend. 19, 2459. — [4]) Lach, ebend. 17, 1573. — [5]) R. Vidal, Monit. scientif. [4] 11, II, 571; Chem. Centralbl. 1897, II, S. 517. — [6]) Aktiengesellschaft Croix, D. P. 9409. — [7]) Desfosses, Journ. Pharm. 14, 280. — [8]) Fownes, Journ. pr. Chem. 26, 412. — [9]) Erdmann u. Marchand, sowie Thomson, ebend. 26, 413. — [10]) Bunsen u. Playfair, ebend. 42, 386, 397. — [11]) Rieken, ebend. 79, 77. — [12]) Vgl. a. Lüdeking, Ann. Chem. 247, 122. — [13]) Possoz u. Boissière, Journ. of Arts, London 1845, S. 380; Compt. rend. 26, 203; Dingl. polyt. Journ. 95, 293, 104, 446; 107, 238; Marguerite u. Sourdeval, Journ. pr. Chem. 81, 192; A. A. Brenemann, Zeitschr. angew. Chem. 1890, S. 173; W. Hempel, Ber. 23, 3390.

Nach Marguerite und Sourdeval soll Baryt ein besonders gutes Resultat liefern. Nach Brenemann ist indessen zwar Baryt unter den alkalischen Erden das beste Mittel, es sind aber, wie auch Hempel fand, die Alkalien, besonders Kali, vorzuziehen. Nach Hempel verläuft die Reaktion viel energischer bei höherem Druck. Brenemanns Versuche ergaben ferner als wichtig neben der hohen Temperatur, als welche diejenige heller Rotglut gefordert wird, die innige Mischung aller Reagentien. Wasserdampf ist in geringer Menge nicht hinderlich, doch ist ein Überschufs desselben, ebenso wie von Sauerstoff oder Kohlensäure, nachteilig, während Kohlenoxyd und andere reduzierende Gase günstig zu wirken scheinen. Die Anwesenheit von Kohlenwasserstoffen ist günstig; dieselben erübrigen sogar bei gewissen Verhältnissen die Anwesenheit einer anderen Basis als des bei dem Prozesse gebildeten Ammoniaks.

Neuerdings ist festgestellt worden, dafs die Anwesenheit von Kohle für die Bildung von Cyaniden aus dem atmosphärischen Stickstoff nicht erforderlich ist, dafs vielmehr auch die Gegenwart von fein verteiltem Eisen die Bildung derselben aus Stickstoff und Alkalikarbonat bewirkt[1]).

Nach den angegebenen Bildungsarten ist es verständlich, dafs sich Cyan bezw. Cyanverbindungen in den Hochofengasen[2]) sowie in den Produkten der Steinkohlendestillation, also im rohen Leuchtgase, finden und dafs die technische Darstellung zum Teil auf der Isolierung dieser Nebenprodukte basiert.

Im allgemeinen werden die gewonnenen Cyanverbindungen auf Kaliumferrocyanid verarbeitet, weil dieses sich leicht durch Krystallisation reinigen und in einfacher Weise auf andere Cyanverbindungen verarbeiten läfst. Doch kann man, wo die Darstellungsweise stärkere Verunreinigungen ausschliefst, auch direkt Cyanalkalien herstellen. Dies ist z. B. bei dem Raschen-Prozefs, der die leicht in reinem Zustande erhältlichen Rhodanate mit Hülfe von Salpetersäure verarbeitet, der Fall.

Darstellung. Freies Cyan erhält man, soweit es nicht bei einem oder dem anderen der vorerwähnten Prozesse direkt gewonnen wird, durch Zerlegung gewisser Cyanide.

1. Quecksilbercyanid entwickelt beim Erhitzen Cyan, von dem aber ein Teil als Paracyan nebst dem Quecksilber zurückbleibt. Das Ausgangsmaterial mufs vollständig trocken sein, da sich sonst Cyanwasserstoff, Ammoniak und Kohlensäure bilden, und darf kein basisches Cyanid enthalten, weil sonst Kohlensäure und Stickstoff dem Cyangas beigemengt sind. Man erhitzt allmählich und mäfsig stark in einer

---

[1]) E. Täuber, Ber. 32, 3150. — [2]) Th. Clarke, Phil. Mag. J. 10, 729; Ann. Phys. 40, 315; Journ. pr. Chem. 11, 124; Zincken u. Bromeis, Journ. pr. Chem. 25, 246; Redtenbacher, Ann. Chem. 47, 150; Smith, Chem. Centralbl. 1865, S. 767.

kleinen Retorte, in deren Hals ein Gasableitungsrohr befestigt ist, und fängt das entweichende Gas über Quecksilber auf[1]).

Zur Beseitigung von etwa beigemengtem Blausäuredampf benutzte Davy[2]) Quecksilberoxyd.

Statt des fertigen Quecksilbercyanids empfahl Kemp[3]), ein Gemenge aus zwei Teilen vollkommen trockenem Kaliumferrocyanid und drei Teilen Quecksilberchlorid der Destillation zu unterwerfen. Da aber hierbei aus dem sich bildenden Quecksilberferrocyanid Stickstoff abgespalten werden kann, riet Berzelius, das Blutlaugensalz durch reines Kaliumcyanid zu ersetzen.

2. Silbercyanid giebt beim Glühen die Hälfte seines Cyans ab[4]).

3. Beim Erwärmen von Kupfersulfat mit Kaliumcyanid in wässeriger Lösung wird die Hälfte des Cyans als solches entwickelt gemäfs der Gleichung $4\,CNK + 2\,SO_4Cu = 2\,SO_4K_2 + (CN)_2Cu_2 + (CN)_2$.

Zu der Lösung von 2 Tln. Kupfersulfat in 4 Tln. Wasser, welche auf dem Wasserbad erwärmt wird, setzt man nach und nach eine konzentrierte Lösung von 1 Tl. reinem Kaliumcyanid, wobei man aus 10 g des letzteren 850 ccm Gas erhält. Aus dem zurückbleibenden Cuprocyanid kann man eine weitere Entwickelung von Cyangas erhalten, wenn man es mit Eisenchloridlösung in geringem Überschufs oder mit Braunstein und Essigsäure gelinde erwärmt. Geht man von dem käuflichen Cyankalium aus, so ist dem entwickelten Gase infolge der in jenem enthaltenen Verunreinigungen Kohlensäure beigemengt[5]).

4. Kolb[6]) hatte empfohlen, das Gas aus Blutlaugensalz, Braunstein und Kaliumbisulfat darzustellen. Doch zeigte Harzen-Müller[7]), dafs hierbei Kohlenoxyd, Kohlensäure und Stickstoff entstehen, aber kein Cyan.

Eigenschaften. Cyangas ist farblos, von eigentümlich stechendem Geruch und von heftiger Reizwirkung auf Nase und Augen. Das spezifische Gewicht fand Gay-Lussac = 1,8064, Thomson = 1,80395. Der Lichtbrechungsindex ist bei 0° und 760 mm Druck = 1,000825[8]).

Absolut rein und trocken ist es bei gewöhnlicher Temperatur unbegrenzt haltbar. Ist aber die geringste Spur Feuchtigkeit zugegen, so entsteht bald ein schwarzer Beschlag[9]).

Es läfst sich sowohl durch Abkühlung als durch Druck leicht verflüssigen. Man erhält direkt flüssiges Cyan, wenn man Quecksilber-

---

[1]) Gay-Lussac, Ann. ch. 77, 128; Schweigg. J. 2, 204; Ann. ch. 95, 136; Schweigg. Journ. 16, 1. — [2]) H. Davy, Gilb. Ann. 54, 383. — [3]) Kemp, Phil. Mag. J. 22, 179; Ann. Chem. 48, 100. — [4]) Thaulow, J. B. Berz. 23, 81. — [5]) G. Jaquemin, Compt. rend. 100, 1005; Ber. 18, 321 Ref.; vgl. Senf, Journ. pr. Chem. [2] 35, 514. — [6]) Kolb, Journ. pr. Pharm. 10, 311. — [7]) Harzen-Müller, Ann. Chem. 58, 102. — [8]) J. Chappuis u. Ch. Rivière, Compt. rend. 103, 37; Ber. 19, 649 Ref. — [9]) Schützenberger, Bull. soc. chim. [2] 43, 306.

cyanid durch Erhitzen im längeren Schenkel eines Faradayschen Rohres zersetzt[1]). Statt der Quecksilberverbindung kann man auch mit Cyangas gesättigte Holzkohle benutzen[2]). Unter gewöhnlichem Druck gelingt die Verflüssigung des Gases durch Abkühlen auf —25 bis —30°[3]), bei gewöhnlicher Temperatur unter einem Druck von fünf Atmosphären.

Das flüssige Cyan ist farblos und sehr dünnflüssig, mit Wasser nicht mischbar. Es hat das spezifische Gewicht 0,866 bei 17,2° (Faraday), das Lichtbrechungsvermögen 1,316 (Brewster) und leitet die Elektrizität nicht (Kemp). Die Spannung des Dampfes ist nach Faraday:

bei	— 12,2°	— 6,7°	— 2,8°	0°	+ 3,6°	6,9°	8,9°	10°
Atm.	1,53	1,89	2,20	2,37	2,72	3,00	3,17	3,28

bei	+ 11,1°	17,2°	21,1°	23,3°	34,2°	35°	39,4°
Atm.	3,36	4,00	4,50	4,79	6,50	6,64	7,50

Bunsen[3]) fand sie durchgehends höher, nämlich

bei	— 20,7°	— 10°	0°	+ 10°	15°	20°
Atm.	1,00	1,85	2,70	3,80	4,40	5,00

Im flüssigen Cyan sind nur wenige Körper löslich: Jod, gewöhnlicher Phosphor, Schwefelkohlenstoff, Chlorkohlenstoff, Kamfer; Wasser nur in geringem Grade[4]).

Die Flüssigkeit erstarrt einige Grade unterhalb — 30° zu einer strahligen, eisähnlichen Masse. Dieses feste Dicyan ist durchsichtig, krystallinisch, hat scheinbar dasselbe spezifische Gewicht wie das flüssige und schmilzt bei — 34,4°[5]).

Die Bildung des Cyans aus den Elementen verläuft, worauf Thomsen[6]) schon 1854 hinwies, unter Wärmeabsorption. Nach Berthelot[7]) verbraucht sie pro Molekel C_2N_2 82000 Kal., nach Thomsen[8]) 67370 Kal.

Wasser nimmt von Cyangas ungefähr das $4^1/_2$-fache seines Volums auf, Alkohol das 23-fache, Äther das 5-fache. Die Lösungen sind aber unbeständig, sie färben sich dunkel und setzen nach einiger Zeit braune Flocken von Azulmsäure ab, während sich in Lösung eine ganze Reihe von Verbindungen wie oxalsaures, oxaminsaures, kohlensaures Ammoniak, Oxamid, Blausäure, Harnstoff u. s. w. befinden[9]). Zusatz einer geringen Menge verdünnter Säure verhindert diese Zersetzung oder verlangsamt sie wenigstens.

---

[1]) H. Davy u. Faraday, Phil. Transact. 1823, 196. Ähnlich A. W. Hofmann, Ber. 3, 658. — [2]) Melsens, Compt. rend. 77, 781. — [3]) Bunsen, Ann. Phys. 46, 101. — [4]) G. Gore, Chem. News 24, 303. — [5]) Faraday, N. Bibl. univ. 59, 162; Ann. Chem. 56, 158; vgl. a. [3]). — [6]) J. Thomsen, Ann. Phys. 92, 55; Ber. 13, 152. — [7]) Berthelot, Ann. chim. phys. [5] 18, 437. — [8]) J. Thomsen, Ber. 13, 1392. — [9]) Vauquelin, Ann. chim. phys. 9, 113; Schweigg. J. 25, 50; Ann. ch. phys. 22, 132; N. Tr. 9, 1, 124; Woehler, Ann. Phys. 15, 627; Pelouze u. Richardson, Ann. Chem. 26, 63; Marchand, J. pr. Chem. 18, 104; Th. Zettel, Wien. Monatsh. 14, 223.

Von Quecksilber wird das Gas, besonders unter verstärktem Drucke, etwas absorbiert [1]). Holzkohle absorbiert grofse Mengen und zwar, auf das eigene Volumen der Kohle bezogen,

bei 760,0	1169,6	1291,2	1628,8	1873,4	2204,7	2678,2 mm Druck
107,5	107,7	110,3	112,0	115,4	121,0	124,9 Volumina [2]).

Verhalten. Das Gas erträgt recht hohe Temperaturen, ohne Zersetzung zu erleiden [3]). Beim Durchleiten durch ein auf Kirschrotglut erhitztes Porzellanrohr zeigt es nur geringe Zersetzung, und diese wird erst etwas lebhafter bei einer Hellrotglut, welche beinahe zum Erweichen des Porzellans führt. Sie scheint aber durch Kontaktsubstanzen wesentlich beschleunigt zu werden. Denn es erfolgt ein schneller und vollständiger Zerfall in die Elemente schon wenig oberhalb der Kirschrotglut, wenn ein aus Retortenkohle bestehendes, mit etwas Kryolith beschicktes Schiffchen eingeführt wird.[4]).

Denselben Zerfall bewirkt langsam das anhaltende Durchschlagen elektrischer Funken [5]), um so rascher, je mehr man die Zahl der Funken und ihre Spannung vermehrt, sehr schnell der elektrische Lichtbogen [6]). Eine momentane und vollständige Zersetzung wird erzielt, wenn man Knallquecksilber in dem Gase explodieren läfst.

Über glühendes Eisen geleitet, zerfällt es in seine Bestandteile (Gay-Lussac). Ein Teil des Stickstoffes scheint aber vom Eisen gebunden zu werden, denn die mit Hülfe von Säuren erhaltenen Lösungen desselben zeigen sich ammoniakhaltig [7]). Nach Phipson soll beim Erhitzen mit eisernen Nägeln im Rohr ein dem Argon ähnliches Gas gebildet werden [8]). Doch ist diese Angabe bisher experimentell sehr ungenügend begründet.

Das Gas ist brennbar, und zwar verbrennt es mit sehr charakteristischer purpurfarbener, bläulich und ganz aufsen grünlich gesäumter Flamme zu Kohlensäure und Stickstoff. In dieser Flamme kann man 5 Teile wahrnehmen: 1. einen dunklen Kegel, 2. eine hell leuchtende Umhüllung von Purpurfarbe, 3. eine die vorige umschliefsende dunkle Hülle, 4. eine hellblaue Hülle und 5. einen gelbgrünen, schwach leuchtenden Saum. Diese Erscheinungen weisen darauf hin, dafs die Verbrennung in zwei Abschnitten erfolgt. Dies ist nach Smithells und Dent in der That der Fall. In 2 verbrennt das Gas zunächst unter Bildung von Kohlenoxyd, gemäfs der Gleichung

$$(CN)_2 + O_2 = 2\,CO + N_2,$$

dann erst, in 4, verbrennt das Kohlenoxyd zu Kohlendioxyd. Oxyde

[1]) Amagat, Compt. rend. 68, 1170. — [2]) J. Hunter, Ber. 4, 281. — [3]) Buff u. A. W. Hofmann, Ann. Chem. 113, 135; Berthelot, Compt. rend. 95, 955. — [4]) P. u. L. Schützenberger, Compt. rend. 111, 774; Ber. 24, 2 Ref. — [5]) H. Davy, Gilb. Ann. 54, 383; s. a. [6]). — [6]) Berthelot, Bull. soc. chim. [2] 26, 101; Compt. rend. 23, 613 u. 955; Ber. 15, 72, 3082. — [7]) Duflos, Brandes' Arch. 22, 282. — [8]) T. L. Phipson, Chem. News 81, 230; Chem. Centralbl. 1900, II, S. 13.

des Stickstoffs entstehen dabei nur in ganz geringer Menge; wahrscheinlich aber sind sie es, welche den grünen Saum hervorrufen [1]).

Das Spektrum der Cyangasflamme ist aufserordentlich schön und hat zu vielfachen Durchforschungen Anlafs gegeben. Von der Fraunhoferschen Linie a bis L im Ultraviolett sich erstreckend, weist es Linien aller Farbenschattierungen auf. Im Rot und Orange hat es eine Anzahl breiter heller Bänder, im Grün ebenfalls, ferner aber zwei Liniengruppen, eine zwischen D und E, eine bei b. Im Blau und Violett zeigen sich vier glänzende Liniengruppen, zwei zwischen F und G, die dritte zwischen G und H, die vierte im Ultraviolett bei L. Besonders schön erscheint dieses Spektrum bei Verbrennung in Sauerstoffgas. Bei der Verbrennung in Luft treten die Linien bei b und die blaue Linie zwischen F und G nicht hervor.

Die Verbrennungswärme beträgt nach Thomsen [2]) für (C_2N_2, O_4) 261 290 kal.

Mit Sauerstoff gemengt, explodiert das Gas durch den elektrischen Funken äufserst heftig, und es entstehen dieselben Produkte wie bei der Verbrennung. Aber auch hierbei verläuft der Prozefs in zwei Stadien, und nur das Kohlenoxyd wird mit grofser, das Dioxyd mit weit geringerer Geschwindigkeit gebildet [Dixon, Strange und Graham] [3]). Daher mufs man auch, um eine schnelle und vollständige Verbrennung zu erzielen, dem Gemenge Knallgas zufügen (Bunsen). Die Vereinigung von Cyangas und Sauerstoff wird auch durch heifsen Platinschwamm herbeigeführt (Woehler), aber erst oberhalb 291° [4]).

Auch beim Überleiten über glühendes Kupferoxyd liefert Cyan wesentlich ein Gemenge von Kohlensäure und Stickstoff, nur in geringer Menge Oxyde des letzteren.

Trockenes Chlorgas wirkt auf trockenes Cyan nicht ein; bei Gegenwart von Feuchtigkeit und im Sonnenlicht entsteht nach Serullas [5]) ein ölartiges und ein starres Zersetzungsprodukt.

Mit Kalium und Natrium vereinigt sich Cyangas beim gelinden Erwärmen unter Lichterscheinung zu Cyaniden. Schon bei gewöhnlicher Temperatur tritt nach Berthelot [6]) die Vereinigung mit Zink langsam ein, etwas schneller bei 100°. Bei 300° wirken ferner Cadmium und Eisen unter Cyanidbildung ein, Kupfer und Blei dagegen erst bei 500 bis 550° unter gleichzeitiger Bildung von kohligen Massen und freiem Stickstoff. Mit Quecksilber und Silber läfst sich auch bei dieser Temperatur noch keine direkte Vereinigung bewirken, wohl aber mit Wasserstoff.

---

[1]) A. Smithells u. F. Dent, Chem. Soc. Journ. 1894, I, S. 603; Ber. 27, 611 Ref.; Dixon, Strange u. Graham, Chem. Soc. Journ. 1896, S. 759; Ber. 29, 1082 Ref. — [2]) J. Thomsen, Ber. 13, 1392. — [3]) Dixon, Strange u. Graham, Chem. Soc. Journ. 1896, S. 759; Ber. 29, 1082 Ref. — [4]) W. Henry, Ann. Phil. 25, 419. — [5]) Serullas, Ann. chim. phys. 35, 299. — [6]) Berthelot, Compt. rend. 89, 2; Ber. 12, 2153; Bull. soc. chim. 33, 2; Ber. 13, 571.

Die Einwirkung von Wasser bei gewöhnlicher Temperatur ist bereits erwähnt. Annähernd dieselben Zersetzungsprodukte entstehen schneller durch Erhitzen der wässerigen Lösung auf 100°, nämlich Blausäure, Kohlensäure, Ammoniak, Azulmsäure, Oxalsäure, Harnstoff [Zettel][1]).

Gegenüber Alkalilaugen verhält sich Cyan ähnlich wie Chlor, indem es Cyanid und Cyanat bildet. Doch wird ein Teil des Cyans dabei zersetzt, die Lösungen färben sich braun und enthalten dann nach Zettel außer den genannten Substanzen noch Azulmsäure, Ammoniak und Kohlensäure. Alkoholische Kalilauge wirkt ähnlich wie wässerige.

Nach Vauquelin wirken Quecksilberoxyd und Eisenoxyd auf die wässerige Cyanlösung in gleicher Weise wie die Alkalien ein.

Auch beim Überleiten des Gases über glühendes Kaliumkarbonat bildet sich, indem Kohlensäure entweicht, eine aus Cyanid und Cyanat bestehende Schmelze (Woehler).

Mit Ammoniakgas bildet Cyan einen weißen Nebel, der bald verschwindet, indem daraus eine braune Substanz, nach Jacobsen und Emmerling[2]) von der Zusammensetzung $C_4H_6N_6$, Hydrazulmin, entsteht. Ammoniaklösung nimmt das Gas begierig auf und bildet, wenn verdünnt, wesentlich Oxamid, wenn konzentriert, vorwiegend Azulminsäure $C_4H_5N_5O$[3]).

Durch Wasserstoffsuperoxyd wird Cyan schnell und vollständig in Oxamid verwandelt, besonders bei Gegenwart von Spuren Kalilauge[4]).

Mit Hydroxylamin entsteht in wässeriger Lösung nach der Gleichung

$$(CN)_2 + 2\,NH_3O = C_2H_6N_4O_2$$

eine weiße krystallisierte Verbindung, vermutlich Oxalamidoxim [Oxalenamidoxim][5]).

Mit Hydrazin vereinigt es sich zu dem krystallisierten Körper $C_2N_6H_8$, den Curtius und Dedichen als Karbohydrazimin

HN:C.NH.NH$_2$
HN:Ċ.NH.NH$_2$ auffassen[6]).

Mit wässeriger Salzsäure bildet Cyan Oxamid[7]), mit ätherischer Salzsäure nach Zettel[1]) wahrscheinlich eine Verbindung von jenem mit Salzsäure. Mit alkoholischer Salzsäure entstehen nach Volhard[8]) Oxalsäureester und Äthylchlorid; nach Pinner und Klein[9]) bildet sich in hervorragender Menge das salzsaure Salz des Oximidoäthers,

---

[1]) Th. Zettel, Wien. Monatsh. 14, 223. — [2]) O. Jacobsen u. A. Emmerling, Ber. 4, 947. — [3]) Woehler, Ann. Phys. 3, 177, 12, 253. — [4]) Br. Radziszewski, Ber. 18, 355. — [5]) E. Fischer, ebend. 22, 1930; F. Tiemann, ebend., S. 1936. — [6]) A. Angeli, Gazz. chim. 23, II, 101; Ber. 26, 891 Ref.; Th. Curtius u. G. M. Dedichen, Journ. pr. Chem. 50, 241 und 52, 272. — [7]) Schmitt u. Glutz, JB. 1868, S. 300. — [8]) Volhard, Ann. Chem. 158, 118. — [9]) A. Pinner u. Klein, Ber. 11, 1475.

sekundär Äthylchlorid, Ameisensäureester und Urethan. Ähnlich wie Äthylalkohol wirkt auch Isobutylalkohol gemeinsam mit Salzsäure.

Mit Schwefelwasserstoff liefert Cyan, wenn es im Überschufs ist, bei Gegenwart von Alkohol ein anfangs gelbes, bald dunkler werdendes Produkt, aus welchem durch heifses Chloroform Flaveanwasserstoff $C_2H_2N_2S$ ausgezogen wird [1]).

Unterchlorigsäuregas zersetzt Cyan langsam unter Bildung von Kohlensäure, Chlor, Stickstoff und Chlorcyan. Wässerige unterchlorige Säure entwickelt in Berührung mit Cyangas die genannten Gase unter Aufbrausen, enthält dann Salzsäure und Cyanursäure, während ein öliges Gemisch von Chlorcyan und Chlorstickstoff obenauf schwimmt [2]).

In Berührung mit Mangansulfat zersetzt sich das Cyangas unter Bildung von Karbonat und Stickstoff (Berzelius).

An Natriumacetessigester und Natriumacetylaceton lagert sich Cyan direkt an [3]).

In Eiweifslösungen erzeugt Cyan eine Verbindung, Cyanalbumin [4]). Defibriniertes Blut macht es dunkel, methämoglobinhaltig, verändert und zerstört dabei die roten Blutkörperchen. Weniger giftig als Blausäure, reizt und entzündet es die Schleimhäute und erzeugt Krämpfe, Atemnot, Cyanose und allgemeine Lähmung [5]). Das Blut mit Cyan vergifteter Tiere zeigt dieselben Veränderungen des Absorptionsspektrums wie totes Blut nach Absorption von Cyangas [6]).

Isocyan C:N.N:C vermutet Thiele [7]) in dem Produkt, welches aus dem bei Behandlung von Hydrazotetrazol mit Brom gebildeten Tetrabromid durch Alkali bei Gegenwart oxydierender Körper entsteht und das sich durch isonitrilartigen Geruch bemerkbar macht.

Paracyan, Tricyan oder wahrscheinlich richtiger Hexacyan $(CN)_x$, wahrscheinlich $(CN)_6$ [8]) bildet sich durch Polymerisation des Cyans beim Erhitzen auf nicht zu hohe Temperatur. Johnston [9]) erkannte zuerst, dafs der bei Darstellung von Cyan aus dessen Quecksilberverbindung hinterbleibende Rückstand die gleiche prozentische Zusammensetzung wie das Cyan selbst hat, und legte ihm die Bezeichnung Paracyan bei. Ebenso bildet sich Paracyan bei der Zersetzung des Cyansilbers [10]). Hierbei hinterbleibt es aber als Silberverbindung, aus welcher weder durch Salpetersäure noch durch Behandeln der Lösung in konzentrierter Schwefelsäure mit Wasser, Thaulows Angaben entsprechend, reines Paracyan von Rammelsberg und Liebig erhalten werden konnte.

---

[1]) R. Anschütz, Ann. Chem. **254**, 262. — [2]) Balard, Ann. ch. phys. **57**, 225; Ann. Chem. **14**, 167, 298. — [3]) W. Traube, Ber. **31**, 2938. — [4]) Loew, Journ. pr. Chem. [2] **16**, 60. — [5]) L. Lewin, Toxikologie, 2. Aufl., S. 163. — [6]) G. P. Menegazzi, Ber. **27**, 273 Ref. — [7]) J. Thiele, Ber. **26**, 2645. — [8]) P. Klason, Journ. pr. Chem. [2] **34**, 152; vgl. a. Mulder, Rec. trav. chim. Pays-Bas **6**, 199; Ber. **20**, 572 Ref. — [9]) Johnston, Ann. Chem. **22**, 280. — [10]) Thaulow, J. B. Berz. **23**, 81; Rammelsberg, Ann. Phys. **73**, 83; Liebig, Ann. Chem. **50**, 358.

Für die Darstellung bleibt also nur die Zersetzung des Quecksilbercyanids. Dasselbe mufs völlig trocken sein, da sonst ein Teil des Stickstoffs als Ammoniak entweicht und das Paracyan mit Kohlenstoff gemengt zurückbleibt[1]). Beigemengtes Quecksilber kann durch verdünnte Salpetersäure oder durch Behandlung mit einem Strome von Cyangas bei 440°[2]) beseitigt werden.

Bei der Zersetzung des Silber- und Quecksilbercyanids nimmt die Menge des gebildeten Paracyans mit dem Drucke beträchtlich zu. Im geschlossenen Rohr bei 440° gehen etwa 40 Proz. des Cyans in Paracyan über[2]).

Eine vorteilhafte Darstellungsmethode ist nach Hittorf[3]) die Elektrolyse von Cyankaliumlösung. Dabei scheidet sich unter bedeutender lokaler Temperaturerhöhung alles Cyan als Paracyan ab.

Das reine Paracyan ist fast schwarz, zerrieben dunkelbraun. Es verträgt ziemlich hohe Temperatur ohne Zersetzung, verwandelt sich aber bei Glühhitze in Dicyan und verflüchtigt sich daher, wenn es von Kohle frei war, ohne Rückstand. Troost und Hautefeuille beobachteten gelegentlich im geschlossenen Rohr eine Sublimation von farblosen quadratischen Prismen.

Die vollständige Umwandlung von Paracyan in Dicyan erfolgt bei 860°. Die Umwandlungsspannung beträgt in Millimeter Quecksilber[4]).

bei	502	506	559	575	587	599	601	629	640°
	54	56	123	129	157	275	318	868	1310 mm.

Nach Schützenberger[5]) enthält das aus Quecksilbercyanid dargestellte Paracyan stets Wasserstoff und etwas mehr Kohlenstoff, als dem atomaren Verhältnis entspricht. Auch wird das bei trockener Zersetzung daraus resultierende Cyangas durch Kalilauge nicht vollständig, sondern, unter Hinterlassung von etwas Stickstoff, absorbiert.

Im Wasserstoffstrom erhitzt, liefert das Paracyan Cyanammonium neben Kohle.

Leitet man Chlorgas über erhitztes Paracyan, so bilden sich weifse Nebel von erstickendem Geruch, und es verdichtet sich im kälteren Teil des Apparates ein weifser, sublimierbarer, in Wasser löslicher Körper[1]).

Schwefel ist beim Schmelzen wie beim Überleiten seines Dampfes über erhitztes Paracyan ohne Einwirkung auf dasselbe.

Wasser und verdünnte Säuren lösen das Paracyan nicht. Dampft man aber Salpetersäure darüber zur Trockne und erhitzt man den Rückstand etwas, so wird dieser gelb, löst sich dann in Salpetersäure und wird daraus durch Wasser als gelber Niederschlag gefällt.

---

[1]) Delbrück, Journ. pr. Chem. 41, 164. — [2]) Troost u. Hautefeuille, Compt. rend. 66, 735. — [3]) Hittorf, Z. physikal. Chem. 10, 616. — [4]) Troost u. Hautefeuille, Compt. rend. 66, 795. — [5]) Schützenberger, Bull. soc. chim. [2] 43, 306.

Aus trockenem Cyangas wird mit Hülfe des elektrischen Stromes ein Paracyan gewonnen, das sich von dem gewöhnlichen durch Löslichkeit in Alkohol, Alkalien und Ammoniak unterscheidet[1]).

Cyanwasserstoffsäure (Blausäure, Formonitril, Bergmanns Berlinerblausäure, Morveaus Acide prussique, zootische Säure) CNH. Zur Abkürzung wird in dieser und in ähnlichen Verbindungen das Radikal (CN) häufig durch das Symbol Cy dargestellt.

Blausäure wird vielfach aus Pflanzenextrakten gewonnen. Doch dürfte sie in den Pflanzen kaum oder nur vorübergehend in geringer Menge als solche existieren, vielmehr in Form von Glykosiden, wie Amygdalin und ähnlichen Substanzen, welche erst durch hydrolytische Spaltung infolge von Fermentwirkung Blausäure ergeben[2]). Dasselbe gilt für das im tierischen Organismus beobachtete Vorkommen[3]). Immerhin fand Greshoff in einigen javanischen Pflanzen Blausäure in freiem Zustande oder doch in so lockerer Bindung, dafs sie sofort nach Abtötung der Zelle sich als solche präsentierte. Schon Gautier nahm an, dafs die Bildung in den Pflanzen durch Einwirkung von Salpeter auf Formaldehyd stattfinde. Hébert, der dieser Ansicht beipflichtet, erblickt in der Blausäure, die ja sehr zu Kondensationen und Anlagerungen neigt, ein wichtiges Glied im Aufbau der Eiweifssubstanzen.

Cyanwasserstoffsäure läfst sich aus Cyan und Wasserstoff sowohl durch dunkle elektrische Entladung[4]) als auch durch den elektrischen Funken[5]) und durch Erhitzen auf 500 bis 550°[5]) erhalten.

Durch den elektrischen Funken entsteht sie auch aus einer Mischung von Acetylen und Stickstoff gemäfs der Gleichung $C_2H_2 + N_2 = 2NCH$[6]); statt des Acetylens kann man auch Benzoldampf anwenden, da dieser durch den elektrischen Funken in Acetylen übergeführt wird. Ähnlich wirkt der Funke auf ein Gemenge von Ätherdampf mit Ammoniak, nicht aber mit Stickstoff[7]).

Die Säure bildet sich ferner bei verschiedenen Zersetzungen des

---

[1]) Schützenberger, Bull. soc. chim. [2] **43**, 306. — [2]) Bohm, Scher. J. **10**, 126; Schrader, Gehlens allg. J. **1**, 392; Buchholz, ebend. **1**, 83; Vauquelin, Ann. chim. **45**, 206; Gehlens allg. Journ. **1**, 78; Bergemann, Schweiggers Journ. **4**, 346; Stockmann, Neues Journ. Pharm. **14**, I, 240; Grassmann, Repert. Pharm. **27**, 238; Wicke, Ann. Chem. **79**, 79 u. **88**, 175; Greshoff, Ber. **23**, 3548; R. Fischer, Pharm. Review **16**, 98; Chem. Centralbl. 1898, I, S. 992; Hébert, Bull. soc. chim. [3] **19**, 310; Chem. Centralbl. 1898, I, S. 1138; A. Vogel, Münch. Akad. Ber. 1884, S. 286; H. Vohl und H. Eulenberg, Arch. Pharm. **147**, 130; A. Vogel und Reischauer, Dingl. pol. Journ. **148**, 231; G. Le Bon u. G. Noël, Compt. rend. **90**, 1538; Ber. **13**, 1882. — [3]) C. Guldensteeden-Egeling, Arch. ges. Physiol. **28**, 576. — [4]) A. Boillot, Compt. rend. **76**, 1132; JB. 1873, S. 293. — [5]) Berthelot, Compt. rend. **89**, 2; Ber. **12**, 2153. — [6]) Derselbe, Compt. rend. **67**, 1141. — [7]) Perkin, J. B. 1870, S. 399; Michaelis, Graham-Ottos Lehrb., 5. Aufl., 2. Bd. II, S. 861.

Cyans und seiner übrigen Verbindungen, bei Zersetzung der Fulminate und bei der des Ammoniumformiats. Besonders wichtig ist der Zerfall des Methylamins bei Rotglut in Ammoniak, Blausäure, Methan und Wasserstoff[1]).

Die Bildungswärme aus den Elementen berechnet Thomsen[2]) zu —28360 kal., entgegen den Angaben Berthelots[3]).

Die Darstellung erfolgt meist aus gelbem Blutlaugensalz. Zur Gewinnung von wässeriger Blausäure destilliert man eine Mischung dieses Salzes mit verdünnter Schwefelsäure.

3 Tle. grob gepulvertes Blutlaugensalz werden in einem Kolben, der über einer geeigneten Heizvorrichtung steht, mit einem Gemenge aus 2 Tln. englischer Schwefelsäure und 4 bis 6 Tln. Wasser übergossen und durch einen Kühler mit der Vorlage in der Art verbunden, daſs das abwärts gebogene Ende der Kühlröhre ein wenig in vorgelegtes Wasser eingetaucht. Man destilliert lebhaft und unter guter Kühlung, bis der Kolbeninhalt einzutrocknen beginnt. Benutzt man statt des Kolbens eine Retorte, so muſs deren Hals schräg aufwärts gerichtet werden, da eine während der Destillation in Form eines dünnen Häutchens an der Wandung sich in die Höhe ziehende blaue Substanz sonst in den Kühler gelangt.

Die Zersetzung des Blutlaugensalzes erfolgt unter Hinterlassung von Ferrokaliumferrocyanid nach der Gleichung

$$2\,FeCy_6K_4 + 3\,SO_4H_2 = 3\,SO_4K_2 + FeCy_6K_2Fe + 6\,CyH.$$

Falls durch Spritzen etwas von den rückständigen Salzen in das Destillat gelangt ist, kann man dasselbe durch behutsame Rektifikation über etwas Magnesia, Calcium- oder Baryumkarbonat reinigen. Hierbei wird aber stets etwas Blausäure verloren, auch soll die rektifizierte Säure weit gröſsere Neigung zur Selbstentmischung zeigen[4]).

Bequemer, weil schon bei niedrigerer Temperatur erfolgend, ist die Darstellung der wässerigen Blausäure durch Destillation von Kaliumcyanid mit verdünnter Schwefelsäure[5]). Hierzu braucht das Cyanid nicht rein dargestellt zu werden, man kann vielmehr die bei dessen Bereitung gewonnene Rohschmelze (Gautier) oder einen wässerigen Auszug derselben (Robiquet) benutzen. Um die Destillation zu umgehen, verwendete Clarke[6]) Weinsäure an Stelle von Schwefelsäure zur Zersetzung und goſs die erhaltene Lösung vom ausgeschiedenen Weinstein ab.

Als Ausbeute werden von Gay-Lussac und Wackenroder[7]) $^2/_3$ des als Cyankalium vorhandenen Cyans angegeben, von Liebig[5])

---

[1]) Wurtz, Ann. chim. phys. [3] 30, 454. — [2]) Thomsen, Ber. 13, 1392. — [3]) Berthelot, Ann. chim. phys. [5] 5, 433. — [4]) Kemmerich, Brandes' Arch. 12, 92; Duflos, Kastn. Arch. 14, 114. — [5]) Robiquet, Journ. Pharm. 17, 653; Gautier, ebend. 13, 17; Liebig, Ann. Chem. 41, 288. — [6]) Th. Clarke, Lond. med. surg. Journ. 6, 524; Journ. chim. méd. 7, 544. — [7]) Wackenroder, Arch. Pharm. 29, 35.

$^9/_{10}$, von Mitscherlich, Geiger[1]), Everitt[2]), Thaulow[3]) und Williamson[4]) $^3/_4$.

Aus Cyanquecksilber läfst sich die wässerige Säure gewinnen: 1. Durch Schütteln mit Eisenfeile, Schwefelsäure und Wasser in verschlossener Flasche, bis alles Quecksilber aus der Lösung verschwunden ist, Abgiefsen und Destillation der Lösung (Schede). Die Umsetzung vollzieht sich nach der Gleichung

$$Cy_2Hg + Fe + SO_4H_2 = SO_4Fe + 2\,CyH + Hg.$$

2. Durch Destillation mit wässeriger Salzsäure. Nach Bussy und Buignet[5]) erhält man bei gelindem Erhitzen nicht die ganze Menge des Cyans als Blausäure, da ungefähr $^1/_3$ vom gebildeten Quecksilberchlorid gebunden wird. Dies wird verhindert durch Zusatz von Salmiak, zweckmäfsig 10 Tln. auf 21 Tle. Salzsäure von 1,16 spezif. Gew. und 24 Tle. Cyanid. 3. Ohne Destillation durch Zersetzung der wässerigen Lösung mit Schwefelwasserstoff und Filtration (Proust, Vauquelin). Nach Otto[6]) entführt aber das Schwefelwasserstoffgas einen beträchtlichen Teil der Blausäure. Auch ist Zusatz von etwas Schwefelsäure erforderlich, da sonst das Schwefelquecksilber nicht abfiltriert werden kann. Everitt[2]) schüttelte Cyansilber mit Salzsäure von 1,129 spezif. Gew. bis zur völligen Zersetzung und gofs die Flüssigkeit vom Silberchlorid ab.

In ähnlicher Weise stellte Thomson die wässerige Säure aus Cyanblei durch Schwefelsäure her. Doch ist nach Soubeiran[7]) die zur Zersetzung erforderliche Menge Säure schwer zu berechnen, da Cyanblei nicht gut getrocknet werden kann. Diese Schwierigkeit wäre durch eine vorangehende Bleibestimmung leicht zu beseitigen.

Der Gehalt der dargestellten wasserfreien Blausäure ist abhängig von der bei der Darstellung angewendeten Wassermenge.

Wasserfreie Blausäure aus Blutlaugensalz durch konzentrierte Schwefelsäure darzustellen, ist nicht möglich, weil der zur Verflüssigung der Masse erforderliche Überschufs von Schwefelsäure die Blausäure unter Bildung von Kohlenoxyd zersetzt. So erhält man auch aus Kaliumcyanid durch konzentrierte Schwefelsäure keine Blausäure, sondern in nahezu theoretischer Ausbeute Kohlenoxyd. Dagegen soll ebenfalls in fast theoretischer Ausbeute eine nur durch Spuren von Wasser verunreinigte Blausäure resultieren, wenn man eine kalte Mischung von gleichen Raumteilen Schwefelsäure und Wasser auf 98-proz. Kaliumcyanid tropfen läfst[8]).

---

[1]) Geiger, Ann. Chem. 3, 318. — [2]) Everitt, Phil. Mag. Journ. 6, 97. — [3]) Thaulow, Journ. pr. Chem. 31, 247. — [4]) Williamson, Ann. Chem. 57, 227. — [5]) Bussy u. Buignet, Chem. Centralbl. 1864, S. 554. — [6]) Graham-Otto, Lehrb., 5. Aufl., 2. Abt. II, S. 871. — [7]) Soubeiran, Journ. chim. pharm. 1, 121. — [8]) Wade u. Panting, Chem. Soc. Proc. 1897/98, Nr. 190, S. 49; Chem. Centralbl. 1898, I, S. 826.

Zur direkten Darstellung der wasserfreien Säure kann man auch nach Vauquelin trockenes Schwefelwasserstoffgas über festes Quecksilbercyanid leiten. Da das Fortschreiten des Prozesses sich durch die Schwärzung der Masse zu erkennen giebt, so kann man ihn so leiten und so rechtzeitig unterbrechen, dafs nichts von dem Schwefelwasserstoff in die Blausäure gelangt.

Nach Blythe [1]) kann die wasserfreie Säure durch Überleiten von trockenem Arsenwasserstoff über Cyankalium gewonnen werden.

Aus konzentrierter wässeriger Blausäure, wie sie durch Destillation von Blutlaugensalz mit mäfsig verdünnter Schwefelsäure erhalten wird, läfst sich wasserfreie gewinnen, wenn man das Wasser durch Calciumchlorid absorbieren läfst. Man trägt dieses allmählich und unter Abkühlung in die wässerige Säure ein, worauf sich fast wasserfreie Säure als gesonderte Schicht über der Chlorcalciumlauge absetzt. Durch Wiederholung dieser Behandlung, event. auch durch Destillation über trockenem Calciumchlorid wird sie von den letzten Wasserspuren befreit [2]).

Bequemer ist es, schon bei der Bereitung der Säure nach den vorher angegebenen Verfahren den Dampf durch wasserentziehende Mittel zu entwässern.

So stellte bereits Gay-Lussac die wasserfreie Säure aus Quecksilbercyanid und konzentrierter Salzsäure dar. Der Blausäuredampf wird durch eine auf 30° erwärmte Röhre von mehreren Fufs Länge geleitet, welche im ersten Drittel Marmor zur Beseitigung von Salzsäuredämpfen, im übrigen Teil trockenes Calciumchlorid enthält. Gautier, Robiquet und Woehler empfahlen eine ähnliche Trocknung der beim Erhitzen von Blutlaugensalz mit mäfsig verdünnter Schwefelsäure (1 : 2) auftretenden Dämpfe.

Wasserfreie Blausäure bildet bei gewöhnlicher Temperatur eine farblose dünne Flüssigkeit vom spezif. Gew. 0,70583 bei 7°, 0,6967 bei 18°. Ihr Lichtbrechungsvermögen ist = 1,275 [3]). Nach Gay-Lussac erstarrt sie bei — 15° zu einer weifsen, faserigen Masse, nach Schulz [4]) soll aber völlig wasserfreie Säure noch bei — 37° flüssig bleiben. Gautier [5]) giebt den Schmelzpunkt zu — 14° an. Sie siedet bei 26,5°, hat aber schon bei gewöhnlicher Temperatur eine sehr hohe Dampfspannung, bei 4,5° bereits 1/2 Atmosphäre. So ist auch die Verdampfung bei gewöhnlicher Temperatur eine so starke, dafs nach Gay-Lussac ein Tropfen, an einem Glasstabe der Luft ausgesetzt, infolge der Wärmeentziehung teilweise erstarrt. Bei der enormen Giftigkeit der Verbindung ist sonach die äufserste Vorsicht bei Behandlung der wasserfreien Säure geboten.

Das Molekularbrechungsvermögen ist = 10,17 [6]).

---

[1]) Blythe, JB. 1889, S. 617. — [2]) Trautwein, Rep. Pharm. 11, 13. — [3]) Cooper, Phil. Mag. Journ. 14, 186. — [4]) Schulz, Scher. Ann. 6, 310. — [5]) Gautier, Ann. chim. phys. [4] 17, 103. — [6]) Kanonnikow, Journ. pr. Chem. [2] 31, 361.

Das spezifische Gewicht des Dampfes ist nach Gay-Lussac = 0,9476, nach Gautier[1]) bei 31° = 0,969, bei 187° = 0,910.

Die freie Säure gilt als sehr unbeständig. Selbst in best verschlossenen Gefäfsen und bei völligem Ausschlufs von Luft findet eine Umsetzung der Elemente oft schon nach wenigen Stunden statt, und es scheidet sich, nachdem zunächst die Flüssigkeit mehr und mehr braun geworden ist, schwarzbraune Azulmsäure ab, aus welcher nach Lescoeur und Rigaut[2]) durch kochendes Benzol eine farblose feste Cyanurwasserstoffsäure ausgezogen werden kann.

Es scheint aber diese Kondensation nur bei Gegenwart von Cyansalzen zu erfolgen. Schon Gautier gab an, dafs völlig reine Säure lange aufbewahrt werden kann; nach ihm ist es meist die Gegenwart von Cyanammonium und Wasser, welche die Umwandlung in Azulmin bewirkt. Lescoeur und Rigaut beobachteten dieselbe Wirkung durch Spuren von Cyankalium auch bei gänzlicher Abwesenheit von Wasser. In Übereinstimmung damit steht die Thatsache, dafs Zusatz von sehr kleinen Mengen einer starken Säure die Zersetzung hindert. Andererseits kann aber die Haltbarkeit der angeblich reinen Säure auch durch Spuren von Ameisensäure (s. u.) bedingt sein.

Läfst man den Dampf der Säure durch ein glühendes Porzellanrohr streichen, so zerfällt er zum Teil in Cyangas, Wasserstoff und Stickstoff, bei Gegenwart von Eisen wird auch Kohlenstoff abgeschieden. Bei mehrstündigem Erhitzen im geschlossenen Rohr auf 100° geht sie in einen polymeren schwarzen Körper über, der beim Erhitzen Cyan und Cyanammonium entwickelt und Kohle hinterläfst. Eine ähnliche Zersetzung erleidet die Säure beim Erhitzen mit Alkohol oder Äther[3]). Dissoziation s. van Laar[4]).

Kalium, im Blausäuredampf erhitzt, ersetzt den Wasserstoff.

Der Dampf ist brennbar und verbrennt mit wenig leuchtender violetter Flamme. Ein Gemenge desselben mit Sauerstoff verpufft durch den elektrischen Funken äufserst heftig. Wird der Dampf über glühendes Kupferoxyd geleitet, so wird er zu Kohlensäure, Stickstoff und Wasser verbrannt. Bleisuperoxyd wird in dem Dampfe glühend. Die Verbrennungswärme beträgt nach Thomsen[5]) 159 500 kal.

Chlorgas zersetzt die wasserfreie Blausäure im Sonnenlicht zu Chlorwasserstoff und Chlorcyan. In Chloroformlösung entsteht hauptsächlich Cyanurchlorid, in ätherischer daneben die Salzsäureverbindung der Blausäure[6]), in alkoholischer entsteht Chloracetalkarbaminsäureester $C_8H_{15}ClN_2O_4$.

Mit den Halogenwasserstoffsäuren sowie mit verschiedenen Halogenverbindungen, z. B. Titanchlorid, Zinnchlorid, Antimonchlorid, Eisen-

[1]) Gautier, Ann. chim. phys. [4] 17, 103. — [2]) Lescoeur u. Rigaut, Ber. 12, 2163. — [3]) Girard, JB. 1876, S. 308. — [4]) J. J. van Laar, Ztschr. physikal. Chem. 12, 742. — [5]) J. Thomsen, Ber. 13, 1392. — [6]) P. Claësson, Bihang till K. Sv. Vet. Akad. Handl. 10, Nr. 5; Ber. 18, 496 Ref.

chlorid [1]), Aluminiumchlorid [2]), Borfluorid [3]), geht Blausäure Verbindungen ein. Durch Einwirkung von Salzsäuregas auf ein Gemisch von Alkohol und Blausäure entstehen Salmiak, Äthylchlorid, Ameisensäureester, Diäthylglyoxylsäureamid und Diäthylglyoxylsäureester [4]). Rauchende Salzsäure ergiebt bei guter Kühlung wesentlich Formamid [5]).

Eisessig wirkt erst bei 200° ein und bildet wahrscheinlich Acetylformamid [6]).

Auf selenige Säure wirkt wasserfreie Blausäure beim Erwärmen auf dem Wasserbade nach 1 bis 2 Stunden plötzlich ein, indem sie jene teilweise reduziert [7]).

Im übrigen stimmt das chemische Verhalten der wasserfreien Säure mit dem der wässerigen überein.

Mit Wasser, Alkohol und Äther läfst sich Blausäure in jedem Verhältnis mischen, auch in Chloroform ist sie löslich. Beim Vermischen mit Wasser findet Temperaturerniedrigung und zugleich Verdichtung statt [8]), am stärksten bei Mischung gleicher Gewichtsteile. Nach Gautier bildet die Säure mit Wasser bei niederer Temperatur möglicherweise drei unbeständige Hydrate, von denen das eine, von der Zusammensetzung $CNH + H_2O$, bei —22° schmilzt.

Die wässerige Blausäure besitzt in starker Verdünnung den eigentümlich aromatischen Geruch, welcher sich beim Zerreiben bitterer Mandeln mit Wasser zu erkennen giebt. Sie schmeckt nicht sauer und reagiert auch nicht sauer gegen Pflanzenfarben. Auf Zusatz alkalischer Basen oder von Alkalikarbonaten verschwindet der Geruch, auch vermag die Blausäure aus Alkalikarbonaten beim Erhitzen Kohlensäure auszutreiben. Die Karbonate der alkalischen Erden vermag sie aber nicht mehr zu zerlegen, ebenso wenig Borsäuresalze. Man kann daher wässerige Blausäure über Calciumkarbonat oder Borax unverändert abdestillieren. Eine gröfsere Neigung zur Salzbildung zeigt die Säure, sobald Gelegenheit zur Doppelsalzbildung vorhanden ist. So entsteht Kaliumzinkcyanid, wenn man wässerige Blausäure, Zinkoxyd und Kaliumkarbonat zusammenbringt.

Quecksilberoxyd wird von der wässerigen Säure leicht in das Cyanid verwandelt. Aus Mercurosalzlösungen scheidet sie dagegen metallisches Quecksilber ab.

Mit Silbernitratlösung giebt sie einen weifsen käsigen, dem Chlorsilber ganz ähnlichen Niederschlag von Cyansilber. Derselbe bleibt am Lichte weifs. Durch mehrstündige Digestion mit Salpetersäure von 1,2 spezif. Gew. bei 100°, rascher im geschlossenen Rohr bei 150°, wird er zersetzt (Carius).

[1]) Klein, Ann. Chem. 74, 85. — [2]) G. Perrier, Compt. rend. 120, 1423; Ber. 28, 609 Ref. — [3]) G. Patein, Compt. rend. 113, 85; Ber. 24, 734 Ref. — [4]) A. Pinner u. Klein, Ber. 11, 1475. — [5]) L. Claisen u. F. E. Matthews, Chem. Soc. Journ. 1882, I, 264; Ber. 16, 308. — [6]) Lossen u. Schifferdecker, Ann. Chem. 166, 295. — [7]) O. Hinsberg, ebend. 260, 40. — [8]) Bussy u. Buignet, Chem. Centralbl. 1864, S. 554.

Eisensalzlösungen sind für sich ohne Wirkung auf die Säure. Mischt man derselben aber erst Kalilauge hinzu, dann Ferrosulfatlösung, die etwas Ferrisalz enthält, so scheidet sich beim Ansäuern ein dunkelblauer Niederschlag (Berlinerblau) aus. Diese Reaktion ist äufserst empfindlich; bei Anwesenheit von sehr geringen Mengen Blausäure entsteht der Niederchlag nicht sofort, es resultiert vielmehr zunächst eine blaugrüne oder selbst rein grüne Lösung, aus welcher erst nach einigem Stehen Berlinerblau abgeschieden wird.

Bei Einwirkung von Schwefelammonium entsteht Ammoniumrhodanat.

Ferner entstehen Rhodanate durch Einwirkung von Cyaniden auf Thiosulfate [1]):

$$S_2O_3K_2 + CNK = SO_3K_2 + CNSK.$$

Durch Einwirkung von Säuren, besonders von Salzsäure oder Schwefelsäure, geht Cyanwasserstoffsäure in Ameisensäure und Ammoniak bezw. Ammoniumsalz über: $CNH + 2H_2O = H.COOH + NH_3$ bezw. $CNH + 2H_2O + ClH = H.COOH + ClNH_4$. Daher mufs bei der Darstellung ein Überschufs an Säure vermieden werden. Kleine Mengen Ameisensäure finden sich aber auch bei Beobachtung dieser Vorsicht, und ihnen ist es zu danken, wenn die Blausäurelösung sich haltbar erweist, wie auch die saure Reaktion, welche Blausäurelösungen meist zeigen, auf Anwesenheit von Ameisensäure beruht. Lösungen, welche ganz frei von stärkerer Säure sind, erleiden bald die schon bei der wasserfreien Säure erwähnte Zersetzung. Ist Cyankalium in ihnen vorhanden, so entstehen dabei zunächst rote Lösungen [2]).

Wird Blausäure mit Wasser und Essigsäure, welche nur das Auftreten ammoniakalischer Reaktion hindern soll, in geschlossenen Röhren erhitzt, so wird, allerdings in sehr geringer Ausbeute, ein Gemisch von Xanthin und Methylxanthin erhalten [3]).

Chlor bildet mit der wässerigen Säure gasförmiges Chlorcyan.

Mit Jod setzt sich Blausäure, wenn sie im Überschusse ist, nach der Gleichung $CNH + J_2 = CNJ + JH$ um. Die Gröfse der Umsetzung ist der Verdünnung und der Temperatur direkt proportional. Bei Überschufs von Jodwasserstoff ist die Reaktion vollständig umkehrbar [4]).

Mit wässerigem Wasserstoffsuperoxyd verbindet sich Blausäure zu Oxamid.

Angesäuerte Permanganatlösung wirkt auf Blausäure in der Kälte nicht ein, alkalische oxydiert dieselbe [5]).

Nascierender Wasserstoff (Zink und Salzsäure) führt Blausäure in

---

[1]) Dobbin, Chem. News 77, 131; Chem. Centralbl. 1898, I, S. 918. — [2]) O. v. d. Pfordten, Ber. 18, 1875. — [3]) Arm. Gautier, Compt. rend. 98, 1523; Ber. 17, 350 Ref. — [4]) E. v. Meyer, Journ. pr. Chem. [2] 36, 292. — [5]) Péan, JB. 1858, S. 584.

Methylamin über, ebenso wirkt gasförmiger Wasserstoff in Gegenwart von Platinschwarz bei 110°.

Konzentrierte, mit einem Tropfen Schwefelsäure versetzte Blausäure zerfällt durch den elektrischen Strom in Kohlensäure und Ammoniak[1]).

Mit Hydroxylamin vereinigt sich Blausäure leicht zu Methenylamidoxim, viel schwerer reagiert sie mit Phenylhydrazin unter Bildung einer Verbindung $C_7H_9N_3$, wahrscheinlich Methenylphenylazidin[2]).

An Aldehyde lagert sich Blausäure an, indem sie Nitrile von Oxysäuren bildet. Auch lagert sie sich an einige organische Körper von basischem Charakter, wie z. B. Rosanilin, ohne Bildung eines Hydrocyanids an. Ferner erfolgt Anlagerung an ungesättigte Karbonsäureester[3]).

In Eiweifslösungen giebt wässerige Blausäure einen reichlichen Niederschlag, während eingeleitetes Blausäuregas dieselben kaum trübt. Bemerkenswert ist, dafs die Kadaver mit Blausäure vergifteter Tiere sehr lange, länger als ein Jahr, sich halten; die Blausäure selbst geht darin innerhalb einiger Monate vollständig in Ammoniumformiat über[4]).

Blausäure ist ein aufserordentlich starkes Gift. Meerschweinchen sterben nach ca. $^1/_{1000}$ mg, für Menschen ist im allgemeinen 0,05 g tödlich, wenn auch ausnahmsweise Genesung nach 0,1 g, angeblich sogar nach 1 g beobachtet wurde[5]). Sie ist für alle Tiere giftig, auch die angebliche Giftfestigkeit des Igels ist widerlegt[5]), doch zeigen auch nahe verwandte Arten, z. B. verschiedene Fischspecies, verschiedene Resistenz[6]).

Die Art der Giftwirkung ist noch unklar. Schoenbein[7]), nach dessen Angabe Blut durch Blausäure die Fähigkeit zur katalytischen Zersetzung von Wasserstoffsuperoxyd verliert, glaubte, dafs die roten Blutkörperchen ebenso ihre für die Respiration wichtigen Eigenschaften verlieren. Nach Lewin[5]) vermag aber das Blut der mit Blausäure vergifteten Tiere stets Wasserstoffsuperoxyd zu zersetzen. Immerhin steht so viel fest, dafs die Gewebe die Fähigkeit verlieren, selbst überschüssig vorhandenen Sauerstoff zu assimilieren[8]), fraglich bleibt nur, wie diese Wirkung zu stande kommt. Als Gegengift findet Wasserstoffsuperoxyd Verwendung.

Ein Teil der Blausäure wird aus dem Tierorganismus durch die Lungen, vielleicht auch durch die Haut, unverändert ausgeschieden, ein anderer zersetzt; dieser macht sich im Harn durch das Auftreten von Rhodanverbindungen bemerkbar. Im Blute tritt Bräunung auf, die roten Blutkörperchen werden gekörnt und schliefslich ganz zerstört. Im Spektrum verschwinden die Oxyhämoglobinstreifen, aber das Hämoglobin erleidet keine spektroskopisch nachweisbaren Veränderungen[5]).

---

[1]) Schlagdenhauffen, JB. 1863, S. 305. — [2]) Gautier, Ann. Chem. **150**, 188. — [3]) J. Bredt u. J. Kallen, ebend. **293**, 338. — [4]) Ch. Brame, Compt. rend. **94**, 1656; Ber. **15**, 2271. — [5]) Lewin, Toxikologie, 2. Aufl., S. 162. — [6]) N. Gréhaut, Compt. rend. **109**, 502; Ber. **22**, 695 Ref. — [7]) Schoenbein, Ztschr. Biol. **3**, Heft 3. — [8]) Geppert, Ztschr. klin. Med., Bd. **15**.

Konstitution. Blausäure wird meist als Ameisensäurenitril N≡C.H aufgefaſst und ist nur in einer Form bekannt. Ihre Ester existieren hingegen in zwei ausgesprochen isomeren Reihen. Die eine, der obigen Formel entsprechend, bilden die Nitrile oder Alkylcyanide N≡C.R, die andere die Isonitrile oder Karbylamine (Isocyanide), denen man die Formel R.N=C oder R:N≡C zuzuschreiben hat. Beide Reihen unterscheiden sich vor allem charakteristisch durch ihr Verhalten bei der Verseifung. Hierbei tritt stets Spaltung zwischen dem Stickstoffatom und dem durch sogenannte mehrfache Bindung mit ihm vereinigten Kohlenstoffatom ein, während das Alkyl seinen Platz behält. So entstehen aus den Nitrilen Ammoniak und die Säuren mit entsprechendem Kohlenstoffgehalt

$$N\equiv C.R + 2\,H_2O = NH_3 + R.COOH,$$

hingegen aus den Isonitrilen primäre Amine und Ameisensäure

$$R.N\equiv C + 2\,H_2O = R.NH_2 + HCOOH.$$

Auch bei anderen Reaktionen, z. B. der Reduktion, bleibt der Kohlenstoff des Cyans in den Nitrilen stets mit dem Kohlenstoff des Alkyls verbunden.

Bei den Blausäuresalzen ist eine derartige Isomerie nicht festzustellen, wohl aber macht sich die Tautomerie deutlich kenntlich. Während diese Salze meist im Sinne der Nitrilformel reagieren, also nach der Formel N≡C.Me konstituiert erscheinen, verhält sich das Silbersalz teils im Sinne dieser Formel, teils aber im Sinne der Isonitrilformel AgN≡C. Eine Sonderstellung scheint das Merkurisalz einzunehmen.

Nef[1]) nimmt auf Grund der von ihm studierten Einwirkung der Salzsäure auf die alkoholisch-ätherische Lösung der Blausäure für diese wie für die Salze durchweg die Isocyanformel mit zweiwertigem Kohlenstoff an, also H.N=C und Me.N=C. Nach Wade[2]) stellt sich die Nitrilkonstitution aus der Isonitrilform erst bei höherer Temperatur her.

Blausäure-Chlorhydrat CNH.ClH entsteht nach Gautier[3]) beim Einleiten von Salzsäuregas in auf —10° bis —15° abgekühlte wasserfreie Blausäure. Man erwärmt das in eine Röhre eingeschmolzene Gemisch auf 35 bis 40° und läſst wieder erkalten. Es scheidet sich dann eine Krystallmasse von der angegebenen Zusammensetzung aus, die in Äther unlöslich ist. An der Luft zieht sie begierig Feuchtigkeit an, und mit Wasser zersetzt sie sich sehr schnell zu Ammoniumchlorid und Ameisensäure, mit Alkohol zu salzsaurem Formamidin. Beim Erhitzen sublimiert die Verbindung teilweise unzersetzt.

---

[1]) J. U. Nef, Ann. Chem. 287, 265. — [2]) J. Wade, Chem. Soc. Proc. 16, 156; Chem. Centralbl. 1900, II, S. 366. — [3]) Gautier, Ann. chim. phys. [4] 17, 103.

Blausäure-Sesquichlorhydrat $2\,CNH.3\,ClH$, nach Gattermann und Schnitzpahn[1]) als salzsaures Dichlormethylformamidin $(NH:CH.NH.CHCl_2).ClH$ aufzufassen, entsteht beim Einleiten von Salzsäuregas in Blausäure, die in trockenem Essigester gelöst und gut gekühlt ist. Man gießt die Lösung nach einigen Stunden vom Niederschlage ab, wäscht diesen mit Essigester, zuletzt mit absolutem Äther[2]). Die Verbindung bildet eine feste, prismatisch-krystallinische Masse, die geruchlos und nahezu ungiftig ist. In gut schließenden Gefäßen über konzentrierter Schwefelsäure läßt sie sich unverändert aufbewahren, an feuchter Luft aber raucht sie stark, zieht begierig Wasser an, von welchem sie in Ammoniumchlorid und Ameisensäure zerlegt wird. Sie schmilzt gegen 180° zur braunschwarzen Flüssigkeit, sublimiert bei stärkerem Erhitzen unter teilweiser Zersetzung. In Äther, Chloroform und Essigester ist sie unlöslich. Mit Alkohol erhitzt, liefert sie Ameisensäureäthylester, Äthylchlorid, Ammoniumchlorid und salzsaures Methenylamidin.

Blausäure-Sesquibromhydrat $2\,CNH.3\,BrH$ entsteht in derselben Weise wie die entsprechende Salzsäureverbindung[3]). Die Verbindung ist krystallinisch, oberhalb 100° unter Zersetzung flüchtig. Unlöslich in Äther und Essigester, wird sie von Wasser und Alkohol heftig zersetzt.

Blausäure-Jodhydrat $CNH.JH$ bildet sich beim Zusammentreten beider Komponenten im Gaszustande. Die Verbindung bildet warzenförmige Krystalle, die durch Wasser sofort zersetzt werden[4]).

Polymere Blausäure $(CNH)_3$, wahrscheinlich als das Dinitril der Aminomalonsäure $NH_2.CH{<}^{CN}_{CN}$ aufzufassen, bildet sich, wenn ein Gemisch von Epichlorhydrin mit Blausäure dem Sonnenlicht ausgesetzt wird[5]), nach Wippermann[6]) neben Azulmsäure stets, wenn wässerige Blausäure mit ätzenden oder kohlensauren Alkalien in Berührung bleibt, nach Lescoeur und Rigault[7]) beim Versetzen wasserfreier Blausäure mit festem Kaliumcyanid. Der Tricyanwasserstoff wird aus dem Reaktionsprodukt mit Äther ausgezogen, die beim Verdunsten des Lösungsmittels hinterbleibenden Krystalle werden aus Wasser unter Zusatz von Tierkohle umkrystallisiert.

Er krystallisiert aus Alkohol in angeblich triklinen Krystallen, die sich bei 140° bräunen, bei raschem Erhitzen bei 180° schmelzen, in höherer Temperatur unter Ausstoßung von Blausäuredämpfen

---

1) Gattermann u. Schnitzspahn, Ber. **31**, 1770. — 2) L. Claisen u. F. E. Matthews, Chem. Soc. Journ. 1882, I, S. 264; Ber. **16**, 308. — 3) Gal, Ann. Chem. **138**, 38; Gautier, Ann. chim. phys. [4] **17**, 103; L. Claisen u. F. E. Matthews, Chem. Soc. Journ. 1882, I, S. 264; Ber. **16**, 308. — 4) Gal, Ann. Chem. **138**, 38; Gautier, Ann. chim. phys. [4] **17**, 103. — 5) O. Lange, Ber. **6**, 99. — 6) R. Wippermann, ebend. **7**, 767. — 7) Lescoeur u. Rigault, Bull. soc. chim. **34**, 473.

explosionsartig verpuffen. 100 Teile Wasser lösen bei 24° 0,55 Teile und bei 100° 9 bis 10 Teile der Substanz[1]). Dieselbe löst sich leicht in heifsem Alkohol und Benzol, schwer in Äther.

Mit Platinchlorid giebt sie eine grüne Färbung.

Beim Kochen mit Wasser zerfällt Tricyanwasserstoff in Ammoniak, Blausäure und Azulmsäure, beim Erwärmen mit Barythydrat, Salzsäure oder Jodwasserstoffsäure in Kohlensäure, Ammoniak und Aminoessigsäure.

Mit Salzsäure bildet Tricyanwasserstoff eine amorphe schwarze Verbindung $(CNH)_3 . 3\,ClH + 3\,H_2O$, die beim Stehen im Exsikkator in $(CNH)_3 . ClH$ übergeht[2]).

Blausäuresalze, Metallcyanide, Cyanmetalle.

Man kann Cyanide aus freier Blausäure durch Basen, aus Cyanaten durch Reduktion, vor allem aber aus den Alkalicyaniden durch doppelte Umsetzung erhalten. Die Alkalicyanide aber entstehen, wie schon beim Cyan erwähnt, leicht beim Glühen stickstoffhaltiger organischer Verbindungen mit Alkalimetall. Ähnlich entsteht Zinkcyanid aus vielen organischen Verbindungen beim Glühen mit Zinkstaub[3]).

Im grofsen gewinnt man Kaliumferrocyanid, das gelbe Blutlaugensalz, durch Schmelzen von tierischen Abfällen mit Pottasche und Eisen, hieraus Cyankalium durch Schmelzen mit trockener sulfatfreier Pottasche.

Aus dem atmosphärischen Stickstoff kann man in ähnlicher Weise zu Alkalicyaniden gelangen, wenn man mit metallischem Eisen und Kohle versetzte Ätzalkalien oder Alkalikarbonate unter Luftzutritt schmilzt[4]). Man kann auch Alkali- oder Erdalkalikarbide in einem Strom von Stickstoff und Wasserdampf erhitzen[5]). Statt dieses Gemenges dient auch ein Strom von trockenem Ammoniakgas oder von Stickoxyd. Aus Ammoniakgas werden ferner Alkalicyanide durch ein glühendes Gemenge von Alkalikarbonat und metallischem Zink gebildet[6]).

Von den einfachen Cyaniden sind nur die der Alkalien, der Erdalkalien und das Mercuricyanid in Wasser löslich. Die Alkali- und Erdalkalicyanide vertragen Rotglut und reagieren bei dieser mit metallischem Magnesium unter lebhaftem Erglühen und Bildung von Magnesiumnitrid und Metallkarbid. Die übrigen sind bei Rotglut nicht beständig und geben beim Erhitzen mit Magnesium unter Explosion Magnesiumnitrid, Metall und Kohle[7]).

---

[1]) R. Wippermann, Ber. 7, 767. — [2]) Lescoeur u. Rigault, Bull. soc. chim. 34, 473. — [3]) Aufschläger, Wiener Monatsh. 13, 275. — [4]) V. Adler, D. P. 12351, 18945, 24334, 32334; E. Täuber, Ber. 32, 3152. — [5]) Caro u. Frank, D. P. 88363 u. 92587. — [6]) Hood u. Salomon, D. P. 87613. — [7]) W. Eidmann, J. pr. Chem. [2] 59, 1.

Alle einfachen Cyanide geben beim Kochen mit Salzsäure ihr Cyan als Blausäure ab.

Wie Cyanwasserstoffsäure besitzen auch die einfachen Cyanide eine aufserordentlich grofse Verbindungsfähigkeit. Sie lagern sich nicht nur untereinander zu Doppelsalzen zusammen, sondern bilden solche auch vielfach mit anderen Salzen, Metalloxyden basischer wie saurer Natur u. s. f.

Besonders bei den Cyaniden der Schwermetalle tritt die Neigung zur Bildung von Doppelcyaniden stark hervor. Da die alkalihaltigen Doppelcyanide in Wasser löslich sind, so lösen sich die Niederschläge, welche durch Cyankalilösung in Metallsalzlösungen erzeugt wurden, im Überschusse des Fällungsmittels leicht auf. Viele Metalle, wie Zink, Kupfer, Eisen, lösen sich sogar als solche in wässeriger Cyankaliumlösung unter Entwickelung von Wasserstoff und Bildung der erwähnten Doppelsalze auf. Ebenso lösen sich Oxyde und viele Sulfide in Cyankaliumlösung, und selbst Platin geht, mit Cyankalium geglüht, in lösliches Platincyankalium über.

Unter den Doppelcyaniden hat man zwei Arten zu unterscheiden. Die eine zeigt in ihrem Verhalten, z. B. gegen Salzsäure, die Natur der einfachen Cyanide, und die hierher gehörigen Verbindungen können als eigentliche Cyanide betrachtet werden. Andere, wie das gelbe Blutlaugensalz, spalten mit konzentrierter Salzsäure in der Kälte überhaupt keine Blausäure ab, sondern eine neue, das Schwermetall noch enthaltende Säure. Diese Verbindungen sind also als komplexe Säuren zu betrachten. Sie vermögen auch demgemäfs das Alkalimetall gegen andere Metalle auszutauschen, ohne dafs die Zusammensetzung des schwermetallhaltigen Restkomplexes sich ändert.

Die chemischen Eigenschaften beider Gruppen sind aber nicht scharf getrennt. Physikalische Untersuchungen machen vielmehr die Komplexität mancher Doppelsalze wahrscheinlich, die chemisch als eigentliche Cyanide erscheinen. So sind nach Walden[1]) nicht nur die Kaliumdoppelcyanide des Eisens und Kobalts, sondern auch die des Silbers, Quecksilbers, Zinks, Kadmiums und Nickels auf Grund ihrer Leitfähigkeit als komplexe Salze zu betrachten. Nach Berthelots[2]) thermochemischen Beobachtungen ist die Argentocyanwasserstoffsäure $Ag(CN)_2H$ zwar noch als solche erkennbar, aber unbeständig, die Mercuricyanwasserstoffsäure $Hg(CN)_4H_2$ noch unbeständiger, während Zinkcyanwasserstoffsäure $Zn(CN)_4H_2$ zwischen beiden die Mitte hält.

Aus manchen komplexen Cyaniden, z. B. dem gelben Blutlaugensalz, Kaliumferrocyanid $Fe(CN)_6K_4$, machen selbst bei der Destillation verdünnte Salz- und Schwefelsäure nur die Hälfte der Blausäure frei.

---

[1]) Walden, Zeitschr. anorgan. Chem. 23, 373. — [2]) Berthelot, Compt. rend. 128, 630; Chem. Centralbl. 1899, I, S. 1013.

Vollständige Zersetzung erfolgt nur beim Erhitzen mit einem Gemisch aus ungefähr 3 Tln. konzentrierter Schwefelsäure und 1 Tl. Wasser [1]). Eine vollständige Zerlegung der Doppelcyanide erfolgt ferner durch Silberlösung [1]), besonders durch ammoniakalische [2]). Die Einwirkung von Schwefelwasserstoff und Schwefelalkalien ist, je nach dem Metall, verschieden. Es scheinen zum Teil komplizierte lösliche Verbindungen zu entstehen [3]).

Für die Darstellung von Cyaniden organischer Basen eignet sich nur die Umsetzung von Baryumcyanid mit den betreffenden Sulfaten [4]).

Ammoniumsalz $CN.NH_4$ bildet sich beim Überleiten von Ammoniakgas über glühende Kohlen [5]), ferner aus Chloroform und Ammoniak, drittens beim Leiten eines Gemenges von Ammoniak, Wasserstoff und Stickstoff über Kohle, welche auf 1100° erhitzt ist. 70 Proz. des entstehenden Cyans bilden sich auf Kosten des freien Stickstoffs, wenn das Gasgemenge in dem folgenden Verhältnis gemischt ist: $NH_3 = {}^1/_{26}$ des Gemisches von $1 N : 10 H$ [6]). Zur Darstellung erwärmt man ein Gemisch von Salmiak und Cyankalium oder Quecksilbercyanid [7]), oder von 3 Tln. gelbem Blutlaugensalz und 2 Tln. Salmiak [7]) auf 100°. Um eine wässerige Lösung darzustellen, destilliert man 2 Tle. gelbes Blutlaugensalz mit 3 Tln. Ammoniumchlorid und 10 Tln. Wasser. Das Salz krystallisiert in Würfeln und siedet bei 36°. Es hat die Dampfdichte 0,79, etwa die Hälfte der berechneten [8]). In Wasser und Alkohol ist es leicht löslich, die Lösungen reagieren alkalisch. Sein Geruch ist blausäureähnlich, und es wirkt höchst giftig.

Baryumsalz $(CN)_2Ba$ bildet sich beim Überleiten von Luft über ein glühendes Gemenge von Baryt und Kohle [9]), ferner aus Baryumnitrid durch Erhitzen im Stickstoffstrom oder mit Kohlenoxyd [10]). Man stellt es dar, indem man Kaliumbaryumeisencyanür (welches man durch Fällung von 2 Tln. gelbem Blutlaugensalz mit 1 Tl. Baryumchlorid erhält) bei Luftabschlufs glüht und den Rückstand mit Wasser auslaugt [11]). Es ist krystallinisch. In Wasser ist es ziemlich schnell löslich, durch die Kohlensäure der Luft wird es rasch zersetzt. Beim Erhitzen im Wasserdampfe auf 300° verliert es allen Stickstoff als Ammoniak.

Krystallwasserhaltiges Salz von der Zusammensetzung $(CN)_2Ba + 2H_2O$ erhält man, wenn man wasserfreie Blausäure unter Abkühlen in krystallisiertes Barythydrat leitet. Die erhaltene Lösung

---

[1]) Rose, Z. anal. Chem. **1**, 194, 288. — [2]) Weith, Zeitschr. f. Chemie 1869, S. 380. — [3]) Berthelot, Compt. rend. **128**, 706; Chem. Centralbl. 1899, I, S. 964. — [4]) Ad. Claus u. E. A. Merck, Ber. **16**, 2737. — [5]) Langlois, JB. Berz. **22**, 84. — [6]) Lance, Compt. rend. **124**, 819; Chem. Centralbl. 1897, I, S. 1093; vgl. Lance u. de Bourgade, D. P. 100775; Chem. Centralbl. 1899, I, S. 766. — [7]) Bineau, Ann. Chem. **32**, 230. — [8]) Ders., ebend. **32**, 230; Troost u. Deville, JB. 1863, S. 17. — [9]) Marguerite u. Sourdeval, JB. 1860, S. 224. — [10]) Maquenne, Bull. soc. chim. [3] **7**, 366; Ber. **25**, 771 Ref. — [11]) Schulz, JB. 1856, S. 436.

wird im Vakuum über Schwefelsäure und Ätzkali verdunstet [1]). Das Salz bildet sehr zerfließliche, prismatische Krystalle. Im Vakuum, über Schwefelsäure, verliert es ein Molekül Wasser; der Rest an Wasser kann durch vorsichtiges Trocknen im Luftstrome bei 75° und zuletzt bei 100° entfernt werden. 10 Tle. Wasser lösen 8 Tle., 10 Tle. Alkohol von 70 Proz. lösen bei 14° 1,8 Tle. Baryumcyanid.

Eine Verbindung mit Methylalkohol $CH_3.OBa.CN + CH_4O$ bildet sich beim Einleiten von Blausäure in eine Lösung von Baryt in Holzgeist [2]). Sie ist ein Krystallpulver, in Wasser ziemlich leicht löslich, schwer löslich in kaltem Holzgeist. Bei 100° verliert sie eine Molekel Holzgeist und hinterläßt in stärkerer Hitze ein basisches Salz von der Zusammensetzung $(CN)_2Ba.BaO$.

Bleisalz. Basisches Salz $(CN)_2Pb + 2PbO + H_2O$ bildet sich erstens beim Fällen von Blausäure mit Bleiessig und Ammoniak [3]), zweitens beim Fällen von Bleiacetat mit Cyankalium, drittens bei längerer Einwirkung von überschüssiger Blausäure auf Bleioxyd [4]). Es ist ein in Wasser unlösliches Salz, welches sich an der Luft verändert.

Calciumsalz $(CN)_2Ca$ erhält man durch Glühen von Kalium-Magnesiumeisencyanür und Auslaugen der Masse mit Wasser. Es krystallisiert in Würfeln [5]). Die Lösungen des Calciumcyanids zersetzen sich sehr leicht, namentlich in Gegenwart freier Blausäure. Verdunstet man die Lösung im Vakuum über Schwefelsäure und Kaliumhydroxyd, so scheiden sich kleine Nadeln der basischen Verbindung $(CN)_2Ca.3CaO + 15H_2O$ aus. Diese Krystalle hinterlassen beim Trocknen im Vakuum schließlich nur Ätzkalk [4]).

Chromsalze. Chromosalz. Es ist nur das Doppelsalz Kaliumchromcyanür $(CN)_2Cr.4CNK$ bekannt, welches man durch Eintragen von essigsaurem Chromoxydul in eine konzentrierte, stark abgekühlte Cyankaliumlösung und Fällen mit Alkohol erhält [6]). Es bildet einen blauen krystallinischen Niederschlag, der sich in Wasser, aber nicht in Alkohol löst und äußerst unbeständig ist.

Chromisalz $(CN)_3Cr$ ist ebenfalls nicht bekannt, sondern nur dessen Doppelcyanide. Das Kaliumdoppelsalz entspricht dem roten Blutlaugensalz, ist aber wenig beständig. Durch Zerlegen desselben mit Weinsäure oder durch Behandeln des Blei- und Silberdoppelcyanids mit Schwefelwasserstoff beobachtete Kaiser sofortige Abscheidung von Blausäure; die Lösung hinterließ beim Verdunsten einen rotgelben, in Wasser unlöslichen Körper von der Zusammensetzung $(CN)_3Cr.2CNH$ (?).

---

[1]) Joannis, Ann. chim. phys. [5] 26, 482. — [2]) Drechsel, J. pr. Chem. [2] 21, 84. — [3]) Erlenmeyer, Ann. Chem. 72, 265; vgl. Kugler, ebend. 66, 63. — [4]) Joannis, Ann. chim. phys. [5] 26, 482. — [5]) Schulz, JB. 1856, S. 436. — [6]) Descamps, Ann. chim. phys. [5] 24, 197; Christensen, J. pr. Chem. [2] 31, 170; Moissan, Ann. chim. phys. [6] 4, 136; Ber. 18, 113 Ref.

Chromiammoniumsalz $3\,CN.NH_4, (CN)_3Cr$ bildet sich aus dem basischen Bleisalz und Ammoniumkarbonat [1]).

Chromibleisalz $2(CN)_3Cr.3(CN)_2Pb.Pb(OH)_2$ wird durch Fällen des Kaliumsalzes mit Bleizucker und Ammoniak gebildet.

Chromikaliumsalz $(CN)_3Cr.3\,CNK$ wird dargestellt aus reinem Cyankalium und Chromalaun [1]). Auch digeriert man zum Zwecke der Darstellung eine Stunde lang eine heifse Auflösung von Cyankalium mit überschüssigem Kaliumchromchlorid [2]). Ferner bereitet man dieses Salz, indem man frisch gefälltes und gewaschenes Chromoxydhydrat (aus 50 g Kaliumbichromat) in Essigsäure löst, die Lösung bei geringer Wärme verdunstet, den Rückstand mit Wasser auf 250 ccm verdünnt und die Lösung in eine im Kolben befindliche fast kochende Lösung von 200 g Cyankalium (von 98 Proz.) in 600 bis 700 ccm Wasser giefst. Man erhitzt kurze Zeit, filtriert dann und kocht das Filtrat im Kolben auf 600 bis 700 ccm ein. Von der erst nach 12-stündigem Stehen auskrystallisierten Masse giefst man die Lauge ab, wässert die Krystalle mit wenig Wasser, löst sie dann in der vierfachen Menge kochenden Wassers, filtriert, kocht das Filtrat stark auf und filtriert kochend heifs. Das beim Erkalten auskrystallisierte Salz prefst man ab und wäscht es erst mit Alkohol von etwa 66 Proz. und dann mit Alkohol von 95 Proz. [3]). Es bildet hellgelbe monokline Krystalle. 100 Tle. kaltes Wasser lösen 30,9 Tle. Salz; in absolutem Alkohol ist es unlöslich; es wird beim Erhitzen mit verdünnter Salzsäure leicht und vollständig zersetzt.

Chromisilbersalz $(CN)_3Cr.3\,CnAg$ bildet einen intensiv gelben Niederschlag.

Ferner ist eine sehr schön krystallisierende, explosive Verbindung $CrO_4.3\,CNK$ bekannt, der eine analoge Säure $CrO_4.3\,CNH$ zu entsprechen scheint [4]).

Eisensalze. Die einfachen Cyanide $(CN)_2Fe$ und $(CN)_3Fe$ sind nicht bekannt. Der Niederschlag, welchen Cyankalium in einer Eisenvitriollösung bewirkt, ist kaliumhaltig [5]). Er entspricht ungefähr der Formel $(CN)_5KFe_2$ [6]). Aus einer Eisenchloridlösung wird durch Cyankalium Eisenoxydhydrat gefällt [7]). Die Doppelcyanide des Eisens sind sehr beständig, nur die Alkalidoppelsalze sind in Wasser löslich, während alle anderen darin unlöslich sind. Es bestehen zwei Reihen von Doppelcyaniden, welche man sich, dem Eisenoxydul und Eisenoxyd entsprechend, $(CN)_2Fe$ oder $(CN)_3Fe$ enthaltend denken kann. Aus den Alkalidoppelcyaniden wird zwar das Eisen weder durch Alkalien noch durch Alkalisulfide gefällt. Dennoch zeigen beide Reihen von

---

[1]) Kaiser, Ann. Chem. Suppl. **3**, 163 ff. — [2]) Stridsberg, JB. 1864, S. 304. — [3]) Christensen, J. pr. Chem. [2] **31**, 166. — [4]) Wiede, Ber. **32**, 378. — [5]) Fresenius, Ann. Chem. **106**, 210. — [6]) Staedeler, ebend. **151**, 1. — [7]) Fresenius u. Haidlen, ebend. **43**, 130.

Salzen in gewissem Sinne das Verhalten der entsprechenden Eisensalze. Ganz wie alle anderen Eisenoxydulsalze wird gelbes Blutlaugensalz $(CN)_2Fe.4CNK$ durch Salpetersäure, Chlor u. s. w. oxydiert und geht dabei in rotes Salz $(CN)_3Fe.3CNK$ über. Umgekehrt wirken Reduktionsmittel wie Schwefelwasserstoff, Wasserstoff, Jodwasserstoff auf rotes Salz ebenso wie auf Eisenoxydsalze ein: $(CN)_3Fe.3CNK + KJ = (CN)_2 Fe.4CNK + J$.

Konzentrierte Salzsäure scheidet aus gelbem Blutlaugensalz Ferrocyanwasserstoffsäure $(CN)_2Fe.4CNH$ aus. Beim Kochen mit verdünnter Salzsäure oder Schwefelsäure wird nur ein Teil des Cyans als Blausäure in Freiheit gesetzt. Die Niederschläge, welche die Alkalidoppelcyanide in den Lösungen der Metalle bewirken, sind meist charakteristisch gefärbt und dienen daher für viele Metalle als ausgezeichnetes Erkennungsmittel. Diese Niederschläge reifsen aber stets fixes Alkali mit, und da sie demgemäfs von schwankender Zusammensetzung sind, können sie in der quantitativen Analyse nicht verwendet werden. Alkalifreie Niederschläge können nur durch Fällen mit freiem Ferrocyanwasserstoff erhalten werden, wobei aber noch besonders zu berücksichtigen ist, dafs die anzuwendenden Reagentien Reduktionen oder Oxydationen bewirken können. Versetzt man z. B. überschüssiges gelbes Blutlaugensalz mit Eisenoxydlösung, so geht es allmählich vollständig in rotes Salz über: $(CN)_2Fe.4CNK + FeCl_3 = (CN)_3Fe.3CNK + KCl + FeCl_2$. Bei den meisten Reaktionen der Alkalidoppelcyanide erfolgen die Umsetzungen nur innerhalb des Alkalicyanidteiles. Behandelt man die unlöslichen Niederschläge, welche durch die Alkalidoppelcyanide erzeugt werden, wie z. B. Berlinerblau, mit Kali oder Natron, so wird das an Cyaneisen gebundene Metallcyanid zerlegt: es resultiert ein Alkalidoppelcyanid, und ein Metalloxyd wird in Freiheit gesetzt.

Diese Erscheinungen führen dazu, in den Doppelcyaniden komplexe Radikale anzunehmen, die Verbindungen als solche zu betrachten, in denen Metall, in diesem Falle das Eisen, Bestandteil des negativen Ions ist. Man betrachtet und benennt sie also als

Ferrocyanide, Salze der Ferrocyanwasserstoffsäure $[Fe(CN)_6]H_4$ und
Ferricyanide, Salze der Ferricyanwasserstoffsäure $[Fe(CN)_6]H_3$.

Für das Radikal Ferrocyan $Fe(CN)_6$ ist auch vielfach das besondere Symbol Cfy im Gebrauch.

Zu den Ferrocyaniden gehören die ältesten und wichtigsten Cyanverbindungen, das Kaliumsalz, gelbes Blutlaugensalz, $[Fe(CN)_6]K_4 + 3H_2O$, und das Ferrisalz Berlinerblau $[Fe(CN)_6]_3Fe_4$, zu den Ferricyaniden das Ferrosalz Turnbulls Blau $[Fe(CN)_6]_2Fe_3$.

Betrachten wir diese Verbindungen im Lichte der Neutralaffinitäten-Theorie, so finden sie ihre Erklärung in der Annahme, dafs das Eisenatom in den Ferroverbindungen vier, in den Ferriverbindungen noch 3 Paare von Neutralaffinitäten, in jedem Falle also die Koordinationszahl 6 besitzt. Die Neutralaffinitäten sättigen sich ab durch je ein Cyan für ein positives, unter gleichzeitigem Eintritt von je einem Wasserstoff- oder Metallatom für das angepaarte negative Elektron.

Diese Neutralaffinitätenpaare können aber teilweise auch durch andere Gruppen mehr indifferenter Natur abgesättigt werden. So tritt die Karbonylgruppe an Stelle eines Elektronenpaares bezw. eines Cyan- und eines positiven Atoms bei der von der Ferricyanwasserstoffsäure abzuleitenden Karbonylferricyanwasserstoffsäure $[CO.Fe(CN)_5]H_3$, die Nitrosogruppe an die gleiche Stelle bei der gleichfalls von Ferricyanwasserstoffsäure abzuleitenden sogen. Nitroprussidwasserstoffsäure $[NO.Fe(CN)_5]H_2$. Die Richtigkeit dieser Annahme vorausgesetzt, war zu erwarten, dafs wieder eine dreibasische Säure entstehen müsse, wenn die Nitrosogruppe in ein sicher einwertiges Radikal umgewandelt wird. Dies ist in der That der Fall, sobald die Nitrosogruppe zur Nitrogruppe oxydiert wird [1]).

Goldsalze. Aurosalz CN.Au wird dargestellt, indem man Kaliumgoldcyanür mit Salzsäure erwärmt, zur Trockne verdunstet und den Rückstand mit Wasser wäscht [2]). Es bildet ein citronengelbes Krystallpulver, welches in Wasser und Alkohol unlöslich, in Cyankalium und Ammoniak dagegen löslich ist. Beim Glühen zerfällt es in Gold und Cyan. In Mineralsäuren ist das Salz unlöslich; es wird von Säuren nicht zersetzt, von Schwefelwasserstoff nicht verändert. In Schwefelammonium löst es sich allmählich; Säuren fällen aus dieser Lösung Schwefelgold.

Auroammoniumsalz $CN.NH_4.CNAu$ [3]) ist in Wasser und Alkohol leicht löslich.

Aurobaryumsalz $(CN)_2Ba.2CNAu + 2H_2O$ [3]).

Aurocalciumsalz $(CN)_2Ca.2CNAu + 3H_2O$ [3]).

Aurokadmiumsalz $(CN)_2Cd.2CNAu$ [3]).

Aurokaliumsalz CNAu.CNK wird dargestellt, indem man Knallgold in Cyankalium löst [2]). Fein verteiltes Gold löst sich beim Erwärmen mit Cyankaliumlösung auf [3]). Das Doppelsalz krystallisiert in farblosen rhombischen Oktaedern. In 7 Tln. kaltem und $1/_2$ Tl. siedendem Wasser ist es löslich [2]), sehr wenig löslich in Alkohol. Cyangold wird daraus in der Kälte langsam, beim Erhitzen rascher durch Säuren gefällt; die Zerlegung ist erst beim Abdampfen eine vollständige. Auch beim Erwärmen mit Quecksilberchlorid fällt Goldcyanür aus.

Aurokobaltsalz $(CN)_2Co.2CNAu$ [3]).

Auronatriumsalz CN.Au.CNNa [3]).

[1]) Vgl. K. A. Hofmann, Ann. Chem. **312**, 1. — [2]) Himly, ebend. **42**, 157 u. 337. — [3]) Lindbom, Bull. soc. chim. [2] **29**, 416.

Aurostrontiumsalz $(CN)_2Sr.2CNAu + 3H_2O$ [1]).

Aurozinksalz $(CN)_2Zn.2CNAu$ [1]).

Aurisalz $(CN)_3Au.CNH + 1^1/_2H_2O$. Die Darstellung dieses Salzes erfolgt aus dem Kaliumdoppelcyanid mit Kieselfluorwasserstoffsäure, oder aus dem Silberdoppelsalz mit Salzsäure [2]). Es krystallisiert in grofsen farblosen Blättern oder Tafeln, ist in Wasser, sowie in Alkohol und Äther leicht löslich, schmilzt bei 50° und entwickelt in der Wärme Wasser und Blausäure.

Auriammoniumsalz $(CN)_3Au.CN.NH_4 + H_2O$ [2]).

Aurikaliumsalz $(CN)_3Au.CNK + 1^1/_2H_2O$. Dieses Salz wird durch Eintragen völlig neutraler Goldchloridlösung in Cyankalium dargestellt [2]); es krystallisiert in grofsen farblosen Tafeln, ist in heifsem Wasser leicht, in Alkohol wenig löslich. Der Einwirkung von Chlor und Brom unterliegt es nicht, dagegen entsteht mit Jod $CNAuJ_2.CNK$ [1]). Seinen ganzen Wassergehalt verliert es erst bei 200° und bei weiterem Erhitzen zerfällt es in Cyan und Aurokaliumsalz. Mit Silberlösung giebt es einen käsigen farblosen Niederschlag $(CN)_3Au.CNAg$ (?).

Aurikobaltsalz $2(CN)_3Au.(CN)_2Co + 9H_2O$ [1]).

Indiumsalz. Es ist nur Indiumkaliumsalz bekannt; dasselbe verliert beim Verdampfen alles Indium als Oxydhydrat [3]).

Iridiumsalz. Es sind nur Doppelverbindungen des Cyanids $(CN)_3Ir$ bekannt, welche als Salze einer Iridiumcyanwasserstoffsäure von der Formel $(CN)_3Ir.3CNH = [Ir(CN)_6]H_3$ aufzufassen sind [4]).

Kadmiumsalz $(CN)_2Cd$. Das Salz entsteht als ein amorpher Niederschlag [5]). Die Darstellung erfolgt am besten durch Fällen einer gesättigten Kadmiumsulfatlösung mit sehr konzentriertem Cyankalium und Waschen des Niederschlages mit Wasser [6]). 100 Tle. Wasser lösen bei 15° 1,7 Tle. Läfst man Kadmiumoxyd mit überschüssiger Blausäure stehen, so bildet sich ein unlösliches basisches Salz $(CN)_2Cd.CdO + 5H_2O$, welches im Vakuum zu trocknen ist.

Das neutrale Salz bildet Doppelsalze, z. B.

Kadmiumkaliumsalz $(CN)_2Cd.2CNK$ [7]),
Kadmiumbaryumsalz $(CN)_2Cd.2(CN)_2Ba$ [8]).

Kaliumsalz CNK. Das Salz bildet sich durch Erhitzen von Phospham PN_2H mit Kaliumkarbonat unter Zusatz von Kohle [9]), ferner, wenn man Borstickstoff, den man durch Glühen von Borax mit Salmiak

[1]) Lindbom, Bull. soc. chim. [2] **29**, 416. — [2]) Himly, Ann. Chem. **42**, 157 u. 337. — [3]) Meyer, JB. 1868, S. 244. — [4]) Claus, ebend. 1855, S. 445; Martius, Ann. Chem. **117**, 369. — [5]) Fresenius u. Haidlen, Ann. Chem. **43**, 130; Schüler, ebend. **87**, 46. — [6]) Joannis, Ann. chim. phys. [5] **26**, 482. — [7]) Rammelsberg, JB. Berz. **17**, 165. — [8]) Weselsky, Ber. **2**, 589. — [9]) Vidal, D. P. 95340; Chem. Centralbl. 1898, I, S. 542.

erhält, mit Kaliumkarbonat und Kienrufs mengt und dies Gemisch auf Dunkelrotglut erhitzt [1]), sowie durch Einwirkung von Zinkstaub auf Rhodankalium bei Gegenwart von 1 bis 2 Proz. Ätzkali [2]).

Beim Glühen von gelbem Blutlaugensalz entsteht wohl reines Cyankalium, aber das an Eisen gebundene Cyan geht dabei verloren. Deshalb schmilzt man 8 Tle. entwässertes Blutlaugensalz mit 3 Tln. trockener, sulfatfreier Pottasche [3]) im eisernen Tiegel [4]) bei Dunkelrotglut, bis eine herausgenommene Probe weifs erstarrt [5]). Dem Präparat ist Kaliumcyanat beigemengt. $4\,CNK.(CN)_2Fe + K_2CO_3 = 5\,CNK + CNOK + CO_2 + Fe$. — Ein cyanatfreies, mit Natriumcyanid gemischtes Kaliumcyanid läfst sich durch Zusammenschmelzen von entwässertem gelben Blutlaugensalz mit 2 Atomen Natrium bereiten [6]): $4\,CNK.(CN)_2Fe + 2\,Na = 4\,CNK + 2\,CNNa + Fe$. Vollkommen reines Cyankalium erhält man durch Einleiten von Blausäure in eine alkoholische Lösung von 1 Tl. KHO in 3 Tln. Alkohol [7]). Der Niederschlag wird sofort abfiltriert, mit Alkohol gewaschen und über Schwefelsäure getrocknet. — Von Verunreinigungen, wie Sulfiden, Karbonaten, kann man das Salz durch Verschmelzen mit Zinkcyanid befreien [8]).

Das Kaliumcyanid krystallisiert in Würfeln oder Oktaedern. Das spezifische Gewicht ist = 1,52 [9]). Das Salz zerfliefst an der Luft, in Wasser ist es sehr leicht löslich, dagegen fast unlöslich in absolutem Alkohol; 1 Tl. löst sich in 80 Tln. kochendem Weingeist von 95 Proz., viel leichter in 35 proz. Alkohol [10]). Bei 19,5° lösen 100 Tle. Holzgeist 4,91 Tle. Kaliumcyanid, 100 Tle. Äthylalkohol 0,875 Tle. desselben [11]). Die wässerige Lösung entwickelt beim Kochen Ammoniak und enthält dann Ameisensäure. Trockenes Kohlensäuregas ist ohne Wirkung auf das trockene Salz; bei Gegenwart von Wasser kann mit der Zeit alle Blausäure ausgetrieben werden: $2\,CNK + CO_2 + H_2O = K_2CO_3 + 2\,CNH$ [12]). Bei dreistündigem Erhitzen mit Normalalkali auf 100° werden nur 14 Proz. des Salzes verseift [13]). Läfst man bei 500 bis 600° Wasserdampf auf ein Gemenge von Platin und Kaliumcyanid einwirken, so verläuft die Reaktion gröfstenteils nach der Gleichung: $4\,CNK + Pt + 2\,H_2O = (CN)_4K_2Pt + 2\,KHO + H_2$ [14]).

Bei der Elektrolyse von Cyankalium werden Kohlendioxyd, Ammoniak und Kaliumhydroxyd gebildet [15]). Bei der Oxydation mit übermangansaurem Kali in der Kälte entsteht Cyanat [16]).

---

[1]) Moïse, D. P. 91708; Chem. Centralbl. 1897, II, S. 156. — [2]) Lüttke, D. P. 89607; Ber. 29, 1197 Ref. — [3]) Liebig, Ann. Chem. 41, 285. — [4]) Fresenius u. Haidlen, ebend. 43, 130. — [5]) Clemm, ebend. 61, 250. — [6]) Erlenmeyer, Ber. 9, 1840. — [7]) Wiggers, Ann. Chem. 29, 65. — [8]) Crowther, D. P. 83320; Ber. 28, 950 Ref. — [9]) Boedeker, JB. 1860, S. 17. — [10]) Geiger, Ann. Chem. 1, 50. — [11]) Lobry, Ztschr. physik. Chem. 10, 784. — [12]) Naudin u. Montholon, Ber. 9, 1433. — [13]) E. Fischer, ebend. 31, 3276. — [14]) Deville u. Debray, JB. 1876, S. 299. — [15]) Schlagdenhauffen, ebend. 1863, S. 305. — [16]) Volhard, Ann. Chem. 259, 378.

Cyankalium ist ein ausgezeichnetes Reduktionsmittel, besonders bei höherer Temperatur. Es reduziert Metalle nicht nur aus Oxyden (Oxychloriden, Salzen), sondern auch aus Sulfiden ($As_2O_3 + 3CNK = 2As + 3CNOK$; — $As_2S_3 + 3CNK = 2As + 3CNSK$). In wässeriger Lösung wirkt das Salz sauerstoffentziehend auf Di- und Trinitroderivate. Es dient häufig zur Darstellung von organischen Cyaniden, doch kann es oft mit Erfolg durch gelbes Blutlaugensalz vertreten werden. Auch als polymerisierendes Mittel findet es Verwendung. Seine Hauptbedeutung in wirtschaftlicher Beziehung beruht aber auf der Anwendung zur Extraktion des Goldes und anderer Metalle aus Gesteinen.

Kobaltsalze. Nur die Doppelsalze des Cyanids $(CN)_3Co$ sind beständig. Dieselben entsprechen vollständig den Ferriycanverbindungen. Wenn man die Lösung eines Kobaltoxydulsalzes mit überschüssigem Cyankalium versetzt, so entsteht eine klare Lösung, welche Kobaltcyanürcyankalium $(CN)_2CO(CNK)$ enthält. Die Lösung entwickelt in der Wärme Wasserstoff und enthält nun Kobaltcyanidcyankalium $(CN)_2Co + 4CNK + H_2O = (CN)_3Co . 3CNK + KHO + H$. Aus einer Kobaltlösung fällt Cyankalium fleischfarbenes Kobaltcyanür $(CN)_2Co + H_2O$[1]). Beim Erwärmen wird dasselbe unter Wasserverlust blau. In Wasser ist es unlöslich, dagegen in Cyankalium und in Ammoniak leicht löslich. Die Doppelsalze sind als Salze einer Kobaltidcyanwasserstoffsäure oder einer Kobaltocyanwasserstoffsäure sowie einer Kobaltokobalticyanwasserstoffsäure $(CN)_{11}Co_3H_3$[2]) aufzufassen.

Kupfersalze. Das dem Kupferoxyd entsprechende Cyanid $(CN)_2Cu$ ist sehr unbeständig, es geht schon bei gewöhnlicher Temperatur in das Cyanür $(CN)_2Cu_2$ über. Auch die Doppelsalze des Cyanids $(CN)_2Cu$ sind sehr unbeständig, während im Gegensatz hierzu Kupfercyanür $(CN_2)Cu_2$ und dessen Doppelverbindungen sehr beständige Körper sind.

Cuprosalz $(CN)_2Cu_2$ entsteht sowohl beim Fällen von Kupferchlorür als auch durch Fällen einer mit schwefliger Säure versetzten Kupferoxydlösung mit Kaliumcyanid, ferner beim Erhitzen von neutralem Kupferacetat mit Ammoniak von 21° Bé auf 180 bis 185°[3]). Es bildet ein weifses, in Wasser und in verdünnten Mineralsäuren unlösliches, in Cyankalium und Ammoniak lösliches Pulver, nach Vittenet[3]) Krystalle; seine Lösungen sind farblos. Man erhält es in sehr glänzenden farbenspielenden Krystallen, und zwar in monoklinen Prismen[4]), wenn man in Wasser verteiltes Bleikupfercyanür mit nicht überschüssigem Schwefelwasserstoff zerlegt[5]). Die Formel $(CN)_2Cu_2$

[1]) Zwenger, Ann. Chem. 62, 166. — [2]) Jackson u. Corney, Ber. 29, 1020. — [3]) Vittenet, Bull. soc. chim. [3] 21, 261; Chem. Centralbl. 1899, I, S. 918. — [4]) Dauber, Ann. Chem. 74, 206. — [5]) Wöhler, ebend. 78, 370.

wurde durch ebullioskopische Molekelgewichtsbestimmung in Pyridinlösung bestätigt[1]).

Ammoniumdoppelsalze. $(CN)_2Cu_2 . CNNH_4 + 3 NH_3$ bildet Blättchen, welche in kaltem Wasser unlöslich sind[2]).

$(CN)_2Cu_2 . CNNH_4 . 2 NH_3 + 3 H_2O$ bildet blaue Nadeln[3]).

Lallemand[3]) giebt ferner ein Salz $(CN)_2Cu_2 . CNNH_4$, Dufau[4]) ein Salz $(CN)_2Cu_2 . 2 CNNH_4$ an.

Baryumdoppelsalz $(CN)_2Cu_2 . (CN)_2Ba + H_2O$ beschreibt Weselsky[5]).

Kadmiumdoppelsalze. Schüler erhielt $(CN)_2Cu_2 . 2(CN)_2Cd$ und $(CN)_2Cu_2 . (CN)_2Cd$[6]).

Kaliumdoppelsalze. Frisch gefälltes Schwefelkupfer löst sich in Cyankalium. So wird auch aus den Lösungen der folgenden Salze durch Schwefelwasserstoff kein Kupfer gefällt. $(CN)_2Cu_2 . CNK + H_2O$ bildet monokline Krystalle, unlöslich in Wasser, in Säuren unter Zersetzung löslich[7]). — $(CN)_2Cu_2 . 2 CNK$ bildet ebenfalls monokline Krystalle (Rammelsberg, Lallemand), in Wasser unlösliche Prismen[8]). — $(CN)_2Cu_2 . 6 CNK$ bildet farblose Rhomboeder (Rammelsberg). — $3 (CN)_2Cu_2 . 4 CNK$ (Rammelsberg).

Quecksilberdoppelsalze. Trägt man Kupferbromid in siedende Lösung von Merkuricyanid ein, so scheidet sich zunächst ein lilafarbenes Salz $(CN)_2Cu_2 . 2 (CN)_2Hg . Br_2Hg$ und bei weiterem Kochen das Salz $4 (CN)_2Cu_2 . 8 (CN)_2Hg . 3 Br_2Hg$ aus[9]).

Cuprisalz. Beim Fällen einer Kupferlösung mit Cyankalium entsteht ein gelber Niederschlag $(CN)_2Cu$ (?), der sofort Cyan abgiebt und in grünes Cyanürcyanid übergeht.

Cuprocuprisalze. 1. $(CN)_2Cu . (CN)_2Cu_2 + 5 H_2O$. Der durch Cyankalium aus Kupferoxydlösung gefällte gelbe Niederschlag wird beim Stehen grün und krystallinisch. Derselbe Körper entsteht auch durch Fällen von Kaliumkupfercyanür mit Kupferoxydlösung[10]). Er bildet grüne Krystallkörner, verliert bei 100° Wasser und Cyan und wird weiſs. In Ammoniak löst er sich mit blauer Farbe. — Durch Fällen einer verdünnten Kupferlösung mit einer geringen Menge einer verdünnten Cyankaliumlösung erhielt Dufau[4]) einen grünen krystallinischen Niederschlag von der Zusammensetzung $(CN)_2Cu . (CN)_2Cu_2 + H_2O$. Derselbe Körper wurde erhalten beim Einleiten von Blau-

[1]) A. Werner, Ztschr. anorg. Chem. 15, 1. — [2]) E. Fleurent, Compt. rend. 113, 1045, 114, 1060; Ber. 25, 103 Ref. u. 498 Ref. — [3]) Lallemand, JB. 1874, S. 300. — [4]) Dufau, Ann. Chem. 88, 278. — [5]) Weselsky, Ber. 2, 589. — [6]) Schüler, Ann. Chem. 87, 46. — [7]) Schiff u. Becchi, ebend. 138, 35. — [8]) E. Fleurent, Bull. soc. chim. [3] 9, 333; Ber. 26, 140 Ref. — [9]) R. Varet, Bull. soc. chim. [3] 4, 384; Ber. 23, 142 Ref. — [10]) Rammelsberg, Ann. Chem. 28, 217.

säure in mit Wasser angerührtes Kupferoxydhydrat. Den auf letztere Art dargestellten Niederschlag hält Lallemand[1]) für das Cyanid $(CN)_2Cu$.

2. $(CN)_2Cu \cdot 2(CN)_2Cu_2 + H_2O$. Dieses entsteht bei fast vollständiger Fällung eines Kupferoxydsalzes mit Cyankaliumlösung von mittlerer Konzentration[2]). Es bildet ein olivengelbes, amorphes Pulver.

Kaliumdoppelsalz $(CN)_4Cu_3 \cdot 2CNK \cdot xH_2O$ entsteht in Krystallen beim Erwärmen des Salzes $(CN)_2Cu_2 \cdot 6CNK$ mit Kupfersulfat[3]).

Es sind ferner eine Anzahl Ammoniakverbindungen der Cuprocupricyanide bekannt. Nach Schmidt und Malmberg[4]) giebt es deren drei, da die von anderen Autoren beschriebenen angeblich verschiedenen grünen Salze identisch sind und die Zusammensetzung $(CN)_4Cu_3 \cdot 3NH_3$ haben. Durch Ammoniakaufnahme geht dieses Salz in die wenig beständige blaue Verbindung $(CN)_4Cu_3 \cdot 4NH_3$, durch Ammoniakabgabe in das violette Salz $(CN)_4Cu_3 \cdot 2NH_3$ über.

Magnesiumsalz $(CN)_2Mg$ erhält man auf dieselbe Weise wie das Calciumsalz. Es ist weniger leicht durch Kohlensäure zersetzbar als letzteres.

Mangansalze. Einfaches Mangancyanür oder Mangancyanid ist nicht bekannt, wohl aber ein Ammoniummanganodoppelsalz $(CN)_2Mn \cdot CN \cdot NH_4$. Dasselbe fällt aus der Lösung von Ammoniumcyanid durch Manganacetat als grünlicher Niederschlag aus, der sich in überschüssigem Ammoniumcyanid löst, aus dieser Lösung aber beim Verdunsten oder durch Zusatz von Alkohol unverändert wieder abgeschieden wird. Die entsprechende Kaliumverbindung, ebenfalls ein grüner Niederschlag, wird durch Auflösen in Cyankaliumlösung in Kaliummanganocyanat übergeführt.

Aufserdem sind Salze einer Manganocyanwasserstoffsäure $Mn(CN)_6H_4$ und einer Manganicyanwasserstoffsäure $Mn(CN)_6H_3$ bekannt, erstere Säure auch in freiem Zustande, welche in ihrem Verhalten Analogie zu den entsprechenden Eisenverbindungen zeigen.

Natriumsalz. $CN \cdot Na$ wird dargestellt durch Einleiten von wasserfreier Blausäure in eine alkoholische Natronlösung[5]). Es wird so in Form eines Krystallpulvers erhalten. Löst man dasselbe in siedendem Alkohol von 75 Proz., so krystallisiert es beim Erkalten mit 2 Mol. Wasser aus. Verdunstet man aber eine Lösung dieses Salzes in kaltem Alkohol desselben Prozentgehaltes über Ätzkalk, so scheidet sich das Salz mit 1 Mol. H_2O aus.

Nickelsalze. Nickelosalz $(CN)_2Ni + xH_2O$ wird durch Fällen einer Nickellösung mit Cyankalium erhalten. Es ist ein hellapfel-

[1]) Lallemand, JB. 1864, S. 300. — [2]) Dufau, Ann. Chem. **88**, 278. — [3]) Strauss, Ztschr. anal. Chem. **9**, 15. — [4]) Schmidt u. Malmberg, Arch. Pharm. **236**, 246, 248. — [5]) Joannis, Ann. chim. phys. [5] **26**, 482.

grüner Niederschlag, der nach dem Entwässern braun wird. Beim Erhitzen erglimmt Cyannickel und hinterläfst ein magnetisches Gemenge von Nickel und Kohlenstoffnickel (Wöhler). In Cyankalium ist es, mit gelber Farbe, leicht löslich.

Das Nickel bildet im Gegensatz zu Kobalt nur Doppelverbindungen des Cyanürs $(CN)_2Ni$. Diese Doppelcyanide werden von Säuren, Quecksilberoxyd, sowie von Chlor oder Brom leicht zerlegt. (Unterschied und Trennung des Nickels vom Kobalt.) Säuren scheiden Nickelcyanür ab. Quecksilberoxyd fällt ein Gemenge von Cyannickel und Nickeloxydul. Chlor oder Brom fällen schwarzes Nickeloxyd.

Nickelobaryumsalz $(CN)_2Ni.(CN)_2Ba + 3H_2O$ bildet monokline Krystalle[1]). Darstellung s. Weselsky[2]).

Nickelonatriumsalz $(CN)_2Ni.2CNNa + 3H_2O$ (Rammelsberg).

Nickelokaliumsalz $(CN)_2Ni.2CNK + H_2O$. Bildet morgenrote monokline Prismen[3]). Das spezifische Gewicht ist = 1,875 bei 11°; = 1,871 bei 14,5°[4]). Es krystallisiert auch mit $^1/_2$ H_2O[5]).

Nickelostrontiumsalz $(CN)_2Ni.(CN)_2Sr + xH_2O$ besteht aus monoklinen Krystallen[1]).

Eine Verbindung von Nickelocyanid mit Ammoniak und Benzol $(CN)_2Ni.NH_3.C_6H_6$ erhielten Hofmann und Küspert[6]) bei Einwirkung von Leuchtgas auf ein Gemisch von Nickelhydroxydul und Ammoniakwasser oder besser beim Schütteln einer Lösung des Cyanürs mit starkem Ammoniakwasser und Benzol. Sie ist bläulichweifs und läfst beim Kochen mit Wasser Benzol entweichen.

Osmiumcyanür $(CN)_2Os$ (?) entspricht dem Platincyanür[7]). Es bildet sich beim Erwärmen der Osmiumdoppelcyanüre mit konzentrierter Salzsäure, indem sich ein dunkelvioletter Niederschlag bildet, der gegen Säuren sehr beständig ist.

Eine Anzahl Doppelsalze sind als Salze der Osmiumcyanwasserstoffsäure $Os(CN)_6H_4$ aufzufassen, analog den Ferrocyaniden.

Palladiumsalz $(CN)_2Pd$. Aus den Lösungen der Palladiumsalze fällt Merkuricyanid einen blafs rosenroten, flockigen Niederschlag, der sich beim Stehen unter Entwickelung von Blausäure heller färbt[8]). (Unterschied und Trennung des Palladiums vom Platin.) Der Niederschlag ist in Säuren unlöslich, in Ammoniak, Cyankalium und in starker Blausäure ist er löslich.

---

[1]) Haude, JB. 1859, S. 278. — [2]) Weselsky, Ber. 2, 589. — [3]) Rammelsberg, JB. 1858, S. 401. — [4]) Clarke, ebend. 1877, S. 43. — [5]) Rammelsberg, JB. Berz. 18, 163. — [6]) Hofmann u. Küspert, Ztschr. anorgan. Chem. 15, 204. — [7]) Claus, JB. 1855, S. 446; Martius, Ann. Chem. 117, 361. — [8]) Berzelius, Ann. Phys. 13, 461.

Platinsalze. Platinosalz $(CN)_2Pt$ bildet sich beim Glühen von Quecksilberplatincyanür[1], ferner beim Erwärmen von Kaliumplatincyanür mit starker Schwefelsäure[2], drittens beim Fällen einer neutralen Platinchlorürlösung mit Mercuricyanid[3]. Zur Darstellung erhitzt man am besten Ammoniumplatincyanür auf 300°[4]. Es hat eine gelbe Farbe. Das frisch gefällte Cyanür löst sich in Ammoniak. Das erhitzte Cyanür ist in Wasser, Alkalien und Säuren unlöslich, in Cyankalium löslich.

Eine Anzahl Doppelsalze leiten sich von der Platocyanwasserstoffsäure $Pt(CN)_4H_2$ ab. — Sie entstehen u. a. durch Behandeln von frisch gefälltem Platinsulfid mit wässeriger Lösung von Baryum- oder Kaliumcyanid[5]. Durch Chlor, Brom oder andere Oxydationsmittel gehen dieselben in die sogen. Platincyanide über, welche sich von Chloro- u. s. w. Platicyanwasserstoffsäuren, z. B. $Cl_2Pt(CN)_4H_2$, ableiten.

Praseodymsalz $(CN)_3Pr$ ist nur in Form des Platindoppelsalzes $2(CN)_3Pr, 3(CN)_2Pt.18H_2O$ bekannt, das lange schwach fluoreszierende Prismen vom spezif. Gew. 2,653 bei 16° bildet.

Quecksilbersalze. Quecksilbercyanid $(CN)_2Hg$ bildet sich beim Lösen von Quecksilberoxyd in Blausäure, ferner beim Kochen von Berlinerblau mit Quecksilberoxyd und Wasser (Scheele). — Ein Quecksilbercyanür $(CN)_2Hg_2$ existiert nicht: aus Oxydulsalzen und Blausäure entsteht stets nur das Cyanid: $Hg_2(NO_3)_2 + 2CNK = (CN)_2Hg + 2NO_3K + Hg$. — Zur Darstellung des Cyanids löst man Quecksilberoxyd in überschüssiger Blausäure. Das Salz krystallisiert in quadratischen Säulen, hat nach verschiedenen Angaben das spezifische Gewicht = 3,77[6]; 4,0262 bei 12°; 4,0026 bei 22,2°[7]; 3,990 bis 4,011[8]. In Wasser ist es ziemlich leicht löslich. Bei 19,5° lösen 100 Tle. Holzgeist 44,2 Tle., 100 Tle. Alkohol 10,1 Tle. des Quecksilbercyanids[9]. In absolutem Alkohol ist es fast unlöslich. Es ist fast das einzige in Wasser lösliche Cyanid eines schweren Metalls (auch Thalliumcyanür ist in Wasser löslich) und findet daher bei der chemischen Analyse vielfach Berücksichtigung. Die Leitfähigkeitsbestimmung in flüssigem Ammoniak ergab für $V = 130$ $\mu = 39$[10]. Nach Prussia ist das Salz kein Elektrolyt. Die Bestimmung des Molekelgewichts nach der Siedemethode in Pyridinlösung bestätigte die Formel $(CN)_2Hg$[11]. Von wässerigen

---

[1]) Döbereiner, Ann. Chem. 17, 252; Quadrat, ebend. 63, 186. — [2]) Knop u. Schnedermann, JB. Berz. 27, 193. — [3]) Roessler, Ztschr. Chem. 1866, S. 177. — [4]) Schafarik, JB. 1855, S. 444. — [5]) Schertel, Ber. 29, 205. — [6]) Boedeker, JB. 1860, S. 17. — [7]) Clarke, Ber. 11, 1504. — [8]) Schroeder, ebend. 13, 1073. — [9]) Lobry, Ztschr. physikal. Chem. 10, 784. — [10]) Cady, Journ. physic. Chem. 1, 707; Chem. Centralbl. 1898, I, S. 168; Prussia, Gazz. chim. ital. 28, II, 113; Chem. Centralbl. 1898, II, S. 962; vgl. auch Ley u. Kissel, Ber. 32, 1357. — [11]) A. Werner, Ztschr. anorg. Chem. 15, 1.

Alkalien wird es nicht angegriffen. Beim Erhitzen bis 320° bleibt es unverändert, bei 320 bis 400° entläfst es Quecksilber, und erst in höherer Temperatur erfolgt die Spaltung in Quecksilber und Cyan [1]). Beim Glühen zerfällt es in Cyan, Paracyan und Quecksilber. Beim Destillieren mit konzentrierter Salzsäure oder beim Behandeln mit Salzsäuregas zerfällt es in der Kälte in Quecksilberchlorid und Blausäure; aber eine verdünnte wässerige Lösung von Sublimat wird von Blausäure völlig in Cyanquecksilber umgewandelt [2]). Auch bei der Destillation des Quecksilbercyanids mit verdünnter Salzsäure (oder mit einem Gemenge von Natriumchlorid und Oxalsäure) entweicht Blausäure [Nachweis derselben von Plugge [3])]. Beim Glühen des Salzes mit Salmiak entsteht Sublimat. Cyanquecksilber erzeugt Methan, wenn es mit gasförmigem Jodwasserstoff auf Dunkelrotglut erhitzt wird [4]); $(CN)_2Hg + 16\,HJ = 2\,CH_4 + 2\,NH_4J + HgJ_2 + 12\,J$.

Von Schwefelwasserstoff wird das Salz in Schwefelquecksilber und Blausäure gespalten. Mit Chlor entsteht Quecksilberchlorid und Chlorcyan; die gleiche Wirkung erfolgt durch Brom und Jod. Mit Chlorschwefel entsteht Cyansulfid $(CN)_2S$.

Das Cyanquecksilber ist ausgezeichnet durch die Leichtigkeit, mit der es sich direkt an die verschiedensten Salze anlagert, besonders leicht an Haloidsalze.

Basische Cyanide. $3(CN)_2Hg.HgO$ wird dargestellt durch Auflösen von 5 Tln. Quecksilbercyanid und 2 Tln. des folgenden Salzes in 42 Tln. warmem Wasser [5]), es ist eine beim Erhitzen explodierende Krystallmasse.

$(CN)_2Hg.HgO$ wird durch Auflösen der berechneten Menge Quecksilberoxyd in Cyanid erhalten und krystallisiert in vierseitigen Nadeln [6]), ist beim Erhitzen explosiv und in kaltem Wasser sehr wenig, in heifsem reichlich löslich.

$(CN)_2Hg.3\,HgO$ beschrieb Kühn [7]).

Baryumdoppelsalz soll die Zusammensetzung $2(CN)_2Ba.3(CN)_2Hg.23\,H_2O$ haben [8]).

Calciumdoppelsalz $(CN)_2Ca.(CN)_2Hg.3\,H_2O$ krystallisiert in Oktaedern [8]).

Kaliumdoppelsalz $2\,CNK.(CN)_2Hg$ entsteht u. a. beim Kochen von Quecksilberoxyd mit Cyankaliumlösung [9]). Es krystallisiert in farblosen Oktaedern, löst sich in 4,5 Tln. kalten Wassers. Beim Erhitzen verknistert es, schmilzt dann und giebt schliefslich Quecksilber und Cyangas ab. Durch Wasserstoffsäuren wird es vollständig zersetzt,

[1]) Maumené, Bull. soc. chim. 35, 597; Ber. 14, 1703. — [2]) Berthelot, JB. 1873, S. 403. — [3]) Plugge, Ztschr. anal. Chem. 18, 310. — [4]) Berthelot, JB. 1867, S. 348. — [5]) Joannis, Ann. chim. phys. [5] 26, 482. — [6]) Johnston, JB. Berz. 20, 168; Schlieper, Ann. Chem. 59, 10. — [7]) Kühn, JB. Berz. 12, 156. — [8]) Jackson, Pharm. Centralbl. 1836, S. 350. — [9]) Rammelsberg, Ann. Phys. 42, 131.

Sauerstoffsäuren wirken dagegen nur auf den Cyankaliumteil des Komplexes. Die wässerige Lösung erzeugt in den Lösungen von Metallsalzen Niederschläge, welche teils einfache Cyanide, teils Doppelsalze sind.

Magnesiumdoppelsalz $(CN)_2Mg.2(CN)_2Hg.H_2O$ krystallisiert in Oktaedern [1]), ebenso das

Natriumdoppelsalz $CNNa.(CN)_2Hg.4H_2O$ [1]).

Strontiumdoppelsalz $(CN)_2Sr.(CN)_2Hg$ krystallisiert in vierseitigen Prismen.

Ferner sind Doppelsalze des Quecksilbercyanids mit Salzen fremder Säuren, besonders mit Halogenverbindungen bekannt.

Tetramethylammoniumdoppelsalz $(CN)_2Hg.CN.N(CH_3)_4$ krystallisiert in grofsen Säulen vom Schmelzpunkt 275° [2]). Beim Kochen mit Quecksilberjodid geht es in das farblose Salz $(CN)_2Hg.J.N(CH_3)_4$ über. — Ein isomeres Salz, in welchem ein Cyan durch Jod ersetzt ist, $CNHgJ.CN.N(CH_3)_4$ entsteht neben jenem aus Tetramethylammoniumjodid und Quecksilbercyanid, ausschliefslich bei Erhitzen des Gemisches auf 200°. Es bildet gelbe Krystalle. Durch Salpetersäure wird aus der wässerigen Lösung sofort die Hälfte des Quecksilbers als Jodid abgeschieden.

Verbindungen mit Ammoniak. $(CN)_2Hg.NH_3$ und $(CN)_2Hg.2NH_3$ krystallisieren wasserfrei oder auch mit $^1/_2$ Mol. Wasser [3]).

Rhodiumsalz $(CN)_3Rh$ bildet sich beim Kochen des Kaliumdoppelsalzes mit starker Essigsäure [4]). (Unterschied und Trennung des Rhodiums vom Iridium.) Es ist ein karminrotes, in Cyankalium lösliches Pulver.

Kaliumdoppelsalz $(CN)_3Rh.3CNK$ wird ebenso wie das Iridiumsalz dargestellt [5]) oder auch durch Eingiefsen einer Lösung von Rhodiumsesquioxydhydrat in Kalilauge in überschüssige, wässerige Blausäure [6]). Es krystallisiert in monoklinen Krystallen, wird von konzentrierter Essigsäure zersetzt. Eine wässerige Lösung des Salzes giebt, mit wenig Essigsäure zersetzt, eine vorübergehende, schwach rosenrote Färbung (Unterschied vom Iridiumsalz).

Rutheniumsalze. Ein dem Ferrocyanid entsprechendes Salz [5]) bildet analog jenem eine Ruthencyanwasserstoffsäure $Ru(CN)_6H_4$ und davon abzuleitende Doppelsalze.

Silbersalz CNAg. Blausäure fällt aus Silberlösungen weifses, käsiges Cyansilber, das sich am Lichte nicht verändert. (Unterschied

[1]) Jackson, Pharm. Centralbl. 1836, S. 350. — [2]) Ad. Claus u. E. A. Merck, Ber. 16, 2737. — [3]) R. Varet, Bull. soc. chim. [3] 6, 220. — [4]) Martius, Ann. Chem. 117, 361. — [5]) Claus, JB. 1855, S. 446. — [6]) Leidié, Compt. rend. 130, 87; Chem. Centralbl. 1900, I, S. 401.

von Silberchlorid.) Beim Kochen mit Kaliumkarbonat wandelt es sich in Nadeln um[1]). Das spezif. Gew. ist = 3,943[2]), nach Schröder[3]) 3,988.

In Wasser und verdünnten Säuren ist das Salz unlöslich, leicht löslich in Ammoniak und Cyankalium. Die Lösung in Cyankalium wird durch Alkalien oder Chloride nicht gefällt. Beim Erhitzen entweicht nur die Hälfte des Cyans gasförmig, der Rest bleibt als Paracyan zurück[4]). Mit Salzsäure zerfällt es sofort in Blausäure und Silberchlorid; mit Schwefelwasserstoff entstehen Blausäure und Schwefelsilber[5]). Beim Kochen mit Natriumchlorid oder Quecksilberchlorid entstehen Chlorsilber und Cyannatrium, resp. Cyanquecksilber. Beim Erhitzen mit Schwefel geht es in Rhodansilber über.

Kaliumdoppelsalz CNAg.CNK krystallisiert nach Rammelsberg[6]) in regelmäfsigen Oktaedern, nach Fock[7]) in rhomboedrisch-hemiedrischen Krystallen. Es löst sich bei 20° in 4 Tln. Wasser und in 25 Tln. Alkohol von 85 Proz.[8]). Durch Mineralsäuren wird es zersetzt[9]).

Natriumdoppelsalz CNAg.CNNa krystallisiert in Blättern, löst sich bei 20° in 5 Tln. Wasser und in 24 Teilen Alkohol von 85 Proz.[8]).

Kalium-Natriumdoppelsalz 3CNAg.2CNK.CNNa bildet kurze rhomboidale Prismen, löslich in 4,4 Tln. Wasser von 15° und in 22 Tln. Alkohol von 17°[8]).

Tetramethylammoniumdoppelsalz $CNAg.CN.N(CH_3)_4$ bildet grofse Säulen, die bei 208° unter beginnender Zersetzung schmelzen. Aus der wässerigen Lösung wird durch verdünnte Salzsäure Silbercyanid gefällt[10]).

Thalliumdoppelsalz CNAg.CNTl. 100 Tle. Wasser lösen bei 0° 4,7 Tle., bei 16° 7,4 Tle.[11]).

Verbindung mit Ammoniak $CNAg.NH_3$ krystallisiert in monoklinen Tafeln, die an der Luft das Ammoniak sehr schnell verlieren[12]).

Das Cyansilber bildet ferner Verbindungen mit Silbernitrat[1]), sowie mit Quecksilbercyanid und Quecksilbersulfat[13]).

Strontiumsalz $(CN)_2Sr$ wird dargestellt wie das Magnesiumsalz. $(CN)_2Sr + 4H_2O$ wird aus Strontianhydrat und Blausäure dargestellt, in derselben Weise wie das entsprechende Baryumsalz[14]).

---

[1]) C. L. Bloxam, Chem. News 48, 154, 50, 155; Ber. 16, 2669, 17, 476 Ref. — [2]) Giesecke, JB. 1860, S. 17. — [3]) Schroeder, Ber. 13, 1073. — [4]) Rammelsberg, JB. 1847/48, S. 485. — [5]) Béchamp, ebend. 1859, S. 680. — [6]) Rammelsberg, Ann. Phys. 38, 376. — [7]) Fock, JB. 1882, S. 372. — [8]) Baup, ebend. 1858, S. 234. — [9]) Glassford u. Napier, JB. Berz. 25, 294. — [10]) Ad. Claus u. E. A. Merck, Ber. 16, 2737. — [11]) Frommüller, ebend. 11, 92. — [12]) Weith, Ztschr. f. Chem. 1869, S. 380. — [13]) Geuther, Ann. Chem. 106, 242. — [14]) Joannis, Ann. chim. phys. [5] 26, 482.

Es krystallisiert in orthorhombischen Prismen. Beim Trocknen im Vakuum verliert es Wasser und Blausäure.

Thalliumsalze. Thallosalz CNTl wird dargestellt, indem man Thalliumoxydlösung mit überschüssiger Blausäure versetzt und die Lösung mit Alkohol und Äther fällt[1]). Es bildet, wenn es gefällt ist, ein amorphes, nach Blausäure riechendes Pulver. 100 Tle. Wasser von 28,5° lösen 16,8 Tle. Aus der heifsen konzentrierten wässerigen Lösung scheidet es sich in Blättchen ab. Beim Erhitzen schmilzt es unter Zersetzung und Abscheidung von Thallium. Es ist sehr leicht zersetzbar: Kohlensäure, in die wässerige Lösung geleitet, bildet Thalliumkarbonat. Es verbindet sich leicht mit Schwefel.

Quecksilberdoppelsalz $2\,CNTl.(CN)_2Hg$. 100 Tle. Wasser lösen bei 1° 7,9 Tle., bei 10° 10,3 Tle.[2]).

Zinkdoppelsalz $2\,CNTl.(CN)_2Zn$. 100 Tle. Wasser lösen bei 0° 8,7 Tle., bei 14° 15,2 Tle., bei 31° 29,6 Tle.

Thallothallisalz $(CN)_4Tl_2 = CNTl.(CN)_3Tl$ entsteht bei Sättigung von Thalliumoxyd mit Blausäure[2]). Es krystallisiert in rhombischen Tafeln von neutraler Reaktion. 100 Tle. Wasser lösen bei 0° 9,7 Tle., bei 12° 15,3 Tle., bei 30° 27,3 Tle. Das Salz schmilzt unter stürmischer Cyanentwickelung bei 125 bis 130°. Von verdünnten Säuren wird es leicht zersetzt. Kalilauge und Quecksilberoxyd fällen Thalliumoxyd. Mit Jodkalium setzt es sich zu Cyankalium, Thallojodid und Jodcyan um. Mit Schwefelwasserstoff entstehen Thallosulfid und Thallorhodanid.

Das Salz bildet keine Doppelsalze.

Vanadinsalz ist nur in Form des Kaliumdoppelsalzes $(CN)_6K_3V$ bekannt. Dasselbe ist krystallinisch, in Wasser leicht löslich, unlöslich in Alkohol, zersetzt sich rasch in wässeriger Lösung[3]).

Zinksalz $(CN)_2Zn$. Um das Salz darzustellen, leitet man Blausäure in Zinkacetat[4]). Es ist ein amorphes Pulver. Bei sehr langsamer Bildung scheidet es sich in stark glänzenden, orthorhombischen Prismen ab[5]). In Wasser und Alkohol ist es unlöslich, leicht löslich dagegen in Cyankalium. Aus dieser Lösung wird durch Schwefelnatrium Schwefelzink gefällt. [Unterschied und Trennung des Zinks vom Nickel[6]).] Cyanzink zersetzt sich erst bei starkem Glühen[7]).

Baryumdoppelsalz $(CN)_2Zn.(CN)_2Ba.2\,H_2O$ wird aus Zinksulfat, Baryumkarbonat und Blausäure erhalten. Es bildet grofse

[1]) Frommüller, Ber. 6, 1178. — [2]) Ders., ebend. 11, 92. — [3]) Locke u. Edwards, Am. Chem. J. 20, 601; Chem. Centralbl. 1898, II, S. 628. — [4]) Wöhler, JB. Berz. 20, 152; vergl. Oppermann, JB. 1860, S. 226. — [5]) Joannis, Ann. chim. phys. [5] 26, 482. — [6]) Wöhler, Ann. Chem. 89, 376. — [7]) Rammelsberg, ebend. 64, 300.

Krystalle, die sich an der Luft allmählich mit Baryumkarbonat bedecken [1]).

Kaliumdoppelsalz $(CN)_2Zn.2CNK$ bildet sich durch Auflösung von Zinkoxyd, Zinkkarbonat oder frisch gefälltem Zinksulfid in Cyankaliumlösung [2]). Es krystallisiert in regulären Oktaedern, die sich in kaltem Wasser leicht lösen.

Natriumdoppelsalz $(CN)_2Zn.CNNa + 2^1/_2 H_2O$ erwähnt Rammelsberg [3]).

Verbindung mit Ammoniak $(CN)_2Zn.2NH_3$ wird in durchsichtigen Prismen mit 1 Mol. Wasser beim Einleiten von Ammoniak in ammoniakalische Zinkcyanidlösung, wasserfrei beim Einleiten in alkoholisch-ammoniakalische Lösung erhalten [4]).

Blausäureester.

Die Blausäure bildet, wie schon bei deren Konstitution angeführt, zwei Reihen von Estern, eigentliche Cyanide oder Nitrile und Isocyanide, Isonitrile oder Karbylamine.

Die Nitrile $N{\equiv}C.R$ entstehen aus den Säureamiden $H_2N.CO.R$ durch wasserentziehende Mittel, wie Phosphorpentoxyd, Phosphorpentasulfid, Phosphorpentachlorid [5]), auch Thionylchlorid [6]). Neben Amiden erhält man sie, in der aromatischen Reihe in vorwiegender, in der Fettreihe in geringer Menge, durch Destillation der Fettsäuren mit Rhodankalium [7]), besser durch Erhitzen der Säuren mit Bleirhodanid auf etwa 190° [8]). Auch Destillation der Säurechloride mit Silbercyanat führt zum Ziele [9]):

$$R.CO.Cl + CNOAg = ClAg + R.CO.OCN$$
$$= ClAg + R.CN + CO_2.$$

Bei hoher Temperatur, z. B. wenn man Fettsäuredämpfe mit Ammoniakgas durch ein hellrot glühendes, mit Bimssteinstücken gefülltes Rohr leitet, wirken Fettsäuren und Ammoniak unter direkter Bildung von Nitrilen aufeinander ein, wodurch sich auch deren Vorkommen im Tieröl erklärt [10]). Auch beim Glühen abgedampfter Melasseschlempe entstehen einige Nitrile [11]).

Bei Einwirkung von alkalischer Bromlösung auf Säureamide erhält man, in beträchtlicherer Menge aber nur bei den höheren Fettsäuren,

---

[1]) Weselsky, Ber. 2, 589. — [2]) Fresenius u. Haidlen, Ann. Chem. 43, 130. — [3]) Rammelsberg, JB. Berz. 18, 163. — [4]) R. Varet, Bull. soc. chim. [2] 49, 631; Ber. 21, 48 Ref. — [5]) Dumas, Malaguti u. Leblanc, Ann. Chem. 64, 332; Buckton u. Hofmann, ebend. 100, 130; Krafft u. Stauffer; Ber. 15, 1728; Henry, Ann. Chem. 152, 148. — [6]) Michaelis u. Siebert, Ann. Chem. 274, 312. — [7]) Letts, Ber. 5, 669; Mehlis, Ann. Chem. 185, 367. — [8]) Krüss, Ber. 17, 1767. — [9]) Schützenberger, Ann. Chem. 123, 271. — [10]) Weidel u. Ciamician, Ber. 13, 83. — [11]) Vincent, Bull. soc. chim. 31, 156.

Nitrile der um ein Kohlenstoffatom ärmeren Fettsäuren. Als Zwischenprodukte treten hierbei um ein Kohlenstoffatom ärmere primäre Amine, dann Dibromamine auf, und man kann auch aus primären Aminen direkt durch alkalische Bromlauge die Darstellung bewirken [1]):

$$R.CH_2.NH_2 + 2\,Br_2 + 2\,NaOH = R.CH_2.NBr_2 + 2\,BrNa + 2\,H_2O$$
$$R.CH_2.NBr_2 + 2\,NaOH = R.CN + 2\,BrNa + 2\,H_2O.$$

Ganz entsprechend erhält man aus Alkyldichloraminen durch Einwirkung von 2 Mol. Kali in alkoholischer Lösung Nitrile [2]).

Eine weitere Methode zur Überführung von Fettsäuren in Nitrile besteht im Erhitzen mit Phospham [3]).

Aus Aldoximen erhält man Nitrile ebenfalls durch Wasserentziehung, indem man sie mit Essigsäureanhydrid erhitzt [4]): $R.CH:N.OH = R.CN + H_2O$. In kleiner Menge entstehen sie auch, wenn man Aldehyde oder Ketone mit Salpetersäure von 1,23 spezif. Gew. kocht [5]).

Die Additionsprodukte von Natriumbisulfit an Schiffsche Basen liefern Nitrile bei Einwirkung von Cyankalium [6]).

Aus Halogenalkylen gewinnt man Nitrile durch Einwirkung von Cyankalium [7]), meist in Gegenwart von wässerigem Alkohol [8]), bei gewöhnlicher oder erhöhter Temperatur, oder von Quecksilberkaliumcyanid [9]). Alkylschwefelsaure Salze werden mit Cyankalium destilliert [10]). Hierbei entstehen stets auch geringe Mengen von Isonitrilen, welche leichter als die Nitrile der Verseifung unterliegen und daher durch Schütteln mit wenig Salzsäure zerstört werden können. Aromatische Sulfonsäuresalze werden mit Cyankalium erhitzt [11]).

Aromatische Nitrile entstehen ferner bei anhaltendem Erhitzen von Senfölen mit Kupferpulver [12]) aus den zunächst gebildeten Isonitrilen. Aus Halogenderivaten der Kohlenwasserstoffe erhält man sie nur dann leicht durch Cyankalium, wenn das Halogen sich in der Seitenkette befindet. Sonst werden sie aus den Phosphorsäureestern der Phenole durch Cyankalium [13]), aus Anilin und dessen Homologen durch Erhitzen der Formylderivate [14]), zweckmäßig in Gegenwart von Wasserstoff und Zinkstaub [15]), besser aus den genannten Aminen durch Vermittelung der Diazoverbindungen (s. d.) dargestellt [16]).

Die Nitrile sind indifferente, in den niederen Reihen flüssige, in den höheren krystallisierbare, flüchtige Körper. In den niederen Reihen

[1]) A. W. Hofmann, Ber. 17, 1406, 1920. — [2]) Berg, Ann. ch. phys. [7] 3, 343. — [3]) R. Vidal, D. P. 101391; Chem. Centralbl. 1899, I, S. 960. — [4]) Lach, Ber. 17, 1572; Hantzsch, ebend. 24, 20. — [5]) Hell u. Kitrosky, ebend. 24, 983. — [6]) H. Bucherer, Z. Farb- u. Textilind. 1, 70. — [7]) Williamson, J. pr. Chem. 61, 60. — [8]) Henry, Compt. rend. 104, 1181; Ber. 20, 363 Ref. — [9]) Butlerow, Ann. Chem. 170, 154. — [10]) Pelouze, ebend. 10, 249; Frankland u. Kolbe, ebend. 65, 297; Linnemann, ebend. 148, 252. — [11]) Merz, Ztschr. Chem. 1868, S. 33. — [12]) Weith, Ber. 6, 212. — [13]) Heim, ebend. 16, 1771. — [14]) Hofmann, Ann. Chem. 142, 125. — [15]) Merz u. Gasiorowski, Ber. 17, 73, 18, 1001. — [16]) Sandmeyer, ebend. 17, 2653.

der Fettkörper in Wasser beträchtlich löslich, büßen sie diese Eigenschaft mit steigendem Molekelgewicht mehr und mehr ein.

Durch wässerige Alkalien oder Säuren werden sie verseift, wobei sie, wie schon erwähnt, in Ammoniak und Säuren zerfallen. Besonders leicht erfolgt diese Reaktion mit Hülfe von Salz- oder Schwefelsäure. Wegen dieser nahen Beziehung zu den Säuren werden eben die Cyanide als die Nitrile jener bezeichnet, z. B. das Methylcyanid wegen der Überführbarkeit in Essigsäure als Acetonitril. — Läßt man Salzsäure oder Schwefelsäure auf Lösungen der Nitrile in absolutem Alkohol einwirken, so gelangt man zu den Säureestern[1]), bei Einwirkung von Salzsäuregas auf eine Mischung gleicher Molekeln Nitril und Alkohol zu salzsauren Iminoäthern[2]):

$$R.CN + R'OH + 2\,ClH = R.C\begin{smallmatrix}\diagup NH_2,ClH\\ -OR'\\ \diagdown Cl\end{smallmatrix} = R.C\begin{smallmatrix}\diagup NH,\,ClH\\ \diagdown OR'\end{smallmatrix}.$$

Ähnlich wie hier, findet auch bei der Verseifung zunächst eine Anlagerung, diesmal von den Elementen einer Wassermolekel, statt, indem sich Säureamide bilden:

$$R.C\equiv N + H_2O = R.C\begin{smallmatrix}\diagup O\\ \diagdown NH_2\end{smallmatrix}.$$

Diese werden dann als Endprodukte gewonnen, wenn man die Nitrile mit Wasser auf 180° erhitzt[3]) oder bei 40° mit Wasserstoffsuperoxyd und etwas Kalilauge behandelt[4]).

Analog entstehen mit organischen Säuren sekundäre[5]), mit organischen Säureanhydriden tertiäre[6]) Säureamide:

$$\text{a)}\quad R.C\equiv N + OH.CO.R' = R.C\begin{smallmatrix}\diagup O\\ \diagdown NH.CO.R'\end{smallmatrix}$$

$$\text{b)}\quad R.C\equiv N + O\begin{smallmatrix}\diagup CO.R'\\ \diagdown CO.R'\end{smallmatrix} = R.C\begin{smallmatrix}\diagup O\\ \diagdown N(CO.R')_2\end{smallmatrix}.$$

Bei Gegenwart von Salzsäure setzen sich Fettsäurenitrile mit Fettsäuren zu Säureamid und Säurechlorid um[7]):

$$R.CN + R'.CO.OH + 2\,ClH = R.CO.NH_2,ClH + R'.CO.Cl.$$

Bei starkem Erhitzen, besonders mit aromatischen Säuren, erfolgt ein Austausch der Cyan- gegen die Karboxylgruppe[8]), z. B.:

$$CH_3.CN + C_6H_5.CO_2H = CH_3.CO_2H + C_6H_5.CN.$$

Schwefelwasserstoff lagert sich ebenso wie Wasser, unter Bildung von Thioamiden $R.C\begin{smallmatrix}\diagup S\\ \diagdown NH_2\end{smallmatrix}$, an[9]).

---

[1]) Otto u. Beckurts, Ber. 9, 1590. — [2]) A. Pinner, Die Imidoäther u.s.w., Berlin 1892, S. 3. — [3]) Engler, Ann. Chem. 149, 305. — [4]) Radziszewski, Ber. 18, 355. — [5]) Gautier, Ann. Chem. 150, 187. — [6]) Wichelhaus, Ber. 3, 847. — [7]) Colson, Ann. ch. phys. [7] 12, 251; Chem. Centralbl. 1897, II, S. 938. — [8]) Colby u. Dodge, Ann. Chem. J. 13, 1; Ber. 24, 112 Ref. — [9]) Gautier, Ann. Chem. 142, 289; Bernthsen, ebend. 192, 46.

Chlorwasserstoff kann auch in der Weise auf Nitrile einwirken, dafs er sich mit ihnen zu den als Imidchloride $R.C{<}^{NH}_{Cl}$ aufzufassenden Verbindungen vereinigt[1]). Ähnlich entstehen bei der Einwirkung von Brom, indem dieses zunächst auf das Alkyl substituierend wirkt und dann die entstandene Bromwasserstoffsäure sich anlagert, bromierte Imidbromide[2]), z. B.:

$$C_2H_5.CN + Br_2 = C_2H_4Br.CN + BrH = C_2H_4Br.C{<}^{NH}_{Br}.$$

Von überschüssigem Bromwasserstoff nehmen die Nitrile zwei Molekeln auf unter Übergang in Amidbromide $R.C{<}^{NH_2}_{Br_2}$ [3]). Ebenso wirkt Jodwasserstoff. Chlor wirkt nur substituierend auf das Alkyl[4])

Auch viele Chloride, z. B. Bor-, Titan-, Zinn-, Antimon-, Aluminium-, Gold-, Cuprochlorid[5]), bilden mit Nitrilen additionelle Verbindungen[6]).

Nascierender Wasserstoff führt die Nitrile in primäre Amine über[7]):

$$R.C{\equiv}N + 4H = R.CH_2.NH_2.$$

Hydroxylamin wird unter Bildung von Amidoximen angelagert[8]):

$$R.C{\equiv}N + H_2N.OH = R.C{<}^{NOH}_{NH_2}.$$

Schliefslich vermögen die Nitrile sich mit sich selbst oder anderen[9]) Nitrilen zu dimolekularen und trimolekularen Kondensationsprodukten zu vereinigen.

Diese Verbindungen entstehen unter der Einwirkung des metallischen Natriums, und zwar die dimolekularen[10]) bei Gegenwart von absolutem Äther, die trimolekularen[11]) bei Abwesenheit von Lösungsmitteln sowie durch Erhitzung der Cyanalkyle mit trockenem Natriumäthylat.

Die dimolekularen Produkte sind als Iminonitrile von Ketonsäuren aufzufassen:

---

[1]) Gautier, Ann. Chem. **142**, 289; Michael u. Wing, Am. Chem. J. 7, 71; Ber. **18**, 378 Ref. — [2]) Engler, Ann. Chem. **133**, 137, **142**, 65. — [3]) Ders., ebend. **149**, 305; Henry, Bull. soc. chim. 7, 85. — [4]) Otto, Ann. Chem. **116**, 195. — [5]) Rabaut, Bull. soc. chim [3] **19**, 785; Chem. Centralbl. 1898, II, S. 859. — [6]) Gautier, Ann. Chem. **142**, 289; Henke, ebend. **106**, 280; Genvresse, Bull. soc. chim. **49**, 341; Ber. **21**, 610 Ref. — [7]) Mendius, Ann. Chem. **121**, 129. — [8]) Tiemann, Ber. **17**, 128; Nordmann, ebend. **17**, 2746. — [9]) Riess u. E. v. Meyer, J. pr. Chem. [2] **31**, 112; E. v. Meyer, ebend. **39**, 189. — [10]) Ders., ebend. [2] **37**, 481, **38**, 336, **39**, 188, 544; Holtzwart, ebend. **38**, 343, **39**, 230; Wache, ebend. **39**, 245; Hanriot u. Bouveault, Bull. soc. chim. [3] **1**, 170, 548; Ber. **22**, 323 Ref., 560 Ref. — [11]) Frankland u. Kolbe, Ann. Chem. **65**, 269; A. Bayer, Ber. **2**, 319; E. v. Meyer, J. pr. Chem. [2] **22**, 261, **27**, 152, **37**, 396, **39**, 194, 262; Troeger, ebend. **37**, 407.

$R.C=O$	$R.C=NH$
$R'.\dot{C}H.CO_2H$	$R'.\dot{C}H.CN$
Ketonsäure	Iminonitril.

In der That spalten sie bei Behandlung mit konzentrierten Säuren in der Kälte zunächst nur die Hälfte des Stickstoffs ab unter Übergang in Ketonsäurenitrile, bei höherer Temperatur aber auch den Rest unter Übergang in die Ketonsäuren.

Die trimolekularen Produkte, auch Kyanalkine genannt, sind Abkömmlinge des Pyrimidins

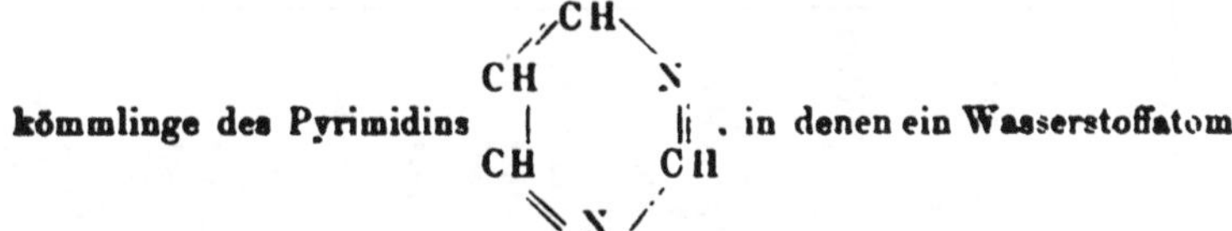

, in denen ein Wasserstoffatom durch die Aminogruppe, die übrigen durch Alkyle ersetzt sind, z. B. das aus Aethylcyanid entstehende Kyanäthin

$$\begin{array}{ccc} & C.C_2H_5 & \\ H_3C.C & & N \\ H_2N.C & & CC_2H_5 \\ & N & \end{array}$$

In Gegenwart von Aluminiumchlorid vereinigen sich die Nitrile mit Säurechloriden zu Ketonsäurenitrilen: $C_2H_5.CN + R'.CO.Cl = R'.CO.C_2H_4.CN + ClH$. Doch entstehen auch hierbei trimolekulare Nitrile[1]).

Die Isonitrile $R.N{\equiv}C$ wurden 1866 von Gautier[2]) und fast gleichzeitig von A. W. Hofmann[3]) erhalten. Gautier gewann sie durch Einwirkung von Alkyljodiden auf Cyansilber. Wendet man von letzterem 2 Mol. auf 1 Mol. des Jodids an, so entsteht zunächst eine Doppelverbindung von Karbylamin mit Cyansilber $R.NC.CNAg$[4]), welche bei der Destillation mit Cyankaliumlösung unter Entbindung des Karbylamins zersetzt wird.

Nach Calmels[5]) liefern auch Quecksilbercyanid und Zinkcyanid mit Alkyljodiden Isonitrile, die stets in kleiner Menge bei der Destillation von Cyankalium mit alkylschwefelsauren Salzen entstehen.

Nach der Hofmannschen Reaktion entstehen die Isonitrile durch Einwirkung von alkoholischem Kali auf Gemische von Chloroform und primären Alkoholbasen:

$$R.NH_2 + CHCl_3 + 3KOH = R.NC + 3ClK + 3H_2O.$$

(Fortsetzung des Textes a. S. 681.)

1) J. Pipes-Poratynski, Chem. Centralbl. 1900, II, S. 477. — 2) Gautier, Ann. ch. phys. [4] 17, 203; Ann. Chem. 146, 119, 124, 149, 29, 155, 151, 239, 152, 222. — 3) A. W. Hofmann, Ann. Chem. 144, 114, 146, 107; Ber. 3, 766. — 4) E. v. Meyer, J. pr. Chem. 68, 285. — 5) G. Calmels, Compt. rend. 99, 239; Bull. soc. chim. 43, 82; Ber. 17, 419 Ref.

Nitrile.

	Formel	Schmelzp.	Siedep.	Spezif. Gew.
Formonitril = Cyanwasserstoffsäure	H.CN	—	—	—
Acetonitril, Methylcyanid	$C_2H_3N = CH_3.CN$	−41°; −44,4°	81,6°; 81,54° (760)	0,7891 (15°); 0,7906 (14,1°)
Propionitril, Äthylcyanid	$C_3H_5N = C_2H_5.CN$	unterh. −68°; −103,5°	97,08°	0,80101 (0°)
Butyronitrile	C_4H_7N	—	—	—
Propylcyanid	$CH_3.(CH_2)_2.CN$	—	118,5°; 116,3—117° (750)	0,795 (12,5°); 0,796 (15°)
Isopropylcyanid	$(CH_3)_2:CH.CN$	—	107—108°	—
Valeriansäurenitrile	C_5H_9N	—	—	—
Butylcyanid	$CH_3.(CH_2)_3.CN$	—	140,4° (739,3)	0,8164 (0°)
Isobutylcyanid	$(CH_3)_2.CH.CH_2.CN$	—	129,3—129,5° (764,3)	0,8069 (20°); 0,8227 (0°)
Methyläthylacetonitril	$CH_3.CH(C_2H_5).CN$	flüssig	125°	0,8061 (0°)
Trimethylacetonitril	$(CH_3)_3C.CN$	15—16°	105—106°	—
Hexannitrile	$C_6H_{11}N$	—	—	—
Kapronitril, Isoamylcyanid	$(CH_3)_2CH.(CH_2)_2.CN$	—	155,48° (760); 154° (762,1)	0,8061 (20°); 0,8075 (14,2°)
Diäthylacetonitril	$(C_2H_5)_2CH.CN$	Öl	144—146°	—
Dimethyläthylacetonitril	$(CH_3)_2.C(C_2H_5).CN$	—	128—130°	—
Heptannitril	$C_7H_{13}N$	—	—	—
Önanthsäurenitril	$C_6H_{13}.CN$	flüssig	175—178°	0,895 (22°)
Oktannitril	$C_8H_{15}N$	—	—	—
Kaprylsäurenitril	$C_7H_{15}.CN$	flüssig	194—195°; 198—200°	0,8201 (13,3°)
Nonannitrile	$C_9H_{17}N$	—	—	—
Pelargonsäurenitril	$CH_3.(CH_2)_7.CN$	flüssig	214—216°	0,786 (16°)
Isopelargonsäurenitril	$CH_3.CH(C_6H_{13}).CN$	„	206°	0,8187 (14°)
Kaprinsäurenitril	$C_{10}H_{19}N$	„	235—237°	—
Undekannitril	$C_{11}H_{21}N$	„	253—254°	—
Dodekannitril, Laurinsäurenitril	$C_{12}H_{23}N = C_{11}H_{23}.CN$	4°	198° (100)	0,8273 (15°)
Tridekannitril	$C_{13}H_{25}N = C_{12}H_{25}.CN$	flüssig	275°	—
Myristonitril	$C_{14}H_{27}N = C_{13}H_{27}.CN$	19°	226,5° (100); 169° (13); 86° (0)	0,8281 (19°)
Palmitonitril	$C_{16}H_{31}N = C_{15}H_{31}.CN$	29—31°	251,5° (100); 196° (15); 193° (13); 108° (0)	0,8224 (31°)

Cetylcyanid, Margarinsäurenitril	$C_{17}H_{33}N = C_{16}H_{33}.CN$	53°	—	—
Stearonitril	$C_{18}H_{35}N = C_{17}H_{35}.CN$	41°	274,5° (100); 214° (13); 128 (0)	0,8178 (41°)
Cerotinsäurenitril	$C_{26}H_{51}N$	58°	—	—
Melissinsäurenitril	$C_{30}H_{59}N$	70°	—	—
Myricylcyanid	$C_{31}H_{61}N = C_{30}H_{61}.CN$	75°	—	—
Krotonsäurenitril, Allylcyanid	$C_4H_5N = CH_3.CH:CH.CN$	flüssig	119°	0,8351 (15°)
α-Methylakrylsäurenitril	$C_4H_5N = CH_2:C(CH_3).CN$	„	90—92° (760)	0,7991 (18°)
Äthylenacetonitril (Cyklopropankarbonsäurenitril)	$C_4H_5N = {CH_2 \atop CH_2}\!>\!CH.CN$	„	135° (760)	0,911 (16°)
Pentennitrile	C_5H_7N	—	—	—
Tetramethylenkarbonsäurenitril	$CH_2\!<\!{CH_2 \atop CH_2}\!>\!CH.CN$	flüssig	150°; 148—149° (760)	—
Allylacetonitril, Penten (1)-Nitril (5)	$CH_2:CH.CH_2.CH_2.CN$	„	140° (760)	1,1803 (13°)
β-Äthylakrylsäurenitril, Penten (2)-Nitril (1)	$CH_3.CH_2.CH:CH.CN$	„	140° (762)	0,8239 (24°)
Penten (3)-Nitril (1) (?)	$CH_3.CH:CH.CH_2.CN$	„	147—150°	—
ββ-Dimethylakrylsäurenitril [2-**Methyl-Buten** (2)-**Nitril** (4)]	$(CH_3)_2C:CH.CN$	„	140—142° (760)	0,8292 (14°)
αβ-Dimethylakrylsäurenitril	$CH_3.CH:C(CH_3).CN$	„	124—125° (767)	0,8143 (24°)
Hexennitrile	C_6H_9N	„	—	—
2-**Methyl-Penten** (2)-**Nitril** (5)	$(CH_3)_2C:CH.CH_2.CN$	„	166°; 65° (20)	—
β-Isopropylakrylsäurenitril	$(CH_3)_2CH.CH:CH.CN$	„	154—155° (754)	0,8268 (16°)
α-Äthyl-β-Methylakrylsäurenitril	$CH_3.CH:C(C_2H_5).CN$	„	143—145°	0,8343 (22°)
Trimethylakrylsäurenitril	$(CH_3)_2C:C(CH_3).CN$	„	155—157° (760)	0,8447 (18°)
Cyklopentankarbonsäurenitril	$CH_2\!<\!{CH_2.CH.CN \atop CH_2.CH_2}$	„	170—171°	—
βγ-Isoheptennitril, 2-Methyl-Hexen (3)-Nitril (6)	$C_7H_{11}N = (CH_3)_2CH.CH:CH.CH_2.CN$	„	175°; 80° (18)	—
n-Amylakrylsäurenitril, Okten (2)-Nitril (1)	$C_8H_{13}N = CH_3.(CH_2)_4.CH:CH.CN$	„	197—200° (760)	0,8318 (16°)
Heptanaphtenkarbonsäurenitril	$C_8H_{13}N = C_7H_{13}.CN$	„	199—201°	—
Kampholsäurenitril	$C_{10}H_{17}N = C_9H_{17}.CN$	72—73°	217—219°	—

	Formel	Schmelzp.	Siedep.	Spezif. Gew.
Citronellsäurenitril	$C_{10}H_{17}N = (CH_3)_2C:CH.(CH_2)_2.CH(CH_3).CH_2.CN$	flüssig	229—231°; 104—106° (14)	0,8645 (20°)
Menthonitril	$C_{10}H_{17}N = (CH_3)_2C:CH.(CH_2)_2.CH(CH_3).CH_2.CN$ (?)	"	225—226°	0,8360 (20°)
α-Isopropyl-β-Isobutylakrylsäurenitril	$C_{10}H_{17}N = (CH_3)_2CH.CH_2.CH:C(CN).CH(CH_3)_2$	"	100° (19)	—
Diallylacetonitril	$C_8H_{11}N = (C_3H_5)_2.CH.CN$	Öl	186—188°	—
Kamphoceensäurenitril	$C_9H_{13}N$	"	222—230°; 95—100° (15)	—
Isolauronolsäurenitril	$C_9H_{13}N$	flüssig	205° (760)	0,9127 (15°)
Nitril aus D-d-Fenchokamphoronoxim	$C_9H_{13}N$	—	212—215°	—
Nitril aus $C_{10}H_{14}ONBr$ [aus Kampheroxim]	$C_9H_{13}N$	Öl	198—199° (760)	0,9038 (4°)
Nitrile	$C_{10}H_{15}N$	—	—	—
α-Kampholensäurenitril (Kampheroximanhydrid)	$CH_2:C_8H_{13}.CN$	flüssig	etwa 225°; 226—227°	0,910 (20); 0,9152 (23°); 0,90935 (20°)
β-Kampholensäurenitril	—	Öl	etwa 220°	—
Fencholensäurenitril (Gemisch)	$C_9H_{15}.CN$	"	217—218°	0,898 (20°)
α-Modifikation	—	flüssig	211—212°	0,9136 (15,6°)
β-Modifikation	—	"	217—219°	0,9203 (15,6°)
Geraniumsäurenitril	$(CH_3)_2C:CH.(CH_2)_2.C(CH_3).CH.CN$	Öl	138—140° (15); 110° (10)	0,8709 (20°)
Isogeraniumsäurenitril	$(CH_3)_2C<^{C(CN)=C(CH_3)}_{CH_2.CH_2.CH_2}$	"	87—88° (11); 97° (10)	0,9208 (20°)
Isomeres bei Darstellung des vorigen	—	115°; 118°	185° (10)	—
Pulegensäurenitril	$CH_2.C:C(CH_3)_2$ / $CH_2.C(CH_3).CH_2.CN$	flüssig	218—220°	0,8935
Cytrilidenacetonitril	$C_{12}H_{17}N = (CH_3)_2C:CH.CH_2.CH_2$ / $CN.CH:CH.CH:C(CH_3)$	Öl	152—155° (25) unter Polymerisation	—
Glykolsäurenitril (Äthanolnitril)	$C_2H_3NO = OH.CH_2.CN$	flüssig, erstarrt b. −72°	183° nicht ganz unzersetzt; 119° (24)	1,100 (12°)
Milchsäurenitrile	C_3H_5NO	—	—	—

Hydrakrylsäurenitril, Äthylencyanhydrin	$OH.CH_2.CH_2.CN$	flüssig	220—222° (723,5)	1,0588 (0°)
n-Oxy-Buttersäurenitrile: β)	$C_4H_7NO = CN.CH_2.CH(OH).CH_3$	"	220—221° (757); 123—125° (22)	1,0134 (9°)
α)	$CN.CH(OH).CH_2.CH_3$	"	zersetzlich	1,0238 (11°)
γ)	$CN.CH_2.CH_2.CH_2(OH)$	"	238—240° (765); 150—151° (8); 140° (30)	1,0290 (8°)
α-Methyl-α-Oxyisobuttersäurenitril	$C_5H_9NO = C_2H_5.C(CH_3)(OH).CN$	"	1 6° (762)	0,9212 (24°)
α-Oxyisovaleriansäurenitril	$C_5H_9NO = (CH_3)_2.CH.CH(OH).CN$	bei —17° noch flüssig	oberhalb 135° unter Zersetzung	[illegible] (0°)
α-Oxy-n-Valeriansäurenitril	$C_5H_9NO = CH_3.(CH_2)_2.CH(OH).CN$	flüssig	—	0,9367 (24°)
α-Oxyisobutylessigsäurenitril	$C_6H_{11}NO = (CH_3)_2.CH.CH_2.CH(OH).CN$	Öl	zerfällt beim Erhitzen	—
Diäthoxalsäurenitril	$C_6H_{11}NO = (C_2H_5)_2.C(OH).CN$	flüssig	184°	0,9326 (22°)
2,3-Dimethylbutanol (2)-Nitril (1)	$C_6H_{11}NO = (CH_3)_2CH.C(CH_3)(OH).CN$		182° (764)	0,9249 (18°)
2,2,3-Trimethyl-Butanol (3)-Nitril (4)	$C_7H_{13}NO = (CH_3)_3C.C(CH_3)(OH).CN$	" 82—87°	noch nicht bei 121°	—
Oktanolnitril	$C_8H_{15}NO$	—	—	—
α-Oxykaprylsäurenitril	$CH_3.(CH_2)_5.CH(OH).CN$	bei —16° noch flüssig	zerfällt beim Erhitzen	0,9048 (17°)
Äthenylglykolsäurenitril, 1,3-Butenolnitril (4)	$C_4H_5NO = CH_2:CH.CH(OH).CN$	flüssig	noch nicht bei 121°	—
Krotonalcyanhydrin, Penten (2)-ol (4)-Nitril (5)	$C_5H_7NO = CH_3.CH:CH.CH(OH).CN$	"	132—134° (15) unter teilw. Zerfall	—
β-Propyliden-α-Oxybutyronitril, 3-Methyl-3 ...ol (2)-Nitril (1)	$C_7H_{11}NO = C_2H_5.CH:C(CH_3).CH(OH).CN$	"	unbeständig	—
1-Methyl-5-Cyan-Cyklopenten (1)-ol (5)	$C_7H_9NO = CH_3.C \overset{CH}{\underset{C(OH)(CN).CH_2}{}} > CH_2$	49°	240° (760, geringe Zerstz.) 213° (300)	—
Kampholsäurecyanid	$C_{11}H_{17}NO$	33°	227°	—
Brenztraubensäurenitril (Acetylcyanid)	$C_3H_3NO = CH_3.CO.CN$	—	93°	—
Propionylcyanid, 2-Butanonnitril	$C_4H_5NO = C_2H_5.CO.CN$	—	108—110°	—

	Formel	Schmelzp.	Siedepunkt	Spezif. Gew.
Acetessigsäurenitril, Cyanaceton	$C_4H_5NO = CH_3.CO.CH_2.CN$	flüssig	120—125°	—
Normalbutyrylcyanid, 2-Pentanonnitril	$C_5H_7NO = CH_3.(CH_2)_2.CO.CN$	—	133—137°	—
Isobutyrylcyanid, 2-Methyl-3-Butanonnitril (4)	$C_5H_7NO = (CH_3)_2:CH.CO.CN$	—	117—120°	—
Methylacetylacetonitril, 2-Methyl-3-Butanonnitril (1)	$C_5H_7NO = CH_3.CO.CH(CH_3).CN$	—	156°	0,9934 (0°)
Isovalerylcyanid, 2-Methyl-4-Pentanonnitril (5)	$C_6H_9NO = (CH_3)_2:CH.CH_2.CO.CN$	—	145—150°	—
α-Propionylcyanäthyl, α-Cyandiäthylketon, 2-Methyl-3-Pentanonnitril (1)	$C_6H_9NO = C_2H_5.CO.CH(CH_3).CN$	Öl	193,5°	0,9728 (0°)
Dimethylpropionylacetonitril	$C_7H_{11}NO = C_2H_5.CO.C(CH_3)_2.CN$	flüssig	175°	0,9451 (0°)
Methyläthylpropionylacetonitril	$C_8C_{13}NO = C_2H_5.CO.C(CH_3)(C_2H_5).CN$	"	195°	—
α-Methyloxyglutarsäurenitril	$C_6H_7NO_2 = CN.C(CH_3).C_2H_4.CO$ (mit O-Brücke zwischen C und CO)	31—33°	—	—
2-Methyl-Okten(2)-on (6)-Nitril (8)	$C_9H_{13}NO = (CH_3)_2C:CH(CH_2)_2.CO.CH_2.CN$	flüssig	123—124°	—
2-Methyl-7-Cyan-Nonen(2)-on (6)	$C_{11}H_{17}NO = (CH_3)_2C:CH.(CH_2)_2.CO.CH(C_2H_5).CN$	—	140—141° (18)	—
Isolauronolcyanid	$C_{10}H_{15}NO = C_8H_{13}.CO.CN$	flüssig	120° (23)	1,0007 (15°)
Oxalsäurenitril = Dicyan				
Malonsäurenitril	$C_3H_2N_2 = CH_2(CN)_2$	29—30°	218—219°; 109° (20) 99° (11)	—
Bernsteinsäurenitril, Äthylencyanid	$C_4H_4N_2 = C_2H_4(CN)_2$	54,5°; 51–52°	265—267° (dabei Zerstz.) 185° (60) 158—160° (20)	1,023 (45°, flüssig, nicht ganz rein)
Isobernsteinsäurenitril, Äthylidencyanid	$C_4H_4N_2 = CH_3.CH(CN)_2$	26,2°	197—198°	—
Trimethylencyanid, Pentandinitril [illegible]	$C_5H_6N_2$ [illegible] $CN.(CH_2)_3.CN$	29° [illegible]	285—287,4°; 208° (100); 181,5 (50); 142° (10) [illegible]	0,9989 (15°) [illegible]

Dimethylmalonsäurenitril, 2,2-Dimethylpropandinitril . . .	$C_5H_6N_2 = (CH_3)_2C(CN)_2$	31—32°	169,5°; 62—66° (22)	—
Adipinsäurenitril [1])	$C_6H_8N_2 = NC.(CH_2)_4.CN$	0—1°	295° (760)	0,951 (19°)
Propylmalonsäurenitril	$C_6H_8N_2 = C_3H_7.CH(CN)_2$	flüssig	216—217°	0,9224 (18°)
Isopropylmalonsäurenitril . . .	$C_6H_8N_2 = (CH_3)_2.CH.CH(CN)_2$	"	204,5°	0,9228 (18,6°)
α-Dimethylbernsteinsäurenitril, Isobutylencyanid	$C_6H_8N_2 = CN.CH_2.C(CH_3)_2.CN$	"	218—220°	—
Diäthylmalonsäurenitril	$C_7H_{10}N_2 = (C_2H_5)_2C(CN)_2$	44—45°	195—195,5°; 91—93° (24)	—
Isobutylmalonsäurenitril	$C_7H_{10}N_2 = (CH_3)_2:CH\ CH_2.CH(CN)_2$	flüssig	222°	0,9116 (18,6°)
Tetramethyläthylencyanid . . .	$C_8H_{12}N_2 = (CH_3)_2C(CN).C(CH_3)_2.CN$	169°	—	—
[illegible]il	$C_9H_{14}N_2 = CN.(CH_2)_7.CN$	Öl	195—196° (19—20)	—
Dipropylmalonsäurenitril . . .	$C_9H_{14}N_2 = (C_3H_7)_2C$	46—47°	223,5°	—
Sebacinsäurenitril	$C_{10}H_{16}N_2 = C_8H_{16}(CN)_2$	flüssig	199—200° (15)	—
Allylmalonsäurenitril	$C_6H_6N_2 = CH_2:CH.CH_2.$ (CN)$_2$	—12°	217—218°	1,0231 (18,6°)
β-Methyloxy-γ-Cyanacetobutyronitril	$C_8H_{10}N_2O_2 = CH_3.CO.CH(CN).C(OH)(CH_3).CH_2.CN$	179—180°	—	—
Kamfersäurenitril	$C_{10}H_{14}N_2 = C_8H_{14}(CN)_2$	sublimiert, ohne zu schmelzen		—
Mesoweinsäurenitril	$C_4H_4N_2O_2 = (OH)_2C_2H_2(CN)_2$	131° unter Zersetzung	—	—
Dioxyadipinsäurenitril	$C_6H_8N_2O_2 = CN.CH_2.(CH[OH])_2.CH_2.CN$	—	—	—
Dimethyltraubensäurenitril, Diacetyldicyanhydrin	$C_6H_8N_2O_2 = \begin{matrix} CH_3.C(OH).CN \\ CH_3.C(OH).CN \end{matrix}$	etwa 110° unter Zersetzung	—	—
Dioxydimethylglutarsäurenitril	$C_7H_{10}N_2O_2 = CH_2(C[OH][CH_3].CN)_2$	134—136° unter Zersetzung	—	—
Diketohexamethylencyanhydrin	$C_8H_{10}N_2O_2 = HO.C(CN)<\begin{matrix} CH_2\ CH \\ CH_2.\ \ CH \end{matrix}C(CN).OH$	80° unter Zersetzung	—	—
Trimethyldioxyglutarsäurenitril	$C_8H_{12}N_2O_2 = CH_3.C(OH)(CN).CH(CH_3)(OH)C(CH_3).CN$	124—125° un. geringer Zersetzung	—	—
1,1,1-Tricyanäthan, Methylcyanoform	$C_5H_3N_3 = CH_3.C(CN)_3$	93,5°	—	—

[1]) Henry, Bull. acad. roy. Belg. 1901, S. 367; Chem. Centralbl. 1901, II, S. 807.

Aromatische Nitrile.

	Formel	Schmelzp.	Siedep.	Spezif. Gew.
Benzonitril	$C_7H_5N = C_6H_5.CN$	−17°	190,7°; 190,6° (760), 174,4° (500), 121,3° (100); 69,1° (10)	1,0230 (0°), 1,0084 (16,8°); 1,0005 (24,8°)
α-Toluylsäurenitril, Benzylcyanid	$C_8H_7N = C_6H_5.CH_2.CN$	flüssig	231,7°; 107—107,4° (12)	1,0155 (8°); 1,0146 (18°); 1,0171 (17,5°)
Toluylsäurenitrile	$C_8H_7N = CH_3.C_6H_4.CN$	—	—	—
o-Verbindung	—	flüssig	203—204°	—
m	—	"	208—210°; 212—214°	—
p-Verbindung	—	38°; 29,5°	217,8°; 215°	—
Homotoluylsäurenitril	$C_9H_9N = C_6H_5.(CH_2)_2.CN$	flüssig	253,5°; 261° (korr.)	1,0014 (18°)
Hydratropasäurenitril	$C_9H_9N = C_6H_5.CH(CH_3).CN$	"	230—232°	—
o-Tolylessigsäurenitril	$C_9H_9N = CH_3.C_6H_4.CH_2.CN$	"	244°	1,0156 (22°)
m-Tolylessigsäurenitril	do.	"	240—241°	1,0022 (22°)
p-Tolylessigsäurenitril	do.	18°	242—243°	0,9922 (22°)
p-Xylylsäurenitril	$C_9H_9N = (CH_3)_2.C_6H_3.CN$	flüssig	230—232°	—
Xylylsäurenitril	do.	23—25°	222°	0,9871 (19°)
Äthylphenylessigsäurenitril	$C_{10}H_{11}N = C_6H_5.CH(C_2H_5).CN$	flüssig	243—245°	—
p-Propylbenzoesäurenitril	$C_{10}H_{11}N = C_3H_7.C_6H_4.CN$	"	227°	—
p-Cumonitril	$C_{10}H_{11}N = (CH_3)_2.CH.C_6H_4.CN$	"	239°; 243—244° (733,8)	0,765 (14°)
p-Methylhydratropasäurenitril	$C_{10}H_{11}N = CH_3.C_6H_4.CH(CH_3).CN$	"	246,5—247,5°	—
Cumylsäurenitril	$C_{10}H_{11}N = (CH_3)_3.C_6H_2.CN$	57,5°	250°	—
β-Isodurylsäurenitril	do.	55°	225—230°	—
Propylphenylessigsäurenitril	$C_{11}H_{13}N = C_6H_5.CH(C_3H_7).CN$	flüssig	260—261°	—
p-Isobutylbenzoesäurenitril	$C_{11}H_{13}N = (CH_3)_2.CH.CH_2.C_6H_4.CN$	Öl	238°; 248—249°	—
as-m-Isopropyl-o-Toluylsäurenitril	$C_{11}H_{13}N = CH_3.C_6H_3(CH[CH_3]_2).CN$	flüssig	244—246°	—
Durolkarbonsäurenitril	$C_{11}H_{13}N = (CH_3)_4.C_6H.CN$	76—77°	—	
γ-Tetramethylbenzoesäurenitril	do.	68—69°	—	
p-Isoamylbenzoesäurenitril	$C_{12}H_{15}N = C_5H_{11}.C_6H_4.CN$	flüssig	260—262°	
[illegible]	[illegible]	[illegible]	[illegible]	

[illegible]thylbenzoesäurenitril	$C_{12}H_{15}N = (CH_3)_5C_6 . CN$	168°; 170°	290—292°; 294—295°	—
hexylbenzylcyanid	$C_{14}H_{19}N = C_6H_5 . CH(C_6H_{13}) . CN$	flüssig	287°	—
Zimtsäurenitril	$C_9H_7N = C_6H_5 . CH : CH . CN$	11°	254—255°; 158—159° (280)	1,037 (0°)
m-Methylzimtsäurenitril	$C_{10}H_9N = CH_3 . C_6H_4 . CH : CH . CN$	flüssig	170° (30)	1,03 (0°)
p-Methylzimtsäurenitril	do.	79—80°	—	—
Ar-α-Tetrahydronaphtoesäurenitril	$C_{11}H_{11}N = C_{10}H_{11} . CN$	Öl	277—279°	—
Cinnamenylakrylsäurenitril	$C_{11}H_9N = C_6H_5 . CH : CH . CH : CH . CN$	flüssig	285°; 159° (285)	1,037 (0°)
Naphtoesäurenitrile, **Naphtylcyanide**	$C_{11}H_7N = C_{10}H_7 . CN$	—	—	—
α-Derivat	—	33,5°; 37,5°	296,5°; 297—298°	—
β-Derivat	—	66,5°	304—305°	—
α-Naphtylessigsäurenitril	$C_{12}H_9N = C_{10}H_7 . CH_2 . CN$	Öl	oberh. 300°	—
p-Biphenylkarbonsäurenitril	$C_{13}H_9N = C_6H_5 . C_6H_4 . CN$	84—85°	—	—
Diphenylessigsäurenitril	$C_{14}H_{11}N = (C_6H_5)_2CH . CN$	71—72°; 75—76°	etwa 200° (45); 181—184° (12)	—
o-Benzylbenzoesäurenitril	$C_{14}H_{11}N = C_6H_5 . CH_2 . C_6H_4 . CN$	19°	313-314°; 300-305° (147) (?)	—
α,β-Diphenylpropionsäurenitril	$C_{15}H_{13}N = C_6H_5 . CH_2 . CH(C_6H_5) . CN$	58°	335°	—
p-Phenyltolylessigsäurenitril	$C_{15}H_{13}N = CH_3 . C_6H_4 CH(C_6H_5) . CN$	59°; 61°	240° (40)	—
Phenyltolylmethan-o-Karbonsäurenitril	$C_{15}H_{13}N = CH_3 . C_6H_4 . CH_2 . C_6H_4 . CN$	Öl	325—326° (750); 296° (89)	—
Äthyldiphenylessigsäurenitril	$C_{16}H_{15}N = (C_6H_5)_2C(C_2H_5) . CN$	„	183° (13)	—
Benzylhydratropasäurenitril	$C_{16}H_{15}N = {C_6H_5 \atop CH_3}>C(CH_2 . C_6H_5) . CN$	noch bei —17° flüssig	335—337°	—
Benzyltolylessigsäurenitrile	$C_{16}H_{15}N = CH_3 . C_6H_4 . CH(CH_2 . C_6H_5) . CN$	—	—	—
o-Derivat	—	Öl	340—350° (teilw. Zerstzg.)	—
m-Derivat	—	53°	350—360° (geringe „)	—
p-Derivat	—	79°	—	—
Dibenzylessigsäurenitril	$C_{16}H_{15}N = (C_6H_5 . CH_2)_2CH . CN$	89—91°	—	—
Phenyl-2,4,6-trimethylphenylessigsäurenitril	$C_{17}H_{17}N = (CH_3)_3C_6H_2 . CH(C_6H_5) . CN$	91°	220—230° (40)	—
Propylphenylbenzylessigsäurenitril	$C_{18}H_{19}N = {C_6H_5 \atop C_3H_7}>C(CH_2 . C_6H_5) . CN$	63°	330—340°	—
Isoamylphenylbenzylessigsäurenitril	$C_{20}H_{23}N = {C_6H_5 \atop C_5H_{11}}>C(CH_2 . C_6H_5) . CN$	73—74°	330—350°	—
α-Phenylzimtsäurenitril	$C_{15}H_{11}N = C_6H_5 . CH : C(C_6H_5) . CN$	86°	359—360°	—

	Formel	Schmelzp.	Siedep.	Spezif. Gew.
2-Phenanthrylcyanid[1]	$C_{15}H_9N = C_{14}H_9.CN$	105°	—	—
3-Phenanthrylcyanid[1]	do.	102°	—	—
10-Phenanthrylcyanid[1]	do.	103°	—	—
Phenylcinnamenylakrylsäurenitril	$C_{17}H_{13}N = C_6H_5.CH:CH.CH:C(C_6H_5).CN$	118—119°	—	—
Phenylnaphtylessigsäurenitril	$C_{18}H_{13}N = C_{10}H_7.CH(C_6H_5).CN$	97°	280° (45)	—
Pyrenkarbonsäurenitril	$C_{17}H_9N = C_{16}H_9.CN$	149—150°	—	—
Triphenylessigsäurenitril	$C_{20}H_{15}N = (C_6H_5)_3C.CN$	127,5°	—	—
o-Triphenylmethankarbonsäurenitril	$C_{20}H_{15}N = (C_6H_5)_2CH.C_6H_4.CN$	89°	270—285° (70—85)	—
p-Triphenylmethankarbonsäurenitril	do.	99°	—	—
Diphenylbenzylessigsäurenitril	$C_{21}H_{17}N = (C_6H_5)_2C(CH_2.C_6H_5).CN$	126°	—	—
Triphenylakrylsäurenitril[2]	$C_{21}H_{15}N = (C_6H_5)_2C:C(C_6H_5).CN$	162—163°	—	—

Nitrile mehrbasischer aromatischer Säuren.

	Formel	Schmelzp.	Siedep.	Spezif. Gew.
Isophtalsäurenitril	$C_8H_4N_2 = C_6H_4(CN)_2$	156°; 158—159°; 160—161°	sublimierbar	—
Terephtalsäurenitril	do.	215°; 222°	—	—
Homophtalsäurenitril	$C_9H_6N_2 = CN.C_6H_4.CH_2.CN$	81°	—	—
Homoisophtalsäurenitril	do.	84°	—	—
Homoterephtalsäurenitril	do.	100°	—	
α-Methylphtalsäurenitril 1,3,4	$C_9H_6N_2 = CH_3.C_6H_3(CN)_2$	117°; 120°	-	—
Phenylendiessigsäurenitrile	$C_{10}H_8N_2 = C_6H_4(CH_2.CN)_2$	—	—	—
o-Derivat	do.	59—60°	—	--
m-Derivat	do.	28—29°	305—310° (300, Zersetzg.)	
p-Derivat	do.	98°; 96°	—	
α-Methyl-o-Homophtalsäurenitril	$C_{10}H_8N_2 = CN.C_6H_4.CH(CH_3).CN$	86—87°	284—286°	
[illegible]	[illegible]	[illegible]	[illegible]	

γ-Naphtalindikarbonsäurenitril	do.	204°	—	—
δ-Naphtalindikarbonsäurenitril	do.	236°	—	—
ε-Naphtalindikarbonsäurenitril	do.	170°	—	—
1,8-Diphensäurenitril	$C_{14}H_8N_2 = CN.C_6H_4.C_6H_4.CN$	152—153°	—	—
p-Biphenyldikarbonsäurenitril	do.	234°	sublimierbar	—
Diphenylmethandi-p-karbonsäurenitril	$C_{15}H_{10}N_2 = CH_2(C_6H_4.CN)_2$	165°	407—410° (757)	—
Benzylhomophtalsäurenitril	$C_{16}H_{12}N_2 = CN.C_6H_4.CH(C_7H_7).CN$	109—110°	oberh. 300°	—
β-Bibenzyldikarbonsäurenitril	$C_{16}H_{12}N_2 = C_6H_5.CH(CN).CH(CN).C_6H_5$	—	—	—
α-Modifikation	—	160°	—	—
β-Modifikation	—	239—240°	—	—
3,3[1]-Bitolyl-4,4[1]-Dikarbonsäurenitril	$C_{16}H_{12}N_2 = CN.[C_6H_3(CH_3)]_2.CN$	190°	—	—
Diphenylglutarsäurenitril	$C_{17}H_{14}N_2 = CH_2[CH(C_6H_5).CN]_2$	70—71°	—	—
Stilbendikarbonsäurenitril	$C_{16}H_{10}N_2 = C_6H_5.C(CN):C(CN).C_6H_5$	158°	—	—
Pyrendikarbonsäurenitril	$C_{18}H_8N_2 = C_{16}H_8(CN)_2$	oberh. 300°	—	—
p-Phenylendibenzyldiacetonitril	$C_{24}H_{20}N_2 = C_6H_4[CH(C_7H_7).CN]_2$	Öl	—	—
Tetraphenylbernsteinsäurenitril	$C_{28}H_{20}N_2 = (C_6H_5)_2C(CN)C(CN)(C_6H_5)_2$	zersetzlich	—	—
Benzylcyanoform[3])	$C_{11}H_7N_3 = C_6H_5.CH_2.C(CN)_3$	138°	—	—
Dibenzyl-o,o[1],α-Trikarbonsäurenitril	$C_{17}H_{11}N_3 = CN.C_6H_4.CH(CN).CH_2.C_6H_4.CN$	114°	—	—

Isonitrile, Karbylamine.

Methylisocyanid, Isoacetonitril, Methylkarbylamin	$C_2H_3N = CH_3.NC$	—45°	59,6°	0,7557 (4°)
Äthylisocyanid	$C_3H_5N = C_2H_5.NC$	bei —66° noch flüssig	78,1°	0,7591 (4°)

[1]) A. Werner, Ann. Chem. 321, 248. — [2]) Heyl u. V. Meyer, Ber. 28, 1798. — [3]) Hantzsch u. Osswald, Ber. 32, 641.

	Formel	Schmelzp.	Siedep.	Spezif. Gew.
Isopropylisocyanid	$C_4H_7N = (CH_3)_2.CH.NC$	—	87°	0,7596 (0°)
Isobutylisocyanid	$C_5H_9N = (CH_3)_2:CH.CH_2.NC$	bei —66° noch flüssig	114—117°	0,7873 (4°)
Tertiärbutylisocyanid	$C_5H_9N = (CH_3)_3C.NC$	Öl	91°	—
Isoamylisocyanid	$C_6H_{11}N = (CH_3)_2.CH.(CH_2)_2.NC$	—	137°	—
Allylisocyanid	$C_4H_5N = C_3H_5.NC$	—	96—106°	0,794 (17°)

Aromatische Isonitrile.

	Formel	Schmelzp.	Siedep.	Spezif. Gew.
Phenylisocyanid	$C_7H_5N = C_6H_5.NC$	flüssig	165—166° (nicht unzersetzt); 78° (4), 54° (20)	0,9775 (15°)
Tolylisocyanid	$C_8H_7N = CH_3.C_6H_4.NC$	—	—	—
o-Verbindung	—	flüssig	183—184° (743, geringe Zersetzg.); 101° (55), 75° (16)	0,968 (24°)
p-Verbindung	—	21°	99° (32)	0,96 (24°)
Pentamethylphenylisocyanid	$C_{12}H_{15}N = (CH_3)_5C_6.NC$	127–128°	—	—
Naphtylisocyanide	$C_{11}H_7N = C_{10}H_7.NC$	—	—	—
α-Derivat	—	—	—	—
β-Derivat	—	54°	—	—
m-Phenylendiisocyanid [1])	$C_8H_4N_2 = C_6H_4(NC)_2$	90—95° (Gasentwickel.)	—	—
p-Phenylendiisocyanid [1])	do.	230—260° (Umlag.)	—	—
Stilbendiisocyanid	$C_{16}H_{10}N_2 = \begin{matrix} C_6H_5.C.NC \\ \Vert \\ C_6H_5.C.NC \end{matrix}$	242° (Zersetzg.)	—	—

[1]) F. Kaufler, Ber. 34, 1577.

Ferner entstehen die Isonitrile bei der Destillation der Verbindungen von Senfölen mit Triäthylphosphin [1]).

Die Isonitrile sieden niedriger als die Nitrile und zeichnen sich durch einen besonderen, höchst widerwärtigen Geruch aus. In Wasser sind sie etwas löslich. Beim Erhitzen mit Wasser auf 180°, sehr leicht durch verdünnte Mineralsäuren, nicht aber durch wässerige Alkalien, zerfallen sie in Ameisensäure und primäre Amine. Mit trockenem Chlorwasserstoffgas gehen sie Verbindungen ein, die aber durch Wasser sofort in der angegebenen Weise zerfallen. Organische Säuren erzeugen substituierte Ameisensäureamide.

Mit Alkyljodiden gehen die Isonitrile Verbindungen ein [2]).

Durch Einwirkung von Quecksilberoxyd entstehen neben substituierten Ameisensäureamiden Isocyansäureester (Alkylkarbonimide) R.N:CO.

Cyansauerstoffverbindungen.

Cyansäure CHNO. Dieser empirischen Formel entsprechen die rationellen:

1. N≡C—OH, Normalcyansäure,
2. NH=C=O, Isocyansäure, Karbonimid.
3. C:NOH, Karbyloxim, Knallsäure.

Die normale Säure ist weder im freien Zustande noch in Salzen bekannt. Dagegen sollten nach Cloëz [3]) Ester derselben, Cyanätholine, durch Einwirkung von Natriumalkoholaten auf Chlorcyan entstehen und es sind besonders von Hofmann und Olshausen [4]) Vertreter dieser Körperklasse beschrieben worden. Nef [5]) stellte indessen fest, daſs bei dieser Reaktion primär, falls für genügende Kühlung gesorgt wird, ausschlieſslich Iminokohlensäureäther und bei etwas höherer Temperatur Cyansäureester entstehen.

Die gewöhnlich als Cyansäure bezeichnete Säure ist also Isocyansäure, die Cyanate sind in Wahrheit Isocyanate.

Die Isocyansäure wurde 1818 von Vauquelin entdeckt, 1822 von Wöhler genauer untersucht.

Bildung. Werden Cyanalkalimetalle an der Luft geschmolzen, so bilden sich an der Oberfläche Cyanate. Vollständig und bequem erfolgt diese Umwandlung bei Gegenwart von gewissen Metalloxyden, z. B. Bleioxyd oder Braunstein [6]). Kaliumcyanat bildet sich ferner bei der Elektrolyse des Cyanids [7]), beim Glühen von Pottasche in Cyangas,

---

[1]) A. W. Hofmann, Ann. Chem. **144**, 114, **146**, 107; Ber. **3**, 766. — [2]) Liubawin, J. russ. phys.-chem. Ges. 1885 (1), S. 193; Ber. **18**, 407 Ref. — [3]) Cloez, Compt. rend. **44**, 482; Ann. Chem. **102**, 355. — [4]) Olshausen, Ber. **3**, 271. — [5]) Nef, Ann. Chem. **287**, 296 ff. — [6]) Wöhler, Gilb. Ann. **71**, 95, **73**, 157; Ann. Phys. **1**, 117, **5**, 385; Ann. Chem. **45**, 351. — [7]) Kolbe, Ann. Chem. **64**, 237.

beim Einleiten von Cyan oder Chlorcyan [1]) in Kalilauge, bei Oxydation von Kaliumcyanid mit Permanganat in alkalischer Lösung [2]), beim Glühen von Kaliumkarbaminat [1]). Auch beim Erhitzen von Rhodaniden mit Eisenoxyd auf 400 bis 500° werden Cyanate gebildet [3]). Die Säure wird direkt erhalten durch Erhitzen von Cyanursäure [4]) oder durch Erwärmen von Harnstoff mit Phosphorsäureanhydrid [5]). Das Ammoniaksalz entsteht beim Leiten eines Gemenges von Benzoldampf oder Acetylen mit Ammoniakgas über eine Platinspirale bei Dunkelrotglut [6]), ferner bei allmählichem Vermischen der absolut-ätherischen Lösungen von Ammoniak und Blausäure bei —20° [7]).

Darstellung. 1. Nach Liebig [8]): Man trägt in schmelzendes Cyankalium nach und nach Bleiglätte oder Mennige unter Umrühren ein; unter dem schmelzenden Kaliumcyanat sammelt sich metallisches Blei. Die Salzmasse wird nach Erkalten mit siedendem 80proz. Weingeist ausgezogen, die aus der Lösung beim Erkalten ausgeschiedenen Krystalle werden mit Weingeist gewaschen und im Vakuum über Schwefelsäure getrocknet.

2. Man schmilzt 8 Tle. vollkommen entwässertes Blutlaugensalz und 3 Tle. Kaliumkarbonat zusammen und trägt in die schmelzende Masse 15 Tle. Mennige ein. Die erkaltete Salzmasse wird dann wie bei 1. behandelt [9]).

3. Man erhitzt ein inniges Gemenge von 2 Tln. entwässertem Blutlaugensalz und 1 Tl. Braunstein in einem flachen eisernen Gefäfse, bis sich der Beginn der Reaktion durch Schwarzwerden der Masse anzeigt, und fährt dann unter Umrühren mit dem Erhitzen fort, bis ein weicher Teig entstanden ist. Dieser wird mit Weingeist behandelt [10]).

4. Man trägt ein inniges Gemisch von 4 Tln. trockenem Blutlaugensalz und 3 Tln. Kaliumbichromat in kleinen Anteilen in eine nicht bis zum Glühen des Bodens erhitzte eiserne Schale ein, indem man jedesmal vor neuem Zusatz die vollständige Verkohlung abwartet, fortwährend umrührt und Schmelzen der Masse vermeidet. Das Produkt wird wiederholt mit 80 proz. Alkohol ausgekocht [11]), dem man zweckmäfsig $^1/_{10}$ Vol. Methylalkohol zufügt.

Aus dem nach 1. bis 4. entstandenen Kaliumcyanat lassen sich andere Salze durch doppelte Umsetzung gewinnen. Es gelingt aber nicht, die freie Säure aus den Salzen abzuscheiden, da sie sich bei der

---

[1]) Drechsel, Journ. pr. Chem. [2] 16, 169. — [2]) Volhard, Ann. Chem. 259, 378. — [3]) Tscherniak, D. R.-P. Nr. 89694. — [4]) Wöhler, Gilb. Ann. 71, 95, 73, 157; Ann. Phys. 1, 117, 5, 385; Ann. Chem. 45, 351. — [5]) Weltzien, Ann. Chem. 107, 219. — [6]) Herroun, Bull. soc. chim. 38, 410. — [7]) Walker u. Wood, Chem. Soc. Proc. 1897/98, Nr. 193, S. 208; Chem. Centralbl. 1898, I, S. 1293. — [8]) Liebig, Ann. Chem. 41, 289. — [9]) Clemm, ebend. 46, 382. — [10]) Liebig, Ann. Chem. 38, 108; Wurtz, Ann. ch. phys. [3] 42, 44; s. a. [4]). — [11]) Bell, Chem. News 32, 99; vgl. Gattermann, Ber. 23, 1223; Erdmann, ebend. 26, 2442.

Abscheidung alsbald bis auf Spuren zersetzt. Um sie zu erhalten, erhitzt man wasserfreie Cyanursäure im Kohlensäurestrome in einem rechtwinklig gebogenen Verbrennungsrohre, mit dem Erhitzen vom Knie aus beginnend [1]). Der entwickelte Dampf wird durch eine Kältemischung verdichtet.

Eigenschaften. Isocyansäure bildet bei niedriger Temperatur eine farblose, dünne Flüssigkeit, die sehr flüchtig ist, sehr ähnlich wie Eisessig riecht und deren Dampf stark zu Thränen reizt. Die flüssige Säure wirkt intensiv blasenziehend auf die Haut. Der Dampf ist nicht entzündlich. Das spezifische Gewicht ist = 1,140 bei 0°, = 1,1558 bei — 20°, die Dampfdichte = 1,50 bei 440° [2]).

Schon bei 0° erfolgt eine schnelle Umwandlung der Isocyansäure in das isomere (wahrscheinlich polymere) Cyamelid. Nimmt man die Flüssigkeit aus dem Kältegemisch, so erfolgt diese Verwandlung explosionsartig.

Die Bildungswärme der Isocyansäure (flüssig) beträgt 125,1 Kal. [3]), die Verbrennungswärme 98,47 Kal. [2]).

Läfst man den Dampf der Cyansäure zu Eis oder Schnee treten, so schmelzen diese rasch, indem sich eine Lösung der Säure bildet. Diese hält sich um so besser, je verdünnter sie ist; oberhalb 0° zerfällt sie rasch unter Bildung von Kohlensäure und Ammoniak. In Alkoholen löst sie sich unter Bildung von Allophansäureestern.

Die Isocyansäure vermag, wie es nach der Auffassung als Karbonimid zu erwarten ist, eine Verbindung mit 1 Mol. Salzsäure zu bilden.

Im übrigen erweist sie ihre saure Natur durch die Existenz von Salzen, welche an Stelle des Imidwasserstoffs Metall enthalten.

Cyansaure Alkalien vertragen Dunkelrotglut, ohne sich zu zersetzen, beim Kochen mit Wasser zerfallen sie aber in Ammoniak und Karbonate. Die Salze der Erden, Thalliumcyanat und wahrscheinlich alle Cyanate der Schwermetalle zerfallen beim Erhitzen in Kohlensäure und Cyanamidsalze [4]). Das Ammoniaksalz erleidet beim Erwärmen der wässerigen Lösung die bekannte Umlagerung zu Harnstoff $CO:N.NH_4 = CO<^{NH_2}_{NH_2}$. Ebenso gehen die Isocyanate primärer und sekundärer Basen in die isomeren substituierten Harnstoffe über, während die Salze tertiärer Basen keiner analogen Umwandlung fähig sind.

Cyamelid, unlösliche Cyansäure (CNOH)x entsteht, wie bei Cyansäure erwähnt, sehr rasch aus dieser. Die Darstellung erfolgt durch gelindes Erwärmen eines Gemisches aus gleichen Teilen Kaliumcyanat und Oxalsäure (Liebig und Wöhler).

---

[1]) Baeyer, Ann. Chem. 114, 165. — [2]) Troost u. Hautefeuille, Compt. rend. 67, 1195; Ann. Chem. 150, 135. — [3]) Lemoult, Ann. ch. phys. [7] 16, 360; Chem. Centralbl. 1899, I, S. 785. — [4]) Drechsel, Journ. pr. Chem. [2] 16, 203.

Das Cyamelid bildet ein weißes, amorphes Pulver, in Wasser und verdünnten Mineralsäuren unlöslich, in Kalilauge löslich; wird diese Lösung eingedampft, so hinterläßt sie Kaliumcyanat. Beim Destillieren geht die Substanz in Cyansäure über, beim Erwärmen mit konzentrierter Schwefelsäure zunächst in Cyanursäure, dann in Kohlensäure und Ammoniak.

Die Bildungswärme beträgt 1,362 Kal., die Verbrennungswärme 1,63 Kal. pro Gramm [1]).

Dicyansäure $(CNOH)_2$ wollte Poensgen [2]) durch Einwirkung von salpetriger Säure auf angeblichen Cyanharnstoff erhalten haben. Dieser war aber, wie Hallwachs [3]) zeigte, Melanurensäure $C_3O_2N_4H_4$, die angebliche Dicyansäure gewöhnliche Cyanursäure. Auch die von Hofmann [4]) beschriebenen Ester der Dicyansäure, welche er aus Isocyansäureestern durch Einwirkung von Triäthylphosphin gewann, erkannte Hofmann selbst später [5]) als solche der Cyanursäure.

Cyanursäure, richtiger Isocyanursäure, Trikarbonimid, Triuret $C_3N_3O_3H_3 + H_2O$. Diese Säure wurde zuerst von Scheele [6]) unter den Produkten der trockenen Destillation von Harnsäure beobachtet und als Brenzharnsäure beschrieben. Serullas erhielt sie als Zersetzungsprodukt des festen Chlorcyans durch Wasser. Wöhler [7]) erkannte die Identität dieser von Serullas für Cyansäure gehaltenen Säure mit der Brenzharnsäure, entdeckte auch ihre Bildung beim Erhitzen von Harnstoff. Mit Liebig [8]), der die Entstehung aus Melam, Melamin, Ammelin, Ammelid und aus Kaliumcyanat beobachtet hatte, gemeinsam stellte dann Wöhler die eingehenden Untersuchungen über die von ihnen wegen der Beziehungen zum Cyan und zum Harnstoff (Urea) so benannte Cyanursäure an [9]).

Die Bildungsweisen der Säure sind, soweit nicht schon vorstehend erwähnt, die folgenden: 1. Erhitzen von Säureverbindungen des Harnstoffs [10]). 2. Erwärmen von Cyamelid mit konzentrierter Schwefelsäure. 3. Einwirkung von Ammoniak auf Phosgen, wobei aber Cyanursäure nur in kleiner Menge entsteht [11]). 4. Erhitzen von Xanthogenamid [12]). 5. Einwirkung von Säuren, besonders Salzsäure, auf Melam, Melamin, Ammelin, Ammelid, Mellonwasserstoffsäure, Pseudoschwefelcyan, Thioprussiamsäuren. 6. Oxydation von Guanamid mit Salpetersäure [13]).

---

[1]) Lemoult, Ann. ch. phys. [7] 16, 338; Chem. Centralbl. 1899, I, S. 784. — [2]) Poensgen, Ann. Chem. 128, 345. — [3]) Hallwachs, ebend. 153, 291. — [4]) A. W. Hofmann, Ber. 3, 765 u. 4, 246. — [5]) Derselbe, Ann. Chem. Suppl. 1, 58. — [6]) Scheele, Opusc. 2, 77. — [7]) Wöhler, Ann. Phys. 15, 622 u. 62, 241; Ann. Chem. 15, 619. — [8]) Liebig, Ann. Chem. 10, 1, 26, 121, 145. — [9]) Liebig u. Wöhler, Ann. Phys. 20, 369. — [10]) De Vry, Ann. Chem. 61, 249; Pelouze, ebend. 44, 106; Wiedemann, ebend. 68, 324. — [11]) Bouchardat, ebend. 154, 354. — [12]) Debus, ebend. 72, 20. — [13]) Nencki, Ber. 9, 235.

7. Erhitzen gleicher Teile Biuret und Urethan oder Kaliumcyanat[1]). 8. Erhitzen von Acetoxyloxamid, mit Essigsäureanhydrid angefeuchtet, auf 105°[2]). 9. Erhitzen von Harnstoff mit Hexabromaceton[3]). 10. Erhitzen von Harnstoff mit Phosgen in Toluollösung in geschlossenem Rohr auf 190 bis 230°:

$$3\,CON_2H_4 + 3\,COCl_2 = 2\,C_3O_3N_3H_3 + 6\,ClH$$ [4]).

Darstellung. 1. Man unterwirft Harnstoff einer allmählich gesteigerten Temperatur bis über seinen Schmelzpunkt, solange noch Ammoniak fortgeht (Wöhler). Es hinterbleibt eine trockene grauweifse Masse, aus unreiner Cyanursäure bestehend: $3\,CON_2H_4 = C_3N_3O_3H_3 + 3\,NH_3$. Zur Reinigung dieser Masse sind verschiedene Wege vorhanden. a) Man löst in kochender verdünnter Natron- oder Kalilauge, giebt etwas Hypochloritlösung oder Permanganatlösung[5]) hinzu, versetzt mit überschüssiger Salzsäure und läfst erkalten. b) Man löst in konzentrierter Schwefelsäure, setzt tropfenweise Salpetersäure bis zur völligen Entfärbung hinzu und fällt mit Wasser. c) Man löst in konzentrierter Schwefelsäure, verdünnt die Lösung mit der 20- bis 30fachen Menge Wasser, erhält sie einige Tage lang nahe am Sieden und dampft dann ab. (Ebenso erfolgt die Darstellung aus Melam.)

2. Man erhitzt Cyanurbromid mit der drei- bis vierfachen Menge Wasser vier Stunden im Rohr auf 130 bis 140°[6]).

3. Man übergiefst Harnstoff mit etwas über 2 Tln. Brom[7]).

4. Man leitet trockenes Chlor über geschmolzenen Harnstoff, behandelt den Rückstand mit kaltem Wasser und krystallisiert die zurückbleibende Cyanursäure aus heifsem Wasser um[8]). Aus der Mutterlauge gewinnt Lemoult[9]) die darin noch verbliebene Säure, indem er mit Hülfe von ammoniakalischer Kupfersulfatlösung das Kupferammoniumsalz fällt und dieses durch heifse Salpetersäure zerlegt.

Schiff[10]) stellt zur Reinigung das Kaliumsalz durch Kochen der rohen Säure mit alkoholischer Kalilauge dar.

Eigenschaften. Die Cyanursäure krystallisiert aus Wasser mit 2 Mol. Krystallwasser in monoklinen Säulen[11]), aus konzentrierter Salzsäure oder Schwefelsäure wasserfrei in Quadratoktaedern[12]). Die Krystalle sind farblos und geruchlos, von schwach saurem Geschmack und schwach saurer Reaktion gegen Lackmus. Das spezifische Gewicht ist

---

[1]) Bamberger, Ber. **23**, 1862. — [2]) Schiff u. Monsacchi, Ann. Chem. **288**, 316. — [3]) Herzig, Ber. **12**, 175; Senier, ebend. **19**, 1647. — [4]) W. H. Archdeacon u. J. B. Cohen, Chem. Soc. Proc. 1895, S. 148, Ber. **29**, 866 Ref. — [5]) Gössmann, Ann. Chem. **99**, 375. — [6]) Merz u. Weith, Ber. **16**, 2896. — [7]) Smolka, Monatsh. f. Chem. **8**, 65. — [8]) Wurtz, Ann. Chem. **64**, 307. — [9]) Lemoult, Ann. ch. phys. [7] **16**, 338; Chem. Centralbl. 1899, I, S. 784. — [10]) Schiff, Ann. Chem. **291**, 376. — [11]) Schabus, JB. 1854, S. 375; Keferstein, ebend. 1856, S. 436. — [12]) Wöhler, Ann. Phys. **15**, 622 u. **62**, 241; Ann. Chem. **15**, 619; Voit, Ann. Chem. **132**, 222.

nach Schroeder[1]) = 1,722 — 1,735, nach Troost und Hautefeuille[2]) 1,768 bei 0°, 2,500 bei 19°, 2,228 bei 24°, 1,725 bei 48°. Die wasserhaltigen Krystalle verwittern an der Luft. In kaltem Wasser ist die Säure wenig löslich, nach Lemoult[3]) 1 Tl. in 1 Liter Wasser von 8°, nach Schiff[4]) 1 Tl. der wasserfreien Säure in 800 Tln. Wasser, von siedendem Wasser sind 24 Tle. erforderlich. Leichter löslich ist sie in heifsem Alkohol. Kalter Alkohol löst nach Herzig[5]) 0,349 Tle. (bei 22°), nach Senier[6]) nur 0,1 Tle. der Säure im Mittel; die Neigung zur Bildung übersättigter Lösungen bedingt gröfsere Abweichungen bei den einzelnen Bestimmungen.

Bei der trockenen Destillation zerfällt die Säure zu Cyansäure, die krystallwasserhaltige liefert daneben natürlich Kohlensäure und Ammoniak. In konzentrierter Schwefelsäure löst sie sich ohne Zersetzung, nur bei längerem Erhitzen damit zerfällt sie in Kohlensäure und Ammoniak. Dieselbe Zersetzung tritt auch mit konzentrierter Salz- und Salpetersäure erst bei längerem Kochen ein. Gegen Alkali ist die Säure selbst bei 100° beständig[7]).

Durch Behandlung mit Phosphorpentachlorid entsteht Cyanurchlorid.

Die Verbrennungswärme beträgt nach Troost und Hautefeuille[2]) 1,940 Kal. pro Gramm, nach Lemoult[3]) 220 Kal. pro Molekel, die Polymerisationswärme aus flüssiger Isocyansäure 29,4 Kal., aus gelöster 16,7 Kal.[8]).

Absorptionsspektrum: S. Hartley, Chem. Soc. Journ. **41**, 48.

Reaktionen. 1. In der Hitze Auftreten des Geruches der Isocyansäure. 2. Beim Erwärmen der wässerigen Lösung mit konzentrierter Natronlauge scheiden sich feine Nadeln des tertiären Natriumsalzes aus, welche beim Erkalten wieder verschwinden[9]). 3. Beim Vermischen einer Lösung der Säure in sehr verdünntem Ammoniak mit einer gleichartigen Lösung von Kupfersulfat entsteht in der Wärme ein amethystfarbiger Niederschlag (Wöhler).

Die Säure ist dreibasisch, bildet aber vorzugsweise ein- und zweibasische Salze[10]).

Isomere. Nach Herzig[5]) sollen beim Erhitzen von Harnstoff mit Hexabromaceton statt der gewöhnlichen Cyanursäure zwei Isomere derselben entstehen, welche sich besonders durch die verschiedene Löslichkeit unterscheiden. Nach den Versuchen von Senier[6]) kann

---

1) H. Schroeder, Ber. **13**, 1072. — 2) Troost u. Hautefeuille, JB. 1869, S. 99. — 3) Lemoult, Ann. ch. phys. [7] **16**, 338; Chem. Centralbl. 1899, I, S. 784. — 4) Schiff, Ann. Chem. **291**, 376. — 5) Herzig, Ber. **12**, 175. — 6) Senier, ebend. **19**, 1647. — 7) E. Fischer, ebend. **31**, 3273. — 8) Lemoult, Compt. rend. **124**, 84; Chem. Centralbl. 1897, I, S. 408. — 9) A. W. Hofmann, ebend. **3**, 770. — 10) Wöhler, Ann. Phys. **15**, 622 u. **62**, 241; Ann. Chem. **15**, 619; Claus u. Putensen, Journ. pr. Chem. [2] **38**, 208.

die α-Säure wohl sicher als verunreinigte Cyanursäure angesprochen werden, während dieses für die β-Säure, welche auch im Verhalten beim Erhitzen abweicht, noch fraglich ist.

Eine isomere Säure, die Cyanilsäure, $C_3N_3O_3H_3 + 2H_2O$ erhielt Liebig [1]) durch Kochen von Mellon mit Salpetersäure. Sie krystallisiert aus Wasser in breiten Blättern, aus Salpetersäure in vierseitigen Prismen. In kaltem Wasser ist sie leichter löslich als die gewöhnliche Cyanursäure, in welche sie beim Auflösen in konzentrierter Schwefelsäure und Ausfällen mit Wasser übergeht.

Konstitution der Cyanursäure. Cyanursäure wird meist als ringförmig konstituiertes Trikarbonimid betrachtet.

```
      H  O
      N—C
OC<       >NH
      N—CO
      H
```

Bestätigungen dieser Annahme ergaben sich Lemoult [2]) aus der Verbrennungswärme der Ester, Hartley [3]) aus dem spektroskopischen Verhalten.

Cyansäurehalogenide, Cyanhalogene.

Chlorcyan und Bromcyan enthalten das Halogen am Stickstoff gebunden; sie reagieren mit Lösungen von Jodwasserstoffsäure, schwefliger Säure und Schwefelwasserstoff quantitativ unter Bildung von Blausäure einerseits und Jod bezw. Schwefelsäure oder Schwefel andererseits. Aus der Leichtigkeit, mit welcher die Halogencyanide aus Blausäure und deren Salzen entstehen, mit der sie wiederum in Blausäure zurückverwandelt werden, schliefsen Chattaway und Wadmore [4]), dafs auch die Blausäure selbst entsprechend konstituiert sei, also:

C:NCl	C:NBr	C:NH.
Chlorcyan	Bromcyan	Blausäure

Chlorcyan (gasförmig) CNCl wurde zuerst von Berthollet [5]) bei Einwirkung von Chlor auf wässerige Blausäure erhalten und damaliger Anschauung gemäfs als oxydierte Blausäure bezeichnet, während Gay-Lussac nach Ermittelung ihrer Zusammensetzung ihr den Namen Chlorcyansäure erteilte. Statt der freien Blausäure können auch deren Salze, besonders das Quecksilbersalz [6]) und das Kaliumsalz [7]) zur Bildung des Chlorcyans benutzt werden.

---

[1]) Liebig, Ann. Chem. 10, 1, 26, 121, 145. — [2]) P. Lemoult, Compt. rend. 125, 869; Chem. Centralbl. 1898 I, S. 204. — [3]) W. N. Hartley, Chem. Soc. Proc. 15, 46, 16, 129; Chem. Centralbl. 1899, I, S. 784 u. 1900, II, S. 154. — [4]) Chattaway u. Wadmore, Chem. Soc. Proc. 18, 5, 56; Chem. Centralbl. 1902, I, S. 525, 862. — [5]) Berthollet, Ann. chim. 1, 35. — [6]) Serullas, Ann. ch. phys. 35, 291, 337, 38, 370; Ann. Phys. 11, 87, 14, 443, 21, 495. — [7]) Langlois, JB. 1861, S. 345.

Darstellung. 1. Man leitet Chlor in raschem Strome in durch Eis und Kochsalz abgekühlte wässerige Blausäure von 16 Proz. ein[1]), bis der Inhalt sich grün färbt, behandelt die abgeschiedene ölige Schicht mit abgekühltem Quecksilberoxyd und destilliert.

2. Man sättigt eine Lösung von Quecksilbercyanid, welche noch einen Überschufs des fein zerriebenen festen Salzes enthält, mit Chlorgas, läfst das Gefäfs verschlossen und unter öfterem Schütteln im Dunkeln stehen, bis sämtliches freie Chlor verschwunden oder das feste Quecksilbercyanid gelöst ist. Im letzten Falle schüttelt man zur Beseitigung von etwa noch vorhandenem freien Chlor mit Quecksilber. Das Chlorcyan wird aus der Lösung durch Erwärmen ausgetrieben und durch Chlorcalcium getrocknet[2]). Nach Weith soll es hierbei leicht zu Explosionen kommen.

3. Man leitet Chlorgas langsam durch einen Ballon, der zum vierten Teile mit einer Lösung von 1 Tl. Cyankalium in 2 Tln. Wasser gefüllt ist und in Eis steht. Durch Vermittelung einer weiten Chlorcalciumröhre steht der Ballon mit einem Verdichtungsapparate in Verbindung; das überschüssige Chlor wird durch im ersten Teil der Chlorcalciumröhre befindliche Kupferspäne absorbiert. Der gröfste Teil des Chlorgases entweicht bereits bei 0°[3]). Hantzsch und Mai[4]) versetzen bei 0° gesättigtes Chlorwasser vorsichtig unter Kühlung mit Cyankalium, bis alles Chlor verbraucht ist, sättigen nochmals mit Chlor und versetzen wiederum mit Cyankalium, das nie im Überschufs zugegen sein darf.

4. Eine mindestens 30 g Chlorcyan im Liter enthaltende Lösung, die sehr haltbar sein soll, bereitet Held[5]), indem er in eine Lösung von 260 g reinem Cyankalium und 90 g krystallisiertem Zinksulfat in 8 Litern Wasser so lange Chlor einleitet, bis der anfängliche Niederschlag von Cyanzink fast völlig verschwunden ist. Ein etwaiger Chlorüberschufs, der sich sofort durch Gelbfärbung der Flüssigkeit zu erkennen giebt, wird durch Zusatz einer geringen Menge Cyankalium entfernt.

Eigenschaften. Chlorcyan ist bei gewöhnlicher Temperatur ein farbloses Gas von heftigem, zu Thränen reizendem Geruch. Es reizt auch die Epidermis und ist ein starkes Gift. Das Gas ist leicht kondensierbar. Bei —18°, nach Regnault[6]) bei —7,1°, nach Wurtz[7]) schon bei —5 bis —6° erstarrt es in langen, durchsichtigen Prismen. Die Angaben über den Siedepunkt zeigen grofse Schwankungen, —12° bis +12,66[6]) und +15,5°[8]). Man nahm deshalb auch zwei ver-

---

[1]) Gautier, Bull. soc. chim. [2] 4, 403; Ann. Chem. 141, 122. — [2]) Wöhler, Ann. Chem. 73, 220. — [3]) Langlois, JB. 1861, S. 345. — [4]) Hantzsch u. Mai, Ber. 28, 2471. — [5]) A. Held, Bull. soc. chim. [3] 17, 287; Chem. Centralbl. 1897, I, S. 746. — [6]) Regnault, JB. 1863, S. 70, 74. — [7]) Wurtz, Ann. Chem. 64, 307, 79, 284. — [8]) Salet, Compt. rend. 60, 535; Ann. Chem. 136, 144; s. a. [7]).

schiedene Modifikationen, gasförmiges und flüssiges Chlorcyan, an [1]), doch wurde gezeigt, daſs beide die gleiche Dampfdichte (2,13) haben [2]).

Die Tension des flüssigen Chlorcyans ist nach Regnault

bei	—30°	—20°	—10°	0°	+10°	+20°	+30°
	68,3	148,21	270,51	444,11	681,92	1001,87	1427,43 mm Quecksilber,

bei	+40°	+50°	+60°	+70°
	1987,96	2719,29	3664,24	4873,19 mm Quecksilber.

Die Bildungswärme ist = 26,9 Kal., die Verbrennungswärme = + 126,1 Kal. [3]).

In Wasser ist Chlorcyan löslich, und zwar absorbiert bei 20° 1 Raumteil Wasser 25 Raumteile des Gases; noch reichlicher löst sich dasselbe in Alkohol und Äther (100 bezw. 50 Raumteile). In der wässerigen Lösung findet keine Veränderung statt. Dieselbe reagiert neutral und liefert mit Silbernitrat keinen Niederschlag. Die alkoholische Lösung aber zersetzt sich bald. Mit Äther entsteht im Sonnenlichte allmählich Urethan und Äthylmilchsäurenitril $CH_3.CH<^{CN}_{O.C_2H_5}$ in zwei Modifikationen [4]).

Reines Chlorcyan ist beständig [5]), bei Gegenwart von wenig Salzsäure geht es indessen in Cyanurchlorid über.

In Kalilauge löst sich Chlorcyan unter Bildung von Chlorid und Cyanat [6]). Mit ätherischer [7]) und wässeriger [8]) Ammoniaklösung entstehen Salmiak und Cyanamid. Ähnlich wirkt Chlorcyan auf substituierte Ammoniakbasen ein [9]), nicht aber auf Hydroxylaminsalz, Harnstoff u. s. w. [8]). Mit Natriumäthylat wollte Cloez [10]) die Bildung von Cyanätholin $CN.OC_2H_5$ beobachtet haben. Diese Verbindung existiert aber nach den Untersuchungen von Nef [5]) und von Hantzsch und Mai [5]) nicht. Auf alkoholfreies Äthylat wirkt Chlorcyan (ebenso wie Bromcyan) überhaupt nicht ein; bei Gegenwart von absolutem Alkohol entsteht bei — 10° Iminokohlensäureäther, bei gewöhnlicher Temperatur neben jenem Triäthylcyanurat.

[1]) Wurtz, Ann. Chem. **64**, 307, **79**, 284; Henke, JB. 1858, S. 237. — [2]) Salet, Compt. rend. **60**, 535; Ann. Chem. **136**, 144. — [3]) Lemoult, Ann. ch. phys. [7] **16**, 338; Chem. Centralbl. 1899, I, S. 784. — [4]) A. Colson, Compt. rend. **119**, 1213 u. Ann. ch. phys. [7] **12**, 231; Chem. Centralbl. 1895, I, S. 342 u. 1897, II, S. 937. — [5]) Nef, Ann. Chem. **287**, 296 ff.; Hantzsch u. Mai, Ber. **28**, 2471. — [6]) Martius, Ann. Chem. **109**, 79; Klein, ebend. **74**, 84. — [7]) Cloez, Compt. rend. **44**, 482; Ann. Chem. **102**, 355; Liebig, Ann. Phys. **34**, 609; A. W. Hofmann, Ann. Chem. **67**, 129; Cannizzaro, Compt. rend. **32**, 62; Cahours, Ann. Chem. **90**, 91; Strakosch, Ber. **5**, 694; Weith u. Schroeder, Ber. **7**, 843. — [8]) J. Traube, Ber. **18**, 461. — [9]) Liebig, Ann. Phys. **34**, 609; A. W. Hofmann, Ann. Chem. **67**, 129; Cannizzaro, Compt. rend. **32**, 62; Cahours, Ann. Chem. **90**, 91; Strakosch, Ber. **5**, 694; Weith u. Schröder, ebend. **7**, 843. — [10]) Cloez, Compt. rend. **44**, 482; Ann. Chem. **102**, 355.

Chlorcyan geht Verbindungen mit je einer Molekel verschiedener Chloride ein; solche Verbindungen sind bekannt mit Borchlorid $BCl_3 . CNCl$[1]), Titanchlorid $TiCl_4 . NCl$[2]), Antimonchlorid[3]).

Die Verbindung $(CNCl)_2 . CNH$, welche nach Wurtz[4]) bei der Einwirkung von Chlor auf verdünnte Blausäure zuerst entstehen soll, existiert nach Naumann und Vogt[5]) nicht.

Cyanurchlorid, festes Chlorcyan, $C_3N_3Cl_3$ wurde zuerst von Serullas[6]) durch Einwirkung von Chlorgas auf wasserfreie Blausäure unter dem Einfluſs des Sonnenlichtes erhalten. In ätherischer [Gautier[7])] oder in Chloroformlösung[f]) erfolgt die Bildung auch ohne Mitwirkung des Sonnenlichtes, das Chloroform muſs aber etwas Alkohol enthalten[9]), sonst entsteht lediglich Chlorcyan.

Die Verbindung bildet sich ferner aus Cyanursäure und Phosphorpentachlorid[10]), sowie beim Einleiten von Chlor in Methylrhodanat[11]); schon erwähnt wurden die Bildung aus Chlorcyan und deren Bedingungen.

Darstellung. 1. Man leitet in 325 g trockenes Chloroform (das, wie gesagt, alkoholhaltig sein muſs) 35 g wasserfreie Blausäure und dann, unter Kühlung mit Eis und Kochsalz, trockenes Chlor. Nach 12stündigem Stehen wird am Rückfluſskühler gekocht und die vom ungelösten Cyanurwasserstoff-Chlorhydrat abgegossene Chloroformlösung der Destillation unterworfen[8]). Nach Fries[12]) ist es vorteilhafter, erst Chlor in das Chloroform zu leiten und dann gleichzeitig Chlor und Blausäure, so daſs ersteres stets im Überschuſs bleibt.

2. Man läſst Chlorcyan mit durch Salzsäure gesättigtem Äther 12 Stunden lang stehen[13]).

Eigenschaften. Cyanurchlorid bildet farblose, glänzende Krystalle des monoklinen Systems[14]) von 1,32 spezif. Gew. Der Geruch ist stechend, in verdünntem Zustande dem von Mäuseexkrementen ähnelnd. Der Dampf reizt zu Thränen. Es schmilzt nach Gautier[7]) bei 145° und siedet bei 190°. Die Dampfdichte bestimmte Bineau zu 6,35[15]). Die Bildungswärme aus den Elementen ist = 107,9 Kal., die Polymerisationswärme aus flüssigem Chlorcyan 28,7 Kal.[16]), die Verbrennungswärme = 292,9 Kal.[17]) bei konstantem Druck.

---

[1]) Martius, Ann. Chem. 109, 79; Klein, ebend. 74, 84. — [2]) Wöhler, Ann. Chem. 73, 220. — [3]) Klein, ebend. 74, 84. — [4]) Wurtz, ebend. 64, 307, 79, 284. — [5]) A. Naumann u. E. Vogt, Ber. 7, 223; Ann. Chem. 155, 170. — [6]) Serullas, Ann. ch. phys. 35, 291, 337, 38, 370; Ann. Phys. 11, 87, 14, 443, 21, 495. — [7]) Gautier, Bull. soc. chim. [2] 4, 403; Ann. Chem. 141, 122. — [8]) P. Klason, Journ. pr. Chem. [2] 34, 154. — [9]) O. Diels, Ber. 32, 691. — [10]) Beilstein, Ann. Chem. 116, 357. — [11]) Cahours, ebend. 61, 96; James, Chem. Soc. Journ. 51, 269; Journ. pr. Chem. [2] 35, 459. — [12]) Fries, Ber. 19, 2056. — [13]) Hantzsch u. Mai, ebend. 28, 2471. — [14]) Fock, ebend. 19, 2063. — [15]) Bineau, JB. Berz. 19, 195. — [16]) Lemoult, Compt. rend. 124, 84; Chem. Centralbl. 1897, I, S. 408. — [17]) Ders., Compt. rend. 123, 1276; Chem. Centralbl. 1897, I, S. 284.

In Chloroform ist es reichlich löslich, auch löst es sich ohne Zersetzung in wasserfreiem Alkohol, warmem absoluten Äther und in Eisessig.

An feuchter Luft stöfst es Salzsäuredämpfe aus und mit Wasser zersetzt es sich langsam zu Salzsäure und Cyanursäure. Schneller vollzieht sich dieser Zerfall bei Gegenwart von Alkalien. Mit Ammoniak entsteht zunächst Chlorcyanamid [1]), dann Melamin, ebenso bilden sich mit Methylamin die entsprechenden methylierten Verbindungen. In Kaliumsulfhydrat löst sich Cyanurchlorid unter Bildung von Trithiocyanursäure.

Bromcyan CNBr bildet sich analog der Chlorverbindung und wird auch in analoger Weise dargestellt [2]).

Es bildet heftig riechende Nadeln oder Würfel, welche nach Mulder [3]), entgegen den weit niedrigeren Angaben von Serullas und Loewig [4]), bei 52° schmelzen und bei 61,3° unter 750 mm Druck sieden, aber schon bei gewöhnlicher Temperatur sich reichlich verflüchtigen.

Die Bildungswärme aus den Elementen ist negativ, nach Berthelot [5]) = —37000 kal. für die feste Verbindung, die aus Cyan und Brom = + 4000 kal.

Mit Wasser unter Druck auf 280° erhitzt, liefert es Kohlensäure und Ammoniumbromid. Mit Alkalilaugen und Ammoniak reagiert es analog der Chlorverbindung. Mit Alkohol liefert es u. a. Urethan, Ammoniumbromid und Kohlensäure. Mit tertiären Aminen tritt es zunächst zu lockeren Additionsverbindungen zusammen, dann erfolgt Spaltung, wobei das Brom an Kohlenstoff tritt. Man erhält so aus offenen Aminen disubstituierte Cyanamide neben Bromalkyl, aus ringförmigen, z. B. Chinolin, am Kohlenstoff bromierte, am Stickstoff cyanierte Dihydroverbindungen [6]).

Völlig reines Bromcyan polymerisiert sich nicht. Dagegen fällt aus der ätherischen Lösung bei Gegenwart von Brom oder besser von Bromwasserstoff das polymere **Cyanurbromid** $C_3N_3Br_3$ aus [7]), das Eghis [8]) beim Erhitzen von wohl nicht völlig reinem Bromcyan für sich oder mit Äther erhalten hatte und das auch direkt aus wasserfreier Blausäure und Brom gewonnen wird [9]).

Zur Darstellung desselben erhitzt man nach Merz und Weith [10]) 1 Tl. trockenes Ferricyankalium mit 6 Tln. Brom 5 bis 6 Stunden lang

[1]) Nencki, Ber. 9, 247. — [2]) Serullas, Ann. ch. phys. 34, 100, 35, 294, 345; Ann. Phys. 9, 338; Langlois, Ann. Chem. Suppl. 1, 384; Scholl, Ber. 29, 1823. — [3]) Mulder, Recueil trav. chim. Pays-Bas 5, 65. — [4]) Loewig, Das Brom und seine chemischen Verhältnisse, Heidelberg 1829, S. 69. — [5]) Berthelot, Compt. rend. 73, 448; JB. 1871, S. 80. — [6]) J. v. Braun, Ber. 33, 1438. — [7]) Ponomarew, ebend. 18, 3261. — [8]) Eghis, ebend. 2, 159. — [9]) Serullas, Ann. ch. phys. 38, 374; Ann. Phys. 14, 446; s. a. [4]). — [10]) Merz u. Weith, Ber. 16, 2894.

auf 200 bis 220°. Schlechtere Ausbeute und erst nach längerem Erhitzen mit gröfserem Bromüberschufs resultiert bei Verwendung von Ferrocyankalium.

Das Cyanurbromid bildet ein amorphes weifses Pulver, das über 300° schmilzt und nicht unzersetzt flüchtig ist. Es ist unlöslich in kaltem Wasser, absolutem Alkohol und Benzol, kaum löslich in wasserfreiem Äther. Beim Erwärmen mit Wasser oder Alkohol zerfällt es in Bromwasserstoffsäure und Cyanursäure. Mit Essigsäure liefert es bei 140° Acetylbromid und Cyanursäure.

Jodcyan CNJ ist mehrfach als Verunreinigung des käuflichen Jods, nach Wittstein in einem Falle 28,75 Proz. desselben betragend, aufgefunden worden [1]). Von Davy [2]) wurde es zuerst dargestellt. Man erhält es leicht durch Einwirkung von Jod auf verschiedene Cyanide. Es genügt z. B., ein inniges Gemenge von 2 Tln. trockenem Jod mit 1 Tl. Cyanquecksilber in einem Schälchen zu erwärmen, um an der Wand einer darüber gestülpten Glasglocke das Produkt in langen Nadeln zu erhalten. Diese Bildung erfolgt sogar schon bei gewöhnlicher Temperatur. Nach Seubert und Pollard [3]) ist es, um das Mitsublimieren von Jod zu vermeiden, zweckmäfsig, die Reaktion erst bei gewöhnlicher Temperatur vor sich gehen zu lassen und dann erst zu erwärmen.

Liebig löst Jod in konzentrierter Cyankaliumlösung und erwärmt den entstandenen Krystallbrei.

Linnemann [4]) übergiefst trockenes zerriebenes Quecksilbercyanid mit einer Lösung von Jod in wasserfreiem Äther. Die Umsetzung erfolgt sogleich unter freiwilliger Erwärmung, und beim Verdampfen der ätherischen Lösung hinterbleibt das Jodcyan.

Dasselbe sublimiert in langen, farblosen, häufig zu voluminöser Wolle verfilzten Nadeln; aus Äther oder absolutem Alkohol krystallisiert es in kleinen viereckigen Tafeln [5]). Es schmilzt im zugeschmolzenen Rohr bei 146,5° [3]), erstarrt wieder bei 142,5°, verwandelt sich nach Wöhler [6]) auch erst oberhalb 100° in Dampf, nach Seubert und Pollard [3]) selbst bei 183° noch ziemlich langsam, ist aber schon bei gewöhnlicher Temperatur in beträchtlichem Mafse flüchtig. Es riecht höchst durchdringend, der Dampf reizt zu Thränen und ist sehr giftig. Bei 250° zeigt der Dampf eine geringe Dissoziation [3]), die nach Wöhler bei Glühhitze vollständig ist, und zwar zu Jod und Cyangas. In Wasser ist es schwer, aber ohne Zersetzung löslich, leichter in Alkohol und noch leichter in Äther. Die Lösungen geben mit Silbernitrat keinen Niederschlag.

---

[1]) Scanlan, JB. 1847/48, S. 380; Kloboch, Arch. Pharm. 60, 34; Wittstein, Vierteljahrsschr. pr. Pharm. 20. 261 u. A. — [2]) H. Davy, Gilb. Ann. 54, 383. — [3]) K. Seubert u. W. Pollard, Ber. 23, 1062. — [4]) Linnemann, Ann. Chem. 120, 36. — [5]) Herzog, Arch. Pharm. 61, 129. — [6]) Wöhler, Gilb. Ann. 69, 281.

Auch von den meisten Säuren wird Jodcyan ohne Zersetzung gelöst, ebenso von Chlorwasser. Konzentrierte Schwefelsäure und Salzsäure zersetzen es in höherer Temperatur. Jodwasserstoffsäure zerlegt es schon in der Kälte vollständig nach der Gleichung $CNJ + JH = CNH + J_2$[1]; diese Reaktion ist bei Überschufs von Blausäure umkehrbar. Auch durch wenig Schwefelwasserstoff und Schwefeldioxyd erfolgt Abscheidung von Jod. Alkalisulfite zerlegen Jodcyan in Cyanwasserstoff und Jodwasserstoff[2]).

In Kalilauge löst sich Jodcyan unter Bildung von Cyanid, Jodid und Jodat. Mit Ammoniak geht es nach Bineau und Herzog eine Verbindung ein.

Die Bildung des Jodcyans aus den Elementen verbraucht nach Berthelot[3]) 23100 kal., während die aus Cyan und Jod 17900 kal. entwickelt.

Mit Kaliumjodid bildet Jodcyan eine sehr unbeständige Verbindung $KJ.4CNJ$[4]).

Cyanurjodid $(CNJ)_3$ erhielt Klason[5]) aus Cyanurchlorid und Jodwasserstoffsäure in der Kälte. Es bildet ein dunkelbraunes, unlösliches Pulver, das oberhalb 200° glatt in Paracyan und Jod zerfällt. Von kaltem Wasser wird es nicht zersetzt, beim Erhitzen damit auf 125° entstehen Jodwasserstoff und Cyanursäure.

Neben dieser Verbindung entsteht Cyanurchlorodijodid $(CN)_3J_2Cl$, das, ohne zu schmelzen, in weifsen Krystallen sublimiert, dabei aber teilweise Zersetzung erleidet. Gegen Wasser verhält es sich wie das Trijodid.

Arsencyanid $(CN)_3As$. Blythe[6]) hatte bei Destillation von Arsenchlorid mit Quecksilbercyanid eine weifse Flüssigkeit erhalten, die er für Cyanarsen ansprach, aber nicht analysierte. Sie ähnelte im Aussehen und Geruch der Blausäure, zersetzte sich aber in Berührung mit Wasser unter Abscheidung eines weifsen Pulvers.

Guenez[7]) erhitzte Jodcyan mit staubfreiem Arsen und Schwefelkohlenstoff in verschlossenem, mit Kohlensäure gefülltem Gefäfs. Nach beendeter Reaktion hinterliefs die Masse beim Extrahieren mit Schwefelkohlenstoff die Verbindung von der angegebenen Zusammensetzung als hellgelbes krystallinisches Pulver, das durch Wasser augenblicklich in Blausäure und arsenige Säure verwandelt wird, beim Erhitzen in Cyan, Paracyan und Arsen zerfällt, mit Jod sich zu Jodcyan und Arsenjodid umsetzt.

---

[1]) E. v. Meyer, Journ. pr. Chem. [2] **36**, 292. — [2]) Strecker, Ann. Chem. **148**, 95; vgl. Meineke, Ztschr. anal. Chem. **2**, 157, 168. — [3]) Berthelot, Ann. ch. phys. [5] **5**, 433. — [4]) Langlois, Ann. ch. phys. [3] **60**, 220. — [5]) P. Klason, Journ. pr. Chem. [2] **34**, 154. — [6]) Blythe, Chem. News **57**, 245; Ber. **21**, 827 Ref. — [7]) E. Guenez, Compt. rend. **114**, 1186; Ber. **25**, 561.

Amide der Cyansäure u. s. w.

Cyanamid $CH_2N_2 = CN.NH_2$ bildet sich: 1. Bei Einwirkung von Chlorcyan auf Ammoniak: $CN.Cl + 2NH_3 = CN.NH_2 + Cl.NH_4$ [1]. 2. Beim Überleiten von Kohlensäure über erhitztes Natriumamid [2]) nach folgendem Schema [3]):

$$1)\ NH_2.Na + CO_2 = NH_2.COONa,$$
$$2)\ NH_2.COONa = NCONa + H_2O,$$
$$3)\ HCONa + NH_2Na = CN.NNa_2 + H_2O.$$

3. Beim Erwärmen von Harnstoff, in geringer Menge auch von Ammoniumkarbonat oder Ammoniumkarbamat, mit Natrium [4]): $CO(NH_2)_2 + Na = CN.NH_2 + H + NaOH$. 4. Beim Glühen von Harnstoff mit wasserfreiem Kalk [5]): $3CO(NH_2)_2 + 3CaO = CN.NCa + 2CO_3Ca + 4NH_3$. 5. Beim Behandeln von Harnstoff mit Thionylchlorid [6]). 6. Beim Entschwefeln von Thioharnstoff mit Quecksilberoxyd [7]), Quecksilberchlorid, Bleisuperoxyd, Bleiessig oder unterchloriger Säure [8]): $CS(NH_2)_2 = H_2S + CN.NH_2$. 7. Beim Kochen von Nitrosoguanidin mit Wasser [9]): $CH_4(NO)N_3 = CN.NH_2 + N_2 + H_2O$. 8. Beim Kochen von Aminotriazsulfol CH_2N_4S mit Wasser [10]).

Darstellung: 1. Wässerige Lösung von Thioharnstoff wird vorsichtig in kleinen Anteilen unter Umrühren mit in Wasser aufgeschlämmtem reinen Quecksilberoxyd versetzt. Überschufs von Quecksilberoxyd ist zu vermeiden, da sich sonst das unlösliche Quecksilbersalz des Cyanamids bildet [11]). Sobald eine Probe der Flüssigkeit mit Silbernitratlösung keinen Niederschlag mehr giebt, wird filtriert, das Filtrat nach Zusatz einer Spur Essigsäure möglichst schnell auf ein kleines Volum eingeengt und im Vakuum über Schwefelsäure eingedunstet. Den Rückstand nimmt man mit absolutem Äther auf, der eine geringe Menge Dicyandiamin ungelöst läfst; beim Verdunsten der ätherischen Lösung hinterbleibt reines Cyanamid [12]). — Baumann [13]) und Prätorius [14]) bewirken die Entschwefelung des Thioharnstoffs in absolut-alkoholischer Lösung. — Nach Traube [15]) wird reiner Thioharnstoff nur unvollständig entschwefelt, vollständig aber, wenn ihm eine kleine Menge Ammoniumrhodanid beigemengt ist.

---

[1]) Cloëz u. Cannizzaro, Compt. rend. **31**, 62; Ann. Chem. **78**, 229. — [2]) Beilstein u. Geuther, Ann. Chem. **108**, 93; **123**, 241. — [3]) Drechsel, Journ. pr. Chem. [2] **16**, 203. — [4]) Fenton, Chem. Soc. Journ. **41**, 262; Ber. **15**, 2361. — [5]) Emich, Wien. Monatsh. **10**, 332. — [6]) Moureu, Bull. soc. chim. [3] **11**, 1069; Ber. **28**, 227 Ref. — [7]) Volhard, Journ. pr. Chem. [2] **9**, 25. — [8]) Mulder u. Smit, Ber. **7**, 1636. — [9]) J. Thiele, Ann. Chem. **273**, 136. — [10]) Freund u. Schander, Ber. **29**, 2503. — [11]) Engel, Bull. soc. chim. **24**, 273. — [12]) Volhard, Journ. pr. Chem. [2] **9**, 25; Drechsel, ebend. [2] **11**, 298. — [13]) Baumann, Ber. **6**, 1376. — [14]) Prätorius, Journ. pr. Chem. [2] **21**, 129. — [15]) J. Traube, Ber. **18**, 461.

2. Man trägt allmählich 5,5 Tle. Bleiacetat, gelöst in 11 Tln. Wasser, in eine Lösung von 1 Tl. Thioharnstoff in etwa 11 proz. Kalilauge ein[1]).

3. Melam (durch Erhitzen der bei der Darstellung des Thioharnstoffs erhaltenen Rückstände gewonnen) wird mit der gleichen Menge Ätzkalk innig gemischt, das Gemenge zu heller Rotglut erhitzt. Die Masse wird in kaltes Wasser eingetragen, die Lösung mit Kohlensäure gesättigt, zum Sieden erhitzt und nach Filtration rasch auf dem Wasserbade eingeengt[2]).

4. Man glüht ein inniges Gemenge von 1 Tl. Harnstoff und 4 Tln. wasserfreiem Kalk, löst das Produkt in Wasser, fällt die Lösung mit ammoniakalischer Silberlösung und zerlegt den Niederschlag durch Schwefelwasserstoff[3]).

Eigenschaften. Das Cyanamid bildet kleine, farblose, an der Luft zerfliefsliche Krystalle, nach Freund und Schander[4]) lange, wasserhelle Nadeln vom Schmelzpunkt 40°. Mit Wasserdämpfen ist es ziemlich flüchtig[5]). In Wasser ist es äufserst leicht löslich, sehr leicht auch in Alkohol und Äther, ebenfalls leicht in Chloroform und Benzol, schwer in Schwefelkohlenstoff. Die Verbrennungswärme ist = 171,5 Kal.[6]). Über den Schmelzpunkt erhitzt, erstarrt Cyanamid bei 180 bis 190° und schmilzt dann wieder bei 205°[4]). Es geht dabei in Dicyandiamid über, das sich aber zum Teil gleich weiter in Ammoniak und Melam verwandelt[7]). Diese Polymerisation erfolgt auch bei längerem Aufbewahren des Cyanamids, sofort beim Eindampfen einer ammoniakalischen Lösung desselben, ferner durch Erwärmen mit Phenol und absolutem Alkohol.

Salpetersäure verwandelt in wässeriger wie in ätherischer Lösung zu Harnstoff. Das gleiche Produkt wird neben Ammelid und Ammoniak durch 50proz. Schwefelsäure sowie durch Phosphorsäure gebildet[8]). Methylalkoholische Salzsäure erzeugt Methylisoharnstoff[9]). Sonst lagern sich Halogenwasserstoffsäuren direkt an Cyanamid an.

Beim Erwärmen mit Alkohol und Salicylsäure, langsamer mit Milchsäure, wird Harnstoff neben dem Säureester gebildet. Konzentrierte Ameisensäure erzeugt Harnstoff und Kohlenoxyd[8]).

Mit freiem Schwefelwasserstoff verbindet sich Cyanamid langsam, bei Verwendung von gelbem Schwefelammonium schneller, zu Thioharnstoff. Dasselbe Produkt wird auch durch Mischen mit Thiacetsäure und Alkohol gebildet.

Beim Erhitzen mit alkoholischer Kalilauge auf 180° entsteht viel Kaliumcyanat[3]).

---

[1]) R. Walther, Journ. pr. Chem. [2] 54, 510. — [2]) Drechsel, ebend. [2] 21, 79. — [3]) Emich, Wien. Monatsh. 10, 332. — [4]) Freund u. Schander, Ber. 29, 2503. — [5]) Pellizzari, Gazz. chim. ital. 21, 332; Ber. 24, 399 Ref. — [6]) Lemoult, Ann. ch. phys. [7] 16, 338; Chem. Centralbl. 1899, I, S. 784. — [7]) Drechsel, J. pr. Chem. [2] 13, 331. — [8]) Baumann, Ber. 6, 1376. — [9]) Stieglitz u. McKee, ebend. 33, 810.

Durch nascierenden Wasserstoff (Zink und Schwefelsäure) entsteht Ammoniak und Methylamin: $CN.NH_2 + H_2 = CNH + NH_3$ und $CNH + H_4 = CH_3.NH_2$.

Beim Erwärmen mit Kaliumnitritlösung bilden sich unter heftiger Reaktion Kohlensäure, Stickstoff und Dicyandiamid: $4\,CN.NH_2 + 4\,NO_2K = 2\,CO_3K_2 + 8\,N + (CN.NH_2)_2 + 2\,H_2O$. Mit Silbernitrit entstehen dagegen Cyansilber und Cyanamidsilber:

$$3\,CN.NH_2 + 4\,NO_2Ag = CN.NAg_2 + CNAg + NO_3Ag + CO_2 + 6\,N + 3\,H_2O.$$

Beide Wasserstoffatome des Cyanamids sind durch Metalle, Alkyle und Säureradikale substituierbar. Aufserdem vereinigt sich, wie schon erwähnt, das Cyanamid mit Säuren, und zwar mit zwei Äquivalenten. So sind die Verbindungen $CN.NH_2.2\,ClH$ und $CN.NH.2\,BrH$ bekannt. Man hat deshalb auch die Auffassung des Cyanamids als Karbondiimid $C(NH)_2$ in Betracht gezogen.

Chlorcyanamid[1] $(CNCl)(CN.NH_2)_2$ entsteht bei Einwirkung von wässerigem Ammoniak auf Cyanurchlorid als weifses Pulver, das aus Wasser in feinen Nadeln krystallisiert. Bildungswärme für diesen Vorgang = 81,7 Kal., Verbrennungswärme 400,3 Kal.

Dicyandiamid $C_2H_4N_4$ entsteht, wie beim Cyanamid bereits erwähnt, leicht aus diesem, sowohl beim Erhitzen, als beim Aufbewahren, als beim Abdampfen der wässerigen Lösung[2], besonders in Gegenwart von etwas Ammoniak[3]. Wie dieses wirken verdünnte fixe Alkalien in der Wärme, konzentrierte schon in der Kälte[4]. Dicyandiamid entsteht ferner aus Thioharnstoff und Merkurioanilin[5] sowie beim Kochen von Aminotriazsulfol mit Anilin[6].

Es bildet trimetrische[7] Blättchen oder dünne Tafeln, bei 205° schmelzend und bei weiterem Erhitzen in Ammoniak und Melamin zerfallend[8]. Die Verbrennungswärme ist = 328,7 Kal.[9]. In Wasser und Alkohol ist es ziemlich leicht löslich, in Äther fast unlöslich.

Beim Erhitzen mit Wasser auf 160 bis 170° geht es in Kohlensäure, Ammoniak und Melanurensäure $C_3H_4N_4O_2$ über; letztere entsteht auch beim Erhitzen mit Ammoniumkarbonatlösung auf 120°. Beim Erwärmen mit verdünnten Säuren, auch mit Essigsäure[10], geht es in Dicyandiamidin $C_2H_6N_4O$ über. Mit Salmiak verbindet es sich bei 105° zu salzsaurem Diguanid $C_2H_7N_5.ClH$, bei 150° zu salzsaurem

[1]) Lemoult, Compt. rend. 125, 822; Chem. Centralbl. 1898, I, S. 37. — [2]) Beilstein u. Geuther, Ann. Chem. 108, 93; 123, 241. — [3]) Haag, ebend. 122, 22. — [4]) Baumann, Ber. 6, 1376. — [5]) Montecchi, Gazz. chim. ital. 28, II, 434; Chem. Centralbl. 1899, I, S. 381. — [6]) Freund u. Schander, Ber. 29, 2503. — [7]) Neufville, Ber. 24, 902. — [8]) Drechsel, Journ. pr. Chem. [2] 13, 331. — [9]) Lemoult, Ann. ch. phys. [7] 16, 338; Chem. Centralbl. 1899, I, S. 784. — [10]) E. Bamberger u. Seeberger, Ber. 26, 1583.

Guanidin[1]). Beim Kochen mit Baryt zerfällt es in Ammoniak und Dicyanamidosäure $C_2H_3N_3O$.

Nascierender Wasserstoff (Zink und Salzsäure) erzeugt Ammoniak und Methylamin[2]), ferner Guanidin[3]). Beim Kochen mit salzsaurem Hydroxylamin entstehen Guanylharnstoff, Blausäure, Stickoxydul und Kohlensäure[3]), mit salzsaurem Hydrazin und Alkohol bei 100° Guanazol[4]).

Mit Schwefelwasserstoff verbindet sich Dicyandiamid langsam zu Guanylthioharnstoff; bei Verwendung von Schwefelammonium entsteht daneben Ammoniumrhodanat und Thioharnstoff.

Mit Rhodanwasserstoff verbindet es sich zu Thioammelin. Beim Erhitzen mit Schwefelkohlenstoff und etwas Weingeist auf 150° entstehen Kohlensäure, Schwefelwasserstoff, Guanidinrhodanid, Thioammelin und eine kleine Menge einer Säure $C_3H_3N_4SOH$ (?), deren Baryumsalz äußerst schwer löslich ist[1]).

Beim Erhitzen der Verbindung mit Harnstoff oder mit Cyanursäure wird Ammelin $C_3H_5N_5O$ gebildet, mit Guanidinkarbonat entstehen bei 160° Melamin $C_3H_6N_6$, Kohlensäure und Ammoniak, mit Urethan oder Kaliumcyanat bei 200° Ammelin.

Nachweis des Dicyandiamids: Bamberger und Seeberger[3]).

Konstitution. Neben der von Haus aus wenig wahrscheinlichen Formel $\begin{matrix} NH_2.C:N \\ | \quad | \\ N:C.NH_2 \end{matrix}$ kommen die von Baumann herrührende $NH:C\langle^{NH}_{NH}\rangle C:NH$ und die von Bamberger aufgestellte $NH:C\langle^{NH_2}_{NH(CN)}$ in Betracht. Letztere, der gemäß die Verbindung ein Cyanguanidin ist, hat durch die Bildungs- und Zersetzungserscheinungen, insbesondere nach den Untersuchungen von Bamberger und Seeberger[3]), die größere Wahrscheinlichkeit für sich.

Cyanursäureamide. Durch schrittweisen Ersatz von Hydroxyl in der Formel der Cyanursäure gelangt man zu den drei Amiden

$(CN)_3(OH)_2.NH_2$ Melanurensäure,
$(CN)_3(OH):(NH_2)_2$ Ammelin,
$(CN)_3(NH_2)_3$ Melamin, Cyanuramid.

Wie aber in der Cyanursäure selbst keine Hydroxylgruppen anzunehmen sind, so dürfte auch die Konstitution dieser scheinbaren Amide eine andere sein, und sie werden in der That als amidinartige Verbindungen formuliert:

---

[1]) Rathke, Ber. 18, 3107, 20, 1064. — [2]) E. Bamberger, Ber. 16, 1461. — [3]) E. Bamberger u. Seeberger, Ber. 26, 1583. — [4]) Pellizzari, Gazz. chim. ital. 24, I, S. 491; Ber. 27, 583 Ref.

Melanurensäure = Triuretamidin $NH:C<{NH.CO \atop NH.CO}>NH$,

Ammelin = Triuretdiamidin $NH:C<{NH.CO \atop NH.C(NH)}>NH$,

Melamin = Triurettriamidin, Triguanid $NH:C<{NH.C(NH) \atop NH.C(NH)}>NH$.

An diese Verbindungen schliefsen sich die dazu in naher Beziehung stehenden Melam $C_6H_9N_{11}$ und Ammelid $C_6H_9N_9O_3$. Diese Beziehungen gehen aus den Übergängen der verschiedenen Verbindungen ineinander hervor.

Melam entsteht als Hauptprodukt beim Erhitzen von Rhodanammonium, daneben aber bildet sich bereits Melamin, das man im übrigen aus jenem durch Erhitzen mit starkem Ammoniak auf 150° gewinnen kann.

Erwärmt man Melam mit konzentrierter Schwefelsäure, so resultiert Melanurensäure, durch anhaltendes Kochen mit konzentrierter Kalilauge oder mit Salzsäure bildet sich hingegen unter Freiwerden von Ammoniak Ammelin. Dessen Salpetersäureverbindung geht beim Erhitzen in Ammelid über.

Isocyansäuresalze, Metallcyanate.

Ammoniumsalz $CON.NH_4$ entsteht durch Umsetzung des Kaliumsalzes mit Ammoniumsulfat, direkt durch Mischung von Cyansäuredampf und Ammoniakgas bei gewöhnlicher Temperatur, falls diese Gase genügend mit indifferenten Gasen verdünnt sind, ferner aus Ammoniak und wasserfreier Blausäure in absolut-ätherischer Lösung [1]). Es bildet eine spröde, weifse Masse, die vorübergehend bei 76 bis 89° schmilzt, sich dabei in Harnstoff umlagernd. Es ist leicht löslich in Wasser und lagert sich schon beim Verdunsten der wässerigen Lösung in Harnstoff um [2]). Die Umwandlungswärme beträgt in wässeriger Lösung 75 Kal. [3]).

Baryumsalz $(CON)_2Ba$ fällt beim Versetzen einer wässerigen Lösung von Baryumacetat und Kaliumcyanat mit Alkohol aus. Es bildet feine, in Wasser lösliche Nadeln.

Bleisalz $(CON)_2Pb$. Zur Darstellung fällt man das rohe Kaliumcyanat zunächst, um das vorhandene Karbonat zu beseitigen, mit Baryumnitrat, dann das Filtrat mit Bleinitrat aus [4]). Das Salz scheidet sich als krystallinischer, auch in kochendem Wasser nur wenig löslicher

[1]) Walker u. Wood, Chem. Soc. Proc. 1897/98, Nr. 193, S. 108; Chem. Centralbl. 1898, I, S. 1293. — [2]) Wöhler. JB. Berz. 12, 266. — [3]) Walker u. Wood, Chem. Soc. Proc. 15, 209; Chem. Centralbl. 1900, I, S. 107. — [4]) Williams, Zeitschr. Chem. 4, 352.

Niederschlag ab. Das trockene Salz ist sehr beständig, eignet sich daher gut zur Aufbewahrung von Cyansäure und zur Darstellung von reinem Harnstoff.

Kaliumsalz CON K. Die Darstellung ist schon bei der von Cyansäure beschrieben. Neuerdings wurde es von Vidal[1]) durch Erhitzen von Phospham mit Kaliumkarbonat auf Rotglut dargestellt. Die Bildung erfolgt hierbei nach der Gleichung $PN_2H + 2\,CO_3K_2 = PO_4K_2H + 2\,CONK$. Volhard[2]) tröpfelt 63 g Kaliumpermanganat, gelöst in 1 Liter Wasser, in eine abgekühlte Lösung von 39 g Kaliumcyanid und 10 g Ätzkali in 100 ccm Wasser und gewinnt so eine für die hauptsächliche Verwendung des Salzes, die Darstellung von Harnstoff, geeignete Lösung.

Das Salz bildet kleine Blättchen und Nadeln, nach Brugnatelli[3]) tetragonale Tafeln. Das spezifische Gewicht fand Mendius[4]) = 2,048, Schröder[5]) = 2,056. Das Salz ist leicht löslich in Wasser, unlöslich in absolutem Alkohol. 80 proz. Alkohol löst beim Kochen 62 g, in der Kälte 32 g pro Liter [Erdmann[6])]. Die wässerige Lösung zersetzt sich schon beim Aufbewahren in gewöhnlicher Temperatur zu Ammoniak und Kaliumkarbonat. Die gleiche Zersetzung erfolgt auch vollständig bei längerem Kochen mit wasserhaltigem Alkohol. Leitet man Schwefelwasserstoff über das erhitzte Salz, so entsteht Kaliumsulfid, Kaliumrhodanat und etwas Schwefelammonium. Beim Vermischen kalter alkoholischer Lösung des Salzes mit einer eben solchen von Platinchlorid entsteht die Verbindung $\left.\begin{matrix}CONK\\ ClK\end{matrix}\right\} PtCl_4$ [7]).

Kobaltsalz $(CON)_2Co$ ist als Doppelsalz mit Kaliumcyanat bekannt[8]).

Silbersalz CON . Ag entsteht als weifser Niederschlag beim Vermischen von Silbernitrat- mit Alkalicyanatlösung. Das spezifische Gewicht ist = 4,004[4]). Selbst in kochendem Wasser ist das Salz nur wenig löslich. Leicht löst es sich in Ammoniak, aus der Lösung krystallisieren Blättchen einer wenig beständigen Ammoniakverbindung. In verdünnter Salpetersäure löst es sich unter Zersetzung.

Isocyansäureester, Alkylisocyanate, Alkylkarbonimide, CON . R.

Dieselben bilden sich bei der Destillation von äthylschwefelsaurem Kalium mit Kaliumcyanat, wobei gleichzeitig die polymeren Cyanur-

[1]) R. Vidal, D. R.-P. 95340. — [2]) Volhard, Ann. Chem. 259, 378. — [3]) Brugnatelli, Ber. 27, 837. — [4]) Mendius, JB. 1860, S. 17. — [5]) Schröder, Ber. 12, 563. — [6]) Erdmann, Ber. 26, 2442 — [7]) Clarke u. Owens, Am. Chem. Journ. 3, 350; Ber. 15, 352. — [8]) Blomstrand, Journ. pr. Chem. [2] 3, 206.

säureester entstehen [1]). Schon bei niederer Temperatur entstehen sie rasch durch Behandlung von Silbercyanat mit Alkyljodiden. Ferner bilden sie sich bei der Oxydation der Isonitrile mit Quecksilberoxyd [2]) und bei der Destillation der Alkylkarbaminsäurechloride mit gebranntem Kalk.

Die Isocyanate sind leicht flüchtige Flüssigkeiten, erst bei hohem Molekelgewicht feste Körper von heftigem und erstickendem Geruch, ausgezeichnet durch grofse Reaktionsfähigkeit. Beim Aufbewahren verwandeln sie sich, mitunter schon innerhalb weniger Tage, in Cyanursäureester. Beim Kochen mit wässerigem [1]) oder alkoholischem [3]) Kali zerfallen sie in Kohlensäure und primäre Alkoholbasen: $CON.R + H_2O = R.NH_2 + CO_2$. Mit Wasser liefern sie neben Kohlensäure symmetrisch disubstituierte Harnstoffe: $2CON.R + H_2O = CO(NRH)_2 + CO_2$. Mit Alkoholen verbinden sie sich direkt zu alkylierten Karbaminsäureestern.

Organische Säuren spalten die Isocyanate in Kohlensäure und alkylierte Säureamide. Mit Säureanhydriden entstehen tertiäre Säureamide.

Mit Ammoniak, sowie mit primären und sekundären Aminen tritt Vereinigung zu substituierten Harnstoffen ein: $CON.R + NH_3 = RNH.CO.NH_2$ etc.

Phosphorpentasulfid führt die Isocyanate in Senföle, die Ester der Isothiocyansäure, über.

Cyanursäuresalze.

Cyanursäuresalze sind fast sämtlich, mit Einschlufs der Alkalisalze, in Wasser schwer löslich, das Natriumsalz besonders schwer in heifser konzentrierter Natronlauge.

Ammoniumsalz $C_3O_3N_3H_2.NH_4$ krystallisiert mit 1 Mol. Wasser [4]).

Baryumsalze. $(C_3O_3N_3H_2)_2Ba + 2H_2O$ krystallisiert in kleinen glänzenden, unlöslichen Nadeln und verliert erst bei 280° alles Wasser [5]). — $C_3O_3N_3HBa$, krystallinischer Niederschlag, enthält nach Wöhler $1^1/_2$, nach Ponomarew [6]) 4 Mol. Krystallwasser.

Bleisalz $(C_3N_3O_3)_2Pb_3$ entsteht als krystallinischer Niederschlag mit 3, nach Ponomarew mit 2 Mol. Krystallwasser. Beim Erhitzen im Wasserstoffstrome zerfällt es in Ammoniumcyanid, Harnstoff und Blei.

Kadmiumsalz. Claus und Putensen [7]) beschreiben ein krystallinisches Kadmiumammoniumsalz $(C_3N_3O_3H)_2Cd(NH_4)_2$.

---

[1]) Wurtz, Ann. ch. phys. [3] 42, 43. — [2]) Gautier, Ann. Chem. 149, 313. — [3]) A. Haller, Bull. soc. chim. 45, 706. — [4]) Lemoult, Ann. ch. phys. [7] 16, 338; Chem. Centralbl. 1899, I, S. 784. — [5]) Liebig u. Wöhler, Ann. Phys. 20, 369; Ponomarew, Ber. 18, 3269. — [6]) Ponomarew, Ber. 18, 3269. — [7]) Claus u. Putensen, Journ. pr. Chem. [2] 38, 208.

	Formel	Schmelzp.	Siedep.	Spezif. Gew.
Aliphatische Isocyansäureester.				
Methylester	$C_2H_3NO = CH_3.N:CO$	flüssig	43—45°; 40°	—
Äthylester	$C_3H_5NO = C_2H_5.N:CO$	"	60°	0.8981
I[illegible]ester	$C_4H_7NO = C_3H_7.N:CO$	"	67°	—
Isobutylester	$C_5H_9NO = (CH_3)_2.CH.CH_2.N:CO$	"	110°	—
Tertiärbutylester	$C_5H_9NO = (CH_3)_3.C.N:CO$	noch bei −25° flüss.	85,5°	0,8676 (0°)
Isoamylester	$C_6H_{11}NO = (CH_3)_2.CH.(CH_2)_2.N:CO$	flüssig	100°; 134—135°	—
Hexylester	$C_7H_{13}NO = C_6H_{13}.N:CO$	"	oberhalb 100°	—
Pentadekylester	$C_{16}H_{31}NO = C_{15}H_{31}.N:CO$	8—14°	—	—
Allylester	$C_4H_5NO = C_3H_5.N:CO$	flüssig	82°	—
Aromatische Isocyansäureester.				
Phenylisocyanat	$C_7H_5NO = C_6H_5.N:CO$	flüssig	166° (769)	1,092 (15°)
Tol[illegible]	$C_8H_7NO = C_7H_7.N:CO$	—	—	—
o-Verbindung	—	flüssig	186°	—
p-Verbindung	—	"	187° (751)	—
s,m-Xylylisocyanat	$C_9H_9NO = (CH_3)_2C_6H_3.N:CO$	—	205°	—
Xylylisocyanat aus käufl. Xylidin	do.	flüssig	200°	—
ψ-Cumylisocyanat	$C_{10}H_{11}NO = (CH_3)_3.C_6H_2.N:CO$	"	225°	—
Mesitylisocyanat	C_9H_9NO	"	218—200°	—
Naphtylisocyanat (α)	$C_{11}H_7NO = C_{10}H_7.N:CO$	"	269—270°	—
p-Biphenylisocyanat	$C_{13}H_9NO = C_6H_5.C_6H_4.N:CO$	—	—	—
Chrysylisocyanat (?)	$C_{19}H_{11}NO = C_{18}H_{11}N:CO$	oberh. 280°	—	—
Aromatisch substituierte Isocyansäureester.				
Benzylisocyanat	$C_8H_7NO = C_6H_5.CH_2.N:CO$	flüssig		
Cumylisocyanat	$C_{11}H_{13}NO = C_3H_7.C_6H_4.CH_2.N:CO$	—		

Kaliumsalze. $C_3N_3O_3H_2K$ bildet Würfel, die in Wasser sehr schwer löslich, nach Lemoult[1]) indessen leichter löslich als das entsprechende Natriumsalz sind und 1 Mol. Krystallwasser[2]) enthalten. Beim Schmelzen mit Kali geht es in Cyanat über. — $C_3N_3O_3HK_2$ bildet feine Nadeln oder Prismen mit 1 Mol. Krystallwasser[3]). In Wasser ist es leichter löslich als das vorige, in welches es beim Eindampfen seiner wässerigen Lösung übergeht[4]). Beim Erhitzen zerfällt es in Kaliumcyanat und Cyansäure[5]).

Kobaltsalz $(C_3N_3O_3H_2)_2Co + 6\,H_2O$ bildet rote Blättchen, die bei 100° dunkelblau werden[6]).

Kupfersalze. $C_3N_3O_3HCu + 3\,H_2O$ entsteht als graublauer Niederschlag aus dem einbasischen Natriumsalz und Kupfersulfat[6]). — $(C_3N_3O_3)_2Cu_3 + 1^1/_2\,H_2O$ fällt als grüner Niederschlag aus der Lösung des Magnesiumsalzes durch Kupfersulfat[6]). Beim Übergießen mit konzentriertem Ammoniakwasser geht es in das tiefviolette Salz $C_3N_3O_3HCu.2\,NH_3$ über[6]). — $C_3N_3O_3(Cu.OH)_3 + 3\,H_2O$ entsteht als bläulich grünes Pulver durch längeres Kochen der eben erwähnten Ammoniakverbindung mit Wasser oder durch Eintragen von Kupferoxydhydrat in kochende wässerige Cyanursäurelösung[6]). — $(C_3N_3O_3H_2)_2Cu + C_3N_3O_3H_2.NH_4 + H_2O$ ist bläulich. — $C_3N_3O_3HCu.2\,NH_3 + H_2O$ bildet kleine, amethystrote, in Ammoniak kaum lösliche Krystalle. — $(C_3N_3O_3H_2)_2Cu.2\,NH_3$ entsteht beim Fällen einer heißen wässerigen Cyanursäurelösung mit ammoniakalischer Kupfersulfatlösung. Es krystallisiert in braunen Blättern[7]). In der Lösung erscheint es amethystfarbig oder violett, gepulvert pfirsichblütenrot[6]). In konzentriertem Ammoniak löst es sich mit blauer Farbe; diese Lösung enthält das Salz $(C_3N_3O_3H_2)_2Cu.4\,NH_3$, das aber schon in der Kälte Ammoniak verliert und das Salz $(C_3N_3O_3H_2)_2Cu.3\,NH_3$ in kleinen violetten Nadeln hinterläßt[6]).

Magnesiumsalz $(C_3N_3O_3H_2)_2Mg + C_3N_3O_3H_3 + 3\,H_2O$ krystallisiert in kleinen, feinen Nadeln, wenn Magnesiumkarbonat in kochende Cyanursäurelösung eingetragen wurde[6]).

Mangansalz $(C_3N_3O_3H_2)_2Mn + C_3N_3O_3H_3$ ist undeutlich krystallinisch.

Natriumsalze. $C_3N_3O_3H_2Na + H_2O$ wird durch Sättigen der Säure mit Soda erhalten[3]). In Wasser ist es schwer löslich, bei 15° 0,63 g in 100 ccm[1]). — $C_3N_3O_3HNa_2$ bildet Prismen[3]). — $C_3N_3O_3Na_3$, aus Cyanursäurelösung durch Natronlauge entstehend, ist in dieser in

[1]) Lemoult, Ann. ch. phys. [7] 16, 338; Chem. Centralbl. 1899, I. S. 784. — [2]) Ponomarew, Ber. 18, 3269; s. a. [1]). — [3]) Ponomarew, Ber. 18, 3269. — [4]) Liebig u. Wöhler, Ann. Phys. 20, 369. — [5]) Liebig, Ann. Chem. 10, 1, 26, 121, 145. — [6]) Claus u. Putensen, Journ. pr. Chem. [2] 38, 208. — [7]) Wiedemann, Ann. Chem. 68, 324.

der Wärme schwer, in Wasser leicht löslich. Beim Verdunsten der wässerigen Lösung krystallisiert das Dinatriumsalz.

Nickelsalze. $(C_3N_3O_3H_2)_2Ni + 2\,C_3N_3O_3H_3 + 8\,H_2O$ bildet hellgrüne, glänzende Blättchen. — Durch Ammoniak entsteht das Salz $(C_3N_3O_3H_2)_2Ni.4\,NH_3$ in grünblauen Nadeln, das bei 100° zwei Molekeln Ammoniak verliert[1]) und das rosenrote Salz $(C_3N_3O_3H_2)_2Ni.2\,NH_3$ liefert.

Quecksilbersalz $(C_3N_3O_3)_2Hg_3$ existiert nach Hantzsch[2]) in zwei strukturisomeren Formeln, in denen das Metall einmal an den Sauerstoff, das andere Mal an den Stickstoff gebunden ist. Das erste Salz, das danach von der Normal-Cyanursäure abzuleiten ist, entsteht durch Einwirkung von Merkuriacetat oder Merkurichlorid auf die Lösung von Natriumcyanurat bei 0°, enthält noch 4 Mol. Wasser und bildet einen weifsen, voluminösen, in allen bekannten Lösungsmitteln unlöslichen Körper. Jodalkyle, Acetylchlorid und Benzoylchlorid reagieren nur in der Wärme, und auch dann nur schwierig, mit dem Salze. Dasselbe verliert bei 130° das Krystallwasser, kann weder durch Erhitzen für sich noch mit Wasser in das Isomere übergeführt werden. — Das Merkuriisocyanurat entsteht in reinem Zustande aus Alkalicyanuraten nur bei 100° und dann ebenfalls mit 4 Mol. Wasser, von denen die Hälfte nur unter Zersetzung des Salzes abgespalten wird. Aus der wässerigen Lösung der freien Säure kann es bei beliebiger Temperatur wasserfrei erhalten werden. Wasserhaltig wie wasserfrei ist es ein amorphes, unlösliches Pulver, das mit Schwefelwasserstoff Cyanursäure regeneriert, aber im Gegensatz zu dem Normalsalz durch Jodkalium nur sehr langsam, durch Alkalien gar nicht umgesetzt wird.

Silbersalze $C_3N_3O_3H_2Ag$[3]). — $C_3N_3O_3HAg_2$ entsteht durch Vermischung heifser Lösungen von Cyanursäure und Silberacetat in Gegenwart freier Essigsäure als in Wasser und Essigsäure unlösliches Krystallpulver. — Beim Digerieren dieses Salzes mit Ammoniak entsteht die in letzterem unlösliche Verbindung $C_3N_3O_3HAg_2.2\,NH_3$. — $C_3N_3O_3Ag_3$ entsteht beim Fällen einer heifsen Lösung von Cyanursäure und Silbernitrat mit Ammoniak als in Wasser unlöslicher Niederschlag[4]). Am leichtesten erhält man es rein durch Eintröpfeln einer Lösung des Trinatriumsalzes in kochende Silbernitratlösung und halbstündiges Kochen[5]).

Zinksalze. $C_3N_3O_3H.Zn.2\,NH_3$ bildet glänzende Krystalle. — $(C_3N_3O_3H_2)_2Zn.2\,NH_3$ ist krystallinisch[1]).

---

[1]) Claus u. Putensen, Journ. pr. Chem. [2] **38**, 208. — [2]) A. Hantzsch, Ber. **35**, 2717. — [3]) Lemoult, Ann. ch. phys. [7] **16**, 338; Chem. Centralbl. 1899, I, S. 784. — [4]) Liebig, Ann. Chem. **10**, 1, **26**, 121, 145; Debus, ebend. **72**, 21. — [5]) Ponomarew, Ber. **18**, 3269.

Cyanursäureester.

Cyanursäureester werden durch Destillation von Kaliumcyanurat mit ätherschwefelsaurem Kalium RSO_4K hergestellt [1]). In kleiner Menge entstehen sie auch, wenn an Stelle des Cyanurats Cyanat verwendet wird. Die Ester der Isocyansäure erleiden, besonders in unreinem Zustande, leicht Umwandlung zu solchen der Cyanursäure.

Die Cyanursäureester sind im allgemeinen krystallinische, unzersetzt flüchtige, geruchlose Körper. Beim Kochen mit Alkalien zerfallen sie in gleicher Weise wie die Isocyansäureester in Kohlensäure und Alkoholbasen. Die neutralen Ester gehen durch Alkali leicht in Biuretderivate über [2]).

Cyanursäureester.

	Formel	Schmelzp.	Siedep.
Monomethylester . .	$C_4H_5N_3O_3 = (CH_3)C_3H_2N_3O_3$	296—297°	—
Dimethylester	$C_5H_7N_3O_3 = (CH_3)_2H(CNO)_3$	222°; 220,5°	zersetzl.
Trimethylester . . .	$C_6H_9N_3O_3$	175—176°	274°
Diäthylester	$C_7H_{11}N_3O_3$	173°	—
Triäthylester	$C_9H_{15}N_3O_3$	95°	276°

Normal-Cyanursäureester.

Außer den gewöhnlichen Cyanursäureestern existiert eine Reihe von Isomeren, welche von der Normal-Cyanursäure $C(OH)\begin{smallmatrix}\nearrow N-C(OH)\searrow \\ \searrow N=C(OH)\nearrow\end{smallmatrix}N$ abzuleiten sind. Dieselben entstehen neben den angeblichen Normal-Cyansäureestern von Cloëz bei der Einwirkung von Chlor- oder Bromcyan auf Natriumalkoholate und scheiden sich aus dem Reaktionsprodukt krystallinisch aus. Durch Alkalien werden sie in Alkohol und Cyanursäure gespalten. Bei der Destillation gehen sie in die gewöhnlichen Cyanursäureester über [3]).

Normale Cyanursäureester der Säure $C(OH)\begin{smallmatrix}\nearrow NC(OH)\searrow \\ \searrow NC(OH)\nearrow\end{smallmatrix}N$.

	Formel	Schmelzp.	Siedep.
Dimethylester	$C_5H_7N_3O_3$	zersetzlich	—
Trimethylester . . .	$C_6H_9N_3O_3$	135°	265°
Diäthylester	$C_7H_{11}N_3O_3$	zersetzlich	—
Triäthylester	$C_9H_{15}N_3O_3$	29°	275°
Triisoamylester . . .	$C_{18}H_{33}N_3O_3$	Sirup	oberh. 360° unter geringer Zersetzung

[1]) Wurtz, Ann. ch. phys. [3] 42, 43. — [2]) E. Fischer, Ber. 31, 3273. — [3]) Ponomarew, ebend. 18, 3269; A. W. Hofmann, ebend. 19, 2067; Klason, Journ. pr. Chem. [2] 33, 131; Mulder, Recueil trav chim. Pays-Bas 2, 133 u. 4, 91; Ber. 15, 70, 16, 390, 2762, 18, 377 Ref.

Knallsäure.

Knallsäure CHNO, der man früher die doppelte Formel und ursprünglich die Konstitution eines Nitroacetonitrils $NO_2CH_2 . CN$ zusprach [1]), nach den Untersuchungen von Ehrenberg und Carstanjen [2]) sowie von Steiner [3]) aber die eines Dioximidoäthylens (NOH)C:C(NOH), ist nach Nef [4]) und Scholl [5]) als einfaches Karbyloxim C:NOH zu betrachten.

Die Darstellung erfolgt in Form des Quecksilbersalzes, das als Füllmasse für Zündhütchen u. dgl. ausgedehnte Anwendung findet, durch Behandeln von salpetersaurer Quecksilberlösung mit Alkohol [6]). Das Salz wird nach beendeter Reaktion mit Wasser gefällt [7]) und aus heifsem Wasser umkrystallisiert [8]), oder es wird in Cyankaliumlösung gelöst und aus dieser durch verdünnte Säure gefällt. In ähnlicher Weise wie das Quecksilbersalz läfst sich auch das Silbersalz gewinnen. Aus jenem wurden das Natrium- und Zinksalz durch Behandlung mit Wasser und Natriumamalgam bezw. Zink gewonnen.

Die freie Säure läfst sich aus dem Quecksilbersalz durch trockene Salzsäure unter Äther oder aus dem Natriumsalz durch verdünnte Schwefelsäure gewinnen, ist aber äufserst unbeständig und zerfällt alsbald in Isofulminursäure und Isocyanilsäure [9]).

Das Quecksilbersalz entsteht ferner beim Kochen des aus Quecksilberchlorid und Natriumnitromethan bei 0° in wässeriger Lösung erhaltenen Niederschlages mit verdünnter Salzsäure [10]).

Durch Einwirkung des Quecksilbersalzes auf Benzol, Phenole und deren Ester bei Gegenwart von Aluminiumchlorid kam man direkt zu Aldoximen [11]).

Ester der Knallsäure konnte Biddle [12]) nur in Form additioneller Verbindungen gewinnen.

Bei längerem Kochen mit Wasser, leichter bei Gegenwart von Alkalichloriden, gehen die Knallsäuresalze (Fulminate) in Salze der Fulminursäure (Fulminurate) über, welche isomer, wahrscheinlich trimolekular, der Knallsäure ist, nach Nef vielleicht als Nitrocyanacetamid $CN . CH(NO_2) . CO . NH_2$ zu betrachten.

---

1) Kekulé, Ann. Chem. 101, 200. — 2) Ehrenberg u. Carstanjen, Journ. pr. Chem. [2] 25, 232, 30, 38. — 3) Steiner, Ber. 16, 1484, 2420. — 4) J. U. Nef, Ann. Chem. 280, 303. — 5) R. Scholl, Ber. 23, 3506, 32, 3492. — 6) Howard, Gilb. Ann. 37, 75. — 7) Beckmann, Ber. 19, 993; Lobry de Bruyn, Ber. 19, 1370. — 8) Liebig, Ann. Chem. 95, 284. — 9) Scholvien, Journ. pr. Chem. [2] 32, 481. — 10) L. W. Jones, Am. Chem. J. 20, 33; Chem. Centralbl. 1898, I, S. 567; vgl. Nef, Ann. Chem. 280, 303. — 11) R. Scholl, Ber. 32, 3492. — 12) Biddle, Ann. Chem. 310, 1.

Cyanschwefelverbindungen.

Cyansulfid $C_2N_2S = (CN)_2S$ entsteht nach Lassaigne[1]) und Linnemann[2]) aus Schwefelchlorid und Cyanquecksilber oder besser aus Jodcyan und Rhodansilber. Die Verbindung krystallisiert in rhombischen Tafeln oder Blättchen, die bei 60° schmelzen, aber schon bei 30 bis 40° sublimieren, von ähnlichem Geruch wie Jodcyan, leicht löslich in Wasser, Äther, Schwefelkohlenstoff, Chloroform und Benzol[3]). In konzentrierter Schwefelsäure löst es sich ohne Zersetzung, durch konzentrierte Salzsäure wird es dagegen sehr leicht zersetzt. Aus Kaliumjodid scheidet es Jod aus, aus Kaliumcyanid entwickelt es Blausäure. Mit alkoholischem Kali setzt es sich zu Cyanat und Rhodanat um. Mit nascierendem Wasserstoff, Schwefelwasserstoff oder Kaliumsulfid liefert es Blausäure und Rhodanwasserstoff. Mit trockenem Ammoniak liefert es in ätherischer Lösung eine krystallinische Verbindung vom Schmelzpunkt 94°[2]).

Cyantrisulfid $C_2N_2S_3 = (CN)_2S_3$ existiert in zwei Modifikationen, einer löslichen weifsen und einer unlöslichen gelben. Die Löslichkeit bezieht sich auf Schwefelkohlenstoff.

Lösliches Cyantrisulfid entsteht neben Cyansulfid beim Übergiefsen von 2 Tln. Cyansilber mit der Lösung von 1 Tl. Chlorschwefel in 10 bis 12 Tln. Schwefelkohlenstoff. Das Gemisch wird schliefslich auf 25 bis 30° erwärmt und filtriert, wonach beim Erkalten die Verbindung, gemengt mit Cyansulfid, auskrystallisiert. In reinem Zustande wurde es noch nicht gewonnen. Es ist sehr unbeständig und geht beim Erwärmen plötzlich in das unlösliche Produkt über. Wasser und absoluter Alkohol spalten sofort Schwefel ab, und die wässerige Lösung enthält dann Rhodanwasserstoff.

Das unlösliche Trisulfid bleibt zurück, wenn das Gemisch des löslichen mit Cyansulfid erwärmt wird, wobei die letztgenannte Verbindung sublimiert. Es kann auch aus der Mutterlauge von der Darstellung jenes Gemenges noch gewonnen werden. Die Verbindung bildet ein pomeranzengelbes Krystallpulver, unlöslich in Wasser, Alkohol, Äther, Chloroform und Schwefelkohlenstoff, löslich in warmer, sehr konzentrierter Kalilauge. Durch Kochen mit konzentrierter Salzsäure wird es kaum angegriffen, in konzentrierter Schwefelsäure löst es sich in der Kälte unzersetzt. Siedende Salpetersäure greift nur allmählich unter Bildung von Schwefelsäure an. Bei mäfsigem Erhitzen entwickelt die Verbindung Schwefelkohlenstoff und Schwefel unter Hinterlassung von Tricyanuramid $[N(CN)_3]_3$. Mit Kalium erhitzt, zerfällt sie in Sulfid und Rhodanid.

---

[1]) Lassaigne, Ann. ch. phys. [2] 39, 197. — [2]) Linnemann, Ann. Chem. 120, 36. — [3]) Schneider, Journ. pr. Chem. [2] 32, 187 ff.

Cyanurdisulfid $C_6N_6S_6 = (CN)_3S_3.S_3(CN)_3$ entsteht durch Eintragung von verdünnter Jodlösung in eine Lösung von Trithiocyanursäure in Ammoniumkarbonat [1]) als amorpher, der gefällten Thonerde sehr ähnlicher Niederschlag. Beim Erwärmen mit Salzsäure zerfällt es in Cyanursäure, Schwefel und Schwefelwasserstoff.

Oxycyanurdisulfid $C_6.H_2N_6S_4O_2 = OH(CN)_3.S_4.(CN)_3.OH$ entsteht in ähnlicher Weise aus Dithiocyanursäure [1]). Es bildet glänzende, mikroskopische Oktaeder, ist aber sehr unbeständig und wird schon durch siedendes Wasser in Cyanursäure, Schwefelwasserstoff und Schwefel zerlegt.

Sulfocyansäure, Thiocyansäure, Rhodanwasserstoff CN.SH.

Der Allylester findet sich in Form eines Glykosids, des myronsauren Kaliums, im Senfsamen. Kleine Mengen Rhodanverbindungen finden sich konstant im Harn des Menschen und verschiedener Tiere. Die Bildung findet im Speichel statt [2]), in welchem sich Rhodan besonders bei Rauchern findet [3]). Demgemäſs ist es auch im Magensafte enthalten [4]).

Rhodanmetalle entstehen durch direkte Anlagerung von Schwefel an Cyanmetalle [5]). Cyankalium nimmt Schwefel sowohl in wässeriger Lösung als in geschmolzenem Zustande auf. Freie Blausäure verbindet sich mit Mehrfachschwefelammonium zu Ammoniumrhodonat [6]), das sich auch beim Erhitzen von Schwefelkohlenstoff mit alkoholischem Ammoniak [7]) oder aus diesen Ausgangsmaterialien bei Gegenwart von Sulfiten oder Hyposulfiten [8]) oder von alkalischen Erden bildet und durch einen ähnlichen Vorgang in das Gaswasser gelangt, ferner in kleiner Menge bei der Elektrolyse von Ammoniumhydrosulfid unter Anwendung von Gaskohle-Elektroden entsteht [9]). Das Kaliumsalz bildet sich beim Überleiten von Cyan über erhitztes Mehrfachschwefelkalium [10]), daher auch beim Glühen stickstoffhaltiger organischer Substanzen mit diesem Salz [11]), das Natriumsalz beim Überleiten von Schwefelkohlenstoff über erhitztes Natriumamid [12]).

Für die Darstellung kann man statt Cyankalium gelbes Blutlaugensalz benutzen. Wird dieses entwässert und mit Schwefel geschmolzen, so entsteht Rhodankalium; wenn der Schmelze noch Kaliumkarbonat zugefügt wird, so wird auch das Cyan des Eisencyanürs für diese Bildung verwendet.

---

[1]) Klason, Journ. pr. Chem. [2] **33**, 116 ff. — [2]) Gscheidlen, JB. 1877, S. 1001. — [3]) Krüger, Ztschr. Biol. **37**, 6. — [4]) Nencki u. Schoumow-Simanowsky, Arch. experiment. Pathol. **34**, 332; Nencki, Ber. **28**, 1318. — [5]) Porret, Gilb. Ann. **53**, 184; Berzelius, JB. Berz. I, S. 48. — [6]) Liebig, Ann. Chem. **61**, 126. — [7]) Zeise, ebend. **47**, 36. — [8]) Goldberg u. Siepermann, D. R.-P. Nr. 83435 u. 87813. — [9]) Millot, Bull. soc. chim. **46**, 246. — [10]) Wöhler, Ann. Phys. **3**, 181. — [11]) Aufschläger, Ztschr. anal. Chem. **35**, 315. — [12]) Beilstein u. Geuther, Ann. Chem. **108**, 92.

Winterl[1]) hat zuerst durch Ausziehen der Blutlaugenmasse ein Salz erhalten, das im Gegensatz zum eigentlichen Blutlaugensalz Eisensalze blutrot färbte und dessen Säure er deshalb als Blutsäure bezeichnete. Rink[2]) bestätigte dies und zeigte, dafs auch die freie Säure dieselbe Färbung hervorruft. Porret[3]) untersuchte sie genauer, klärte ihre Zusammensetzung auf und nannte sie, analog seiner Bezeichnung für Ferrocyanwasserstoffsäure, schwefelhaltige Chyaziksäure, welcher Name später in Schwefelblausäure umgewandelt wurde. Berzelius nannte das Radikal CNS Rhodan, Liebig Sulfocyan, woraus die gegenwärtig gebräuchlichen Bezeichnungen entstanden.

Zur Darstellung der freien Säure kann man konzentrierte Lösung von Rhodankalium mit Phosphorsäure oder Schwefelsäure destillieren. Im zweiten Falle ist aber ein Überschufs der Säure zu vermeiden, da sonst die Rhodanwasserstoffsäure zersetzt wird. Nach Meizendorff[4]) ist das beste Verhältnis: gleiche Äquivalente Rhodankalium und Schwefelsäure, letztere mit dem vierfachen Gewichte Wasser verdünnt.

Bequemer ist es, ein unlösliches Rhodanid, dessen Metall durch Schwefelwasserstoff fällbar ist, das Quecksilber- oder Bleisalz, durch Schwefelwasserstoff zu zerlegen. Auch kann das Bleisalz durch verdünnte Schwefelsäure zerlegt und aus der Lösung die Schwefelsäure durch Baryt entfernt werden. Das Bleisalz zerfällt sogar schon bei Behandlung mit heifsem Wasser in freie Säure und basisches Salz. Besser noch ist die Zerlegung des Baryumsalzes durch verdünnte Schwefelsäure.

Wasserfreie Rhodanwasserstoffsäure erhält man, wenn man eine 10 proz. wässerige Lösung im Vakuum auf 40° erhitzt, die Dämpfe durch ein langes Chlorcalciumrohr und dann in ein durch Kältemischung abgekühltes Gefäfs leitet[5]). Direkt erhält man sie durch gelindes Erhitzen des trockenen Merkurosalzes in einem Strome von Schwefelwasserstoffgas oder Salzsäuregas[6]). Sie bildet eine sehr scharf riechende, wasserhelle, ölige, sehr flüchtige, bei starker Abkühlung erstarrende Flüssigkeit, die sich aber, aus dem Kältegemisch entfernt, sehr bald unter starker Erhitzung in einen amorphen gelben Körper (Persulfocyansäure) und Cyanwasserstoffsäure zersetzt. Sie ist leicht löslich in Äther[7]).

Die wässerige Lösung der Säure ist farblos, von rein saurem Geschmack und in konzentriertem Zustande von stechend saurem Geruch. Bei einem Gehalt von 5 Proz. ist sie in der Kälte beständig und läfst auch beim Erhitzen einen Teil der Säure mit den Wasserdämpfen unverändert destillieren, während ein anderer in Kohlensäure, Ammo-

---

[1]) Nach Bucholz, Beitr. z. Erweit. u. Bericht. d. Chem. 1799, I, S. 88. — [2]) Rink, Gehlens Journ. 2, 460. — [3]) Porret, Gilb. Ann. 53, 184. — [4]) Meizendorff, Ann. Phys. 56, 63. — [5]) Klason, Journ. pr. Chem. [2] 35, 403. — [6]) Wöhler, Gilb. Ann. 69, 271; Hermes, Ztschr. Chem. 1866, S. 417. — [7]) Hantzsch u. Hirsch, Ber. 29, 949.

niak und Schwefelkohlenstoff zerfällt. Die konzentrierte wird leicht, insbesondere bei erhöhter Temperatur, in derselben Weise wie die wasserfreie Säure zersetzt. Sind gröfsere Mengen von Mineralsäuren zugegen, so entstehen Kohlenstoffoxysulfid, Ammoniak, Dithiokarbaminsäure, Kohlensäure, Ameisensäure sowie die Verbindungen $C_2H_4N_2S_3$ und $C_2H_4N_2S_4$ [1]).

Beim Kochen des Ammoniumsalzes mit Wasserstoffsuperoxyd und Salzsäure entsteht Pseudoschwefelcyan $H(CN)_3S_3$. Mit organischen Säuren tritt Zerfall in Kohlenstoffoxysulfid und Säurenitrile oder Amide ein [2]). Beim Erwärmen des Ammoniumsalzes mit Eisessig auf höchstens 80° entsteht Acetylpersulfocyansäure, und erst in höherer Temperatur erfolgt die oben angegebene Umsetzung [3]). Ebenso verhält sich Essigsäureanhydrid. Schwefelwasserstoff zerlegt die Säure in Ammoniak und Schwefelkohlenstoff [4]).

Mit Zink und Salzsäure entstehen Trithioformaldehyd, Ammoniak, Methylamin und Schwefelwasserstoff [5]), primäre Produkte sind Blausäure und Schwefelwasserstoff [6]). Beim Einleiten von Salzsäure in geschmolzenes Ammoniumrhodanat entstehen Melamin, Persulfocyansäure und Dithiocyansäure.

Mit Alkoholen sowie mit Äther bildet Rhodanwasserstoffsäure unbeständige Additionsverbindungen [1]).

Die Rhodanwasserstoffsäure besitzt die Konstitution CN.SH. Eine isomere Verbindung der Konstitution SC:NH, das Thiokarbonimid, ist nicht bekannt. Doch scheint die Rhodanwasserstoffsäure zuweilen dieser Formel entsprechend zu reagieren, die deshalb als tautomer zu betrachten ist. Bei den Alkylderivaten existieren zwei durchaus verschiedene Verbindungsreihen, die Alkylrhodanide CN.SR und die Senföle SC:NR, die sich von den beiden Formen ableiten. Aber auch von gewissen nicht dissoziierenden Metallrhodanaten, z. B. dem Dirhodanatodiäthylendiaminkobaltsalz, existieren nach Werner [7]) zwei Reihen Isomerer, die wahrscheinlich von jenen beiden Formen abzuleiten sind.

Rhodanwasserstoffsäuresalze, Metallrhodanide, Sulfocyanide, Rhodanate, Sulfoncyanate, Rhodanmetalle.

Die Salze der Rhodanwasserstoffsäure, Rhodanmetalle oder Rhodanide, auch Metallrhodanate genannt, sind gröfstenteils in Wasser, meist auch in Alkohol löslich. Unlöslich sind die Silber-, Kupfer- und Quecksilbersalze. Beim Glühen zerfallen sie meist in Stickstoff, Cyan,

[1]) Klason, Journ. pr. Chem. [2] 36, 59. — [2]) Kekulé, Ber. 6, 113. — [3]) Nencki u. Leppert, ebend. 6, 903. — [4]) Völckel, Ann. Chem. 43, 80; Ann. Phys. 58, 135, 61, 353, 62, 106, 607, 63, 106, 65, 312 — [5]) Hofmann, Ber. 1, 179. — [6]) Sestini u. Funaro, Gazz. chim. ital. 12, 184; Ber. 15, 2223. — [7]) A. Werner, Ztschr. anorg. Chem. 22, 91.

Schwefelkohlenstoff und Metallsulfid[1]). Beim Erhitzen mit Kalihydrat entwickeln sie Ammoniumkarbonat[2]), bei Oxydation mit Salpetersäure geben sie Schwefelsäure und Blausäure. Chlor erzeugt in Rhodankaliumlösung einen Niederschlag von Pseudoschwefelcyan, das auch bei der Elektrolyse einer konzentrierten Lösung des Ammoniumsalzes, besonders bei 50°, entsteht[3]). Chlor oder Brom erzeugt mit der äquivalenten Menge eines Rhodansalzes bei 160 bis 180° einen gelben schwefelhaltigen Farbstoff[4]). Die Quecksilber-, Silber-, Blei- und Kupfersalze werden durch Schwefelwasserstoff leicht und vollständig in die entsprechenden Sulfide umgewandelt[5]). Das Merkurosalz wird auch durch Salzsäure leicht zerlegt. Das Silbersalz wird dagegen von Chlor- oder Brommetallen gar nicht oder nur teilweise zerlegt, es wird im Gegenteil Chlorsilber in ammoniakalischer Lösung durch Rhodanammonium vollständig in Rhodansilber übergeführt[6]). Die löslichen Rhodanmetalle geben mit Eisenoxydsalzen eine blutrote Färbung, auf der Bildung des Ferrirhodanats beruhend. Eine Lösung der freien Säure, des Kaliumsalzes oder Natriumsalzes, färbt sich auf Zusatz von wenig Kupfersulfatlösung smaragdgrün[7]). Violette Färbung tritt mit Goldsalz, indem dieses zu metallischem Gold reduziert wird, bei Gegenwart von Natriumkarbonat meist schon in der Kälte ein[7]). Mit α-Naphtol und konzentrierter Schwefelsäure entsteht an der Berührungsstelle ein smaragdgrüner Ring, nach Umschütteln eine prächtig violette Färbung der ganzen Flüssigkeit[7]).

Aluminiumsalz ist nur in Form von Doppelsalzen bekannt, die sich von einer komplexen Aluminiumrhodanwasserstoffsäure $Al(SCN)_6H_3$ ableiten und gewonnen werden, indem man Rhodanwasserstoffsäure auf frisch gefälltes Aluminiumhydroxyd einwirken läfst und lösliche Rhodanide hinzufügt. Die Salze krystallisieren erst aus den zum Sirup eingedampften Lösungen[8]). Basische Salze s. D. P. 42682[9]).

Ammoniumsalz $CNS.NH_4$, dessen Bildung und Darstellung schon bei der Säure erwähnt wurde, krystallisiert in farblosen Tafeln oder Blättern vom Schmelzpunkt 159°[10]), vom spezif. Gew. 1,3075 bei 13°[11]). Die Verbrennungswärme beträgt für 1 Mol. 344 Kal.[12]). In Wasser ist es sehr leicht löslich, 100 Tle. Wasser lösen bei 0° 122,1 Tle.

---

[1]) Wöhler, Gilb. Ann. **69**, 271; Hermes, Ztschr. Chem. 1866, S. 417. — [2]) Claus, Journ. pr. Chem. **15**, 410. — [3]) Lidow, Ztschr. russ. phys.-chem. Ges. **16**, 271; Ber. **17**, 252 Ref. — [4]) Goldberg, Siepermann u. Flemming, D. R.-P. Nr. 101804. — [5]) Völckel, Ann. Chem. **43**, 80; Ann. Phys. **58**, 135, **61**, 353, **62**, 106, 607, **63**, 106, **65**, 312; Jamison, Ann. Chem. **58**, 264. — [6]) Volhard, ebend. **190**, 24. — [7]) Colasanti, Gazz. chim. ital. **18**, 398, **20**, 303, 307; Ber. **22**, 239 Ref., **23**, 487/88 Ref. — [8]) Rosenheim u. Cohn, Ber. **33**, 1113. — [9]) J. Hauff, Ber. **21**, 327 Ref. — [10]) Reynolds, Ztschr. Chem. 1869, S. 99. — [11]) Clarke, JB. 1877, S. 43. — [12]) Matignon, Ann. ch. phys. [6] **28**, 84.

bei 20° 162,2 Tle. des Salzes. Dabei tritt beträchtliche Temperaturerniedrigung ein [1]). Auch in Alkohol löst sich das Salz reichlich.

Längere Zeit im Schmelzen erhalten, geht es zum Teil in den isomeren Thioharnstoff $CS(NH_2)_2$ über, bei höherer Temperatur, 170 bis 200°, tritt Spaltung in Rhodanwasserstoffguanidin und Schwefelwasserstoff ein, bei 230 bis 260° entstehen Thioprussiamsäuren, und wenn die letzte Temperatur eingehalten wird, bis nur noch wenig Dämpfe entweichen, hinterbleiben Melaminrhodanid, Melamrhodanid, Melam u. a.

Rhodanammoniumlösung löst verschiedene Oxyde unter Bildung von Doppelrhodaniden [2]).

Baryumsalz $(CNS)_2Ba$ kann u. a. aus Berlinerblau und Schwefel, demgemäfs aus gebrauchter Gasreinigungsmasse, durch Erhitzen mit einem Überschufs an Baryumsulfid unter 3 Atm. Druck erhalten werden [3]). Es bildet zerfliefsliche Krystalle, lange Nadeln, mit 3 Mol. H_2O und ist auch in Alkohol leicht löslich, siedender Alkohol löst 32,8 Proz., solcher von 20° 30 Proz. des wasserfreien Salzes [4]).

Aus Methylalkohol krystallisiert es in langen glänzenden Nadeln von der Zusammensetzung $(NCS)_2Ba.2CH_3(OH)$ [5]).

Bleisalze. $(CNS)_2Pb$ bildet aus Bleizuckerlösung nach Zusatz von Rhodansalz allmählich sich ausscheidende gelbe, nach Hall [6]) als reines Salz weifse, in Wasser unlösliche Krystalle, die sich beim Kochen mit Wasser [7]) oder durch Erhitzen auf 190 bis 195° [8]) zersetzen. Ein basisches Salz $CNS.Pb.OH$ oder $(CNS)_2Pb.PbO$ [6]) entsteht als unlöslicher Niederschlag aus Bleiessig [7]) und kann aus heifsen Lösungen krystallisiert erhalten werden [6]). Mit den Bleihalogenverbindungen bildet es Doppelsalze [9]), von denen die mit Chlor- und Bromblei, nicht aber mit Jodblei wahre chemische Verbindungen sind [10]). Ersteren kommen die Formeln $CNS.Pb.Cl$ und $CNS.Pb.Br$ zu.

Calciumsalz $(CNS)_2Ca.3H_2O$ ist zerfliefslich, auch in Alkohol leicht löslich [11]).

Ceriumsalz hat nach Jolin [12]) die Zusammensetzung $(CNS)_3Ce$ $7H_2O$.

Chromsalze. Chromirhodanid $(CNS)_3Cr$ [13]) hinterbleibt beim Eindampfen der durch Lösen von Chromhydroxyd in Rhodanwasserstoffsäure erhaltenen grünvioletten Lösung als dunkelgrüne, amorphe,

---

[1]) Rüdorff, Ber. 2, 69; Clowes, Ztschr. Chem. 1866, S. 190. — [2]) Fleischer, Ann. Chem. 179, 225. — [3]) V. Hölbling, Ztschr. angew. Chem. 1897, S. 297. — [4]) Tscherniak u. Hellon, Ber. 16, 349. — [5]) Tscherniak, ebend. 25, 2627. — [6]) R. D. Hall, Journ. Am. Chem. Soc. 24, 570. — [7]) Liebig, Ann. Phys. 25, 546. — [8]) Krüss, Ber. 17, 1767. — [9]) Grissom u. Thorp, Am. Chem. J. 10, 229; Ber. 21, 589 Ref. — [10]) Herty u. Boggs, J. Am. Chem. Soc. 19, 820; Chem. Centralbl. 1897, II, S. 1136. — [11]) Meitzendorff, JB. Berz. 23, 157. — [12]) Jolin, Bull. soc. chim. 21, 534. — [13]) A. Speransky, J. russ.-chem. Ges. 28, 329; Ber. 29, 1041 Ref.

zerfließliche Masse[1]), die aber nach Trocknen bei 105 bis 110° sich nur langsam in Wasser, leicht in Weingeist, Äther und Essigester löst. Diese Lösungen sind weinrot, doch geht die Farbe der wässerigen Lösung allmählich in Grün über[2]). Mit anderen Rhodaniden bildet das Salz schön krystallisierende Doppelsalze, die Salze einer für sich nur in wässeriger Lösung bekannten[3]) komplexen[2]) Chromrhodanwasserstoffsäure $Cr(CNS)_6H_3$ sind. Daneben existiert wahrscheinlich eine zweite Reihe[4]).

Diammoniumsalz $NCS.N_2H_5$ krystallisiert aus Alkohol in äußerst zerfließlichen Täfelchen vom Schmelzpunkt 80°, leicht löslich in Alkohol und Wasser. Durch Erhitzen auf 100° geht es in Hydrazindithiodikarbonimid über[5]).

Didymsalz hat nach Clève[6]) die Zusammensetzung $(CNS)_3Di$ $6\,H_2O$.

Eisensalze. Das Ferrosalz $(CNS)_2Fe.3\,H_2O$ bildet grüne, schiefe, rhombische Prismen, die sich leicht in Wasser, Alkohol und Äther lösen[7]). Es bildet mit Quecksilberrhodanid ein Doppelsalz $(CNS)_2Fe.(CNS)_2Hg$[8]).

Das Ferrisalz $(CNS)_3Fe.3\,H_2O$, dessen Färbung zum empfindlichsten Nachweis des Eisens dient, krystallisiert in schwarzroten Würfeln, die sich leicht in Wasser, Alkohol und Äther lösen[7]). Die Lösungen zeigen intensiv blutrote Farbe, die aber bei reinem Salz durch Zusatz von viel Wasser sowie von Phosphorsäure oder Oxalsäure und anderen organischen Säuren verschwindet, durch Zusatz von Salzsäure meist wieder hervorgerufen werden kann. Aus einer mit überschüssigem Rhodanammonium versetzten Ferrisalzlösung kann durch Natriumkarbonat das Eisen quantitativ gefällt werden[9]).

Eisenrhodanid bildet zwei Reihen von Doppelsalzen $Fe(CNS)_6Me_3$ und $Fe(CNS)_{12}Me_9.4\,H_2O$[10]).

Erbiumsalz hat nach Clève und Hoeglund[11]) die Zusammensetzung $(NCS)_3Er.6\,H_2O$.

Goldsalze sind nur in Form von Ammoniakverbindungen und Doppelsalzen bekannt[12]).

Aurosalz-Ammoniak $CNS.Au.NH_3$ entsteht beim Fällen des Kaliumdoppelsalzes mit Ammoniak in farblosen, mikroskopischen Krystallen, die sich in kaltem Wasser nur wenig lösen, von heißem Wasser zersetzt werden.

[1]) Clasen, Ztschr. Chem. 1866, S. 102. — [2]) A. Speransky, J. russ.-chem. Ges. **28**, 329; Ber. **29**, 1041 Ref. — [3]) Rösler, Ann. Chem. **141**, 195. — [4]) Rosenheim u. Cohn, Ber. **33**, 1114. — [5]) Curtius u. Heidenreich, Journ. pr. Chem. [2] **52**, 488. — [6]) Clève, Bull. soc. chim. **21**, 248. — [7]) Claus, Ann. Chem. **99**, 49. — [8]) Clève, JB. 1864, S. 305. — [9]) Zimmermann, Ann. Chem. **199**, 11. — [10]) Krüss u. Moraht, Ann. Chem. **206**, 208. — [11]) Clève u. Hoeglund, Bull. soc. chim. **18**, 198. — [12]) Clève, Zeitschr. Chem. 1865, S. 412.

Auro-Kaliumsalz $(CNS)Au.(CNS)K$ entsteht durch Zusatz von Goldchlorid zu einer 80° warmen Rhodankaliumlösung, solange sich der anfangs entstehende Niederschlag noch löst. Es krystallisiert in strohgelben, in Wasser und Alkohol leicht löslichen Prismen, die oberhalb 100° schmelzen.

Auri-Kaliumsalz $(CNS)_3Au.(CNS)K$ entsteht beim Versetzen von überschüssiger, kalter Rhodankaliumlösung mit neutralem Goldchlorid. Es bildet orangerote Nadeln, die sich in Alkohol und Äther unverändert, in kaltem Wasser unter Zersetzung lösen.

Kadmiumsalz $(CNS)_2Cd$ bildet sehr kleine glänzende Krystalle. Aus der Lösung in Ammoniak hinterbleiben beim Verdunsten Krystalle der Zusammensetzung $(CNS)_2Cd.2NH_3$ [1]).

Kaliumsalz $(CNS)K$ erhält man nach den schon bei der freien Säure angeführten Methoden, ferner durch Umsetzung von Kaliumthiosulfat und Cyankalium [2]). Da das Handelspräparat meist mit dem Ammoniumsalz verunreinigt ist, soll man es aus heifsem absoluten Alkohol umkrystallisieren [3]). Das Salz krystallisiert in farblosen, gestreiften Säulen oder Nadeln vom Schmelzpunkt 161,2° [4]), spezif. Gew. 1,886 bis 1,906 [5]). 100 Tle. Wasser lösen bei 0° 177,2 Tle., bis 20° 217 Tle. unter starker Temperaturerniedrigung [6]). Längere Zeit geschmolzen, färbt das Salz sich braungrün und zuletzt indigblau, wird aber beim Erkalten wieder weifs [7]). Die konzentrierte Lösung färbt sich auf Zusatz von Salpetersäure oder salpetriger Säure intensiv blutrot, doch verschwindet diese Färbung beim Erwärmen oder auf Zusatz von Wasser [8]). Ähnlich wirken Wasserstoffsuperoxyd, Chlor und andere Oxydationsmittel. Mit Phosphorpentachlorid entstehen bei gelinder Erwärmung Chlorcyan und Phosphorsulfochlorid, bei höherer neben letzterem Chlorschwefel, Cyanurchlorid und Phosphortrichlorid [9]).

Kobaltosalz $(NCS)_2Co$ krystallisiert mit $^1/_2$ Mol. Wasser in dunkelvioletten Prismen [10]), die sich in Wasser, Alkohol und Alkohol-Äthergemisch [11]) lösen. Die alkoholischen Lösungen zeigen intensiv blaue Farbe mit charakteristischem Absorptionsspektrum, das einen aufserordentlich empfindlichen Nachweis des Kobalts ermöglicht [12]).

Durch Einwirkung löslicher Rhodanide auf Kobaltorhodanid erhält man in prächtigen tiefblauen Krystallen krystallisierende Doppelsalze der allgemeinen Formel $Co(NCS)_4R_2[+4(8)H_2O]$ [13]). Diese

---

[1]) Meitzendorff, JB. Berz. 23, 157. — [2]) Dobbin, Chem. News 77, 131; Chem. Centralbl. 1898, I, S. 918. — [3]) Hirsch, Ber. 31, 1257. — [4]) Pott, JB. 1861, S. 59. — [5]) Bödeker, JB. 1860, S. 17. — [6]) Rüdorff, Ber. 2, 69. — [7]) Nöllner, JB. 1856, S. 443; Ann. Chem. 108, 20. — [8]) Besnou, JB. 1852, S. 439/40; Davy, ebend. 1865, S. 294. — [9]) H. Schiff, Ann. Chem. 106, 116. — [10]) Claus, Ann. Chem. 99, 54. — [11]) Rusting, Nederl. Tijdschr. Pharm. 11, 42; Chem. Centralbl. 1899, I, S. 709. — [12]) Wolff, Ztschr. anal. Chem. 18, 38; Vogel, Ber. 12, 2314. — [13]) Clève, JB. 1864, S. 304; Rosenheim u. Cohn, Ber. 33, 1113.

Doppelsalze lösen sich in Alkohol und in wenig Wasser mit tiefblauer Farbe, die bei Verdünnung mit mehr Wasser alsbald in Hellrosa übergeht. In den blauen Lösungen ist das komplexe Ion $Co(NCS)_4$ vorhanden [Rosenheim und Cohn [1])].

Ammoniakverbindungen u. s. w. s. Werner, Müller, Klein und Bräunlich (Ztschr. anorg. Chem. 22).

Kupfersalze. Das Kuprosalz $(CNS)_2Cu_2$ fällt aus einer mit schwefliger Säure oder mit Ferrosulfat versetzten Lösung von Kupfersulfat durch Rhodankalium aus [2]). Getrocknet bildet es ein weißes Pulver, das in Wasser und verdünnten Säuren unlöslich, in Ammoniak löslich ist. Beim Erhitzen zerfällt es zunächst in Schwefelkohlenstoff, Kupfersulfid und Mellon, dann in Schwefel und Mellonkupfer [3]). Es bindet Ammoniak in mehreren Verhältnissen, damit ein weißes, krystallinisches Pulver $(CNS)_2(NH_3)_2Cu_2$ oder ein schwarzes Pulver $(CNS)_2(NH_3)_5Cu_2$ oder tiefblaue Krystalle $(CNS)_2(NH_3)_4Cu_2$ bildend, die aber sämtlich das Ammoniak leicht verlieren [4]).

Kupro-Kaliumsalz $(NCS)_2Cu_2 . 12(NCS)K$ krystallisiert in glasglänzenden Prismen [5]).

Kuprisalz $(NCS)_2Cu$ fällt als schwarzer krystallinischer Niederschlag [6]). In reinem Zustande scheidet es sich ab, wenn man mäßig konzentrierte, luftfreie, mit wenig überschüssiger Schwefelsäure versetzte Rhodankaliumlösung mit konzentrierter Kupfersulfatlösung mischt [7]). Bei längerem Stehen mit kaltem Wasser, sofort mit heißem, zersetzt es sich unter teilweisem Übergang in das Kuprosalz. — Eine Ammoniakverbindung $(CNS)_2(NH_3)_2Cu$ krystallisiert in kleinen blauen Nadeln.

Kuprokuprisalz $(CNS)_4Cu_3$ entsteht, wenn man das Kuprisalz in erwärmter alkoholischer Rhodankaliumlösung löst und das Filtrat bei gelinder Wärme verdunstet [7]). Es bildet ein oppermentgelbes, amorphes Pulver, unlöslich in Wasser, Rhodankaliumlösung und verdünnter Salzsäure.

Lanthansalz hat die Zusammensetzung $(CNS)_3La . 7H_2O$ [8]).

Lithiumsalz $(CNS)Li$ bildet sehr zerfließliche Blätter [9]).

Magnesiumsalz $(CNS)_2Mg . 4H_2O$ bildet in Wasser und Weingeist leicht lösliche Krystalle [10]).

Manganosalz $(CNS)_2Mn$ krystallisiert mit 3 Mol. Wasser [10]).

---

[1]) Rosenheim u. Cohn, Ber. 33, 1113. — [2]) Berzelius, JB. Berz. 1, 48; Porret, Gilb Ann. 53, 184; Claus, Journ. pr. Chem. 15, 401; Meitzendorff, Ann. Chem. 44, 269. — [3]) Liebig, Ann. Chem. 50, 347. — [4]) Richards u. Merigold, Ztschr. anorg. Chem. 17, 245. — [5]) Thurnauer, Ber. 23, 770. — [6]) Claus, Journ. pr. Chem. 15, 401; Meitzendorff, Ann. Chem. 44, 269. — [7]) Hull, Ann. Chem. 76, 94. — [8]) Clève, Bull. soc. chim. 21, 198. — [9]) Hermes, Ztschr. Chem. 1866, S. 417. — [10]) Meitzendorff, JB. Berz. 23, 157.

Natriumsalz $(CNS)Na$ wird durch Erhitzen von Kaliumferrocyanid mit 3,5 Tln. entwässertem Natriumthiosulfat gewonnen [1]) und bildet zerfließliche rhombische Tafeln [2]).

Nickelsalz $(CNS)_2Ni$ krystallisiert mit $^1/_2$ Mol. Wasser [2]). Es bildet Verbindungen mit Ammoniak [3]) und Aminen [3]), ferner grüne, gut krystallisierende, in Wasser leicht, in Alkohol wenig lösliche Doppelsalze, in der Zusammensetzung den Kobaltodoppelsalzen entsprechend, aber nicht komplex [4]).

Palladiumsalze sind nur in Form einer Palladoammoniakverbindung $(CNS)_2(NH_3)_2Pd$ und von Doppelrhodaniden bekannt [5]).

Platinsalze. Platinosalz $(NCS)_2Pt$ scheidet sich aus der Lösung gleicher Teile Rhodankalium und Kaliumplatinchlorür in möglichst wenig Wasser als Kaliumdoppelsalz ab, das sich von der im freien Zustande nur in wässeriger Lösung erhältlichen Säure $Pt(CNS)_4H_2$ ableitet und durch doppelte Umsetzung eine Anzahl entsprechend zusammengesetzter Salze liefert. Durch Ammoniak resultiert daraus die Verbindung $(CNS)_2(NH_3)_2Pt$, gelbe, bei 100 bis 110° zu einer granatroten Flüssigkeit schmelzende, durch verdünnte Säuren nicht zersetzliche Nadeln. Unter anderen Verhältnissen erhält man die isomere Verbindung $2(CNS)_2Pt . 4NH_3$ als fleischfarbenen, in Wasser und Alkohol unlöslichen, in verdünnter Salzsäure löslichen Niederschlag.

Platinisalz $(CNS)_4Pt$ ist nur in Form der starken komplexen Säure $Pt(CNS)_6H_2$ und ihrer Salze bekannt.

Die Platindoppelrhodanide sind gelb bis rot, leicht entzündlich und entwickeln bei gelindem Erwärmen einen eigentümlichen Geruch [6]).

Quecksilbersalze. Das Merkurosalz $(CNS)_2Hg_2$ entsteht beim Vermischen eines großen Überschusses von verdünnter, schwach saurer Merkuronitratlösung mit Rhodankalium [7]) als weißer, in Wasser unlöslicher, beim Kochen mit Alkalien unter Abscheidung von Quecksilber [8]) zerfallender Niederschlag. Die trockene Substanz quillt beim Erhitzen etwas auf. In weit höherem Grade ist dies der Fall bei dem

Merkurisalz $(CNS)_2Hg$, das deshalb lange Zeit zur Herstellung eines Spielzeugs unter der Bezeichnung „Pharaoschlange" benutzt, seiner Giftigkeit wegen aber von dieser Verwendung ausgeschlossen wurde. Dieses Salz erhält man als ebenfalls weißen Niederschlag durch Vermengen von Rhodankalium und Merkurinitrat [9]). So dargestellt, enthält es noch Salpetersäure. In reinem Zustande erhält

---

[1]) Fröhde, JB. 1863, S. 312. — [2]) Meitzendorff, JB. Berz. 23, 157. — [3]) Werner, Ztschr. anorg. Chem. 21, 218 ff. — [4]) Clève, JB. 1864, S. 304; Rosenheim u. Cohn, Ber. 33, 1113. — [5]) Croft, Ztschr. Chem. 1867, S. 671. — [6]) Buckton, Ann. Chem. 92, 280. — [7]) Claus, Journ. pr. Chem. 15, 406; Philipp, Ztschr. Chem. 1867, S. 553. — [8]) Philipp, Ztschr. Chem. 1867, S. 553. — [9]) Hermes, Ztschr. Chem. 1866, S. 418; s. a. [8]).

man es durch Digerieren von gefälltem Quecksilberoxyd mit einer wässerigen Lösung von Rhodanwasserstoffsäure [1]).

Das Salz löst sich im Überschufs sowohl von Rhodankalium als von Merkurinitrat. In siedendem Wasser ist es etwas löslich, krystallisiert daraus in Blättern. In Alkohol und Äther löst es sich wenig, in kalter Salzsäure und Salmiaklösung leicht. Am Lichte zersetzt es sich.

Es bildet drei Reihen von Doppelsalzen. In der ersten ist ein Rhodan durch andere Säurereste ersetzt, und es scheint in ihr ein komplexes Kation $Hg(CNS)^{\oplus}$ enthalten zu sein. Die übrigen leiten sich von ebenfalls komplexen Säuren $Hg(CNS)_3H$ und $Hg(CNS)_4H_2$ ab [2]).

Samariumsalz $(CNS)_3Sm.6H_2O$ krystallisiert in dünnen, gelben, sehr zerfliefslichen Nadeln, bildet mit Quecksilbercyanid ein Doppelsalz $(CNS)_3Sm.3(CN)_2Hg.12H_2O$ vom spezif. Gew. 2,745 [3]).

Silbersalz $(CNS)Ag$ entsteht als weifser, käsiger, dem Chlorsilber ähnlicher Niederschlag, unlöslich in Wasser und verdünnten Säuren, leicht löslich in Ammoniak und Rhodanalkalien. Nach längerem Schmelzen des in farblosen orthorhombischen Krystallen erhältlichen Kaliumdoppelsalzes $(CNS)_2AgK$ hinterbleibt bei Behandlung mit Wasser das Silbersalz zuweilen in langen Prismen [4]). Das Kaliumdoppelsalz wird durch Wasser vollständig in die Einzelsalze zerlegt. Ebenso verhält sich das Ammoniumdoppelsalz $(CNS)_2AgNH_4$ [5]).

Giebt man zu der Lösung des Silbersalzes in Rhodanalkalilösung Ammoniak, so erfüllt sich die Flüssigkeit bald mit perlmutterglänzenden Blättchen der Ammoniakverbindung $(CNS)(NH_3)Ag$. Dieselbe verliert schon an der Luft sowie durch Behandeln mit Wasser alles Ammoniak [6]).

Strontiumsalz $(CNS)_2Sr$ ist ein in Wasser und Alkohol leicht lösliches, zerfliefsliches Salz, das nur schwer in Krystallen oder warzenförmigen Massen mit 3 Mol. Wasser zu gewinnen ist [7]).

Thalliumsalz. Das Thallosalz $(CNS)Tl$ krystallisiert in Blättchen [8]) oder quadratischen Krystallen [9]), wenig löslich in kaltem Wasser, unlöslich in Alkohol [10]).

Vanadiumdoppelsalze von der allgemeinen Formel $(CNS)_3V.3(CNS)Me$ bilden grüne oder rote Krystalle [11]).

Wismutsalz $(CNS)_3Bi$ scheidet sich aus genügend konzentrierter Lösung von frisch gefälltem Wismuthydroxyd in Rhodanwasserstoffsäure vom spezif. Gew. 1,006 in bernsteingelben und hellorangefarbenen

[1]) Klason, Journ. pr. Chem. [2] 35, 402. — [2]) Rosenheim u. Cohn, Ber. 33, 1111. — [3]) Clève, Bull. soc. chim. 43, 166. — [4]) Hull, Ann. Chem. 76, 94. — [5]) Fleischer, ebend. 179, 232. — [6]) Ginte, JB. 1869, S. 316; Gössmann, Ann. Chem. 100, 76. — [7]) Meitzendorff, JB. Berz. 23, 157. — [8]) Kuhlmann, JB. 1862, S. 189. — [9]) Miller, JB. 1865, S. 245. — [10]) Hermes, JB. 1866, S. 296. — [11]) Cioci, Ztschr. anorg. Chem. 19, 308; Locke u. Edwards, Am. Chem. J. 20, 604; Chem. Centralbl. 1898, II, S. 628.

Zwillingskrystallen des rhombischen Systems aus, wird schon durch kaltes Wasser unter Abscheidung eines gelben amorphen Körpers zersetzt, ferner bei trockenem Erhitzen auf 80° [1]).

Basische Salze scheiden sich beim Stehen der sauren Lösung aus [2]).

Yttriumsalz $(CNS)_3Y$ krystallisiert mit 6 Mol. Wasser [3]).

Zinksalz $(CNS)_2Zn$ ist wenig löslich in Wasser und Alkohol [4]), bildet eine Ammoniakverbindung $(CNS)_2(NH_3)_2Zn$ [5]).

Zinnsalz. Das Stannosalz $(CNS)_2Sn$ ist citronengelb, in Wasser und in Alkohol löslich [6]).

Rhodanwasserstoffsäureester.

I. Die Ester der eigentlichen Rhodanwasserstoffsäure, Alkylrhodanide, NC.SR, entstehen durch Destillation von Rhodankalium mit ätherschwefelsauren Salzen, beim Digerieren jenes Salzes mit Jod- oder Bromalkyl und bei Einwirkung von Chlorcyan auf Bleimerkaptide.

Sie sind riechende, unzersetzt siedende Flüssigkeiten, in Wasser wenig oder gar nicht löslich. Ihr Verhalten gegen Reagentien ist eingehend von A. W. Hofmann [7]) untersucht worden.

Durch Oxydationsmittel, z. B. Salpetersäure, werden sie in Sulfonsäuren übergeführt: $RS.CN + O_2 + H_2O = R.SO_3H + CNH$. Hypochlorite zeigen gegen die einzelnen Verbindungen ein verschiedenes Verhalten. So wird der Methylester sowohl durch Calcium- als durch Natriumhypochlorit zu Methylsulfonsäure, Stickstoff und Kohlensäure oxydiert. Beim Äthylester bewirkt zwar das Calciumsalz die entsprechende Oxydation, das Natriumsalz erzeugt dagegen Äthylsulfit und Natriumcyanid. Der Amylester erleidet letztere Umwandlung durch beide Salze, aber nur langsam. Der Methylenester liefert stets Methylendisulfonsäure, daneben aber, je nach den Bedingungen, Blausäure oder Stickstoff und Kohlensäure [8]).

Durch nascierenden Wasserstoff (Zink und Salzsäure) erfolgt Spaltung in Merkaptane und Blausäure: $RS.CN + 2H = R.SH + CNH$. Die Blausäure wird dann weiter zu Alkylamin reduziert. Daneben verläuft eine andere Reduktion unter Bildung von Dialkylsulfid, Ammoniak, Kohlenwasserstoff und Schwefelwasserstoff.

Beim Erhitzen mit konzentrierter Salzsäure im Rohr entstehen Kohlensäure, Ammoniak und Sulfide, offenbar als Spaltungsprodukte von Merkaptan und Cyansäure.

---

[1]) Bender, Ber. 20, 723. — [2]) Meitzendorff, Ann. Phys. 56, 63. — [3]) Clève u. Hoeglund, Bull. soc. chim. 18, 198. — [4]) Meitzendorff, JB. Berz. 23, 157. — [5]) Fleischer, Ann. Chem. 179, 233; s. a. [4]). — [6]) Clasen, JB. 1865, S. 294. — [7]) Hofmann, Ber. 1, 177. — [8]) Oechsner de Coninck, Compt. rend. 126, 838; Chem. Centralbl. 1898, I, S. 885.

Konzentrierte Schwefelsäure erzeugt in heftiger Reaktion Kohlensäure, Ammoniak und Dithiokohlensäureester.

Bei Erwärmung mit alkoholischem Schwefelkalium entsteht Rhodankalium neben Alkylsulfiden oder Alkyldisulfiden.

Metallisches Natrium bewirkt glatte Spaltung in Disulfid und Cyannatrium.

Schwefelwasserstoff wird bei 100° leicht absorbiert unter Bildung von Dithiokarbaminsäureester.

Mit Triäthylphosphin verbinden sich die Rhodanide nicht[1]).

Brom- und Jodwasserstoff werden bei 0° absorbiert unter Bildung krystallinischer Additionsprodukte, welche aber durch Wasser sofort in ihre Bestandteile zerfallen[2]).

II. Ester der Isorhodanwasserstoffsäure, Alkylthiokarbonimide, Senföle SC:NR bilden sich bei Einwirkung von Thiokarbonylchlorid auf primäre Amine[3]) oder aus monoalkylierten Dithiokarbaminsäuren, indem man Salze derselben mit Jod behandelt oder die Quecksilbersalze destilliert[4]). Die Alkylaminsalze dieser Säuren entstehen bekanntlich bei Einwirkung primärer Basen auf Schwefelkohlenstoff in Gegenwart von Alkohol oder Äther[5]). Aus der Lösung eines solchen Salzes läfst sich durch Sublimat das entsprechende Quecksilbersalz fällen. Es ist aber für die Darstellung der Senföle die Isolierung jener Salze nicht notwendig. Man braucht vielmehr nur die Lösung, in welcher die Bildung der Alkylaminsalze stattfand, zur Trockne zu bringen und den Rückstand mit 1 Mol. Quecksilberchlorid auf 2 Mol. oder 1 Mol.[6]) der Base zu destillieren: $(NHR.CS_2)_2Hg = 2RNCS + HgS + H_2S$.

Bequemer ist die Darstellung aus den Alkylaminsalzen durch Jod. Der Vorgang vollzieht sich zunächst nach der Gleichung $NHR.CS_2NRH_3 + J_2 = RNCS + NRH_2.JH + JH + S$. Der Jodwasserstoff aber bedingt sekundäre Reaktionen, welche die Ausbeute an Senföl stark herabdrücken, indem nebenbei Schwefelkohlenstoff, Dialkylthioharnstoff und Schwefel entstehen[7]).

Senföle entstehen zum Teil auch aus den isomeren Alkylrhodaniden, besonders beim Erhitzen[8]), unter Wärmeentwickelung[9]) ferner aus den Alkylkarbonimiden durch Erhitzen mit Phosphorpentasulfid[10]).

Die Senföle sind meist stechend riechende, unzersetzt flüchtige Flüssigkeiten, welche auf der Haut Blasen ziehen, in Wasser wenig oder gar nicht löslich.

---

[1]) Hofmann, Ann. Chem. Suppl. 1, 53. — [2]) Henry, JB. 1868, S. 652. — [3]) Rathke, Ann. Chem. 167, 218. — [4]) Hofmann, Ber. 1, 171, 2, 452, 7, 811, 8, 106. — [5]) Rudnew, Ztschr. russ. phys.-chem. Ges. 10, 188. — [6]) Ponzio, Gazz. chim. ital. 26, I, 324; Ber. 29, 651 Ref. — [7]) Rudnew, Ztschr. russ. phys.-chem. Ges. 10, 188. — [8]) Hofmann, Ber. 13, 1350; vgl. a. H. L. Wheeler, Am. Chem. J. 26, 345; Chem. Centralbl. 1901, II, S. 1115. — [9]) Berthelot, Compt. rend. 130, 441; Chem. Centralbl. 1900, I, S. 658. — [10]) Michael u. Palmer, Am. Chem. Journ. 6, 258; Ber. 18, 72 Ref.

Durch Oxydation mit Salpetersäure wird sämtlicher Schwefel als wefelsäure ausgeschieden, während das Alkoholradikal als Alkylin restiert: $R.NCS + O_4 + 2H_2O = SO_4H_2 + CO_2 + RNH_2$. Nascierender Wasserstoff bewirkt Spaltung in Alkylamin und ιoformaldehyd, gleichzeitig entstehen in einer Nebenreaktion Methylylamin und Schwefelwasserstoff: 1. $R.N:CS + H_4 = R.NH_2$ CH_2S; 2. $R.NCS + 6H = R.NH(CH_3) + H_2S$.

Beim Erhitzen mit konzentrierter Salzsäure unter Druck auf 100° ·stehen Schwefelwasserstoff, Kohlensäure und Alkylamin. — Konzenerte Schwefelsäure bewirkt in heftiger Reaktion Spaltung in Alkylιin und Kohlenstoffoxysulfid.

Mit Alkoholen verbinden sich die Senföle beim Erhitzen unter uck auf 110° direkt zu Thiokarbaminsäureestern, analog mit Merptanen zu Dithiokarbaminsäureestern.

Mit Schwefelwasserstoff verbinden sie sich nach Ponzio[1]), sehr cht mit Ammoniak, Aminen, Triäthylphosphin u. dgl. zu substituierten ιioharnstoffen, ebenso mit Natriumcyanamid. Auch mit Alkalidisulen scheinen sie sich direkt zu verbinden.

Mit Aldehydammoniaken verbinden sie sich direkt unter Wasserιstritt[2]).

Mit Thiobenzoësäure reagieren sie, zum Unterschiede von den hiocyanaten, unter Bildung von Schwefelkohlenstoff[3]).

---

[1]) Ponzio, Gazz. chim. ital. 26, I, 324; Ber. 29, 651 Ref. — [2]) Dixon, hem. Soc. Journ. 53, 411, 61, 509; Ber. 25, 676 Ref. — [3]) Wheeler u. erriam, J. Am. Chem. Soc. 23, 283; Chem. Centralbl. 1901, II, S. 274.

Thiocyansäureester, Alkylrhodanide CN.SR.

	Formel	Schmelzp.	Siedep.	Spezif. Gew.
Methylester	$C_2H_3NS = CH_3.S.NC$	flüssig	132,9° (757,2) 129,6—130° (749,33)	1,0879 (0°); 1,06035 (23,8°)
Äthylester	C_3H_5NS	do.	146°; 143,6° (748,96)	1,0330 (0°); 1,0126 (19°)
Normalpropylester	$C_4H_7NS = C_3H_7.SCN$	do.	163°	—
Isopropylester	$(CH_3)_2.CH.SCN$	do.	149—151°; 152—153° (754)	0,989 (0°); 0,974 (15°)
Isobutylester	C_5N_9NS	do.	174—176°	—
Isoamylester	$C_6H_{11}NS$	do.	197°	0,905 (20°)
Normalhexylester	$C_7H_{13}NS$	do.	215—220°	0,922 (12°)
Sekundärhexylester	do.	do.	206—207,5°	—
Sekundäroktylester	$C_9H_{17}NS$	do.	142°	—
Cetylester [1]	$C_{17}H_{33}NS$	15—15,5°	242—249° (30), 222—227° (13)	—
Allylester	C_4H_5NS	do.	161°	1,071 (0°); 1,056 (15°)
Propargylester	C_4H_3NS	do.	zersetzlich	
Methylenester	$C_3H_2N_2S_2 = CH_2(SCN)_2$	102°	—	—
Äthylenester	$C_4H_4N_2S_2 = C_2H_4(SCN)_2$	90°	nicht unzersetzt flüchtig	—
Trimethylenester	$C_5H_6N_2S_2 = CNS.(CH_2)_3.CNS$	23°	do.	
Propylenester	$C_5H_6N_2S_2 = CH_3.CH(SCN).CH_2.SCN$	Öl	do.	
Phenylester	C_7H_5NS	flüssig	231° (korr.)	1,155 (17,5°)
o-Tolylester	C_8H_7NS	Öl	243 246° (765,5)	
Benzylester	C_8H_7NS	41°; 36—38°	230—235°; 256°	
β-Naphtylester	$C_{11}H_7NS$	35°		
Styrylester	$C_{10}H_8N_2S_2$	101 102°		

Isothiocyansäureester, Alkylthiokarbonimide, Senföle R.N:CS.

Methyl enföl	C_2H_3NS	35°	119° (758,82)	1,06912 (37,2°)
Äthylsenföl	C_3H_5NS	−5,9°	131—132,1° (758,33)	1,0192 (0°); 0,9972 (22°)
Propyl[illegible]föle	C_4H_7NS	—	—	—
Normalpropylsenföl	$CH_3.(CH_2)_2.NCS$	flüssig	152,7° ([illegible])	0,9909 (0°)
Isopropylsenföl	$(CH_3)_2.CH.NCS$	„	137—137,5°	—
Butylsenföle	C_5H_9NS	—	—	—
Normalbutylsenföl	$CH_3.(CH_2)_3.NCS$	flüssig	167°	—
I[illegible]öl	$(CH_3)_2:CH.CH_2.NCS$	„	162°	0,9638 (14°)
Sekundärbutylsenföl	$(C_2H_5)(CH_3):CH.NCS$	„	159,5°	0,944 (12°)
Tertiärbutylsenföl	$(CH_3)_3.CNCS$	10,5°	140° (770,3)	0,9187 (10°)
Amylsenföle	$C_6H_{11}NS$	—	—	—
Normalamylsenföl	$C_5H_{11}.NCS$	—	193,4°	—
Isoamylsenföl	$C_5H_{11}.NCS$	flüssig	183—184°	0,9575 (0°); 0,9419 (17°)
Tertiäramylsenföl	$(CH_3)_2.C(C_2H_5).NCS$	„	166° (770)	—
Hexylsenföle	$C_7H_{13}NS$	—	—	—
Normalhexylsenföl		flüssig	212°	—
Sekundärhexylsenföl		„	197—198°	0,9253
Heptylsenföl	$C_8H_{15}NS$	„	238° (732,9)	—
Sekundäroktylsenföl	$C_9H_{17}NS$	„	232—232,5°	—
Sekundärundekylsenföl	$C_{12}H_{23}NS$	„	etwa 270° (unt. Zerstzg.); 163—164° (17)	—
Heptdekylsenföl	$C_{18}H_{35}NS$	32°	destilliert unt. Zersetzg.	—
Allylsenföl	$C_4H_5NS = CH_2:CH.CH_2.NCS$	[illegible], unterhalb — 80° [illegible]ig	150,7°; 148,2° (760) 44,5° (12)	1,0282 (0°); 1,0173 (10,1°)
Krotonylsenföl	[illegible]NS	flüssig	179°	—
Krotylsenföl	[illegible]NS = $CH_3.CH:CH.CH_2.NCS$	„	83—85° (50)	0,9927 (0°)
Angelylsenföl	C_6H_9NS	„	190°	—
Kamphelylsenföl	$C_{10}H_{17}NS$	24°	—	—
Önanthylensenföl	$C_9H_{14}N_2S_2 = C_7H_{14}(NCS)_2$	Öl	—	—

	Formel	Schmelzp.	Siedepunkt	Spezif. Gew.
Aromatische Senföle.				
Phenylsenföl	$C_7H_5NS = C_6H_5.N:CS$	flüssig	222°; 219,8° (748,8); 220,1° (748,3); 218,5° (760), 131,8° (63), 121° (37,3), 117,1° (32,08), 95° (11,02)	1,135 (15,5°); 1,12891 (23,4°) 0,9398 (220°)
Tolylsenföle	$C_8H_7NS = C_7H_7.N:CS$	—	—	—
o-Verbindung	—	flüssig	339°	—
m-Verbindung	—	"	244° (732,2)	—
p-Verbindung	—	26°	237°	—
Phenäthylsenföle	$C_9H_9NS = C_2H_5.C_6H_4.N:CS$	—	—	—
o-Verbindung	—	flüssig	240—245° (teilw. Zersetzg.)	—
p-Verbindung	—	"	255,5—256°	—
Xylyl (a, m)-Senföl	$C_9H_9NS = (CH_3)_2.C_6H_3.N:CS$	31,5°	—	—
Xylyl (s, m)-Senföl	do.	flüssig	—	—
Phenpropyl-Senföl	$C_{10}H_{11}NS = C_3H_7.C_6H_4.N:CS$	flüssig	263°	—
[illegible]föl	$C_{10}H_{11}NS = (CH_3)_3.C_6H.N:CS$	64°	—	—
Phenisobutyl-Senföl	$C_{11}H_{13}NS = C_4H_9.C_6H_4.$ [illegible]CS	42°	277°	—
Tetramethylphenyl-Senföl . . .	$C_{11}H_{13}NS = (CH_3)_4C_6H.N:CS$	65°	—	—
Toluisobutyl-Senföl	[illegible]$NS = C_4H_9.C_6H_3(CH_3).N:CS$	44°	267°	—
Tolupseudobutyl-Senföl	do.	46°	275—280° (teilw. Zersetzg.)	—
Pentamethylphenyl-Senföl . . .	$C_{12}H_{15}NS = C_6(CH_3)_5.N:CS$	86°	—	—
Naphtylsenföl (α)	$C_{11}H_7NS = C_{10}H_7.N:CS$	58°	—	—
do. (β)	do.	62—63°	—	—
p-Biphenyl-Senföl	$C_{13}H_9NS = C_6H_5.C_6H_4.N:CS$	58°	—	—
Acenaphtyl-Senföl	$C_{13}H_9NS = C_{12}H_9.N:CS$	96°	—	—
Chrysyl-Senföl	$C_{19}H_{11}NS = C_{18}H_{11}.N:CS$	176°	—	—
Aromatisch substituierte Senföle.				
Benzylsenföl	$C_8H_7NS = C_6H_5.CH_2.N:CS$	flüssig	243°	—
Phenyläthylsenföl	$C_9H_9NS = C_6H_5.C_2H_4.N:CS$	Öl	—	—
Cumylsenföl	$C_{11}H_{13}NS = C_3H_7.C_6H_4.CH_2.N:CS$	flüssig	245—270° (Zersetzung)	—
Diphenylmethylsenföl [1])	$C_{14}H_{11}NS = (C_6H_5)_2CH.N:CS$	61°	222—225° (37—38)	—

[1]) H. L. Wheeler, Am. Chem. J. 26, 345; Chem. Centralbl. 1901, II, S. 1115.

Polymere Thiocyansäuren.

Dithiocyansäuren $(CNSH)_2$. I. Die Isoform von der Konstitution $CS<_{NH}^{NH}>CS$ entsteht aus Isopersulfocyansäure durch Kali[1]), neben jener auch bei der Zersetzung von Rhodanwasserstoffsäure durch Mineralsäuren[2]).

Die freie Säure wird aus dem Kaliumsalz durch Schwefelsäure als weiche gelbe Masse abgeschieden, die allmählich erhärtet. Sie ist in kaltem Wasser sehr schwer, in heifsem leichter löslich, leicht in Alkohol und in wässerigen Alkalien. Kalt bereitete wässerige oder alkoholische Lösungen zeigen keine Rhodanreaktion; diese tritt aber sofort beim Erhitzen ein. Ein Ammoniaksalz der Säure scheint nicht existenzfähig zu sein. Eisenchlorid erzeugt in der Lösung des Kaliumsalzes eine dunkelbraunrote Färbung, welche durch mehr Eisenchlorid schwach rosenrot wird, während zugleich ein gelber Niederschlag auftritt.

Baryumsalz $C_2N_2S_2Ba + 2H_2O$ bildet rhombische Krystalle.

Bleisalz $C_2N_2S_2Pb$ fällt als citronengelber pulveriger Niederschlag.

Kaliumsalz $C_2N_2S_2K_2 + H_2O$ krystallisiert in gelben monoklinen Prismen, ist sehr leicht löslich in Wasser, unlöslich in Alkohol, von alkalischer Reaktion. Sofort beim Schmelzen des Salzes, langsamer beim Kochen und noch langsamer beim Stehen der wässerigen Lösung geht das Salz in Rhodankalium über.

Kupfersalz $C_2N_2S_2Cu$ ist ein braunrotes, durch Säuren nicht angreifbares Pulver.

Silbersalz $C_2N_2S_2Ag_2$ ist ein dunkelgrünes Pulver, ein Silber-Kaliumsalz $C_2N_2S_2AgK$ entsteht als hellgelber Niederschlag, der schon beim Waschen mit Wasser zersetzt wird.

Von den Estern sind der Äthyl- und der Äthylenester bekannt. Ersterer ist eine dickliche, rotbraune Flüssigkeit, die sich beim Kochen zersetzt[1]), letzterer bildet Prismen vom Schmelzpunkt 149 bis 150°.

II. Die normale Dithiocyansäure $HS.C<_{N}^{N}>C.SH$ ist nur in Form von Salzen bekannt, welche neben normalen Persulfocyanaten beim Behandeln von Isopersulfocyansäure mit wässerigen Alkalien oder alkalischen Erden in um so gröfserer Menge entstehen, je verdünnter die Lösung ist[2]). Die reinen Salze sind farblos. Ester sind nicht bekannt. Bei Behandlung des Kaliumsalzes mit Jodäthyl entsteht Äthylrhodanid.

---

[1]) Fleischer, Ann. Chem. 179, 204. — [2]) P. Klason, Journ. pr. Chem. [2] 38, 383.

Flaveanwasserstoff $C_2H_2N_2S$ entsteht durch Einwirkung von Schwefelwasserstoff auf überschüssiges Cyan bei Gegenwart von Alkohol. Dem dunklen Reaktionsprodukt wird es durch heifses Chloroform entzogen. Die Verbindung krystallisiert in gelben flachen Nadeln und ist in trockenem Zustande recht beständig. Bei etwa 80° färbt sie sich dunkler, bei 86° schwarz, zwischen 87 und 90° schmilzt sie unter Aufblähen [1]).

Dithiocyanursäure $C_3N_3S_2OH_3 + H_2O = OH(CN)_3(SH)_2 + H_2O$. Alkoholische Lösung von Rhodankalium wird mit der berechneten Menge Salzsäure versetzt, vom ausgeschiedenen Kaliumchlorid abfiltriert, das Filtrat längere Zeit auf 30 bis 40° erhalten. Die Masse wird dabei dickflüssig. Sie wird dann mit konzentrierter Ammoniaklösung versetzt, filtriert, und das Filtrat wird mit Baryumchlorid versetzt, worauf das Baryumsalz auskrystallisiert [2]). Die freie Säure krystallisiert aus Wasser in Schuppen, die teilweise unzersetzt sublimiert werden können, bei 360° aber Schwefelkohlenstoff entwickeln. Sie ist ziemlich leicht löslich in heifsem Wasser, leicht in Alkalien. Konzentrierte Salzsäure zerlegt sie bei 130° in Cyanursäure und Schwefelwasserstoff. Oxydation mit Kaliumpermanganat oder Salpetersäure führt gleichfalls zu Cyanursäure, während durch Jod Oxycyanurdisulfid $C_6N_6H_2S_4O_2$ erzeugt wird.

Baryumsalz $C_3N_3S_2OBaH + 2H_2O$ bildet kleine, tropfenförmige Krystalle, die sich in Wasser sehr schwer lösen.

Bleisalz $C_3N_3S_2OPbH$ entsteht als amorpher Niederschlag.

Kaliumsalz $C_3N_3S_2OKH_2$ krystallisiert in silberglänzenden mikroskopischen Prismen.

Trithiocyanursäure $C_3N_3S_3H_3 = (CN.SH)_3$ entsteht aus Cyanurchlorid und Natriumsulfid [3]) oder Kaliumsulfhydrat [2]). Entsprechend erhält man die Ester aus Cyanurchlorid und Natriummerkaptiden, bequemer aber entstehen dieselben aus den Alkylrhodaniden durch Erhitzen mit etwas Salzsäure oder Schwefelsäure auf 180° [3]). Erhitzt man die Ester einige Stunden mit konzentrierter Natriumsulfidlösung auf 250° und versetzt man dann die Lösung mit Salzsäure bis zur neutralen Reaktion, so erhält man das primäre Natriumsalz, das sich gut aus Wasser umkrystallisieren läfst und aus dem dann mit mehr Salzsäure die freie Säure abgeschieden wird.

Diese bildet in siedendem Wasser, Alkohol, Äther und Benzol kaum lösliche, in Alkalien leicht lösliche gelbe Nadeln, die sich bei 200° nicht verändern, bei höherer Temperatur aber, ohne zu schmelzen, Schwefelkohlenstoff und Ammoniak neben wenig Rhodanwasserstoff entwickeln und Melem $C_6H_6N_{10}$ hinterlassen. Durch Salzsäure wird

---

[1]) R. Anschütz, Ann. Chem. 254, 262. — [2]) Klason, Journ. pr. Chem. [2] 33, 116 ff. — [3]) Hofmann, Ber. 13, 1351, 18, 2201.

sie bei 200° in Schwefelwasserstoff und Cyanursäure zerlegt. Letztere entsteht auch durch Salpetersäure in der Wärme, durch Kaliumpermanganat in alkalischer Lösung in der Kälte. Jod oxydiert in alkalischer Lösung zu Cyanurdisulfid $(CNS_2)_3$.

Die wässerige Lösung wird durch Eisenchlorid nicht gerötet, die Lösung des Trikaliumsalzes aber wird dadurch weifs gefällt oder, wenn die Eisenchloridlösung sehr verdünnt ist, intensiv gefärbt[1]).

Baryumsalze. Das Salz $C_3N_3S_3BaH + 3H_2O$ entsteht aus der Säure durch Ammoniak und Baryumchlorid in gelben glänzenden Krystallen, die in kaltem Wasser fast unlöslich, in siedendem ziemlich löslich sind[1]). — $(C_3N_3S_3H_2)_2Ba + 2H_2O$ entsteht durch Behandlung der freien Säure mit siedender Barytlösung und nachfolgendes Einleiten von Kohlensäure. Es krystallisiert in grofsen Prismen, die in Wasser mäfsig löslich, in Alkohol unlöslich sind[2]).

Calciumsalz $C_3N_3S_3CaH + 5H_2O$ bildet ziemlich leicht lösliche Prismen[1]).

Kaliumsalze. Das Salz $C_3N_3S_3K_3 + 3H_2O$ ist krystallinisch, schmilzt bei etwa 350° unter Übergang in Rhodankalium. — Ein saures Salz $3C_3N_3S_3KH_2 + C_3N_3S_3H_3 + 6H_2O$ krystallisiert in gelblichen Prismen[1]).

Natriumsalz $C_3N_3S_3NaH_2$ bildet glänzende Krystalle, die sich in Wasser leicht, in Alkohol etwas weniger lösen.

Trimethylester $C_3N_3S_3(CH_3)_3$ bildet Krystalle vom Schmelzpunkt 188°, unter geringer Zersetzung sublimierend[2]).

Triäthylester $C_3N_3S_3(C_2H_5)_3$ krystallisiert in Tafeln, die bei 27° schmelzen und bei etwa 350° unter geringer Zersetzung sieden[1]).

Triisoamylester $C_3N_3S_3(C_5H_{11})_3$ ist noch bei —18° flüssig[1]).

Triphenylester $C_3N_3S_3(C_6H_5)_3$ krystallisiert in glänzenden Prismen, die bei 97° schmelzen[1]).

Pseudoschwefelcyan $C_3N_3S_3H$, vielleicht $= HS(CN)_3<^{S}_{S}$ entsteht bei der Oxydation von Rhodanwasserstoff durch Salpetersäure[3]), Chlor[4]) oder Wasserstoffsuperoxyd[5]). Beigemengte Persulfocyansäure läfst sich durch anhaltendes Auskochen mit Wasser entfernen[6]), Schwefel durch Schwefelkohlenstoff[7]). Völckel[8]) löst das Produkt zur völligen Reinigung in konzentrierter Schwefelsäure, fällt diese Lösung mit Wasser und kocht den getrockneten Niederschlag mit absolutem Alkohol aus.

---

[1]) Klason, Journ. pr. Chem. [2] 33, 116 ff. — [2]) Hofmann, Ber. 13, 1351, 18, 2201. — [3]) Wöhler, Gilb. Ann. 69, 271; Hermes, Ztschr. Chem. 1866, S. 417. — [4]) Liebig, Ann. Phys. 15, 545. — [5]) Hector, Journ. pr. Chem. [2] 44, 500. — [6]) Jamieson, Ann. Chem. 59, 339. — [7]) Linnemann, ebend. 120, 36. — [8]) Völckel, ebend. 89, 126.

Die Verbindung bildet ein gelbes amorphes Pulver, unlöslich in Wasser, Alkohol, Äther, in konzentrierter Schwefelsäure und in verdünnter Kalilauge unzersetzt löslich. Die alkalische Lösung giebt mit Essigsäure und Bleiacetat einen gelbbraunen Niederschlag [1]). Bei längerem Kochen mit Kalilauge entsteht Rhodankalium, ebenso neben Kaliumcyanat durch Schmelzen mit festem Ätzkali [2]). Beim Erhitzen mit konzentriertem wässerigem Ammoniak unter Druck auf 100° liefert es Schwefelammonium und Thioammelin $C_3H_5N_5S$, auf 160° Rhodanwasserstoffmelamin und Rhodanammonium [2]). Für sich erhitzt, entwickelt es Schwefelkohlenstoff und Schwefel unter Hinterlassung von Mellon.

Mit Kaliumsulfhydrat geht es in thiomelanurensaures Kalium über. Phosphorpentachlorid erzeugt Cyanurchlorid neben Phosphortrichlorid, Phosphorsulfochlorid, Salzsäure und Chlorschwefel [2]). Nascierender Wasserstoff, selbst Jodphosphor und Wasser, ist ohne Wirkung [3]).

Beim Erhitzen mit konzentrierter Salzsäure unter Druck auf 130 bis 140° zerfällt Pseudoschwefelcyan in Cyansäure, Schwefel und Schwefelwasserstoff [3]).

Persulfocyansäuren $C_2N_2S_3H_2$. I. Isopersulfocyansäure, Xanthanwasserstoff $\begin{matrix} CS.NH \\ \vdots \\ NH.CS \end{matrix}\!\!>\!S$ entsteht neben Dithiocyansäure bei Einwirkung konzentrierter Säuren auf Rhodanwasserstoff [4]). Man versetzt die Lösung von 1 kg Rhodanammonium in 650 ccm Wasser mit 1 Liter Salzsäure von 35 bis 40 Proz. und läfst die Mischung einige Tage stehen. Das hiernach ausgeschiedene Produkt wird in heifser 60 proz. Essigsäure gelöst, aus der sich beim Erkalten zunächst Isopersulfocyansäure ausscheidet [5]). Oder man läfst 100 Tle. Schwefelsäure von 1,44 spezif. Gew. auf 100 Tle. Rhodankalium, in 60 Tln. Wasser gelöst, in der Kälte einwirken und krystallisiert das nach einigen Tagen abgeschiedene Produkt aus heifsem Wasser um [6]). In reinem Zustande erhält man die Säure aus dem Baryumsalz, wenn man dessen heifse Lösung mit Salzsäure versetzt [7]).

Die Säure bildet goldglänzende dünne Nadeln, die sich in 400 Tln. Wasser, auch etwas in Alkohol und Äther, leichter in 60 proz. Essigsäure lösen. In konzentrierter Schwefelsäure löst sie sich unzersetzt.

---

[1]) Völckel, Ann. Chem. **89**, 126. — [2]) Ponomarew, Ztschr. russ. phys.-chem. Ges. **8**, 211. — [3]) Glutz, Ann. Chem. **154**, 40 ff. — [4]) Wöhler, Gilb. Ann. **69**, 271; Hermes, Ztschr. Chem. 1866, S. 417; Liebig, Ann Chem. **10**, 8. — [5]) P. Klason, Journ. pr. Chem. [2] **38**, 383; Völckel. Ann. Chem. **43**, 80; Ann. Phys. **58**, 135, **61**, 353, **62**, 106, 607, **63**, 106, **65**, 312; s. a. [3]) u. Wöhler, Gilb. Ann. **69**, 271; Hermes, Ztschr. Chem. 1866, S. 417. — [6]) Chattaway u. Stevens, Chem. Soc. Journ. **71**, 607, 833; Chem. Centralbl. 1897, II, S. 193, 478. — [7]) P. Klason, Journ. pr. Chem [2] **38**, 383.

Sie reagiert sauer. Mit Alkalien oder Ammoniak liefert sie normale Persulfocyansäure und Dithiocyansäure. Beim Lösen in Cyankalium geht sie quantitativ in Rhodankalium über. Beim Kochen mit konzentrierter Salzsäure zerfällt sie zum Teil in Ammoniak, Schwefelwasserstoff, Schwefel und Kohlensäure.

Beim Erhitzen mit Wasser auf 200° entstehen Rhodanammonium, Kohlensäure, Schwefelwasserstoff, Schwefel und Wasserstoffhypersulfid, beim Erhitzen mit starker Schwefelsäure Thioharnstoff, Rhodanwasserstoff und Ammoniumsulfat[1]).

Bei Einwirkung von nascierendem Wasserstoff wird die Säure in Thioharnstoff und Schwefelkohlenstoff gespalten nach der Gleichung $C_2N_2S_3H_2 + 2H = CSN_2H_4 + CS_2$. Dieser Zerfall erfolgt glatt durch Zinn und Salzsäure, weniger glatt durch Zinnchlorür und durch Jodwasserstoffsäure; bei Einwirkung der letzteren entsteht zugleich eine in gelben Nadeln krystallisierende Verbindung vom Schmelzpunkt 118°[1]). Durch Jod wird die Säure nicht angegriffen.

Die wässerige Lösung der Isopersulfocyansäure giebt mit Metallsalzen gefärbte Niederschläge.

Bleisalz $C_2N_2S_3Pb$ ist gelb, unlöslich in Wasser, Alkohol und verdünnten Säuren[2]).

Silbersalz $C_2N_2S_3Ag_2$ fällt aus der alkoholischen Lösung der Säure durch Silbernitrat als gelber Niederschlag[3]).

II. Normale Persulfocyansäure $S\langle{}^{N:C.SH}_{C(SH):N}$ ist in freiem Zustande nicht bekannt. Ihre Alkalisalze entstehen neben denen der Dithiocyansäure bei der Einwirkung von Alkalien auf die Isosäure[4]). Sie sind sehr leicht löslich und nur schwer krystallisierbar. Beim Ansäuern derselben scheidet sich wieder die Isosäure aus. Die Lösungen der Salze werden von Jod oxydiert.

Baryumsalz $C_2N_2S_3Ba + 4H_2O$ bildet mikroskopische Nadeln, ziemlich leicht löslich in Wasser, in der Lösung ziemlich unbeständig.

Bleisalz $C_2N_2S_3Pb$ ist ein gelber Niederschlag.

Kaliumsalz $C_2N_2S_3KH + H_2O$ bildet gelbe Krystalle.

Silbersalz $C_2N_2S_3Ag_2$ fällt als weifser Niederschlag.

Diäthylester $C_2N_2S_3(C_2H_5)_2$, aus dem Kaliumsalz durch Jodäthyl und Alkohol entstehend, ist ein stark lichtbrechendes Öl vom spezif. Gew. 1,2544 bei 18°, das im Vakuum unzersetzt gegen 190° siedet.

---

[1]) Chattaway u. Stevens, Chem. Soc. Journ. **71**, 607, 833; Chem. Centralbl. 1897, II, S. 193, 478. — [2]) Völckel, Ann. Chem. **43**, 80; Ann. Phys. **58**, 135, **61**, 353, **62**, 106, 607, **63**, 106, **65**, 312. — [3]) Atkinson, Chem. Soc. Journ. **32**, 254. — [4]) P. Klason, Journ. pr. Chem. [2] **38**, 383.

Chrysean $C_4H_5N_3S_2$, nach Hellsing[1]) HS . CH(CN) . NH . CH(CN) . SH, entsteht beim Einleiten von Schwefelwasserstoff in konzentrierte wässerige Cyankaliumlösung[2]) oder bei Einwirkung von Thioformamid auf eine solche[1]). Die Verbindung krystallisiert in goldglänzenden gelben Nadeln, schwer löslich in kaltem, leichter in heifsem Wasser sowie in Alkohol, Äther, Säuren und Alkalien. Sie reagiert neutral und verbindet sich weder mit Basen noch mit Säuren. Fichtenholz wird durch die Lösung in Salzsäure oder Schwefelsäure sofort rot gefärbt. Die wässerige Lösung giebt mit Eisenchlorid beim Erwärmen eine schwarze Fällung, mit Silbernitrat einen hochroten, schnell schwarz werdenden Niederschlag. Salpetrige Säure erzeugt einen roten, schwer löslichen Körper. Beim Digerieren mit Wasser und Quecksilberoxyd zerfällt Chrysean in Schwefelwasserstoff und Blausäure.

Selencyanverbindungen.

Ein **Selencyan** von der mutmafslichen Zusammensetzung $(CNSe)_2$ entsteht beim Eintragen von Cyansilber in eine Schwefelkohlenstofflösung von Selenbromür[3]) sowie aus seleniger Säure und wasserfreier Blausäure bei Gegenwart von Essigsäure bei 100°[4]). Es bildet Blättchen, die sich an feuchter Luft rot färben und Blausäure entwickeln.

Selentricyanid $C_3N_3Se_3$ entsteht, wenn man einen chlorhaltigen Luftstrom auf die Oberfläche einer 10proz. wässerigen Lösung von Selencyankalium leitet[5]). Es krystallisiert aus Chloroform in gelben, lebhaft glänzenden Blättchen, schwer löslich in Chloroform, kaltem Alkohol, Äther und Schwefelkohlenstoff. Von kaltem Wasser wird es langsam, von heifsem schnell zerlegt unter Bildung von Blausäure, seleniger Säure und Selen, entsprechend der Gleichung $2\,C_3N_3Se_3 + 2\,H_2O = 4\,CNH + SeO_2 + 5\,Se$. In Gegenwart von Calciumkarbonat verläuft die Zersetzung nach der Gleichung $2\,C_3N_3Se_3 + 2\,H_2O = 4\,CNSeH + SeO_2 + Se$. Mit Kalilauge entstehen dem entsprechend Cyanselenkalium, Kaliumselenit und Selen. Beim Erhitzen der Verbindung für sich im Vakuum auf die Temperatur eines Kochsalzbades sublimiert die Verbindung C_2N_2Se, welche in nach Jodcyan riechenden Tafeln krystallisiert, während eine Verbindung von der Zusammensetzung $C_3N_3Se_3H$ zurückbleiben soll. Mit Selencyankalium verbindet sich das Selentricyanid zu Perselenocyankalium $C_3N_3Se_4K$, hellroten, sehr unbeständigen Krystallen, die durch Wasser sofort in Selen und Selencyankalium zerlegt werden.

Selencyanwasserstoff CNSeH. Die Selencyanmetalle entstehen analog den entsprechenden Metallrhodaniden durch direkte Anlagerung

[1]) Hellsing, Ber. 32, 1497. — [2]) Wallach, ebend. 7, 902. — [3]) Schneider, Ztschr. Chem. 1867, S. 128. — [4]) Hinsberg, Ann. Chem. 260, 43. — [5]) A. Verneuil, Bull. soc. chim. [2] 46, 193; Ber. 19, 674 Ref.

von Selen an Cyanmetalle[1]). Die freie Säure läfst sich durch Zerlegung des Bleisalzes mit Schwefelwasserstoff darstellen, ist aber sehr unbeständig und bisher nur in wässeriger Lösung bekannt. Diese reagiert stark sauer, löst Eisen und Zink, zerlegt Karbonate, läfst sich aber selbst im Vakuum nicht ohne Zersetzung konzentrieren. Säuren spalten sofort in Blausäure und freies Selen, ebenso wirkt Eisenchlorid. Bei langsamer Einleitung von Chlor in ziemlich konzentrierte wässerige Lösung des Kaliumsalzes scheidet sich zunächst Perselenocyankalium $C_3N_3Se_4K$ ab, das durch mehr Chlor in Selentricyanid umgewandelt wird, während gleichzeitig etwas Dicyanselen C_2N_2Se sich abscheidet[2]). Jod scheidet gleichfalls Perselenocyankalium ab.

Ammoniumsalz läfst sich aus dem Kaliumsalz und Ammoniumsulfat bei Gegenwart von Alkohol erhalten[3]).

Bleisalz $(SeCN)_2Pb$ bildet citronengelbe Nadeln, löslich in heifsem Wasser, unlöslich in Alkohol[1]).

Gold-Kaliumsalz $(SeCN)_2AuK$ (?) entsteht aus Goldchlorid mit Selencyankalium und bildet sehr unbeständige dunkelrote Prismen[4]).

Kaliumsalz SeCNK. Zur Darstellung dieses Salzes wird frisch gefälltes Selen in Cyankaliumlösung gelöst, ein etwaiger Gehalt an Kaliumcyanat durch Kochen entfernt, dann wird das Salz durch Umkrystallisieren aus Alkohol gereinigt[5]). Es bildet sehr zerfliefsliche Nadeln von stark alkalischer Reaktion und bildet mit Quecksilberhalogenverbindungen gut krystallisierende Doppelsalze.

Platin-Kaliumsalz $(SeCN)_4Pt.2SeCNK$ entsteht aus Selencyankalium und Platinchlorid. Es bildet fast schwarze, im durchfallenden Lichte granatrot erscheinende Schuppen vom spezif. Gew. 3,377 bei 10,2°, löslich in Alkohol[4]).

Quecksilbersalze[3]). Das Merkurosalz $(SeCN)_2Hg_2$ entsteht als olivengrüner Niederschlag aus dem Kaliumsalz und Merkuronitrat. — Das Merkurisalz $(SeCN)_2Hg$ erhält man durch Versetzen des Kaliumsalzes mit Merkuriacetat als verfilzte Masse, die sich sehr schwer in kaltem Wasser löst, aber leicht in Cyan-, Rhodan- oder Selencyankaliumlösung. — Versetzt man die Lösung von Selencyankalium mit Überschufs von Merkurichlorid, so erhält man das Doppelsalz $(SeCN)_2Hg.Cl_2Hg$ in gelblichen Krystallen, die sich wenig in kaltem Wasser, sehr leicht in Alkohol lösen. — Merkuri-Kaliumsalz $(SeCN)_2Hg.SeCNK$ bildet lange, prismatische, sechsseitige Krystalle, leicht löslich in Wasser, schwer in kaltem Alkohol.

Silbersalz SeCNAg entsteht als krystallinischer Niederschlag, unlöslich in Wasser, fast unlöslich in Ammoniak und in kalten verdünnten Säuren[1]).

---

[1]) Crookes, Ann. Chem. 78, 177. — [2]) A. Verneuil, Bull. soc. chim. [2] 46, 193; Ber. 19, 674 Ref.; Kypke u. Neger, Ann. Chem. 115, 207. — [3]) Cameron u. Davy, Chem. News 34, 63; JB. 1881, S. 295. — [4]) Clarke, Ber. 11, 1325. — [5]) Schiellerup, Ann. Chem. 109, 125.

Methylester $C_2H_3NSe = SeCN.CH_3$, widerwärtig riechendes Öl, siedet bei 158°[1]).

Allylester $C_4H_5NSe = SeCN.C_3H_5$. Öl[2]).

Methylenester $C_3H_2N_2Se_2 = (SeCN)_2CH_2$ bildet Rhomboeder vom Schmelzpunkt 132°[3]).

Äthylenester $C_4H_4N_2Se_2 = (SeCN)_2C_2H_4$ bildet farblose Nadeln vom Schmelzpunkt 128[3]) oder 138°[4]).

Trimethylenester $C_5H_6N_2Se_2 = (SeCN.CH_2)_2CH_2$, glänzende Würfel oder Nadeln vom Schmelzpunkt 51°[4]).

Propylenester $C_5H_6N_2Se_2 = SeCN.CH_2.CH(NCSe).CH_3$, Krystalle vom Schmelzpunkt 66°[4]).

Selencyanursäure $C_3N_3Se_3H_3$. Das Natriumsalz entsteht aus Cyanurchlorid und Natriumselenid. Dasselbe giebt bei Behandlung mit Jodmethyl den Trimethylester $C_6H_9N_3Se_3 = C_3N_3Se_3(CH_3)_3$ vom Schmelzpunkt 174°[1]). Dieser zerfällt beim Erhitzen mit wässerigem Ammoniak in Methylselencyanid und Melamin.

---

[1]) Stolte, Ber. 19, 1577. — [2]) Schiellerup, Ann. Chem. 109, 125. — [3]) Proskauer, Ber. 7, 1281. — [4]) Hagelberg, ebend. 23, 1090 ff.

Stickstoffsilicium.

Beide Elemente haben grofse Affinität zu einander, so dafs bei hoher Temperatur direkte Vereinigung beider eintritt. Dies kann durch Erhitzen in einer Porzellanröhre zur Weifsglut geschehen [1]). Ferner entsteht Stickstoffsilicium nach Deville und Wöhler durch Einwirkung von Ammoniak auf die Chlorverbindungen des Siliciums, ja sogar bei hinreichend hoher Temperatur aus Silikaten durch Ammoniakgas [2]).

Deville und Wöhler stellten die Verbindung in der Weise dar, dafs krystallisiertes Silicium in einem bedeckten hessischen Tiegel in einen gröfseren Tiegel eingestellt, der Zwischenraum, um den Sauerstoff der die Tiegelwand durchdringenden Feuerluft zu entziehen, mit Kohlenpulver ausgefüllt und das Ganze heftigstem Kokesfeuer eine Stunde lang ausgesetzt wurde. Sie erhielten so gröfstenteils eine lockere, bläuliche Masse, bedeckt mit einer faserigen, weifsen, an der Oberfläche dunklen, leicht ablösbaren Schicht, die unter dem Mikroskop zahllose dunkeltombackfarbene Krystalle auf Warzen einer fein krystallisierten Substanz zeigte.

Nach Schützenberger und Colson [3]) entsteht auf solche Weise aber ein Siliciumkarbidnitrid, Karbazotsilicium, NSi_2C_2 und nur, wenn das Silicium in doppelt glasierter Porzellanröhre im Stickstoffgase zur Weifsglut erhitzt wird, reines Siliciumnitrid N_3Si_2 als weifse Masse. Danach dürfte auch die nach Mehner [4]) im elektrischen Ofen aus Kieselsäure und Kohle unter Einblasen von Stickstoff gewonnene Verbindung kein reines Nitrid sein.

Auch durch Einwirkung von Ammoniak auf die Chlorverbindungen des Siliciums wird das Nitrid als weifse, amorphe Substanz erhalten [5]).

Es ist bei den höchsten erreichbaren Temperaturen unschmelzbar und unveränderlich, selbst beim Glühen an der Luft nicht oxydierbar. Säuren und wässerige Alkalien sind ohne Einwirkung, nur Fluorwasserstoffsäure bewirkt eine langsame Umwandlung in Kieselfluorammonium. Mit schmelzendem Kaliumhydrat entsteht Ammoniak und Kaliumsilikat, mit schmelzendem Kaliumkarbonat Silikat und Cyanat.

Nach Schützenberger [6]) entstehen bei Einwirkung von Ammoniak auf Siliciumchlorid chlor- bezw. wasserstoffhaltige Stickstoffverbindungen.

---

[1]) Deville u. Wöhler, Ann. Chem. **110**, 248; Schützenberger u. Colson, Compt. rend. **92**, 1508. — [2]) Schützenberger u. Colson, Compt. rend. **94**, 1710. — [3]) Dies., ebend. **92**, 1508. — [4]) Mehner, D. P. 88999; Ber. **29**, 925 Ref. — [5]) Deville u. Wöhler, Compt. rend. **104**, 256. — [6]) Schützenberger, Compt. rend. **89**, 644 u. **92**, 1508.

Stickstofftitanverbindungen.

Die Affinität zwischen Titan und Stickstoff ist so grofs, dafs die Elemente sich bei hoher Temperatur direkt miteinander vereinigen. Es sind mehrere Verbindungen beschrieben, doch ist die Existenz einzelner zweifelhaft. Sie entwickeln alle beim Erhitzen mit Kalilauge Ammoniak und reduzieren in Glühhitze die Oxyde des Kupfers und Bleies unter heftiger Feuererscheinung.

Stickstofftitan, nach Wöhler[1]) von der Zusammensetzung TiN_2, entsteht aus Titansäure, wenn man in starker Glühhitze einen Strom von trockenem Ammoniakgas darüber leitet und die Masse in diesem Gasstrome erkalten läfst. An Stelle der Titansäure kann auch Titansesquioxyd benutzt werden. Die Verbindung entsteht ferner, mit Kohle gemengt, wenn man Cyangas auf Titansäure bei lebhafter Rotglut einwirken läfst, sowie durch Erhitzen des normalen Titanstickstoffs Ti_3N_4 im Wasserstoffstrome. Auch findet sie sich häufig als messinggelber Anflug bei der Darstellung von Titansesquichlorid, wenn nicht sorgfältig sämtlicher Stickstoff vom Apparate ausgeschlossen war. Die Substanz bildet messinggelbe metallglänzende Blättchen, deren Pulver dunkelviolett, von der Farbe des sublimierten Indigo ist, vom spezif. Gew. 5,28 bei 18°, und so hart, dafs sie Topas ritzt. Die späteren Untersuchungen, insbesondere von Friedel und Guérin[2]), ergaben für diesen Körper die Zusammensetzung eines Sesquinitrids Ti_2N_2, und es wird vermutet, dafs die abweichenden Resultate Wöhlers durch einen Gehalt an Sesquioxyd zu erklären sind.

Der normale Titanstickstoff, Titantetranitrid Ti_3N_4, der früher für metallisches Titan gehalten wurde[3]), entsteht nach Deville und Wöhler[4]) durch direkte Vereinigung der Elemente: 1. Wenn man in ein vorher mit Stickstoffgas gefülltes Rohr aus böhmischem Glase zwei Porzellanschiffchen stellt, von denen das eine mit Natrium, das andere mit Fluortitankalium gefüllt ist, und unter Durchleiten von trockenem Stickstoff bis zur vollen Glut erhitzt. 2. Wenn man Stickstoff über glühendes metallisches Titan leitet. Man erhält es ferner durch Erhitzen von Titanchloridammoniak in einem Strome von Ammoniakgas.

---

[1]) Wöhler, Ann. Chem. **73**, 34. — [2]) Friedel u. Guérin, Ann. ch. phys. [5] **8**, 24; Ber. **8**, 1596, **9**, 446. — [3]) H. Rose u. Liebig, Ann. Phys. **21**, 259. — [4]) Deville u. Wöhler, Ann. Chem. **103**, 230 u. **105**, 108.

Identisch damit ist wahrscheinlich das von Despretz[1]) aus Titantetrachlorid durch Erhitzen innerhalb eines Tiegels aus Zuckerkohle im Vakuum durch den von 600 Bunsenelementen gelieferten Strom erhaltene angebliche Titan. Nach Schneider[2]) soll aber das auf diese Weise gewonnene Produkt noch sauerstoffhaltig sein.

Das Tetranitrid bildet eine kupfer- bis bronzefarbige, metallisch glänzende Masse, die unter dem Mikroskop lebhaft glänzende Kryställchen mit dreiseitigen Ecken, anscheinend Rhomboedern zugehörig, erkennen läfst.

Gegenüber Wasserdampf, mehr noch gegenüber trockener Salzsäure ist die Verbindung in Glühhitze ziemlich beständig. In Chlorgas verbrennt sie zu Titantetrachlorid. Beim Erhitzen im Schwefeldampf- und Wasserstoffstrome liefert sie ein Sulfid, annähernd von der Zusammensetzung Ti_2S_3.

Durch Glühen in Wasserstoff oder Ammoniak wandelt sich das Tetranitrid leicht in das Sesquinitrid um. Die nach Wöhler hierbei entstehende Verbindung Ti_5N_6 ist nach Friedel und Guérin mit jenem identisch.

Da das Sesquinitrid beim Glühen im Stickstoffstrome in Tetranitrid übergeht, dieses aber beim Glühen im Wasserstoffstrome den bei der ersten Operation aufgenommenen Stickstoff als Ammoniak wieder abgiebt, so hat Tessié du Motay[3]) die Verwendung des Titanstickstoffs zur kontinuierlichen Gewinnung von Ammoniak aus dem atmosphärischen Stickstoff vorgeschlagen. Das Stickstofftitan wird zuerst im Wasserstoffstrome geglüht, der Rückstand im Stickstoffstrome, solange noch etwas davon aufgenommen wird, und das Produkt wieder im Wasserstoffstrome.

Stickstofftitankohlenstoff, Cyanstickstofftitan $Ti_{10}C_2N_8$. In Hohöfen, in welchen titanhaltige Eisenerze verarbeitet werden, finden sich kupferfarbige Würfel. Wollaston[4]), der dieselben 1822 zuerst beobachtete, hielt sie für elementares Titan, und erst Wöhler[5]) erkannte die wirkliche Zusammensetzung. In Eisensauen finden sie sich zuweilen in aufserordentlicher Menge, so z. B. in denen des Rübelander Ofens[6]). Die Substanz bildet sich stets, wenn bei Anwesenheit von Stickstoff Titan aus seinen Verbindungen durch Kohle reduziert wird. So erklärt sich ihr Vorkommen in den Hohöfen, so kann man sie auch erhalten, wenn man ein Gemenge von Titansäure und Kohle in einem verschlossenen Kohlentiegel im Windofen bei Nickelschmelzhitze erhitzt, wobei die Ofenluft den Stickstoff liefert, oder, wenn man Stickstoff über ein auf Platinschmelzhitze gebrachtes Gemenge von

[1]) Despretz, Compt. rend. 29, 48; JB. 1849, S. 36. — [2]) E. A. Schneider, Ztschr. anorg. Chem. 8, 81. — [3]) Tessié du Motay, Ber. 5, 742. — [4]) Wollaston, Gilb. Ann. 75, 220. — [5]) Wöhler, Ann. Chem. 73, 34. — [6]) Blumenau, ebend. 67, 122.

Titansäure und Kohle leitet. In kleinem Mafsstabe kann man diese Bildung beim Erhitzen von Titansäure mit Soda in der Reduktionsflamme beobachten. Die Verbindung bildet sich ferner durch Umsetzung beim Zusammenschmelzen von Kaliumferrocyanid und Titansäure, sowie bei der Einwirkung von geschmolzenem Kaliumcyanid auf Titantetrachloriddampf.

Zur Gewinnung aus den Hohofenprodukten befreit man die Krystalle von den anhängenden Eisen- und Gestellsteinmassen zunächst durch Behandeln mit konzentrierter Salzsäure und Schwefelsäure, Schlämmen und schliefslich durch Behandeln mit konzentrierter Flufssäure. Doch sind ihnen dann meist noch Graphitblättchen beigemengt, von denen sie nur schwer zu trennen sind.

Das Cyanstickstofftitan bildet stark glänzende, kupferrote, zum Teil mikroskopische Würfel vom spezif. Gew. 5,28, selbst in starker Hitze unschmelzbar und unveränderlich, unlöslich in siedender Schwefelsäure und Salpetersäure, löslich in einem Gemisch von Salpetersäure und Flufssäure. In hoher Temperatur verflüchtigt es sich unzersetzt[1]. Beim Glühen im Wasserdampfstrome liefert es Wasserstoff, Ammoniak und Blausäure, unter Hinterlassung von Titansäure, beim Erhitzen im trockenen Chlorstrome Titantetrachlorid neben dessen Chlorcyanverbindung. Beim Schmelzen mit Ätzkali wird Ammoniak gebildet, beim Erhitzen der gepulverten Substanz mit den Oxyden des Kupfers, Quecksilbers, Bleies, sowie beim Schmelzen mit Kaliumbisulfat erfolgt lebhafte Verbrennung.

Nach der Ansicht von Joly[2]) ist die Verbindung als eine Doppelverbindung von Kohlenstofftitan und Stickstofftitan aufzufassen, $2\,TiC + 4\,Ti_2N_2$.

Die Hohofenwürfel enthalten nach Léon Frank[3]) aufser dem Cyanstickstofftitan noch Kohlenstoff in Form von Diamant und wahrscheinlich auch Rutil.

---

[1]) Wöhler, Ann. Chem. 73, 34; Zinken, Ann. Phys. 3, 175. — [2]) A. Joly, Compt. rend. 82, 1195; JB. 1876, S. 280. — [3]) Léon Frank, Chem.-Ztg. 21, 520; vgl. a. E. A. Schneider, Ztschr. anorg. Chem. 8, 81.

Stickstoffzirkonium.

Mallet[1]) hat zuerst zufällig bei dem Versuche, krystallisiertes Zirkonium durch Zusammenschmelzen des amorphen mit Aluminium im Kalktiegel bei Platinschmelzhitze darzustellen, Stickstoffzirkonium erhalten. Es bildete eine glänzende Substanz, die unter dem Mikroskop Würfel erkennen liefs, von Mineralsäuren, Königswasser und Alkalilauge nicht oder nur wenig angegriffen wurde, mit schmelzendem Ätzkali aber Ammoniak entwickelte.

Matthews[2]) erhielt aus dem Zirkontetrachlorid durch Ammoniak zwei Verbindungen, je nach den Versuchsbedingungen:

N_3Zr_2 entsteht aus dem Tetrachlorid durch allmähliches Erhitzen im Ammoniakstrome bis zur Rotglut. Es gleicht dem folgenden, ist nur etwas dunkler.

N_8Zr_3 entsteht aus dem Zirkontetrachlorid-Ammoniak $Cl_4Zr.8NH_3$ durch Erhitzen im Stickstoffstrome, ist perlgrau, pulverig, amorph, in Flufssäure löslich, in anderen Mineralsäuren unlöslich.

---

[1]) Mallet, Ann. ch. phys. [3] 38, 326. — [2]) J. M. Matthews, J. Am. chem. soc. 20, 843; Chem. Centralbl. 1899, I, S. 15.

Stickstoffborverbindungen.

Borstickstoff NB (Balmains Äthogen). Nach Warington[1]) finden sich Spuren von Borstickstoff an der Borsäure und dem Salmiak von Volcano. In gröfseren Mengen mufs er in den der Forschung unzugänglichen Schichten vorkommen, wenn die Vermutung, der Warington ebenso wie Waltershausen[2]) und Wöhler und Deville Ausdruck gaben, berechtigt ist, wenn nämlich die Bildung der Borsäure im Krater von Volcano und in den Soffionen auf der Zersetzung von Borstickstoff durch Wasserdampf beruht.

Die Verbindung bildet sich, wenn amorphes Bor im Stickstoff zur Weifsglut erhitzt wird[3]), z. B. im elektrischen Ofen[4]); ebenso beim heftigen Weifsglühen von Borsäure mit einem Viertel ihres Gewichtes an Kohle im Stickstoffgase, beim Verbrennen von amorphem Bor in trockenem Stickstoffoxydul- oder Stickoxydgas. Auch beim Glühen in getrocknetem Ammoniakgas verwandelt sich zuvor schwach geglühtes amorphes Bor unter Feuererscheinung und Entwickelung von Wasserstoff in Stickstoffbor[3]). Die Bildung erfolgt ferner nach Wöhler[5]) und Rose[6]) beim Glühen von Borax und Borsäure mit Salmiak (nicht aber mit Ammoniumnitrat) oder entwässertem Blutlaugensalz, aus Borsäure auch beim Glühen mit Kalium- oder Quecksilbercyanid. Schwefelcyan, Mellan[7]) und Harnstoff[8]), sowie aus Borsäureanhydrid und Kohle beim Glühen in einer Stickstoffatmosphäre in geringer Menge, die bei höherem Druck ansteigt[9]). Nach Martius[10]) verwandelt sich die aus Borchlorid und Ammoniak entstehende weifse Verbindung. wenn ihr Dampf mit Ammoniak durch ein glühendes Rohr getrieben wird, in weifses, beim Erhitzen an der Luft schön leuchtendes Stickstoffbor. Nach Gustavson[11]) wird durch Einwirkung von Äthylamin

---

[1]) Warington, Chem. Gaz. 1854, S. 419; JB. 1854, S. 892. — [2]) Sartorius v. Waltershausen, Über die vulkanischen Gesteine in Sicilien und Island, Göttingen 1853, S. 7. — [3]) H. Sainte-Claire Deville u. Wöhler, Ann. Chem. **105**, 69, 259; Ann. ch. phys. [3] **52**, 81; JB. 1857, S. 92. — [4]) H. Mehner, D. R.-P. 88999; Ber. **29**, 925 Ref. — [5]) Wöhler, Berzelius Lehrb. 5. Aufl. **3**, 113; Ann. Chem. **74**, 70. — [6]) H. Rose, Ann. Phys. **80**, 265. — [7]) Balmain, Phil. Mag. J. **21**, 170, **22**, 467, **23**, 71, **24**, 191; JB. Bz. **24**, 81, 187, **25**, 87. — [8]) Darmstadt, Ann. Chem. **151**, 255. — [9]) W. Hempel, Ber. **23**, 3391. — [10]) C. A. Martius, Ann. Chem. **109**, 80. — [11]) Gustavson, Ztschr. Chem. [2] **6**, 521.

auf Borchlorid eine schmelzbare Verbindung erzeugt, welche sich bei 200° unter Bildung von Borstickstoff zersetzt.

Stock und Blix[1]) erhielten eine Verbindung der gleichen Zusammensetzung, aber mit etwas abweichenden Eigenschaften, durch Erhitzen von Borimid oder Borimidchlorhydrat. Dieselbe ist, im Gegensatz zu der sonst erhältlichen, anscheinend frei von Borsäure.

Darstellung: 1. Man glüht ein trockenes inniges Gemenge von 1 Tl. entwässertem Borax mit 2 Tln. Salmiak [oder von 7 Tln. sehr fein zerriebener geschmolzener Borsäure und 9 Tln. Harnstoff[2])] im Platintiegel, kocht die zerriebene Masse mit viel salzsäurehaltigem Wasser und wäscht mit heifsem Wasser aus. Es bleibt dabei noch Borsäure zurück, die durch Behandlung mit Flufssäure nur teilweise entfernt werden kann.

Moeser und Eidmann[3]) erhitzen ein durch Glühen im hessischen Tiegel entwässertes Gemisch gleicher Teile Borax und Tricalciumphosphat im Verbrennungsofen und leiten Salmiakdampf darüber. Es sollen so etwa 50 Proz. der berechneten Menge Borstickstoff erhalten werden.

2. Man glüht entwässertes Blutlaugensalz mit wasserfreiem Borax, kocht die Masse nacheinander mit Salzsäure, Wasser, Kalilauge und nochmals mit Salzsäure aus, schmilzt sie zur Entfernung von Kohle mit Salpeter bei gelinder Wärme und wäscht mit Wasser aus[4]).

3. Man entwässert durch Erhitzen im hessischen Tiegel ein Gemenge von 1 Tl. feingepulverter Borsäure und 2 Tln. reinem Tricalciumphosphat und leitet dann, unter Erhitzen in einem Gasgebläseofen (bei 1200 bis 1400°), durch ein in den Deckel des Tiegels eingefügtes, bis auf den Boden reichendes Thonrohr Ammoniakgas in lebhaftem Strome ein. Nach dem Erkalten wird der Tiegelinhalt mit wenig Wasser zu einem zarten Brei angerieben, mit einer zur Lösung des Calciumphosphats hinreichenden Menge Salzsäure versetzt, verdünnt zum Sieden erhitzt und nach Erkalten der Rückstand wiederholt durch Dekantieren mit salzsäurehaltigem Wasser ausgewaschen, schliefslich auf dem Filter mit kaltem Wasser völlig ausgewaschen und im Vakuumexsikkator getrocknet. Man soll auf diese Weise 80 bis 90 Proz. der angewandten Borsäure als Borstickstoff erhalten[3]).

Der Borstickstoff bildet ein weifses leichtes Pulver, das auch bei starker Vergröfserung völlig amorph, körnig und milchweifs erscheint. Zuweilen, besonders wenn die Darstellung bei möglichst niedriger Temperatur erfolgte, erscheint der Borstickstoff in Form einer farblosen Gallerte, die beim Eintrocknen eine harte, spröde Masse liefert[3]). Auf der Haut läfst er sich verreiben und erteilt ihr grofse Glätte wie Talkum. Er ist vollkommen feuerbeständig und phosphoresziert am

[1]) Alf. Stock u. Mart. Blix, Ber. 34, 3039. — [2]) Darmstadt, Ann. Chem. 151, 255. — [3]) L. Moeser u. W. Eidmann, Ber. 35, 535. — [4]) Wöhler, Berzelius, Lehrb. 5. Aufl. 3, 113; Ann. Chem. 74, 70.

Rande einer Flamme mit besonders hohem Glanz in grünlichweifsem Licht, indem er sich sehr langsam oxydiert. Auch beim Glühen im Sauerstoffstrom verbrennt er nicht, wohl aber in der durch Sauerstoff angeblasenen Weingeistflamme unter Bildung von Borsäuredampf mit schwacher grünlichweifser Flamme [1]. Wasserdampf zersetzt ihn schon bei mäfsiger Glühhitze in Ammoniak und Borsäure; dieselbe Zersetzung erfolgt bereits beim Erhitzen mit Wasser im zugeschmolzenen Rohre auf 200°, langsam sogar schon beim Kochen und in geringem Grade selbst in der Kälte [2].

Durch heifse konzentrierte Schwefelsäure wird er sehr langsam unter Bildung von Ammoniumsulfat, durch Flufssäure etwas leichter unter Bildung von Ammoniumfluoborat zersetzt [1]. Beim Erhitzen mit Natriumfluorid und überschüssiger konzentrierter Schwefelsäure erfolgt vollständige Umsetzung zu Ammoniumsulfat und Borfluorid [2]. Salzsäure verwandelt beim Erhitzen im zugeschmolzenen Rohr auf 160 bis 200° vollständig in Borsäure und Salmiak [3]. Chlor wirkt bei mäfsiger Glühhitze nicht ein, bei sehr starkem Glühen wird langsam Chlorbor gebildet [4]. Wässeriges Kali greift den Borstickstoff nicht an, schmelzendes entwickelt reichlich Ammoniak. Beim Glühen mit Kaliumkarbonat werden Borat und Cyanat gebildet, bei Überschufs von Borstickstoff auch Cyanid.

Metalloxyde, wie Bleioxyd, Kupferoxyd, Quecksilberoxyd [1], Kadmiumoxyd, Wismutoxyd, Arsen- und Antimontrioxyd [2], werden beim Glühen mit Stickstoffbor unter Bildung von Stickoxyd oder salpetriger Säure ohne Feuererscheinung reduziert. Beim Erhitzen mit Bleinitrat hinterbleibt Bleiborat [1]. Molybdäntrioxyd wird zu blauem Oxyd, Chromtrioxyd zu Oxyd, Zinkoxyd und Eisenoxyd werden gar nicht reduziert. Beim vorsichtigen Zusammenschmelzen mit Natriumsuperoxyd erfolgt Oxydation zu Borat und Nitrat, beim Eintragen des Borstickstoffs in geschmolzenes Natriumsuperoxyd Oxydation unter Feuererscheinung, wobei Stickstoff entweicht und nur Borat hinterbleibt [2].

Keine Veränderung tritt ein beim Glühen in Wasserstoff oder Kohlensäure [1], im Jod- oder Schwefelkohlenstoffdampf [3], beim Schmelzen mit Aluminium [5]. Auch tritt, entgegen der Angabe Balmains [6], keine Verbindung mit Metallen ein [7]. Nach Moeser und Eidmann [2] wird Schwefeldioxyd und auch Kohlenstoffdioxyd durch Borstickstoff in der Hitze teilweise reduziert. Beim Zusammenschmelzen überschüssigen Borstickstoffs mit Sulfaten werden diese zu Sulfiden reduziert.

---

[1] Wöhler, Berzelius, Lehrb. 5. Aufl. 3, 113; Ann. Chem. 74, 70. — [2] L. Moeser u. W. Eidmann, Ber. 35, 535. — [3] Darmstadt, Ann. Chem. 151, 255. — [4] Siehe [2] u. [3]. — [5] H. Sainte-Claire Deville u. Wöhler, Ann. Chem. 105, 69, 259; Ann. ch. phys. [3] 52, 81; JB. 1857, S. 92. — [6] Balmain, Phil. Mag. J. 21, 170, 22, 467, 23, 71, 24, 191; JB. Bz. 24, 81, 187, 25, 87. — [7] Marignac, Arch. sc. phys. nat. 17, 159; Ann. Chem. 79, 247.

Die von Stock und Blix erhaltene Modifikation des Borstickstoffs ist reaktionsfähiger. Sie wird schon von kaltem Wasser langsam, von kochendem ziemlich leicht, von heifser verdünnter Natronlauge und Ammoniaklösung rasch unter Ammoniakentwickelung gelöst. Diese Modifikation wird durch kurzes Glühen vor dem Gebläse in die gewöhnliche, die vielleicht eine polymere darstellt, übergeführt.

Borimid $B_2(NH)_3$ entsteht nach Stock und Blix[1]) aus der bei Einwirkung von flüssigem Ammoniak auf Borsulfidsulfhydrat erhaltenen Verbindung $B_2S_3, 6NH_3$ durch mehrstündiges Erwärmen auf 115 bis 120° in einem Strome von trockenem Wasserstoff- oder Ammoniakgas. Es bleibt hierbei durch etwas Schwefel verunreinigt. Reiner, aber auch nicht völlig schwefelfrei, entsteht es, wenn man Borsulfidsulfhydrat bei höherer Temperatur mit Ammoniakgas behandelt.

Borsulfidsulfhydrat wird möglichst schnell fein zerrieben und in einem engen U-Rohr im Schwefelsäurebade auf 75° erhitzt, worauf man Ammoniakgas in ganz langsamem Strome hinzutreten läfst. Sobald die Hauptreaktion beendet ist, was sich durch Entweichen von Ammoniak zu erkennen giebt, wird die Temperatur auf 115 bis 120° gesteigert und mehrere Tage lang ein rascherer Ammoniakstrom über die Substanz geleitet. Zweckmäfsig wird dann das Produkt schnell ganz fein gepulvert und nochmals derselben Behandlung unterworfen.

Borimid ist ein leichtes weifses Pulver, das in keinem der üblichen Mittel ohne Zersetzung löslich ist. Beim Erhitzen auf 125 bis 130° beginnt es Ammoniak abzugeben, und bei höherer Temperatur zerfällt es quantitativ nach der Gleichung $B_2(NH)_3 = 2BN + NH_3$ in Borstickstoff und Ammoniak. Mit Wasser zersetzt es sich unter starker Erwärmung in Borsäure und Ammoniak.

Mit flüssigem Ammoniak erleidet das auch hierin unlösliche Borimid eine Veränderung, die sich äufserlich durch Übergang in eine dem kolloidalen Thonerdehydrat ähnliche Masse zu erkennen giebt.

Mit Salzsäure tritt heftige Reaktion unter starker Erwärmung ein. Es bildet sich das Chlorhydrat $B_2(NH)_3 . 3ClH$, ein schweres weifses Pulver, das bei stärkerem Erhitzen unter Entlassung von Salmiak und Salzsäure in Borstickstoff übergeht. Durch Wasser wird es zersetzt, in den üblichen organischen Lösungsmitteln ist es unlöslich.

In Sulfammonium (der Lösung von Schwefel in flüssigem Ammoniak) löst sich das Borimid leicht mit dunkelblauer Farbe, die, namentlich in der Wärme, einen Stich ins Violette hat. Beim Verdunsten des Ammoniaks hinterbleibt dann ein tiefblauer, an trockener Luft beständiger, amorpher Körper, der mit Wasser eine violette, beim Stehen nur langsam, durch Säurezusatz sofort unter Schwefelabscheidung sich zersetzende Lösung liefert, mit wasserfreiem Alkohol eine ebenfalls intensiv violette, viel beständigere Lösung. In siedendem Schwefelkohlenstoff ist die Verbindung unlöslich.

[1]) Alfr. Stock u. Mart. Blix, Ber. **34**, 3039.

Stickstoff in geschlossenen Ringsystemen.

Schon wiederholt sind in den früheren Abschnitten Verbindungen erwähnt worden, in denen der Stickstoff Bestandteil eines geschlossenen Ringsystems ist. Wir lernten im Azoimid einen Ring kennen, der lediglich aus Stickstoffatomen sich zusammensetzt, in den Imiden mehrbasischer organischer Säuren solche Ringe, die von einem Stickstoffatom mit mehreren Kohlenstoffatomen gebildet werden u. s. w. Die letzterwähnten Systeme zeichnen sich aber durch eine grofse Labilität aus. Sie werden leicht aufgespalten, der Stickstoff wird leicht aus der Verbindung mit den anderen Atomen gelöst. Derartige Ringe sind somit nur als labile Umwandlungsformen offener Verbindungsformen des Stickstoffs zu betrachten und werden daher diesen offenen Verbindungsformen, den Amiden, Imiden u. s. w., angereiht.

Wo aber der Stickstoff ein gewissermafsen echtes Ringsystem bilden hilft, da zeigt es sich auch aufserordentlich fest und widerstandsfähig. Bekannt ist ja die Festigkeit, welche die ringförmige Bindung der Kohlenstoffatome im Benzol den sogen. Kernkohlenstoffatomen bezw. ihrem Bindungsverhältnis verleiht. Die Festigkeit echter stickstoffhaltiger Ringsysteme ist aber meist noch erheblicher, so zwar, dafs von Ringsystemen, welche z. B. einen Benzolring und einen stickstoffhaltigen Ring kondensiert enthalten, bei der Oxydation zumeist der Benzolring zerstört wird und der intakte Stickstoffring die Trümmer jenes in Form von Karboxylgruppen seinem Gerüst angliedert.

Auch in anderer Beziehung zeigen sich Analogieen zwischen den Eigenschaften des Benzolringes und denen stickstoffhaltiger Ringsysteme. Es ist bekannt, dafs die eigentümliche Art der Bindung in jenem dem Kern gegenüber einem der damit verbundenen Wasserstoffatome, also den Radikalen, wie Phenyl, einen ausgesprochen negativen Charakter verleiht und dafs dieser schwindet, dafs der Kohlenwasserstoff trotz weiteren Bestehens der ringförmigen Bindung mehr „aliphatischen“ Charakter annimmt, wenn durch Hydrierung Wasserstoffatome bis zur maximalen Bindungsfähigkeit angelagert werden. Ganz Ähnliches findet sich auch in den Stickstoffringen, nur dafs hier, entsprechend dem energischeren Charakter des Stickstoffatoms, die Unterschiede noch viel schärfer hervortreten. In den ungesättigten Ringen, deren Zustand wir durch das Zeichen der Doppelbindungen ausdrücken, ist der basische Charakter, welcher den offenen Aminen eignet, mehr oder weniger verschwunden. Ja, die Verbindung kann im Gegenteil, wie wir dies schon bei den ringförmigen Imiden kennen lernten, ausgesprochen sauren Charakter annehmen, es kann ein am Stickstoff haftendes Wasserstoffatom durch Metalle vertretbar sein. Vornehmlich ist dies der Fall, wenn dem Stickstoff negative Atome oder Atomgruppen, z. B. Sauerstoff oder Schwefel in gewissen Bindungsformen, benachbart sind, die ja auch schon dem an Kohlenstoff gebundenen Wasserstoffatom gegenüber einen ähnlichen Einfluſs ausüben. Ganz besonders aber tritt hier auch der Einfluſs benachbarter Stickstoffatome hervor.

Mit zunehmender Sättigung der im Ringe enthaltenen Atome tritt dann wieder der Basencharakter, welcher den Stickstoffverbindungen innewohnt, stärker hervor, und wenn die letzten latenten Valenzen des Stickstoffatoms, die von uns als Neutralvalenzen bezeichneten, abgesättigt sind, so liefern auch die Verbindungen mit ringförmig gebundenem Stickstoff und trotz Vorhandenseins sonstiger Doppelbindungen Ammoniumverbindungen mit deren charakteristischen Kennzeichen. Nur zeigen diese vielfach ein Bestreben zum Zerfall oder zur Umlagerung, wie es in den offenen Stickstoffverbindungen unbekannt ist. Mit Vorliebe treten die angelagerten Alkyle aus solchen Ammoniumverbindungen in den Kern ein oder vielmehr an Kohlenstoffatome desselben, so daſs aus dem Salze einer quaternären Base ein isomeres einer tertiären entsteht.

In der folgenden kurzen Darstellung, bei welcher wesentlich die sehr übersichtliche Darstellung von Wedekind[1]) zu Grunde gelegt ist, sind die Ringsysteme nach der Zahl der darin vorhandenen Stickstoffatome geordnet.

Ringsysteme mit einem Stickstoffatom.

Dreigliedrige Ringe. Den Ring $\left.\begin{matrix} C \\ ||| \\ C \end{matrix}\right\rangle NH$ wollen Sabanejew und Prosin[2]) in Form des Phenylderivates bei der Einwirkung von alkoholischem Kali auf ein Gemisch von Äthylenbromid, Tetrabromäthan oder Tri- oder Dibromäthylen mit Anilin erhalten haben.

Von dem für sich nicht existenzfähigen Äthylenimid $NH\left\langle\begin{matrix} CH_2 \\ | \\ CH_2 \end{matrix}\right.$

[1]) Edg. Wedekind, Die heterocyklischen Verbindungen der organischen Chemie, Leipzig 1901. — [2]) Sabanejeff u. Prosin, J. russ. phys.-chem. Ges. 33, 280; Chem. Centralbl. 1901, II, S. 28.

kann man das Oxalimid $NH<\begin{matrix}CO\\|\\CO\end{matrix}$ ableiten, das als echtes Säure leicht aufspaltbar ist.

Viergliedrige Ringe. Trimethylenimin $NH<\begin{matrix}CH_2\\CH_2\end{matrix}>CH_2$, d Spaltung des p-Toluolsulfotrimethylenimids mittels Natrium Amylalkohol erhältlich, hat ausgesprochenen Amincharakter.

Ringe, die zugleich Sauerstoff enthalten, liegen den Betaine Grunde, Körpern, welche den Laktonen entsprechen und durch Ab tung von Wasser bezw. Säure aus solchen Säuren entstehen, d α-Stellung ein Ammoniumhydroxyd-Radikal enthalten, z. B.:

$$\begin{matrix}N(CH_3)_3 . CH_2\\ \cdot \quad\quad \cdot\\ Cl \quad HOOC\end{matrix} = ClH + \begin{matrix}N(CH_3)_3 . CH_2\\ | \quad\quad\quad |\\ O \text{———} CO\end{matrix}$$

Trimethylglykokoll-chlorhydrat — gewöhnliches Betain

Fünfgliedrige Ringe. Der wichtigste Repräsentant d Systeme ist das Pyrrol $NH<\begin{matrix}CH = CH\\ \quad\quad |\\CH = CH\end{matrix}$ oder $\begin{matrix}CH - CH\\ \| \quad\quad |\\ CH - CH\end{matrix}>N$

Dieses bezw. seine Homologen entstehen:

a) Aus γ-Diketonen durch Ammoniak [2]), z. B.:

$$\begin{matrix}CH_2 . CO - CH_3\\ |\\ CH_2 . CO - CH_3\end{matrix} + NH_3 = \begin{matrix}CH = C-CH_3\\ | \quad\quad\quad >NH\\ CH = C-CH_3\end{matrix} + 2 H_2$$

Acetonylaceton — Dimethylpyrrol

b) Aus Schleimsäure beim Erhitzen ihres Ammoniumsalzes:

$$\begin{matrix}CH.OH - CH.OH - COONH_4\\ |\\ CH.OH - CH.OH - COONH_4\end{matrix}$$

schleimsaures Ammonium

$$= \begin{matrix}CH = CH\\ | \quad\quad\quad >NH\\ CH = CH\end{matrix} + 2 CO_2 + NH_3 + 4$$

Pyrrol

c) Aus Succinimid $\begin{matrix}CH_2 . CO\\ \cdot \\ CH_2 . CO\end{matrix}>NH$ durch Reduktion [3]).

d) Aus Acetylen und Ammoniak bei hoher Temperatur [4]).

---

[1]) Wedekind, Heterocyklische Verbindungen, S. 22. — [2]) Paal 18, 2252. — [3]) Bell, ebend. 13, 877; Bernthsen, ebend. S. 10([4]) G. Williams, Chem. News 51, 15.

Obwohl Pyrrol im allgemeinen das Verhalten eines sekundären Amins zeigt, besitzt es gleichzeitig schwach sauren Charakter, hierin den Säureimiden gleichend. Das am Stickstoff haftende Wasserstoffatom kann durch Metall ersetzt werden.

Durch Säuren wird das Pyrrol leicht zu Tripyrrol

```
CH—CH—CH—CH
||   |   |   ||
CH—CH  CH  CH
  \ /  \ /  \ /
  NH   NH   NH
```

polymerisiert. Dieses zersetzt sich beim Erhitzen in Pyrrol, Ammoniak und Benzopyrrol (Indol)

```
      CH
    //  \
  CH     CH———CH
  |      ||    ||
  HC     CH    CH
    \\  /  \  /
      CH    NH
```

.

Durch Einwirkung von Methylenchlorid, Chloroform oder Bromoform geht Pyrrolkalium in Pyridin bezw. dessen β-Halogenderivate über.

Durch Reduktion geht das Pyrrol in Pyrrolin

```
CH2 — CH2
|         >NH,
CH  = CH
```

dann in Pyrrolidin oder Tetramethylenimin

```
CH2 — CH2
|         >NH
CH2 — CH2
```

über, wobei der basische Charakter von Stufe zu Stufe zunimmt. Sauerstoffderivate des Pyrrolidins, Pyrrolidone, entstehen bei der elektrolytischen Reduktion des Succinimids und seiner Derivate[1]).

Das oben erwähnte Benzopyrrol ist in zwei Isomeren bekannt, je nachdem ein dem Stickstoff benachbartes Kohlenstoffatom an der Verknüpfung beider Ringsysteme beteiligt ist oder nur zwei ferner stehende Kohlenstoffatome.

```
           CH                            CH
          /  \\                         /  \\
HC———C      CH               CH—C      CH
||   ||      |          NH<  |   ||     |
HC   C      CH               CH—C      CH
  \ /  \   //                      \   //
  NH    CH                          CH
```

α,β-Benzopyrrol, Indol — β,β-Benzopyrrol, Isoindol

Die Indole kann man als innere Anhydride von o-Aminoderivaten des Benzols betrachten. Sie lassen sich zu solchen Derivaten aufspalten, wie sie andererseits durch kondensierende Mittel daraus entstehen. So erhält man Indol aus o-Amino-ω-Chlorstyrol[2]):

[1]) Tafel u. Stern, Ber. 33, 2224. — [2]) Lipp, Ber. 17, 1067.

$$C_6H_4\langle{}^{CH=CHCl}_{NH_2} = C_6H_4\langle{}^{CH}_{NH}\rangle CH + HCl.$$

Die Kondensation kann mit der Bildung der Aminokörper gleichzeitig erfolgen. So entsteht Indol bei der Reduktion von o-Nitrozimtsäure oder o-Nitrophenylacetaldehyd u. s. w.[1]):

$$C_6H_4\langle{}^{CH=CH.CO_2H}_{NO_2} + 4H = C_6H_4\langle{}^{CH}_{NH}\rangle CH + 2H_2O + CO_2.$$

Aus Phenylhydrazonen entstehen Indole unter Abspaltung von Ammoniak beim Erhitzen mit Chlorzink oder Salzsäure[2]).

Pyrogen erhält man Indol aus alkylierten Anilinen, besonders aus Cumidin, beim Durchleiten durch glühende Röhren[3]).

Die Indole zeigen das Verhalten schwacher Basen. Alkylindole, im Pyrrolkern substituiert (Skatol), riechen, wie auch Indol selbst, fäkalartig und sind unzersetzt destillierbar, die im Phenylkern substituierten sind dagegen geruchlos und nicht flüchtig.

Das Phenol der Indolreihe, β-Oxyindol oder Indoxyl, $C_6H_4\langle{}^{C.OH}_{NH}\rangle CH$, reagiert vielfach im Sinne der tautomeren Ketonform $C_6H_4\langle{}^{CO}_{NH}\rangle CH_2$, des Pseudoindoxyls. Die Indoxylkarbonsäure $C_6H_4\langle{}^{C(OH)}_{NH}\rangle C.CO_2H$ wird zur Darstellung des künstlichen Indigos in grofsem Mafsstabe dargestellt, indem man Anthranilsäure (o-Aminobenzoesäure) $C_6H_4\langle{}^{CO_2H}_{NH_2}$ in o-Phenylglycinkarbonsäure $C_6H_4\langle{}^{CO_2H}_{NH.CH_2.CO_2H}$ überführt und diese mit Alkali schmilzt. Sie geht sehr leicht in Indigblau über.

Isomer dem Indoxyl ist das gewöhnliche oder α-Oxindol $C_6H_4\langle{}^{CH_2}_{NH}\rangle CO$. Beide gehen durch Oxydation in das Dioxyprodukt Isatin $C_6H_4\langle{}^{CO}_{NH}\rangle CO$ oder $C_6H_4\langle{}^{CO}_{N}\rangle C.OH$ über.

In den Ketoformen sind diese Produkte als Derivate des Indolins

---

[1]) Baeyer u. Emmerling, Ber. 2, 679; vgl. Mauthner u. Suida, Monatsh. f. Chem. 11, 373. — [2]) E. Fischer, Ber. 19, 1563; Trenckler, Ann. Chem. 248, 106. — [3]) Baeyer u. Caro, Ber. 10, 692; Ladenburg, ebend. 10, 1263; Fileti, Gazz. chim. 13, 378; Ber. 16, 2928.

(Dihydroindols) $C_6H_4<\overset{CH_2}{\underset{NH}{}}>CH_2$ aufzufassen, als Indolinone bezw. Indolindione. Die Indoline selbst zeichnen sich den Indolen gegenüber durch stärker basischen Charakter aus.

Das Indoxyl reagiert u. a. mit Aldehyden und Ketonen in der Pseudoform, indem der Sauerstoff der Karbonylgruppe mit dem Wasserstoff der Methylengruppe austritt und Indogenide

$$C_6H_4\langle{}^{CO}_{NH}\rangle C{=}C\langle{}^{R'}_{R''}$$

gebildet werden. Als derartiges Indogenid, vom Isatin in seiner Ketoform abzuleiten, erscheint auch das Indigoblau (I) sowie das in der Natur mit jenem zusammen vorkommende isomere Indirubin (II).

$$\text{I.}\quad C_6H_4\langle{}^{CO}_{NH}\rangle CH_2 + CO\langle{}^{CO}_{NH}\rangle C_6H_4 = C_6H_4\langle{}^{CO}_{NH}\rangle C{=}C\langle{}^{CO}_{NH}\rangle C_6H_4 + H_2O$$

Pseudoindoxyl — Pseudoisatin — Indigoblau

$$\text{II.}\quad C_6H_4\langle{}^{CO}_{NH}\rangle CH_2 + CO\langle{}^{CO}_{C_6H_4}\rangle NH = C_6H_4\langle{}^{CO}_{NH}\rangle C{=}C\langle{}^{CO}_{C_6H_4}\rangle NH + H_2O$$

Pseudoindoxyl — Pseudoisatin — Indirubin

Den Indolen verwandt sind die Naphtostyrile, bei denen drei Kohlenstoffatome des Pyrrolonringes dem Naphtalinringe angehören, z. B. Naphtostyril

```
        HC    CH
      HC        C—NH
         >C=C<    |
      HC        C—CO
        HC    CH
```

Für das Isoindol sind folgende Formeln möglich:

```
    CH                          CH
 HC     C—CH2                HC     C—CH
 |      ||   >N     oder     |      ||  |  >NH
 HC     C—CH                 HC     C—CH
    CH                          CH

              CH
           HC     C—CH
 oder      |      ||    >NH.
           HC     C—CH
```

Die meisten Körper dieser Gruppe leiten sich vom Dihydroisoindol $C_6H_4<\genfrac{}{}{0pt}{}{CH_2}{CH_2}>NH$ ab, welches durch schnelles Erhitzen von o-Xylylendiamindichlorhydrat $C_6H_4<\genfrac{}{}{0pt}{}{CH_2.NH_2.ClH}{CH_2.NH_2.ClH}$ entsteht[1]). Dieser Darstellung entsprechend gewinnt man die am Stickstoff phenylierten Abkömmlinge, indem man o-Xylylenbromid auf Anilin bezw. dessen Meta- und Parasubstitutionsprodukte einwirken läßt. Ebenso reagieren primäre aliphatische Amine, während Ammoniak und sekundäre aliphatische Amine zweikernige Dihydroisoindole, z. B.

$$C_6H_4<\genfrac{}{}{0pt}{}{CH_2}{CH_2}>\underset{\underset{Br}{|}}{N}<\genfrac{}{}{0pt}{}{CH_2}{CH_2}>C_6H_4$$

ergeben.

Das Dihydroisoindol selbst ist eine starke Base, das N-Phenylderivat zeigt keine basischen Eigenschaften mehr.

Durch Kondensation des Pyrrolringes mit zwei Benzolringen gelangt man zum Karbazol, Dibenzopyrrol,

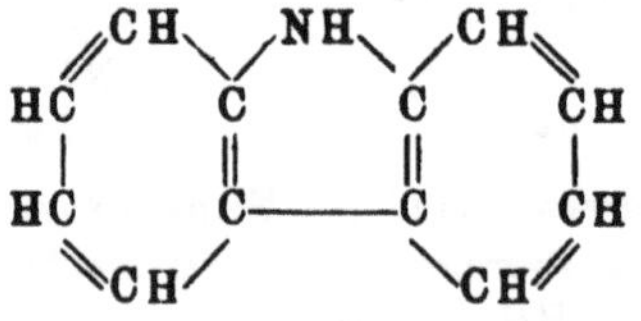

```
      CH     NH     CH
    //  \   /  \   /  \\
  HC     C       C     CH
  |      ||      ||     |
  HC     C ----- C     CH
    \\  /         \   //
      CH            CH
```

Dasselbe findet sich im Rohanthracen. Es bildet sich pyrogen aus Diphenylamin durch Wasserstoffabspaltung[2]), sowie bei Destillation von o-Aminobiphenyl über Kalk[3]), aus Thiodiphenylamin durch Behandlung mit Kupferpulver[4]), aus Diaminobiphenyl durch Erhitzen mit Salzsäure[5]), aus o-Aminodiphenylamin durch Diazotieren und Erhitzen des entstandenen Phenylazimidobenzols[6]).

Karbazol und seine Homologen zeigen im allgemeinen die Eigenschaften der Indole, aber schwächere Basizität. Die basischen Eigenschaften werden verstärkt durch Hydrierung, die sich natürlich nur in den Benzolkernen abspielen kann.

Ersatz einer Methingruppe des Indols durch Sauerstoff oder Schwefel führt zu Oxazolen (Furo-β-monazolen) und Isoxazolen (Furo-α-monazolen) bezw. Thiazolen.

---

[1]) Gabriel u. Pinkus, Ber. 26, 2213. — [2]) Gräbe, Ann. Chem. 167, 125, 174, 180. — [3]) Blank, Ber. 24, 306. — [4]) Goske, ebend. 20, 232. — [5]) Täuber, ebend. 24, 200, 26, 1703. — [6]) Gräbe u. Ullmann, Ann. Chem. 291, 16.

Oxazole $\begin{array}{c}CH—N\\ \| \quad \|\\ CH \quad CH\\ \diagdown\diagup\\ O\end{array}$ entstehen durch Kondensation von α-Halogenketonen mit Säureamiden[1]), durch Einwirkung von Benzoin $C_6H_5.CO.CH(OH).C_6H_5$ auf Säurenitrile bei Gegenwart von konzentrierter Schwefelsäure[2]), durch Einwirkung gasförmiger Salzsäure auf ein Gemisch von aromatischen Aldehydcyanhydrinen und Aldehyden[3]). Sie sind schwache Basen, der Ring wird durch oxydierende wie durch reduzierende Agentien sowie durch Salzsäure leicht gesprengt.

Weit stärkere Basen sind die um zwei Wasserstoffatome reicheren Dihydrooxazole oder Oxazoline, welche durch Abspaltung von Halogenwasserstoff aus β-Halogenalkylamiden[4])

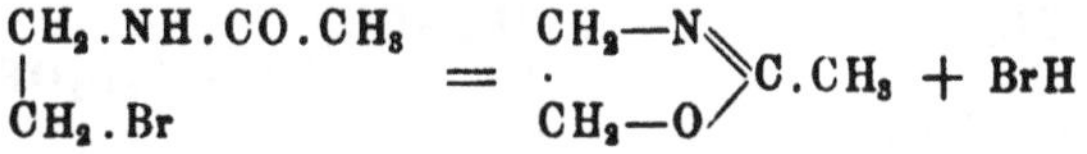

$$\begin{array}{l}CH_2.NH.CO.CH_3\\ |\\ CH_2.Br\end{array} = \begin{array}{l}CH_2—N\\ \cdot\\ CH_2—O\end{array}\!\!\!>C.CH_3 + BrH$$

sowie aus Imido-β-chloräthyläthern durch Alkalien[5]) entstehen, und die durch direkte Reduktion der Oxazole mit Natrium und Alkohol erhältlichen Tetrahydrooxazole.

Benzoxazol $\begin{array}{c}CH\\ HC \quad C—N\\ | \quad \| \quad >CH\\ HC \quad C—O\\ CH\end{array}$ und seine Derivate entstehen aus o-Aminophenolen durch Erhitzen mit organischen Säuren (auch mit Aldehyden) unter Wasseraustritt[6]). Sie sind schwache Basen, die durch heiße Mineralsäuren in ihre Komponenten zerfallen. — Analog entstehen aus o-Aminothiophenolen[7]) die Benzothiazole (Methenylaminothiophenole), die auch durch Erhitzen von Säureaniliden mit Schwefel oder durch Oxydation von Thioaniliden[8]) erhalten werden, schwach basische, durch Kalischmelze aufspaltbare Flüssigkeiten.

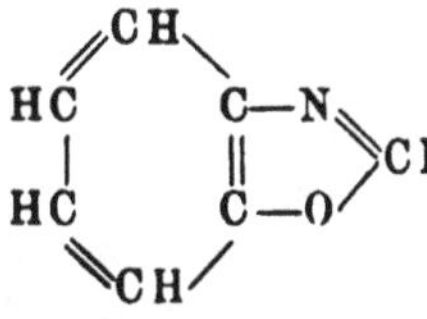

Die Isoxazole $\begin{array}{c}(\beta)\,CH—CH\,(\gamma)\\ \| \quad \|\\ (\alpha)\,CH \quad N\\ \diagdown\diagup\\ O\end{array}$ entstehen durch Einwirkung von Hydroxylamin auf β-Diketone, β-Ketonaldehyde und Oxymethylenketone

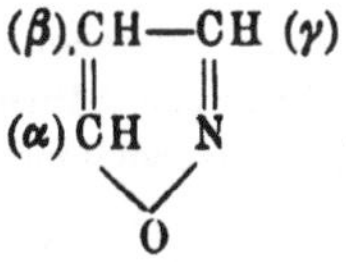

---

[1]) Blümlein, Ber. 17, 2578; Lewy, ebend. 20, 2576. — [2]) Japp u. Murray, Chem. Soc. J. 63, 469; Ber. 26, 496 Ref. — [3]) E. Fischer, Ber. 29, 205. — [4]) Gabriel, ebend. 22, 2220; Derselbe u. Heymann, ebend. 23, 2493. — [5]) Gabriel u. Neumann, Ber. 25, 2383. — [6]) Ladenburg, ebend. 9, 1524, 10, 1123; Mazzara u. Leonardi, Gazz. chim. 21, I, 251; Ber. 24, 569 Ref. — [7]) A. W. Hofmann, Ber. 13, 1224. — [8]) Derselbe, ebend. 12, 2360; P. Jacobson, ebend. 19, 1068.

bezw. durch Wasserabspaltung aus den dabei primär gebildeten Monoximen[1]). Es sind nur die in γ-Stellung substituierten Verbindungen beständig, die anderen gehen leicht in die isomeren Nitrile von β-Ketonsäuren über.

Sie sind schwache Basen, die bei der Reduktion unter Ringaufspaltung Imino-β-diketone ergeben. Isoxazoline sind auf diese Weise nicht und auch auf anderen Wegen nur ausnahmsweise zu gewinnen.

Leicht erhältlich sind dagegen deren Sauerstoffderivate, die

$$\text{Isoxazolone}\quad \begin{array}{c} R.C\!-\!CH \\ \|\quad\;| \\ N\quad CO \\ \diagdown\!\diagup \\ O \end{array}$$

durch Einwirkung von Hydroxylamin auf β-Ketonsäureester resp. durch Spaltung der primär entstandenen

$$\text{Oxime:}\ \begin{array}{l} CH_2\!\diagup^{CO.OC_2H_5} \\ | \\ C{=}NOH \\ \dot{} \\ R \end{array} = \begin{array}{l} CH_2\!-\!CO\diagdown \\ |\qquad\qquad\;\; O \\ C{=\!=\!=}N\diagup \\ \dot{} \\ R \end{array} + C_2H_5OH.$$

Die Isoxazolone können nach drei desmotropen Formeln reagieren:

$$\begin{array}{ccc} \begin{array}{l} CH_2\!-\!CO\diagdown \\ |\qquad\qquad O \\ CH{=\!=}N\diagup \end{array} & \begin{array}{l} CH\!-\!CO\diagdown \\ \|\qquad\qquad O \\ CH\!-\!NH\diagup \end{array} & \begin{array}{l} CH{=}C(OH) \\ |\qquad\;\; >O \\ CH{=}N \end{array} \\ \text{Methylenform} & \text{Iminform} & \text{Enolform} \end{array}$$

Sie besitzen stark sauren Charakter, da sie nicht nur mit Metallen, sondern auch mit Ammoniak und primären Aminen Salze bilden. Mit Diazoniumsalzen bilden sie Phenylhydrazone, mit salpetriger Säure Isonitrosokörper.

Es existiert noch eine zweite Reihe, β-Isoxazolone, welche das Karbonyl in β-Stellung zum Sauerstoff enthalten.

Den Isoxazolonen entsprechen Imidazoline, in denen der Sauerstoff der Karbonylgruppe durch die Iminogruppe ersetzt ist. Sie entstehen aus Cyanacetoximen bezw. durch Behandlung der Dinitrile einbasischer Säuren mit Hydroxylamin[2]).

Benzisoxazole (Indoxazene) entstehen unter Abspaltung von Halogenwasserstoff bezw. von salpetriger Säure bei Einwirkung von Alkalilauge auf o-Brom-(Jod-, Nitro-)benzophenonoxim[3]):

$$\begin{array}{l} \quad\;\; {/\!\!/}CH\diagdown\;\diagup NO_2 \\ CH\qquad\quad C \\ |\qquad\qquad\; \|\qquad\quad {/\!\!/}NOH \\ HC\qquad\quad C\!-\!C \\ \quad \diagdown\!\!\diagdown CH\diagup\qquad \diagdown C_6H_5 \end{array} + KOH = \begin{array}{l} \quad\;\; {/\!\!/}CH\diagdown\;\diagup O\diagdown \\ CH\qquad\quad C\qquad\quad N \\ |\qquad\qquad\; \|\qquad\qquad \| \\ CH\qquad\quad C\!-\!\!-\!\!-\!C.C_6H_5 \\ \quad \diagdown\!\!\diagdown CH\diagup \end{array} + NO_2K + H_2O$$

---

1) Claisen, Ber. 24, 3906. — 2) Burns, Journ. pr. Chem. [2] 47, 121. — 3) Cathcart u. V. Meyer, Ber. 25, 1498, 3291.

HC—S
|| |
Thiazole HC CH entstehen analog den Oxazolen aus Thio-
N

amiden[1]). Sie zeigen grofse Ähnlichkeit mit Pyridin bezw. dessen Homologen. Benzothiazole s. vorher.

Dihydrothiazole sind in zwei isomeren Formen möglich:

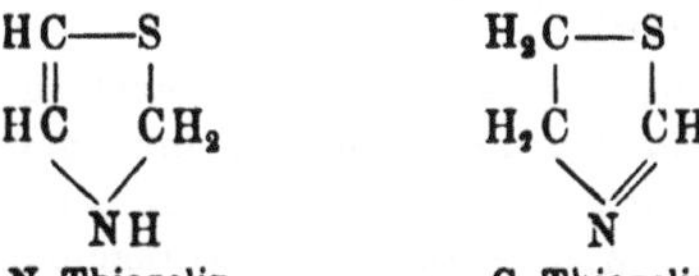

N-Thiazolin C-Thiazolin

Der zweiten Formel entsprechen die eigentlichen Thiazoline. Man gewinnt dieselben 1. durch Einwirkung von β-Halogenalkylaminsalzen auf Thioamide bei höherer Temperatur[2]), 2. durch Einwirkung von Äthylenbromid auf Thioamide[3]), 3. durch Einwirkung von Phosphorpentasulfid auf Acidyl-β-bromalkylamide[4]).

Aminoderivate der Thiazoline sind die durch Umlagerung von Alkylthioharnstoffen mittels Bromwasserstoffsäure oder durch Einwirkung von Rhodankalium auf β-Bromalkylamine entstehenden Alkylenpseudothioharnstoffe $\begin{matrix} CH_2—S \\ | \\ CH_2—N \end{matrix}$ >C.NH$_2$. Denselben scheint nach dem Verhalten bei der Alkylierung zuweilen Desmotropie nach der Formel $\begin{matrix} CH_2—S \\ | \\ CH_2—NH \end{matrix}$ >C:NH (Iminothiazolidin) zuzukommen.

Zu den Tetrahydrothiazolen (Thiazolidinen) sind die aus α-Chlorfettsäuren und Thioharnstoffen entstehenden Pseudothiohydantoine $\begin{matrix} CH_2—S \\ | \\ CO—NH \end{matrix}$ >C=NH zu rechnen.

Den Thiazolen entsprechen ferner ganz analoge Selenazole.

Sechsgliederige Ringsysteme.

(γ)
CH
(β') HC CH (β)
Pyridin || | und seine Homologen finden sich
(α') HC CH (α)
N

[1]) Hantzsch, Ann. Chem. 250, 257. — [2]) Gabriel u. v. Hirsch, Ber. 29, 2609. — [3]) Derselbe u. Heymann, ebend. 23, 158. — [4]) Salomon, ebend. 26, 1327.

im Dippelschen Tieröl, das durch Destillation von animalischen Stoffen, besonders Knochen, gewonnen wird. Ihre Entstehung ist hier so zu deuten, daſs aus Glycerin der Fette zunächst Akrolein entsteht, welches sich mit Ammoniak zum Pyridin kondensiert[1]). Dieser Prozeſs wird auch künstlich herbeigeführt, indem man Glycerin mit Acetamid oder Ammoniumphosphat bei Gegenwart von Phosphorpentoxyd erhitzt. Aus fertigen Aldehyden und Ketonen gewinnt man die Pyridine ohne Kondensationsmittel direkt durch Erhitzen mit Aldehydammoniak oder Acetamid[2]).

Ein anderes allgemeines Verfahren besteht in der Kondensation von β-Diketoverbindungen mit Aldehyden und Ammoniak (Hantzsche Synthese). So vereinigen sich 2 Mol. Acetessigester, 1 Mol. Acetaldehyd und 1 Mol. Ammoniak zu Dihydrokollidinkarbonsäureester, dem durch Oxydation mittels salpetriger Säure 2 Wasserstoffatome entzogen werden können[3]):

$$\begin{array}{l} ROOC.CH_2 \\ \quad\;\; | \\ CH_3.CO \end{array} + \begin{array}{c} CH_3 \\ \cdot \\ HCO \end{array} + NH_3 + \begin{array}{l} CH_2.COOR \\ | \\ CO.CH_3 \end{array}$$

$$= \begin{array}{ccc} & CH_3 & \\ & \cdot & \\ & CH & \\ ROOC.C & & C.COOR \\ \| & & \| \\ CH_3.C & & C.H_3 \\ & NH & \end{array} + 3\,H_2O.$$

Ferner kondensiert sich Ammoniak mit β-Diketomethenylverbindungen[4]), Hydroxylamin mit 1,5-Diketonen[5]), deren Karbonyle halbseitig aromatisch gebunden sind, zu Pyridinderivaten.

Aus Pyrrolen entstehen, wie bei jenen erwähnt, Pyridine durch Ringerweiterung.

Oxypyridine (Pyridone) entstehen durch Einwirkung von Ammoniak auf α- und γ-Pyrone, z. B.:

$$CH\begin{array}{l} \nearrow CH{-}CO \\ \qquad\qquad\quad >O \\ \searrow CH{=}C.COOH \end{array} + NH_3 = CH\begin{array}{l} \nearrow CH{-}CO \\ \qquad\qquad\quad >NH \\ \searrow CH{=}C.COOH \end{array} + H_2O.$$

α,α'-Dioxypyridine sind identisch mit den Imiden der Glutakonsäure und entstehen demgemäſs aus Glutakonsäureamid oder Glukonaminsäure.

---

[1]) Weidel u. Ciamician, Ber. **13**, 83 ff. — [2]) Liebig u. Wöhler, Ann. Chem. **59**, 298; Ador u. Baeyer, ebend. **155**, 310; Claus, ebend. **158**, 222; Dürkopf u. Götsch, Ber. **23**, 685. — [3]) Hantzsch, Ber. **18**, 2579; Derselbe, Ann. Chem. **215**, 1. — [4]) Claisen, Ber. **26**, 2733; Derselbe, Ann. Chem. **297**, 71. — [5]) Knoevenagel, Ann. Chem. **281**, 36.

Die Pyridine sind ziemlich starke Basen, wenngleich etwas schwächer als aliphatische Amine. Die Salze sind meist leicht löslich, häufig zerfließlich. In hervorragendem Maße sind sie zur Bildung komplexer Salze befähigt.

Wie andere tertiäre Amine lagern die Pyridine Alkylhalogene unter Bildung von Ammoniumsalzen an. Diese Salze erleiden beim Erwärmen eine Umlagerung, indem das Alkyl vom Stickstoff zum α- oder zum γ-Kohlenstoff wandert, so daß die Salze höherer Homologen entstehen:

```
       H                                   H
       C                                   C
    /     \\                            /     \\
  HC       CH                        HC       CH
  ||        |      geht über in      ||        |
  HC       CH                        HC       C.CH3
    \\    //                            \\    //
       N                                   N
     /   \                               /   \
    J     CH3                           J     H

                     CH3
                      .
                      C
                   /     \\
                 HC       CH
    oder in      ||        |
                 HC       CH
                   \\    //
                      N
                    /   \
                   J     H
```

Die den Ammoniumsalzen zu Grunde liegenden Basen spalten beim Erwärmen nicht Alkylalkohol ab, sondern erfahren eine Umlagerung, indem zunächst das Hydroxyl an die benachbarte doppelt gebundene Methingruppe addiert wird, also ein α-Oxydihydro-n-alkylpyridin entsteht. Je zwei Molekeln dieses sekundären Alkohols wirken aber in der Weise aufeinander ein, daß 1 Mol. N-Alkyldihydropyridin und 1 Mol. N-Alkylpyridon entsteht:

```
     CH               CH                  CH              CH
   /   \\           /   \\              /   \\          /   \\
  CH    CH         CH    CH            HC    CH        HC    CH
2 ||     |    = 2  ||     |    H    =  ||     |    +   ||     |
  CH    CH         CH    C<            HC    CO        HC    CH2
    \\  //           \   /   OH          \   /           \   /
      N                N                   N               N
    /   \              .                   .               .
  CH3    OH           CH3                 CH3             CH3
```

Im übrigen zeigen die Pyridine große Analogie mit den Benzolkohlenwasserstoffen, „aromatischen" Charakter. Diese tritt besonders durch die große Widerstandsfähigkeit des Ringkomplexes hervor, infolge deren z. B. bei der Oxydation Pyridinkarbonsäuren entstehen, die beim Erhitzen unter Abspaltung von Kohlensäure in Pyridine übergehen, ferner durch die träge Reaktion mit Halogenen, konzentrierter Schwefelsäure und Salpetersäure. Verhältnismäfsig leicht reagieren die Pyridine gegen naszierenden Wasserstoff. Durch Natrium und Alkohol gehen sie meist direkt in die Hexahydropyridine, Piperidine, über.

α-Methylpyridin (α-Pikolin) reagiert leicht mit Aldehyden. Durch Erhitzen bei Gegenwart von Wasser entstehen aldolartige Körper, die Alkine:

```
    CH                              CH
   /  \\                           /  \\
 CH    CH                        HC    CH
 ||    |     + OCH.CH3  =        ||    |                  CH3
 HC    C.CH3                     HC    C.CH2.CH<
   \\  //                          \\  //                   OH
    N                               N
                                 α-Pikolylmethylalkin
```

Bei Anwendung wasserentziehender Mittel tritt zugleich Wasser aus, und es entstehen ungesättigte Derivate des Pyridins, z. B. mit Benzaldehyd das Stilbazol $NC_5H_4.CH{=}CH.C_6H_5$.

Durch Erhitzen mit Jodwasserstoffsäure gehen die Pyridine unter Ammoniakabspaltung in Paraffine über.

Die schon erwähnten Oxypyridine oder Pyridone haben sowohl Säure- wie Basencharakter. Die α- und γ-Verbindung vermögen in beiden tautomeren Formen, der Hydroxylform (I) und der Ketoform (II), zu reagieren.

```
      I                    II
      CH                   CH
     /  \\                /  \\
   HC    CH             HC    CH
   ||    |              ||    |
   HC    C.OH           HC    CO
     \\  //               \\  /
      N                    NH
```

So entstehen häufig beim Alkylieren gleichzeitig Sauerstoff- und Stickstoffäther.

Hydropyridine

existieren in drei Hydrierungsstufen.

1. Dihydropyridine. Einige Bildungsarten wurden schon bei den Pyridinen erwähnt. Es ist ferner noch hervorzuheben die Einwirkung von Cyanessigester auf Ketone bei Gegenwart von Ammoniak

oder Aminen[1]). Die Dihydropyridine sind bereits wesentlich stärkere Basen als die Pyridine. Das gleiche gilt für die

2. Tetrahydropyridine, Piperideine. Diese gewinnt man durch gelinde Oxydation der Piperidine[2]) (mittels Brom und Natronlauge oder Jod und Silberoxyd), ferner durch innere Kondensation von aliphatischen Oxyaminen. Das Piperidein selbst entsteht aus dem δ-Aminovaleraldehyd $H_2C\langle{}^{CH_2-CHO\ H_2}_{CH_2-CH_2}\rangle N$ durch Wasserabspaltung beim Erhitzen für sich oder bei Gegenwart von Kali[3]), Alkylderivate entstehen durch Einwirkung von Ammoniak oder primären Aminen auf δ-Brombutylmethylketon[4]). Die hierbei zuerst gebildete Aminoverbindung lagert sich zunächst unter Ringschlufs um, dann erfolgt Wasserabspaltung:

$$CH_2\langle{}^{CH_2.CO.CH_3\ H_2}_{CH_2\ .\ CH_2}\rangle N \rightarrow CH_2\langle{}^{CH_2-C\langle{}^{OH}_{CH_3}}_{CH_2-CH_2}\rangle NH$$

$$\rightarrow CH_2\langle{}^{CH=\!=C\langle{}^{CH_3}}_{CH_2-CH_2}\rangle NH + H_2O.$$

Ähnlich erfolgt die Wasserabspaltung aus Acetonalkaminen[5]), wobei die sogenannten Acetonine, Piperideine mit β,γ-Doppelbindung, entstehen, z. B.:

```
          HC—OH                      CH
          /   \                     //  \
      H2C       CH2             H2C      CH
       |         |       =       |        |
  (CH3)2C       C(CH3)2    (CH3)2C       C(CH3)2
          \   /                    \   /
           NH                       NH
     Triacetonalkamin           Triacetonin
```

3. Hexahydropyridine, Piperidine entstehen, wie schon erwähnt, bei der Reduktion der Pyridine mit naszierendem Wasserstoff. Synthetisch erhält man sie auf folgenden Wegen:

a) Durch Abspaltung von Ammoniak aus Pentamethylendiamin[6]):

$$H_2C\langle{}^{CH_2-CH_2-NH_2}_{CH_2-CH_2-NH_2} = H_2C\langle{}^{CH_2-CH_2}_{CH_2-CH_2}\rangle NH + NH_3.$$

---

[1]) Guareschi, Atti R. Accad. Torino [II] 46, [III] 32, 33; Chem. Centralbl. 1896, I, S. 601, 1897, I, S. 927, 1898, II, S. 544. — [2]) Ladenburg, Ber. 14, 1347, 20, 1645; A. W. Hofmann, ebend. 18, 111. — [3]) Wolffenstein, ebend. 25, 2782. — [4]) Lipp, ebend. 25, 2190; Derselbe, Ann. Chem. 294, 135. — [5]) E. Fischer, Ber. 16, 649, 1604, 17, 1789. — [6]) Ladenburg, ebend. 19, 780; Derselbe, Ann. Chem. 247, 52.

b) Durch Abspaltung von Halogenwasserstoff aus ε-Halogenamylamin [1]):

$$H_2C\begin{cases}CH_2-CH_2-Cl\\CH_2-CH_2-NH_2\end{cases} = H_2C\begin{cases}CH_2-CH_2\\CH_2-CH_2\end{cases}NH + ClH.$$

c) Die Sauerstoffderivate (Piperidone) entstehen durch Wasserabspaltung (innere Kondensation) von δ-Aminofettsäuren [2]), z. B.:

$$H_2C\begin{cases}CH_2-CH_2-NH_2\\CH_2-COOH\end{cases} = CH_2\begin{cases}CH_2-CH_2\\CH_2-CO\end{cases}NH + H_2O.$$

Die Piperidine sind starke Basen, welche sich ganz wie sekundäre aliphatische Basen verhalten. Interessant sind verschiedene Reaktionen, welche zum Abbau und zur Aufspaltung des Ringkomplexes führen. Beim Erhitzen mit Jodwasserstoffsäure auf 300° entstehen Ammoniak und Paraffine [3]). Oxydation gewisser Stickstoffderivate (z. B. N-Benzoylpiperidin) mit Kaliumpermanganat führt zu Derivaten der δ-Aminovaleriansäure [Homopiperidinsäure [4])]. Durch Wasserstoffsuperoxyd erfolgt Aufspaltung des Piperidins selbst zu δ-Aminovaleraldehyd; nebenbei werden Glutarimid und α,α'-Diketopiperidin gebildet [5]). N-Alkylpiperidine liefern mit Wasserstoffsuperoxyd Alkylpiperidinoxyde [6]).

Erschöpfende Methylierung des Piperidins [7]) führt zunächst zum Dimethylpiperidiniumhydroxyd (I), das beim Erhitzen in eine tertiäre olefinische Base, das sogenannte Dimethylpiperidin (II), übergeht. Aus dieser entsteht durch Methylierung wieder eine Ammoniumbase (III), welche dann bei der Destillation in Trimethylamin und 1,4-Pentadien (Piperylen) (IV) zerfällt. Andererseits läßt sich das sogenannte Dimethylpiperidin durch Salzsäuregas in Dimethylpyrrolidin überführen:

$$\overset{\text{I}}{CH_2\begin{cases}CH_2-CH_2\\CH_2-CH_2\end{cases}N\begin{cases}CH_3\\CH_3\\OH\end{cases}} = H_2O + \overset{\text{II}}{CH_2\begin{cases}CH_2-CH_2-N\begin{cases}CH_3\\CH_3\end{cases}\\CH=CH_2\end{cases}}$$

$$\text{II} + CH_3.OH = \overset{\text{III}}{CH_2\begin{cases}CH_2-CH_2-N\begin{cases}CH_3\\CH_3\\CH_3\\OH\end{cases}\\CH=CH_2\end{cases}}$$

$$= N(CH_3)_3 + \overset{\text{IV}}{CH_2\begin{cases}CH=CH_2\\CH=CH_2\end{cases}} + H_2O$$

[1]) Gabriel, Ber. 25, 421. — [2]) Derselbe, ebend. 23, 1767; Aschan, ebend. 23, 3692. — [3]) Spindler, Journ. russ. phys.-chem. Ges. 1891, I, S. 39; Ber. 24, 561 Ref. — [4]) Schotten, Ber. 17, 2545. — [5]) Wolffenstein, ebend. 25, 2777, 26, 2991. — [6]) Derselbe u. Wernick, ebend. 31, 1553. — [7]) A. W. Hofmann, ebend. 14, 494.

$$\text{II} + \text{ClH} = \text{CH}_2\left\langle\begin{array}{l}\text{CH}_2\text{—CH}_2\\ \quad\quad\quad\ |\\ \text{CH——N.CH}_3\\ \dot{\text{C}}\text{H}_3\end{array}\right. + \text{CH}_3\text{Cl}.$$

Durch Einwirkung von Natrium auf Pyridine oder durch Abspaltung von Kohlensäure aus Dipyridylkarbonsäuren gelangt man zu den Bipyridylen $NC_5H_4 . C_5H_4N$.

Benzopyridine.

Je nachdem sich der Pyridinkern mit dem Benzolkern in α, β- oder in β, γ-Stellung kondensiert, unterscheidet man die Chinoline (I) und Isochinoline (II):

```
     CH CH                  CH CH
   //  \ / \\             //  \ / \\
 HC     C    CH         HC     C    CH
 |      ||   |          |      ||   |
 HC     C    CH         HC     C    N
   \\  / \  //            \\  / \  //
     C    N                 CH   CH
     H
```

Die eigentlichen Chinoline finden sich neben den Pyridinen im Tieröl und können aus manchen Alkaloiden, z. B. den Chinaalkaloiden, welche danach als Chinolinderivate betrachtet werden, durch Destillation mit Kali gewonnen werden.

Chinolin entsteht durch Abbau des Akridins, indem dieses zur Chinolindikarbonsäure (Akridinsäure) oxydiert und aus dieser Kohlensäure durch Erhitzen abgespalten wird.

Synthetisch gewinnt man Chinoline durch innere Kondensation solcher o-Aminobenzolderivate, welche eine Seitenkette von mindestens drei Kohlenstoffatomen und am dritten Kohlenstoff ein Sauerstoffatom enthalten [1]), z. B.:

$$\text{C}_6\text{H}_4\left\langle\begin{array}{l}\text{CH=CH}\\ \text{NH}_2 \quad\quad \text{OCH}\end{array}\right. = \text{H}_2\text{O} + \text{C}_6\text{H}_4\left\langle\begin{array}{l}\text{CH=CH}\\ \quad\quad\ \ |\\ \text{N==CH}\end{array}\right.$$

o-Aminozimmtaldehyd — Chinolin

In ähnlicher Weise erfolgt bei Gegenwart von Natronlauge Kondensation von o-Aminobenzaldehyd und dessen Homologen oder o-Aminobenzoesäure mit Verbindungen, welche die Atomgruppierung $-CH_2-CO-$ enthalten [2]), z. B.:

---

[1]) Friedländer u. Ostermaier, Ber. **14**, 1916; Feer u. Koenigs, ebend. **18**, 2395; Baeyer u. Jackson, ebend. **13**, 115; Drewsen, ebend. **16**, 1953. — [2]) Friedländer u. Gohring, ebend. **16**, 1833; Derselbe u. Eliasberg, ebend. **25**, 1752.

$$C_6H_4\begin{cases}CHO\\NH_2\end{cases} + \begin{array}{c}H_3C\\|\\OC.CH_3\end{array} = 2H_2O + C_6H_4\begin{cases}CH{=}CH\\ \qquad\;\;|\\N{=}C.CH_3\end{cases}$$

o-Aminobenzaldehyd Aceton Chinaldin

ferner aus o-Toluidin und Glyoxal oder Brenztraubensäureester[1]), z. B.:

$$C_6H_4\begin{cases}CH_3\\NH_2\end{cases} + \begin{array}{c}OCH\\|\\OCH\end{array} = 2H_2O + C_6H_4\begin{cases}CH{=}CH\\ \qquad\;\;|\\N{=}CH\end{cases}$$

o-Toluidin Glyoxal Chinolin

Der für die Kondensation erforderliche Sauerstoff kann auch von aufsen zugeführt werden. So geht Allylanilin durch Einwirkung von erhitztem Bleioxyd in Chinolin über:

$$C_6H_4\begin{cases}H.H_2C{=}CH\\ \qquad\qquad|\\NH{-}CH_2\end{cases} + 2O = 2H_2O + C_6H_4\begin{cases}CH{=}CH\\ \qquad\;\;|\\N{=}CH\end{cases}$$

Von allgemeiner Anwendbarkeit sind die Methoden von Skraup[2]) sowie von Doebner und v. Miller[3]), welche die primären aromatischen Amine als Ausgangsmaterial benutzen. Nach Skraup werden dieselben mit Glycerin und konzentrierter Schwefelsäure bei Gegenwart gelinde wirkender Oxydationsmittel [Nitrobenzol oder Arsensäure[4])] auf 140° erhitzt. Es wird zunächst das Glycerin in Akrolein umgewandelt, das sich mit dem Anilin unter Wasseraustritt kondensiert. Das Kondensationsprodukt erfährt dann durch Oxydation von zwei Wasserstoffatomen Ringschlufs:

I. $CH_2(OH).CH(OH).CH_2(OH) = 2H_2O + CH_2{=}CH.COH$

Glycerin Akrolein

II. $CH_2{=}CH.CHO + H_2N.C_6H_5 = H_2O + C_6H_5.N{=}CH.CH{=}CH_2$

Akrolein Anilin Akroleinanilin

III. $$C_6H_4\begin{cases}H\;H_2C\\ \qquad\qquad>CH\\N{=}CH\end{cases} + O = H_2O + C_6H_4\begin{cases}CH{=}CH\\ \qquad\;\;|\\N{=}CH\end{cases}$$

Nach Doebner und v. Miller erfolgt die Bildung von Chinaldinen durch Kondensation der Aniline mit Aldehyden bei Gegenwart von Schwefelsäure oder Salzsäure. Als Zwischenprodukte sind zunächst Alkylidenaniline, dann deren aldolartige Polymere anzunehmen, aus denen schliefslich durch Abspaltung von Anilin und Wasserstoff die Chinaldine hervorgehen:

$$2\,C_6H_5.N{=}CH.CH_3 \longrightarrow \begin{array}{c}C_6H_5.N{=}CH.CH_2\\ \qquad\qquad|\\C_6H_5.NH{-}CH.CH_3\end{array}$$

Äthylidenanilin

---

[1]) Pulvermacher, Ber. **27**, 628; Kulisch, Monatsh. f. Chem. **16**, 351. — [2]) Skraup, Monatsh. f. Chem. **1**, 317, **2**, 141; Königs, Ber. **13**, 911. — [3]) Doebner u. v. Miller, Ber. **14**, 2812, **15**, 3075; Skraup, Ber. **15**, 897. — [4]) Knüppel, Ber. **29**, 703.

$$\rightarrow C_6H_4\left<\begin{matrix}CH=CH \\ | \\ N=C.CH_3\end{matrix}\right. + C_6H_5.NH_2 + H_2.$$

Das Chinolin liefert bei der Oxydation unter Verbrennung des Benzolringes Chinolinsäure, d. i. α,β-Pyridindikarbonsäure

```
       CH
      //\
    HC   C.COOH
    |    ||
    HC   C.COOH
     \\ /
       N
```

Oxychinoline sind verschieden, je nachdem das Hydroxyl sich im Benzolkern oder im Pyridinkern befindet. Die Bz-Monooxychinoline heißen auch Chinophenole, von den Py-Derivaten ist das α-Oxychinolin als Karbostyril, die γ-Verbindung als Kynurin bekannt. Diese reagieren, ebenso wie die entsprechenden Pyridinderivate, bald in der Enol-, bald in der Ketoform.

Durch Hydrierung der Chinoline entstehen direkt die Tetrahydroverbindungen, indem zunächst der Pyridinkern sich hydriert. Diese Verbindungen zeigen durchaus das Verhalten sekundärer fettaromatischer Basen. Als Endprodukt der Hydrierung von Chinolin erhält man Dekahydrochinolin, das im Verhalten grofse Ähnlichkeit mit Piperidin zeigt.

Bichinolyle, den Bipyridylen entsprechend, sind durch verschiedenartige Verkettung der beteiligten Ringsysteme in 31 Isomeren denkbar.

Ein Chinolin, in welchem an Stelle des Benzolkerns ein zweiter Pyridinkern steht, ist das hypothetische, in Form eines Oktohydroderivats bekannte Naphtyridin

```
      CH  CH
     //\ /\\
   HC   C   CH
   |    ||  |
   HC   C   CH
    \\ / \ //
      N   N
```

Isochinolin findet sich neben Chinolin im Steinkohlenteer. Synthetisch entsteht es durch innere Kondensation von Benzylidenaminoacetalen und analogen Körpern[1]), z. B.:

```
      CH=N
     /     \
C6H4        CH2               CH=N
     \      |      =   C6H4<   |      + 2 C2H5.OH
      H     CH(OC2H5)2         HC=CH
Benzylidenaminoacetal          Isochinolin
```

[1]) C. Pomeranz, Monatsh. f. Chem. 14, 116, 15, 300, 18, 1; Fritsch, Ann. Chem. 286, 1.

Zimtaldoxim anhydrisiert sich zu Isochinolin unter dem Einfluſs von Phosphorpentoxyd unter intermediärer Umlagerung[1]):

$$C_6H_5.CH{=}CH{-}\underset{\underset{HO-N}{\parallel}}{CH} = C_6H_5{-}CH{=}CH{-}\underset{\underset{HO-CH}{\parallel}}{N}$$

$$= C_6H_4\langle\begin{matrix}CH{=}CH\\ |\\ CH{=}N\end{matrix} + H_2O.$$

Homophtalimid, das als Dioxyderivat des Isochinolins aufgefaſst werden kann, geht durch Behandlung mit Phosphoroxychlorid in Dichlorisochinolin über, dieses durch Reduktion in Isochinolin[2]). Ähnlich verhalten sich die homologen Homophtalimide.

Isokumarine gehen durch Behandlung mit Ammoniak glatt in Isokarbostyrile (Oxyisochinoline) über, diese durch Destillation über Zinkstaub in die Isochinoline[3]).

Isochinoline sind gleich den Chinolinen mäſsig starke tertiäre Basen. Ihre Halogenalkylate liefern bei der Oxydation mit Kaliumpermanganat N-alkylierte Phtalimide. Aus freiem Isochinolin entstehen bei der Oxydation sowohl Cinchomeronsäure (β,γ-Pyridindikarbonsäure) als Phtalsäure. Reduktionsprodukte und Oxyverbindungen ähneln denen der Chinoline.

Von höheren polycyklischen Systemen seien erwähnt:

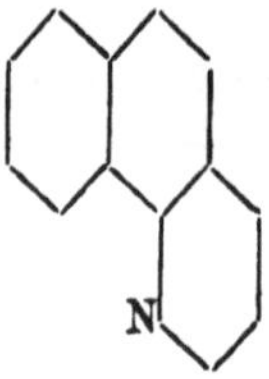

N

α-Naphtochinolin

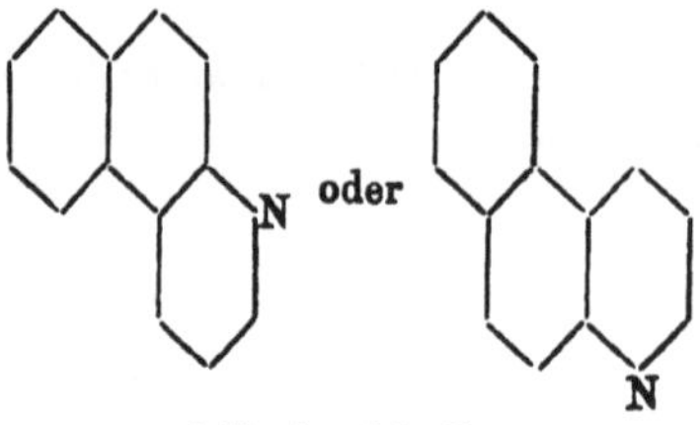

N oder N

β-Naphtochinolin

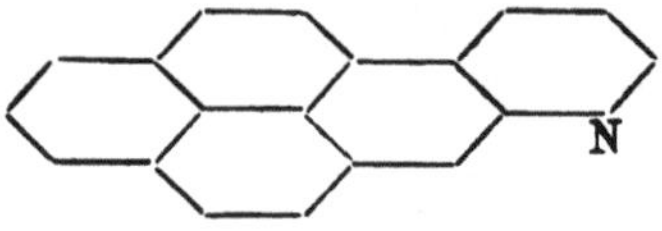

N

Pyrenolin

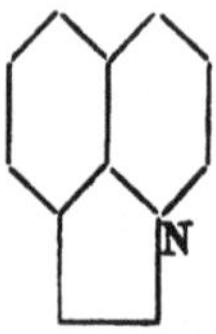

N

Lilol

N

Iulol

---

[1]) C. Goldschmidt, Ber. 27, 2795, 28, 818. — [2]) Gabriel, ebend. 19, 1655, 2361. — [3]) Bamberger u. Frew, ebend. 27, 208; Derselbe u. Kitschelt, ebend. 25, 1146; Zincke, ebend. 25, 1497.

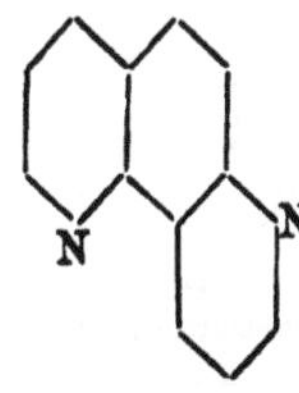

Phenanthrolin

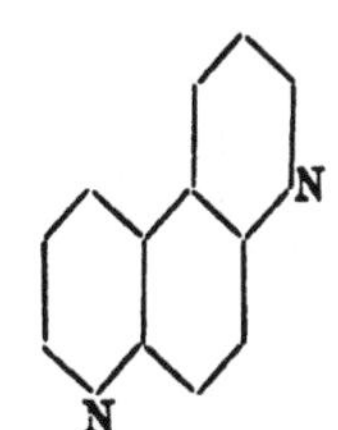

Pseudophenanthrolin

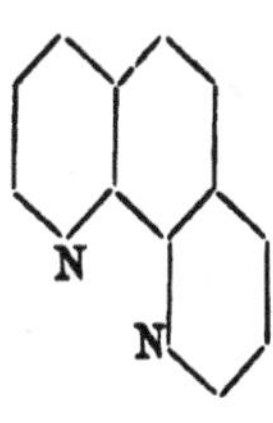

Isophenanthrolin

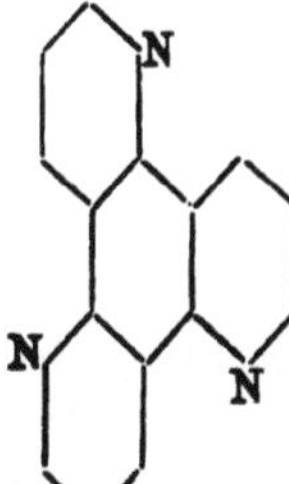

Benzotripyridin

Benzophenanthrolin

γ-Chinochinolin

α-Chinochinolin

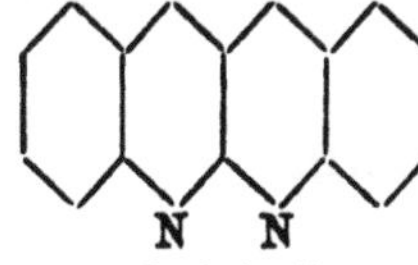

Naphtinolin

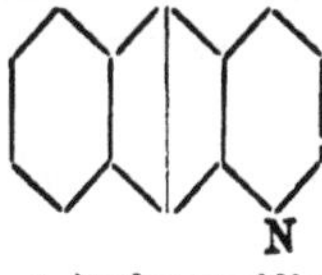

α-Anthrapyridin

β-Anthrapyridin

α-Anthrachinolin

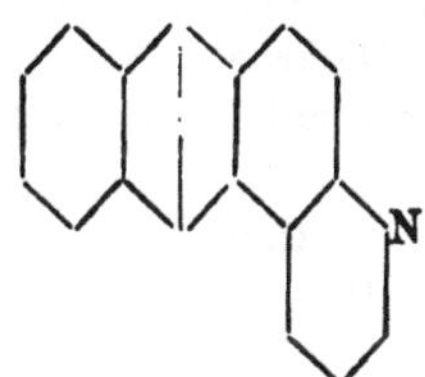

β-Anthrachinolin

Akridin

Karbazakridin

Phenonaphtakridin

Naphtakridin

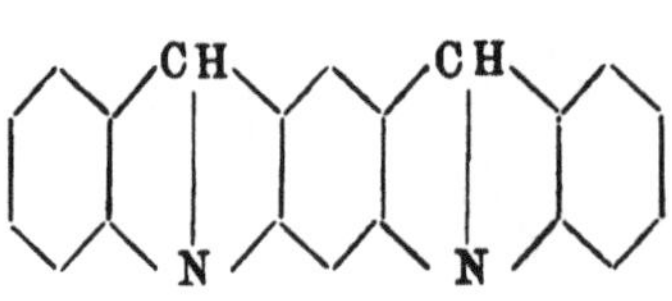

Chinakridin

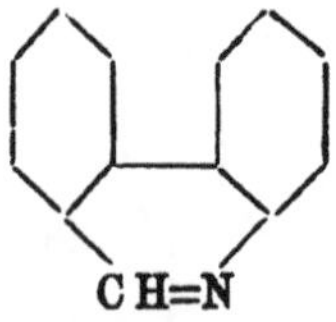

$$CH{=}N$$

Phenanthridin

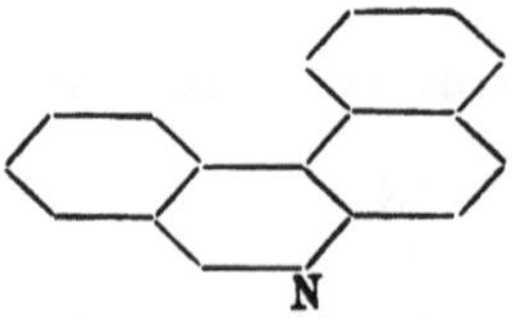

β-Chrysidin

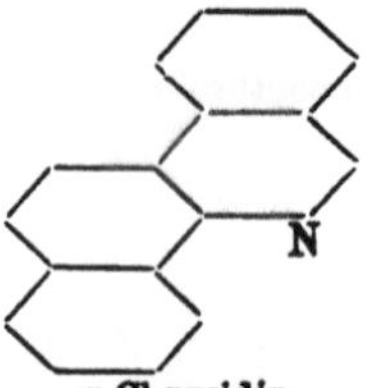

α-Chrysidin

Von diesen Systemen verdient eine besondere Betrachtung das des **Akridins**. Akridin ist als ein Anthracen zu betrachten, in dem eine mittelständige Methingruppe durch Stickstoff ersetzt ist; dieser ist, wie im Anthracen die durch ihn substituierte Gruppe, mit der restierenden Mesomethingruppe durch eine Paraverbindung verknüpft, welche bei der Hydrierung gelöst wird:

$$C_6H_4\left\langle \begin{matrix} CH \\ | \\ N \end{matrix} \right\rangle C_6H_4 \qquad C_6H_4\left\langle \begin{matrix} CH_2 \\ \\ NH \end{matrix} \right\rangle C_6H_4$$

Akridin Dihydroakridin

Man erhält Akridine auf folgenden Wegen:

a) Aus Diphenylaminen und Karbonsäuren, z. B. Ameisensäure, durch Erhitzen mit Chlorzink [1]).

$$\begin{matrix} C_6H_5 \\ \end{matrix}\!\!\searrow_{NH}\!\!\nearrow C_6H_5 + C\!\left\langle\begin{matrix} H \\ OOH \end{matrix}\right. \longrightarrow C_6H_5\!\searrow\!\!\begin{matrix} OCH \\ | \\ N \end{matrix}\!\!\nearrow C_6H_5 + H_2O$$

$$\longrightarrow C_6H_4\left\langle \begin{matrix} CH \\ | \\ N \end{matrix} \right\rangle C_6H_4 + 2\,H_2O.$$

b) Aus o-Aminoderivaten des Di- und Triphenylmethans durch Oxydation [2]), z. B.:

$$C_6H_4\left\langle \begin{matrix} CH_2 \diagdown C_6H_5 \\ NH_2 \end{matrix} \right. + 2\,O = C_6H_4\left\langle \begin{matrix} CH \\ | \\ N \end{matrix} \right\rangle C_6H_4 + 2\,H_2O.$$

[1]) Bernthsen, Ann. Chem. **224**, 1; Hess u. Bernthsen, Ber. **18**, 690; Bernthsen u. Curtmann, ebend. **24**, 2039; Volpi, Atti R. Accad. d. Lincei 1892, II, S. 132; Ber. **25**, 940 Ref. — [2]) O. Fischer u. Schütte, Ber. **26**, 3086; Derselbe u. Körner, Ann. Chem. **226**, 175.

c) Pyrogen entsteht Akridin aus Phenyl-o-toluidin

$$C_6H_4\left\langle\begin{matrix} CH_3 \\ NH \end{matrix}\right\rangle C_6H_5$$ [1].

d) Dioxyakridin entsteht durch Kondensation von Phloroglucin mit o-Aminobenzaldehyd [2]):

```
       CH                      CH
      //\                      /\\
HO.C     C.OH        H2N.C       CH
   |      ||      +       ||      |
  HC      C           OCH.C       CH
    \\   /                  \    //
       C                      CH
       .
      OH

                       CH  N   CH
                      //\ / |\ / \\
                 HO.C     C | C    CH
= 2H2O +            |     ||| ||    |
                   HC     C | C    CH
                     \\  / \|/  \ //
                       C   CH    CH
                       .
                      OH
```

e) Ketodihydroakridine (Akridone) entstehen durch innere Kondensation von Phenylanthranilsäuren [3]):

$$C_6H_4\left\langle\begin{matrix} COOH \\ \underset{H}{N} . C_6H_5 \end{matrix}\right. = H_2O + C_6H_4\left\langle\begin{matrix} CO \\ NH \end{matrix}\right\rangle C_6H_4.$$

f) 1, 2-Naphtakridine entstehen aus β, β-Dioxydinaphtylmethan und Anilinsalzen unter Abspaltung von β-Naphtol [4]).

Die Akridine sind mäfsig starke, sehr beständige Basen, ausgezeichnet durch gelbe Farbe. Ihre Aminoderivate sind wertvolle gelbe Farbstoffe.

Durch Ersatz einer Methylengruppe im Dihydropyridin durch Sauerstoff bezw. Schwefel erhält man die Formeln der **Oxazine** bezw. **Thiazine**. Je nach der Stellung des Sauerstoff- (Schwefel-) Atoms zum Stickstoff unterscheiden wir, wie beim Benzol, Ortho-, Meta- und Paraverbindungen, also

---

[1]) Graebe, Ber. 17, 1370. — [2]) Eliasberg u. Friedländer, ebend. 25, 1758. — [3]) Graebe u. Lagodzinski, Ann. Chem. 276, 35; Derselbe u. Kahn, Locher, Kaufmann, ebend. 279, 270 ff. — [4]) Ullmann u. Naef, Ber. 33, 905, 912.

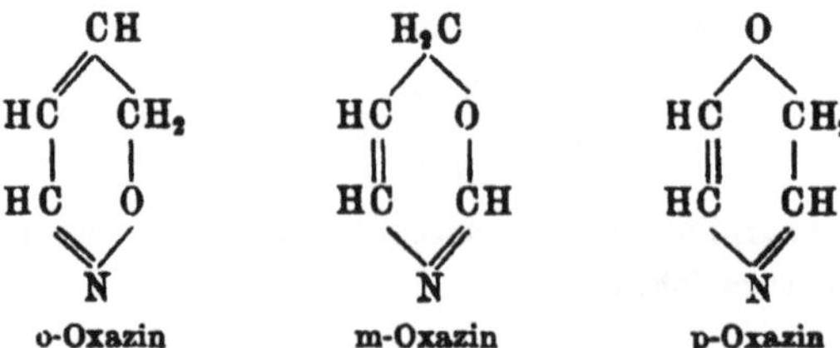

o-Oxazin m-Oxazin p-Oxazin

Besonderes Interesse bieten von den Oxazinen die völlig hydrierten Paraoxazine, **Morpholine** genannt, weil sie als Spaltungsprodukte des Alkaloids Morphin erhalten wurden. Synthetisch gelangt man zu ihnen durch innere Kondensation der sekundären Basen vom Typus des Diäthanolamins [1]):

$$HN\begin{cases}CH_2-CH_2.OH\\CH_2-CH_2.OH\end{cases} = HN\begin{cases}CH_2-CH_2\\CH_2-CH_2\end{cases}O + H_2O.$$

Es sind sehr starke einsäurige Basen, die an der Luft rauchen und die Haut, zum Teil sogar Glas und Metalle angreifen.

Benzooxazine der Orthoreihe bilden sich in Form von Ketodihydroverbindungen (Benzoorthoxazinonen) durch intramolekulare Wasserabspaltung von aromatischen γ-Ketoximsäuren [2]), z. B.:

```
      H              H
      C   C—C6H5     C   C—C6H5
     / \ / \\       // \ / \\
  HC    C    N    HC    C    N
  |     ||   |  =  |    ||   |      + H2O.
  HC    C    OH   HC    C    O
    \\ / \        \\ / \  /
      C   COOH       C   CO
      H              H
```

o-Benzoylbenzoesäureoxim Phenylbenzorthoxazinon

Der einfachste Körper dieser Gruppe, das Benzorthoxazinon selbst, entsteht direkt bei der Einwirkung von Hydroxylamin auf Phtalaldehydsäure in alkoholischer Lösung [3]).

Verbindungen der Metareihe, **Phenpentoxazoline**, entstehen durch Einwirkung von Säureanhydriden auf o-Aminobenzylhalogene oder o-Aminooxyisopropylbenzoesäure [4]):

---

[1]) L. Knorr, Ber. 22, 181, 2081. — [2]) Gabriel, Ber. 16, 1995; Dollfus, ebend. 25, 1928. — [3]) Allendorff, ebend. 24, 2346, 3264. — [4]) Gabriel u. Posner, ebend. 27, 3516; Widman, ebend. 16, 2584.

$$C_6H_4\langle {}^{CH_2Br}_{NH_2} + \begin{array}{l} O-\overset{O}{\overset{\cdot\cdot}{C}}.CH_3 \\ | \\ CO.CH_3 \end{array}$$

o-Aminobenzylbromid Essigsäureanhydrid

$$= C_6H_4\langle \begin{array}{l} CH_2-O \\ \quad\quad\;\; | \\ N\!=\!\!=\!C-CH_3 \end{array} + BrH + CH_3.COOH.$$

n-Methylphenpentoxazolin

Aus der o-Aminooxyisopropylbenzoesäure resultiert die sogenannte N-Methylcumazonsäure

$$HO.OC.C_6H_3\langle \begin{array}{l} C(CH_3)_2-O \\ \quad\quad\quad\;\; | \\ N\!=\!C.CH_3. \end{array}$$

Thiophenole dieser Reihe (Thiocumazone) erhält man durch Einwirkung von Schwefelkohlenstoff auf o-Aminobenzylalkohol[1]):

$$C_6H_4\langle {}^{CH_2-OH}_{NH_2} + S_2C = C_6H_4\langle \begin{array}{l} CH_2-O \\ \quad\quad\;\; | \\ N\!=\!\!=\!C-SH \end{array} + H_2S.$$

Vom Dihydrobenzometoxazin leiten sich die Iminocumazone ab, die man durch Anhydrisierung von Harnstoffen des o-Aminobenzylalkohols oder durch Entschwefelung von ω-Oxytolylalkylthioharnstoffen erhält[2]), z. B.:

$$C_6H_4\langle {}^{CH_2-OH}_{NH-CO-NH_2} = C_6H_4\langle \begin{array}{l} CH_2-O \\ \quad\quad\quad\;\; | \\ NH-C\!=\!NH \end{array} + H^2O$$

ω-Oxytolylharnstoff Iminocumazon

Dihydroprodukte der Benzoparoxazine, Phenmorpholine, entstehen analog den einfachen Morpholinen aus Oxäthyl-o-aminophenolen[3]).

Mit zwei Benzolringen kondensiert sich der Paroxazinring zum Phenoxazin

```
    HC  NH  CH
   //  \/  \/  \\
 HC   C    C   CH
  |   ||   ||   |
 HC   C    C   CH
   \\  /\  /\  //
    CH  O   CH
```

welches ebenso wie die Ringhomologen Benzonaphtoxazin und Dinaphtoxazin Muttersubstanz vieler technisch wichtiger Farbstoffe ist. Die-

[1]) Paal u. Laudenheimer, Ber. 25, 2978. — [2]) Söderbaum u. Widman, Ber. 22, 1665, 2933; Paal u. Vanvolxem, ebend. 27, 2413. — [3]) L. Knorr, ebend. 22, 2095.

selben leiten sich von chinon- bezw. chinonimidartigen Körpern, den Oxazonen bezw. Oxazimen, ab:

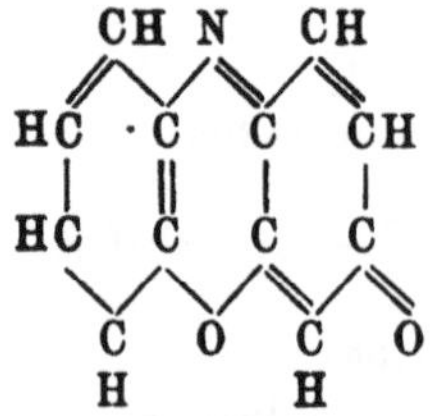

```
   CH  N   CH                 CH  N   CH
  //\ / \\ / \\              //\ / \\ / \\
HC  ·C    C    CH          HC   C    C    CH
 |   ||   |    |            |   ||   |    |
HC   C    C    C           HC   C    C    C=NH
  \ / \  // \ // \\          \\ / \  // \ //
   C   O  C    O              CH  O   CH
   H      H
     Oxazon                      Oxazim
```

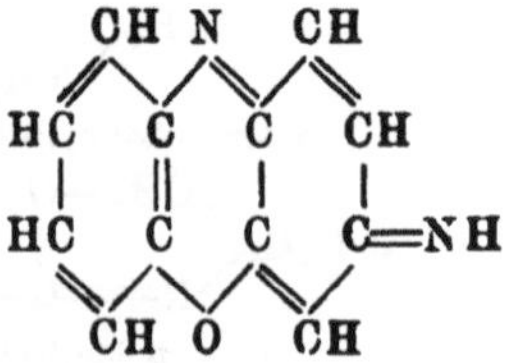

Von den einfachen Thiazinen sind besonders die von dem Tetrahydroprodukt der Metareihe abzuleitenden **Penthiazoline** erwähnenswert. Dieselben entstehen

a) durch Einwirkung von Trimethylenchlorobromid auf Thiamide, die hierbei in der tautomeren Form (als Iminomerkaptane) reagieren[1]):

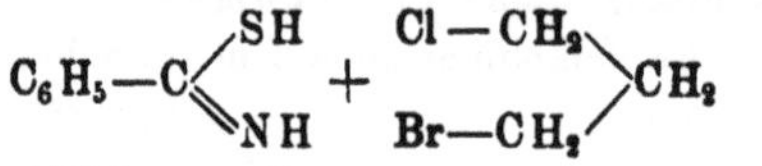

$$C_6H_5-C\begin{matrix}\diagup SH\\ \diagdown NH\end{matrix} + \begin{matrix}Cl-CH_2\diagdown\\ Br-CH_2\diagup\end{matrix}CH_2$$

Thiobenzamid

$$= C_6H_5.C\begin{matrix}\diagup S-CH_2\diagdown\\ \diagdown N-CH_2\diagup\end{matrix}CH_2 + BrH + ClH.$$

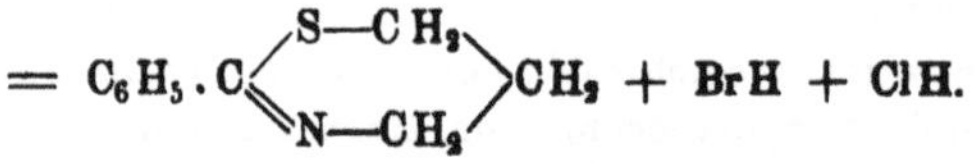

Phenylpenthiazolin

b) in Form von Merkaptoverbindungen durch Einwirkung von Schwefelkohlenstoff auf γ-Halogenpropylamine[2]):

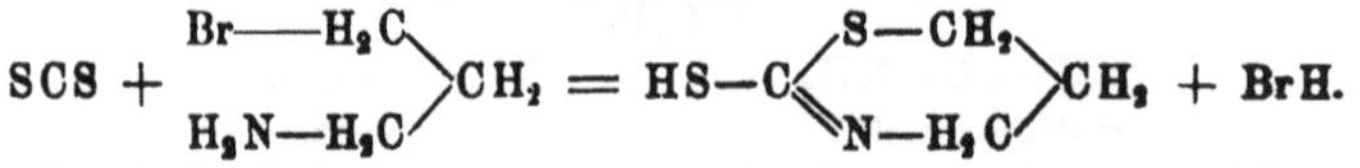

$$SCS + \begin{matrix}Br-H_2C\diagdown\\ H_2N-H_2C\diagup\end{matrix}CH_2 = HS-C\begin{matrix}\diagup S-CH_2\diagdown\\ \diagdown N-H_2C\diagup\end{matrix}CH_2 + BrH.$$

Zu Aminoderivaten gelangt man durch Verwendung von Rhodankalium bezw. Senfölen an Stelle von Schwefelkohlenstoff[3]):

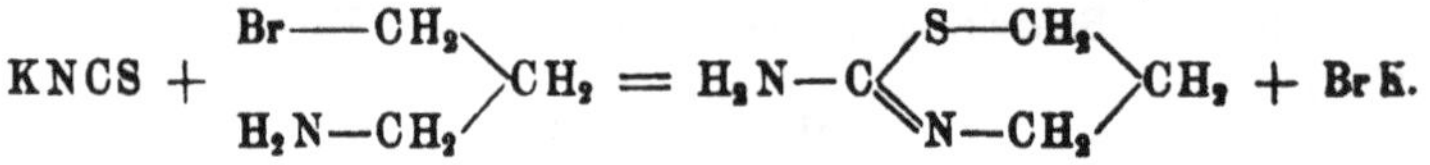

$$KNCS + \begin{matrix}Br-CH_2\diagdown\\ H_2N-CH_2\diagup\end{matrix}CH_2 = H_2N-C\begin{matrix}\diagup S-CH_2\diagdown\\ \diagdown N-CH_2\diagup\end{matrix}CH_2 + BrK.$$

Die Penthiazoline sind sehr starke, ziemlich beständige Basen.

Dibenzoparathiazin, das sogenannte **Thiodiphenylamin**,

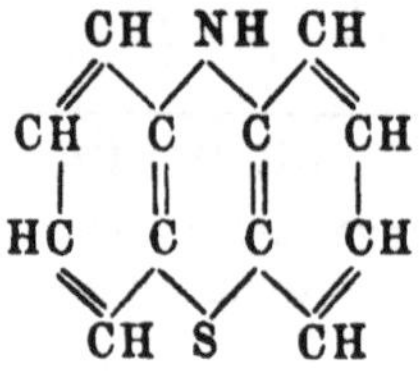

```
      CH  NH  CH
     //\  / \ //\\
   CH    C    C    CH
   |     ||   ||   |
   HC    C    C    CH
     \\ / \  / \  //
      CH   S    CH
```

1) Pinkus, Ber. 26, 1077. — 2) Gabriel u. Lauer, ebend. 23, 92; Luchmann, ebend. 29, 1429. — 3) Gabriel u. Lauer, ebend. 23, 94.

und seine Kernhomologen sind gleich den entsprechenden Oxazinen Stammsubstanzen von wertvollen Farbstoffen, unter denen nur das **Methylenblau** genannt sei, Tetramethyl-p-Aminophenthiazimchlorid

$$= (CH_3)_2N.C_6H_3\langle{}^{N}_{S}\rangle C_6H_3 = \underset{Cl}{\dot{N}}(CH_3)_2.$$

Ringsysteme mit zwei Stickstoffatomen.

Dreigliedrige Ringe. Hierher gehören das bereits früher besprochene **Diazomethan** $CH_2\langle{}^{N}_{N}\|$ und dessen Abkömmlinge, ferner das hypothetische **Hydrazimethylen** $CH_2\langle{}^{NH}_{NH}|$. Abkömmlinge des letzteren erhält man durch Einwirkung von Hydrazin auf α-Diketone und α-Ketonkarbonsäureester[1]), z. B.:

$$\underset{\text{Diacetyl}}{CH_3.CO.CO.CH_3} + 2NH_2.NH_2 = \underset{\text{Dimethylbishydrazimethylen}}{{}^{NH}_{NH}|\rangle\underset{CH_3}{C}{-\!\!-}\underset{CH_3}{C}\langle|{}^{NH}_{NH}} + 2H_2O$$

$$\underset{\text{Brenztraubensäureester}}{\begin{matrix}CH_3.CO\\|\\COOC_2H_5\end{matrix}} + \begin{matrix}H_2N\\\cdot\\H_2N\end{matrix} = \underset{\text{Hydrazipropionsäureester}}{\begin{matrix}CH_3.C\langle|{}^{NH}_{NH}\\|\\COOC_2H_5\end{matrix}} + H_2O$$

Benzaldehyd reagiert mit Hydrazobenzol unter Wasseraustritt und Bildung von Triphenylhydrazimethylen[2]).

Karbonsäuren des Hydrazimethylens werden durch Reduktion von Diazofettsäureestern gewonnen, wie andererseits die Hydrazikörper durch Oxydation in Derivate des Diazomethans übergeführt werden können.

Derivate eines hypothetischen dem Hydrazimethylen analogen Ringes $O\langle|{}^{NH}_{NH}$ sind die **Azoxyverbindungen** $O\langle|{}^{NR}_{NR}$, welche durch Behandlung von aromatischen Nitroverbindungen mit alkoholischer Kalilauge, Natriumamalgam oder kalter alkalischer Zinnchlorürlösung entstehen und sich auch durch Einwirkung von Nitrosoverbindungen auf β-Hydroxylaminderivate bilden:

---

[1]) Curtius, Thum u. Lang, J. pr. Chem. [2] **44**, 169, 544. — [2]) Cornelius u. Homolka, Ber. **19**, 2239.

$$\begin{array}{l} C_6H_5.NO \\ + \\ C_6H_5.NHOH \end{array} = \begin{array}{l} C_6H_5.N \\ \quad | \\ C_6H_5.N \end{array}\!\!>\!O + H_2O.$$

Es sind gelb oder rot gefärbte, indifferente Verbindungen.

Viergliedrige Ringe. Ein Ringsystem $\begin{array}{l} CH{=}N \\ | \quad\;\; | \\ CH{=}N \end{array}$ liegt vor im Dimethylaziäthan $\begin{array}{l} CH_3.C{=}N \\ \quad\;\; | \quad\;\; | \\ CH_3.C{=}N \end{array}$, das aus äquivalenten Mengen Diacetyl und Hydrazin entsteht[1]); ferner sind von dem isomeren Ringe $CH\!\!<\!\!\begin{array}{c} N \\ N \end{array}\!\!>\!\!CH$ bezw. von dessen Tetrahydroderivat $CH_2\!\!<\!\!\begin{array}{c} NH \\ NH \end{array}\!\!>\!\!CH_2$, dem Dimethylendiimin, gewisse cyklische Harnstoffe und Thioharnstoffe, z. B. der Methylenharnstoff $CO\!\!<\!\!\begin{array}{c} NH \\ NH \end{array}\!\!>\!\!CH_2$, abzuleiten[2]).

Fünfgliedrige Ringe. Diazole, durch Ersatz einer Methingruppe durch Stickstoff vom Pyrrol abzuleiten, existieren in zwei Formen; als Orthodiazol, Pyrazol (I), und als 2-Diazol, Imidazol oder Glyoxalin (II):

$$\overset{\text{I}}{\begin{array}{l} CH{=}CH \\ | \\ CH{=}N \end{array}\!\!>\!NH} \quad \text{und} \quad \overset{\text{II}}{\begin{array}{l} CH{=}CH \\ | \\ N{=}CH \end{array}\!\!>\!NH}$$

Pyrazol entsteht durch Einwirkung von Diazomethan auf Acetylen[3]):

$$\begin{array}{l} CH \\ ||| \\ CH \end{array} + \begin{array}{l} CH_2 \\ | \\ N \end{array}\!\!>\!N = \begin{array}{l} CH{=}CH \\ | \\ CH{=}N \end{array}\!\!>\!NH,$$

ferner durch Kondensation von Hydrazinhydrat und Epichlorhydrin mit Hülfe von Chlorzink[4]).

Die Homologen entstehen hauptsächlich aus β-Diketonen und β-Ketonaldehyden durch Einwirkung von Phenylhydrazin, indem aus den zunächst gebildeten Hydrazonen Wasser abgespalten wird[5]), z. B.:

$$\begin{array}{c} C_6H_5.C.CH_2.CO.CH_3 \\ \| \\ N{-}NH.C_6H_5 \end{array} = \begin{array}{c} C_6H_5.C.CH{=}C.CH_3 \\ \| \quad\quad / \\ N{-}N{-}C_6H_5 \end{array} + H_2O$$

Benzoylacetonphenylhydrazon — 1, 3, 5-Diphenylmethylpyrazol

---

[1]) Curtius u. Thum, J. pr. Chem. [2] **44**, 174. — [2]) Vgl. v. Hemmelmayr, Monatsh. f. Chem. **12**, 90. — [3]) v. Pechmann, Ber. **31**, 2950. — [4]) Balbiano, ebend. **23**, 1105. — [5]) Claisen, Ann. Chem. **278**, 262; Knorr, Ber. **20**, 1098, **22**, 180; Claisen u. Roosen, ebend. **24**, 1891.

Auch aus den Phenylhydrazonen mancher Monoketone kann Wasser analog durch Erwärmen mit Säureanhydriden abgespalten werden [1]).

Statt Phenylhydrazin kann auch Diazoessigester zur Einwirkung auf (in alkalischer Lösung enolisierte) 1,3-Diketone gebracht werden [2]).

Die Pyrazole sind schwache, aber ausgesprochene Basen, die besondere Neigung zur Bildung von Metalldoppelsalzen zeigen. N-Phenylderivate spalten bei Oxydation die Phenylgruppe, falls diese Substituenten wie NH_2, OH u. s. w. enthält, leicht ab. Bei der Reduktion gehen solche Derivate im Gegensatze zu denen mit freier Iminogruppe leicht in Pyrazoline über.

Für die Nomenklatur werden die Stellungen nach folgendem Schema bezeichnet:

```
 4    5
HC=CH\
|      >NH1.
HC=N /
 3  2
```

Zu bemerken ist, dafs das Imidwasserstoffatom eine gewisse Oscillation zwischen beiden Stickstoffatomen, wenigstens bei gewissen Alkylderivaten, zeigt.

Den Reduktionsprodukten des Pyrrols und ihren Ketoderivaten entsprechen ganz analoge Derivate des Pyrazols:

```
CH2—CH2\           CH2—CO\
|       >NH        |      >NH
CH====N/           CH===N/
   Pyrazolin          Pyrazolon

CH2—CH2\        CH2—CO\         CH2—CO\
|       >NH     |      >NH      |      >NH
CH2—NH /        CH2—NH/         CO—NH /
 Pyrazolidin     Pyrazolidon    Diketopyrazolidin.
```

Für das Pyrazolin kommen aufser der oben erwähnten (I) noch die folgenden strukturisomeren Formeln in Betracht

```
     II               III               IV
CH=CH\           CH—CH2\          CH2—CH2\
|     >NH        ||     >NH       |       >N.
CH2—NH/          CH—NH /          CH2——N//
```

Formel I wird für sauerstofffreie Derivate und für die Karbonsäuren angenommen, II und III, deren Isomerie natürlich nur in gewissen Derivaten zur Geltung kommt, für Abkömmlinge mit sauerstoffhaltigem Kern. IV dient zur Erklärung der Eigenschaft einzelner Verbindungen, Disilberverbindungen zu bilden.

---

[1]) Friedel u. Combes, Bull. soc. chim. [3] 11, 115. — [2]) A. Klages, Journ. pr. Chem. [2] 65, 387.

Die eigentlichen Pyrazoline bilden sich durch Kondensation von Diazoessigester oder Diazomethan mit Äthylenverbindungen [1]) oder durch Umlagerung von Hydrazonen ungesättigter Aldehyde oder Ketone, indem der Imidwasserstoff sich an die doppelte Kohlenstoffbindung addiert [2]).

Sie sind schwache Basen, nur in konzentrierten Säuren löslich, wenig beständig. Sie zeigen insofern den Charakter von Aldazinen, als ihre Karbonsäuren bei der Destillation den gesamten Stickstoff verlieren.

Die Pyrazolone können ebenfalls in mehreren strukturisomeren Formen auftreten:

$$\begin{array}{ccc} \text{I} & \text{II} & \text{III} \\ \begin{array}{l} H_2C{-}CO \\ \;|\qquad\quad \rangle NH \\ HC{=}N \end{array} & \begin{array}{l} HC{-}CO \\ \;\|\qquad\quad \rangle NH \\ HC{-}NH \end{array} & \begin{array}{l} HC{=}CH \\ \;|\qquad\quad \rangle NH \\ OC{-}NH \end{array} \end{array}$$

Aufserdem können sie noch nach den tautomeren Enolformeln reagieren.

Der Formel I entsprechen die gewöhnlichen Pyrazolone, Formel II die Körper vom Antipyrintypus, Formel III, deren Isomerie gegenüber II erst in den Derivaten hervortritt, die Isopyrazolone.

Gewöhnliche Pyrazolone bilden sich aus den Phenylhydrazonen von β-Ketonsäureestern durch Abspaltung von Alkohol [3]), ferner aus den Pyrazolidonen durch Oxydation mittels Eisenchlorid [4]). Sie bilden mit salpetriger Säure Isonitrosoverbindungen, mit Diazoniumsalzen meist wohlcharakterisierte Azoverbindungen.

Beim Alkylieren dieser Pyrazolone entstehen gleichzeitig mit den normalen am Kohlenstoff oder am Sauerstoff alkylierten Verbindungen in vorwiegender Menge Derivate des Diiminotypus, welcher nach dem wichtigsten Vertreter dieser Gruppe auch als Antipyrintypus bezeichnet wird. Das Antipyrin selbst ist 1, 2, 3-Phenyldimethylpyrazolon

$$\begin{array}{l} HC{-}CO \\ \;\|\qquad\quad \rangle N\,.\,C_6H_5. \\ C{-}{-}N \\ \dot{C}H_3\;\; \dot{C}H_3 \end{array}$$

Isopyrazolone gewinnt man durch Kondensation von β-Halogenfettsäuren mit Phenylhydrazin und darauf folgende Oxydation der zunächst gebildeten Pyrazolidone [5]).

Die Pyrazolone sind starke Basen von grofser Reaktionsfähigkeit.

Auch die Pyrazolidone besitzen ausgesprochenen Basencharakter, die 3-Pyrazolidone daneben auch den von Säuren.

---

[1]) v. Pechmann, Ber. 28, 860; Buchner, Ann. Chem. 273, 226. — [2]) E. Fischer u. Knövenagel, ebend. 239, 196; Knorr u. Laubmann, Ber. 21, 1209. — [3]) Knorr, ebend. 16, 2597; Derselbe, Ann. Chem. 238, 137; Wedekind, ebend. 295, 337. — [4]) Knorr u. Duden, Ber. 25, 764 — [5]) Lederer, J. pr. Chem. 45, 90.

Benzopyrazole sind in zwei isomeren Reihen bekannt, den eigentlichen Benzopyrazolen oder Isindazolen (I) und den Indazolen (II):

```
           I                          II
           CH                       CH  CH
          /  \                     //  \ / |\
        HC    C——CH              HC    C   | \
        |     ‖   ‖     und      |     ‖   |  NH
        HC    C   N              HC    C   | /
          \\ / \ /                 \\ / \ |/
           CH  NH                   CH   N
```

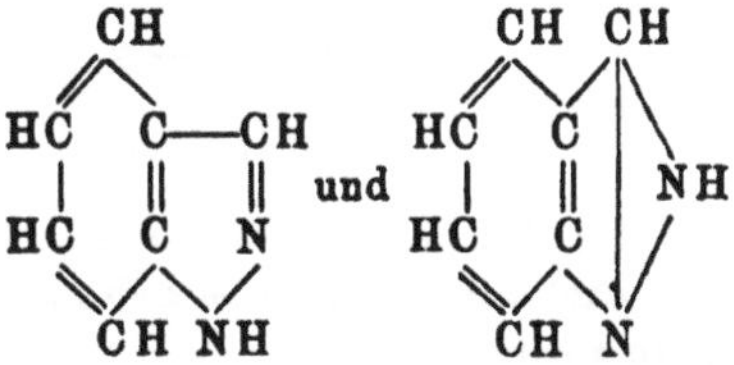

Isindazole entstehen aus o-, α-Alkylhydrazinzimmtsäuren in alkalischer Lösung durch Oxydation, welche bereits durch den Sauerstoff der Luft erfolgt [1]):

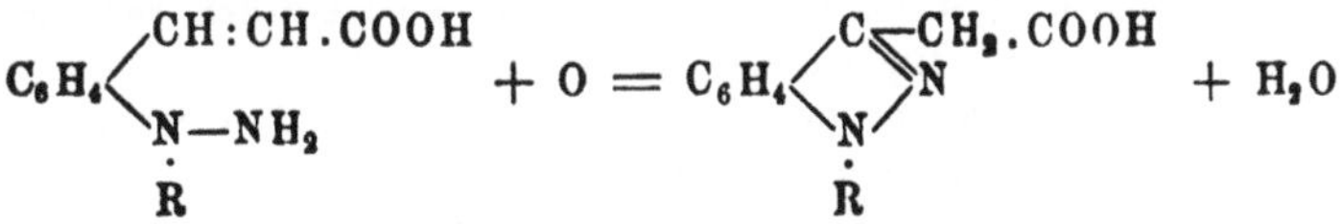

```
        CH:CH.COOH                   C—CH₂.COOH
C₆H₄<                + O = C₆H₄<      >N          + H₂O
        N—NH₂                        N
        .                            .
        R                            R
```

ferner durch intermolekulare Wasserabspaltung aus den für sich gar nicht existenzfähigen o, α-Hydrazinacetophenonen [1]).

Aus Aminoaldoximen oder Aminoketoximen erhält man sie durch Behandlung mit Chlorwasserstoff und Eisessig oder Essigsäureanhydrid unter vorausgehender Acetylierung [2]), ähnlich aus o-Oxyaldehyden und Phenylhydrazin mittels Essigsäureanhydrid [3]).

Sie sind schwache Basen, deren Salze leicht dissoziieren.

Die **Indazole** entstehen den vorigen analog, wenn die zur Darstellung benutzten o-Hydrazinverbindungen am α-Stickstoffatom nicht substituiert sind [4]). Man erhält sie ferner aus o-Nitrobenzylanilinen durch Reduktion [5]):

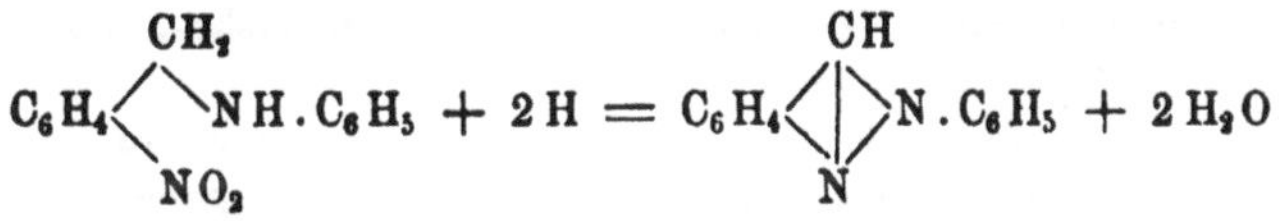

```
        CH₂                              CH
C₆H₄<      NH.C₆H₅  + 2H  =  C₆H₄<  |  >N.C₆H₅  + 2H₂O
        NO₂                              N
```

sowie durch Salzsäureabspaltung aus o-Toluoldiazoniumsalzen in der Kälte und aus Diazoaminoverbindungen des o-Toluols durch Kochen mit Essigsäureanhydrid [6]).

Auch die Indazole sind schwache Basen. Die γ-Aminoindazole sind dem Anilin sehr ähnlich. Die daraus erhältlichen Diazoverbindungen gehen beim Kochen mit Salzsäure direkt in γ-Chlorindazole über.

---

[1]) E. Fischer u. Tafel, Ann. Chem. **227**, 332. — [2]) Auwers u. v. Meyenburg, Ber. **24**, 2370; Bischler, ebend. **26**, 1901. — [3]) H. Causse, Compt. rend. **124**, 505; Chem. Centralbl. 1897, I, S. 763. — [4]) E. Fischer u. Kuzel, Ann. Chem. **221**, 280; Derselbe u. Tafel, ebend. **227**, 323. — [5]) Paal u. Krecke, Ber. **23**, 2634; Paal, ebend. **24**, 959. — [6]) Witt, Noelting u. Grandmougin, ebend. **23**, 3635, **25**, 3149, **26**, 2349.

Die Glyoxaline entstehen

1. bei Einwirkung von Ammoniak auf ein Gemisch von Diketoverbindungen, z. B. Glyoxal, mit Aldehyden[1]):

$$\begin{array}{l} R.CO \\ | \\ R'.CO \end{array} + \begin{array}{l} OC.R'' \\ H \end{array} + 2\,NH_3 = \begin{array}{l} R.C{-}N \\ \| \\ R'.C{-}NH \end{array}\!\!>\!C.R'' + 3\,H_2O.$$

Die Darstellung des Glyoxalins selbst erfolgt durch Einwirkung von Ammoniak auf Glyoxal allein, das dabei sich zum Teil in Formaldehyd und Ameisensäure spaltet.

Ist ein Wasserstoffatom des Ammoniaks durch ein Radikal CH_2R vertreten, so ist ebenfalls die Anwesenheit von Aldehyden entbehrlich[2]).

2. Durch innere Kondensation von Acetalyl- und Acetonylthioharnstoffen entstehen Merkaptane der Glyoxaline, welche durch verdünnte Salpetersäure zu den Glyoxalinen oxydiert werden[3]).

3. Alkylimidchloride der Oxalsäure bilden durch Einwirkung von Phosphorchlorid gechlorte Glyoxaline[4]).

4. Hydrobenzamid und dessen Analoge werden durch Erwärmen in Dihydroglyoxaline umgelagert, die leicht in Glyoxaline übergehen[5]):

$$\begin{array}{l} C_6H_5.CH{=}N \\ \\ C_6H_5.CH{=}N \end{array}\!\!>\!CH.C_6H_5 \rightarrow \begin{array}{l} C_6H_5.C{-}NH \\ \| \\ C_6H_5.C{-}NH \end{array}\!\!>\!CH.C_6H_5$$

Hydrobenzamid — Triphenyldihydroglyoxalin (Amarin)

$$\rightarrow \begin{array}{l} C_6H_5.C{-}N \\ \| \\ C_6H_5.C{-}NH \end{array}\!\!>\!C.C_6H_5$$

Triphenylglyoxalin (Lophin)

Die Glyoxaline sind stärkere Basen als die Pyrazole, doch ist der Imidwasserstoff auch durch Silber ersetzbar. Direkte Reduktion zu Hydroderivaten findet nicht statt. Solche sind vielmehr nur auf synthetischem Wege zugänglich.

Dihydroglyoxaline, Glyoxalidine existieren in zwei isomeren Reihen, deren hypothetische Stammsubstanzen folgenden Formelbildern entsprechen:

$$\begin{array}{l} CH_2{-}NH \\ | \\ CH_2{-}N \end{array}\!\!>\!CH \qquad \begin{array}{l} CH{-}NH \\ \| \\ CH{-}NH \end{array}\!\!>\!CH_2$$

α-Dihydroglyoxalin (Imidazolin) — β-Dihydroglyoxalin

Die α-Imidazoline werden durch Abspaltung von Karbonsäuren aus den diacylierten α-Diaminen der Fettreihe[6]) oder durch Einwirkung

[1]) Radziszewski, Ber. 15, 1493, 2706; Japp, ebend. 15, 2416, 16, 284; v. Pechmann, ebend. 21, 1417. — [2]) Japp u. Davidson, Chem. Soc. J. 1895, I, S. 32. — [3]) Wohl u. Marckwald, Ber. 22, 568, 1353; Marckwald, ebend. 25, 2354. — [4]) Wallach, Ann. Chem. 184, 1. — [5]) Laurent, J. pr. Chem. 35, 455; Fownes, Ann. Chem. 54, 368. — [6]) A. W. Hofmann, Ber. 21, 2332; Ladenburg, ebend. 27, 2952; Klingenstein, ebend. 28, 1173.

von Allylacetamid oder Allylbenzamid auf salzsaures Anilin[1]) gewonnen, z. B.:

$$\begin{array}{l} CH_2-NH.CO.C_6H_5 \\ | \\ CH_2-NH.CO.C_6H_5 \end{array} = \begin{array}{l} CH_2-N \\ | \qquad\quad \rangle C.C_6H_5 \\ CH_2-NH \end{array} + C_6H_5.COOH$$

Dibenzoyläthylendiamin — μ-Phenylimidazolin — Benzoesäure

Das μ-Methyglyoxalidin ist unter dem Namen Lysidin bekannt, das α, β, μ-Triphenylglyoxalidin ist das Amarin, dessen Darstellung oben schon erwähnt wurde.

Die durch Ersatz von zwei Sauerstoffatomen einer Methylengruppe durch Sauerstoff entstehenden Ketoglyoxalidine (Imidazolone) sind als Harnstoffderivate der Alkylene, sogen. Ureine, zu betrachten, z. B. die einfachste Verbindung dieser Art, das Imidazolon $\begin{array}{l} CH-NH \\ \| \qquad\quad \rangle CO \\ CH-NH \end{array}$ als Äthylenharnstoff. Solche Verbindungen können aus α-Ureidoketoverbindungen durch intramolekulare Kondensation erhalten werden[2]). Ersetzt man weiterhin Wasserstoffatome im Tetrahydroglyoxalin durch Sauerstoff bezw. durch Schwefel oder durch die Iminogruppe, so gelangt man zu anderen Harnstoff-, Thioharnstoff- und Guanidinderivaten, z. B.

$$\begin{array}{l} CH_2-NH \\ | \qquad\quad \rangle CO \\ CO-NH \end{array} \qquad \begin{array}{l} CH_2-NH \\ | \qquad\quad \rangle CS \\ CO-NH \end{array} \qquad \begin{array}{l} CO-NH \\ | \qquad\quad \rangle CO \\ CO-NH \end{array}$$

Diketotetrahydroglyoxalin = Hydantoin — Thiohydantoin — Triketotetrahydroglyoxalin = Parabansäure (Oxalylharnstoff)

$$\begin{array}{l} CH_2-NH \\ | \qquad\quad \rangle C = NH \\ CO-NH \end{array}$$

Imidoketotetrahydroglyoxalin = Glykocyamidin

Benzimidazole sind als Anhydrobasen des o-Phenylendiamins und seiner Derivate zu betrachten. Sie entstehen aus diesen durch Einwirkung von Säuren, deren Chloriden oder Anhydriden[3]) oder durch Kondensation mit Aldehyden[4]) wobei als Zwischenprodukte teils Di-, teils Monoalkylenverbindungen der Diamine anzunehmen sind und demgemäfs teils am Stickstoff alkylierte, teils nicht alkylierte Benzimidazole entstehen.

$$1.\; C_6H_4\langle\begin{array}{l} NH_2 \\ NH_2 \end{array} + HOOC.CH_3 = C_6H_4\langle\begin{array}{l} NH \\ N \end{array}\rangle C.CH_3 + 2\,H_2O,$$

---

[1]) Clayton, Ber. 28, 1665. — [2]) Marckwald, ebend. 25, 2357. — [3]) Ladenburg, ebend. 8, 677; Wundt, ebend. 11, 826. — [4]) Ladenburg, ebend. 10, 1126, 11, 590.

2. a) $$C_6H_4\left\langle\begin{matrix} N:CH.R \\ \\ N:CH.R \end{matrix}\right. = C_6H_4\left\langle\begin{matrix} N.CH_2.R \\ \\ N \end{matrix}\right\rangle C.R$$

b) $$C_6H_4\left\langle\begin{matrix} N:CH.R \\ \\ NH_2 \end{matrix}\right. = C_6H_4\left\langle\begin{matrix} NH \\ \\ N \end{matrix}\right\rangle CR + H_2.$$

Die Benzimidazole sind etwas schwächer basischer und etwas stärker sauerer Natur als die einfachen Imidazole.

Von den für sich wenig bekannten Dihydrobenzimidazolen $C_6H_4\left\langle\begin{matrix} NH \\ NH \end{matrix}\right\rangle CH_2$ leiten sich durch Eintritt von Sauerstoff, Schwefel oder der Iminogruppe an Stelle von Wasserstoff im Methylen die Phenylen-Harnstoffe, Thioharnstoffe und Guanidine ab.

Bei Ersatz einer Methingruppe in den Pyrazolen durch Sauerstoff oder Schwefel gelangt man zu den Furo- und Thiodiazolen, welche in folgenden Isomeren existieren können:

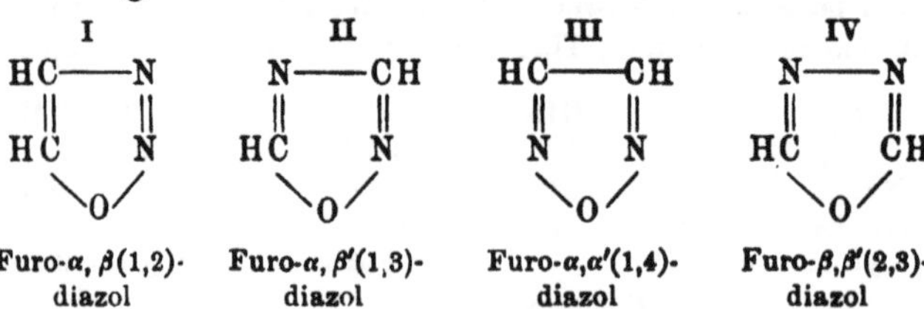

Furo-α, β(1,2)-diazol   Furo-α, β'(1,3)-diazol   Furo-α,α'(1,4)-diazol   Furo-β,β'(2,3)-diazol

Zur ersten Klasse bezw. zu den davon abzuleitenden Benzo- und Naphtoderivaten gehören die o-Diazooxyde, zur zweiten die Azoxime. Die Körper des Typus III werden als Furazane, endlich die des Typus IV als Oxybiazole bezeichnet.

Die entsprechenden Schwefelkörper heifsen: I. Diazosulfide. II. Azosulfime, III. Piazthiole und IV. Thiobiazoline.

Sechsgliedrige Ringe. Die Diazine existieren in 3 Isomeren als Ortho-, Meta- und Paradiazine, entsprechend den Formeln

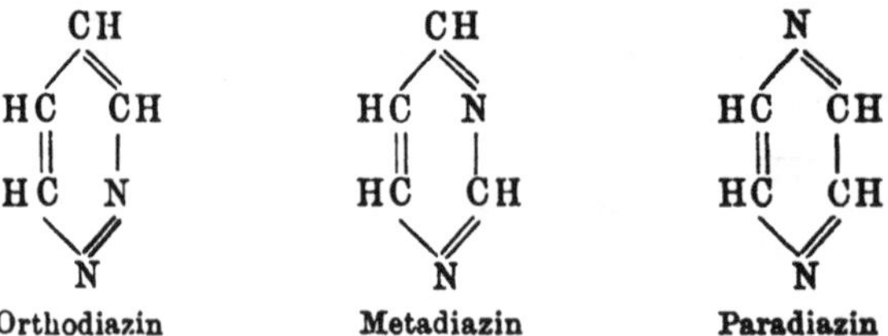

Orthodiazin   Metadiazin   Paradiazin

Sie besitzen gleich den Benzolen und Pyridinen „aromatischen“ Charakter.

Orthodiazin, Pyridazin wird aus dem Dibenzoderivat, dem Phenazon, dargestellt, indem man dasselbe durch Oxydation in Pyridazintetrakarbonsäure überführt und aus dieser Kohlensäure abspaltet [1]). Bekannter als die Pyridazine sind deren Hydroverbindungen bezw. die davon abzuleitenden Ketoderivate, Pyridazone bezw. Pyridazinone.

Von den Benzopyridazinen existieren zwei isomere Reihen:

```
     CH  CH                CH  CH
    //\  /\\              //\  /\\
  HC    C    CH         HC    C    N
  |     ||   |    und   |     ||   |
  HC    C    N          HC    C    N
    \\/  \//              \\/  \//
     CH   N                C   CH
```

Benzo-5,6,-pyridazin, Cinnolin Benzo-4,5-pyridazin, Phtalazin.

dem Chinolin und Isochinolin entsprechend.

Durch Einwirkung von Wasser auf das Diazoniumchlorid der o-Aminophenylpropiolsäure entsteht unter Abspaltung von Salzsäure Oxycinnolinkarbonsäure [2]), diese verliert leicht Kohlensäure, das resultierende Oxycinnolin kann durch Phosphorpentachlorid in Chlorcinnolin, dieses durch Reduktion in Dihydrocinnolin übergeführt werden, das schliefslich durch Einwirkung von Quecksilberoxyd Cinnolin selbst liefert [3]). Dieses ist eine starke, das Dihydroprodukt nur eine sehr schwache Base.

In ähnlicher Weise erhält man Phtalazine aus den Phtalazonen, welche durch Einwirkung von Hydrazinen auf o-Phtalaldehydsäuren entstehen. Verwendet man statt dieser Säuren o-Phtalaldehyd oder ω-Tetrachlor-o-Xylol, so gelangt man direkt zum Phtalazin [4]). Die Phtalazone sind kaum noch, ihre N-Phenylderivate überhaupt nicht mehr basisch.

Die Metadiazine sind die Pyrimidine oder Miazine. Man erhält dieselben durch Einwirkung von β-Diketonen auf fette und aromatische Amidine [5]), z. B.

```
      CH3                                    CH3
       .                                      .
       CO                                     C
      /            H2N\                      / \\
   H2C       +         >C.C6H5     =      HC     N      + 2 H2O.
    |              NH//                   ||     |
 H3C.OC                                H3C.C     C.C6H5
                                            \   //
                                              N
Acetylaceton     Benzamidin
```

[1]) Täuber, Ber. 28, 454. — [2]) v. Richter, ebend. 16, 677; Widmann, ebend. 17, 722. — [3]) Busch u. Klett, ebend. 25, 2847; Busch u. Rast, ebend. 30, 521. — [4]) Gabriel u. Pinkus, ebend. 26, 2210. — [5]) Pinner, ebend. 26, 2125; Ruhemann, ebend. 30, 821.

Aminopyrimidine sind die Kyanalkine, welche man bei Pol merisation von Nitrilen durch Natrium oder Natriumalkoholat erhäl

Von den hydrierten Pyrimidinen leitet sich eine Anzahl wichtig Harnstoffderivate ab. So entstehen Ketodihydropyrimidine bez Iminodihydropyrimidine durch Kondensation von Acidylacetonen m Harnstoffen, Guanidinen u. s. w.[1]).

2, 6-Diketotetrahydropyrimidine sind die Uracile

```
     CH
    //  \
  HC    NH
   |     |
  OC    CO
    \  /
     NH
```

Von dem Hexahydropyrimidin endlich leiten sich ab als 2, 4, Triketoverbindung die Barbitursäure (Malonylharnstoff)

```
       CO
      /  \
  H2C     NH
   |       |  ,
  OC      CO
    \    /
      NH
```

deren Aminoderivat, das Uramil

```
            CO
           /  \
  H2N.CH       NH
       |        |  ,
      CO       CO
        \     /
          NH
```

das durch Kaliumisoyanat in Pseudoharnsäure

```
                     CO
                    /  \
  NH2.CO.NH.CH          NH
               |         |
              OC        CO
                \      /
                   NH
```

übergeht, ihr Hydroxylderivat, Dialursäure (Tartronylharnstoff)

```
           CO
          /  \
  HO.CH       NH
      |        |  ;
     OC       CO
       \     /
         NH
```

[1]) P. N. Evans, J. pr. Chem. [2] 48, 489.

als Tetraketoverbindung das Alloxan (Mesoxalylharnstoff)

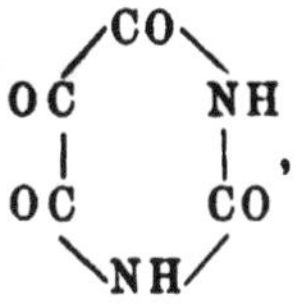

```
      /CO\
    OC    NH
    |     |  ,
    OC    CO
      \NH/
```

als deren Oxim die Violursäure

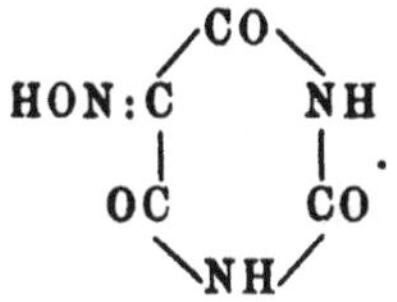

```
         /CO\
    HON:C    NH
        |    |  .
       OC    CO
         \NH/
```

Benzopyrimidine

```
       CH  CH
      //\ /\\
    HC   C   N
    |    ||  |
    HC   C   CH
      \\/ \ //
       CH  N
```

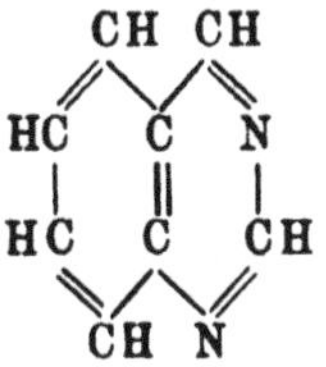

sind die Chinazoline (Phenmiazine). Diese werden dargestellt:

1. Durch Destillation von o-Aminobenzylbenzamid unter Abspaltung von Wasser und Wasserstoff[1]).

2. Durch Einwirkung von alkoholischem Ammoniak auf Körper vom Typus $C_6H_4\begin{cases} CO.R \\ N.CO.R', \end{cases}$ z. B. Acetyl-o-aminobenzaldehyd[2]).

Es sind sehr beständige Basen, die sich leicht zu Oxychinazolinen (Chinazolonen) oxydieren lassen, Körpern, die auch als Ketoderivate der in drei Isomeren erhältlichen Dihydrochinoxaline aufgefaſst werden können und auch direkt synthetisch zugänglich sind.

Von besonderer Wichtigkeit sind die Verbindungen, in welchen ein Pyrimidinkern nicht mit dem Benzolkern, sondern mit einem Glyoxalinkern verkettet erscheint, die Glyoxalinpyrimidine oder Purine, Derivate des erst spät von Emil Fischer[3]) erhaltenen Stammkörpers

---

[1]) Gabriel u. Jansen, Ber. 23, 2810. — [2]) Bischler, ebend. 24, 506, 26, 1891; Derselbe u. Barad, ebend. 25, 3080; Derselbe u. Burkhart, ebend. 26, 1349; Derselbe u. Lang, ebend. 28, 279; Derselbe u. Muntendam, ebend. 28, 723. — [3]) E. Fischer, ebend. 31, 2550.

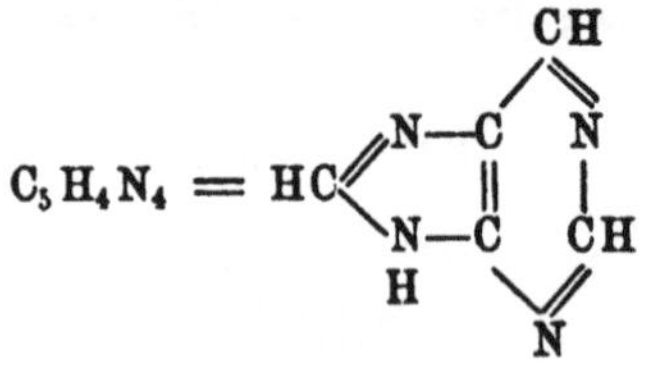

oder in üblicher Schreibweise

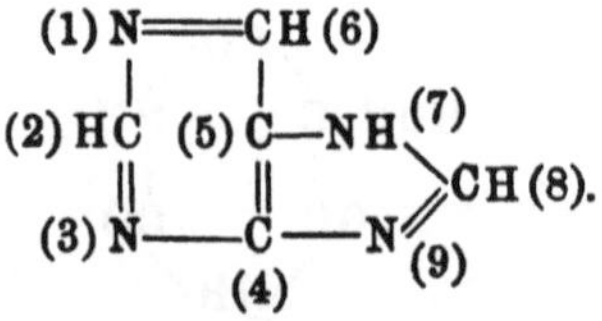

Das Wasserstoffatom des Glyoxalinkerns oscilliert, wenn diese Kern nicht substituiert ist, zwischen beiden Stickstoffatomen.

Vom Purin bezw. seinen Hydroverbindungen leiten sich u. a. d folgenden Verbindungen ab:

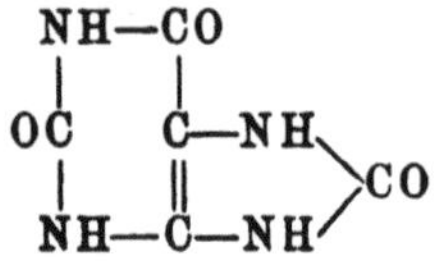

Harnsäure, Trioxypurin

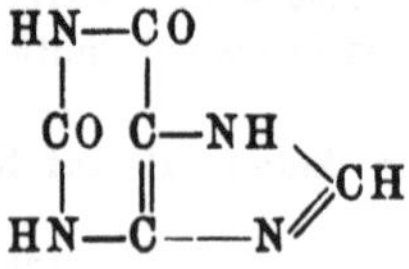

Xanthin, 2,6-Dioxypurin

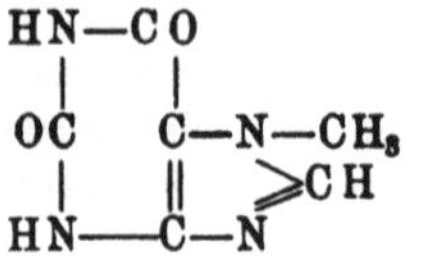

Heteroxanthin, 7-Methylxanthin

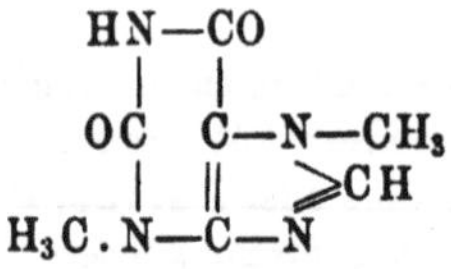

Theobromin, 3,7-Dimethylxanthin

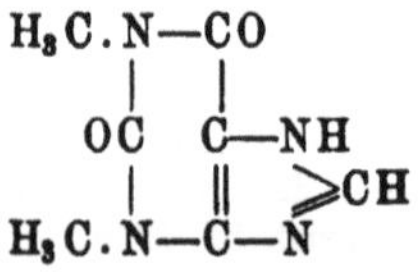

Theophyllin, 1,3-Dimethylxanthin

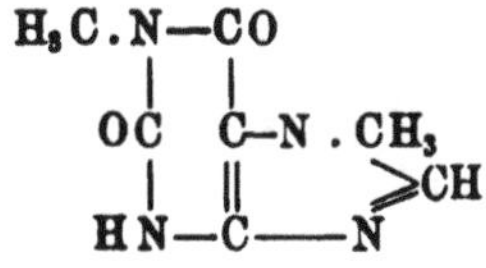

```
H3C.N—CO
    |   |
    OC  C—N.CH3
    |   ||      >CH
    HN—C——N
```

Paraxanthin, 1,7-Dimethylxanthin

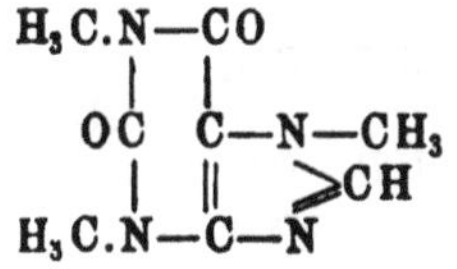

```
H3C.N—CO
    |   |
   OC   C—N—CH3
    |   ||    >CH
H3C.N—C—N
```

Kaffein (Thein), 1,3,7-Trimethylxanthin

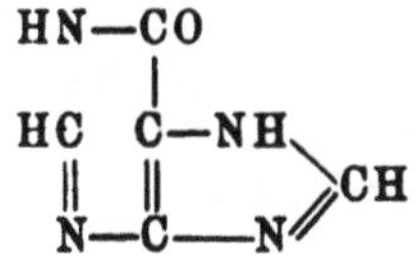

```
HN—CO
    |
HC  C—NH\
||  ||     >CH
N—C——N//
```

Hypoxanthin, 6-Oxypurin

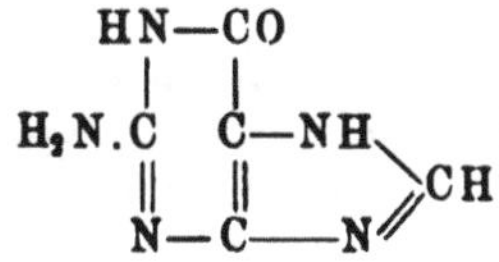

```
     HN—CO
      |   |
H2N.C    C—NH\
      ||  ||     >CH
      N—C——N//
```

Guanin, 2-Amino-6-oxypurin

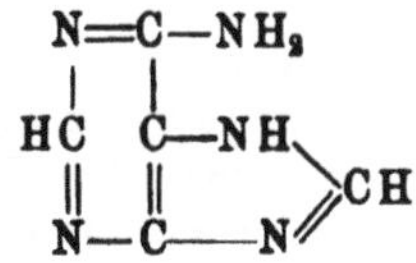

```
N=C—NH2
|   |
HC  C—NH\
||  ||     >CH
N—C——N//
```

Adenin, 6-Aminopurin

Die Harnsäure ist als Stoffwechselprodukt Gegenstand eifrigster Forschung gewesen. Es sollen deshalb hier die Synthesen derselben angeführt werden [1]:

Die erste derselben glückte Horbaczewski in einer wenig durchsichtigen, bei hoher Temperatur verlaufenden Reaktion, nämlich durch Schmelzen von Harnstoff mit Glykokoll oder Trichlormilchsäureamid.

Systematisch wertvoller ist die Synthese von Behrend und Roosen. Dieselben kondensierten zunächst Acetessigester mit Harnstoff zu Methyluracil. Dieses geht durch Behandlung mit Salpeterschwefelsäure in Nitrouracil über, aus welchem durch Behandlung mit Zinn und Salzsäure Oxyuracil oder Isobarbitursäure gewonnen wurde. Einwirkung von Bromwasser auf diese führt zur Isodialursäure, und diese kondensiert sich schliefslich mit Harnstoff zur Harnsäure. Der Verlauf der Synthese läfst sich durch das folgende Schema veranschaulichen:

---

[1] s. E. Fischer, Ber. 32, 435.

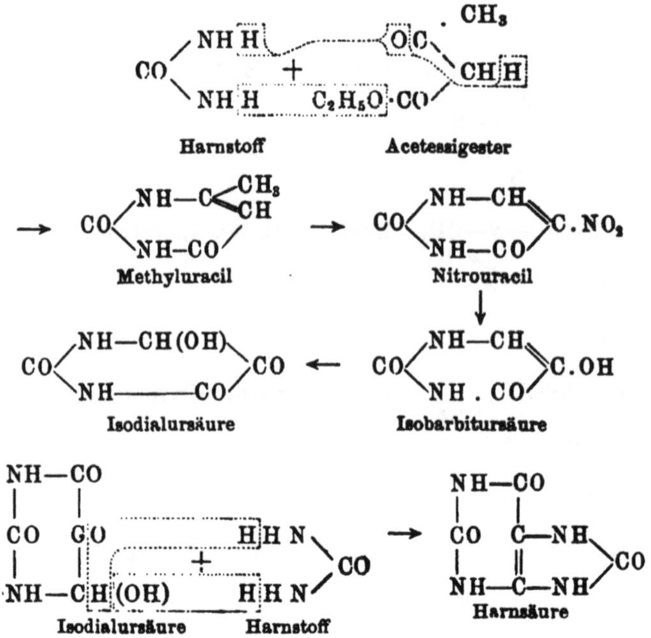

$$CO\begin{cases}NH\,H + O\,C\cdot CH_3 \\ \qquad\qquad\quad CH\,H \\ NH\,H \quad C_2H_5O\cdot CO\end{cases}$$

Harnstoff Acetessigester

$$\rightarrow CO\begin{cases}NH-C\begin{matrix}CH_3 \\ CH\end{matrix} \\ NH-CO\end{cases} \rightarrow CO\begin{cases}NH-CH \\ \qquad\quad C.NO_2 \\ NH-CO\end{cases}$$

Methyluracil Nitrouracil

$$CO\begin{cases}NH-CH(OH) \\ \qquad\qquad\quad CO \\ NH-\!-\!-\!-CO\end{cases} \leftarrow CO\begin{cases}NH-CH \\ \qquad\quad C.OH \\ NH\,.\,CO\end{cases}$$

Isodialursäure Isobarbitursäure

$$\begin{matrix}NH-CO & & \\ | \quad\; | & & \\ CO \quad CO & H\,H\,N & \\ | \quad\; | & + & CO \\ NH-CH\,(OH) & H\,H\,N & \end{matrix} \rightarrow \begin{matrix}NH-CO & \\ | \quad\; | & \\ CO \quad C-NH & \\ | \quad\; \| & CO \\ NH-C-NH & \end{matrix}$$

Isodialursäure Harnstoff Harnsäure

Leichter verlaufend und von viel allgemeinerer Anwendung sind die von Emil Fischer, zum Teil mit L. Ach, durchgeführten Synthesen, bei welchen als Ausgangsmaterial die Pseudoharnsäure oder ihre Homologen dienen. Die Pseudoharnsäure hatte v. Baeyer aus dem schon von Liebig und Wöhler aus Alloxantin und Salmiak erhaltenen Uramil darstellen gelehrt, indem er auf dieses Kaliumcyanat und Salzsäure einwirken liefs. Erhitzt man nun die Pseudoharnsäure mit Oxalsäure oder starker Salzsäure, so erfolgt unter Wasserabspaltung der Ringschlufs zur Harnsäure. (Alloxantin gewann Grimaux aus Harnstoff und Malonsäure bei Gegenwart von Phosphortrichlorid.)

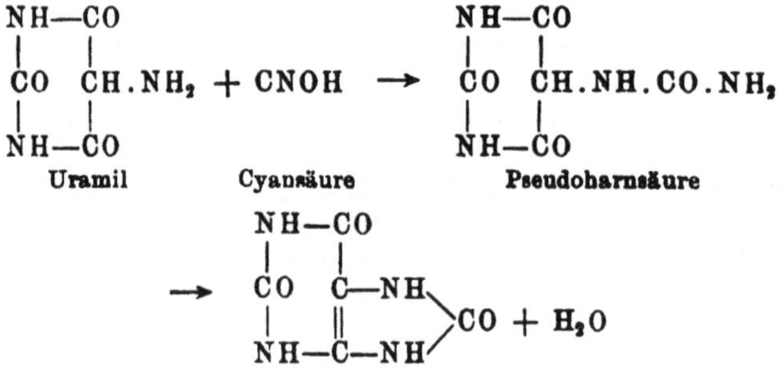

$$\begin{matrix}NH-CO \\ | \qquad | \\ CO \quad CH.NH_2 \\ | \qquad | \\ NH-CO\end{matrix} + CNOH \rightarrow \begin{matrix}NH-CO \\ | \qquad | \\ CO \quad CH.NH.CO.NH_2 \\ | \qquad | \\ NH-CO\end{matrix}$$

Uramil Cyansäure Pseudoharnsäure

$$\rightarrow \begin{matrix}NH-CO & \\ | \qquad | & \\ CO \quad C-NH & \\ | \qquad \| & CO + H_2O \\ NH-C-NH & \end{matrix}$$

Harnsäure

Ebenso entstehen methylierte Harnsäuren aus den methylierten Pseudoharnsäuren, welche man ihrerseits durch Kondensation von Ammoniak oder Methylamin mit Monomethyl- oder Dimethylalloxan gewinnen kann.

Hat man so einmal Harnsäure oder andere Purinderivate gewonnen, so lassen sich diese nach von E. Fischer angegebenen Methoden wieder in neue Derivate überführen. So lassen sich die Di- und Trioxypurine durch Chlorphosphor in Chlorderivate überführen, in denen die Chloratome leicht ersetzbar und die auch durch Jodwasserstoff oder Zinkstaub reduzierbar sind. Andererseits lassen sich die Oxypurine, soweit noch vertretbarer Wasserstoff in ihnen vorhanden ist, in normaler Weise alkylieren.

Einen anderen Weg betrat W. Traube[1]). Durch Kondensation von Guanidin oder Harnstoff mit Cyanacetessigester entstehen Cyanacetylderivate, welche sich unter dem Einflusse alkalischer Agentien in Pyrimidinderivate umlagern, z. B.:

```
                                          N═C.OH
                                          |  |
NH₂.C(NH).NH.CO.CH₂.CN   ⟶          H₂N.C  CH
                                          ‖  ‖
                                          N—C.NH₂
     Cyanacetylguanidin            2,4-Diamino-6-oxypyrimidin
```

Wandelt man diese Verbindungen in Isonitrosoderivate um und reduziert man diese mit Schwefelammonium, so entstehen o-Diamine, welche beim Kochen mit Ameisensäure bezw. Chlorkohlensäureester in Purinderivate übergehen, z. B. das aus obigem Pyrimidinderivat entstehende Diamin mit Ameisensäure über die Formazylverbindung in Guanin,

```
        N═C.OH                     N═C.OH
        |  |                       |  |
    H₂N.C  C.NH₂     ⟶         H₂N.C  C.NH.CHO
        ‖  ‖                       ‖  ‖
        N—C.NH₂                    N—C.NH₂

              HN—CO
               |  |
      ⟶    NH:C  C—NH
               |  ‖     \
               |  ‖      CH,
               |  ‖     //
              HN—C——N
                 Guanin
```

die entsprechende aus Cyanacetylharnstoff entstehende Verbindung mit Ameisensäure in Xanthin, mit Chlorkohlensäureester aber in Harnsäure:

---

[1]) W. Traube, Ber. 33, 1371, 3035.

```
N=C.OH              HN—CO
|    |              |    |
HO.C  C.NH2   →     OC   C—NH\
||   ||             |    ||     >CH
N—C.NH2             HN—C——N//
                       Xanthin
              \     HN—CO
                    |    |
                    OC   C—NH\
                    |    ||     >CO
                    HN—C—NH/
                       Harnsäure
```

Ersetzt man den Harnstoff bei der Einwirkung auf Cyanacetessigester durch seine Alkylderivate, so gelangt man auch zu alkylierten Xanthinen bezw. Harnsäuren.

Paradiazine sind die Pyrazine (Piazine). Sie finden sich in den höheren Fraktionen des Fuselöles aus Runkelrübenmelasse, da sie durch Einwirkung von Ammoniak auf Traubenzucker neben Pyridin entstehen [1]). Auch bei der Darstellung von β-Alkylpyridinen aus Glycerin und Ammoniumphosphat entstehen sie als Nebenprodukte [2]). Synthetisch erhält man sie

1. durch Kondensation von 2 Mol. α-Aminoaldehyd oder α-Aminoketon, zweckmäfsig unter Zusatz gelinde wirkender Oxydationsmittel [Merkurichlorid, Kupfersulfat] [3]):

```
      NH2    OC.R
      |      |
      CH2    CH2   + 2Cl2Hg
      |      |
    R.CO     H2N

          N
        /   \
      HC     CR
 =    ||     ||    + Cl2Hg2 + 2ClH + 2H2O
     R.C     CH
        \   /
          N
```

2. Durch Einwirkung von Ammoniak auf α-Halogenketone [4]).

Die Pyrazine ähneln sehr den Pyridinen, doch sind sie von etwas schwächer basischem Charakter. Die Hydrierung verläuft auch hier unter Bildung von stark basischen Hexahydroderivaten, den Piperazinen. Ihre Ketoderivate werden auch als Acipiperazine bezeichnet.

---

[1]) Tanret, Compt. rend. 100, 1540, 106, 418; C. Stöhr, J. pr. Chem. [2] 54, 481. — [2]) Ders., ebend. [2] 51, 450. — [3]) L. Wolff, Ber. 26, 1830; Gabriel u. Pinkus, ebend. 26, 2207; Braun u. V. Meyer, ebend. 21, 19. — [4]) Städel u. Rügheimer, ebend. 9, 563; Städel u. Kleinschmidt, ebend. 13, 837; Braun u. V. Meyer, ebend. 21, 19; L. Wolff, ebend. 20, 432.

Benzopyrazine sind die Chinoxaline oder Phenpiazine

$$\begin{array}{ccccc} & CH & & N & \\ HC & & C & & CH \\ | & & \| & & | \\ HC & & C & & CH \\ & CH & & N & \end{array}$$

Dieselben entstehen durch Kondensation von Glyoxal und ähnlichen Verbindungen mit o-Phenylendiamin [1]), z. B.:

$$C_6H_4\Big\langle{NH_2 \atop NH_2} + {OCH \atop | \atop OCH} = C_6H_4\Big\langle{N{=}CH \atop | \atop N{=}CH} + 2\,H_2O.$$

Diaminoverbindungen entstehen durch Einwirkung von Cyangas auf o-Phenylendiamine [2]):

$$C_6H_4\Big\langle{NH_2 \atop NH_2} + {CN \atop | \atop CN} = C_6H_4\Big\langle{N{=}C.NH_2 \atop \| \atop N{=}C.NH_2}$$

Die Chinoxaline sind schwache, einsäurige Basen, die durch alkalische Reduktionsmittel in Tetrahydrochinoxaline übergehen, durch saure Ringspaltung erleiden.

Von polycyklischen Systemen der Diazine sind zu erwähnen:

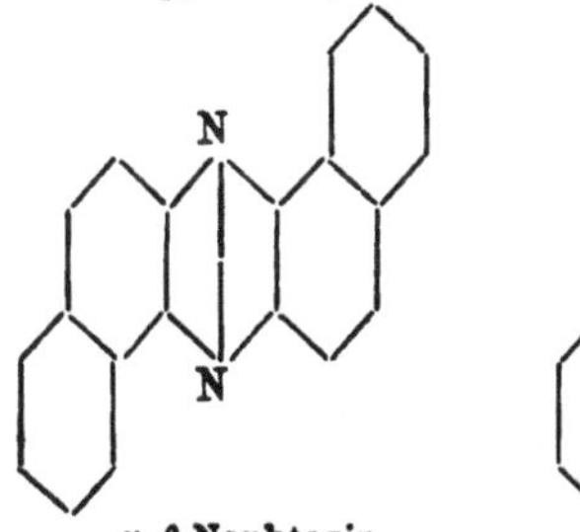

Dibenzopyridazin, Phenazon

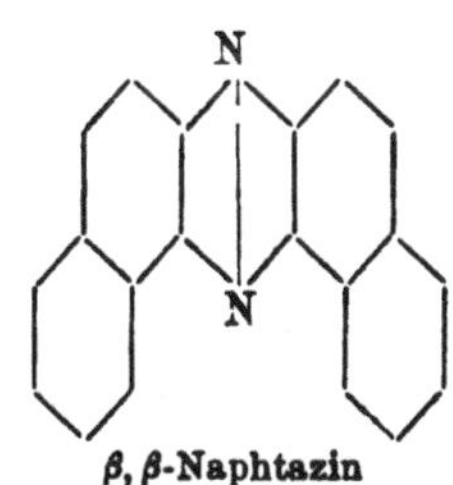

Dibenzopyrazin, Phenazin

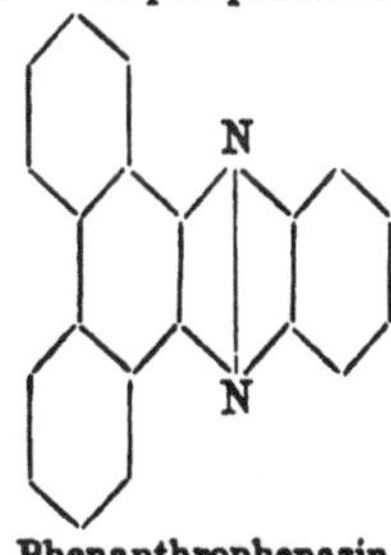

Naphtophenazin

N N N

N N N

α, β-Naphtazin β, β-Naphtazin Phenanthrophenazin

[1]) E. Fischer, Ber. 17, 572, 22, 92; Hinsberg, ebend. 17, 318, 18, 1228, 2870, 19, 483; Griess u. Harrow, ebend. 20, 281, 2205; Kühling, ebend. 24, 2368; Kehrmann u. Messinger, ebend. 24, 1239, 1874; O. Fischer, ebend. 24, 720; R. Meyer, ebend. 30, 768; Hinsberg, Ann. Chem. 237, 328; Ders., Ann. Chem. 248, 71; Ders., Ann. Chem. 292, 245. — [2]) Bladin, Ber. 18, 666; Aschan, ebend. 18, 2939.

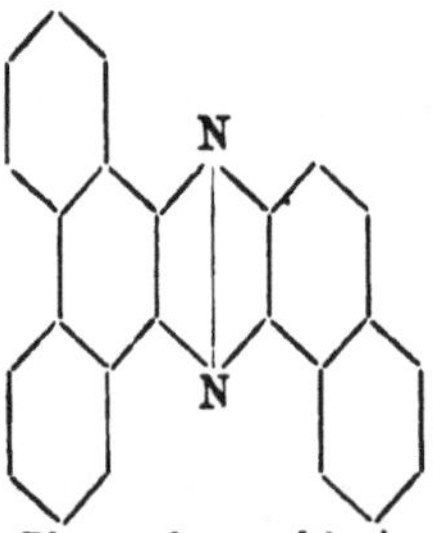

Phenanthronaphtazin 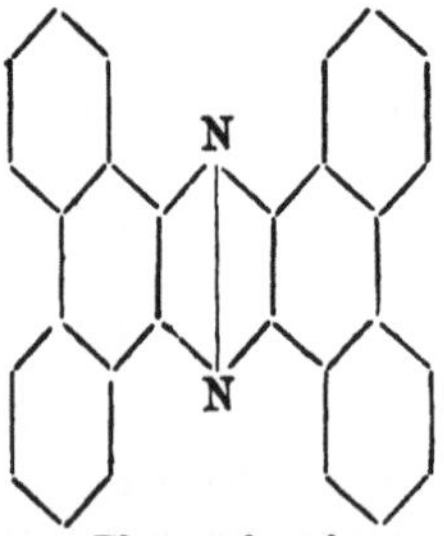 Phenanthrazin

Benzodipyrazin 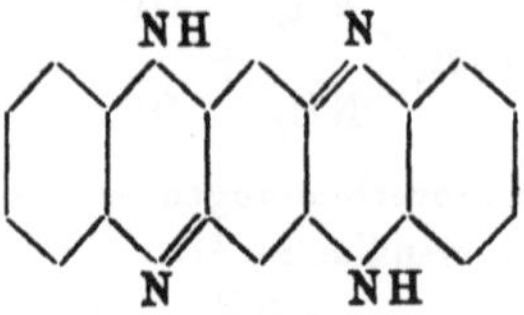 Fluorindin

Vom Phenazin und dessen höheren Ringhomologen leiten sich wie von den analog konstituierten Systemen des Anthracens und des Akridins gröfsere Reihen von Farbstoffen ab, die Gruppe der Eurhodine, des Toluylenrots, der Safranine, Induline u. s. w.

Man erhält diese Körperklassen 1. durch Kondensation aromatischer o-Diamine mit Brenzkatechin [1]) oder mit o-Chinonen [2]), z. B.:

$$C_6H_4\left\langle\begin{matrix}NH_2\\NH_2\end{matrix}\right. + \left.\begin{matrix}OH\\OH\end{matrix}\right\rangle C_6H_4 = C_6H_4\left\langle\begin{matrix}N\\|\\N\end{matrix}\right\rangle C_6H_4 + 2\,H_2O + H_2.$$

Werden dabei Monoalkyl-o-phenylendiamine verwendet, so entstehen die Azoniumbasen [3]).

2. Durch gemeinschaftliche Oxydation von o-Diaminen mit α-Naphtol [4]).

3. Durch Abspaltung von Anilin aus Aryl-o-aminoazokörpern [5]), z. B.:

$$C_{10}H_6\left\langle\begin{matrix}N{=}N\,.\,C_6H_5\\NH\,.\,C_{10}H_7\end{matrix}\right. = C_{10}H_6\left\langle\begin{matrix}N\\|\\N\end{matrix}\right\rangle C_{10}H_6 + H_2N\,.\,C_6H_5.$$

Der Farbstoffcharakter kommt erst durch den Eintritt salzbildender Gruppen, besonders der Hydroxyl- oder Aminogruppe, zum Ausdruck.

Eurhodine sind Monoaminophenazine, Toluylenrotfarbstoffe symmetrische Diaminophenazine. Aminoderivate der Alkylazonium-

---

[1]) Merz, Ber. 19, 725; Ris, ebend. 19, 2206. — [2]) Witt, ebend. 19, 2794; Schunck u. Marchlewski, ebend. 29, 200; Wallach u. Lehmann, Ann. Chem. 237, 240. — [3]) Witt, Ber. 20, 1185; Kehrmann, ebend. 29, 2318; Ders. u. Helwig, ebend. 20, 2629. — [4]) Witt, ebend. 19, 917, 20, 575. — [5]) P. Matthes, ebend. 22, 3344, 23, 1333.

verbindungen sind die **Aposafranine** und **Rosinduline**, Diaminoderivate die **Safranine**, Oxyderivate die **Aposafranone** und **Rosindone**.

Ringsysteme, welche zwei Stickstoffatome und ferner Sauerstoff bezw. Schwefel als Ringglieder enthalten:

I. **Azoxazine:**

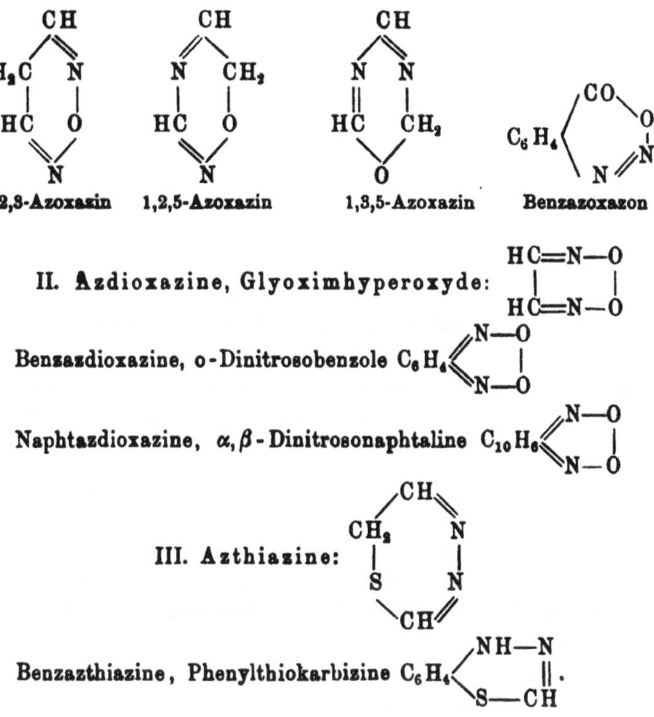

1,2,3-Azoxazin 1,2,5-Azoxazin 1,3,5-Azoxazin Benzazoxazon

II. **Azdioxazine, Glyoximhyperoxyde:**

Benzazdioxazine, o-Dinitrosobenzole C_6H_4

Naphtazdioxazine, α,β-Dinitrosonaphtaline $C_{10}H_6$

III. **Azthiazine:**

Benzazthiazine, Phenylthiokarbizine C_6H_4.

Ringe mit drei Stickstoffatomen.

Einen **dreigliedrigen** Ring haben wir bereits im Azoimid $NH\langle{N \atop N}$ und seinen Derivaten kennen gelernt, und es sei hier nur daran erinnert, dafs diese Konfiguration eine Verbindung von stark saurem Charakter darstellt. Ihre Arylverbindungen sind die sogen. Triazoverbindungen, Diazoimide oder Cyklotriazene, wie Diazobenzolimid $C_6H_5.N\langle{N \atop N}$.

Von einer Dihydroverbindung des Azoimids $NH\langle{}^{NH}_{NH}$ wurden die Azimidoverbindungen abgeleitet, welchen ihr Entdecker Griess die

```
         H
        C
      //  \   N
  HC       C  | \
Formel |    ||  |  NH
  HC       C  | /
      \\  /   N
        C
        H
```

u. s. w. erteilte, für welche aber die von Kekulé

```
            H
           C
         //  \   N
      HC       C   \\
aufgestellte Formel |    ||    N
      HC       C   /
         \\  /   N
           C
           H     H
```

sich als richtig erwies [1]) und die demgemäfs bei den Triazolen behandelt werden. Dagegen findet sich die obige Konfiguration in den Benzosotriazolen (s. d.).

Auch die von Voswinkel [2]) beschriebenen und von einem kondensierten Ringsystem mit jenem Ringe abgeleiteten Triazanderivate sind wahrscheinlich anderer Konstitution [3]).

Dagegen ist ein viergliedriger Ring, das Triazolen,

```
=C—N
 |  ||
—N—N
```

nach Bamberger [4]) in Gebilden vorhanden, die bei Einwirkung von salpetriger Säure auf Iz-Aminoindazole entstehen. Es bilden sich zunächst Diazohydroxyde, welche durch Wasserabspaltung in jene Verbindungen übergehen:

```
       C.NH2               C.N2OH               C—N
C6H4<  | \      →   C6H4<  | \       →   C6H4<  | \ \\ N
       N—NH                N—NH                 N—N /
 Aminoindazol       Indazoldiazohydroxyd    Indazoltriazolen
```

Fünfgliedrige Ringe. Werden zwei Methingruppen des Pyrrols durch Stickstoffatome ersetzt, so resultieren die Triazole. Dieselben sind in vier Isomeren bekannt:

---

[1]) Zincke u. Helmert, J. pr. Chem. [2] 53, 91; Ann. Chem. 291, 313. — [2]) H. Voswinkel, Ber. 32, 2485, 33, 2797, 34, 2350. — [3]) E. Bamberger, ebend. 35, 756. — [4]) Ders., ebend. 32, 1773.

```
     I              II              III              IV
  HC—CH           N—CH           HC—N            N—N
  ‖   ‖           ‖   ‖          ‖   ‖           ‖   ‖
  N   N           HC  N          HC  N           HC  CH
   \ /             \ /            \ /             \ /
   NH              NH             NH              NH
```

I	II	III	IV
Pyrro-α, α'-diazol, α, α'-(1,4-)Triazol, Osotriazol	Pyrro-α, β'-diazol, α, β'-(1,3-)Triazol	Pyrro-α, β-diazol, α, β-(1,2-)Triazol	Pyrro-β, β'-diazol, β, β'-(2,3-)Triazol

I. **Osotriazole** entstehen aus Osotetrazonen unter Abspaltung von primärem Amin beim Behandeln mit verdünnten Mineralsäuren oder auch direkt aus Osazonen durch trockene Destillation[1]) oder durch Einwirkung von Essigsäureanhydrid[2]):

$$\begin{matrix} R.C{=}N{-}NH.C_6H_5 \\ | \\ R.C{=}N{-}NH.C_6H_5 \end{matrix} = \begin{matrix} R.C{=}N \\ | \\ R.C{=}N \end{matrix}\!\!>N.C_6H_5 + C_6H_5.NH_2.$$

Ferner entstehen sie durch intramolekulare Wasserabspaltung aus den Hydrazoximen von 1,2-Diketonen[3]):

$$\begin{matrix} R.C{=}N{-}NH.C_6H_5 \\ | \\ R.C{=}N{-}OH \end{matrix} = \begin{matrix} R.C{=}N \\ | \\ R.C{=}N \end{matrix}\!\!>N.C_6H_5 + H_2O.$$

Auch durch innere Kondensation einiger Hydrazone (von Formazylmethylketon, Acetylamidrazon) werden Osotriazole gebildet[4]).

Diamine dieser Reihe entstehen durch innere Kondensation des Oxalenphenylhydrazidamidoxims[5]) und seiner Homologen:

$$\begin{matrix} NH_2.C{=}NOH \\ | \\ NH_2.C{=}N{-}NH.C_6H_5 \end{matrix} = \begin{matrix} NH_2.C{=}N \\ | \\ NH_2.C{=}N \end{matrix}\!\!>N.C_6H_5 + H_2O.$$

Die Osotriazole sind meist unzersetzt siedende ölige Flüssigkeiten, deren N-Alkylderivate schwach basische Eigenschaften besitzen. Gegenüber Oxydationsmitteln zeigt der Ring grofse Beständigkeit, ähnlich den aromatischen Kernen.

Benzosotriazole, Pseudoazimide gelten als Ringe mit einer Diagonalbindung

```
        CH
      //   \
   HC        C—N
   |         ‖ |  >NH.
   HC        C—N
      \\   /
        CH
```

[1]) v. **Pechmann**, Ber. **21**, 2753, 2756. — [2]) **Bilz** u. **Weifs**, ebend. **35**, 3519. — [3]) v. **Pechmann**, Ann. Chem. **262**, 269. — [4]) **Bamberger** u. de **Gruyter**, Ber. **26**, 2785. — [5]) **Thiele** u. **Schleussner**, Ann. Chem. **295**, 129.

Sie entstehen durch Kondensation von o-Aminoazoverbindungen unter dem Einfluſs von Oxydationsmitteln [1]) oder von Thionylchlorid [2]):

$$C_{10}H_6\begin{cases}N{=}N.C_6H_5\\NH_2\end{cases} + O = C_{10}H_6\left\langle\begin{matrix}N\\|\\N\end{matrix}\right\rangle N.C_6H_5 + H_2O.$$

Sie sind neutrale, indifferente Körper, nur durch Natrium und Alkohol unter Aufspaltung des heterocyklischen Ringes angreifbar.

Durch Verwendung sekundärer statt primärer Basen entstehen bei der oben angeführten Reaktion einsäurige Basen, die Triazoliumverbindungen, z. B. $C_{10}H_6\left\langle\begin{matrix}N\\|\\N\end{matrix}\right\rangle N$ (am unteren N: C_6H_5, OH), welche nur in Gestalt ihrer Salze beständig sind [3]). Ihre Karbonsäurederivate bilden leicht Betaine.

Quaternäre Alkylderivate vom Typus (Benzolring mit $-\overset{X}{N}{=}R_2$, N, N) entstehen nach Nietzki und Raillard [4]) durch Einwirkung von salpetriger Säure auf unsymmetrisch alkylierte o-Diamine.

Pyrro-α, β'-diazole, die eigentlichen Triazole, ähneln in ihren Eigenschaften sehr den Pyrazolen. Die verschiedenen Synthesen solcher Körper beruhen im wesentlichen sämtlich auf der Kondensation von Säurehydraziden mit Säureamiden [5]), z. B.:

$$\begin{matrix}NH_2\\|\\HCO\end{matrix} + \begin{matrix}O.CH\\|\\NH\\|\\H_2N\end{matrix} = \begin{matrix}N{-}CH\\ \|\quad\ \|\\HC\quad N\\ \diagdown\ \diagup\\NH\end{matrix} + 2H_2O.$$

Formamid Formhydrazid Triazol

[1]) Zincke, Ber. 18, 3132; Ders. u. Lawson, ebend. 19, 1452, 20. 1167, 1176, 2896. — [2]) Michaelis u. Erdmann, ebend. 28, 2192. — [3]) Zincke u. Lawson, ebend. 20, 1172; Zincke, ebend. 23, 1315, 28, 328. — [4]) Nietzki u. Raillard, ebend. 31, 1460. — [5]) Bladin, ebend. 18, 1544, 22, 796; Andreocci, Atti R. Accad. d. Lincei 1890, II, S. 209, Ber. 25, 225; Bamberger u. de Gruyter, ebend. 26, 2385; Widmann, ebend. 26, 2617; Thiele u. Heidenreich, ebend. 26, 2598; M. Freund, ebend. 29, 2483; Pinner, ebend. 30, 1871; Pellizzari, Gazz. chim. 26, II, 413, 430, Chem. Centralbl. 1897, I, S. 58; Young u. Annable, Chem. Soc. J. 71, 200; Chem. Centralbl. 1897, I, S. 809; Pinner, Ann. Chem. 297, 221; Ders., ebend. 298, 1; Thiele u. Manchot, ebend. 303, 33; Wheeler u. Beardsley, Am. Chem. J. 27, 257; Chem. Centralbl. 1902, I, S. 1298.

Triazole sind schwache Basen, die auch infolge Anwesenheit der Iminogruppe Metallsalze zu bilden vermögen. Der Ring ist aufserordentlich beständig, so dafs selbst an den Stickstoff gebundene Phenylgruppen fortoxydiert werden können, ohne dafs der Ring und etwaige Methylgruppen angegriffen werden.

Dihydrotriazole und Tetrahydrotriazole sind in Form ihrer Oxyderivate, Triazolone und Diketotetrahydrotriazole bekannt. Letztere heifsen auch Urazole und entstehen durch Einwirkung von Harnstoff auf Hydrazin [1]) oder aus Biuret und Hydrazinsalzen [2]):

a) $2\,CO\begin{matrix} NH_2 \\ NH_2 \end{matrix} + \begin{matrix} NH_2 \\ | \\ NH_2 \end{matrix} = \begin{matrix} NH—CO \\ | \quad\quad | \\ H_2N.CO \quad NH \\ / \\ NH_2 \end{matrix} + 2\,NH_3;$

Hydrazodikarbonamid

$\begin{matrix} NH—CO \\ | \quad\quad | \\ H_2N.CO \quad NH \\ / \\ NH_2 \end{matrix} = \begin{matrix} NH—CO \\ | \quad\quad | \\ CO \quad NH \\ \diagdown\diagup \\ NH \end{matrix} + NH_3$

b) $\begin{matrix} HN—CO \\ | \quad\quad | \\ CO \quad NH_2 \\ | \\ NH_2 \end{matrix} + NH_2.NH_2 = \begin{matrix} NH—CO \\ | \quad\quad | \\ CO \quad NH \\ \diagdown\diagup \\ NH \end{matrix} + 2\,NH_3$

Biuret

Entsprechend entstehen aus Thioharnstoffderivaten die Thiourazole, aus Dicyandiamid die Diiminourazole oder Guanazole.

Benzoderivate u. dergl. der Triazole sind nicht möglich, da keine benachbarten Kohlenstoffatome vorhanden sind.

Pyrro-α,β-diazole oder Azimidotriazole (Wedekind) entstehen aus ihren Ringhomologen, den Azimidobenzolen, durch oxydative Abspaltung des Benzolkerns [3]).

Diese Benzopyrro-α, β-diazole erhält man allgemein durch Einwirkung von salpetriger Säure auf o-Diamine [4]), z. B.

$$C_6H_4\begin{matrix} NH_2 \\ NH_2 \end{matrix} + NO_2H = C_6H_4\begin{matrix} N \\ \diamond \\ NH \end{matrix}N + 2\,H_2O.$$

[1]) Thiele u. Stange, Ann. Chem. 283, 41. — [2]) Pellizzari u. Cuneo, Ann. di chim. farm. 1894, S. 260; Ber. 27, 407 Ref. — [3]) Bladin, Ber. 26, 545, 2736; Zincke u. Helmert, Ann. Chem. 291, 320, 341. — [4]) Ladenburg, Ber. 9, 221; Zincke u. Lawson, Ann. Chem. 240, 110; Derselbe u. Arzberger, ebend. 249, 350; Derselbe u. Campbell, ebend. 255, 339; Derselbe u. Helmert, ebend. 291, 313.

Von Verbindungen mit besetztem Imidwasserstoffatom existieren zwei isomere Reihen (I u. II), während die unsubstituierten nur in einer Form auftreten. Es ist daher eine Oscillation dieses Wasserstoffatoms anzunehmen.

I: $R.C_6H_3<$ (Ring: NR', N, N)   II: $R.C_6H_3<$ (Ring: N, N, NR')

Die Azimidokörper sind schwache, unzersetzt destillierbare Säuren. Sie sind am Stickstoff alkylierbar und vermögen dann auch in quaternäre Ammoniumsalze überzugehen.

Die N-Oxyderivate, **Azimidole**, entstehen durch Behandlung von o-Nitrophenylhydrazinen mit Alkali:

$$C_6H_4<^{NH-NH_2}_{NO_2} = C_6H_4<^{N}_{N.OH}>N \left(\text{oder } C_6H_4<^{N}_{N-O}>N.H\right) + H_2O.$$

Sie sind starke Säuren.

Derivate der einkernigen Azimidotriazole erhält man direkt durch Kondensation von Körpern des Acetessigestertypus mit Diazobenzolimid [1]):

$$C_6H_5.N<^{N}_{N} + CO<^{CH_3}_{CH_2-CO_2C_2H_5}$$

$$= C_6H_5.N<^{N=\!=\!=N}_{C(CH_3)=C.CO_2C_2H_5} + H_2O.$$

2,3-Triazole, Iminobiazole. Das Diphenylderivat entsteht in Form des Merkaptans aus dem Benzoylderivat des Phenylthiosemikarbazids durch Einwirkung von Benzoylchlorid. Die Merkaptogruppe läßt sich durch Oxydation als Schwefelsäure abspalten [2]):

$$HS.C(=N-NH-OC.C_6H_5)NH.C_6H_5 \rightarrow HS.C{=}N{-}N{=}C.C_6H_5\ (>N.C_6H_5) \rightarrow HC{=}N{-}N{=}C.C_6H_5\ (>N.C_6H_5)$$

Phenylbenzoylthiosemikarbazid

Ähnlich entstehen Ketoderivate des Dihydroiminobiazols, **Iminobiazolone**, durch Einwirkung von Phosgen auf α-Diphenylthiosemikarbazid.

---

[1]) O. Dimroth, Ber. 35, 1029, 4041. — [2]) Pulvermacher, ebend. 27, 621; Marckwald u. Bott, ebend. 29, 2914.

Ein entsprechendes Thioderivat kann die Verbindung sein, welche man durch Einwirkung von Phenylsenföl auf Methylphenylthiosemikarbazid erhält [1]).

Benzoderivate u. dergl. sind aus dem gleichen Grunde wie bei den eigentlichen Triazolen ausgeschlossen.

Thiotriazole, Triazsulfole

entstehen durch Einwirkung von salpetriger Säure auf Thiosemikarbazid und dessen Alkylderivate [2]) mit Ausnahme des Phenylthiosemikarbazids, das ein Thiotetrazol bildet.

Es sind unbeständige Substanzen, die schon durch kochendes Wasser in Stickstoff, Schwefel und Alkylcyanamid zerfallen.

Sechsringe. Triazine sind gleichfalls in drei isomeren Reihen bekannt.

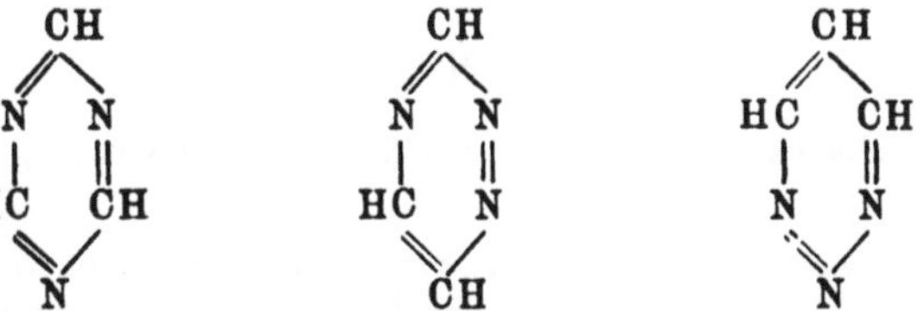

symmetrisches, 1, 3, 5-, γ-Triazin — asymmetrisches, 1, 2, 4-, α-Triazin — benachbartes, 1, 2, 3-, β-Triazin

I. Symmetrische Triazine, Kyanidine. Hierher gehören die Tricyanverbindungen, die Cyanursäure u. s. w.

Sie entstehen durch Polymerisation von Nitrilen, ferner durch Erhitzen eines Gemenges von Nitril und Säurechlorid mit Aluminiumchlorid, eventuell unter Zusatz von Ammoniumchlorid [3]):

$$2\,C_6H_5.CN + Cl.CO.CH_3 + NH_3 = C_6H_5.C\left\langle\begin{matrix} N-C.CH_3 \\ \\ N=C-C_6H_5 \end{matrix}\right\rangle N + ClH + H_2O.$$

Ferner erhält man sie durch Einwirkung von Arylbromid auf Cyanurchlorid in Gegenwart von Natrium [4]), synthetisch durch Einwirkung von Fettsäureanhydriden auf aromatische Amidine [5]). Wendet man hierbei statt der Fettsäureanhydride Phosgen an, so gelangt man

---

[1]) Marckwald u. Sedlaczek, Ber. 29, 2924. — [2]) M. Freund, ebend. 29, 2483. — [3]) Krafft u. v. Hansen, ebend. 22, 803. — [4]) P. Klason, J. pr. Chem. [2] 35, 82. — [5]) Pinner, Ber. 25, 1624.

zu Oxykyanidinen [1]). Dioxykyanidine gewinnt man aus Acetylurethan und Harnstoff [2]).

Diaminokyanidine (Guanamine) entstehen durch Erhitzung fettsaurer Guanidinsalze, indem sich Wasser und Ammoniak abspalten [3]).

Hexahydrokyanidine sind die Trimethylentriamine

$$HN\begin{matrix}\diagup CH_2—NH \diagdown \\ \diagdown CH_2—NH \diagup\end{matrix}CH_2,$$

deren einfachster Repräsentant bei der Darstellung des Hexamethylentetramins $C_6H_{12}N_4$ aus Formaldehyd und Ammoniak intermediär entsteht [4]). Das Hexamethylentetramin (Urotropin) selbst ist als Kondensationsprodukt von drei Trimethylentriaminringen aufzufassen [5]):

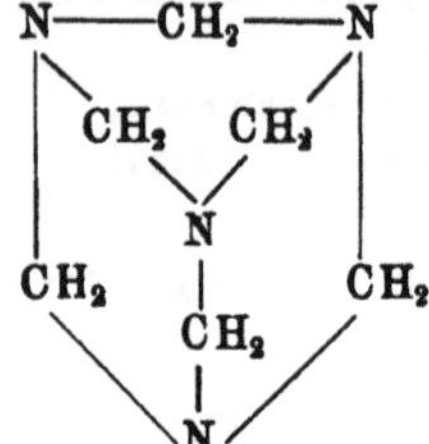

Benzoderivate u. s. w. sind von Kyanidinen nicht möglich.

II. Asymmetrische Triazine entstehen durch Kondensation aromatischer 1, 2-Diketone mit Semikarbazid oder Aminoguanidin in Form von Oxy- bezw. Aminoderivaten [6]):

$$\begin{matrix} \diagup NH_2 \\ CO \\ | \\ NH \\ \diagdown NH_2 \end{matrix} + \begin{matrix} \diagup C_6H_5 \\ CO \\ | \\ CO \\ \diagdown C_6H_5 \end{matrix} = \begin{matrix} & \diagup N \diagdown & \\ HO.C & & C.C_6H_5 \\ | & & \| \\ N & & C.C_6H_5 \\ & \diagdown N \diagup & \end{matrix} + 2H_2O$$

Semikarbazid Benzil Diphenyl-3-oxy-1, 2, 4-Triazin

Durch Kondensation von Formamid mit unsymmetrischem Phenylhydrazinoessigester gelangt man zu Oxydihydrotriazin [7]), durch Ammoniakabspaltung aus Karbonamidhydrazopropionsäureamid zu Dihydro-3, 5-dioxy-5-methyl-1, 2, 4-triazin [8]). Die Einwirkung von Phosgen

---

[1]) Pinner, Ber. **25**, 1424. — [2]) Ostrogovich, Ann. Chem. **288**, 318. — [3]) Nencki, Ber. **7**, 776, 1584, **9**, 228, 458; Bamberger u. Dieckmann, ebend. **25**, 534. — [4]) Duden u. Scharff, Ann. Chem. **288**, 218. — [5]) ebend. — [6]) Thiele u. Stange, Ann. Chem. **283**, 6, 27; Thiele u. Bihan, ebend. **302**, 309. — [7]) Harries, Ber. **28**, 1227. — [8]) Thiele u. Bailey, Ann. Chem. **303**, 75.

auf Phenylhydrazinoacetanilid führt schliesslich zu einem 1, 4-Diphenyl-3, 5-diketohexahydro-1, 2, 4-triazin [1]).

Benzo-α-Triazine, Phen-α-triazine erhält man hauptsächlich durch Reduktion von symmetrischen o-Nitrophenylacidylhydrazinen [2]), z. B.

$$C_6H_4\left\langle\begin{array}{l}NO_2\,OCH\\ \quad\quad |\\ NH-NH\end{array}\right. + 6H = C_6H_4\left\langle\begin{array}{l}NH_2\,OCH\\ \quad\quad |\\ NH-NH\end{array}\right. + 2H_2O$$

o-Nitrophenylformylhydrazin

$$= C_6H_4\left\langle\begin{array}{l}N=CH\\ \quad |\\ N=N\end{array}\right. + 3H_2O + H_2$$

Phentriazin

oder durch innere Kondensation von Formazylverbindungen unter Abspaltung von Anilin [3]) (durch Behandlung mit starken Mineralsäuren).

Benzodihydrotriazine erhält man aus o-Aminoazokörpern durch Einwirkung von Aldehyden [4]). Ihrer Farblosigkeit und Beständigkeit wegen nimmt man in ihnen eine Parabindung an:

$$R.C_6H_3\left\langle\begin{array}{l}NH_2\\ \\ N=N.C_6H_4R\end{array}\right. + OCH_2 = R.C_6H_3\left\langle\begin{array}{l}N-CH_2\\ |\quad\ |\\ N-N.C_6H_4.R\end{array}\right. + H_2O.$$

III. Benachbarte Triazine sind nur in Form polycyklischer Verbindungen bekannt.

Benzo-β-triazine existieren in Form von Dihydroderivaten, welche aus o-Aminobenzylaminen durch Einwirkung von salpetriger Säure entstehen [5]):

$$C_6H_4\left\langle\begin{array}{l}NH_2\\ \\ CH_2-NH.R\end{array}\right. + NOOH = C_6H_4\left\langle\begin{array}{l}N=\!=N\\ \quad\quad |\\ CH_2-N.R\end{array}\right. + 2H_2O.$$

Ketophendihydro-β-triazine, Phentriazone, entstehen, dem entsprechend, durch Einwirkung von salpetriger Säure auf o-Aminobenzamide [6]). Das Phen-β-triazon bildet sich ferner unter Ringerweiterung durch Oxydation des Iz-Aminoindazols [7]):

$$C_6H_4\left\langle\begin{array}{l}C-NH_2\\ |\quad\ \rangle NH\\ N\end{array}\right. + O = C_6H_4\left\langle\begin{array}{l}CO-NH\\ \quad\quad |\\ N=\!=N\end{array}\right.$$

sowie durch Einwirkung von Ammoniak auf o-Diazobenzoesäureester [8]):

---

[1]) H. Rupe, Ann. Chem. **301**, 68. — [2]) Bischler, Ber. **22**, 2806. — [3]) Bamberger u. Wheelwright, ebend. **25**, 3205. — [4]) H. Goldschmidt u. Rosell, ebend. **23**, 505; Derselbe u. Poltzer, ebend. **24**, 1002. — [5]) M. Busch, ebend. **25**, 448. — [6]) Weddige u. Finger, J. pr. Chem. [2] **35**, 262, **37**, 431. — [7]) Bamberger u. v. Goldberger, Ber. **31**, 2636. — [8]) Zacharias, J. pr. Chem. [2] **43**, 446.

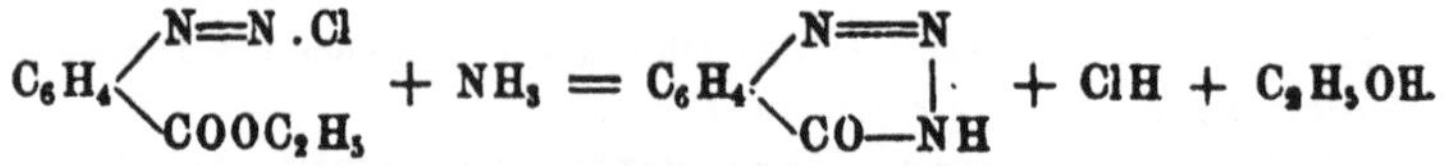

$$C_6H_4\langle{N=N.Cl \atop COOC_2H_5} + NH_3 = C_6H_4\langle{N=N \atop CO-NH} + ClH + C_2H_5OH$$

Ein kompliziertes β-Triazinderivat ist das aus o-Aminophenylbenzimidazol durch salpetrige Säure erhältliche Benzimidazolimid[1])

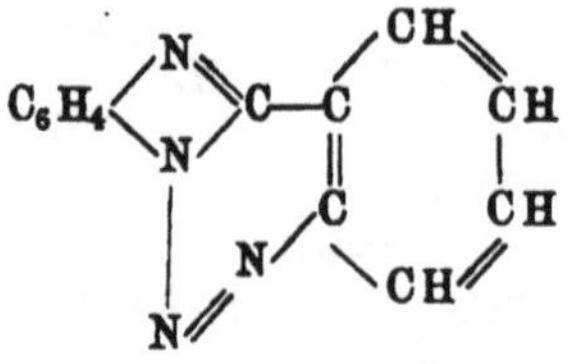

$$C_6H_4\langle{N \atop N}\rangle C-C\langle ... \rangle$$ (Strukturformel: Benzimidazolring, an C gebunden ein Benzolring CH=CH-CH=CH-C=C, dessen C über N=N an das N des Imidazolrings gebunden ist)

Ringe mit drei Stickstoffatomen und einem Sauerstoffatom existieren in zwei isomeren Reihen, als Azoxdiazine (I) und Isazoxdiazine (II):

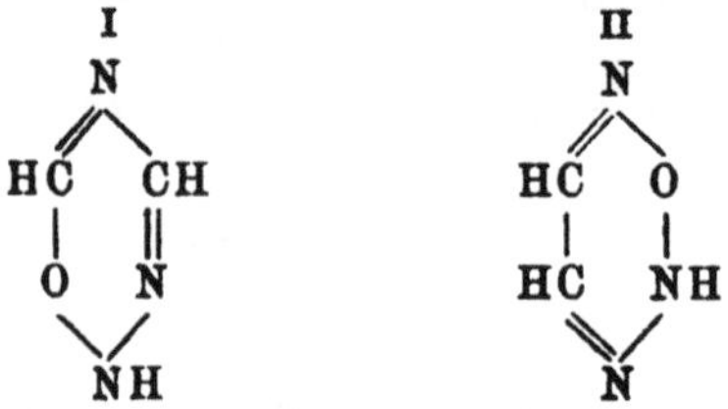

I	II
N	N
HC CH	HC O
O N	HC NH
NH	N

Die Isoverbindungen entstehen aus Diacidylazdioxazinen („Dinitrosacylen") durch Einwirkung primärer Amine[2]). Sie sind labil und gehen schon durch Erhitzen der Lösungen auf 100° durch Beckmannsche Umlagerung in die eigentlichen Azoxdiazine über.

Ein Ringsystem mit drei Stickstoffatomen und zwei Sauerstoffatomen ist wahrscheinlich in dem Einwirkungsprodukt von salpetriger Säure auf Anilinooximinoessigsäureester vorhanden.

Ringe mit vier Stickstoffatomen.

Fünfgliedrige Ringe. Tetrazole $CH\langle{NH-N \atop N-N}\|$ sind, obwohl nach den Darstellungsmethoden Isomerieen zu erwarten wären, nur in einer Form bekannt, so daſs auch hier eine Oscillation des Iminwasserstoffatoms anzunehmen ist.

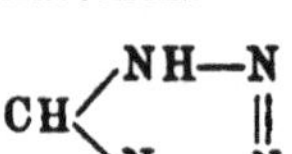

Sie entstehen

1. durch Einwirkung von salpetriger Säure auf Dicyanphenylhydrazin [Cyanamidrazon[3])], Verseifung der zunächst entstandenen Cyanverbindung und Abspaltung von Kohlensäure.

---

[1]) v. Niementowski, Ber. 31, 314. — [2]) Koreff, ebend. 19, 181. — [3]) Bladin, ebend. 18, 1544, 2907.

$$\begin{array}{c} CN-C-NH_2 \\ \| \\ N \\ \diagdown NH \\ \cdot \\ C_6H_5 \end{array} + \begin{array}{c} O \\ \| \\ N \\ | \\ OH \end{array} = \begin{array}{c} CN.C\!-\!\!-\!N \\ \|\quad\;\| \\ N\quad N \\ \diagdown N \diagup \\ \cdot \\ C_6H_5 \end{array} + 2H_2O.$$

2. Aus Benzenylamidinen entstehen durch salpetrige Säure sogen. Dioxytetrazotsäuren, welche durch Reduktion (C-) Phenyltetrazole liefern[1]):

$$\begin{array}{c} C_6H_5.C.NH_2 \\ \| \\ NH \end{array} \longrightarrow \begin{array}{c} C_6H_5.C-N \\ \|\quad\;\| \\ N\quad NOH \\ | \\ NO \end{array} \longrightarrow \begin{array}{c} C_6H_5.C\!-\!\!-\!N \\ \|\quad\;\| \\ N\quad N \\ \diagdown\;\diagup \\ NH \end{array}$$

3. Ebenfalls durch salpetrige Säure aus Hydrazidinen

$$R.C\begin{array}{l} \diagup NH_2 \\ \diagdown\!\!\diagdown N-NH_2 \end{array}$$

sowie aus Aminoguanidin[2]).

4. Durch Abbau der Tetrazoliumbasen

$$\begin{array}{c} R.C-N \\ \|\quad\;\| \\ N\quad N \\ \diagdown\;\diagup \\ N.C_6H_5 \end{array}\!\!\begin{array}{l} \diagup C_6H_5, \\ \diagdown OH \end{array}$$

welche durch gelinde Oxydation der Formazylverbindungen

$$R.C\begin{array}{l} \diagup N{=}N.C_6H_5 \\ \diagdown N-NH.C_6H_5 \end{array}$$

dargestellt werden[3]).

5. Aus Guanazylbenzol durch Oxydation[4]).

6. Eine Thioverbindung und daraus die entsprechende Oxyverbindung gewinnt man aus dem Phenylsulfotetrazolon, das bei Einwirkung von salpetriger Säure auf Phenylthiosemikarbazid entsteht[5]).

Die Tetrazole sind aufserordentlich beständige Verbindungen, die, soweit eine freie Iminogruppe vorhanden, den Charakter starker einbasischer Säuren besitzen.

---

[1]) Lossen, Ann. Chem. 263, 73; Derselbe, ebend. 265, 129; Derselbe u. Bogdahn, ebend. 298, 90. — [2]) Pinner, Ber. 27, 984; Thiele, Ann. Chem. 270, 54. — [3]) v. Pechmann u. Wedekind, Ber. 28, 1688; vergl. Bamberger, Arch. sc. phys. nat. de Genève [4] 6, 384; Chem. Centralbl. 1898, II, S. 1050. — [4]) Wedekind, Ber. 30, 449. — [5]) Freund u. Hempel, ebend. 28, 74.

Isomere der Dihydroprodukte sind die Derivate des Isotetrazolins

$$\begin{array}{c} H_2C{-}NH \\ | \quad\; | \\ N{-}N \\ \diagdown\;\diagup \\ NH \end{array},$$

welche im Gegensatze zu den Tetrazolen basischen Charakter haben.

Sechsgliedrige Ringe, Tetrazine. Theoretisch sind die folgenden drei Isomeren denkbar, doch sind bisher nur Derivate der Formen I und II bekannt geworden:

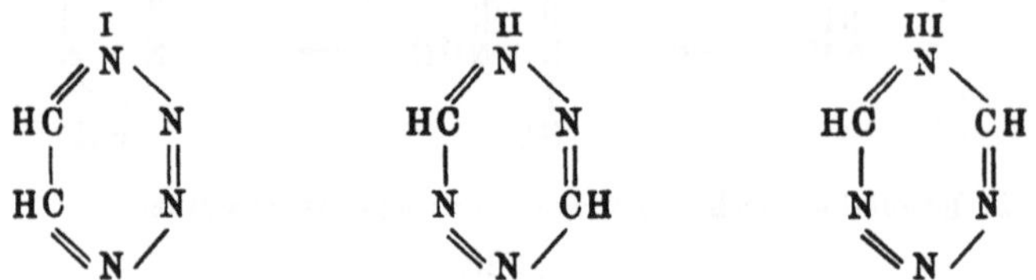

v- (1, 2, 3, 4-) Tetrazin symm. (1, 2, 4, 5-) Tetrazin asymm. (1, 2, 3, 5-) Tetrazin

Benachbarte oder Osotetrazine sind die Oxydationsprodukte der Osazone[1]) z. B.

$$\begin{array}{l} C_6H_5 . C{=}N{-}NH . C_6H_5 \\ \quad\;\; | \\ C_6H_5 . C{=}N{-}NH . C_6N_5 \end{array} + O = \begin{array}{c} N \\ C_6H_5 . C \qquad N . C_6H_5 \\ | \qquad\qquad | \\ C_6H_5 . C \qquad N . C_6H_5 \\ N \end{array} + H_2O.$$

Benzilosazon Tetraphenyldihydrotetrazin

Da einfache Hydrazone durch Oxydation zunächst in Osazone übergehen, kann man indirekt auch von jenen zu Osotetrazinen gelangen[2]).

Diese Verbindungen zeichnen sich durch ihre rote Farbe aus. In konzentrierter Schwefelsäure lösen sie sich mit blauer Farbe. Durch Mineralsäuren gehen sie unter Ringverengerung in Osotriazole über.

Vom Benzotetrazin sind nur zwei isomere Reihen von Dihydroprodukten bekannt:

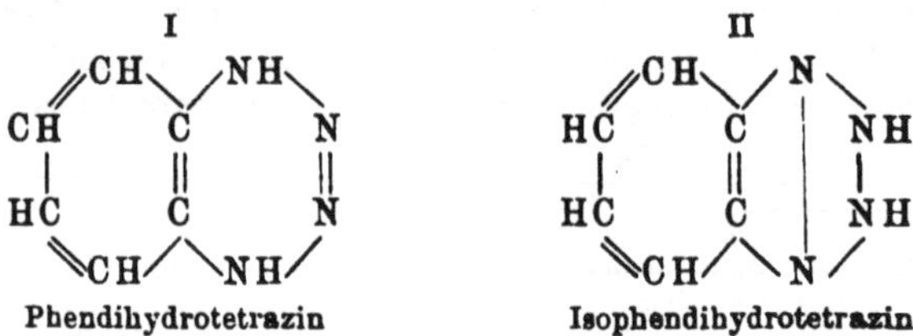

Phendihydrotetrazin Isophendihydrotetrazin

[1]) v. Pechmann, Ber. **21**, 2751. — [2]) Derselbe, ebend. **26**, 1045; Japp u. Klingemann, Ann. Chem. **247**, 222; G. Minunni, Gazz. chim. **22**, 217.

Vertreter der I. Klasse lösen sich in Mineralsäuren mit roter Farbe, die der zweiten sind nicht mehr basisch.

Symmetrische Tetrazine und ihre Dihydroderivate entstehen bei Einwirkung von Hydrazin auf Iminoäther[1]). Hierbei entstehen zunächst Monohydrazidine (I), 2 Molekeln derselben spalten leicht Ammoniak ab unter Bildung eines Dihydrotetrazins (II), welches leicht (schon durch den Sauerstoff der Luft) zwei Wasserstoffatome verliert.

I: $R-C\begin{matrix} \diagup NH_2 \\ \diagdown\!\!\diagdown N-NH_2 \end{matrix}$

II: $R.C\begin{matrix} \diagup NH-NH \diagdown \\ \diagdown\!\!\diagdown N\text{——}N \diagup\!\!\diagup \end{matrix}C.R$

III: $R.C\begin{matrix} \diagup N{=}N \diagdown \\ \diagdown\!\!\diagdown N-N \diagup\!\!\diagup \end{matrix}C.R$

Die Tetrazine sind rote, gegen Säuren sehr beständige Körper. Durch Alkalien werden sie dagegen unter Ringsprengung und Entbindung von Stickstoff angegriffen.

Die Dihydrotetrazine sind schwach basisch und werden durch Säuren leicht, und zwar in drei Richtungen, angegriffen.

1. Konzentrierte Säuren bewirken teilweise eine Umlagerung in Isodihydrotetrazine

$$R.C\begin{matrix} \diagup NH\text{——}N \diagdown\!\!\diagdown \\ \diagdown\!\!\diagdown \; N-NH \diagup \end{matrix}C.R,$$

welche sich nicht mehr zu Tetrazinen oxydieren lassen. Die Grundsubstanz dieser Reihe entsteht aus Monoformylhydrazid durch mehrstündiges Erhitzen auf 210 bis 220°[2]).

2. Aus einem anderen Teil spalten sie Hydrazin ab unter Bildung von Oxybiazolen:

$$R.C\begin{matrix} \diagup NH-NH \diagdown \\ \diagdown\!\!\diagdown N\text{——}N \diagup\!\!\diagup \end{matrix}C.R + H_2O = R.C\begin{matrix} \diagup -O- \diagdown \\ \diagdown\!\!\diagdown N-N \diagup\!\!\diagup \end{matrix}C.R + H_2N.NH_2.$$

3. Eisessig und Zinkstaub spalten analog Ammoniak ab unter Bildung von Triazolen:

$$R.C\begin{matrix} \diagup NH-NH \diagdown \\ \diagdown\!\!\diagdown N\text{——}N \diagup\!\!\diagup \end{matrix}C.R + H_2 = R.C\begin{matrix} \diagup NH \diagdown \\ \diagdown\!\!\diagdown N-N \diagup\!\!\diagup \end{matrix}C.R + NH_3.$$

Diketohexahydrotetrazine, Urazine erhält man durch Einwirkung von Hydrazin auf seine Kohlensäurederivate, das Diphenylurazin durch Erhitzen von Phenylsemikarbazid für sich[3]):

---

[1]) Pinner, Ber. 26, 2126, 27, 984; Derselbe, Ann. Chem. 297, 221. — [2]) Ruhemann u. Stapleton, Chem. Soc. Proc. 15, 191; Chem. Centralbl. 1899, II, S. 1117. — [3]) Pinner, Ber. 21, 1225, 2329.

a)
$$\begin{array}{l} HN{-}CO.OC_2H_5 \\ | \\ HN{-}CO.OC_2H_5 \end{array} + \begin{array}{l} H_2N \\ | \\ H_2N \end{array} = \begin{array}{c} \quad CO \quad \\ HN \qquad NH \\ | \qquad\quad | \\ HN \qquad NH \\ \quad CO \quad \end{array} + 2\,C_2H_5.OH,$$

b) $$2\,C_6H_5.NH{-}NH{-}CO{-}NH_2 = C_6H_5.N\begin{array}{c} NH{-}CO \\ CO{-}NH \end{array}N.C_6H_5 + 2\,NH_3.$$

Diphenylurazin entsteht auch durch Erhitzen von Phenylkarbazinsäureester $C_6H_5NH.NH.COOR$ [1]) sowie durch Einwirkung von Phosgen auf Phenylhydrazinoameisensäureester $C_6H_5.N(CO_2C_2H_5).NH_2$ [2]), eine isomere Verbindung

$$CO\begin{array}{c} NH{-}N.C_6H_5 \\ NH{-}N.C_6H_5 \end{array}CO$$

soll aus Natriumphenylhydrazin und Phosgen entstehen [3]).

Die Urazine sind einbasische Säuren.

---

[1]) H. Rupe, Ber. 29, 829. — [2]) G. Heller, Ann. Chem. 263, 282. — [3]) Peratoner u. Siringo, Gazz. chim. 22, II, 99; Ber. 26, S. 20 Ref.

Alkaloide.

Eine Gruppe, welche mit der vorangehenden in engster, aber vielfach noch unaufgeklärter Beziehung steht, mufs noch zum Gegenstande besonderer Betrachtung gemacht werden.

Die erste der hierher gehörigen Verbindungen, das Morphin, wurde im Opium entdeckt, aus welchem es Derosne[1]) 1803 und Seguin[2]) 1804 isolierten, ohne die Eigentümlichkeiten dieser Verbindung zu erkennen. Den Anstofs für die systematische Alkaloidforschung gaben vielmehr erst die Arbeiten Sertürners[3]), deren erste 1806 erschien. Dieser beschrieb das Morphin als krystallisierte Substanz, welche sich mit Säuren unter Salzbildung vereinigt, durchaus den Charakter eines Alkali besitzt und speziell dem Ammoniak in seiner chemischen Natur nahe steht.

Diese Resultate führten zunächst dazu, dafs auch andere Pflanzen von auffallenden physiologischen Eigenschaften auf Substanzen ähnlichen Charakters untersucht wurden, und so umfassen die Jahre 1817 bis 1835 die Auffindung von weiteren Basen im Opium, ferner in Ipecacuanha, Veratrum- und Strychnosarten, Pfeffer, Kaffee, Chinarinden, Solanaceen, Schierling, Tollkirsche, Tabak u. s. w. Die Bezeichnung „Alkaloide", welche die am meisten in die Augen springende Eigenschaft der neuen Substanzen zur Grundlage nahm, wurde zunächst unterschiedslos auf alle organischen Basen angewendet[4]). Ihre basischen Eigenschaften erklärte Berzelius durch Bindung von Ammoniak an eine indifferente Gruppe, während andere Bindung des Stickstoffs an Sauerstoff oder in cyanartiger Form annahmen. Liebig aber nahm mit divinatorischem Blicke an, dafs Ammoniak mit durch organische Radikale ersetztem Wasserstoff vorläge.

Solche Substitutionsprodukte des Ammoniaks lehrten dann die Untersuchungen von Wurtz und Hofmann in reichem Mafse kennen. Wurde damit Liebigs Grundidee als zulässig erwiesen, so traten doch

---

[1]) Derosne, Ann. ch. phys. 45, 257. — [2]) Seguin, ebend. 92, 225. — [3]) Sertürner, J. Pharm. 13, I, S. 234, 14, I, S. 47; Gilb. Ann. 55, 56. — [4]) Diese Auffassung vertritt neuerdings noch Icilio Guareschi in seinem trefflichen Werk „Einführung in das Studium der Alkaloide". Deutsch von H. Kunz-Krause. Berlin 1896. Doch werden dann wieder die „eigentlichen Alkaloide" abgesondert.

auch unverkennbare Unterschiede zwischen den einfachen organisch substituierten Ammoniakverbindungen und den komplizierter zusammengesetzten Alkaloiden, welche man im Pflanzenreich aufgefunden hatte, hervor.

Vor allem war es die festere Bindung des Stickstoffs in letzteren, für welche die damals vorliegenden synthetischen Verbindungen keine Analogie boten. Man gewöhnte sich daher daran, den Namen Alkaloide auf jene zu beschränken.

Beispiele für die feste Bindung des Stickstoffs in basischen Substanzen anderen Ursprungs hatte man inzwischen in dem Leukol und seinem höheren Homologen Iridolin des Steinkohlenteers und in den Basen des Dippelschen Tieröls kennen gelernt. Es fand sich nun, dafs das von Gerhardt bei Destillation des Alkaloids Cinchonin mit Kali erhaltene Chinolin mit dem Leukol, das dabei gleichzeitig entstehende Lepidin mit dem Iridolin identisch ist, und dafs diese Chinolinbasen in Derivate der Pyridinbasen des Tieröls übergeführt werden können. Die Gewinnung von Pyridinderivaten bezw. Chinolinderivaten aus Alkaloiden häufte sich bei systematischer Untersuchung, und so konnte Koenigs[1]) 1880 den Versuch machen, die Alkaloide schlechtweg als Pyridinderivate zu definieren.

Als diese Definition aufgestellt wurde, konnte sie aber schon nicht mehr für alle bis dahin als Alkaloide angesehenen Körper Geltung beanspruchen. Man wufste bereits vom Betain, Muscarin und Cholin, Leucin und Glutamin, dafs sie in keiner Beziehung zum Pyridin stehen. Diese konnte man wegen ihrer engen Beziehungen zu Basen der Fettreihe, und da ihnen das eigentliche Charakteristikum, die feste Bindung des Stickstoffs, fehlte, ohne grofse Mühe absondern. Anders lag es beim Kaffein und Theobromin, von denen man ebenfalls bereits wufste, dafs sie einer besonderen, der Harnsäure verwandten Gruppe angehören.

Die weiteren Untersuchungen haben dann gezeigt, dafs nicht nur Pyridin und Chinolin bezw. das diesem isomere Isochinolin Alkaloiden zu Grunde liegen, sondern dafs eine ganze Anzahl anderer ringförmiger Stickstoffverbindungen die gleiche Rolle zu spielen vermag. So fand man als stickstoffhaltigen Kern des Morphins das Oxazin, im Nikotin und anderen das Pyrrolidin, im Pilokarpin das Glyoxalin, in den obengenannten harnsäureähnlichen Alkaloiden das Purin; ferner fand man Verknüpfungen verschiedenartiger stickstoffhaltiger Ringsysteme.

Die Koenigssche Anschauung war daher nicht haltbar, und in übertriebener Negierung griff man wieder auf die ältere Definition zurück, als Alkaloide schlechtweg alle organischen Basen zu bezeichnen, die sich im Pflanzenorganismus finden[2]).

Weit besser ist es aber, die Koenigssche Definition zu erweitern

---

[1]) Koenigs, Studien über die Alkaloide, München 1880. — [2]) s. Pictet-Wolffenstein, Die Pflanzenalkaloide, II. Aufl. Berlin 1900.

und als Alkaloide solche Basen zu bezeichnen, in denen wenigstens ein Stickstoffatom einem Ringsystem angehört[1]).

Man kann dann innerhalb dieser Klasse mehrere Gruppen, z. B. Derivate des Pyridins, Chinolins, Isochinolins, Purins u. s. w., unterscheiden; man kann ferner synthetisch gewonnene Körpergruppen von alkaloidartigen Eigenschaften, wie die Pyrazolone, zwanglos einreihen.

Im folgenden soll nur von den vegetabilischen Alkaloiden die Rede sein, da diese, den Heilwert oder die Giftigkeit vieler Pflanzen bedingend, in erster Linie das Interesse erwecken. Dieselben finden sich im Pflanzenreiche weit verbreitet, doch sind einige der artenreichsten Familien, die Labiaten und Kompositen, frei davon. Beachtenswert ist, dafs in verwandten Pflanzen vielfach die gleichen oder einander sehr nahestehende Alkaloide vorkommen, während nur selten das gleiche Alkaloid sich in verschiedenen Familien findet. Häufig kommen ferner mehrere Alkaloide nebeneinander vor. So sind die Chinarinden und das Opium wahre Magazine von Basen, die miteinander verwandt und vielfach einander isomer sind.

Die Isolierung der Alkaloide ist je nach ihren Eigenschaften verschieden. Einige, die flüchtig sind, kann man durch Destillation mit Wasserdämpfen gewinnen, andere können aus der wässerigen Lösung ihrer Salze durch freie oder kohlensaure Alkalien ausgefällt oder der so behandelten Lösung durch organische Lösungsmittel entzogen werden.

Weitere Fällungsmittel sind Quecksilberchlorid, Quecksilber- oder Wismutkaliumjodid, Phosphormolybdänsäure, Phosphorwolframsäure, Silicowolframsäure[2]), Goldchlorid, Gerbsäure. Über Nachweis und Bestimmung s. d.

Abgesehen von den besonderen Eigentümlichkeiten zeigen die Alkaloide den allgemeinen Charakter der organischen Basen, wobei die Anzahl der Stickstoffatome keinen Schlufs auf die Wertigkeit zuläfst, vielmehr Alkaloide mit zwei oder mehr Stickstoffatomen vielfach einsäurige Basen sind. Meist sind sie tertiären Charakters, seltener sekundären.

Soweit die bisherigen Untersuchungen sichere Schlüsse zulassen, gehören zu den Derivaten des Pyridins (mit Einschlufs von Chinolin und Isochinolin):

Schierlingsalkaloide
Piperin
Trigonellin
Arekanufsalkaloide
Nikotin
Spartein
Lupinenalkaloide (?)
Solanaceenalkaloide
Cocaalkaloide.

Granatwurzelalkaloide
Von Opiumalkaloiden und Verwandten: Papaverin, Narkotin, Hydrastin, Berberin
Corydalisalkaloide
Chinaalkaloide
Strychnin, Brucin
Paucin.

[1]) Spiegel, Liebreichs Encyklopädie d. Therapie. Berlin 1896, I, S. 98; vgl. a. Wolffenstein, l. c., S. 113. — [2]) Bertrand, Compt. rend. 128, 742; Bull. soc. chim. [3] 21, 434; Chem. Centralbl. 1899, I, S. 997, 1225.

Zu den Derivaten des Pyrrolidins:

Solanaceenalkaloide
Nikotin
Berberin.

Zu den Derivaten des Oxazins:

Morphin, Kodein, Thebain.

Zu denen des Purins:

Kaffein
Theobromin
Theophyllin.

Zu denen des Glyoxalins:

Jaborandialkaloide

Vielfach ist es gelungen, Alkaloide aus ihren Spaltungsprodukten wieder aufzubauen. Besonders beim Kokain hat dieses Verfahren technische Verwertung gefunden. Auch die vollkommene Synthese ist in einzelnen Fällen geglückt, nachdem durch vorangehende Forschungen die Konstitution zur Genüge erschlossen war. Der erste Erfolg in dieser Richtung war die Synthese des Koniins durch Ladenburg 1886[1]), indem er α-Pikolin mit Acetaldehyd zum α-Allylpyridin kondensierte und dieses durch Reduktion in α-Propylpiperidin überführte:

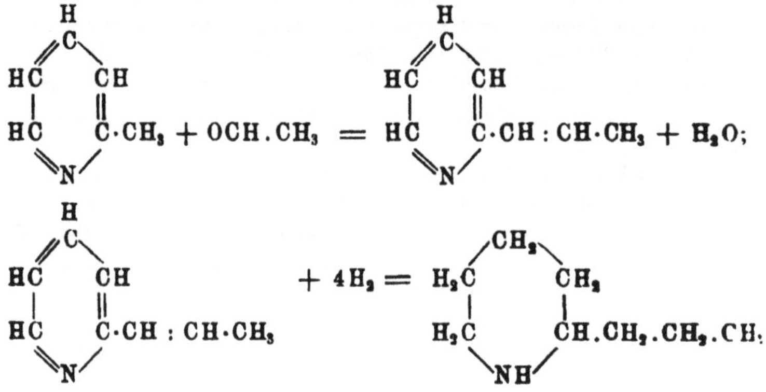

```
      H                                   H
      C                                   C
    //  \                               //  \
  HC     CH                           HC     CH
  |      ||                           |      ||
  HC     C·CH3 + OCH.CH3     =        HC     C·CH : CH·CH3 + H2O;
    \\  /                               \\  /
      N                                   N

      H
      C                                     CH2
    //  \                                 /     \
  HC     CH                  + 4H2 =   H2C       CH2
  |      ||                             |         |
  HC     C·CH : CH·CH3                 H2C       CH.CH2.CH2.CH3
    \\  /                                 \     /
      N                                     NH
```

Die so erhaltene Base erwies sich als das racemische Koniin, und dieses konnte durch fraktionierte Krystallisation in zwei aktive Modifikationen zerlegt werden, von denen die rechtsdrehende durchaus mit dem natürlichen Koniin übereinstimmte.

Piperin war schon 1882 von Rügheimer[2]) aus seinen Spaltungsprodukten Piperidin und Piperinsäure aufgebaut worden. Durch die spätere Synthese des Piperidins auf verschiedenen Wegen und durch

---

[1]) Ladenburg Ber. 19, 439, 2578, 22, 1403, 27, 3062, 28, 163, 1991, 30, 485. — [2]) Rügheimer, ebend. 15, 1390.

die der Piperinsäure[1]) wurde dann diese Synthese zu einer vollständigen.

Ebenso wurde neuerdings die Synthese des Atropins vervollständigt, welche Ladenburg bereits 1879 durch Kondensation der Spaltstücke Tropin und Tropasäure bewirkt hatte[2]). Das Tropin liefs sich aus Tropidin[3]), dieses aus Suberon[4]) gewinnen, welches seinerseits aus der synthetisch leicht erhältlichen Glutarsäure entsteht. Tropasäure entsteht aus Atropasäure durch Behandlung mit unterchloriger Säure und nachfolgende Reduktion[5]), Atropasäure aus Äthylatrolaktinsäure durch Behandlung mit konzentrierter Salzsäure[5]). Die Äthylatrolaktinsäure aber wird aus dem leicht synthetisch zugänglichen Dichloracetophenon durch Behandlung mit Cyankali in alkoholischer Lösung und Verseifung des entstandenen Nitrils gewonnen[5]).

Trigonellin hat sich als identisch mit dem Methylbetain der Nikotinsäure erwiesen[6]), welches von Hantzsch[7]) synthetisch erhalten wurde.

Von den Arekanufsalkaloiden konnte Jahns[8]) das Arekaidin durch Reduktion des Chlormethylats der Nikotinsäure gewinnen und als Methyltetrahydronikotinsäure erweisen. Arekolin ist der zugehörige Methylester.

Die Synthesen der Purinkörper sind bereits im vorigen Abschnitt erwähnt.

Andererseits hat man versucht, durch Benutzung nur eines Spaltstückes natürlicher Alkaloide und ähnlich konstituierter Verbindungen zu neuen physiologisch wirksamen Kombinationen zu gelangen und durch deren systematische Verfolgung den eigentlich wirksamen Bestandteil bezw. die wirksame Atomgruppierung zu ermitteln.

Am eingehendsten ist dies bisher in der Atropinreihe geschehen. Schon Ladenburg[9]) hat, indem er das Tropin statt mit Tropasäure mit anderen Säuren kombinierte, eine Reihe von Estern gewonnen, die er „Tropeine" nannte und von denen einige, dem Atropin ähnlich, mydriatische Wirkung zeigen. Es sind dies besonders das Oxytoluyltropein (Homatropin) und das Atrolaktyltropein (Pseudoatropin).

Zu analogen Synthesen gelangte man, als man an Stelle des Tropins (I) die sehr ähnlich konstituierten synthetisch erhaltenen Verbindungen Triacetonmethylalkamin (II) und Methylvinyldiacetonalkamin (III) benutzte.

---

[1]) Ladenburg u. Scholtz, Ber. 27, 2958; Scholtz, ebend. 28, 1187. — [2]) Ladenburg, ebend. 12, 941. — [3]) Derselbe, ebend. 23, 1780, 2225, 35, 1159; Willstätter, ebend. 34, 3163. — [4]) Willstätter, ebend. 34, 129. — [5]) Ladenburg u. Rügheimer, ebend. 13, 376, Ann. Chem. 217, 74. — [6]) Jahns, Ber. 20, 2840. — [7]) Hantzsch, ebend. 19, 31. — [8]) Jahns, Arch. Pharm. 229, 669. — [9]) Ladenburg, Ber. 13, 106, 1080, 1137, 1549 u. s. w.

```
                                  II                          III
                                                            H   CH3
      H  H2                    (CH3)2                        \ /
H2C—C—C                        C——CH2                        C——CH2
 |  /    \                    /      \                      /      \
 | N—CH3  CH(OH)         H3C·N        CO               H3C·N        CO
 |  \    /                    \      /                      \      /
H2C—C—C                        C——CH2                        C——CH2
      H  H2                    (CH3)2                        (CH3)2
```

Von diesen in je zwei stereomeren Formen existierenden Alkaminen gab bei Überführung in Ester stets nur eine mydriatisch wirksame Substanzen, ein Verhalten, das durchaus dem des Tropins gegenüber dem stereomeren Pseudotropin entspricht.

Zu arzneilicher Verwendung ist von den Alkaminestern hauptsächlich das β-Oxytoluyl-n-Methylvinyldiacetonalkamin[1]) (Euphtalmin) gelangt.

In naher Beziehung zum Tropin steht das Ekgonin, das Spaltungsprodukt des Kokains und seiner Homologen. Es ist eine Karbonsäure des Tropins. Die direkte Einführung der Karboxylgruppe in das Tropin hat bisher nur zu einem Isomeren, dem α-Ekgonin, geführt, dessen Derivate keine Kokainwirkung zeigten. Dagegen gelang es, ein dem Kokain in der Wirkung sehr nahe kommendes Ersatzmittel, das Eukain, synthetisch zu gewinnen, indem man wieder vom Triacetonalkamin bezw. dessen Karbonsäure ausging[2]).

Man hat übrigens die anästhesierende Wirkung des Kokains und seiner Verwandten schon der geeigneten Verbindung der Aminogruppe mit dem Benzoesäureester und seinen Hydrierungsprodukten zugeschrieben und darauf eine Reihe von allerdings schwächeren Lokalanaestheticis hergestellt, das „Anästhesin“, „Orthoform“, „Analgesin“.

Die bekannteren der in Pflanzen vorkommenden Alkaloide enthält die folgende Tabelle.

---

[1]) Harries, Ber. 31, 665. — [2]) Merling, D. pharm. Ges. Ber. 6, 173.

Name und Herkunft	Entdecker	Formel	Schmelzp.	Optisches Verhalten	Spezif. Gew.
Abrotin (Artemisia abrotanum) . . .	Giacosa	$C_{21}H_{22}N_2O$	—	—	—
Achilleaalkaloide (Achillea moschata und millefolium).					
Achillein	Planta	$C_{20}H_{38}N_2O_{15}$	—	—	
Moschatin	"	$C_{21}H_{27}NO_7$	—	—	
Aconitumalkaloide.					
Akonitin (Aconitum Napellus) . . .	Geiger u. Hesse	$C_{34}H_{47}NO_{11}$	193—194°; 197—198°	rechtsdrehend; Salze linksdrehend	
Napellin, Pikroakonitin (do.) . . .	Wright	$C_{31}H_{48}NO_{11}$ od. $C_{33}H_{45}NO_{10}$ od. $C_{33}H_{45}NO_{12}$	gegen 125°; wasserfrei 150—165°	do.	
Akonin (do.)	Dunstan u. Winney	$C_{26}H_{41}NO_{11}$ od. $C_{25}H_{41}NO_9$ od. $C_{24}H_{39}NO_{10}$	gegen 140°	linksdrehend	
Pseudakonitin (Aconitum ferox) . .	Wright u. Luff	$C_{36}H_{49}NO_{12}$	201°; 210—212°	rechtsdrehend, Salze linksdrehend [1])	
Japakonitin (Aconitum japonicum)	"	$C_{66}H_{88}N_2O_{21}$ od. $C_{34}H_{49}NO_{11}$ [2])	184—186°; 204,5° [2])	do. [2])	
Lykakonitin (Aconitum lycoctonum)	Dragendorff u. Spohn	$C_{27}H_{34}N_2O_6 . 2H_2O$	111—114°	rechtsdrehend	
Myoktonin (do.)	"	$C_{27}H_{34}N_2O_6 . 5H_2O$	143,5—144°	—	
Alstoniaalkaloide (Alstonia constricta) [s. a. Ditarinde].					
Alstonin, Chlorogenin	Hesse	$C_{21}H_{20}N_2O_4 . 3^1/_2H_2O$	nach Entwässern etwa 195°		

[1]) Dunstan u. Caro, Chem. Soc. J. 71, 350; Chem. Centralbl. 1897, I, S. 990. — [2]) Dunstan u. Read, Chem. Soc. J. 77, 45; Chem. Centralbl. 1900, I, S. 189, 351.

Name und Herkunft	Entdecker	Formel	Schmelzp.	Optisches Verhalten	Spezif. Gew.
Porphyrin	Hesse	$C_{21}H_{25}N_3O_2$	97°	—	—
Alstonidin	"	—	181°	—	—
Anagyrin (Anagyris foetida)	Hardy u. Gallois	$C_{14}H_{18}N_2O_2$	—	Salze linksdrehend	—
Angusturarindenalkaloide (Galipea Cusparia).					
Cusparin	Körner u. Böhringer	$C_{19}H_{17}NO_3$ oder $C_{20}H_{19}NO$	92°	—	—
Cusparidin	Beckurts u. Nehring	$C_{19}H_{17}NO_3$	79°	—	—
Galipein	Körner u. Böhringer	$C_{20}H_{21}NO_3$	115,5°	—	—
Galipidin	Beckurts u. Nehring	$C_{19}H_{19}NO_3$	110°	—	—
Anhaloniumalkaloide.					
Anhalin (Anhalonium fissuratum)	Heffter	$C_{10}H_{17}NO$	115°	—	—
Pellotin [Anh. Williamsi u. Lewinii[1])]	"	$C_{13}H_{19}NO_3$	110°	—	—
Mezkalin (Anh. Lewinii)	"	$C_{11}H_{17}NO_3$	151°; 150—160°[2])	—	—
Anhalonidin (do.)	"	$C_{12}H_{15}NO_3$	160°; 154°[2])	inaktiv[2])	—
Anhalonin (do.)	"	$C_{12}H_{15}NO_3$	85,5°	—	—
Lophophorin (do.)	"	$C_{13}H_{17}NO_3$	flüssig	inaktiv[2])	—
Anhalanin (do.)	Kauder[1])	—	186°	—	—
Arekanußalkaloide.					
Arekain (Areca catechu)	Jahns	$C_7H_{11}NO_2 + H_2O$	213°	—	—
Arekolin (do.)	Bombelon	$C_8H_{13}NO_2$	flüssig; Siedep. gegen 220°	—	—
Arekaidin (do.)	—	$C_7H_{11}NO_2$	223—224° (Zersetzung)	—	—
Guvacin (do.)	—	$C_6H_9NO_2$	271—272° (Zersetzung)	—	—
Aribin (Arariba rubra)	Rieth	$C_{23}H_{20}N_4 \cdot 8H_2O$	229°, sublimierbar	inaktiv	—
Ar[illegible] (Ar[illegible])	Pohl	[illegible]	Bräunung bei 215°	[illegible]	[illegible]
[illegible]	[illegible]	[illegible]	[illegible]	—	—

Aspidospermaalkaloide (Quebrachoblancorinde von Aspidosperma Quebracho)					
Aspidospermin	Fraude	$C_{22}H_{30}N_2O_2$	205—206°	linksdrehend	—
Aspidospermatin	Hesse	$C_{22}H_{28}N_2O_2$	162°	„	—
Aspidosamin	„	$C_{22}H_{28}N_2O_2$	100°	—	—
Hypoquebrachin	„	$C_{21}H_{26}N_2O_2$	gegen 80°	—	—
Quebrachin	„	$C_{21}H_{26}N_2O_3$	214—216° (Zersetzung)	rechtsdrehend	—
Quebrachamin	„	—	142°	—	—
Paytin (weiße Chinarinde von Payta)	„	$C_{21}H_{24}N_2O . H_2O$	wasserfrei 156°	linksdrehend	—
Paytanin (do.)	„	$C_{21}H_{24}N_2O$	—	—	—
Atherospermin (Atherosperma moschatum)	Zeyer	—	128°	—	—
Atisin (Aconitum heterophyllum)	I wett	$C_{22}H_{31}NO_2$	—	linksdrehend	—
Atropaalkaloide.					
i-Atropin, Daturin [**Atropa Belladonna, Datura** Strammonium, Scopolia japonica u. atropoides[3])]	Geiger u. Hesse	$C_{17}H_{23}NO_3$	115—115,5°	inaktiv	—
Hyoscyamin [Atropa Belladonna, Datura Strammonium, Hyoscyamus niger, albus u. muticus[4]), Duboisia myoporoides, Scopolia japonica **u.** Scop. Carniola, **Lactuca sativa,** Mandragorawurzel[5])]	Höhn u. Reichardt	$C_{17}H_{23}NO_3$	108,5°	linksdrehend	—
Hyoscin (Hyoscyamus niger **u. albus**)	Ladenburg	$C_{17}H_{21}NO_4$[6])	Sirup	„	—
l-Scopolamin [Hyoscyamus, **Atropa** Belladonna, Scopolia japonica u. atropoïdes, Duboisia myoporoides, **Mandragorawurzel**[5])]	„	$C_{17}H_{21}NO_4$	59°	„	—
Atroscin[7]) **(Scopolia atropoides)**	Hesse	$C_{17}H_{21}NO_4 . 2H_2O$	36—37°; Monohydrat 56—57°; wasserfrei 82—83°[8])	inaktiv	—

[1]) Kauder, Arch. Pharm. **237**, 190. — [2]) Heffter, Ber. **31**, 1193. — [3]) Hesse, Ann. Chem. **303**, 149. — [4]) Dunstan u. Brown, Chem. Soc. Proc. 1898/99, Nr. 200, 240. — [5]) Thoms u. Wentzel, Ber. **34**, 1023. — [6]) Hesse, ebend. **303**, 149. — [7]) Identisch mit i-Scopolamin; vgl. Gadamer, Arch. Pharm. **236**, 382. — [8]) Hesse, Ann. Chem. **303**, 75.

Name und Herkunft	Entdecker	Formel	Schmelzp.	Optisches Verhalten	Spezif. Gew.
Atropamin	Hesse	$C_{17}H_{21}NO_2$	60—62°	inaktiv	—
Oscin, Scopolin, Oxytropin (Atropa Belladonna)	Merling	$C_8H_{13}NO_2$	110° (Siedep. 241 bis 243°)	—	1,0890 (133,9°); 1,0158 (105°)
Belladonin (Atropa Belladonna) . .	Kraut	$C_{17}H_{21}NO_2$	Firnis	—	—
Pseudohyoscyamin (Duboisia myoporoides)	Merck	—	133—134°	linksdrehend	—
Bebirin, Bebeerin, Buxin, Pellosin (Nectandra Rodiaei, Buxus sempervirens, Cissampelos Pareira)	Wiggers, Maclagan, Fauré	$C_{18}H_{21}NO_3$	180°; 214°	„	—
Siperin, Flavobuxin, Pelluteïn (wie oben)	Maclagan, Walz, Boedeker	—	—	—	—
Parabuxin, Buxinidin, Parabuxinidin } (Buxus sempervirens)	Barbaglia	—	—	—	—
Berberisalkaloide.					
Berberin (Xanthoxylon clava Herculis), Berberis vulgaris u. aquifolium, Cocculus palmatus[1]), Menispermum fenestratum, Caelocline polycarpa, Xanthorriza apiifolia, Hydrastis canadensis, Leontice thalictroides, Geoffroya jamaicensis, Coptis trifolia, Toddalia aculeata, Evodia meliaefolia, Nandina domestica	Chevallier u. Pelletan	$C_{20}H_{17}NO_4 + 6H_2O$	145°; Zersetzung oberh. 160°	inaktiv	
Oxyakanthin (Berberis vulgaris u. aquifolium)	Wacker	$C_{19}H_{21}NO_3$	138—150°	rechtsdrehend	
Berbamin (do.)	Hesse	$C_{18}H_{19}NO_3 + 2H_2O$	wasserfrei 156°; 197—210°	—	—
Kanadin (Hydrastis canadensis) . .	Hale	$C_{20}H_{21}NO_4$	132,5°	linksdrehend	—
Hydrastin (do.)	Durand	$C_{21}H_{21}NO_6$	135°	linksdrehend, Salze rechtsdrehend	—
Nandinin (Nandina domestica) . .	Eykmann	$C_{19}H_{19}NO_4$	—	—	

Capsaicin [Capsicum annuum u. fastigiatum[1])]	Verne Flückiger u. Buri	$C_{18}H_{27}NO_3$[3])	63—63,5°	—	—
Capsicin (Capsicum fastigiatum) . . .	Thresh	—	sublimierbar	—	—
Carpain (Carica Papaya)	van Rijn	$C_{14}H_{25}NO_2$	121° (korr.)	rechtsdrehend	—
Cheirinin (Cheiranthus Cheiri)	Reeb[4])	$C_{18}H_{35}N_3O_{17}$	73—74°	—	—
Chelidoniumalkaloide.					
Chelerythrin (Chelidonium majus, Glaucium luteum, Sanguinaria canadensis, Bocconia frutescens, Escholtzia californica)	Probst	$C_{21}H_{17}NO_4$	203°	—	—
Sanguinarin [Sanguinaria canadensis, Chelidonium majus[5])]	Dana	$C_{20}H_{15}NO_4$	213°	—	—
Chelidonin (Chelidonium majus, Stylophoron diphyllum)	Probst	$C_{20}H_{19}NO_5 + H_2O$	135°	—	—
α-Homochelidonin [Chelidonium majus, Sanguinaria canadensis)	Selle	$C_{21}H_{21}NO_5$[5])	182°	—	—
β-Homochelidonin (Chelidonium majus, Macleya cordata[5])]	„	$C_{21}H_{23}NO_5$[6])	159°, nach Erstarren wieder bei 166—167°[5])	—	—
γ-Homochelidonin (Sanguinaria canadensis)	König u. Tietz	$C_{21}H_{23}NO_5$[5])	169°		
Protopin, Makleyin [Opium, Macleya cordata, Chelidonium majus, Sanguinaria canadensis, Adlumia cirrhosa[7])]	Hesse	$C_{20}H_{19}NO_5$[6])	207°; 208° (korr.)	inaktiv	—
Chinarindenalkaloide.					
Chinin (Cinchona Calisaya, lancifolia, Pitayensis, officinalis, tucujensis u. a.)	Pelletier u. Caventou	$C_{20}H_{24}N_2O_2 + 3H_2O$	57°; wasserfrei 172,8° (korr.); 174,4—175°	linksdrehend	—
Kupreïn (China cuprea)	Paul u. Cownley	$C_{19}H_{22}N_2O_2 + 2H_2O$	wasserfrei 198°	„	—

[1]) Nach Gordin, Arch. Pharm. **240**, 146, nicht. — [2]) Hopfgartner, Wien. Monatsh. **19**, 179. — [3]) Micko, Chem. Centralbl. 1899, I, S. 293, 1297. — [4]) Reeb, Arch. experiment. Pathol. u. Pharmakol. **41**, 302, **43**, 130. — [5]) E. Schmidt, Arch. Pharm. **239**, 395. — [6]) Hopfgartner, Wien. Monatsh. **19**, 179; E. Schmidt, Arch. Pharm. **239**, 395. — [7]) Schlotterbeck, Am. Chem. J. **24**, 249; Chem. Centralbl. 1900, II, S. 876.

Name und Herkunft	Entdecker	Formel	Schmelzp.	Optisches Verhalten	Spezif. Gew.
[illegible]in, [illegible]inidin (in echten Chinarinden)	Henry u. Delondre	$C_{20}H_{24}N_2O_2$	171,5° (korr.)	rechtsdrehend	—
Chinicin (do.)	Howard	$C_{20}H_{24}N_2O_2$	60°	„	—
Hydroconchinin, Hydrochinidin (wie [illegible]in)	Forst u. Böhringer	$C_{20}H_{26}N_2O_2 + 2^1/_2 H_2O$	166—167°	„	—
				„	—
Cinchonin (wie Chinin; Remija Purdieana)	[illegible] u. Caventou	$C_{19}H_{22}N_2O$	255,4° (korr.)	„	—
[illegible]idin (wie Chinin)	[illegible]r	$C_{19}H_{22}N_2O$	207,2° (korr.); 202,4°	linksdrehend	—
Homocinchonidin (wie Chinin)	Hesse	$C_{19}H_{22}NO$	207,6°	„	—
Aricin (in Cuscorinde)	[illegible] u. Corriol	$C_{23}H_{26}N_2O_4$	188°	„	—
[illegible]in (do.)	[illegible]	$C_{23}H_{26}N_2O_4 \cdot 2H_2O$	wasserfrei 110°	„	—
Cusconidin (do.)	Hesse	—	—	—	—
[illegible]in ([illegible] pubescens)	„	—	218°	—	—
[illegible] (do.)	„	—	—	—	—
Chi[illegible]min ([illegible] succirubra und viele andere Chinarinden)	„	$C_{19}H_{24}N_2O_2$	172°	rechtsdrehend	—
Hydrocinchonidin, [illegible]in	„	$C_{19}H_{24}N_2O$	229—230°	li[illegible]	—
[illegible] Hydrocinchonin ([illegible] cuprea)	Forst u. Böhringer	$C_{19}H_{24}N_2O$	268°; 277,3°	rechtsdrehend	—
[illegible] min ([illegible] succirabra u. [illegible])	Hesse, Oudemans	$C_{19}H_{24}N_2O_2$	121°; 123°	rechtsdrehend	—
H[illegible] [illegible]in (wie Chinin)	Hesse	$C_{20}H_{26}N_2O_2 + 2H_2O$	wasserfrei 172,3° (korr.)	link[illegible]hend	—
Dicinchonin (Cinchona succirubra u. rosulenta)	„	$C_{38}H_{44}N_4O_2$	40°	rechtsdrehend	—
Diconchinin (fast in allen Chinarinden)	„	$C_{40}H_{46}N_4O_3$	—	„	—
			—	—	—
Javanin	„	—	—	—	—
*Paricin (Cinchona succirubra)	„	$C_{16}H_{18}N_2O \cdot ^1/_2 H_2O$	130°	inaktiv	—
Cinchonamin (Remijia Purdieana)	Arnaud	$C_{19}H_{24}N_2O$	185°	rechtsdrehend	—
Concusconin (Remijia Purdieana)	Hesse	$C_{23}H_{26}N_2O_4$	144°, nach Festwerden bei 206—208°	„	—

Conchairamin (Remijia Purdieana)		do.	wasserfrei 120°	„	
Chairamidin (Remijia Purdieana)	„	do.	wasserfrei 126—128°	„	
Conchairamidin (Remijia Purdieana)	„	do.	wasserfrei 114—115°	linksdrehend	
Chrysanthemin (Chrysanthemum cinerariaefolium)	Zuco	$C_{14}H_{28}N_2O_3$	—	inaktiv	
Cocaalkaloide (Erythroxylon Coca).					
Benzoylekgonin	Merck	$C_{16}H_{19}NO_4 + 4H_2O$	92°; wasserfrei 195°	—	—
Cocain	Niemann	$C_{17}H_{21}NO_4$	98°	linksdrehend	—
Cocainidin	Schäfer [1])	—	94°	—	—
Cinnamylcocain	Giesel	$C_{19}H_{23}NO_4$	121°	linksdrehend	—
δ-Isatropylcocain, β-Truxillin, Isococamin	Liebermann	$C_{19}H_{23}NO_4 + \frac{1}{2}H_2O$	45°	„	—
γ-Isatropylcocain, α-Truxillin, Cocamin	Hesse	do.	80°	„	—
ε-Isatropylcocain, γ-Truxillin	Liebermann	$C_{19}H_{23}NO_4$	Sinterung 63°	—	—
Hygrine	Lossen, Liebermann	$C_8H_{15}NO$	flüssig; Siedep. 193—195°; 92—94° (20); 111—113° (50)	linksdrehend	0,935 (17°)
	do.	$C_{14}H_{24}N_2O$	flüssig; Siedep. 215° (50)	—	0,982 (18°)
Cuskhygrin	Liebermann	$C_{13}H_{24}N_2O$	Öl; Siedep. 185° (32)	inaktiv	0,9767 (17°)
Hydrat	—	$C_{13}H_{24}N_2O + 3\frac{1}{2}H_2O$	40—41° [2])	—	—
Tropacocain	Giesel	$C_{15}H_{19}NO_2$	49°	inaktiv	—
Colchicin (Colchic m autumnale)	Geiger	$C_{22}H_{25}NO_6$	143—147°	linksdrehend	—
Conessin, Wrig (Wrightia antidysenterica, Holarrhena africana u.	Stenhouse	$C_{24}H_{40}N_2$	121,5—122°; sublimierbar	—	—
Coniin um ulatum)	Giesecke	$C_8H_{17}N$	flüssig; Siedep. 167—168°; 165,7—165,9° (759)	rechtsdrehend	0,8438 (19)

[1]) Schäfer, Pharm. Ztg. 44, 286. — [2]) Liebermann u. Giesel, Ber. 30, 1113.

Name und Herkunft	Entdecker	Formel	Schmelzp.	Optisches Verhalten	Spezif. Gew.
Conhydrin (Conium maculatum) . . .	Wertheim	$C_8H_{17}NO$	120,6°; Siedep. 226°	rechtsdrehend	—
γ-Conicein (do) . . .	Wolffenstein	$C_8H_{15}N$	flüssig; Siedep. 171—172°	inaktiv	—
Pseudoconhydrin (do.) . . .	Merck	$C_8H_{17}NO$	101—102°; Siedep. 229—231°	rechtsdrehend	—
Methylconiin (do.) . . .	Kekulé u. v. P [illegible]ta	$C_9H_{19}N$	flüssig; Siedep. 173—174°	linksdrehend	0,8318 (24°)
Cynoglossin (Cynoglossum officinale) .	Siedler[1])	—	Öl	—	—
Consolicin, Cynoglossin (Cynoglossum, Anchusa)	Greimer[2])	—	—	—	—
Corydalisalkaloide [Corydalis [illegible]a (Bulbocapnus cavus)].					
Corydalin	Wackenroder	$C_{22}H_{27}NO_4$	134,5°	rechtsdrehend	—
Corytuberin	Dobbie u. Lauder	$C_{19}H_{25}NO_4$ ($C_{19}H_{23}NO_4 . 5 H_2O$[3]))	Zersetzung 200°; 240°[3])	"	—
Bul[illegible]boapnin	Freund u. Josephi	$C_{19}H_{19}NO_4$	199°	"	—
Corydin[3])	Gadamer	$C_{21}H_{25}NO_4$	129—130°	"	—
Corycavin	F[illegible] und u. Josephi	$C_{23}H_{23}NO_6$	214—215°; 215—216°[3])	inaktiv	—
Corybulbin	Do[illegible]ie u. Lauder	$C_{21}H_{25}NO_4$	238—240°	rechtsdrehend[4])	—
Corycavamin[3])	Gadamer	$C_{21}H_{21}NO_5$	149°	"	—
Crossopterin (Crossopterix K[illegible]tschyana)	Hesse	—	—	—	—
Curarin (Curare)	[illegible]chs	$C_{18}H_{35}N$	—	—	—
Cytisin, Ulexin [Cytisus Laburnum, Ulex Europaeus, Sophora tomentosa, S. s[illegible]iosa u. secundiflora, Baptisia tinctoria, Euchresta Horsfieldii u. Blosfieldii, verschiedene Papilionaceensamen, Anagyris foetida[5])]	Husemann u. Marmé	$C_{11}H_{14}N_2O$	152—153°; sublimierbar; Siedep. 218° (2)[6])	linksdrehend	—
[illegible] (Nigella [illegible])	[illegible]	[illegible]	[illegible]27°, Siedep. 168°		

Delphinoidin	Feneulle Marquis	$C_{42}H_{68}N_2O_7$	—	—	
Delphisin	—	$C_{27}H_{46}N_2O_4$	—	—	
Staphisagrin	—	$C_{22}H_{33}NO_5$	—	—	
Staphisagroin (s. d.)	—	—	—	—	
Dioskorin[7]) (Dioscorea hirsuta)	Boorsma	$C_{13}H_{19}NO_2$	43,5°	rechtsdrehend	
Ditarindenalkaloide [Echites (Alstonia) scholaris].					
[illegible]in	Jobst u. Hesse	$C_{19}H_{19}NO_2$	75°	—	—
[illegible]in, Echi[illegible]tain	Hesse	$C_{22}H_{28}N_2O_4+4H_2O$	206°	linksdrehend	—
Echitenin	"	$C_{20}H_{27}NO_4$	oberhalb 120°	—	—
Emetin (Radix Ipecacuanha)	Pelletier u. Magendie	$C_{30}H_{44}N_2O_5$	62—65°; 68°; 70°	inaktiv	—
Ephedrin (Ephedra vulgaris)	—	$C_{10}H_{15}NO$	Siedep. 255°	—	—
Ephedrin (Ephedra monostachia)	—	$C_{12}H_{19}NO$	112°	—	—
[illegible]in (Mutterkorn)	Tanret	$C_{35}H_{40}N_4O_6$	—	rechtsdrehend	—
Erythrophlein (Erythrophlaeum guineense)	Gallois u. Hardy	$C_{28}H_{43(45)}NO_7$	—	—	—
Esenbeckin (Esenbeckia febrifuga)	Am Ende	—	—	—	—
Eserin, Physostigmin (Physostigma venenosum)	Jobst u. Hesse	$C_{15}H_{21}N_3O_2$	105—106°	—	—
Fumarin (Fumaria [illegible]fficinalis, Bocconia frutescens)	Hannon	$C_{21}H_{19}NO_4$	199° (korr.)	inaktiv	—
[illegible]rrin, Garryin (Garrya Fremontii u. [illegible]ma)	Ross	—	—	—	—
Gelsemiumalkaloide (Gelsemium sempervirens).					
[illegible]in	Wormley	$C_{22}H_{26}N_2O_4$ (?)	45°	—	—
Gelseminin	Gerard	$C_{22}H_{26}N_2O_3$	172°[8])	—	—

[1]) Siedler, Ber. D. pharm. Ges. 12, 64. — [2]) K. Greimer, Arch. exp. Path. u. Pharmak. 41, 287. — [3]) Gadamer, Arch. Pharm. 240, 81. — [4]) Ders. u. Bruns, ebend. 239, 39. — [5]) Klostermann, Chem. Centralbl. 1899, I, S. 1130. — [6]) Ramverda, Nederl. Tijdschr. Pharm. 12, 161; Chem. Centralbl. 1900, II, S. 268. — [7]) Schütte, Nederl. Tijdschr. Pharm. 9, 131; Chem. Centralbl. 1897, II, S. 130. — [8]) Ist in den älteren Handbüchern falsch angegeben; vgl. Spiegel, Ber. d. pharm. Ges. 5, 81; Göldner, ebend. 5, 330.

Name und Herkunft	Entdecker	Formel	Schmelzp.	Optisches Verhalten	Spezif. Gew.
Glaucium luteum enthält: Glaucin, Glaukopikrin, Chelerythrin	Probst	—	—	—	—
Harmalaalkaloide (Peganum harmala).					
Harmalin	Göbel	$C_{13}H_{14}N_2O$	238° (Zersetzung)	inaktiv	—
Harmin	Fritzsche	$C_{13}H_{12}N_2O$	256—257° (Schwärzung)	„	—
Harmol	„	$C_{12}H_{10}N_2O$	—	—	—
Hefealkaloid	Oser	$C_{18}H_{20}N_4$	—	—	—
Hopfenalkaloid	Griessmayer	—	—	—	—
Hymenodiktin (Hymenodyctyon excelsum)	Naylor	$C_{23}H_{40}N_2$	60°	—	—
Jambosin (Myrtus Jambosa)	—	$C_{10}H_{15}NO_3$	77°	—	—
Imperialin (Fritillaria imperialis)	Fragner	$C_{35}H_{60}NO_4$ (?)	254°	linksdrehend	—
Isopyrumalkaloide (Isop. thalictroides).	Hartsen				
Isopyrin	—	—	—	—	
Pseudoisopyrin	—	—	—	—	
Koffearin (Kaffeebohnen)	Paladino	$C_{14}H_{16}N_2O_4$	140° (Zersetzung)	—	
Laurotetanin (Lauraceen)	Grashoff	$C_{19}H_{23}NO_5$ [1])	184°	—	
Lobelin (Lobelia inflata)	Lewis	—	sirupös	—	
Loturrindenalkaloide (Symplocos racemosa).	Hesse				
Loturin	—	—	234°; sublimierbar	—	—
Colloturin	—	—	sublimierbar	—	—
Loturidin	—	—	—	—	—
[illegible]	Hesse	[illegible]	81°	—	—

Lupanin (Lupinus albus, angustifolius u. polyphyllus)	Hagen	$C_{15}H_{24}N_2O$	Sirup	rechtsdrehend	—
Festes Lupanin (Lupinus albus) . .	Soldaini	$C_{15}H_{24}N_2O$	99°	inaktiv	—
Lupinin (Lupinus luteus u. niger) .	Baumert	$C_{21}H_{40}N_2O_2$ oder $C_{10}H_{19}NO$[2])	67—68°; 68,5—69,2°[2]); Siedep. 255—257°	linksdrehend[3])	—
Lupinidin (Lup. albus u. luteus) . .	"	$C_8H_{15}N$	Öl, destillierbar	—	—
Lykorin (Lycoris radiata)	Morishima[4])	$C_{32}H_{32}N_2O_8$	Zersetzung 250°	—	—
Lekisanin (do.)	" [4])	$C_{34}H_{36}N_2O_9$ (?)	etwa 200°	—	—
Lykopodin (Lykopodium complanatum)	Bödeker	$C_{32}H_{52}N_2O_3$	114—115°	—	—
Mandragorin[5])	Chouzel	$C_{17}H_{23}NO_3$	77—79°	—	—
Matrin (Sophora angustifolia)	—	$C_{15}H_{24}N_2O$	80°	rechtsdrehend	—
Melolonthin (Melolontha vulgaris) . .	Schreiner	$C_5H_{12}N_2SO_3$	zersetzlich	—	—
Menispermin (Kokkelskörnerschalen) .	Pelletier u. Couerbe	$C_{18}H_{24}N_2O_2$ (?)	120°	—	—
Paramenispermin (do.)	do.	do. (?)	250°	—	—
Tabaksalkaloide (Nicotiana Tabacum).					
Nikotin	Posselt u. Reimann	$C_{10}H_{14}N_2$	Öl; Siedep. 246,7° (257)	linksdrehend	—
Nikotein	Pictet u. Rotschy[6])	$C_{10}H_{12}N_2$	flüssig; Siedep. 266—267°	rechts-, Salze linksdrehend	—
Nikotellin	do.	$C_{10}H_8N_2$	147—148°; Siedep. oberhalb 300°	—	—
Nikotinin	do.	$C_{10}H_{14}N_2$	flüssig; Siedep. 250—255°	—	—
Nupharin (Nuphar luteum)	Grüning	$C_{18}H_{24}N_2O_2$	—	inaktiv	—
Oleandrin (Nerium Oleander)	Lukomski	—	70—75°	—	—

[1]) Filippo, Arch. Pharm. **236**, 601. — [2]) Willstätter u. Fourneau, ebend. **240**, 335. — [3]) Schmidt, ebend. **235**, 342. — [4]) K. Morishima, Arch. exp. Pathol. u. Pharmakol. **40**, 221. — [5]) vgl. Thoms u. Wentzel, Ber. **31**, 2031, **34**, 1023. — [6]) Pictet u. Rotschy, ebend. **34**, 696.

Name und Herkunft	Entdecker	Formel	Schmelzp.	Optisches Verhalten	Spezif. Gew.
Opiumalkaloide (Papaver somniferum).					
Morphin	Sertürner	$C_{17}H_{19}NO_3 + H_2O$	230° (Zersetzung)	linksdrehend	1,317—1,326
Kodein, Morphinmethyläther	Robiquet	$C_{18}H_{21}NO_3 + H_2O$	153°; wasserfrei 155°; Siedep. 179° (Vakuum)	"	1,311—1,323
Hydrokotarnin	Hesse	$C_{12}H_{15}NO_3 + \frac{1}{2}H_2O$	50°; 55°	—	—
Thebain	Thiboumèry	$C_{19}H_{21}NO_3$	193°	linksdrehend	1,282—1,305
Pseudomorphin, Dehydromorphin	Pelletier u. Thiboumèry	$C_{34}H_{36}N_2O_6 + 3H_2O$	zersetzlich	"	—
Papaverin	Merck	$C_{20}H_{21}NO_4$	147°	inaktiv	—
Codamin	Hesse	$C_{20}H_{25}NO_4$	121°	—	—
Laudanin	"	$C_{20}H_{25}NO_4$	166°	inaktiv	1,2555
Laudanidin	"	$C_{20}H_{25}NO_4$	177°	linksdrehend	—
Laudanosin	"	$C_{21}H_{27}NO_4$	89°	rechtsdrehend	—
Mekonidin	"	$C_{21}H_{23}NO_4$	58°	—	—
Lanthopin	"	$C_{23}H_{25}NO_4$	gegen 200°	—	—
Protopin-Makleyin	"	$C_{20}H_{17}NO_5$	202°; 207°	—	—
Kryptopin	T. u. H. Smith	$C_{21}H_{23}NO_5$	217°	inaktiv	1,351
Tritopin	Kauder	$C_{42}H_{54}N_2O_7$	182°	—	—
Narkotin (Opianin)	Robiquet	$C_{22}H_{23}NO_7$	176°	links-, in saurer Lösung rechtsdrehend	1,374—1,395
Gnoskopin	T. u. H. Smith	$C_{22}H_{23}NO_4$	228°	—	—
Narcein	Pelletier	$C_{23}H_{27}NO_8 + 3H_2O$	170—171°; wasserfrei 145°	inaktiv	—
Oxynarkotin	Beckett u. Wright	$C_{22}H_{23}NO_8$	—	—	—
Papaveramin	Hesse	—	142°	—	—
Xanthalin	T. u. H. Smith	$C_{37}H_{36}N_2O_9$	206°	—	—
Paucin (Pentaklethra makrophylla)	—	$C_{27}H_{39}N_5O_5 \cdot 6\frac{1}{2}H_2O$	126°	—	—
Pereirorindenalkaloide					

		—	189°	rechtsdrehend	—
Pillijanin (Lykopodium Saururus) . .	Arata u. Canzoneri	$C_{15}H_{24}N_2O$	64—65°	—	—
Pilocarpus-(Jaborandi-)alkaloide (Pilocarpus pennatifolius u. a.).					
Pilokarpin	Hardy	$C_{11}H_{16}N_2O_2$	—	rechtsdrehend	—
Pilokarpidin	Harnack	$C_{10}H_{14}N_2O_2$	Sirup	"	—
Jaborin [1] (auch in Piper reticulatum)	Harnack u. Meyer	$C_{22}H_{32}N_4O_4$	—	—	—
Jaboridin (nur in Piper reticulatum)	Parodi	$C_{10}H_{1}$ N_2O_3	—	—	—
Pseudojaborin (Pilocarpus spinatus)	Petit u. Polonowski [2])	—	Sirup	inaktiv	—
Pseudopilokarpin (do.)	do.	—	—	"	—
Piperin (Piper nigrum u. longum, Cubeba Clusii)	do.	$C_{17}H_{19}NO_3$	128—129,5°	"	—
Piperovatin (Piper ovatum)	Dunstan u. Garnett	$C_{16}H_{21}NO_2$	123° (Zersetzung)	—	—
Piturin (Anthrocercis Hopwoodii) . .	Gerrard	C_6H_8N (?)	flüss.; Siedep. 243–244°	—	—
Pseudoephedrin (Ephedra vulgaris) . .	Merck	$C_{10}H_{15}NO$	114—115°	—	—
Punica-(Granatwurzel-)alkaloide (Punica granatum).					
Pelletierin	Tanret	$C_8H_{15}NO$	flüssig; Siedep. 195°	rechtsdrehend	—
Isopelletierin	"	$C_8H_{15}NO$	do.	inaktiv	—
Methylpelletierin	"	$C_9H_{17}NO$	flüssig; Siedep. 215°	rechtsdrehend	—
Pseudopelletierin	"	$C_9H_{15}NO + 2H_2O$	46°; Siedep. 246°	inaktiv	—
Flüssiges Alkaloid	Piccinini [3])	$C_9H_{17}NO$	Öl; Siedep. 114—117° (26)	—	—
Ratanhin (Krameria triandra, Ferreira spectabilis)	Ruge	$C_{10}H_{13}NO_3$	—	—	—

[1]) Vgl. Jowett, Chem. Soc. Proc. 16, 49; Chem. Centralbl. 1900, I, S. 771. — [2]) Petit u. Polonowski, J. chim. pharm. [6] 5, 369; Chem. Centralbl. 1897, I, S. 1126. — [3]) A. Piccinini, Atti R. Accad. d. Lincei [5] 8, II, 176; Chem. Centralbl. 1899, II, S. 879.

Name und Herkunft	Entdecker	Formel	Schmelzp.	Optisches Verhalten	Spezif. Gew.
Retamin (Retama sphaerocarpa) . . .	Battandier u. Malosse [1])	$C_{15}H_{26}N_2O$	162°	rechtsdrehend	—
Rhoeadin (Papaver Rhoeas)	Hesse	$C_{21}H_{21}NO_6$	232°; sublimierbar	—	—
Ricinin (Ricinus communis)	Tuson	$C_{17}H_{18}N_4O_4$	194°; sublimierbar	inaktiv	—
Samandarin (Salamandra maculata) .	Zalesky	$C_{26}H_{40}N_2O$ [2])	—	linksdrehend [3])	—
Samandaridin (do.) .	Faust [2])	$C_{20}H_{31}NO$	—	inaktiv	—
Saphorin (Saphora speciosa)	Wood	—	flüssig	—	—
Senecionin (Senecio vulgaris)	Grandval u. Lajoux	$C_{18}H_{26}NO_6$	—	linksdrehend	—
Solanidin (Solanum Dulcamara) . . .	Davis [3])	$C_{41}H_{71}NO_2$	205°	—	—
Solanin (Solanum tuberosum, S. nigrum, S. Dulcamara)	Zwenger u. Kind	$C_{28}H_{47}NO_{10} + 2H_2O$ [4])	250°	—	—
Spartein (Spartium Scoparium) . . .	Stenhouse	$C_{15}H_{26}N_2$	flüssig; Siedep. 311—311,5° (723); 180—181° (20)	linksdrehend	—
Staphisagroin [Delphinium Staphisagria [5])]	Ahrens	$C_{20}H_{46}N_2O_7$	275—277°	—	—
Stachydrin (Stachys tuberifera, Citrus vulgaris)	Planta u. Schulze	$C_7H_{13}NO_2 + H_2O$	wasserfrei 210°	—	—
Strychnosalkaloide.					
Strychnin (Strychnos nux vomica, Str. T[illegible], Str. Ignatii, [illegible] colubrinum)	Pelletier u. Caventou	$C_{21}H_{22}N_2O_2$	268°; Siedep. 270° (5)	linksdrehend	1,359 (18°)
Brucin [wie oben; Caba longa (Pfeilgift)]	do.	$C_{23}H_{26}N_2O_4 + 4H_2O$	105°; wasserfrei 178°	„	—
Taxin (Taxus [illegible])	Lucas	$C_{37}H_{52}NO_{10}$ (?)	82°	—	—
Tan[illegible]tin (Tanacetum vulgare) . . .	Siedler [6])	—	Öl	—	—
Thaliktrin (Thaliktrum macrocarpum)	Doassans	—	—	—	—
Trigonellin [Trigonella foenum graecum [illegible]). Cannabis sativa, [illegible] sativa]	Jahns	$C_7H_7NO_2 + H_2O$	Zersetzung 200°	—	—

Veratrumalkaloide.					
Cevadin [früher Veratrin] (Schoenocaulon officinale, Veratrum viride)	Meissner	$C_{32}H_{49}NO_9$	205°	—	—
Veratrin (do.)	Wright u. Luff	$C_{37}H_{53}NO_{11}$	180°	—	—
Cevadillin (Schoenocaulon officinale)	do.	$C_{34}H_{53}NO_8$	Firnis	—	—
Sabadin (do.)	Merck	$C_{29}H_{51}NO_8$	238—240° (Zersetzung)	—	—
Sabadinin (do.)	do.	$C_{27}H_{45}NO_8$ (?)	—	—	—
Jervin (Veratrum album u. viride)	Simon	$C_{26}H_{37}NO_3$	238—242°	—	—
Rubijervin (do.)	Wright	$C_{26}H_{43}NO_2$	236°; 240—246°	—	—
Pseudojervin (do.)	„	$C_{29}H_{43}NO_7$	209°; 300—307°	—	—
Veratralbin (do.)	„	$C_{28}H_{43}NO_5$ (?)	Firnis	—	—
Protoveratrin (Veratrum album) . .	Salzberger	$C_{32}H_{51}NO_{11}$	245 - 250°	—	—
Protroveratridin (do.) . .	„	$C_{26}H_{45}NO_8$	265°	—	—
Vernin ([illegible], [illegible] pratense, Kürbiskeimlinge, Mutterkorn, Corylus avellana, Pinus sylvestris, Runkelrüben)	Schulze	$C_{16}H_{20}N_8O_8 + 3H_2O$	—	—	—
Vicin (Vicia sativa, V. Faba, Runkelrübe)	Ritthausen	$(C_8H_{15}N_3O_6)x$ [8]	—	—	—
Convicin (Vicia [illegible] u. Faba) . .	„	$C_{10}H_{15}N_3O_8 + H_2O$ [8]	zersetzlich	—	—
Xanthinbasen.					
Theobromin, Dimethylxanthin (Theobroma Cacao, Kolanufs)	Woskresensky	$C_7H_8N_4O_2$	329—330°; sublimiert bei 290—295°		—
Theophyllin (Thee)	Kossel	$C_7H_8N_4O_2 + H_2O$	264°		—

[1]) Battandier u. Malosse, Compt. rend. 125, 450; Chem. Centralbl. 1897, II, S. 844. — [2]) Faust, Arch. experim. Pathol. u. Pharmakol. 43, 83. — [3]) Fr. Davis, Pharm. Journ. [4] 15, 160; Chem. Centralbl. 1902, II, S. 804. — [4]) Cazeneuve u. Breteau, Compt. rend. 128, 887; Chem. Centralbl. 1899, I, S. 1042. — [5]) Ahrens, Ber. 32, 1581, 1629. — [6]) Siedler. Ber. D. pharm. Ges. 12, 64. — [7]) Thoms, Ber. 31, 271. — [8]) Ritthausen, J. pr. Chem. [2] 59, 480, 487.

Name und Herkunft	Entdecker	Formel	Schmelzp.	Optisches Verhalten	Spezif. Gew.
Kaffein, Thein, Trimethylxanthin [Kaffee, Thee, Guarana (Paullinia sorbilis), Ilex paraguayensis, Theobroma Cacao, Kolanüsse (Cola acuminata)]	Robiquet u. Pelletier	—	wasserfrei 234—235°; 226—229°; sublimierbar	—	1,23 (19°)
Yohimbehealkaloide (Corynanthe Yohimbehe).					
Yohimbin[1])	Spiegel	$C_{22}H_{30}N_2O_4$	234—234,5°	rechtsdrehend	
Yohimbenin	„	$C_{35}N_{45}N_3O_6$	135°	—	

[1]) L. Spiegel, Chem.-Ztg. 23, 82.

Proteinstoffe.

Die Substanzen, an welche das organische Leben geknüpft scheint, da sie bereits im Protoplasma der einfachsten einzelligen Lebewesen sich finden, nennen wir Proteinstoffe. Es sind dies hochmolekulare Verbindungen, welche sämtlich Kohlenstoff, Wasserstoff, Sauerstoff und Stickstoff und mit geringen Ausnahmen Schwefel enthalten. In einigen findet sich ferner Phosphor. Auch Metalle, wie Eisen, Kupfer, Mangan, sowie Halogene werden in einzelnen dieser Verbindungen gefunden und können jedenfalls künstlich eingeführt werden, wie überhaupt den Proteinen die Fähigkeit zukommt, sich sowohl mit Säuren wie mit Basen zu verbinden, was bei dem Charakter der in der Proteinmolekel vereinigten Gruppen nicht wundernehmen kann. Nach Osborne[1]) sind sogar alle Proteinkörper in der bis jetzt dargestellten Form Säureverbindungen.

Die Reaktionen, welche als spezifisch für Proteine gelten, sind vor allem die Biuretreaktion und die Millonsche Reaktion.

Unter Biuretreaktion versteht man die Entstehung einer blauen bis violettroten, beim Kochen röter werdenden Lösung nach Zusatz von wenig Kupfersulfat und überschüssiger Natronlauge.

Das Millonsche Reagens ist eine durch Auflösen von Quecksilber in Salpetersäure erhaltene Merkurinitratlösung mit einem Gehalte an freier salpetriger Säure. Man kann an ihrer Stelle auch ein Gemisch von Lösungen reinen Merkurinitrats und Natriumnitrits anwenden[2]). Das Reagens färbt Proteinlösungen beim Erwärmen auf 60° rot. Nach Lintner[2]) beruht dies auf der Bildung von Körpern mit Quecksilberkohlenstoffbindung.

Beide Reaktionen sind für die Proteine indessen nicht charakteristisch, kommen vielmehr auch einer ganzen Anzahl einfacherer Verbindungen zu. Man darf sich daher, um einen Proteinkörper als solchen zu charakterisieren, nicht mit einer von ihnen begnügen und mufs selbst beim Eintritt beider noch möglichst weitere, an sich auch nicht charakteristische Bestätigungsreaktionen vornehmen. Solche sind z. B. die folgenden:

Fröhdes Reagens, Molybdänsäure in Schwefelsäure gelöst, färbt schön dunkelblau.

---

[1]) Osborne, J. Am. Chem. Soc. 21, 486. — [2]) Lintner, Zeitschr. angew. Chem. 1900, S. 707.

Gemische von Proteinen mit wenig Zucker und viel konzentrierter Schwefelsäure färben sich intensiv rot.

In Eisessig oder besser Glyoxylsäure [1]) gelöst, geben Proteine auf Zusatz von konzentrierter Schwefelsäure eine schöne Violettfärbung mit schwacher Fluoreszenz und einem Absorptionsstreifen zwischen b und F [Adamkiewicz [2])].

Mit starker Salpetersäure erhitzt, geben sie gelbe Flocken oder eine gelbe Lösung, die nach Übersättigen mit Alkali orangegelb wird (Xanthoproteinreaktion). Mit konzentrierter Salzsäure längere Zeit gekocht, geben sie eine intensiv violettblaue Lösung.

Alle Proteine werden aus ihren wässerigen Lösungen gefällt durch Gerbsäure, Phosphorwolframsäure, Phosphormolybdänsäure, Uranacetat, Kaliumquecksilberjodid oder Kaliumwismutjodid bei Gegenwart starker Mineralsäuren. Die meisten fallen auch durch neutrales und basisches Bleiacetat, Quecksilberchlorid, Merkuronitrat, Silbernitrat, Kupfersulfat, Eisenchlorid, Xanthogensäure oder Taurocholsäure aus saurer Lösung, Alkohol, Pikrinsäure, Phenol, Trichloressigsäure, Chloralhydrat, konzentrierte Mineralsäuren mit Ausnahme der Phosphorsäure, aber mit Einschlufs der Metaphosphorsäure, Ferrocyanwasserstoff bezw. Ferrocyankalium + Essigsäure. Vielfach gelingt eine vollständige oder teilweise Ausfällung durch Sättigen der Lösung mit gewissen Salzen, unter denen namentlich Ammoniumsulfat, in zweiter Linie Magnesiumsulfat, Natriummagnesiumsulfat, Kochsalz zu erwähnen sind.

Das verschiedene Verhalten gegen solche Fällungsmittel bei Abänderung von Temperatur und Konzentration hat vielfach das Mittel zur Abgrenzung einzelner Klassen von Proteinen gegeben.

Im allgemeinen fällen Acetate besser als Sulfate und diese besser als Chloride. Sulfate und Chloride fällen aber nur die wirklichen Albumine, ebenso die Acetate der Magnesiumgruppe, während die von Blei und seinen Analogen alle Proteine aufser Propeptonen, die von Eisen- und Manganoxyd alle Proteine bis auf die wirklichen Peptone fällen. Von den Kationen sind weder leichte Metalle noch Edelmetalle geeignet. Quecksilber fällt als Chlorid alle Proteine aufser Propeptonen, als Acetat alle Proteine, aber auch andere Stickstoffverbindungen [3]).

Läfst man Lösungen, die mit ungenügenden Mengen eines fällenden Salzes versetzt sind, langsam verdunsten, so kann man Proteine in krystallisierter Form gewinnen.

Beim Erhitzen werden alle Proteinstoffe allmählich zersetzt. Sie ergeben dabei brennbare Gase, Ammoniakverbindungen, Kohlensäure, Wasser, stickstoffhaltige Basen u. s. w., indem sie einen starken Geruch (verbranntes Horn, verbrannte Wolle) entwickeln, und hinterlassen eine voluminöse, sehr schwer verbrennbare, stets stickstoffreiche Kohle.

[1]) Hopkins u. Cole, Lond. Roy. Soc. Proc. 68, 21; Chem. Centralbl. 1901, I, S. 797. — [2]) Adamkiewicz, Ber. 8, 161. — [3]) Schjerning, Zeitschr. anal. Chem. 37, 73.

Die Spaltungen werden noch bei den Eiweifskörpern erörtert werden. Als Charakteristikum aller Proteine sei hier nur die bei tiefgreifender Spaltung durch Säuren stets auftretende Bildung von Aminosäuren erwähnt. Eine Ausnahme hiervon machen nur die Protamine, welche aber zumeist nicht als eigentliche Proteinkörper, sondern als Kerne von solchen betrachtet werden.

Die übrigen kann man nach Wróblewski[1]) in folgende Klassen und Unterklassen einreihen.

I. Klasse: Eiweifsstoffe.

1. Albumine { Eieralbumin, Serumalbumin, Laktalbumin, Muskelalbumin, Pflanzenalbumine u. dergl.
2. Globuline { Eierglobulin, Serumglobulin, Laktoglobulin, Fibrinogen, Myosin, Pflanzenglobuline, Vitelline (?) u. dgl.
3. Alkohollösliche Eiweifsstoffe, hauptsächlich pflanzlichen Ursprungs.
4. Albuminate.
5. Acidalbumine, Syntonin u. dergl.
6. Koagulierte Eiweifsstoffe { Fibrin, Parakasein, In der Hitze koaguliertes Eiweifs.

II. Klasse: Zusammengesetzte Eiweifsstoffe.

1. Glykoproteide { Mucine, Mucoide
2. Hämoglobine.
3. Nukleoalbumine.
4. Kaseine { Kuhkasein, Frauenkasein.
5. Nukleine.
6. Amyloid.
7. Histone (?).

III. Klasse: Eiweifsähnliche Substanzen.

1. Unterklasse: Die Gerüstsubstanzen.

1. Keratine.
2. Elastine.
3. Kollagene { Kollagen, Leim u. dergl.

2. Unterklasse: Albumosen und Peptone.

3. Unterklasse: Enzyme.

1. Proteolytische Enzyme { Pepsin, Trypsin, Papayotin u. dergl.
2. Amylolytische Enzyme { Diastase, Invertin u. dergl.
3. Fettspaltende Enzyme.
4. Glykosidspaltende Enzyme.
5. Amidspaltende Enzyme: Urase u. dergl.
6. Gerinnungsenzyme: Labenzyme u. dergl.

I. Wenden wir uns nunmehr den wichtigsten Gliedern dieser Abteilung zu, den Eiweifskörpern. In diesen fehlt der Schwefel fast nie; nur das Mykoprotein der Fäulnisbakterien und das Anthraxprotein

---

[1]) v. Wróblewski, Centralbl. Physiol. **11**, 306; Ber. **30**, 3045; vergl. a. Chittenden, Centralbl. Physiol. **11**, 497.

der Milzbrandbacillen machen hiervon eine Ausnahme [1]). Im übrigen findet man die häufigsten Bestandteile in folgenden Mengen [2]), auf aschefreie Substanz berechnet.

C	50,18 [3]) bis 54,5 Proz.		S	0,17 [3]) bis 2,2 Proz.	
H	6,39 [3]) „ 7,3 „		P	0,42 „ 0,85 „	
N	15,00 „ 18,51 [4]) „		O	21,50 „ 24,33 [3]),	

Die bisherigen Resultate über die Molekulargröfsen, auf Grund verschiedener Methoden ermittelt, stellte Vaubel [5]), wie folgt, zusammen (s. Tabelle auf folgender Seite).

Von dem Schwefel ist ein Teil, meist die Hälfte oder ein Drittel, durch Einwirkung von siedendem Alkali abspaltbar. So fand Schulz [6]) für

	Serum-albumin Proz.	Eier-albumin Proz.	Häm-albumin Proz.	Globin Proz.	Globulin Proz.
a) Gesamtschwefel . . .	1,89	1,18	0,43	0,42	1,38
b) Abspaltbarer Schwefel.	1,28	0,49	0,19	0,2	0,63
a : b	3 : 2,03	2 : 0,83	2 : 0,88	2 : 0,95	2 : 0,91

Wenden wir uns nunmehr dem Stickstoffgehalt zu, so sehen wir zunächst, dafs nur ein kleiner Teil desselben sich bei Einwirkung von Alkali leicht als Ammoniak abspaltet und bei Behandlung mit salpetriger Säure austritt, also in Form von Aminogruppen vorhanden ist [7]).

W. Hausmann [8]) fand durch Zersetzung mit Salzsäure folgende Werte der Spaltungsprodukte.

	Ammoniak Proz.	Durch Phosphor-wolframsäure fällbarer N Proz.	Durch Phosphor-wolframsäure nicht fällbarer N Proz.
Krystallisiertes Eieralbumin . . .	8,53	21,33	67,80
Krystallisiertes Serumalbumin . .	6,43	—	—
Serumglobulin (Pferd)	8,9	24,95	68,28
Casein	13,37	11,71	75,98
Leim	1,61	35,83	62,56
Krystallisiertes Oxyhämoglobin . .	6,18	23,51	63,26
Protalbumose aus Fibrin	7,14	25,42	68,17
Globin (Pferd)	4,62	29,39	67,08
Eiweifskörper der Coniferensamen	10,3	32,8	56,90
Krystallisiertes Edestin	10,25	38,15	54,99
Heteroalbumose des Fibrins . . .	6,45	38,93	57,40

[1]) M. Nencki, Ber. 17, 2605. — [2]) Hammarsten, Physiolog. Chem., 4. Aufl., S. 18. — [3]) Osborne u. Campbell, J. Am. Chem. Soc. 20, 393, 406, 410, 419; Chem. Centralbl. 1898, II, S. 363 ff. — [4]) E. Schulze, Zeitschr. physiol. Chem. 25, 360. — [5]) W. Vaubel, J. pr. Chem. [2] 60, 55. — [6]) Fr. N. Schulz, Zeitschr. physiol. Chem. 25, 152. — [7]) O. Nasse, Pflügers Arch. 6, 589; C. Paal, Ber. 29, 1084; H. Schiff, ebend. 29, 1354; O. Loew, Chem. Ztg. 20, 1000. — [8]) W. Hausmann, Zeitschr. physiol. Chem. 27, 95, 29, 136.

Methode	Beobachter	Molekulargröſse	Bemerkungen
	1. Oxyhämoglobin.		
Fe- und S-Gehalt .	Zinoffsky (Bunge)	16730	aus Pferdeblut
" " " .	Jaquet	16513	aus Hundeblut
S-Gehalt	Schulz	15000	aus Pferdeblut
	2. Globin (aus Hämoglobin).		
S-Gehalt	Zinoffsky (Bunge)	2 × 8043 = 16086	Berech. aus obig.
"	Jaquet	(2 × 7935 = 15870) 3 × 5290 = 15870	"
"	Schulz	2 × 7500 = 15000	
	3. Serumalbumin.		
S-Gehalt	Schulz	5100	Krystall. Serumalbumin
J-Gehalt b. 5 At. J	Kurajeff	5135	"
J-Gehalt b. 4 At. J	"	4572	
	4. Muskeleiweiſs.		
J Gehalt b. 4 At. J	Blum u. Vaubel	4572	aus Pferde- u. Rindfleisch
J Gehalt b. 5 At. J	" " "	5135	
	5. Conglutin und andere Pflanzeneiweiſskörper.		
Mg-Verbindung . .	Schmiedeberg u. Drechsel	2 × 2817 = 5634 2 × 2750 = 5500	aus Krystalloiden der Paranuſs
" . .	Grübler	2 × 4424 = 8848	aus Kürbissamen
" . .	(Bunge)	5257	" "
Tyrosin	nach Kreusler	6200	Conglutin
Arginin	nach Hedin	6690	"
Asparaginsäure . .	nach Ritthausen	5050	
	6. Eiereiweiſs.		
Cu-Gehalt	Harnack (Rose)	4618	aschenfrei aus metallischen Verbindungen [1])
Ag-Gehalt	Loew	4836	
Pt-Gehalt	Fuchs u. Commaille	4618	
S-Gehalt	Harnack	5000	aschefrei [1])
"	Hofmeister u. Schulz	5400 (5378)	krystallisiert
S-Gehalt bei 4 At. J	Hofmeister	5170	"
Gefrierpunktsmethode	Bugarsky u. Liebermann	6400	Von Globulin u. amorpher Substz. möglichst befreit
Gehalt bei 4 At. J . 7,2 Proz. . .	Blum u. Vaubel	6542	
	7. Casein.		
J-Gehalt bei 7,2 Proz. u. 4 At. J .	Blum u. Vaubel	6542	
Arginin	Hedin	6500	

[1]) Nach **Harnack** (Ber. 31, 1938) ist das aschefreie Eiweiſs nicht mehr unverändert, da es keinen Schwefel in durch Alkali abspaltbarer Form enthält.

Nach Henderson[1]) ist die Menge des durch Säuren abspaltbaren Amidstickstoffs in hohem Grade von der Kochdauer und von der Konzentration der Säuren abhängig.

Die Erhitzung der Eiweißkörper mit Salzsäure oder besser noch mit Zinnchlorür und Salzsäure hat eine große Anzahl von Spaltungsprodukten ergeben, deren Konstitutionserforschung und Synthese wenigstens über einzelne Bausteine der Eiweißmolekel Licht verbreitet hat. Dieselben lassen sich zunächst in einige Hauptgruppen einteilen.

I. Harnstoffderivate.

Arginin $NH:C\genfrac{}{}{0pt}{}{NH_2}{NH.CH_2.(CH_2)_2.CH(NH_2).COOH}$

Histidin (?) $C_6H_9N_3O_2$.

II. Diaminosäuren:

Lysin (α-ε-Diaminonormalkapronsäure) $NH_2.CH_2.(CH_2)_3.CH\genfrac{}{}{0pt}{}{NH_2}{COOH}$

Diaminoessigsäure $HC(NH_2)_2.COOH$.

III. Monoaminosäuren:

Glykokoll $NH_2.CH_2.COOH$

Alanin $CH_3.CH(NH_2).COOH$

Leucin $CH_3.(CH_2)_3.CH\genfrac{}{}{0pt}{}{NH_2}{COOH}$ und ein Polymeres des Leucinimids[2])

$$C_4H_9.CH\genfrac{}{}{0pt}{}{CO-NH}{NH-CO}CH.C_4H_9$$

Asparaginsäure $CO_2H.CH_2.CH\genfrac{}{}{0pt}{}{NH_2}{COOH}$

Glutaminsäure $CO_2H.(CH_2)_2.CH\genfrac{}{}{0pt}{}{NH_2}{CO_2H}$

Aminobuttersäure u. Aminovaleriansäure

Tyrosin $HO.C_6H_4.CH_2.CH\genfrac{}{}{0pt}{}{NH_2}{CO_2H}$

Phenylalanin $C_6H_5.CH_2.CH\genfrac{}{}{0pt}{}{NH_2}{CO_2H}$

---

[1]) Henderson, Zeitschr. physiol. Chem. 29, 47. — [2]) R. Cohn, ebend. 26, 395.

Pyrrolidin-α-karbonsäure $HOOC.CH\begin{cases}NH-CH_2\\ |\\ CH_2-CH_2\end{cases}$

IV. Oxyaminosäuren.

Serin $CH_2(OH).CH(NH_2).COOH$

Oxypyridin-α-karbonsäure [1]).

V. Schwefelhaltige Körper:

Cystin $\overset{NH_2}{HOOC.\dot{C}H}.CH_2.S-S.CH_2.\overset{NH_2}{\dot{C}H}.COOH$ [2]).

Zu ähnlichen Zersetzungsprodukten führte die Zersetzung mit Barythydrat und tiefgreifende Zersetzung durch Enzyme (Trypsinverdauung). Bei der Fäulnis und bei der Kalischmelze entstehen ferner Substanzen der Indolgruppe.

Von den genannten Substanzen entstehen die sogenannten Hexonbasen, Lysin, Arginin und Histidin auch bei der Zersetzung der Protamine, welche danach wohl als Vorstufen der Eiweifskörper betrachtet werden dürfen.

Eine andere Gruppe, deren Vorkommen in der Eiweifsmolekel von Interesse ist, trägt den Charakter der Kohlehydrate bezw. dazu gehöriger Aminoverbindungen [3]). Nach R. Cohn [4]) erfolgt die Bildung dieser Substanzen aus dem Leucinkomplex.

Durch Oxydation mit Kaliumpermanganat hat Maly [5]) eine Säure, die Oxyprotsulfonsäure, erhalten, welche kein Spaltungsprodukt ist, nicht die Millonsche Reaktion giebt und bei der Zersetzung nicht die gewöhnlichen aromatischen Zersetzungsprodukte des Eiweifs liefert, aber doch eine aromatische Gruppe enthält [6]). Bernert stellte das entsprechende Oxydationsprodukt aus krystallisiertem Serumalbumin her und konnte unter den Zersetzungsprodukten zwar Aminosäuren, aber kein Tyrosin nachweisen. Nach seinen Befunden geht aber neben der Oxydation auch eine Spaltung in albumose- und peptonartige Körper einher.

Bei weitergehender Oxydation entsteht eine neue Säure, Peroxyprotsäure, welche noch die Biuretprobe giebt, von den meisten Eiweifsreagentien aber nicht gefällt wird.

---

[1]) E. Fischer, Ber. 35, 2660. — [2]) E. Friedmann, Beitr. chem. Physiol. u. Pathol. 3, 1. — [3]) Udranszky, Zeitschr. physiol. Chem. 12, 389; Pavy, Physiology of the Carbohydrates, London 1894; Weydemann, Inaug.-Diss., Marburg 1896; Krawkow, Pflügers Arch. 65, 281; Weifs, Centralbl. Physiol. 12, 515; P. Mayer, Deutsche med. Wochenschr. 25, 95; S. Fraenkel, Monatsh. f. Chem. 19, 747; Bourquelot u. Laurent, Compt. rend. 130, 1411; Chem. Centralbl. 1900, II, S. 125. — [4]) R. Cohn, Zeitschr. physiol. Chem. 28, 211; vergl. a. Müller u. Seemann, Deutsche med. Wochenschr. 25, 209. — [5]) Maly, Monatsh. f. Chem. 6, 107, 9, 255; vergl. Bondzynski u. Zoja, Zeitschr. physiol. Chem. 19, 225. — [6]) R. Bernert, ebend. 26, 272.

Ein anderes Oxydationsprodukt, welches im grofsen und ganzen noch Eiweifscharakter besitzt, auch die Millonsche und die Adamkiewiczsche Reaktion, aber bei der Spaltung kein Tyrosin giebt [1]), das Oxyprotein, erhielt zuerst Chandelon [2]) durch Behandlung von Eiweifs mit Wasserstoffsuperoxyd.

Ähnlich wie durch Permanganat werden Eiweifskörper auch durch Halogene in der Weise verändert, dafs bei Erhaltung des ursprünglichen Schwefelgehaltes kein Teil von diesem durch Alkali abspaltbar ist, die Millonsche Reaktion ausbleibt und bei der Spaltung kein Tyrosin entsteht. Die gebildeten Verbindungen, von denen ein Repräsentant als die wirksame Substanz der Schilddrüse gilt, enthalten das Halogen in mehr oder minder fester Bindung. Es lassen sich Derivate von verschiedenem, aber konstantem Halogengehalt herstellen [3]).

Vaubel [4]) nimmt an, dafs in diesen Verbindungen ein Halogenatom in o-Stellung zur Hydroxylgruppe des Tyrosins tritt und daher die Millonsche Reaktion hindert. Nach ihm treten ferner bei völliger Sättigung stets zwei Halogenatome in die Eiweifsmolekel ein, so dafs man aus der Jodaufnahme die Gröfse der Molekel berechnen kann. Zugleich giebt die Jodzahl ein Mittel zur Unterscheidung verschiedener Eiweifsstoffe [5]).

Die tierischen Eiweifsstoffe sind geruch- und geschmacklose, zumeist amorphe, die pflanzlichen häufiger krystallinische Körper, die in trockenem Zustande je nach der Gewinnungsart weifse Pulver oder gelbliche, harte, in dünnen Schichten durchsichtige Lamellen bilden. Einige lösen sich in Wasser, andere nur in salzhaltigen oder schwach alkalischen oder sauren Flüssigkeiten. Da es bisher nicht gelungen ist, Eiweifskörper ohne jede sonstige Veränderung völlig aschefrei zu gewinnen (auch die krystallinischen Präparate enthalten Asche), so ist es fraglich, ob sie bei völliger Abwesenheit von Mineralsubstanzen überhaupt löslich sind.

Die Eiweifsstoffe diffundieren im allgemeinen als ausgesprochene Kolloide nicht durch tierische Membranen oder durch Pergamentpapier. Sie sind sämtlich optisch aktiv und zwar linksdrehend. Der Grad dieses Drehungsvermögens ist aber verschieden.

Beim Erhitzen der Lösungen werden die Eiweifskörper bei einer für die einzelnen verschiedenen Temperatur verändert und, falls die Reaktion der Flüssigkeit und sonstige äufsere Umstände, wie die Gegenwart von Neutralsalzen, geeignet sind, zur Ausscheidung gebracht.

---

[1]) Fr. N. Schulz, Zeitschr. physiol. Chem. 29, 86. — [2]) Th. Chandelon, Ber. 17, 2143. — [3]) Loew, J. pr. Chem. [2] 31, 138; Blum, Münch. med. Wochenschr. 43, 1099; Derselbe u. Vaubel, J. pr. Chem. [2] 56, 393, 57, 365; Liebrecht, Ber. 30, 1824; Hopkins u. Pinkus, ebend. 31, 1311; Hofmeister, Zeitschr. physiol. Chem. 24, 159. — [4]) Vaubel, Chem.-Ztg. 23, 82. — [5]) Dieterich, Pharm. Centralh. 38, 224; Kurajeff, Zeitschr. physiol. Chem. 26, 462; Blum, ebend. 28, 288.

koaguliert. Die hierzu erforderlichen Umstände haben vielfach als unterscheidende Merkmale gedient.

Gröfsere oder geringere Unterschiede in der Löslichkeit finden sich selbst bei sehr nahe verwandten Eiweifssubstanzen, z. B. bei den Albuminen aus dem Ei derselben Vogelart[1]). Im übrigen sei noch besonders auf die Löslichkeit in Glycerin hingewiesen[2]).

Die Untersuchung der chemischen und physikalischen Eigenschaften gestattet, wie aus dem Vorangehenden und Folgenden ersichtlich, wohl gewisse Unterscheidungen einiger Gruppen und auch einzelner Arten. Eine viel feinere Unterscheidung ermöglicht aber das biologische Verhalten. Es ist durch eine Reihe von Untersuchungen in den letzten Jahren ermittelt worden, dafs irgend ein Eiweifskörper, einem fremden lebenden Organismus zugeführt, dort die Bildung von Substanzen (Antikörpern) bezw. deren Eintritt in das Blutserum veranlafst, die gegen den ursprünglich verwendeten ein spezifisches Bindungsvermögen besitzen und dasselbe durch dessen Fällung (Agglutinine) oder Auflösung (Lysine) in Erscheinung treten lassen. Dieses Verhalten, das zuerst gegenüber einigen Pflanzengiften von Eiweifscharakter (Ricin, Abrin), dann gegenüber bakteriellen Giften bezw. Bakterien (Tetanustoxin, Diphtherietoxin, Typhusbacillen) beobachtet wurde und die Grundlage der Serumtherapie bildet, ist zuerst von Bordet[3]), dann von vielen anderen Forschern auch für normale tierische Eiweifsarten erwiesen worden. Es ist auf diesem Wege möglich, das Eiweifs einer Tierart nicht nur von pflanzlichem Eiweifs, sondern auch von Eiweifs anderer Tierarten zu unterscheiden. Dabei tritt ferner die interessante Thatsache zu Tage, dafs die Unterschiede bei entwickelungsgeschichtlich nahestehenden Arten viel geringer sind.

Eine geistreiche Erklärung dieser Thatsachen bietet die Ehrlichsche Seitenkettentheorie[4]). Danach können nur solche Substanzen giftiger oder ungiftiger Natur die Bildung von Antikörpern auslösen, die in den Zellen des befallenen Organismus Gruppen mit geeigneter Affinität finden (haptophore Gruppen). Indem sie mit einer solchen Gruppe, welche Ehrlich sich, entsprechend den Seitenketten des Benzols, an den eigentlichen Zellkern gebunden und dessen Funktion bedingend vorstellt, in Verbindung treten, machen sie dieselbe für ihren eigentlichen Zweck untauglich. Da es nun aber im Wesen der Zelle liegt, einen so entstehenden Fehler durch Neubildung und zwar durch übermäfsige Neubildung zu decken, so wird an der befallenen Zelle eine reichliche Produktion von Seitenketten derselben Art stattfinden, von welchen dann die überschüssigen an das Blutserum abgegeben werden. Diese abgestofsenen Seitenketten bilden dann die Antikörper oder wenigstens deren haptophoren Teil (Immunkörper),

---

[1]) Panormow, J. russ. phys.-chem. Ges. 31, 555; Chem. Centralbl. 1899, II, S. 480. — [2]) Ritthausen, J. pr. Chem. [2] 25, 136. — [3]) Bordet, Ann. de l'Instit. Pasteur 12, Nr. 10. — [4]) P. Ehrlich, Klin. Jahrb. 6.

da, um die Phänomene der Lösung oder der Agglutination hervorzubringen, meist noch durch seine Vermittelung ein Komplement an den ursprünglichen Körper gekettet werden mufs. Derartige Komplemente werden nicht erst durch die Vorbehandlung erzeugt, sondern finden sich in den normalen Körperflüssigkeiten.

Wir lassen eine kurze Charakteristik der Hauptgruppen folgen:

1. Albumine sind in Wasser löslich und werden auch durch Zusatz von wenig Säure oder Alkali nicht gefällt. Sie zeigen beiden gegenüber ein bestimmtes Bindungsvermögen, das aber nach der Art der Säure schwankt. Daneben erleiden sie teils Polymerisation, teils Depolymerisation [1]). Nach Bugarszky und Liebermann [2]) sollen in den entsprechenden Albuminverbindungen Albuminium-Ionen, aus Eiweifs + Wasserstoff bestehend, vorhanden sein. Durch gröfsere Mengen von Mineralsäuren sowie auch von Metallsalzen werden die Albumine gefällt. Bei Gegenwart von Metallsalzen gerinnt die Lösung auch beim Sieden. Mit Kochsalz oder Magnesiumsulfat kann man die Lösungen bei 30° nicht übersteigender Temperatur sättigen, ohne dafs Fällung erfolgt; diese tritt dann aber auf Zusatz von Essigsäure ein. Ammoniumsulfat, bis zur Sättigung eingetragen, fällt hingegen auch für sich die Albumine aus. Die Absorptionsbanden, welche gewöhnliches Albumin im ultravioletten Teile des Spektrums zeigt, sind mit denen des Tyrosins identisch [3]).

Der Schwefelgehalt der Albumine beträgt 1,6 bis 2,2 Proz.

2. Globuline sind in reinem Wasser und in konzentrierten Salzlösungen unlöslich, löslich in verdünnten Neutralsalzlösungen sowie in sehr verdünnten Säure- und Alkalilösungen, aus denen sie durch genaue Neutralisation, z. B. aus Alkalilösung durch Kohlensäure, sowie durch Erhitzen ausgeschieden werden. Der Schwefelgehalt ist niedriger als bei den Albuminen, beträgt aber nicht unter 1 Proz.

3. Alkohollösliche Eiweifsstoffe. Ihr wichtigstes Unterscheidungsmerkmal ist das angegebene Löslichkeitsverhältnis. Es ist aber wohl denkbar, dafs die Löslichkeit auf dem Vorhandensein schwer löslicher Beimengungen beruht und dafs diese Gruppe nicht zu Recht besteht.

4. und 5. Albuminate (Alkalialbuminate) und Acidalbumine (Acidalbuminate). Wie vorher erwähnt, können native Albumine mit Alkalien und Säuren zunächst Verbindungen eingehen, in welchen sie zunächst unverändert bleiben. Bei stärkerer Einwirkung dieser Reagentien werden sie hingegen „denaturiert".

---

[1]) Spiro u. Pemsel, Zeitschr. physiol. Chem. 26, 233; Panormow J. russ. phys.-chem. Ges. 31, 556, 32, 249; Chem. Centralbl. 1899, II, S. 4.. u. 1900, II, S. 342. — [2]) Bugarszky u. Liebermann, Pflügers Arch. 72, 5.: — [3]) W. Blyth, Chem. Soc. Proc. 15, 175; Chem. Centralbl. 1899, II, S. 25..

Durch Einwirkung von Alkali entstehen unter Austritt von Stickstoff, bei stärkerer Alkaliwirkung auch von Schwefel, die Alkalialbuminate entweder als feste, in Wasser beim Erwärmen sich lösende Gallerte oder, falls die Ausgangsmaterialien in verdünnter Lösung angewendet wurden, in Lösung. Sie zeigen gegenüber dem Ausgangskörper erhöhtes spezifisches Drehungsvermögen.

Ähnlich entstehen die Acidalbumine, wenn man Eiweifs in überschüssiger konzentrierter Salzsäure löst oder mit einer Säure, am besten Salzsäure von 1 bis 2 Prom., in der Wärme digeriert, oder auch bei kurzer Behandlung mit Pepsinsalzsäure. Diese Verbindungen werden auch als Syntonine bezeichnet, speziell das aus Muskeleiweifs erhältliche Präparat.

Beiden Arten von Albuminaten sind gewisse Eigenschaften gemeinsam. Fast unlöslich in Wasser und verdünnter Kochsalzlösung, lösen sie sich leicht nach Zusatz einer sehr kleinen Menge Säure oder Alkali. Eine solche möglichst nahe neutrale Lösung gerinnt beim Sieden nicht, wird aber durch völlige Neutralisation des Lösungsmittels bei Zimmertemperatur gefällt. Ferner werden durch Sättigen mit Kochsalz die sauren Lösungen leicht, die alkalischen schwer oder gar nicht gefällt. Überschüssige Mineralsäuren fällen alle Albuminate, ebenso viele Metallsalze, falls die Lösungen möglichst neutral sind.

Zeigen sonach alle Albuminate Säurenatur, so ist diese doch bei den Alkalialbuminaten viel mehr ausgesprochen. Diese können in Wasser bei Zusatz von Calciumkarbonat unter Austreibung von Kohlensäure gelöst werden. Auch in der Zusammensetzung bewirkt die Alkaliwirkung erheblichere Veränderungen als die der Säure. Man kann daher auch aus den Acidalbuminen nachträglich Alkalialbuminate darstellen, nicht aber umgekehrt.

6. Koagulierte Eiweifsstoffe. Die Überführung in den geronnenen Zustand können Eiweifsstoffe durch verschiedene Ursachen erleiden: Durch Erhitzung, Einwirkung von Alkohol, anhaltendes Schütteln der Lösung, in gewissen Fällen auch durch Enzyme, so das Fibrin aus Fibrinogen, das Parakasein aus dem Kasein. Die geronnenen Eiweifskörper sind in Wasser, Neutralsalzlösungen und verdünnten Säuren und Alkalien bei Zimmertemperatur unlöslich. Von konzentrierteren Säuren und Alkalien werden sie, besonders in der Wärme, in Albuminate übergeführt.

II. Zusammengesetzte Eiweifsstoffe, Proteide, liefern als nächste organische Spaltungsprodukte einerseits Eiweifsstoffe, andererseits Substanzen anderen Charakters, die jenen als prosthetische Gruppen angefügt waren.

1. Glykoproteide nennt man diejenigen, welche als erstes Spaltungsprodukt neben Eiweifs Kohlehydrate oder Derivate von solchen, aber keine Xanthinkörper ergeben. Als besondere Unterabteilung gelten die Chondroproteide, deren eiweifsfreies Spaltungs-

produkt die Chondroitinschwefelsäure $C_{18}H_{27}NSO_{17}$, eine kohlehydrathaltige Ätherschwefelsäure, ist.

2. Hämoglobine liefern neben Eiweifs einen eisenhaltigen Farbstoff, das Hämochromogen, das bei Gegenwart von Sauerstoff leicht zu Hämatin oxydiert wird.

3. Nukleoalbumine sind phosphorhaltig und liefern demgemäfs phosphorhaltige Spaltungsprodukte. Durch Pepsinverdauung liefern sie vielfach eine sehr phosphorreiche, noch eiweifsartige Substanz, das Pseudonuklein. Im Gegensatze zu den Nukleinen geben sie keine Xanthinkörper.

4. Kaseine stehen den Nukleoalbuminen sehr nahe und werden meist zu ihnen gerechnet. Die Bildung von Pseudonuklein erfolgt bei ihnen schwieriger, zum Teil gar nicht.

5. Nukleine sind gleichfalls phosphorhaltig; sie liefern bei der Pepsinverdauung echte Nukleinsäuren und bei Spaltung mit verdünnten Mineralsäuren Xanthinkörper (Nukleinbasen). Die Nukleinsäuren enthalten den gesamten Phosphor, vielfach auch leicht abspaltbare Kohlehydratgruppen, wonach man eine besondere Unterklasse der Glykonukleoproteide aufstellen kann. Die Kohlehydrate gehören teils zur Hexosen-, teils zur Pentosengruppe [1]). Von Xanthinkörpern liefern die Nukleinsäuren Adenin, Hypoxanthin, Guanin und Xanthin; ferner finden sich darin einfachere Pyrimidinderivate, so das Thymin, dessen von Steudel [2]) ermittelte, von E. Fischer [3]) durch Synthese bestätigte Konstitution die eines 5-Methyl-2,6-dioxypyrimidins

```
NH—CO
|    |
CO   C.CH3
|    |
NH—CH
```

ist.

Nach Neumann [4]) besteht Nukleinsäure aus drei Substanzen, den Nukleinsäuren a und b und der Nukleothyminsäure, welche ihrerseits aus den beiden ersten durch hydrolytische Spaltung entsteht und noch die charakteristischen Bestandteile, Phosphorsäure, Kohlehydrate und Alloxurkörper, enthält.

6. Amyloid steht den Glykoproteiden nahe.

7. Histone sind nach Kossel [5]) wahrscheinlich Verbindungen von Eiweifs mit Protaminen. Ihre charakteristische Eigenschaft ist die Fällbarkeit durch Ammoniak. Einige als Histone bezeichnete Körper, denen diese Eigenschaft abgeht, sollen nach Bang [6]) nicht hierzu gerechnet werden. Im übrigen haben die Histone albumoseartigen Charakter.

---

[1]) Vergl. Kossel, Ber. 34, 3242. — [2]) Steudel, Zeitschr. physiol. Chem. 32, 241. — [3]) E. Fischer, Berl. Akad. Ber. 1901, XII, S. 286. — [4]) A. Neumann, Arch. Anat. Phys. 1898, S. 374. — [5]) Kossel, Zeitschr. physiol. Chem. 8, 511. — [6]) J. Bang, ebend. 27, 463.

III. Eiweifsähnliche Substanzen.

Von diesen interessiert uns hauptsächlich die zweite Unterklasse, die Albumosen und Peptone. Es sind dies die bei der Verdauung durch proteolytische Enzyme entstehenden Zersetzungsprodukte der Eiweifskörper, soweit sie noch Eiweifscharakter haben, und zwar werden als Peptone die letzten, als Albumosen die ersten Produkte (mit Ausschlufs der Albuminate) bezeichnet. Dieselben Produkte entstehen auch bei der Fäulnis und bei der hydrolytischen Zersetzung von Eiweifskörpern durch Säuren oder Alkalien. Eine strenge Unterscheidung ist kaum möglich, und die Begriffe sind um so mehr verwirrt, als die anfänglichen Definitionen im Laufe der Zeit unhaltbar wurden und dieselben Namen heute anderes bedeuten.

Ursprünglich bezeichnete man als Peptone in Wasser leicht lösliche, in der Hitze nicht gerinnbare Eiweifskörper, deren Lösungeu weder von Salpetersäure, noch von Essigsäure und Ferrocyankalium, noch von Neutralsalzen und Säure gefällt werden. Als Albumosen galten dagegen solche Verbindungen, deren wässerige Lösungen bei Zimmertemperatur durch Salpetersäure sowie auch durch Essigsäure und Ferrocyankalium gefällt werden, deren betreffende Niederschläge aber beim Erwärmen wieder in Lösung gehen und beim Erkalten sich von neuem ausscheiden. Die mit Kochsalz gesättigte Lösung scheidet die Albumosen bei neutraler Reaktion teilweise, bei saurer vollständig aus; auch dieser Niederschlag kann sich beim Erwärmen auflösen.

Später gründete sich die Unterscheidung, hauptsächlich durch Kühnes Arbeiten veranlafst, auf die Fällbarkeit durch Ammoniumsulfat. Als echte Peptone werden diejenigen Verbindungen bezeichnet, welche beim Sättigen der Lösung mit dem genannten Salze in Lösung bleiben, als Albumosen die hierbei ausgeschiedenen Substanzen. Diese echten Peptone entstehen nur in geringer Menge oder erst bei sehr anhaltender Einwirkung durch Pepsinverdauung, in verhältnismäfsig grofser durch Trypsinverdauung.

Nach Schützenberger[1]) und Kühne[2]) liefert das Eiweifs bei der proteolytischen Spaltung zunächst zwei Hauptgruppen neuer Eiweifsstoffe, von denen eine, die Antigruppe, gröfsere Resistenz gegen die weitere Einwirkung zeigt als die andere, die Hemigruppe. In den Albumosen sind nach Kühne beide Gruppen in verschiedenen Verhältnissen vereint, ebenso in dem bei der Pepsinverdauung entstehenden Pepton, welches er deshalb als Amphopepton bezeichnet. Bei der Trypsinverdauung wird dann dieses in Antipepton und Hemipepton gespalten, von denen dieses weiter in Aminosäuren und andere Körper gespalten werden kann, während jenes schwer angegriffen wird und daher bei energischer Trypsinwirkung allein zurückbleibt.

---

[1]) Schützenberger, Bull. soc. chim. **23**, 161. — [2]) W. Kühne, Zeitschr. Biol. **19**, 159, **22**, 423.

Die echten Peptone sind äufserst hygroskopische, in Wasser aufserordentlich leicht lösliche Substanzen, die leichter als die Albumosen diffundieren. Sie werden nicht gefällt durch Ammoniumsulfat, Salpetersäure, Salzsäure und Essigsäure in salzgesättigter Lösung u. s. w., wohl aber von Phosphorwolframsäure, Phosphormolybdänsäure, Sublimat bei Gegenwart von Neutralsalz, absolutem Alkohol und nicht überschüssiger Gerbsäure. Nach Paal[1]) lösen sich indessen die Säureverbindungen, nach Fraenkel[2]) auch die freien Peptone in Alkohol. Amphopepton giebt noch die Millonsche Reaktion, Antipepton nicht mehr. Das Antipepton (wie nach Fraenkel alle Peptone) ist schwefelfrei und nach Siegfried[3]) und Balke[4]) identisch mit der von jenem als Spaltungsprodukt der im Muskel vorhandenen Phosphorfleischsäure erhaltenen Fleischsäure $C_{10}H_{15}N_3O_5$.

Bei den Albumosen hat man nach Neumeister[5]) wieder zwei Untergruppen zu unterscheiden, primäre und sekundäre, von denen die letzten den echten Peptonen schon näher stehen. Als Unterschiede werden angegeben: Von Salpetersäure werden die primären Albumosen in salzfreier, die sekundären erst in salzhaltiger, einige sogar erst in salzgesättigter Lösung gefällt. 2 proz. Kupfersulfatlösung und Kochsalz in Substanz sowie Ammoniumsulfat, bis zu halber Sättigung zugesetzt[6]), fällen primäre, nicht aber sekundäre Albumosen. Aus mit Kochsalz gesättigter Lösung fallen durch Zusatz von salzgesättigter Essigsäure die primären vollständig, die sekundären nur teilweise aus. Durch Essigsäure und Ferrocyankalium werden primäre leicht, sekundäre erst nach einiger Zeit und teilweise gefällt.

Die sekundären Albumosen sind identisch mit den Deuteroalbumosen Kühnes, die primären umfassen dessen Protoalbumose und Heteroalbumose; diese ist in Wasser unlöslich, aber in verdünnten Salzlösungen löslich, die Protalbumose auch in reinem Wasser löslich. Beide unterscheiden sich auch durch den Gehalt an leicht abspaltbarem Stickstoff, der bei der Heteroalbumose geringer ist[7]). Aus der Heteroalbumose, die im wesentlichen sich mit Brückes Pepton deckt, geht durch längeres Stehen unter Wasser oder durch Trocknen eine in verdünnter Salzlösung unlösliche Modifikation, die Dysalbumose, hervor.

Was die Enzyme betrifft, so kennen wir von diesen bisher nichts mit Sicherheit als die Wirkung und die Faktoren, welche jene beeinflussen. In reinem, von anderen Proteinen sicher freiem Zustande sind sie noch nicht gewonnen worden, und es bleibt daher fraglich, ob sie überhaupt den Proteinen zuzurechnen sind.

---

[1]) C. Paal, Ber. 27, 1827. — [2]) Fraenkel, Zur Kenntnis der Zerfallsprodukte des Eiweifses bei peptischer und tryptischer Verdauung, Wien 1896; vergl. a. Schrötter, Monatsh. f. Chem. 14, 612, 16, 609. — [3]) Siegfried, Zeitschr. physiol. Chem. 21, 360, 27, 335, 28, 524. — [4]) Balke, ebend. 22, 248. — [5]) Neumeister, Zeitschr. Biol. 24, 267, 26, 324. — [6]) Pick, Zeitschr. physiol. Chem. 24, 246. — [7]) E. Friedmann, ebend. 29, 50.

Schliefslich sei noch der Protamine gedacht, auf deren mögliche Bedeutung als Eiweifskernsubstanzen bereits hingewiesen wurde. Sie stimmen mit den Eiweifsstoffen darin überein, dafs sie als Spaltungsprodukte, und zwar in reichlicher Menge, die Basen Lysin, Arginin und Histidin [dieses nur aus Sturin [1])] liefern, dagegen sind Monoaminosäuren unter den Spaltungsprodukten nur in geringem Mafse und anscheinend nur durch die Aminovaleriansäure vertreten [1]). Das Molekulargewicht scheint erheblich niedriger zu sein als bei den eigentlichen Eiweifskörpern.

Das erste Protamin entdeckte Miescher [2]) im Lachssperma (Salmin), Kossel [3]) fand das Clupein im Sperma des Herings und das Sturin in dem des Störs, Kurajeff [4]) das Scombrin in dem der Makrele und das Accipenserin von Accipenser stellatus. Es sind sehr stickstoffreiche Substanzen (mit 30 und mehr Prozent Stickstoff) von basischem Charakter. Ihre wässerigen Lösungen reagieren alkalisch und geben mit ammoniakalischen Lösungen von Eiweifs oder primären Albumosen Niederschläge, die Kossel als Histone betrachtet. Die Salze mit Mineralsäuren sind in Wasser löslich, in Alkohol und Äther unlöslich. Alle Protamine sind, gleich den Eiweifsstoffen, linksdrehend. Die Biuretreaktion geben sie sehr schön, nicht aber die Millonsche Reaktion. Hiervon abweichend verhält sich ein von Morkowin [5]) aus dem Sperma des Seehasen gewonnenes Cyklopterin, das die Millonsche Reaktion giebt und sich auch durch bedeutend geringeren Sauerstoffgehalt von den anderen Protaminen unterscheidet.

Beim Erhitzen mit verdünnten Mineralsäuren und bei der Trypsinverdauung geben die Protamine zuerst Protaminpeptone oder Protone, welche dann durch weitere Spaltung die oben genannten Hexonbasen liefern.

Synthetische Versuche.

Durch Einwirkung von Glykokoll auf Phenole in Gegenwart von Phosphoroxychlorid oder ähnlichen Kondensationsmitteln will Lilienfeld [6]) zu albumose- oder peptonartigen Substanzen gelangt sein. Diese Behauptung erscheint aber wenig begründet, da die Reaktionen, auf welche sie gestützt wird, nur solche sind, die auch bei anderen Substanzen auftreten. Gegen den eiweifsartigen Charakter spricht, dafs ein nach Lilienfelds Angaben hergestelltes Produkt die Biuretreaktion nicht gab und leicht in die Komponenten zerfiel [7]).

---

[1]) Kossel, Zeitschr. physiol. Chem. 26, 588. — [2]) Miescher, Verhandl. d. naturf. Ges. in Basel 6, H. 1, 138. — [3]) Kossel, Zeitschr. physiol. Chem. 22, 176, 25, 165. — [4]) Kurajeff, ebend. 22, 165, 32, 196. — [5]) Morkowin, ebend. 28, 313. — [6]) L. Lilienfeld, Arch. Anat. u. Physiol. 1894, Physiol. Abt. S. 383, 555; Österr. Chem.-Ztg. 2, 66; D. R.-P. Nr. 112975. — [7]) Klimmer, Pflügers Arch. 77, 210.

Ähnliche Resultate haben auch Grimaux und nach ihm Schützenberger[1]) und Pickering[2]) durch Einwirkung von Phosphorpentoxyd und Phosphorpentachlorid auf verschiedene Aminosäuren teils für sich, teils in Gemenge mit Biuret, Alloxan, Xanthin u. s. w. erzielt. Nach Pickering resultieren dabei Kolloide, welche sich in wenig Wasser zu opalisierenden Flüssigkeiten lösen, welche die Farbreaktionen der Eiweißkörper geben und bei Gegenwart von Salzen koagulierbar sind. Auch gegenüber Neutralsalzen und Salzen der Schwermetalle zeigen die Lösungen ähnliches Verhalten wie Eiweißlösungen.

---

[1]) Schützenberger, Compt. rend. **106**, 1407, **112**, 198; Ber. **21**, 528 Ref., **24**, 216 Ref. — [2]) J. W. Pickering, Lond. R. Soc. Proc. **60**, 337; Chem. Centralbl. 1897, I, S. 248.

Analytisches. Erkennung und Bestimmung.

Die Erkennung des freien Stickstoffs ergiebt sich aus den angegebenen Eigenschaften. In den anorganischen Verbindungsformen sowie in einigen organischen läfst er sich auf Grund von deren besonderen Merkmalen erkennen. Organische stickstoffhaltige Verbindungen färben, wenn man die Spitze der scharf angeblasenen Lötrohrflamme darauf leitet, den Saum derselben deutlich grün mit rötlichem Kern; auch die rote Flamme des Cyans, sowie Flammen, welche Ammoniak und Stickoxyd enthalten, zeigen im Dunkeln diesen grünen Saum[1]). Schärfer ist die Reaktion, welche auf der Erzeugung von Berliner Blau beruht[2]). Man schmilzt die zu prüfende organische Substanz mit metallischem Kalium oder Natrium, laugt die Schmelze mit Wasser aus und erhitzt das Filtrat, das alkalisch reagieren und deshalb, wenn nötig, noch mit etwas Natronlauge versetzt werden mufs, mit einem Gemisch von Eisenoxydul- und Eisenoxydsalzlösung zum Kochen, läfst erkalten und fügt dann Salzsäure im Überschufs hinzu. Blauer Niederschlag, bei geringen Mengen blaue oder grüne Färbung der Lösung zeigt das Vorhandensein von Stickstoff. Die Reaktion bleibt bei schwefelhaltigen Substanzen nach Jacobsen aus, da hier an Stelle der Cyanide Rhodanide entstehen[3]); will man auch hier den entsprechenden Nachweis führen, so mufs man die Substanz vorher mit der vier- bis fünffachen Menge Eisenpulver schmelzen. Auch bei Diazoverbindungen giebt nach Carius die Reaktion kein Resultat. Nach Täuber[4]) ist die Reaktion immer zuverlässig, wenn man etwa 0,02 g Substanz mit 0,2 g Kalium im Reagenzglas unter Umschütteln zunächst nur so weit erwärmt, dafs das eben geschmolzene Metall die Substanz gut umhüllt, dann allmählich unter Drehen des Glases die Temperatur steigert und schliefslich 2 Minuten kräftig glüht. Die Hinzufügung von Eisen bewirkt leicht durch die bei Luftzutritt stattfindende Bildung von Cyanid aus dem Stickstoff der Luft Täuschungen.

---

[1]) Vogel u. Reischauer, N. Repert. Pharm. 5, 153. — [2]) Lassaigne, Ann. Chem. 48, 367. — [3]) O. Jacobsen, Ber. 12, 2316. — [4]) E. Täuber, ebend. 32, 3150.

Auch das beim Erhitzen stickstoffhaltiger, organischer Substanzen mit Kalihydrat oder Natronkalk entstehende Ammoniak, das seinerseits leicht zu erkennen ist, kann zum Nachweis benutzt werden. — Diejenigen organischen Substanzen, welche Oxyde des Stickstoffs enthalten und sich den vorerwähnten Reaktionen zum Teil entziehen, geben, in einer Röhre erhitzt, häufig unter Verpuffen, rote, saure, Jodkaliumstärkepapier bläuende Dämpfe[1]).

Die Bestimmung des Stickstoffs in Gasgemischen fufst auf seiner Indifferenz gegen die meisten Oxydationsmittel, auf der Reduzierbarkeit der dabei etwa entstandenen Stickstoffsauerstoffverbindungen durch metallisches Kupfer, auf der geringen Absorbierbarkeit durch wässerige Lösungen von Kaliumhydrat, pyrogallussaurem Kali und anderen Absorptionsmitteln. Durch solche werden nach und nach alle sonstigen Bestandteile entfernt und der Rückstand als Stickstoff gemessen[2]). Die Verunreinigung durch Edelgase, welche der aus der Atmosphäre stammende Stickstoff dann noch aufweist, kann in den meisten Fällen vernachlässigt werden. Wo dies nicht statthaft ist, wird der Stickstoff am besten durch wiederholtes Leiten des Gemenges über glühendes Magnesium, Lithium oder die anderen, im ersten Kapitel erwähnten metallischen Absorptionsmittel absorbiert.

Lidoff[3]) läfst den Stickstoff in einer erhitzten, mit einem Gemisch von einem Teil Magnesium und vier Teilen Kalk gefüllten Kugelröhre absorbieren, zersetzt das hierdurch gebildete Magnesiumnitrid durch Kalilauge, destilliert und titriert das übergehende Ammoniak. Dabei werden aber im Mittel nur 93 bis 94 Proz. des vorhandenen Stickstoffs gefunden.

Auch durch Explosion mit der richtigen Menge Sauerstoff und Knallgas kann man in solchen Gemengen den Stickstoff bestimmen[4]).

Für die Bestimmung gebundenen Stickstoffs kommt in erster Linie auch die gasvolumetrische Methode, nach Umwandlung in freien Stickstoff, in Betracht. Man kann entweder in dem aus einer beliebigen Menge Substanz erhaltenen Gase das Verhältnis des Stickstoffs zu einem anderen Bestandteil (relative Bestimmung) oder die Menge des aus einer bekannten Substanzmenge erhaltenen Stickstoffs bestimmen (absolute Bestimmung).

1. Relative Bestimmung in organischen Substanzen. Man verbrennt, wie bei dem Dumasschen Verfahren (s. u.), mit Kupferoxyd und vorgelegter Kupferspirale, fängt die Verbrennungsgase in mehreren Mefsröhren über Quecksilber auf und läfst das darin enthaltene Kohlendioxyd durch Kalilauge absorbieren. War alle Luft aus dem Verbrennungsrohr vollständig ausgetrieben, was man an der

---

[1]) Fresenius, Quant. Anal., 6. Aufl., 2, 4. — [2]) Vergl. z. B. Jaeger, J. Gasbel. 41, 764; G. Arth, Bull. soc. chim. [3] 17, 427; Chem. Centralbl. 1897, I, S. 1070. — [3]) A. Lidoff, J. russ. phys.-chem. Ges. 34, 42; Chem. Centralbl. 1902, I, S. 1251. — [4]) O. Bleier, Ber. 30, 701, 1269.

Konstanz des Verhältnisses zwischen Kohlensäure und Stickstoff in den einzelnen Röhren erkennt, so erfährt man aus dieser Bestimmung das Verhältnis des Stickstoffs zum Kohlenstoff (Liebig).

Marchand[1]) und Gottlieb[2]) stellen vor der Verbrennung ein Vakuum in dem Verbrennungsrohr her, indem sie dasselbe zunächst mit Wasserstoff füllen und diesen durch Glühen mit Kupferoxyd beseitigen, Simpson[3]) füllt mit Sauerstoff, den er durch Glühen von metallischem Kupfer entfernt.

Bunsen erhitzt mit Kupferoxyd und etwas metallischem Kupfer, in einem mit Wasserstoff gefüllten, dann zugeschmolzenen Rohre auf Dunkelrotglut, öffnet nach Erkalten das Rohr unter Quecksilber und analysiert das Gasgemisch in üblicher Weise.

Diese Methoden haben den Nachteil, dafs die Genauigkeit der Stickstoffbestimmung von derjenigen der Kohlenstoffbestimmung abhängig wird. Bei der Liebigschen Ausführungsform kommt noch hinzu, dafs eine völlig gleichmäfsige Verbrennung des Kohlenstoffs und Stickstoffs vorausgesetzt wird. Dies entspricht aber nicht immer den Thatsachen.

2. Absolute Bestimmung. A. Gleichzeitig mit Kohlenstoff und Wasserstoff. Die erste hierher gehörende Methode gab Mitscherlich[4]) an. Er verflüchtigt die Substanzen im Wasserstoffstrome, um sie dann im Sauerstoffstrome zu verbrennen. Nach Passieren der für die Bestimmung von Kohlenstoff, Wasserstoff, Halogenen und Schwefel dienenden Absorptionsapparate wird das nur noch Sauerstoff und Stickstoff enthaltende Gasgemenge zur Absorption des ersteren durch ein mit Phosphor gefülltes Rohr und dann in ein graduiertes mit Wasser gefülltes Rohr geleitet, das in einem gleichfalls mit Wasser gefüllten Cylinder steht. Das einen sehr komplizierten Apparat und grofse Geschicklichkeit erfordernde Verfahren besitzt eine bedenkliche Fehlerquelle darin, dafs die bei der Verbrennung von Wasserstoff in Sauerstoff bei Gegenwart von Stickstoff entstehenden Oxyde des letzteren keine Gelegenheit zur Abgabe ihres Sauerstoffs finden.

Schlösing[5]) verdrängt erst die Luft durch aus Kaliumchlorat entwickelten Sauerstoff, mischt diesem, um eine vollständige Absorption des im Rohre befindlichen Gases beim Erhitzen des vorgelegten Kupfers zu vermeiden, Kohlensäure, aus einer gewogenen Menge Bleikarbonat im Rohre entwickelt, bei, verbrennt dann mit Kupferoxyd unter Vorlegen metallischen Kupfers zur Reduktion der Stickstoffoxyde. Die entwickelten Gase werden nach Passieren der Absorptionsgefäfse für Kohlenstoff und Wasserstoff in einem Apparat gesammelt, der zur Absorption des Sauerstoffs metallisches Kupfer, benetzt mit ammoniakalischer Salmiaklösung, enthält.

---

[1]) Marchand, J. pr. Chem. 41, 177. — [2]) Gottlieb, Ann. Chem. 78, 241. — [3]) Simpson, Ann. Chem. 95, 63. — [4]) A. Mitscherlich, Ann. Phys. 130, 536. — [5]) Schlösing, Compt. rend. 65, 957; Zeitschr. anal. Chem. 7, 270.

W. Hempel[1]) stellt vermittelst der Luftpumpe ein Vakuum her, füllt dann das Rohr durch Erhitzen von in einem Platinschiffchen im hintersten Teile desselben befindlichen Kaliumchlorat mit Sauerstoff, evakuiert wieder und verbrennt alsdann in gewöhnlicher Weise mit Kupferoxyd und vorgelegtem metallischen Kupfer, wobei zwischen dem Verbrennungsrohre und den Absorptionsapparaten ein Quecksilberverschlufs eingeschaltet wird. Nach beendigter Verbrennung werden die Gase durch diese Absorptionsapparate mittels der Pumpe herausgesaugt und der Stickstoff in ein geteiltes Rohr übergeführt. Ähnlich verfährt Pflüger[2]); doch führt er die gebildete Kohlensäure mit dem Stickstoff gemeinsam in das Mefsrohr über und läfst sie erst hier durch Einführung von Kalihydrat absorbieren[3]).

Jannasch und V. Meyer[4]) verbrennen in reinem Sauerstoff, den sie im Rohre aus einem Gemische von Kaliumbichromat und Kaliumpermanganat entwickeln und nach Absorption des Wassers und der Kohlensäure durch Chromchlorürlösung absorbieren lassen. Doch ziehen sie, falls genügende Substanzmengen zur Verfügung stehen, die gesonderte Bestimmung vor. Malfatti[5]) benutzt zur Absorption des Sauerstoffs statt des Chromchlorürs ein Rohr, das glühendes metallisches Kupfer in einer Kohlensäureatmosphäre enthält.

B. Gesonderte Bestimmung. Diese wird im wesentlichen nach dem von Dumas angegebenen Verfahren ausgeführt. Die Substanz wird im Rohr, aus dem die Luft durch reine Kohlensäure verdrängt wurde, mit Kupferoxyd od. dgl. verbrannt; die Verbrennungsgase, die nach beendeter Verbrennung wieder durch Kohlensäure verdrängt werden, leitet man über zum Glühen erhitztes metallisches Kupfer und absorbiert alsdann die Kohlensäure u. s. w. durch Kalilauge. Die vorgeschlagenen Abänderungen zielen teils auf eine Verminderung des durch den Luftgehalt der Kohlensäure bedingten Fehlers, teils auf eine bequemere Handhabung hin. Letzteres bezieht sich vor allen Dingen auf die Art, wie der entwickelte Stickstoff aufgefangen und gemessen wird. Die Apparate von Schiff[6]), Zulkowsky[7]), Schwarz[8]), Groves[9]), Ludwig[10]), Dupré[11]), Ilinski[12]) und anderen beruhen sämtlich auf dem Prinzip, dafs die Verbrennungsgase direkt über Kalilauge, welche die Kohlensäure absorbiert, aufgefangen und gemessen werden. Damit ist, worauf Gattermann[13]) aufmerksam machte, ein Fehler infolge der ungenauen Kenntnis über die stets wechselnde

[1]) W. Hempel, Zeitschr. anal. Chem. 17, 409. — [2]) E. Pflüger, ebend. 18, 296. — [3]) Vergl. a. Mörner, ebend. 37, 1. — [4]) P. Jannasch u. V. Meyer, Ann. Chem. 233, 375. — [5]) Malfatti, Zeitschr. anal. Chem. 32, 754. — [6]) Schiff, ebend. 7, 430; JB. 1868, S. 901. — [7]) Zulkowsky, Ann. Chem. 182, 296 u. Ber. 13, 1096. — [8]) Schwarz, Ber. 13, 772. — [9]) Groves, Chem. Soc. J. 37, 500; Ber. 13, 1341. — [10]) Ludwig, Ber. 13, 883. — [11]) Dupré, Bull. soc. chim. [2] 25, 244; JB. 1876, S. 977. — [12]) Ilinski, Ber. 17, 1347. — [13]) L. Gattermann, Zeitschr. anal. Chem. 24, 57.

Tension der Kalilauge verbunden. Derselbe führt deshalb das in Schiffs Apparate aufgefangene und gereinigte Gas zur Messung in eine mit destilliertem Wasser gefüllte Meſsröhre über. G. Bodländer[1]) bewirkt die Messung mittels seines Gasbaroskops, das gleichzeitig als Luftpumpe dient.

Zur Entwickelung der Kohlensäure wurden auſser Natriumbikarbonat und Magnesit noch vorgeschlagen: Gemenge von scharf getrocknetem Natriumkarbonat und Kaliumbichromat[2]), Mangankarbonat[3]), flüssige Kohlensäure[3]), gewaschene und getrocknete Kreide, mit Vitriolöl übergossen[4]), geschmolzene Soda und verdünnte Schwefelsäure[5]), während Bernthsen[6]) die gewöhnliche Art der Kohlensäureentwickelung anwendet, den Marmor aber vorher ganz mit Wasser bedeckt und mittels der Wasserstrahlpumpe evakuiert.

Verschiedene Vorsichtsmaſsregeln bezwecken, Fehler, welche aus der Beschaffenheit des Kupferoxyds oder Kupfers entspringen, zu verhüten. So erhielt Hufschmidt[7]) einen geringeren Fehler, wenn er das zu verwendende Kupferoxyd zur Verdrängung anhaftender Luft im Kohlensäurestrome ausglühte und in diesem erkalten lieſs. — Durch die Behauptung, daſs metallisches Kupfer Kohlensäure und Wasser bei der Verbrennung zu Kohlenoxyd und Wasserstoff reduziere, zu bezüglichen Versuchen veranlaſst, fand Ludwig[3]) in der That, sobald das Kupfer zinkhaltig war, beim Überleiten von Kohlensäure einen regelmäſsigen Strom eines durch Kalilauge nicht absorbierbaren Gases; er legt deshalb bei der Bestimmung vor die metallische noch eine oxydierte Kupferspirale. — Kreusler[5]) verbrennt mit Kupferoxydasbest und Kupferasbest. — V. Meyer und Stadler[8]) fanden, daſs bei schwefelhaltigen Substanzen die Verbrennung sehr langsam und unter Vorlegung einer langen Schicht Bleichromat vorgenommen werden muſs, da anderenfalls die gebildete schweflige Säure beim Überleiten über die glühenden Kupferspiralen Kohlensäure reduziert und hierdurch beträchtliche Mengen Kohlenoxyd ins Meſsrohr gelangen.

Johnson[9]) bewirkt zum Schlusse die Verbrennung der Kohle, weil dieselbe oft Stickstoff zurückhält, durch Sauerstoff, der aus im hinteren Teile des Rohres befindlichem Kaliumchlorat entwickelt wird. Eine ähnliche Modifikation schlägt Blau[10]) vor.

O'Sullivan[11]) fand, daſs stets ein Teil des Stickstoffs als Stick-

---

[1]) G. Bodländer, Ber. 27, 2263. — [2]) Groves, Chem. Soc. J. 37, 500, Ber. 13, 1341; Thudichum und Wanklyn, Chem. Soc. J. 7, 293; Zeitschr. anal. Chem. 9, 270. — [3]) Ludwig, Ber. 13, 883. — [4]) Hoogewerff u. van Dorp, Rec. des trav. chim. des Pays-Bas 1, 92; JB. 1882, S. 1302. — [5]) Kreusler, Landw. Vers.-Stat. 31, 207. — [6]) Bernthsen, Zeitschr. anal. Chem. 21, 63. — [7]) F. Hufschmidt, Ber. 18, 1441. — [8]) V. Meyer u. O. Stadler, ebend. 17, 1576. — [9]) G. St. Johnson, Chem. News 50, 191; Ber. 17, 588; ferner Derselbe u. Arn. Eiloart, Chem. News 53, 76, Ber. 19, 221 Ref. — [10]) Fritz Blau, Monatsh. f. Chem. 13, 277. — [11]) O'Sullivan, Journ. Soc. Chem. Ind. 1892, S. 327; Ber. 25, 804.

oxyd aus der Verbrennungsröhre entwich, was aber wohl nur bei unvorsichtiger Leitung in erheblichem Maße der Fall ist. Er empfiehlt deshalb, bei genauen Bestimmungen in dem entwickelten Gasvolumen Stickstoff und Stickoxyd gasanalytisch zu bestimmen. Bei genügender Größe der Kupferspirale und starkem Erhitzen derselben erfolgt stets völlige Reduktion zu Stickstoff[1]).

Bestimmung durch Überführung in Ammoniak. Die erste der einschlägigen Methoden und lange Zeit die meist verbreitete ist die von Will-Varrentrapp, auf Verbrennung der Substanz mit Natronkalk beruhend.

Die Verbrennung wird in einem Rohr vorgenommen, das an einer Seite offen, an der anderen Seite zu einer nach oben gerichteten Spitze ausgezogen und zugeschmolzen ist. Dem Gemisch der Substanz mit Natronkalk wird eine Schicht reinen Natronkalks vorgelegt, die zuerst zum Glühen gebracht wird. Das offene Ende wird durch einen Kork verschlossen, durch dessen Bohrung ein Rohr die Verbindung mit dem Absorptionsapparat herstellt. Nachdem die Substanz völlig verbrannt ist, wird die Spitze abgebrochen und ein Luftstrom durchgesaugt, um alle Verbrennungsgase aus dem Rohr zu entfernen. Bei sehr stickstoffreichen Substanzen setzt man zweckmäßig etwas stickstofffreie organische Substanz hinzu, um eine Verdünnung des entstehenden Ammoniakgases herbeizuführen.

Diese Methode hat sich in vielen Fällen, insbesondere für physiologische Untersuchungen, bewährt, während sie für Nitrate, Nitrokörper und ähnliche Substanzen stets als unbrauchbar galt. Indessen auch bei Fleisch[2]), Leucin[3]), tierischen Stoffen, Düngern[4]), Albuminaten[5]), pflanzlichen Eiweißkörpern[6]), Milchprodukten[7]) wurden häufig zu niedrige Zahlen erhalten. Insbesondere für Albuminate sind zwar die Beobachtungen von Seegen und Nowak vielfach bestritten[8]), aber von diesen[9]) und von L. Liebermann[10]) als richtig erwiesen worden. — Erörterungen über die verschiedenen Fehlerquellen, zum Teil einander widersprechend, wurden vorgebracht von Prehn und Homberger[11]), Kreusler[12]), Thomas[13]), Gassend und Quantin[14]).

Unwesentliche Veränderungen nahmen vor: Thibault[15]) durch

---

[1]) Gray, J. Soc. Chem. Ind. 17, 741; Chem. Centralbl. 1898, II, S. 792. — [2]) J. Nowak, Wien. Akad. Ber. 64, 359. — [3]) Ritthausen u. Kreusler, J. pr. Chem. [2] 3, 307. — [4]) L. Kessler, Pharm. J. Trans. [3] 328; JB. 1873, S. 914. — [5]) Seegen u. Nowak, J. pr. Chem. [2] 7, 200. — [6]) Ritthausen u. Settegast, Zeitschr. anal. Chem. 17, 501. — [7]) Musso, Ebend. 16, 406. — [8]) H. Ritthausen, J. pr. Chem. [2] 8, 10; U. Kreusler, Ber. 6, 1407. — [9]) Seegen u. Nowak, Arch. Physiol. 9, 227. — [10]) L. Liebermann, Ann. Chem. 181, 103. — [11]) Prehn u. Homberger, Landw. Vers.-Stat. 24, 21. — [12]) U. Kreusler, Ebend. 24, 35. — [13]) A. Thomas, Chem.-Ztg. 1880, S. 385. — [14]) Gassend u. Quantin, Monit. scientif. [3] 10, 1259; Ber. 13, 2241. — [15]) Thibault, Dingl. pol. J. 217, 518.

Anwendung eines Wasserstoffstroms, Shepherd[1]) durch eine neue Form des Apparates. Grete[2]) erzielte bei schwer zu zerkleinernden Substanzen höhere Zahlen, wenn er sie durch Behandlung mit Schwefelsäure für das weitere Verfahren vorbereitete. — Nach Märcker[3]) mufs der Natronkalk frei von Magnesia sein, während im Gegensatze hierzu Stelling[4]) statt Natronkalk Magnesia oder Natron empfiehlt. Nach Johnson[5]) kann an Stelle von Natronkalk sowohl ein Gemenge von Soda und Kalkhydrat als auch letzteres allein verwendet werden.

Um auch den Stickstoff der Nitrate, Nitrite, Nitrokörper u. s. w. in Ammoniak überführen zu können, sind verschiedene Modifikationen vorgeschlagen worden. A. Guyard[6]) fand hierfür die Gegenwart von Sumpfgas vorteilhaft; zur Entwickelung desselben mischt er 5 g trockenes Natriumacetat mit 45 g Natronkalk, bringt von dieser Mischung 10 bis 15 g in den hinteren Teil einer Verbrennungsröhre, darauf den Rest, gemischt mit der zu untersuchenden Substanz, worauf eine Schicht von gewöhnlichem Natronkalk vorgelegt wird. Dann verfährt er genau nach Will-Varrentrapp. Indessen ist diese Methode von verschiedenen Seiten angefochten worden[7]). — Ruffle[8]) wendet eine Mischung von Natronkalk mit Natriumhyposulfit an und mischt aufserdem die Substanz mit Schwefel und Holzkohle, Dünger mit Natriumhyposulfit. Dies Verfahren wird mehrfach als dem Dumasschen gleichwertig angesprochen, falls die Vorschriften genau eingehalten werden[9]), während nach anderen Wahrnehmungen[10]) stets nur ein Teil des Salpeter-Stickstoffs auf diese Weise gefunden wird; für die Analyse von Düngern hat P. Wagner[11]) die Methode etwas modifiziert. — Beide Methoden verbindend, empfiehlt Houzeau[12]), ein Gemenge von Natriumhyposulfit, Natriumacetat und Natronkalk in Anwendung zu bringen. Arnold und Wedemeyer[12]) befürworten ein ähnliches Gemisch, sie wählen Natriumformiat statt des Acetats. — Für organische Nitro- und Azoverbindungen fand A. Goldberg[13]) genaue Resultate, wenn er dem Natronkalk die gleiche Menge Zinnsulfür und 5 bis 10 Proz. gepulverten Schwefel zufügte. — Grete[14]) verwendet für die Analyse von Düngern, um auch die darin vorhandene

---

[1]) H. H. B. Shepherd, Chem. News **38**, 251; JB. 1878, S. 1097. — [2]) E. A. Grete, Ber. **11**, 1558. — [3]) Märcker, Zeitschr. anal. Chem. **16**, 406. — [4]) A. Stelling, Rep. anal. Chem. 1884, S. 1043. — [5]) S. W. Johnson, Am. Chem. J. **6**, 60; Ber. **17**, 215 Ref. — [6]) A. Guyard, Chem. News **45**, 159; JB. 1882, S. 1268. — [7]) John Ruffle, Chem. News **45**, 186; Zeitschr. anal. Chem. **21**, 585; R. Kissling, Chem.-Ztg. **6**, 711; C. Arnold, Arch. Pharm. [3] **20**, 924; J. König, Rep. anal. Chem. **3**, 1. — [8]) J. Ruffle, Chem. Soc. J. **39**, 87; JB. 1881, S. 1195. — [9]) W. Dabrey u. W. v. Herff, Am. Chem. J. **6**, 234; Ber. **18**, 6 Ref.; Rube, Zeitschr. anal. Chem. **23**, 43; D. Crispo, ebend. **22**, 434. — [10]) G. Fassbender, ebend. **22**, 434. — [11]) P. Wagner, ebend. **23**, 557. — [12]) A. Houzeau, Compt. rend. **100**, 1445; Ber. **18**, 460 Ref.; vergl. a. C. Arnold, Ber. **18**, 806, und C. Arnold u. K. Wedemeyer, Zeitschr. anal. Chem. **31**, 389. — [13]) A. Goldberg, Ber. **16**, 2546. — [14]) E. A. Grete, Ber. **11**, 1557.

Salpetersäure zu reduzieren, Schwefelwasserstoff, den er aus dem Natronkalk beigemengtem xanthogensauren Natron entbindet, während Mollins[1]) statt des Xanthogenats eine Mischung von Kalk und Schwefel benutzt; es soll hierbei sämtlicher Nitrat-Stickstoff reduziert werden, ohne dafs in den entwickelten Gasen Schwefelverbindungen nachzuweisen waren. Indessen werden auch mit dieser Modifikation nur bei schwach salpeterhaltigen Düngern befriedigende Resultate erhalten[2]).

Nach Kjeldahl[3]) wie nach Arnold[4]) liegt die Hauptfehlerquelle und die Ursache der so sehr voneinander abweichenden Resultate sowohl beim ursprünglichen Will-Varrentrappschen Verfahren, wie bei allen Modifikationen in der Entstehung eines Kanals im vorgelegten Natronkalk, was unter allen Umständen vermieden werden mufs. Ferner ist die Bemessung der Temperatur von Wichtigkeit; meist genügt Erhitzen bis zum gerade beginnenden Glühen. Auch eine bestimmte Länge der vorliegenden Masse ist notwendig; eine solche von 15 cm genügt stets, doch ist eine solche bis zu 20 cm zu empfehlen, wenn die Verbrennung nicht sorgfältig überwacht werden kann. Ferner ist zu rasche Verbrennung schädlich; es soll in der Sekunde höchstens eine Blase durch die vorgelegte Flüssigkeit streichen. Wenn die vorgelegte Säure trübe oder gelblich wird, so ist die Bestimmung stets als mifslungen zu betrachten. Man soll nicht mehr als 0,5 g, bei stickstoffreichen Substanzen nicht mehr als 0,3 g zur Bestimmung verwenden.

Verfahren von Bettel[5]). In einer Kupferflasche werden die organischen Verbindungen, nach Reduktion etwa vorhandener Nitrate, mit Natronlauge zur Trockne destilliert, geglüht und behufs Oxydation gebildeter Cyanide mit Kaliumpermanganat behandelt. Das Verfahren ist von Bungener und Fries[6]) besonders für flüssige und schwer zu pulvernde Substanzen empfohlen und etwas modifiziert worden.

Verfahren von Piuggari[7]). Derselbe digeriert die zu untersuchende Substanz zuerst zwei bis drei Stunden mit einer Mischung von Chlorsilber und Kalihydrat, wodurch aller Stickstoff in Ammoniak, salpetrige und Salpetersäure übergeführt werden soll; die letzteren werden dann durch Reduktion mit Blattaluminium und Kalihydrat gleichfalls in Ammoniak übergeführt.

Verfahren von Grouven[8]). Dasselbe basiert auf der Verbrennung der organischen Substanzen in überhitztem Wasserdampfe. Dadurch soll etwa die Hälfte des Stickstoffs direkt in Ammoniak übergeführt

---

[1]) J. de Mollins, Arch. ph. nat. [3] 3, 184; JB. 1880, S. 266. — [2]) J. König, Rep. anal. Chem. 3, 1. — [3]) Kjeldahl, Zeitschr. anal. Chem. 22. 380. — [4]) Arnold, Ber. 18, 806. — [5]) W. Bettel, Chem. News 45, 38; JB. 1882, S. 1303. — [6]) H Bungener u. L. Fries, Rep. anal. Chem. 1883, S. 71. — [7]) Piuggari, Compt. rend. 77, 481; JB. 1873, S. 916. — [8]) H. Grouven, Landw. Vers.-Stat. 28, 343.

werden, während der Rest sich vollständig in dem in der Vorlage kondensierten Teer befindet. Vollständig soll aber die Überführung in Ammoniak gelingen beim Überleiten über eine (fabrikmäfsig hergestellte) „Kontaktmasse", bestehend aus einem gebrannten Gemenge von Moor, Wiesenkreide und Cementthon, welche vermöge ihrer Porosität wirken soll. Der von Grouven angegebene Apparat besteht im wesentlichen aus einem im Kohlenofen zu hellster Glut zu erhitzenden Eisenrohr, welches das Schiffchen mit der zu analysierenden Substanz aufnimmt; durch einen gleichmäfsigen Strom überhitzten Wasserdampfes wird die organische Substanz vergast, und das Gasgemisch wird durch eine ebenfalls rotglühende, 30 cm lange Schicht der Kontaktmasse geleitet. Das hieraus austretende Gasgemenge wird durch eine abgekühlte, mit Normalsalzsäure beschickte Vorlage geleitet, das hier absorbierte Ammoniak nach beendeter Operation durch Titrieren ermittelt. — Salpeter soll zunächst unter Zusatz von Zucker in Wasser gelöst und mit geglühtem Dinasthon gemengt werden. — Das Verfahren ist im Auftrage des preufsischen Landwirtschaftsministeriums durch Kreusler und Landolt[1]) einer eingehenden Prüfung unterzogen worden, deren Resultat in den Worten gipfelt, dafs dasselbe zahlreiche Klippen besitze und nicht leicht richtige Resultate ergebe.

Verfahren von König[2]). Um sämtlichen Stickstoff, auch den der Nitrate, in einer Operation zu bestimmen, wird folgendermafsen verfahren: 1,0 bis 1,5 g der Substanz wird in einen Kolben von 400 bis 500 ccm eingewogen, dieser mit einer mit Normalschwefelsäure beschickten Vorlage verbunden, dann durch ein Trichterrohr 75 ccm einer Kalilauge, die in 100 ccm 50 g Kalihydrat und 0,75 g Kaliumpermanganat enthält, einlaufen gelassen. Nach zweistündigem Kochen dieser Mischung läfst man erkalten, giebt dann 75 ccm Alkohol, in welchem 10 g Zink- und 10 g Eisenpulver aufgeschlämmt sind, hinzu und destilliert, sobald die erste stürmische Wasserstoffentwickelung vorüber ist, das gebildete Ammoniak mit dem Alkohol über. — J. Cosack[3]) fand nach diesem Verfahren in salpeterhaltigen Düngemitteln wesentlich geringere Resultate als nach denen von Ruffle und Grete.

Verfahren von Kjeldahl[4]). Nach dieser Methode, die in letzter Zeit die vorher angeführten, in Deutschland wenigstens, zum grofsen Teil verdrängt hat, geschieht die Überführung des Stickstoffs in Ammoniak durch Erhitzen mit konzentrierter Schwefelsäure und Oxydation der entstandenen Lösung.

Eine bestimmte Menge der zu analysierenden Substanz (bei stick-

---

[1]) U. Kreusler u. H. Landolt, Landw. Vers.-Stat. 30, 245. — [2]) J. König, Rep. anal. Chem. 3, 1. — [3]) J. Cosack, ebend. 23, 129. — [4]) Kjeldahl, Meddelsen fra Carlsberg Laboratoriet 1883; Zeitschr. anal. Chem. 22, 366.

stoffarmen Substanzen 0,7 g, bei stickstoffreichen weniger), welche nicht besonders fein gepulvert zu sein braucht, wird in ein Kölbchen von 100 ccm Inhalt eingewogen und mit 10 ccm konzentrierter Schwefelsäure, der etwas rauchende Schwefelsäure oder Phosphorsäureanhydrid beigemengt ist, zwei Stunden lang auf eine dem Siedepunkte der Säure naheliegende Temperatur erhitzt, bis die Lösung hellbraun und klar geworden ist, wobei dem Kölbchen, um Herausspritzen zu vermeiden, am besten eine geneigte Lage gegeben oder, nach Kreusler[1]), eine gestielte Glaskugel aufgesetzt wird. Um die Belästigung durch schweflige Säure zu vermeiden, versieht man, wo ein Abzug fehlt, den Aufschlufskolben mit einem Aufsatz, dessen Abzugsrohr in absorbierende Flüssigkeit taucht[2]). Bei vielen organischen Substanzen geht der gröfste Teil des Stickstoffs bereits durch diese Behandlung in Ammoniak über, ein geringerer bei aromatischen Basen und Alkaloiden. Durch Oxydation mit Kaliumpermanganat wird dann die Zerstörung der Substanz vollendet. Zu diesem Zwecke entfernt man die Flamme und läfst in die heifse Lösung fein gepulvertes Kaliumpermanganat durch ein feines Drahtsieb einfallen; es tritt sehr heftige Reaktion, Entfärbung, dann, nach vollendeter Oxydation, schön grüne, bei Anwesenheit von Phosphorsäureanhydrid blaugrüne Färbung ein, worauf man noch kurze Zeit mit einer kleinen Gasflamme erhitzt. Nach dem Erkalten wird mit Wasser verdünnt, in einen Destillationskolben übergespült, mit starker Natronlauge (1,3 spez. Gew.) alkalisch gemacht und das frei gewordene Ammoniak in eine mit 30 ccm $^1/_{20}$-Normalschwefelsäure beschickte Vorlage abdestilliert, wobei zur Vermeidung des Stofsens etwas Zink zugefügt wird. Da Zinkstaub Spuren Ammoniak oder Stickstoffverbindungen, die während der Destillation Ammoniak liefern, enthalten kann, ist als Ersatz desselben Bimstein vorgeschlagen worden[3]). — Die Methode vereinigt grofse Genauigkeit mit schneller und leichter Ausführung; durch entsprechend konstruierte Apparate[4]) wird auch die gleichzeitige bequeme Ausführung mehrerer Bestimmungen ermöglicht. Indessen geben doch einige Alkaloide ihren Stickstoff nicht vollständig ab; auch war das Verfahren zunächst für solche Verbindungen nicht anwendbar, in denen der Stickstoff in Form seiner Oxyde vorhanden ist.

Zahlreiche Modifikationen des Verfahrens verfolgen die Zwecke, die Erhitzungsdauer abzukürzen, die Methode auch für die oben ausgeschiedenen Substanzen brauchbar zu gestalten und Fehlerquellen sowie Unbequemlichkeiten, z. B. das lästige und Verluste verursachende[5]) Oxydieren mit Permanganat, zu umgehen. Eine kleine

---

[1]) Kreusler, Landw. Vers.-Stat. 31, 248. — [2]) M. Vogtherr, Pharm. Ztg. 45, 667. — [3]) Maquenne u. Roux, Ann. ch. anal. appl. 4, 145; Chem. Centralbl. 1899, I, S. 1295. — [4]) Kreusler, Zeitschr. anal. Chem. 24, 393; Heffter, Hollrung u. Morgen, ebend. 23, 558. — [5]) Vergl. Proskauer u. Zülzer, Zeitschr. f. Hygiene 4, 186.

Verbesserung in letzterer Beziehung brachte Czeczetka[1]), indem er das Oxydationsmittel, in starker reiner Schwefelsäure gelöst, mittels eines Trichterrohrs unter die Oberfläche der Zersetzungsflüssigkeit fliefsen liefs. Einen gröfseren Fortschritt bedeutet die Zufügung oxydierender Metallverbindungen während des Erhitzens, wodurch einerseits die Dauer desselben erheblich abgekürzt, andererseits die nachträgliche Oxydation gänzlich umgangen werden kann. Zu diesem Zwecke wurden hauptsächlich Quecksilberoxyd und Kupfersulfat sowie Quecksilber und Kaliumsulfat[2]) oder letzteres und Molybdänsäure[3]) empfohlen[4]). Bei Verwendung von Quecksilber oder dessen Oxyden sind die entstehenden Quecksilberaminverbindungen der späteren Austreibung des Ammoniaks hinderlich; es mufs deshalb vor der Destillation das Quecksilber mit Schwefelkalium oder Natriumhypophosphit[3]) niedergeschlagen oder der zur Neutralisation benutzten Natronlauge eine hinreichende Menge desselben beigegeben werden[5]). Der von Ulsch[6]) vorgeschlagene Zusatz von Platinchlorid ergab meist zu niedrige Resultate[5]). Zusatz von 20 bis 25 Proz. Phosphorsäureanhydrid zur Schwefelsäure neben dem Oxydationsmittel hat sich in den meisten Fällen als nützlich erwiesen. Am besten eignet sich nach Proskauer und Zülzer[5]) ein Säuregemisch von 800 ccm reiner konzentrierter, 200 ccm rauchender Schwefelsäure und 100 g Phosphorsäureanhydrid, wovon 20 ccm auf 0,5 bis 1,5 g der zu untersuchenden Substanz verwandt werden. Budde und Schon[7]) erwärmen mit Hülfe eines elektrischen Stromes. Es soll dabei die Anwendung fremder Stoffe unnötig werden.

Von mehreren Seiten[8]) wurde darauf aufmerksam gemacht, dafs das Erhitzen bis zur völligen Farblosigkeit bei Zusatz von Kupferverbindungen bis zur grünen resp. blaugrünen Färbung der Lösung fortzusetzen ist. Zur Sicherheit soll man sich durch Zusatz einiger Körnchen Permanganat überzeugen, dafs völlige Oxydation erfolgt ist (Arnold). Auch die Art des Erhitzens ist von Einflufs; wenn Teile der Substanz an die von Flüssigkeit nicht benetzten Wandungen des Gefäfses geraten und dort überhitzt werden, tritt Stickstoffverlust ein. Deshalb soll bis zur völligen Lösung nur mit kleiner Flamme und besser auf Drahtnetz wie im Sandbade erhitzt werden, und auch nach erfolgter Lösung ist darauf zu achten, dafs die Gefäfswandung oberhalb der Flüssigkeit von der Flamme nicht berührt wird[8]).

---

[1]) G. Czeczetka, Monatsh. f. Chem. 6, 63. — [2]) Gunning, Zeitschr. anal. Chem. 28, 188; Maquenne u. Roux, Ann. ch. anal. appl. 4, 145; Chem. Centralbl. 1899, I, S. 1295. — [3]) Atterberg, Chem.-Ztg. 22, 505. — [4]) C. Arnold, Chem. Centralbl. 1886, S. 337, und Arch. Pharm. [3] 24, 785; H. Wilfarth, Chem. Centralbl. 16, 17 u. 113; S. Schmitz, Zeitschr. anal. Chem. 25, 314; Proskauer u. Zülzer, l. c. — [5]) Vergl. Proskauer u. Zülzer, Zeitschr. f. Hygiene 4, 186. — [6]) K. Ulsch, Zeitschr. f. d. ges. Brauwesen 1886, S. 81; Zeitschr. anal. Chem. 25, 579. — [7]) Budde u. Schon, Zeitschr. anal. Chem. 38, 344. — [8]) P. Kulisch, ebend. 25, 149.

Bei der Neutralisation mit Natronlauge soll nach Bosshard[1]) nur ein geringer Überschufs derselben und zur Verhinderung des Stofsens möglichst wenig Zink genommen werden, da sonst der massenhaft sich entwickelnde Wasserstoff die Bildung eines feinen Flüssigkeitsstaubes veranlafst und dadurch ein Überreifsen von Natronlauge bewirkt. Zur Vermeidung dieses Übelstandes haben Pfeiffer und Lehmann[2]), sowie Kindell und Hannin[3]) u. a.[4]) besondere Sicherheitsvorrichtungen angegeben, während Proskauer und Zülzer das für einen ähnlichen Zweck von König[5]) konstruierte Kugelrohr bewährt fanden. — Zur Vermeidung des Stofsens führten Petri und Lehmann[6]) die Destillation, statt unter Zusatz von Zink, unter Einleiten eines schwachen Dampfstromes aus. — Eine weitere Vereinfachung der Manipulationen wird dadurch erreicht, dafs man das Zersetzungsgefäfs auch für die Destillation benutzt[7]).

Um das Verfahren auch für die ursprünglich ausgeschlossenen Verbindungen anwendbar zu machen, schlug v. Asbóth[8]) bei Nitro- und Cyanverbindungen Zusatz von Zucker, bei Nitraten einen solchen von Benzoesäure vor; nur die Abkömmlinge des Pyridins und Chinolins sollten sich dann noch der Bestimmung entziehen. Arnold[9]) fand bei gleichzeitigem Zusatz von Quecksilberoxyd und Kupfersulfat gute Resultate, während Jodlbauer[10]) auch dies Verfahren für Nitrate nicht zuverlässig fand und dafür Zusatz von Phenolschwefelsäure, Zinkstaub und einigen Tropfen Platinchlorid empfahl. Auch Salicylsäure wurde empfohlen[11]). Bei gröfseren Mengen von Nitraten erweisen sich indessen alle diese Änderungen als ungenügend, und da, wie Warrington[12]) nachwies, dieselben nicht nur ihren eigenen Stickstoff nur unvollkommen in Form von Ammoniak abgeben, sondern auch die Bestimmung des sonst vorhandenen Stickstoffs ungünstig beeinflussen, so müssen sie in diesem Falle für sich bestimmt und in der dem Kjeldahlschen Verfahren zu unterwerfenden Substanz zuvor zerstört werden, was Warrington durch Erhitzen mit Salzsäure und Ferrosulfat und Verdampfen zur Trockne erreicht. Proskauer und

---

[1]) E. Bosshard, Zeitschr. anal. Chem. 24, 199. — [2]) Pfeiffer u. Lehmann, ebend. 24, 388. — [3]) Kindell u. Hannin, ebend. 25, 155. — [4]) Sjollema, Chem.-Ztg. 21, 740; Chattaway u. Orton, Chem. News 79, 85; Chem. Centralbl. 1899, I, S. 759; Mehring, ebend. 1900, II, S. 140. — [5]) J. König, Chem. d. Nahrungsmittel, 2. Aufl. 2, 669. — [6]) Petri u. Lehmann, Zeitschr. physiol. Chem. 8, 200. — [7]) Privatmitteilung von B. Proskauer. — [8]) A. v. Asbóth, Chem. Centralbl. 1886, S. 61. — [9]) C. Arnold, ebend. 1886, S. 337 u. Arch. Pharm. [3] 24, 785; H. Wilfarth, Chem. Centralbl. 16, 17 u. 113; S. Schmitz, Zeitschr. anal. Chem. 25, 314; Proskauer u. Zülzer, l. c. — [10]) M. Jodlbauer, Chem. Centralbl. 1888, S. 433; L. Chenel, Bull. soc. chim. [3] 7, 321; Ber. 25, 808 Ref. — [11]) J. Fields, J. Am. Chem. Soc. 18, 1102; Chem. Centralbl. 1897, I, S. 304. Veitch, ebend. 21, 1094; Chem. Centralbl. 1900, I, S. 370. — [12]) Warington, Chem. News 52, 162; Ber. 18, 578 Ref.

Zülzer[1]) verbinden beide Operationen: sie nehmen die Zerstörung der Nitrate im Spiegel-Tiemannschen Apparate[2]) mittels Eisenchlorür und Salzsäure vor und messen das dabei entwickelte Stickoxyd; der Zersetzungskolben dieses Apparates wird dabei so eingerichtet, dafs er alsdann zur weiteren Behandlung des Rückstandes mit dem Säuregemisch dienen kann. Schenke[3]) reduziert die Nitrate durch Eisen in schwefelsaurer Lösung, setzt dann Quecksilber und konzentrierte Schwefelsäure hinzu und verdampft mit kleiner Flamme zunächst das Wasser, worauf der übliche Aufschlufs durch stärkeres Erhitzen folgt. Devarda[4]) schliefst ähnlich das Kjeldahl-Verfahren der Reduktion mit einer Aluminium-Kupfer-Zinklegierung in alkalischer Lösung an.

Platindoppelsalze des Ammoniaks und der Amine müssen nach van Dam[5]) mit Zinkstaub gemischt werden.

Immerhin bleiben einige Verbindungen der exakten Bestimmung des Stickstoffs auf diesem Wege unzugänglich. Die Methode der elektrolytischen Erwärmung versagt bei Harnsäure und Cyanursäure, vielleicht allgemein bei cyklischen Verbindungen mit mehr als einem Stickstoffatom im Ringe.

M. Krüger[6]) fügt nach Auflösung der Substanz in konzentrierter Schwefelsäure und Erkalten Kaliumbichromat hinzu und erwärmt erst wieder, wenn die Gasentwickelung nachgelassen hat. Auf diese Weise läfst sich der Stickstoff von Benzol-, Pyridin- und Chinolinderivaten leicht in Ammoniak überführen. Nitro- und Nitrosoverbindungen sowie Nitrate wurden zuvor durch Zinnchlorür und metallisches Zinn reduziert[7]). Bei Körpern, in deren Molekel Stickstoff an Sauerstoff oder an ein zweites Stickstoffatom gebunden ist, versagt aber auch diese Methode. Fritsch[8]) hat dieselbe in Kombination mit Messingers Kohlenstoffbestimmung zur gleichzeitigen Bestimmung beider Elemente benutzt.

Die Erörterungen und Modifikationen des Verfahrens sind noch nicht abgeschlossen[9]). Petit und Monnet[10]) verbinden dasselbe mit dem Hüfners, indem sie das gebildete Ammoniumsulfat durch Alkalihypobromit zersetzen.

Verfahren von Stock[11]). Dasselbe ist eigentlich nur eine Modi-

---

[1]) Proskauer u. Zülzer, Zeitschr. f. Hygiene **4**, 186. — [2]) Spiegel, ebend. **2**, 178 u. Ber. **23**, 1362. — [3]) V. Schenke, Chem.-Ztg. **20**, 1031. — [4]) Devarda, Öst.-Ung. Zeitschr. Zuckerind. 1897; Chem. Centralbl. 1897, II, S. 64; s. a. Bardach, Zeitschr. anal. Chem. **36**, 776. — [5]) W. van Dam, Rec. trav. chim. Pays-Bas **14**, 217; Ber. **29**, 54 Ref. — [6]) M. Krüger, Ber. **27**, 609. — [7]) Derselbe, ebend. **27**, 1633. — [8]) P. Fritsch, Ann. Chem. **286**, 4, **294**, 79. — [9]) Vergl. u. a. C. Arnold u. K. Wedemeyer, Zeitschr. analyt. Chem. **31**, 565; A. L. Winton, Chem. News **66**, 227; Ber. **26**, 294 Ref.; Vincent Edwards, Chem. News **65**, 241; Ber. **25**, 650 Ref. — [10]) A. Petit u. L. Monnet, J. Pharm. [5] **27**, 297; Chem. Centralbl. 1893, I, S. 856; dazu Moreigne, Bull. soc. chim. [3] **11**, 959; Ber. **28**, 246 Ref. — [11]) Stock, Chem.-Ztg. 1892, S. 653.

fikation des vorigen. Die Substanz wird mit 10 ccm starker Schwefelsäure und 5 g grob gepulvertem Braunstein erhitzt, wobei die Temperatur nicht bis zum Sieden der Säure gesteigert zu werden braucht. Die Zersetzung soll nach einigen Minuten beendet sein. — Bei Anwesenheit von Chloriden mufs erst einige Zeit mit Schwefelsäure allein erwärmt und dann erst der Braunstein zugefügt werden, da sonst infolge Chlorentwickelung Verlust an Stickstoff eintreten kann. — In den Resultaten nach dieser und der Kjeldahlschen Methode fand Skertchly[1]) bis zu 2 Proz. Abweichungen. Stock[2]), der bei dieser Gelegenheit einen veränderten Destillationsapparat beschreibt, sucht dies dadurch zu erklären, dafs Skertchly das Material nicht genügend fein pulverte, zu viel davon anwandte und ungenügend reinen Braunstein zur Oxydation verwendete.

Pfeiffer und Thurmann[3]) bewirken die Überführung von organischem Stickstoff in Ammoniak durch Erhitzen mit Natronlauge unter Druck.

Durch Überführung in Salpetersäure bestimmt Hempel[4]) den Stickstoff organischer Substanzen, indem er sie im Autoklaven unter Druck verbrennt.

Bestimmung in einigen besonderen Fällen:

Im Wasser. Wanklyn, Chapman und Smith[5]) bestimmen erst das Ammoniak mit Nesslers Reagens, dann Harnstoff durch Destillation mit Natriumkarbonat, wobei derselbe in Ammoniak übergeht, schliefslich Eiweifsstoffe durch Kochen mit Kalilauge (ein Drittel des Stickstoffs) und Oxydation mit Kaliumpermanganat (Rest des Stickstoffs) als Albuminoid-Ammoniak. Die Methode ist Gegenstand lebhafter Kontroversen zwischen Wanklyn[6]) und verschiedenen Gegnern[7]), welche zu sehr unbefriedigenden Resultaten gelangt waren, gewesen; aus denselben geht die Unzuverlässigkeit des Verfahrens hervor. — Burghardt[8]) bestimmt den Gesamtstickstoff der organischen Substanzen durch Kochen mit Chromsäure und Schwefelsäure und Destillation des gebildeten Ammoniaks nach Versetzen mit Natronlauge.

In explosiven Nitroverbindungen geschieht die Bestimmung ähnlich wie bei Nitraten durch Überführung in Stickoxyd entweder

---

[1]) W. P. Skertchly, Chem.-Ztg. 1892, S. 1523. — [2]) Stock, Analyst 18, 58; Chem. Centralbl. 1893, I, S. 794, 795. — [3]) Pfeiffer u. Thurmann, Landw. Vers.-Stat. 46, 1. — [4]) W. Hempel, Ber. 30, 202. — [5]) Wanklyn, Chapman u. Smith, Chem. Soc. J. [2] 5, 445; JB. 1867, S. 827. — [6]) J. A. Wanklyn, Chem. News 18, 165 u. 24, 203; JB. 1868, S. 295 u. 1871, S. 877. — [7]) Frankland u. Armstrong, Chem. Soc. J. [2] 6, 77; JB. 1868, S. 839; Nicholson, Chem. News 24, 180; JB. 1871, S. 877; Hoogewerff u. van Dorp, Ber. 10, 1936; A. Wanklyn, Am. Chemist 3, 83; JB. 1873, S. 217 u. 917. — [8]) C. A. Burghardt, Chem. News 55, 121; Ber. 20, 399 Ref.

durch Eisenoxydulsalz[1]) oder durch Schütteln mit Schwefelsäure und Quecksilber[2]).

In Düngern, Ackererden und anderen Naturprodukten wird der Nitratstickstoff am besten für sich bestimmt und in einer anderen für die Kjeldahlsche oder Will-Varrentrapsche Methode bestimmten Probe vorher zerstört. Dreyfus[3]) und Reitmair[4]) bewirken dies durch Erhitzen mit Schwefelsäure; besser ist Erhitzen mit Eisenoxydulsalz, da alsdann die Bestimmung des Nitratstickstoffs damit verbunden werden kann. — Da durch Anwendung verschiedenartiger Methoden vielfach voneinander abweichende Resultate erhalten werden, machte Shepherd[5]) Vorschläge betreffs einheitlicher Methoden. Guyard[6]) schlägt vor, in Ackererden gesondert zu bestimmen: 1. den als Ammoniak vorhandenen Stickstoff (durch Kochen mit Calciumkarbonat und Wasser), dann den Stickstoff, der in Ammoniak überführbar ist, durch 2. Magnesiumkarbonat, 3. gebrannte Magnesia, 4. gebrannten Kalk, 5. Ätzkali. Ostersetzer[7]) bestimmt getrennt einmal die Prozente des Stickstoffs, welche gelöst werden durch Wasser, Ammoncitrat, Citronensäure, Schwefelsäure und durch keins dieser Lösungsmittel; andererseits die Mengen, welche bei trockener Destillation als Ammoniak, freier Stickstoff und Stickoxyde und im Rückstande erhalten werden. Longi[8]) bestimmt zuerst die Ammoniaksalze durch Zersetzung mit Magnesiamilch im Vakuum bei 38 bis 40° und Auffangen des gebildeten Ammoniaks in titrierter Schwefelsäure, dann auf dieselbe Weise das aus Amiden durch Kochen mit Mineralsäuren erhaltene Ammoniak, schliefslich den Amidostickstoff entweder aus der Differenz oder durch Befreiung mittels salpetriger Säure.

Stickoxydul.

Der Nachweis erfolgt, nach G. Lunge[9]), am besten durch Absorption aus dem zu untersuchenden Gasgemisch durch ausgekochten absoluten Alkohol, der Stickoxydul beträchtlich, die anderen in Betracht kommenden Gase kaum löst.

Bestimmung. Nach A. Wagner[10]) wird Stickoxydul beim Überleiten über ein glühendes Gemenge von Chromoxyd und Natriumkarbonat vollständig zu Stickstoff reduziert, während Stickoxyd hierbei,

[1]) Champion u. Pellet, Ber. 9, 610; Tschellzaff, ebend. 12, 1486; Weselsky, Dingl. pol. J. 254, 111; JB. 1884, S. 1749. — [2]) Hempel, Zeitschr. anal. Chem. 20, 82; Lunge, Dingl. pol. J. 245, 171; Hess, Zeitschr. anal. Chem. 22, 128. — [3]) Dreyfus, Bull. soc. chim. [2] 40, 267; JB. 1883, S. 1589. — [4]) O. Reitmair, Repert. anal. Chem. 5, 261. — [5]) H. H. B. Shepherd, Chem. News 50, 180; JB. 1884, S. 1612. — [6]) Guyard, Bull. soc. chim. [2] 41, 337; JB. 1884, S. 1611. — [7]) J. Ostersetzer, Chem. News 50, 291; JB. 1884, S. 1765. — [8]) Anton Longi, Gazz. chim. 15, 117; Ber. 18, 484 Ref. — [9]) G. Lunge, Ber. 14, 2188. — [10]) A. Wagner, Zeitschr. anal. Chem. 21, 374.

auch im Gemenge mit jenem, nicht zersetzt wird. Es kann dann entweder aus der Menge des so erhaltenen Stickstoffs oder aus der des entstandenen Natriumchromats der Gehalt an Stickoxydul berechnet werden.

Nach O. v. Dumreicher[1]) verbrennt das Gas mit Wasserstoff im Eudiometer glatt zu Wasser und Stickstoff, kann somit auf eudiometrischem Wege bestimmt werden. Auch W. Hempel[2]) fand, entgegen den Angaben von Lunge[3]), auf diesem Wege genaue Resultate. Der zugefügte Wasserstoff soll das zwei- bis dreifache Volum des Stickoxyduls haben. Um dem von Lunge hervorgehobenen Nachteil, dafs die bei der Gasanalyse zur Verwendung kommenden Absorptionsflüssigkeiten gröfsere oder geringere Mengen Stickoxydul absorbieren und dadurch Ungenauigkeiten veranlassen, abzuhelfen, sättigt Hempel dieselben mit Stickoxydul derart, dafs die gelösten Gasmengen ungefähr dem Partialdruck entsprechen, welchen die Gasanteile bei der Analyse ausüben. Dieser Sättigungsgrad wird dadurch erreicht, dafs man mehrere Analysen desselben Gasgemenges hintereinander mit Verwendung derselben Absorptionsflüssigkeiten macht.

Untersalpetrige Säure wird am besten durch das Silbersalz charakterisiert und bestimmt.

Stickoxyd.

Die Bestimmung des Stickoxyds in den Kammergasen erfolgt nach Lunge und Schäppi[4]) durch direkte Absorption mit Chamäleonlösung, Zusatz von Eisenvitriollösung bekannten Gehaltes im Überschufs und Austitrieren desselben mit Chamäleon. Besonderer Apparat zur Analyse: Mulder und van Embden[5]).

Nach v. Knorre und Arndt[6]) benutzt man die Umwandlung durch Erhitzen mit Wasserstoff. Verwendet man hierbei die Wincklersche Palladiumasbestkapillare, so erfolgt die Reaktion nach folgenden zwei Gleichungen:

$$1.\ 2\,NO + 5\,H_2 = 2\,NH_3 + 2\,H_2O$$
$$2.\ 2\,NO + 2\,H_2 = N + 2\,H_2O.$$

Leitet man aber das Gasgemisch langsam durch eine zur Hellrotglut erhitzte Drehschmidtsche Platinkapillare, so erfolgt die Reaktion ausschliefslich nach der zweiten Gleichung, und es entspricht infolgedessen die beobachtete Kontraktion, multipliziert mit zwei Drittel, dem Volumen des vorhandenen Stickoxyds. Für die Bestimmung in Gasgemischen, die gleichzeitig Stickoxydul enthalten, ist zu beachten, dafs für dieses die beobachtete Kontraktion dem Volumen N_2O gleich ist.

---

[1]) O. v. Dumreicher, Wien. Akad. Ber. **82**, 560. — [2]) W. Hempel, Ber. **15**, 903. — [3]) G. Lunge, ebend. **14**, 2188. — [4]) Derselbe u. H. Schäppi. Dingl. pol. J. **243**, 418 — [5]) E. Mulder u. C. E. van Embden, Zeitschr. f. Chem. 1871, S. 312. — [6]) v. Knorre u. Arndt, Ber. **32**, 2136.

Nach Divers[1]) kann auch die Absorption durch Sulfitlösungen zur gasanalytischen Bestimmung des Stickoxyds benutzt werden, da sie (unter Bildung von Alkalinitrososulfat) vollständig und schnell verläuft.

Salpetrige Säure.

Nachweis. Hierzu kann eine grofse Anzahl von Reaktionen dienen, von denen einige zu den empfindlichsten gehören, über welche die Chemie verfügt.

1. Aus Jodmetallen wird durch salpetrige Säure Jod in Freiheit gesetzt, das durch Ausschütteln mit Schwefelkohlenstoff oder schärfer durch Zusatz von Stärkekleister erkannt werden kann. Bei Nitriten tritt die Reaktion erst auf Zusatz von Säuren ein, aber auch für die freie Säure wird sie durch Zusatz von Schwefelsäure verschärft[2]), was durch die Beobachtung von Cloëz und Fremy erklärt wird, dafs salpetrige Säure den Jod- und Brommetallen anfangs alkalische Reaktion erteilt. Andererseits fand Kämmerer[3]), dafs die durch die Schwefelsäure aus etwa vorhandenen Nitraten frei gemachte Salpetersäure durch vorhandene organische Substanzen leicht zu salpetriger Säure reduziert wird; derselbe empfiehlt daher statt Schwefelsäure Essigsäure zu verwenden; doch soll diese Vorsicht teils unnötig[4]), teils sogar infolge Herabsetzung der Empfindlichkeit nachteilig[5]) sein. Eine andere Fehlerquelle soll darin liegen, dafs die Blaufärbung durch suspendiertes humussaures Eisen[6]) oder durch Mangansuperoxyd[7]) hervorgerufen werden kann. Fresenius[8]) sucht allen Fehlerquellen zu entgehen und gleichzeitig die Empfindlichkeit der Reaktion zu steigern dadurch, dafs er die Säure aus der verdünnten Lösung abdestilliert und das Destillat der weiteren Prüfung unterwirft. Auf demselben Prinzip beruht das von Hager[9]) empfohlene Verfahren; derselbe bringt 4 ccm der zu untersuchenden Flüssigkeit und 1 bis 2 ccm konzentrierte Schwefelsäure in ein Reagensglas und setzt in dieses eine Düte ein, deren Spitze mit der Jodidlösung getränkt ist; beim Erwärmen der Flüssigkeit wird dann die durchtränkte Stelle durch die entweichenden Dämpfe gefärbt. — Die verwendeten Jodide sind entweder Jodkalium oder das haltbarere Jodzink, dessen Lösung man meist schon mit Stärkekleister gemischt zur Anwendung bringt; auch Jodkadmium ist benutzt worden[10]). — Diese Reaktion soll noch einen Teil Stickstoff in Form von salpetriger

[1]) Divers, Chem. Soc. Proc. 1898/99, Nr. 198, S. 221; Chem Centralbl. 1899, I, S. 148. — [2]) Schönbein, Zeitschr. anal. Chem. 1, 13 u. 319; D. Price, Chem. Soc. Qu. J. 4, 151; JB. 1851, S. 626. — [3]) Kämmerer, Zeitschr. anal. Chem. 12, 377. — [4]) Plugge, ebend. 14, 130. — [5]) Ferd. Fischer, Dingl. pol. J. 212, 404. — [6]) C. Aeby, Zeitschr. anal. Chem. 12, 378. — [7]) Bömer, Ztschr. Unters. Nahrungs- u. Genufsm. 1898, S. 401. — [8]) R. Fresenius, Zeitschr. anal. Chem. 12, 427. — [9]) Hager, Chem. Centralbl. 1883, S. 650. — [10]) R. Böttger, Zeitschr. anal. Chem. 12, 232.

Säure in 10000000 Tln. Wasser anzeigen[1]). Leeds[2]) machte darauf aufmerksam, dafs auch vollkommen reines, von salpetriger Säure freies Wasser beim Stehen an der Luft nach Zusatz von Zinkjodidstärke und Schwefelsäure Blaufärbung zeigt; vielleicht spielt hier die Bildung von Ammoniumnitrit bei der Verdunstung des Wassers eine Rolle. — Nitrate zeigen die Reaktion erst nach vorangehender gelinder Reduktion, z. B. nach dem Umrühren mit einem Kadmiumstabe[3]).

2. Eisenvitriol wird durch Nitrite schwach, nach Zusatz von Essigsäure dunkelbraun gefärbt[4]).

3. Kaliumpermanganat wird entfärbt[5]). Das Verfahren von Fresenius, vorherige Destillation unter Zusatz von Essigsäure, darf bei dieser Prüfungsmethode nicht angewendet werden, da die käufliche reine Essigsäure stets bei der Destillation mit übergehende Stoffe enthält, welche schon für sich Permanganat entfärben[6]).

4. Die Lösung von Kupferchlorür in rauchender Salzsäure wird schön indigblau gefärbt, die Farbe verschwindet durch Erhitzen oder Zusatz von Alkalien. Doch zeigt Untersalpetersäure, falls sie nicht zu stark verdünnt ist, dasselbe Verhalten. — In konzentrierter Schwefelsäure, die salpetrige Säure enthält, geben reduziertes Kupfer sowie Kupferoxydul und Kuprosalze eine intensive Purpurfarbe, die nach einiger Zeit von selbst, bei Erwärmen oder Zusatz von Wasser sofort verschwindet[7]).

5. Einwirkung von Ferrocyankalium: a) Man tropft zu der zu untersuchenden Lösung Ferrocyankalium ein, solange noch keine Färbung eintritt, dann wenig Essigsäure; bei Gegenwart von Nitriten (nicht von Nitraten) entsteht dann eine Gelbfärbung[8]); dieselbe beruht auf der Oxydation des gelben Blutlaugensalzes zu rotem, indem die Reaktion auch in der Kälte glatt nach der Gleichung $2\,FeCy_6K + 2\,NO_2H + 2\,C_2H_4O_2 = Fe_2C_{12}K_6 + 2\,C_2H_3O_2K + 2\,NO + 2\,H_2O$ verläuft; bei nicht zu starker Verdünnung ist auch die Entwickelung des Stickoxyds zu beobachten; die Reaktion, am besten unter Ausschlufs der Luft vorzunehmen, soll ebenso empfindlich sein wie die Jodkaliumstärkereaktion und durch Wasserstoffsuperoxyd, sowie durch gelöste und atmosphärische Luft, wahrscheinlich auch durch organische Substanzen weniger beeinflufst werden[9]). b) Man vermischt mit einigen Tropfen Ferrocyankaliumlösung und etwas Salzsäure, erwärmt auf 70 bis 80°, neutralisiert nach Abkühlen mit Alkalikarbonat und

---

[1]) Ch. Ekin, Pharm. J. Trans. [3] 12, 286; JB. 1881, S. 1162. — [2]) A. R. Leeds, Chem. News 40, 38; Zeitschr. anal. Chem. 18, 535. — [3]) Schönbein, Zeitschr. anal. Chem. 1, 13 u. 319. — [4]) Ernst, Zeitschr. Chem. 1860, S. 19. — [5]) Kubel, J. pr. Chem. 102, 229. — [6]) Plugge, Zeitschr. anal. Chem. 14, 130. — [7]) Sabatier, Compt. rend. 122, 1417; Ber. 29, 597 Ref. — [8]) Schäffer, Sill. Am. J. [2] 2, 117; JB. 1851, S. 625. — [9]) Ch. M. v. Deventer, Ber. 26, 589 u. 958; Derselbe u. B. H. Jürgens, ebend. 26, 932.

setzt ein bis zwei Tropfen Alkalisulfid hinzu; es tritt alsdann infolge der stattgehabten Bildung von Nitroprussiden Violettfärbung ein [1]); Chatard [2]) kocht mit Ferrocyankalium und Essigsäure und bringt nach erfolgter Abkühlung Schwefelammonium hinzu, worauf Blaufärbung eintritt.

6. Mit Cyankalium, Kobaltchlorür und wenig Essigsäure vermischt, geben Nitrite eine schön rosaorangefarbene Lösung infolge Bildung von Nitrocyankobaltkalium [3]).

7. Schwefelsaures Anilin, in Schwefelsäure gelöst, wird durch salpetrige Säure oder deren Salze rot gefärbt; beim Vermischen der konzentrierten Salzlösungen mit konzentrierter wässeriger Lösung von Anilinsulfat tritt selbst bei sehr geringen Mengen deutlicher Phenolgeruch auf, während Nitrate nur Gelbfärbung hervorrufen [2]).

8. Fuchsin in Essigsäurelösung wird durch Spuren von salpetriger Säure violett, dann blau, grün und schliefslich gelb gefärbt; Wasserzusatz stellt dann die ursprüngliche Fuchsinfarbe nicht wieder her [4]).

9. Wässerige Pyrogallussäure wird durch salpetrige Säure rasch gebräunt [5]).

10. Wässerige Guajakollösung bewirkt in mit Schwefelsäure angesäuerter Nitritlösung eine charakteristische Orangefärbung. Dieselbe tritt bei $n/_{100000}$-Lösung sofort, bei $n/_{1000000}$-Lösung innerhalb einer halben Stunde auf [6]).

11. Die wässerige Lösung der schwefelsauren Diaminobenzoesäure wird durch salpetrige Säure in verdünnter Lösung gelb bis tief orangerot gefärbt; bei mehr salpetriger Säure scheidet sich ein braunroter, amorpher Niederschlag ab; es soll durch diese Reaktion noch 1 Tl. in 5000000 Tln. Wasser entdeckt werden können [7]).

12. Indigblau wird schon in der Kälte entfärbt, besonders bei Gegenwart von Kochsalz [8]); andererseits wird durch Schwefelwasserstoff entfärbte Indigotinktur durch Spuren von Nitriten gebläut [9]).

13. Mit salpetriger Säure beladene Schwefelsäure wirkt oxydierend und entfärbend auf ammoniakalische Kochenilletinktur [9]). — Guajaktinktur wird gebläut [9]).

14. Eine Auflösung von Diphenylamin in reiner Schwefelsäure (etwa 0,1 g im Liter) wird durch einen Tropfen Nitritlösung gebläut [10]).

15. Karbolsäure wird rot gefärbt; die Reaktion ist nicht sehr empfindlich und giebt nicht immer bei gleichem Nitritgehalt gleiche Farbentöne [11]).

---

[1]) Lenssen, J. pr. Chem. 82, 50; Kalle u. Prickharts, Zeitschr. anal. Chem. 1, 24. — [2]) T. M. Chatard, Chem. News 24, 225; Chem. Centralbl. 1871, S. 426. — [3]) C. D. Braun, Zeitschr. anal. Chem. 3, 467. — [4]) A. Jorrissen, ebend. 21, 210. — [5]) Schönbein, ebend. 1, 13 u. 319. — [6]) Spiegel, Ber. 33, 639. — [7]) P. Griess, Ann. Chem. 154, 333. — [8]) Liebig, Schweigg. Journ. 49, 257. — [9]) Schönbein, J. pr. Chem. 92, 151. — [10]) E. Kopp, Ber. 5, 284 Korresp. — [11]) Plugge, Zeitschr. anal. Chem. 14, 130.

16. m-Diaminobenzol (m-Phenylendiamin) wird noch durch sehr verdünnte Lösungen (1:10000000) gelb gefärbt, auch 1-, 3-Toluylendiamin ist ein ähnlich empfindliches Reagens [1]); man verwendet zweckmäfsig eine Lösung von 5 g in einem Liter Wasser, die mit wenig Schwefelsäure oder besser Essigsäure versetzt wird; trübe Wasser sind mit Essigsäure zu destillieren, die Prüfung dann im Destillate vorzunehmen; Eisenoxydverbindungen beeinträchtigen durch Gelbfärbung die Reaktion, doch beseitigt die Gegenwart von überschüssiger Schwefelsäure die Empfindlichkeit des Reagens gegen dieselben; Gegenwart organischer Substanzen ist ohne wesentliche Störung [2]). In alkalischer Lösung wird das Reagens durch salpetrige Säure, im Gegensatz zu Ozon, nicht gefärbt [3]).

17. Sulfanilsäure wird durch salpetrige Säure in Diazobenzolsulfosäure verwandelt, welche durch Zusatz von schwefelsaurem Naphtylamin in die in verdünnter saurer Lösung noch tief magentarote Azobenzolnaphtylaminsulfosäure übergeführt wird; äufserst empfindliche Reaktion [4]), noch 0,0001 Tl. Nitrit in 100000 Tln. Wasser anzeigend [5]).

Die beiden letztgenannten Reaktionen sind bei Gegenwart von Wasserstoffsuperoxyd (noch unter 0,01 Proz.) nicht anwendbar, da durch dasselbe die betreffenden Reagentien zerstört werden [6]).

Erdmann [7]) fügt als Endkomponente der Diazobenzolsulfosäurelösung nach 10 Minuten dauernder Einwirkung Aminonaphtol-K-Säure (1-Amino-8-naphtol-4,6-disulfosäure) als saures Alkalisalz, in Gemisch mit Natriumsulfat, zu. Es entsteht dann ein leuchtendes Bordeauxrot. Die Reaktion ist äufserst empfindlich, sie zeigt noch 1 Tl. NO_2Na in 300000000 Tln. Wasser an [8]). Noch gröfser, 1:2000000000, ist die Empfindlichkeit, wenn statt der Sulfanilsäure die entsprechende Karbonsäure, also p-Aminobenzoesäure, zunächst diazotiert wird [8]).

Ferner wird statt Sulfanilsäure vielfach das entsprechende Derivat des Naphtalins, die Naphtionsäure, benutzt und das entstandene Diazoniumsalz mit β-Naphtol oder auch nochmals mit Naphtionsäure gekuppelt. Es tritt dann, besonders in ammoniakalischer Lösung, intensiv rosenrote Färbung auf [9]).

18. Meldola [10]) empfahl als empfindliches Reagens eine Aminoazoverbindung von der Formel $NH_2-C_6H_4-N{=}N-C_6H_4-N(CH_3)_2$, welche durch Diazotieren von p-Nitranilin, Kombinieren mit Dimethylanilin und Reduktion des entstandenen Nitrokörpers erhalten wird;

---

[1]) P. Griess, Ber. 11, 624; A. R. Leeds, Chem. News 40, 38; Zeitschr. anal. Chem. 18, 535. — [2]) Preusse u. Tiemann, Ber. 11, 627. — [3]) Erlwein u. Weyl, ebend. 31, 3158. — [4]) P. Griess, ebend. 12, 426; R. Warington, Chem. Soc. J. 39, 229; JB. 1881, S. 182. — [5]) Gill u. Richardson, J. Am. Chem. Soc. 18, 21; Ber. 29, 1012 Ref. — [6]) Hoppe-Seyler, Ber. 16, 1917. — [7]) H. Erdmann, ebend. 33, 210; Zeitschr. angew. Chem. 1900, S. 33. — [8]) Mennicke, Zeitschr. angew. Chem. 1900, S. 235, 711. — [9]) Vgl. Riegler, Pharm. Centralh. 38, 223; Zeitschr. anal. Chem. 35, 677. — [10]) R. Meldola, Ber. 17, 256.

diese Verbindung wird durch salpetrige Säure nochmals diazotiert, und das hierdurch entstandene Produkt färbt sich an der Luft intensiv blau. — Das Reagens wird in 0,05 proz. salzsaurer Lösung verwendet.

19. Indol, in verdünntem Alkohol (0,1 bis 0,2 : 1000) gelöst, erzeugt in schwach salzsauren, 70 bis 80° warmen Nitritlösungen eine schöne rote Färbung. Die Reaktion ist sehr empfindlich und auch zu kolorimetrischer Bestimmung geeignet [1]) (Nitrosoindolreaktion).

Um auch neben Nitraten salpetrige Säure durch Reaktionen, welche für jene in gleicher Weise Gültigkeit haben, nachweisen zu können, entfernt Piccini [2]) die Nitrate nach Zusatz von verdünnter Schwefelsäure mittels Harnstoff und prüft dann das Filtrat in gewöhnlicher Weise. Eine vollkommene Ausfällung der Nitrate ist auf diese Weise indessen nicht zu erreichen, es empfiehlt sich daher die Anwendung der spezifischen Salpetrigsäurereaktionen.

Bestimmung. Dieselbe kann auf kolorimetrischem Wege nach den meisten der beim Nachweis erwähnten Farbreaktionen erfolgen. Für einige derselben ist das Verfahren genauer ausgearbeitet worden, so für die Bestimmung in Schwefelsäure mittels Diphenylamin von Kopp [3]), in Wasser durch die Färbung, welche das aus Jodkalium ausgeschiedene Jod hervorbringt [4]). Besser benutzt man die Blaufärbung, welche in Zinkjodidstärkelösung hervorgerufen wird [5]). Man bringt 100 ccm der zu prüfenden Lösung, die bei zu starkem Gehalt so weit zu verdünnen ist, dafs die Farbreaktion erst nach Verlauf einiger Minuten eintritt, in einen engen Cylinder aus farblosem Glase, in welchem diese Menge eine 18 bis 20 cm hohe Schicht einnimmt, fügt 3 ccm Zinkjodidstärkelösung und 1 ccm verdünnte Schwefelsäure (1 : 3) hinzu und vergleicht die eintretende Blaufärbung mit der der möglichst gleichzeitig in derselben Weise behandelten Kaliumnitritlösungen. Nach Fischer [6]) ist dies Verfahren wegen des störenden Einflusses organischer Stoffe nicht zuverlässig. — P. Griess [7]) verwendet die Diaminobenzoesäure, an deren Stelle man auch Metaphenylendiamin nehmen kann; die erforderlichen Lösungen sind: 1. eine in der Kälte gesättigte Lösung von schwefelsaurer Diaminobenzoesäure, die, wenn gefärbt, mit Tierkohle behandelt werden mufs; 2. eine Lösung von Silbernitrit, dargestellt durch Auflösen von 0,328 g in einem Liter Wasser, von der jeder Kubikcentimeter 0,1 mg salpetriger Säure NO_2H entspricht; 3. farblose, von Salpetersäure freie Schwefelsäure; 4. vollkommen farbloses, destilliertes Wasser; ist das zu untersuchende Wasser gefärbt, so wird es durch einige Tropfen Aluminiumsulfat-

[1]) O. Bujwid, Chem.-Ztg. 18, 364; vgl. Spiegel, ebend. 17, 1563. — [2]) A. Piccini, Gazz. chim. ital. 9, 395; Ber. 12, 1928. — [3]) E. Kopp, Ber. 5, 284 Korresp. — [4]) Ph. Holland, Chem. News 17, 123; JB. 1868, S. 865. — [5]) H. Trommsdorff, Zeitschr. anal. Chem. 8, 358 u. 9, 168. — [6]) Ferd. Fischer, Dingl. pol. J. 212, 404. — [7]) P. Griess, Ann. Chem. 154, 333.

lösung und nachheriges Zufügen von Natriumkarbonat völlig entfärbt, wobei salpetrige Säure nicht mit niedergerissen wird. — Davy[1]) benutzt die sehr empfindliche gelbe bis braune Farbreaktion mit Gallussäure, auf welche Nitrate ohne Einfluſs sind. Die Gallussäurelösung muſs stark sein und, wenn nötig, durch Tierkohle entfärbt werden. Vorhandenes Eisen ist vorher durch Fällen mit Ammoniak zu entfernen.

Riegler[2]) benutzt Naphtionsäure, Erdmann sein beim Nachweis erwähntes Reagens.

Baudet und Jandrier[3]) lassen zu 2 ccm der zu prüfenden Lösung, nachdem darin 0,1 g Resorcin gelöst wurde, 1 ccm konzentrierte Schwefelsäure zuflieſsen. Die an der Berührungszone entstehenden Färbungen werden nach einer Stunde mit solchen von Lösungen bekannten Gehaltes verglichen.

Green und Rideal[4]) versetzen mit Anilinlösung bekannten Gehaltes, bis Jodkaliumstärke nach 12 Stunden nur noch eben Blaufärbung erzeugt. Da die Umsetzung zu Diazobenzol quantitativ erfolgt, läſst sich aus der Menge des verbrauchten Anilins die der vorhandenen salpetrigen Säure berechnen; die ungefähre Menge derselben bestimmt man zweckmäſsig vorher durch Titration mit $\frac{n}{10}$-Permanganatlösung. Statt des Anilins verwendet Schultz[5]) Sulfanilsäure.

Volumetrische Bestimmungsmethoden. Durch die Menge des zur Oxydation der salpetrigen Säure erforderlichen und daher entfärbten Permanganats bestimmte zuerst Péan de St.-Gilles[6]) die Säure; die Verdünnung muſs derartig sein, daſs ein Zerfallen der durch eine stärkere Säure in Freiheit gesetzten salpetrigen Säure (unter Bildung von Salpetersäure und Stickoxyd) verhindert wird, wozu mindestens 5000 Tle. Wasser auf 1 Tl. Säure erforderlich sind[7]). Die Zersetzung erfolgt nach der Gleichung $5\,N_2O_3 + 2\,Mn_2O_7 = 5\,N_2O_5 + 4\,MnO$. Es wird zu der Auflösung der Nitrite in sehr schwach angesäuertem Wasser erst Permanganat bis zur fast beendeten Oxydation zugefügt, dann erst stark sauer gemacht und weiter Permanganat bis zur hellroten Färbung zugesetzt, oder es wird ein Überschuſs von Permanganat zugefügt, die Lösung nach starkem Ansäuern zum Kochen erhitzt und der Überschuſs mit Oxalsäure zurücktitriert[8]). Da bei der

---

[1]) E. W. Davy, Pharm. J. Trans. [3] **13**, 466; JB. 1882, S. 1269. — [2]) Riegler, Zeitschr. anal. Chem. **36**, 306. — [3]) Baudet u. Jandrier, J. ph. chim. [6] **4**, 248. — [4]) G. Green u. S. Rideal, Chem. News **49**, 173; **17**, 291 Ref. — [5]) G. Schultz, Chemie des Steinkohlenteers, 2. Aufl. II, S. 131; Zeitschr. Farben- u. Textilchem. **1**, 37, 149; vgl. G. Lunge, Zeitschr. angew. Chem. 1902, S. 169. — [6]) Péan de St.-Gilles, Compt. rend. **46**, 624; J. pr. Chem. **73**, 473. — [7]) R. Fresenius, Quant. Anal., 6. Aufl., **1**, 390; vgl. a. Feldhaus, Zeitschr. anal. Chem. **1**, 426. — [8]) L. P. Kinnicutt u. J. U. Nef, Am. Chem. J. **5**, 388; JB. 1883, S. 1539.

Analyse natürlicher Wässer bei der auf diesem Wege erforderlichen Zeitdauer oder Temperatur auch die vorhandenen organischen Substanzen auf das Permanganat reduzierend einwirken und so die Genauigkeit der Bestimmung beeinträchtigen würden, hat Kubel[1]) das Verfahren für diesen besonderen Fall dahin modifiziert, daſs er die neutrale oder alkalische Lösung mit einem Überschuſs von Kaliumpermanganat, dann nach Ansäuern mit verdünnter Schwefelsäure die noch rote Lösung mit einem bekannten Volum entsprechend verdünnter Eisenvitriollösung (oder besser, weil haltbarer, Eisenoxydulammonsulfatlösung) versetzt und den Überschuſs der letzteren mit Permanganat zurücktitriert. Bei Gegenwart leicht zersetzlicher organischer Substanzen ist nach Fischer[2]) auch dieses Verfahren ungenügend; es giebt dann nur bei vorheriger Destillation mit Essigsäure, wie sie Fresenius[3]) empfiehlt, gute Resultate. Lunge[4]) läſst die Nitritlösung zu der mit Schwefelsäure angesäuerten, auf 40° erwärmten Chamäleonlösung zuflieſsen.

Titration mit Indigo s. bei Salpetersäure.

Gasvolumetrisch bestimmt man die Säure durch Reduktion zu Stickoxyd oder Stickstoff und Messen des entwickelten Gases. Die Reduktion zu Stickoxyd erfolgt mittels Eisenchlorürlösung; ist dieselbe völlig neutral, so werden Nitrate nicht angegriffen, und Piccini[5]) benutzt dies, um Nitrite neben jenen zu bestimmen; der hierzu benutzte Apparat ähnelt dem von Tiemann für die Bestimmung der Salpetersäure (s. diese) verwendeten. Pellet[6]) benutzt neutrale Ferrosalze in essigsaurer Lösung. — Auch kann man, und zwar schon in der Kälte die Entwickelung von Stickoxyd durch Ferrocyankalium und Essigsäure benutzen, wobei die etwa 3 Proz. betragende Absorption dieses Gases durch die Reduktionsflüssigkeit zu berücksichtigen ist[7]).

Gailhat[8]) miſst den beim Sieden mit konzentrierten Ammoniumsalzlösungen entwickelten Stickstoff.

A. Longi[9]) zersetzt die Lösung durch Harnstoff und Essigsäure und miſst den entwickelten Stickstoff.

Riegler[10]) oxydiert mit Wasserstoffsuperoxyd, wobei die Reaktion nach der Gleichung $H_2O_2 + NO_2H = H_2O + NO_3H$ erfolgt, und berechnet die salpetrige Säure aus der Differenz im Sauerstoff, welchen eine gemessene Menge der Wasserstoffsuperoxydlösung vor und nach

---

[1]) Kubel, J. pr. Chem. 102, 229. — [2]) Ferd. Fischer, Dingl. pol. J. 212, 404. — [3]) R. Fresenius, Zeitschr. anal. Chem. 12, 427. — [4]) G. Lunge, Ber. 10, 1074; Derselbe, Zeitschr. angew. Chem. 1891, S. 629; Reitmair u. Stutzer, ebend. 1891, S. 666. — [5]) A. Piccini, Gazz. chim. ital. 11, 267; JB. 1881, S. 1168. — [6]) Pellet, Ann. ch. anal. appl. 5, 361; Chem. Centralbl. 1900, II, S. 1089; vgl. L. L. de Coninck, ebend. — [7]) Ch. M. van Deventer, Ber. 26, 589 u. 958; Derselbe u. B. H. Jürgens, ebend. 26, 932. — [8]) J. Gailhat, J. ch. pharm. [6] 12, 9; Chem. Centralbl. 1900, II, S. 397. — [9]) A. Longi, Gazz. chim. ital. 13, 469; JB. 1883, S. 1538. — [10]) Riegler, Zeitschr. anal. Chem. 36, 665.

Einwirkung der mit Schwefelsäure angesäuerten Nitritlösung mit Kaliumpermanganat und Schwefelsäure entwickelt.

Orloff[1]) mifst die Menge des bei Gegenwart von Jodalkali durch Salzsäure allein entwickelten Stickoxyds.

Die beiden letzterwähnten Reaktionen werden auch in der Weise nutzbar gemacht, dafs man die entstandene Salpetersäure[2]) bezw. das ausgeschiedene Jod bestimmt[3]). Im letzten Falle mufs bei Ausschlufs der Luft gearbeitet werden.

Ferner kann die Bestimmung erfolgen durch Überführung in Ammoniak in derselben Weise wie die der Salpetersäure (s. diese).

Bestimmung in den Dämpfen der Schwefelsäurefabriken. Mactear[4]) leitet die Dämpfe durch ein mittels Kautschukverbindungen vereinigtes System von vier Röhren, in welchen sie durch Sodalösung absorbiert werden. Er bestimmt dann entweder die Gesamtsäuremenge durch Titration des überschüssigen Natriumkarbonats und zieht davon die mittels Baryumsulfat bestimmte Schwefelsäure ab, oder er führt die salpetrige Säure in Ammoniak über, indem er in einem Chlorcalciumbade den Inhalt des Röhrensystems mit Zink-Eisenmischung und Natron zur Trockne destilliert. — Vasey[5]) und ebenso Davis[6]) absorbieren die Gase durch Sodalösung unter Zusatz von Wasserstoffsuperoxyd und bringen alsdann das Ganze völlig zur Trockne; das überschüssige Karbonat wird alsdann mit Schwefelsäure in kochend heifser Lösung zurückgemessen und die in der Lösung vorhandene Salpetersäure durch Überführung in Stickoxyd bestimmt.

Nitrosoverbindungen werden durch die Liebermannsche Reaktion nachgewiesen. Zur quantitativen Bestimmung der Nitrosogruppe erhitzt Clauser[7]) mit überschüssigem Phenylhydrazin in Eisessiglösung. Dabei entwickelt 1 NO 2 At. Stickstoff. Es ist indessen noch fraglich, ob dieses Verfahren allgemein anwendbar ist.

Salpetersäure.

Nachweis. Viele Nitrate veranlassen beim Erhitzen in einer unten zugeschmolzenen Glasröhre das Auftreten roter Dämpfe; alle Nitrate zeigen dies Verhalten, wenn etwas Bleioxyd beigemengt wird[8]) oder wenn sie mit konzentrierter Schwefelsäure und mit metallischem Kupfer erhitzt werden. Die Dämpfe färben Papier, das mit angesäuerter Eisenvitriollösung getränkt ist, gelblich bis bräunlich.

---

[1]) Orloff, Chem. Centralbl. 1899, I, S. 805. — [2]) Riegler, Zeitschr. anal. Chem. 36, 655. — [3]) Dunstan u. Dymond, Pharm. J. Trans. 1889, S. 741; Ber. 22, 708 Ref.; L. Robin, J. ch. pharm. [6] 7, 575; Chem. Centralbl. 1898, II. S. 312; L. W. Winkler, Chem.-Ztg. 23, 454. — [4]) W. Mactear, Chem. News 41, 16, 43, 52, 67; Dingl. pol. J. 235, 461. — [5]) T. E. Vasey, Chem. News 41, 47; JB. 1890, S. 1286. — [6]) G. E. Davis, Chem. News 41, 69; W. J. Lovett, ebend. 41, 70 u. 181; JB. 1880, S. 1286. — [7]) R. Clauser, Ber. 34, 889. — [8]) Stein, Dingl. p. Journ. 155, 416.

Zum Nachweise von Alkalinitraten kann auch das Verhalten gegen Sulfate, am besten Alaun, dienen, welche (mit Ausnahme der Alkalisulfate) beim trockenen Erhitzen die Salpetersäure austreiben [1]).

Werden Nitrate auf Kohle vor dem Lötrohre erhitzt, so verbrennt die Kohle lebhaft, und es hinterbleiben Karbonate, freie Basen oder reduzierte Metalle.

Mikrochemisch erkennt man Salpetersäure in Form des Strychnin- [2]) oder des Baryumsalzes [3]). Um die Krystalle des letzteren zu bereiten, wird z. B. die zu prüfende Substanz in der Höhlung eines ausgeschliffenen Objektträgers mit einem Tröpfchen Schwefelsäure versetzt, während am Deckgläschen ein Tropfen Baryumhydratlösung hängt [4]).

Vermischt man eine Flüssigkeit, welche Salpetersäure oder deren Salze enthält, mit dem gleichen Volum konzentrierter Schwefelsäure, die natürlich keine Stickstoffverbindungen enthalten darf, und schichtet man dann vorsichtig eine konzentrierte Eisenvitriollösung darüber, so entsteht an der Berührungsstelle eine dunkle, bei sehr kleinen Mengen von Salpetersäure rötliche Zone infolge von Absorption des gebildeten Stickoxyds durch die Eisenlösung [5]).

Mit einer Lösung von Manganverbindungen in rauchender Salzsäure geben Salpetersäure und Nitrate nach Aufkochen eine dunkelgrünschwarze Färbung mit gelblichem Stich, bedingt durch Bildung von Mangansuperchlorid. Die Färbung ist beim Kochen recht haltbar, während sie durch Verdünnen mit Wasser sofort verschwindet. Wie Nitrate verhalten sich Chlorate, Hypochlorite, Chromate, Bleisuperoxyd, nicht aber Nitrite und Mennige [6]).

Verdampft man einen Tropfen der zu prüfenden Flüssigkeit auf Porzellan zur Trockne und giebt man zu dem noch etwa 100° warmen Rückstande ein bis zwei Tropfen Phenolschwefelsäure, so zeigt sich bei Vorhandensein von Salpetersäure eine bräunlichrote Färbung, die durch Ammoniak in Gelb übergeht. Es entsteht hierbei Pikrinsäure bezw. deren Ammoniumsalz. Bei etwas erheblicherer Menge von Salpetersäure wird die Färbung oft grünlich statt gelb. — Die Phenolschwefelsäure für diese Reaktion erhält man durch Auflösen von 1 Tl. Phenol in 4 Tln. reiner konzentrierter Schwefelsäure und Verdünnen mit 2 Tln. Wasser [7]).

---

[1]) E. P. Perman, Chem. News 83, 193; Chem. Centralbl. 1901, I, S. 1216. — [2]) Vitali, Boll. chim. farm. 37, 417; Chem. Centralbl. 1898, II, S. 513. — [3]) Brauns, Chem. Centralbl. 1897, I, S. 434. — [4]) Schroeder van der Kolk, Jahrb. Mineral. 1897, I, S. 219. — [5]) Desbassins de Richemont, J. ch. méd. 11, 507; Wackenroder, Ann. Chem. 18, 158; s. a. A. Vogel jun., Zeitschr. anal. Chem. 5, 230; Th. Bolas, Chem. News 28, 248; JB. 1873, S. 917; P. T. Austen u. J. Ch. Chamberlain, Am. Chem. J. 5, 209; JB. 1883, S. 1541; H. Hager, Chem. Centralbl. 1884, S. 621. — [6]) L. L. de Koninck, Bull. ass. belge des chim. 16, 94; Chem. Centralbl. 1902, II, S. 14. — [7]) Sprengel, Ann. Phys. 121, 188.

Pyrogallussäure wird durch Salpetersäure rot gefärbt [1]).

Werden 5 ccm einer Lösung von 20 g Kresol in 280 g konzentrierter Schwefelsäure mit 2 ccm wässeriger Nitratlösung versetzt, dann nach fünf Minuten mit 5 ccm destilliertem Wasser und nach Erkalten mit überschüssigem Ammoniak, so tritt Gelbfärbung ein [2]).

Übergiefst man den Trockenrückstand einer salpetersäurehaltigen Lösung mit etwas konzentrierter Schwefelsäure und fügt man ein Körnchen Brucin hinzu, so tritt eine rötliche Färbung auf, die nach Reichardt noch bei Verdünnung von 1 Tl. Salpeter auf 100000 Tle. Wasser, nach Nicholson sogar noch bei 1 : 10000000 wahrnehmbar ist. Brucin erleidet allerdings dieselbe Färbung auch durch Kaliumchlorat und konzentrierte Schwefelsäure; doch wird dann die Färbung nicht, wie die durch Salpetersäure verursachte, durch Zinnsalz in Violett verwandelt. Diese Violettfärbung ist also erst für die Anwesenheit von Salpetersäure beweisend, wird aber durch ein Zuviel an Schwefelsäure leicht verhindert (Luck). Die hierbei entstehenden Produkte sind von Böhne und Lindo näher untersucht worden. — Die Brucinreaktion ist aufser wegen ihrer Empfindlichkeit auch deswegen besonders wichtig, weil sie durch salpetrige Säure nicht hervorgerufen wird [3]).

Werden 0,5 ccm einer Lösung von zehn Tropfen Anilin in 50 ccm Schwefelsäure von 15 Proz. mit 1 ccm konzentrierter Schwefelsäure zusammengebracht und wird durch diese Lösung ein mit salpetersäurehaltiger Flüssigkeit benetzter Glasstab durchgeführt, so entstehen rote Streifen, nach und nach färbt sich die ganze Flüssigkeit rosenrot bis braunrot [4]). Bei Verdünnung von 1 : 1000 ist diese Reaktion nach Reichardt [3]) nicht mehr wahrzunehmen.

Furfurobenzidin, in konzentrierter Schwefelsäure gelöst, wird durch die geringsten Spuren von Salpetersäure tief kaffeebraun gefärbt [5]).

Gegen Diphenylamin sowie gegen Indigolösung verhält sich Salpetersäure wie salpetrige Säure (s. diese). Die Blaufärbung mit Diphenylamin ergeben ferner auch Chlorsäure, unterchlorige Säure, Brom- und Jodsäure, Vanadin-, Chrom- und Übermangansäure, Ferrisalze, Wasserstoffsuperoxyd [6]). Nach Longi [7]) soll man bei Gegenwart solcher Säuren die mit Natriumkarbonat neutralisierte Lösung mit schwefliger Säure im Überschufs behandeln, sodann erwärmen und

---

[1]) Clutmann, Zeitschr. anal. Chem. 25, 225; Nencki, Ber. 27, 27.. — [2]) Russwurm, Pharm. Centralh. 40, 510. — [3]) Berthunot, J. Pharm. 27, 560; JB. Berz. 22, 174; Kersting, Ann. Chem. 125, 254; Luck, Zeitschr. anal. Chem. 8, 406; Schönn, ebend. 9, 211; Reichardt, Arch. Pharm. 145, 108; E. Nicholson, Chem. News 25, 89; JB. 1872, S. 88.. R. Böhne, Ber. 11, 741; D. Lindo, Chem. News 37, 98; JB. 1878, S. 91. Lunge u. Lwoff, Zeitschr. angew. Chem. 1894, S. 345. — [4]) C. D. Braun, Dingl. pol. J. 185, 479. — [5]) H. Schiff, Ann. Chem. 201, 355. — [6]) C. Laar, Ber. 15, 2086; vgl. a. Cimmino, Zeitschr. anal. Chem. 38, 429; Utz, Pharm. Ztg. 45, 229. — [7]) A. Longi, Gazz. chim. ital. 13, 465; JB. 18.. S. 1541.

wiederum mit Natriumkarbonat neutralisieren. Durch Kochen werden Chrom und etwa sonst ausfallende Metalloxyde abgeschieden und durch Filtration entfernt. Das Filtrat wird mit Essigsäure und Bleisuperoxyd gekocht, bis Stärkepapier dadurch nicht mehr gefärbt wird (Entfernung von Brom und Jod). Dann wird das in Lösung gegangene Blei mit Natriumsulfat ausgefällt, die Flüssigkeit filtriert und zur Trockne eingedampft, schliefslich der Rückstand mit Wasser aufgenommen und in gewöhnlicher Weise der Prüfung unterworfen.

Eine Lösung von p-Toluidinsulfat in Schwefelsäure wird durch Salpetersäure rot gefärbt[1]); salpetrige Säure bewirkt darin nur eine gelbliche bis gelbbraune Färbung, die anderen, mit Diphenylamin Blaufärbung ergebenden Säuren eine intensiv blaue Färbung[2]). Nach Rosenstiehl[3]) soll reines p-Toluidin zunächst auch durch Salpetersäure eine blaue Färbung erleiden, die aber schnell in Violett und Rot, zuletzt in Braun übergeht.

Woodruff[4]) empfiehlt eine Mischung von zwei Tropfen Dimethylanilin und 0,2 g p-Toluidin mit 10 ccm konzentrierter Schwefelsäure, die eine farblose und beständige Lösung bildet. Von dieser Lösung wird 1 ccm mit einem Tropfen der zu untersuchenden Lösung versetzt. Nach dem Umschütteln und Erkalten erscheint sie dann bei Anwesenheit von Nitraten 1. blutrot, 2. nach Übersättigen mit Kalilauge schmutziggelb, 3. nach Verdünnen mit Wasser gelb, während Chlorate bei 1 intensiv braun, bei 2 mittelbraun und bei 3 hellbraun färben.

Auf Zusatz angesäuerter Lösungen von Cinchonamin scheidet sich das schwer lösliche Nitrat desselben krystallinisch aus. Es ist diese Reaktion besonders zum mikrochemischen Nachweise der Salpetersäure in Pflanzen empfohlen worden[5]).

Karbazol, in konzentrierter Schwefelsäure gelöst, erleidet Grünfärbung[6]), Salicylsäure eine tiefrote bis blafsgelbliche Färbung[7]); Naphtol in 1 proz. absolutalkoholischer Lösung bildet bei Gegenwart von konzentrierter Schwefelsäure mit salpetersäurehaltigen Flüssigkeiten eine gelbe, braunrote bis braunschwarze Kontaktschicht[8]).

Eine blutrote Färbung, die durch Zusatz von wenig Wasser in Violettrot übergeht, geben Nitrate mit Salicin in konzentrierter Schwefelsäure[9]).

Man kann ferner die Salpetersäure durch Einwirkung von metallischem Zink oder Kadmium[10]) zu salpetriger Säure oder durch starke

[1]) A. Longi, Gazz. chim. ital. 13, 465; JB. 1883, S. 1541. — [2]) Derselbe, Zeitschr. anal. Chem. 23, 350. — [3]) Rosenstiehl, Bull. soc. chim. 10, 200. — [4]) Woodruff, J. Am. Chem. Soc. 19, 156. — [5]) A. Arnaud u. L. Padé, Compt. rend. 98, 1488; JB. 1884, S. 1573; Arnaud, ebend. 99, 190; Ber. 17, 446 Ref. — [6]) S. C. Hooker, Ber. 21, 3302 u. Am. Chem. J. 11, 249; Ber. 22, 605 Ref. — [7]) G. Loof, Pharm. Centralh. 31, 706. — [8]) H. Hager, ebend. 26, 353. — [9]) Vitali, Boll. chim. farm. 37, 417; Chem. Centralbl. 1898, II, S. 513. — [10]) F. H. Storer, Sill. Am. J. [3] 12, 176; JB. 1876, S. 980.

Reduktionsmittel, wie Natriumamalgam, zu Ammoniak reduzieren und dann in der neuen Form nachweisen.

Über die Brauchbarkeit der verschiedenen Methoden liegt eine Anzahl vergleichender Untersuchungen vor, besonders von Wagner[1]), Longi[2]), Warington[3]), Walden[4]). Die meisten sonst sehr brauchbaren Reaktionen leiden an dem Übelstande, daſs sie von salpetriger Säure in derselben Weise hervorgerufen werden. Man muſs sich deshalb stets von deren Anwesenheit überzeugen und sie event. zerstören, wenn man nicht ein Reagens wie Brucin, das die direkte Unterscheidung gestattet, zur Hand hat. Nach Warington[3]) können sich aber bei allen Methoden zur Zerstörung der Nitrite leicht Nitrate bilden, wogegen man sich allerdings, wie Piccini[5]) nachwies, durch Beobachtung gewisser Vorsichtsmaſsregeln schützen kann.

Nachweis in wollenen Geweben. Läſst sich den entstandenen gelben Flecken die Säure nicht durch warmes Wasser entziehen, so soll man die betreffenden Stellen ausschneiden und mit 20 proz. Ätzkalilösung übergieſsen. Das sich bildende xanthoproteinsaure Kali färbt dann die Flüssigkeit tief orange, und aus der mit der zehnfachen Menge Wasser verdünnten und filtrierten Flüssigkeit scheiden sich beim Neutralisieren mit verdünnter Schwefelsäure gelbe Flocken ab, welche durch Ammoniak tief orangerot bis blutrot gefärbt werden[6]).

Nachweis in Leichenteilen: Seyda und Woy[7]). — Um in Vergiftungsfällen freie Salpetersäure neben gebundener nachweisen zu können, neutralisiert man nach Vitali[8]) mit Baryumkarbonat, laugt mit Alkohol aus, kocht mit Soda und zieht zur Beseitigung von Kaliumnitrat wiederum mit Alkohol aus.

In Milch erhält man bei Anwesenheit von Nitraten mit nicht zu viel Formalin eine Blaufärbung. Je mehr Salpetersäure zugegen ist, um so mehr Formalin kann man zugeben, ehe die Färbung durch andere Reaktionsprodukte des Formalins verdeckt wird[9]).

Bestimmung. In Lösungen des Salpetersäurehydrats läſst sich die quantitative Bestimmung, soweit hierzu nicht die Feststellung des spezifischen Gewichtes ausreicht, durch Titration mit Normallauge bewirken oder durch Neutralisieren mit Baryt, Eindampfen nach Ausfällung des etwaigen Überschusses an diesem durch Kohlensäure und Wägen der entstandenen Menge Baryumnitrat. Der hierfür zu verwendende Baryt muſs selbstverständlich von allen anderen Basen völlig

[1]) A. Wagner, Zeitschr. anal. Chem. 20, 329. — [2]) A. Longi, ebend. 23, 355. — [3]) R. Warington, Chem. News 51, 39; Ber. 18, 124 Ref. — [4]) P. Walden, Journ. d. russ. phys.-chem. Ges. 1887 [1], S. 274. — [5]) A. Piccini, Atti d. Acc. dei Lincei Rend. 1885, S. 686; Ber. 18, 720 Ref. — [6]) H. Fleck, Rep. anal. Chem. 1884, S. 252. — [7]) Seyda u. Woy. Zeitschr. öffentl. Chem. 3, 487. — [8]) Vitali, Boll. chim. farm. 37, 417. Chem. Centralbl. 1898, II, S. 513. — [9]) Fritzmann, Zeitschr. öffentl. Chem. 3, 610.

frei sein. Einfacher ist es, mit Ammoniak zu übersättigen, einzudampfen und den Rückstand, bei 110 bis 112° getrocknet, zur Wägung zu bringen; doch mufs beim Trocknen die Temperatur sehr sorgsam eingehalten werden. Die Bestimmung durch Überführung in das Baryumsalz läfst sich auch bei denjenigen Nitraten durchführen, deren Basen durch Baryt fällbar sind. Bei denjenigen Salzen, deren Basen durch Alkalien oder Alkalikarbonate abgeschieden werden, kann dies durch einen Überschufs derselben bewirkt und durch Rücktitrieren dieses Überschusses im Filtrate die Menge der Säure bestimmt werden [1]). Es ist bei diesen Verfahren natürlich die Abwesenheit anderer Säuren Voraussetzung.

In allen Nitraten kann die Menge der Salpetersäure durch die Menge Stickstoff bestimmt werden, welche beim Glühen mit fein verteiltem Kupfer erhalten wird [2]) (s. S. 838). Auch die Kjeldahlsche Methode der Stickstoffbestimmung ist mit gewissen Modifikationen für Nitrate verwendbar. Hierbei wird aber nicht nur der Stickstoff der Salpetersäure, sondern auch der aus sonst vorhandenen Stickstoffverbindungen gefunden.

Fleck [3]) führt Calciumnitrat durch Kaliumsulfat in Kaliumnitrat über, dieses durch Glühen mit organischer Substanz, z. B. Zucker, in Karbonat, löst letzteres in einem gemessenen Volumen Normalsalpetersäure und titriert den Überschufs der letzteren zurück. Die Differenz entspricht dann der ursprünglich vorhandenen Salpetersäure.

C. Nöllner [4]) wollte Salpetersäure in Salpeter und den Salpeterlaugen durch Benutzung der Löslichkeit des Ammoniumsalzes in Alkohol bestimmen. Er erwärmt 1 g mit Ammonsulfat und wenig Wasser, fügt dann absoluten Alkohol hinzu und mischt die von den Sulfaten abfiltrierte Flüssigkeit mit einer alkoholischen Lösung von reinem Ätzkali, wodurch Kaliumnitrat gefällt wird und nach Waschen mit Weingeist gewogen werden kann. Die nach diesem Verfahren erhaltenen Resultate sollen aber selbst für technische Zwecke nicht genügen [5]).

Bekanntlich geben bei der Destillation mit verdünnter Schwefelsäure Nitrate ein Destillat, in dem die Salpetersäure als Hydrat enthalten ist. Läfst man dieses Destillat durch verdünnte Alkalilösung von bekanntem Gehalte absorbieren und titriert man nach beendeter Destillation den Überschufs des Alkali in der Vorlage zurück, so findet man durch die Differenz die Menge der vorhandenen Salpetersäure [6]).

---

[1]) Fresenius, Langer u. Wawnikiewicz, Ann. Chem. 117, 230. — [2]) Weltzien, ebend. 132, 215. — [3]) Fleck, J. pr. Chem. 108, 53. — [4]) Nöllner, Ztschr. anal. Chem. 6, 375. — [5]) A. Span, Dingl. pol. J. 187, 264; Fr. Jobst, Zeitschr. anal. Chem. 7, 449. — [6]) Gladstone, J. pr. Chem. 64, 442; H. Rose, Ann. Phys. 116, 121; Finkener, Zeitschr. anal. Chem. 1, 309; Fuchs, ebend. 6, 175.

Reich[1]) fand, dafs sich die Salpetersäure in Kalium- und Natriumnitrat durch Glühen mit fein verteilter Kieselsäure bestimmen lasse, wobei der Gewichtsverlust ihrer Menge entspricht. H. Rose[2]) empfahl dies Verfahren und schlug als passende Form der Kieselsäure Infusorienerde vor, während Gräger[3]) ein Gemenge von dieser und Kaliumbichromat empfahl. Auch Kaliumbichromat allein[4]) und Boraxglas[5]) sind zum Austreiben der Salpetersäure in Vorschlag gebracht worden. Nach Fresenius[6]) liefern sie alle befriedigende Resultate, wenn die Versuche mit genauer Kenntnis und sorgfältiger Berücksichtigung der Eigentümlichkeiten der einzelnen Schmelzmittel angestellt werden.

Neben diesen, auf der Eigenschaft der Salpetersäure als flüchtiger Säure beruhenden und daher bei Gegenwart von anderen gleichartigen Säuren nicht anwendbaren Methoden giebt es solche von weit allgemeinerer Anwendbarkeit, bei denen die oxydierende Wirkung der Säure benutzt wird. Es wird dabei entweder die Menge der oxydierten Substanz oder des aus der Salpetersäure entstandenen Reduktionsproduktes bestimmt.

I. Bestimmung aus der Menge oxydierter Substanz.

1. Oxydation von Eisenoxydul. Eisenoxydulsalze werden in saurer Lösung durch Nitrate, welche dabei ihren Stickstoff als Stickoxyd abgeben, zu Eisenoxydsalzen oxydiert. Die Einwirkung erfolgt nach der Gleichung $6\,Cl_2Fe + 2\,NO_3K + 8\,ClH = 4\,H_2O + 2\,ClK + 3\,Cl_6Fe_2 + 2\,NO$. Die Menge des oxydierten Oxydulsalzes kann man erfahren, wenn man eine bekannte Menge desselben anwendet und nach beendeter Zersetzung den Überschufs mit Kaliumpermanganat oder Kaliumbichromat[7]) zurücktitriert[8]). Nach Lunge soll dies Verfahren sich besonders für Bestimmung von Salpetersäure in Schwefelsäure eignen; ist gleichzeitig salpetrige Säure zugegen, so wird diese erst durch Kaliumpermanganat oxydiert und die entsprechende Menge nachher in Abzug gebracht. — Oder man kann das gebildete Eisenchlorid titrimetrisch bestimmen[9]). Die Methode besitzt eine Anzahl von Fehlerquellen, die leicht zu unrichtigen Resultaten führen und auch durch die verschiedensten Modifikationen nicht eliminiert werden

---

[1]) Reich, Berg- u. hüttenm. Zeitschr. 1861, Nr. 21; Zeitschr. anal. Chem. 1, 86. — [2]) H. Rose, Ann. Phys. 116, 635. — [3]) Gräger, Chem. Centralbl. 1863, S. 655. — [4]) Persoz, Rép. de Chim. appliquée, 1861, p. 258; Zeitschr. anal. Chem. 1, 85. — [5]) v. Schaffgotsch, Ann. Phys. 57, 260. — [6]) Fresenius, Zeitschr. anal. Chem. 1, 181 u. Quant. Anal., 6. Aufl., 1, 516 — [7]) Beilhache, Compt. rend. 108, 1122; Ber. 22, 435 Ref. — [8]) Pelouze, J. pr. Chem. 1847, S. 329; Abel u. Bloxam, Chem. Soc. Quart. J. 9, 97 J. pr. Chem. 69, 262; Fresenius, Ann. Chem. 106, 217; G. Lunge, Ber. 10, 1073. — [9]) Braun, J. pr. Chem. 81, 421; Fresenius, Zeitschr. anal. Chem. 1, 34; Eder, ebend. 16, 267.

konnten[1]), sie wird auch praktisch kaum noch verwendet, da die Bestimmung des bei dieser Reaktion gebildeten Reduktionsproduktes, des Stickoxyds, leichter und sicherer zum Ziele führt.

Da die Braunfärbung, welche bei Einwirkung von Ferrosulfat auf Salpetersäure eintritt, erst bei Überschufs des ersteren bestehen bleibt, setzt van Deventer[2]) zu der mit überschüssiger Schwefelsäure versetzten Nitratlösung unter Luftabschlufs so lange Ferrosalzlösung bekannten Gehaltes hinzu, bis die braune Farbe beim Umschütteln nicht mehr verschwindet. Aus dem Verbrauch an Ferrosalz wird dann der Gehalt an Salpetersäure berechnet.

2. Oxydation von Chromoxyd. Wird Chromoxyd in Gegenwart von Alkalikarbonat mit Nitraten geglüht, so oxydiert es sich zu Chromsäure, entsprechend der Gleichung $Cr_2O_3 + 2NO_3K + CO_3K_2 = 2CrO_4K_2 + 2NO + CO_2$. Das so gebildete Chromat kann durch Fällen der wässerigen Lösung mit Merkuronitrat und Glühen des erhaltenen Niederschlages von Merkurochromat wieder in Chromoxyd übergeführt werden, aus dessen Menge sich dann diejenige der vorhandenen Salpetersäure berechnet[3]). Das recht umständliche Verfahren giebt nur unter besonders günstigen Umständen gute Resultate; solche sind ausgeschlossen, sobald Basen zugegen sind, die mit Chromsäure unlösliche Salze bilden (Eder).

3. Oxydation von Zinnchlorür. Zinnchlorür wird in salzsaurer Lösung von Nitraten, unter Reduktion derselben zu Ammoniak, zu Chlorid oxydiert nach der Gleichung $4SnCl_2 + NO_3K + 9ClH = 4SnCl_4 + ClK + NH_3 + 3H_2O$. Die Menge des hierzu verwendeten Chlorürs kann durch Titration ermittelt werden[4]).

Auf dieselbe Weise kann man Nitrogruppen in organischen Verbindungen bestimmen[5]).

Nach Henriet[6]) verläuft die Einwirkung von überschüssiger saurer Zinnchlorürlösung nach der Gleichung $3SnCl_2 + NO_3K + 8ClH = 3SnCl_4 + NH_2OH.ClH + ClK + 2H_2O$ nur bis zur Bildung von Hydroxylamin, so dafs bei Titration des überschüssigen Zinnchlorürs mit Jod der Minderverbrauch von 6 At. Jod 1 At. Stickstoff entspricht.

4. Oxydation von Salzsäure. Die durch Einwirkung von konzentrierter Schwefelsäure auf trockene Nitrate frei gemachte Salpeter-

---

[1]) Holland, Chem. News 17, 219; Zeitschr. Chem. 1868, S. 533; Ungerer, Dingl. pol. J. 172, 144; Finkener, Roses Handb. d. anal. Chem., 6. Aufl., 2, 926; Follenius, Zeitschr. anal. Chem. 11, 177; Mohr, Dingl. pol. J. 160, 219; Eder, Zeitschr. anal. Chem. 16, 267. — [2]) Ch. M. van Deventer, Zeitschr. physik. Chem. 31, 50. — [3]) Wagner, Dingl. pol. J. 200, 120; Zeitschr. anal. Chem. 11, 91 u. 20, 345; Eder, ebend. 17, 434; Spiegel, Zeitschr. f. Hyg. 2, 168. — [4]) Pugh, Chem. Centralbl. 1860, S. 27; Schenk u. Chapman, Laboratory 1, 152; Zeitschr. anal. Chem. 6, 372; O. v. Dumreicher, ebend. 20, 290. — [5]) Young u. Swain, J. Am. Chem. Soc. 19, 812; Chem. Centralbl. 1897, II, S. 1162. — [6]) H. Henriet, Compt. rend. 132, 966; Chem. Centralbl. 1901, I, S. 1176.

säure reagiert mit der Salzsäure gleichzeitig vorhandener Chloride unter Entwickelung von Stickoxyd und Chlor gemäfs der Gleichung $2 NO_3 + 6 ClH = 4 H_2O + 6 Cl + 2 NO$. Die Gase werden in Kaliumferrocyanidlösung geleitet, wo das Chlor in bekannter Weise Ferricyankalium bildet, und der Überschufs an Ferrocyankalium wird mit Kaliumpermanganat zurücktitriert[1]). Man kann auch das Gas in Jodkaliumlösung auffangen und das ausgeschiedene Jod titrieren.

5. Oxydation von Oxalsäure. Hager hat eine Bestimmungsmethode darauf begründet, dafs Nitrate durch Glühen mit Oxalsäure in Karbonate übergeführt werden, deren Menge durch Titration mit Salzsäure bestimmt werden kann. Diese Methode leidet an dem Übelstande, dafs Chloride in analoger Weise auf Oxalsäure einwirken[2]), sie dürfte auch schwerlich benutzt werden.

II. Bestimmung der Menge des aus der Salpetersäure entstandenen Reduktionsproduktes. 1) Überführung in salpetrige Säure. Dieses erste Reduktionsprodukt kann leicht kolorimetrisch, z. B. durch Jodzinkstärke, oder volumetrisch durch Titration mit Kaliumpermanganat bestimmt werden. Schönbein[3]) suchte dahin zu gelangen, indem er die nitrathaltige Flüssigkeit mit Zinkamalgam erhitzte. Doch kann hierdurch auch eine weitergehende Reduktion, bis zu Ammoniak, hervorgerufen werden.

Es ist überhaupt kaum ein Mittel bekannt, Salpetersäure zu salpetriger Säure zu reduzieren, ohne dafs eine weitergehende Reduktion zu befürchten wäre. Von den Metallen dürfte sich das Kadmium, wenn chemisch rein, noch am besten dazu eignen. Vielleicht ist auch in der Fähigkeit gewisser Bakterienarten, Nitrate zu Nitriten und nicht weiter zu reduzieren, ein analytisches Mittel gegeben.

2) Überführung in Stickoxyd. Wie bereits erwähnt, werden Nitrate durch Erhitzen mit Eisenoxydulsalzen in saurer Lösung zu Stickoxyd reduziert. Die Menge des erhaltenen Stickoxyds wird bestimmt entweder, indem man durch Wasser und Sauerstoff Salpetersäure daraus regeneriert und diese titriert[4]), zweifellos die exakteste Methode, oder durch direkte Messung[5]). Während dabei anfangs Quecksilber

[1]) Bohlig, Zeitschr. anal. Chem. 37, 498. — [2]) Mohr, ebend. 11, 167; A. Bertrand, Monit. scientif. [3] 11, 492; JB. 1881, S. 1174. — [3]) Schönbein, Zeitschr. anal. Chem. 1, 13. — [4]) Schlösing, Ann. ch. phys. [3] 40, 479; J. pr. Chem. 62, 142; Fresenius, Zeitschr. anal. Chem. 1, 34; E. Schulze, ebend. 6, 384; Reichardt, ebend. 8, 118; E. Wildt u. A. Scheibe, ebend. 23, 151. — [5]) Reichardt, ebend. 9, 24; F. Schulze u. H. Wulfert, Landw. Versuchsst. 12, 164; Zeitschr. anal. Chem. 9, 400; F. Tiemann, Ber. 6, 1034 u. 11, 920; Spiegel, Zeitschr. Hyg. 2, 168; F. Jean, Bull. soc. chim. [2] 26, 10; JB. 1876, S. 979; R. Warington, Chem. Soc. J. 37, 468; Ber. 13, 1886 Ref.; Derselbe, Chem. Soc. J. 41, 345; JB. 1882, S. 1267; A. Wagner, Zeitschr. anal. Chem. 20, 329; Kratschmer, ebend. 26, 608; L. L. de Coninck, ebend. 33, 200; A. Barillé, Bull. soc. chim. [3] 11, 434; Ber. 27, 762 Ref.

und Kalkmilch zum Absperren des Gases bezw. zur Absorption der Beimengungen benutzt wurden, wandte man späterhin 10- bis 20 proz. Natronlauge an. Besonders bei der Bestimmung durch Messung des Gases ist sorgsam auf die Abwesenheit von Luft zu achten, alle zur Verwendung gelangenden Flüssigkeiten müssen durch Auskochen davon befreit sein. Da noch, wenn die Flüssigkeit im Zersetzungsgefäfse fast zur Trockne gelangt ist, also nicht mehr hinreichend Wasserdämpfe zur Austreibung vorhanden sind, Entwickelung von Stickoxyd stattfindet, so müssen die Gase schliefslich durch einen Kohlensäurestrom aus dem Zersetzungsgefäfse entfernt werden. Bei Beobachtung dieser Vorsichtsmafsregeln ist diese Methode als eine fast absolut genaue zu bezeichnen. Zur Ausführung empfiehlt sich der folgende Apparat [1]) (Fig. 6):

A ist ein Rundkolben von etwa 150 ccm Inhalt, in welchen mittels gut eingepafsten doppelt durchbohrten Gummistopfens das Zuleitungsrohr *B* und das mit einem Entbindungsstück zu verbindende Abzugsrohr *C* eingesetzt sind. *B* endigt etwa 2 cm über dem Boden von *A* und läuft nach oben in eine kugelförmige Erweiterung von etwa 50 ccm Inhalt aus. An der Ansatzstelle der letzteren ist das Gasleitungsrohr *D* eingeschliffen, welches mit dem Kohlensäureapparate in Verbindung gesetzt wird.

Fig. 6.

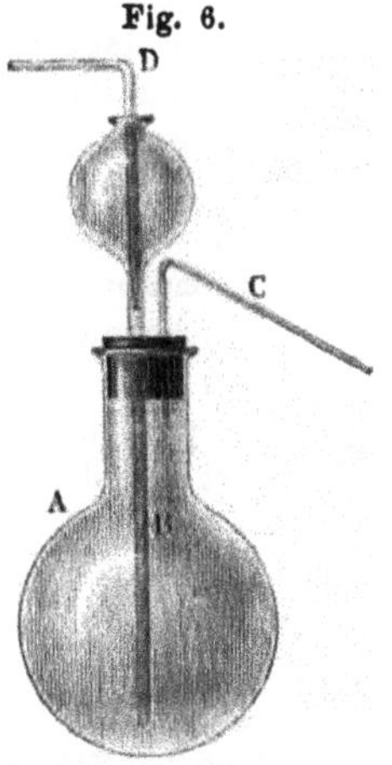

Nachdem der Kolben mit der zu untersuchenden Lösung beschickt ist, wird durch *D* Kohlensäure eingeleitet und gleichzeitig zum mäfsigen Sieden erhitzt, bis das durch *C* entweichende Gas sich luftfrei erweist, was durch einen Versuch mittels mit Kalilauge gefüllten Reagenzglases konstatiert werden kann. Es wird nun das Mefsrohr über das Entbindungsrohr gestülpt; dann werden in die Erweiterung von *B* 20 ccm frisch bereiteter und ausgekochter Eisenchlorürlösung gebracht und durch Lüften von *D* einfliefsen gelassen; auf dieselbe Weise werden 40 ccm konzentrierter ausgekochter Salzsäure nachgeschickt. Sobald die Flüssigkeit im Kolben wieder ins Sieden gelangt ist, wird der Kohlensäurestrom abgestellt und erst gegen Ende der Operation, wenn der Kolbeninhalt fest zu werden beginnt, wieder angelassen.

Es sollen ebenso gute Resultate wie mit obigem Verfahren erzielt werden, wenn gegen Ende der Operation durch Verschliefsen der Ausführungsöffnungen am Entwickelungsgefäfse und Abstellen der Erhitzungsflamme ein Vakuum erzeugt und dann von neuem erhitzt wird [2]).

---

[1]) L. Spiegel, Ber. 23, 1361. — [2]) A. Baumann, Zeitschr. angew. Chem. 1888, S. 662.

Es ist indessen notwendig, diese Operation mehrmals zu wiederholen. Um die Erzeugung des Vakuums mehrmals hintereinander zu erleichtern, dient nach Blyth[1]) ein Quecksilberventil.

Um den Fehler, der durch die wechselnde Konzentration der Sperrflüssigkeit und die demgemäfs schwankende Tension entsteht, zu vermeiden, pflegt man nach beendeter Austreibung des Stickoxyds das Gasmefsrohr in Wasser zu übertragen. Doch sind auch besondere Modifikationen angegeben worden, bei denen diese Übertragung in Wegfall kommt[2]).

Die Berechnung der vorhandenen Salpetersäure aus der gefundenen Menge Stickoxyd wird durch eine von Baumann[3]) angegebene Tabelle wesentlich erleichtert.

Ein Fehler soll dadurch entstehen, dafs der in der Sperrflüssigkeit enthaltene Sauerstoff etwas Stickoxyd in salpetrige Säure überführt. Glaser[4]) schlägt deshalb vor, eine 1 proz. Jodkaliumlösung hinzuzufügen, welche ihrerseits wieder salpetrige Säure in Stickoxyd überzuführen vermag.

Böhmer[5]) bestimmt das entwickelte Stickoxyd nicht durch Messung, sondern durch Wägung; er bedient sich dazu einer Lösung von 10 g Chromsäure in 10 bis 15 ccm 12proz. Salpetersäure, durch welche er das Stickoxyd absorbieren läfst.

Auch kann die Menge des gebildeten Stickoxyds in der Weise bestimmt werden, dafs man es in titrierter Kaliumpermanganatlösung absorbiert und den Überschufs der letzteren zurücktitriert[6]).

Die Oxydation des Stickoxyds zu Salpetersäure erfolgt besser als durch Sauerstoff und Wasser durch Wasserstoffsuperoxyd in alkalischer Lösung, wobei aber auch Sauerstoff zugegen sein mufs. Es entsteht dann zunächst Untersalpetersäure, und die Reaktion vollendet sich nach der Gleichung $N_2O_4 + H_2O_2 + 2\,NaOH = 2\,NO_3Na + 2\,H_2O$. Es wird dann mit Schwefelsäure übersättigt, um das überschüssige Wasserstoffsuperoxyd zu zerstören, kurze Zeit stehen gelassen und mit Natronlauge zurücktitriert[7]).

Schon bei gewöhnlicher Temperatur entsteht Stickoxyd, wenn Nitrate mit konzentrierter Schwefelsäure und metallischem Quecksilber in Berührung kommen. Man mifst das entwickelte Gas, läfst aber bei genauen Bestimmungen dann noch eine Lösung von Eisensulfat zur Absorption des Stickoxyds hinzutreten und zieht ein etwa verbleibendes

---

[1]) Blyth, Chem. Soc. Proc. 15, 50; Chem. Centralbl. 1899, I, S. 805. — [2]) Davidson, Chem. News 81, 97; Chem. Centralbl. 1900, I, S. 786; Vl. Stanek, Zeitschr. Zuckerind. Böhm. 25, 356. — [3]) A. Baumann, Zeitschr. angew. Chem. 1888, S. 662. — [4]) Glaser, Zeitschr. anal. Chem. 31, 285; vgl. a. Charlotte F. Roberts, Sill. Am. J. [3] 46, 126; Chem. Centralbl. 1893, 2, 559. — [5]) C. Böhmer, Zeitschr. anal. Chem. 22, 20. — [6]) H. N. Morse u. A. F. Linn, Amer. Chem. J. 8, 274; Ber. 19, 880 Ref. — [7]) H. Wilfarth, Zeitschr. anal. Chem. 27, 411 u. Landw. Vers.-Stat. 29, 439.

Gasresiduum von dem anfangs gefundenen Volumen ab[1]). Diese Methode wird besonders zur Bestimmung der Salpetersäure in Schwefelsäure verwendet.

3) Überführung in Ammoniak. Dieselbe erfolgt leicht durch Wasserstoff *in statu nascendi*, der durch ein Metall aus einer Säure oder einem Alkali entwickelt wird. Als ganz besonders wirksam haben sich Kombinationen je zweier Metalle erwiesen, die zusammen ein Voltasches Plattenpaar bilden.

Das älteste Verfahren, bei dem in schwefelsaurer Lösung durch Zink reduziert wurde[2]), wird wohl kaum noch angewendet, da seine Unzulänglichkeit vielfach erwiesen ist[3]). Boyd-Kinnear will allerdings in sehr verdünnter Lösung gute Resultate erhalten haben[4]).

An Stelle von Schwefelsäure benutzte Boyer[5]) Salzsäure. Ulsch[6]) ersetzt das Zink durch Eisen, wodurch ohne Bildung von salpetriger Säure vollständige Überführung in Ammoniak bewirkt werden soll. Brandt[7]) weist darauf hin, dafs das zur Anwendung kommende reduzierte Eisen Stickstoff, vielleicht in Form einer organischen Verbindung (?) enthalten kann.

Bessere Resultate wurden erzielt durch Kombination zweier Metalle, und zwar hauptsächlich von Zink mit Kupfer[8]) und mit Eisen[9]).

Zur Reduktion in alkalischer Lösung wurden als Wasserstoffentwickler vorgeschlagen: Natriumamalgam[10]), Aluminium[11]) und andere Metalle. Wolf[12]) kam dann zuerst auf den Gedanken, die bei Anwendung eines Metalles nicht erreichbare vollständige Reduktion durch

---

[1]) W. Crum, Ann. Chem. 62, 233; Finkener, Roses Handb. d. anal. Chem. 2, 826; Frankland u. Armstrong, Chem. Soc. J. 1868, S. 106; W. Thorp, Sutton's volumetric Analysis, IIInd ed., p. 316; R. Warington, Chem. Soc. J. 1879, p. 375; G. Lunge, Ber. 11, 434; G. Davis, Chem. News 37, 45; JB. 1878, S. 1046. — [2]) Martin, Compt. rend. 37, 947; Krocker u. Dietrich, Zeitschr. anal. Chem. 3, 64. — [3]) Finkener, s. [1]); Fresenius, Quant. Anal., 4. Aufl., S. 372; Terreil, Compt. rend. 63, 630. — [4]) J. Boyd-Kinnear, Chem. News 45, 159 u. 46, 33; JB. 1882, S. 1268 u. Zeitschr. anal. Chem. 25, 224. — [5]) E. Boyer, Compt. rend. 110, 954; Ber. 23, 437 Ref. — [6]) K. Ulsch, Zeitschr. anal. Chem. 30, 175 u. 31, 394; V. Schenke, Chem.-Ztg. 17, 977. — [7]) L. Brandt, Chem.-Ztg. 23, 22. — [8]) T. E. Thorpe, Chem. Soc. J. [2] 11, 541; JB. 1873, S. 913; S. W. Johnson, Sill. Am. J. [3] 13, 260; JB. 1877, S. 1042; M. W. Williams, Chem. Soc. J. 39, 100, 144; JB. 1881, S. 1160; Derselbe, Pharm. J. Trans. [3] 14, 854; JB. 1884, S. 1573; R. Brewer Lee, Analyst 8, 137; JB. 1883, S. 1527; W. F. Keating Stock, J. Soc. Chem. Ind. 16, 107; Chem. Centralbl. 1897, I, S. 769. — [9]) Theodor F. Schmitt, Chem.-Ztg. 17, 173; Wedemeyer, Arch. Pharm. 231, 372. — [10]) Blunt, Arch. Pharm. 199, 130; Gramp, J. pr. Chem. [2] 11, 72. — [11]) Chapman, Chem. Soc. J. [2] 6, 172; J. pr. Chem. 104, 253; F. Schulze, Chem. Centralbl. 1861, S. 833; P. Blunt, Chem. News 25, 205; JB. 1872, S. 880; R. Ormandy u. J. B. Cohn, Chem. Soc. J. 57, 811; Ber. 23, 753 Ref.; Harvey, Analyst 11, 126 u. 181; Ber. 20, 76 Ref.; A. Stutzer, Zeitschr. angew. Chem. 1890, S. 695. — [12]) Wolf, J. pr. Chem. 89, 93.

Benutzung des galvanischen Stromes zu erzielen. Er benutzte als Plattenpaar Zink und Eisen, und dies Verfahren, zunächst von Harcourt[1]) und Siewert[2]) weiter ausgebildet, hat in der Folgezeit meist anerkennende Urteile und vielfache Modifikationen erfahren[3]) (Möckernsche Methode). Auf ähnliche Weise suchte man das Ziel durch Anwendung von platiniertem Zink zu erreichen[4]), auch Aluminium und Zink sind gemeinsam verwendet worden[5]).

Devarda[6]) benutzt eine Legierung aus 59 Proz. Aluminium, 39 Proz. Kupfer und 2 Proz. Zink.

Wie der galvanische Strom, innerhalb der Flüssigkeit erzeugt, die Reduktion zu Ammoniak herbeiführt, so vermag auch ein aufserhalb derselben erzeugter und hindurchgeleiteter elektrischer Strom diese Wirkung hervorzubringen. Doch mufs gleichzeitig ein Metallsalz in genügender Menge zugegen sein, das durch den Strom in saurer Lösung unter Abscheidung des Metalles zersetzt wird. Am besten eignet sich hierzu Kupfersulfat[7]).

Ulsch[8]) elektrolysiert in schwefelsaurer Lösung, indem er als Kathode eine Kupferspirale benutzt, die jedesmal vorher zu glühen und dann schnell in kaltem Wasser abzulöschen ist, mit einem Strome von 4 Volt und 1,25 Ampère. Die Anwendbarkeit dieses Verfahrens ist indessen durch die Einwirkung anderer Salze, besonders von Chloriden, beschränkt.

An Stelle der metallischen Reduktionsmittel kann auch Zinnchlorür in salzsaurer Lösung benutzt werden. Bei Einhaltung bestimmter Bedingungen soll dadurch eine vollständige Überführung in Ammoniak bewirkt werden[9]).

Ackermann[10]) destilliert die alkalische Lösung mit Zusatz von Eisenoxydulhydrat.

Statt das gebildete Ammoniak zu bestimmen, kann man, namentlich bei der Reduktion durch Aluminium in alkalischer Lösung, auch das Wasserstoffdefizit bestimmen, d. h. diejenige Menge Wasserstoff, welche weniger entwickelt wird, als der Menge des aufgelösten Metalles entspricht[11]). Denn dieses Defizit wird zur Reduktion der Salpetersäure verbraucht und ist daher der Menge derselben proportional. Bei Gegenwart organischer Substanzen liefert dieses Verfahren ungenaue

---

[1]) Harcourt, Zeitschr. anal. Chem. 2, 14. — [2]) Siewert, Ann. Chem. 125, 293. — [3]) Schneider, Zeitschr. anal. Chem. 4, 226; Hager, Pharm. Centralh. 12, 17; Fuchs, Zeitschr. anal. Chem. 6, 175; Reichardt, ebend. 8, 118; Pavesi, Ber. 3, 914; König, Chemie der Nahrungsmittel, 2. Aufl., 2, 669; O. Böttcher, Landw. Versuchsst. 41, 165. — [4]) F. Schulze, Chem. Centralbl. 1861, S. 833; Wolf, ebend. 1862, S. 379. — [5]) Devarda, Chem.-Ztg. 16, 1952; Stoklasa, Zeitschr. angew. Chem. 1893, S. 161. — [6]) Devarda, Chem. Centralbl. 1897, II, S. 64. — [7]) G. Vortmann, Ber. 23, 2798. — [8]) K. Ulsch, Zeitschr. Elektrochem. 3, 546. — [9]) O. v. Dumreicher, Wien. Akad. Ber. 82, 560. — [10]) Ackermann, Chem.-Ztg. 22, 690. — [11]) F. Schulze, Zeitschr. anal. Chem. 2, 300.

Resultate [1]), ein Einwurf, der mit mehr oder weniger Recht gegen alle auf Überführung in Ammoniak beruhenden Bestimmungsmethoden gemacht werden kann. Es sollen in solchem Falle die organischen Substanzen zuvor durch Kaliumpermanganat oxydiert, der Überschufs an letzterem durch Ameisensäure zerstört werden [2]). Soll das Wasserstoffdefizit bei der Reduktion mittels Eisen bestimmt werden, so mufs dieses zuvor mit Platin oder Kupfer überzogen werden [Ulsch [3])].

Über die Brauchbarkeit der verschiedenen Reduktionsmethoden vgl. a. Böttcher [4]) und v. Wissell [5]).

III. Titration mit Indigo. Zu den auffallenderen Oxydationserscheinungen, welche durch Salpetersäure hervorgerufen werden, gehört die Entfärbung des Indigofarbstoffs. Die Menge des entfärbten Indigos steht in direktem Verhältnisse zu derjenigen der vorhandenen Salpetersäure, ist aber je nach den Umständen, unter denen die Reaktion vor sich geht, verschieden. Trotz vielfacher Modifikationen ist infolge dessen dieses Verfahren nur für annähernde Bestimmungen zu verwenden [6]). Nach dem gebräuchlichsten Marx-Trommsdorffschen Verfahren werden 25 ccm der Lösung, die nicht mehr als einige Milligramme Salpetersäure enthalten dürfen, mit 50 ccm konzentrierter Schwefelsäure versetzt und unter Benutzung der hierdurch entstehenden Erwärmung auf etwa 120° mit einer Indigolösung, von welcher 6 bis 8 ccm einem Milligramm Salpetersäure entsprechen, titriert, bis die Farbe dauernd bläulichgrün bleibt; bei einem zweiten Versuche wird die so ermittelte Menge Indigolösung auf einmal hinzugefügt, dann sorgfältig weiter titriert, und so wird fortgefahren, bis übereinstimmende Resultate erhalten werden. Zur Bereitung der Indigolösung empfiehlt Hönig [7]) die Verwendung der in reinem Zustande erhältlichen indigotrisulfosauren Salze.

IV. Andere volumetrische Methoden. Es sind verschiedene Versuche gemacht worden, die Bestimmung der Salpetersäure auf jodometrischem Wege zu bewirken. Wird Nitrat in wässeriger Lösung bei Abschlufs von Luft mit einem Strome von Salzsäure behandelt, so zersetzt es sich, und es entweichen, entsprechend der Gleichung $3\,ClH + NO_3H = NO + 2\,H_2O + 3\,Cl$, Stickoxyd und Chlor. Man kann nun das entwickelte Gas in Jodkaliumlösung leiten und das ausgeschie-

---

[1]) E. Schulze, Zeitschr. anal. Chem. 6, 379. — [2]) F. Schulze, ebend. 7, 390. — [3]) K. Ulsch, ebend. 30, 176. — [4]) Böttcher, Journ. Landw. 48, 287. — [5]) v. Wissell, ebend. 48, 105, 291. — [6]) Marx, Zeitschr. anal. Chem. 7, 412; Finkener, s. oben; Goppelsröder, J. pr. Chem. [2] 1, 198; Zeitschr. anal. Chem. 9, 1; Trommsdorff, ebend. 8, 330 u. 9, 171; van Bemmelen, ebend. 11, 136; Fischer, J. pr. Chem. [2] 7, 57; Mayrhofer, Korresp. d. freien Vereingg. bayer. Vertreter d. angew. Chem. August 1884, S. 8; R. Warington, Chem. News 35, 45 u. 57; Skalweit, Rep. anal. Chem. 4, 1 u. 247. — [7]) Hönig, Chem. Centralbl. 1899, II, S. 1032.

dene Jod mit Thiosulfat titrieren[1]) (s. a. S. 858). Von anderer Seite wird die Zersetzung statt durch gasförmige Salzsäure durch eine Lösung von Manganchlorür in Salzsäure empfohlen[2]). — Jod wird auch in Freiheit gesetzt, wenn man Nitrate mit einer Mischung von Phosphorsäure und Jodkaliumlösung kocht, entsprechend der Gleichung $2\,NO_3H + 6\,JH = 4\,H_2O + 2\,NO + 3\,J_2$. Die Mischung wird im Kohlensäurestrome bis zur Farblosigkeit destilliert, das Destillat in $\frac{n}{10}$ arseniger Säurelösung aufgefangen und diese mit Jod zurücktitriert[3]). — Durch Kochen von Nitraten mit Antimontrichlorid in Salzsäure wird Stickoxyd entwickelt nach der Gleichung $3\,SbCl_3 + 2\,NO_3H + 6\,ClH = 3\,SbCl_5 + 2\,NO + 4\,H_2O$. Die Mischung wird im Kohlensäurestrome erhitzt und das Destillat in Jodkaliumlösung aufgefangen, letztere mit Thiosulfat, der Retortenrückstand mit Jod titriert[3]).

Longi[4]) will kleine Mengen durch Titration mit Zinnchlorür bestimmen. Als Indikator soll Diphenylamin dienen, mit dem die verdünnte Lösung blau gefärbt wird, um dann mit Zinnchlorür bis zum dauernden Verschwinden der Färbung titriert zu werden. Nach Moulton[5]) ist dies Verfahren unbrauchbar. Das Diphenylamin ist jedenfalls als Indikator unbrauchbar, da die blaue Färbung, die es mit Salpetersäure liefert, bereits durch Wasser zerstört wird.

V. Kolorimetrische Methoden. Die Färbung, welche Diphenylamin, in Schwefelsäure gelöst, durch kleine Mengen von Nitraten erfährt, eignet sich zu kolorimetrischer Bestimmung. Diese wurde zuerst von Kopp[6]) für die Untersuchung der rohen Schwefelsäure vorgeschlagen, später durch Spiegel[7]) auch auf verdünnte wässerige Lösungen ausgedehnt und zu annähernden Bestimmungen, ungefähr mit der Genauigkeit der Indigomethode, geeignet befunden.

Ein kolorimetrisches Verfahren mit Benutzung von Brucin ist zuerst von Wagner[8]) angegeben worden. Lunge und Lwoff[9]) haben es für Untersuchung von Schwefelsäure wesentlich verbessert. Sie benutzen die zuletzt auftretende und ziemlich lange unverändert bleibende schwefelgelbe Färbung, die durch kurzes Erwärmen auf 70 bis 80° erzielt wird. Für andere Zwecke ist das Verfahren nach Kuntze[10])

---

[1]) L. L. de Koninck u. A. Nihoul, Zeitschr. angew. Chem. 1890, S. 477; G. Mc Gowan, Chem. Soc. J. 59, 530. — [2]) Gooch u. Grüner, Sill. Am. J. [3] 44, 117; Ber. 25, 952 Ref.; Charlotte F. Roberts, ebend. [3] 46, 231; Chem. Centralbl. 1893, II, S. 733. — [3]) H. Grüner, Sill. Am. J. [3] 46, 42; Chem. Centralbl. 1893, II, S. 595. — [4]) A. Longi, Gazz. chim. ital. 13, 482; JB. 1883, S. 1540. — [5]) C. W. Moulton, Chem. News 91, 207; Ber. 18, 390 Ref. — [6]) Kopp, Ber. 5, 284. — [7]) Spiegel, Zeitschr. f. Hyg. 2, 189; J. A. Müller, Bull. soc. chim. [3] 2, 670; Ber. 23, 181 Ref. — [8]) A. Wagner, Zeitschr. anal. Chem. 20, 329. — [9]) G. Lunge u. A. Lwoff, Zeitschr. angew. Chem. 1894, S. 345. — [10]) Kuntze, Z. Ver. Rübenzucker-Ind. 1897, S. 521.

unbrauchbar[1]). — Kostjamin[2]) versetzt 5 ccm der wässerigen Nitratlösung unter Umrühren langsam mit einer höchstens 10 bis 15 Stunden alten Lösung von Brucin in reiner Schwefelsäure 1:3000, bis die Flüssigkeit gleichbleibend hellrosa geworden ist. Der Verbrauch an Brucinlösung steht im umgekehrten Verhältnis zur Salpetersäure. — Pichard[3]) verdünnt die Nitratlösung, bis mit Brucin keine Rotfärbung mehr eintritt. Dies ist bei einem Gehalte von 0,08 g in 1000 ccm der Fall.

Grandval und Lajoux[4]) vergleichen die Farbintensität der Ammoniumpikratlösungen, welche man durch Einwirkung von Nitraten auf Phenolschwefelsäure und Übersättigen mit Ammoniak erhält.

Die Reaktion mit Pyrogallussäure verwertet Rosenfeld[5]), die mit Karbazol Hooker[6]), die mit Kresol Russwurm[7]).

Während bekanntlich die Salze der Salpetersäure mit anorganischen Basen zu leicht löslich sind, um eine Bestimmung auf gewichtsanalytischem Wege durch Ausfällung zu ermöglichen, geben einzelne organische Basen so schwer lösliche Nitrate, daſs hier bessere Aussichten vorhanden zu sein scheinen. In der That hat Arnaud[8]) eine Methode der Fällung mit Cinchonamin angegeben; doch ist auch dessen Nitrat immerhin nicht unbeträchtlich löslich, nach Gammarelli[9]) 0,21:100 bei 11,5°, so daſs die Methode auf Genauigkeit keinen Anspruch machen kann.

Die Bestimmung der Salpetersäure wird häufig kompliziert durch die Anwesenheit von salpetriger Säure, welche fast bei allen Methoden in ähnlicher Weise reagiert. Man muſs dann entweder von dem gefundenen Resultate die der besonders bestimmten salpetrigen Säure entsprechende Menge in Abzug bringen oder man muſs letztere Säure zuvor zerstören[10]).

Um in technischer Salpetersäure den Gehalt an niederen Oxyden und an verfügbarer Salpetersäure zu bestimmen, werden nach van Gelder[11]) am besten 10 ccm der Säure auf 1000 ccm verdünnt, dann in 100 ccm dieser Lösung alkalimetrisch die Gesamtsäure, in weiteren 100 ccm mit Kaliumpermanganat der Gehalt an Untersalpetersäure bestimmt. Bei gemischter Säure muſs durch wiederholtes Eindampfen mit Wasser sämtliche Salpetersäure ausgetrieben werden, worauf im Rückstande die Schwefelsäure bestimmt und von dem Ge-

---

[1]) Vgl. aber Winkler, Chem.-Ztg. 23, 454. — [2]) Kostjamin, Pharm. Ztg. 45, 646. — [3]) Pichard, Compt. rend. 121, 758; Ber. 29, 51 Ref. — [4]) Al. Grandval u. H. Lajoux, Compt. rend. 101, 62; Zeitschr. anal. Chem. 25, 564. — [5]) M. Rosenfeld, ebend. 29, 661. — [6]) S. C. Hooker, Ber. 21, 3302 u. Am. Chem. J. 11, 249; Ber. 22, 605 Ref. — [7]) Russwurm, Pharm. Centralh. 40, 516. — [8]) A. Arnaud u. L. Padé, Compt. rend. 98, 1488; JB. 1884, S. 1573; Arnaud, Compt. rend. 99, 190; Ber. 17, 446 Ref. — [9]) Gammarelli, Atti d. R. Accad. 1892, 2, 290; Ber. 26, 103 Ref. — [10]) A. Longi, Gazz. chim. ital. 13, 469; Ber. 17, 145 Ref. — [11]) van Gelder, J. Soc. Chem. Ind. 19, 508; Chem. Centralbl. 1900, II, S. 444.

samtsäuregehalte in Abzug gebracht wird. Bei der erwähnten Titration mit Permanganat wird natürlich nur die Hälfte der ursprünglich vorhandenen Untersalpetersäure in Form von salpetriger Säure ermittelt, da entsprechend der Gleichung $2\,NO_2 + H_2O = NO_3H + NO_2H$ die Hälfte derselben bei der Verdünnung in Salpetersäure übergeführt wurde.

Der qualitative Nachweis der Alkylnitrate geschieht mittels Jodwasserstoffsäure von 1,5 spez. Gew., welche sich nach der Gleichung $RONO_2 + 3\,HJ = ROH + NO + 3\,J + H_2O$ umsetzt. Diese Reaktion dient auch zur quantitativen Bestimmung [1]. Konzentrierte Schwefelsäure löst in der Kälte die Salpetersäureester auf, aber die Lösung zersetzt sich mit der Zeit oder in der Wärme unter Entwickelung von salpetrigen Dämpfen, welche sich durch ihren Geruch, Farbe und die bekannten Reagentien (Ferrosulfat, Anilinsulfat, Brucin, Phenol u. s. w.) leicht nachweisen lassen. Einen genauen Nachweis erhält man, wenn man in der Wärme das organische Nitrat mit einer alkoholischen Lösung von Kaliumhydrat behandelt, hernach den Alkohol vollständig verdampft und die Salpetersäure oder salpetrige Säure in dem Rückstande nachweist. Die Salpetersäureester verbrennen, am Platindraht angezündet, mit charakteristischer grüngelber Flamme, wenn jedoch gegenüber der NO_3-Gruppe viele Atome Kohlenstoff vorhanden sind, ist dieser Versuch sehr unsicher; meistens sieht man die Färbung nur am Saum der Flamme, welche durch das Leuchtendwerden die den Salpetersäureestern eigentümliche Gelbfärbung verdeckt. Bringt man in ein an einem Ende zugeschmolzenes, kapillares Glasröhrchen einen Tropfen des Salpetersäureesters und erhitzt es in der Flamme, so findet eine heftige Explosion statt. Viele Verfahren sind für die Bestimmung der Salpetersäure in den Alkylnitraten angegeben. Beckerhinn [2]) verseift mit einer $^1/_{10}$-normalen, alkoholischen Kalilösung und titriert das noch freie Alkali mit Zehntelnormal-Oxalsäure zurück.

Hess [3]) bestimmt die Salpetersäure durch Reduzieren mit Zink oder Eisenfeilspänen nach Siewerts Methode als Ammoniak, Schulze als Stickoxyd nach der von ihm angegebenen Methode. Am genauesten von allen ist das Verfahren von Hempel [4]), Digerieren des Salpetersäureesters mit konzentrierter Schwefelsäure bei Gegenwart von Quecksilber und Messen des entwickelten Stickoxyds. Bezüglich des Nachweises und der Abscheidung der Alkylnitrate von anderen Beimengungen s. Hampe [5]), sowie die geschichtlichen Notizen von Bertoni [6]) über die Salpetersäureester.

---

[1]) Mills, Chem. Soc. J. [2] 2, 153. — [2]) Beckerhinn, Zeitschr. anal. Chem. 17, 226. — [3]) Hess, ebend. 1874, S. 257; 1879, S. 352; 1880, S. 5[illegible]. — [4]) Hempel, ebend. 1882, S. 449; 1884, S. 578. — [5]) Hampe, ebend. 1884, S. 575. — [6]) Bertoni, Annuario Lab. Chim. R. Accademia Navale 3, 1897.

Nitrogruppen.

Solche kann man nachweisen, indem man die Nitroverbindungen (aromatische) durch Zinkstaub in verdünnter alkoholischer Lösung bei Gegenwart von Chlorcalcium zu Hydroxylaminen reduziert, die sich durch die Reduktion ammoniakalischer Silberlösung erkennen lassen [1]).

Der Nachweis kann auch durch die Bildung primärer Amine bei weitergehender Reduktion erfolgen.

Die Umwandlung, welche Nitroverbindungen mit toluidinhaltigem Anilin (Rotöl) geben, nämlich die Bildung von Rosanilin, ist zum Nachweise benutzt worden, aber unzuverlässig [1]).

Der Nachweis primärer und sekundärer Nitroverbindungen erfolgt durch Überführung in Nitrolsäuren bezw. Pseudonitrole bei Einwirkung von salpetriger Säure (s. S. 241).

Zur Bestimmung reduziert man die Nitroverbindungen mit Zinnchlorürlösung bekannten Gehaltes und titriert den Überschufs derselben zurück.

Ammoniak.

Nachweis. Der spezifische Geruch des freien Ammoniaks, das event. aus seinen Salzen durch Einwirkung von fixen Alkalien in Freiheit gesetzt wird, sowie die Einwirkung des Gases auf Pflanzenfarben (Bläuung von Lackmus, Rötung von Kurkuma) lassen in den meisten Fällen die Gegenwart des Ammoniaks und seiner Verbindungen leicht erkennen. Ein weiteres Charakteristikum bildet der in salzsaurer Lösung durch Platinchlorid entstehende krystallinische Niederschlag, der beim Glühen nur metallisches Platin (chlorfrei) hinterläfst.

Zur Erkennung sehr kleiner Mengen dienen noch die folgenden Reagentien: Quecksilberchlorid fällt aus Lösungen, welche freies oder kohlensaures Ammoniak enthalten, selbst bei grofser Verdünnung weifses Merkuriammoniumchlorid $Cl.NH_2 = Hg$ oder Merkuriaminchlorid $Cl.Hg.NH_2$. Eine weifse Trübung ist nach Bohlig noch bei der Verdünnung 1:200000 bemerkbar. Neutralen Lösungen füge man vor Anstellung der Reaktion etwas Kaliumhydrat oder Kaliumkarbonat zu, stark alkalische oder saure Lösungen sind mit Salzsäure bezw. Kalilauge bis zur schwach alkalischen Reaktion zu versetzen [2]). Nach Schoyen [3]) wird durch Zusatz von Alkalikarbonat die Empfindlichkeit der Reaktion auch für freies und kohlensaures Ammoniak gesteigert, so dafs dann der Nachweis noch bei der Verdünnung 1:30000000 möglich ist. Der auf diese Weise entstehende Niederschlag ist hellgelb und hat die Zusammensetzung $Cl.Hg.NH_2.HgO$.

---

[1]) Mulliker u. Barker, Am. Chem. J. 21, 271; Chem. Centralbl. 1899, I, S. 998. — [2]) Einbrodt, J. pr. Chem. 57, 180. — [3]) Schoyen, Zeitschr. anal. Chem. 2, 330; s. a. Rehsteiner, ebend. 7, 353.

Merkuronitrat erzeugt mit Wasser, das Spuren von freiem Ammoniak enthält, eine schmutzigbraune Färbung[1]).

Alkalische Kaliumquecksilberjodidlösung, bereitet durch Auflösen von 2 g Kaliumjodid in 5 ccm Wasser, Erwärmen mit überschüssigem Quecksilberjodid, Abkühlen, Verdünnen mit 20 ccm Wasser und Vermischen von 20 ccm der filtrierten Lösung mit 30 ccm konzentrierter Kalilauge, ist das Nesslersche Reagens. Dasselbe erzeugt in Lösungen, die freies Ammoniak enthalten, einen rötlichbraunen Niederschlag, bei sehr geringem Ammoniakgehalt eine gelbe Färbung, bedingt durch Bildung von Tetramerkuriammoniumjodid $JNHg_2, H_2O$[2]). Je nach der Temperatur und dem Gehalte an freiem Alkali ist die Färbung verschieden. — Vor Anstellung der Reaktion müssen etwa vorhandene alkalische Erden ausgeschieden werden. Dies ist nach Winkler[3]) nicht erforderlich, wenn Seignettesalz zugefügt wird.

Phosphormolybdänsäurelösung liefert beim Erwärmen mit Ammoniaksalzen einen gelben pulverigen Niederschlag, der sich in Wasser und verdünnten Mineralsäuren nicht, in konzentrierter Salpetersäure beim Kochen nur teilweise, aber in Phosphorsäure, kochender Essigsäure, Oxalsäure, Weinsäure, Citronensäure löst, durch Alkalien und Erdalkalien zersetzt wird. Ähnlich verhalten sich Amine, flüchtige und nicht flüchtige Pflanzenbasen[4]), aber auch Kalium-, Rubidium- und Thalliumsalze[5]).

Ähnliches gilt für den weifsen Niederschlag bezw. bei starker Verdünnung die milchige Trübung, welche durch Phosphorwolframsäurelösung entsteht.

Ammoniakhaltige Flüssigkeiten, mit Phenol, dann mit Chlorkalk versetzt, färben sich nach einigem Stehen grün[6]).

Mit p-Diazonitranilin entsteht in Gegenwart von Natronlauge eine gelbe bis rote Färbung[7]).

Bestimmung. In rein wässerigen Ammoniaklösungen kann man den Ammoniakgehalt aus dem spezifischen Gewichte bestimmen. Genauer ist aber, schon der leichten Verdunstung wegen, die gewichtsanalytische oder die titrimetrische Bestimmung.

Rein wässerige Ammoniaklösungen lassen sich aus Ammoniaksalzen u. s. w., sofern dieselben nur anorganische Beimengungen enthalten, mit Leichtigkeit gewinnen, indem man die Substanz bezw. die Lösung mit fixem Alkali oder gebrannter Magnesia übersättigt und das Ammoniak abdestilliert. Die grofse Flüchtigkeit des freien Ammoniaks selbst aus verdünnter wässeriger Lösung bedingt aber,

---

[1]) H. Rose, Analyt. Chem. (1851) 1, 876; J. Müller, Arch. Pharm. [2] 49, 28. — [2]) Nessler, JB. 1856, S. 408; Zeitschr. anal. Chem. 7, 415; Chapman, ebend. 7, 478; Schürmann, J. pr. Chem. [2] 4, 374. — [3]) L. W. Winkler, Chem.-Ztg. 23, 454. — [4]) Sonnenschein, J. pr. Chem. 56, 302; Ann. Chem. 104, 45. — [5]) Debray, Bull. soc. chim. [2] 5, 404; JB. 1866, S. 794. — [6]) Lex und Schulze, Ber. 4, 809. — [7]) Riegler, Chem.-Ztg. 21, Rep. 307.

dafs man keine sicher quantitative Ausbeute erhält, wenn man die Dämpfe lediglich für sich abkühlt oder in reinem Wasser auffängt. Man pflegt daher überschüssige Säure vorzuschlagen. Will man das Ammoniak im Destillat gewichtsanalytisch bestimmen, so wählt man zweckmäfsig Salzsäure, für die mafsanalytische Bestimmung ist Schwefelsäure geeigneter. Im zweiten Falle mufs natürlich die Menge der vorgelegten Säure genau bestimmt sein.

Bei Verwendung von Salzsäure müssen die Dämpfe während der ganzen Operation gekühlt werden. Bei Anwendung von Schwefelsäure ist dies nicht unbedingt erforderlich, und es wird, wie Benedict[1]) zeigte, die Austreibung beschleunigt, wenn wenigstens zuletzt ohne Kühlung destilliert wird. Läfst man, wie dies vielfach geschieht, das Abflufsrohr des Kühlers direkt in die Absorptionsflüssigkeit eintauchen, so tritt bei Siedeverzögerungen leicht ein Zurücksteigen derselben ein. Zur Vermeidung dieses Übelstandes benutzt Pregl[2]) ein Quecksilberventil. Einfacher ist es, sich der in mannigfachen Formen gebräuchlichen Vorlagen zu bedienen, bei denen die Flüssigkeit nur die Austritts-, nicht aber die Eintrittsöffnung absperrt[3]).

Natürlich ist auch sorgsam darauf zu achten, dafs von der im Siedegefäfs befindlichen stark alkalischen Flüssigkeit nichts in die Vorlage gelangt. Diesbezügliche Vorrichtungen sowie Mafsregeln zur Verhütung des Siedeverzuges sind bereits bei Gelegenheit der Kjeldahlschen Stickstoffbestimmung angeführt.

Zur gewichtsanalytischen Bestimmung kann man die Lösung von Ammoniumchlorid ohne Rücksicht auf den Gehalt an überschüssiger Salzsäure eindampfen und den Rückstand nach Trocknung bei 100° oder 105°[4]) wägen. Oder man versetzt das salzsaure Destillat mit einem Überschufs von Platinchlorid, dampft bis nahezu zur Trockne ein und versetzt den Rückstand mit 80 proc. Alkohol. Der nach einigem Stehen abgeschiedene Niederschlag von Ammoniumplatinchlorid (Platinsalmiak) $Pt(NH_4)_2Cl_6$ wird abfiltriert und mit Alkohol chlorfrei gewaschen. Man kann ihn dann als solchen (bei 130° getrocknet) zur Wägung bringen oder auch im Tiegel veraschen, wobei lediglich metallisches Platin hinterbleibt.

Wenn keine anderen durch Platinchlorid fällbaren Basen zugegen sind, kann man dieses Verfahren auch ohne vorangehende Destillation benutzen.

Die mafsanalytische Bestimmung erfolgt durch Bestimmung des Säureüberschusses mit titrierter Alkalilösung. Entsprechend kann man reine Ammoniaklösungen zunächst mit einem Überschufs von Säure versetzen und diesen Überschufs zurücktitrieren. Man kann

[1]) F. G. Benedict, J. Am. Chem. Soc. 22, 259; Chem. Centralbl. 1900, II, S. 143. — [2]) Pregl, Zeitschr. anal. Chem. 38, 166. — [3]) Vgl. F. Pannertz, ebend. 39, 318. — [4]) Villers und Dumesnil, Compt. rend. 130, 573; Zeitschr. anal. Chem. Chem. Centralbl. 1900, I, S. 733.

aber in diesem Falle, wenn man nur die Verdunstung durch geeignete Vorsichtsmaßregeln verhindert, auch direkt mit Säure titrieren. Als Indikatoren können Lackmus, Methylorange [1]), Fluorescein [2]), p-Nitrophenol, Hämatoxylin Verwendung finden, nicht aber Phenolphtalein [3]).

Für die folgenden Methoden ist das vorherige Abdestillieren des Ammoniaks nicht erforderlich:

Volumetrische Bestimmung. Man versetzt die Lösung mit einer alkalischen Hypobromitlösung und mißt den nach der Gleichung $2\,NH_3 + 3\,BrONa = 3\,BrNa + 3\,H_2O + N_2$ entwickelten Stickstoff [4]). Man kann auch für die Lösungen freien Ammoniaks und für neutrale Salzlösungen Bromwasser verwenden. In Salzlösungen erfolgt aber dann die Entwickelung ziemlich langsam, und zwar steht die Verzögerung im Verhältnis zur Affinitätsgröße der gebundenen Säuren [5]).

Fleck [6]) fällt das Ammoniak durch Nesslersches Reagens unter Zusatz von Magnesiumsulfat, um den Niederschlag gut filtrierbar zu erhalten, und bestimmt im Niederschlag das Quecksilber, indem er ihn in Natriumhyposulfitlösung löst und mit Schwefelleberlösung titriert. Da der Niederschlag konstant die Zusammensetzung $NHg_2J + H_2O$ hat, so läßt sich hieraus das Ammoniak leicht berechnen.

Kolorimetrische Bestimmung. Hierzu wird die Färbung durch Nesslers Reagens benutzt [7]). Die Lösungen müssen so verdünnt sein, daß durch das Reagens keine Trübung, sondern nur Färbung hervorgerufen wird. Zur Vermeidung der sonst entstehenden Niederschläge müssen etwa vorhandene alkalische Erden zuvor durch Alkali und Alkalikarbonat ausgeschieden [8]) oder es muß Seignettesalz zugefügt [9]) werden. Nach Winkler [10]) ist das aus Quecksilberchlorid und Jodkalium bereitete Nesslersche Reagens für die quantitative Methode nicht verwendbar.

Substitutionsprodukte des Ammoniaks, besonders die organischen Amine und Amide, werden, soweit sie noch den Charakter des Ammoniaks gewahrt haben, in gleicher Weise nachgewiesen und bestimmt wie dieses. Insbesondere kommt die alkalimetrische Bestimmung und die Überführung in die Platindoppelchloride in Betracht. Für Säureamide und unter diesen speziell für Harnstoff, dessen Bestimmung in der physiologischen Chemie eine wesentliche Rolle spielt, kommt hauptsächlich das Knopsche azotometrische Verfahren unter Anwendung von Hypobromiten in Frage. — Hofmann [11]) übertrug dies Verfahren

---

[1]) R. Rempel, Zeitschr. angew. Chem. 1889, S. 331. — [2]) Zellner, Pharm. Ztg. 46, 100. — [3]) J. H. Long, Am. Chem. J. 11, 84; Ber. 22, 509 Ref. — [4]) W. Knop, Chem. Centralbl. 1860, S. 261. — [5]) S. Raich, Zeitschr. physikal. Chem. 2, 124. — [6]) Fleck, J. pr. Chem. [2] 5, 263. — [7]) W. A. Miller, Zeitschr. anal. Chem. 4, 459. — [8]) Chapman, ebend. 7, 478; Frankland u. Armstrong, ebend. 7, 749; H. Trommsdorff, ebend. 8, 356. — [9]) L. W. Winkler, Chem.-Ztg. 23, 454. — [10]) Derselbe, ebend. 23, 541. — [11]) A. W. Hofmann, Ber. 14, 2725.

auf Amide und Hüfner[1]) modifizierte es für die Bestimmung von Harnstoff. Verbesserungen des Azotometers sind angegeben von Houzeau[2]), P. Wagner[3]), Knop[4]). M. Hönig[5]) verwendet, je nachdem nur der Stickstoff aus Ammoniaksalzen oder außerdem noch aus einer anderen stickstoffhaltigen Substanz in Freiheit gesetzt werden soll, ein oder zwei Entwickelungsgefäſse, in Verbindung mit einem Zulkowskischen Azotometer; im letzteren Falle wird das Ammoniak aus dem ersten Gefäſse mittels Ätzkali ausgetrieben und im zweiten Gefäſse mit der Hypobromitlösung in Berührung gebracht. Derselbe verweist auch darauf, daſs Überschuſs der letzteren thunlichst zu vermeiden ist, da dieselbe beim Kochen schon für sich Sauerstoff entwickelt.

Riegler[6]) verwendet zur Zersetzung des Harnstoffs das Millonsche Reagens, eine Quecksilbernitratlösung, welche freie Salpetersäure und salpetrige Säure enthält. Die Zersetzung erfolgt unter Entbindung gleicher Volume Kohlensäure und Stickstoff gemäſs der Gleichung

$$CO(NH_2)_2 + NO_2H + NO_3H = CO_2 + N_2 + NO_3(NH_4) + H_2O.$$

Da Harnstoff einige schwer lösliche Verbindungen zu bilden vermag, ist auch die gewichtsanalytische Bestimmung vorgeschlagen worden. Vielfach geschah sie in Form der Salpetersäureverbindung, welche namentlich bei Anwesenheit von überschüssiger Salpetersäure sich ausscheidet; doch ist dieselbe immerhin noch zu löslich, als daſs dieses Verfahren genaue Resultate ergeben könnte. Wohl aber ist sie zum mikrochemischen Nachweise kleiner Harnstoffmengen geeignet. Mit Formaldehyd giebt Harnstoff ein so gut wie unlösliches Kondensationsprodukt, aber diese Kondensation verläuft nicht quantitativ[7]).

Bunsen[8]) benutzte die Zersetzungsprodukte des Harnstoffs. Er erhitzte mit ammoniakalischer Chlorbaryumlösung auf 220 bis 240° und wog das erhaltene Baryumkarbonat. Bei Anwesenheit anderer Kohlensäure abspaltender Substanzen muſs auch das gleichzeitig gebildete Ammoniak bestimmt werden[9]).

Da Harnstoff zumeist mit anderen Substanzen vermischt ist, welche nicht nur bei der allgemeinen Stickstoffbestimmung, sondern auch bei der azotometrischen das Resultat beeinflussen würden, so muſs man die Lösung, um genaue Resultate zu erhalten, von solchen Substanzen zuvor befreien. Es wird dazu besonders die Behandlung 1. mit Phosphorwolframsäure, 2. mit basischem Bleiacetat und Phosphorwolframsäure empfohlen[10]).

---

[1]) Hüfner, Zeitschr. physiol. Chem. 1, 355. — [2]) Houzeau, Ann. ch. phys. [4] 23, 469; JB. 1871, S. 891. — [3]) P. Wagner, Zeitschr. anal. Chem. 13, 383. — [4]) Knop, ebend. 25, 301. — [5]) M. Hönig, Wien. Akad. Ber. 76, 448. — [6]) Riegler, Pharm. Centralh. 38, 579. — [7]) H. Thoms, Ber. D. pharm. Ges. 7, 161. — [8]) Bunsen, Ann. Chem. 65, 375. — [9]) Salkowski, Ber. 9, 719. — [10]) Mörner u. Sjöquist, Skand. Arch. Phys. 2, 1; Moreigne, J. chim. pharm. [6] 8, 193, 241; Chem. Centralbl. 1898, II, S. 793, 827.

Nach einer von Liebig[1]) herrührenden Methode bestimmt man Harnstoff maſsanalytisch auf Grund der Thatsache, daſs verdünnte Merkurinitratlösung unter günstigen Umständen sämtlichen Harnstoff als Verbindung von konstanter Zusammensetzung ausfällt und daſs erst, wenn dieser Punkt erreicht ist, das weiter zugesetzte Merkurinitrat mit Sodalösung oder Natriumbikarbonat eine gelbe oder gelbbraune Färbung liefert. Phosphorsäure muſs zuvor entfernt, auch muſs während der Titrierung die etwaige saure Reaktion der Flüssigkeit durch Zusatz von Sodalösung abgestumpft werden. Die Methode giebt, auch mit den von verschiedenen Seiten vorgeschlagenen Modifikationen, nur annähernde Resultate[2]).

Campani[3]) zerlegt den Harnstoff durch Kaliumnitrit und verdünnte Schwefelsäure und leitet das entweichende Gas durch titriertes Kalkwasser, dessen Überschuſs mit Oxalsäure zurücktitriert wird.

Harnsäure. Zum Nachweis dienen neben der Schwerlöslichkeit der freien Säure und der sauren Salze die Murexidprobe, die Reaktionen von Denigès und Schiff. Murexidprobe: Wird Harnsäure mit etwas Salpetersäure auf dem Wasserbade eingedampft, so erhält man einen schön roten Rückstand, welcher bei Zusatz von Ammoniak purpurrot, durch Natronlauge mehr blau wird. Die blaue Farbe verschwindet beim Erwärmen rasch.

Wird Harnsäure durch vorsichtige Einwirkung von Salpetersäure in Alloxan übergeführt und die überschüssige Säure vorsichtig verjagt. so erhält man mit einigen Tropfen konzentrierter Schwefelsäure und käuflichem Benzol eine blaue Färbung[4]). — Bringt man auf mit Silbernitrat benetztes Filtrierpapier eine Lösung von Harnsäure in Natriumkarbonat, so entsteht ein braunschwarzer, bei sehr wenig Harnsäure ein gelber Fleck[5]).

Die direkte Ausscheidung der Harnsäure aus dem Harn durch Säure führt quantitativ zu keinem genauen Resultate. Besser ist es, zunächst durch Sättigen mit Ammoniumchlorid die Harnsäure als Ammoniumsalz auszufällen und dieses durch Salzsäure zu zerlegen oder in ihm die Harnsäure durch Titration mit Kaliumpermanganat zu ermitteln[6]).

Nach Salkowski und Ludwig[7]) fällt man die Harnsäure aus dem zunächst mit Magnesiamischung behandelten Harn durch ammoniakalische Silberlösung. Aus dem Niederschlage kann die Harnsäure als solche abgeschieden oder es kann der Stickstoffgehalt bestimmt werden. Im letzten Falle erhält man aber zugleich den Stickstoff der

---

[1]) Liebig, Ann. Chem. 85, 289. — [2]) Bohland, Zeitschr. anal. Chem. 24, 298. — [3]) Campani, Gazz. chim. ital. 17, 137; Ber. 20, 524 Ref. — [4]) Denigès, J. ch. pharm. [5] 18, 161. — [5]) Schiff, Ann. Chem. 109, 67. — [6]) Hopkins, Chem. News 66, 106; Ber. 26, 58 Ref.; Fokker, Zeitschr. anal. Chem. 14, 206; Salkowski, ebend. 16, 373; Ritter, Zeitschr. physiol. Chem. 21, 288; Folin, ebend. 24, 224. — [7]) Ludwig, Zeitschr. anal. Chem. 21, 148, 24, 638; Salkowski, ebend. 24, 637.

Xanthinbasen (Alloxurbasen). Hat man dagegen den Silberniederschlag mit Schwefelwasserstoff zerlegt und aus dem Filtrate die Harnsäure abgeschieden, so kann man im Filtrat hiervon den Alloxurbasenstickstoff entweder direkt oder nach nochmaliger Fällung mit ammoniakalischem Silbernitrat ermitteln. In dem letzten Falle wäscht man zweckmäfsiger den Niederschlag chlorfrei, verascht und titriert das Silber nach Auflösen in Salpetersäure titrimetrisch nach Volhard[1]).

Krüger und Wulff[2]) fällten sämtliche Alloxurkörper (Harnsäure + Alloxurbasen) durch Kupfersulfat und Natriumbisulfit und zogen von dem Stickstoffgehalt dieses Niederschlages den der nach Salkowski-Ludwig abgeschiedenen Harnsäure ab. Dieses Verfahren liefert aber nach Flatow und Reitzenstein[1]) unrichtige Resultate.

Nach Jolles[3]) sollen aus Purinbasen und Ureiden bei Oxydation mit Kaliumpermanganat in schwefelsaurer Lösung so viel Stickstoffatome, wie Methylgruppen vorhanden sind, als Methylamin (durch Phosphorwolframsäure fällbar) abgespalten werden, während der Rest in Harnstoff oder Ammoniak übergeht.

Hydroxylamin und Hydrazin.

Nachweis. Beim Erwärmen mit Nitroprussidnatrium in alkalischer Lösung entsteht bei Anwesenheit von Hydroxylamin eine schön fuchsinrote Färbung. Diese Reaktion wird durch die Gegenwart überschüssiger Ammoniaksalze beeinträchtigt[4]).

Durch Überführung in Oxime läfst sich Hydroxylamin, vielfach auch in geringen Mengen, nachweisen. Am besten eignet sich hierzu das Benzophenonoxim[5]).

Hydrazin giebt sich durch seine Reaktionsfähigkeit gegenüber Aldehyden, besonders leicht durch die Bildung des in Wasser unlöslichen Benzalazins vom Schmelzpunkt 93° mit Benzaldehyd, zu erkennen.

Bestimmung. Thum[6]) behandelt mit Permanganat in alkalischer Lösung, wodurch Hydroxylamin zu Azohydroxyl $O\!\left\langle\begin{matrix}N-OH\\|\\N-OH\end{matrix}\right.$ oxydiert wird, und titriert den Überschufs mit alkalischer Arsenitlösung zurück. — Meyeringh[7]) und Amat[8]) oxydieren mit Ferrisalz, wobei jede Molekel Hydroxylamin 1 At. Sauerstoff erfordert, und titrieren das reduzierte Eisen mit Permanganat.

---

[1]) Salkowski, Pflügers Arch. 69, 268; Flatow u. Reitzenstein, Centralbl. inn. Med. 18, 1; Arnstein, Zeitschr. physiol. Chem. 23, 417. — [2]) Krüger u. Wulff, Zeitschr. physiol. Chem. 20, 176. — [3]) Jolles, Ber. 33, 2119. — [4]) A. Angeli, Gazz. chim. ital. 23, II, 101; Ber. 26, 891 Ref. — [5]) Hoffmann u. V. Meyer, Ber. 24, 3529. — [6]) A. Thum, Monatsh. Chem. 14, 294. — [7]) Meyeringh, Ber. 10, 1940. — [8]) Amat, Compt. rend. 111, 678.

Hofmann und Küspert[1]) oxydieren mit verdünnter schwefelsaurer Vanadinsäurelösung. Man mifst einerseits den entwickelten Stickstoff, andererseits bestimmt man durch Titration der teilweise zu Vanadylsulfat reduzierten Lösung mit Kaliumpermanganat die Menge des von der Vanadinsäure abgegebenen Sauerstoffs. Aus beiden Daten läfst sich die Menge des vorhandenen Hydroxylamins wie die des Hydrazins berechnen, da 1 Mol. des ersteren 1 At. Sauerstoff, 1 Mol. Hydrazin aber 2 At. zur Entbindung einer Molekel Stickstoff verbraucht.

Nach v. Knorre und Arndt[2]) scheinen die Resultate dieser Methode aufserordentlich von der Beschaffenheit der Vanadinsäure abhängig zu sein. Der entwickelte Stickstoff enthält stets noch etwas Stickoxydul.

Hydrazin kann jodometrisch bestimmt werden, indem man die Lösung mit Kaliumjodat erhitzt und das ausgeschiedene Jod titriert. Die Reaktion vollzieht sich nach den Gleichungen:

$$1.\ 15\,H_2N{-}NH_2.SO_4H_2 + 10\,JO_3K = 15\,N_2 + 30\,H_2O + 5\,SO_4K_2 + 10\,SO_4H_2 + 10\,JH,$$

$$2.\ 10\,JH + 2\,JO_3K + SO_4H_2 = SO_4K_2 + 6\,H_2O + 12\,J.$$

Es werden demnach auf 5 Molekeln Hydrazin 4 At. Jod frei[3]). Man könnte natürlich auch hier den entwickelten Stickstoff messen.

Stickstoffwasserstoffsäure

wird nachgewiesen und bestimmt, indem man die Substanz mit verdünnter Schwefelsäure destilliert, das übergehende Azoimid in überschüssiger $\frac{n}{10}$-Kalilauge auffängt und zurücktitriert[4]). Natürlich dürfen andere flüchtige Säuren nicht zugegen sein.

Cyanverbindungen.

Zum Nachweise von Cyangas leitet man das Gasgemisch durch Natronlauge. Auf Zusatz von neutralisierter Pikrinsäure tritt dann sogleich eine tiefdunkelrote Färbung ein[5]).

Zum Nachweise der freien Cyanwasserstoffsäure dient neben ihrem charakteristischen Geruche hauptsächlich die Überführung in Berlinerblau, welche bereits bei der Prüfung organischer Substanzen auf Stickstoff erwähnt wurde. Die Säure mufs natürlich zunächst mit überschüssigem Alkali versetzt werden. Cyanalkalisalze und andere einfache sowie verschiedene Doppelcyanide lassen sich auf dieselbe Weise er-

---

[1]) Hofmann u. Küspert, Ber. 31, 64. — [2]) v. Knorre u. Arndt, ebend. 33, 30. — [3]) Rimini, Gazz. chim. ital. 29, I, 265; Chem. Centralbl. 1899, II, S. 455. — [4]) Curtius u. Rissom, J. pr. Chem. [2] 58, 261. — [5]) A. Vogel, Münch. Akad. Ber. 1884, S. 286; H. Vohl u. H. Eulenberg, Arch. Pharm. 147, 130; A. Vogel u. Reischauer, Dingl. pol. J. 148, 231; G. L. Bon u. G. Noël, Compt. rend. 90, 1538; Ber. 13, 1882.

kennen. Es soll noch darauf hingewiesen werden, dafs bei der Umwandlung in Ferriferrocyanid ein Überschufs von Eisenoxydsalz zu vermeiden ist, da ein solcher zur ausschliefslichen Bildung von Ferricyansalz führen kann. Es wird auf diese Weise bei Verdünnung 1:50000 nur noch ein zweifelhaftes Resultat erhalten [1]).

Etwas umständlicher, aber viel empfindlicher ist die Überführung in Rhodansalz, das alsdann durch die rote Färbung mit Eisenchlorid nachgewiesen wird. Zu diesem Zwecke wird die Lösung mit Schwefelammonium versetzt und im Wasserbade unter Zusatz von wenig Natronlauge verdampft. Diese Reaktion ist bei Verdünnung 1:4000000 noch deutlich wahrnehmbar [1]).

Empfindlicher als die Berlinerblau-Reaktion ist nach Vortmann [2]) auch ein auf Überführung in Nitroprussidkalium beruhendes Verfahren. Man versetzt die Lösung mit einigen Tropfen Kaliumnitritlösung und zwei bis vier Tropfen Eisenchloridlösung, dann mit Schwefelsäure, bis die Färbung hellgelb geworden ist. Dann wird aufgekocht, mit Ammoniak versetzt, filtriert und mit verdünnter farbloser Schwefelammoniumlösung auf das Nitroprussidsalz geprüft, welches hierbei eine violette bis purpurne Färbung zeigt. Empfindlichkeit 1:312500.

Da die Cyanverbindungen vom Typus der Blutlaugensalze als ungiftig gelten, so ist für forensische Zwecke die Trennung der in giftiger Form vorhandenen Blausäure von der in Form jener komplexen Verbindungen enthaltenen von Wichtigkeit. Nach Jaquemin [3]) geben nur die giftigen Verbindungen, mit Ausnahme des Quecksilbercyanids, ihre Blausäure durch Destillation im Kohlensäurestrome oder unter Zusatz von Natriumbikarbonat ab. Um auch das Quecksilbersalz dieser Zersetzung zugänglich zu machen, fügt man nach Autenrieth [4]) etwas Schwefelwasserstoff hinzu.

Ein recht umständliches Verfahren zum Nachweis der Blausäure neben Rhodanwasserstoffsäure, Ferro- und Ferricyanwasserstoffsäure giebt Preifs [5]) an.

Nach Barfoed [3]) entzieht Äther den angesäuerten wässerigen Lösungen der eigentlichen Cyanide, auch des Quecksilbersalzes, Blausäure, nicht aber den komplexen Salzen.

Um Cyan in Gasgemischen quantitativ zu bestimmen, empfahl Jaquemin [6]), dasselbe durch Anilin zu absorbieren. Nach Loeb [7]) ist dieses Absorptionsmittel wenig geeignet, da es auch erhebliche Mengen Kohlensäure und Kohlenoxyd aufnimmt, und da durch Kohlensäure sogar Blausäure aus Anilinlösung ausgetrieben werden kann.

---

[1]) Link u. Moeckel, Ber. 11, 2139; C. Bischoff, ebend. 16, 1354. — [2]) Vortmann, Wien. Monatsh. 7, 416. — [3]) s. H. Beckurts u. Schönfeldt, Arch. Pharm. 21, 576. — [4]) W. Autenrieth, ebend. 231, 99. — [5]) Preifs, Am. Chem. J. 28, 240; Chem. Centralbl. 1902, II, S. 1077. — [6]) G. Jaquemin, Compt. rend. 90, 1538, 100, 1006; Ber. 13, 1882, 18, 343 Ref. — [7]) M. Loeb, Chem. Soc. J. 1888, I, p. 812; Ber. 21, 714 Ref.

Die Bestimmung der Cyanwasserstoffsäure erfolgt gewichtsanalytisch durch Fällung mit Silbernitrat aus salpetersaurer Lösung. Das abgeschiedene Cyansilber kann entweder als solches nach dem Trocknen bei 100° gewogen oder durch Glühen in metallisches Silber übergeführt werden (H. Rose). Die Abscheidung mufs in stark verdünnter, nur eben salpetersaurer Lösung mit nicht zu grofsem Überschufs an Silbernitrat erfolgen, da sonst nicht unbeträchtliche Mengen Cyansilber in Lösung bleiben [1]).

Um aus Bittermandelwasser oder Kirschlorbeerwasser das gesamte Cyan in dieser Form zu gewinnen, mufs man demselben aufser einem nicht allzu grofsen Überschufs des Silbernitrats Ammoniak bis zur stark alkalischen Reaktion zufügen, dann aber sofort mit Salpetersäure ansäuern [2]).

Archetti [3]) schüttelt ein bestimmtes Volum der Flüssigkeit, in welcher freie Blausäure bestimmt werden soll, mit einer gewogenen überschüssigen Menge Merkurochlorid, filtriert, wäscht das nach der Gleichung $Cl_2Hg_2 + 2\,CNH = (CN)_2Hg + Hg$ ausgeschiedene Quecksilber durch Behandlung mit verdünnter Salpetersäure (1 Vol. Säure vom spezif. Gew. 1,4 mit $^1/_3$ Vol. Wasser) heraus und wägt den zurückbleibenden Überschufs des Merkurochlorids zurück.

Sind neben Cyanwasserstoffsäure Halogenwasserstoffsäuren zugegen, so fällt man alle diese Säuren durch Silberlösung aus. Man kann in dem bei 100° getrockneten Niederschlage das Cyan nach den Methoden der Elementaranalyse bestimmen oder man kann ihn mit Salpetersäure von 1,2 spezif. Gew. im zugeschmolzenen Rohre mehrere Stunden auf 100° oder etwa eine Stunde auf 150° erhitzen, wobei das Cyansilber vollständig zersetzt wird, und das ungelöst bleibende Halogensilber zurückwägen [4]). Oder man erhitzt den zuvor gewogenen Niederschlag bis zum vollständigen Schmelzen, reduziert dann mit Zink und verdünnter Schwefelsäure, filtriert die Lösung von dem metallischen Silber und Paracyansilber ab und bestimmt darin wiederum die jetzt cyanfreien Halogene durch Fällen mit Silberlösung [5]).

Man kann auch das Cyan von den Halogenen auf Grund des verschiedenen Verhaltens der Silbersalze gegen die Wasserstoffsäuren trennen [6]).

Ist aufserdem Rhodanwasserstoffsäure zugegen, so gewinnt man bei der Digestion des Silberniederschlages mit Salpetersäure die dem Rhodan und dem Cyan entsprechende Menge Silber, ferner die dem Rhodan entsprechende Menge Schwefelsäure im Filtrat, und kann hieraus die Mengen beider Substanzen berechnen [Borchers [7])].

---

[1]) G. Gregor, Zeitschr. anal. Chem. 33, 30. — [2]) Feldhaus, ebend. 3, 34. — [3]) A. Archetti, Chem.-Ztg. 26, 555. — [4]) K. Kraut, Zeitschr. anal. Chem. 2, 243. — [5]) Neubauer u. Kerner, Ann. Chem. 101, 344. — [6]) G. Errera, Gazz. chim. ital. 18, 244; Ber. 22, 274 Ref. — [7]) W. Borchers, Repert. anal. Chem. 1881, S. 130.

Jumeau[1]) bestimmt die Gesamtmenge des Silberniederschlages, dann in einer Portion desselben den Stickstoff nach Kjeldahl, in einer anderen nach Auflösung in Ammoniak, Zusatz von Salzsäure und Oxydation mit Permanganat die aus dem Rhodan gebildete Schwefelsäure.

Nach Richards und Singer[2]) kann man Cyanwasserstoffsäure infolge ihres weit geringeren Dissoziationsvermögens aus gemischter Säure durch Abdampfen der verdünnten Lösung unter kontinuierlichem Ersatz des verdampften Wassers austreiben, ohne dafs eine erhebliche Menge Chlorwasserstoffsäure entweicht.

Zur quantitativen Abscheidung aus Organen u. s. w. dient am besten die von Dragendorff empfohlene Destillation aus mit Weinsäure angesäuerten, mit Alkohol hergestellten Mischungen unter Durchleiten eines Luft- oder Kohlensäurestromes[3]).

Da viele Cyanide und namentlich Doppelcyanide bei Zusatz von Silberlösung ein Gemenge von Cyansilber und anderem Cyanmetall ausfallen lassen, müssen solche Niederschläge mit Salpetersäure längere Zeit in gelinder Wärme digeriert werden.

Cyanquecksilber wird zweckmäfsig zunächst in Cyanzink übergeführt, indem man die Lösung mit einer solchen von Zinknitrat in wässerigem Ammoniak versetzt und allmählich Schwefelwasserstoffwasser hinzufügt, bis weiterer Zusatz nur noch rein weifses Schwefelzink ausfallen läfst. Dann wird abfiltriert, der aus Schwefelquecksilber und Schwefelzink bestehende Niederschlag mit sehr verdünntem Ammoniak ausgewaschen und aus dem Filtrat durch Silbernitrat und verdünnte Säure das Cyan als Cyansilber gefällt[4]). Da die meisten einfachen und Doppelcyanide, auch Ferrocyan- und Ferricyanverbindungen durch Kochen mit überschüssigem Quecksilberoxyd und Wasser quantitativ in Cyanquecksilber übergeführt werden können, so ist das Verfahren auch auf diese anwendbar.

Für viele Verbindungen, insbesondere auch für das äufserst schwer zersetzbare Kobaltidcyankalium, empfiehlt sich die Digestion mit ammoniakalischer Silbernitratlösung[5]), am besten im zugeschmolzenen Glasrohre bei 100 bis 150°. Den Röhreninhalt erwärmt man nach beendeter Zersetzung gelinde, bis sich die Krystalle von Cyansilber-Ammoniak gelöst haben, dann filtriert man vom ausgeschiedenen Metalloxyd ab und fällt aus dem Filtrate das Cyansilber durch Ansäuern mit Salpetersäure aus.

Eine andere Methode der Cyanbestimmung ist die von Liebig[6]) herrührende mafsanalytische. Fügt man zu Blausäure Kali bis zur stark alkalischen Reaktion, dann eine verdünnte Lösung von Silber-

---

[1]) P. L. Jumeau, Bull. soc. chim. [3] 9, 346; Ber. 26, 835 Ref. — [2]) Th. W. Richards u. S. K. Singer, Am. Chem. J. 27, 205. — [3]) C. Bischoff, Ber. 16, 1354; Filsinger, Chem.-Ztg. 20, 270. — [4]) H. Rose u. Finkener, Zeitschr. anal. Chem. 1, 288. — [5]) W. Weith, ebend. 9, 379. — [6]) Liebig, Ann. Chem. 77, 102.

nitrat, so entsteht erst dann eine bleibende Trübung von Cyansilber oder, wenn Kochsalzlösung zugefügt wurde, von Chlorsilber, wenn alles Cyan in das Silberkaliumdoppelsalz übergeführt ist. Es entspricht danach 1 Mol. Silbernitrat 2 Mol. Blausäure.

Die alkalische Reaktion soll nach Macewan[1]) nicht durch Lackmus, sondern durch Phenolphtalein festgestellt werden.

Fordos und Gelis[2]) benutzen eine jodometrische Methode auf Grund der durch die Gleichung $CNK + 2J = JK + JCN$ ausgedrückten Umsetzung. Bei Untersuchung von freier Blausäure versetzt man diese zunächst vorsichtig mit Natronlauge bis zur alkalischen Reaktion und fügt dann kohlensaures Wasser hinzu, um das überschüssige Alkali in Bikarbonat überzuführen. Letzteres ist auch bei der Untersuchung von käuflichem Cyankalium erforderlich.

Vielhaber[3]) empfahl, Bittermandelwasser mit Magnesiumhydrat schwach alkalisch zu machen, dann mit Silbernitrat und Kaliumchromat als Indikator zu titrieren. Dies ist selbstverständlich nur bei Abwesenheit von Halogenen statthaft.

Nach dem Volhardschen Verfahren läfst sich Cyan ebenso wie Halogene bestimmen. Da sich aber Cyansilber mit Sulfocyansäure ziemlich rasch umsetzt, mufs die Flüssigkeit nach Zusatz von überschüssigem titrierten Silbernitrat auf ein bestimmtes Volumen verdünnt, vom Cyansilber abfiltriert und dann erst ein aliquoter Teil des Filtrats mit Ammoniumsulfocyanat zurücktitriert werden. Nach Gregor[4]) ist diese Bestimmung die einzig zuverlässige unter den mafsanalytischen.

Für unreine Cyanidlösungen, besonders die Laugen vom Cyanidprozefs der Goldgewinnung, empfahl Sharwood[5]) Titrieren mit Silberlösung nach Zusatz von 5 ccm Ammoniaklösung und 2 ccm 5 proz. Kaliumjodidlösung in der Kälte bis zu bleibender Trübung. Bei Gegenwart von Thiosulfaten ist etwas mehr Kaliumjodid, bei Gegenwart von Sulfiden statt dessen 5 bis 10 ccm einer Lösung von 0,5 g Jod und 2 bis 3 g Kaliumjodid in 100 ccm Wasser zuzusetzen. Bei Gegenwart verschiedener Metalle sind noch besondere Zusätze erforderlich, um den Einflufs jener auf das Resultat auszuschalten.

Eine kolorimetrische Bestimmung durch Überführung in Sulfocyansalz und Zusatz von Eisenchlorid ist von Herapath[6]) vorgeschlagen worden.

Ferrocyanverbindungen können in schwefelsaurer Lösung mit Kaliumpermanganat titriert werden. Sie gehen dabei in Ferricyan-

[1]) P. Macewan, Pharm. J. Trans. 1883, S. 341; Ber. 16, 2939 — [2]) Fordos u. Gelis, J. ch. pharm. 23, 48; J. pr. Chem. 59, 255. — [3]) C. Vielhaber, Arch. Pharm. 1878, Nov. — [4]) G. Gregor, Zeitschr. anal. Chem. 33, 30. — [5]) W. J. Sharwood, J. Am. Chem. Soc. 19, 400; Chem. Centralbl. 1897, II, S. 68; vergl. a. Chas. A. Ellis, J. Soc. Chem. Ind. 16, 115; Chem. Centralbl. 1897, I, S. 778. — [6]) Herapath, J. pr. Chem. 60, 242.

lösungen über [De Haen [1])]. Der Farbenumschlag wird noch deutlicher, wenn man einen Tropfen Eisenchlorid zusetzt. Es verschwindet dann die blaugrüne Färbung, sobald die Umwandlung in Ferricyankalium vollendet ist[2]). Statt Permanganatlösung kann auch Kaliumchromatlösung verwendet werden. Zur Erkennung der Endreaktion ist dann Tüpfeln mit Eisenchlorid erforderlich[3]).

Ferricyanverbindungen werden der obigen Bestimmung zugänglich, wenn man sie zuvor durch Ferrosulfat in alkalischer Lösung oder durch Natriumamalgam reduziert hat. Man kann dieselben auch jodometrisch bestimmen, da durch 1 Mol. Ferricyankalium aus Jodkalium in saurer Lösung 1 At. Jod ausgeschieden wird [Lenssen[4])]. Nach Mohr[5]) erhält man noch genauere Resultate, wenn man dem Reaktionsgemisch Zinksulfat zufügt.

Rheineck[6]) bestimmt in Fällen, wo starke Färbung der Lösung die Erkennung der Endreaktion hindern würde, z. B. in Färberflotten, den Gehalt an Ferrocyankalium, indem er Eisenoxydlösung bekannten Gehaltes bis zur Ausscheidung des flockigen Niederschlages zufügt, auf Grund der Thatsache, dafs diese Ausscheidung erst erfolgt, wenn gerade alles Ferrocyan durch Eisen gebunden ist.

Neben Rhodansalz, z. B. in Rohlauge der Blutlaugensalzfabriken, bestimmt Bohlig[7]) Ferrocyankalium durch Zusatz einer auf Ferrocyanlösung bekannten Gehaltes eingestellten Kupfersulfatlösung bis zur völligen Ausfällung, welche durch Tüpfeln mit Eisenchlorid erkannt wird.

Rhodanwasserstoffsäure bestimmt Borchers[8]), indem er den Silberniederschlag mit Salpetersäure digeriert. Es entsteht hierbei die äquivalente Menge Schwefelsäure.

Dieselbe Oxydation bewirkt auch Kaliumpermanganat in saurer Lösung. Man kann diese Reaktion zur gewichtsanalytischen Bestimmung benutzen, wobei man natürlich in salzsaurer Lösung arbeiten mufs, oder man kann auch, wenn man die Permanganatlösung auf Rhodanlösung bekannten Gehaltes eingestellt hat, aus dem Verbrauche jener den Gehalt berechnen[9]).

Alkaloide.

Dem Nachweis und der Bestimmung von Alkaloiden mufs in den meisten Fällen eine Trennung von begleitenden und zumeist in sehr viel gröfserer Menge vorhandenen Substanzen vorangehen.

---

[1]) De Haen s. Fresenius, Quant. Anal. 6. Aufl., I, S. 499. — [2]) Gintl, Zeitschr. anal. Chem. 6, 446. — [3]) E. Meyer, ebend. 8, 508. — [4]) E. Lenssen s. Fresenius, l. c. — [5]) C. Mohr, Ann. Chem. 105, 62. — [6]) H. Rheineck, Chem. Centralbl. 1871, S. 778. — [7]) E. Bohlig, Polytechn. Notizbl. 16, 81. — [8]) W. Borchers, Rep. anal. Chem. 1881, S. 130. — [9]) P. L. Jumeau, Bull. soc. chim. [3] 9, 346; Ber. 26, 835 Ref.

Die hierzu benutzten Methoden gründen sich, abgesehen von einigen Fällen, in denen die Alkaloide aus ihren Lösungen mit genügender Vollständigkeit niedergeschlagen werden können, zumeist auf die Löslichkeit in organischen Lösungsmitteln (Alkohol, Äther, Chloroform, Benzol, Petroleumäther, Ligroin u. s. w.). Am sichersten ist nach den vorliegenden Erfahrungen das Verfahren von Stas-Otto. Nach demselben werden die Alkaloide durch mit Weinsäure angesäuerten Alkohol dem Rohmaterial entzogen. Durch Verdampfen des Alkohols und Zusatz von Wasser werden fett- und harzartige Substanzen zur Abscheidung gebracht. Der resultierenden wässerigen Lösung werden dann die Alkaloide zum geringen Teil bei saurer Reaktion, zum gröfsten nach Zusatz von fixem Alkali, einige aus ammoniakalischer Lösung durch Äther und Chloroform entzogen [1]). Die aus den organischen Lösungsmitteln beim Abdunsten verbleibenden Rückstände dienen zur weiteren Prüfung.

Qualitativ erfolgt dieselbe, abgesehen von besonders charakteristischen physikalischen Eigenschaften, zumeist auf Grund von Farbreaktionen. Die hierfür hauptsächlich verwendeten Reagentien sind:

Konzentrierte Schwefelsäure, die völlig frei von Nitroverbindungen sein mufs. Diese giebt zum Teil schon für sich charakteristische Färbungen, zum Teil erst bei Zusatz von oxydierenden Mitteln, wie Braunstein, Kaliumbichromat, Salpetersäure [Erdmanns Reagens [2])].

Konzentrierte Salpetersäure.

Fröhdes Reagens, eine Lösung von Natriummolybdat oder Ammoniumsulfomolybdat (Buckingham) in Schwefelsäure [3]).

Konzentrierte Schwefelsäure mit Rohrzucker [Schneider [4])]. Diese Reaktion ist bedingt durch die Bildung von Furfurol. Man kann daher auch an Stelle des genannten Reagens Furfurolschwefelsäure anwenden [5]).

Pyrogallol [6]).

Mandelins Reagens [7]), eine Auflösung von Ammoniummetavanadat in konzentrierter Schwefelsäure.

Antimontrichlorid [8]).

Überchlorsäure [Fraudes Reagens [9])].

Selenige Säure, in konzentrierter Schwefelsäure gelöst [10]).

Chlor und Brom liefern zuweilen charakteristisch gefärbte Substitutionsprodukte, Jod Perjodide.

---

[1]) Ein etwas abweichendes Verfahren empfahl neuerdings Kippenberger, Zeitschr. anal. Chem. **39**, 290. — [2]) Erdmann, Ann. Chem. **120**, 188. — [3]) Fröhde, Zeitschr. anal. Chem. **5**, 214; Buckingham, ebend. **12**, 234. — [4]) R. Schneider, JB. 1872, S. 747. — [5]) Neumann-Wender, Pharm. Centralh. **34**, 601. — [6]) Schlagdenhauffen, JB. 1874, S. 956. — [7]) K. F. Mandelin, Pharm. Zeitschr. Rufsl. **22**, 34. — [8]) W. Smith, Ber. **12**, 1420. — [9]) G. Fraude, ebend. **12**, 1558. — [10]) Mecke, Zeitschr. öffentl. Chem. **5**, 351.

Piutti[1]) benutzt das Perjodid des Äthoxyphenylpyrrolidons.

o-Nitro-Phenylpropiolsäure liefert nach Brunner[2]) besonders schöne und haltbare Farbreaktionen, auf Bildung von Indigoblau beruhend.

Zur quantitativen Bestimmung kann man zuweilen das durch die Isolierungsmethoden gewonnene Alkaloid direkt zur Wägung bringen oder in Form von Verbindungen mit Tannin[3]), Pikrinsäure[4]) oder als Perjodid[5]). Auch die Wägung der Niederschläge mit Kaliumquecksilberjodid ist empfohlen worden[6]) sowie für einzelne Fälle (Theobromin) die des Phosphormolybdänsäureniederschlages[7]).

Weit besser sind im allgemeinen die alkalimetrischen Methoden, sei es, dafs man die Menge der von dem Alkaloid gebundenen Säure bestimmt[8]) oder dafs man den Säuregehalt der Salze ermittelt[9]). Im ersten Falle soll man nach Gordin[10]) vor der Rücktitration der Säure das Alkaloid entfernen.

Einige Alkaloide kann man auch mit Phosphormolybdänsäure titrieren[11]).

Statt der rein alkalimetrischen Bestimmung wurde ferner die jodometrische Bestimmung des Säureüberschusses nach Kjeldahl empfohlen[12]). Falières[13]) titriert denselben mit ammoniakalischer Kupferoxydlösung, wobei die Trübung durch ausgeschiedenes Kupferoxyd den Endpunkt für die Titration der freien, nicht vom Alkaloid gebundenen Säure anzeigt.

Mehrfach sind auch Farbreaktionen für kolorimetrische Bestimmungen benutzt worden.

Hauptsächlich kommen hierfür die in wässeriger Lösung einigermafsen beständigen Färbungen durch Chlor, Brom und Überchlorsäure in Betracht.

---

[1]) Vergl. Simoncelli u. Scarpitti, Gazz. chim. ital. **28**, II, 171 u. 177; Chem. Centralbl. 1898, II, S. 990. — [2]) H. Brunner, Schweiz. Wchschr. Pharm. **36**, 230. — [3]) Lefort, J. chim. pharm. [4] **9**, 117, 241. — [4]) Hager, Pharm. Centralh. **12**, 201. — [5]) C. Kippenberger, Ztschr. anal. Chem. **35**, 10, 422, **38**, 230, 280, **39**, 201; vergl. M. Scholtz, Arch. Pharm. **237**, 71; Zeitschr. anal. Chem. **38**, 226, 278. — [6]) Vergl. Dragendorff, Chemische Wertbestimmung starkwirkender Drogen, Göttingen 1882; Kunz-Krause, Arch. Pharm. **223**, 701. — [7]) Wolfram, Zeitschr. anal. Chem. **18**, 346; vergl. Kunze, ebend. **33**, 1. — [8]) Schlösing, Ann. ch. phys. [3] **19**, 230; C. C. Keller, Schweiz. Wchschr. Pharm. **32**, 44. — [9]) Plugge, Arch. Pharm. **225**, 45. — [10]) Gordin, Ber. **32**, 2871. — [11]) Harnack u. Meyer, Ann. Chem. **204**, 67; Snow, Ann. di chim. farmac. **10**, 29. — [12]) A. Christensen, Chem.-Ztg. **14**, Nr. 80. — [13]) Falières, Compt. rend. **129**, 110; Chem. Centralbl. 1899, II, S. 406.

Nachträge und Ergänzungen.

S. 1. Scott[1]) fand das Atomgewicht auch nach der von Stas benutzten Methode (aus den Ammoniumhalogeniden durch Überführung in Silbersalze) geringer, als von Stas angegeben.

S. 2. Nach V. Kohlschütter[2]) ist in den Uranmineralien der Stickstoff in Form von Nitriden anzunehmen.

S. 6. In konstantem Strome gewinnt man Stickstoff nach Neumann[3]) durch Einwirkung einer Mischung von gleichen Teilen konzentrierter Ammoniakflüssigkeit und Wasser auf Chlorkalkwürfel. Das entbundene Gas wird mit Kalilauge und konzentrierter Schwefelsäure, nötigenfalls auch noch mit warmem Wasser gewaschen.

S. 11. Die Dichte des Stickstoffs beim Siedepunkte (—195,5°) unter gewöhnlichem Druck ist nach Drugman und Ramsay[4]) = 0,7914.

S. 14. Das Molekularvolumen ist nach Denselben = 39,04, das spezifische Volumen = 1,390.

S. 15. Die Absorption in wässerigen Lösungen verschieden dissoziierter Stoffe untersuchte L. Braun[5]).

S. 20. Pope u. Harvey[6]) gewannen optisch aktive rechts- und linksdrehende α-Benzylphenylallylmethylammoniumsalze. Dieselben sind Elektrolyte, welche in wässeriger Lösung Dissoziation unter Bildung eines optisch aktiven Ions erleiden, in Chloroformlösung invertiert werden, sonst aber sehr beständig sind. Die Aktivität bleibt auch bei Bildung von Quecksilberdoppeljodiden erhalten.

S. 30. Chlorstickstoff. Die normale Reaktion zwischen Chlor und Ammoniak verläuft nach Noyes und Lyon[7]) gemäfs der Geichung

$$12\,NH_3 + 6\,Cl_2 = N_2 + NCl_3 + 9\,NH_4Cl.$$

---

1) Scott, Chem. Soc. Journ. 79; 147. — 2) V. Kohlschütter, Ann. Chem. 317, 158. — 3) G. Neumann, J. pr. Ch. [2] 37, 342. — 4) J. Drugman u. W. Ramsay, Chem. Soc. J. 77, 1228; Chem. Centralbl. 1900, II, S. 1145. — 5) L. Braun, Zeitschr. physikal. Chem. 33, 721. — 6) W. J. Pope u. A. W. Harvey, Chem. Soc. Proc. 17, 120; Chem. Centralbl. 1901, II, S. 206. — 7) W. A. Noyes u. Alb. C. Lyon, J. Am. Chem. Soc. 23, 460; Chem. Centralbl. 1901, II, S. 615.

Diese tritt aber nur ein, wenn die angewandte Menge Ammoniak der durch die Gleichung erforderten sehr nahe steht. Ist ein Überschufs davon vorhanden, so reagiert dieser mit Stickstofftrichlorid unter Bildung von Stickstoff und Ammoniumhypochlorit:

$$NCl_3 + 4NH_3 = N_2 + 3ClNH_4$$

und

$$NCl_3 + 2NH_4OH + H_2O = 3ClONH_4.$$

Ist zu wenig Ammoniak vorhanden, so wirkt das gebildete Ammoniumchlorid zum Teil auf das Chlor ein unter geringer oder ohne Stickstoffentwickelung.

S. 34. Diacylstickstoffchloride $\begin{matrix} R.CO \\ R.CO \end{matrix}\!>\!N.Cl$ entstehen bei Einwirkung von unterchloriger Säure oder Chlor auf Diacylamide. Es sind farblose, gut krystallisierende Verbindungen mit dem typischen Verhalten der Stickstoffhalogenverbindungen [1]).

S. 40. Die Verbindung $N_2H_3J_3$ wird durch Licht quantitativ in Stickstoff und Jodwasserstoff zerlegt [2]).

S. 41. Mit Wasserstoffsuperoxyd reagiert Jodstickstoff nach Chattaway und Orton [3]) bei Gegenwart von Alkali zum Teil wie mit diesem allein unter Bildung von Ammoniak und Hypojodit; dieses zerfällt zum kleinen Teil in Jodit und Jodat, während der gröfsere Teil mit dem Wasserstoffsuperoxyd unter Entwickelung von Sauerstoff reagiert. Ist kein Alkali zugegen, so entsteht weiterhin freies Jod.

S. 49. Der Formel nach ein Hydrat des Stickstoffdioxyds ist die Nitrohydroxylaminsäure Angelis (s. u.).

S. 56. Reduziertes Nickel wirkt auf reines Stickstoffoxydul in der Kälte nicht ein, in Gegenwart von Wasserstoff erfolgt jedoch sofort unter Wärmeentwickelung Reaktion, die bei grofsem Überschufs von Wasserstoff eine völlige Reduktion zu Stickstoff und Wasser herbeiführt, während bei gröfserem Gehalte des Gasgemenges an Stickstoffoxydul nitrose Dämpfe auftreten und etwas Ammoniak gebildet wird. Reduziertes Kupfer wirkt ebenso, aber erst bei 180° [4]).

S. 60. Untersalpetrige Säure wird nach Piloty [5]) am besten dargestellt durch Einwirkung von Benzolsulfochlorid auf überschüssiges Hydroxylamin und Spaltung der entstandenen Sulfhydroxamsäure mit Alkali, entsprechend der Gleichung

$$2C_6H_5SO_2NH.OH + 2KOH = 2C_6H_5SO_2K + N_2O_2H_2 + 2H_2O.$$

---

[1]) Chattaway, Chem. Soc. Proc. 18, 165; Chem. Centralbl. 1902, II, S. 359. — [2]) F. D. Chattaway u. Orton, Am. Chem. J. 24, 138, 159; Chem. Centralbl. 1900, II, S. 620, 621. — [3]) Dieselben, Am. Chem. J. 24, 318; Chem. Centralbl. 1900, II, S. 1055. — [4]) Sabatier u. Senderens, Compt. rend. 135, 278; Chem. Centralbl. 1902, II, S. 685. — [5]) O. Piloty, Ber. 29, 1559; vergl. Divers, ebend. S. 2324.

S. 65/66/70. Calciumsalz $N_2O_2Ca . 4 H_2O$ und Strontiumsalz $N_2O_2Sr . 5 H_2O$ sind bereits von Maquenne[1]) beschrieben worden, der ferner essigsäurehaltige Doppelsalze $N_2O_2Ca + (C_2H_3O_2)_2Ca + 2 C_2H_4O_2 + 4 H_2O$, $N_2O_4Sr + (C_2H_3O_2)_2Sr + 2 C_2H_4O_2 + 3 H_2O$ und $N_2O_2Ba + (C_2H_3O_2)_2Ba + 2 C_2H_4O_2 + 3 H_2O$ erhielt.

S. 71. Diazoniumhydrat ist, wie physikalische Bestimmungen zeigten, nach Engler und Hantzsch[2]) in der stark alkalischen Lösung des Diazobenzolhydrats nur so viel enthalten, als elektrolytisch dissoziiert ist. Der undissoziierte Teil soll als Syndiazohydrat oder als Zwischenprodukt zwischen diesem und Diazoniumhydrat, richtiger vielleicht als ein Gleichgewicht dieser Stoffe, vorhanden sein. Diese Lösung wird als „normale Diazohydratlösung" bezeichnet. Bei Substitution des Phenylrestes erfolgt eine Verschiebung des Gleichgewichtes in der Lösung. Man erhält einerseits Basen fast von der Stärke der Alkalien, deren Lösungen danach fast ausschliefslich Diazoniumhydrat enthalten, andererseits Basen, die schwächer als Ammoniak sind und danach in der Lösung hauptsächlich Syndiazohydrat enthalten müssen.

Die Beziehungen zwischen den Diazoniumsalzen und den Diazotaten lassen sich durch folgendes Schema ausdrücken:

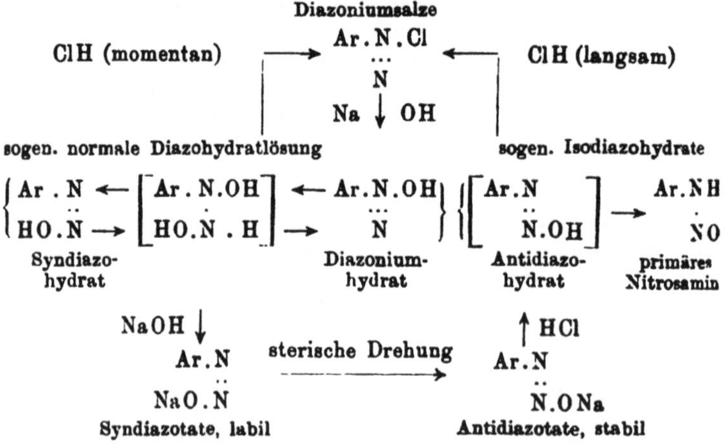

Diazoniumcyanide existieren, wie Hantzsch[3]) auf Grund der Färbung und der Leitfähigkeit, zum Teil auch der Explosivität folgert, in festem Zustande nicht, bilden sich aber beim Lösen der Syndiazocyanide im Wasser. Sulfate, Nitrate und Chloride sind echte Diazoniumsalze, Bromide, Rhodanide und Jodide aber feste Gleichgewichte zwischen solchen und Syndiazohaloiden.

---

[1]) Maquenne, Ann. ch. phys. [6] 18, 551; Ber. 22, 545 Ref. — [2]) A. Engler u. A. Hantzsch, Ber. 33, 2147. — [3]) A. Hantzsch, Ber. 33, 1261, 2179.

S. 74. Behandlung von Diazoniumsalzen mit Alkoholen: Die Untersuchungen Remsens wurden fortgeführt durch Chamberlain, Weida u. Bromwell [1]. Auch Hantzsch [2] stellte die Verschiedenheit des Verhaltens im unsubstituierten und im substituierten Benzolkern und je nach Art des Alkohols fest.

Das Sandmeyersche Verfahren läfst sich nach Votoček und Zenisek [3] mit guter Ausbeute in der Weise ausführen, dafs man eine salzsaure Lösung von Kupfersulfat oder besser noch Kupferchlorid mit einer Kupferkathode in Gegenwart des Diazoniumsalzes der Elektrolyse unterwirft.

S. 75. Ersatz der Diazogruppe durch den Sulfinsäurerest SO_2H gelingt nach Gattermann [4] durch Einwirkung von schwefliger Säure und Kupferpulver bei gewöhnlicher Temperatur.

S. 76. Amino- und Oxyazoverbindungen. Bei „Kuppelung" im Kern substituierter Verbindungen kann zuweilen eine Wanderung der Diazogruppe in den angekuppelten Kern stattfinden [5].

Die Oxyazoverbindungen sind nur teilweise als solche konstituiert. Ziemlich allgemein mifst man zur Zeit den p-Verbindungen diese Konstitution zu [6], zum Teil auch den Alkylprodukten der o-Verbindungen [7], während die Verbindungen der o-Reihe als tautomere Chinonhydrazone aufgefafst werden:

HO—⟨C₆H₄⟩—N : N—⟨C₆H₅⟩   ⟨C₆H₄(=O)⟩=N . NH—⟨C₆H₅⟩

p-Oxyazobenzol   o-Oxyazobenzol

Farmer und Hantzsch [8] wollen auf Grund des elektrochemischen Verhaltens alle freien Oxyazoverbindungen als Chinonhydrazone, alle Salze derselben hingegen als solche echter Oxyazobenzole betrachtet wissen.

S. 76. Ähnlich wie Phenole vermögen auch aliphatische Verbindungen, deren Radikal durch Eintritt stark negativierender Gruppen charakterisiert ist, z. B. Nitroparaffine und Verbindungen vom Typus des Acetessigesters, mit Diazoverbindungen zu kuppeln.

Die Nitroazoparaffine haben nach Bamberger [9] nur in ihren

---

[1] Chamberlain, Weida, Bromwell, Am. Chem. Journ. 19, 531, 547, 561; Chem. Centralbl. 1897, II, S. 413—415. — [2] A. Hantzsch, Ber. 34, 3337. — [3] Votoček u. Zenisek, Zeitschr. Elektrochem. 5, 485. — [4] Gattermann, Ber. 32, 1136. — [5] Hantzsch u. Perkin, ebend. 30, 1412; vergl. Griess, ebend. 15, 2190; Schraube u. Fritzsch, ebend. 29, 287. — [6] Auwers u. Orton, Zeitschr. physik. Chem. 21, 355; Auwers, Ber. 33, 1302; Mac Pherson u. Gore, Am. Chem. Journ. 25, 485; Chem. Centralbl. 1901, II, S. 278. — [7] Mac Pherson, Am. Chem. Journ. 22, 364; Chem. Centralbl. 1900, II, S. 30. — [8] Farmer u. Hantzsch, Ber. 32, 3089. — [9] E. Bamberger, Bull. soc. chim. [3] 19, 883; Chem. Centralbl. 1899, I, S. 19.

Salzen die Konstitution von Azokörpern, sonst ebenfalls die von Hydrazonen.

S. 77. Bei der Bildung von Diazomethan u. s. w. aus Nitrosoalphylurethanen entstehen nach Hantzsch und Lehmann[1]) intermediär Syndiazotate, welche aber nur mit 1 Mol. Wasser oder Alkohol beständig und durch Wasser explosionsartig in Diazoparaffin und Alkohol oder, wenn die Molekel statt Wasser Alkohol enthielt, gemischte Äther zerfallen. Diesen Verbindungen wird die Konstitution

$$\begin{array}{c} R.N:H_2O \\ \| \\ KO.N \end{array}$$

zugeschrieben.

S. 80. Nach Michaelis und Petou[2]) entstehen Azoverbindungen aus Arylhydroxylaminen und aromatischen Thionylaminen bei gewöhnlicher Temperatur neben Aminsalzen von Sulfaminsäuren:

$$2R.N:SO + 4R.NH.OH = 2R.NH.SO_3H(NH_2R) + R.N:N.R$$

Die Stabilität fettaromatischer Azoverbindungen wird durch Nitrogruppen im aromatischen Kern erhöht[3]).

S. 88. Reduziertes Nickel und Kupfer, ersteres schon in der Kälte, letzteres nach Erhitzen auf 180°, verwandeln Stickoxyd und Wasserstoff bei Gegenwart eines grofsen Überschusses von diesem in Ammoniak, Wasser und Stickstoff[4]).

Nach S. 93. Nitrohydroxylaminsäure, Nitrohydroxylamin $N_2O_3H_2$ wurde von Angeli[5]) als Dinatriumsalz durch Einwirkung von Äthyl- oder Methylnitrat[6]) auf Hydroxylamin in alkoholischer Lösung und bei Gegenwart von Natriumalkoholat erhalten. Das Salz wird durch Mineralsäuren, auch durch Essigsäure, sofort unter starkem Aufbrausen zersetzt. Es entweicht Stickoxyd, fast quantitativ nach der Gleichung $N_2O_3H_2 = N_2O_2 + H_2O$. Nebenbei entstehen kleine Mengen von salpetriger und untersalpetriger Säure[7]). Mit Baryumchlorid entsteht in der wässerigen Lösung des Natriumsalzes ein weifser Niederschlag, mit Silbernitrat in sehr verdünnter Lösung zuerst gelbe Fällung, die sich aber nur bei Gegenwart von Essigsäure einige Zeit hält[8]), sonst sofort unter Gasentwickelung geschwärzt wird. Quecksilberchlorid giebt eine intensive Gelbfärbung und, wenn das Natriumsalz im Überschusse zugegen ist, Fällung eines weifsen, sich

---

[1]) Hantzsch u. Lehmann, Ber. 35, 897. — [2]) A. Michaelis u. Petou, ebend. 31, 984. — [3]) Bülow u. Schlotterbeck, ebend. 35, 2187. — [4]) Sabatier u. Senderens, Compt. rend. 135, 278; Chem. Centralbl. 1902, II, S. 685. — [5]) A. Angeli, Chem.-Ztg. 20, 176. — [6]) Angelico u. S. Fanara, Gazz. chim. ital. 31, II, 15; Chem. Centralbl. 1901, II, S. 770. — [7]) A. Angeli u. F. Angelico, Gazz. chim. ital. 30, I, 593; Chem. Centralbl. 1900, II, S. 362. — [8]) Dieselben, Atti R. Accad. d. Lincei [5] 10, I, 249; Chem. Centralbl. 1901, I, S. 1192.

schliefslich schwärzenden Körpers. Mit Eisenchlorid entsteht eine charakteristische violette Färbung, die sehr schnell nach Gelbbraun umschlägt[1]).

An der Luft absorbieren die Lösungen des Natriumsalzes Sauerstoff unter Bildung von Nitrit und auch, unter dem Einflusse des überschüssigen Nitrohydroxylamins, von Nitrat. Beim Kochen der wässerigen Lösung des Salzes entwickelt sich Stickstoffoxydul und es hinterbleibt Nitrit: $2\,N_2O_3Na_2 = 2\,NO_2Na + N_2O + H_2O$. Beim Erhitzen des trockenen Salzes bis zum beginnenden Schmelzen resultiert ein Gemisch von Nitrit und Hyponitrit[2]).

Mit Aldehyden entstehen Hydroxamsäuren neben Nitriten[3]).

Aus diesen Zersetzungen scheint für die hypothetische Säure von den folgenden möglichen Konstitutionsformeln IV am wahrscheinlichsten:

```
     I              II                III               IV
   /NO2          /N.OH              /OH                //O
 N<-OH         O<  |          ON.N<           HON:N<
   \H            \N.OH              \OH                \OH
```

Salze[4]):

Baryumsalz $N_2O_3Ba + H_2O$ verliert das Krystallwasser bei 115°.

Bleisalz N_2O_3Pb fällt durch Bleinitrat aus der Lösung des Natriumsalzes, löst sich im Überschufs des letzteren, zersetzt sich langsam bei gewöhnlicher Temperatur.

Calciumsalz $N_2O_3Ca + 3^1/_2\,H_2O$ fällt aus der Lösung des Natriumsalzes durch konzentrierte Chlorcalciumlösung, bildet durchscheinende Kryställchen, sehr wenig löslich in Wasser. Die Krystalle halten noch bei 125° $^1/_2$ Mol. Wasser zurück.

Ceriumsalz. Ein sehr unbeständiges basisches Salz, angeblich $(N_2O_3)_2Ce_2 . Ce(OH)_3$, fällt aus der konzentrierten Lösung des Kaliumsalzes durch überschüssige Cernitratlösung aus.

Kadmiumsalz $N_2O_3Cd + H_2O$ verliert bei 110° das Krystallwasser unter geringer Zersetzung, die bei 180° stärker wird und bei 200° vollständig zu $CdO + 2\,NO$ verläuft.

Kaliumsalz $N_2O_3K_2$ bildet ein krystallinisches weifses Pulver, sehr leicht in Wasser löslich.

Natriumsalz $N_2O_3Na_2$ ist unlöslich in Alkohol, sehr leicht löslich in Wasser. Es bleibt bei 230° unverändert.

Silbersalz $N_2O_3Ag_2$ zerfällt sehr schnell schon bei gewöhnlicher Temperatur in Silbernitrit, Stickoxyd und Silber.

---

[1]) A. Angeli, Gazz. chim. ital. 27, II, 357; Chem. Centralbl. 1897, II, S. 1093. — [2]) Derselbe u. F. Angelico, Gazz. chim. ital. 30, I, 593; Chem. Centralbl. 1900, II, S. 362. — [3]) Dieselben, Atti R. Accad. d. Lincei [5] 10, I, 249; Chem. Centralbl. 1901, I, S. 1192. — [4]) A. Angeli, Chem.-Ztg. 20, 176; Angelico u. S. Fanara, Gazz. chim. ital. 31, II, 15; Chem. Centralbl. 1901, II, S. 770.

Nach Hantzsch[4]) sind die Salze, welche aus solchen Ve
entstehen, stets Diazotate, die wahren Nitrosamine daher
säuren zu betrachten.

S. 113. Die Zersetzung des Ammoniumnitrits wurde
eingehend untersucht von Arndt[5]) und Blanchard[6]).

Nach Matuschek[7]) kann man das Baryumnitrit durch
des Natriumsalzes mit Baryumchlorid und fraktionierte Kr
darstellen.

S. 127. Das Magnesiumnitrit $(NO_2)_2Mg + 2H_2O$ er
dünnen Blättchen (prismatischen Säulen) durch Umsetzung d
salzes mit Magnesiumsulfat, Eindampfen, Ausziehen des
mit 94 proz. Alkohol und teilweise Destillation dieses Lös
im Vakuum[7]).

S. 132. Rosenheim und Oppenheim[8]) stellten Dop
Merkurinitrits durch Mischung von Merkurinitrat- und
lösungen dar: $(NO_2)_5HgK_3 . H_2O$ krystallisiert in durchsichtig
gelblich gefärbten Krystallen, $(NO_2)_3HgK$ in helleren
$(NO_2)_4HgNa_2$ wird durch heifses Wasser unter Abscheidung
silberoxyd und Quecksilber zersetzt.

S. 136. Zinknitrit, in ähnlicher Weise wie obiges Ma
gewonnen, bildet kugelige, aus rhombischen Tafeln besteh
gate von der Zusammensetzung $(NO_2)_2Zn + H_2O$. Die k
alkoholische Lösung zersetzt sich bei längerem Stehen in
und Zinkhydroxyd[7]).

Ein zweites Zink-Kaliumnitrit $(NO_2)_5ZnK_3 . 3H_2$
Rosenheim und Oppenheim[8]) durch Einleiten von salpe

in ein mit Wasser angerührtes Gemisch von Zinkoxydhydrat und Kaliumnitrit. Es bildet schwach gelblich gefärbte Krystalle, die sehr hygroskopisch sind und sich in wässeriger Lösung unter Abscheidung eines weifsen Pulvers zersetzen.

S. 167. Das Gemenge von Untersalpetersäure mit überschüssigem Wasserstoff wird durch reduziertes Nickel oder Kupfer bei 180° unter reichlicher Bildung von Ammoniak und Wasser, wie durch Platinschwamm, zersetzt; bei gröfserem Gehalte des Gemisches an Untersalpetersäure entstehen zunächst weifse Dämpfe von Ammoniumnitrat und Ammoniumnitrit[1]).

S. 181. Bei niederer Temperatur sind auch sämtliche anderen genannten Hydrate beständig[2]).

S. 197. Nach Volney[3]) erfolgt die Zersetzung des Natriumnitrats unterhalb 100° bis zur Bildung von Natriumtrisulfat, also nach der Gleichung $NO_3Na + 2SO_4H_2 = (SO_4)_2NaH_3 + NO_3H$. Erst bei höherem Erhitzen erfolgt weitere Entwickelung von Salpetersäure, die bei 121° beendigt ist. Der Rückstand besteht dann aus Bisulfat. In der zweiten Phase erfolgt die Reaktion also nach der Gleichung $NO_3Na + (SO_4)_2NaH_3 = 2SO_4NaH + NO_3H$. In der ersten Periode destilliert Salpetersäuremonohydrat unzersetzt, in der zweiten tritt aber bereits teilweise Zersetzung unter Bildung von Wasser ein. Die Temperatur des Retorteninhaltes beträgt in beiden Phasen 97 bis 122° bezw. 130 bis 165°[4]).

S. 199. Übel[5]) zieht das in einem Kessel nur bis 170 bis 180° erhitzte Gemisch, um die Reste der Salpetersäure auszutreiben, in einen zweiten Kessel, in welchem sich auf 300 bis 320° erhitztes Bisulfat befindet.

S. 201. Umbgrove und Franchimont[6]) destillieren zur Gewinnung ganz reiner Säure solche von 1,412 spezif. Gew. (140 Vol.) mit Schwefelsäure von 1,847 spezif. Gew. (200 Vol.) unter vermindertem Druck in einem Strome trockener Luft.

Volney[4]) untersuchte die Vorgänge bei der Vakuumdestillation. Bei Destillation von 100 g trockenem Natriumnitrat mit 110 g konzentrierter Schwefelsäure unter 300 mm Druck geht zwischen 45 und 77° reines Monohydrat über, während die Temperatur des Retorteninhaltes 65 bis 100° beträgt. Dann ist die erste Phase vorüber, die Retorte enthält neben unzersetztem Nitrat ein flüssiges Polysulfat, das in zweiter

---

[1]) Sabatier u. Senderens, Compt. rend. 135, 278; Chem. Centralbl. 1902, II, S. 685. — [2]) H. Erdmann, Zeitschr. anorg. Chem. 32, 431. — [3]) C. W. Volney, J. Am. Chem. Soc. 23, 489; Chem. Centralbl. 1901, II, S. 616. — [4]) C. H. Volney, J. Soc. Chem. Ind. 20, 544; Chem. Centralbl. 1901, II, S. 508. — [5]) C. Übel, D. R.-P. Nr. 127647. — [6]) Umbgrove u. Franchimont, Rec. trav. chim. Pays-Bas 16, 385; Chem. Centralbl. 1898, I, S. 373.

Phase auf jenes einwirkt, während die Temperatur in der Retorte auf 100 bis 129° ansteigt. Auch hierbei wird reines Monohydrat gebildet.

S. 202. Während bei Einwirkung von fein verteiltem Platin auf ein Gemisch von Ammoniak und Luft neben Bildung von Salpetersäure auch die von freiem Stickstoff in erheblichem Maße stattfindet, wirkt das kompakte Metall bei Rotglut wesentlich in der ersten Richtung katalysierend. Durch Überziehen desselben mit einer gewissen Menge fein verteilten Platins kann eine größere Reaktionsgeschwindigkeit erzielt werden, ohne daß eine merkliche Stickstoffbildung eintritt. Ebenso wie Platin wirken auch Iridium, Rhodium, Palladium, ferner die Oxyde verschiedener Schwermetalle, besonders Blei- oder Mangansuperoxyd, aber auch die Oxyde des Silbers, Kupfers, Eisens, Chroms, Nickels und Kobalts [1]).

Die technische Gewinnung von Salpetersäure bezw. Nitraten und Nitriten aus der atmosphärischen Luft durch die Einwirkung starker elektrischer Ströme wird neuerdings durch eine Gesellschaft an den Niagarafällen versucht [2]).

S. 209. Die gewöhnliche einbasische Salpetersäure NO_3H schmilzt bei —42° und siedet unter 24 mm Druck bei 21,5° [3]).

S. 219. Das Pentahydrat, Orthosalpetersäure $NO_5H_5 = N(OH)_5$, ist nach H. Erdmann [3]) unterhalb —15° ganz beständig und bleibt zurück, wenn man bei dieser Temperatur durch die wasserhaltige Säure trockene Luft leitet. Sie krystallisiert in langen Nadeln, die bei —35° schmelzen und unter 13 mm Druck bei 40 bis 40,5° unter Dissoziation sieden.

Derselbe Forscher erhielt ferner das Tetrahydrat, achtbasische Salpetersäure $N_2O_9H_8 = O\!<\!{N(OH)_4 \atop N(OH)_4}$, in gut ausgebildeten Prismen vom Schmelzpunkt —39°, Trihydrat, dreibasische Salpetersäure $NO_5H_3 = O:N.(OH)_3$, in rhombischen, denen des Silbernitrats ähnlichen Tafeln vom Schmelzpunkt —34° und Dihydrat, vierbasische Salpetersäure $N_2O_7H_4 = O\!<\!{NO(OH)_2 \atop NO(OH)_2}$, in kleinen sternförmigen Aggregaten, die bei —65,2° schmelzen und bei 48° unter 15 mm Druck sieden.

S. 222. Die elektrolytische Reduktion der Salpetersäure in Gegenwart von Salz- oder Schwefelsäure führt bei Anwendung einer Quecksilberkathode fast ausschließlich zu Hydroxylamin, einer Kupferkathode nur zu Ammoniak [4]).

S. 233. Mit Essigsäureanhydrid reagiert konzentrierte Salpetersäure unter lebhafter Erwärmung. Es bildet sich Diacetylortho-

---

[1]) W. Ostwald, Engl. Pat. Nr. 698/1902. — [2]) Electr. World 40, 159. — [3]) H. Erdmann, Zeitschr. anorg. Chem. 32, 431. — [4]) J. Tafel, ebend. 31, 289.

salpetersäure $C_4H_9NO_7 = \frac{CH_3.CO.O}{CH_3.CO.O}>N(OH)_3$, eine farblose, an der Luft rauchende Flüssigkeit vom spezif. Gew. 1,197 bei 15°, 1,189 bei 23°, Siedepunkt 127,7° unter 730 mm, 45° unter 17 mm Druck, Brechungsindex $n_D = 1{,}38432$ bei 23°. Analog entsteht eine Dipropionylorthosalpetersäure [1]).

S. 240. Die Bedingungen der direkten Nitrierung von Paraffinen sind eingehend von Worstall[2]), Konowaloff[3]) und Markownikoff[4]) ermittelt worden.

Nitroparaffine erhält man auch durch Einwirkung von Nitriten auf Halogenfettsäuresalze[5]).

S. 241. Die erste Phase bei der Salzbildung aus primären und sekundären Nitrokörpern besteht nach Hantzsch und Kissel[6]) in der Addition von Natriumhydrat oder Natriumalkoholat; dann erst erfolgt die Umlagerung unter Abspaltung von Wasser bezw. Alkohol. Bei den tertiären bleibt es, soweit sie überhaupt reagieren, bei der ersten Phase.

Mit alkoholischem Ammoniak und Piperidin bilden nach Konowaloff[7]) die aromatischen Nitroverbindungen schnell, die primären aliphatischen nur langsam und die sekundären gar nicht Ammoniumverbindungen.

Ein weiteres, nach Maas[8]) aber nicht zutreffendes Unterscheidungsmerkmal wollte Henry[9]) in dem Verhalten gegen Aldehyde gefunden haben. Es sollten nämlich so viele Molekeln Aldehyd in Reaktion treten, wie Wasserstoffatome am Nitro-Kohlenstoffatom haften.

S. 242. Auch bei der Reduktion der aliphatischen Nitroverbindungen (durch Elektrolyse) entstehen β-Hydroxylamine[10]).

S. 246. Nitroisohexylen $(CH_3)_2.CH.CH_2.CH:CH(NO_2)$ ist flüssig, siedet bei 80 bis 81° unter 10 mm Druck, hat das spezif. Gew. 0,995 bei 0°. — Nitrooktylen $CH_3.(CH_2)_5.CH:CH(NO_2)$ ist flüssig, siedet unter 8 mm Druck bei 113 bis 115° und hat das spezif. Gew. 0,970 bei 0°[11]).

S. 316. Ein reiches Lager von Natronsalpeter, dem chilenischen

[1]) A. Pictet u. Genequand, Ber. **35**, 2526. — [2]) Worstall, Am. Chem. Journ. **20**, 202; Chem. Centralbl. 1898, I, S. 926. — [3]) Konowaloff, J. russ. phys.-chem. Ges. **31**, 57; Chem. Centralbl. 1899, I, S. 1063. — [4]) Markownikoff, Ber. **32**, 1441. — [5]) Preibisch, J. pr. Chem. [2] **8**, 316; V. Auger, Bull. soc. chim. [3] **23**, 333; Chem. Centralbl. 1900, I, S. 1263. — [6]) Hantzsch u. Kissel, Ber. **32**, 3137. — [7]) Konowaloff, J. russ. phys.-chem. Ges. **32**, 73; Chem. Centralbl. 1900, I, S. 1093. — [8]) Maas, Bull. Acad. roy. Belg. [3] **36**, 294; Chem. Centralbl. 1899, I, S. 179. — [9]) Henry, Bull. Acad. roy. Belg. [3] **33**, 115; Chem. Centralbl. 1897, I, S. 741. — [10]) Pierron, Bull. soc. chim. [3] **21**, 780; Chem. Centralbl. 1899, II, S. 700. — [11]) Bouveault u. Wahl, Compt. rend. **134**, 1226; Chem. Centralbl. 1902, II, S. 22.

sehr ähnlich, findet sich auch im nördlichen Teile von San Bernardino County in Kalifornien [1]).

S. 355. Das Ytterbiumnitrat krystallisiert bei längerer Aufbewahrung der konzentrierten Lösung über konzentrierter Schwefelsäure mit 3 Mol. Wasser [für $(NO_3)_3Yb$] in wasserhellen, zerfliefslichen Tafeln, aus konzentrierter Salpetersäure mit 4 Mol. Wasser in zerfliefslichen Prismen [2]).

S. 368. Pentaerythrittetranitrat $C_5H_8N_4O_{12} = C(CH_2 . NO_3)_4$ schmilzt bei 138 bis 140° [3]).

S. 376. Stickstofftellur, Tellurnitrid TeN soll nach Metzner [4]) bei Einwirkung von trockenem flüssigen Ammoniak auf Tellurtetrachlorid bei etwa 15° entstehen. Es wird als citronengelbe, amorphe, zerbrechliche Masse beschrieben, welche durch Stofs und durch Erhitzen auf etwa 200° heftig explodiert, von Wasser und verdünnter Essigsäure nicht angegriffen wird, mit Kalilauge sämtlichen Stickstoff als Ammoniak abgiebt.

S. 377. Als Derivat der dem Divinyl entsprechenden Verbindung NH:N.N:NH ist der aus Hydrazin und Nitrosoacetessigester erhältliche Bisdiazoacetessigester [5]) aufzufassen.

S. 382. Die Bildung des Ammoniaks aus den Elementen durch den Einflufs der Elektrizität erfolgt nach de Hemptinne [6]) rascher bei geringer Explosionsdistanz und schwachem Drucke des Gasgemisches. Elektrische Effluvien wirken weniger schnell als der Funke. Die Ausbeute wird ferner begünstigt durch niedrige Temperatur, so dafs Verflüssigung des gebildeten Ammoniaks eintritt.

S. 415. Einzelne Ammoniakderivate, wie Pyridin und Betain, zeigen in wässeriger Lösung eine grofse anomale elektrische Absorption, wie nur hydroxylhaltige Stoffe, sind also höchst wahrscheinlich als Ammoniumhydroxyde in der Lösung vorhanden [7]).

S. 426. Baryumamid $(NH_2)_2Ba$ entsteht aus Baryumammonium oberhalb —15°, ferner beim Überleiten von Ammoniak über erhitztes Baryum bei 280°. Es ist eine graue Flüssigkeit, die bei steigender Temperatur erst grün, dann rot wird, bei 460° unter Entwickelung von Wasserstoff und Stickstoff siedet und bei 650° in Baryumnitrid übergeht [8]).

---

[1]) C. Ochsenius, Zeitschr. pr. Geol. **10**, 337. — [2]) A. Cleve, Ztschr. anorg. Chem. **32**, 129. — [3]) L. Vignon u. F. Gerin, Compt. rend. **133**, 590; Chem. Centralbl. 1901, II, S. 1114. — [4]) R. Metzner, Compt. rend. **124**, 32; Chem. Centralbl. 1897, I, S. 357. — [5]) M. Betti, Gazz. chim. ital. **32**, II, 146; Chem. Centralbl. 1902, II, S. 1304. — [6]) A. de Hemptinne, Bull. Acad. roy. de Belg. 1902, S. 28; Chem. Centralbl. 1902, I, S. 906. — [7]) G. Bredig, Ztschr. Elektrochem. **7**, 767. — [8]) Mentrel, Compt. rend. **135**, 740; Chem. Centralbl. 1902, II, S. 1443.

S. 427. Lithiumamid verwandelt sich bei höherer Temperatur in Nitrid, Natriumamid nur in geringem Maſse[1]).

S. 427. Zinkamid $(NH_2)_2Zn$ erhielt Frankland[2]) durch Einleiten von trockenem Ammoniakgas in ätherische Zinkäthyllösung als weiſses amorphes Pulver. Dasselbe wird durch Erhitzen auf 200° nicht verändert, bei Rotglut entweicht Ammoniak, und es hinterbleibt Zinknitrid. Mit Wasser zerfällt das Zinkamid sofort in Ammoniak und Zinkoxydhydrat.

S. 433. Neben den echten Ammoniumbasen sind nach Hantzsch und Kalb[3]) Pseudoammoniumbasen zu unterscheiden, die sich jenen gegenüber durch Indifferenz auszeichnen. Genauer genommen hat man drei Arten Ammoniumhydrate zu unterscheiden: I. Stabile Ammoniumhydrate, auch im festen Zustande beständig, in Lösungen dem Kaliumhydrat analog. Hierher gehören die Tetraalkylammoniumhydrate. — II. Labile Ammoniumhydrate mit Tendenz zum Übergange in Anhydride vom Ammoniaktypus. Es sind dies Hydrate mit einem bis vier Wasserstoffatomen am Stickstoff, schwache Basen, nicht wegen geringer Ionisationstendenz, sondern weil sie auch in wässeriger Lösung wesentlich in die Anhydride zerfallen sind. — III. Labile Ammoniumhydrate mit Tendenz zur Bildung von Pseudoammoniumhydraten. Hierher gehören die meisten Ammoniumhydrate mit ringförmiger oder auch chinoider Bindung zwischen Kohlenstoff und Stickstoff. Sie entstehen nur im dissoziierten Zustande primär und isomerisieren sich auch in wässeriger Lösung mehr oder minder schnell unter Wanderung des Hydroxyls an Kohlenstoff zu Pseudobasen. Sie können auch statt dessen in sogenannte Ammoniumoxyde R ⋮ N.O.N ⋮ R oder bei Gegenwart von Alkohol in sogenannte Ammoniumalkoholate R ⋮ N.O.C_2H_5 übergehen, welche sich aber wohl von Pseudobasen ableiten und daher N : R.O.R : N und N : R.O.C_2H_5 zu schreiben sind.

S. 434. Die Bildungsgeschwindigkeit der Amine und Ammoniumbasen wurde von Menschutkin[4]) und Dubowsky[5]) zum Gegenstande eingehender Untersuchungen gemacht.

Erschöpfende Methylierung von Basen erfolgt, wenn man zunächst nach einer Vorschrift von Nölting 20 Stunden mit $3^1/_2$ Mol. Methyljodid, $3^1/_2$ Mol. Soda und der 25fachen Menge Wasser kocht, wobei wesentlich tertiäre Amine entstehen, und das mit Äther ausgezogene Gemisch weitere 20 Stunden mit 1,1 Tln. Methyljodid und 0,3 Tln. Magnesia im Einschluſsrohr erhitzt[6]).

---

[1]) Mentrel, Compt. rend. 135, 740; Chem. Centralbl. 1902, II, S. 1448. — [2]) Frankland, Phil. Mag. [4] 15, 149. — [3]) A. Hantzsch u. M. Kalb, Ber. 32, 3109. — [4]) Menschutkin, ebend. 28, 1477. — [5]) Dubowsky, J. russ. phys.-chem. Ges. 31, 34; Chem. Centralbl. 1899, I, S. 1066. — [6]) E. Fischer u. Windaus, Ber. 33, 1967.

o-Substituenten erschweren die erschöpfende Methylierung von Homologen des Anilins. Dabei ist es nicht notwendig, dafs beide o-Stellen zur Aminogruppe besetzt sind. Es kann z. B. auch das 2,4-Dimethyl-3-Brom-Anilin nicht in die Ammoniumbase übergeführt werden [1]).

S. 435. Die Einwirkung von Zinn und Salzsäure wird nach Pinnow [2]) durch Zusatz von gepulvertem Graphit wesentlich erleichtert.

S. 436. Nach Gräbe und Rostovzeff [3]) ist die Hofmannsche Reaktion vielfach besser mit Hypochlorit- als mit Hypobromitlösung auszuführen.

S. 438. Die Einwirkung der salpetrigen Säure auf aliphatische Amine einer-, aromatische Amine andererseits ist nach Euler [4]) von ganz verschiedener Art. Die auf aliphatische Amine ist eine Reaktion zweiter Ordnung und die Geschwindigkeit derselben von viel geringerer Gröfsenordnung als bei den aromatischen, wo es sich um eine Reaktion erster Ordnung handelt. Die Geschwindigkeitskonstante für die Bildung des Diazoniumsalzes ist dabei nahezu gleich derjenigen der Zersetzung.

Aromatische primäre Amine können unter Umständen durch salpetrige Säure nitrosiert werden [5]).

S. 455. Dimethyläthylamin $C_4H_{11}N = (CH_3)_2N.C_2H_5$ siedet bei 28 bis 30° [6]).

S. 473. Methyläthyl-β-naphtylamin $C_{13}H_{15}N = C_{10}H_7.N(CH_3).C_2H_5$ schmilzt bei 152 bis 153° [7]).

S. 482. Das n,n'-Diäthylderivat des Benzidins schmilzt nach Bamberger und Tichvinsky [8]) erst bei 120,5° völlig klar.

S. 483. Schultz und Rohde [9]) geben den Schmelzpunkt des m-Tolidins zu 87 bis 88° an.

S. 549. Nach Fulda [10]) ist der Siedepunkt des Methylhexylketoxims 136 bis 138° unter 40 mm, 123 bis 125° unter 25 mm Druck.

S. 584. Die Hydrazidine werden auch als Amidrazone bezeichnet.

S. 586. Das n,n'-Diäthylderivat des Phenylhydrazins siedet unter 12 mm Druck bei 111 bis 115° [8]).

---

[1]) E. Fischer u. Windaus, Ber. 33, 345, 1967. — [2]) J. Pinnow, J. pr. Chem. [2] 65, 579. — [3]) Gräbe u. Rostovzeff, Ber. 35, 2747. — [4]) H. Euler, Oefvers. Kgl. Vetensk. Accad. Forhandl. 59, 111; Chem.-Ztg. Rep. 26, 182. — [5]) Täuber u. Walden, Ber. 33, 2116. — [6]) Henry, Bull. Acad. roy. Belg. 1902, p. 537; Chem. Centralbl. 1901, II, S. 1403. — [7]) A. Reychler, Bull. soc. chim. [3] 27, 970; Chem. Centralbl. 1902, II, S. 1210. — [8]) Bamberger u. Tichvinsky, Ber. 35, 4179. — [9]) G. Schultz u. G. Rohde, Zeitschr. Farben- u. Textilchem. 1, 567. — [10]) H. L. Fulda, Monatsh. Chem. 23, 907.

S. 606. Einzelne Nitride entstehen aus den entsprechenden Amiden bei höherer Temperatur [1]).

Eine allgemeine Bildungsweise besteht nach Guntz [2]) in der Einwirkung von Metallchloriden auf Lithiumnitrid.

S. 609. Nach dieser Methode werden gewonnen: Ferronitrid Fe_3N_2, unter Verwendung von Ferrokaliumchlorid, da reines Ferrochlorid zu heftig reagiert. Es ist ein schwärzliches Pulver, löslich in verdünnter Salzsäure, an Luft und in lufthaltigem Wasser sehr leicht oxydierbar. Ferrinitrid FeN, schwarzes Pulver, weniger leicht oxydierbar als die Ferroverbindung, beim Erhitzen an der Luft unter Erglühen in Eisenoxyd sich verwandelnd.

S. 665. Nitrile lassen sich aus den Säureamiden auch durch Einwirkung von Phosgen bei Gegenwart von Pyridin gewinnen [3]).

S. 681. Polymere Blausäure, Cyanurwasserstoff $C_3N_3H_3$ darzustellen gelang bisher nicht, doch erhielt Diels [4]) Aminoderivate derselben.

Organische Säurecyanide entstehen durch Einwirkung von Säurechloriden auf Schwermetallcyanide, viel leichter und in besserer Ausbeute aus Säurechloriden und Blausäure in Gegenwart von Pyridin [5]).

S. 690. Für Cyanurchlorid hat Diels [4]) den Beweis, dafs ein Derivat des symmetrischen Triazins

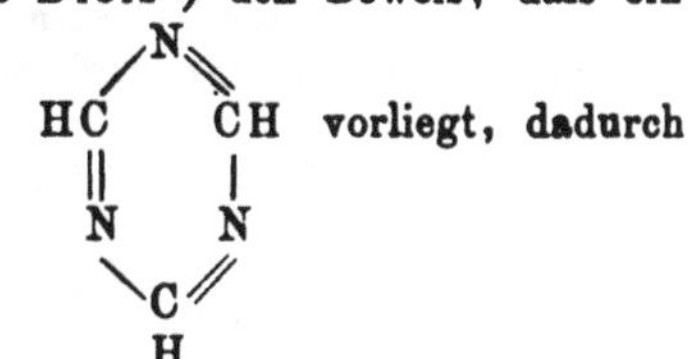

vorliegt, dadurch erbracht, dafs er die Chloratome in wechselnder Reihenfolge durch verschiedene Substituenten ersetzte, wobei stets die gleichen Endprodukte auftraten. Zur Darstellung des Cyanurchlorids leitet Diels in 400 g Chloroform, welches 1 Proz. Alkohol enthält, unter guter Kühlung Chlor bis zur Sättigung ein, tropft dann unter fortdauerndem Einleiten von Chlor innerhalb vier bis fünf Stunden 100 g wasserfreie Blausäure ein.

S. 696. Die dialkylierten Cyanamide zeigen keine Neigung zur Polymerisation. Sie gehen durch Einwirkung von Ammoniak und Schwefelkohlenstoff glatt in asymmetrische Dialkylthioharnstoffe über [6]).

S. 710. Mit Quecksilberbromid vereinigen sich die Rhodanate zu leicht löslichen Doppelverbindungen [7]).

---

[1]) Mentrel, Compt. rend. 135, 740; Chem. Centralbl. 1902, II, S. 1443. — [2]) Guntz, Compt. rend. 135, 738; Chem. Centralbl. 1902, S. 1441. — [3]) Einhorn u. Mettler, Ber. 35, 3647. — [4]) Diels, ebend. 32, 691. — [5]) Claisen, ebend. 31, 1023. — [6]) Wallach, ebend. 32, 1872. — [7]) H. Grossmann, ebend. 35, 2945.

S. 742. Bei der Darstellung des N-Phenylpyrrols aus schleimsaurem Anilin konnten Zwischenprodukte gefaſst werden. Aus deren Natur ergab sich, daſs das Salz zunächst unter Elimination von 3 Mol. Wasser das entsprechende Salz der Dehydroschleimsäure

```
          HC—CH
          ||  ||
   HOOC.C    C.COOH
         \  /
          O
```

bildet. Dieses dissoziiert dann teilweise; es wird 1 Mol. Anilin in Freiheit gesetzt, welches dann unter Bildung von Wasser den Sauerstoff des Kernes ersetzt. Schlieſslich wird zunächst das freie, dann auch das durch Anilin abgesättigte Karboxyl abgespalten [1]).

Pyrrolderivate entstehen ferner durch gemeinschaftliche Reduktion eines molekularen Gemisches von Isonitrosoketonen und Ketonen bezw. β-Ketonsäureestern, β-Diketonen, β-Ketoaldehyden [2]).

S. 753. Analog der Ladenburgschen Synthese des Piperidins gelingt die von Alkylpiperidinen aus β-Glykolen, indem man sie zunächst in Cyanide überführt und diese zu Alkylpentamethylendiaminen reduziert [3]).

S. 795. Dihydro-Tetrazine entstehen auch durch Einwirkung von Hydrazin auf Thioamide [4]), z. B.:

```
                                                  NH—NH
2 R.CS.NH2 + 2 N2H4 = 2 H2S + 2 NH3 + R.C<           >C.R
                                                  N———N
```

$$2\,R.CS.NH_2 + 2\,N_2H_4 = 2\,H_2S + 2\,NH_3 + R.C{<}\ldots{>}C.R$$

```
                       NH—N
Dihydrotetrazin  CH<          >CH  und sein Isomeres
                       N . NH
```

```
     N=N
CH2<     >CH2  sind nach Hantzsch und Silberrad [5]) das so-
     N=N
```

genannte Trimethintriazimid vom Schmelzpunkte 78° und das Bisdiazomethan, welche aus der sogenannten Triazoessigsäure von Curtius erhalten wurden.

Das von Curtius darin angenommene Ringsystem mit sechs

```
                      N—NH—CH=N
Stickstoffatomen  CH<           |     ist daher nicht bekannt.
                      NH—N=CH—NH
```

[1]) A. Pictet u. Alb. Steinmann, Arch. sc. phys. nat. Genève [4] 13. 342; Chem. Centralbl. 1902, I, S. 1298. — [2]) Knorr, Ann. Chem. 236, 98; Derselbe u. Lange, Ber. 35, 2998; Feist, ebend. 35, 1537, 1556. — [3]) A. Franke u. M. Kohn, Monatsh. Chem. 23, 877. — [4]) Junghahn, Ber. 31, 312; Derselbe u. Bunimowicz, ebend. 35, 3932. — [5]) Hantzsch u. Silberrad, ebend. 33, 58.

REGISTER

A.

B.

C.

D.

S.

R.M.LOESER

Berichtigungen.

Seite 1. Die Zahl von **Leduc** muſs 14,005 heiſsen.

Seite 71, Anm. [3]): **Blomstrand**, Journ. pr. Chem. [2] **53**, 169 (nicht „**153**“, 169).

Seite 103. Bei Darstellung 2 lies „Kaliumnitrit“ statt „Kaliumnitrat“.

Seite 287, Anm. [1]): Am. Chem. Journ. **19**, 227 (nicht **10**, 227).

R.M.LOESER

Lightning Source UK Ltd.
Milton Keynes UK
UKHW031312271218
334537UK00006B/182/P

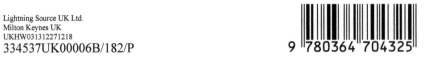

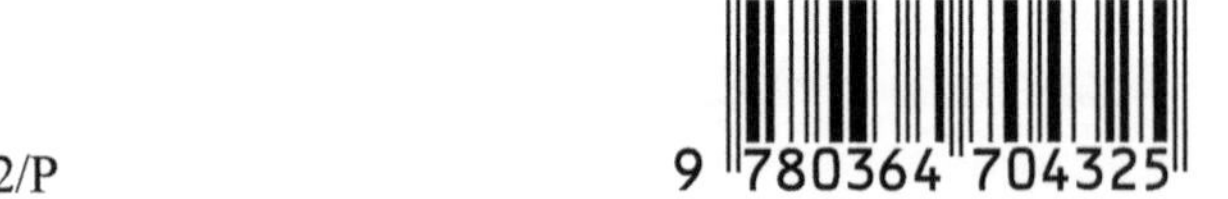